Felix Hausdorff als *Poeta laureatus*.
Holzschnitt von Hanns Alexander Müller
nach einer Zeichnung von Walter Tiemann.

(*zur Quelle vgl. S. 814*)

FELIX HAUSDORFF

Gesammelte Werke

FELIX HAUSDORFF

Gesammelte Werke

einschließlich der unter dem Pseudonym Paul Mongré
erschienenen philosophischen und literarischen Schriften
und ausgewählter Texte aus dem Nachlaß

Verantwortlich für die gesamte Edition:

Egbert Brieskorn, Friedrich Hirzebruch, Walter Purkert,
Reinhold Remmert und Erhard Scholz

FELIX HAUSDORFF
Gesammelte Werke

BAND I
Felix Hausdorff (1868–1942)
Hausdorff als akademischer Lehrer
Arbeiten zur Mengenlehre

BAND II
Grundzüge der Mengenlehre (1914)

BAND III
Mengenlehre (1927, 1935)
Deskriptive Mengenlehre und Topologie

BAND IV
Analysis, Algebra
und Zahlentheorie

BAND V
Astronomie, Optik und
Wahrscheinlichkeitstheorie

BAND VI
Geometrie, Raum und Zeit

BAND VII
Philosophisches Werk

BAND VIII
Literarisches Werk

BAND IX
Korrespondenz

FELIX HAUSDORFF

Gesammelte Werke

BAND VIII

Literarisches Werk

Herausgegeben von
Friedrich Vollhardt und Udo Roth

Springer

Herausgeber

Friedrich Vollhardt und Udo Roth
Institut für Deutsche Philologie
Universität München
Schellingstraße 3, 80799 München, Deutschland

ISBN 978-3-540-77758-8 e-ISBN 978-3-540-77759-5
DOI 10.1007/978-3-540-77759-5

Springer-Verlag Dordrecht Heidelberg London New York

Die Deutsche Nationalbibliothek verzeichnet diese Publikation in der Deutschen Nationalbibliographie; detaillierte bibliographische Daten sind im Internet über http://dnb.d-nb.de abrufbar.

Printed in Germany

Einbandentwurf: WMX Design, Heidelberg

Gedruckt auf säurefreiem Papier

Springer ist Teil der Fachverlagsgruppe Springer Science+Business Media (www.springer.com).

Vorwort

Im September 1996 sprachen WALTER MÜLLER-SEIDEL und EGBERT BRIESKORN am Rande des Wissenschaftshistorikertages in Berlin über den Autor FELIX HAUSDORFF, der unter dem Pseudonym PAUL MONGRÉ poetische und essayistische Texte veröffentlicht hat. Da zu diesem Zeitpunkt ein Herausgeber der literarischen Schriften HAUSDORFFS gesucht wurde, hat mich WALTER MÜLLER-SEIDEL, der mein Interesse an der Geschichte der Literatur und der Wissenschaften[1] seit meinem Studium in München kannte, den HAUSDORFF-Editoren für die Erschließung der literar- und wissenschaftshistorisch bedeutsamen Arbeiten des Mathematikers empfohlen. Hieraus ist über die Jahre eine enge Zusammenarbeit mit dem Bonner Herausgeberkreis entstanden – und der vorliegende Band VIII der ›Gesammelten Werke‹.

Für zahlreiche Hinweise zu den mathematischen Kontexten des literarischen Œuvres, die dem Laien üblicherweise verschlossen bleiben, danke ich EGBERT BRIESKORN (Bonn), MORITZ EPPLE (Frankfurt am Main) und WALTER PURKERT (Bonn). Mein Dank gilt WALTER MÜLLER-SEIDEL (München) für die Anregung zu der Edition und das seit langem geführte Gespräch über die literarische Moderne. Zu danken habe ich auch dem ›Kränzchen‹ aus altphilologischen, romanistischen, anglistischen und germanistischen Freunden aus München und Köln, in dem ich einen Teil der Einleitung zur Diskussion stellen konnte. Und nicht zuletzt danke ich UDO ROTH (München), ohne dessen langjährige Arbeit am Kommentar dieser Band der Werkausgabe nicht hätte erscheinen können.

München-Solln, im Mai 2010 *Friedrich Vollhardt*

Zu diesem Band

Hinweise für den Leser

Auf den Seiten XI–XVI findet sich ein vollständiges Schriftenverzeichnis FELIX HAUSDORFFS. Die im vorliegenden Band abgedruckten Titel sind darin mit einem Stern versehen, um eine zeitliche Einordnung in HAUSDORFFS Gesamtschaffen zu ermöglichen. Alle Literaturangaben in den einleitenden Herausgebertexten sowie

[1] *So lautet der Untertitel des Jahrbuchs ›Scientia Poetica‹, das sich seit 1997 diesem Themenbereich widmet.*

in den Kommentaren mit der Sigle H in eckigen Klammern, z.B. [H 1900a], beziehen sich auf dieses Schriftenverzeichnis, dem sich ein Verzeichnis der Siglen anschließt, die in den einleitenden Herausgebertexten sowie in den Kommentaren durchgehend benutzt werden.

Alle Texte HAUSDORFFS wurden neu gesetzt, da – anders als bei den mathematischen und philosophischen Schriften – eine Reproduktion der Originalvorlagen, insbesondere der Essays, aufgrund der stark unterschiedlichen Seitenstruktur (ein- bzw. zweispaltig) und der divergierenden Satztypen den Gesamteindruck stark beeinträchtigt hätte und teilweise gar nicht möglich gewesen wäre. Die Seitenumbrüche des jeweiligen Originals werden im Text durch [Seitenzahl kursiv] kenntlich gemacht.

Der Band beginnt mit dem lyrischen Werk, es folgen die Essays in chronologischer Folge und schließlich der Einakter. Jedem der Texte folgt ein Kommentarteil, der den entstehungsgeschichtlichen Kontext sowie – soweit nachweisbar – die Entstehungsgeschichte mit Zeugnissen darstellt, die Überlieferungsgeschichte dokumentiert und entsprechende Erläuterungen sowie Zeugnisse zur Rezeptionsgeschichte bietet.

Im gesamten Band (ausgenommen das Schriftenverzeichnis HAUSDORFFS, welches so gesetzt ist wie in allen übrigen Bänden der Edition) werden folgende Textauszeichnungen benutzt:

Text recte	*Originaltext FELIX HAUSDORFFS sowohl in Publikationen als auch in Briefen, Manuskripten etc.*
┌Text recte┐	*Hinzufügungen HAUSDORFFS in Briefen, Manuskripten etc.*
~~Text recte durchstrichen~~	*Durchstreichungen HAUSDORFFS in Briefen, Manuskripten etc.*
Text kursiv	*Herausgebertext und Texte anderer Autoren*
[Text kursiv]	*Ergänzungen etc. der Herausgeber*

Titel der Schriften HAUSDORFFS erscheinen recte, *Titel von Schriften anderer Autoren werden durch ›spitze einfache Anführungszeichen‹ kenntlich gemacht. Die in den* Ekstasen *am Beginn eines Gedichtes stehenden Initialen werden in dieser Ausgabe durch* **Fettsatz recte** *wiedergegeben; in Abweichung vom Original beginnt nicht jedes Gedicht mit einer neuen Seite, die originale Paginierung ist jedoch aus den überlieferungsgeschichtlichen Daten ersichtlich.*

Danken möchte ich – auch im Namen von FRIEDRICH VOLLHARDT – all jenen, die über die Disziplinengrenzen hinweg in Gesprächen und mit Hinweisen zum Gelingen der vorliegenden Edition beigetragen haben. Gedankt sei auch den Mitarbeiterinnen und Mitarbeitern der Bibliotheken und Archive, ohne die unsere Recherchen oft erfolglos geblieben wären, sowie den wissenschaftlichen und studentischen Hilfskräften, die mit großer Sorgfalt Schreib- und Korrekturarbeiten ausgeführt haben.

München, im Frühjahr 2010 *Udo Roth*

Danksagung

Das Erscheinen des Bandes VIII der ›Gesammelten Werke‹ Felix Hausdorffs ist uns Anlaß, denen zu danken, die dieses Werk gefördert haben und weiter fördern. Der Deutschen Forschungsgemeinschaft danken wir dafür, daß sie durch ihre Unterstützung diese Edition ermöglicht hat. Der Nordrhein-Westfälischen Akademie der Wissenschaften und der Künste gebührt unser besonderer Dank für die weitere finanzielle Förderung der Edition ab Beginn des Jahres 2002 im Rahmen eines Langzeitprojektes der Akademie und für den großzügig gewährten Druckkostenzuschuß. Schließlich danken wir den Herausgebern des vorliegenden Bandes, Herrn Friedrich Vollhardt und Herrn Udo Roth, sowie allen Kolleginnen und Kollegen, die sie unterstützt haben, für die selbstlose Arbeit. Dem Springer-Verlag gilt unser Dank für die angenehme Zusammenarbeit und für die gute Ausstattung des Werkes.

Egbert Brieskorn
Friedrich Hirzebruch
Reinhold Remmert
Walter Purkert
Erhard Scholz

Schriftenverzeichnis Felix Hausdorffs

einschließlich der unter dem Pseudonym
Paul Mongré veröffentlichten Schriften

[H 1891] *Zur Theorie der astronomischen Strahlenbrechung* (Dissertation). Ber. über die Verhandlungen der Königl. Sächs. Ges. der Wiss. zu Leipzig. Math.-phys. Classe 43 (1891), 481–566.

[H 1893] *Zur Theorie der astronomischen Strahlenbrechung II, III.* Ber. über die Verhandlungen der Königl. Sächs. Ges. der Wiss. zu Leipzig. Math.-phys. Classe 45 (1893), 120–162, 758–804.

[H 1895] *Über die Absorption des Lichtes in der Atmosphäre* (Habilitationsschrift). Ber. über die Verhandlungen der Königl. Sächs. Ges. der Wiss. zu Leipzig. Math.- phys. Classe 47 (1895), 401–482.

[H 1896] *Infinitesimale Abbildungen der Optik.* Ber. über die Verhandlungen der Königl. Sächs. Ges. der Wiss. zu Leipzig. Math.- phys. Classe 48 (1896), 79–130.

[H 1897a] *Das Risico bei Zufallsspielen.* Ber. über die Verhandlungen der Königl. Sächs. Ges. der Wiss. zu Leipzig. Math.- phys. Classe 49 (1897), 497–548.

[H 1897b] (Paul Mongré) *Sant' Ilario – Gedanken aus der Landschaft Zarathustras.* Verlag C.G.Naumann, Leipzig. VIII + 379 S. Wiederabdruck des Gedichts „Der Dichter" und der Aphorismen 293, 309, 313, 324, 325, 337, 340, 346, 349 in *Der Zwiebelfisch* 3 (1911), S. 80 u. 88–90.

[H 1897c] (Paul Mongré) *Sant' Ilario – Gedanken aus der Landschaft Zarathustras.* Selbstanzeige. Die Zukunft, 20.11.1897, 361.

[H 1898a] (Paul Mongré) *Das Chaos in kosmischer Auslese – Ein erkenntniskritischer Versuch.* Verlag C. G. Naumann, Leipzig. VI und 213 S.

* **[H 1898b]** (Paul Mongré) *Massenglück und Einzelglück.* Neue Deutsche Rundschau (Freie Bühne) 9 (1), (1898), 64–75.

* **[H 1898c]** (Paul Mongré) *Das unreinliche Jahrhundert.* Neue Deutsche Rundschau (Freie Bühne) 9 (5), (1898), 443–452.

* **[H 1898d]** (Paul Mongré) *Stirner.* Die Zeit 213, 29.10.1898, 69–72.

[H 1899a] *Analytische Beiträge zur nichteuklidischen Geometrie.* Ber. über die Verhandlungen der Königl. Sächs. Ges. der Wiss. zu Leipzig. Math.-phys. Classe 51 (1899), 161–214.

* [H 1899b] (Paul Mongré) *Tod und Wiederkunft.* Neue Deutsche Rundschau (Freie Bühne) 10 (12), (1899), 1277–1289.

[H 1899c] (Paul Mongré) *Das Chaos in kosmischer Auslese.* Selbstanzeige. Die Zukunft 8 (5), (1899), 222–223.

* [H 1900a] (Paul Mongré) *Ekstasen.* Gedichtband. Verlag H.Seemann Nachf., Leipzig. 216 S.

[H 1900b] *Zur Theorie der Systeme complexer Zahlen.* Ber. über die Verhandlungen der Königl. Sächs. Ges. der Wiss. zu Leipzig. Math.-phys. Classe 52 (1900), 43–61.

[H 1900c] (Paul Mongré) *Nietzsches Wiederkunft des Gleichen.* Die Zeit 292, 5.5. 1900, 72–73.

[H 1900d] (Paul Mongré) *Nietzsches Lehre von der Wiederkunft des Gleichen.* Die Zeit 297, 9.6.1900, 150–152.

[H 1901a] *Beiträge zur Wahrscheinlichkeitsrechnung.* Ber. über die Verhandlungen der Königl. Sächs. Ges. der Wiss. zu Leipzig. Math.-phys. Classe 53 (1901), 152–178.

[H 1901b] *Über eine gewisse Art geordneter Mengen.* Ber. über die Verhandlungen der Königl. Sächs. Ges. der Wiss. zu Leipzig. Math.-phys. Classe 53 (1901), 460–475. Englische Übersetzung in Plotkin, J. M. (Hrsg.): *Hausdorff on Ordered Sets.* American Mathematical Society, Providence (Rhode Island) 2005, 11–22.

* [H 1902a] (Paul Mongré) *Der Schleier der Maja.* Neue Deutsche Rundschau (Freie Bühne) 13 (9), (1902), 985–996.

[H 1902b] (Paul Mongré) *Der Wille zur Macht.* Neue Deutsche Rundschau (Freie Bühne) 13 (12) (1902), 1334–1338.

* [H 1902c] (Paul Mongré) *Max Klingers Beethoven.* Zeitschrift für bildende Kunst, Neue Folge 13 (1902), 183–189.

* [H 1902d] (Paul Mongré) *Offener Brief gegen G. Landauers Artikel 'Die Welt als Zeit'.* Die Zukunft 10 (37), 14.6.1902, 441–445.

[H 1902e] *W. Ostwald: Vorlesungen über Naturphilosophie* (Besprechung). Zeitschrift für mathematischen und naturwissenschaftlichen Unterricht 33 (1902), 190–193.

[**H 1903a**] *Das Raumproblem* (Antrittsvorlesung an der Universität Leipzig, gehalten am 4.7.1903). Ostwalds Annalen der Naturphilosophie 3 (1903), 1–23.

* [**H 1903b**] (Paul Mongré) *Sprachkritik.* Neue Deutsche Rundschau (Freie Bühne) 14 (12), (1903), 1233–1258.

[**H 1903c**] *Christian Huygens' nachgelassene Abhandlungen: Über die Bewegung der Körper durch den Stoss. Über die Centrifugalkraft.* Herausgegeben von Felix Hausdorff. 79 Seiten, mit Anmerkungen Hausdorffs auf den Seiten 63–79. Verlag W.Engelmann, Leipzig 1903. Unveränderter Nachdruck: Akademische Verlagsgesellschaft Leipzig, ohne Jahresangabe.

[**H 1903d**] *J. B. Stallo: Die Begriffe und Theorien der modernen Physik* (Besprechung). Zeitschrift für mathematischen und naturwissenschaftlichen Unterricht 34 (1903), 138–142.

[**H 1903e**] *W. Grossmann: Versicherungsmathematik* (Besprechung). Zeitschr. für mathematischen und naturwissenschaftlichen Unterricht 34 (1903), 361.

[**H 1903f**] *M. Kitt: Grundlinien der politischen Arithmetik* (Besprechung). Zeitschrift für mathematischen und naturwissenschaftlichen Unterricht 34 (1903), 361.

[**H 1904a**] *Der Potenzbegriff in der Mengenlehre.* Jahresbericht der DMV 13 (1904), 569–571. Engl. Übers. in Plotkin, a. a. O. (s. [H 1901b]), 31–33.

[**H 1904b**] *Eine neue Strahlengeometrie* (Besprechung von E.Study: *Geometrie der Dynamen*). Zeitschrift für mathematischen und naturwissenschaftlichen Unterricht 35 (1904), 470–483.

* [**H 1904c**] (Paul Mongré) *Gottes Schatten.* Die neue Rundschau (Freie Bühne) 15 (1), (1904), 122–124.

* [**H 1904d**] (Paul Mongré) *Der Arzt seiner Ehre, Groteske.* Die neue Rundschau (Freie Bühne) 15 (8), (1904), 989–1013. Neuherausgabe als: *Der Arzt seiner Ehre. Komödie in einem Akt mit einem Epilog.* Mit 7 Bildnissen, Holzschnitte von Hans Alexander Müller nach Zeichnungen von Walter Tiemann, 10 Bl., 71 S. Fünfte ordentliche Veröffentlichung des Leipziger Bibliophilen-Abends, Leipzig 1910. Neudruck: S.Fischer, Berlin 1912, 88 S.

* [**H 1904e**] (Paul Mongré) *Max Klinger, Beethoven.* Begleittext zur Abbildung der Klingerschen Skulptur in: *Meister der Farbe. Beispiele der gegenwärtigen Kunst in Europa. Mit begleitenden Texten.* E. A. Seemann, Leipzig 1904, Abb. Nr. 4.

[**H 1905**] *B.Russell, The principles of mathematics* (Besprechung). Vierteljahresschrift für wissenschaftliche Philosophie und Sociologie 29 (1905), 119–124.

[**H 1906a**] *Die symbolische Exponentialformel in der Gruppentheorie.* Ber. über die Verhandlungen der Königl. Sächs. Ges. der Wiss. zu Leipzig. Math.-phys. Klasse 58 (1906), 19–48.

[**H 1906b**] *Untersuchungen über Ordnungstypen I, II, III.* Ber. über die Verhandlungen der Königl. Sächs. Ges. der Wiss. zu Leipzig. Math.-phys. Klasse 58 (1906), 106–169. Engl. Übers. in Plotkin, a. a. O. (s. [H 1901b]), 35–95.

[**H 1907a**] *Untersuchungen über Ordnungstypen IV, V.* Ber. über die Verhandlungen der Königl. Sächs. Ges. der Wiss. zu Leipzig. Math.-phys. Klasse 59 (1907), 84–159. Engl. Übers. in Plotkin, a. a. O. (s. [H 1901b]), 97–171.

[**H 1907b**] *Über dichte Ordnungstypen.* Jahresbericht der DMV 16 (1907), 541–546. Engl. Übers. in Plotkin, a. a. O. (s. [H 1901b]), 175–180.

[**H 1908**] *Grundzüge einer Theorie der geordneten Mengen.* Math. Annalen 65 (1908), 435–505. Engl. Übers. in Plotkin, a. a. O. (s. [H 1901b]), 197–258.

[**H 1909a**] *Die Graduierung nach dem Endverlauf.* Abhandlungen der Königl. Sächs. Ges. der Wiss. zu Leipzig. Math.-phys. Klasse 31 (1909), 295–334. Engl. Übers. in Plotkin, a. a. O. (s. [H 1901b]), 271–301.

[**H 1909b**] *Zur Hilbertschen Lösung des Waringschen Problems.* Math. Annalen 67 (1909), 301–305.

∗ [**H 1909c**] (Paul Mongré) *Strindbergs Blaubuch.* Die neue Rundschau (Freie Bühne) 20 (6), (1909), 891–896.

∗ [**H 1910a**] (Paul Mongré) *Der Komet.* Die neue Rundschau (Freie Bühne) 21 (5), (1910), 708-712.

∗ [**H 1910b**] (Paul Mongré) *Andacht zum Leben.* Die neue Rundschau (Freie Bühne) 21 (12), (1910), 1737–1741.

[**H 1911**] *E.Landau, Handbuch der Lehre von der Verteilung der Primzahlen* (Besprechung). Jahresbericht der DMV 20 (1911), 2.Abteilung, IV Literarisches, 1. b. Besprechungen, 92–97.

∗ [**H 1913**] (Paul Mongré) *Biologisches.* Licht und Schatten. Wochenschrift für Schwarzweißkunst und Dichtung. 3. Jg. (1912/13), H. 35, Sp. [20a]–[20b].

[**H 1914a**] *Grundzüge der Mengenlehre.* Verlag Veit & Co, Leipzig. 476 S. mit 53 Figuren. Nachdrucke: Chelsea Pub. Co. 1949, 1955, 1965, 1978.

[**H 1914b**] *Bemerkung über den Inhalt von Punktmengen.* Math. Annalen 75 (1914), 428–433.

[**H 1916**] *Die Mächtigkeit der Borelschen Mengen.* Math. Annalen 77 (1916), 430–437.

[**H 1917**] Selbstanzeige von *Grundzüge der Mengenlehre.* Jahresber. der DMV 25 (1917), Abt. Literarisches, 55–56.

[**H 1919a**] *Dimension und äußeres Maß.* Math. Annalen 79 (1919), 157–179.

[**H 1919b**] *Der Wertvorrat einer Bilinearform.* Math. Zeitschrift 3 (1919), 314–316.

[**H 1919c**] *Zur Verteilung der fortsetzbaren Potenzreihen.* Math. Zeitschrift 4 (1919), 98–103.

[**H 1919d**] *Über halbstetige Funktionen und deren Verallgemeinerung.* Math. Zeitschrift 5 (1919), 292–309.

[**H 1921**] *Summationsmethoden und Momentfolgen I, II.* Math. Zeitschrift 9 (1921), I: 74–109, II: 280–299.

[**H 1923a**] *Eine Ausdehnung des Parsevalschen Satzes über Fourierreihen.* Math. Zeitschrift 16 (1923), 163–169.

[**H 1923b**] *Momentprobleme für ein endliches Intervall.* Math. Zeitschrift 16 (1923), 220–248.

[**H 1924**] *Die Mengen G_δ in vollständigen Räumen.* Fundamenta Mathematicae 6 (1924), 146–148.

[**H 1925**] *Zum Hölderschen Satz über* $\Gamma(x)$. Math. Annalen 94 (1925), 244–247.

[**H 1927a**] *Mengenlehre,* zweite, neubearbeitete Auflage. Verlag Walter de Gruyter & Co., Berlin. 285 S. mit 12 Figuren. 1937 erschien in Moskau: F. Hausdorff: *Teoria mnoshestvch* (Mengentheorie). Kapitel 1 bis 4 und 9 aus [H 1927a] sind wörtlich übersetzt, die restlichen Kapitel hat N. B. Vedenisoff unter Anleitung von Alexandroff und Kolmogoroff teilweise neu verfaßt.

[**H 1927b**] *Beweis eines Satzes von Arzelà.* Math. Zeitschrift 26 (1927), 135–137.

[**H 1927c**] *Lipschitzsche Zahlensysteme und Studysche Nablafunktionen.* Journal für reine und angewandte Mathematik 158 (1927), 113–127.

[**H 1930a**] *Die Äquivalenz der Hölderschen und Cesàroschen Grenzwerte negativer Ordnung.* Math. Zeitschrift 31 (1930), 186–196.

[**H 1930b**] *Erweiterung einer Homöomorphie.* Fundamenta Mathematicae 16 (1930), 353–360.

* [**H 1930c**] *Akrostichon zum 24.Februar 1930.* In: Walter Tiemann (Hrsg.)*Der Verleger von morgen, wie wir ihn wünschen.* Verlag der Freunde Kirsteins, Leipzig, 1930, S.9.

[**H 1931**] *Zur Theorie der linearen metrischen Räume.* Journal für reine und angewandte Mathematik 167 (1931/32), 294–311.

[**H 1932**] *Eduard Study.* Worte am Sarge Eduard Studys, 9.Januar 1930. Chronik der Rheinischen Friedrich Wilhelms-Universität zu Bonn für das akademische Jahr 1929/30. Bonner Universitäts-Buchdruckerei Gebr. Scheur, Bonn 1932.

[**H 1933a**] *Zur Projektivität der δs-Funktionen.* Fundamenta Mathematicae 20 (1933), 100–104.

[**H 1933b**] *Problem 58.* Fundamenta Mathematicae 20 (1933), 286.

[**H 1934**] *Über innere Abbildungen.* Fundamenta Mathematicae 23 (1934), 279–291.

[**H 1935a**] *Mengenlehre*, dritte Auflage. Mit einem zusätzlichen Kapitel und einigen Nachträgen. Verlag Walter de Gruyter & Co., Berlin. 307 S. mit 12 Figuren. Nachdruck: Dover Pub. New York, 1944. Englische Ausgabe: Set theory. Übersetzung aus dem Deutschen von J.R.Aumann et al. Chelsea Pub. Co., New York 1957, 1962, 1978, 1991.

[**H 1935b**] *Gestufte Räume.* Fundamenta Mathematicae 25 (1935), 486–502.

[**H 1935c**] *Problem 62.* Fundamenta Mathematicae 25 (1935), 578.

[**H 1936a**] *Über zwei Sätze von G.Fichtenholz und L.Kantorovitch.* Studia Mathematica 6 (1936), 18–19.

[**H 1936b**] *Summen von $\aleph_1$Mengen.* Fundamenta Mathematicae 26 (1936), 241–255. Engl. Übers. in Plotkin, a. a. O. (s. [H 1901b]), 305–316.

[**H 1937**] *Die schlichten stetigen Bilder des Nullraums.* Fundamenta Mathematicae 29 (1937), 151–158.

[**H 1938**] *Erweiterung einer stetigen Abbildung.* Fundamenta Mathematicae 30 (1938), 40–47.

[**H 1969**] *Nachgelassene Schriften.* 2 Bände. Ed.: G. Bergmann, Teubner, Stuttgart 1969. Band I enthält aus dem Nachlaß die Faszikel 510–543, 545–559, 561–577, Band II die Faszikel 578–584, 598–658 (alle Faszikel sind im Faksimiledruck wiedergegeben).

Siglenverzeichnis

SI Sant' Ilario. Gedanken aus der Landschaft Zarathustras. *Leipzig 1897.*
CK Das Chaos in kosmischer Auslese. Ein erkenntnisskritischer Versuch. *Leipzig 1898.*
HGW *HAUSDORFF, FELIX: ›Gesammelte Werke.‹ 9 Bde. Hrsg. v. EGBERT BRIESKORN, FRIEDRICH HIRZEBRUCH, REINHOLD REMMERT, WALTER PURKERT, ERHARD SCHOLZ. Heidelberg 2001–2012.*

AA *KANT, IMMANUEL: ›Gesammelte Schriften.‹ Hrsg. v. der Kgl. Preußischen Akademie der Wissenschaften und ihrer Nachfolger. Bd. 1ff. Berlin u.a. 1902ff. (Akademie-Ausgabe).*
ASW *SCHOPENHAUER, ARTHUR: ›Sämtliche Werke.‹ Hrsg. v. WOLFGANG VON LÖHNEYSEN. 5 Bde. Stuttgart u. Frankfurt a.M. ²1968.*
DeGW *DEHMEL, RICHARD: ›Gesammelte Werke in zehn Bänden.‹ Berlin 1906–1909.*
DHA *HEINE, HEINRICH: ›Historisch-kritische Gesamtausgabe der Werke.‹ Düsseldorfer Ausgabe. Hrsg. v. MANFRED WINDFUHR. 16 Bde. Hamburg 1973–1997.*
DK *›Die Fragmente der Vorsokratiker.‹ Griechisch und Deutsch von HERMANN DIELS, hrsg. v. WALTHER KRANZ. 2 Bde. Berlin 1903 (Diels-Kranz).*
DLA *Deutsches Literaturarchiv (Marbach).*
DWb *GRIMM, JACOB u. WILHELM: ›Deutsches Wörterbuch.‹ 16 Bde. in 32 Tlbden. u. Quellenbd. Leipzig 1854–1971.*
EKG *›Evangelisches Kirchengesangbuch.‹*
FW *FICHTE, JOHANN GOTTLIEB: ›Sämmtliche Werke.‹ Hrsg. von IMMANUEL HERMANN FICHTE. 8 Bde. Leipzig 1845/46.*
GSA *Goethe-Schiller-Archiv Weimar.*
GSD *WAGNER, RICHARD: ›Gesammelte Schriften und Dichtungen.‹ 10 Bde. Leipzig 1887–1888 [Reprint Hildesheim 1976].*
HW *HEGEL, GEORG WILHELM FRIEDRICH: ›Werke in 20 Bänden‹. Auf der Grundlage der Werke von 1832–1845 neu edierte Ausgabe. Redaktion EVA MOLDENHAUER u. KARL MARKUS MICHEL. Frankfurt a. M. 1969f.*
HwdA *›Handwörterbuch des deutschen Aberglaubens.‹ Hrsg. von HANNS BÄCHTOLD-STÄUBLI u. EDUARD HOFFMANN-KRAYER. 10 Bde. Berlin u. Leipzig 1927–1942.*
KGB *NIETZSCHE, FRIEDRICH: ›Briefwechsel.‹ Kritische Gesamtausgabe. Hrsg. v. GIORGIO COLLI u. MAZZINO MONTINARI. Bern u. New York 1975ff.*
KGW *NIETZSCHE, FRIEDRICH: ›Werke.‹ Kritische Gesamtausgabe. Hrsg. v. GIORGIO COLLI u. MAZZINO MONTINARI. Bern u. New York 1967ff.*
KHM *GRIMM, JACOB u. WILHELM: ›Kinder- und Hausmärchen.‹ Nach der Ausgabe letzter Hand hrsg. v. HEINZ RÖLLEKE. 3 Bde. Stuttgart 1982.*
KdU *KANT, IMMANUEL: ›Critik der Urtheilskraft.‹ Berlin 1790.*

KrV *Kant, Immanuel: ›Kritik der reinen Vernunft.‹ Nach der ersten und zweiten Originalausgabe hrsg. v. Jens Timmermann. Hamburg 1998.*

LBI *Leo-Baeck-Institut New York.*

LW *Lessing, Gotthold Ephraim: ›Werke.‹ Hrsg. v. Herbert G. Göpfert. 8 Bde. München 1970–1979.*

MEW *Marx, Karl u. Friedrich Engels: ›Werke.‹ Hrsg. v. Institut für Marxismus-Leninismus beim ZK der SED. 39 Bde. u. Erg.-Bde. Berlin 1957–1990.*

PW *Platon: ›Werke.‹ Griechisch und deutsch. Hrsg. v. Gunther Eigler. 8 Bde. Darmstadt 1990.*

RGA-E *›Reallexikon der Germanischen Altertumskunde.‹ Hrsg. v. Herbert Jankuhn u.a. 35 Bde. (E: Ergänzungsbände) u. 2 Reg.-Bde. Berlin u. New York ²1968/73–2008.*

SW *Schelling, Friedrich Wilhelm Joseph: ›Sämmtliche Werke.‹ Hrsg. v. Karl Friedrich August Schelling. 12 Bde. in 2 Abt. Augsburg u. Stuttgart 1856–1861.*

SchW *Schiller, Friedrich: ›Sämtliche Werke.‹ Auf der Grundlage der Textedition von Gerhard Fricke und Herbert G. Göpfert hrsg. v. Peter-André Alt u.a. 5 Bde. München 2004.*

StW *August Strindberg: ›Werke.‹ Deutsche Gesamtausgabe unter Mitwirkung von Emil Schering als Übersetzer vom Autor selbst veranstaltet. 47 Bde. in 8 Abt. München u. Leipzig 1902ff.*

WA *Goethe, Johann Wolfgang von: ›Werke.‹ Hrsg. im Auftrage der Großherzogin Sophie von Sachsen. Abt. I–IV. 133 Bde. in 143 Tlbden. Weimar 1887–1919.*

WGW *Wolff, Christian: ›Gesammelte Werke.‹ Hrsg. v. Jean École u.a. Hildesheim u. New York 1962ff.*

Inhaltsverzeichnis

Teil III. Das Werk für die Bühne

Einleitung

Friedrich Vollhardt

Der vorliegende Band der ›Gesammelten Schriften‹ von Felix Hausdorff wird, so ist zu hoffen, Leser aus ganz unterschiedlichen Disziplinen anziehen. Ein Grund für dieses Interesse ist unschwer auszumachen: In keinem anderen Werk der literarischen Moderne findet sich eine so enge Beziehung zum mathematisch-naturwissenschaftlichen Denken der Zeit um 1900. In den von Hausdorff unter einem Pseudonym veröffentlichten Schriften läßt sich ein Austausch zwischen den ›Zwei Kulturen‹ beobachten, über deren Trennung und die daraus erwachsenen Folgen (auch die nicht-intendierten) immer wieder diskutiert oder spekuliert worden ist, besonders lebhaft in den vergangenen Jahren.

Der Mathematiker Hausdorff und der Schriftsteller Paul Mongré – unter diesem Namen[1] sind seine essayistischen und poetischen Texte erschienen – gehen für einige Jahre eine Verbindung ein, die aus unterschiedlichen Perspektiven beschrieben werden kann; doch nur in einer Zusammenschau der mathematischen, wissenschafts- und philosophiegeschichtlichen sowie literaturwissenschaftlichen Erkenntnisse läßt sich die ›Doppelexistenz‹ des Autors adäquat verstehen. Dabei werden hohe Anforderungen an die transdisziplinäre Kooperation gestellt, wie der Kommentar von Udo Roth zu den hier edierten Schriften zeigt. Für das Gespräch über die Fachgrenzen hinweg hat die Wissenschaftsforschung nur erste, weit ausgreifende Ansätze[2] geliefert, weshalb einleitend wenige – ganz vorläufige – Bemerkungen zu den Problemen und Grenzen des Dialogs zwischen den Disziplinen folgen, die keinen theoretischen Anspruch erheben. Im Falle Hausdorffs müssen solche Überlegungen von der Biographie des Autors[3] ausgehen, da sich dessen li-

[1] *Zur Wahl des Pseudonyms vgl. die Hinweise in Bd. VII der ›Gesammelten Werke‹, S. 21–25, sowie Friedrich Vollhardt: ›Von der Sozialgeschichte zur Kulturwissenschaft? Die literarisch-essayistischen Schriften des Mathematikers Felix Hausdorff (1868–1942): Vorläufige Bemerkungen in systematischer Absicht.‹ In: ›Nach der Sozialgeschichte. Konzepte für eine Literaturwissenschaft zwischen Historischer Anthropologie, Kulturgeschichte und Medientheorie.‹ Hrsg. v. Martin Huber u. Gerhard Lauer. Tübingen 2000, S. 551–573, bes. S. 560f.*

[2] *Aus der Sicht der Wissenschaftssoziologie Terry Shinn: ›Formes de division du travail scientifique et convergence intellectuelle. La recherche technico-instrumentale.‹ In: ›Revue française sociologique‹ 41/3 (2000), S. 447–473.*

[3] *Hierzu Egbert Brieskorn: ›Felix Hausdorff – Elemente einer Biographie.‹ In: [Katalog zu] ›Felix Hausdorff – Paul Mongré 1868–1942. Ausstellung vom 24. Januar bis 28. Februar 1992 im Mathematischen Institut der Rheinischen Friedrich-Wilhelms-Universität Bonn.‹ Bonn 1993, S. 77–94; ferner Eugen Eichhorn: ›In memoriam Felix Hausdorff (1868–1942).*

terarische Tätigkeit auf wenige Jahre beschränkt, eine Phase der intellektuellen Orientierung, die der bahnbrechenden mathematischen Arbeit vorausgeht.

1. Zur Biographie von Felix Hausdorff

Felix Hausdorff wird am 8. November 1868 in Breslau geboren, zwei Jahre später siedelt die Familie nach Leipzig über. Für seine bald erkennbar werdende Doppelbegabung dürfte der Besuch des humanistischen Nicolai-Gymnasiums eine wichtige Voraussetzung gebildet haben. Hausdorff will zunächst Musik studieren, nimmt jedoch auf Wunsch des Vaters, eines begüterten Kaufmanns, das Studium der Mathematik und Astronomie auf, das er 1891 mit der Promotion in Leipzig abschließt, die Habilitation erfolgt vier Jahre später. Seine jüdische Herkunft verhindert eine rasche Karriere, erst 1910 erhält er eine Stelle in Bonn und 1913 den Ruf auf ein Ordinariat in Greifswald. 1921 folgt die Rückkehr nach Bonn, wo er bis zu seiner Emeritierung im Jahr 1935 lehrt. Die schriftstellerische Tätigkeit fällt in die Zeit der Privatdozentur, sie endet mit der Übernahme der ersten Professur und dem Beginn der produktiven Arbeit an den Grundlegungsfragen der modernen Mathematik, wie sie sich aus der Cantorschen Theorie der transfiniten Ordinal- und Kardinalzahlen sowie der Punktmengenlehre ergaben. Als letzten Ausweg vor der Deportation in ein Konzentrationslager wählt Hausdorff 1942 den Freitod. Der gerettete Nachlaß umfaßt mehr als fünfundzwanzigtausend Seiten, die jedoch nur zu einem ganz geringen Teil an die literarisch-philosophischen Interessen des jungen Wissenschaftlers erinnern.

*In seinen Leipziger Jahren – der Latenzzeit vor der dann endgültigen Wendung zur Mathematik – pflegt Hausdorff intensive Kontakte mit verschiedenen Autoren und Künstlern, hier entstehen seine literarischen und essayistischen Schriften. Am Beginn der pseudonym veröffentlichten Arbeiten stehen philosophische Reflexionen und zeitkritische Impressionen (*Sant' Ilario. Gedanken aus der Landschaft Zarathustras. *Leipzig: C. G. Naumann 1897) sowie eine systematische Abhandlung (*Das Chaos in kosmischer Auslese. Ein erkenntnisskritischer Versuch. *Leipzig: C. G. Naumann 1898; vgl. Band VII dieser Ausgabe), gefolgt von zahlreichen Essays, die zwischen 1898 und 1910 vornehmlich in der ›Neuen [Deutschen] Rundschau‹ erscheinen. In das Jahr 1900 fällt die Veröffentlichung des Mongréschen Gedichtbandes* Ekstasen *(Leipzig: H. Seemann), für den der französische und belgische Symbolismus und das Werk Nietzsches – darunter die ›Dionysos-Dithyramben‹ (1888/89) – einen Bezugspunkt bilden. Die Sammlung enthält auch metrisch streng regulierte Gedichtformen (Rondel, Sonett) und die in der Zeit unvermeidlichen ›Laudes italiae‹, die weniger avanciert erscheinen, aber in gleicher Weise als Reaktionen auf Literaturprogramme und Stilhaltungen des späten 19. Jahrhunderts zu deuten sind. Hausdorff orientiert sich an dem von Friedrich*

Ein biographischer Versuch. In: Vorlesungen zum Gedenken an Felix Hausdorff.‹ Hrsg. v. Eugen Eichhorn u. Ernst-Jochen Thiele. Berlin 1994 (›Berliner Studienreihe zur Mathematik‹ 5), S. 1–88. – Mein Dank gebührt Egbert Brieskorn, dessen Arbeiten zur Biographie Hausdorffs (Bd. I der ›Gesammelten Werke‹) ich bereits vor der Drucklegung einsehen konnte.

*Nietzsche repräsentierten Typus des Intellektuellen, widerspricht diesem aber in der Form und dem Gehalt einer Metaphysikkritik, die ›mathematisch‹ argumentiert. Die irrationalistischen Strömungen der Jahrhundertwende sind das erklärte Ziel seiner polemischen und satirischen Angriffe. Das gilt in anderer Weise auch für sein erfolgreiches, etwa dreihundert Mal aufgeführtes Theaterstück (*Der Arzt seiner Ehre, *1904; im Verlag von S. Fischer 1912 noch einmal gedruckt), in dem das Duellwesen der Zeit persifliert wird.*

Die biographische Skizze zeigt, daß hier kein durchschnittlicher Lebenslauf in seinen Stationen zu beschreiben ist, sondern eine intellektuelle Entwicklung, die Wandlungen kennt (auch in der Mathematik) und Brüche (wie den mit dem alter ego Mongré), aber auch Konstanten, etwa das Interesse Hausdorffs an der Raum-Zeit-Problematik: Es sind die in der Abhandlung über Das Chaos in kosmischer Auslese *aufgeworfenen philosophischen Fragen, die ihn 1897/98 zum Studium der Cantorschen Mengenlehre*[4] *und damit zu mathematischen Untersuchungen und Lösungsvorschlägen führen, mit denen dann – unter Mitführung der erkenntnistheoretischen Problemlast – die Grenze zwischen den Wissenschaftskulturen überschritten wird. Nähert man sich Hausdorff / Mongré in der Absicht, die Bedeutung der literarisch-essayistischen Phase für die Entwicklung der komplexen Persönlichkeit zu erhellen, wird die Ausgangsfrage lauten: »Is the case of Mongré the writer and Hausdorff the mathematician a case of a double identity, a multitalented author whose intellectual horizon was just too broad to fit under one roof, or are there intellectual connections between the two?«*[5]

Mit der Annahme einer Ähnlichkeitsbeziehung zwischen künstlerischen Verfahren und wissenschaftlichen Denkformen wird ein traditionsreicher, bereits in der Antike verbreiteter Topos aufgerufen. Eine vielzitierte Stelle findet sich in Ciceros Rede ›Pro archia poeta‹: »[E]tenim omnes artes, quae ad humanitatem pertinent, habent quoddam commune vinclum et quasi cognatione quadam inter se continentur.«[6] *Spektakulär ist jedoch, daß diese Frage in der Moderne überhaupt noch einmal gestellt werden kann und bei Hausdorff / Mongré sogar gestellt werden muß. Denn in den Jahren, in denen Hausdorff seine Karriere als Mathematiker beginnt, scheint die Entfremdung zwischen den Disziplinen einen Höhepunkt erreicht zu haben – will man einer Anekdote Glauben schenken, die Charles Percy Snow in seinem berühmten Vortrag über ›The Two Cultures and the Scientific Revolution‹ (1959) anführt. Berichtet wird hier von einem Oxforder Gelehrten, einem Vertreter der ›humanities‹, der in einem College in Cambridge zu Gast ist (»The date is perhaps the 1890's«), wo er sich bei einem festlichen Essen mit »some cheerful Oxonian chit-chat« an seine beiden Tischnachbarn wendet und eine unerwartete Reaktion erhält:*

> *Then, rather to his surprise, one looked at the other and said, ›Do you know what he's talking about?‹ ›I haven't the least idea.‹ [...] But the President, acting as a social*

---

[4] *Vgl. hierzu die Ausführungen von Walter Purkert in Bd. II der Edition, S. 2ff.*

[5] *Moritz Epple: ›Felix Hausdorff's Considered Empiricism.‹ In: ›The Architecture of Modern Mathematics. Essays in History and Philosophy.‹ Hrsg. v. J. Ferreirós u. J. J. Gray. Oxford 2006, S. 263–289, hier S. 265.*

[6] *Zitiert nach der Ausgabe der ›Bibliotheca Teubneriana‹, hrsg. v. Helmut Kasten. Stuttgart u. Leipzig 1993, S. 36.*

emollient, put him [sc. den Gast aus Oxford] at his ease by saying, ›Oh, those are mathematicians! We never talk to them.‹[7]

Ob sich mit dieser »pleasant story« das Verhältnis zwischen den Wissenschaftskulturen angemessen charakterisieren läßt, muß hier nicht untersucht werden. Von Bedeutung ist allein die historische Zuordnung und die damit ins Spiel gebrachte Eigenperspektive der Epoche, die sich von der heutigen unterscheidet. Denn für uns ist die Produktion von Wissen stets eingebunden in einen vielschichtigen Kulturzusammenhang, die rein objektive Datenerhebung und -beschreibung gehört dagegen zu den Mythen, die der wissenschaftliche Prozeß selbst ausgebildet hat; »seen in this way, ›science‹ is merely one set of cultural activities among others«, schreibt STEFAN COLLINI im Vorwort zu der zitierten Neuausgabe von SNOWS ›Rede Lecture‹.[8] *Sein Referat der Ansätze und Entwicklungen der Wissenschaftsforschung in den letzten dreißig Jahren widerlegt einerseits die These von den ›Zwei Kulturen‹ und zeigt andererseits, wie stimulierend der Vortrag Snows gewirkt hat: »One of the most significant changes here, given the terms of Snow's initial contrast, has been the development [...] of a whole subfield or ›interdiscipline‹ of ›science and literature‹, with its own professional association and specialised publications.« Der strenge Dualismus bildet heute nicht mehr den Ausgangspunkt für wissenschaftssystematische Analysen und historische Rekonstruktionen, dennoch enthält der Essay von SNOW einen noch immer bedenkenswerten Gesichtspunkt, den es hervorzuheben gilt: »the cultural impact of the increasing specialisation of knowledge.«*[9]

Dieses Problem hat bereits HAUSDORFF erkannt und in seinen literarischen und essayistischen Schriften zu lösen versucht, sowohl im Blick auf ein Publikum, das der modernen Mathematik mit Unverständnis begegnete, als auch den neuen mathematischen Objekten und Erkenntnissen, deren Bedeutung sich nicht ohne weiteres in die Begriffe der philosophischen Tradition und die Symbolsprache der Poesie übertragen ließ. Auf beiden Seiten begegnete er dabei Schwierigkeiten, die sich aus dem zunehmend geringer gewordenen Austausch zwischen den kulturellen Sphären ergaben.

2. Das Verhältnis von Wissenschaft und Literatur im 19. Jahrhundert

Im europäischen Humanismus und im Zeitalter der ›New Science‹ war die Verbindung zwischen den ›exakten‹ Wissenschaften und den Künsten noch eng und ein Wechsel zwischen den Fakultäten denkbar, wie die Namen der Universalgelehrten des 17. und 18., auch noch des frühen 19. Jahrhunderts zeigen. Die stetige Auseinanderentwicklung der Wissenssphären bildet in der Frühen Neuzeit noch nicht das Grundmuster der Modernisierung, obwohl dieses bereits in der Aufklärung erkennbar wird: In seinem über lange Zeit geführten Dialog mit JEAN-JACQUES

---

[7] *Snow: ›The Two Cultures.‹ Hrsg. v. Stefan Collini. Cambridge 1993, S. 3.*

[8] *Stefan Collini: ›Introduction.‹ In: Snow: ›The Two Cultures‹, S. vii–lxxiii, hier S. xlix.*

[9] *Ebd., S. liii–lv. – Vgl. auch Walter Müller-Seidel: ›Wissenschaftskritik. Zur Entstehung der literarischen Moderne und zur Trennung der Kulturen um 1900.‹ In: ›Grundlinien der Vernunftkritik.‹ Hrsg. v. Christoph Jamme. Frankfurt a.M. 1997, S. 355–420.*

ROUSSEAU (1712–1778) verteidigt DENIS DIDEROT (1713–1784) einen erkenntnistheoretischen Ansatz, der zeigen soll, wie man literarische Techniken dazu anwendet, eine schon entdeckte Wahrheit wiederzufinden, um sie in ›übersetzter‹ Form zu kommunizieren (»comment retrouver une vérité déjà découverte«[10]). Ein frühes Plädoyer für den Lotsendienst auf dem Meer des Wissens, den entsprechend geschulte Vertreter der ›third culture‹ übernehmen können. Genau umgekehrt argumentiert ROUSSEAU, der aus der Binnenperspektive des wissenschaftlichen Laien das defizitäre Wissen dieser Führer und ihre fehlende Urteilskraft mit Skepsis betrachtet (»sans autre guide qu'un pilot inexpérimenté qui méconait sa route et qui ne sait ni d'où il vient, ni où il va«[11]) – nach einem Jahr intensiven Studiums der Chemie.

Trotz der bestehenden Unterschiede zwischen wissenschaftlicher und literarischer Weltdeutung kommt es immer wieder zu einem Austausch zwischen den Denksystemen, der – betrachtet man die narrativen Strukturen, die Metaphorik oder die soziale Praxis der Wissenschaftssprache – nicht nur in einer Richtung erfolgt. Doch diese Wechselwirkung nimmt in der Phase der Ausdifferenzierung der Wissenschaften ab, die Einheitsvorstellung zerbricht. Bis zur Kritik der idealistischen Naturphilosophie – für die eine Schrift des Biologen MATTHIAS JAKOB SCHLEIDEN (1804–1881) aus dem Jahr 1844 exemplarische Bedeutung gewonnen hat[12] – erscheint die Frage nach Problemgeschichten, die sich zwischen verschiedenen Disziplinen entwickeln, außerordentlich sinnvoll.[13] Nach der Mitte des 19. Jahrhunderts wird die Zahl derartiger Gegenstände zunehmend geringer, wenn nicht singulär.

Grenzüberschreitungen geraten nun nicht selten zum Skandal, wie im Fall des Leipziger Astrophysikers KARL FRIEDRICH ZÖLLNER (1834–1882), der seine wissenschaftliche Professionalität dafür ein- und seine Autorität auf das Spiel setzte, um das Vorhandensein spiritistischer Phänomene zu behaupten. Die deutsche (Fach-)Öffentlichkeit der 1870er und 1880er Jahre reagierte auf solche Alleingänge weniger tolerant als etwa die englische, ZÖLLNER wurde aufgrund seiner schwärmerischen Ausbrüche aus der ›scientific community‹ ausgeschlossen; polemische »Rückzugsgefechte« führten den Leipziger Wissenschaftler »ins Abseits ei-

---

10 In seinem Artikel ›Art‹ in der ›Encyclopédie‹; zit. nach Rainer Enskat: ›Was ist Aufklärung? – Wie Rousseau und Diderot im Dialog einige Bedingungen der Aufklärung klären.‹ In: ›Psyche und Epochennormen.‹ Hrsg. v. Henning Krauss u.a. Heidelberg 2005, S. 17–54, hier S. 39, Fn. 47.

11 Rousseau: ›Èmile‹; zit. ebd., S. 41, Fn. 54. – Vgl. auch Rainer Enskat: ›Bedingungen der Aufklärung. Philosophische Untersuchungen zu einer Aufgabe der Urteilskraft.‹ Weilerswist 2008, S. 253ff.

12 Matthias Jakob Schleiden: ›Schelling's und Hegel's Verhältnis zur Naturwissenschaft. Zum Verhältnis der physikalistischen Naturwissenschaft zur spekulativen Naturphilosophie.‹ Hrsg. v. Olaf Breidbach. Weinheim 1988 (›Schriften zur Naturphilosophie‹ 4).

13 Der Begriff wird hier im Sinne von Otto Gerhard Oexle verwendet: ›Auf dem Wege zu einer historischen Kulturwissenschaft.‹ In: ›Mediävistische Komparatistik.‹ Festschrift für Franz Josef Worstbrock zum 60. Geburtstag. Hrsg. v. Wolfgang Harms u. Jan-Dirk Müller. Stuttgart u. Leipzig 1997, S. 241–262, bes. S. 259: Die Suche nach Problemgeschichten hilft, »jene tieferen Schichten der Genese wissenschaftlicher Erkenntnis zu erfassen [...], in denen in der Auswahl bestimmter Ansätze und Sichtweisen die Einzelforschung konstituiert wird«.

nes weltanschaulichen Sektierertums«.[14] *Die Reaktion der Fachkollegen sagt nicht nur etwas über die Grundorientierungen der experimentell verfahrenden, dabei streng reduktionistisch denkenden Wissenschaftskultur aus, sondern auch über den funktionalen Zusammenhang, in dem sie – der Konfliktfall führt es vor Augen – mit einer die eng gezogenen Grenzen ignorierenden ›Gegenkultur‹ steht. Bekanntlich ist die Zahl der holistischen Modelle, die sich mit dem Reduktionismus der offiziellen Wissenschaftskultur nicht abfinden wollen, in den Jahrzehnten um 1900 sprunghaft angestiegen. Ein Grund mehr, noch einmal nach den Verbindungen zu fragen, die zwischen den kulturellen Sphären bestehen und die, wie im Falle HAUSDORFFS darzustellen ist, auch wechselseitig von Bedeutung gewesen sind. Das Themenspektrum seiner Essays läßt erkennen, daß der junge HAUSDORFF an dem ›Fall Zöllner‹, der in seinem eigenen Institut verhandelt wurde, höchstes Interesse im Blick auf eine Gegenwarts- und Krisendiagnose gehabt haben dürfte, noch dazu in dem von einem besonderen Szientismus geprägten Leipziger Gelehrtenmilieu.*[15]

Festzuhalten ist, daß die Kulturbedeutung des mathematisch-naturwissenschaftlichen Wissens mit dem Erkenntnisfortschritt im 19. Jahrhundert abnimmt, was zweifellos auch mit der technischen Darstellungsform zu tun hat – die Originalarbeiten werden für den mathematischen Laien unlesbar. Das gilt auch für die in den naturwissenschaftlichen Kernfächern formulierten Ergebnisse, die unanschaulich und damit für die (literarische) Öffentlichkeit zunehmend inhaltsleer werden. Zwar bemühen sich angesehene Universitätsgelehrte wie HERMANN VON HELMHOLTZ (1821–1894), RUDOLF VON VIRCHOW (1821–1902), ERNST HAECKEL (1834–1919) und ERNST MACH (1838–1916) um eine Sinndeutung der modernen Naturforschung, doch ohne in eine ernsthafte Konkurrenz um die verlorene Orientierungs- und Legitimationsfunktion der Wissenschaft einzutreten; die Festrede verhält sich gegenüber der Arbeit im Laboratorium in programmatischer Weise neutral.[16]

---

[14] *Christoph Meinel: ›Karl Friedrich Zöllner und die Wissenschaftskultur der Gründerzeit. Eine Fallstudie zur Genese konservativer Zivilisationskritik.‹ Berlin 1991 (›Berliner Beiträge zur Geschichte der Naturwissenschaften und der Technik‹ 13), S. 42. Unter welchen Umständen Zöllner als »einzige[r] Naturwissenschaftler von Rang« seine ›Experimente‹ mit einem Medium aufnahm, erläutert Adolf Kurzweg: ›Die Geschichte der Berliner »Gesellschaft für Experimental-Psychologie« mit besonderer Berücksichtigung ihrer Ausgangssituation und des Wirkens von Max Dessoir.‹ Diss. Berlin 1976, S. 29ff.*

[15] *Die biographische Detailstudie von Hans-Joachim Ilgauds und Gisela Münzel erwähnt leider nur den Namen Zöllners: ›Heinrich Bruns, Felix Hausdorff und die Astronomie in Leipzig.‹ In: Vorlesungen zum Gedenken an Felix Hausdorff‹, S. 89–106. Zum Leipziger ›Positivisten-Kränzchen‹ der 1880er Jahre vgl. Roger Chickering: ›Der »Leipziger Positivismus«.‹ In: ›Geschichtswissenschaft neben dem Historismus.‹ Hrsg. v. Eckhardt Fuchs u. Steffen Sammler. Leipzig 1995 (›Comparativ‹ 5/3), S. 20–31. – Weitere Einblicke in die zeitgenössische Debatte vermittelt Wayne H. Stromberg: ›Helmholtz and Zoellner: Nineteenth-century Empiricism, Spiritism, and the theory of Space perception.‹ In: ›Journal of the History of the Behavioural Sciences‹ 25 (1989), S. 371–383.*

[16] *Wie das prominente Beispiel der ›Reden‹ Emil Du Bois-Reymonds zeigt, in denen durchgehend vor einer spekulativen Sinnsuche gewarnt wird: »Für die deutsche Naturwissenschaft war bekanntlich die Zeit zu Ende des vorigen Jahrhunderts bis ziemlich tief in dieses hinein [...] solch eine dunkle Phase. Aehnlich einem hochbegabten, aber unreifer Schwärmerei hingegebenen Jüngling, noch taumelnd vom aesthetischen Trunk aus dem Zauberborn sei-*

Für die Literatur hat dies Folgen. Es gibt eine unmittelbare, wenn auch negative Wechselwirkung mit der genannten Entwicklung: Das moderne mathematisch-naturwissenschaftliche Wissen läßt sich weder adäquat thematisieren noch darstellen, allein die zum kulturellen Wissen gehörenden Formen der Popularisierung können – ihrerseits indirekt-metaphorische Bezugnahmen – in fiktionale Textwelten eingehen. Das betrifft auch »eine Konzeption von Literatur, die sich als ›Anwendung‹ von Wissenschaft [...] oder gar als – methodisch den Wissenschaften strukturgleiches – ›Experiment‹ verstand, wie dies zum Teil in rührender Naivität der Naturalismus versuchte«.[17] *Was bleibt, sind einige über Zwischeninstanzen vermittelte Relationen, die einer Verarbeitung von Folgeproblemen im kulturellen ›Sinnhaushalt‹ dienen; dazu gehört etwa die Remythisierung einzelner Lebensbereiche oder die Pro und Contra diskutierte Macht der instrumentellen Vernunft. Natürlich kann Literatur noch auf weitere Motive und Elemente zugreifen, um indirekt das epistemische Wissen der Fachdisziplinen oder unmittelbar(er) die soziale Praxis, also die öffentliche Anerkennung und staatliche Förderung*[18] *der Wissenschaft zu thematisieren, womit oft auch die Funktion der Kunst in der naturwissenschaftlich-technisch geprägten Welt der Moderne mitreflektiert wird. Doch diese Bezugnahme ist durchaus einseitig, in der umgekehrten Richtung gibt es offenbar keinerlei Wissenstransfer, der eine Untersuchung lohnt.*

Erst vor dem Hintergrund dieser kulturellen Entwicklungen in der Moderne wird die Ausnahmestellung erkennbar, die das literarische und essayistische Werk Hausdorffs einnimmt. Will man seine Bedeutung erschließen, ist zunächst zwischen den Gattungen zu unterscheiden: Die in der Lyrik angesprochenen wissenschaftlichen Problemgehalte werden von einem Mathematikhistoriker zweifellos anders wahrgenommen und dekodiert als von einem Literaturwissenschaftler, wobei über die formale Gestaltung der einzelnen Gedichte noch gar nichts gesagt ist. Bei den Essays besteht dagegen eine größere Nähe zu den erkenntnistheoretischen und aphoristischen Schriften, ihre diskursive Anlage erleichtert die Bezugnahme auch auf das mathematische Werk.

Um die folgenden Ausführungen von methodischen Reflexionen zu entlasten und den genannten Gattungsunterschieden Rechnung zu tragen, geht sowohl die Betrachtung des lyrischen als auch des essayistischen Werks von einer Voraussetzung aus, die der eigentlichen Beschreibung vorangestellt wird; es handelt sich

---

ner grossen Litteratur-Periode, liess der deutsche Geist durch poetisch-philosophisches Blendwerk sich irren, und verlor er den in der Naturforschung einzig sicheren Pfad.« (›Reden.‹ Zweite Folge. Leipzig 1887, S. 355.) Vgl. auch Jochen Zwick: ›Akademische Erinnerungskultur, Wissenschaftsgeschichte und Rhetorik im 19. Jahrhundert. Über Emil Du Bois-Reymond als Festredner.‹ In: ›Scientia Poetica‹ 1 (1997), S. 120–139 sowie Paul Ziche: ›Wissenschaftslandschaften um 1900. Philosophie, die Wissenschaften und der nichtreduktive Szientismus.‹ Zürich 2008, S. 188ff.

17 *Michael Titzmann: ›1890–1930. Revolutionärer Wandel in Literatur und Wissenschaften.‹ In: ›Die Literatur und die Wissenschaften 1770–1930.‹ Hrsg. v. Karl Richter, Jörg Schönert u. Michael Titzmann. Stuttgart 1997, S. 297–322, hier S. 303f.*

18 *Bei welcher in dem hier erörterten Zeitraum die Naturwissenschaften erstmals in den Mittelpunkt treten, wie die Ausrichtung und die Strukturpläne der Kaiser-Wilhelm-Gesellschaft zeigen; vgl. Pierangelo Schiera: ›Laboratorium der bürgerlichen Welt. Deutsche Wissenschaft im 19. Jahrhundert.‹ Frankfurt a.M. 1992, S. 291.*

(a) um eine texttheoretische und (b) um eine wissenssoziologische Prämisse.

3. Die poetischen Schriften von Felix Hausdorff / Paul Mongré

Texttheoretische Voraussetzungen der Interpretation. – Unter dem Titel Ekstasen, *der auf die nach-naturalistische Stimmung des Fin de siècle und die hier gepflegte Metaphorik der Entgrenzung und Reizbarkeit anspielt, hat Hausdorff / Mongré seine Gedichtsammlung im Jahr 1900 erscheinen lassen. Versucht man die Erwartungen der Leser zu rekonstruieren, die auf diesen Titel aufmerksam gemacht werden sollten, dann ist auf jene avantgardistischen Bewegungen zu achten, die eine Durchbrechung der Konventionen, eine Nivellierung von Kunst und Leben und damit eine amimetische Ästhetik propagierten. Sehr stark wirkte hier eine an den französischen Symbolisten – und ihren Konkurrenten – oder an Nietzsche orientierte Metaphorik. Hier darf jedoch nicht vorschnell die Frage nach einem Bewußtsein der Modernität gestellt werden, das in einer Analogie zwischen dem konstruierend-experimentellen Verfahren des Künstlers und denkgeschichtlichen Umbrüchen gesehen wird. Vielmehr müßte eine »deskriptive historiographische Kategorie für ›Literatur der Moderne‹ [...] Raum für die unterschiedlichen Reaktionen auf die Erfahrungen von Modernisierungsvorgängen geben und nicht ausschließlich an Literatur orientiert sein, die auf solche Erfahrungen durch poetologische Innovationen und entschiedene Veränderungen der ›symbolischen Welt‹ der Literatur reagiert.«[19] Vielleicht gab es bei Hausdorff / Mongré den Versuch, jene aktuellen, auf spektakuläre Entdeckungen in den Naturwissenschaften hindeutenden Erkenntnisse in literarisch konventionellen Formen zu kommunizieren, da sich die Schockstrategien einer nicht mehr nachahmend auf Realität bezogenen Kunst hierfür als ungeeignet erwiesen oder rasch verbraucht erschienen.[20]*

Wie auch immer – die entscheidende Frage lautet, ob das transkribierte Sachwissen des Mathematikers in den Bildbereichen der lyrischen und essayistischen Texte nachzuweisen ist und wie solche Grabungen unter der Ornamentik vorzunehmen sind (kehrt man die Blickrichtung um, bleibt es dagegen problematisch, von Hausdorffs Beschäftigung mit der Form des Sonetts unmittelbar auf Tendenzen in seinen mathematischen Arbeiten zu schließen). Egbert Brieskorn, der beste Kenner des gesamten Œuvres, hat aus der Sicht des Mathematikers solche Beispielanalysen vorgenommen und die häufig wiederkehrenden mathematischen Gedanken, Ergebnisse der Physik, erkenntnistheoretischen Überlegungen und die sowohl für den Mathematiker als auch den Literaten Mongré charakteristischen

---

19 Jörg Schönert: ›Gesellschaftliche Modernisierung und Literatur der Moderne.‹ In: ›Zur Terminologie der Literaturwissenschaft.‹ Hrsg. v. Christian Wagenknecht. Stuttgart 1989, S. 393–413, hier S. 409, Fn. 42.

20 Dazu ausführlicher Friedrich Vollhardt: ›Pierrot Lunaire. Form und Flüchtigkeit des Schönen in der europäischen Literatur, Kunst und Wissenschaft um 1900 (Giraud, Hartleben, Hausdorff).‹ In: ›Europäische Jahrhundertwende – Literatur, Künste, Wissenschaften um 1900 in grenzüberschreitender Wahrnehmung.‹ Erstes Kolloquium. Hrsg. von Werner Frick u. Ulrich Mölk. Göttingen 2003 (›Nachrichten der Akademie der Wissenschaften zu Göttingen I. Philologisch-historische Klasse‹ Nr. 3), S. 89–113 bzw. [31]–[55].

Formen des Denkens in Themengruppen katalogisiert.[21] *Die entschlüsselten Anspielungen sind in den Stellenkommentar der vorliegenden Edition seiner literarisch-essayistischen Schriften eingegangen.*

Erstaunlich ist, an wie vielen Stellen mathematische Terminologie offen eingesetzt wird. So dient etwa, um nur ein Beispiel herauszugreifen, in dem Essay Tod und Wiederkunft *die Untersuchung eines ›Augenblicks‹ dazu, die Differenz zwischen einer Strecke erfüllter Zeit und einem Punkt erfüllter Zeit bewußt zu machen und damit in semantischer Umkleidung die mengentheoretische Beschreibung von Raum und Zeit als Punktmengen einzuführen. Dabei ist ganz selbstverständlich von Mengen und Reihen die Rede und von unserem linear, nicht punktuell arbeitenden Bewußtsein, für das es eigentlich gar keinen Augenblick gibt, sondern nur zusammenhängende Momentfolgen:* unendliche, »transfinite« Mengen dieses feinen Punktstaubes, nur Continua von erfüllten Augenblicken geben einen Bewußtseinsvorgang. Ach, wie armselig, wie einfach und unzerlegbar kann so ein Bewußtseinsvorgang sich ausnehmen und steht doch seiner Structur nach nicht niedriger als das ganze Cinquecento mit seinen Künsten und Gelehrsamkeiten![22]

Der Nicht-Mathematiker wird den auffälligen Begriff ›Punktstaub‹ nicht im Kontext der Cantor*schen Mengenlehre zu verstehen suchen, sondern vielleicht als eine reizvolle Variation jener Vanitas-Metaphorik nehmen, die eine lange Tradition*[23] *hat und den gebildeten Leser an den Eingangsmonolog der ›Catharina‹-Tragödie von* Andreas Gryphius *(1616–1664) erinnern könnte: »Schmuck / Bild / Metall und ein gelehrt Papir / Ist nichts als Sprew und leichter Staub vor mir.« Auch der Vergleich mit dem Cinquecento dürfte als exquisit aufgefaßt werden, den Gedankengang jedoch kaum erhellen. Die verwendeten Bilder erscheinen bemerkenswert, bleiben aber vieldeutig oder gar nichtssagend.*

An der Grenze, die den mathematisch informierten Leser vom Laien trennt, wird zugleich ein hermeneutischer Grundsachverhalt deutlich: Man kann in den von Hausdorff / Mongré *verwendeten sprachlichen Sinnbildern eine mathematische Botschaft erkennen und diese entsprechend kontextualisieren und damit interpretieren. Oder man kann sich von den Symbolwelten in der Lyrik dazu anregen lassen, über das Verhältnis der poetischen Realität zur nichtkünstleri-*

---

[21] *Die Stichworte reichen – hier nur in Auswahl zitiert – von »Axiomatische Methode« über »Fiktion«, »Logik«, »Mengen«, »Raum und Zeit«, »Topologie« bis »Zahl«. Ich danke Egbert Brieskorn für die Möglichkeit, Einsicht in das unveröffentlichte Typoskript zu nehmen.*

[22] *Erstdruck in: ›Neue Deutsche Rundschau‹ X (1899), H. 12 (Dezember), S. 1277–1289, hier S. 1280. – Die ›Rundschau‹ gehörte zu den wichtigsten Periodika der Zeit um 1900; zu dem gesamten Spektrum der Zeitschriften vgl. Andrea Albrecht: ›»Ueberall wird in Naturwissenschaft gemacht«. Zur Diskussion um naturwissenschaftliche und mathematische Bildung in den deutschen Kulturzeitschriften der Jahrhundertwende.‹ In: ›Europäische Kulturzeitschriften um 1900 als Medien transnationaler und transdisziplinärer Wahrnehmung.‹ Hrsg. v. Ulrich Mölk. Göttingen 2006 (›Abhandlungen der Akademie der Wissenschaften zu Göttingen Philologisch-Historische Klasse‹, Dritte Folge, Bd. 273), S. 197–213; ferner Vera Viehöver: ›Diskurse der Erneuerung nach dem Ersten Weltkrieg. Konstruktionen kultureller Identität in der Zeitschrift ›Die Neue Rundschau‹.‹ Tübingen u. Basel 2004, bes. S. 29–66.*

[23] *Vgl. Manfred Windfuhr: ›Die barocke Bildlichkeit und ihre Kritiker. Stilhaltungen in der deutschen Literatur des 17. und 18. Jahrhunderts.‹ Stuttgart 1966 (›Germanistische Abhandlungen‹ 15), bes. S. 188f.*

schen Wirklichkeit nachzudenken, die deren Kontingenz und zugleich die Bedingtheit unserer Anschauungsformen erkennbar werden läßt und damit den oft konventionellen Formeln romantischer Poesie eine neue Bedeutung verleiht, auch ohne daß die Verschiedenartigkeit der Bewußtseinswelten mathematisch gedeutet würde. In beiden Fällen können die Bedeutungszuschreibungen Anspruch auf Erklärung und Wissen erheben, ein Unterschied besteht jedoch »im Verständnis dessen, was man tut, um zu den Urteilen zu gelangen: ob man Sinn hebt oder an etwas zu Erkenntnissen gelangt.«[24] *Die zweite Form der Urteilsbildung, die literaturwissenschaftliche, wird durch traditionsgeschichtliche Hinweise im Kommentar vorbereitet, wobei zwanglos auch die anachronistischen Züge der* Ekstasen-*Lyrik dadurch erklärt werden, daß sich moderne Literatur in ihren Aussageweisen zwar nicht mehr als wahrheitsfähig versteht, gerade deshalb aber auch auf ältere, ja archaische Vorformen zurückgreift:*

> *Nur wenn Poesie auf den Anspruch verzichtet, ihren ästhetischen Rahmen zu überschreiten und mit dem wissenschaftlichen Weltbild zu konkurrieren, bleibt sie unbehelligt von Analysen, mit denen das wissenschaftliche Denken die Wunschwelten des Mythos, der Religion und des Traums in ihre geschichtlichen, sozialen und psychologischen Bedingtheiten aufgelöst hat.*[25]

3.1. Das lyrische Werk

Mit dem bereits erwähnten Titel Ekstasen *greift Hausdorff ein Modewort der Zeit auf, das Assoziationen wecken sollte. Im Ausgang von dem griechischen* ἔκστασις *konnten außergewöhnliche Erfahrungen und psychische Zustände mit dem Begriff verbunden oder umgekehrt die Behauptung des Numinosen bezweifelt werden, da diese auf ein individuelles Bewußtsein bezogen blieb. Besondere Bedeutung wurde den verschiedene Künste verbindenden Werken und den auf Steigerung beruhenden synästhetischen Erlebnissen zugeschrieben. Bekanntlich hat Nietzsche in seiner Schrift über ›Die Geburt der Tragödie aus dem Geiste der Musik‹ (1872) Wagners ›Tristan und Isolde‹ als Beispiel gewählt, um das Wechselverhältnis von Drama und Musik zu erläutern, wobei er das »Hörerlebnis [...] mit dem Wortfeld ekstatischer Erlebnisse«*[26] *darstellt; besonders eindrucksvolle Formulierungen fin-*

---

[24] *Rüdiger Bittner: ›Bilder sprechen oft nicht.‹ In: ›Kunst und Erkenntnis.‹ Hrsg. v. Christoph Jäger u. Georg Meggle. Paderborn 2005 (›KunstPhilosophie‹ 6), S. 62–72, hier S. 72. – Für Resignation besteht also kein Anlaß. Das Problem der ›Übersetzung‹ erscheint erst dann als unlösbar, wenn, wie bei Armand Borel, die Mathematik selbst als Kunst betrachtet wird: »Daß dies dann den Nichtmathematikern kaum mitteilbar ist, ist nicht überraschend: Unsere Gedichte sind in einer recht speziellen Sprache geschrieben [...]; obwohl diese in vielen der üblichen Sprachen ausgedrückt wird, ist sie doch einzigartig und in keine andere übersetzbar; und leider sind diese Gedichte nur in der originalen Sprache zu verstehen.« (›Mathematik: Kunst und Wissenschaft.‹ München ²1984, S. 33.)*

[25] *Heinz Schlaffer: ›Poesie und Wissen. Die Entstehung des ästhetischen Bewußtseins und der philologischen Erkenntnis.‹ Frankfurt a.M. 1990, S. 101.*

[26] *Hubert Cancik u. Hildegard Cancik-Lindemaier: ›Nietzsches »Mysterienlehre«.‹ In: ›Mystique, mysticisme et modernité en Allemagne autour de 1900.‹ Hrsg. v. Moritz Baßler u. Hildegard Châtellier. Straßburg 1998, S. 59–73, hier S. 67.*

den sich am Schluß der Abhandlung: »Jenes Streben in's Unendliche, der Flügelschlag der Sehnsucht, bei der höchsten Lust an der deutlich percipirten Wirklichkeit, erinnern daran, dass wir [...] ein dionysisches Phänomen zu erkennen haben, das uns immer von Neuem wieder das spielende Aufbauen und Zertrümmern der Individualwelt als den Ausfluss einer Urlust offenbart«.[27] *Friedrich Nietzsche nutzte dieses Bildinventar und die Formeln romantischer Poesie (›Flügelschlag der Sehnsucht‹), auf die auch Hausdorff zurückgreifen wird; allerdings zielt sein Kunstbegriff nicht auf die Anverwandlung eines mythischen Geschehens und zeigt daher auch nicht die Überanstrengung jener programmatischen Entwürfe, die in der Nachfolge Nietzsches entstanden.*[28]

Die akademische Ästhetik der Zeit hat die Suggestionskraft der Kunst und die Produktivität der Künstler mit psychologischen Kategorien zu erklären versucht. So beruft sich Eduard von Hartmann (1842–1906) – den Hausdorff in Sant' Ilario *kritisch erwähnt – auf die »medicinische Schule von Nancy«, um die Phantasietätigkeit mit psychischen Pänomenen wie Hypnose und Autosuggestion zu vergleichen. Die Ekstase wird zu den Bedingungen künstlerischer Kreativität gerechnet:*

> *Die Sehnsucht des Schaffens nach einer mehr oder minder bestimmten Richtung hin in Verbindung mit dem Zurücktreten des wachen Bewusstseins ist dasjenige, was wir [...] als die produktive Stimmung kennen gelernt haben; je weiter der Künstler über blosse Kombination hinaus ist, desto mehr ähnelt diese produktive Stimmung der Ekstase, dem Traume, d.h. dem Autosomnambulismus.*[29]

Die popularwissenschaftliche Literatur der Zeit hat die fraglichen Erscheinungen in ähnlicher Weise als eine »abgegrenzte Gruppe psychischer Thatsachen« verstanden, die »Symptome« in eine »Topographie« eingetragen und auf »organische Bedingungen des Nervensystems« zu beziehen versucht. Das Versprechen naturwissenschaftlicher Exaktheit wird dann jedoch mit dem geläufigen ästhetischen Vokabular (auffallend ist die Flug-Metaphorik) eingelöst:

> *In allen Sprachen der gebildeten Völker kommt nach dem Grösseren das Grösste; aber auf das Grösste folgt noch ein mehr als Grösstes, wofür es verschiedene und seltsame Ausdrücke giebt, die ich sämtlich mit dem Zeichen ∞ ausdrücken will, durch welches die Mathematiker das Unendliche andeuten. Die Ekstase in der gewöhnlichen Sprache ist Eins von jenen »mehr als Höchsten«, in seiner Anwendung auf die Lust, die Inspiration, auf die kühnsten Flüge des Gedankens.*[30]

Wie sich an diesen und weiteren Quellen zeigen ließe, vereinigt der Begriff um 1900 bestimmte Aspekte der romantischen Kunstreligion, die kompensatorisch der

---

[27] *KGW III, 1, 149.*

[28] *Vgl. Dieter Henrich: ›Versuch über Kunst und Leben. Subjektivität – Weltverstehen – Kunst.‹ München 2001, S. 129f.*

[29] *Eduard von Hartmann: ›Philosophie des Schönen. Zweiter systematischer Theil der Aesthetik [1887].‹ (›Ausgewählte Werke.‹ Zweite wohlfeile Ausgabe IV). Leipzig o.J., S. 577, Fn. u. S. 576. Zu den Theorien der ›Schule von Nancy‹ (Bernheim, Liébeault u.a.) und deren Verbreitung in Deutschland vgl. Stefan Andriopoulos: ›Besessene Körper. ›Criminelle Suggestion‹ und ›Körperschaftsverbrechen‹ in Literatur, Medizin und Rechtswissenschaft des späten 19. Jahrhunderts.‹ In: ›Scientia Poetica‹ 2 (1998), S. 129–150, bes. S. 131ff.*

[30] *Paul Mantegazza: ›Die Ekstasen des Menschen.‹ Aus dem Italienischen von R. Teuscher. Jena 1888, S. 3, S. 18f. u. S. 21.*

»Nüchternheit der verstandesmässigen Auffassung« gegenübergestellt werden konnten: In der »den ganzen Menschen packenden Ekstase« sollen die »unsere Individualität begründenden Schranken im Strom eines alles umspannenden kosmischen Lebens« zurückweichen.[31] *Solche epiphanieartigen Erlebnisse rückt der im selben Jahr wie das Buch von Achelis – 1902 – veröffentlichte, später berühmte ›Brief des Lord Chandos‹ ins Zentrum poetologischer Reflexion, womit noch einmal auf die Verbreitung von Denkmotiven hingewiesen sei, die sich auch bei dem von Hofmannsthal inszenierten Spiel mit Motiven, Texten und Traditionen auf das skizzierte semantische Feld und den um 1900 wiederbelebten »ekstasis-Aspekt der cognitio Dei experimentalis«*[32] *zurückführen lassen.*

Daß Hausdorff *die quasi-religiösen Deutungsmuster kannte, die sich mit dem Titel seiner Gedichtsammlung verbanden, zeigen seine Reflexionen in* Sant' Ilario, *wo er eine positive Bestimmung des Ekstatischen vom gängigen Begriffsgebrauch abhebt. Zum einen wendet er sich gegen die Ästhetiker, die auf dem* Markt philosophischer Begriffe *keine Gelegenheit versäumen,* ein Ganzes entzwei zu denken*;* *zum anderen kritisiert er die herrschende* Intimolatrie, *das heißt die psychologischen Spekulationen über Erfahrungen im Raum des Irrationalen:* Das Bewusstsein — langweilig, philisterhaft; Traum, Hypnose, Ekstase sind die eigentlichen Emanationen des Binnenlebens; *[...]* nur der schlafende Fakir taucht in die Tiefen, des Idioten weisse Seele ist der Sitz eleusinischer Enthüllungen. *(Aph. 282, S. 186f.) Dem individuellen Erleben, das unzugänglich und unbegreiflich bleibt, stellt er die spontane Interaktion und gelingende Konversation als Ort der Eingebung gegenüber:*

> Das Ideal eines guten Gesprächs ist dasjenige, das wie jedes gute Ding auf einem Boden eigener Ekstase erwächst, von dem eine Verpflanzung in niedere Realitätsgattungen gar nicht möglich ist. *[...]* Nun, diese Gesprächs-Ekstase ist von Seiten der Alltagswirklichkeit nicht vorzubereiten, nicht stufenweise zu ersteigen, sondern sie muss von selbst aufleuchten. *[...]* Ein gutes Gespräch — vielleicht fasst dies alles zusammen — zeitigt nur solche Gedanken, die ihrem Urheber ebenso neu sind wie seinen Zuhörern, die überhaupt nicht dem Einzelnen, sondern allen Gesprächstheilnehmern wie einem lebendigen Collectivum als geistiges Eigenthum zuzurechnen sind. *(Aph. 274, S. 175f.)*

Diese Formulierungen lassen sich ohne Schwierigkeiten auf neuere kommunikationstheoretische Überlegungen beziehen, in denen die »ekstatische und gleichzeitig Gemeinsamkeit stiftende ›Dichte‹ der Atmosphäre des gelingenden Gesprächs« umschrieben und mit Erving Goffman *von einem »sozialisierten Trancezustand«*[33] *gesprochen wird – was stets die Gefahr hypertropher Deutungen in sich birgt. Um solche Möglichkeiten auszuschließen, setzt* Hausdorff *bei den Gesprächsteilnehmern – wohl auch bei den Lesern seiner* Ekstasen *– ein besonderes Vermögen, ein*

---

[31] *Thomas Achelis: ›Die Ekstase in ihrer kulturellen Bedeutung.‹ Berlin 1902, S. 214.*

[32] *Wolfgang Riedel: ›»Homo natura«: Literarische Anthropologie um 1900.‹ Berlin 1996, S. 19, Fn. 60.*

[33] *Wolfhart Pannenberg: ›Sprechakt und Gespräch.‹ In: ›Das Gespräch.‹ Hrsg. v. Karlheinz Stierle u. Rainer Warning. München 1984, S. 65–76, hier S. 72f.*

›Organ für die Kunst‹[34] *voraus, durch das diese Vergegenwärtigung zustande kommt.*

Der über zweihundert Seiten umfassende Gedichtband zerfällt in mehrere Teile, unter denen drei hervorzuheben sind: Ein dreißig Gedichte umfassender Zyklus dithyrambischer Gesänge unter der Überschrift Falterflüge, *die mit dem mehrfach wiederholten Narrenmotiv auf das Vorbild* NIETZSCHES *verweisen; ein genau die Mitte einnehmendes Konvolut von Rondels* Aus dem Pierrot Lunaire von Albert Giraud, *Adaptationen* HAUSDORFFS, *denen eine Anzahl thematisch wie stilistisch verwandter eigener Gedichte folgt; und schließlich eine Serie von Sonetten mit modernisierten ›laudes Italiae‹. Außergewöhnlich sind die* Pierrot-*Gedichte, weshalb danach zu fragen ist, wie* HAUSDORFF *mit der Mode in Berührung kam, die um 1900 einen Höhepunkt erreichte, nicht zuletzt durch die Darstellungen der clownesken ›commedia dell'arte‹-Figur in der bildenden Kunst. Die folgenden Ausführungen widmen sich vor allem diesem Zyklus, der – im Unterschied zu den anderen Teilen des Gedichtbandes – gut geeignet ist, die Lyrik* HAUSDORFFS *aus ihren poetologischen Voraussetzungen zu verstehen und literarhistorisch einzuordnen.*

3.2. Der Gedichtzyklus Pierrot Lunaire

Seit den 1880er Jahren verkehrte HAUSDORFF *in einem Leipziger Kreis von Literaten, der sich um den* NIETZSCHE-*Verehrer* KURT HEZEL *(1865 – nach 1925) und den Lektor* HANS HEILMANN *(1859–1930) gebildet hatte. Hier lernte er* HERMANN CONRADI *(1862–1890),* OTTO ERICH HARTLEBEN *(1864–1905) sowie* HEINRICH KOESELITZ *(1854–1918; Pseudonym* PETER GAST*) kennen, im weiteren Umkreis* MAX KLINGER *(1857–1920) und* MAX REGER *(1873–1916). Über diesen Kreis ergaben sich auch Kontakte zu* RICHARD DEHMEL *(1863–1920) und* FRANK WEDEKIND *(1864–1918),*[35] *um nur die*

---

[34] *Hausdorff erwähnt in dem zitierten Aphorismus Nr. 274 (S. 176) das Lehrgespräch und die* didaktische Poesie *als Medien der Erbauung für jene,* die für Kunst keine Organe haben. *Es handelt sich um eine ebenso aufschlußreiche wie kommentierungsbedürftige Stelle, da Hausdorff auf eine Formulierung in Schellings ›System des transscendentalen Idealismus‹ (1800) anspielt, wo es am Ende in einer komplizierten Auseinandersetzung mit Kants Konzeption der Einbildungskraft heißt: »Ein absolut Einfaches, Identisches läßt sich nicht durch Beschreibung, überhaupt nicht durch Begriffe auffassen oder mittheilen. Es kann nur angeschaut werden. Eine solche Anschauung ist das Organ aller Philosophie. [...] Wenn die ästhetische Anschauung nur die objectiv gewordene transscendentale ist, so versteht sich von selbst, daß die Kunst das einzige wahre und ewige Organon zugleich und Document der Philosophie sey, welches immer und fortwährend aufs neue beurkundet, was die Philosophie äußerlich nicht darstellen kann, nämlich das Bewußtlose im Handeln und Produciren, und seine ursprüngliche Identität mit dem Bewußten.« (Friedrich Wilhelm Joseph Schelling: ›Historisch-Kritische Ausgabe.‹ Werke 9, Teilband 1. Hrsg. v. Harald Korten u. Paul Ziche. Stuttgart 2005, S. 325 u. S. 328.) Die Frage ist, ob Hausdorff hier m i t Schelling über die Funktion der Kunst für die mathematisch-philosophische, noch nicht zum Abschluß gelangte Erkenntnistheorie nachdenkt, oder ob er das Theorem aufgreift und abwandelt, um g e g e n Schelling den veränderten Kontext zu betonen.*

[35] *In seiner ›Monstretragödie‹ ›Die Büchse der Pandora‹ (1894) läßt Wedekind Lulu im Pierrot-Kostüm auftreten; ob eine Anregung hierzu von Hartleben ausgegangen ist, der Wedekind 1893 seine Giraud-Bearbeitung übersandte, ist genauer zu prüfen.*

wichtigsten Namen zu nennen. Auf die Verse des unter Pseudonym schreibenden Belgiers ALBERT KAYENBERGH (1860–1929) war der Kreis durch den an der Leipziger Universität bei WILHELM WUNDT (1832–1920) studierenden Niederländer RUDOLPH STEINMETZ (1862–1940) aufmerksam gemacht worden.[36] Wenige Jahre später zählte GIRAUD / KAYENBERGH zu den auch in Deutschland bekannten und umstrittenen ›Jüngsten‹ im französischen »Literatur-Panorama«, über das sich RICHARD DEHMEL von einem Freund – dem NIETZSCHE-Übersetzer HENRI ALBERT – regelmäßig informieren ließ: »Und würden Sie mir dann die Büchertitel nennen? Die ganz bekannten kenne ich natürlich; aber les hommes d'Un livre ou de trois, sind da welche drunter, die mehr sind als blos Virtuosen vom Schlage Albert Giraud's [...]?«[37] OTTO ERICH HARTLEBEN zeigte sich dagegen begeistert und notierte zu seinem Versuch einer deutschen Bearbeitung im Dezember 1887 in seinem Tagebuch:

> *Es ist eine subtile Ciselirarbeit, solche Gedichte zu übertragen [...]. Und doch – es ist nicht entfernt der Reiz der französischen »rondels« erreicht. Man denke doch nur, daß diese durchgezognen graciösen Refrains im Französischen durch klingende Reime mit dem Übrigen verschmolzen sind. Welcher Wohllaut, und wie kahl daneben die reimlose Übersetzung![38]*

Die Arbeit sollte fünf Jahre in Anspruch nehmen. Nach einer auf sechzig Exemplare limitierten autographierten Ausgabe 1892 erschien HARTLEBENS deutsche Fassung 1893 in dem von PAUL SCHEERBART (1863–1915) kurz zuvor gegründeten ›Verlag der deutschen Phantasten‹ im Druck.

Der Verlagsname und die Publikationsform gehören zum Programm: Die ›Phantasten‹ – so lautet die Selbstbezeichnung der Künstlergruppe – kommunizieren in Form von Privatdrucken, sie bilden eine kleine, exklusive Gemeinschaft. Um diesen Eindruck zu verstärken, sind die Gedichte bei HARTLEBEN mit Widmungen versehen. Die Reihe der Namen liest sich zu einem Teil wie das Mitgliederverzeichnis der jungen deutschen ›l'art pour l'art‹-Gemeinde, für welche die Namen von HEILMANN und HEZEL stehen.[39] Zudem stellen die Widmungen eine Verbindung zwischen den vom Naturalismus enttäuschten Schriftstellern her oder bekunden die Hochachtung vor Zeitgenossen, die man in den anti-veristischen Bund einbe-

---

36 Zu diesem Vermittler E. W. Hofstee: [Art.] ›Steinmetz, Sebald Rudolph.‹ In: ›Biografisch Woordenboek van Nederland‹, Bd. 2. Hrsg. v. J. Charité. Amsterdam 1985, S. 535f.

37 ›Richard Dehmel und Henri Albert: Eine deutsch-französische Brieffreundschaft. Briefwechsel 1893–1898.‹ Hrsg. v. Catherine Krahmer. Herzberg 1998 (›bibliothemata‹ 16), S. 21.

38 Otto Erich Hartleben: ›Tagebuch. Fragment eines Lebens.‹ München 1906, S. 38.

39 Über den Juristen Kurt Hezel, der zur Gründung und zum Zusammenhalt des Kreises beigetragen hat, ist nur wenig in Erfahrung zu bringen. Hans Heilmann veröffentlichte 1904 eine Anthologie ›Chinesischer Lyrik‹, in der er am Beispiel der außereuropäischen Literatur Fragen der Symbolbildung erörterte, die Rückschlüsse auf die programmatischen Grundsätze der Künstlergruppe erlauben: »Der chinesische Dichter scheut [...] Unklarheiten nicht, im Gegenteil, er liebt sie; er liebt nicht allein das sinnreich Mehrdeutige, auch das Rätselhafte, Nebelhafte, das künstliche Helldunkel überhaupt und macht daraus geradezu eine poetische Technik [...]. [...] Der Symbolismus ist das gegebene Kunstmittel einer Lyrik, deren Sprache sie anweist, mit wenig Worten viel erraten zu lassen. Das Raffinement wird also hier gewissermaßen Naturprodukt.« (›Einleitung‹, S. XXXI u. S. XLIX.)

ziehen wollte – THEODOR FONTANE (1819–1898) etwa oder den noch jungen Philosophen HEINRICH RICKERT, der sich spöttisch mit dem Darwinismus auseinandersetzte. Genannt werden außerdem: HERMANN BAHR (1863–1934), OTTO JULIUS BIERBAUM (1865–1910), RICHARD DEHMEL, MAX LIEBERMANN (1847–1935), FRITZ MAUTHNER (1849–1923), JOHANNES SCHLAF (1862–1941) und DETLEV VON LILIENCRON (1844–1909). Eines dieser Gedichte, überschrieben die ›Rote Messe‹, ist HAUSDORFF gewidmet. Weshalb HARTLEBEN dieses Stück ausgewählt hat, läßt sich wohl kaum mehr erschließen, es handelt sich um eines der vielen Gedichte, in denen die künstlerische Existenz reflektiert wird. Auch aus dem Platz im Zyklus lassen sich – betrachtet man die von HARTLEBEN gewählte Reihenfolge – keine Schlußfolgerungen ziehen, obwohl in vielen Fällen die Prüfung der intratextuellen Relationen einen Zugang zu dem einzelnen ›Melodram‹ eröffnet. Denn auffallend ist, daß alle Bearbeiter des von GIRAUD gelieferten Stoffes eine eigene Auswahl und Anordnung der Gedichte treffen, die im Vergleich untereinander und mit dem Vorbild rasch thematische Einheiten oder zumindest sequentielle Besonderheiten erkennbar werden lassen.

Aus der Eigenperspektive der Epoche betrachtet, kennzeichnet den 1884 in Paris veröffentlichten Gedichtzyklus zunächst kaum mehr als die Verstärkung einer Tendenz. Der Vertreter der Gruppe ›La jeune belgique‹ (1881–1897)[40] hat der Menge der literarisierten Pierrot-Typen eine weitere hinzugefügt, deren Zahl seit der Mitte des 19. Jahrhunderts in dem Maße wuchs, wie das pantomimische Volkstheater an Bedeutung verlor. Entsprechend schwer lassen sich das Figurenspektrum und die Menge der Bearbeitungen[41] überschauen, zwischen 1888 und 1891 erschien sogar eine eigene Zeitschrift unter dem Titel ›Le Pierrot‹.[42] An den bildkünstlerischen Darstellungen läßt sich die weite Verbreitung des Motivs ablesen, wobei die Entwicklung hier vermutlich länger andauert und der Rekurs auf die Tradition zugleich noch deutlicher hervortritt: In der ersten Hälfte des 19. Jahrhunderts kommt es zu einer Wiederentdeckung der Bilder ANTOINE WATTEAUS (1684–1721) – genannt seien nur der berühmte ›Pierrot, dit Gilles‹ (1718/19) sowie ›Pierrot content‹ (1712/13) und ›Comédiens italiens‹ (um 1720) – und danach zu einer Begeisterung für einzelne Motive, die selbst im Kunsthandwerk und der Kleidermode ihre Wirkung zeigen sollte. THÉOPHILE GAUTIER (1811–1872) schreibt 1862 über die Phantasiewelten WATTEAUS: »Bonheur rare! il a créé une grâce nouvelle [...]. C'est une grâce fine, élégante, délicate, immaterielle,

---

40 Vgl. Ann-Mari Gunnesson: ›Les écrivainset le champ littéraire en Belgique francophone‹ Göteborg 2001 (›Romanica Gothoburgensia‹ XLVIII), S. 49; Jean Weisgerber: ›Les Avant-gardes littéraires en Belgique. Au confluent des arts et des langues (1880–1950).‹ Brüssel 1991, S. 91–100. Das anti-symbolistische Konzept der Zeitschrift ›Jeune Belgique‹, zu deren Mitbegründern Giraud gehörte, wurde in Deutschland nicht übernommen; vgl. Manfred Gsteiger: ›Französische Symbolisten in der deutschen Literatur der Jahrhundertwende (1869–1914).‹ Bern 1971, S. 41.

41 Zu Giraud im Epochenzusammenhang Robert F. Storey: ›Pierrot. A critical History of a Mask.‹ Princeton 1978, S. 126f.; zum weiteren Kontext Jean de Palacio: ›Pierrot fin-de-siècle ou Les métamorphoses d'un masque.‹ Paris 1990; A. G. Lehmann: ›Pierrot and Fin de Siècle. ‹In: ›Romantic Mythologies.‹ Hrsg. v. Ian Fletcher. London 1967, S. 209–223.

42 Vgl. Gabriele Beinhorn: ›Das Groteske in der Musik. Arnold Schönbergs »Pierrot lunaire«.‹ Pfaffenweiler 1989 (›Musikwissenschaftliche Studien‹ 11), S. 151.

toute moderne.«[43] *Den* WATTEAU*schen Gilles-Typus nimmt* PABLO PICASSO *(1881–1973) in seinem Frühwerk auf (›La Danseuse bleue‹, 1900), aber auch zahlreiche andere Künstler variieren die Figur aus dem Bühnenkontext. Zwischen den von* HONORÉ DAUMIER *(1808–1879; ›Crispin et Scapin‹, 1863/65) und* EDWARD HOPPER *(1882–1967; ›Soir bleu‹, 1914) entfalteten Szenarien*[44] *entwickeln sich die verschiedenen literarischen Gestaltungen des Künstlertyps, Entsprechungen lassen sich nachweisen.*[45]

Die der commedia dell'arte entstammende Figur ist aus der Umgestaltung der Rolle Arlecchinos hervorgegangen, die in der französischen Tradition sentimentale Züge erhielt. Bei den Symbolisten wird der exzentrische und melancholische Pierrot zu einer »synkretistische[n] Figur«,[46] *in der verschiedene Reminiszenzen miteinander verschmelzen konnten. Den im Mondlicht auftretenden Kunstfiguren bzw. Künstlerfiguren gemeinsam ist die Verkleidung und Gebärde sowie das maskenhaft geschminkte Gesicht, das Distanz schafft. Hinzu kommt die dandyhafte Haltung, die Todessehnsucht und die Andeutung ekstatischer Zustände; ›lunaire‹ erinnert an das Sprichwort ›il est dans la lune‹*[47] *– Pierrot hat wahnhafte Eingebungen und visionäre Träume. Die Figur wird damit zu einer Chiffre für künstlerische Problemlagen der Zeit: »Die verträumten, mondgesichtigen Pierrots passen gut in die* dekadente *Atmosphäre des fin de siècle.«*[48] *Damit ist eine Reihe vertraut erscheinender Epochenbegriffe mit vielen Unbekannten genannt, die jeweils explikationsbedürftig bleiben.*[49] *Im Blick auf die deutschen Bearbeitungen ist eine genauere Eingrenzung nicht leicht vorzunehmen, da Vorarbeiten fehlen.*[50] *Die Pierrot-Mode kommt vergleichsweise spät nach Deutschland, vermutlich verbreitet sie sich zuerst im Umkreis der von* HARTLEBEN *angesprochenen ›Phantasten‹. »Das ist das morbide und hübsche Buch eines französischen Symbolisten, von dem Berliner [sc.* HARTLEBEN*] mit sehr viel Geschmack, man darf kaum sagen übersetzt.« So urteilt Hugo von* HOFMANNSTHAL *(1874–1929) kurz nach Erscheinen der Sammlung im ›Modernen Musenalmanach‹; dort heißt es weiter:*

---

43 *Zit. nach Janina Forell: ›Pierrot und Harlekin. Die Quellen der Inspiration und die Bedeutung dieses Themas für die französische Malerei des 19. und beginnenden 20. Jahrhunderts.‹ Diss. München 1985, S. 13.*

44 *Vgl. Thomas Kellein: ›Pierrot. Melancholie und Maske.‹ München 1995, S. 57–82.*

45 *Zu dem charakteristischen Masken-Motiv vgl. Wolfgang Drost: ›Entsprechungen in belgischer Kunst und Literatur des Fin de siècle – Von Fernand Khnopff zu Georges Rodenbach.‹ In: ›Bilderwelten als Vergegenwärtigung und Verrätselung der Welt. Literatur und Kunst um die Jahrhundertwende.‹ Hrsg. v. Volker Kapp u.a. Berlin 1997 (›Schriften zur Literaturwissenschaft‹ 12), bes. S. 117.*

46 *Jean Starobinski: ›Porträt des Künstlers als Gaukler. Drei Essays [1970].‹ Aus dem Französischen von Markus Jakob. Frankfurt a.M. 1985, S. 67 (Hervorhebung nicht berücksichtigt).*

47 *Beinhorn: ›Das Groteske in der Musik‹, S. 155.*

48 *Starobinski: ›Porträt des Künstlers als Gaukler‹, S. 68.*

49 *Vorschläge für einen präziseren Begriffsgebrauch enthalten die einschlägigen Artikel im neubearbeiteten ›Reallexikon der deutschen Literaturwissenschaft‹ (Band 1–3, Berlin: Walter de Gruyter, 1997ff.).*

50 *Literaturgeschichtliche Darstellungen zur Rezeption der commedia dell'arte beziehen den Pierrot-Kontext nicht ein; vgl. etwa Artur Kutscher: ›Die Comédia dell arte und Deutschland.‹ Emsdetten 1955 (›Die Schaubühne‹ 43), S. 40 (»Nachwirkungen«).*

> *Der mondsüchtige Pierrot. Ganz einfach die alte Pantomimenfigur mit dem weißkreidigen Gesicht und den weiten Ärmeln [...]. Also wieder ein altes, gegebenes, längst stilisiertes Geschöpf vergangener Kunst, ein Wesen, wie der Faun oder der Engel oder der Tod. Und wieder angefüllt mit den modernsten Gefühlen und Leiden und Seltsamkeiten. Dieser Pierrot hat die Mondsucht eines hysterischen Künstlers von heute, er hat seine vibrierende Empfänglichkeit für [...] Martergedanken, Geigenspiel, für grelles Rot und »heiliges« sanftes Weiß. [...] Er leidet an der Kunst und nennt die Verse »heilige Kreuze, dran die Dichter stumm verbluten«. [...] Diese feininstrumentierte halbverderbte Poesie ist für ein paar hundert Menschen da.*[51]

Bei seiner Nachdichtung übernimmt HARTLEBEN *den von* GIRAUD *entworfenen Theaterrahmen, in den er die aus der commedia dell'arte bekannten Figuren und Szenen einfügt. Dabei markiert er den Rahmen des Geschehens so genau wie möglich, indem er am Beginn ein sprechendes Subjekt mit fraglicher Identität von einer Bühne träumen läßt,*[52] *deren Vorhang sich dann hebt, um am Schluß Pierrot als den verkleideten Autor der ins Buch verwandelten Imaginationen zu präsentieren; dieses Gedicht trägt den Titel ›Böhmischer Krystall‹:*

> *An Hans Heilmann*
>
> *Ein Strahl des Mondes, wohl verschlossen*
> *Im Glas von böhmischem Krystall,*
> *Ein Kleinod, wundersam und selten,*
> *Ist dieses versetolle Buch.*
>
> *Ich hab mich als Pierrot verkleidet –*
> *Ihr, die ich liebe, bring ich dar*
> *Den Strahl des Mondes, wohl verschlossen*
> *Im Glas von böhmischem Krystall.*
>
> *In diesem schimmernden Symbole*
> *Liegt Alles, was ich hab und bin.*
> *Gleichwie Pierrot im bleichen Schädel,*
> *Trag ich in Herz und Sinnen nur*
> *Den Strahl des Mondes – wohl verschlossen.*[53]

Durch die unvermittelte Gleichsetzung von »Buch« und »Krystall« in dem auf beides zu beziehenden »Kleinod« (v. 3) erklärt der Mondstrahl, bekanntlich die Ursache der wahnhaften Visionen Pierrots, die Entstehung und Form der vorliegenden Dichtung (»versetoll«, v. 4): Buch bzw. Kristall werden zum ›Symbol‹ (v. 9) für die Singularität des Autors bzw. Pierrots, seiner an den Wahnsinn grenzenden (›Strahl des Mondes im bleichen Schädel‹) künstlerischen Leistung, die – im Refrain wird das dreifach wiederholt – in dem einzelnen Gedicht wie im gesamten Zyklus »wohl verschlossen« liegt. Die Suche nach Referenzen, die über

---

[51] *Hugo von Hofmannsthal: ›Gesammelte Werke in Einzelausgaben.‹ Prosa I. Frankfurt a.M. 1979, S. 171.*

[52] *Albert Giraud / Otto Erich Hartleben: ›Pierrot Lunaire.‹ Berlin 1991, S. 9: »Eine Bühne, bunt und heimlich, / Deren Vorhang Breughel malte, / Shakespeare malte die Paläste / Und Watteau die sanften Weiden – «. Zu diesen »relations transesthétiques« vgl. Lieven D'Hulst, Jan Herman u. Lieven Tack: ›Les* Pierrot Lunaire *d'Albert Giraud, O.E. Hartleben et Arnold Schönberg: pour une analyse des transferts interculturels et intersémiotiques.‹ In: ›Neophilologus‹ 83 (1999), S. 333–347, hier S. 335.*

[53] *Giraud / Hartleben: ›Pierrot Lunaire‹, S. 107.*

den Text hinausweisen, erscheint überflüssig. Nur der titelgebende »Krystall« kann aus dem Bild hinausführende Erinnerungen wecken, etwa an den Schmuck der Monstranz, einen Reliquienbehälter oder medizinische Anwendungen; nicht zu vergessen die mögliche Auseinandersetzung mit einem antiken Vorbild, den Kristall-Gedichten des CLAUDIUS CLAUDIANUS *(um 400 n. Chr.).*[54] *Doch was als Haupteindruck bleibt, ist ein selbstreferentieller Effekt; vom Leser wird eine Abstraktionsleistung erwartet, in der er die vorgeführte und geforderte ›Formreflexion‹ genießen kann: Das nicht* etwas, *sondern* sich selbst *kommunizieren*[55] *über die Folge der grotesken Figuren und Szenen (die anachronistische, gleichwohl noch ganz ungebrochene Geltung genieästhetischer Kategorien bei den Künstlern um 1900 wäre Gegenstand einer eigenen Untersuchung).*

Das HAUSDORFF *gewidmete Gedicht ›Rote Messe‹ zeigt eine Szene, in der Pierrot als Priester auftritt, der sich an einem Altar vor seinem Publikum opfert, sein Innerstes herausreißend. Dieses Gedicht hat bei den Um- und Neuakzentuierungen des Zyklus, das heißt bei der Auswahl und Anordnung der Gedichte in späteren Bearbeitungen, eine besondere Rolle gespielt.*

An Felix Hausdorff

Zu grausem Abendmahle,
Beim Blendeglanz des Goldes,
Beim Flackerschein der Kerzen,
Naht dem Altar – Pierrot!

Die Hand, die gottgeweihte,
Zerreisst die Priesterkleider
Zu grausem Abendmahle,
Beim Blendeglanz des Goldes.

Mit segnender Geberde
Zeigt er den bangen Seelen
Die triefend rote Hostie:
Sein Herz – in blutgen Fingern –
Zu grausem Abendmahle![56]

ARNOLD SCHÖNBERG *(1874–1951) hat für seinen ›Pierrot lunaire‹ aus den fünzig Rondels* HARTLEBENS *einundzwanzig ausgewählt und in drei mal sieben Melodramen angeordnet, die* HARTLEBENS *Rahmenhandlung ignorieren.*[57] *Genau in die Mitte*

---

[54] *Vgl. etwa ›De crystallo cui aqua inerat‹: »Possedit glacies naturae signa prioris / et fit parte lapis, frigora parte negat. / sollers lusit hiemps, inperfectoque rigore / nobilior uiuis tumescit aquis.« (Claudius Claudianus: ›Carmina.‹ Hrsg. v. John Barrie Hall. Leipzig 1985, S. 391.)*

[55] *Vgl. Niklas Luhmann u. Peter Fuchs: ›Vom schweigenden Aufflug ins Abstrakte: Zur Ausdifferenzierung der modernen Lyrik.‹ In: dies.: ›Reden und Schweigen.‹ Frankfurt a.M. 1989, S. 168 u. S. 173.*

[56] *Giraud / Hartleben: ›Pierrot Lunaire‹, S. 29.*

[57] *Dazu Susan Youens: ›Excavating an Allegory: The texts of Pierrot Lunaire.‹ In: ›Journal of the Arnold Schoenberg Institute‹ 8 (1984), S. 95–115, bes. S. 107. – Damit ändert sich über die kompositorische Anordnung hinaus auch der Symbolgehalt der von Giraud konzipierten Pierrot-Figur; vgl. Paolo Budini: ›Le rondel d'Albert Giraud.‹ In: ›Francofonia‹ 16 (1989), S. 55–82, bes. S. 63, Fn. 20: »Dans la culture allemande la figure de Pierrot se charge, à travers la traduction de Hartleben et l'interprétation de Schönberg, de valeurs symboliques*

hat er die ›Rote Messe‹ gestellt. Bei dieser Anordnung waren Farbvorstellungen von Bedeutung, nicht nur was die Klangfarben betrifft. Im ersten Teil wird der Mond als Verursacher bizarrer Visionen geschildert, die sich im zweiten Teil ins »Dämonische« steigern; im dritten Teil folgt die Rückkehr in eine hellere, selbstironische[58] *Sequenz. In* SCHÖNBERGS *Auswahl schiebt sich also »über das vom Mondlicht evozierte Weiß«*[59] *allmählich rote Farbe, genauer: die ›blutigen‹ Bilder von Hinrichtung, Opfer und Sterben. Daß der Komponist um 1910 eine solche Farbensymbolik gesucht und eingesetzt hat, um einen Ausdruck für »das Leiden des schöpferischen Künstlers«*[60] *zu finden, wissen wir aus anderen Zeugnissen, auch aus seinen Gemälden wie dem ›Roten Blick‹ – entstanden im Zusammenhang mit einer nicht genau datierten ›Christus-Vision‹. Es ist der inszenierte Blick eines Orientierung suchenden Künstlers, der nur mit der Sentimentalität des Modernen (dieser Topos spielt bei* GIRAUD / HARTLEBEN *ebenfalls eine Rolle) auf die Kunst jener Zeit anspielt – musikalisch läßt sich dies raffiniert gestalten –, aus denen der Harlekin vor seinem endgültigen Verschwinden in der eigenen Gegenwart kam. Folgerichtig stellt* SCHÖNBERG *das Gedicht ›O alter Duft‹ an das Ende seiner Komposition. Allerdings kommt es bei* SCHÖNBERG *am Schluß dann nicht, was der Text vielleicht erwarten ließe, zu einer ›Heimkehr‹ in tonale Welten.*[61]

HAUSDORFF / MONGRÉ *hingegen hat dieses Gedicht an den Anfang seiner Auswahl gestellt.*[62]

GIRAUD: ›Parfums de Bergame‹

O vieux parfum vaporisé
Dont mes narines sont grisées!
Les douces et folles risées
Tournent dans l'air subtilisé.

Désir enfin réalisé
Des choses longtemps méprisées:
O vieux parfum vaporisé
Dont mes narines sont grisées!

Le charme du spleen est brisé:
Par mes fenêtres irisées
Je revois les bleus Élysées
Où Watteau s'est éternisé.
– O vieux parfume vaporisé!

***MONGRÉ:* Heimatduft**

O Heimatduft, erinnrungschwer
Von weichen Träumen ohne Namen!
Der bunten Thorheit Blütensamen
Treibt sich in linder Luft umher.

Mein Herz wird seiner Wünsche leer:
Süß gehn sie, die wie Wermut kamen.
O Heimatduft, erinnrungschwer
Von weichen Träumen ohne Namen!

Trübsel'ges Schwärmen lockt nicht mehr;
In meiner farb'gen Fenster Rahmen
Zeigt sich, mit Watteaus Schäferdamen,
Ein allerliebstes Belveder.
O Heimatduft, erinnrungschwer ...

Wohl in direkter Konkurrenz mit HARTLEBEN *hat* HAUSDORFF *gereimte Nachdichtungen der Rondels veröffentlicht, womit das artistische Moment seines Versuchs so-*

(peut-être déjà présentes dans l'original, mais voilées et nuancées par la perfection formelle) et devient une métaphore de la transgression de la norme et du refus du réel.«

58 *Vgl. Beinhorn: ›Das Groteske in der Musik‹, S. 179.*

59 *Anselm Gerhard: ›Farben und Formen in einem »Totentanz der Prinzipien«. Arnold Schönbergs Pierrot lunaire und das »Zerfließen« der Tradition.‹ In: ›Autorschaft als historische Konstruktion. Arnold Schöneng – Vorgänger, Zeitgenossen, Nachfolger und Interpreten.‹ Hrsg. v. Andreas Meyer u. Ullrich Scheideler. Stuttgart 2001, S. 235.*

60 *Ebd., S. 237.*

61 *Vgl. ebd., S. 241f.*

62 Ekstasen, *S. 129.*

gleich betont wird. Die Umstellung könnte darüber hinaus andeuten, daß die poetische Realität unabhängig von den sprachlichen Instrumenten und Bildern oder der Art der erzeugten Illusion in einem Verhältnis zur nichtkünstlerischen Wirklichkeit steht, die deren Kontingenz[63] *und zugleich die Bedingtheit unserer Anschauungsformen und Bewußtseinsinhalte erkennbar werden läßt. Da in dem gesetzten ästhetischen Rahmen nicht mehr über Mimesis-Konzepte diskutiert werden mußte, konnten neben den bizarren auch die (scheinbar) konventionellen Mittel der Gegenstandsdarstellung und Stimmungserzeugung eingesetzt werden, um diese von* HAUSDORFF *in seinem erkenntnistheoretischen Versuch angestellten Überlegungen im Medium der Kunst zu vergegenwärtigen. So kann das ›Ich‹ des Gedichts aus seinem* farb'gen Fenster Rahmen *blicken und eine zeit- und ortlose Bewußtseinswelt aus den Formeln romantischer Poesie zusammenfügen. Wer hier vorschnell auf einen Hang zum Eskapismus oder ein anachronistisches Harmoniebedürfnis schließt, sollte die ins Ästhetische führenden Grundüberlegungen aus dem zwei Jahre vor den* Ekstasen *publizierten Buch über* Das Chaos in kosmischer Auslese *(1898) hinzunehmen, in dem die mit dem Topos vom Fensterblick angedeutete Grenze zwischen der empirischen (unser Bewußtsein erfüllenden) und der transzendenten (von unserem Bewußtsein unabhängigen) Realität durch strikte Trennung bestimmt wird.* HAUSDORFFS *metaphysikkritischer Ansatz verbietet es, im Ausgang von unserer Wahrnehmungswelt auf Strukturen der Ordnung und Schönheit in jener bewußtseinsunabhängigen Welt zu schließen. Auf dem Weg* künstlerischer Kontemplation *kann diese imaginiert, nicht aber Objekt der Erkenntnis werden, da* jenseits der Erscheinung *[...]* die absolute Zeit *[ist]*, und in dieser wird nur die Existenzfrage, nicht mehr die Essenzfrage aufgeworfen und beantwortet*:*

> Die existentia potentialis verewigt unparteiisch alle Fragmente des Werdens, ohne Rücksicht, ob die Welt sich empirisch wie ein sinnvoller Text oder wie ein blosses Buchstabengewimmel liest; ein transcendenter Weltzuschauer würde das, was an Schönheit und Vernunft im Empirischen vorhanden ist, höchstens chaotisch verzerrt und keineswegs kosmisch gesteigert sehen. *(S. 50.)*

Die psychologisch verständliche Projektion jener Formen*, in denen* das Bewusstsein den an sich chaotischen Weltinhalt erscheinen sieht *auf eine bewußtseinsunabhängige Realität, ist zu vermeiden. Über die Verschiedenartigkeit der Bewußtseinswelten darf ich mich dabei ebensowenig wundern wie über die Tatsache,* dass ich im neunzehnten und nicht im sechzehnten Jahrhundert lebe *(vgl. S. 136–138).*

Vor dem Hintergrund dieser Überlegungen erhalten die Bilder der Pierrot*-Gedichte, die um die Relativität des Schönen, die Flüchtigkeit des Augenblicks und die Wiederkehr des Vergangenen kreisen, einen nahe am Werk situierten thematischen Kontext, wo noch eine bestimmte Wortwahl Bedeutung für die Interpretation erhalten kann, wie sich an dem Begriffsfeld von Heimat (*Heimatduft*!) zeigen läßt: Bei dem vom Leser erwarteten Rückstieg aus der transzendenten Realität in die Kausalwelt spricht* HAUSDORFF *vom* Heimathsinstincte *oder dem* philosophischen Instinct, *welchem es widerstrebt,* sich ins Grenzenlose hinaustragen zu lassen und zu wissen, dass es keine Wiederkehr zur Heimath, zum Begrenzten giebt *(S. 189).*

---

[63] *Vgl. Luhmann u. Fuchs: ›Vom schweigenden Aufflug ins Abstrakte‹, S. 155.*

3.3. Die Raum-Zeit-Metaphorik im Sonett und im Dithyrambus

Nicht nur in den Rondels berührt Hausdorff / Mongré *das Thema der Zeit, das er in seinem erkenntnistheoretischen Buch mit einer Reflexion des Theorems von der ewigen Wiederkunft und einer Kritik an* Nietzsche[64] *verbunden hat. Die in der Dichtung seit Jahrhunderten* beklagte Flüchtigkeit und Unaufhaltsamkeit der Zeit, *die uns die* Nichtigkeit des empirischen Daseins *vor Augen führt, verbindet sich bei* Hausdorff *mit dem erkenntniskritischen Versuch, das ›Ding an sich‹ wieder zum X zu machen, zu etwas, über das nichts gesagt werden kann. Von diesem X ist nur bekannt, daß es sich um eine Menge handelt, also daß X aus Elementen besteht, die* Hausdorff Zeitpunkte *nennt. Diese Vorstellung überträgt er auf das Problem, den Zeitfluß isolierter Bewußtseinszustände durch eine mathematische Struktur darzustellen: durch die Abbildung einer Menge X absoluter Zeitpunkte in eine Menge W von Weltzuständen. Dabei werden zunächst X und W als Mengen mit der mathematischen Struktur einer Linie und die Abbildung als ordnungserhaltend gedacht, um dann sukzessive allgemeinere mögliche Strukturen von Kontinua und noch allgemeinere Ordnungsstrukturen zu diskutieren und die Vorstellung einer Korrespondenz zwischen den Strukturen von X und W zu destruieren – denn es bleibt dabei: über X kann nichts gesagt werden.*

> Die sogenannte Eindeutigkeit der Zeit, darin bestehend, dass kein Zeitelement mehrmals durchlaufen wird, ist blosse Hypothese und als solche nicht einmal allgemein anerkannt, wie die zahlreichen Speculationen über periodischen Weltverlauf, ewige Wiederkunft *[...]* bezeugen. Es ist ohne Widerspruch denkbar, dass die Weltzustände ein in sich zurückfliessendes Continuum bildeten, sodass die Zeitlinie in der Zeitebene als geschlossene Curve, etwa als Kreis zu zeichnen wäre. *(S. 181 u. S. 191f.)*

Hausdorff *hat sich wiederholt künstlerischer Mittel bedient, um Aufmerksamkeit für solche Aporien zu erzeugen, wie an einem Gedicht – wiederum exemplarisch – gezeigt werden soll. Das Sonett* Certosa *arbeitet zwar mit ganz konventionellen Bildern; die Lektüre kann sich jedoch auch hier, ein Wechsel der Betrachtungsebene vorausgesetzt, auf das Verhältnis von Erfahrungswelt und absoluter Zeit konzentrieren, die Flüchtigkeit der Zeit ist der* räthselhafte formale Process *der Verwandlung von Zukunft in Gegenwart und Vergangenheit:*

> Den grünen Klosterhof hab' ich durchmessen,
> In der Karthäuser Zellen mich verstiegen.
> Nun spinnt ein Traum, nun flutet Selbstvergessen,
> Die Blumen duften weltfern und verschwiegen.
>
> Hier unter Michelangelos Cypressen,
> Die still im Mittagshauch die Wipfel wiegen,
> Bleib' ich bei Säulen, Särgen, Trümmern liegen.
> Rinnt draußen wohl die Zeit noch unterdessen?

---

[64] *Der in seinen naturphilosophischen Spekulationen ausgerechnet durch den Leipziger Astronomen Friedrich Zöllner (s.o. S. 5f.) und dessen Buch* Über die Natur der Cometen *(1872) beeinflußt war; vgl. Robin Small: Nietzsche, Zöllner, and the Fourth Dimension. In: Archiv für Geschichte der Philosophie 76 (1994), S. 278–301.*

Hier steht sie still! hier giebt es keine Zeit.
In dies Geviert glänzt stumm die Ewigkeit,
Ohn' End' und Anfang wie des Brunnens Rauschen.

Tierhäupter, riesig, lauschen seinem Strahl,
Hochstarrend in geweihter Siebenzahl.
Ich will, wie sie, dem großen Rätsel lauschen ...[65]

Auf den ersten Blick scheint es sich um Stimmungslyrik zu handeln, die eine Erinnerung an den Besuch des ehemaligen Kartäuserklosters nördlich von Pavia – im 19. Jahrhundert auf dem Pflichtprogramm des gebildeten Italienreisenden – evozieren soll. Das symbolische Verfahren könnte dabei leicht jenes »leere wurzellose Spielen mit Bildern und Gleichnissen« hervorbringen, auf dem die, wie HEBBEL *spöttisch bemerkte, »klägliche Celebrität einiger unserer neuern Lyriker fast allein beruht«.[66] Doch das nazarenische Ambiente täuscht.*

Das zur Meditation einladende Bild des Klosterraumes wird am Beginn des ersten Terzetts mit einer Reflexion auf die Zeit kombiniert: Das Verhältnis von Raum und Zeit wird als Rätsel *vorgeführt, das sich gegen die Formerwartung am Ende nicht löst, obwohl das Rauschen des Brunnens im ersten Terzett zur symbolischen Ausdeutung einlädt – der ewige Lebenskreislauf bleibt* Ohn' End' und Anfang *und damit rätselhaft. Auch über die ›heilige‹, Vollkommenheit symbolisierende* oder *auf die Apokalypse anspielende Zahl Sieben ist kein Zeichen zu entziffern. Und so wie* HAUSDORFF *in seinen Aphorismen den Umgang mit der Zahlensymbolik als Gipfel der Absurdität verspottet, lehnt er in seiner erkenntnistheoretischen Untersuchung die* speculative Begriffsdichtung *ab, die noch immer unsere Weltwahrnehmung beherrscht* – bis in die exacten Wissenschaften hinein *(S. 7). Wenn er hier die Grenze gegenüber einer naturwissenschaftlich-mathematisch vertretbaren Erkenntnis zu ziehen versucht, dann sollte damit nicht der Anspruch auf ein poesiefähiges Wissen aufgegeben werden, um das er sich als Schriftsteller gleichzeitig bemüht. Die eingesetzten Deiktika (*Hier – Hier, *vv. 5 u. 9) unterstreichen den hinweisend-lehrhaften Charakter des dichterischen Textes, der nach der gedanklichen Exposition auf einen sinnreichen Abschluß hinzuführen scheint. Allerdings nicht in der Form einer positiven, für wahr gehaltenen Aussage: Die logisch-argumentative Struktur des Sonetts zielt auf einen epigrammatischen Schluß, der hier – wie sollte es anders sein – mit drei Auslassungspunkten ... die Begründbarkeit der gewonnenen Erkenntnis zeichenhaft andeutet.*

Die Lyrik HAUSDORFFS *zeichnet sich, wie bemerkt, durch erstaunliche Varietät aus, ohne daß metrische Vorlieben, einzelne Strophenformen oder die Bevorzugung formaler Charakteristika erkennbar werden. So hat er in der Nachfolge* NIETZSCHES *auch einen Zyklus dithyrambischer Gesänge[67] verfaßt (*Falterflüge*), wobei er die thematische Bindung an* BACCHUS / DIONYSOS, *wie sie sich im antiken Di-*

---

[65] Ekstasen, *S. 125.*

[66] *Friedrich Hebbel: ›Sämmtliche Werke.‹ Historisch kritische Ausgabe. Erste Abtheilung, Bd. III/2. Hrsg. v. Richard Maria Werner. Berlin o.J. [1903], S. 311.*

[67] *Vgl. Wolfram Groddeck: ›Friedrich Nietzsches ›Dionysos-Dithyramben‹.‹ 2 Bde. Berlin u. New York 1991.*

thyrambos und noch bei FRIEDRICH NIETZSCHE *findet, auflöst. Für* HAUSDORFF *ist der neuzeitliche Dithyrambus eine Form der monologischen Lyrik, die ekstatisch-hymnische Begeisterung auszudrücken vermag und dem sprechenden Ich Raum für Gedankenexperimente bietet. Das Gedicht* Wiederkunft *nimmt sich dabei in seiner Zeitreflexion wie eine Antwort auf* NIETZSCHES *»Typus des Zarathustra« aus, der, »wenn er mit sich allein redet«, die Sprache des Dithyrambus wählt; wie einer,*

> *welcher die härteste, die furchtbarste Einsicht in die Realität hat, welcher den »abgründlichsten Gedanken« gedacht hat, trotzdem darin keinen Einwand gegen das Dasein, selbst nicht gegen dessen ewige Wiederkunft findet, — vielmehr einen Grund noch hinzu, das ewige Ja zu allen Dingen selbst zu sein […]. »In alle Abgründe trage ich noch mein segnendes Jasagen« … Aber das ist der Begriff des Dionysos noch einmal.*[68]

Diese Kunst der Affirmation und das damit verbundene dionysische Moment wird bei HAUSDORFF / MONGRÉ *in ganz anderer Weise beschworen:*

> Ihr wollt sie ewig, diese guten Dinge,
> Zu Werdensfäden ausgedreht,
> Verlängert, verweilend, verlangweilt?
> O lernt sie besser, ewiger wollen,
> Lernt sie mit meinem Willen wollen:
> Aus ew'gem Seins-Urabgrund
> In zeitverhängte Welten blitzend,
> Ewig grundlos kommend, ewig spurlos scheidend
> Und ewig zum ersten Male, zum einz'gen Male
> Als fremde Wunder wiederkehrend …[69]

Aus NIETZSCHES *»Abgründe[n]« und dem »abgründlichsten« Gedanken* ZARATHUSTRAS *ist die auffällige Metapher vom* Seins-Urabgrund *geworden, die aus der Tradition der apophatischen Theologie stammt und durch die Dominikanermystik in die deutsche Sprache und deren Bilderreservoir eingegangen ist. Bezeichnend ist, daß die ›grunt‹-Metapher bei* MEISTER ECKHART *(um 1260 – 1328) ein »exklusives Merkmal der volkssprachlichen Predigten« ist,*[70] *die lateinischen Äquivalente verlieren ihr gegenüber an Anschaulichkeit. Das gilt auch für die synonym gebrauchte ›abgrunt‹-Metapher (mhd. ›abgründicheit‹):*

> *Gott ist absolut transzendent (nichts von allem) und muß trotzdem zugleich in allem als dessen Grund gedacht werden: Das Bild vom ›grundlosen Grund‹ (Abgrund) realisiert diese Paradoxie.*[71]

Das Poem spricht ein Paradox an, dessen logisch-mathematische Fragestellungen eine vergleichbar weit zurückreichende Tradition haben.[72] *Wie auch immer die*

---

[68] *Friedrich Nietzsche: »Ecce homo. Wie man wird, was man ist‹, ›Also sprach Zarathustra‹ 6f. (KGW VI,3, 343).*

[69] Ekstasen, *S. 36.*

[70] *Susanne Köbele: ›Bilder der unbegriffenen Wahrheit. Zur Struktur mystischer Rede im Spannungsfeld von Latein und Volkssprache.‹ Tübingen u. Basel 1993 (›Bibliotheca Germanica‹ 30), S. 176.*

[71] *Ebd., S. 188.*

[72] *Vgl. etwa Ulrich Blau: ›Zenon.‹ In: ›Wiener Jahrbuch für Philosophie‹ 22 (1990), S. 45–47; mit einem Hinweis auf Cantors Diagonalargument und dessen zeitgenössische Rezeption*

Wortwahl (›Urabgrund‹) bei Hausdorff / Mongré *zu verstehen ist – die Interpretation der Zeit-Raum-Metaphorik in seinen* Falterflügen *wird nur im Austausch zwischen Mathematikern und Literaturwissenschaftlern gelingen und zu Ergebnissen führen, die der formgeschichtlich (Verssystem, Metaphorik, Praetexte etc.) und erkenntnistheoretisch (Zeitordnungen, mengentheoretische Aussagen etc.) voraussetzungsreichen Gedankenlyrik adäquat sind.*

4. Die kulturkritischen Schriften von Felix Hausdorff / Paul Mongré

Wissenssoziologische Voraussetzungen der Interpretation. – Fortgeschrittene moderne Gesellschaften zeichnen sich durch die freie Verfügbarkeit konkurrierender Sinnangebote aus, die wechselseitig zu tolerieren sind. Dieses Gebot mutet in Verbindung mit der immer noch geltenden Verpflichtung zur selbstverantworteten Lebensführung dem einzelnen die Forderung zu, seine »Weltorientierung auf der Ebene der persönlichen Handlungsregulierung als gültig und zugleich auf der Ebene der sozialen Interaktion als kontingent« zu betrachten; als These formuliert: »Die Bewältigung dieser Paradoxie macht Pluralität akzeptabel, während die Gesellschaft in der zweiten Hälfte des 19. Jahrhunderts dadurch gekennzeichnet scheint, daß in ihr Pluralität unvermeidlich und zugleich unerträglich ist.«[73] *Das ist, in äußerster Verkürzung, auch der Problemaufriß für zahlreiche Essays des Mathematikers* Felix Hausdorff. *In seinen Stellungnahmen zu den Suchbewegungen in der wilhelminischen Gesellschaft, die sich nicht mehr als harmlose Modernisierungsschäden abtun ließen – besonders dort, wo sie sich mit einem zeitgemäß geltenden Inhalt drapierten und zunehmend aggressiv auftraten – findet er ein Thema und einen Ton, bei dem er auf Wiedererkennung rechnen durfte, da er die Autorität und die illusionslose Abgeklärtheit des Naturwissenschaftlers durchscheinen läßt, der das Angebot an Ersatzreligionen und deren Komplement, die materialistischen und monistischen Weltanschauungen, einer scharfen Kritik unterzieht. Wie in dieser Auseinandersetzung eine undogmatische und zugleich entschiedene Position zu beziehen ist, hat* Hausdorff *in* Sant' Ilario, *der Sammlung seiner Aphorismen, wie folgt zu umschreiben versucht:* Es giebt Argumente, mit denen man keine Zustimmung erzwingen, sondern dem Gegner verrathen will, welche Voraussetzungen man bei jeder Argumentation unangetastet lässt.

4.1. Das essayistische Werk

Felix Hausdorff hat die Mehrzahl seiner Essays an hervorragender Stelle publiziert: Die ›Neue Rundschau‹ war eine Zeitschrift, der es weniger auf hohe Verkaufszahlen als vielmehr darauf ankam, sich an die »Spitze der kulturellen Pyramide«[74] *zu setzen. Der intellektuelle Anspruch der Beiträge reduzierte zwar*

(Hilbert, Einstein).

73 *Horst Thomé: ›Weltanschauungsliteratur. Vorüberlegungen zu Funktion und Texttyp.‹ In: Wissen in Literatur im 19. Jahrhundert. Hrsg. v. Lutz Danneberg u. Friedrich Vollhardt. Tübingen 2002, S. 338–380, hier S. 345.*

74 *Monika Dimpfl: ›Die Zeitschriften ›Der Kunstwart‹, ›Freie Bühne / Neue Deutsche Rundschau‹ und ›Blätter für die Kunst‹: Organisation literarischer Öffentlichkeit um 1900.‹ In:*

die Reichweite des bürgerlich-liberalen, politisch eher enthaltsamen Journals, betonte damit aber zugleich ihren Schwerpunkt, der »auf der Wechselwirkung von Kunst und Kultur« lag.[75] *Das Projekt des Fischer-Verlages wollte dabei mehr sein als nur das »Kommunikations- und Selbstdarstellungsmedium eines geschlossenen Zirkels« von Kennern, wie es die ›Blätter für die Kunst‹ für den George-Kreis waren. Die ›Neue Rundschau‹ wurde rasch zur führenden Kulturzeitschrift, die »nicht mehr um Prestige kämpfte, sondern dem, was sie druckte, Prestige verlieh.«*[76] *Ein* Otto Erich Hartleben *zugeschriebener Zweizeiler lautet: »Bedenk, o Mensch, daß du vergehst, / selbst wenn du in der Neuen Rundschau stehst.«*[77] *Nach 1900 paßt sich die Zeitschrift zwar dem Buchdruck an (der Umbruch wurde so gestaltet, daß Vorabdrucke sofort in die Buchausgabe umgesetzt werden konnten), was jedoch der ästhetisch-intellektuellen, nicht auf Erfolg setzenden Orientierung der Zeitschrift – ›mittlere‹ Autoren wurden nicht abgedruckt – keinen Abbruch tat.*[78] *Der Großmachtpolitik des Kaiserreiches stand die ›Neue Rundschau‹ reserviert gegenüber, bereits vor dem Ersten Weltkrieg ließen sich republikanisch-demokratische Stimmen vernehmen, auch auf Internationalität hatte die Verlagsführung schon früh Wert gelegt.*[79]

Eine besondere Novität und zugleich das Sorgenkind der Zeitschrift war die Form des künstlerisch gestalteten Essays. Peter de Mendelssohn *(1908–1982) berichtet in seiner Verlagsgeschichte, daß sich* Samuel Fischer *(1859–1934) und seine leitenden Redakteure, darunter* Oscar Bie *(1864–1938) und* Samuel Saenger *(1864–1944), immer wieder über inhaltliche und konzeptionelle Fragen berieten und speziell über die Gefährdung der sensiblen Literaturgattung, die dem »deutschen Gründlichkeitsfanatismus« und »dem starken deutschen Hang zu unfruchtbarer Gelehrsamkeit« ausgeliefert sei; »und wir leiden unter dem neuen deutschen Erbübel der übergroßen Spezialisierung [...]. Es existieren einige Gebiete des Wissens, in denen es überhaupt unmöglich ist, einen anständig schreibenden Mitarbeiter zu gewinnen.« Welche Gebiete das sind, scheint außer Frage*

›Zur Sozialgeschichte der deutschen Literatur im 19. Jahrhundert.‹ Einzelstudien, Teil II. Hrsg. v. ders. und Georg Jäger. Tübingen (STSL 28) 1990, S. 116–197, hier S. 143. – Vgl. auch die bereits erwähnte Studie von Andrea Albrecht: ›»Ueberall wird in Naturwissenschaft gemacht«‹.

75 *Karl Ulrich Syndram: ›Kulturpublizistik und nationales Selbstverständnis. Untersuchungen zur Kunst- und Kulturpolitik in den Rundschauzeitschriften des Deutschen Kaiserreiches (1871–1914).‹ Berlin 1989 (›Kunst, Kultur und Politik im Deutschen Kaiserreich‹ 9), S. 119.*

76 *Monika Dimpfl: ›Zeitschriften‹, S. 143. – Vgl. auch Birgit Kulhoff: ›Bürgerliche Selbstbehauptung im Spiegel der Kunst. Untersuchungen zur Kulturpublizistik der Rundschauzeitschriften im Kaiserreich (1871–1914).‹ Bochum 1990 (›Bochumer Historische Studien, Neuere Geschichte‹ 9), S. 147–176.*

77 *Das gern benutzte Zitat bei Wolfgang Grothe: ›Die Neue Rundschau des Verlages S. Fischer. Ein Beitrag zur Publizistik und Literaturgeschichte der Jahre von 1890 bis 1925.‹ In: ›Archiv für Geschichte des Buchwesens‹ 4 (1963), Sp. 809–997, hier Sp. 971.*

78 *Vgl. Dimpfl: ›Zeitschriften‹, S. 166–171.*

79 *Zur späteren Ausrichtung der Zeitschrift vgl. Michel Grunewald: ›Deutsche Intellektuelle als Vorläufer des ›Geistes von Locarno‹. Die ›Neue Rundschau‹ und Frankreich zwischen 1919 und 1925.‹ In: ›Recherches Germaniques‹ 18 (1988), S. 67–88.*

zu stehen, doch hier wartet das von PETER DE MENDELSSOHN *aus Originalzitaten nachgestellte Redaktionsgespräch mit einer Überraschung auf:*

> *[D]ie Mehrzahl unserer Gelehrten hat noch immer kein Ohr für die Akustik des Forums [...]. Sie finden den weltmännischen Ton nicht ... Die besten Popularisatoren unter den Gelehrten, teilweise ganz vortreffliche Schriftsteller, die die Essayform fast künstlerisch meistern, sind überraschenderweise unter den Naturwissenschaftlern zu finden.*[80]

FELIX HAUSDORFF *scheint die Forderungen des Verlages auf das genaueste erfüllt zu haben. Er hat die Prosaform so anspruchsvoll behandelt, wie* FISCHER *es wünschte. In dem Essay* Der Komet, *erschienen 1910, wird über eine Redaktionskonferenz ganz anderer Art gespottet, die Monatsschrift heißt vielsagend der* Spleen. *Die hier persiflierten Grundbestandteile des verkäuflichen Essays verraten aber wohl auch etwas über die Verlagspolitik im Hause* FISCHER, *präsentiert werden sie mit feiner Selbstironie des Autors:*

> Verleger: Haben Sie Ihren Essai über den Kometen fertig für das Maiheft? Etwas noch nicht Dagewesenes, ekstatisch *[!]* Auf- und Abschwebendes, um die höchsten Gipfel Kreisendes, Sie verstehn, so etwas ultraviolett Transzendentales, eine Projektion auf die nichteuklidische Bewußtseinsebene? Haben Sie es? Geben Sie es. *(S. 708.)*

*Mit dem noch nicht auf die Wiederkehr des Halleyschen Kometen (*nicht Dagewesenes*) eingestellten Redakteur mustert der Verleger daraufhin die eingegangenen Manuskripte, die nach den* drei Haupttribünen, *nämlich* I. Wissenschaft, II. Philosophie, III. Stimmung *eingeteilt werden. Die erste Gruppe von Texten bleibt – streng nach dem Urteil der Fischer-Lektoren (*unfruchtbare Gelehrsamkeit*) – unberücksichtigt. Die zur zweiten Kategorie zählenden Beiträge werden ebenfalls nur überflogen:* Worüber kann man sich philosophisch aufregen? Sagen wir: über die Macht der Mathematik, über die Gesetzmäßigkeit in der Natur, über die großen Räume und die großen Zeiten. *Endlich gelingt dem Verleger ein Fund, indem er – die Artikulation spielt eine Rolle – aus einem Manuskript vorliest:*

> Verleger: »In Lubienitzkys Geschichte der Kometen ...«
> Redakteur: Lubienitzky? Endlich einmal ein unbekannter Name. Lubienitzky war nicht vorauszusehen.
> Verleger: »In Lubienitzkys Geschichte der Kometen wird erzählt, im Jahre 1000 unserer Zeitrechnung sei aus einer Öffnung des Himmels eine brennende Fackel mit langem blitzendem Schweife herabgefallen [...].«
> Redakteur (weiterlesend): »Weltuntergang ... sie drängen sich in die Kirchen, vor Angst irrsinnig, zitternde Tiere mit verglasten Augen ... das tausendjährige Reich ... Die Wahrscheinlichkeit, daß die Erde mit einem Kometenkern zusammenstoße, ist nahezu Null ... Durchgang durch den Schweif gefahrlos ... magnetische Gewitter ...«
> Verleger (vor sich hinmurmelnd): Lubienitzky, Lubienitzky. [...] Wir sind gerettet. *(S. 711f.)*

Gemeint ist STANISLAUS LUBINIETZ*[*KY*] (1623–1675), ein reformierter Theologe und bedeutender Naturforscher, der 1688 ein dreiteiliges ›Theatrum Cometicum‹ veröffentlichte, das* HAUSDORFF *vielleicht aus seinem Studium oder der Zeit an der Leipziger Sternwarte, also aus der Fachgeschichte kannte. Die ineinander geschobenen Zeitebenen kommentieren das Verhältnis von wissenschaftlichem und*

80 Peter de Mendelssohn: ›S. Fischer und sein Verlag.‹ Frankfurt a.M. 1970, S. 470–472.

zivilisatorischem Fortschritt: Das Publikum des 20. Jahrhunderts betrachtet Himmelserscheinungen noch immer mit irrationalen, ja apokalyptischen Erwartungen und Gefühlen, nicht anders als die Zeitgenossen LUBINIETZKYS. *Die Einführung des nicht leicht auszusprechenden polnischen Namens, den sich der Verleger auf der Zunge zergehen läßt, gewinnt eine Nebenbedeutung vielleicht noch dadurch, daß der Leser um 1900 bei dem Vornamen* STANISLAUS *unwillkürlich die Nennung eines ganz anderen polnischen Autors erwarten konnte, nämlich* STANISŁAW PRZYBYSZEWSKI *(1868–1927), der in den 1890er Jahren zu den populärsten Vermittlern okkultistischer und spiritistischer Lehren gehörte und in den von* HAUSDORFF *geschätzten Berliner Künstlerkreisen verkehrte.*[81]

Der Kurs der Zeitschrift war zudem gegen den Naturalismus gerichtet – ein Umstand, der neben dem Prestige des Periodikums für HAUSDORFFS *Beteiligung maßgeblich gewesen sein dürfte. Gleich am Beginn von* Sant' Ilario *heißt es über den Gedanken der Präformation des Menschen durch* Umgebung, Rasse, Klima, Organisation, physiologisches Gemeingefühl*: Das* ist eine moderne Bedenklichkeit und Erwägung, die in der Theorie vom milieu nur einen vorläufigen, groben und doctrinären Ausdruck gefunden hat. So leichten Kaufes wird man das souveräne Ich nicht los... *(S. 12).* HAUSDORFFS *Abhandlung* Massenglück und Einzelglück *aus dem Jahr 1898 bietet nur dem Titel nach einen den Zielsetzungen der Zeitschrift widersprechenden, also politisch-naturalistischen oder sozialreformerischen Beitrag. Ganz entgegen diesen Erwartungen geht es um die Identität des Nichtzuunterscheidenden bei* LEIBNIZ *und* KANT *– und die Folgen:*

> Man bemerkt hier *[sc. bei den Begriffen von Raum und Zeit]* unschwer die Anknüpfungsstelle für jene höchst pittoresque, aber auch höchst unwissenschaftliche Grundanschauung, die Schopenhauers metaphysisches Denken beherrscht: ihm sind die Erkenntnißformen täuschende Gaukelkünste, die das metaphysisch Eine und Ruhende zum empirisch Vielen und Bewegten zersplittern. *[...]* Von dieser indisch-platonisch-schopenhauerisch-wagnerischen Metaphysik ist allenfalls das Gegentheil wahr, gesetzt, daß sie zur Wahrheit überhaupt in einer Beziehung steht. *(S. 68.)*

Da das principium individuationis auf diesem Weg nicht zu finden ist, wendet sich der erkenntnistheoretische Skeptiker – so lautet die Selbstbezeichnung des Essayisten – den empirischen Forschern, den Physiologen, und ihrem für die Entscheidung der Frage letztlich untauglichen Instrument der Vivisection *zu, was auch metaphorisch zu verstehen ist. Aber selbst in dieser vernunftgebotenen Gegnerschaft fühlt sich der Anwalt des Individuums unwohl:*

> Wir enthalten uns des Urtheils; wir bemerken nur beiläufig und mit Ekel, daß in unserem u n r e i n l i c h e n neunzehnten Jahrhundert keine Partei, und sei es an sich die vernünftigste, ohne Flankendeckung durch die Legionen des Obscurantismus sich ins Feld wagt. Impfgegner, Alkoholgegner, Thierschützer, Naturärzte, Friedensfreunde, Keuschheitsapostel, »einige« Christen, Bayreuther und sonstige Weltverbesserer

greifen zum Dynamit *(S. 71), wenn man ihnen nicht Recht gibt. Schließlich kommt der Verfasser auf die im Titel angekündigte soziale Frage zurück, die eine ethi-*

---

[81] *Vgl. Julius Bab: ›Die neuromantische Boheme (Dehmel und Przybyszewski) [1904].‹ In: ›Die Berliner Moderne 1885–1914.‹ Hrsg. v. Jürgen Schutte u. Peter Sprengel. Stuttgart 1987, S. 630–634.*

sche ist: Ich habe hier von Glück geredet wie ein Engländer, *also utilitaristisch und individualistisch, was wie folgt zugespitzt wird:*

> Wenn also ein plus von Glück erzeugt werden soll, so ist nicht eine Pluralität von Einzelnen, sondern der zum Glücke fähigere und begabtere Einzelne mit den verfügbaren Mitteln zu beglücken: grob geredet, man schaffe Champagner für Einen, nicht Branntwein für Hundert. *(S. 75.)*

Eine geistesaristokratische Haltung? Wohl kaum, da hier spöttisch gesprochen wird – auch der Sarkasmus hat seine Stilebene. Das Lob des energische*[n]* Egoismus *setzt sich bis zum Schluß fort, an dem ein* DIDEROT*-Zitat steht, womit die aufklärerische Vernunft gefeiert wird. Damit gibt* HAUSDORFF *ein ernstzunehmendes Signal. Nicht abzuleugnen ist für ihn die Wahrheit jener vom Individuum ausgehenden Morallehren des 18. Jahrhunderts, die – mit Lust am Paradox – den Eigennutz und das Glück des einzelnen als Quelle des gesellschaftlichen Wohlstandes priesen.*

Mit den Stichworten Irrationalismus, aufklärerische Kritik der Erkenntnis und Individualismus sind bereits alle Elemente genannt, die den folgenden, kaum drei Monate später erschienenen Essay bestimmen: Das unreinliche Jahrhundert. *Was mit einer* KANT*-Kritik beginnt, endet in einer Apotheose des 18. Jahrhunderts. Ein kalkulierter Widerspruch? Sicher nicht, da* HAUSDORFF *vornehmlich den Verfasser der ›Kritik der praktischen Vernunft‹ kritisiert, die von dem liberalen Protestantismus des 19. Jahrhunderts, jenem ›unreinlichen‹ Jahrhundert, zum Religionsersatz erhoben wurde:*

> Wenn der Regierungsreferendar sein Gesangbuch in den Sonntagsrock steckt und zur Kirche geht: so ist er nicht Streber, denn dann würde er das Gesangbuch in der Hand tragen, sondern Kantianer. Man muß den modernen Menschen, der sich mittelalterlich gebärdet, nicht etwa als schnöden Heuchler ansehen; o nein! damit *[...]* unterschätzt man das Nebeneinander von Kraut und Rüben, das in einem modernen Kopfe möglich ist. *[...]* Unser Kirchengänger hingegen denkt sich gar nichts dabei, daß er in der rechten Rocktasche das erbauliche Büchlein mit Goldschnitt, in der linken die Sportzeitung bei sich führt; als »Erscheinung« hetzt er Pferde, Hasen und Socialdemokraten, als »Ding an sich« fühlt er für die Mühseligen und Beladenen. *(S. 446.)*

Neben dem Specialbetrieb der Wissenschaft *steht der* Spiritismus, *eine Reminiszenz an die* ZÖLLNER*-Affäre, und das vornehmere, aber einen ähnlichen* frisson *suchende* metaphysische Bedürfniß*:* Welch ein Abstand gegen das achtzehnte Jahrhundert, das man *[...]* sauber und hell nennen muß! *(S. 451.) Um den Kontrast zu verstärken, verlängert* HAUSDORFF *die Liste der Gegensatzpaare noch beträchtlich, wobei er, was Anspielungen betrifft, dem Leser einiges abverlangt: [D]*amals beschränkte Ganzheit, heute die schillernde Coquetterie mit dem Heine'schen »Riß« oder der unerschöpflichen pluralité du moi![82] *(S. 452.) Die Anspielung auf* BERNARD DE FONTENELLES *(1657–1757) ›Entretiens sur la pluralité des mondes‹, den 1686 erstmals veröffentlichten astronomischen Bestseller der Aufklärung, wird der Polemik geschickt untergeschoben, wenn auch nicht für jeden Leser erkennbar.*

---

[82] *Eine Parallelstelle findet sich in* SI *(Aph. 292, S. 195).*

In seinem Essay Tod und Wiederkunft *verwendet* HAUSDORFF *ein stilistisches Muster, das, keineswegs zufällig,* FONTENELLE *in den eben erwähnten ›Entretiens‹ eingesetzt und zum Vorbild für viele Nachahmungen im 18. und noch im 19. Jahrhundert gemacht hat: Der Wissenschaftler unterrichtet eine wißbegierige Freundin über die ›letzten‹ Fragen der Menschheit. Der Autor verweist in diesem Dialog auf sein Buch über das* Chaos in kosmischer Auslese, *das er mit einer ironischen Anspielung deutlich von dem ›Monismus‹* ERNST HAECKELS *absetzt:*

> Dort sind Sie *[sc. die Freundin]* in einem sphärocyklischen Zaubercabinet und können Kreis, Ring und Kugelspiel, in das wir Bewußtseinsnarren mitten hineingestellt sind, mit Seelenruhe von außen betrachten. Zeit, Raum, Ordnung, Naturgesetz — durch alle diese Illusionen greife ich hindurch wie durch schöne, regelmäßige, aber wenig haltbare Quallenleiber. *(S. 1282.)*

Um das Gespräch aufzulockern, wird ein erotischer Studentenulk eingeflochten (vgl. GOETHES *›Faust‹ II, v. 6261), doch danach geht es von den Pythagoreern mit einem Sprung über den nur ›bildlichen‹* NIETZSCHE *hinweg zur Hypothese von der Wiederkunft, die jedoch nicht der Befriedigung metaphysischer Bedürfnisse dient, da sie* ohne Einfluß auf die Bewußtseinswelt *bleibt;* sie gilt also unabhängig vom empirischen Zeitinhalt und hat von der Erfahrungsseite weder Bestätigung noch Widerlegung zu erwarten. *(S. 1283.) Es folgen noch einige Stufen der Erläuterung, die auf das Fassungsvermögen des Publikums abgestimmt sind, bis das Gespräch unterbrochen wird:* hier, verehrte Freundin, muß ich selbst Ihnen für heute unverständlich bleiben *(S. 1284). Der Autor zeigt zwar, daß er die epagogische Topik beherrscht, gleichwohl gehört die zitierte Unterbrechung nicht zu den Kunstgriffen des Lehrgesprächs, da der Gegenstand gar nicht erschöpfend behandelt werden soll. Der Essay überschreitet nicht die Grenzen zur Popularphilosophie und ihrer ungehemmten Metaphorik, aus dem Wissen um die Probleme darf eben keine ›Weltanschauung‹ modelliert werden – das macht die Anspielung auf* HAECKEL *deutlich.*

Der Erkenntnistheoretiker HAUSDORFF *ist zugleich an der Sprache, ihren Möglichkeiten und Grenzen interessiert, wie seine Auseinandersetzung mit* FRITZ MAUTHNER *– eine der ersten umfangreichen Stellungnahmen – und die nachfolgende Debatte mit* GUSTAV LANDAUER *(1870–1919) zeigt, die eine monographische Darstellung verdient. Was sich in der Sprache des Alltags, der Philosophie oder der Poesie über die wissenschaftliche Erkenntnis der Welt überhaupt* sagen *läßt und aus welchen Motiven es gesagt werden soll, hat* HAUSDORFF *immerhin angedeutet.*[83] *Verspottet wird ein kruder Biologismus, die Art der Wissensvermittlung und die Atmosphäre eines vom Darwinismus oder der Rassenlehre geprägten Denkens, kurz das intellektuelle Klima der Zeit. Für die an dem Weltanschauungsdiskurs um 1900 interessierte Forschung bleiben die Essays noch zu entdecken, wie exemplarisch und etwas ausführlicher an einem Text zu zeigen ist, der eine Beziehung zu unserer Gegenwart hat.*

---

[83] *Die angesprochenen diskursiven Zusammenhänge, die man unter das Stichwort ›Sprachkritik‹ um 1900 fassen kann, lassen sich im Rahmen dieser Einleitung in ihrer Bedeutung nur benennen, nicht jedoch im einzelnen verfolgen; vgl. hierzu Egbert Brieskorn: ›Gustav Landauer und der Mathematiker Felix Hausdorff.‹ In: ›Gustav Landauer im Gespräch.‹ Hrsg. v. Hanna Delf u. Gert Mattenklott. Tübingen 1997 (›Conditio Judaica‹ 18), S. 105–128.*

Im Jahr 2005 ist in der von Hans Magnus Enzensberger herausgegebenen Buchreihe ›Die Andere Bibliothek‹ eine neue Übersetzung des ›Blauen Buchs‹ von August Strindberg (1849–1912) erschienen. Von der buchtechnisch-ästhetischen Ausstattung her übertrifft diese Edition mit ihrem blauen Samteinband und den blau getönten Seiten die ohnehin hohen Standards der Reihe. Doch warum, knapp einhundert Jahre nach der deutschen Erstübersetzung aus dem Jahr 1908, diese Neuausgabe? Der Kommentar gibt keinen Hinweis, nur der Klappentext macht Andeutungen zu Strindbergs kontrainduktiver Methode, die »vor den Augen des Lesers die Grenze zwischen schlichter Wahrnehmung und mystischer Erfahrung, zwischen Realität und Esoterik«[84] *verschwimmen läßt. Man ahnt: dieses wissenschaftskritische Werk, das Emanuel Swedenborg (1688–1772) gewidmet ist – dem träumenden »Geisterseher« Kants – paßt in das intellektuelle Klima unserer Zeit.*

Hausdorff / Mongré hat dem ›Blå bok‹ (Stockholm 1907) und dem ›Ny blå bok‹ (Stockholm 1908) einen Essay gewidmet, der im Juni 1909 in der ›Neuen Rundschau‹ erschienen ist. Der Rezensent stellt sich als ein Verehrer des Dramatikers vor, dessen Stücke vor zwanzig Jahren *wie der* Widerschein einer Götterdämmerung am nördlichen Himmel *erschienen seien, vergleichbar nur einem* vulkanische*[n]* Ausbruch. *Doch jeder Versuch einer Rettung des nun vorgelegten Buches, das eine ›Synthese‹ seines Lebens bieten will, muß scheitern. Hausdorff hat sich hier wiederum, wie andere Essays und Anspielungen zeigen – besonders deutlich im Falle Fontenelles –, am Formenkanon des 18. Jahrhunderts geschult, sein Text zitiert das aus drei Komponenten bestehende Muster der Vindicatio, die hier in ihr Gegenteil verkehrt wird: Den Anlaß gibt eine aktuelle Publikation zu einem brisanten Thema, die sich als korrekturbedürftig erweist; fachwissenschaftliche Kompetenz ermöglicht die Richtigstellung falscher Behauptungen und erweitert unser Wissen; der gelungenen Auslegung und Kritik folgt eine normative Wertung, kurz die Applikation.*

Strindbergs Thema ist die Kritik der modernen Wissenschaft, unter Einschluß der Mathematik. Und im Namen dieser Wissenschaft widerspricht Mongré, ohne die gegenüber einem Literaten zu erwartende Geste der Großzügigkeit, die es bekanntlich nicht so genau darauf ankommen läßt: Das ist vielleicht nicht literarisch, aber zum Teufel! muß man denn alles literarisch nehmen? noch dazu ein Buch, das von Assyriologie und Trimethylamin, von $C_6H_8O_3$ und Fixsternparallaxen redet? und dies alles in einem formlosen Durcheinander, das den Begriff Kunstwerk, wenn nicht ausschließt, zum mindesten nicht mit Notwendigkeit suggeriert. *Die heikle Frage lautet, ob dem genialen Dichter nicht doch besondere Freiheiten zuzugestehen sind, anders gesagt: ob die Zahlenmystik nicht einen poetischen Zug gewinnt? Daß sich solche Fragen in einer ermüdenden Weise wiederholen, gibt die prägnante Antwort Mongrés zu verstehen:* Gut, aber darum handelt es sich nicht. Es handelt sich darum — mit den Worten des Kopernikus zu reden —, »daß Lactantius, übrigens ein berühmter Schriftsteller, aber ein schwacher Mathematiker, sehr kindisch über die Form der Erde spricht«. *Um dem noch immer möglichen Einwand der philiströsen Detailkritik zu entgehen, teilt der Rezensent den*

---

[84] *August Strindberg: ›Das Blaue Buch. Übergeben an die zuständigen und zugleich ein Kommentar zu »Schwarze Fahnen«.‹ Ausgewählt, aus dem Schwedischen übersetzt und ediert von Angelika Gundlach. Frankfurt a.M. 2005.*

Lesern nun die Bedingungen mit, die erfüllt sein müssen, soll das Gespräch zwischen Mathematik und Literatur gelingen:

> Einigen wir uns zunächst, worüber wir nicht einig werden können. Hoffnungslos wäre es natürlich, dem sechzigjährigen Bußprediger die intellektuelle Leidenschaft des Vierzigjährigen zu einem nachdenklich stimmenden Vergleiche vorzuhalten: Renegaten und »Erweckte« haben immer im gegenwärtigen Augenblick Recht. Ebenso hoffnungslos erscheint es, eine mit dem Verfasser des Blaubuchs gemeinsame Norm für den Wert der Wissenschaft zu suchen. Wem die Wissenschaft eine unbefugte Neugier nach verborgenen Dingen ist, die wir nicht wissen können, nicht wissen dürfen, *[...]* der kann sich mit Menschen andern Geschmacks nicht verständigen. Auch den hübschen Spielzeugen wie Eisenbahn, Telephon, Luftschiff, die bisweilen als Zeugnisse für eine gewisse — sagen wir — Brauchbarkeit der Naturwissenschaften aufgeführt werden, wird er in dieser Hinsicht keine Beweiskraft zuerkennen, da ihm freisteht, die Spielzeuge selbst unnütz zu finden. Gut. Aber nun kommt eine Grenze, über die hinaus die Toleranz gegen die Intoleranten aufhört. Niemand ist verpflichtet, Geigenspiel gern zu haben. Aber niemand ist berechtigt, zu erklären: ich mag Geige nicht, und alle Geiger spielen falsch. Zumal wenn dieser Kritiker vom Geigenspiel so viel versteht wie Strindberg von der Wissenschaft. *(S. 893f.)*

Um zu verhindern, daß seine Leser die nun folgenden Ausführungen zur Mathematik überschlagen, nimmt Hausdorff *einen Rollenwechsel vor, wobei er – erinnert sei noch einmal an den Fall* Zöllner *– die Szene einer spiritistischen Sitzung heraufbeschwört, in der er den alten Mathematiklehrer* Strindbergs *als Geist erscheinen läßt, der sich polternd über seinen ehemaligen, noch immer unbelehrten Schüler ausläßt:*

> Es ist zum Verzweifeln! Sprechen Sie mir die facultas docendi ab, ich verdiene es! *[...]* Die Lunge habe ich mir aus dem Brustkasten geredet, und er hat's immer noch nicht verstanden, dieser ewige Quartaner! *[...]* Noch heute kapiert er nicht, daß man mit Zirkel und Lineal den Kreis nicht quadrieren und einen beliebigen Winkel nicht dreiteilen kann; er zitiert das Handbuch für Ingenieure und mißt die Winkel mit dem Transporteur, dieser kundige Thebaner! *[Vgl.* Shakespeare: *›King Lear‹, III/4.]* Und so was will die Wissenschaft umstürzen, deren ABC er nicht verstanden hat! Wochenlang *[...]* habe ich sein Gehirn damit massiert, daß Oben und Unten nur eine Relation zum Erdmittelpunkte sei; noch heute fragt dieser Botokude, worauf bei Kopernikus die Sonne steht *[...]*. Nie war ihm beizubringen, was Brennweite ist, warum die Bilder von Sonne und Mond in nahezu derselben Entfernung von der Linse erscheinen; nun faselt er tiefsinnig, Sonne und Mond hätten das nicht, was man ›Entfernung‹ nennt, und die Sterne scheint er für Löcher in einer Wand zu halten, durch die das Kerzenlicht eines himmlischen Weihnachtsbaumes in unser dunkles Zimmer hineinblinzelt. Sonnenparallaxe, Fixsternparallaxe, Bewegung der Sonne unter den Fixsternen, das liegt alles wie Kraut und Rüben durcheinander in diesem Eskimogehirn. *(S. 895.)*

Was noch fehlt, ist die Norm des satirischen Angriffs. Daß die Wissenschaft, auch die Mathematik, zur kulturellen Entwicklung und zur Orientierung des Individuums beiträgt, hat Hausdorff / Mongré *in vielen seiner Essays immer dann betont, wenn es um den Weltanschauungsdiskurs der Zeit ging. Sein Jahrhundert erschien ihm vor allem deshalb als ›unreinlich‹, weil es in der alles beherrschenden Frage nach der Erklärung der Welt den ›Dualismus‹, die Trennung der ›Zwei Kulturen‹ beibehalten hat, mit der Folge, daß der einzelne nicht weiß, wohin er gehört:*

> Und ach! er weiß es wirklich nicht, dieser moderne Mensch! Es ist überflüssig, ihn irre zu machen; er ist schon verirrt und verwirrt genug. Hülflos schwankt er auf dem Seile zwischen zwei Weltanschauungen, und springt irgend ein Possenreißer über ihn hinweg, so verliert er sicher den Kopf und das Seil, wie es Zarathustra mit eigenen Augen gesehen hat. *[...]* Wir haben eine gewaltige Forschung, ein tiefes und scharfes Erkennen des Naturzusammenhanges — und daneben den Spiritismus: den dumpfen Aberglauben unserer Ammen und Urgroßmütter zur frechen Scheinwissenschaft drapirt. Wir haben neben dem übertriebenen Specialbetrieb der Wissenschaft die principiellste Unklarheit über Grenzen und Competenzen des Wissens, neben der lichtvollen Exactheit den nebelhaftesten Spuk von Occultisten, Obscuranten und Mystikern; man denke an den großen Magus Schopenhauer und seinen Erfolg, den er selbst einem durch die Kirche nicht befriedigten »metaphysischen Bedürfniß« der gegenwärtigen Menschheit zuschreibt. Dieses metaphysische Bedürfniß — seien wir doch ehrlich! — ist im Grunde dieselbe Neugier, die im Märchen den Hans forttreibt, das Gruseln zu lernen. *(*Das unreinliche Jahrhundert, *S. 451.)*

Was in dem Essay über Das unreinliche Jahrhundert *resignativ klingt, hat Hausdorff am Ende seiner Strindberg-Besprechung optimistischer gefaßt, schließlich soll aus der Lektüre schlechter Bücher auch etwas zu lernen sein. Mit dem Stilbewußtsein eines aufklärerischen Intellektuellen des vorangegangenen, des 18. Jahrhunderts, spricht er hier über den Weg in eine humane, die Kulturen vereinigende Zukunft:*

> Eine Stunde unter Troglodyten! und mit einer neuen Begierde, einer neuen Dankbarkeit werdet ihr ins alluviale Europa zurückkehren, zu den feinverzweigten Geweben eurer Wissenschaft, zu dem verstehenden Lächeln eurer Dichtung, zu den guten Manieren eures unbekehrten Heidentums. *(S. 896.)*

Die Metapher des ›Gewebes‹ deutet an, daß die Wissenschaft – die Ignoranz Strindbergs führt es vor Augen – eine verletzliche Institution ist, deren Unabhängigkeit geschützt werden muß: Je weniger eine Philosophie von dem thatsächlich Bestehenden rechtfertigt, desto unverdächtiger ist sie. *Dieser Grundsatz bildet eine Prämisse des Hausdorffschen Philosophierens, die er selbst noch genauer erläutert hat:* je weniger sich eine Philosophie, sei es pro oder contra *[!]*, mit dem Bestehenden einlässt, desto ernsteres Gehör verdient sie. *(*SI, *Aph. 366, S. 304). Es geht um ein Denken ohne* historischen Anschluss, *das heißt ohne* Parteinahme *und ohne* Freunde und Gegner, *nur dann ist – hier folgt ein zweiter wichtiger Grundsatz –* Selbstkritik der Wissenschaft *(ebd., Aph. 401, S. 342) möglich.*[85] *Die Wissenschaft muß sich vor sich selbst schützen: Vor den Mechanismen der Meinungsbildung, der Themenwahl und der – nicht allein von der Fachöffentlichkeit – geforderten Übereinkunft, wie ihre Ergebnisse ›weltanschaulich‹ zu deuten sind. Das ist der gesellschaftliche Aspekt der beiden Grundsätze, die auch eine kognitive Forderung enthalten: Selbstkritik soll vor der Möglichkeit des Irrtums schützen (oder diesen richten), wobei die Kriterien rationaler Prüfung in allen Bereichen des Wissens Geltung besitzen. Auch der umschlossene Bezirk der Mathematik bietet keinen Schutz vor der Selbsttäuschung, die der Wissenschaftler in seinem Verhalten zur Welt entwickelt.*

---

[85] *Herbert Mehrtens führt die Stelle ebenfalls an, versetzt sie jedoch in einen anderen Kontext: ›Moderne – Sprache – Mathematik. Eine Geschichte des Streits um die Grundlagen der Disziplin und des Subjekts formaler Systeme.‹ Frankfurt a.M. 1990, S. 171.*

Mit fast übertriebener Härte hat FELIX HAUSDORFF *auf einen Vorgang in der literarischen und wissenschaftlichen Öffentlichkeit reagiert, der das Fehlen jeder Selbstkritik zum Ausdruck brachte. Gemeint ist die Shakespeare-Bacon-Frage (vgl. ebd., Aph. 306, S. 204–206), auf die sich* GEORG CANTOR *(1845–1918) eingelassen hatte, der Begründer der jungen Disziplin der Mengenlehre, den* HAUSDORFF *persönlich kannte und verehrte. Nach einer psychischen Krise hat sich* CANTOR *für kurze Zeit von der Mathematik abgewandt und in einer Serie von Veröffentlichungen nachzuweisen versucht, daß* FRANCIS BACON *(1561–1626) der Verfasser der* SHAKESPEAR*schen Dramen sei.*[86] *Die ›Methode‹ der Entzifferung von Signalen und Anspielungen, kurz die ›hermetische Abdrift‹ (*UMBERTO ECO*) der Dekonstruktion wird von* HAUSDORFF *aufgedeckt (*nichts unterhaltender als mit beliebigen Freiheiten der Interpretation aus einem beliebigen Drucktext einen beliebigen Geheimsinn herauslesen; *S. 204) und anschließend parodiert:* Wie würde man z.B. in einer freien Viertelstunde beweisen, dass Kant, nicht Goethe der Dichter des Faust ist? *(Ebd.) Das Fazit lautet:*

> Man thut Unrecht, die Unvernunft summarisch als Gegensatz des Vernünftigen zu verstehen; es giebt Gradunterschiede, und die Shakespeare-Baconfrage ist, wie der Spiritismus, vielleicht ein Gipfel im Hochgebirge der Absurdität. *(S. 206.)*

Die Berufung auf den bon sens *oder die* Vernunft *steht am Schluß etwas isoliert, ohne Kontakt zu den poetischen Arbeiten von* HAUSDORFF / MONGRÉ, *in denen die Spielräume der Weltdeutungen beschworen werden, zunächst emphatisch, dann mit zunehmender Zurückhaltung.*

Gottes Schatten *heißt eine Abrechnung mit den pseudoreligiösen Tendenzen der Zeit, die 1904 erscheint. Eine lange Tirade eines* Rationalisten, *dem man die Enttäuschung und Erregung anmerken soll, gipfelt in den Schlüsselworten der* MONGRÉ*schen Poesie:*

> Wenn solche aufregenden Rendezvous und ekstatischen *[!]* Berührungen mit Gott wieder Mode werden sollten, so wird die Sprache, in der davon geredet wird, vielleicht gar nicht theistisch klingen *[...]*. Mit demselben Mißtrauen stehe ich dem erklärten Atheismus der Naturwissenschaften gegenüber: da ist ein primitiver Gottesbegriff gegen einen späten, raffinierteren, verhüllten umgetauscht. *(S. 123a–123b.)*

Warum wählt HAUSDORFF *dann den Titel* Ekstasen *für die Veröffentlichung seiner Gedichte? Wenn in mystischen Traditionen über Techniken nachgedacht wurde, mit denen sich das gewöhnliche Leben überschreiten lassen sollte, dann mag dem etwas Unwahrscheinliches anhaften, auf der Ebene des Bewußtseins kann man die – angeblich eingetretene – Empfindung als Einbildung erklären. Bleiben wir in dem so umrissenen Sprachfeld, hat es durchaus Sinn, daß* HAUSDORFF *aus seinem*

---

[86] *Vgl. Adolf Fraenkel: ›Das Leben Georg Cantors.‹ In: Georg Cantor: ›Gesammelte Abhandlungen mathematischen und philosophischen Inhalts.‹ Hrsg. v. Ernst Zermelo. Hildesheim 1966 (Nachdruck der Ausgabe Berlin 1930), S. 452–483, bes. S. 462f.; die wichtigste Publikation der genannten Reihe: ›Die Rawley'sche Sammlung von zweiunddreissig Trauergedichten auf Francis Bacon.‹ Mit einem Vorwort hrsg. v. Georg Cantor. Halle 1897. Vgl. auch Walter Purkert u. Hans Joachim Ilgauds: ›Georg Cantor.‹ Leipzig 1985 (›Biographien hervorragender Naturwissenschaftler, Techniker und Mediziner‹ 79), S. 52–59. – Zu der seit den 1880er Jahren heftig geführten Kontroverse hat sich – die Bacon-These positiv in Betracht ziehend – auch Nietzsche in ›Ecce homo‹ geäußert.*

Alltagsleben als Mathematiker heraustritt (ékstasis) in die Zweitexistenz des Dichters, der es sich erlaubt, nach künstlerischen Formen einer Weltaneignung zu suchen. Der Titel hätte ebensogut ›Evokation‹ lauten können: So hat der von HAUSDORFF bewunderte MAX KLINGER eine Radierung seiner ›Brahms-Fantasie‹ von 1894 überschrieben.[87]

*In dem zuvor zitierten Essay nimmt der Autor die Künstler von dem Vorwurf, pseudoreligiösen Unsinn zu verbreiten, noch ganz aus. In dem vorletzten der Texte, die FELIX HAUSDORFF unter dem Pseudonym PAUL MONGRÉ veröffentlicht (*Andacht zum Leben*), liest man dagegen folgendes:*

> Aber die unangenehmste aller Komplikationen ist und bleibt das Leben. *[...]* Nur die Dichter, die andächtigen Seelen, helfen sich mit verhältnismäßig einfachen Mitteln: mit Anbetung! *[...]* Hier wird das Ignoramus zur Geste der Verehrung, zu hochgezogenen Augenbrauen und öligen Blicken, zu weichen, feuchten, von Tiefsinn dampfenden Worten priesterlicher Lyrik, *[...]* die sich gerade am Irrationalen, Grausamen, Dämonischen der vita femina berausch*[t]. (S. 1737.)*

Der letzte Satz bereitet – trotz aller NIETZSCHE-Anspielungen – Schwierigkeiten bei der Auslegung. Man wird ihn, cum grano salis, nur als eine Distanzierung von den eigenen lyrischen Versuchen, von der Stoffwahl bis zum symbolischen Darstellungsbereich, verstehen können, als eine Abgrenzung auch von Autoren wie RICHARD DEHMEL, die hier ein Vorbild geliefert haben. Das zeitgleiche Verschwinden PAUL MONGRÉS von der literarischen Bühne könnte diese Vermutung bestätigen (allerdings hat es später noch Begegnungen zwischen den beiden Autoren gegeben, wie der Briefwechsel ausweist).

Im Jahr 1907 richtet FELIX HAUSDORFF an RICHARD DEHMEL ein Dankschreiben für die Übersendung eines ungekürzten Exemplars der ›Verwandlungen der Venus‹. Bei der Veröffentlichung dieses erotischen Gedichts hat DEHMEL mehrfach mit Zensurproblemen zu tun gehabt, wobei er sich bei einer gerichtlichen Auseinandersetzung von dem Juristen KURT HEZEL, einem Leipziger Bekannten HAUSDORFFS, vertreten ließ. Mit seinem Dank versichert HAUSDORFF dem Adressaten,

> dass Sie für mich Einer der ganz Wenigen sind, die wirklich die Elemente aus einem letzten Dissociationszustande heraus zu neuen Formen zwingen, im Gegensatze zu den Vielen, die nur die vorhandenen Gestaltungen mosaikartig combiniren. Aber ein solches Bekenntniss würde sich vielleicht aus Zeitmangel und dergleichen Gründen zu sehr verspäten, während Sie das augenblickliche Recht haben zu wissen, dass Ihr Geschenk in die Hände eines dankbaren Empfängers gekommen ist.[88]

Ein rhetorisches Meisterstück, da ein wirkliches ›Bekenntnis‹ nicht abgelegt wird. Kann es nun, zum Jahreswechsel 1908, nicht mehr abgelegt werden, da für den

---

[87] *Hausdorff hat Max Klinger persönlich gekannt und mehrfach über ihn geschrieben, auch an prominenter Stelle; vgl. Paul Mongré:* Max Klingers Beethoven. *In: ›Zeitschrift für Bildende Kunst‹, N.F. XIII (1902), S. 183–189. Klingers Radierungen galten um die Jahrhundertwende »weithin als das Kühnste und Modernste«, »welches sich ein bürgerlicher Gelehrter in sein Wohnzimmer hängen konnte« (Wolfgang J. Mommsen: ›Die Herausforderung der bürgerlichen Kultur durch die bürgerliche Avantgarde. Zum Verhältnis von Kultur und Politik im Wilhelminischen Deutschland.‹ In: ›Geschichte und Gesellschaft‹ 20 [1994], S. 424–444, hier S. 438).*

[88] *Hamburger Staats- und Universitätsbibliothek, Dehmel-Archiv Sigle Br. 1907: 74.*

Autor die Zeit der ›Ekstasen‹, der pathetischen Feier des Lebens und der Kunst vorbei ist? Das bleibt Spekulation. Die Komödie des Autors wurde erst in den folgenden Jahren zu einem Erfolg auf der Bühne und Paul Mongré zu einem Schriftsteller, dessen Namen eine breitere Öffentlichkeit nun mit diesem satirischen Beitrag zum Duellwesen im Kaiserreich verband.

4.2. Das Schauspiel Der Arzt seiner Ehre

Das für die Bühne geschriebene Stück liegt in drei Drucken vor, die leicht voneinander abweichen. Dem zuerst 1904 in der ›Neuen Rundschau‹ gedruckten Text folgt sechs Jahre später ein bibliophiler Privatdruck mit der Angabe »Komödie« und 1912 eine Ausgabe im S. Fischer-Verlag, die als Gattungsbezeichnung »Groteske« im Titel führt. Damit wird auf eine Tradition der romantisch-phantastischen Literatur angespielt, die – ähnlich wie die ›Pierrot‹-Dichtung – aufgrund ihrer zeitkritischen, antibürgerlichen und frivolen Elemente geschätzt wurde; die ironisch-witzigen Szenen eigneten sich auch für die Aufführung im Kabarett. Um 1900 verbindet sich die Theaterform mit den Namen von bedeutenden Autoren wie Oskar Panizza (1853–1921), Alfred Jarry (1873–1907), Frank Wedekind und Carl Sternheim (1878–1942), vor allem aber mit Arthur Schnitzler (1862–1931), über dessen Monodrama ›Der grüne Kakadu‹ (1898), das im Untertitel ›Groteske in einem Akt‹ heißt, die Bezeichnung in die deutsche Literaturgeschichte eingegangen ist.

Hausdorff wählt diese nicht nur beim Publikum, sondern auch bei den Intendanten und Regisseuren beliebte einaktige Form – sein Stück sollte später mehrfach zusammen mit Texten Wedekinds an einem Abend gespielt werden – und dazu ein Thema, das ebenso erfolgversprechend wie skandalträchtig war. Wenige Jahre zuvor hatte wiederum Arthur Schnitzler in der Novelle ›Lieutenant Gustl‹ (1900) das Psychogramm eines Offiziers gezeichnet, den eine nicht sofort geahndete Beleidigung zum Suizid zwingt, der nur durch den unerwarteten Tod des Gegners verhindert wird. Der Text löste öffentliche Empörung aus, da Schnitzler in den protokollierten Bewußtseinsstrom der Hauptfigur – der innere Monolog war ein Formexperiment – Momente der Selbstbeobachtung einbringt, die erkennen lassen, wie der militärische Ehrenkodex für das Individuum nicht mehr die gesuchte Verhaltensorientierung bieten kann und damit seine Funktion verliert. Dem Autor wurde daraufhin der Rang eines Reserveoffiziers aberkannt – den Hausdorff als einjährig Freiwilliger eines Leipziger Infanterieregiments aufgrund seiner jüdischen Herkunft erst gar nicht erhalten hatte.

Dieser militärischen Rangfrage wurde in der wilhelminischen Gesellschaft eine Bedeutung beigemessen, die ihr längst nicht mehr zukam. Es handelte sich um eine erstarrte und damit lächerliche Konvention, die den Figuren in dem Kurzdrama von Hausdorff / Mongré nur noch Anlaß zur spöttischen Distanzierung bietet: Borniert feierlich! er hat den Reserveleutnants-Klaps! *Die Rede ist von einem der Sekundanten, einem Brauereibesitzer – Marke* Sedanbräu –, *kurz einem* Parvenü, *der gerade deshalb* mit dem Ehrenpunkt um sich *schmeißt. Dieser Reserveleutnant paßt nicht in die Herrenrunde, die sich am Vorabend des Duells in einem Hotel in der Provinz trifft. Versammelt ist die Elite des Kaiserreichs, wie die Berufsbezeichnungen und akademischen Titel zu erkennen geben (Architekt, Rechtsanwalt, Regierungsrat, Oberst a. D., Arzt). Nur der erwartete Baron, der Vertreter des Adels, trifft nicht ein, da dieser mit der Frau des Regierungsrates – deren Ehebruch den Grund des Ehrenhandels bildet – auf und davon ist. Damit fehlt der Vertreter jenes Standes, gegen den in der frühneuzeitlichen Gesellschaft die Domestikation physischer Gewalt mühsam durchgesetzt werden mußte, worauf die adlige Oberschicht mit der Ausbildung eines eigenen Ehrbegriffs und der Sitte des Duellierens antwortete. Doch bereits im 18. Jahrhundert waren Privatkonflikte die Angelegenheit von Gerichten, die auf die Sensibilität des Adels in Ehrenfragen zunehmend weniger Rücksicht nahmen, wodurch bereits früh erkennbar wurde, daß diese Mentalität keine Zukunft hatte.*[89] *Das Duellwesen – längst ein Anachronismus. Das Stück zeigt, wie der Ehrenkodex von dem gar nicht mehr in Erscheinung tretenden Adel über das Militär und Bürgertum auf die bildungsfernen niederen Stände übergegangen ist. Während sich die zum Duell versammelten Herren gegenseitig versichern, moderne Menschen zu sein, die auf mittelalterliche Relikte verzichten und romantische Anwandlungen unterdrücken können, ist der Brauereibesitzer der einzige, der auf dem* formellen Standpunkt *beharrt:* Gott, wofür soll sich ein Bierbrauer denn sonst begeistern? *Für die anderen ist er eine* kompromittierende Bekanntschaft. *Nachdem er den Kreis verlassen hat, brechen die Zwänge der Konvention auf und es kommt in weinseliger Laune zu einer Versöhnung der Gegner: [D]*ieses Duell ist doch eigentlich nur Formensache, um der öffentlichen Meinung ihren Fraß hinzuwerfen – Fütterung der Bestie! *Die Ehre wird zu einer imaginären Größe, sie wird als* Gespenst *erkannt (vgl. S. 996).*

Der Arzt seiner Ehre *fand großen Anklang bei den Bühnen (nicht nur im Reichsgebiet) und beim Theaterpublikum, in wenigen Jahren kam es zu über dreihundert Aufführungen. Damit konnte sich die Hoffnung auf eine ethische, die Gesellschaft verändernde Wirkung von Poesie verbinden, wie man sie sich in ähnlicher Weise auch von den kritischen Interventionen im Essay versprechen konnte.* Eine Stunde unter Troglodyten!, *hieß es am Ende der* S*TRINDBERG*-*Besprechung,* und mit einer neuen Begierde, einer neuen Dankbarkeit werdet ihr ins alluviale Europa zurückkehren, zu *[...]* dem verstehenden Lächeln eurer Dichtung, zu den guten Manieren eures unbekehrten Heidentums. *Der Widerruf dieser Voraussage und damit auch das Eingeständnis, die gesuchte Verständigung mit dem Publikum nicht erreicht zu haben, folgte Jahrzehnte später. In einem Brief aus dem Dezember 1938 schreibt der Mathematiker* H*AUSDORFF über seine Zeit als Philosoph, Schriftsteller und Essayist:* Erinnerungen können schön sein, aber kein Ersatz für Hoffnungen; ich bin auf Dantes »nessun maggior dolor*[e]*« gestimmt. *[...]* Finden Sie nicht auch, dass Zarathustras Meinung, Europa würde an einer Hysterie des Mitleids zugrunde gehen, eine etwas verfehlte Prognose war?[90]

---

[89] *Vgl. Niklas Luhmann: ›Gesellschaftsstruktur und Semantik. Studien zur Wissenssoziologie der modernen Gesellschaft.‹ Bd. 3. Frankfurt a.M. 1989, S. 90.*

[90] *Brief an Franz Meyer vom 6. Dezember 1938; abgedruckt in Uwe Dathe: ›»Philosophie als eigene Antwort auf die Frage Welt«. Briefe Felix Hausdorffs an Franz Meyer.‹ In: ›N.T.M.‹ 15 (2007), S. 137–147, hier Brief 10, S. 143. – Die zitierten Dante-Verse stammen aus der ›Divina commedia‹ (»Inferno«, 5. Gesang, vv. 121–123): »E quella a mea: Nessun maggior dolore / che ricordarsi del tempo felice / ne la miseria; e ciò sa I tuo dottore.«*

Teil I: ›Das lyrische Werk‹

Zum lyrischen Werk gehören fernerhin: 1. Die Sonette und Rondels aus H*ausdorffs Aphorismenband* Sant' Ilario. Gedanken aus der Landschaft Zarathustras, *S. 363–378, abgedruckt im Band VII dieser Edition, S. 457–472; 2.* H*ausdorffs Selbstanzeige seines erkenntniskritischen Werkes* Das Chaos in kosmischer Auslese, *ebenfalls abgedruckt im Band VII, S. 811–813.*

Ekstasen.

Hermann Seemann Nachfolger, Leipzig 1900.

[H 1900a]

Falterflüge

Den Ungeflügelten

Ich fliege mein Glück,
Drum entfliegt es mir nicht!
    Alles Glück will fliegen,
Mit goldbrennenden Falterflügeln
Über Blumenduftgewölk gleiten.
Die ihr Glück singen und sagen und tanzen,
    Ich neide sie nicht,
Nicht ihr erdgebundenes Glück,
Das mit zähem Zwange gezähmt und gezäumt,
In klirrende Maße und Ketten geschirrt
    Die Erde beschreite,
Mit roßgleich stampfenden Worten.

    Ihr könnt nicht fliegen,
Drum bandet ihr das Glück,
Daß eurer Haft es nicht entfliege.
    Ich fliege mein Glück,
Bin selbst meines Glückes Flug und Sturm,
Der zitternder Blumen Duftgewölk
Mit goldbrennenden Flügeln peitscht!

Psyche

Der Seele Bild und Zeichen bin ich euch,
Ihr die ihr schleppt und leidet am Leibe.
Den zitternden Hauch, der selbst sich trägt,
Ein buntes Glück auf Falterflügeln
Nennt ihr Seele . . . wie träumt ihr falsch!
Nicht reinere Seele bin ich als ihr,
        Nur reinerer leichterer Leib!

Auf schwarzen Sümpfen ein blaues Geflacker
Ist alle Seele, des müden Leibes,
Der selbst seiner müde, ein Wunschgespinnst.
Wer lebt und leibt wie zitternder Hauch,
Auf Teppichen wandelt von Blumenduft,
Die den nur tragen, der selbst sich trägt:
        Von Leib und Leben auf Falterflügeln
Wie sollte sein Wunsch fern sich verfliegen
Zu Irrlichtgeflacker und Sumpfgespenstern,
        Zu leibentflogenen Seelen?

Und die ihr mich liebt, ihr Leibbeschwerten,
Ihr Müden, die ihr nach mir euch sehnt,
Im heißen Dunst eurer Fieberträume
Nicht soll eure Liebe die Flügel mir sengen!

Mein Lied

Zu singen und summen taug' ich nicht;
Für stumm gelt' ich der Grille,
Die an knarrenden Ringen die Beine sich fletscht,
Und jenem polternden Flügeltier,
Das bummend und brummend, ein rollendes Faß,
Hintaumelt und tollt,
Den Kelch umschüttend, aus dem es trinkt,
Den Stengel beugend, der Sitz ihm bietet.
Denen gleiche ich nicht,
Und sie fassen es nicht,
Daß nicht brummend und knarrend der Sonne ich danke,
Von der ein entwandter, verwandelter Funke
Unser sonnenumflackertes Leben ist.
Doch rede auch ich
Und singe der Sonne
Ein Lied, dem liebend sie lauscht und lächelt.
Wenn in Farben schmelzenden Goldes
Die Himmelswände ihr Regen berieselt,
Mit goldschmelzfarbigen Flügeln
Fächle und fang' ich das leuchtende Naß,
Bis dem glanzumfluteten Auge
Im glühenden Meere das Segel verglimmt,
In Lichtaccorden mein Lied ertrinkt.
Die Sonne nahm es in sich,
Auflösend im eigenen Hymnus,
Den weltübertönend die Selige singt, —
Den sondersüchtig, mit fremdem Geschwätz
Dem wogenden Schwall sich entwindend,
Mit knarrender Trommel und polternder Pauke
Noch Grille und Hummel begleiten.

Den Nachtfaltern

Unsterbliches Leben, nie nachtender Tag!
Wie könnte erlöschen, was je geleuchtet?
Doch Larven trägt es und weiß sich zu wandeln
Und über ein Jetzt nach der Zukunft zu springen.
Nie war ich andres als Licht und Leben,
Doch verlarvtes Leben, verlarvtes Licht:
Leben, das springend nicht Fuß noch faßte,
Licht, das noch schweigend sich wahrt und wandelt.
        Da kam mir der Tag.
Der Hülle entsprang, was keimend sich barg,
Auflachte das Leben, aufblühte das Licht.
Sonnenglut, deren Brust mich genährt,
Sie trag' ich zur Schau, sie bin ich nun ganz,
Ihren heißen Odem versprüh' ich als Farbe,
        Als schimmernden schäumenden Goldglanz.

Doch Brüder hab' ich, die sonnenfremd
In kalten Kellern gezeugt und genährt;
Ermattetes Licht, das vom Wege verirrt,
Kam schläfrig und schräg zu den Armen geschlichen
Was nie sie gesättigt, segnen sie nicht,
Spenden nicht fröhlich, was eh' sie empfangen.
Kellerdunst färbt' ihnen falbe Flügel;
In kalten Flören und Totenmänteln
Flattern sie hungrig um Kerzenflammen;
Zur Todespein ward ihnen mein Glück,
Des Lichtes schimmernder schäumender Quell.
Nacht sind sie selber und Licht-Verirrung,
Verlarvtes Dunkel, verlarvter Tod:
Tod, der listig ins Leben sich lügt,
Dunkel, das Sterne vom Himmel sich stiehlt.
        Ihnen komme der Tag,
Der sonnig entlarvte, entlarvende Tag,
Da in lachendem Leben, in blühendem Licht
        Alles Dumpfe und Düst're verdunstet!

Im Walde

Wer Recht will von Menschen, der raube sich Recht!
Dort ist ein Mächt'ger, wer Feinde zermalmt,
Bewiesen, wer Leugnende Lügen straft.
Wohlan, du Sonne, unglaubliches Licht,
Nun mach' dich bei Menschen beliebt und beglaubt!
Mir bist du zwar lieber, dem Lichtverliebten,
Dein Zeugnis erkennt der Sonnengezeugte,
Wenn klippen- und strandlos ein Meer von Glanz
Den seligen Schwimmer umglastet.
Doch blinzelnd geblendetem Menschengesicht,
Das so dir nicht traut, dich so nicht erträgt,
Mußt streitenden Strahls du mächtig dich weisen,
Mußt Klippen umbranden und Wehre durchbrechen
Und Feinde befehden und Siege erglänzen,
Durch sperrendes Laub dein Feuer versprühen,
Aus Schatten sie lehren dein Licht zu erschließen.
Und sieh, wie der Feind sich dir findet!
Die Stirne, die nackte, zwar bietet er nicht,
Doch sträubt er der struppigen Mähne Geflecht
Hinein in des Lichtes umlodernde Flut.
Wie will er ihr wehren? Im Netz, das er strickt,
Will das Meer er selber umstricken, ersticken?
Will Waldesdunkel die Sonne uns stehlen?
Sie lächelt zu Schanden den finsteren Feind,
Sie glänzt es entzwei, sein geflochtenes Netz;
Durch Luken im Laube das Bett sich grabend
Beschäumt und beschämt sie mit siegreichen Wellen
Selbst Farne und Moos und verkrochene Wurzeln;
Und will es nicht weichen, das störrische Hemmnis, —
Seht, fragt nur des Blattes grünflammendes Blut,
Wo der Strahl den Weg sich gewählt hat!

So lieben die Menschen den Wald
Und blinzeln durch schonendes, schirmendes Laub
Nach Funken und Spuren und Spielen des Lichts,
Und glauben der siegenden Sonne.

In Meeren des Lichts aber bin ich heim
Und liebe die Sonne, die neidlos herrscht,
Zu hoch über störrischem Waldesdunkel,
Zu hell für blinzelnde Menschenvernunft,
Die Sonne, das blendend unglaubliche Licht,
Das unbefeindet und unbezweifelt
Nur segnen, nicht siegen gelernt hat!

Paradies

Wo Menschen wohnen, weil' ich nicht gern.
Der Knaben Netze scheuchen mich auf,
Verwehren mir ruhig begeistertes Schweben:
Stets muß ich ja fürchten, sie möchten mich fassen,
Liebkosend mit schwieligen, schwitzenden Fingern
Der Flügel Geäst mir schmählich entblättern.
So scheut der Leichte die Liebe der Schweren.
Ihrer Küchen Gedünst auch liegt in der Luft;
Wer mag dort atmen, der meiner Art ist,
Von Blumenweinen den Schaum genippt?
Und oft geschah's, wenn in zarter Entzückung
        Goldreinen Genusses wir pflagen,
Da zerriß der Teppich von Blumenduft,
Vor stärkerem Qualm flüchtig zerflatternd:
Ein stinkender Flügler kam uns zu Gast,
Roßschweißgemästet, rindsblutgenährt,
Der lüstern nach Weinen, wie uns sie gemischt,
In Blütenkelchen unflätig sich wälzte,
        Mit stechendem Rüssel sich voll soff.

Ich weile nicht gern, wo Menschen wohnen.
Doch lieb' ich den Freien, der einsam lebt,
Mit uns unschuldigste Speisung teilt;
Der kein Feuer brennt, das uns Falter bethört,
Nicht mit rauchigen Dünsten die Luft uns nimmt,
Und der so gemächlich zur Ruhe sich legt
Auf den warnenden Schatten, den drunter er breitet,
Daß keinen der Gras- und Blumenbewohner
        Der Leib des Müden zerlastet!

Freundschaft und Gesellschaft

Ich mag mich leiden, und nicht nur einmal.
Verdopplung duldet und will mein Glück,
Drum flieg' ich gern, wo ein blaues Gewässer
    Den Freund mir spiegelnd hinzulügt.
Den Freund, der ist, weil der See eine Fläche hat,
Weil meine Seele eine Fläche hat.
Den Freund, dem ich fröhlich entgegenflattre,
Dem ich zärtlich mich zeige, neckend mich neige,
    Doch nie ihn thörig betaste.
Wie wollt' ich noch fliegen, netzt' ich die Flügel,
Mein zweites gespiegeltes Ich zu umfangen?
Sie beide verlör' ich, mich selbst und den Freund.

    Und verlor ich ihn dennoch?
Grau und trübe wogt es herauf,
Grau getrübt ward das freundliche Bild.
Da flog es vorbei! War ich das selbst?
Zu groß, zu klein, verkrümmt und verkrüppelt:
    So spiegelt kein ruhender See!
Noch eins! und hier! und allüberall!
Wie regt sich's und regnet's von spiegelnden Tropfen!
Gesellig ward ich und Vieler Freund;
Vertausendfacht sprengt es und sprüht es mich an,
In tausend Fratzen mein Ich verzerrend.
Wie find' ich den Weg in dem speienden Wirrwarr,
Der mit tausend Zungen die Seele mir sticht,
Zu tausend Wirbeln den See zerquirlt, —
Wie find' ich den Weg unter schirmendes Dach,
Eh' patschend und klatschend ein klumpiger Tropf
    Den Staub von den Flügeln mir abschwemmt?

Sonntag

Ich liebe den Himmel, und nicht nur einmal;
Drum flieg' ich gern, wo ein spiegelnder See
Mir zu Ende ihn denkt, freundschaftlich ihn schließt
　　Zu weltumwölbender Rundung.
Ich liebe des Himmels getäfelten Saal,
Und lieber noch lieb' ich ihn auf denn zu;
Drum lieb' ich sein silbernes Pförtchen, den Mond,
Und sein goldenes Thor, rotglühende Alpen,
Doch lieber als beide, das beide erst öffnet,
Sein weißdiamantenes Weltenportal,
　　Die all-allerheiligste Sonne.
Nicht aber lieb' ich der Sterne Gestäub,
Die aus spärlichen Spalten, blinzelnden Klinzen
　　Den Himmel nur raunend verraten.
Und noch minder die Wolken, den wehrenden Vorhang,
Der heiliges Schauen unheiligem Blick
　　Nur zu seltener Feier herausläßt.
Erhebung nennt ihr's und Außersichsein,
Drum braucht ihr Wolken um reinen Himmel,
Drum schmeckt euch aus sieben Häuten geschält
　　Erst der all-allerheiligste Sonntag.
Erhoben bin ich auch in mir selbst,
Zu Sonnentagen auch Mittwochs geweiht;
Drum unverhängt will ich Erhabenes sehn
Und über mir, unter mir heiligen Himmel
Und unumwunden, -umwölkt und -umwickelt
　　Sein weißdiamantenes Auge.

Den höheren Menschen

Ihr könnet schaffen,
Ihr Künstler, Alleskönner!
Viel buntes wildes Blühen
Gebt Schmetterlingen ihr zu schaun,
Manch überhimmlisches Blau,
Das auf grünschimmernden Wolken tanzt,
Und schwere sinkende Farben,
                    Erdenbraun und Löwengelb
Und unterirdische Glut Rubinen,
Und aller Dinge Köstlichstes,
Jenen sanften, sammtenen Flor und Flaum,
Der mit verschwieg'nen Farben spielt,
                    Eines göttlich Verhüllten
Spielender Schleier und Spinnwebehaut.
An solcher bunten Trunkenheit
Und zarter Augen Bezauberung
Wuchs eure Wiese göttlich reich,
Reich auch an trunkenen krausen Gestalten
Von Blatt und buntem Blütenglas,
An wunderlichen Blumengesichtern,
Die lustig und weise lachen —
                    Über wen doch? über sich? —
Und süße thörichte Düfte hauchen,
Wunderlicher Schwermut voll,
Genug, den Himmel uns zu kräuseln
Mit Rosenwolken sanfter Schwermut,
Uns duftbethörten Schmetterlingsherzen . . .
Wer würde hier nicht Schmetterling,
Wem wüchsen Fühler nicht und hundert Augen,
Das blühende schäumende Farbengesprüh
In hundert Gefäßen zu fangen?
Wer lernte nicht, mit wetteifernder Pracht
                    Den eignen Flügel erleuchtend,
Vom Schauen zum Schaffen gewandt,
Am eignen Leibe formend, färbend,
Nicht Zeuge mehr, nun Zeugender —:

Wer lernte nicht, selbstschaff'nen Fittichs
Als Schmetterling über der Wiese schweben,
Still über menschlichen Dingen schweben?

Ihr könnet schaffen,
Ihr höheren Menschen, Alleskönner:
Nun schufet ihr auch den Schaffenden.
Mit der ihr meine Seele meistert,
Die Trunkenheit ward selber Meisterin;
Die ihr im Herzen mir wachgelodert,
Die Farbenfülle blüht und schäumt.
Selbst eine Blume
Umspiel' ich schwebend Meinesgleichen,
Und lausche still, ob meiner Schwinge Gold
In neuen Blumen neuen Duft,
Von neuen Faltern neuen Glanz entflammt!

Wille und Zukunft

Lieblich klingt mir das Du,
Das unbekannte Götter ruft,
                    Sie dazusein, ins Dasein ruft.
Arm sind und müde die gelebten Götter . . .
                    Macht Platz der Zukunft!
Und besser noch, ihr wackren Räuber,
Ihr lebt von ihr, bestehlet sie
Mit gier'gem Traum und Vorgenuß,
Zwingt sie zu kommen, um von euch
Ihr Recht und Eigen zurückzufordern!
Noch lebt er euch ja, alles Künft'gen
Zwang und Bürge und Sicherheit,
Der mit Adleraugen spähend
Aus Zukuftsländern Beute raubt,
Aller Raubvögel höchstgemuter:
                    Euer Wille, ihr Wollenden!
Noch lebt er ja, der mit mächt'ger Angel
                    Das Meer aufwühlt,
Nicht Fische zu fangen, nein! Erden und Inseln,
Neue Erden dem Meer zu entangeln! —
O ihr kennt ihn nicht, euren Willen!
Ihr kennt sie nicht, die durch ihn ist, die Zeit!
Keinen Schritt ja schliche sie,
Kein Heute würde Gestern, Morgen Heute,
Schirrt' er sie nicht an seiner Willkür Wagen,
                    Der gewaltige Wager und Wähler,
Der unter tausend Loosen wählt,
Von tausend Wegen Einen wandelt,
Er, dem nicht schwindelt vor dem Unendlichen!
Kein Wirkliches ja käme zu leben,
Erstickt von tausend Möglichkeiten,
                    Von allem, was sein kann,
Erwürgt in Schlingen der Gerechtigkeit,
Trät' nicht der Wille harten Fußes
Die Schlingen und Schlangen entzwei,
Sein Unrecht tragend auf harten Schultern.

Seht, wie nun sie naht,
Die nimmer käme, witterte sie nicht
Gewalt, die ihr gethan,
Seht, wie sie rächend sich heranwälzt,
Die Ungetümin Zukunft,
Dem Willen zürnend, der mit Adlerklauen
In sie hineingriff,
Die Träume löschend und erdrückend
In Tages-Schlangenringen,
Die mit zarten Traumesfüßen
Auf ihren Blumenteppichen gewandelt!
Euer Wille, ihr Wollenden,
Macht diese Zukunft leben;
Mit Göttern, Träumen, Hoffnungen
Nach fernem Ziele wie mit Pfeilen werfend
Habt ihr dem Ziel euch nahgeworfen.
Wird nun er feiernd rasten, euer Wille?
Kam seiner Schöpfung siebenter Tag?
Oder verschmäht er gemächlichen Umblick
Und greift mit Adleraugen schon
Nach neuen Zielen und Zukünften,
Fliegt auf Adlerfittichen
Zu *ewigem* Fluge der Zeit voran?...

Vorsommer

Frei das ganze Leben,
Zum ersten Male frei!
        Alle Gipfel entwölkt,
        Alle Tiefen entnebelt:
Nicht über rauchendem Abgrund mehr
Wird der Welt Weisestes verraten.
Ruhen kann nun meine Seele
In des Lebens, nicht des Todes Stille,
Flüchten kann sie vor dem Leben
In reineres, ferneres, höheres Leben:
In kalte Grüfte und Möglichkeiten
Strahlt die Sonne des Seins.
Heil dir, du reiche, erschöpfende Welt,
Leben entfesselnde Sommertagswelt!
        Zu allen Zielen
Sehe ich alle Wege nun offen;
Von siegendem Tage niedergeblendet
Sind die grünäugigen Gespenster,
Die thatenmörderischen Gedanken,
Die an Kreuzwegen hockten,
Blutsaugende Worte und Werte:
»Dies ist der Weg!« »Du sollst!« »Du mußt!«

Wie feind ist alle Sonne
Ihrer Schwester Werken, der Nacht!
Erzfeind ihren Nebeln und Gespenstern,
Den Toten, die noch leben wollen,
Und minder feind, doch feind genug
        Dem Tode v o r dem Leben,
Allen scheuen Morgenschläfern,
Die nicht ins Sein erwachen wollen.
»Ein Weilchen noch, so bin ich reif!«
Und zweie noch, so bist du — faul!

So redet Lebens Ungeduld
Und schüttelt früh die Frucht vom Baum.
Auch mich brütete die Sonne aus,
Der gern noch wartend weiterschlief.
Mit weichem lockendem Lichthauch
Schmolz sie die Hülle »Jetzt noch nicht«,
Der Zeit vorlaufend, Sommer lügend
Log sie mich selbst ins Leben hinein.
In Einen Tag, der mir gegönnt,
Leb' ich nun all mein Glück zusammen,
Mein langes gelbes Sommerglück,
An Augenblicke göttlich vergeudend,
Was sonst zwei Monde sätt'gen muß.
Wie, Sonne, sollt' ich gram dir sein,
Daß mancher bunte geflügelte Traum,
Deiner Lockung leicht vertrauend,
Zu frühem Vergehn der Hülle entschlüpft ?
Nun leb' ich doch Leben, das schäumt und glüht
Wie flüchtiger Liebe geraubtes Glück,
Nun sterb' ich doch Tod, Vorsommer-Tod,
Vorzeitigen Schauens Sühne-Tod
Im Glanz enthüllter Gesichte!

Narrenglück

Mein Geist ist eines Schmetterlings:
Ein saugender Faß- und Fühlegeist,
Der Dinge dürstend an sich zieht,
Ein Zu-sich-Wendender, ein Wille,
Anrollender Wellen Strudel und Schlund.
Ist's nicht mein Glück, mein starkes Glück,
Das so mich dürsten und schlingen heißt?
Wunderliches ersann es mir schon
An Fallstricken und Fangenetzen
Für flüchtige Dinge und schlüpfende,
Allzuleicht entschlüpfende.
Oft sah ich listig still es liegen,
Als Blumenaue, mit sammtner Haut,
Ein Tanzteppich für Geisterfüße,
Bereit, mit sammtbewachsnen Klau'n
Umklammernd jeden Fuß zu greifen!
Wie viele Dinge sind nun mein,
Sind dein, o meine Seele,
Die flüchtig auf dir tanzen wollten!
Mit Dingen behängt gleich Beuten,
Du Beuterin, Deuterin aller Dinge,
An dich ziehend, saugend, fassend,
Schleppst du nun dich deines Wegs,
Ungekrümmten Nackens
Unter geschlepptem Raube schreitend,
Und noch von Glücke sagend, meine Seele!
Von stolzem starkem Glück!

— Doch, wovon dein Stolz schweigt,
Ich errate es, meine Seele!
Errate, welch ein andrer Durst
An des gestillten Stelle nun
Die Lippen dörrt, den Blick dir sengt.
Gleich gelbgesengtem Kornfeld dürstest du,
Gleich Zechern, die ihr rotgeglühtes Herz,
Von altem Weine rotgeglüht,
Im Wasser kalt und nüchtern baden.

Dein Abend kam, und deiner Sonne Purpur
Neigt dürstend sich zum Meer.
Nach Abendkühle lechzest du
Und abzuthun die Last von Glück,
Mit der dein Stolz sich keck beschwert.
Giebt's noch ein ander Glück,
Als Macht, die herrschen und haben will?
Ist nicht der Weise auch ein Narr,
Ein Weiser auch der Narr?
Ungeraubt den Dingen lassen
Ihre holde Unbedeutung,
Lockern allzufeste Fäden,
Saugender Münder Berührung, —
Gleich thörichtem buntem Getier
Liebkosen thöricht bunte Dinge,
Spielen im warmen Haargezottel
Mit Fingern, die Haut und Haar beglückt,
Die nicht nach Sinnen und Seelen suchen:
Dies Kinderspiel und Narrenglück,
So weise wie flach, so flach wie tief, —
Ein kaltes klares Schwächeglück,
Des Spiegels Glück, der gleiten, fallen läßt,
Der nicht zu saugen, nicht zu fassen weiß:
O meine dürstende Seele,
Nach diesem Glücke dürstest du,
Verbrannt von Machtgelüstens Glut,
Das sich die Welt zu eigner Pein
Beseelend, deutend angeeignet!

Gespenster

Wie braun und schweigsam ward die Welt!
Eines Unbekannten Schatten
Fiel auf die sonnbeglänzte Alp:
Der Tag geht hin,
Müde vor sich selbst zu prangen,
Müde derer, die ihn leben.
Spöttisch lächeln alle Dinge
Und lassen deine Seele los:
Fremd und glatt wird es um dich,
Ein kühles Gleiten und Schlüpfen.
Hände zerrinnen, die dich berührten,
Fäden erschlaffen, die dich faßten,
Und jenes Auges saugender Blick,
Sieh, wie er stumpf und gläsern wird,
Wie er ins Wesenlose aufquillt!
Aus allen Winkeln flieht das Licht;
Die seine Schärfe gestaltend schnitt,
Ein Meißel ungefügem Marmor,
Zu dunkler Wolken Unform
Ballt wieder sich die Welt zusammen.
Abgründe brausen, die Öde raunt,
Doch wie dein Herz sich lauschend müht,
Nichts will mehr reden und tönen . . .
Starb denn alles? — was geschah?
Von welchem Himmel fiel uns diese Nacht?
Diese dumpfe aschbraune Nacht,
Dumpfer aschbrauner Seelen Tag,
Unleidender, unbeglückter?
Diese Abwelt, dies Gespenst von Welt,
Aus welchem Grabe stand es uns auf?
Und, meine Seele? dich friert es nicht?
In dieser Marmorgruft zu schlafen
Freut deine irre Trunkenheit?
O meine Seele, du selbst bist tot
Und liegst in d e i n e m Grabe.
Mit lebenden Welten spieltest du lebend:

Einer toten Welt, einem Weltgespenst
Lächelt nun dein Leichnam zu.
Dem Sein, dem Schaffen starbst du ab:
Du ließest selbst die Dinge los,
Nun lassen sie von dir . . .
Mit dir starb deine Leidenschaft,
Dein Wille starb, dein stolzes Glück;
Aus ihren Gräbern steigt der Spuk,
Ein Spuk von Wille, ein Gespenst von Glück.
Um solcher Geister wird es Nacht:
Solcher Gräber Odem schwärzt den Himmel . . .
Der Tag ging hin,
Deines Welt-Seins, Welt-Schaffens Tag;
Du starbest, o meine Seele,
Und mit dir starb die Welt,
Als deine irre Trunkenheit
Die Welt e r k e n n e n d meistern wollte. . . .

Klage des Narren

Du lachst mich aus?
Schein' ich dir thöricht,
Liebliche Spötterin, o meine Seele?
Ein Thor mit meinem vielen kurzen
Jähen bunten Augenblicks-Glück,
Thörichter noch mit langen ernsten
Priester- und Beschwörerblicken,
Abgründe und Zwischenwelten
Aus den Dingen heraussaugend? —
O meine Seele, bin ich thöricht,
So weißt du auch, warum.
Warum verließest du mich?
Auf jedem Zufall rittest du von mir;
Des Augenblicks bunte Schmetterlinge,
Allein kamen sie, mit dir gingen sie
Als deines Flügelwagens Gespann.
Du warst zu leicht, meine Seele,
Drum trug dich noch der Dinge Leichtestes.
Stand ich aber als Glücksbeschwörer
An Abgründen und Zwischenwelten, —
O meine boshafte Seele!
Auch da bliebest du nicht bei mir:
Schwerer als aller Dinge Schwerstes
Rolltest du in den Rachen der Tiefe,
Aus Bosheit suchend, was nie zu finden:
Den Grund des Lebens . . .
Nun bist du mir fern,
Von Höhen und Tiefen verschluckt,
Und lachst mich noch an aus deinem Jenseits,
Und lachst mich noch aus,
Den Glück- und Seelenlosen,
Der die Narrheit ausspannt
Als Fangnetz für bunte Schmetterlinge,
Der die Narrheit auswirft
Als Angel in verkrochene Abgründe,
Den Glück- und Seelenlosen,
Der auf schlimmen krummen Narrenwegen
Seinen liebsten Entflohenen nachläuft!

Wolken

An grauen Erdenwolken
Kehrt mein Auge langsam um,
Das höhenwärts geflogen kam,
Sinnend, ob es einem Feinde,
Einem Freunde begegnend wich.
O wie sie mit Sehnsucht, meine Seele,
Dir den Himmel bewölken,
Deinen Himmel von blauem Glück:
Wie sie dich ahnen, träumen machen
Einen tieferen Abgrund von Höhe,
Eines Überhimmels Göttlichkeit!
                    Hasse sie, meine Seele,
Diese Traumverführer, Durstentzünder,
Die grauen Wolken der Sehnsucht,
Hasse dich frei von ihnen
Und fege deinen Himmel rein!
Doch willst du sie lieben
Und trankest schon zuviel des süßen Gifts,
Der überhimmlischen Ahnungen,
                    — O meine Seele,
Wie sollt' ich nicht lieben, wen du liebest?
                    Eines süßesten Giftes
Habe auch ich zuviel getrunken,
Meiner Liebe zu dir . . .
Und siehe, ein Bild mal' ich dir selbst,
Grauer Erhabenheit voll,
Das ich dir liebend vorgeträumt;
Es lockt zum Tode, doch lockt es dich . . .
Gern riet und bahnt' ich dir stets den Weg,
Mit Bildern und mit Traumgesichten,
Den Weg, den deine Laune wählte;
Wie säumt' ich jetzt, da du m ü d e bist? . . .

Müde,
Doch keines Tages müde, —
Die so sich löst, ist keines Tages Fessel.
Abend,
Doch keines Tages Abend,
Nur die erste heilige Frühe der Nacht.
Kein Sturm hat ausgetost,
Doch graue Wellen laufen noch vom Lande
Ins weite Meer zurück,
Das bald sich schlafen legen will.
Bald glättet sich auch das andre Meer,
Das Sternenweltall wölbt sich aus,
Doch keine Sonne hatt' es gelöscht:
Graue Wolken verschweigen es noch.
Heut ist das Sterben müder Seelen,
Ein Wunderding von Sterben,
Das keines Lebens Abend ist,
Nur erste heilige Frühe des Todes;
Seelen, die nicht im Leben heim,
Werden heut in ihr Leben geboren.
Ach, wehvoll ist auch diese Geburt
Und einer Mutter Qual und Lächeln
Betaut des Sterbenden weitoffnes Auge,
Befeuert seines Sterbens Drang . . .
Horch? Alles still,
Die letzte Welle lief ins Meer zurück,
Die letzte Wolke ließ den Himmel frei:
Weit und einsam schweigt die Nacht,
Der Nachtgeweihten Lebenstag.
Nun sind alle die Heimlosen
In ihre Heimat gegangen,
Nun haben die fremden Kinder
Sich in die Ruhe geflüchtet . . .

Abschied

Durch der Kastanien ernstes Grün
Lodert wilder blauer Sonnenhimmel.
Auch diesen Erzfeind lernte ich lieben,
Den mir der Sonne Schwall und Guß
Zu funkelndem Schaum zersprüht,
Den Wald mit seinem Lichtfangnetz,
Der Erde krauses Haargezottel.
Laß mich ihn lieben, Sonne,
                Und dich lieb behalten:
Meine Liebe wandert nicht,
Nur weiter wird sie und weniger Haß.
Mich dünkt, ich könnte mehr noch lieben,
Aller Dinge Mißklang und Widerspruch;
Für mehr des Leids, als je gelitten,
Biete meine Liebe ihren Balsam.
Die in allen Dingen schlummern,
                Glück und Güte, die Mittagsschläfer,
Sie wachen auf, da nun die Sonne sinkt.
Abend ward in meiner Seele,
Und bald auch streut er auf dein Getäfel,
O Himmel, seine goldnen Rosen,
Und reift und bräunt, der heil'ge Vollender,
Die Frucht und Weisheit dieses Tages.
Dieser Tag — dann ist er dahin,
                Der schwere süße Lebenstraum,
Und schon genieße ich Seligster,
Den abendkühlen Wald durchirrend,
Jenes anderen Traumes Vorahnung
In den ich hinüber erwache,
Der andren Glückes Sternensaal
Dem nachtgeweihten Auge öffnet . . .
Doch so nicht laß uns scheiden,
Mit süßem Sterbesehnsuchts-Lächeln,
Mit Abendrot und -gelb und -braun,
O Sonne, deren Diamantenglut
Mein diamantnes Herz gehärtet.

Aus Waldesdämmer, Rosengewölk
Hoch fliege ich auf,
Dahin, wo deines Auges Strahl
Noch ungebrochen, herrschend blickt,
Des Lebens Dauer-Majestät,
An Erdenmorgen unentstanden,
An Erdenabenden unsterblich:
Dahin, wo zartes Flügelwesen,
Erstarrten Fittichs niedersinkend,
Mit letztem Blick noch schauend, grüßend, —
Dem Frost der Höhe, nicht der Nacht erliegt.

Welt-Tod

Sei nun entlassen, Welt,
Und purpurn klinge ab,
Wie Sonne du mir warst:
Lange vergeht noch nicht
Deines Kieles rosenglühende Spur,
          Lange noch
Lächelt und träumt mein Glück dir nach . . .
Wo du mir aufgingst,
Rann nun Schattenblau zusammen:
          Mondkälte feiert,
Gleich gedenkendem Marmor,
Des Tages verglommnes Leben.
          Zu ew'gem Welt-Gedächtnis
Bereite sich denn alles, alles:
Und auf die Weltgruft gleite still,
Gleich silberzartem Ölbaumblatt,
          An Mondlicht frosterstarrt
Ein marmorweißer Schmetterling.
Denn wohl zur Ruhe ward Welt gebracht,
          Und kein schwüler Hauch,
Kein schwerer Südwind Hoffnung
Kräuselt die feiernd glatte See.
          All meinen Gott
Vergabt' ich zu Welt,
Und was ich von Dingen fand,
          Des göttlich Verhüllten
Nie doch fand ich Enthüllung, —
          Von allen Himmeln
          Regnet' es Erde,
Alles ward Welt
          Und that Gott es nach.
So liebt es ja, was lebt;
Im Jetzt das Leben auszutrinken
Und d'rob an Zukunft zu verarmen
          Ist alles Lebendigen Lust,
Und wagt sich Leben, so wagt es sich ganz!

Trank es nun sich aus
Und ließ keinen Erben für Trank und Durst, —
Starb ganz nun die Welt,
Und bettet kein künftiger Wecker,
Kein Gott sie in die Gruft, —
Wie selig so zu sterben,
Ohne Hoffnungshauch
In des Gedenkens Kühle,
Ohne Wehn der Geburt
In des Sterbens lichter Schwermut:
So tief und ewig die Nacht,
Daß bis zum letzten Erlöschen
Des scheidenden Lebens Rosenspur
Am purpurnen Himmel verglühn wird!

Flatterrätsel

Daß kein Urtod ist, den du stirbst,
Wie lachend wußtest du das,
Mein Herz, als du zu sterben kamst!
Kaum danktest du dem Leben,
Das dir ein Abschiedsthränchen weinte
Und dich den Tod zu grüßen bat
(Dem holden Unhold that es weh
Um der Wenigen Einen, die ihn lieben):
So blähte schon dein Todessegel
Ein Windhauch ew'ger Wiederkunft.
                    Doch als ein neuer Morgen
Mit rotem, schmelzendem Sonnengold
Den Todesschlaf dir aus den Augen beizte:
Daß dir kein Urbeginn ertagt,
Wie selig lachend vergaßest du das,
                    Unwissend weises Herz,
Das blind wie sehend, hier wie dort
Dem Glück in offne Arme läuft!
Zu leicht, wahrlich, gerät dir das Leben:
Gerietest du selbst nicht zu leicht?
Mich fröstelt deiner Schmetterlingsart,
Die Abgrundstiefen überflattert;
In deiner Flügel närrische Pracht
Wähn' ich von schicksalskund'ger Hand
Ratschlüsse, schwere Heimlichkeiten
Göttlich unlesbar eingewoben:
Ein Wort, das Thüren schließt und öffnet,
Ein Ja und Nein, das viele Mäuler stopft,
Der Hungernden und der Schreienden . . .
Ja, mich schaudert, mein Herz,
Denk' ich den göttlichen Gedichten nach,
Die auf den Fittichen du verflatterst,
                    Und schon gelüstet mich,
Das Rätsel zu tilgen, das niemand löst,
Und dir vom Flügel samt dem bunten Flaum
Die Frage ohne Antwort wegzuwischen! —

. . . Es seie denn, mein Herz, —
Wie du noch zitterst nach meinem ersten Zorn! —
Es sei denn, uns geläng' ein andres Glück,
Nachzudichten, mitzuträumen
Den stumm verhüllten Gottgedanken,
Oder besser noch — wie dünkt es dich? —
Unser eignes wunderliches Selbst
Auszudichten, fortzuträumen,
Alle Gipfel hinan, alle Tiefen hinunter,
Und selig unbekümmert sein,
Ob unsrer Weisheit einst am Ziele
Ihr gottentsprungnes Urbild warte!

Geburt

Ich halte dich nicht,
Ob auch noch ungenossen
Dein Becher süßere Tropfen birgt;
Willig sterbe ich fort von dir,
Kühler schmeichelnder Tod,
Im Bett des Lebens mich zu lagern.
Lang' lebt' ich d i c h: endlich zu enden
Verlangt nun meines Herzens Mut,
Der Ende nicht, noch Brücken fürchtet.
Fließ ab, du kühler Schmeichelsee,
Und laß auf nackten Felsenleib
Die Sonne wieder brennen:
Von Schlaf ward meine Seele müde
Und heilig dürstet mich — nach Durst!
Zu laut umtost mich Stille,
Des Schweigens schwellender Orgelton;
Gern ging' ich zur Ruh' in Mitten der Welt,
Wo schwingender Himmel Rundgesang
Antwortet auf brandender Meere Ruf.
O Leben, wie lechz' ich nach dir!
Wie lachend enttauch' ich dir, Tod!

Und weiter, endlos lachend —
Bin and'res ich noch denn ew'ges Gelächter,
Lachtrunk'nen Entzückens stammelnder Rausch? —
Vor Lebens-Übernähe zitternd
Welteinwärts fliegt mein Glück.
So springt von Gipfel zu Gipfel,
Goldfunken schlagend aus Eis und Gestein,
Über Nebeln des Thales ein göttlicher Tänzer,
Der steigenden Sonne erster Strahl,
Ihr goldrotes Morgengelächter.
Wie so sich Gipfel und Gipfel grüßt,
Gewahr' ich schwebend Mitgeborne,
Mittrunkne meines Rausches,
Von leuchtenden Faltern, Meinesgleichen,
Ein buntes Sternen-Schneegestöber.

Und jäh entzückt errat' ich dich,
Der Ichheit Morgensonnenstrahl,
Grußspender von Stern zu Stern,
Von Gipfel zu Gipfel geflügelte Botschaft,
Doch Einer in Allen, die wandernd er w i r d . . .
Mittrunkne meines Rausches!
So viel mal Ich, wieviel' Ihr seid!:
Wie liebt' ich auch das Leben,
Wär' ich der blauen Tiefe Tod
In hundert Leben nicht enttaucht,
Wüßt' ich ihm nicht der Treue Zoll
In hundert Toden einst zu zahlen?

Heimkehr

Verbrannte Trümmer, braunen Fels
Besprüht mein Glück mit weißem Gischt.
In hellem Schauder lacht die Welt . . .
Braust es, glänzt es zu laut,
Mein wildflutendes Entzücken?
Stürzt es überjäh zu Thal,
Zerreißt und holt sich selbst nicht ein?
Die gern auf wilden Wassern tanzt,
Die Sonne selbst, die lichte Tänzerin,
Glitt aus, da ihr der Boden wich,
Zerglitt zu siebenfarb'gem Schaum.
                Sanfter lerne strömen,
Ob auch zu herzlichem Ungestüm
Dein Glück sich gerne schwellend staut:
                Eines Heimkehrenden Glück,
Der aus Götterfrost, aus Zwischenwelt-Nacht,
Aus grauem Gewoge der Ewigkeit
                Noch schaudernden Fluges entronnen
Warmhauchenden Stranden des Lebens naht.
Zu End', du starrer Herzenszwang!
Der Spiele seligstes: Welt,
                Spiel' ich nun selig mit mir!

                O Heimat Welt!
Du mit mir wandernde, um mich waltende,
Entwölkten Himmels Überall!
Kein Fangnetz armer Schmetterlinge,
Kein Zwang und Bleiben entseelten Leibes!
In dir begraben leb' ich in dir,
                Du Allgruft Welt,
Verlarvt in deiner Wesen Spiel,
Gebietend in deinen Ordnungen,
In deinen Fügungen gehorchend,
Aus all deinen Winkeln mir zugeworfen,
Verloren in deinen Abgründen,
Herniederregnend aus deinen Himmeln.

Einmal dir fern, einmal nicht du
— Das letzte Mal! —
Sucht' ich ein Über-dir und -mir:
Dich, ganz in Liebe mein,
Wollt' ich mir rechtens zugesprochen,
Verbürgt die seligste Gewißheit,
Den unbeschworen freien Bund
Als gottgeschweißte Kette klirrend!
Verzeihst du mir, du Heimat Welt,
Du Schau für meiner Augen Art,
Du Luft für meines Fittigs Flug,
Du Trank für meiner Seele Durst:
Verzeihst du mir, der dies gelernt,
Daß keine festere Gewähr
Für ewigen Bund als Denen wuchs,
Die so nichts ohn' einander sind,
Wie Welt und Geist, — wie Du und Ich!?

Wiederkunft

Auf dünner Schneide tanzt mein Glück.
Zwischen zwei Ewigkeiten
Zu jähem Schlummer niedersinkend,
Einen Augenblick, eine Flügelschlag,
Auf schmalem Mittagshöhengrat
Der tappenden, tastenden Zeit entschlüpfend,
Durch verhängte Werdens-Wolkenhimmel
Mit jähem Seinsstrahl blitzend, —
So fand ich, fing ich meines Lebens Glück,
Die seltnen, sel'gen Wunderdinge:
Vollendung, Reife, Schaffenstraum,
Brausend entfalteter Ichheit
Mit liebreich sich fügender, tragender Umwelt
Kreisrundes Rein- und Zusammenklingen,
Vernunft im Zufall,
Im Vernünftigen lachende, lockende Narrheit,
Boshaft gebräunten Sonnengoldglanz
Und grünschillerndes Mondsgelächter, —
Alle guten Dinge von Einmal,
Alle jähen tanzenden zeit-übertanzenden
Heiligen grundlosen Augenblicksdinge.

Ihr wollt sie ewig, diese guten Dinge,
Zu Werdensfäden ausgedreht,
Verlängert, verweilend, verlangweilt?
O lernt sie besser, ewiger wollen,
Lernt sie mit meinem Willen wollen:
Aus ew'gem Seins-Urabgrund
In zeitverhängte Welten blitzend,
Ewig grundlos kommend,ewig spurlos scheidend
Und ewig zum ersten Male, zum einz'gen Male
Als fremde Wunder wiederkehrend . . .

In Mitten der Welt

Still liegt die Welt, in Mitten der Welt
          Still liege auch ich —
Begeistert schweigt mein Flügelschlag.
          Dies alles ist mein,
Mein Um-mich, Über-mir, Unter-mir . . .
Was einst mir in offene Weiten zersank,
Was die Ferne und Fremde verschluckte,
In goldkühlen Tropfen trink ich es wieder,
Trinke mein Ich aus der Welt zurück,
Trunken von Tropfen, für Blicke dankbar,
Aller zarten Begebnisse Freund.
          Trank ich je süßeren Thau?
O Um-mich, Über-mir, Unter-mir,
O Welt, die mein ist, die ich bin, —
O stiller, kaum atmender Himmel,
Den ich auf Leitern des Liedes ersteige,
Und du, sinkender, flüchtender Abgrund,
          In den meiner Sehnsucht
Grüner, gläserner Gießbach schäumt,
An dessen Hängen mein Hochwald wächst
Und bunter Gedanken Geröll sich häuft —:
          O Glück!
          Stilles, trunknes Glück,
Wenn alles sich wendet und mein wird,
Mit offenen Augen zu mir sich wendet,
Mein Himmel, mein Abgrund, mein Meer, meine Welt,
Und meine Brücke zwischen Himmel und Abgrund,
Wenn um mich, über mir, unter mir
Alles still liegt mit offenen Augen,
Nicht zürnend, fordernd, schmeichelnd,
Nur schauend, heimlich lächelnd
          Und meiner Ichheit Süßestes
In goldnen Tropfen mir kredenzend . . .

Mittag

Wie? vollendet die Welt?
Vollendet in dir, um dich, den Vollendeten?
Nicht mehr seufzen und sehnen,
Mit funkelnden Sternenhoffnungen
Den schwarzen Himmel zerstechen, —
Alles Sonne, weit offene Augen,
Lichtbejahung, weiß-
Glühender ewiger Mittag?
Wie? kein Rosengewölk
In feierlich dunkelnden Höhen,
Purpurn schmelzend, schluchzend, lächelnd
Vor Liebesweh nach neuem Morgen?
Kein Pfeil von der Sehne der Sehnsucht,
Der Zeit vorangeflogen,
Kein Berge ersteigender Traum,
Der nach Zukunftsländern die Arme breitet?
Willst du nicht zeugen? nichts gebären?
Kein Von-dir, Nach-dir, Über-dir?
Ward alles rund, fiel alles Sein
Rot und reif von allen Ästen?
Entsprang der Hülle, was fliegen kann,
Alles bunte Glück auf Falterflügeln?

O sel'ges Fragen, wo Antwort fehlt . . .
Ich weiß nicht! Ich weiß nicht!
Ich sehe nichts vor Glück!
Doch verzeihe mir, Zeit, du wehender Wind,
Daß ich mit Winden
Nicht um Wette und Überwindung laufe.
Voraus dir zu fliegen gönn' ich der Schwalbe
Und wer mit schwereren Segeln fährt;
Ich thät' es lieber der Sonne nach,
Die still durch Wind und Wetter scheint.
Und stillen Höhen — hörst du sie schweigen,
Die atemlosen,
Hörst du ihr blaues, krystallenes Schweigen? —

Denen fliege ich zu,
Die über Wind und Wolken sind,
Die über Zeit und Zukunft sind,
Wo statt auf Rosenteppichen
Auf weißglühendem Goldgetäfel
Über Lichtabgründe der Ewigkeit
Bloßen Fußes der Mittag wandelt . . .

Bethörung

Das ist des Überreichen Pein,
Dem alles Gold wird, was er tastet!
Soll ich an Glück ersticken?
Zu bunt und wild umdrängt ihr mich,
Ihr goldene Zauber und Augenblicke,
Ihr aller guten Dinge Gelichter;
Nicht lange mehr still sieht meine Seele
Dem wirbelnden Sternengeflacker zu.
Ha! du! — laß ab! dich kenn ich wohl.
Du überreifes, überwundnes Glück!
Gab ich dir nicht, was du begehrt?
Sang ich mich nicht los von dir?
Was soll ich nun noch, der deiner satt,
Dem neuer Blumen verwirrende Fülle
Blick, Atem und Seele beengt? . . .
Sie sind fort? Und du — bliebest?
Der Toten flohn die Lebendigen?
Beengender noch mit dir zu Zwein,
Als der Vielen Übernähe und Drang,
Bethörender noch als ihr blühender Gruß
Dein süßer Verwesungshauch.
Nun gieb mir Vergessen zu trinken . . .

Laß ab! — Was dämmert um mich,
Welch falsche grünschimmernde Mondnacht?
Ha! du Buhlerin unter den Blumen!
Fangnetz bethörter Schmetterlinge!
Bereit zu allem Glauben
Dir glaubte mein betäubtes Herz,
Von heimischen Düften in Schlaf berauscht.
In des Liebenden Traum blitzt nun Verrat:
Schlimm weckst du den Entrückten auf,
Dem seinen echten Tag du raubst.
Wüßt' ich nur nicht, ob arger Sinn,
Ob Wollustkrampf die Blüte schloß,
Den entzauberten Flügler zu fangen!

Gern wähnt' ich dich, ich Selbstbethörer,
An deiner Bosheit schuldlos,
Gern weiht' ich dir noch ein Gegengeschenk,
All meinen goldenen lächelnden — Spott:
Doch wer übte in Fesseln der Freiheit Kunst?
Was sonst ich erflog, mein spielendes Glück,
Soll hier ich's ertasten, erzappeln? —
Drum, Buhlerin, die ich — verachte:
Glüht auch nicht Rache mein Herz noch Haß,
Willkommen doch heiß' ich des Retters Hand,
Die pflückend, daß welk die Blüte zerfällt,
Mir lachende Freiheit, den Tod dir bringt! . . .

Vergessenheit

Verlor ich den Weg? Ich verliere ihn oft.
Hinter Blumenblättern des Augenblicks
Versank mir manches Woher? und Wohin? —
Die Blüte schloß sich, ich war allein
In dufträumender Einsamkeit,
Dahin selbst Mittags-Sonnenblitze
Verschleiert nur und buntdämmernd
Wie aus geahnten Fernen wetterleuchten.
Solcher Augenblicksseligkeiten
Ward ich satt und wieder hungrig,
In solchen tiefen Seinsbrunnen
Möcht' wieder ich abgrundwärts sinken
Und den Weg meines Werden verlieren . . .
O Schwermut aller Werdenden,
Goldrotgesäumte Regenwolken der Schwermut!. . .
Gedenkst du noch, sehnsüchtige Seele,
Des letzten Males, als du in Glück ertrankst
Und deines Weges vergessen durftest?
Was löstest du damals nicht,
O glückverlorene Seele,
Den Gürtel deines Selbst,
Was mußtest du dich wiederfinden
Und des Traumes Blumenwände sprengen! —
Wieder schien die Sonne.
Deines vergessenen Weges gedachtest du, —
Aber auch deiner Vergessenheit
Vergaßest du nicht,
Gedenkst, von Sonne rings umlodert,
Der grünschimmernden Vollmondnacht
Zwischen Blumenblättern,
Deiner tiefen, träumenden Einsamkeit,
Die staunend von sich selber träumt,
Von keiner tieferen Einsamkeit, —

Gedenkst, o meine sehnsüchtige Seele,
Wie einst du staunend von dir selber träumtest,
Von keiner beglückteren Seele, —
Bis der Traum zersprang
Und mit goldroten Wolken der Schwermut
Dein Himmel sich besäumte.
Nun wachst du, gehst deines Weges
Zwischen Woher? und Wohin?,
Werdend und wandernd, auch rastend,
Aber nie träumend;
Mit deinem Selbst umgürtet,
Dich selbst mit Einsamkeit umgürtend,
Nie dich in Einsamkeit verlierend . . .

Und meine Seele lächelte,
Als ihrer Schwermut Lied ich sang,
Und blickte still zu mir herauf
Aus dem Grunde des Seinsbrunnens,
Aus der Vergessenheit des Glücks,
Aus tiefstem Glück der Vergessenheit, —
Meiner Klage lächelnd, meinem Liede dankend,
Als wär' ich ihres Glückes Grund.
Sie träumte wieder . . .

Zuviel

Noch ein Lied,
Meine träumende Seele, soll ich dir singen?
Zu Tag und Weg ein Wecklied?
Ertrinkest du nicht gerne
In deinem Zuviel des Glücks,
Wehrst dich mit nassen Flügeln
Gegen des Traumes Wellenspiel,
Das nicht mehr Spiel dich dünkt?
O meine Seele,
Und wenn du mir zürntest, so lange
Einander Liebende zürnen können,
Den Zorn der Ewigkeit —:
Wer sähe dich träumen
Und ließ' dich nicht, ein Fischer ohne Angel,
In deines Traumes Gründe sinken?
Wer zerbräche dein krystallenes Glück,
Das bald von selbst, an sich selbst zerbricht?
Sieh dort die Welt — o meine mitleidige Seele,
Du hörtest sie schreien, diese Welt,
In schwarzen, schwarzen Mitternächten,
Da kein Gespenst im Grabe Ruhe hat;
Hörtest sie bang um Hilfe schreien
Nach Nebenwelten und Möglichkeiten,
Die in anderen Zeitbetten fluten:
Aber nun schweigt sie, verschweigt sich
Und ehrt deinen Schlummer.
Die Dinge — o du kennst ihren Gang,
Wie vor Haß rasend
In Wind und Weiten sie auseinanderfahren,
Rasend wieder zusammenschießen,
Der engsten, einz'gen Mündung zu,
Sich stauend, stemmend zur Unmöglichkeit,
Darüber in brüllenden Tobeln
Die Zeit von Abgrund zu Abgrund brandet,
Der Greuel undenkliche wälzend
Über grausend gerunzelte Felsenstirnen . . .

Dein glückträumender Schlummer aber
Zieht Kreise um sich und geweihte Bezirke,
Strahlt goldene Ruhe auf jedes Ungestüm,
Musik des Schweigens . . .
Horch! wie zum Bächlein der Strom verjüngt
Ehrfürchtig murmelt, mitträumend
Am Blumenrande deines Traums vorbeirinnt!
Seiner Quelle lagerst du nahe,
Wo ganz er still und heilig wird . . .
O laß mich sterben,
Eh ich aus diesem Schlaf dich weckte,
Den Welt und Leben selbst
In ihres Schweigens Mitte betten,
Eh ich in diesen Traum hinein
Mit Wahrheits-Angelruten
Nach dir, verlorne Seele, fischte.
Lieber laß mich sterben,
Und stirb mit mir an deinem Glücke,
An deinem Zuviel des Glücks . . .

Tiefste Stille

Welch neues Schweigen wuchs um dich,
Fromme lust'ge Schwärmerin,
O meine Seele?
Wie verrollter Donner Erinnerung
Liegt's in der Luft; so überschweigt dein Jetzt
Alle stillsten Stunden deines Lebens.
Ist das der Tod? Deines Tages Abend?
Oder lösten überräumliche Hände
Dich Perle von der Schnur des Werdens, —
Träumtest du dich wieder hinaus
Aus der Zeit in die Überzeit?
Denn solches ist unsere Weisheit,
Die aus blauen Himmeln
In Abgrundsherzen regnet,
Des Augenblicks verratnes Geheimnis:
Daß er vieler Zeiten Augenblick ist,
Vieler Nebenwelten Mündung in diese Welt,
Vieler Möglichkeiten in die Wirklichkeit.
So lernten wir leben,
Du, meine Seele, und ich,
Aus der Welt hinaus leben, ohne zu sterben;
Des Tages Straße wandernd
In Traumesbrunnen fallen,
An Bergwänden schwebend
Gute reife Dinge pflücken,
Zwischen Blumenblättern gefangen
In Überräume den Flug entfalten.
Dieser seligen Augenblicke,
Da viele Welten zusammenstrahlen,
Dieser Welt-Mitten und Zeiten-Kreuzwege
Gedenkend, o meine Seele,
Wardst du stille und überstill,
In Erinnerungen ruhend und reifend,
Wie in braunen Sommer-Erinnerungen
Die Traube herbstlich ruht und reift,

Wie nach rollenden Ungewittern
Immer tiefer die Stille sich auswölbt.
Immer tiefer . . . Was umfing sie noch nicht
Mit blauen Wellenarmen des Traumes,
Diese selige Stille? Wie kühlte sie nicht
Aller Dinge glühende Herzenspein
Zu zarter Schmerzen-Entzückung?
Wusch deine Welt so rein wie dich,
Trug deines Glückes Botschaft
Auf Sternenpfaden zu allen Dingen?
Ja, auch du, meine Seele,
Bist eines Schaffenden Wille und Schoß:
(Nicht der nur schafft,
Wer Rede und Schrei der Welt entpeinigt):
Dein goldenes Schweigen gießest du aus,
Und nimmst in dich, in deinen Abgrund
Des Daseins rollende Ungewitter,
Jedweden Lärm zwischen Himmel und Erde,
Aller Dinge Mißklang und Widerspruch.
Von dir lernt noch das Leben selbst
Die bunte Tröstung: Augenblick,
Und seine Wunden kühlen
An Brunnen und Quellen der Überwelt . . .

Traum und Leben

Groß und heilig,
Zu Alpenwundern aufgebaut,
Doch von zarter Geheimnisse Atem
Firnhang und Gipfel umstrichen:
Ein holdes Ungestüm, gewaltsam Entzücken,
Über Glücks-Abgründen
Adlergleich schwebendes Verhängnis,
Ein Feuerschlund, der wie Rosen duftet,
Eine Löwin mit lieblich träumenden
Sternenlicht lächelnden Heilands-Augen . . .

Wie? zögern Wort und Bild und Ton,
In deine Tiefen sich zu werfen,
Was du mir bist, geliebtes Leben,
Anbetend zu erschöpfen?
Doch zürne ihnen nicht,
Daß sie nicht tief sind wie du,
Nicht Gipfel, nicht Unendlichkeit gleich dir;
Nur zahme Brücken über deinen Strom,
Ein feiges Geländer an deinem Abgrund.
Doch der große Befreier Traum,
Der Brücken und Stege bricht,
Der von Wort und Ton und Gedanken
Des Tages Druck und Fesseln löst:
Unendlichkeit gleich dir,
O geliebtes Leben,
In deine letzten Tiefen leuchtend,
Deiner zarten Geheimnisse Freund: —
Ihn träumend verlernt meine Seele
Ihre Abgrundsscheu, ihr Unaussprechliches,
Vor deines siebenten Himmels Einsamkeit
Ihr schauderndes Verstummen:
Von wachen Ohren ungehört
Wagt nun meine Seele dich zu singen,
In deine Tiefen, o geliebtes Leben,
Anbetend zu versinken . . .

Die guten Dinge

Weiß ich noch, was ich sang?
Vergessen hab' ich, was mein Flügel flatterte,
        Meiner erflogenen Gedanken
Ungereihtes Hin und Wieder,
Und oft mag's sein, daß ich von gleicher Warte
Zum zweiten Mal die Welt zu schauen kam.
Ich hab' vergessen, was ich sang,
Doch an aller guten Dinge Lächeln,
Das rings in meine Häfen läuft,
Ich glückseligste der Inseln!
Ich aller guten Dinge Mitte! —
An diesem runden Ring von Lächeln
Errat' ich, daß ich ein Rund von Liedern
Zu Ehren aller guten Dinge sang.
        Kein gleiches, wahrlich, kein gerechtes Rund!
Nicht taug' ich zu rechten und rechnen.
        Kein Einmaleins,
Kein Zähler bin ich guter Dinge,
Kein wägender Erwidrer ihrer Huld:
Oft lohnt' ich Liebe mit Vergessenheit,
Und manches gläserne Gefunkel
Hab' ich in echtes Gold gefaßt.
Ein schlechter Zahler bin ich allen Dingen
Mit Undank oder Überdank.
Nun, meine Laune liebt es so,
Und holder ist dies unvergoltne Schenken
Als kalte Blicke der Erwidrung,
        Zwischen Gabe, Dank und Lohn
Abwägender Gerechtigkeit.
Ich k a u f e nicht mein Glück . . .
        Doch euch bitte ich,
Die ihr im Kreise um mich liegt:
Verlernt mir euer Lächeln nicht,
Ihr guten wunderlichen Dinge,
Ob meines Undanks, meines Überdanks!

So fand ich Schönheit unter Menschen:
    Beutelüsternes Warten
Verspitzt, verstachelt ihren Blick, —
Und beuteüberreicher Sieg
Löst alle holde Spannung auf,
Legt Glas ins Auge, glatten schlaffen Dünkel
Um lässig gekräuselte Lippen.
Schlafend, oder lauernd überwach
Fand ich gepries'ne Menschenschönheit.
Lehrt anders mich, ihr guten Dinge!
Lächelt nur den runden Ring von Lächeln,
Schließet den Kreis um den Menschenmüden:
    Keine Menschenschönheit laßt zu mir
    Und keine Menschenliebe:
Diese Schönheit, die bezahlt sein will,
Diese Liebe, die gekauft sein will,
Die unerwidert Haß und Gift,
Erwidert welk und Fäulnis wird!

Dem Geist der Schwere

Ihr könnt nicht fliegen? Es längst zu lernen
Gab ich euch Zeit und Rat:
In Liedern, leicht und schwebend,
— Ich sang sie nicht,
Mein Flügel flatterte sie —
That ich mein bestes Wissen auf:
Hörtet ihr besser zu,
Euch wuchsen Flügel an Armes Statt.
Nun blieben euch Arme: haltet sie fest!
Fest hält ja auch euch eines Armes Haft:
Schwer macht er die Flucht euch, schwer euch selbst,
Der Erde allliebender Mutterarm!
Auf den, ihr fluglosen Erdebelaster,
Auf euren Herrn, der Schwere Geist,
Vergönnt einem Freien, der ihm nicht fröhnt,
Ein flatterndes spielendes Spottlied!

Ja seht! so spott' ich sein,
So flieg' ich ihn zu Schanden,
So kehr' ich seine Fügung um,
Sein Oben und Unten, sein Machtgebot!
Oben und Unten:
Euch ist's beschieden, ich — schaff' es mir;
Runder als eure ist meine Erde.
Wechsel und Wahl,
Der Schmetterlinge altes Recht,
An Blumen geübt und Blumendüften,
Hier üb' ich's an allem, was fest euch steht:
Mein Wille spielt mit eurem härtsten Muß . . .
Vor mir der Himmel, euer Himmel,
Im Rücken euer Abgrund,
Unter mir die Felsenwand,
Mit Runzeln bedeckt gleich Runen,
Meine Brücke, mein Pfad zwischen Himmel und Abgrund
Dort: jene Säule silbernen Glases, —

Ihr nennt sie Wassersturz,
Mir ist's ein Strom, an dem ich wand're,
Stromaufwärts, seiner Quelle zu . . .
Doch über mir, in jähem Mittag,
Die Sonne, eure Morgensonne;
Euren Augen schien sie nicht,
Da sie in meinem Morgen tagte!
Wie? da mit eurem Raum ich spielte,
Verspielt' ich, verstellt' ich mir auch die Zeit?
Erlebt' ich eurer Träume fernsten,
Begrub, was euch lebendig dünkt?
O Geist der Schwere! enger Geist!
Der fliegend dein Gesetz verhöhnt,
Der Oben und Unten sich selber erschwingt,
So Wille als Macht, in Mitten der Welt: —
In welchen der Himmel, milchstraßen-entgürtet,
In welche der Tiefen, vom Lichte verlassen,
In welche entwölkteste Seligkeit
Wird der Freie sich selber entführen?

Sonette

Wandlung

Still klagen sie, daß ihre Frist geendet,
Die blauen Träume, bläßlichen Gedanken.
Sie klagen wider dich, vor der sie sanken,
Die tödtlich strahlend sie hinweggeblendet.

Ein scharfer Gram ward Liebe mir gesendet,
An zarter Schwermut soll ich nicht mehr kranken.
Auf Nebeln sah ein Glücksgebild ich schwanken,
Von dir gescheucht hat sich's mir abgewendet.

Zu nah mir tratest du: dein starkes Lieben
Hat mich aus weiser Herzensruh' getrieben:
Süß litt ich einst, nun soll ich bitter leiden.

Die Sehnsucht, sonst ein wonnig banges Fühlen,
Weiß dort jetzt, wo's am wehsten thut, zu wühlen,
Mit Dein-Begehren mir ins Herz zu schneiden.

Dein Blick

Dies Augenpaar, von dunklem Glanz bethaut,
Zu dem mich Liebe so erschütternd faßte,
Daß ich verdorrt, gleich blitzgetroffnem Aste:
Was ist's, das mir aus ihm entgegenschaut?

Das war kein Gruß, wie Gast ihn beut dem Gaste:
So glühend innerlich, so tief vertraut,
Ein Blick, der auf geheimstes Bündnis baut,
Erkennungszeichen der verwandten Kaste.

Eh' denn ich lebte, hatt' ich Brüder, Schwestern:
Wärst deren Eine du mir beigegeben
Und weckt dein Bild mir ein verschollnes Gestern?

Ach, oder strahlt aus ihm ein fernes Morgen,
Und eines Ungebornen Drang zu leben
Quält mich aus deinem Aug' mit Liebessorgen?

Der Liebe Wehen

Föhn ist im Anzug, durch der Schluchten Engnis!
Kein Widerstand! wirf, Wandrer, dich zur Erde,
Du, Älpler, lösch' den Funken auf dem Herde!
Er ist der Herr, erwartet ihn in Bängnis!

Ihm gleichst du, Weib, in Atem, Wuchs, Geberde:
Heiß, plötzlich, ohn' Erbarmen — ein Verhängnis!
Dich seh'n ist Bann, dich lieben ist Gefängnis,
Aus dem ich lebend nicht entrinnen werde.

So dacht' ich nicht, daß Liebe mich ereilte;
Wie Hauch des Meeres hofft' ich sie zu fühlen,
Der fächelnd käme mir die Stirn zu kühlen,

Indes mein Aug' auf fernen Inseln weilte!
Der Kreis erlischt, der See und Himmel teilte,
Sanft wagt die Flut um meinen Fuß zu spülen . . .

Tödtliche Liebe

O dieser Zauber, wie er schwillt und reift!
Um diesen Mund welch unerforschtes Grauen!
Dies Stück Verhängnis unter schwarzen Brauen,
Der Blick, der zärtlich tötet, wen er streift!

Dies schwüle Gift, das nach dem Herzen greift,
Seit ich gewagt, ins Auge dir zu schauen!
Ja du bist schön, du Rätsel unter Frauen,
Um das mein Geist in trunkner Sehnsucht schweift.

Ich flieh' nicht mehr, ich fleh' nicht um Erbarmen,
Zerbrich mich nur in deinen weichen Armen!
Daß du mich löschest, ward ich einst entzündet.

Von einem Weib hab' ich das süße Leben
Und einem Weibe muß ich's wiedergeben.
Die Fackel brennt, die Tod und Hochzeit kündet.

Zu Grunde

Du zeigst mir Tiefen, die wie Schauder winken,
Du machst mein Herz von dunkler Liebe schwellen.
In Purpur starr' ich, golden Grün der Wellen,
Ich tauche, sinke . . . Lässest du mich sinken?

Ich tauche, schwer wie Gram, und muß ertrinken.
Auch dich wohl lockt es grundwärts aus dem Hellen,
Doch mehr, dich wie ein Fisch emporzuschnellen
Und silbern zart im Sonnenlicht zu blinken.

Leicht bist du, nie von Heiterkeit verlassen,
Die wie ein Kork zur Oberfläche rettet.
Doch hüte dich! einst möcht' ich dich umfassen,

Dann sinkst auch du, der Kork ans Blei gekettet —
Dann sinkst auch du, und in dem schimmernd Nassen
Ruhn wir vermählt, auf Meeresgrund gebettet.

Traum und Erwachen

Ich hab' von dir geträumt, doch sah dich nicht,
Als Wärme warst du ohne Licht entglommen.
Viel gegenwärt'ger als dem Angesicht,
Viel näher warst dem Fühlen du gekommen.

Von dir erfüllt, bemeistert, hingenommen:
Kein Dich-Erkennen, seliger Verzicht!
So dämmert wohl gestaltlos Gott dem Frommen,
Wenn Dunkel ihm der Erde Saum umflicht.

Ich lag in dir, im Schoß des ersten Weibes;
Mich endlos dehnend, fühlt' ich meines Leibes
Geheimste Faser noch von dir benetzt.

Aufsprüht der Tag! der läßt in hundert Spitzen
Der Dinge sichtbar Einzelnes erblitzen, —
Ach! auch das Dein'ge, das mich schwer verletzt!

Die Kerze

Dir hing ein Eignes an in Art und Sitten:
»O sie mich schlankste der geweihten Kerzen,
Entzünde mich an früher Liebe Schmerzen!«
So schien dein Blick um Erdenweh zu bitten.

Verklärt're Schönheit, wenn du leis gelitten,
Versprach dein Aug' von deinem güt'gen Herzen.
Ein Engel, der sein himmlisch Teil verscherzen
Und Mensch sein will, schienst du herabgeglitten.

Da Liebe nun mit ihrer Fackel kam,
Was mußt' ich sehn? Vom reinsten Funken nahm
Die Kerze nicht und wehrt' sich zu entbrennen!

Des Leidens Süße hat dich nicht gereizt,
Und flammst du je, so wird ein Qualm, der beizt,
Sich trübend nicht von deinen Gluten trennen!

Bildnerliebe

Bist du nur Traum? nur Augentrug und Dunst,
Bildscharf in leeres Blau hineingestaltet?
Und stäubst zu Asche, nun mein Herz erkaltet?
Verwelkst, wie du geblüht: mit meiner Brunst?

Wenn je in dir ein Seelchen sich entfaltet,
So dankt es Sonn' und Pflege meiner Gunst.
Dich auszudichten hieß mir heil'ge Kunst,
Mit deinem Besten hab' ich frei geschaltet.

Zum Feind da aber hab' ich dich geschaffen.
Als deinem Hohen ich die Schranken sprengte,
Rief ich dein Niedres wider mich in Waffen.

Ich liebt' ein Bild, das zu Gestaltung drängte:
Nun splittre Marmor unter Meißel-Hieben!
Du aber willst, ich soll den Marmor lieben!

Gewißheit

So unser Loos: daß einst wir uns verstünden,
Dem Wahne büßen heut' wir seinen Zoll.
Der trüb und böse schäumt, der Wildbach soll
In eines Stroms erhabne Ruhe münden.

Der Zeit zu trotzen, bis wir uns verbünden,
Stählt unsre feigen Herzen harter Groll.
Wir leiden, zweifeln, bitt'rer Unruh voll:
Tief wahrt sich uns're Treue in den Gründen.

Noch soll die Nacht sich, die uns irrt, nicht hellen,
Noch muß erst, was uns trennt, zum Berge schwellen,
Noch wächst Verschuldung, schwer und unvergeben.

Doch sind wir uns am fernsten einst im Leben:
Ein leichter Hauch wird einen Vorhang heben,
Ein starker Arm uns voreinander stellen.

Harter Trost

O Glück, nicht mehr zu bangen, daß mir's glücke!
Begrabnes Hoffen, auferstandner Mut!
Wie froh in seinem Schlupf der Flüchtling ruht!
Wie sich'rer trägt der Strom ihn als die Brücke!

Um Treue rang ich, nun umarm' ich Tücke,
Enttäuscht an Wahrheit heiß' ich Falschheit gut.
Vom wilden Kreisen sänftigt sich das Blut,
Wenn ich den Stachelgurt ins Fleisch mir drücke.

Mich selbst verwundend spar' ich das Genesen:
Das ist der harte Trost, den ich erlesen,
Damit das Herz zu neuem Stolz ich schärfe.

Dank jedem Bund, daraus mir Fluch entsprossen!
Dank jedem Hafen, der sich mir verschlossen,
Daß nun auf offner See ich Anker werfe!

Der Blitz

Nach Sonne war es, daß mein Wuchs begehrte,
Lichtsaugend sproßt' ich auf an Stamm und Stielen.
Kein Winter brach, ob auch die Blätter fielen,
Den Lebenstrotz, der sich im Innern wehrte.

Ein andrer mußte kommen, der mich lehrte,
Wie, bis zum letzten Ernst, wir ewig spielen:
Er wußte sich'rer mir ins Herz zu zielen,
Der Blitz, der Mark und Wurzel mir verzehrte.

Die er mir schlug, kein Sommer schließt die Wunde.
Doch steh' ich noch ein Weilchen fest im Grunde,
Umraunt von niedren Waldes-Ungetümen.

Nicht duckt' ich mit, wo sie die Wipfel regen:
Ein höh'res Haupt sträubt' ich dem Strahl entgegen!
Mein Schicksal wollt' es so —: ich will es rühmen!

Unterwegs

Nicht erstes Leben, heut', in dieser Kaste,
Auch letztes nicht, darin ich leid' und thue.
Doch wird ein letztes sein, und dann die Ruhe:
Die ist verwirkt, wenn vor der Zeit ich raste.

Zur langen Wandrung will es starke Schuhe
Und einen Stab vom allerhärtsten Aste.
Zuviel schon, zweimal einem Herd zu Gaste!
Leicht hängt das Herz an Ort sich, Schatz und Truhe.

— Da nun ich stieg der Überwindung Stufen,
Hast du aus niedrer Welt mich angerufen:
Des Glückes Garten wähnt' ich nah sich breiten.

O Quellentrug in starrer Wüste Mitten!
Der Traum ist fort, das luft'ge Bild entglitten
Und durstverschmachtend muß ich weiter schreiten.

Gesetz der Liebe

Kind, weißt die Satzung du, der wir verfielen,
Wenn Recht, nicht Gnade waltet? Meine Wunden
Hast du geheilt: die Rache des Gesunden
Wird scharf nun nach der Pfleg'rin Haupte zielen.

Du mir gesandt, berufen unter vielen,
Hast, dich zu opfern, mir die Hand entbunden.
Blieb ich doch machtlos, wie du mich gefunden!
Dein Feind erstarkt dir in der Liebe Spielen.

Ich zahlte längst: nun muß ich mich verschulden,
An dir heut' frevl' ich, was ich gestern sühnte,
Verrat mußt du des selbst Verratnen dulden.

Und doch, ich beug' das Recht! Die sich erkühnte,
Gefälltem Spruch ihr schuldlos Haupt zu neigen,
Erheben sollst du's und gekrönt es zeigen!

Die Krone

Du halfst mir eine dunkle Macht entthronen:
Zerreißend löst' ich schimpflichen Vertrag.
Frei schwebt die Krone nun, und ich vermag
Sie neu verleihend deine Treu' zu lohnen.

Doch willst nicht lieber mir im Herzen, sag',
Du ungekrönt und ungefährdet wohnen?
Bet' ich dich an, so kann ich dein nicht schonen:
Weh jedem Gott, vor dem ein Priester lag!

O Kön'gin, deinen blütenweißen Nacken,
Wie, wenn ihn rote Henkerfäuste packen —?
Genug! dir Süßen thu' ich nichts zuleide.

Leg' aus der Hand die böse Augenweide,
Die arge Krone mit den spitzen Zacken!
Sie schmelz' ich um zu sanfterem Geschmeide.

Unverhofft

Wie kärglich ward, als ich die Frühsaat streute,
Aus vollem Scheffel Korn um Korn geklaubt!
Ward gar ein Wurf vom raschen Wind geraubt,
Wie das den Geiz des klugen Sämanns reute!

Jetzt liegt das Feld verhagelt und verstaubt,
Die reiche Scheuer ward des Blitzes Beute.
Daß ich nicht Hungers sterbe, dank' ich heute
Dem Korn, das ich verloren einst geglaubt.

Ich säte Liebe, peinlich abgemessen,
Daß stets die Körner in der Furche lagen.
Was half die Müh'? D i e Saat ist fehlgeschlagen.

Da hat in deinem Herzen unterdessen
Ein Körnlein, windverweht, mir Frucht getragen:
Die Ähre nickt! ich habe Brot zu essen!

Schlimmstenfalls

Aus tiefstem Schacht das Glück heraufzuschürfen,
Das Jedem in des Andren Seele ruht,
Sind wir verbündet. Traun, wir haben Mut
Und rechnen keck mit blinden Zufalls Würfen!

Wer weiß, welch Gift wir aneinander schlürfen?
Wer weiß, haßt oder liebt sich unser Blut?
Wer weiß, w o z u einander wir bedürfen?
Sind wir zum Tod uns oder Leben gut?

Ein ganzes Bündel Fragen, schwer und wichtig!
Wir schütteln's lachend ab! In keinem Buch
Steht Antwort uns: die Antwort heißt — Versuch!

Sind wir uns eigen nicht und folgepflichtig?
So gehn wir zu, nach Süden, Norden, Osten!
Was kann der Weg mehr als das Leben kosten?

Gebranntes Kind

Es schmerzt dich wohl — dem Freunde nichts verhehle! —
Wie nah ich dir in meinen Wünschen bleibe?
Du fühlst, ich kniee nicht vor deiner Seele,
Andächtig gut doch bin ich deinem Leibe.

Glaub', daß mir's nicht an zarter Ehrfurcht fehle:
Nur nicht die Göttin such' ich mehr im Weibe.
's ist keinem ratsam, daß er Blitze stehle
Und Menschen forme auf der Töpferscheibe.

Ich hab's versucht, ich ärgster der Phantasten!
Ein Weib, das meinem Bild zu wenig glich,
Verstieß mein Schöpferzorn in ew'ge Wüste.

Der Sünd'rin zog mich Liebe nach. Ich büßte,
Das Bild verlierend, Weib und Weg und mich . . .
Von schlimmer Fahrt komm' ich bei dir zu rasten.

Beschränkung

Mein neues Glück, ich muß dich hart verklagen:
Hast du ans Leben wieder mich gebunden,
So ist ein letztes Mittel mir entwunden,
Und letzten Zwecken muß ich d'rob entsagen.

Ich darf nicht mehr die Haut zu Markte tragen,
Mich nicht verleihn und meinem Schuldner stunden,
Nicht ankern, eh' ich sichern Grund gefunden,
Mein Schicksal nicht auf Tod und Leben fragen.

Nicht, daß sie reißt, darf ich die Sehne spannen,
Nicht zum Unmöglichen mich mehr ermannen,
Nicht selbstverzehrend schrankenlos mich regen.

Denn — lacht nur zu! — es ist an mir gelegen!
Wem? doch nicht mir? nein, einem süßen Weibe,
Dem ich zu Lieb' und Ehren leben bleibe.

Musik

Musik ist Welt, in Tönen ausgegossen,
Des Lebens Drang, der bitterlich entzweite,
Des Lebens Sieg in feierlicher Weite,
Wo sich dem Herzen freie Schau erschlossen.

Mit dir von Einem Tönemeer umflossen,
Gab ich dir nicht durchs Leben selbst Geleite?
Und hast du, selig atmend mir zur Seite,
Nicht meiner Liebe ganzen Kelch genossen?

Die kühl umschlingend Seel' in Seele badet,
Daß Liebesglut nicht dem Geliebten schadet,
Nicht wird sie stets uns Geisterpfade führen.

Wenn noch so laut zur Heiligung sie ladet:
Das Leben lockt! wir werden uns berühren —
Und lächelnd wird sie selbst die Flamme schüren!

Thränen

Sieh dich nur satt! du siehst sie nimmer leer,
Die goldne Welt! laß Firn sich rosig färben,
Verklärtes Blau in Abendpurpur sterben:
Dein trocknes Aug' umspült ein Feuermeer.

Doch willst du warmen, tiefen Blick erwerben,
Geh', liebe! trag' ein Menschenloos, und wehr'
Den Thränen nicht! Giebt für den Zweig im Scherben
Das treue Herz nicht Flur und Garten her?

Umflortes Auge mag dem thränenlosen
Vom Farbenwundertraum den Schleier heben;
Den kärgsten Strahl umsäumen sel'ge Lichter.

So glänzt kein Schnee, so brennen keine Rosen:
Die Farben sind's aus einem andern Leben!
Mensch, weine nur! du weinest dich zum Dichter.

Nach Sonnenuntergang

Der Gletscher fahl, entfärbt die bunten Matten.
Ein Friede, dem ich sonst wohl gern entrann,
Nimmt Müden mich in seiner Arme Schatten,
Und sanfter Sehnsucht schämt sich nicht der Mann.

O lösch' mich aus, du stille Welt! ich kann
Dir einzeln nicht, was du mir warst, erstatten:
Euch nicht, die Liebes mir zu geben hatten,
Und Jenem nicht, der auf mein Böses sann.

Des Lebens Für und Wider liegt verdunkelt,
Dort hinterm Berg; ein Himmel, bleich wie Kreide,
Schweigt drüber hin — mich selber lern' ich missen.

Nur Eins thut mir die Einsamkeit zuleide:
Hier drüben, wo das Licht im Fenster funkelt,
Sollt' ich mein Liebstes selig schlummern wissen.

Zweierlei Liebe

Nach starkem Arme, der mich stolz umfange,
Sehnt' ich mich müd, nach ruhig reifem Weibe,
Das kühlend mir die Fieberglut vertreibe,
Nach dunkler Stimme goldnem Mutterklange.

Ein Kind nun lehnt an meine Brust die Wange,
Ein Flämmlein Blut im knospend schlanken Leibe:
Will, daß mein Schutz bei seiner Anmut bleibe,
Macht mich mit holder Blumenliebe bange.

Spielst, Leben, du mit mir? Ich suchte Wärme
An Mutterbrust, du weisest mich zum Herde,
Daß, statt zum Kind, ich Kindes Hüter werde.

Welkt unerfüllt mein tiefster Wunsch? — Doch härme
Dich, Liebste, nicht! ich will allein es tragen,
Nie dir des Herzens letzten Zweifel klagen.

Vergiß mein nicht

Wie zierlich blau! der Demut Bild dem Heiden,
Und gar das Kreuz im Kelch erkennt der Christ.
Ich kenn' es auch! es ist die alte List
Des Wolfes, in ein Lammfell sich zu kleiden.

Der Hochmut nur, der selber leicht vergißt,
Gelobt und nimmt's gelobt mit tausend Eiden:
Vergiß mein nicht! — die Demut spricht beim Scheiden:
O Freund! vergiß, was zu vergessen ist!

Wer sich erkannt, wie Weise sich erkennen,
Den läßt's nicht ruhen, weiß er unbewacht
Sein Bild in Andrer Herzen weiterbrennen.

Der Gegenwärt'ge löscht, was er entfacht.
Vereint, thun selbst wir Einhalt unsrer Macht:
Vergessen muß es thun, wenn wir uns trennen.

Die Fessel

Ins Leben sanft verliebt, doch nicht verbissen,
Kein lüstern zäher Greis, kein scheuer Knabe, —
Ein Wandersmann mit rasch ergriff'nem Stabe,
Mich ledig stets und fahrtbereit zu wissen,

Und diesen Spruch zum Sterbeziel: ich habe
Gelöst den Knoten, nicht das Band zerrissen —
Solch weiser Seele bin auch ich beflissen
Und ehre sie als der Vollendung Gabe.

Weh, daß ich alles that, sie zu verscherzen!
Ich bin nicht frei zu bleiben und zu fliehen:
Mir treu zu sein, hab' ich ein Herz entflammt! —

Ich hab' ein Herz gekränkt! Durch Schuld und Schmerzen
Bin ich sein eigen: Sühne ist mein Amt.
Nicht scheiden darf ich, eh es mir verziehen!

Herbst

Wie übern Weg sich gelbe Blätter breiten!
Kaum weiß er selbst nun noch, wohin er führt.
Wie zart, daß sie kein stumpfes Auge spürt,
Am Himmelsblau die Silberwölklein gleiten!

Kein flammend Bunt ist ringsherum geschürt,
Nur Dämmerlicht voll sanfter Heimlichkeiten.
Still liegt die Welt. Da werd' im Vorwärtsschreiten
Ich plötzlich wie von Geisterhand berührt.

Ein Herbstgespinnst fing sich in meinen Haaren.
Nenn' deine Botschaft, Gruß von fremder Seele!
Nein, schweig davon! Ich zittre zu erfahren —

Was kann es andres sein als Leid und Fehle?
Verlor ich wieder? hab' ich aufzubahren? —
Ich geh' davon, ein Schluchzen in der Kehle.

Unser Loos

Verloschen ohne Nachglanz, ohne Spur:
Wie kann man tiefer, völliger vergessen?
Ein Tropfen mehr in Fluten unermessen,
Ein Hauch im Sturme — so vergißt Natur!

Ich prüfe mich nach einer Thräne nur:
Nicht eine Thräne will mein Auge nässen.
Fremd blickt mich an, was ich mit dir erfuhr,
Mir ist, als hätt' ich nie dein Herz besessen.

Wir hielten uns mit keiner Faser fest,
Wir glitten ab, wie Glas vom Glase läßt,
Nicht Lieb' noch Haß macht Eins am Andern haften.

Was denn war unser Loos? So frag' ich nun!
— In der vollkommnen Güte auszuruhn
Von uns, vom Leben, von den Leidenschaften.

Sehnsucht

Raubt eine Sehnsucht dir des Herzens Kühle,
Noch preise dich, wenn sie sich selbst nicht kennt,
Nicht gierentflammt dir ihren Namen nennt, —
Nur banger Wunsch ist, unruhvolle Schwüle.

Erfahr' es nie, wie scharf die Sehnsucht wühle,
Die sich begrenzend jäh wie Feuer brennt:
Nach Liebesglück, das keine Schranke trennt,
Nach eines Weibs gebenedeitem Pfühle.

Der Jugend Sehnsucht, schmerzlich süß Entzücken,
Das schwebt so zart, das weiß nicht schwer zu drücken,
Ein stilles Heimweh nach des Himmels Ruh.

Jetzt thut es weher, Mann, jetzt weinest du:
Die Erde hat's, sie könnte dich beglücken,
Sie zeigt dir's selbst — da fällt die Thüre zu.

Usurpatrix

Um Wahrheit wirbt dein Auge, hehr und schlicht.
Wer dich ersah, begehrt sie dir zu bringen,
Sie strömt dir zu aus Menschen und aus Dingen,
Wie Volk vor seines Richters Angesicht.

Du gräbst sie aus, tief unter Lügenschicht,
Du lösest sie von List und Herzensschlingen,
Weißt sie dem starrsten Trotze abzuzwingen —
Um dich ist Wahrheit! in dir ist sie nicht!

Nie hat der Mut, der rings um dich entflammte,
Den deinen zur Erwidrung wachgezündet!
Kein Wahrspruch ward aus deinem Mund verkündet:

Kindslaune war's, die freigab und verdammte.
Drum bist zu Arg und Unrecht du im Amte
Und deine Herrschaft ist auf nichts gegründet.

Unrettbar

Ich durfte dich, o Weib, nicht länger lieben:
So schrie's in mir, so stand es eingebrannt
In glühnden Zeichen! Tief und klar erkannt
Hab' ich mein Loos, und bin ihm treu geblieben.

Bin ich's? Nachprüfend heut ihm zugewandt,
Seh' ich den Spruch, der dich aus mir vertrieben,
Von überhastig feiler Hand geschrieben,
Dich roh verjagt, nicht richterlich verbannt.

War es denn Rache, was sich Recht gedeucht,
Hat Selbstverkennung mich von dir gescheucht:
Wo ist das Recht, aus dem ich dir gehöre?

Welch Zauber blitzt aus ersten Blicks Geleucht,
Daß, dein zu bleiben, ich mich selbst zerstöre,
Mich zu befrein, umsonst mein Herz beschwöre?

Wider mich selbst

Gewiß, ich kann's — doch meines Könnens Grenze
Zeig' ich der Welt, und hab' nicht mehr zu zeigen:
Ich kann aufs eigne Haupt zermalmend steigen,
Die Saat zertreten meinem eignen Lenze,

Kann feig vor angemaßtem Herrn mich neigen
Und blind sein, wie die wahre Krone glänze,
Kann lächeln, wenn ich schuldlos Opfer kränze,
Zu ungeklärter Täuschung stille schweigen: —

Dies alles kann ich, denn ich muß dich haben:
Unlösbar flocht das Schicksal diesen Knoten!
Doch hüte dich! wer so sein Herz begraben,

So der Verzweiflung letzten Trotz entboten,
Bei ihm wirst keiner Ruh du dich erlaben:
Er rächt an dir, der Mörder, seine Toten.

Aufruhr

Zu dir mich stellen, daß ich stehen bliebe:
War's nicht mein Kampf in leidenvollen Jahren?
Umsonst! kein Friede will mir widerfahren,
Der auch den feigsten willig unterschriebe.

Was nicht begann ich wider meine Triebe,
Wie trieb ich nicht die wildesten zu Paaren!
Den unbezwungnen glückt's sich neu zu scharen, —
Burg Freundschaft fällt, es triumphiert die Liebe!

Verschwor ich nicht Begehr und heiße Sucht?
Strebt' ich mit dir nicht heim zur stillen Bucht,
Wo Schwesterseel' in Brudergeist sich spiegelt?

Auffährt der Sturm, jagt uns in jähe Flucht.
Dich lieb' ich! Glut der Hölle ist entriegelt!
Dein junger Leib hat meinen aufgewiegelt!

Letzte Hülfe

So waffne du mich wider deine Kraft!
Die andern all, treubrüchige Vasallen,
Sind schnöd' von mir zum Feinde abgefallen,
Geduld und Stolz, Vernunft und Wissenschaft.

Allein nun, und in Zwist mit dir und allen,
Späh ich, wo Zwietracht in dir selber klafft.
Denn vielfach bist du, Weib, und rätselhaft,
Fürwahr ein Frauenleib mit Löwenkrallen!

So sei nun wider dich mit mir im Bund!
Verbrennt dein Blick, so kühle mich dein Mund.
Von dir bestürmt, in dir nur find' ich Ruhe.

Thu' selbst dir Eintrag, willst du mich gesund!
Hab' Acht, daß mir dein Bild nicht auf den Grund
Der Seele sinkend tiefen Schaden thue.

Desperation

Den Knoten löst kein Finger, spitz-bedächtig,
Dies Garn von Wirrsal mag ein Gott entstricken:
Verzaubert! hülflos! traurig zum Ersticken!
Ich leide, Mensch zu sein und eingeschlechtig.

Sie ahn' ich wohl, in deren Flammenblicken
Ich mich zum Manne bade, voll und mächtig,
Ich ahne, was in Tiefen wundernächtig
Sie birgt, mich Durst'gen endlos zu erquicken.

Da ist sie . . . Ach, sie lächelt fern und bitter:
Greif zu! scheu nicht den Arm dir zu verrenken!
— Mir wuchs kein Arm, mir bleichem Träumeritter!

Ich nehm' dich nicht: wer sollte dich mir schenken?
Für uns wird keine Liebesnacht sich senken . . .
Ich bin kein Mann! Verachte, Weib, den Zwitter!

Jugend

O Liebe, heil'ge Ungeduld der Seelen,
Durst nach der frühen vorgepflückten Traube!
Wir sollen reifen unter dunklem Laube,
Und, bis wir reif, einander uns verhehlen.

Wer leidend irrt, soll sich beiseite stehlen:
Unrein ist Jugend von der Wandrung Staube!
Doch weil sie Hoffnung ist und kecker Glaube,
So, meint sie, darf im Bund nicht Liebe fehlen.

Des Werdens Zeit, nicht schweigend überwunden
Ward sie von uns, nicht ohne Laut begraben:
Wir mußten Stütze, Zuspruch, Mitleid haben!

Weh, daß wir uns zu früh gesucht, gefunden!
Weh, daß bestimmt, einander süß zu munden,
Wir uns das Bittre nur zu kosten gaben!

Abschied

Nicht neu ist mir des Abschieds Bitternis:
    Von Grund aus kenn' ich Sterben und Gebären,
    Das Vielversagen, das ein Mehrgewähren,
Das Neusichknüpfen, wo ein Altes riß.

Dir rat' ich: gilt's zu scheiden, so vergiß!
    Blick' dich nicht um! sonst wird durch Abschiedszähren
    Das Liebste sich so himmlisch dir verklären,
Daß du nicht scheiden kannst, — des sei gewiß.

Denn diese Bosheit ist den Dingen eigen,
In höchster Glorie sich zuletzt zu zeigen,
    Ihr Bild dem Fliehnden schmerzlichst einzubrennen.

Wie aber magst du Neubegegnung hoffen,
Hat dich die letzte so ins Herz getroffen,
    Kannst du dich nicht von ihrem Leichnam trennen?

Verfrühtes Dichten

Ja, Reden heilt! Solang' ich selber spreche,
    Bin ich behütet, letzten Ernst zu hören.
    Lass' ich mich sinken, tief mein Innres stören:
Getrost! mich zieht ein Wort zur Oberfläche.

    Wie quillt das Wort aus unterird'schen Röhren,
Wenn ich, den Druck zu mindern, Brunnen steche!
Darf Kraft verstummen, reden muß die Schwäche:
    Weh uns, wenn wir des Schwatzens Halt verlören!

    Die Muse drauf: »Erreicht denn euer Ziel:
Das Leben rettet ihr, so seid zufrieden!
Nur Kranz und Palme sind euch nicht beschieden.

    Versucht es anders! setzt euch selbst aufs Spiel!
Erschüttert, schweiget lang! Verbergt die Wunde!
So lernt ihr dichten — oder geht zu Grunde.«

Zähmung

Nun ist's vorbei mit Raub- und Wanderzügen
Und Einsamkeit! Der Leu ist eingegittert.
Vor de*[m]* die Wüste stundenweit gezittert,
Ein schmal Geviert muß seiner Wut genügen.

Griff' er nur zu, die Eisenpranken schlügen
Die morsche Schranke nieder, daß sie splittert!
Doch läßt er sich mit Fleischesduft betrügen,
Vergißt, daß je er Freiheithauch gewittert.

Man führt dem edlen Wild zum Gramvertreibe
Ein Weibchen zu, längst zahm an Seel' und Leibe.
Trübselig ernst umschleicht er sie. Sein Sinnen

Schwärmt einmal noch, das letzte Mal, von hinnen:
Wie wenig seinem wilden Eheweibe
Sie gleicht! Was thut's? Er wird sie dennoch minnen.

Sonne und Liebe

Ich weiß es, Sonne, du verachtest mich.
Denn sinkst du, mit verhallendem Geläute
So sicher zur Geliebten schleich' ich heute,
Wie gestern ich und ehegestern schlich!

Du siehst mich strafend an. Doch Sonne, sprich:
Die Lust, die kaum genossen schon bereute,
Die scheu ersehnte, sehnsuchtsvoll gescheute,
Ist sie nicht Glut, die deiner Glut entwich?

Ein Strahl von dir, lang' im Verborgnen glimmend,
Als Flamme nun in unsrem Blute schwimmend,
Ein Wille, alle Willen überstimmend!

O Liebe, tief im Dunklen dich entzündend,
In immer rein'ren Lichtern dich verkündend,
Der Sonn' entstammt, ins Sonnenhelle mündend!

Der längste Weg

Du bist nicht heim im Leben: welch ein Geier
Trug dich zur Welt, dem Hirten abgeraubt?
Die Kelche glühn, die Stirnen weinumlaubt —
Mir ahnt, du schwindest früh der ird'schen Feier.

Wär's Täuschung, die so klar zu sehen glaubt,
Wie nah schon deiner Sehnsucht der Befreier?
Des Arztes Blick flort einer Thräne Schleier
Und wehen Lächelns wendet er das Haupt.

Die sich zu kurzem Lebensgang geeint,
Sie scheiden dann und müssen einsam wandern.
Sieh, wie's mit uns die Liebe besser meint!

Gleich dir wohl reif' ich frühem Tode zu:
Dort harr' ich deiner, folgsam Herze du!
Den längsten Weg geht Eines mit dem Andern.

Anbetung

Ich sah dich lächeln mit dem frommen Munde,
Sah, wie gelöst die goldnen Flechten wallten.
So malt Angelico mit goldnem Grunde
Jungfräulich süße, schwebende Gestalten.

Noch fehlen nur des blauen Mantels Falten,
Es fehlen Engel, flatternd in der Runde,
Und Heil'ge, Jeglicher mit seiner Wunde,
Um über dich den Baldachin zu halten.

Doch Jener fehlt nicht zu des Thrones Füßen,
Der schmerzlos kam, um deinen Schmerz zu grüßen,
Ein Spieler, Spötter, kalt und leer gebrannt.

Der harte Spötter muß erstaunend schweigen,
Den Spieler zwingt's, sich vor dem Ernst zu neigen,
Der gottlos war, hat Göttliches erkannt.

Wunsch und Verzicht

Nie sagt' ich dir, wonach mein Sehnen glühte
— Dich Blasse, Zarte scheut' ich zu zerbrechen —
Und kaum mir selber wag' ich's auszusprechen,
Daß ich zu dir will, wie die Kraft zur Güte.

Ich träume gern, wie ich dich pfleg' und hüte
Mit deinen süßen, ach so süßen Schwächen!
Kein böser Blick der Sonne soll dich stechen,
Kein Frost beschleichen deiner Anmut Blüte.

Ein Traum . . . Steig' nicht in diesen Schaukel-Nachen!
Träum' ihn nicht mit! Das gäb' ein schlimm Erwachen
Und neuen Leidens fiel' auf mich die Schuld.

Mein Garten starrt von Unkraut, Stein und Scherben,
Du seltne Blume würdest welken, sterben . . .
Mir fehlt des Gärtners Tugend, fehlt Geduld.

Rückfall

Bist du, mein Aug', der Liebe aufgethan?
Wie wird sich Reinheit da entfalten müssen!
Ein weißer Leib, zu keusch und kalt zum Küssen,
Ein Busen, marmorn leuchtend wie ein Schwan . . .

Fort von den heißen, lastenden Genüssen!
Fort von der Erde schlammbedecktem Plan!
Ein Lichtmeer schäumt, am Strande steht der Kahn —
Hinaus! und bade dich in Strahlengüssen!

. . . O Schwächling! ist der Glanz zu stark? Zurück,
Zurück mit dir in schweres dumpfes Glück,
Versinke wieder in die Sinnenschwüle!

Erstick' dein Herz im warmen süßen Dunst!
Für dich ist Liebe nur des Blinden Brunst,
Ein Krampf sich selbst zerfleischender Gefühle.

Trotz

Mir wird das Leben keinen Schmerz ersparen:
Dies ist mein Loos, und wissend muß ich's wählen.
Durst ohne Labung, Liebe ohn' Vermählen,
Wunsch ohne Kraft: sie werd' ich all' erfahren.

Bleib du mir nur in diesen Trümmerjahren!
Denn du auch wirst dein Haar mit Dornen strählen,
Wirst keinen Kern aus tauber Hülse schälen,
Wirst rein von Glück die leeren Hände wahren!

Dies ist der Bund, den wir beschwören sollen,
Niemals um Glück zu betteln feigen Falles,
Nie uns am Born gebeugten Knie's zu laben!

Leis lacht das Glück. »Seht, wie die Beiden grollen,
Weil sie mir nichts, ach nichts zu danken haben!«
Wir sehn uns an. Wir stammeln: Alles, alles! . . .

Götterneid

Das alte Lied! ich soll nicht glühn, nur glänzen:
»Lösch aus dein Herz, sprüh Funken aus dem Hirne!«
Man kränzt mit Lorbeer mir die Denkerstirne,
Ich aber bat, mit Rosen mich zu kränzen.

Als Marmorgott umschwärmt von Mädchentänzen
Steh ich: den braunen Burschen küßt die Dirne,
Mich küßt sie nicht! und gleich dem Gletscherfirne
Schmelz' ich in Sehnsucht nach der Jugend Lenzen.

Nun sinkt die Nacht; da hör' ich süß und lüstern
Im Garten Liebe girren, Liebe flüstern —
Die finden sich, ob auch kein Sternlein scheint.

Dann hängt wohl morgens, nach der nächt'gen Hitze,
Ein Tropfen Thau mir an der Nasenspitze:
Der Gartengott, der alte, hat geweint!

Kühl und klug

Du kommst so spät! Zu tief schon eingebettet
Ist meine Glut in starre Lavaschichten.
Einst flammt' ich liebend bis zum Selbstvernichten,
Nun hat das Leben mich gekühlt, geglättet.

Kamst früher du, ich hätt' uns losgekettet,
Den letzten Anker nicht gesäumt zu lichten,
In Opferfeuern, die den Zwiespalt schlichten,
Uns in den Schoß der Einheit heimgerettet.

Nun giebst du dich in selbstvergessnen Wonnen,
Daß gleichen Sturmes Athem mich befeure:
Doch zu viel Fessel hat mich schon umsponnen —

Zu spät, daß ich zerstörend mich erneure.
Ihn selbst zu wagen allzu kühl besonnen
Wehr' ich auch dir den Sprung ins Ungeheure.

Lethe

Nun laß Vergessens Trank im Kelche schäumen
Zu eines goldnen Augenblickes Feier.
Versink mit mir im märchengrünen Weiher,
Wo ungeborne Kinderseelen träumen.

Traum nah' auch unsern Seelen als Befreier,
Er soll sein schnellstes Flügelroß uns zäumen.
Fühlst du noch Erde? nein, in ew'gen Räumen
Trägt es uns hin durch blaue Sternenschleier.

Die Welteninsel, da wir jüngst gelitten,
Wie schwand sie weit! ein Stern in Sternenmitten,
Ein Sprühschaum in der Weltenbrandung Wogen.

Und uns, zwei Falter, sonnenfern verflogen,
Lockt uns nicht heim die traute Erdenklause?
Nicht doch. Wir sind vereint. Wir sind zu Hause —

Vorbei

Das ist mein Glück: ein Funkeln von Geschmeide,
Des Lebens Flug und Schein im flücht'gen Spiele,
Ein Wellenglitzern um beschwingte Kiele,
Perlmutterglanz und Knistern weicher Seide,

Ein Faltertraum auf schwankem Blumenstiele . . .
Das war mein Glück! Es starb am Götterneide,
Der sorgend, daß auch mich ein Leid befiele,
Dich mir gesandt mit deinem schweren Leide.

Von deinen Thränen ward mein Auge blind,
Nun ist des Lebens Glanz mir trüb und stumpf.
Trüb schleicht die Welle um des Bootes Rumpf,

Trüb in entflaggten Masten seufzt der Wind.
Der Falter legt die Flügel in den Sumpf,
Er weiß nicht mehr, wo seine Blumen sind.

Drei Seen

Vom Süden pilgernd zu des Nordens Breiten
An dreier Seeen Strand hab' ich geruht.
Mir blühte an des ersten blauer Flut
Geschwisterglück, lichtblasse Zärtlichkeiten.

Ein schroff Gebirg umstarrt den dunklen, zweiten:
Da schlug der Liebe Gluthauch mir ins Blut,
Da trank ich Sturm und jähen Todesmut
Und sah im Rausch nicht mein Verhängnis schreiten.

Nun ist's der dritte See, schwarz unter Föhren,
Vom nahen Meer kann ich die Brandung hören,
Auf fahler Heide seh' ich Nebel schwanken.

Verlorne Klarheit! graue Schleier spinnen
Um das, was war und ist . . . verlornes Sinnen!
Es klagt im Schilf. Der See hat Herbstgedanken ——

Rancune

Verklärer war ich dieser blassen Welt.
Nicht aus den Dingen trug ich, wie die Bienen,
Das Süße fort; es war ja nicht in ihnen,
Ich trug's in sie, ich Geber ohn' Entgelt.

Selbst über Leeren spannt' ich mein Gezelt,
Bis Schleier sie verborgner Fülle schienen.
Zum Waldpark zaubert' ich das dürre Feld
Und dichtete aus Fröschen Melusinen.

Und nun rollt Gift und Geiz durch meine Adern,
Seit auf den Träumerkopf ein Ziegel fiel,
Seit er ein Loch sich stieß an Wahrheit-Quadern.

Was ich euch Dingen gab in Rausch und Spiel,
Ich will's zurück! ich gab euch viel zu viel!
Ich bin ganz gelb von Rechnen, Rechten, Hadern!

Wille zur Mühsal

Die Völker, die, der Mutter erste Söhne,
Ins Abendland ein mächt'ger Drang gerufen,
Daß rauh're Luft zur Mannheit sie gewöhne
Wie harter Grund das Roß zu harten Hufen:

Wie dann sie Götter, Strafen sich und Löhne,
Der Sitte Zwang, zu schwerer Selbstpein schufen!
Das Leben selbst, vom Tier zu Menschenschöne,
Klimmt stetig strenger Überwindung Stufen.

Wie können wir's ihm gleichthun? Oder trügen
Wir's wirklich, die vom Ursprung weit Entfernten,
Nur einst'ger Mühen reife Frucht zu ernten?

Steht uns nicht an, die Scholle selbst zu pflügen?
Mahnt uns das Dasein nicht, gleich allem Sei'nden
Mit Lieb und Leid uns tapfer anzufeinden?

An ein schönes Weib

Dir ward der Zauber, der aus Tiefstem quillt,
Den ungestraft kein Mann vermag zu schauen:
Des Blicks Gewalt, die Schwermut dunkler Brauen,
Der Mund, der Sehnen weckt und Sehnen stillt.

Doch deiner Schönheit Strom, der flutend schwillt,
Du scheinst ihn selber keusch zurückzustauen.
Die Macht, der du gebietest, schafft dir Grauen,
Und abzudanken wärst du gern gewillt.

Dies hebt dich herrlich aus der Schar der Schwestern,
Daß deiner Siege Kranz dich selbst bedrückt,
Und Keiner wird, der dir erlag, dich lästern.

Die Andern bieten, seelenlos beschaffen,
Den ganzen Heerbann auf, und jede zückt
Mänadenhaft die tödtlichste der Waffen!

Eleonora Duse

Wir lieben dich, wir Lieb- und Wärmelosen:
Aufthaut das Herz uns, da es Wärme spürt.
Du bist die Glut, die sanfter Lufthauch schürt,
Bist auch die Brunst, und schriller Stürme Tosen.

Du bist der Liebe Welt, vom reinsten Kosen
Zum feilsten Blick, der Herzen je verführt:
Doch alles wird zu Gold, was du berührt,
Dein Buhlerkränzlein blüht in weißen Rosen.

Ist wo ein Sünder, keiner Seele teuer,
In Schuld der Liebe schmerzlich tief verkettet,
Wert, daß sich Allerreinste sein erbarmen:

Verzehr' dich nicht in deinem heil'gen Feuer,
Eh' du sein Haupt in deinen Schoß gebettet,
Eh' er entschlief in seiner Mutter Armen!

Der Mönch

Vom langen Beten sind die Knie geschunden,
Die Augen glühn ihm und die Schläfe*[n]* pochen.
Noch ist des Fleisches Aufruhr nicht gebrochen:
Die Geißel her, aus Dornenzweig gewunden!

Und wie die Schwären bluten, neu zerstochen,
Ist dem Verzückten Raum und Zeit entschwunden . . .
O Wahngelüste, schauerlich verbunden,
Wie Schlangenbrut in einen Knäul verkrochen!

Die Himmelskön'gin, ätherblau verflüchtigt,
Dazu die Mutter, die den Knaben züchtigt,
Die Dirne, stachelnd des Geschwächten Leib:

So wandelt sich dem Armen ohne Liebe
Zur Vision der Reiz der Geißelhiebe:
Er schaut, der Martyr, — das dreiein'ge Weib!

Der Soldat

Der steifen starren Blicks ins Weite guckt,
Die Zähne fest wie Erz zusammenbeißt,
Der, gleich ob's Sterben oder Leben heißt,
Gehorsam stumm mit keiner Wimper zuckt,

Noch, wenn die Kugeln pfeifen, klug sich duckt, —
Verlach ihn nicht! Ihn führt ein guter Geist.
Wie Lebens Schärfe auch den Schlund zerreißt,
Der kommt davon, der's ganz hinunterschluckt!

Seht diese Schlauen! wie sie bäuchlings schlüpfen,
Nach rechts, nach links dem Schuß zur Seite hüpfen,
Und stürzen doch, die ersten, feigen Falles!

D e r aber ging gradaus, und kehrt von Hundert
Allein zurück, und fragt sich arg verwundert:
War das der Krieg? das Leben? war das alles?

Waldschreck

Das ist der letzte Weg: versuch' ihn noch!
Sonst geb' ich für dein heut'ges Abendbrot
Und Schlafquartier, Freund, keinen Heller rot!
Nun geh, wo ließ der Zimmermann das Loch?

Verdammter Weg! wie er zu Füßen kroch
Und listig schlängelnd sich zum Helfer bot!
Nun sprang er fort und ließ mich in der Not. —
Denn ohne Weg! den Ausweg find' ich doch!

Nur nicht so hastig! sagt der Tannenast
Und fährt mir kratzend über Haar und Wange.
Da hakt mein Fuß sich fest — behextes Kraut!

Nun gute Nacht! und weiter mit Getast.
Dort rollt ein Stein! der fällt verteufelt lange!
Hier heißt es hocken, bis der Morgen graut!

In den Felsen

Wer einen Gott hat, kann ihn jetzo brauchen:
Hier helf' er, ist zu helfen er gewillt! —
Das ist ein schönes, schreckenvolles Bild!
Die Berge dampfen und die Schluchten rauchen.

Siehst du den Kessel, draus das Unheil quillt?
Hörst du die Nebel zischen, gurgeln, pfauchen?
Sie werden gleich in Nacht das Nächste tauchen.
Hui, wie geschwind der graue Teufel schwillt!

Du betest, rufst um Hilfe? Sei kein Tropf!
Der Schall, den du versendest, dringt nicht weit:
Der Wind schlägt ihn, wie uns, am Felsen breit,

Der Hagel quirlt zu Brei ihn ohne Topf.
»Ich geh' nicht weiter!« Bruder sei gescheit!
Bergab! »Mit Hand und Fuß?« Hals über Kopf!

Schauen und Schaffen

O Schönheitstrom! Hier schöpf' ich aus dem Vollen
Und keine Grenze ist dem Schaun gesteckt.
So reich, daß fast sie vom Genießen schreckt,
Kommt hehrer Bilder Folge mir gequollen.

Nun heißt es sammeln, ja nichts andres wollen,
Wenn auch zunächst ein Bild das andre deckt.
Es kommt ein Tag, der die erloschnen weckt,
Daß sie in frischen Farben leuchten sollen.

Was seh' ich, Freund? Du treibst es mit Verlust!
Dich lockt's schon jetzt zu sieben und zu sichten?
Mit dem, was dir entsprang in eigner Brust,

Vermählst du das Geschaute zu Gedichten?
O du versäumst, was allzu rasch entfliegt!
Zeit ist's zu münzen, wenn das Gold versiegt!

Schwindel

Ich steh' an eines Felsens scharfem Rand,
Der schneller als der Blick zur Tiefe stürzt.
Die Schluchten scheinen schauerlich verkürzt,
Der Gletscherstrom schmal wie ein Streifen Band.

Genuß wie keiner, von Gefahr gewürzt!
Ich bebe, bald in Frösten, bald im Brand,
Ich fiebre schon, und halte dennoch Stand! —
Und sieh, ein Knoten hat sich mir entschürzt.

So stand der Mensch, der auf zum Kreuze sah,
Jahrtausende gebannt in Schauder da
Am Rand der Leidenstiefe: Golgatha.

Und Mancher stand — bis er hinuntersprang:
Ein Märtyrer! kein Held, der Flügel schwang!
Ein Schwindelschwacher, den der Abgrund schlang!

Der Fischer

Schroff springt ins Meer Geklüft von Felsenmauern.
Dort in der Nische — thut ein Heil'ger Buße? —
Ein Fischer steht auf festgekrampftem Fuße,
Mit langem Spieß den Fischen aufzulauern.

Zu schmal ist's dort zum Sitzen, Knieen, Kauern . . .
Er ruft uns an mit rauhem Fischergruße:
»Laßt mich ins Boot! kürzt mir erzwungne Muße!
Hier fang' ich nichts, da mich die Fischlein dauern.

Hört nur: mich bracht' ein Freund hierher vom Hafen,
Stieß ab und schrie: nun geh dem Hecht zu Leibe,
Ich will derweil mit deiner Dirne schlafen!

Der Hund . . .heut Abend schläft er, samt dem Weibe . . .
Die Stund' am Felsen, grausig ungeheuer,
Kürzt mir um tausend Jahr das Fegefeuer ...«

Das Vorgebirge von Portofino

Du aller Formen Urform, linienschlanke,
Die Adel, Kraft und Zartheit eint im Bunde!
Dem Meer entsteigend klar wie ein Gedanke,
Süß traumhaft wie ein Lied aus Mädchenmunde!

Wenn ich an Sehnsucht nach dem Süden kranke:
Dich wiedersehen heilt mir schon die Wunde,
Dein fürstlich Bild auf seidnem Himmelsgrunde,
Zu Füßen dir die Flut, die spiegelblanke.

Wie schön bist du! . . . Ach, soll ich Thor dich preisen,
Mir und den Blinden deinen Reiz beweisen?
Fühl' ich nicht tief, wie jedes Wort dich schändet?

Auch dieser Rausch befiel mich jähen Falles:
Ich lieb' dich wie ein Weib, das mich verblendet,
Ich lieb' dich grundlos, maßlos, mehr als alles!

Sant' Ilario

Ich seh' euch wieder, ragende Cypressen!
Von Wogenblau und Himmels Blau bespült,
Im Sonnenbrande, den der Salzhauch kühlt,
Wuchs hier mein Werk — eu'r Werk, wenn irgendwessen!

Wie, schlankes Kirchlein, sollt' ich dein vergessen?
Kein Schwarzrock, der im Schlamm der Herzen wühlt,
Ein Sonnenpriester, der als Gott sich fühlt,
Beging in dir die heiligste der Messen.

Sind deine Glocken stumm? o laß sie läuten,
Wie damals — nicht dies Lärmen, Klingeln, Klopfen —
In langen schweren Pausen, Ton um Ton,

So wie das Glück — o du verstehst mich schon! —
Vom Himmel fällt in langen schweren Tropfen,
Die Zeit und Zeit und Ewigkeit bedeuten . . .

Eza

Den schroffen Felsen krönt ein Maurennest,
Gewirr von Stiegen, Gassen, Bögen, Mauern,
Von Raubschloßtrümmern, die verfallen trauern,
Daß heut sich nicht wie einst mehr rauben läßt.

Hier welches Glück, den Seglern aufzulauern!
Und in der Sieger beutetrunknes Fest
Scholl Wut und Angst, Besiegten ausgepreßt . . .
Vorbei! dahin! wer hieß' auch Frevel dauern?

Vergessen, die hier fochten, litten, starben.
Doch heut wie einst schäumt an des Felsens Fuße
Das blaue Meer in leuchtend reinen Farben.

Zum Schlimmsten, das sie beichtend hier verrät,
Hell lacht Natur, die Sünd'rin ohne Buße:
Der Priester, der sie losspricht, kommt zu spät.

In der Medicäerkapelle

1. Lorenzo

Ich sehe, was du siehst in deinem Schatten,
Behelmter Fürst, in Schweigen tief verschlossen.
Ein Kelch, drin Himmel sich mit Höllen gatten,
Hat in die Welt sein süßes Gift ergossen.

Der Menschheit Schwingen sind vom Pfeil durchschossen
Und jeder Aufflug endet im Ermatten.
Falsch ward die Welt, von Zwielicht überflossen,
Seit sie des Zimm'rers Sohn gekreuzigt hatten.

Ein Unheilsring, drin qualvoll ein Jahrtausend
Wie der Skorpion sich wand im Feuerkreise . . .
Bist du der Starke, der den Ausweg weise,

Behelmter, in des Schweigens Schatten hausend?
Die Dämmrung schwillt. Ich hör' gespenstisch leise
Die Fledermaus, mit Riesenflügeln brausend . . .

2. Giuliano

Du lock'ger Held von hartem Römerstahle
Zertrittst die Schlange, eh' sie dich gestochen!
Heil dir! der Ring des Unheils liegt zerbrochen,
Zerblitzt von deiner Augen Flammenstrahle!

Bald springst du auf: die Gruft wölbt sich zum Saale,
Der Saal zur Welt, drin frei die Herzen pochen.
Du scheuchst das Zwielicht, das erdrückend fahle,
Bis all Gewölk sich in das Nichts verkrochen.

Dann mag der Tag Gigantenpläne hegen,
Die Nacht im Tanz erstarrte Glieder regen
Und ihres Sternenleuchters Kerzen zünden.

Schon glüht die Eule, Tiefstes zu ergründen,
Und Maskenspiel wird Spiel des Lebens künden:
Spring' jauchzend, Held, der neuen Zeit entgegen!

Der Obelisk

Ein Todsymbol vom Sockel bis zur Spitze!
Man grub umsonst ihm Zeichen, Bilder ein:
Er schweigt! starr träumt er vom Gewesensein,
Ein Schlummergreis auf altem Königssitze.

Wie auch empor die Flut der Zeiten spritze,
Er rührt sich nicht, der zeitlos fremde Stein.
An ihm ist alles tot und stumm . . . doch nein!
Ein Büschel Gras sprießt quellend aus der Ritze.

O Leben, glühnder Durst und Drang des Lebens!
Noch zwischen Quadern weißt du Fuß zu fassen,
Willst keine Höhe unerstiegen lassen.

Der Tod stellt dir sein Siegmal hin — vergebens!
Wie er ägyptisch düster sich geberde
Mit seinem Stirb!, du jauchzest »Stirb — und werde!«

Einer Todten

Jahrtausende im Schoß der Erde lag
Dein junger Leib, daß nun er auferstände.
Die Puppe lag bei dir und manche Spende,
Die dir verklärt des kurzen Lebens Tag.

War's Vater, Bruder, Freund, der dir die Hände
Mit Ringen schmückte, noch im Sarkophag
Dir angethan, was Zärtlichkeit vermag?
Gewiß, du warst geliebt bis an das Ende.

Bis übers Ende . . . Wie die Knochen dauern,
Von trunknem Blick mit neuem Fleisch umkleidet,
So dauert Lieb', die um dich brennt und leidet.

Wem gabst du deine Gunst? er sei beneidet!
Ich fühle deinen Kuß in wilden Schauern,
Ich will dir leben, um dich Todte trauern . . .

Ostern

Hier schläft Sankt Peter: schläft er wirklich heute?
In seinem Dom ist Glanz und Welt beisammen.
Das rauscht, lacht, fächelt . . . Heiße Augen flammen,
Der Liebespfeil trifft schwirrend seine Beute.

Wer sammelt dies Gewühl, das bunt zerstreute,
Die Braunen, die von Römerblute stammen,
Die Bleichen, die den Ocean durchschwammen?
Für wen dröhnt Orgelklang und Festgeläute?

Vom Auferstandnen tönt's in taube Ohren:
In winz'gen Kreis ist jedes Ich verloren,
Da braust kein Sturm, der alle Herzen trüge.

Du Riesendom, einst Wahrheit, heute Lüge,
Gebaut, der Einen Menschheit Meer zu fassen,
Mußt tausend Menschlein ziellos strömen lassen.

Michelangelos Pietà

Bleib gnadenvoll vor meiner Seele schweben,
Du Reine, die in weißer Zartheit leidet,
Die sich dem Schmerz so voll und tief ergeben,
Daß keine Spur das Antlitz furcht noch schneidet.

Das Weh erdrückt, wen's hüllenhaft bekleidet:
Wen es durchdringt, der weiß es aufzuheben.
Von innen überwindet sich das Leben,
Wenn keine Schale mehr vom Kern uns scheidet.

Du stützest krampflos deines Sohnes Glieder
Und unverzerrten Mundes blickst Du nieder,
Fast lächelnd wie in seligem Verweilen.

Umflammt vom engsten, glühendsten der Ringe,
Was schreckt dich noch der äußre Rand der Dinge?
Der dämmert traumhaft fern viel tausend Meilen . . .

Certosa

Den grünen Klosterhof hab' ich durchmessen,
    In der Karthäuser Zellen mich verstiegen.
Nun spinnt ein Traum, nun flutet Selbstvergessen,
    Die Blumen duften weltfern und verschwiegen.

    Hier unter Michelangelos Cypressen,
Die still im Mittagshauch die Wipfel wiegen,
Bleib' ich bei Säulen, Särgen, Trümmern liegen.
    Rinnt draußen wohl die Zeit noch unterdessen?

Hier steht sie still! hier giebt es keine Zeit.
In dies Geviert glänzt stumm die Ewigkeit,
    Ohn' End' und Anfang wie des Brunnens Rauschen.

Tierhäupter, riesig, lauschen seinem Strahl,
Hochstarrend in geweihter Siebenzahl.
    Ich will, wie sie, dem großen Rätsel lauschen . . .

Das Sonett an den Dichter

Dir ist's geglückt, dich wacker einzuspinnen
    In meine Engnis, die der Freiheit Statt,
    Wo Raum das Reden, Raum das Schweigen hat,
Raum jeder Sinn zu hundert Nebensinnen.

Mich fülltest du mit deinem Glühn und Minnen,
    Ich leerte dich! so steht die Rechnung glatt.
Willst du ein andres Leben nun beginnen,
    Beginne, Freund, mit einem andren Blatt.

Du mischtest Zartheit, meinen Ernst zu färben,
    Doch deine Lieb' erstarrt in meinen Banden:
Laß ab von mir, um neues Maß zu werben!

Dir haben vierzehn Helfer beigestanden:
Willst du's mit andren Engeln drum verderben?
    Geh, Freund! sing mich mit neuem Lied zu Schanden!

Rondels

Aus dem Pierrot Lunaire

von **Albert Giraud**

1. Heimatduft

O Heimatduft, erinnrungschwer
Von weichen Träumen ohne Namen!
Der bunten Thorheit Blütensamen
Treibt sich in linder Luft umher.

Mein Herz wird seiner Wünsche leer:
Süß gehn sie, die wie Wermut kamen.
O Heimatduft, erinnrungschwer
Von weichen Träumen ohne Namen!

Trübsel'ges Schwärmen lockt nicht mehr;
In meiner farb'gen Fenster Rahmen
Zeigt sich, mit Watteaus Schäferdamen,
Ein allerliebstes Belveder.
O Heimatduft, erinnrungschwer . . .

2. Ein Elend

Gäste gähnen faul und stumm,
Gabeln ruhen vom Gefecht.
Ausgeschlemmt und ausgezecht
Sind Burgunder, Austern, Mumm.

Welcher Fratzen, spöttisch dumm,
Sich der Piccolo erfrecht!
Gäste gähnen faul und stumm,
Gabeln ruhen vom Gefecht.

Blauer Flügler fern Gesumm
Scheint zu höhnen: euch schon recht!
Öde, schläfrig und geschwächt
Nehmen sie's gewaltig krumm,
Edle Gäste, faul und stumm!

3. Pierrot Dandy

Im phantast'schen Mondenstrahle
Funkeln Fläschchen und Krystalle.
Vor dem Waschtisch schmückt der fahle
Dandy Pierrot sich zum Balle.

Wasserstrahl in seiner Schale
Klirrt gleich singendem Metalle.
Im phantast'schen Mondenstrahle
Funkeln Fläschchen und Krystalle.

Pierrot, statt daß auf die schmale
Bleiche Lippe er das dralle
Rot des frischen Lebens male,
Schminkt sich, daß er Ihr gefalle,
Mit phantast'schem Mondenstrahle.

Colombine

Wie, Colombine ist verstimmt,
Daß man sie gar so tragisch nehme?
Sie liebt die Straße, die bequeme,
Wenn Pierrot Gemsenpfade klimmt.

Kind! dank' ihm, daß sein Zorn dir glimmt:
So wird noch Thon aus deinem Lehme!
Wie, Colombine ist verstimmt,
Daß man sie gar so tragisch nehme?

Er ist nur Pierrot, doch ergrimmt
Gleicht er dem Richter in der Fehme.
Er krönt mit Weibes-Diademe,
Wem er das Buhlerkränzlein nimmt.
Wie? Colombine ist verstimmt?

Bergzauber

Mein Pierrot wird vor Freude bleich,
Verklärung heiligt seine Mienen.
Zwei schwarze Felsen, säulengleich,
Darob ein Schneefeld, glanzbeschienen . . .

Bestaunt er froh das Alpenreich?
Ach nein, er träumt von Colombinen!
Mein Pierrot wird vor Freude bleich,
Verklärung heiligt seine Mienen.

Er sieht im Geist, geil wie ein Scheich
Der Moslem oder Beduinen,
Zwei schwarze Strümpfe, seidenweich,
Ein weißes Hemdlein über ihnen . . .
Mein Pierrot wird vor Freude bleich.

Fiasco

Pierrot, horch! die Spötter zischen!
Mondscheinschwärmer! Nachttragöde!
Starrt zum Himmel, läßt sich blöde
Greifbar nahe Lust entwischen.

Alles schwelgt an vollen Tischen,
Du nur schmachtest in der Öde!
Pierrot, horch! die Spötter zischen!
Mondscheinschwärmer! Nachttragöde!

Dirnlein, Büblein flott sich mischen —
Colombine ist nicht spröde.
Dir nur, Pierrot, thut sie schnöde,
Nur dein Netz bleibt leer von Fischen.
Pierrot, horch! die Spötter zischen!

Selbstmord

Pierrot, wer erkennt dich wieder?
Eine brennend heiße Thräne
Netzt die roten Augenlider!
Stumpf der Blick, verwirrt die Mähne.

Auf den Rock, weiß wie der Schwäne
Schneeweiß leuchtendes Gefieder,
Tropft die brennend heiße Thräne:
Pierrot, wer erkennt dich wieder?

Pierrot — drückt der Spleen ihn nieder? —
Preßt die Lippen, knirscht die Zähne,
Knallt sich Trost, und streckt die Glieder
In ein Bett voll Hobelspäne.
Pierrot, wer erkennt dich wieder?

Sonnenbad

Die Sonne sticht
Und macht im Hirn Gedanken gären.
Sie leckt an unsres Herzens Spleen und Gicht,
Wie Hunde einst an des Sankt Rochus Schwären.

Sie leckt uns heiß ins Angesicht,
Will läuternd uns den ganzen Leib verklären.
Die Sonne sticht
Und macht im Hirn Gedanken gären.

Wohlan, du heitres Himmelslicht,
Wir wollen dir uns hüllenlos gewähren.
Leck' uns auch dort, wo Wölbung reiner Sphären
Dem Weltrund in verwandter Form entspricht.
Die Sonne sticht . . !

Gegen die Liebe

Kälte, Denken, Einsamkeit
Fand ich von bewährtem Troste,
Wenn ich wie ein Unhold toste,
Selber Feind mir, Feld und Streit.

Als ich um der Liebe Leid
Fast von Kräften mich erboste, —
Kälte, Denken, Einsamkeit
Fand ich von bewährtem Troste.

Seltsam ist zu dieser Zeit,
Da ich Liebesglück erloste, —
Wenn ich mich von Kräften koste,
Daß mich heut wie einst befreit
Kälte, Denken, Einsamkeit!

Schwarz und Weiß

Tod und Leben, schwarz und weiß:
Dir im Antlitz wohnen Beide.
Schwarz ist deines Haares Seide,
Weiß die Haut, wie schimmernd Eis.

Schwarz der Augen Flammenkreis,
Schwarz der Brauen feine Schneide.
Tod und Leben, schwarz und weiß:
Dir im Antlitz wohnen Beide.

Schwärze glüht von Leben heiß,
Lebenstrotz in Lust und Leide.
Weiß erzählt von lichtem Kleide,
Keuschem Sterben, Myrtenreis.
Tod und Leben, schwarz und weiß . . .

Besinnung

Glaub, sie wollte unser Bestes,
Scheu und Scham des ersten Kusses.
Leidenschaft, im Schwall des Flusses
Schwimmend greift sie noch auf Festes.

Lockbild quellenden Genusses,
Höhnend uns verschmachten läßt es.
Glaub, sie wollte unser Bestes,
Scheu und Scham des ersten Kusses.

Bergung trauten Liebe-Nestes
Vor der Wut des Wettergusses,
Furcht des flammend roten Schlusses,
Wahrung geistig keuschen Restes —
Glaub, sie wollte unser Bestes!

Einer Unberührten

Welch entflammtes Blut
In krystallner Schale!
Siedend im Pokale
Schäumt die Purpurflut.

Wie zum Abendmahle
Weh der Lippe thut
Dies entflammte Blut
In krystallner Schale!

Nie im Herzen ruht
Sorge mir, die fahle:
Dich verzehrt im Strahle
Erster Liebesglut
Dein entflammtes Blut!

Toilette

Bist du erst einmal meine Frau,
 Daß ich dein Mann bin, mußt du leiden!
Hör Eines nur: du sollst dich kleiden,
 Daß ich an dir mich glücklich schau.

Laß mir die Wahl, ob Sammt, ob Seiden,
 Ob goldenbraun, ob silbergrau.
 Bist du erst einmal meine Frau,
Daß ich dein Mann bin, mußt du leiden.

 Wie find' ich Farben, die genau
Dich tönen, schmiegsam und bescheiden?
Wie künd' ich dich den blinden Heiden?
 Dies holde Amt mir anvertrau,
 Bist du erst einmal meine Frau.

Erkenntnis

Ewig fern uns zu bleiben
 Hätten wir wissen sollen.
 Nun gilt's eisernes Wollen,
Daß wir nicht fern uns vertreiben.

Laß uns denn Ehe verschreiben
 Unserer Liebe der tollen!
Ewig fern uns zu bleiben
 Hätten wir wissen sollen.

Werden uns quälen und reiben,
 Dem Götzen das Seine zollen:
 Als wär' nie ein Ruf uns erschollen
Wider das Mannen und Weiben,
Ewig fern uns zu bleiben!

Zuchtwahl

Will dein Antlitz mich, das glatte,
Lieblich locken, lächelnd laden,
Mich in dir gesund zu baden,
Der sich krank vereinsamt hatte?

Daß ich einem tiefen Schaden
Mein nicht mindres Elend gatte,
Will dein Antlitz mich, das glatte,
Lieblich locken, lächelnd laden.

Unser Bund, der schleichend matte,
Zeugt auf nächstem Weg, dem graden,
Leben, das an einem Faden
Hangt und bangt, gleich welkem Blatte . . .
Fort, du Larve! lüstern glatte!

Bei den Skythen

Da wär' ich nun gefangen
Und werd' in Eis verbrannt,
Auf kalten Rost gespannt,
Gezwickt mit frost'gen Zangen.

Es streichelt meine Wangen
Mit starrer Totenhand.
Da wär' ich nun gefangen
Und werd' in Eis verbrannt.

Ich würf' mich voll Verlangen
In glühen Wüstensand!
Lebt wohl! ich bin verbannt
Von Leben, Glut und Prangen,
An ödem Strand gefangen.

Sündheim

Schwüles Dunkel hüllt uns Beide:
Aug' versagt, und Ohr kann irren.
Hör' ich nicht von feiner Seide
Knisternd leise Lockung schwirren?

Klang das nicht nach Goldgeschmeide
Oder silbernen Geschirren?
Schwüles Dunkel hüllt uns Beide:
Aug' versagt, und Ohr kann irren.

Rauschst du noch im seidnen Kleide?
Nein, du willst mich nur verwirren.
Laß die Gürtelspange klirren,
Mir zu Lieb, dir nicht zu Leide . . .
Schwüles Dunkel hüllt uns Beide.

Seliges Verstummen

Ferne fand mir Wort und Ton,
Nähe nahm sie mir vom Munde.
Ich entbehrte: Schöpferstunde!
Ich genoß: sie ist entflohn.

Leidend — l e b' ich bis zum Grunde,
Alles Glück betäubt wie Mohn.
Ferne fand mir Wort und Ton,
Nähe nahm sie mir vom Munde.

Suchend fast erstickt' ich schon:
Jubl' ich nun nach sel'gem Funde?
Schloß Erfüllung mir die Wunde,
Daß ich stumm bin, ist ihr Lohn:
Sehnsucht nur hat Wort und Ton.

Die Hexe

1.

Klar liegt die Schuld zu Tage
Bei streng geschloss'nen Thüren.
Den Teufel auszuspüren
Hilft erst die Hexenwage.

Um Antwort wirbt die »Frage«,
Sie schrauben, winden, schnüren.
Klar liegt die Schuld zu Tage
Bei streng geschloss'nen Thüren.

Zwar ist, ein Weib, das trage,
Verboten zu berühren,
Doch daß sie falsch verführen,
Wer höbe Stimm' und Klage?
Klar liegt die Schuld zu Tage.

2.

Heut ist ein schönes Wetter,
Die Hexe wird gerichtet.
Schon ist der Stoß geschichtet:
Vier Stangen, Reisig, Bretter.

Kein Ritter, Bauer, Städter,
Der auf dies Fest verzichtet.
Heut ist ein schönes Wetter,
Die Hexe wird gerichtet.

Die Flamme hat als Retter
Nun alles Weh geschlichtet.
Sieh, wie das Volk sich lichtet;
Die Bas' geht mit dem Vetter.
Heut war ein schönes Wetter.

Anders

Ja, anders bist du, zweifelsohne!
Das seh' ich dir im Auge blitzen,
Das strömt aus deinen Fingerspitzen:
Du bist ein Kind der heißen Zone.

Dies »anders« ist die Dornenkrone,
Sie wird die Stirn dir blutig ritzen.
Denn anders bist du, zweifelsohne!
Das seh' ich dir im Auge blitzen.

Bespähn aus schiefen Augenschlitzen
Philister dich mit scheelem Hohne:
Laß Molche spei'n, Giftkröten spritzen!
Und sag' dir selbst zu Lust und Lohne:
Ich bin doch anders, zweifelsohne!

Begegnung

Endlos weite Bildersäle,
Künstler mit und ohne Namen.
Muß es sein, daß ich die zahmen
Heil'gen und Madonnen zähle?

Diese Stifter, Kardinäle,
Prunkgeschwollnen Adelsdamen?
Endlos weite Bildersäle,
Künstler mit und ohne Namen.

Aus lebend'gem Saft und Samen
Sei das Kunstwerk, das ich wähle!
Hei! da sprangst du aus dem Rahmen,
Daß ich mich mit dir vermähle,
Leuchtend in die Bildersäle.

Der Schlüssel

Stets sinnt auf schwarze Tücken das Objekt:
Kein Staubgeborner, der dies nicht erfuhr!
Du jagst das Glück, du bist ihm auf der Spur —
Sieh zu, daß dich kein Schlüssel narrt und neckt.

Nicht mein' ich den zum Innern der Natur,
Den Schlüssel Faustens, der die Geister weckt.
Stets sinnt auf schwarze Tücken das Objekt:
Kein Staubgeborner, der dies nicht erfuhr!

Ich meine jenen Zimmerschlüssel nur,
Der niemals grade dann im Schlosse steckt,
Wenn zwei begehrlich, zitternd, fast entdeckt,
Knieschlotternd stehn in dunkler Treppenflur.
Stets sinnt auf schwarze Tücken das Objekt.

Carmen

Ich lausche fiebernd dir zur Seit'.
Du fühlst den Brand, der in mir loht,
Und drückst das Siegel heiß und rot
Auf meiner Seele Trunkenheit.

Hör' Don Jose: er knirscht und droht!
O das Verhängnis ist nicht weit.
Ich lausche fiebernd dir zur Seit',
Du fühlst den Brand, der in mir loht.

Aschfahl dein Blick — bist du bereit
Zu Brünsten, wie kein Weib sie bot?
Ja, deine Seele brennt und schreit
Nach mir — Carmen, das ist dein Tod!
Du fühlst den Brand, der in mir loht!

Am Kamin

Die Scheiter lodern, halb entfacht,
   Es zuckt und sprüht ein irres Licht.
Ihr schwimmend Auge bebt und lacht:
   »Ich geb' mich dir, du — nimm mich nicht!«

   Sie löst die Nadeln, und entflicht
Goldlohen Haares schwere Pracht.
Die Scheiter lodern, halb entfacht,
   Es zuckt und sprüht ein irres Licht.

   Nun halte, was dein Blick verspricht,
Und blende mich mit aller Macht! . . .
   Ihr Leib, ein marmornes Gedicht,
Strahlt nackt und silbern durch die Nacht.
Die Scheiter lodern, voll entfacht . . .

Edler Verzicht

Du wehrst das Letzte deinem Überwinder
   Und schiltst dich selber klein und feig.
   Behalte diese Frucht am Zweig!
Ich lieb' dich und genieße drum nicht minder.

Wir sind ja nicht mehr wie die Kinder
   Und klauben die Rosinen aus dem Teig!
Du wehrst das Letzte deinem Überwinder
   Und schiltst dich selber klein und feig.

Dir ist es lieber, kos' ich dich gelinder,
   Und mehr als Zaunspfahl frommt dir Fingerzeig.
So sind wir einig, nicht? wir Glücksempfinder!
   Das Ziel mag schön sein, schöner ist der Steig!
Und gern entsagt dein Überwinder.

Orgie

Und immer toller wird des Rausches Flug,
Und aller Fremdheit Schleier sind zerrissen.
Vor Stunden noch, da warst du spröd und klug,
Nun glühst du hüllenlos aus Finsternissen.

Nicht deiner Nacktheit schäm' dich: dein Gewissen
Verklag' dich, daß dein Leib je Hüllen trug!
Und immer wilder wird des Rausches Flug
Und aller Fremdheit Schleier sind zerrissen.

Erst schauend trank ich deiner Linien Bug,
Nun bin ich wühlend ganz in dich verbissen.
O du . . . wo sind wir? ein Bacchantenzug
Schwärmt wirbelnd aus den wollustschwülen Kissen.
Und immer toller wird des Rausches Flug.

Dem Genius des Augenblicks

Das ist so süß, daß unser rascher Bund
Nicht fein gefädelt ward und lang gesponnen.
Jäh flammten deine Augen wie zwei Sonnen,
Jäh mich erkühnend küßt' ich dir den Mund.

Nicht scheu und zitternd saßen wir am Bronnen,
Wir sprangen jauchzend in den tiefsten Grund!
Das ist so süß, daß unser rascher Bund
Nicht fein gefädelt ward und lang gesponnen.

In Weißglut tauchten wir, und sind nicht wund:
Den brüht's, der wartet, bis das Erz geronnen!
Wir leerten Eines Zugs den Kelch der Wonnen,
Kein fader Nachgeschmack würgt uns im Schlund.
Das ist sehr süß an unserm raschen Bund.

Demeter

Weiß glüht der Mittag. Sonne sticht und stiert
Hoch vom Zenith in schattenlose Weiten.
Kein Wölkchen will am fahlen Himmel gleiten,
Wie auch das gelbe Korn verdurstend giert.

Da seh' ich dich durch Ährenwogen schreiten,
Demeter, die das lange Goldhaar ziert.
Weiß glüht der Mittag. Sonne sticht und stiert
Hoch vom Zenith in schattenlose Weiten.

Ich will mich betend dir zu Füßen breiten,
Daß sich mein Blick in deinem Schoß verliert,
Dem Schoß, drin keimend Welten sich bereiten,
Der den zerstückten Gott uns neu gebiert.
Weiß glüht der Mittag. Sonne sticht und stiert.

Katastrophe

Held, dein letzter Wille ist vollstreckt:
Rissest selber ihn in Fetzen!
Hat ein Irrlicht dich zu Schätzen
In des Grauens tiefsten Grund geneckt?

Nacht, daraus kein Sonnenaufgang weckt,
Fing dich ein in schwarzen Netzen.
Held, dein letzter Wille ist vollstreckt:
Rissest selber ihn in Fetzen!

Jäger einst, dem sie die Hand geleckt,
Wild nun, das die Hunde hetzen!
Um dein Ende schwebt Entsetzen;
Die dir folgen, hast du heimgeschreckt.
Held, dein letzter Wille ist vollstreckt.

Drei Blätter

Drei Blätter schuld' ich dir,
Die meines Lebens Schleier heben.
Das erste hier:
Dich lieb' ich wie mein Leben!

Das zweite: ich verschmachte schier,
Du hattest nichts mir, nichts zu geben!
Drei Blätter schuld' ich dir,
Die meines Lebens Schleier heben.

Das dritte Blatt: o wären's vier,
Käm' noch ein letztes Drüberschweben!
Dies Blatt, dran Herzblut-Tropfen kleben,
Erlaß es mir!
Dies Blatt noch schuld' ich dir.

Notturno

Über der Schmerzen dunklen Teich
Leis mein schaukelnder Nachen läuft.
Klagender Wind die Stirn mir streift,
Sterbende Seufzer im Ufergesträuch.

Ach! und mein Herz wird zag und weich,
Zögernder Gram die Fracht mir häuft.
Über der Schmerzen dunklen Teich
Schwer mein schleppender Nachen läuft.

Herz und Hände, nun härtet euch!
Greifet das Ruder, das mutlos schleift!
Mond geht auf, von der Pinne träuft
Sprühende Flut, wie Mondlicht bleich,
Silbern hinab in der Schmerzen Teich . . .

Vermischte Gedichte

Verzaubert

Tagträumen,
Glühwache Nächte.
Die Welt mir verwandelt.
Abflutet mein Glück,
Mein blauer Schmeichelsee
Von kühlem klarem Schwäche-Glück,
Das um wunschlos Einsame glitzert:
Sonne brütet wieder
Auf glutgedörrtem Gestein,
Durst ward ich wieder
Und glutverbrannte Begierde.
Kamest du endlich
In meiner Seele zu wohnen?
Nun bin ich nicht einsam mehr,
Denn alles ward mir du,
Wie du mir alles!
Von dir braust und glänzt es um mich,
Dich raunt mir die Öde zu,
Zu dir flattert mein Tagestraum,
Dich nachdichtend
In tausend Gestalten
Umglüht mich mit dir die Nacht.
Du Glanz um mich, du Durst in mir,
Wann wächst meinem Sehnen Arm und Griff,
Aus der raunenden Welt, die deiner voll,
Aus dem Wirbel der Träume, die dich mir täuschen,
Dich selbst, dein leiblich blühendes Selbst
Mir wirkend ins Leben zu bannen?

Grausame Liebe

Ich sah dich leben,
Und jene große Liebe fiel mich an,
Die haben, herrschen, pein'gen will,
Die grausam ist wie Gott und Welt,
Die Krankheit ist, wie Traum und Rausch
  Und Schöpferwille Krankheit ist.

  Ich träumte dich mein eigen:
Dein Auge hing an meinen Lippen,
Gebrochen süßen Schwärmerblicks
  An meinen Narrenlippen,
Die grausam Wahn- und Lästerworte sprachen,
  Um deiner Ehrfurcht weh zu thun.

  Und irrer noch verflog sich
Meiner Liebe träumende Rachsucht:
  Ich sah dich sterben,
  Leidvoll und langsam sterben,
Mit fragendem Blick, ob meine Liebe
Auf diesen Weg dir folge.
Doch ich ertrug mit kaltem Hohn
Deines Auges wehen Frageblick,
Und haßtrunken vor Liebesrausch
Sah ich dir nach, bis in gelben Abendhimmel
  Dein Weg sich trauernd verlor . . .

Zu lange stumm

Zu lange stumm . . .
Nun schreckt unsre Seelen,
Die lautscheu brüten,
Der hellen klingenden Worte Frost.
O wie wir uns banden
Mit Blicken süßen Giftes!
Wie mit entrückender Schönheit
Wir Heimweh uns weckten,
        Nach Himmelsruhe
Feinen zehrenden Durst,
        Von Erdenkämpfen
Selig schlaffes Fernsichwähnen . . .
Liebten und lockten wir nicht,
Wir Erlöste zu Zwein,
Uns um ein Weniges
Ganz aus dem Leben hinaus?
        Überwachen Sinnes,
Jeder trunkenen Ohres
Des Anderen letzten Urklang schlürfend
Aus des Schweigens
Krystallener Schale,
        Fiebernden Auges
Jeder des Anderen Seele trinkend,
Bis die Welt uns verging,
Das Blut uns stillstand,
        Das Leben sich löste
        Leicht zu entschweben . . .

Doch der Augen Entzückung
Und lähmende Wonne
Noch zu laut uns ward,
Noch zu schwer uns dünkte:
Da wandten wir stumm
Die Blicke uns ab,

Ungesehen
Uns heißer zu fühlen,
Und lichtlos erdrückte uns
Tödtlich süße Umarmung.
Hochzeitsnacht . . .
Spület, ihr Schauer des Glücks,
Leicht das verrinnende Leben fort,
Daß wir uns endlich
Ewig umfangen . . .

Da klirren Worte
Hell und schreckend,
Heilgewaltig,
Da reißt das Leben
Die fast Entronnenen
Heißen Zornes zurück —
In blasse Wangen
Unter träumende Lider
Schießt das Blut.
Laß uns nicht sterben
An der Seelen stummer Entzückung,
Nicht verglüh'n an des Schweigens
Entrücktem Verständnis!
Rede mir, süßestes Weib!
Aus des Schweigens Ferne
Nach trauter Rede schmacht' ich,
Wie aus verirrten Genüssen
Nach Wein und Brot die Zunge lechzt.
Lebe du mir
Und lasse dir mich leben
Und heiß' mich Heimgekehrten
Mit Wein und Brot willkommen,
Und küß' mich, deß zum Zeichen,
Daß, fast verbrannt von Schweigens Glut,
Sich unsre scheuen Lippen nun
Mit Kuß und Rede kühlend heilen!

Kein Friede

Da tauchen wir auf,
Die das Glück noch nicht getödtet,
Und fühlen wieder Welt
Auf tiefgesenkte Lieder brennen.
Warme, graue, dumpfe Welt,
Schwere Welt:
Wir kommen nicht von dir,
Wir bringen diamantne Kälte mit
Von Schaudern der Vermischung, —
Denn wo wir waren, rann und schmolz es nicht,
Da war es über Erdenfröste kalt
Und Seele fror an Seele an . . .
Süßes Weib,
Erschrakest du nicht mit mir,
Als zwischen uns die letzte Schranke fiel?
Nun — ah! dein Auge zittert noch
Und schwimmt dem Strom der Rätsel nach —
Nun sind wir geborgen vorm Glück
Und du bist du und ich bin ich
Und laß mich suchen, wo du sei'st . . .
Ich hab' dich Holde wieder
Und all das Deine sammelt sich zu dir:
Der goldne Blick, den schwere Lider bargen,
Er thut sich selig wieder auf,
Und deiner Stimme Goldklang, halb gebrochen,
Nun tönt er wieder tief und klar
Und Worte läuten Liebesruh',
Wo Sturm der Liebe an den Strängen riß.
Und all die Süßen, die du birgst,
Deren krystallne Schale du bist,
Und deiner Jugend reifende Gestalten,
Von denen keusch dein Leib erzählt,

Wieder schwebend umflattern sie
Der Schwester gelagerte Anmut,
Nicht mehr geschreckt vom Unfaßlichen,
Das eben noch, verhüllten Angesichts,
In alle W*[i]*nde sie zerstreut.
Sieh, so w*[i]*ll ich dich,
So, du Geliebte, bleibe mir:
Umspielt von deinen Jugenden,
Die letzte aus reifender Schar,
Deines goldenen Blickes Meisterin —
Nicht wie ich jüngst dich fand,
Als taumelnd du das Deine von dir warfst
Und mich mit dir in trunkne Tiefen schnelltest.
Da warst du mein,
Und zwischen uns zerbrach der Raum
Und Kälte schlug aus Zweien Eins:
Fremd aber, schrecklicher fremd
Als je Getrennteste sich sind,
Fremder waren wir uns da,
Und Scham und Haß, ein diamantner Dolch,
Schnitt kalt durch unser Eines Herz.
Alles warfst du weg
Und ich erkannte dich nicht mehr . . .
Aber wir sollen uns kennen,
Und wir sollen uns lieben!
Und nun wir wieder athmen,
Aus Glückes Tiefen aufgetaucht,
Da nun du selig ruhst,
Des Deinen nicht entblößt,
Deiner keuschen Schwestern Gespielin:
Sag, muß ich nicht schaudern,
Daß solch Besitz nicht dauern soll —
Daß wider der Vermählung Kampf
Nie Friedens genug,
Keinen ewigen Frieden die Liebe schließt?

Der Kelch

Mein Kelch, blaues Wunder du,
Gleichnis meiner Seele,
Das ungebeten
Unter mein Eigen geriet,
— Denn wer ließe gern
Sich allzutreulich ähneln? —
Du Kelch blauer Zärtlichkeit,
Vielfach, dämmernd, rätselhaft,
Opal wie meine Seele:
Der Licht verschweigt
Wie ich Liebe,
Und bunte Blitze spielt
Wie Bosheiten ich,
Zwischen Farben ein Flor
Unfaßbar flüchtig,
Halb, heimlich, schmachtend
Eine Lockung in Schleiern:
Aus dir, ungeweihter Kelch,
Will einen Wein ich, klingend spitz,
Ein helles Harfen-Traum-Getränk
Auf meine Liebe schlürfen . . .

Ha! welch ein Blick,
Sengend, eisig —!
Wie höhnst du mein Herz,
Du aller Bosheit Kelch!
Welch Mondes-Lächeln überlief,
Vielwissend grausam,
In milchgrünem Geäder
Deiner Flächen Goldbraun?
Welch glimmenden Argwohns
Schlangengeringel
Zuckt aus Höhlen des Glanzes?
Und deine seidene Meeres-Haut,
In Weingelb schwimmend und Veilchenblau:

Wie zischend sprühte sie
Weiße Perlen Spottes,
Von Untreue funkelnd,
Als ich auf meine Liebe trank!
Weißt du davon, so sprich,
Kenner der Liebe,
Halber Verräter! —
Wie nun, lüsterner Unhold,
Kelch aller Ungewißheit?
Was weißt du nun noch,
Da unter Blau und Gelb und Braun
Tief purpurn du glühst,
Unsichtbar angestrahlt
Von einem Kelch, mit *Blut* gefüllt,
Aus dem — weißt du, wer? —
Die Liebe mir Bescheid thut . . .

Böses Spiel

Es läßt mir fürder keine Ruh,
Schlimm ward bei mir gehaust.
Gern schlöss' ich zu,
Ballt' um den Wanderstab die Faust
Und macht' mich auf die Schuh.

Ich rüstet' einen guten Trank
Und briet ein Leckermahl.
Da ward mir Dank!
Den Wein verschwemmten sie im Saal,
Zerschlugen Tisch und Bank.

Ich sprach: Mich dünkt, dies Haus war mein,
Drum macht euch lust'gen Tag.
Doch trügt der Schein,
Und wenn ihr's anders wißt, so mag
Dies wohl ein Wirtshaus sein.

Und wenn ihr meint, daß ich genoß,
Laßt zahlen mich und gehn!
Der Wein noch floß,
Ich rief, doch Niemand ließ sich sehn:
Die Thüren all' im Schloß.

Des Weines, den ich zahlen soll,
Fließt immer, immer mehr.
Von Golde voll
Wird heut und hier mein Beutel leer:
Um Zinsen wächst der Zoll.

Bei Schelmen wer da Schulden macht,
Ist schlimmer denn beraubt.
Hier über Nacht
Hält man in Haft mein ehrlich Haupt;
Ein Schelm hat dies erdacht.

Dies Haus war ehrlich einst genannt,
Nun ist's ein Räuberloch.
Hing' an der Wand
Von all'n nur eine Waffe noch!
Ich bin in Feindes Hand.

Meine Rache

Will nicht dir zur Erlustigung
In edlem Gram erbleichen,
Dir nicht mit Zornes Geißelschwung
Die müß'gen Nerven streichen.

In keinem Tod- und Teufel-Tanz
Das Ärgernis vertaumeln,
Von keinem Ast als Schlotterschwanz
In deine Träume baumeln.

Nicht vampyrfahl und leichengrün
Aufstehn aus frühem Grabe,
Nicht uhuäugig nach dir glühn
Noch keifen wie ein Rabe.

An keines andern Weibleins Arm
Mich in den Weg dir stellen,
Mit keiner Rache, keinem Harm
Dein Lüstchen dir vergällen.

Will thun, als wäre nichts geschehn,
Die Lipp' in Lächeln fassen,
Für deine Untreu, dein Vergehn
Mich wacker strafen lassen.

Will wie ein Spiegel um dich sein,
Dienstfertig deinen Mienen,
Durch Schmeichelei und Trug und Schein
Mir meinen Platz verdienen:

Den Platz in deinem Wohngemach,
Im innersten der Räume,
Daß ich, wenn einst der Zauber brach,
Die Stunde nicht versäume.

Wenn deine Seele leuchtend frei
Sich hebt aus Dunst und Schleiern,
Daß dann ich liebend nahe sei,
Rückstrahlend sie zu feiern,

Nackt dich zu piegeln reingebrannt
Von Schlacken und von Sünden,
So groß, wie ich dich stets erkannt,
Dir selbst dich zu verkünden.

Dies ist die Rache, die ich sann:
Du sollst an dir mich rächen,
Dein stolzes Herz den niedren Bann,
Der jetzt uns trennt, zerbrechen.

Schimpf um Schimpf

Adligen Leibes,
Herz eines Buhlerweibes,
Königin, die an sich selbst nicht glaubt!
Nachttiefe Augen,
Die spitz doch zu spähen taugen,
Hand, die zu segnen vermag und — raubt!

Lüstern nach Kränzen,
Da Gold-Kronen dir glänzen!
Stolz, daß in Tümpeln dein Bild sich malt,
Zürnend dem reinen
Spiegel, der blind deinem Kleinen
Hell dir dein Hohes, dein Göttliches strahlt.

Muß ich mit Schwächen
Denn in die Augen dir stechen,
Darf ich nicht stark sein, wenn du mich liebst:
Dir zum Verderben
Zwingst du mich so dich zu werben,
Daß du dein Niedres zum Feind mir giebst.

Leicht wird die Beute
Plündernden Buben, gereute
Schwer auch den Helden der ehrlose Sieg.
Dennoch erfechten
Will ich ihn, ist auch mit schlechten
Gegnern und Waffen kein fröhlicher Krieg.

Ist er geendigt,
Hab' ich dich Eitle gebändigt,
Schimpf dann um Schimpf! so will es das Recht.
Mir nicht zur Seite
Ruhst du, — der König, er freite
Dich seines Trosses geringstem Knecht!

An meine Feindin

Ich begehrte — zu mir.
Ins Eigne den Eigner
Führt ein wilder Weg,
    Wo Wahn-Sonne
Krumme krause Schatten wirft;
Verzerrt, tückisch
Brütet der Abgrund herauf,
    Mißhände greifen
Nach Weges Rand
Und Wanderers Fuß:
Doch höhnend schweigt,
Im Glanze trugvoll nah,
Der ewig ferne Gipfel-Firn.
    Kiesel klirren
Und alles Mürbe bröckelt,
Der Pfad selbst schaukelt und schwankt —
    Sind wir auf See?
Denn spiegelglatter Schein
Gaukelt zwischen uns
    Und dem Ohnegrund.
Und ich schrie vor Angst:
Da sprang er mir zu Füßen,
Der wilde Weg, den ich wandern muß,
Seitdem mir Leben Wandern heißt.
Doch ich wehrte, bat, schrie
Und wollte den Weg nicht gehn,
Da — schwoll es um mich, würgte mich,
Staute meine Seele in mich hinein,
Berge sanken auf meine Brust
Und ein leeres rundes Stier-Auge
    Starrte blicklos . . .
Von glühenden Reifen umschraubt
Floh ich in mich
Und kroch den wilden Weg.
Herzzuschnürendes Schweigen — —

Da sprachst du zu mir,
Fremde Versucherin!
Und ich fiel,
Entschlüpfte meinem Wege
In weiche Wiesenmatten,
Enttauchte dem Schweigens-Grund
Zu glitzerndem Wort-Wellenschaum,
Entfloh mir — zu dir!
Du hobst den Versenkten,
Kühltest den Selbstverbrenner
Mit fremder, deiner Glut,
Tratest zwischen mich
Und Ihn, mit dem ich rang.
Soll ich dir danken?
Wofür?
Für verfehlten Weg
Und verlorenes Ziel,
Für gelöste Fügung
Und entweihte Sternenstunde?
Denn ließest du mich
In meines Schicksals
Würgender Umarmung:
Jetzt wäre ich Sieger
Und größer denn Schicksal
Und Eigner des Eignen
Und stünd' auf unterstem Welt-Grund!
Du brachst den Zauber,
Als er trächtig und reif war,
Du kamst um die heilige
Mittag-Mitternacht
Und — weh! der Feuerkreis erlosch,
In allen Opferschalen fror das Blut.
Denn — du liebst mich ja,
Als meine Feindin liebst du mich,

Die nicht nur meine Ähren schnitt
Und was bereit zur Ernte stand,
        Nein, bis ins Verborgne,
In Keim und Wurzel mich verfolgt,
Nicht mich nur hassend,
Auch meinen tiefsten Wahn
        Und letzten Willen,
Mein schaffendes führendes Über-Ich,
Und wer mich sandte und berief!
        Du Feindin von Grund aus,
Die meines Lebens Quell versiegt,
Nicht den woher —, wohin es fließt!
        Doch, o Geliebte,
Unschuldig noch in deiner Feindschaft,
Nicht Wille, Werkzeug nur
Und Schicksal gegen mein Geschick
Und Sendung wider Sendung!

Zu Ende

»**D**ein Herz ist Eis
Und brannte einst so heiß.
Wie bald ist die Glut ihm verglommen!«
Von deinem her,
Das wärm'- und liebeleer,
Ist Frost ihm und Winter gekommen.

»Bist du noch mein?
Dein Aug' hat fremden Schein,
Mich soll eine Andre beerben.«
Nicht fremde Macht,
Der Mann ist mir erwacht,
Kein Knabe mehr wird um Dich werben.

»Du machst mir bang.
Die Stimm' hat fremden Klang,
Einst schmolz sie so sanft, mich zu kirren.«
Sie bebt' und bat,
Nun weiß sie selbst sich Rat,
Kein Buhler mehr soll zu dir girren.

»Du willst nun fort.
Doch gabst du mir dein Wort:
Noch klingt es dir, wähn' ich, zu Ohren.«
Das Wort, ist's dein?
Zeig's vor, so lös' ich's ein!
Verlorest du's, ist es verloren.

»Wie fein der Last
Du dich entledigt hast,
Vergaßest dein Schwören und Lieben!«
Ich hielt Gericht!
Dich, traun! vergißt man nicht!
Durch Spruch bist aus mir du vertrieben.

»So nimm mich an,
Du stolz-unsanfter Mann
Und laß mich auf Liebes dir denken.«
Du liebst zu spät!
Mein Bieten ward verschmäht,
Wer kaufen kann, läßt sich nicht schenken.

»So scheiden wir.
Doch räch' ich noch an dir,
Wie mehr du als Teufel mich quältest!«
Freund oder Feind:
Stets bleiben wir vereint!
Ich gab dir zu wählen: du wähltest.

Erfrorene Liebe

Nun ja, dafür bin ich ein Mann
    Und bin nicht klug wie du.
Du sahst es meiner Liebe an,
Daß nur in unterird'scher Ruh
    Sie überwintern kann.

Es spürt wohl eine feine Haut
    Längst, eh er weht, den Ost.
Ich hab' dem warmen Herbst getraut,
Dacht' nicht, es gäbe morgen Frost,
    Wenn's heut noch tropft und thaut.

Ich trieb mein Knösplein auf: was ficht's
    Den Herbst, den Lügner an?
Der Winter kommt, der Winter bricht's.
Nun ja, dafür bin ich ein Mann,
    Versteh' von Liebe nichts.

Letzter Dank

Mein schwüles Herz,
Und ach! meines Hirns
Ratlose Bosheit,
Blicke feinen Giftes voll
Und eiskrystallnes Lächeln,
Mein Schweigen, schwer und brütend,
Und ach! meiner Worte
Zögernde Grausamkeit,
Gleich zähem Harze tropfend: —
Vergiß mir alles,
Vergieb mir nichts,
Du, die ich tödten mußte
Und die nicht sterben wollte,
Meine Herzfeindin Liebe!
Vergieb ihm nichts,
Der nichts vergeben durfte,
Vergiß ihm alles,
Der endlich dein vergessen darf!
An deinem Schlimmen
Wuchs ich dir gleich und groß,
Und ach! dein Süßes,
War's nur ein Hauch, ein Duft,
Ein Blumenkelch Liebe,
Von Hasses Hand gereicht,
Eine Schneide Glück zwischen Hängen Unheils:
Für dieses Augenblicks
Flücht'ge Bezauberung,
Dieses Einmal und Nimmermehr,
Kürzer denn Mittag, schwindender
Denn letztes Grün an Abendhimmeln,
Laß mich dir danken, Liebe,
Mit meinem letzten Dank!
Dankt' ich dir nicht längst?
Ja, doch aus keiner Güte Born,
Von keinem Freien kam der Dank.
Ein Tiger, geduckt,
Verkohlten Auges
Glüht seinen Bänd'ger an, —

Uferfern ein Schwimmer
Bohrt Blicke, lang wie Lanzen,
Stechende, grabende Blicke
Ins Fahlblau der Brandung:
    Das war mein Dank!
Träume, die zerbrachen,
Und aller Täuschung Trümmer,
Ein Bündel welker Blumen,
D'rin Herzenselend knisternd glomm:
    Zu Füßen dies
    Meiner Liebe geworfen,
Zerstört und höhnisch lachend, —
    Das war mein Dank!
— Doch nun, da ich wissend ward,
Und unter silbernen Himmeln
Mein Schicksal reift und dunkelt,
    Reif wie Notwendigkeit,
    Gleich Gewißheiten dunkel:
Nun wie silberne Himmel
Die braune Erde segnen,
    So dich segnen
    Und über dir sein,
Meine reife dunkle Liebe,
Du Herbst nach jähen Sommern,
Du letzte meiner Jugenden:
    So Dich segnen
    Und deiner v e r g e s s e n
Sei nun mein Dank,
    Mein letzter Dank!

Götzendienst

Verbannt aus Heimaten,
In Sendungen geflüchtet,
Gescheucht aus Rasten,
In stätem Wandern rastend, —
Keinem Ziel zuwandernd,
Es sei denn
Zum Ziele Unterwegs
Auf Pfaden von Ungefähr
Und aufs Geratewohl,
Und keiner Gipfel mehr gewürdigt,
Es sei denn, daß in Lebens Mitte
Ein Breites sich zum Gipfel wölbe —:

Unter Opfern vereinsamt
Und klingenden Frösten,
Meiner Gespielen letzten,
Seit alle Wunder mir versagt:

Doch tiefer als je,
Da Glut-Entzückungen noch
Von Gegenliebe — logen,
Verliebt ins goldene Leben
Und seine krausen Launen,
Lichttrunk'ner denn je
Von enträtseltem Grau
Und fahler Felsen Aschbraun,
Weitschauend ohne Gipfel,
Feierlich ohne Ziel,
Ja, in stillen Stunden
Spöttisch-anbetend,
Des Lebens Eifersucht zu schüren,
Vor meiner Sendung knieend,
Mit erhabenem Trotz,
Und selbstschaff'nen Göttern
Ehrfürchtig zublinzelnd,

Und Abschiede mir gebietend
Und starke ferne Schmerzen
Und Fragen ohne Antwort
Und steile Überwindungen,
D'ran zu zerbrechen
Kein Unerwählter sich erwählt!

Mittagschrecken

Nicht das reifende Korn betritt,
Wenn der Lichtalp wütet
Und die Sonne vom Zenith
Magisches Unheil brütet.

Wie Ein Aug' auf Riesenstirne
Steht sie dort im Blauen.
Durst im Schlunde, Dunst im Hirne:
Schlafe, wie Flur und Auen!

Daß sie hinter Wolkensäume
Endlich sinken wolle!
Gelbe Ähren, gelbe Träume
Glühn in Hirn und Scholle.

Schliefst du lang und willst erwachen —
Lähmt ein Geisterschrecken,
Hörst den Kobold giftig lachen,
Fühlst sein böses Necken.

Mittagmann, die Brust dir klauend,
Hält in klammer Hut dich,
Mittagfrau, mit Ähren hauend,
Peitscht das Fell dir blutig.

Losgelassen, durch die Fluren
Wie du heimwärts rennst!
Die dies einmal nur erfuhren,
Fürchten kein Nachtgespenst!

Liebestod

Zu Berge stieg mein Traum. Wir waren Zwei.
Du, meine Liebe, schrittest neben mir,
Mit krausem Mund der glühnden Worte lächelnd,
Die jüngst ich sprach: sie schwebten noch in Lüften
Und spottend trug ein Bergbach sie zu Thal.
Zu Ende war nun alles zwischen uns —
Seit es zu Ende, gingst du neben mir:
Die todte Liebe trugen wir bergan
Und schwerer ward sie uns mit jedem Schritt.
In einer Felsennische legten wir
Die Bürde ab; ich sah dich traurig an,
Ein Wind fuhr klagend durch das Zwerggesträuch
Und thränenlösend glomm das Abendrot.
Du sprachest Worte, altertümlich seltsam
Zum Todtenamt, tiefgolden klang dein Ton
Wie eherner Glocken hallendes Geläut.
Zu einem Alpsee sammelt sich zuletzt
Die goldne Tonflut und umwogt dich ganz,
Daß du versinkest. Wiederum enttaucht
Stehst du auf einmal nackt vor meinem Blick,
In solcher Reinheit schneeigem Geleucht,
Daß ich geblendet schwanke, taumle, falle.
Und mich auch spült der Töne Flut empor,
Enthüllt, von neuem Glücke ganz durchglüht,
Doch goldbraun leuchtend, wie du lilienweiß.
Du singest noch — der Abgrund spricht herauf:
Nun seid ihr rein, nun eilet euch zu mischen!
Und jauchzend schwillt zum Sturme dein Gesang,
Und deine Augen stehn in solchem Glanz,
Wie nie ein Menschenauge noch geglänzt —
Mir aber strömt von Lippen dieses Wort:
Weib! sing uns von der Liebe in den Tod!
Da lichtet sich der Töne Purpurmeer,
Wird gelb wie Bernstein, endlich silberhell
Und siedendkalt und bläulich wie Krystall.
Vermählt tausch' ich der Wärme Rest mit dir,
Denn über uns liegt tausendjähr'ges Eis.

Weltbrand

Wild weißen Glanzes
        Lodern die Wolken,
Zum Schmelzen glüht
Tiefblau das Getäfel.
Ha! dieses Fiebers Wonne!
Das ist kein Himmel, der lange mehr wartet!
        So flammte er wohl
        Am Morgen des Lebens,
Da auf schwankender Erde, die heiß noch grollte,
Urriesen sich taumelnd umschlangen:
        So siedet er jetzt,
Welt-Ende kochend und kündend!
Heil uns! die Erde verbrennt!
Wohl logen die Weisen,
        Daß einst sie ersöffe;
        Daß Frost sie dörrte,
Logen ihr Andre:
Mehr, als wir zu hoffen dem Stolze gewährt,
Ist uns Erd-Entstammten
Der feurige Welt-Tod.
Wie nah schon die Sonne!
        Wir kommen! Geduld!
Ein letztes Verlangen
Dem Liebenden gönne,
Den, Himmel, du weiß-
        Glühend umarmst:
Sengst du die Haut
Und schmilzt mir das Mark,
Die Augen doch laß
Weiß glühend mir offen,
Daß bis zum Letzten dein Werk sie schauen,
Groß und schrecklich
        Und stolz — gleich dir!

Wer zuerst lacht?

Hier lieg' ich und starre.
Drüben der Berg,
Herrisch und höhnend,
Von der zackigen Stirn
Nackt bis zum Gürtel,
Dann fichtenbekleidet
Sinkt er zur Schlucht
Und Fichten klimmen
Die Halde hinan,
Wo den Unholden starr ich bestaune.
Nichts zwischen uns
Als glasgrüne Luft.
Wer zuerst lacht?
Freund, ich ertrag' ihn,
Den auglosen Blick,
Der stumpf zielend
Stierglotzig aufquillt:
Ertrag du auch meinen,
Den ruhvoll messenden
Menschen-Blick!
Huhu! wie er höhnt,
Wie er blind mich anstiert!
So sah ich in Fiebern
Froschblöde Gesichter
Mich blicklos bestarren.
Huhu! in den Adern
Gefriert mir das Blut,
Steif lieg' ich und stumpf
Wie der glotzende Bergschreck.
Freund, lache! sonst lach' ich,
Ersäuf' aufthauend
In Riesengelächter
Die Schlucht und dich!
— Er lacht, der Unhold!
Verspielt und verwettet!
Doch daß ich's nicht sähe,
Zog rasch um die Fratze
Er schleiernd Gewölk!

Die Gräberstraße

Desgleichen es nicht viele geben mag,
In einem Hochthal schloß mein Wandertag.

Fahl, braun und ernst, kein lachend Grün und Rot:
Zu viele starben hier den bösen Tod.

Von jeder Stufe, die sein Fuß erklimmt,
Ein düstres Leid der Wandrer mit sich nimmt.

An jeder Ecke mahnen Kreuz und Stein:
Hier grub man jäh zerstörtes Leben ein.

Dies schlichte Bergvolk, blöde unverstellt,
Der Tod in hundert Masken überfällt.

Das Bächlein, dem dein Ohr mit Mühe lauscht,
Hat oft hier bett- und uferlos gerauscht.

Die Halde sieh, die schon ein Gemstritt weckt,
Daß sie das Thal mit Fels und Trümmern deckt.

Der Gletscher droben, wenn er morden will —
Ein Sturz, ein Krachen: dann ist's wieder still.

In ihrer Rast und Mühsal, früh und spät,
Hat hier der Tod die Leben hingemäht,

Sodaß, bis er des Passes Grat erreicht,
Der Saumpfad einer Gräberstraße gleicht.

Vor manch ergrauter Tafel blieb ich stehn,
In eines Herzens klaren Grund zu sehn.

Da stand: »durch Wind und Wetter, über Nacht
Ward ich vors ewige Gericht gebracht.

Ich reich' euch Allen noch einmal die Hand,
Auf Wiedersehn im ew'gen Vaterland.

Ich geh' nun ein zur ew'gen Herrlichkeit,
O Mensch, sei jeder Stund' zum Tod bereit.«

So überall war wohl und weh gereimt,
Ein triftig Bibelwort hineingeleimt.

Das arme Volk, von scharfem Gram geplagt,
Hat nicht sein eigen blutend Herz gefragt,

Schrieb nicht sein schlichtes Weh auf Holz und Stein:
Der Lehrer mußt' es oder Pfarrer sein,

Der Pfarrer mit dem wälschen Wunderbuch
Schrieb einen auferbaulich frommen Spruch,

Entkräftet längst, doch der noch kraftvoll tönt,
Ein Drohn das schreckt, Verheißung die versöhnt:

Ein kalter Trost, drin heiß die Trauer zischt,
Aus Lug und Wahrheit wunderlich gemischt.

Sprachlose Seelen! wenn's im Herzen brennt,
Ist keine Lippe, die es wahr benennt,

Ihr stummen Tiere klagt durch fremden Mund.
Ein Heldentum! schweigsam und todeswund . . .

Der Rabe

Mich will ein Frost beschleichen,
Ein Seelenfrösteln faßt mich an.
Ich kenne seinesgleichen,
Das kam mir stets als böses Zeichen,
Wenn mir das Leben weh gethan.

Ich träumte einst als Knabe:
Die Heide hing von Dünsten voll.
Die Welt glich einem Grabe,
Denn in der Sonne saß ein Rabe,
Des Krächzen heiser niederscholl.

Der Rabe hebt sich wieder
Mit wildem Kreischen, daß es gellt.
Rot glüht die Sonne nieder,
Des Raben schwarzes Sturmgefieder
Beschattet riesengroß die Welt.

Da lief ich jäh nach Hause,
Zu meiner Mutter gut und lieb.
Doch bei ihr in der Klause
Saß eine Eulenhex zum Schmause,
Die mich mit krummem Schnabel hieb.

Die Mutter zu verlieren —
Ich schaudert' und erwacht' in Qual.
Das bitterkalte Frieren,
Dem Weh ins offne Auge Stieren,
Da fühlt' ich es zum ersten Mal.

Mich will ein Frost beschleichen,
Ein Seelenfrost, der heimlich schmerzt.
Ich kenn' das böse Zeichen:
Die Nebel ziehn, ein Heer von Leichen,
Ein Rabe mir die Sonne schwärzt . . .

Die Sterbekammer

Nun will es Abend werden
Und weit und breit kein Herbergslicht.
Was ist, das dort auf falben Pferden
Aus leichengrauer Dämmrung bricht?

Ihr schnöden Strauchgesellen,
Kommt nicht zu nah gefeitem Mann!
Eh'r wird euch diese Gerte fällen,
Als ich hier fall' im grünen Tann.

Mir träumte, zu versterben
In brauner Kammer lichtbestrahlt,
Es war des Ofens roten Scherben
Ein weißes Einhorn aufgemalt.

So trau' ich diesem Zeichen,
Daß noch mein Todbett nicht bestellt,
Und schlag' mit derben Rutenstreichen
Euch feige Schächer aus dem Feld!

Und aus dem bösen Dunkel
Schlag' ich mich glücklich selbst heraus!
Dort Hundsgebell und Lichtgefunkel
Verkünden mir ein wirtlich Haus.

»Das Haus voll Troß und Buben,
Voll Herrenschaft und Klerisei.
Es blieb von allen meinen Stuben
Nur diese braune Kammer frei.

Was ist an dieser Kammer,
Daß Euch solch Graun und Zittern faßt?«
Fort! fort von hier! o Weh und Jammer!
Herr Wirt, ich bleib' euch nicht zu Gast.

»Wollt Ihr um Fährnis werben?
Die Nacht ist keines Menschen Freund.«
Fort, fort! mir träumte hier zu sterben,
In dieser Kammer, rauchgebräunt.

»Traum von Gevatterinnen!
Seid Ihr ein Weib und glaubensschwach?«
Das Einhorn auf dem Ofen drinnen!
Weh mir! dies ist mein Sterbgemach.

Fort, fort! hinaus, ins Weite!
Herr Wirt, verzeiht mir diesen Ritt
Und gebt den Knecht mir zum Geleite
Zum nächsten Dorf und Wirtshaus mit. —

Bös ist's im Wald, dem düstern,
Doch besser hier als anderswo.
Die Rosse schnauben aus den Nüstern —
Was fackelt dort so lichterloh?

Fort über Stock und Steine —
Was ist, das dort ich flimmern seh'?
Es stürzt aus rotem Dämmerscheine
Ein Riesen-Einhorn, weiß wie Schnee . . .

»Was spornt das Roß, das rasche,
Der Herr zu solchem Hexenritt?
Sein Angesicht ist fahl wie Asche.
Ist er des Teufels? bin ich's mit?

Er stürzt und auf die Lippe
Tritt blut'ger Schaum vom tollen Lauf.
Zurück! zu Herberg, Stall und Krippe:
Nehmt, Wirt, den Flüchtling wieder auf!«

Zur braunen Kammer tragen
Sie ihn, wo schon das Einhorn harrt.
Ein Licht entzünden sie am Schragen,
In das ein sterbend Auge starrt.

Zwei Wiederkäuer

In ihrer satten Breite
Auf sonn'gem Rasen liegt die Kuh.
Sie glänzt und glotzt ins Weite,
Läßt unberührt das frische Gras zur Seite
Und wiederkäut in sel'ger Ruh.

Der Mensch, der grundgescheite,
Ist doch gescheiter nicht als du.
Statt daß er fürder schreite,
Hängt er sich fest ans Alte, Todgeweihte.
Ein Höh'rer schaut ihm lächelnd zu.

Dem Todten gieb Geleite,
Dann aber schließ des Grabes Truh',
Und laß das unbefreite
Gefühl nicht martern sich im Zweifelstreite,
Ob man vergessend Unrecht thu'.

Zarathustras Liebeslied

O Liebe, Blendung herrschenden Geschlechtes!
Ihr zahlt die Kosten, Mannheit, Mannesstärke!
Einsatz zu hoch, das Spiel ein ungerechtes,
Der Preis zu niedrig: nur ein wenig Nacktsein.

Zweiarmig wuchs der Mann zum Manneswerke.
Im Schlich der Liebe wird er katzenpfötig,
Katzäugig hockt er lauernd im Gemerke,
Denn Weib, das flinke Mäuschen, will gepackt sein.

Wie hat der Mann geraubte Rippe nötig,
Wie ward er unfrei, Knecht des eignen Knechtes!
Das Weib sollt' offen sein und leicht erbötig,
Doch auch die hohlste Nuß will noch geknackt sein.

Auf dem Grat

»Nun magst du, Weg, wohl nur noch selber wissen,
Wohin du führst, mir aber sagst du's nicht!«
So sprach, im wilden Hochgebirg verirrt,
Ich zu dem Felspfad, der im Steingeröll,
Von Schritt zu Schritt unkenntlicher verwüstet,
Hinaufkroch und in nie betret'nen Firn
Sich ganz verlierend plötzlich mir entsprang,
Wie in den Spalt, husch! die Lacerte schlüpft.
Mit spitz'rem Auge wohl und blöd'rem Mund
Hätt' ich dem treulos argen nachgeschaut,
Schnitt nicht in nächster, zweifelloser Nähe
Des Himmels Blau ein Felsenriegel ab:
Des Berges Sattel mußte dieses sein
Und meines halben Wandertages Ziel,
Wenn schon ein andrer Paß, als dessen Stufen
In blasser Morgenfrühe ich erklomm.
Von neuer Hoffnung diesmal nicht genarrt,
Im Schnee, den Mittagssonne aufgepflügt,
Wühl' ich mich aufwärts; wieder harter Fels,
Dann Blöcke, von des Zufalls Hand geschichtet, —
Und endlich glänzt von drüben, ersten Glanzes,
Der neuen Bergeshäupter Firnkranz auf
Und jauchzend pfeift der Paßwind mir ums Ohr.

Gegrüßt! du hoher, namenloser Grat,
An dessen Wildheit sich kein Pfad getraut!
Der Irrung Dank, die mich hinaufgeführt
Und sie zugleich, mit der ich trächtig bin,
Die Wahrheit hoch und namenlos gleich dir,
Die ich Gesegneter gebären muß,
Die mich Erwählten zum Verkünder will!
Mag dieser Berggang ihr ein Gleichnis sein:
Wie vom bequemen Saumpfad höhenwärts
Ich mich in schroffste Einsamkeit verstieg,
So harre sie, gebahnten Straßen fern,
In starrer Wildnis Dessen, der sie faßt!

Mit dir allein, o Wahrheit — wie dich nennen,
Medusa, Hekate! mit dir allein,
Mein starrer schroffer steinerner Gedanke,
Genieß' ich eines ewigen Augenblicks
Auf diesem hohen, namenlosen Grat . . .

Mit dir allein? Es kriecht und keucht herauf,
Höchst unerwünscht: es wird ein Menschlein sein,
Verirrt von drüben, wie von hüben ich.
Es steht, verschnauft. Wir tauschen Wandrergruß.
Grün glimmt sein Blick: das Menschlein neidet mir
Entdecker-Ruhm und Namengeber-Recht
An diesem Sattel weg- und namenlos;
Wie stäch' es erst der Neid, verriet' ihm wer,
Welch ungeheurer Wahrheit Kelch ich bin!
Da faßte mich ein jäher süßer Rausch,
Daß diesen Kelch, der Wahrheit Weihgefäß,
Mit blöden Kindeshänden zu zerbrechen
In eines Menschleins Macht gegeben sei.
Mir flog das Herz, die Berge schwollen rings,
Sturmwogen einer Weltmeer-Brandung gleich,
Geschaukelt ward ich, himmelwärts gewirbelt
Und fühlte Weltenloos auf mich gesetzt.
Da sprach ich — und erschrak beim ersten Ton,
Weil des Versuchers Stimme aus mir sprach:
»Sieh! dieser Grat ist weg- und namenlos.
Verirrt bist du, bin ich, und Niemand fragt
Uns nach: wer hier im Firnfeld sich vergrübe,
In Monden würd' sein Schlummer nicht gestört.
Wär' dies nicht Zeit und Ort zu weiser Flucht,
Ein Mausloch, still ins Nichtsein zu entschlüpfen?
Hier liegt sich's kühl, von Erben nicht umschlichen,
Nicht Weiberklage gellt die Ohren voll,
Kein Pfäfflein schwingt das Rede-Räucherfaß.
Hilfst du zu diesem Tod mir? helf' ich dir?
Hör mich, du Mörder meiner Einsamkeit:

Erkenntnis, ungeheure, die kein Hirn
Noch auszudenken wagt, trug ich zu Berg:
Von dieser Stund' an trag' ich sie zu Thal,
Ihr erster und ihr einziger Verkünder.
Sie wird die Welt verwandeln und dem Strom,
Der Menschheit heißt, ein neues Bette graben;
Entscheidung ist sie und Jahrtausend-Wende
Und Wetterscheide zwischen Eh' und Einst,
Gleich diesem schroffen namenlosen Grat.
Nun tödte mich! so bleibt sie unverkündigt
Und tausend Jahre mögen wohl vergehn,
Eh' einem zweiten Menschenhirn sie tagt,
Bis dahin schläft die Welt den alten Schlaf.
Menschlein! die Menschheit liegt in deiner Hand,
Geschichte gilt's zu spielen! tödte mich!«
— Doch schon verschwunden war mein Berggenoß,
Mit Springen, Gleiten hastet' er hinab,
Bergschutt und Schnee stob hinter seiner Flucht.
Und selig lachend weckt' ich Widerhall
Der Wildnis, meine Wahrheit lachte mit,
Und jauchzend pfiff der Paßwind mir ins Ohr:
Wohlauf, zu Thal! heut Abend bin ich Sturm!

Herbstwunsch

Des Firnes und der Gletscher Freund,
Die Gruß und Botschaft treulich
Von Winter zu Winter entbieten, —
Nicht minder weißer Rosen Freund,
Der Winter-Todes-Gleichnisse, —
    Wie liebt' ich nicht den Winter selbst
Und den klingenden Frost, die strahlende Kälte,
Des Himmels Schwärze sternbeschneit?
Doch vor des Herbstes verdrießlicher Feuchte,
Die Mut und Eisen rosten macht,
Dem grämlichen Grau, der triefenden Trübsal,
Wer flieht nicht, wo ein Ofen flammt,
Sucht Wärme nicht, wo er sie findet?
    Das Kind an Mutter-Brüsten,
An der Geliebten Brust das andre Kind,
    Bei Kühen Zarathustra —
Und wahrlich, letzter Sohn des Zeus:
Wer wehrte dir Weisem die Kuh,
Da einst ein Stier zum Weibe ging? —
Mir, nebelfrostdurchschauert,
Dem jeder Nerv vor Nässe schlaff
Wie Saiten in der Wetteruhr,
Mir, kindisch, weise und verliebt,
Ward Wärme endlich, »innre Wärme,
Seelenwärme, Mittelpunkt«
Bei einem Weiblein, bittersüß,
    Geliebte, Mutter, Kuh in Einem . . .
Nicht klingt sie und strahlt gleich Winterschnee,
Nicht haucht sie weißer Rosen Duft,
Sie ist nicht schön — nur warm,
Und was sie thut, ist Wärme:
Die Wolle, die sie sänftlich strickt,
Der Thee, den halbgebräunt sie schlürft,

(Daß von der Blätter ganzem Gift
Nicht letzte Bitterkeit er lerne!)
Ihr graues Kleid und Aug' und Haar,
Der Hände Regung, träumend zart,
Und der Gedanken sanftes Schwärmen,
Der Gott selbst, den sie ruhig glaubt, —
Ist Wärme, sanfte ruh'ge Wärme,
In Liebes-Sommern nicht verschwendet,
Für Herbst und Fröste aufbewahrt.
    In ihrer lieben Nähe leben,
Sie nicht berührend, nie ihr fern:
Wenn meine Sommer-Wünsche welken,
Heilt dieser Herbstwunsch mir das Herz!

Die drei Altäre

Du hast gelebt, mein Herz. Es flog dich an
Wie Geisterhauch, umspielte dich wie Luft,
Und glitt wie Schaum von dir und troff wie Wein
In edle Schalen — wurde Schale selbst
Und starr wie Stein, legt' sich als Block zur Ruh'
Und baut' aus Blöcken sich zum Tempel auf.
Erkennst du's wieder? Blick dich um: da steht
Das wolkentragend feierliche Rund
Wie eines indischen Gottes Heiligtum,
Maßlos und riesenhaft, doch ungeformt,
Von keiner Kunst geadelt. Tritt hinein
Und denke schaudernd: das hast du gelebt!
Dies that sich ab von dir, dies warfst du fort,
Dies ist dein Schmerz, dies deine Überwindung,
Und was Du thatest, ist hier aufgebahrt,
Und was du littest, schläft in diesem Stein
Und lädt dich mit zu schlafen. Doch zuvor —
Ich sehe eines nicht: kein Götterbild;
Wo sind Altäre? Herz, wo ist dein D a n k?
Und drei Altäre hat mein Herz geweiht
In dieser Stunde, dreimal stand es still
Und hieß mich knien vor unbehaunem Stein
Und sprach ein dreifach Weihgebet dazu.

Dir, heiliges Mißlingen, ersten Dank!
Vor meinem Willen war ich schlecht geschirmt,
Und folgt' ich ihm, so schlich ich still beiseit
Und ruht' im Schatten und verschlief den Weg.
Du hast gewacht, mit Freundesaug' gewacht,
Daß tückisch mir kein Glück zu nahe kam
Mit weichem Mund und Blicken süßen Gifts,
Und konntest du nicht selbst mein Schützer sein,
So gabst du Reue mir, die ätzt, und Scham,
Die brennt, zur unbestechlich treuen Hut.

So warb ich gut, denn nie erwarb ich mir,
So focht ich recht, denn nie erfocht ich Sieg:
So hab' ich nie gerastet vor der Zeit
Und meine letzte Ruhe nicht verwirkt.

Dir, heil'ge Lüge, gilt mein zweiter Dank!
Was in mir schrie, dem stopftest du den Mund;
Was in mir brannte, Leben, Glut, Gefahr,
Hast du mit Sand verschüttet und erstickt.
Gestand ich Liebe, fälschtest du das Wort
Schon auf der Lippe mir; erklärt' ich Krieg,
Von dir gedreht wie Unterwerfung klang's.
Um jedes Recht an mir betrog ich den,
Der es zu fordern kam, mit jeder Macht
Vertrug ich mich — ach! mit dem Leben selbst!
So blieb ich leben, Lüge, dir sei Dank!
So lebt' ich gut, denn ich verbarg mich gut;
So hab' ich mich nicht vor der Zeit verzehrt
Und nicht des vollen Sterbens Recht verwirkt.

Und dir, mein heil'ger Stolz, dank' ich zuletzt,
Daß du bis heut' bei mir geblieben bist.
Ich trug dich schlecht, doch du ertrugest mich
Und jene selbst, mein schlimmes Weggeleit;
Du sandtest jedem Unheil deinen Dank
Und jeder Lüge deine Wahrheit nach.
Dich Einz'gen beugte nicht, was mich gebeugt;
In diesem Tempel, der mein Leben ist,
Schau dich erhob'nen Hauptes ruhig um
Und rufe laut, daß es ein Irrtum war.
So ging ich recht, denn du bist noch bei mir,
Ich bin am Ziel und lass' dich nicht mehr los;
So hab' ich stolz zu sterben nicht verwirkt
Und dein Altar verschmäht mein Opfer nicht.

Ekstasen

Entstehung

Obwohl Aufzeichnungen von der Hand Hausdorffs über die Entstehung der in der Sammlung vereinten Gedichte sowie die Manuskripte selbst fehlen, weisen erhaltene Briefe und Postkarten bzw. deren Anlagen – wie die an den Nietzsche-Intimus Heinrich Köselitz (›Peter Gast‹; 1854–1918) vom 29. Dezember 1893 oder an den Schriftsteller und Übersetzer Paul Lauterbach (1860–1895), mit dem Hausdorff »regelmäßigen Umgang [...] zu englischen und philosophischen Zwecken« pflegte,[1] *vom 2. Februar 1894 oder vom 3. Juni 1894 (Datum des Poststempels) – darauf hin, daß große Teile, womöglich aber bereits das gesamte Konvolut der* Ekstasen *im Sommer 1894 fertiggestellt war (vgl. dazu die Zeugnisse).*

Editorische Notiz: Da nur zu wenigen der Gedichte Zeugnisse über die Entstehung beigebracht werden können, entfällt in den Kommentaren bei solchen Gedichten, über deren Entstehung keine Aussagen gemacht werden können, die Rubrik ›Entstehung‹. In der Rubrik ›Überlieferung‹ entfällt in der Regel der Eintrag ›H‹, da bis auf zwei Ausnahmen keine Handschriften der Gedichte überliefert sind. Der Nachweis des Druckes in den Ekstasen (›D‹) und eventuell vorhandener abgeleiteter Drucke (›d‹) wird in dieser Rubrik jedoch stets gegeben.

Zeugnisse

29. Dezember 1893, Felix Hausdorff an Heinrich Köselitz

Sehr geehrter Herr Köselitz!

[...] Um Sie durch Anzapfung meinerseits zu ermuthigen, sende ich Ihnen ein paar »Lieder«, die gerade zur Verfügung sind. Diejenigen, auf die ich besonderen Werth lege, befinden sich nicht darunter; ihre Reinschriften sind in eines Weibleins Hand, und die Concepte kann nur ich entziffern. Von denen, die anbei folgen, bitte ich auch nur das erste, kleinere mir ganz zuzurechnen; das »Hochzeitslied«[2] war mir in einer Effectlaune entschlüpft und musste sich Umguss gefallen lassen. So wie es hier steht, verlangt es auch vom Pianisten zuviel.

Darf ich Sie um Rücksendung und unhöfliches Urtheil[3] bitten? *[...]*

(Goethe- und Schiller- Archiv [GSA] Weimar, Gast, Nr. 355.)

---

[1] *So Hausdorff am 29. Dezember 1893 an Köselitz (GSA Weimar, Gast, Nr. 355).*

[2] *Das Manuskript ist ebensowenig überliefert wie sich ein entsprechendes Gedicht in den* Ekstasen *findet.*

[3] *Ein solches* Urtheil *ist nicht überliefert.*

30. Dezember 1893, Paul Lauterbach an Heinrich Köselitz

Hochverehrter Herr u. Freund,

[...] Soeben bekam ich Manuscripte zu lesen, auf die hin ich Ihnen einen wirklich neuen Autor signalisiren darf – den Dr. Felix Hausdorff. Er hat erstaunlich viel Nietzsche in sich aufgenommen und assimilirt ihn trefflich. Ich las Aphoristisches, das in der Fröhlichen Wissenschaft mitginge, anderseits Gereimtes auf gleicher Höhe. Ein dionysischer Mathematiker, das klingt wunderlich, lassen Sie sich aber etwas von ihm schicken, und Sie wetten mit mir, daß es etwas an ihm zu erleben giebt. – [...]

(GSA Weimar, 102/417.)

2. Februar 1894, Felix Hausdorff an Paul Lauterbach[4]

Sehr geehrter Herr Lauterbach!
Damit Sie sehen, dass ich zu schlimmer Zeit auch gute Launen über »das« Weib gehabt habe, theile ich Ihnen ein Portrait meiner Privatgallerie mit; es stammt aus den Alpen, Sommer 1893.

Dass ich von einem naufragium in eroticis herkomme, hätten Sie wohl endlich von selbst errathen; insofern schäme ich mich wenig, den Mund nicht besser gehalten zu haben. Nach Derartigem hat man keine guten Manieren, man weiss z.B. nicht zu schweigen. Ich rechne darauf, zum Theil von Ihnen vergessen zu werden. *[...]*

(Universitätsbibliothek Basel, NL Lauterbach)

3. Juni 1894 (Poststempel), Felix Hausdorff an Paul Lauterbach

Verehrter Herr L! Ich denke, Sie waren durch mein Versprechen auf mein Nichthalten vorbereitet und verargen mir nicht, dass Dienst und daraus folgende Gehirnschlappheit mir den Aufstieg zu Ihnen verboten. Um meinen Zustand anzudeuten, betrübe ich Sie mit der Nachricht, dass ich diesmal das erhoffte Pendant zu den Falterflügen mir nicht erflattert, sondern nur mit feierlicher Verbissenheit zwei Dutzend Rondels gedichtet habe, einige Kleinigkeiten, leider immer erotischer Farbe, abgerechnet. *[...]*

(Universitätsbibliothek Basel, NL Lauterbach)

[4] *Dem Brief lag ein Gedicht mit dem Titel* Miss Ellen *bei. Es ist, leicht verändert, in den* Ekstasen, *S. 210f. unter dem Titel* Herbstwunsch *abgedruckt (HGW VIII, 187f.).*

1900/01, Rezension von Wilhelm von Scholz

[...] Ein Zuwenig an innerer Form und künstlerischer Zucht stört in den »Ekstasen« von Paul Mongré. Freie Rhythmen ziemen dem Meister, der das Maß in sich trägt und keinen Zügel in der Form braucht, den Anfänger verführen sie unrettbar zur Breite und Geschwätzigkeit. Ich bedauere das bei den freien Rhythmen Mongrés besonders deshalb, weil in ihnen sich werdende Persönlichkeit anzukündigen scheint, weil er sich muthig darin mit großen Fragen auseinandersetzt; zu Dichtung im eigentlichen Sinne sind sie nicht geworden. Wie gut ihm straffe Form thut, zeigen seine Sonette, unter denen sich einige schöne finden. Im ganzen glaube ich, daß man in seine Entwicklung Hoffnung setzen darf; Sinnlichkeit, Leben, Farbe ist in seinem Buche. [...]

(Wilhelm von Scholz: ›Neue Gedichtbücher.‹ In: ›Das litterarische Echo‹ 3 [1900/01], H. 23, Sp. 1642–1646, hier Sp. 1644f.)

1901, Rezension von Max Messer

Der Autor, im Geruche, ein Nachbeter Nietzsche's zu sein, überrascht durch diese merkwürdigen, tiefen und, rein artistisch betrachtet, außerordentlichen Gedichte. Hier ertönen Lieder eines wirklich einsamen, nicht aus Anmaßung oder Impotenz, sondern vermöge einer allzu verfeinerten Organisation seitwärts vom Leben der »Allzuvielen« stehenden Geistesmenschen. Der Dichter spricht zu sich selbst. Er verzichtet von vornherein auf den Widerhall. Genug, wenn die eigene Seele sich durch neue Schöpfungen immer reicher, feiner, seltsamer entwickelt. Hier und dort ist Einer, der von diesen Tönen gepackt wird, die gleiches Leid verkünden. Das Banner des Einsamsten eilt diesen Versen voran. Aber uns versüßt es diese Gesänge, wenn Zarathustra's geliebte Stimme aus manchem Worte widerklingt. Daß hier kein Nachbeter, sondern ein Blutsverwandter spricht, vielleicht ein Enkel oder Neffe, wenn auch nicht ein Sohn, wird niemand bezweifeln, der überhaupt fähig ist, diese Poesie zu genießen.

(Max Messer: [Rez.] ›Paul ***Mongré,*** *»Ekstasen«. Leipzig, Hermann Seemann Nachfolger.‹ In: ›Die Gesellschaft. Münchener Halbmonatsschrift für Kunst und Kultur‹, XVII. Jahrgang [1901], S. 374.)*

1901, Rezension von Leonhard Adelt

Dem jungen Deutschland war Form nichts mehr, Stimmung alles. Seine Poesien lösten sich auf in Stimmungen. Jetzt aber verdichtet sich die gelöste, fließende Stimmung wieder zu geschlossener Form, die einen einheitlichen, bestimmten Eindruck hervorruft, nicht den des Undefinierbaren, häufig Visionären etwa von

Holz' »Phantasien« und Schlafs »Helldunkel«. Es ist eine Übergangszeit, der die l'art pour l'art-Anhänger und Neuromantiker, unter ihnen Paul Mongré, angehören. »Ekstasen« ist ein bedenklich nach Felix Dörmann schmeckender Titel. Zum Glück deckt er den vornehmsten Abschnitt des Buches, die Sonette, schon gar nicht. Im Uebrigen trifft er außer für den oder jenen Rondeau und viele der »Vermischten Gedichte« nur für die Mehrzahl der »Falterflüge« zu. Es sind das philosophische Dichtungen im Stile von Zarathustras Ewigkeitslied und auch gedanklich von Nietzsche sehr stark beeinflusst, die gleich Momberts »Der Glühende« und »Die Schöpfung« nur unter bestimmter Voraussetzung verständlich sind. Für das breite Publicum werden die »Falterflüge« unverdauliches Gebäck bleiben, und selbst ein hingebender Leser – Mongrés Gedichte sind laut zu lesen – wird nicht von dem Gedanken loskommen, dass sich der Dichter auf seinen Schmetterlingsflügen in schwerbauchige und langschleppige Brocatgewänder gehüllt hat. Häufig nur überlaut einstimmend in den Sang Zarathustras, gibt Mongré anderweitig wirklich Neues (»Freundschaft und Gesellschaft«, »Wille und Zukunft«). Aber auch das Neue ist Ende, nicht Beginn, äußerster Ausläufer, nicht Bahnbrecher zu unverschlossenen Reichen. Und wie der Ideengehalt die Form. An Przybyszewskis berauschende Prosapoesien reicht Mongrés nicht entfernt heran; diese Ueberbietung Nietzsches, die Wortmalereien, die Thürmung kolossal wirkender Worte, die Häufung der Alliterationen, die verwirrend oft wechselnden Bilder, der grobe Unfug mit Nietzsche-Silben wie Ur und Ueber (Ueberwelt, Ueberzeit, Ueberich, Ueberdu), verleihen ihr das Gepräge des Unausgeglichenen, fieberhaft Unruhigen und des Unverständlichen, Mystischen. Auch für einzelne der »Rondels« haben tiefe Einwendungen Geltung. Im großen und ganzen sind sie jedoch abgeklärter, beherrschter als die »Falterflüge« und der verwandte Theil der »Vermischten Gedichte«. Bald im Tone blutigen Humors und der Groteske gehalten, fürs „Ueberbrettl" gut verwendbar, bald durchglüht von einer an Dehmel gemahnenden Sinnenlust, bald von ernster Gedankenschönheit oder symbolisch-lyrisch, leiten sie zur wertvollsten Gabe des Bandes über: den Sonetten.

*(Leonhard Adelt: [Rez.] ›Paul **Mongré:** Ekstasen. Hermann Seemanns Nachf., Leipzig.‹ In: ›Die Zeit‹ [Wien], Nr. 355 v. 20. Juli 1901, S. 46.)*

Falterflüge

Den Ungeflügelten

Überlieferung

D *PAUL MONGRÉ:* Ekstasen, *S. 1.*

Psyche

Überlieferung

D *PAUL MONGRÉ:* Ekstasen, *S. 2.*

Mein Lied

Überlieferung

D *PAUL MONGRÉ:* Ekstasen, S. *3.*

Den Nachtfaltern

Überlieferung

D *PAUL MONGRÉ:* Ekstasen, *S. 4f.*

d *EUGEN EICHHORN: ›In memoriam Felix Hausdorff (1868–1942). Ein biographischer Versuch.‹ In: ›Vorlesungen zum Gedenken an Felix Hausdorff.‹ Hrsg. v. EUGEN EICHHORN u. ERNST-JOCHEN THIELE. (›Berliner Studienreihe zur Mathematik‹, Bd. 5). Berlin 1994, S. 1–88, hier S. 12 [Teilabdruck].*

Erläuterungen

14 Odem] *mitteldeutsch für Atem, meist nur dichterisch gebraucht.*

22 falbe] *falb ist eine Nebenform zu fahl, ›bleich‹, ›blaß‹, hier blaßgelb bis graugelb.*

23 Flören] *substantivisch zu floren als Synonym zu blühen, im 16. Jahrhundert entlehnt aus lat. flos ›Blüte‹, ›Blume‹.*

Im Walde

Überlieferung

D *PAUL MONGRÉ:* Ekstasen, *S. 6f.*

Erläuterungen

9 umglastet] *»glasen« oder »gläs(s)en« mundartlich für »›mit aufgerissenen augen glotzen‹, auch ›schielen‹«, wird in neuerer Zeit dichterisch auch in der Bedeutung von ›schimmern‹ gebraucht (vgl. DWb VII, 7675).*

Paradies

Überlieferung

D *Paul Mongré:* Ekstasen, *S. 8.*
d *Eugen Eichhorn, a. a. O. (vgl. HGW VIII, 195), S. 11f. [Teilabdruck].*

Freundschaft und Gesellschaft

Überlieferung

D *Paul Mongré:* Ekstasen, *S. 9.*

Sonntag

Überlieferung

D *Paul Mongré:* Ekstasen, *S. 10.*

Den höheren Menschen

Überlieferung

D *Paul Mongré:* Ekstasen, *S. 11f.*

Erläuterungen

37 Fittichs] *›Fittich‹ (aus ahd. fedah, fetah [von ahd. federa ›Feder‹] und mhd. vetach, vetich) ist vom Wort her »edler und feierlicher als flügel, in der bedeutung gleichstehend mit schwinge«, »seit Luther« wird das auch gebräuchliche nhd. ›fetich‹ verdrängt und Fittich »herrschend« (DWb III, 1693).*

Wille und Zukunft

Überlieferung

D *Paul Mongré:* Ekstasen, *S. 13f.*

Erläuterungen

58 Adlerfittichen] *›Fittich‹: vgl. Erl. zu 37, S. 196.*

Vorsommer

Überlieferung

D *Paul Mongré:* Ekstasen, *S. 15f.*
d *Eugen Eichhorn, a. a. O. (vgl. HGW VIII, 195), S. 12f. [Teilabdruck].*

Erläuterungen

20 Kreuzwegen] *Im Volksglauben sind Straßenkreuzungen Wirkungsstätten meist schadenbringender Geister, die durch magisch-kultische Handlungen besänftigt werden können; an Kreuzungen stand meist der Galgen, um dem Geist des Gehenkten die Verfolgung seiner Richter und des Henkers zu erschweren (vgl. HWdA V, 516–529).*

Narrenglück

Überlieferung

D *Paul Mongré:* Ekstasen, *S. 17f.*

Gespenster

Überlieferung

D *Paul Mongré:* Ekstasen, *S. 19f.*

Erläuterungen

47 Odem] *vgl. Erl. zu 14, S. 195.*

Klage des Narren

Überlieferung

D *Paul Mongré:* Ekstasen, *S. 21f.*

Wolken

Überlieferung

D *Paul Mongré:* Ekstasen, *S. 23–25.*

Abschied

Überlieferung

D *Paul Mongré:* Ekstasen, *S. 26f.*

Erläuterungen

45 Fittichs] *vgl. Erl. zu 37, S. 196.*

Welt-Tod

Überlieferung

D *Paul Mongré:* Ekstasen, *S. 28f.*

Flatterrätsel

Überlieferung

D *Paul Mongré:* Ekstasen, *S. 30f.*
d *Eugen Eichhorn, a. a. O. (vgl. HGW VIII, 195), S. 13f. [Teilabdruck].*

Erläuterungen

31 Fittichen] *vgl. Erl. zu 37, S. 196.*

Geburt

Überlieferung

D *Paul Mongré:* Ekstasen, *S. 32f.*
d *Eugen Eichhorn, a. a. O. (vgl. HGW VIII, 195), S. 14 [Teilabdruck].*

Heimkehr

Überlieferung

D *Paul Mongré:* Ekstasen, *S. 34f.*

Erläuterungen

46 Fittigs] *›Fittich‹ und »schlecht geschr[ieben] fittig« (DWb III, 1693); vgl. Erl. zu 37, S. 196.*

Wiederkunft

Überlieferung

D PAUL MONGRÉ: Ekstasen, *S. 36.*

In Mitten der Welt

Überlieferung

D PAUL MONGRÉ: Ekstasen, *S. 37f.*

Erläuterungen

33 kredenzend] *›kredenzen‹ (von ital. credenza ›Glauben‹ [aus lat. credere ›glauben‹]) wird im 15. Jahrhundert in Deutschland gängig für ›eine Speise feierlich darreichen‹; die Ableitung aus ›Glauben‹ rührt daher, daß es sich ursprünglich um das Darreichen vorgekosteter Speisen handelte.*

Mittag

Überlieferung

D PAUL MONGRÉ: Ekstasen, *S. 39f.*

Bethörung

Überlieferung

D PAUL MONGRÉ: Ekstasen, *S. 41f.*

Vergessenheit

Überlieferung

D PAUL MONGRÉ: Ekstasen, *S. 43f.*

Zuviel

Überlieferung

D *Paul Mongré:* Ekstasen, *S. 45f.*

Erläuterungen

22–24 Hörtest sie bang um Hilfe *bis* Zeitbetten fluten] *Hier klingen Gedanken aus Hausdorffs* Das Chaos in kosmischer Auslese *an, wo es gegen Ende heißt:* Jedes willkürlich gewählte Ausleseprincip scheidet, wenn es hinreichend eng ist und sonst unseren Begriffen einer empirischen Welt ungefähr entspricht, aus dem Chaos einen Kosmos aus, d.h. aus der Gesamtheit aller Weltzustände eine (linear ausgedehnte) Gesamtheit bestimmter Weltzustände, die sich einem darin enthaltenen Bewusstsein ungefähr so darstellen wird wie uns sich unsere empirische Welt darstellt. Werden wir also den kosmocentrischen Aberglauben los wie früher den geocentrischen und anthropocentrischen; erkennen wir, dass in das Chaos eine unzählbare Menge kosmischer Welten eingesponnen ist, deren jede ihren Inhabern als einzige und ausschliesslich reale Welt erscheint und sie verleiten möchte, ihre qualitativen Merkmale und Besonderheiten dem transzendenten Weltkern beizulegen. Aber dieser Weltkern entzieht sich jeder noch so losen Fessel und wahrt sich die Freiheit, auf unendlich vielfache Weise zur kosmischen Erscheinung eingeschränkt zu werden; er gestattet das Nebeneinander aller dieser Erscheinungen, die als specielle Möglichkeiten, als begrifflich irgendwie abgegrenzte Theilmengen in seiner Universalität enthalten sind *(S. 207f. [HGW VII, 801f.]).*

33 Tobeln] *Unter Tobel versteht man eine schluchtartige, steilwandige Talform mit periodisch oder episodisch fließendem, wildbachartigem Gewässer, das am Talausgang durch Schuttanlieferung schwere Verwüstungen schafft.*

Tiefste Stille

Überlieferung

D *Paul Mongré:* Ekstasen, *S. 47f.*

Erläuterungen

15–18 Des Augenblicks *bis* in die Wirklichkeit] *Anklang an Gedanken in* Das Chaos in kosmischer Auslese: Mehr als ein Gegenwartpunkt, mehr als eine Zeitlinie! D. h. es braucht nicht nur das eine Continuum von Weltzuständen zu geben, in das wir hineinverflochten sind; neben ihm sind beliebig viele andere Welten beliebigen Inhalts denkbar, dargestellt durch Zeitlinien, auf denen Gegenwartpunkte ihr Spiel treiben. Also eine pluralité des mondes, die anzuerkennen uns obliegt, gerade weil wir uns nicht von ihr durch Erfahrung überzeugen können, sondern immer auf unsere Eine Zeitlinie angewiesen bleiben *(S. 152 [HGW VII, 746]).*

Traum und Leben

Überlieferung

D *Paul Mongré:* Ekstasen, *S. 49f.*

Erläuterungen

4 Firnhang] *als Firn wird alter, mehrjähriger Schnee bezeichnet, der durch mehrmaliges Auftauen und Wiedergefrieren körnig geworden ist.*

Die guten Dinge

Überlieferung

D *Paul Mongré:* Ekstasen, *S. 51f.*

Dem Geist der Schwere

Überlieferung

D *Paul Mongré:* Ekstasen, *S. 53f.*

d *Friedrich Vollhardt u. Udo Roth: ›Die Signifikanz des Außenseiters. Zur Kritik des Mathematikers Felix Hausdorff an der »Weltanschauungsliteratur«.‹ In: ›Literatur und Wissen(schaften) 1890–1930.‹ Hrsg. v. Christine Maillard u. Michael Titzmann. Stuttgart u. Weimar 2002, S. 213–234, S. 227f.*

Sonette

Wandlung

Überlieferung

D *Paul Mongré:* Ekstasen, *S. 57.*

Dein Blick

Überlieferung

D *Paul Mongré:* Ekstasen, *S. 58.*
d *Joseph Marx: ›Lieder und Gesänge.‹ Erste Folge, Nr. 3 [Komposition 1909]. Wien 1910, Eigenpaginierung.*

Varianten

1 Augenpaar, von] *Augenpaar von d*
3 verdorrt, gleich blitzgetroffnem] *verdorrt gleich d*
5 Gruß, wie] *Gruß wie d*
5 Gaste:] *Gaste, d*
9 Eh'] *Eh d*
9 lebte, hatt'] *lebte hatt' d*
11 weckt dein Bild] *weckt dem Blick d*
12 Ach, oder] *Ach oder d*
14 aus deinem Aug'] *aus deinem Blick d*

Erläuterungen

5 beut] *auf der Grundlage des (erschlossenen) germanischen Verbs ›*beuda‹ veraltet, aber dichterisch für ›bietet‹.*

Der Liebe Wehen

Überlieferung

D *Paul Mongré:* Ekstasen, *S. 59.*

Tödtliche Liebe

Überlieferung

D *Paul Mongré:* Ekstasen, *S. 60.*

Zu Grunde

Überlieferung

D *Paul Mongré:* Ekstasen, *S. 61.*

Traum und Erwachen

Überlieferung

D *Paul Mongré:* Ekstasen, *S. 62.*

Die Kerze

Überlieferung

D *Paul Mongré:* Ekstasen, *S. 63.*

Bildnerliebe

Überlieferung

D *Paul Mongré:* Ekstasen, *S. 64.*

Gewißheit

Überlieferung

D *Paul Mongré:* Ekstasen, *S. 65.*

Harter Trost

Überlieferung

D *Paul Mongré:* Ekstasen, *S. 66.*

Der Blitz

Überlieferung

D *Paul Mongré:* Ekstasen, *S. 67.*

Unterwegs

Überlieferung

D *Paul Mongré:* Ekstasen, *S. 68.*

Gesetz der Liebe

Überlieferung

D *Paul Mongré:* Ekstasen, *S. 69.*

Die Krone

Überlieferung

D *Paul Mongré:* Ekstasen, *S. 70.*

Unverhofft

Überlieferung

D *Paul Mongré:* Ekstasen, *S. 71.*

Erläuterungen

2 Scheffel] *altes deutsches Hohlmaß v.a. für Getreide, von territorial und zeitlich stark differierender Größe zwischen knapp 55 (Preußen) und gut 222 Litern (Bayern); auch Maß für die Ackerfläche, für die ein Scheffel Getreide zur Aussaat erforderlich war.*

6 Scheuer] *oberdeutsch für ›Scheune‹, überdachter Raum zur Aufbewahrung von Getreide, Futtermitteln und Stroh.*

Schlimmstenfalls

Überlieferung

D *Paul Mongré:* Ekstasen, *S. 72.*

Gebranntes Kind

Überlieferung

D *Paul Mongré:* Ekstasen, *S. 73.*

7 's ist keinem ratsam, daß er Blitze stehle] *Der griechischen Mythologie zufolge stahl der Titanensohn* PROMETHEUS *das von* ZEUS *den Menschen wegen ihrer Opferriten vorenthaltene Feuer aus dem Wohnsitz der Götter, dem Olymp, und brachte es in einem Schilfrohr wieder zu den Sterblichen (vgl.* HESIOD: *›Theogonie‹ 535–569);* ZEUS *strafte die Tat grausam, indem er* PROMETHEUS *an eine Säule fesselte, wo ihm ein Adler täglich die immer wieder nachwachsende Leber fraß (vgl. ebd. 521–525). – Das Mythologem fand weite Verbreitung in der bildenden Kunst und der Literatur (vgl.* RAYMOND TROUSSON: *›Le thème de Prométhée dans la littérature européenne‹. Genf ³2001); das bekannte Bild des an einen Felsen geschmiedeten* PROMETHEUS *inszenierte der griechische Dichter* AISCHYLOS *(525/524 v. Chr. – 456/455 v. Chr.) in der Tragödie ›Der gefesselte Prometheus‹.*

8 Und Menschen forme auf der Töpferscheibe] *In seinem Dialog ›Protagoras‹ (entstanden zwischen 399 und 393 v. Chr.) bringt der griechische Philosoph* PLATON *(428/427 v. Chr. – 348/347)* PROMETHEUS *mit der Erschaffung der Menschen in Verbindung; später berichtet u.a. der römische Dichter* PUBLIUS OVIDIUS NASO *(43 v. Chr. – 17 oder 18 n. Chr.),* PROMETHEUS *habe Menschen aus Ton geschaffen (›Metamorphosen‹ I, 83). Das Mythologem fand nicht nur Eingang in die Malerei und die moderne Literatur, so z.B. in* JOHANN WOLFGANG VON GOETHES *(1749–1832) unvollendes Schauspiel ›Prometheus‹ (1773) und in die wohl im selben Jahr entstandene gleichnamige Hymne (»Hier sitz' ich, forme Menschen / Nach meinem Bilde«); auch* LUDWIG VAN BEETHOVEN *(1770–1823) bediente sich seiner in dem 1800 entstandenen Ballet ›Die Geschöpfe des Prometheus‹.*

Beschränkung

Überlieferung

D PAUL MONGRÉ: Ekstasen, *S. 74.*

Musik

Überlieferung

D PAUL MONGRÉ: Ekstasen, *S. 75.*

Erläuterungen

1 Musik ist Welt, in Tönen ausgegossen] *vgl. hierzu* ARTHUR SCHOPENHAUERS *(1788–1860) Ausführungen in ›Die Welt als Wille und Vorstellung‹, § 52: »Daß sie [die Musik] zur Welt, in irgendeinem Sinne, sich wie Darstellung zum Dargestellten, wie Nachbild zum Vorbilde verhalten muß, können wir aus der Analogie mit den übrigen Künsten schließen, denen allen dieser*

Charakter eigen ist, und mit deren Wirkung auf uns die ihrige im ganzen gleichartig, nur stärker, schneller, notwendiger, unfehlbarer ist. Auch muß jene ihre nachbildliche Beziehung zur Welt eine sehr innige, unendlich wahre und richtig treffende sein, weil sie von jedem augenblicklich verstanden wird und eine gewisse Unfehlbarkeit dadurch zu erkennen gibt, daß ihre Form sich auf ganz bestimmte, in Zahlen auszudrückende Regeln zurückführen läßt, von denen sie gar nicht abweichen kann, ohne gänzlich aufzuhören, Musik zu sein. – Dennoch liegt der Vergleichungspunkt zwischen der Musik und der Welt, die Hinsicht, in welcher jene zu dieser im Verhältnis der Nachahmung oder Wiederholung steht, sehr tief verborgen. [...] [S]o ist die Musik, da sie die Ideen übergeht, auch von der erscheinenden Welt ganz unabhängig, ignoriert sie schlechthin, könnte gewissermaßen, auch wenn die Welt gar nicht wäre, doch bestehn: was von den andern Künsten sich nicht sagen läßt. Die Musik ist nämlich eine so u n m i t t e l b a r e Objektivation und [ein] Abbild des ganzen W i l l e n s, wie die Welt selbst es ist, ja wie die Ideen es sind, deren vervielfältigte Erscheinung die Welt der einzelnen Dinge ausmacht. Die Musik ist also keineswegs gleich den andern Künsten das Abbild der Ideen; sondern A b b i l d d e s W i l l e n s s e l b s t, dessen Objektität auch die Ideen sind: deshalb eben ist die Wirkung der Musik so sehr viel mächtiger und eindringlicher als die der andern Künste: denn diese reden nur vom Schatten, sie aber vom Wesen. [...] [S]o muß zwar durchaus keine unmittelbare Ähnlichkeit, aber doch ein Parallelismus, eine Analogie sein zwischen der Musik und zwischen den Ideen, deren Erscheinung in der Vielheit und Unvollkommenheit die sichtbare Welt ist.« (ASW 1, 358–360.)

Thränen

Überlieferung

D *Paul Mongré:* Ekstasen, *S. 76.*

Erläuterungen

2 Firn] *vgl. Erl. zu 4, S. 201.*
7 Scherben] *irdenes, unglasiertes Gefäß, Blumentopf.*
9 Umflortes] *floren synonym zu blühen; vgl. Erl.zu 23, S. 195.*

Nach Sonnenuntergang

Überlieferung

D *Paul Mongré:* Ekstasen, *S. 77.*

Erläuterungen

1 Matten] *oberhalb der Baumgrenze liegende Hochgebirgswiesen.*

Zweierlei Liebe

Überlieferung

D *Paul Mongré:* Ekstasen, *S. 78.*

Vergiß mein nicht

Überlieferung

D *Paul Mongré:* Ekstasen, *S. 79.*

Erläuterungen

3f. es ist die alte List / Des Wolfes, in ein Lammfell sich zu kleiden] *Das sprichwörtliche ›Wolf im Schafspelz‹ geht zurück auf Mt 7,15: »Seht euch vor vor den falschen Propheten, die in Schafskleidern zu euch kommen, inwendig aber sind sie reißende Wölfe.«*

Die Fessel

Überlieferung

D *Paul Mongré:* Ekstasen, *S. 80.*

Herbst

Überlieferung

D *Paul Mongré:* Ekstasen, *S. 81.*

Erläuterungen

9 Herbstgespinnst] *hier im Sinne von Spinnennetz (›Gespinst‹ als Verbalabstraktum zu spinnen), an dem sich Tau bzw. Nebel niedergeschlagen hat.*

Unser Loos

Überlieferung

D *Paul Mongré:* Ekstasen, *S. 82.*

Sehnsucht

Überlieferung

D *Paul Mongré:* Ekstasen, *S. 83.*

Erläuterungen

8 gebenedeitem] *v.a. im kirchlichen Schrifttum bedeutet ›benedeien‹ (von lat. benedicere ›gutsagen‹, ›gutheißen‹) svw. segnen, lobpreisen.*
8 Pfühle] *Ruhekissen, auch Bett, entlehnt aus lat. pulvinus ›Kissen‹.*

Usurpatrix

Überlieferung

D *Paul Mongré:* Ekstasen, *S. 84.*

Erläuterungen

Usurpatrix] *Femininum zu lat. usurpator ›Geltendmacher‹, ›Anmaßer‹.*
1 hehr] *von mhd. her(e) ›vornehm‹, ›erhaben‹, ›stolz‹.*

Unrettbar

Überlieferung

D *Paul Mongré:* Ekstasen, *S. 85.*

Erläuterungen

7 feiler] *feil svw. verkäuflich.*
8 Dich roh verjagt, nicht richterlich verbannt] *Die bereits in der Antike für schwere politische oder religiöse Vergehen verhängte Verbannung zur Entfernung des Verbrechers aus der Gemeinschaft (meist mit Entzug der Bürgerrechte) – einen Sonderfall stellt das von Kleisthenes (fl. Ende 6. Jhd. v. Chr.) in Athen eingeführte ›Scherbengericht‹ dar, durch welches, als Schutz vor Tyrannis und Machtanhäufung einzelner Geschlechter, einmal jährlich einzelne Bürger ohne Verlust von Ehre und Besitz für zehn Jahre verbannt wurden – entwickelte sich im westlichen Europa erst im späten Mittelalter zu einer eigenständigen, von einem Gericht nach einem ordentlichen Prozeß verhängten Strafe.*

Wider mich selbst

Überlieferung

D *Paul Mongré:* Ekstasen, *S. 86.*

Erläuterungen

10 Unlösbar flocht das Schicksal diesen Knoten] *Der griechischen Mythologie zufolge bestimmen die drei Moiren mit den sprechenden Namen Klotho (›Spinnerin‹), Lachesis (›Zuteilerin‹) und Atropos (›Unabwendbare‹) das Schicksal der Menschen: Klotho spinnt den Lebensfaden, Lachesis legt die Länge fest und Atropos schneidet ihn ab (vgl. Hesiod: ›Theogonie‹ 217–219).*

Aufruhr

Überlieferung

D *Paul Mongré:* Ekstasen, *S. 87.*

Letzte Hülfe

Überlieferung

D *Paul Mongré:* Ekstasen, *S. 88.*

Erläuterungen

8 Frauenleib mit Löwenkrallen] *Der griechischen Mythologie zufolge war die Phix oder Sphinx ein Wesen mit Kopf und Brust einer Frau und dem Körper eines geflügelten Löwen. Die Tochter des Wächterhundes Orthos – Bruder des Kerberos – und seiner Mutter Echidna, einem halb menschlichen, halb schlangenartigen Ungeheuer (vgl. Hesiod: ›Theogonie‹ 297–299 u. 326f.) hauste in oder nahe Theben und tötete jeden, der das von ihr gestellte Rätsel: »Zweifüßig, dreifüßig, vierfüßig lebt es auf Erden, und eine Stimme nur hat es« nicht lösen konnte; erst der thebanische König Ödipus gab die richtige Antwort – ›der Mensch‹ –, woraufhin das Ungeheuer sich in einen Abgrund stürzte (vgl. Sophokles: ›König Ödipus‹, Einführung [Sophokles: ›Dramen.‹ Griech.-dt. Hrsg. u. übers. v. Wilhelm Willige, überarb. v. Karl Bayer. Zürich ³1995, S. 279–283]). – Seit dem 19. Jahrhundert symbolisiert die Sphinx in der bildenden Kunst und der Literatur die geheimnisvolle, als dämonisch empfundene und mitunter grausame Weiblichkeit, vgl. u.a. Franz von Stucks (1863–1928) Gemälde ›Der Kuß der Sphinx‹ (1895) sowie Heinrich Heines (1797–1856) Vorrede zur dritten Auflage des ›Buchs der Lieder‹ (datiert 20. Februar 1839): »Dort vor dem Tor lag eine Sphinx, / Ein Zwitter von Schrecken und Lüsten, / Der Leib und die Tatzen wie ein Löw', / Ein Weib an*

Haupt und Brüsten« (Heine: ›Sämtliche Schriften.‹ Hrsg. v. Klaus Briegleb. 6 Bde. München ²1985, Bd. 1, S. 14), v.a. aber hinsichtlich der von Hausdorff intendierten dämonischen Rätselhaftigkeit der Frau Heines Zyklus ›Zum Lazarus‹ aus den ›Gedichten 1853 und 1854‹:

Die Gestalt der wahren Sphinx
Weicht nicht ab von der des Weibes;
Faselei ist jener Zusatz
Des betatzten Löwenleibes.

Todesdunkel ist das Rätsel
Dieser wahren Sphinx. Es hatte
Kein so schweres zu erraten
Frau Jokastens Sohn und Gatte.

Doch zum Glücke kennt sein eignes
Rätsel nicht das Frauenzimmer;
Spräch es aus das Lösungswort,
Fiele diese Welt in Trümmer.

(Ebd., Bd. 6/I, S. 206f.)

Desperation

Überlieferung

D *Paul Mongré:* Ekstasen, *S. 89.*

Erläuterungen

Desperation] *lat. desperatio ›Verzweiflung‹, ›Hoffnungslosigkeit‹.*

Jugend

Überlieferung

D *Paul Mongré:* Ekstasen, *S. 90.*

Abschied

Überlieferung

D *Paul Mongré:* Ekstasen, *S. 91.*

Erläuterungen

6 Abschiedszähre] *Zähre veraltet, aber dichterisch svw. Träne.*

Verfrühtes Dichten

Überlieferung

D *Paul Mongré:* Ekstasen, *S. 92.*

Erläuterungen

9 Muse] *Nach Hesiods ›Theogonie‹ (77–79) sind die Musen Kleio, Euterpe, Thaleia, Melpomene, Terpsichore, Erato, Polykymmia, Krania und Kalliope, Töchter des Göttervaters Zeus und der Titanin Mnemosyne (›Erinnerung‹); sie werden zunächst nur als die Götter unterhaltende Sängerinnen dargestellt (vgl. Homer: ›Ilias‹ I, 601–604); erst in späthellenistischer Zeit teilt man ihnen die auch heute noch gängigen wissenschaftlichen und künstlerischen Disziplinen zu (Kleio etwa die Geschichtsschreibung, Thaleia die Komödiendichtung, Erato die Liebesdichtung).*

11 Nur Kranz und Palme sind euch nicht beschieden] *Anspielung einerseits auf das in der Antike verbreitete Ritual, den Sieger eines Wettkampfes mit einem Palmzweig auszuzeichnen, andererseits auf die ebenfalls in der Antike bekannte Würdigung hoher dichterischer Leistungen durch die Krönung mit einem Lorbeerkranz (›poeta laureatus‹), die im Humanismus wieder aufgegriffen wurde und seit der Dichterkrönung Francesco Petrarcas (1304–1374) im Jahre 1341 in ganz Europa Verbreitung fand; Hausdorff selbst wurde von Walter Tiemann (1876–1951) für die vom Leipziger Bibliophilen-Abend veranstaltete erweiterte Ausgabe des Einakters* Der Arzt seiner Ehre *als poeta laureatus portraitiert (vgl. Paul Mongré:* Der Arzt seiner Ehre. *Komödie in einem Akt mit einem Epilog. Mit 7 Bildnissen, Holzschnitte von Hans Alexander Müller nach Zeichnungen von Walter Tiemann. Fünfte ordentliche Veröffentlichung des Leipziger Bibliophilen-Abends. Leipzig 1910, bl. 3*^{r}*; vgl. dazu diesen Band, Teil III).*

Zähmung

Überlieferung

D *Paul Mongré:* Ekstasen, *S. 93.*

Erläuterungen

2 Leu] *das aus lat. leo (›Löwe‹) entlehnte mhd. leu findet sich in der Neuzeit v.a. dichterisch für Löwe.*

3 Vor de*[m]* die Wüste] *im Original* Vor der die Wüste, *was aufgrund des grammatikalischen Zusammenhanges (*Der Leu ist eingegittert*) vmtl. auf einen Fehler des Setzers zurückzuführen ist.*

Sonne und Liebe

Überlieferung

D *Paul Mongré:* Ekstasen, *S. 94.*

Erläuterungen

4 ehegestern] *dichterisch für vorgestern.*

Der längste Weg

Überlieferung

D *Paul Mongré:* Ekstasen, *S. 95.*

Erläuterungen

1f. welch ein Geier *bis* dem Hirten abgeraubt] *mglw. Anspielung auf das griechische Mythologem des Ganymedes, den Zeus, in Liebe zu dem Knaben entbrannt, von einem Adler aus Ilion in den Olymp entführen läßt, wo Ganymedes als Mundschenk fungiert (vgl. Homer: ›Ilias‹ XX, 231–235).*

7 flort] *floren synonym mit blühen, vgl. Erl. zu 23, S. 195.*

Anbetung

Überlieferung

D *Paul Mongré:* Ekstasen, *S. 96.*

Erläuterungen

3f. So malt Angelico *bis* schwebende Gestalten.] *Die Altar- und Andachtsbilder des italienischen Dominikaners und Malers Fra Angelico (auch Beato Angelico, Ordensname Fra Giovanni da Fiesole; eigentlich Guido di Pietro, um 1401/02 – 1455) sind in leuchtenden Farben und reicher Vergoldung gehalten; hier vmtl. Anspielung auf sein nach 1430 entstandenes Gemälde ›Verkündigung‹.*

8 Baldachin] *ital. baldacchino ›(golddurchwirkter) Stoff aus Bagdad‹, seit dem Mittelalter als Schutzvorrichtung eingesetzter Traghimmel aus Stoff, der an vier Stäben gehalten wird.*

Wunsch und Verzicht

Überlieferung

D *Paul Mongré:* Ekstasen, *S. 97.*

Erläuterungen

9 Nachen] *ursprünglich eigentlich in der Bedeutung von Schiff (ahd. ›nahho‹, mhd. ›nache‹), seit der deutschen Klassik dichterisch für kleines Boot.*

Rückfall

Überlieferung

D *Paul Mongré:* Ekstasen, *S. 98.*

Trotz

Überlieferung

D *Paul Mongré:* Ekstasen, *S. 99.*

Erläuterungen

6 wirst dein Haar mit Dornen strählen] *Anspielung auf die nach Mt 27.27–29 von Soldaten des Pontius Pilatus geflochtene »Krone aus Dornenzweigen«, mit der sie Jesus Christus krönten.*
7 tauber Hülse] *im Montanwesen bezeichnet ›taub‹ Gestein ohne Erz oder andere verwertbare Bestandteile, hier übertragen auf eine leere Fruchthülle bzw. Schote oder Nuß.*
11 Born] *niederdeutsch für Brunnen, wegen seiner Einsilbigkeit v.a. dichterisch gebraucht.*

Götterneid

Überlieferung

D *Paul Mongré:* Ekstasen, *S. 100.*

Erläuterungen

3 Man kränzt mit Lorbeer mir die Denkerstirne] *vgl. Erl. zu 11, S. 211.*
6 Dirne] *hier in der Bedeutung von Jungfrau, junges Mädchen im heiratsfähigen Alter.*
7 Gletscherfirne] *vgl. Erl. zu 4, S. 201.*
10 girren] *den Liebeslockruf der Taube nachahmen.*

Kühl und klug

Überlieferung

D *Paul Mongré:* Ekstasen, *S. 101.*

Lethe

Überlieferung

D *Paul Mongré:* Ekstasen, *S. 102.*

Erläuterungen

Lethe] *in der griechischen Mythologie ein Fluß der Unterwelt, aus dem die Seelen der Verstorbenen trinken müssen, um ihr irdisches Dasein zu vergessen; vgl. zur Symbolik auch Harald Weinrich: ›Lethe. Kunst und Kritik des Vergessens.‹ München 1997.*

1 Vergessens Trank im Kelche] *In Richard Wagners (1813–1883) 1865 uraufgeführter, Motive des ›Tristan‹ Gottfrieds von Strassburg (fl. um 1200) aufgreifender Oper ›Tristan und Isolde‹ läßt die irische Prinzessin Isolde, von Tristan, dem Mörder ihres Verlobten, als Braut des Königs Marke nach Cornwall gebracht, durch ihre Dienerin Brangäne einen Todestrank vorbereiten, um ihrem Schicksal zu entgehen: »**Isolde** (mit dem Becher zu Tristan tretend, der ihr starr in die Augen blickt). Du hörst den Ruf? / Wir sind am Ziel: – / [...] So guter Gaben / holden Dank / schuf mir ein süßer / Sühnetrank; / [...] // **Tristan** [...] / (Er entreißt ihr die Trinkschale.) / [...] / Trug des Herzens! / Traum der Ahnung! / Ew'ger Trauer / einz'ger Trost: / Vergessens güt'ger Trank – / dich trink ich sonder Wank! (Er setzt an und trinkt.) // **Isolde.** Betrug auch hier? / Mein die Hälfte! / (Sie entwindet ihm den Becher.) / Verräter! ich trink' sie dir! / (Sie trinkt. Dann wirft sie die Schale fort. [...].)« – der Trank jedoch ist ein Liebestrank, der Tristan und Isolde auf immer verbindet (vgl. I,5).*

3f. märchengrünen Weiher / Wo ungeborne Kinderseelen träumen] *Dem westeuropäischen, insbesondere germanischen Aberglauben zufolge verweilen die Menschen vor ihrer Geburt in einem ›spirituellen‹ Zustand in der Natur, in der Erde, in Bäumen, v.a. aber in Brunnen, Teichen oder Seen, um sich erst bei der Niederkunft zu materialisieren (vgl. HWdA IV, 1342–1360); die Farbe Grün hat in der christlichen Mythologie die Bedeutung des ›Erfrischenden‹ (vgl Jesus Sirach 40,22), allgemein in der Volksmythologie die der Hoffnung.*

6 Flügelroß] *Nach Hesiod gebiert die von Perseus enthauptete Gorgone Medusa sterbend ein geflügeltes Pferd, Pegasos, das Zeus im Olymp beherbergt und ihm Donner und Blitz bringt (›Theogonie‹ 280–286); in den ›Metamorphosen‹ des Ovid (Publius Ovidius Naso; 43 v. Chr. – 17 oder 18 n. Chr.) läßt Pegasos auf dem Berg Helikon durch einen Hufschlag die den Musen – den*

Göttinnen zunächst des Gesanges und Tanzes (vgl. Hesiod: *›Theogonie‹ 75–80 u. 917), später der schönen Künste allgemein – heilige Quelle Hippokrene entspringen (›Metamorphosen‹ V,256–264), wodurch das* Flügelroß *in der Neuzeit zum Symbol des Dichterfluges himmelwärts wurde.*

13 Erdenklause] *Klause wird im frühen Mittelalter entlehnt aus mlat. cl(a)usa ›Kloster‹, zu lat. claudere ›(ab)schließen‹, in der Bedeutung von abgeschiedener Behausung, insbesondere von Eremiten.*

Vorbei

Überlieferung

D Paul Mongré: Ekstasen, *S. 103.*

Erläuterungen

4 Perlmutterglanz] *Die innersten Schicht der Schalen von Muscheln und Seeschnecken zeigt bei Lichteinfall irisierende Farben.*

6 Es starb am Götterneide] *Friedrich Nietzsche (1844–1900) führt hierzu in seinen im Sommer 1876 niedergeschriebenen Notizen aus: »Der Freigeist ist ›götterneidisch‹ auf das dumme Behagen der Menschen. νεμεσσητιχόν ist der Götterneid.« (KGW IV,2, 403.)*

Drei Seen

Überlieferung

D Paul Mongré: Ekstasen, *S. 104.*

Erläuterungen

9 Föhren] *Waldkiefern, in Eurasien heimische, bis zu fünfzig Meter hohe Kiefernart mit flachkegelförmiger Krone.*

Rancune

Überlieferung

D Paul Mongré: Ekstasen, *S. 105.*

Erläuterungen

Rancune] *frz. ›Rachsucht‹.*

8 Melusinen] *Nach der zwischen 1387 und 1394 entstandenen altfrz. ›Histoire de Lusignan‹ des* Jean d'Arras *(vor 1350 – nach 1394) ist* Melusine, *die legendenhafte Ahnherrin des Geschlechts derer von* Lusignan, *die Tochter der Fee*

Persine. Sie ist verflucht, sich an Samstagen in ein Meerweib mit menschlichem Oberkörper und mit einem in einen Fischschwanz auslaufenden Unterleib zu verwandeln: dieser Fluch kann erst von ihr genommen werden, wenn sie einen sterblichen Gatten findet, der sie nicht nach ihrer Herkunft fragt und sie an Samstagen nicht aufsucht. Melusine heiratet den Grafen Raymond de Poitiers, mit dem sie glücklich auf Schloß Lusignan lebt und dem sie zehn Söhne schenkt. Eines Samstags aber beobachtet Raymond seine Frau im Bade und wird ihrer wahren Gestalt ansichtig, woraufhin Melusine ins Geisterreich verbannt wird, Raymond selbst sich als Einsiedler nach Montserrat zurückzieht. – Der Stoff erfuhr seit dem frühen 15. Jahrhundert zahlreiche metrische, dramatische und Prosa-Nachdichtungen in fast allen europäischen Sprachen.

10 Seit auf den Träumerkopf ein Ziegel fiel] *Zu diesem gerne verwendeten Bild der Zufälligkeit führt u.a. Arthur Schopenhauers in seiner Schrift ›Ueber die vierfache Wurzel des Satzes vom zureichenden Grunde‹ (1813) gegen die von Immanuel Kant (1724–1804) apostrophierte Kausalität aus, daß »das Aufeinanderfolgen in der Zeit von Begebenheiten, die nicht in Kausalverbindung stehn, [...] eben [das ist], was man Zufall nennt, welches Wort vom Zusammentreffen, Zusammenfallen des nicht Verknüpften herkommt [...]. Ich trete vor die Haustür, und darauf fällt ein Ziegel vom Dach, der mich trifft; so ist zwischen dem Fallen des Ziegels und meinem Heraustreten keine Kausalverbindung, aber dennoch die Sukzession, daß mein Heraustreten dem Fallen des Ziegels vorherging, in meiner Apprehension objektiv bestimmt und nicht subjektiv durch meine Willkür, die sonst wohl die Succession umgekehrt haben würde« (ASW 3,110). – Ähnlich auch Friedrich Albert Lange (1828–1875): »Wenn einem Menschen ein Ziegel auf den Kopf fällt, während er gerade über die Strasse geht, so sieht man das als Zufall an, und doch zweifelt Niemand, dass der Luftdruck des Windes, das Gesetz der Schwere und andere natürliche Umstände den Vorgang vollständig bestimmten, so dass er mit Naturnothwendigkeit erfolgte und auch mit Naturnothwendigkeit gerade den in diesem Zeitmoment auf dieser bestimmten Stelle befindlichen Kopf treffen musste. Man sieht an diesem Beispiele leicht, dass die Annahme des Zufalls lediglich eine partielle Negation des Zweckes ist. Das Fallen des Steines konnte nach unserer Ansicht keinen vernünftigen Zweck haben, wenn wir es zufällig nennen.« (Lange: ›Geschichte des Materialismus.‹ 2 Bde. Iserlohn ³1876, Bd. 1, S. 13f.)*

14 gelb] *Seit der Antike werden in der von Hippokrates (um 460 v. Chr. – um 370 v. Chr.) begründeten Humoralpathologie, die Gesundheit und Krankheit auf ein Gleichgewicht bzw. Ungleichgewicht der vier Körpersäfte Blut, Schleim, gelbe und schwarze Galle zurückführt, und der darauf gegründeten und von Galen (129–199) kanonisierten vier Temperamenten (sanguinisch, phlegmatisch, cholerisch und melancholisch) bestimmte Farben zugeordnet, so steht rot für sanguinisch, weiß für phlegmatisch, gelb für cholerisch und schwarz für melancholisch; volkstümlich symbolisiert die Farbe Gelb den Neid.*

Wille zur Mühsal

Überlieferung

D *Paul Mongré:* Ekstasen, *S. 106.*

Erläuterungen

1f. Die Völker *bis* mächt'ger Drang gerufen] *Der italienische Historiograph und Dominikaner Annius von Viterbo (um 1432 – 1502) vermengte 1498 in seinen ›Antiquitates‹ die biblische Überlieferung der Nachkommen Noahs (vgl. Gen 10,1–32) und die ›Babyloniaka‹, die Chronik des babylonischen Reiches, des Historiographen und Priesters Berossos (um 345 v. Chr. – nach 270 v. Chr.) mit Motiven aus der kurz zuvor wiederentdeckten ›Germania‹ des Publius Cornelius Tacitus (um 55 – nach 115) und ließ einen ›Tuiscon gygas‹ (vgl. ›Germania‹ 2) als Adoptivsohn Noahs mit seinen elf männlichen Nachkommen als ›Vater der Germanen und Sarmaten‹ von Kleinasien aus das westliche und nördliche Europa besiedeln (vgl. Dieter Mertens: ›Die Instrumentalisierung der »Germania« des Tacitus durch die deutschen Humanisten.‹ In: ›Zur Geschichte der Gleichung ›germanisch‹ – ›deutsch‹: Sprache und Namen, Geschichte und Institutionen.‹ Hrsg. v. Heinrich Beck. Berlin u.a. 2004 [RGA-E 34], S. 37–101, spez. 84–92); diese legendenhafte Abstammung der ›Germanen‹ greift die völkische Bewegung um 1900 – auch aufgrund der scheinbaren Legitimation durch biblische ›Zeugnisse‹ – verstärkt auf, vgl. Uwe Puschner: ›Germanenideologie und völkische Weltanschauung.‹ In: ebd., S. 103–129.*

5f. Wie dann *bis* Selbstpein schufen] *vgl. dazu auch den Abschnitt* Gottes Gebet an den Menschen *in Hausdorffs Essay* Der Schleier der Maja *(HGW VIII, 454f.).*

7f. Das Leben *bis* Überwindung Stufen] *Seit dem 18. Jahrhundert wandelt sich die Darstellungsform des naturhistorischen Systems von der Vorstellung eines Nebeneinanders der Individuen, das heißt von der räumlich bestimmten Kette der Wesen, unter dem Einfluß der in der Monadenlehre von Gottfried Wilhelm Leibniz (1646–1716) entwickelten Idee der Gradation zum zunehmend zeitlich determinierten Bild einer Leiter, auf deren unendlich vielen Stufen unendliche Variationen des Lebens möglich seien (vgl. u.a. Arthur O. Lovejoy,: ›Die große Kette der Wesen. Geschichte eines Gedankens [1933].‹ Übers. v. Dieter Turck. Frankfurt a.M. 1993; ebenso Margit Wyder: ›Goethes Naturmodell: die Scala Naturae und ihre Transformationen.‹ Köln 1998).*

12 Scholle] *eigentlich ›Erdstück‹, hier in der gebräuchlichen Übertragung als ›Stück Ackerland‹.*

An ein schönes Weib

Überlieferung

D *Paul Mongré:* Ekstasen, *S. 107.*

Erläuterungen

13 Heerbann] *Bei den Germanen das militärische Aufgebot bei Feldzügen, wurde* Heerbann *im Mittelalter Bezeichnung für das aufgebotene Heer, aber auch die militärische Hoheitsgewalt des Herrschers.*

14 Mänadenhaft] *Die Mänaden (griech. μαινάς (mainás) ›die Rasende‹) sind der griechischen Mythologie zufolge die ekstatischen Frauen im Gefolge des Weingottes Dionysos.*

Eleonora Duse

Überlieferung

D *Paul Mongré:* Ekstasen, *S. 108.*

Erläuterungen

Eleonora Duse] *Die italienische Schauspielerin Eleonora Giulia Amalia Duse (1858–1924) gründete nach fünfzehnjähriger Bühnenerfahrung 1887 mit der ›Compagnia della Città di Roma‹ eine eigene Schauspieltruppe, deren weltweite Gastspiele sie international berühmt machten. Zwischen dem 19. November 1892 und dem 19. Januar 1893 gastierte die Truppe erstmals in Berlin; die Duse brillierte u.a. als ›Magda‹ in der Uraufführung von Hermann Sudermanns (1857–1928) vieraktigem Schauspiel ›Heimat‹ (7. Januar 1893) und begeisterte Publikum wie Kritik gleichermaßen; Hermann Bahr (1863–1934) verfaßte gar einen ›Führer durch das Gastspiel von Eleonora Duse‹, der mehrere Auflagen erfuhr (Berlin u. Leipzig 1892); vgl. zur Duse v.a. Helen Sheehy: ›Eleonora Duse: a biography.‹ New York 2003.*

7 Doch alles wird zu Gold, was du berührt] *Der griechischen Mythologie zufolge soll der Weingott Dionysos dem phrygischen König Midas als Gegenleistung für die Rettung seines ständig betrunkenen Ziehvaters Silenos den Wunsch erfüllt haben, alles, was er berühre, solle zu Gold werden. Erst als Midas essen und trinken wollte, wurde ihm sein törichter Wunsch offenbar, und er bat Dionysos, die ›Gabe‹ wieder von ihm zu nehmen, woraufhin dieser ihm hieß, im Fluß Paktolus zu baden – der Fluß ist seit dieser Zeit für seinen Goldstaub bekannt (vgl. Ovid: ›Metamorphosen‹ XI, 90–149).*

8 Buhlerkränzlein] *Im Mittelalter entwickelt sich aus germanischen und altnordischen Bezeichnungen für Schlafstatt ›Buhler‹ bzw. ›Buhle‹ als Bezeichnung für den/die ›Bettgefährten/-in‹, im negativen Sinne von ehebrecherischen bzw. unmoralischen ›Liebhabern‹ bzw ›Geliebten‹, im positiven Sinne in der Bedeutung von ›Werbenden‹ (vgl. DWb II, 498–500); letzteres liegt – der Terminus ist lexikalisch nicht belegt – in Anbetracht der* weißen Rosen, *aus denen der Kranz gewunden ist, hier nahe, symbolisieren doch sowohl die Farbe weiß als auch die Rose Reinheit bzw. Jungfräulichkeit – so war es im christlichen Mittelalter nur Jungfrauen gestattet, einen Kranz aus Rosen zu tragen. Weiße Rosen gelten aber auch als »sinnbild der vergänglichkeit«*

(DWb XII, 1169), und in Sagen kommt häufiger »eine weiße Rose als T. [odeszeichen]« vor (HWdA VIII, 999; IX, 350).

Der Mönch

Überlieferung

D *Paul Mongré:* Ekstasen, *S. 109.*

Erläuterungen

2 Schläfe*[n]* pochen] *im Original* Schläfe pochen*; vmtl. Fehler des Setzers.*

4 Die Geißel her, aus Dornenzweig gewunden] *Die Selbstgeißelung als Bußübung, erstmals erwähnt vom hl. Pardulf (737), verbreitete sich auf Anraten des hl. Petrus Damiani (Ende 1006/Anfang 1007 – 1072) im 11. Jahrhundert über ganz Europa und war seit dem 13. Jahrhundert fester Bestandteil der klösterlichen wie privaten Askese (Entartung in der Geißlerbewegung des Spätmittelalters). Die hier genannte Dornengeißel (gewöhnlich wurde eine aus Lederriemen geflochtene Geißel [›flagellum‹], oft mit Bleikugeln oder anderen Metallstücken bewehrt, benutzt) spielt auf die Dornenkrönung Jesu Christi an (vgl. Mt 27,29, Mk 15,17, Joh 1,2).*

5 Schwären] *›schwären‹ svw. eitern, hier eitrige Wunden.*

9 Die Himmelskön'gin, ätherblau verflüchtigt] *Der aufgrund ihrer Niederkunft mit Jesus von Nazareth (Mt 1.18–25; Lk 2.1–7) seit der Synode von Ephesus 431 dogmatisch als die ›Königin des Himmels‹ verehrten Maria ist ikonographisch der blaue Mantel eigen, wobei blau seit der Antike als spirituelle Farbe gilt und in der ägyptischen (Amun), griechischen (Zeus) und germanischen (Odin) Mythologie mit dem Himmelsgott assoziiert wird. Das Kompositum* ätherblau *spielt auf den in den antiken griechischen Kosmogonien und Theogonien als feinster Urstoff bzw. als ›Quintessenz‹, als fünfter Stoff geltenden Äther an (von griech. αἰθήρ (aithér) ›die Luft über den Wolken‹), aus dem der göttliche Himmel bestehe.*

10 Dazu die Mutter, die den Knaben züchtigt] *vmtl. Anspielung auf Lk 2,41–50. – Die ›Züchtigung‹ des Knaben Jesus findet erst durch Max Ernsts (1891–1976) 1926 entstandenes Gemälde ›Die Jungfrau züchtigt den Jesusknaben vor drei Zeugen‹ (Museum Ludwig, Köln) Eingang in die bildende Kunst – Ernst wurde aufgrund des Bildes vom Kölner Erzbischof wegen ›Gotteslästerung‹ exkommuniziert.*

11 Die Dirne, stachelnd des Geschwächten Leib] *Die Gleichsetzung der nach Lk 8,2 Jüngerin Jesu genannten, nach Mt 27,55f. u. 27,61 bei Kreuzigung und Grablege anwesenden sowie nach Mk 16,1–9 und Joh 20,11–18 die erste Zeugin der Auferstehung Jesu darstellenden Maria Magdalena (Maria aus Magdala) mit der Jesus die Füße salbenden namenlosen »Sünderin« (vgl. Lk 7,37–39) ist zuerst bei Ephraim dem Syrer (um 306 – 373) greifbar und findet trotz des Fehlens jedweder Anhaltspunkte seit den Auslegungen Papst Gregors I. (um 540 – 604; Papst seit 590) Eingang in Legenden, historische*

Darstellungen und auch in die bildende Kunst (vgl. etwa LEONARDO DA VINCIS *[1452–1519] um 1515 entstandenes Gemälde ›Maria Maddalena‹, welches Maria Magdalena der Ikonographie gemäß nackt zeigt). – In der 1896 im Gedichtband ›Weib und Welt‹ publizierten ›Venus Consolatrix‹ vermischte* RICHARD DEHMEL *in einer erotisch aufgeheizten Darstellung einer tröstenden* MARIA *die Jungfrau* MARIA *mit* MARIA MAGDALENA, *was 1897 zwar nicht für* DEHMEL *selbst (das ›Delikt‹ war verjährt), wohl aber für das Gedicht eine Anklage und Verurteilung wegen Verstoßes gegen § 166 (›Gotteslästerung‹) und § 184 (›Verbreitung unzüchtiger Schriften‹) des ›Reichsstrafgesetzbuches‹ zur Folge hatte – in allen greifbaren Exemplaren von ›Weib und Welt‹, wurden die entsprechenden Passagen geschwärzt.*

14 Martyr] *Märtyrer, von griech. μαρτυρία (martyría) ›Zeugnis‹; seit dem ersten nachchristlichen Jahrhundert Bezeichnung für diejenigen Christen, die trotz der Verfolgung durch die römischen Kaiser an ihrem Glauben festhielten, seit dem zweiten Jahrhundert eingeschränkt für die, die wegen ihres Glaubens körperliche Qualen und den Tod erlitten.*

14 das dreiein'ge Weib] *in ironischer Anspielung auf den ›dreieinigen Gott‹ Verweis auf die physisch-anthropologische Komponente Marias als Gebärerin* JESU, *sorgender Mutter und Geliebter bzw. Ehefrau.*

Der Soldat

Überlieferung

D PAUL MONGRÉ: Ekstasen, *S. 110.*

Waldschreck

Überlieferung

D PAUL MONGRÉ: Ekstasen, *S. 111.*

Erläuterungen

3 keinen Heller rot] *Der Heller wurde zuerst unter Kaiser* FRIEDRICH I. BARBAROSSA *(1122–1190) als Silbermünze geprägt und verdrängte seit 1270 den einheimischen Pfennig im mitteleuropäischen Reichsgebiet; doch sank der Silbergehalt seit dem 14. Jahrhundert durch Legierung mit minderwertigen Metallen, bis die Münze schließlich nur noch aus Kupfer hergestellt und als nun sprichwörtlich ›roter Heller‹, als beinahe wertlose sogenannte Scheidemünze genutzt wurde, die kleinste Differenzen beim Geldumtausch auszugleichen hatte.*

4 wo ließ der Zimmermann das Loch] *sprichwörtlich für ›Tür‹.*

11 behextes Kraut] *hier vmtl. der eher unscheinbare und nahezu überall in Wäldern wachsende Wurmfarn, der in Volksaberglauben und -medizin als höchst magische Pflanze galt (vgl. dazu bereits das ›Contrafayt Kreüterbuch‹ des Theologen und Botanikers* OTTO BR[A]UNFELS *[um 1488 – 1534], erschienen zwischen 1534 und 1537 in zwei Teilen, hier Kap. 307), v.a. aber als sogenanntes ›Irrkraut‹ verrufen war: Wer auf ihn tritt, kommt vom Wege ab, verirrt sich und findet nie mehr zurück (HWdA IV, 778).*

In den Felsen

Überlieferung

D *PAUL MONGRÉ:* Ekstasen, *S. 112.*

Schauen und Schaffen

Überlieferung

D *PAUL MONGRÉ:* Ekstasen, *S. 113.*

Erläuterungen

4 hehrer] *mhd. her(e) ›vornehm‹, ›erhaben‹, ›stolz‹.*
14 Zeit ist's zu münzen, wenn das Gold versiegt] *Anspielung auf die seit dem Mittelalter – durchaus turnusmäßig – gepflegte Außerkurssetzung von an den Edelmetallwert gekoppelten Münzen, die mit Verlust gegen minderwertige Neuprägungen eingetauscht werden mußten (›Münzverrufung‹) und dem Münzherren so einen großen Gewinn einbrachten.*

Schwindel

Überlieferung

D *PAUL MONGRÉ:* Ekstasen, *S. 114.*

Erläuterungen

8 entschürzt] *›schürzen‹ eigentlich in der Bedeutung von ›ein Kleidungsstück abschneiden‹, ›ein Kleidungsstück durch Raffung am Gürtel kürzen‹ (vgl. DWb XV, 2063), ›auf-‹ bzw. ›entschürzen‹ aber im Sinne von ›entblößen‹ (vgl. DWb III, 612).*
11 Golgatha] *aram. tl. gulgolęt ›Schädel‹, ›Kopf‹, allgemein Bezeichnung für einen Hügel; in der griechischen Interpretation der Septuaginta wird der Ort, an dem* JESUS *gekreuzigt wurde, als Κρανίου Τόπος (Kraníou Tópos, ›Schädelstelle‹) bezeichnet (vgl. Mt 27,33: »Golgata, das heißt: Schädelstätte«; vgl. auch Mk 15,22, Lk 23,33 u. Joh 19,17).*

Der Fischer

Überlieferung

D *Paul Mongré:* Ekstasen, *S. 115.*

Erläuterungen

11 Dirne] *hier in der althergebrachten Bedeutung von ›Jungfrau‹, ›Mädchen im heiratsfähigen Alter‹, das heißt konkret von ›Braut‹.*

13f. Die Stund *bis* das Fegefeuer] *Seit dem Mittelalter üblich, bezeichnet ›Fegefeuer‹ (lat. purgatorium, von lat. purgatio ›Reinigung‹) den Zustand der Läuterung der Seelen derjenigen in der Gnade Gottes gestorbenen Menschen, die den Zustand der Reinheit und Vollendung noch nicht erreicht haben und denen damit die Aufnahme in den Himmel vorerst verwehrt bleibt (sogenannte ›arme Seelen‹). Die Dauer der Läuterung richtet sich nach den zu Lebzeiten begangenen Sünden, aber auch nach den guten Taten bzw. erlittenen Leiden. Das Fegefeuer kann durch die Fürbitte der Kirche und durch Gebete, Opfer, Stiftungen etc. der Lebenden verkürzt werden. Die Ent- bzw. Verfremdung der Fürbitte durch den Ablaßhandel, der eine erhebliche Verkürzung des Aufenthalts im Fegefeuer durch Zahlung von Geld an die Kirche versprach, war auslösendes Moment der Reformation.*

Das Vorgebirge von Portofino

Entstehung

Im Herbst 1896 mußte Hausdorff seine Vorlesungen als Privatdozent an der Leipziger Universität unterbrechen, um eine Erkrankung der Atemwege zu kurieren; er reiste in den beliebten Winterkurort Nervi an der ligurischen Küste, in die Nähe von Genua und der Halbinsel Portofino, wo er seinen Aphorismenband Sant' Ilario. Gedanken aus der Landschaft Zarathustras. *Leipzig: C. G. Naumann 1897 (vgl. dazu HGW VII, S. 87–473) abschloß; Titel und Inhalte der folgenden Sonette (bis einschließlich* Certosa*) deuten auf eine unmittelbare bzw. nur wenig später erfolgte Verarbeitung seiner Eindrücke während des Aufenthaltes in Ligurien, aber auch die seiner Ausflüge nach Rom und an die Côte d'Azur hin. An der ligurischen Küste, an* diesem seligen Gestade, das vor der eigentlichen Italia diis sacra *[lat. ›das den Göttern heilige Italien‹]* den milden Winter und die berühmten Palmen voraus hat *sei er* dem Schöpfer Zarathustras seine einsamen Wege nachgegangen, – wunderliche, schmale Küsten- und Klippenpfade, die sich nicht zur Heerstraße breittreten lassen *(Selbstanzeige von* Sant' Ilario *in: ›Die Zukunft‹, 20. Nov. 1897, S. 361 [HGW VII, 477]).*

Überlieferung

D *Paul Mongré:* Ekstasen, *S. 116.*

Sant' Ilario

Auf halbem Wege zwischen Genua und Rapallo an der Riviera di Levante, bei der Kirche Sant' Ilario, die unweit des genuesischen Nervi unter Ölbäumen und Cypressen glänzt und den blauschimmernden Golf von Genua bis hin zum Vorgebirge von Portofino überschaut, *signierte* HAUSDORFF am Tage S. Ilario 1897 *das Vorwort seines Aphorismenbandes (*Sant' Ilario, *S. VIIf. [HGW VII, 93f.]). – Die heute verfallene, stilistisch der Renaissance nachempfundene Kirche, deren Vorläufer vmtl. bis ins 13. Jahrhundert zurück zu datieren sind, ist dem* HL. HILARIUS VON POITIERS *(um 315 – 367) geweiht, dessen man am 13. Januar, dem Tag seiner Beisetzung, gedenkt. Der aus einer wohlhabenden heidnischen Familie stammende* HILARIUS *ließ sich 345 taufen und bald darauf zum Priester weihen, 350 wurde er Bischof von Poitiers; 365 wurde er aufgrund seiner gegnerischen Haltung zum Arianismus von Kaiser* KONSTANTIN *II. (*FLAVIUS JULIUS CONSTANTINUS*; 317–361) nach Phrygien verbannt, wo er in zwölf Bänden das erste zusammenfassende Werk über die Dreieinigkeit, ›De Trinitate‹, verfaßte. 360 nach Poitiers zurückgekehrt, gelang es ihm auf der Synode von Paris 361, den Widerstand gegen den Arianismus zu stärken und dessen Niederlage im Westen vorzubereiten.*

Überlieferung

D PAUL MONGRÉ: Ekstasen, *S. 117.*

Erläuterungen

5 schlankes Kirchlein] *Die Kirche Sant' Ilario ist von einem minarettähnlichen Turm flankiert, der von Kreuz und Wetterfahne gekrönt wird.*

Eza

Èze, an der französischen Côte d'Azur gelegen, wurde wegen seiner exponierten Lage (427 Meter über dem Meer) bereits von den antiken Ligurern befestigt; ob Sarazenen den Ort und die Befestigungsanlagen, die sie nach der Eroberung des Maurenmassivs gegen Ende des 8. Jahrhunderts besetzten, weiter ausbauten, wie es in der Volkstradition überliefert wird, ist fraglich. In Èze vollendete FRIEDRICH NIETZSCHE *Teile des ›Zarathustra‹; vgl. dazu das Kapitel ›Also sprach Zarathustra‹ 4 in ›Ecce homo‹: »[J]ene entscheidende Partie [des Zarathustra], welche den Titel ›von alten und neuen Tafeln‹ trägt, wurde im beschwerlichsten Aufsteigen von der Station zu dem wunderbaren maurischen Felsenneste Eza gedichtet« (KGW VI,3, 339).*

Überlieferung

D PAUL MONGRÉ: Ekstasen, *1900, S. 118.*

In der Medicäerkapelle

Im Herbst des Jahres 1520 erhielt Michelangelo Buonaroti (1475–1564) von Papst Leo X. (eigentlich Giovanni de'Medici; 1475–1521; Papst seit 1513) und dessen Cousin, dem Kardinal Giulio de'Medici (1478–1534; ab 1523 unter dem Namen Klemens VII. Papst), den Auftrag, auf dem Gelände der Kirche von San Lorenzo in Florenz, seit Jahrhunderten Begräbnisstätte der Medici, eine Grablege zu Ehren der Väter beider, der Herzöge Lorenzo und Giuliano (vgl. dazu Erl. zu 1. Lorenzo *und* 2. Giuliano*) sowie für weitere vier Verwandte zu errichten; Michelangelo schuf in den folgenden Jahren bis zur Einstellung der Arbeiten 1534 außer der ›Madonna Medici‹ und dem ›Kauernden Knaben‹ (heute Eremitage/St. Petersburg) nur die Grabmäler der beiden Herzöge Lorenzo und Giuliano, die er neben den Bildnissen beider mit allegorischen Figurenpaaren ausstattete: zu Füßen des ersteren sind, nackt auf dem Grabmal liegend, Abend und Morgen, zu Füßen des letzteren, ebenfalls nackt und liegend, Nacht und Tag dargestellt.*

1. Lorenzo

Lorenzo de'Medici (1449–1492), genannt ›Il Magnifico‹ (der Prächtige) übernahm nach dem Tode seines Vaters Piero de'Medici (1414–1469) gemeinsam mit seinem Bruder Giuliano (vgl. Erl. zu 2. Giuliano*) die Führung der Republik Florenz. Nach der von Papst Sixtus IV. (eigentlich Francesco della Rovere, 1414–1484; Papst seit 1471) unterstützten, aber mißglückten Verschwörung der florentinischen Patrizierfamilie Pazzi 1478 festigte Lorenzo seine Macht im Innern und regierte quasi als Alleinherrscher.*

Überlieferung

D *Paul Mongré:* Ekstasen, *S. 119.*

Erläuterungen

2 Behelmter Fürst] *Im Gegensatz zu der des Giuliano trägt die Statue des Lorenzo einen antikisierten Helm mit aufgeklapptem Visier.*

2 in Schweigen tief verschlossen] *Die Haltung der Lorenzo-Statue bewegte bereits die Betrachter des 16. Jahrhunderts dazu, ›Il Magnifico‹ in ›Il Pensieroso‹ (der Nachdenkliche) umzubenennen: die Hand an das Kinn gelegt, sitzt die Figur in scheinbar gedankenverlorener Sammlung.*

8 des Zimm'rers Sohn] *Anspielung auf Jesus Christus, der nach Mt 13,55 »Sohn des Zimmermanns« Josef war.*

2. Giuliano

Giuliano de' Medici, neben seinem Bruder Lorenzo (vgl. Erl. zu 1. Lorenzo*) seit 1469 Führer der Republik Florenz, fiel während der Ostermesse 1478 im Dom zu Florenz einem Lorenzo geltenden Attentat der Pazzi (vgl. Erl. ebd.) zum Opfer.*

Überlieferung

D *Paul Mongré:* Ekstasen, *S. 120.*

Erläuterungen

1 Du lock'ger Held von hartem Römerstahle] *Giuliano ist dargestellt als lockiger Mann in antikisierter römischer Feldherrenpose, mit der einen Hand einen Kommandostab greifend, der auf seine Würde als Capitano della Chiesa hinweist.*

2 Schlange, eh' sie dich gestochen] *Über die seit alters her verbreitete Annahme, Schlangen würden stechen statt beißen, wundert sich noch der deutsche Dichter Johann Peter Hebel (1760–1826) in seinem Beitrag ›Von den Schlangen‹ für den ›Badischen Landkalender auf das Jahr 1803‹ (1811 Abdruck im ›Schatzkästlein des rheinischen Hausfreundes‹): »Noch immer glauben Leute, daß die giftigen Schlangen mit der Zunge stechen. Allein es ist schon lange ausser Zweifel gesetzt, daß sie an der obern Kinnlade zwey Giftzähne haben, die sie in eine Scheide zurückziehen und wieder hervorstossen können.« (›Sämtliche Schriften.‹ Kritisch hrsg. v. Adrian Braunbehrens, Gustav Adolf Benrath u. Peter Pfaff. Bd. 2. Karlsruhe 1990, S. 11.)*

Der Obelisk

Der in der Mitte des Petersplatzes in Rom stehende, 25,75 Meter (einschließlich Postament und Kreuzpartikel 38 Meter) hohe und 360 Tonnen schwere Obelisk aus rotem Granit stammt ursprünglich aus Heliopolis in Ägypten, wo ihn der erste Präfekt der römischen Provinz, Caius Cornelius Gallus (69/68 v. Chr. – 27/26 v. Chr.) nach 30 v. Chr. im Forum Julium errichten ließ; den Obelisken ließ der römische Kaiser Gaius Caesar Augustus Germanicus, genannt Caligula (12–41) im Jahre 37 nach Rom transportieren und im von ihm erbauten Circus Vaticanus (später nach dem römischen Kaiser Nero Claudius Caesar Augustus Germanicus [37–68] umbenannt in Circus Gai et Neronis; heute Piazza Circo Nerone) aufstellen. Während des Baues der neuen Basilika von St. Peter ließ Papst Sixtus V. (eigentlich Felice Peretti, 1521–1590; Papst seit 1585) den Obelisken zwischen dem 30. April und dem 10. September 1586 auf den Petersplatz versetzen. Das eine Reliquie des Heiligen Kreuzes enthaltende Kreuzpartikel ließ Papst Alexander VII. (eigentlich Fabio Chigi, 1599–1667; Papst seit 1655) anbringen.

Überlieferung

D PAUL MONGRÉ: Ekstasen, *S. 121.*

Erläuterungen

1 Todsymbol] *Obelisken (griech. ὀβελίσκως [obeliskos] ›kleiner Spieß‹), die im antiken Ägypten als Symbole des Sonnengottes RA galten, wurden v.a. im Alten Reich (um 2755 bis 2255 v.Chr.) vor den Eingängen zu Gräbern aufgestellt und finden sich häufig auf Darstellungen von Bestattungen.*

Einer Todten

Überlieferung

D PAUL MONGRÉ: Ekstasen, *S. 122.*

Ostern

Überlieferung

D PAUL MONGRÉ: Ekstasen, *S. 123.*

Erläuterungen

1 Sankt Peter] *Nach der biblischen Überlieferung war der Fischer SIMON, genannt PETRUS einer der zwölf Jünger JESU CHRISTI (vgl. Mt 4,18–20, Mk 1,16–20, Lk 5,1–11). Er starb nach frühchristlichen Zeugnissen um 65 während der Christenverfolgung durch den römischen Kaiser NERO den Märtyrertod am Kreuz; dem Kirchenvater IRENAEUS VON LYON (um 140/150 – nach 200) zufolge war PETRUS der erste Bischof von Rom.*

2 In seinem Dom] *Auf Initiative Papst SYLVESTERS I. († 31. Dez. 335; Papst seit 314) ließ der römische Kaiser KONSTANTIN I., der Große (280–337) über dem vermeintlichen Grab des Apostels PETRUS (vgl. Erl. zu 1) ab 324 eine fünfschiffige Basilika erbauen; die 349 vollendete Kirche wurde 1452 bis 1455 im Auftrage Papst NIKOLAUS' V. (eigentlich TOMMASO PARENTUCELLI, 1397–1455; Papst seit 1447) von dem italienischen Baumeister und Bildhauer BERNARDO ROSSELLINO (1409–1464) um ein neues Querhaus und einen Chor erweitert, die Arbeiten aber bald eingestellt. Papst JULIUS II. (eigentlich GIULIANO DELLA ROVERE, 1443–1513; Papst seit 1503) beschloß bei Antritt seines Pontifikats den Neubau der Kirche San Pietro in Vaticano (Grundsteinlegung 1506, Schlußweihe 1626), der zunächst unter der Leitung des italienischen Baumeisters und Malers DONATO BRAMANTE (1444–1514), dann u.a. des italienischen Baumeisters und Malers RAFFAELE SANTI (1483–1520) und des italienischen Baumeisters, Bildhauers und Malers MICHELANGELO BUONAROTI (1475–1564; Entwurf der Kuppel) ausgeführt wurde.*

Michelangelos Pietà

Während seines ersten Romaufenthaltes 1496 bis 1501 erhielt MICHELANGELO BUONAROTI *im August 1497 von dem französischen Kardinal* JEAN DE BILHÈRE DE LAGRAULAS *(biogr. nicht ermittelt) den Auftrag, eine Pietà (ital. ›Frömmigkeit‹), ein auf die spätmittelalterliche deutsche Mystik zurückgehendes Andachtsbild (›Vesperbild‹), welches die* JUNGFRAU MARIA *mit dem vom Kreuz abgenommenen, toten* CHRISTUS *auf dem Schoß zeigt, zu schaffen. Nach Abschluß der Arbeiten Ende 1499/Anfang 1500 wurde die aus weißem Carrara-Marmor gefertigte Skulptur auf dem Grab des inzwischen verstorbenen Auftraggebers in der an die Peterskirche angrenzende Cappella dei Re di Francia aufgestellt, nach deren durch den Neubau der Peterskirche (seit 1506) bedingtem Abriß 1517 in die Basilika versetzt und schließlich 1749 in der ersten Kapelle der Nordseite der Peterskirche, der Capella Pietà aufgestellt.*

Überlieferung

D PAUL MONGRÉ: Ekstasen, *S. 124.*

Certosa

Die Certosa di Pavia, 8 km nördlich von Pavia gelegen, wurde 1396 von GIOVANNI GAEAZZO VISCONTI *(1351–1402) als Kartäuserkloster (ital. certosa ›Kartause‹) und Grablege seiner Dynastie gestiftet. Im Kern gotisch (1396–1473), erhielt die Certosa zwischen 1491 und 1549 eine Marmorfassade im Stile der Frührenaissance; der im 15. Jahrhundert entstandene Kreuzgang birgt zahlreiche Terrakottareliefs. Die Certosa di Pavia gehörte im 19. Jahrhundert zum ›Pflichtprogramm‹ eines jeden gebildeten Italienreisenden.*

Überlieferung

D PAUL MONGRÉ: Ekstasen, *S. 125.*

Erläuterungen

5 Michelangelos Cypressen] *hier im Sinne von ›uralte‹ Zypresse; die bereits in der Antike aus dem östlichen Mittelmeerraum nach Italien eingeführte Säulenzypresse galt und gilt im Christentum als Symbol des Todes und ist als ›Trauerbaum‹ weit verbreitet.*

13 geweihter Siebenzahl] *Die Sieben, die in der christlichen westlichen Welt aus der Kombination von Drei (Gott in seiner Dreifaltigkeit) und Vier (Welt mit ihren vier Elementen) hervorgeht, erscheint bereits in der altorientalisch-semitischen Welt als kosmisch-astronomische Ordnungszahl. Im Alten Testament dient sie in Verbindung mit der Schöpfung zur Bezeichnung des geschlossenen und vollkommenen Ganzen (Vollendung der Schöpfung am 7. Tage; Gen 2,1–4); sie spielt an vielen weiteren Stellen eine bedeutende*

Rolle: sieben Stufen zu dem in sieben Jahren erbauten und in einer siebentägigen Feier eingeweihten Tempel Salomons *(vgl. 1 Kön 6,37f.; 8,65), sieben Säulen der Weisheit (Spr 9,1), siebenfache Umrundung am siebenten Tag mit sieben in Hörner blasenden Priestern, was die Stadtmauern Jerichos zum Einsturz bringt (vgl. Jos 6,1–20), im Neuen Testament hinsichtlich des Stammbaums Jesu (vgl. Mt 1,1–17), der Vaterunserbitten (Mt 6,9–13), der Gleichnisse (Mt 13,1–52) und der Wunder (u.a. sieben Körbe bei der Brotvermehrung, vgl. Mt 15,32–37). Die Sieben ist darüber hinaus Ordnungszahl der Apokalypse: sieben Gemeinden, sieben Augen und Hörner des Lammes, sieben Siegel, sieben Engel mit sieben Posaunen, siebenköpfiger Drache, sieben Schalen des Zornes Gottes.*

Das Sonett an den Dichter

Überlieferung

D *Paul Mongré:* Ekstasen, *S. 126.*

Erläuterungen

12 vierzehn Helfer] *die ›Vierzehn Nothelfer‹, eine besonders im Mittelalter verehrte, in allen leiblichen und seelischen Nöten angerufene Gruppe von Heiligen; Anlaß zur Anrufung gaben insbesondere die ihnen beigegebenen ikonographischen Attribute, die auf den legendenhaften Biographien beruhen. Zu den ›Vierzehn Nothelfern‹ werden seit Ende des 14. Jhds. gezählt: die Bischöfe* Blasius, Dionysius von Paris *und* Erasmus, *die Jungfrauen* Barbara, Katharina von Alexandrien *und* Margaretha von Antiochien, *die drei ritterlichen Heiligen* Achatius der Soldat, Eustachius der Arzt *und* Georg *sowie* Pantaleon der Mönch, Ägidius der Diakon, Cyriacus von Rom, Vitus der Riese *und* Christopherus.

Rondels

Aus dem Pierrot Lunaire von Albert Giraud

1. Heimatduft

Übertragung des Gedichts ›Parfums de Bergame‹ (Giraud: ›Pierrot lunaire‹, S. 76), dessen ›O alter Duft‹ getitelte deutsche Variante HARTLEBEN bereits 1893 in seinem ›Pierrot‹ publiziert hatte (S. 35, THEODOR FONTANE zugeeignet).

GIRAUD: ›Parfums de Bergame‹	HARTLEBEN: ›O alter Duft‹
O vieux parfum vaporisé Dont mes narines sont grisées! Les douces et folles risées Tournent dans l'air subtilisé.	O alter Duft aus Märchenzeit, Berauschest wieder meine Sinne! Ein närrisch Heer von Schelmerein Durchschwirrt die leichte Luft.
Désir enfin réalisé Des choses longtemps méprisées: O vieux parfum vaporisé Dont mes narines sont grisées!	Ein glückhaft Wünschen macht mich froh Nach Freude, die ich lang verachtet: O alter Duft aus Märchenzeit, Berauschest wieder mich
Le charme du spleen est brisé: Par mes fenêtres irisées Je revois les bleus Élysées Où Watteau s'est éternisé. – O vieux parfume vaporisé!	All meine Unmut gab ich preis; Aus meinem sonnumrahmten Fenster Beschau ich frei die liebe Welt Und träum hinaus in selge Weiten ... O alter Duft – aus Märchenzeit!

Überlieferung

D *PAUL MONGRÉ:* Ekstasen, *S. 129.*

Erläuterungen

11 Watteaus Schäferdamen] *Der französische Maler und Zeichner ANTOINE WATTEAU (1684–1721) gilt als Schöpfer einer neuen Bildgattung, des ›peintre des fêtes galantes‹, intimer Gesellschaftsstücke, die eine verfeinerte höfische Kultur in vollendeter Harmonie von Erotik, mythologischer Anspielung und gesellschaftlichen Umgangsformen zeigen, aber auch, insbesondere in der Frühphase, des ›peintre des fêtes champêtres‹. Aufgrund seiner nachlässigen Malweise – er grundierte mangelhaft und verdünnte die Farben mit viel Öl – sind die meisten seiner Bilder nicht erhalten. – Mit* Watteaus Schäferdamen *spielt HAUSDORFF vmtl. auf WATTEAUS gegen 1715 entstandenes Bild ›Les plaisirs pastorales‹ an.*

12 Belveder] eigentlich Belvedere, ›Schönblick‹, Name schöner Aussichtspunkte und an solchen Stellen errichteter Bauten.

2. Ein Elend

Übertragung des Gedichts ›Déconvenue‹ (Giraud: ›Pierrot lunaire‹, S. 14), dessen ›Schweres Loos‹ getitelte deutsche Variante Hartleben bereits 1893 in seinem ›Pierrot‹ publiziert hatte (S. 4).

Giraud: ›Déconvenue‹	*Hartleben: ›Schweres Loos‹*
Les convives, fourchette au poing, Ont vu subtiliser les litres, Les rôtis, les tourtes, les huîtres, Et les confitures de coing.	*Mit den Gabeln in den Fäusten Schaun die Schlemmer stumpf darein, Leer die Flaschen, leer die Schüsseln, Hin die Austern und Dessert.*
Des Gilles, cachés dans un coin, Tirent des grimaces de pitres: Les convives, fourchette au poing, Ont vu subtiliser les litres.	*Und die Piccolos in den Ecken Ziehn Grimassen, bübisch frech. Mit den Gabeln in den Fäusten Schaun die Schlemmer stumpf darein.*
Pour souligner le désappoint, Des insectes aux bleus élytres Viennent cogner les roses vitres, Et leur bourbon nargue de loin Les convives, fourchette au poing.	*Blaugeflügelte Insekten Stossen mit den schwarzen Köpfen An die abendroten Fenster: Brummelnd höhnen sie die Schlemmer Mit den Gabeln in den Fäusten.*

Überlieferung

D *Paul Mongré:* Ekstasen, *S. 130.*

Erläuterungen

6 Piccolo] *ital. eigentlich ›Kleiner‹; Lehrling im Gaststätten- und Bewirtungsgewerbe*

3. Pierrot Dandy

Übertragung des Gedichts ›Pierrot Dandy‹ (Giraud: ›Pierrot lunaire‹, S. 12), dessen ›Der Dandy‹ getitelte deutsche Variante Hartleben bereits 1893 in seinem ›Pierrot‹ publiziert hatte (S. 3, Hermann Bahr zugeeignet).

Giraud: ›Pierrot Dandy‹	*Hartleben: ›Der Dandy‹*
D'un rayon de lune fantasque Luisent les flacons de cristal Sur le lavabo de santal Du pâle dandy bergamasque	*Mit einem phantastischen Lichtstrahl Erleuchtet der Mond mit krystallnen Flacons Auf dem schwarzen, hochheiligen Waschtisch Des schweigenden Dandys von Bergamo.*
La fontaine rit dans sa vasque Avec un son clair de métal. D'un rayon de lune fantasque Luisent les flacons de cristal	*In tönender, bronzener Schale Lacht hell die Fontaine, metallischen Klangs. Mit einem phantastischen Lichtstrahl Erleuchtet der Mond die krystallnen Flacons.*
Mais le seigneur à blanche basque Laissant le rouge végétal Et le fard vert oriental,	*Pierrot mit dem wächsernen Antlitz Steht sinnend und denkt: wie er heute sich schminkt? Fort schiebt er das Rot und des Orients Grün*

Maquille étrangement son masque	*Und bemalt sein Gesicht in erhabenem Stil*
D'un rayon de lune fantasque.	*Mit einem phantastischen Mondstrahl.*

Überlieferung

D *Paul Mongré:* Ekstasen, *S. 131.*

d^1 *Joseph Marx: ›Lieder und Gesänge‹. Erste Folge , Nr. 20 [Komposition 1909; Otto Erich Hartleben zugeschrieben]. Wien 1910, Eigenpaginierung.*

d^2 *Joseph Marx: ›Lieder für hohe Stimme und Klavier‹. Wien 1910, S. 29–33: ›Pierrot Dandy. Aus dem Pierrot Lunaire des Albert Giraud. Deutsch von Otto Erich Hartleben‹.*

Varianten

2 Funkeln] *blitzen* d^1, d^2
4 Dandy Pierrot] *Pierrot Dandy* d^1, d^2
8 Funkeln] *blitzen* d^1, d^2
9 Pierrot, statt] *Pierrot statt* d^1, d^2
12 Ihr] *ihr* d^1, d^2

Erläuterungen

2 Krystalle] *hier Behälter aus geschliffenem Glas.*

Colombine

Das Gedicht steht, obwohl es dem Titel nach an Girauds ›A Colombine‹ (›Pierrot lunaire‹, S. 26) und Hartlebens ›Colombine‹ (›Pierrot lunaire‹, S. 10, Heinrich Rickert zugeeignet) erinnert, in keinerlei Beziehung zu diesen.

Überlieferung

D *Paul Mongré:* Ekstasen, *S. 132.*

Erläuterungen

10 Richter in der Fehme] *Seit dem 13. Jahrhundert wurden in Westfalen und den niederdeutschen Gebieten zur Rechtspflege sogenannte Femegerichte eingesetzt, die sich aus Mitgliedern der persönlich freien Bevölkerung (sogenannten ›Freischöffen‹) rekrutierten und denen die Aburteilung schwerer Verbrechen oblag. Nachdem diese im 15. Jahrhundert in Konkurrenz und Konflikt mit den Stadt- und Territorialgewalten gerieten, organisierten sich die Femegerichte als eine Art Geheimbund, in welchem jeder unbescholtene Mann als Schöffe nach bestimmten Ritualen aufgenommen werden und in eigener wie in fremder Sache Klage erheben konnte. Erschien ein Beklagter nicht zur Verhandlung, so reichte der Eid des Klägers aus, um eine Verurteilung zum*

Tod durch den Strang zu erwirken; die Vollstreckung eines solchen Urteils war die Pflicht eines jeden Schöffen (vgl. ›Handwörterbuch zur deutschen Rechtsgeschichte‹, Bd. 1, S. 1099).

12 Buhlerkränzlein] *vgl. Erl. zu 8, S. 218.*

Bergzauber

Überlieferung

D *Paul Mongré:* Ekstasen, *S. 133.*

Fiasko

Überlieferung

D *Paul Mongré:* Ekstasen, *S. 134.*

Selbstmord

Das Gedicht steht, obwohl es den gleichen Titel wie Girauds ›Suicide‹ (›Pierrot lunaire‹, S. 43) und Hartlebens ›Selbstmord‹ (›Pierrot lunaire‹, S. 18) trägt, in keinerlei Beziehung zu diesen.

Überlieferung

D *Paul Mongré:* Ekstasen, *S. 135.*

Erläuterungen

9 Spleen] *vgl. dazu Erl. zu 3 im Kommentarteil zu* Der Komet, *HGW VIII, 731.*

12 Bett voll Hobelspäne] *sprichwörtliche Anspielung auf den Sarg, der mit den bei der Herstellung anfallenden Hobelspänen ausgelegt wurde (vgl. HWdA 7, 946).*

Sonnenbad

Überlieferung

D *Paul Mongré:* Ekstasen, *S. 136.*

Erläuterungen

3 Gicht] *hier nicht im Sinne der Gelenkerkrankung, sondern im Sinne allgemeinen krankhaften Befindens.*

4 Sankt Rochus] *Der* HL. *ROCHUS (um 1295 – 1327), zusammen mit* ST. *SEBASTIAN Patron der Pestkranken und der Siechen allgemein, wird vielfach unter die Vierzehn Nothelfer, einer besonders im Mittelalter verehrten, in allen leiblichen und seelischen Nöten angerufenen Gruppe von Heiligen, gezählt. Der Legende nach erkrankte er auf der Rückkehr von einer Pilgerreise nach Rom (1317 bis 1320, unterwegs und in Rom Heilung von Pestkranken) selbst an der Pest, woraufhin er sich in eine Waldhütte zurückzog und dort von einem Hund mit Brot versorgt wurde. Von einem Engel geheilt, kehrte er nach Montpellier zurück, wo man ihn unter dem Verdacht der Spionage einkerkerte. Er wird dargestellt als Pilger mit Stab und Flasche, auf die Pestbeule am entblößten Oberschenkel deutend, mit einem Hund an seiner Seite (mit oder ohne Brot im Maul), oftmals auch mit einem Engel (der als Zeichen der Heilung eine Arzneibüchse trägt). Das von* HAUSDORFF *hier benutzte Bild* Wie Hunde einst an des Sankt Rochus Schwären leckten *ist ikonographisch nicht nachgewiesen.*

4 Schwären] *schwären svw. eitern; hier eitrige Hautentzündung, Furunkel.*

Gegen die Liebe

Überlieferung

D *PAUL MONGRÉ:* Ekstasen, *S. 137.*

Erläuterungen

3 Unhold] *bezeichnet »im sinne des mythologischen denkens […] ursprünglich mächtige, feindselig schädigende dämonen und dämonisches, teufel, böse geister, gespenster«, im 18. Jahrhundert »gewinnt nichtmythologische vorstellung raum, gestaltet den begriff überwiegend menschlich-sittlich und fördert verwendung des wortes als schelte, rüge u. kraftausdruck. so bezeichnet es, etwas milder als ungetüm u. ungeheuer, zunächst α) einen bösen, rohen, gräszlichen, abscheulichen menschen, einen ›kerl‹, frevler, bösewicht, wütherich, ein scheusal u. ä.; […] β) verblaszt, scherzhaft u. kosend verwendet, büszt es seinen sittlichen nachdruck ein« (DWb XXIV, 1067f.).*

Schwarz und Weiß

Überlieferung

D *PAUL MONGRÉ:* Ekstasen, *S. 138.*

Erläuterungen

12 Myrtenreis] *Die v.a im Mittelmeerraum vorkommende, immergrüne gemeine Myrte (Myrtus communis) galt in der Antike als Sinnbild der Liebe und Schönheit und war der Göttin Aphrodite/Venus heilig (vgl. Horaz: ›Oden‹ I,4), aber auch als Symbol der Keuschheit, Reinheit und Jungfräulichkeit, wodurch der Gebrauch von Myrtenzweigen bzw. -reisern als Brautschmuck und ›Jungfernkranz‹ Verbreitung fand (vgl. Catull: ›Carmina‹ LXI). Vgl. zur Sinnbildlichkeit der ›Brautmyrte‹ zeitgenössisch auch eines der ›Brautlieder‹ des deutschen Komponisten Peter Cornelius (1824–1874):*

In meinem Herzen regte
Der Liebe Wunsch sich leis,
Da pflanzt' ich ein und pflegte
Ein zartes Myrtenreis.
In Leid und Lust erglühte
Der Liebe Flamme heiß,
Da wuchs empor und blühte
Mein zartes Myrtenreis.
Und nun mein Herz errungen
Der Liebe reichsten Preis,
Hat sich zum Kranz verschlungen
Mein zartes Myrtenreis.

(›Liederkreise mit Pianofortebegleitung.‹ Leipzig o.J., S. 2f.). Vgl. auch Gottfried August Bürgers (1747–1794) ›Des armen Suschens Traum‹ (1773): »D'rauf ging ich wohl ans Gartenbeet, / Zu schau'n mein Myrtenreis, / Das ich zum Kränzchen pflanzen thät, / Und pflegen thät mit Fleiß« (›Gedichte in zwei Teilen.‹ Hrsg. v. Ernst Cosentius. Berlin u.a. 1910, Bd. 1, S. 138f.)], ebenso Ernst Moritz Arndts (1769–1860) ›Klage‹ (1798): »Des grausen Schnitters Sense blinkt / Mit jedem Glockenschlage, / Sie mäht den Jüngling und den Greis, / Die Jungfrau mit dem Myrtenreis / Und bleicht die zarten Züge / Des Kindleins in der Wiege« (›Werke.‹ Hrsg. v. August Leffson und Wilhelm Steffens. 12 Bde. Berlin u.a. 1912, Bd. 1, S. 14f.).

Besinnung

Überlieferung

D *Paul Mongré:* Ekstasen, *S. 139.*

Einer Unberührten

Überlieferung

D *Paul Mongré:* Ekstasen, *S. 140.*

Erläuterungen

1–13 Welch entflammtes Blut *bis* Dein entflammtes Blut!] *vgl. dazu das von Otto Erich Hartleben in seiner ›Verdeutschung‹ des ›Pierrot Lunaire‹ (1893) Hausdorff gewidmete Rondel ›Rote Messe‹ (abgedruckt in der Einleitung, HGW VIII, 18). Nach Hartlebens Tagebuch entstand dieses Rondel bereits im Dezember 1887, vgl. ›Tagebuch. Fragment meines Lebens.‹ München 1906, S. 36f.*

Toilette

Überlieferung

D *Paul Mongré:* Ekstasen, *S. 141.*

Erkenntnis

Überlieferung

D *Paul Mongré:* Ekstasen, *S. 142.*

Zuchtwahl

Überlieferung

D *Paul Mongré:* Ekstasen, *S. 143.*

Erläuterungen

Zuchtwahl] *in der deutschsprachigen Rezeption zentraler Begriff der Evolutionstheorie Charles Robert Darwins (1809–1882; vgl. ›On the origin of species by means of natural selection, or the preservation of favoured races in the struggle for life.‹ London 1859), verwendet seit der ersten Übersetzung durch Heinrich Georg Bronn (1800–1862); Bronn selbst schreibt dazu: »Durch ›Züchtung‹ werde ich den stets wiederkehrenden Englischen Ausdruck ›Selection‹ übertragen, welcher in gegenwärtigem Sinne auch in England nicht gebräuchlich und desshalb dort angegriffen worden ist. Richtiger wäre wohl ›Auswahl zur Züchtung‹ gewesen, zumal bei der ›Züchtung‹ auch noch Anderes als die Auswahl der Zucht-Thiere allein in Betracht kommen kann, doch ist Diess von wohl nur untergeordnetem Interesse. Zuweilen entspricht jedoch eine Übersetzung etwa durch das neu zu bildende Wort ›Zuchtwahl‹ wirklich besser, insbesondre bei Übertragung des Ausdrucks ›Sexual selection‹« (›Über die Entstehung der Arten im Thier- und Pflanzen-Reich durch natürliche Züchtung, oder die Erhaltung der ver-*

vollkommneten Rassen im Kampfe um's Daseyn.‹ Stuttgart 1860, S. 10, Anm.). Ernst Haeckel (1834–1919) bezeichnete denn Darwins Theorie auch stets als »Züchtungslehre« oder »Zuchtwahllehre« (vgl. ›Die Welträthsel. Gemeinverständliche Studien über monistische Philosophie.‹ Bonn 1899, S. 291 u. S. 304). Schon Platon sieht für das ideale Gemeinwesen die ›Zuchtwahl‹ unter Menschen vor (vgl. ›Politeia‹ V,458d), und auch Tommaso Campanellas (1568–1639) 1602 publizierter Dialog ›La città del sole‹ (›Der Sonnenstaat‹; lat. Übersetzung 1623) thematisiert ein solches Programm, denn die Sonnenstaatler behaupten, man müsse die »ganze und hauptsächliche Sorgfalt auf die Fortpflanzung verwenden und die natürlichen Eigenschaften müßten erwogen werden, nicht aber die trügerischen Mitgaben und Adelstitel« (»Idcirco totum studium ac principale in generatione adhibendum esse et naturalia merita perpenda esse, non dotes, et nobilitates fallaces generis«; Übersetzung von Klaus J. Heinisch [›Der utopische Staat.‹ Reinbek bei Hamburg 1960, S. 132]), und so seien bei ihnen die »Frauen im Gehorsam und im Bett gemeinsam [...], jedoch nicht durchweg und nicht nach Art derTiere, die jedes Weibchen, das ihnen begegnet, annehmen, sondern lediglich der gesunden und leistungsfähigen Nachkommenschaft wegen« (»Hoc vidi Solaribus communes esse mulieres obsequio et thoro, sed non semper more belluarum, quamcumque oblatam foeminam subagitantium, sed nisi gratia et ordine generationis ut dictum credo tamen hos decipi posse in hoc«; Übersetzung ebd., S. 137); Ignaz Emanuel Wessely (1841–1900) übersetzt zeitgenössisch diese Passage wie folgt: »Das aber weiß ich und habe es gesehen, daß bei den Solariern die Frauen den Dienstleistungen und dem Ehelager nach gemeinsam sind. Aber nicht nach Art der wilden Thiere, daß sie sich jedes ihnen begegnenden Weibes bemächtigen, sondern, wie es heißt nach dem Gesetze der Zuchtwahl. Ich glaube aber, daß sie sich da irren«; er fügt jedoch hinzu, daß Campanella »nicht direkt von der Zuchtwahl« spreche, »gleichwohl [könne] das, von dem er spricht, nicht anders bezeichnet werden. Die Auswahl von geeigneten Individuen zur optimalen Fortpflanzung und Vermehrung« (›Der Sonnenstaat. Idee eines philosophischen Gemeinwesens.‹ München 1900, S. 32f. mit Anm.).

13 Larve] *lat. lar ›Gespenst‹; seit dem Ende des 18. Jahrhunderts gebräuchliche Bezeichnung für eine Maske.*

Bei den Skythen

Überlieferung

D *Paul Mongré:* Ekstasen, *S. 144.*

Erläuterungen

Skythen] *die nur in griechisch-römischen Quellen als Σκύθαι / Scythae bezeichneten Nomaden- und Reiterstämme siedelten den ›Historien‹ des Herodot (490/480 v. Chr. – um 424 v. Chr.) zufolge in einem Gebiet vom Istros (dem*

Unterlauf der Donau) im Westen bis zum Tanaïs (Don) im Osten und vom Schwarzen Meer im Süden ›20 Tagesmärsche‹ (ca. 700 km) nach Norden (IV,1–144).

Sündheim

Überlieferung

D *Paul Mongré:* Ekstasen, *S. 145.*

Erläuterungen

Sündheim] *Neologismus wohl in Anspielung auf Niflheim (anord. Niflheimr ›Dunkelwelt‹), die nach der altnordischen Mythologie von Reif- und Frostriesen bevölkerte eisige Nordwelt, und Muspelheim (anord. Muspellsheimr ›Feuerwelt‹), das Feuerreich im Süden, in dem Feuerriesen leben. Beide Welten sind zentral für den altnordischen Schöpfungsmythos: Entstanden durch den Willen FIMBULTÝRS (anord. ›gewaltiger Gott‹) im ewigen Weltengrund Ginnungagap (anord. ›Kluft der Klüfte‹, dem Chaos oder dem Tohuwabohu [Gen 1,2] vergleichbar), wird durch ihr Zusammentreffen der Riese ÝMIR (anord. ›Zwitter‹) und damit die Materie geschaffen; ODIN, VILI (anord. ›Wille‹) und VÉ (anord. ›Weihe‹), die Söhne des bereits vor der Schöpfung geborenen Vorzeitwesens BURR (anord. ›Sohn‹) und der Eisriesin BESTLA und die ersten Götter, töten ÝMIR, legen ihn in die Ginnungagap und formen aus seinem Schädel den Himmel, aus seinem Gehirn die Wolken, aus seinem Fleisch die Erde, aus seinem Blut das Meer, aus seinen Zähnen Steine und Felsen und aus seinem Haar die Bäume.*

Seliges Verstummen

Überlieferung

D *Paul Mongré:* Ekstasen, *S. 146.*

Die Hexe
1.

Überlieferung

D *PAUL MONGRÉ:* Ekstasen, *S. 147.*

Erläuterungen

4 Hexenwaage] *die ›probatio per pondera et lancem‹, eine der sogenannten ›Hexenproben‹; da man annahm, Hexen seien, u.a. da sie fliegen könnten, federleicht, bestand diese Probe darin, daß die Angeklagte auf einer Waage (meist die Stadtwaage) schwerer sein mußte als geschätzt, um als unschuldig zu gelten.*

6 Um Antwort wirbt die »Frage«] *hier die ›peinliche‹ Frage, die Folter.*

7 schrauben, winden, schnüren] *die Folter mit Daumen- bzw. Beinschrauben (›Spanische Stiefel‹), durch Fesseln der Arme auf den Rücken und Aufziehen mit einer Seilwinde (meist mit Gewichten an den Füßen) sowie durch Umwickeln und Abbinden der Gliedmaßen mittels eines Stricks oder Riemens.*

9f. Zwar ist, ein Weib, das trage, / Verboten zu berühren] *Schwangere und stillende Frauen waren, um das Leben des Kindes zu schützen, nach der mittelalterlichen und frühneuzeitlichen Rechtspraxis von der Folter sowie von Strafen an Leib und Leben ausgenommen – zumindest solange, bis sie niedergekommen bzw. die Kinder entwöhnt waren.*

2.

Erläuterungen

4 Vier Stangen, Reisig, Bretter] *Der Scheiterhaufen wurde oft in Form einer ›Hütte‹ errichtet, in deren Innerem die oder der Verurteilte verbrannt wurde.*

Anders

Überlieferung

D *Paul Mongré:* Ekstasen, *S. 149.*

Erläuterungen

5 Dornenkrone] *Nach Mt 27,27–29 »flochten« die Soldaten des Pontius Pilatus »eine Krone aus Dornenzweigen« und drückten sie Jesus Christus »auf den Kopf«.*

10 Philister] *vgl. Erl. zu 109 im Kommentarteil zu Stirner, HGW VIII, 397.*

11 Molche spei'n, Giftkröten spritzen] *Dem Volksaberglauben zufolge »[ver]spritzt« der Molch – wobei hierunter fast immer der Feuer- bzw. Alpensalamander verstanden wird –, wenn »er gereizt« wird, »riechenden Saft« (HWdA VI, 455–460, hier 456); wenn hingegen die Kröte »den Menschen [...] ›anseicht‹ oder ›anpustet‹, d. h. ihren giftige Saft anspritzt«, so »entstehen an der getroffenen Stelle böse und schwer heilbare Geschwüre« (HWdA V, 608–635, hier 608). – Vgl. auch Gottlieb Konrad Pfeffels (1736–1809) Gedicht ›Das Johanneswürmchen‹ (1778): »Leise schlich aus faulem Moos / Sich ein Ungethüm, / Eine Kröte, her und schoß / All ihr Gift nach ihm [dem*

Johanneswürmchen]« (›Poetische Versuche.‹ Erster bis Dritter Theil. Tübingen 1802, 2. Theil, S. 39).

Begegnung

Überlieferung

D *Paul Mongré:* Ekstasen, *S. 150.*

Der Schlüssel

Überlieferung

D *Paul Mongré:* Ekstasen, *S. 151.*

Erläuterungen

6 Der Schlüssel Faustens, der die Geister weckt] *vgl. Johann Wolfgang von Goethes (1749–1832) Tragödie ›Faust‹: »Mephistopheles [...] / Hier diesen Schlüssel nimm. / Faust Das kleine Ding! / Mephistopheles Erst faß' ihn an und schätz' ihn nicht gering. / Faust Er wächst in meiner Hand! Er leuchtet, blitzt! / Mephistopheles Merkst du nun bald was man an ihm besitzt? / Der Schlüssel wird die rechte Stelle wittern, / Folg ihm herab, er führt dich zu den Müttern.« (›Faust‹ II, 1. Akt: ›Kaiserliche Pfalz. Finstere Galerie‹, vv. 6257–6263; WA I,15, 72.)*

Carmen

Überlieferung

D *Paul Mongré:* Ekstasen, *S. 152.*

Erläuterungen

5 Don Jose: er knirscht und droht] *In Prosper Mérimées (1803–1870) Novelle ›Carmen‹ (1845, Buchausgabe Paris 1846), die Hausdorff hier zweifellos parodiert, ist der Dragonerkorporal Don José Lizzarrabengoa dem Zigeunermädchen Carmen haltlos verfallen und steigert sich in maßlose Eifersucht, die in der Ermordung Carmens mündet. Mérimées Novelle diente Georges Bizet (eigentlich Alexandre-César-Léopold B.; 1838–1875) als Vorlage für seine im März 1875 uraufgeführte Oper ›Carmen‹, die den Stoff auch außerhalb Frankreichs bekannt machte.*

Am Kamin

Überlieferung

D *Paul Mongré:* Ekstasen, *S. 153.*

Edler Verzicht

Überlieferung

D *Paul Mongré:* Ekstasen, *S. 154.*

Erläuterungen

10 frommen] *nutzen, veraltete verbale Ableitung von ahd. froma ›Nutzen‹, ›Vorteil‹.*

Orgie

Überlieferung

D *Paul Mongré:* Ekstasen, *S. 155.*

Erläuterungen

11 Bacchantenzug] *Während der zu Ehren des griechisch-römischen Weingottes Dionysos-Bacchus gefeierten rituellen Feste, zu denen ursprünglich nur Frauen zugelassen waren, zogen die Anhängerinnen des Kultes, die Mänaden (griech. μαινάς (mainás) ›die Rasende‹) oder Bacchantinnen in Tierfelle gehüllt in wilder Verzückung tanzend durch Wälder und Gebirge, um schließlich dem Weingott in mystisch-orgiastischen Ausschweifungen zu huldigen.*

Dem Genius des Augenblicks

Überlieferung

D *Paul Mongré:* Ekstasen, *S. 156.*

d[1] *Joseph Marx: ›Lieder und Gesänge.‹ Erste Folge, Nr. 4 [Komposition 1910]. Wien 1910, Eigenpaginierung.*

d[2] *Joseph Marx: ›To the Genius of the Moment.‹. Wien u.a. o.J., Eigenpaginierung, hier S. 2.*

ü *Joseph Marx: ›To the Genius of the Moment.‹ Übers. v. S. Langford. Wien u.a. o.J., Eigenpaginierung, hier S. 2.*

Varianten

1 süß, daß] *süß, das* d^1
2 gefädelt ward] *gefädelt war* d^1, d^2
4 küßt'] *küßt* d^1, d^2
4 Mund.] *kein Strophenende* d^2
6 Grund!] *Strophenende* d^2
7 süß, daß] *süß daß* d^2
8 gefädelt ward] *gefädelt war* d^1, d^2
8 gesponnen.] *kein Strophenende* d^2
9 wir, und] *wir und* d^1, d^2
9 wund:] *wund* d^1, d^2
10 brüht's, der] *brüht's der* d^2
12 im Schlund] *den Schlund* d^1, d^2
13 Bund!] *Bund.* d^1, d^2

Übersetzung

To the Genius of the Moment.

That is the best of our so swift compact,
It was nor finely spun, or long a-spinning,
Yes, flamed from out thine eyeballs, two suns burning,
Fired by the passion, straight I kissed thy mouth.
Not shy, nor trembling on the brink we tarried,
But mad with joy, into the depths we sprang!

That is the best of our so swift compact,
Nor finely spun it was, nor long a-spinning,
In white heat plunged we, nor felt a wound,
The scorch who wait until the mental runneth!
We emptied at one dranght the cup of joy and bliss
And no sour tang is left of all we drank.
That is the best of our so swift compact.

Erläuterungen

5 Bronnen] *durch Vertauschung zweier Laute (Metathese) entstandene Ableitung aus Born, niederdeutsch für Brunnen.*

Demeter

Überlieferung

D PAUL MONGRÉ: Ekstasen, *S. 157.*

Erläuterungen

6 Demeter] *Der griechischen Mythologie zufolge Tochter des* Kronos *und der* Rheia *und Schwester des* Zeus *(vgl.* Hesiod: *›Theogonie‹ 453–457), wurde* Demeter *als Göttin der Fruchtbarkeit und des Ackerbaus verehrt (vgl. ebd. 912); ihr Heiligtum stand in Eleusis, wo alljährlich im Herbst angeblich von ihr selbst gestiftete Mysterien gefeiert wurden, zu denen nur Frauen zugelassen waren Die Griechen feierten jährlich zur Aussaat ihr zu Ehren die Thesmophorien. – Unter den zahlreichen, schon in der Antike greifbaren literarischen Gestaltungen sticht in neuerer Zeit* Friedrich Schillers *(1759–1805) Gedicht ›Das Eleusische Fest‹ hervor, 1798 unter dem Titel ›Bürgerfest‹ im ›Musenalmanach 1799‹ publiziert (*Schiller: *›Sämtliche Werke.‹ Hrsg. v.* Gerhard Fricke *u.* Herbert G. Göpfert. *5 Bde. München* 8*1987, Bd. 1, S. 194–200.*

12 den zerstückten Gott uns neu gebiert] *vmtl. Anspielung auf* Osiris, *den Gott der sterbenden und wieder auflebenden Natur, der der ägyptischen Mythologie zufolge von seinem Bruder* Seth *getötet und zerstückelt wurde, woraufhin seine Schwester und Gemahlin* Isis *die Leichenteile sammelte, mit Binden zusammenfügte und den Körper durch Zauberkraft zu neuem Leben erweckte, um von ihm den weltumspannenden Lichtgott* Horus *zu empfangen. Das sich in Tod und Rückkehr aus der Unterwelt symbolisierende Werden und Vergehen der Natur schlägt sich auch im Mythos um* Adonis *nieder, eines ursprünglich semitischen Vegetationsgottes, nach der griechischen Mythologie der Sohn des zypriotischen Königs* Kinyras *und seiner Tochter* Myrrha *(vgl.* Ovid: *›Metamorphosen‹ X, 298–518), den eine leidenschaftliche Liebe mit der – von den Griechen mit* Isis *gleichgesetzten – Göttin* Aphrodite *verband, bis er auf der Jagd von einem wilden Eber zerrissen wurde (vgl.* Apollodor: *›Bibliothek‹ III, 183–185);* Aphrodite *ließ aus dem Blut des Getöteten eine Blume, die Anemone wachsen (*Ovid: *›Metamorphosen‹ X, 739).*

Katastrophe

Entstehung

Einem Brief vom 29. Dezember 1893 an den kurz zuvor von der Herausgeberschaft der Werke Nietzsches *entbundenen* Heinrich Köselitz *(vgl. das Zitat aus diesem Brief im Abschnitt ›Zeugnisse‹) legte* Hausdorff ein paar »Lieder«, die gerade zur Verfügung *standen, bei. Eines dieser* Lieder, *überschrieben* 15. Oktober 1894 *(dies war der fünfzigste Geburtstag* Nietzsches, *der bereits einige Jahre in geistiger Umnachtung lebte) ist überliefert, es fand unverändert unter dem Titel* Katastrophe *Eingang in die* Ekstasen.

Überlieferung

H *nicht nachgewiesen.*

H^1 *Anlage zu einem Brief an* H*EINRICH* K*ÖSELITZ* *vom 29. Dez. 1893 (GSA Weimar, Gast, Nr. 355).*

D *P*AUL *M*ONGRÉ*:* Ekstasen, *S. 158.*

Drei Blätter

Überlieferung

D *P*AUL *M*ONGRÉ*:* Ekstasen, *S. 159.*

Notturno

Überlieferung

D *P*AUL *M*ONGRÉ*:* Ekstasen, *S. 160.*

Vermischte Gedichte

Verzaubert

Überlieferung

D *P*AUL *M*ONGRÉ*:* Ekstasen, *S. 163.*

Grausame Liebe

Überlieferung

D *P*AUL *M*ONGRÉ*:* Ekstasen, *S. 164.*

Zu lange stumm

Überlieferung

D *P*AUL *M*ONGRÉ*:* Ekstasen, *S. 165–167.*

Kein Friede

Überlieferung

D *Paul Mongré:* Ekstasen, *S. 168–170.*

Der Kelch

Überlieferung

D *Paul Mongré:* Ekstasen, *S. 171f.*

Böses Spiel

Überlieferung

D *Paul Mongré:* Ekstasen, *S. 173f.*

Meine Rache

Überlieferung

D *Paul Mongré:* Ekstasen, *S. 175f.*

Schimpf um Schimpf

Überlieferung

D *Paul Mongré:* Ekstasen, *S. 177f.*

Erläuterungen

2 Buhlerweibes] *vgl. zu ›Buhler‹ Erl. zu 8, S. 218; lexikalisch ist der Terminus ›Buhlerweib‹ nicht belegt, wohl aber die ›Buhlerin‹ im negativen Sinne als Hure (vgl. Dwb II, 505) bzw. die ›Buhlfrau‹ als Konkubine (ebd.).*

20 Buben] *seit dem Spätmittelalter im ganzen westlichen deutschen Sprachgebiet bezeugte Bezeichnung wahrscheinlich älteren niederen Ursprungs mit verschiedenen Bedeutungen: männliches Kind, niederer Bediensteter und schließlich Schelm, was hier im negativen Sinne als Dieb bzw. Verbrecher zu verstehen ist (vgl. DWb II, 457–461).*

30 Trosses] *Im Mittelalter entlehnt aus dem frz. trousse ›Bündel‹, bezeichnet Troß im Militärwesen den dem Heer nachfolgenden bespannten Fuhrpark mit Verpflegung, Munition und Gepäck.*

An meine Feindin

Überlieferung

D *Paul Mongré:* Ekstasen, *S. 179–181.*

Erläuterungen

13 Gipfel-Firn] *vgl. zu ›Firn‹ Erl. zu 4, S. 201.*
40 Wiesenmatten] *hier tautologisch, da als ›Matten‹ die oberhalb der Baumgrenze liegenden Hochgebirgswiesen bezeichnet werden.*

Zu Ende

Überlieferung

D *Paul Mongré:* Ekstasen, *S. 182f.*

Erläuterungen

18 Buhler] *vgl. Erl. zu 8, S. 218.*

Erfrorene Liebe

Überlieferung

D *Paul Mongré:* Ekstasen, *S. 184.*

Letzter Dank

Überlieferung

D *Paul Mongré:* Ekstasen, *S. 185–187.*

Götzendienst

Überlieferung

D *Paul Mongré:* Ekstasen, *S. 188f.*

Mittagschrecken

Überlieferung

D *Paul Mongré:* Ekstasen, *S. 190.*

2 Lichtalp] *Als ›Alp‹ oder ›Alb‹, auch ›Elb‹ oder ›Mare‹ werden in der germanischen Mythologie bald menschen-, bald tiergestaltige gespensterhafte Wesen bezeichnet, die meistens um die Mitternacht den Schlafenden auf den Leib springen und ihnen Brust und Kehle derart zudrücken, daß sie weder atmen noch schreien können (›Alpdruck‹). Obwohl die ›Alben‹ bzw. ›Maren‹ mehrenteils in der nächtlichen Dunkelheit (›Nachtmar‹) auftreten, können sie aber auch am hellichten Tag, zur Mittagszeit den Schlafenden ›überfallen‹ und ihn quälen und ängstigen (vgl. hierzu zeitgenössisch generell* Wolfgang Golther*: ›Handbuch der Germanischen Mythologie.‹ Leipzig 1895, spez. 1. Hauptstück, Abschnitt 1: ›Die Gestalten des Volksaberglaubens (die niedere Mythologie)‹. – Man findet in dem Gedicht auch eine Reminiszenz an den Aphorismus 121 in* Hausdorffs *Sammlung* Sant' Ilario; *auch in sprachlicher Hinsicht zeigen sich Gemeinsamkeiten:* Liebe ist der »panische Schrecken«, das daemonion meridianum, Alpdruck im Mittagstraum, wenn die Sonne vom Zenit magisches Unheil brütet – wer sie erfuhr, braucht sich nicht mehr vor Nachtgespenstern zu fürchten *(*Sant' Ilario, *S. 102 [HGW VII, 196]).*

15f. Hörst den Kobold *bis* böses Necken] *Bereits im Altertum gehen zur Mittagszeit zahlreiche sagenhafte ›Mittagsdämonen‹ um, die denjenigen strafen, der die Mittagsruhe nicht einhält. In der griechischen Mythologie ist dies etwa der gehörnte* Pan*, Gott der Viehweiden und Berge, ein »kleiner bärtiger Unhold« (›Homerischer Hymnos‹ XIX, 47), der sich meist an einsamen Orten aufhält und in der Mittagshitze durch einen lauten Schrei als ›daemonion meridianum‹, als ›Mittagsdämon‹ plötzlich ›panische‹ Angst bei Hirten und Herden auslösen kann. Auch die germanische Mythologie kennt den ›Tagalb‹, und das hebräische Alte Testament spricht von der »Seuche, die am Mittag Verderben bringt« (Ps 91,6). In der ›Septuaginta‹, der in den letzten drei vorchristlichen Jahrhunderten entstandenen, aus zahlreichen Einzelübersetzungen kompilierten griechischen Version des Alten Testaments, wird diese ›Seuche‹ ebenfalls als ›Mittagsdämon‹ interpretiert.*

15–20 Mittagmann *bis* das Fell dir blutig] *im ganzen deutschen Sprachgebiet und in Osteuropa verbreitete sagenhafte ›Mittagsdämonen‹ (vgl. Erl. zu 15f.) in männlicher, v.a. aber weiblicher Gestalt; der* Mittagmann *und die* Mittagfrau *sind spezifische Ausformungen in Brandenburg, Sachsen und insbesondere in der schlesischen Lausitz, wo u.a. die* Pschipolniza*, ein weibliches, großgewachsenes, weißgekleidetes und mit einer Sichel bewaffnetes Wesen, zur Mittagszeit auf den Feldern erscheint und die noch Arbeitenden mit Fragen über den Anbau des Flachses und das Leinwandweben traktiert. Weiß der Gefragte das Gespräch nicht über die Mittagszeit hin in Gang zu halten oder kann er die gestellten Fragen nicht beantworten, so schneidet ihm die Mittagfrau den Kopf ab oder erwürgt ihn, zumindest straft sie ihn aber, manchmal auch mit einer mit Kopfschmerzen verbundenen Krankheit (vgl. HWdA VI, 414–418; allgemein vgl. auch* Leonhard Korth*: ›Mittagsgespenster.‹ Köln 1915).*

23f. Die dies einmal nur erfuhren, / Fürchten kein Nachtgespenst!] *vgl. die oben in Erl. zu 2 zitierte ähnliche Wendung in* Sant' Ilario, *S. 102.*

Liebestod

Überlieferung

D *Paul Mongré:* Ekstasen, *S. 191f.*

Weltbrand

Überlieferung

D *Paul Mongré:* Ekstasen, *S. 193f.*

Erläuterungen

12–16f. Welt-Ende *bis* Frost sie dörrte] *Die germanische Mythologie berichtet von ›Ragnarök‹, dem Weltuntergang, über den die Ende des 10. Jahrhunderts entstandene altnordische Lieddichtung ›Võluspá‹ (›Weihsagung der Seherin‹) detailliert und umfangreich Auskunft gibt: Nachdem der gellende Ton vom Gjallarhorn, dem Horn Heimdalls, Wächter der Götter und Stammvater der Menschen, das herannahende Ende verkündet, zerreißt der listige und verschlagene Loki, von den Asen (Göttern) wegen seiner Untaten in einer Höhle an einen Felsen gebunden, wo ätzender Speichel einer Schlange unaufhörlich sein Gesicht benetzt, seine Fesseln. Auch sein mit einer Eisriesin gezeugter Sohn Fenrir, ein allesverschlingender Wolf, der mit einer magischen Kette in Asgard angebunden war, kann sich befreien. Die den Ozean umschließende riesige Midgardschlange Jörmungand, ebenfalls ein Kind des Loki, wälzt sich durch die Wogen des Meeres auf Asgard zu; der seit Anbeginn der Welt herrschenden Zwist zwischen Gut und Böse gipfelt in einem gigantischen Kampf: Auf der einen Seite stehen die Riesen, welche die Weltordnung ins Chaos stürzen wollen, und die Heerscharen der Hel, einer Tochter Lokis, die als halbverweste Gestalt über die nicht auf dem Schlachtfeld gefallenen Toten herrscht, auf der anderen Seite stehen die Asen und die Einherjar, die in der Schlacht Gefallenen, deren Aufgabe die Sicherung dieser Ordnung und der Schöpfung ist. In Oskopnir kommt es zur Schlacht: Fenrir, der zuvor die Sonne verschlungen hat, verschlingt Odin, Thor erschlägt die Midgardschlange, stirbt selbst aber an deren Gift, der Fruchtbarkeitsgott Freyr unterliegt dem riesenhaften Surt, der über das Feuerland herrscht; nachdem alle Götter gefallen sind, entfacht Surt ›Mûspell‹, den Weltbrand, in dem die Welt in Flammen untergeht. – Die auf denselben Quellen beruhende, die ›Võluspá‹ aber teilweise mißverstehende und ausschmückende ›Gylfaginning‹ des isländischen Dichters Snorri Sturloson (1178/79–1241) berichtet von einem schrecklichen eisigen Winter, der drei*

Jahre andauert und dem Weltuntergang vorhergeht, andere Schriften wie etwa das ›Hyndlalied‹ (12. Jahrhundert) sprechen von einer gewaltigen, alles Land verschlingenden Überschwemmung, denen Schnee und Eis folgen. – Zu Beginn des 9. Jahrhunderts deutete ein unbekannter, vmtl. bairischer Verfasser den ›Weltbrand‹ in dem nur fragmentarisch erhaltenen ›Muspilli‹ im Sinne der biblischen Apokalypse und des Jüngsten Gerichtes um.

Wer zuerst lacht?

Überlieferung

D *Paul Mongré:* Ekstasen, *S. 195f.*

Die Gräberstraße

Überlieferung

D *Paul Mongré:* Ekstasen, *S. 197–199.*

Erläuterungen

9 blöde] *hier svw. unbedarft; die ursprüngliche Bedeutung ›gebrechlich‹, auch ›zaghaft‹ (mhd. blœde) wandelt sich erst im 17. Jahrhundert und v.a. im Kompositum ›blödsinnig‹ zu der auch heute noch verbreiteten Bedeutung als ›geistig minderbemittelt‹.*

20 Saumpfad] *schmaler Gebirgsweg für Lastentransporte durch Menschen oder Tiere.*

35 Der Pfarrer mit dem wälschen Wunderbuch] *›welsch‹ bezeichnet seit dem frühen Mittelalter – meist abschätzig – die romanischen Völker, insbesondere die Italiener, und ihre Sprachen außerhalb des germanischen Sprach- und Kulturraums; mit dem* wälschen Wunderbuch *ist hier wohl die Bibel gemeint.*

Der Rabe

Überlieferung

D *Paul Mongré:* Ekstasen, *S. 200f.*

Die Sterbekammer

Überlieferung

D *Paul Mongré:* Ekstasen, *S. 202–204.*

3 falben Pferden] *fahlgelbe bis graugelbe Pferde mit schwarzer Mähne, schwarzem Schweif, schwarzen Hufen und Aalstrich auf dem Rücken.*

5 Strauchgesellen] *Ein ›Strauchgeselle‹ ist lexikalisch nicht nachgewiesen, Hausdorff erweitert hier vmtl. des Reimes wegen die Palette der für Straßenräuber üblichen Bezeichnungen wie ›Strauchdieb‹ (vgl. DWb XIX, 974f.), ›Strauchmörder‹ (vgl. ebd., 993) und ›Strauchräuber‹ (vgl. ebd., 993f.) auf der Grundlage der bereits im Althochdeutschen erfolgten Verallgemeinerung des ›Gesellen‹ – als den ursprünglich im selben Haus Wohnenden – für den ›Gefährten‹.*

8 Tann] *seit dem 12. Jahrhundert nachgewiesenes, heute veraltetes Synonym für ›Wald‹.*

11 des Ofens rote Scherben] *Als* Scherben *werden gebrannte irdene Gegenstände, meist unglasierte Gefäße, bezeichnet, hier svw. Ofenkacheln.*

12 weißes Einhorn] *›Einhorn‹ (griech. μονόκερως [monókeros, eigentlich ›einhörnig‹], vgl. auch Aelian: ›De natura animalium‹ 16,20); nach dem vmtl. im 2. nachchristlichen Jahrhundert entstandenen und die Natur in einen Zusammenhang mit der biblischen Überlieferung stellenden ›Physiologus‹ (zunächst in griechischer Sprache, im 4. Jahrhundert ins Lateinische übersetzt), des im Mittelalter prominentesten, in zahlreichen volkssprachlichen Bearbeitungen überlieferten und für die christliche (Natur-)Symbolik maßgeblichen Lehrbuchs ist das* Einhorn *ein dem Pferd ähnliches, meist weißes Tier, auf dessen Stirn ein langes, schneckenartig gedrehtes Horn wächst (XXII. Kapitel). Obwohl wild und aggressiv, ist es Sinnbild der Reinheit und Güte, aber auch der Keuschheit und Jungfräulichkeit, womit es zum Mariensymbol wird. Es kann nur durch eine Jungfrau gefangen werden, während es Männer, so die deutsche Mystikerin Hildegard von Bingen (1089–1179) im 7. Buch der sogenannten ›Physica‹, des ersten Teiles des vmtl. zwischen 1150 und 1160 entstandenen ›Liber subtiliatum diversarum naturarum creaturarum‹, »fürchtet« und vor ihnen sich »scheut«; »so wie die Schlange beim ersten Sündenfall vom Manne sich abwandte und das Weib anblickte, so flieht auch dieses Tier den Mann, folgt aber den Frauen« (Hildegard von Bingen: ›Naturkunde.‹ Nach den Quellen übers. u. erl. v. Peter Rietke. Salzburg 1959, S. 126). – Die sagenhafte Existenz des Einhorns geht zurück auf Berichte des griechischen Historikers Ktesias von Knidos (fl. Ende 5./Anfang 4. Jhd. v. Chr.), der in seiner ›Indica‹ von einem Wildtier – vmtl. handelte es sich hierbei um das Indische Nashorn – berichtet, aus dessen einem Horn zauberkräftige Substanzen gewonnen würden (in der zusammenfassenden Beschreibung des Photius von Konstantinopel [um 820 – nach 886], ›Die Fragmente der griechischen Historiker.‹ Hrsg. v. Felix Jacoby. Bd. 3,3,1 [Leiden 1958], Nr. 688, Fr. 45, S. 486–511, spez. S. 505f.; vgl. auch Aelian: ›De natura animalium‹ IV, 53, ebenso Aristoteles: ›De partibus animalium‹ 663a), ferner auf die Berichte des griechischen Historikers Megasthenes (fl. 3./4. Jhd. v. Chr.), der in seiner Beschreibung Indiens von einem pferdeähnlichen, einhörnigen Tier mit dem Namen ›kartazon‹ berichtet – hier ist eine*

Verwechslung mit dem Nashorn indes ausgeschlossen, da Megasthenes dieses im Folgekapitel behandelt (›Die Fragmente der griechischen Historiker‹, Bd. 3,3,2, Nr. 715, S. 603–639; vgl. Aelian: ›De natura animalium‹ XVI, 20). Gaius Plinius Secundus (23–79) rekurriert in seinem mehr als anderthalb Jahrtausende maßgeblichen naturkundlichen Handbuch ›Naturalis historia‹ bei den Beschreibungen der ›boves unicornes‹ sowie des ›indischen Esels‹ auf Aristoteles (vgl. ›Naturalis historia‹ VIII, 76 sowie XI, 255). – Die biblische Überlieferung (vgl. Ps 22,22 [nach der Lutherbibel]: »Hilf mir aus dem Rachen des Löwen und errette mich von den Einhörnern!«), auf der auch der ›Physiologus‹ fußt, beruht auf einem Übersetzungsfehler: Aus dem im hebräischen Original tl. ›re'em‹ genannten Tier – hierbei handelt es sich vmtl. um einen Büffel – wird in der ›Septuaginta‹ das ›Einhorn‹ (griech. μονοκερως [monokeros]); vgl. dazu auch 5. Mose 33.17, wo berichtet wird, die »Hörner« Josephs seien wie »Einhornshörner« (nach der Lutherbibel), wobei im Original von den ›Hörnern‹ des ›re'em‹ – im Singular – die Rede ist.

20 Schächer] *Als Schächer (ahd. scāhāri, zu ahd. scāh ›Raub‹) werden seit dem Mittelalter die beiden nach Mk 15,27 zusammen mit Jesus gekreuzigten Verbrecher bezeichnet.*

22 Klerisei] *mlat. clericia ›Geistlichkeit‹; hier – im Gegensatz zu der ›weltlichen‹* Herrenschaft – *Vertreter des insbesondere adligen Klerus.*

29 Fährnis] *lexikalisch nicht nachgewiesen; die mögliche Verwechslung mit »fahrnis« im Sinne von »beweglicher habe« (vgl. DWb III, 1263) scheint ausgeschlossen, vmtl. ist der Terminus hier zu verstehen im Sinne von ›eine Gruppe von Reisenden, die sich gegenseitigen Schutz bieten können‹.*

33 Gevatterinnen] *Seit dem frühen Mittelalter werden Taufpaten als ›compater‹ (lat., ›Mitvater‹), verdeutscht ›Gevatter‹ bzw. ›Gevatterin‹ bezeichnet.*

54 Hexenritt] *Eines der wesentlichsten Attribute der Hexe ist dem Aberglauben zufolge die Fähigkeit zu fliegen, wobei sie sich neben allerlei Tieren auch verschiedenster Haushaltsgeräte, und hierbei v.a. des Besens bedient, und welche die Hexe, nach dem Einreiben mit ›Flugsalbe‹ und dem Aussprechen einer bestimmten Zauberformel, mit hoher Geschwindigkeit zum ›Hexentanzplatz‹ bringen – in der Ikonographie deutet sich der rasante Ritt durch die meist wild wehenden Haare der Reiterin an.*

65 Schragen] *schräg stehender tragender Balken der Dachkonstruktion.*

Zwei Wiederkäuer

Überlieferung

D *Paul Mongré:* Ekstasen, *S. 205.*

Zarathustras Liebeslied

Überlieferung

D PAUL MONGRÉ: Ekstasen, *S. 206.*

Erläuterungen

9 Wie hat der Mann geraubte Rippe nötig] *Nach Gen 2,21f. wurde* EVA *aus einer Rippe, die Gott* ADAM *im Schlaf entfernt hatte, ›gebaut‹ und nicht erschaffen.*

12 Doch auch die hohlste Nuß will noch geknackt sein] *Formel in Anspielung auf das Kapitel ›Vom freien Tode‹ in* NIETZSCHES *›Zarathustra‹ I: »Aber auch die Überflüssigen thun noch so wichtig mit ihrem Sterben, und auch die hohlste Nuss will noch geknackt sein.« (KGW VI,1, 89.)*

Auf dem Grat

Überlieferung

D PAUL MONGRÉ: Ekstasen, *S. 207–209.*

Erläuterungen

8 Lacerte] *lat. lacerta ›Eidechse‹.*

9 blöd'rem Mund] *›blöde‹ hier svw. schüchtern; vgl. Erl. zu 9, S. 248.*

22 Firnkranz] *vgl. Erl. zu 4, S. 201.*

32 Saumpfad] *vgl. Erl. zu 20, S. 248.*

37 Medusa] *in der griechischen Mythologie eine der Gorgonen (griech. γοργός, (gorgós) ›furchtbar‹, ›schrecklich‹), weibliche Schreckensgestalten mit versteinerndem Blick und Schlangenhaupt, die am äußersten Rand der Welt, in Nachbarschaft der Nacht, hausen; vgl.* HESIOD: *›Theogonie‹ 274–277.*

37 Hekate] *ursprünglich eine kleinasiatische Göttin, in der griechischen Mythologie seit dem 5. vorchristlichen Jahrhundert Herrin über Spuk- und Zaubergestalten, die, umgeben von heulenden Hunden, an der Spitze eines wilden Heeres in der Nacht durch das Land zieht und die Menschen erschreckt.*

Herbstwunsch

Entstehung

vgl. dazu den eingangs unter ›Zeugnisse‹ zitierten Brief HAUSDORFFS *an* PAUL LAUTERBACH *vom 2. Februar 1894 (mit Fußnote).*

Überlieferung

H *nicht nachgewiesen.*

H^1 *Anlage zu einem Brief an* Paul Lauterbach *vom 2. Febr. 1894 (NL Lauterbach, Universitätsarchiv Basel).*

D *Paul Mongré:* Ekstasen, *S. 210f.*

d *Eugen Eichhorn, a. a. O. (vgl. HGW VIII, 195), S. 58f.*

Varianten

16 Bei Kühen Zarathustras –] *nicht eingerückt* H^1

18 Weisem] Weisen H^1

27 Geliebte, Mutter, Kuh in Einem ...] *nicht eingerückt* H^1

28 Nicht klingt sie und strahlt gleich Winterschnee,] Nicht klingt sie wie der Winterschnee H^1

40 Ist Wärme, sanfte ruh'ge Wärme,] Ist Wärme, ruhig sanfte Wärme H^1

43 In ihrer lieben Nähe leben,] *nicht eingerückt* H^1

Erläuterungen

1 Firnes] *vgl. Erl. zu 4, S. 201.*

16 Bei Kühen Zarathustras] *Anspielung auf* Nietzsches *›Also sprach Zarathustra‹ I: ›Vom Freunde‹: »Noch ist das Weib nicht der Freundschaft fähig: Katzen sind immer noch die Weiber, und Vögel. Oder, besten Falles, Kühe.« (KGW VI,1, 69.)*

19 Da einst ein Stier zum Weibe ging] *Der griechischen Mythologie zufolge entführte* Zeus *in Gestalt eines Stieres die phönikische Königstochter* Europa *nach Kreta und zeugte dort mit ihr u.a.* Minos, *den späteren König von Kreta (vgl.* Ovid: *›Metamorphosen‹ II, 836–875).*

22 Wie Saiten in der Wetteruhr] *Seit 1783 wurden Wetteruhren (Hygrometer) eingesetzt, die auf der Längenveränderung eines Haares bei zu- oder abnehmender Luftfeuchtigkeit basierten und bei denen das Haar einen Zeiger antrieb, welcher genaue Luftfeuchtigkeitsmessungen zuließ; das Prinzip wurde auch angewendet bei den sogenannten Wetterhäuschen, doch wurde das Haar hier durch eine Darmsaite ersetzt, die über verschiedene Mechanismen Figuren in Bewegung setzte.*

Die drei Altäre

Überlieferung

D *Paul Mongré:* Ekstasen, *S. 212–214.*

Sant' Ilario.

Widmungsgedicht für Theodor Posner, datiert 18. Februar 1921.
Handschriftlich eingelegt in ein Exemplar von
Sant' Ilario. Gedanken aus der Landschaft Zarathustras.
C. G. Naumann, Leipzig 1897,

Sant' Ilario

Ein bischen spöttisch, spielend, spitz,
Nicht halb so tief wie kühl und klug,
Mehr Geistesfunke wohl als Blitz,
Mehr Schmetterlings- als Adlerflug,

Ein Buch aus Südens Einsamkeiten
Voll Sonnenglanz und Meereswind,
Ein Gruss aus freien hellen Zeiten,
Aus Zeiten, die vergangen sind.

Nun ist's vorbei mit Geistesspielen,
Der einzeln-Einz'ge wird entthront,
Vom Massentritt der Viel-zu-Vielen
Wird Blüte nicht noch Frucht verschont.

Kopflos vielköpf'ge Ungeheuer,
Sie haben Geist und Glück zermalmt.
Reich, Staat und Volk: Kein Opferfeuer,
Das nicht den neuen Göttern qualmt.

Europas Ernten sind verhagelt,
Mit Brettern ist die Welt vernagelt,
Vernagelt sind die Denkerstirnen,
Dahinter fehlt es an Gehirnen:

Das Amt, Probleme aufzuwerfen,
Ging über an die Magennerven;
Probleme lösen bleibt auf Gassen
Und Markt den Muskeln überlassen.

Doch — alles ist noch nicht verloren,
Und im Gebrüll von Massenchören
Giebt's leise Stimmen auch, und Ohren,
Um leis' Gesagtes fein zu hören.

Noch ist nicht alles trüb und stumpf,
Noch giebt es Fühlen und Verstehn.
Der Falter, flatternd überm Sumpf,
Darf endlich wieder Blumen sehn.

Mein Buch, vom Zeitenlärm verscheucht,
Ich bring' es dir zum Angebind,
Und hat's in sich nur schwach Geleucht,
Nun, deine Augen sind nicht blind.

Von Licht bestrahlt, von Luft gebräunt,
Des Südens Buch, des sonnerhellten,
Heut' soll es dem verständ'gen Freund
Als Freundesgruss und -gabe gelten.

Meinem lieben Th. Posner
Zum 50. Geburtstage!

Greifswald, 18. Febr. 1921 F. Hausdorff

Entstehungsgeschichtlicher Kontext

Theodor Posner (1871–1928) studierte Chemie in Bonn und Berlin, promovierte 1893 an der Universität Berlin und war dann als Assistent am dortigen Chemischen Institut tätig. 1897 habilitierte er sich an der Universität Greifswald, wurde dort 1. Assistent am Chemischen Institut und 1901 Abteilungsvorstand. 1904 wurde ihm durch Patent der Titel ›Professor‹ verliehen. Obwohl bereits 1907 zum Extraordinarius ernannt, wurde Posner aufgrund der auch in Greifswald unübersehbaren antisemitischen Ressentiments erst 1921 zum Ordinarius für Chemie berufen,[1] im selben Jahr, als Hausdorff einem Ruf nach Bonn folgte. Hausdorff schätzte den witzigen und musikalischen Posner; beide Familien verkehrten freundschaftlich miteinander. Frau Posner blieb der Familie Hausdorff bis zum bitteren Ende eine treue Freundin; sie war es, die Hausdorffs in den letzten Stunden ihres Lebens beistand.

Das streng regulierte, aus zehn Vierzeilern aufgebaute Gedicht, als Widmung eingelegt in ein Exemplar der Aphorimensammlung Sant' Ilario, *zeugt von Hausdorffs tiefer Beunruhigung über die politische Verdummung und Aufhetzung der Massen und über das weitgehende Versagen der Intelligenz in der Weimarer Republik. Vor den* neuen Göttern, *den* prasselnden Leuchtworte[n][2], *die die Gehirne vernebeln, hatte Hausdorff schon viel früher gewarnt, etwa 1904 in dem Essay* Gottes Schatten[3] *vor der* Mystik des reinen Blutes, der Rasse, der Vererbung, *insbesondere aber in seiner Besprechung von Friedrich Nietzsches (1844–1900) ›Der Wille zur Macht‹, des von Elisabeth Förster-Nietzsche (1844–1935) und Peter Gast (i.e. Heinrich Köselitz; 1854–1918) ziemlich willkürlich aus dem Nachlaß kompilierten »großen Hauptwerke[s]« des Verstorbenen.[4] Hier wandte er sich vor allem gegen Nietzsches Ideen von der ›Züchtung‹ überlegener Menschen und der ›Aussonderung‹ minder wertvoller:*

> In Nietzsche glüht ein Fanatiker. Seine Moral der Züchtung, auf unserem heutigen Fundamente biologischen und physiologischen Wissens errichtet: das könnte ein weltgeschichtlicher Skandal werden, gegen den Inquisition und Hexenprozeß zu harmlosen Verirrungen verblassen. »Das Leben selbst erkennt keine Solidarität, kein gleiches Recht zwischen gesunden und entarteten Theilen eines Organismus an: letztere muß man **ausschneiden** – oder das Ganze geht zu Grunde.« Ungefähr sagen das die päpstlichen Ketzerrichter und Dominikanermönche auch, nicht einmal mit ein bischen andern

---

[1] *Vgl. dazu Ines Oberling: ›Gelehrte aus jüdischen Familien an der Universität Greifswald im 19. Jahrhundert.‹ In: ›Die Universität Greifswald und die deutsche Hochschullabndschaft im 19. und 20. Jahrhundert.‹ Hrsg. v. Werner Buchholz. Stuttgart 2004 (›Pallas Athene. Beiträge zur Universitäts- und Wissenschaftsgeschichte‹ 10), S. 145–166, spez. S. 155 mit Anm. 32.*

[2] *Paul Mongré:* Der Wille zur Macht. *In: ›Neue deutsche Rundschau (Freie Bühne)‹ XIII (1902), H. 12, S. 1334–1338, hier S. 1338 (HGW VII, 909).*

[3] *Paul Mongré:* Gottes Schatten. *In: ›Die neue Rundschau (Freie Bühne)‹ XV (1904), H. 1 (Jan.), S. 122–124, hier S. 124 (HGW VIII, 663-666).*

[4] *So Förster-Nietzsche in der Vorrede zu Nietzsche: ›Der Wille zur Macht. Versuch einer Umwerthung aller Werthe (Studien und Fragmente).‹ Hrsg. v. Peter Gast, Ernst und August Horneffer. Leipzig 1901 (= Bd. XV der Großoktav-Ausgabe), S. VII.*

Worten; das Ausschneiden kranker Glieder ist bei den Sprenger und Institoris, Arbuez und Torquemada eine beliebte Formel. Sollen wir wieder einmal erleben, wie man mit dem Hexenhammer philosophiert?[5]

Entstehung

Hausdorff verfaßte Sant' Ilario *wohl in der ersten Februarhälfte 1921, vermutlich unmittelbar vor dem 18. Februar, dem 50. Geburtstag Theodor Posners.*

Überlieferung

H *UB Bonn, Nachlaß Hausdorff, Kapsel 52, Faszikel 1142.*

---

[5] *Paul Mongré: Der Wille zur Macht. S. 1336 (HGW VII, 907).*

Akrostichon zum 24. Februar 1930.

›Der Verleger von morgen, wie wir ihn wünschen.‹
Hrsg. v. Walter Tiemann. Verlag der Freunde Kirsteins, Leipzig 1930, S. 9.

[H 1930c]

FELIX HAUSDORFF

AKROSTICHON

ZUM 24. FEBRUAR 1930

Gepriesen sei die Sonne, die im Osten
Uns heute aufgeht, Stern besondren Tages —
(**S**onett, du wirst mich schwere Arbeit kosten!)
Tag, der gebar den Meister des Verlages.

(**A**krostichon, du bist kein Ruheposten!)
Vermöge fesselnden Verlagsvertrages
Kunst auszusä'n, wer so wie Du vermag es
In großem Wurf von Leipzig bis nach Boston?

Ruhelos siehst Du Dich stets nach Neugebiet um.
(**S**onett, wie ist es schwierig, dich zu schließen!
Terzinen spinnt man fort in infinitum.)

Entschlossen gleich zum Schaffen, zum Genießen,
In frischer Tatkraft hast Du stets gehandelt:
Nun bleibe so, ver»klär«t und unverwandelt!

Akrostichon
Zum 24. Februar 1930

Entstehungsgeschichtlicher Kontext

Im Jahre 1899 übergab ERNST ARTHUR SEEMANN (1829–1904) die Geschäftsführung seines 1858 gegründeten Kunstverlages ›E. A. Seemann‹ seinem Sohn ARTUR (1861–1925). Dieser zog sich jedoch bald mehr und mehr ins Privatleben zurück. Die Geschäftsführung und damit die eigentliche Verlagsleitung übernahm an seiner Stelle kurz nach der Jahrhundertwende GUSTAV KIRSTEIN (1870–1934). KIRSTEIN baute das sich ausschließlich auf die Publikation von Kunstliteratur konzentrierende Unternehmen im Laufe der Jahre zu einem der damals weltweit führenden Kunstverlage aus. Dazu trug insbesondere die Entwicklung der 1866 von E. A. SEEMANN begründeten ›Zeitschrift für bildende Kunst‹, der ersten deutschen Kunstzeitschrift überhaupt, zu d e m Fachorgan der bildenden Künstler und Kunstkritiker bei, aber auch die im Dreifarbendruck in Riesenauflagen produzierten ›farbigen Gemäldewiedergaben von Meisterwerken der klassischen und modernen Malerei‹. Hinzu kamen Werke, die für die kunstwissenschaftliche Forschung bis heute bedeutend sind, wie die Neuauflage von FRANZ KUGLERS ›Geschichte Friedrichs des Großen‹ mit 400 Illustrationen ADOLPH MENZELS (1842, 1922²), KIRSTEINS eigene Monographie ›Das Leben Adolph Menzels‹ (1919), WILHELM WAETZODTS ›Deutsche Kunsthistoriker‹ (2 Bde. 1921/1924), MAX DERIS ›Einführung in die Kunst der Gegenwart‹ (1922³) und HANS WOLFGANG SINGERS ›Die moderne Graphik‹ (1922³). Auch bedeutende Nachschlagewerke wie das ›Allgemeine Lexikon der bildenden Künstler von der Antike bis zur Gegenwart‹, der berühmte ›THIEME-BECKER‹ (benannt nach seinen Herausgebern) und pädagogisch motivierte Projekte wie die für den ›anschaulichen Unterricht‹ gedachte Reihe ›Meister der Farbe‹, die ›Beispiele der gegenwärtigen Kunst in Europa‹ mit ›begleitenden Texten‹ vorstellte, trugen dazu bei, KIRSTEINS Renommee als Verleger und das des von ihm geleiteten Verlages ›E. A. Seemann‹ weiter zu erhöhen.

Über die verlegerische Tätigkeit hinaus engagierte sich KIRSTEIN in den bibliophilen Zirkeln des Kaiserreichs und später der Weimarer Republik, die 1899 mit der auf Initiative FEDOR VON ZOBELTITZ' (1857–1934), des Herausgebers der ›Zeitschrift für Bücherfreunde‹, erfolgten Gründung der ›Gesellschaft der Bibliophilen‹ eine erste Institutionalisierung erfuhren. 1904 gründete sich – durch GEORG WITKOWSKI (1863–1939), einen Mitarbeiter VON ZOBELTITZ' angeregt – mit dem ›Leipziger Bibliophilen-Abend‹ eine erste regionale Sektion der ›Gesellschaft‹, der zunächst WITKOWSKI, ab 1912 KIRSTEIN vorstand. 1933 mußte KIRSTEIN als Jude den Vorsitz niederlegen. Die 99 Mitglieder des ›Leipziger Bibliophilen-Abends‹ – die Zahl war im Laufe der Jahre festgelegt worden – stellten als Reaktion auf den Terror des nationalsozialistischen Regimes und den erzwungenen Austritt der ›nichtarischen‹ Mitglieder ihre Zusammenkünfte ein; der ›Leipziger Bibliophilen-Abends‹ löste sich auf. KIRSTEIN selbst wurde am 14. Februar 1934 tot in seiner Wohnung aufgefunden; die Umstände seines Todes sind nie endgültig geklärt worden.

Mit Kirstein verband Hausdorff eine jahrelange Freundschaft. Wann sie ihren Anfang nahm, ist nicht bekannt, doch scheinen Kontakte bereits vor der Jahrhundertwende bestanden zu haben, worauf die Publikation der Ekstasen *im Seemann-Verlag hinweist. Ebenso unbeantwortet bleiben muß die Frage, inwiefern Hausdorff in den Leipziger ›Bibliophilen-Abend‹ integriert war. Weder geben die nach Bekanntgabe der Gründung in der ›Zeitschrift für Bücherfreunde‹ dort immer wieder veröffentlichten Listen der Beigetretenen eine Auskunft,*[1] *noch erscheint sein Name im Verzeichnis der jeweils 99 Empfänger der ›Ordentlichen Veröffentlichungen‹ des ›Bibliophilen-Abend‹, einer Publikationsreihe, die die Werke von Autoren aller Epochen buchgestalterisch ansprechend – hierfür zeichnete insbesondere der Leipziger Buchkünstler Walter Tiemann (1876–1951)*[2] *gemeinsam mit seinen Mitarbeitern, allen voran Witkowski, verantwortlich – einem ausgewählten Publikum zugänglich zu machen suchte. Das Fehlen solcher Hinweise verwundert um so mehr, als Hausdorff 1910 mit der erneuten und um einen Epilog erweiterten Publikation seines 1904 in der ›Neuen Rundschau‹ erschienenen Einakters* Der Arzt seiner Ehre *als ›Fünfter ordentlicher Veröffentlichung des Leipziger Bibliophilen-Abends‹ mit Holzschnitten nach Zeichnungen von Tiemann in bibliophilen Kreisen nobilitiert wurde*[3] *– und auch unter den auf den Vorsatzblättern abgedruckten Empfängern der Publikation sucht man seinen Namen vergebens.*

Entstehung

In der von Tiemann als Gabe zum 60. Geburtstag Kirsteins herausgegebenen Sammlung ›Der Verleger von Morgen, wie wir ihn wünschen‹ – der Titel selbst persifliert eine im Jahr zuvor ebenfalls im Seemann-Verlag erschienene Sammlung über ›Die Frau von Morgen, wie wir sie wünschen‹[4] *– publizierte Hausdorff ein Akrostichon, das einzige Gedicht unter seinem wahren Namen. Aus den kleineren Beiträgen von Freunden und Weggefährten Kirsteins sticht der 14-Zeiler insofern heraus, als er Akrostichon – die Anfangsbuchstaben der Verse ergeben von oben nach unten gelesen den Namen ›Gustav Kirstein‹ – und Sonett zugleich ist. Die strenge Regulierung des Sonetts hob Hausdorff in* Sant' Ilario *als eine beinahe disziplinarische Maßnahme hervor:*

> Strenge Dichtformen, wie das Sonett, thun ganz gewiss der sachlichen Feinheit Schaden; Reim und Rhythmus zwingen, in der Mehrzahl der Fälle, einiges mehr, einiges weniger, vieles anders zu sagen als in der ersten Conception lag. Die Chancen des Gelingens verringern sich, in Folge der »Abtrift«: es ist unwahrscheinlich, dass der mitzutheilende Inhalt innerhalb der willkürlich gewählten Form wirklich mittheilbar werde, dass er sie dulde, ja gar zu fordern scheine – und dies erst wäre erreichte Vollkommenheit. –

---

[1] *Vgl. ›Zeitschrift für Bücherfreunde‹, VIII. Jg. (1904/05), Heft 3, ›Beiblatt‹, S. 1, sowie die ›Beiblätter‹ der folgenden Hefte.*

[2] *Zu Tiemann als Buchkünstler vgl. Anneliese Hübscher: ›Walter Tiemann.‹ In: ›Traditionen Leipziger Buchkunst.‹ Hrsg. u. eingel. v. Albert Kapr. Leipzig 1989, S. 66–113.*

[3] *Vgl. dazu HGW VIII, Teil III.*

[4] *›Die Frau von Morgen, wie wir sie wünschen.‹ Hrsg. v. Friedrich M. Huebner. Leipzig 1929.*

Aber eben in dieser Gefahr der strengen und absoluten Formen liegt ihr disciplinarischer Werth. Es muss vor allem verhindert werden, dass dem Dichter das Versemachen leicht falle, dass er sich »ohne Noth« dichten lasse; dazu eben dient irgend ein erschwerender Formalismus, der, sobald er erlernt ist und nicht mehr straff genug anzieht, mit einem härteren zu vertauschen ist.[5]

In seinem Akrostichon *bricht* HAUSDORFF *aber selbstironisch immer wieder durch parenthetische Einschübe wie* **S**onett, du wirst mich schwere Arbeit kosten! *(Z. 3) oder* **S**onett, wie ist es schwierig, dich zu schließen! / **T**erzinen spinnt man fort in infinitum *(Z. 10f.) mit seinen eigenen artistischen Anforderungen. Gleichwohl hebt das Gedicht die Verdienste* KIRSTEINS *um den Verlag und um die Literatur über die Künste hervor, ist also kein artistischer Selbstzweck.*

Obwohl keinerlei eigenhändige oder fremde Zeugnisse vorliegen, darf die Entstehung im Jahr der Publikation der Sammlung ›Der Verleger von Morgen‹ vermutet werden.

Überlieferung

H *nicht nachgewiesen.*

D *›Der Verleger von Morgen, wie wir ihn wünschen.‹ Hrsg. v.* WALTER TIEMANN. *Leipzig 1930, S. 9.*

Erläuterungen

14 ver»klär«t] *Anspielung auf den Rufnamen ›Cläre‹ von* KIRSTEINS *Frau.*

[5] Sant' Ilario, *Aph. 331, S. 230 (HGW VII, 324).*

Sehr schwieriges Akrostichon.

Autograph für Erna und Otto Toeplitz, undatiert [1935]

<u>Sehr schwieriges Akrostichon</u>

für das Ehepaar Toeplitz.

Ordnung im Kartenblock und in der Kasse,
Treusorge für die neunte Volksschulklasse,
Teilnehmend Herz am Los der eignen Rasse,
O wahrlich: dies und jenes will bedacht sein.

Eintopfgericht versorgend zubereiten,
Rabbiner füttern bei den teuren Zeiten,
Nun auch noch Vorstand sein, Versammlung leiten:
All dies, ob klein, ob gross, es will gemacht sein.

Tatkräftig steuern durch die See von Plagen,
Ohnmächtig Unsinn dulden, Unrecht tragen,
Es ist ein Leben, manchmal zum Verzagen:
Planmässig will der Funke nun entfacht sein.

Lasst ihn nur glühn! Noch ist es Zeit zu hoffen.
Ihr habt's ein Viertelhundert gut getroffen,
Trefft's weiter so! Mag Euch der Himmel offen,
Zu allen Zeiten Tag und niemals Nacht sein!

Auch dem Akrostichon an OTTO (1881–1940) und ERNA (1886–1973) TOEPLITZ liegt eine Jubelfeier zugrunde, die Silberne Hochzeit des Ehepaares TOEPLITZ am 10. April 1935.

OTTO TOEPLITZ wurde am 1. August 1881 in Breslau geboren. Schon als Schüler empfing er erste Anregungen für eine vertiefte Beschäftigung mit der Mathematik von seinem Vater und seinem Großvater, die beide Gymnasiallehrer für Mathematik waren. Nach Studium und Promotion (1905) an der Breslauer Universtät ging TOEPLITZ nach Göttingen zu DAVID HILBERT (1862–1943) und setzte dort seine Studien fort. Er blieb in Göttigen, zeitweise als Assistent angestellt, bis er 1913 einen Ruf als außerordentlicher Professor an die Universität Kiel erhielt. 1920 wurde er in Kiel Ordinarius. 1927 erhielt er einen Ruf als Nachfolger EDUARD STUDYS (1862–1930) nach Bonn, an die zweitgrößte preußische Universität, wo er im Frühjahr 1928 seine Lehrtätigkeit aufnahm. Zu seinem älteren Kollegen HAUSDORFF entwickelte sich bald ein freundschaftliches Verhältnis. TOEPLITZ besuchte einige Vorlesungen HAUSDORFFS; gemeinsam veranstalteten sie Seminare. Neben seinen mathematischen Forschungen und seinem Engagement für die Fachdidaktik und die Weiterbildung von Mathematiklehrern widmete sich TOEPLITZ in Bonn auch verstärkt der Geschichte der Mathematik; er baute mit ERICH BESSEL-HAGEN (1898–1946) innerhalb des Mathematischen Instituts eine historische Abteilung auf. Seit 1933 sah sich TOEPLITZ, wie alle seine jüdischen Kollegen, aufgrund des ›Gesetzes zur Wiederherstellung des Berufsbeamtentums‹ zahlreichen Repressalien ausgesetzt, konnte jedoch, weil er bereits vor 1914 Beamter war, zunächst weiterhin lehren. 1935 wurde er ›beurlaubt‹ und zum 31. Dezember 1935 ohne ein Wort des Dankes in den Ruhestand versetzt.[1]

OTTO und ERNA TOEPLITZ reagierten auf die Judenverfolgung im nationalsozialistischen Deutschland mit entschlossenem Handeln für die jüdische Gemeinschaft. Darauf nimmt HAUSDORFFS Akrostichon in liebevoll-anerkennender Weise Bezug. OTTO TOEPLITZ wurde am 16. August 1933 in den Vorstand der Bonner Synagogengemeinde gewählt und wurde Vorsitzender des im Oktober 1933 gegründeten jüdischen Kultur- und Schulvereins. In dieser Funktion setzte er sich mit großem Engagement für die Einrichtung einer privaten jüdischen Volksschule ein, die am 1. Mai 1934 eröffnet werden konnte und die über den Unterricht hinaus »ein nie gekanntes Gefühl von Zusammengehörigkeit in der Gemeinde« schuf, »das den Menschen in den ersten Hitlerjahren Mut und Haltung gab«.[2] *Für diese*

[1] *Zu Toeplitz vgl. Heinrich Behnke u. Gottfried Köthe: ›Otto Toeplitz zum Gedächtnis.‹ In: ›Jahresbericht der Deutschen Mathematiker-Vereinigung‹ 66 (1963), S. 1–16; ferner Stefan Hildebrandt u. Peter D. Lax: ›Otto Toeplitz.‹ Bonner Mathematische Schriften Nr. 319, Bonn 1999. Zahlreiche Informationen zur Familie Toeplitz findet man in der Autobiographie des Sohnes von Otto und Erna Toeplitz: Uri Toeplitz: ›Und Worte reichen nicht. Von der Mathematik in Deutschland zur Musik in Israel. Eine jüdische Familiengeschichte 1812–1998.‹ Konstanz 1999, ²2000; vgl. auch ›International Biographical Dictionary of Central European Emigrés 1933–1945.‹ 3 Bde. München 1983, Bd. 2,2, S. 1168.*

[2] *Erna Toeplitz, zitiert nach Egbert Brieskorn: ›Felix Hausdorff – Paul Mongré.‹ Katalog einer Ausstellung im Mathematischen Institut der Universität Bonn vom 24. Januar bis 28. Februar 1992. Bonn 1992, S. 67.*

Schule konnte er den hervorragenden Pädagogen Hans Herbert Hammerstein[3] *gewinnen. Als Leiter der Hochschulabteilung der ›Reichsvertretung der Juden in Deutschland‹ setzte sich* Toeplitz *für die Ausreise von jüdischen Dozenten und Studierenden ein; insbesondere organisierte er Stipendien für die Auswanderung begabter jüdischer Studenten.* Erna Toeplitz *wurde 1933 in den Vorstand des Frauenvereins der jüdischen Gemeinde gewählt. Sie gründete die ›Women's International Zionist Organization‹ und wurde dessen Vorstandsvorsitzende; ferner richtete sie mit Sozialarbeiterinnen aus Köln die jüdische Sozialhilfe-Organisation ›Hilfe und Aufbau‹ ein.*[4]

Nach dem Pogrom im November 1938 emigrierten Toeplitz *und seine Frau Anfang Februar 1939 nach Palästina. In Jerusalem wurde* Toeplitz *Referent in der Hochschulverwaltung. Auch in der Emigration suchte er weiterhin Mittel und Wege, Mathematikern jüdischer Herkunft die Flucht aus Deutschland zu ermöglichen. Der Versuch, die Familie* Hausdorff *in die Schweiz zu retten, scheiterte aufgrund fehlender finanzieller Mittel – ein Mäzen* Cäcilie Fröhlichs *(1900–1992),*[5] *einer ehemaligen Studentin* Hausdorffs,[6] *hatte sich zurückgezogen –, und auch der »vernünftige[] Plan«, den* George Pólya *laut einem Brief an* Toeplitz *vom 10. Juli 1939 nach »einigem Herumtasten« gefunden zu haben glaubte,*[7] *rettete* Hausdorffs *nicht vor dem nationalsozialistischen Regime.*

Überlieferung

Das handschriftlich verfaßte Akrostichon befand sich im Besitz von Eva Wohl *(vgl. Fußnote 4); sie schenkte es* Egbert Brieskorn, *der nach Abschluß des Editionsprojektes die in seinem Besitz befindlichen Autographen der UB Bonn zur Eingliederung in den Nachlaß* Hausdorffs *übereignen wird.*

Erläuterungen

1 **O**rdnung im Kartenblock] Toeplitz *hielt seit 1933 auf speziellen Karteikarten die Entlassungen und die Selbstmorde von jüdischen Professoren und Dozenten aller Fachgebiete fest.*

6 **R**abbiner füttern] *vmtl.* Rudolf Seligson *(1909–1943), der von 1934 bis 1939 der letzte Rabbiner der Bonner Gemeinde war.*

7 **N**un auch noch Vorstand sein] *Anspielung auf* Toeplitz' *Tätigkeit im Vorstand der Bonner Synagogengemeinde.*

---

[3] *Hammerstein nannte sich später in Israel Shiloni; in seinen Erinnerungen berichtet er ausführlich über die jüdische Schule in Bonn: Shiloni, Yisrael: ›Das Mögliche und das Unmögliche. Erinnerungen.‹ Tefen Industrial Park 1998, S. 248ff.*

[4] *Vgl. Eva Wohl: ›So einfach liegen die Dinge nicht. Erinnerungen.‹ Edition Lempertz, Bonn 2004, S.41. Eva Wohl (1919–2003) ist die Tochter von Otto und Erna Toeplitz.*

[5] *Vgl. zu Fröhlich ›International Biographical Dictionary of Central European Emigrés 1933–1945, Bd. 2,1, S. 344.*

[6] *Vgl. den Brief George Pólyas (1887–1985) an Toeplitz vom 29. Mai 1939 (ULB Bonn, Teilnachlaß Toeplitz, Nr. 84).*

[7] *Brief Pólyas an Toeplitz, 10. Juli 1939 (ULB Bonn, Teilnachlaß Toeplitz, Nr. 85).*

Teil II: ›Das essayistische Werk‹

Zum essayistischen Werk gehören auch die in dieser Edition im Band VII ›Philosophisches Werk‹, S. 887–909 abgedruckten drei Essays zur Philosophie Nietzsches: Nietzsches Wiederkunft des Gleichen *([H 1900c]),* Nietzsches Lehre von der Wiederkunft des Gleichen *([H 1900d]) und* Der Wille zur Macht *([H 1902b]).*

Massenglück und Einzelglück.

›Neue deutsche Rundschau (Freie Bühne)‹ IX (1898), H. 1 (Jan.), S. 64–75.

[H 1898b]

Massenglück und Einzelglück

Von **Paul Mongré.**

1.

Was bedeutet, bei Thieren oder Normalmenschen, die Vielheit der Individuen? Was besagt die Synthesis des Gleichartigen in Fällen, wo nur jedes einzelne Glied der Reihe, nicht die Reihe selbst zu den Realitäten gehört? Stehen Zahl und Werth, Mehrzahl und Mehrwerth, in einem nothwendigen Verhältniß? — Mit solchen Fragen, die wir mit Nichts! Nichts! und Nein! beantworten werden, hätte schon die antike Skepsis einen Sieg erfechten und etwa jenen römischen Kaiser in Verlegenheit bringen können, der seinem Volke Einen Nacken wünschte, um es mit Einem Streiche zu enthaupten; dieser naive Fürst, der aller Wahrscheinlichkeit nach Wundt's Ethik nicht gelesen hat, träumte bereits einen socialen Organismus, ein leibhaftes Collectivum mit der Fähigkeit, Collectivschmerz zu empfinden. Mit denselben Fragen möchte ich die modernen Socialethiker in Verlegenheit bringen und ihre Voraussetzungen ein wenig in Zweifel ziehen, Voraussetzungen, die sich gern in die unausgesprochene Evidenz von Axiomen hüllen. Aber selbst die Axiome der euklidischen Geometrie mußten sich, nach Jahrtausende langer Unangefochtenheit, eine vorurtheilsfreie Kritik ihres axiomatischen Charakters gefallen lassen, wobei sich ergab, daß eines unter ihnen, das Parallelenaxiom, nicht viel anderes als eine Erfahrungsthatsache, einen Specialfall unter anderen möglichen Fällen ausspricht. Warum sollten wir mit der gleichen Strenge erkenntnißheoretischer Nachprüfung ein Axiom verschonen, das die Grundlage einer M o r a l abgeben will? Die Grundlage einer Moral nämlich, die nicht von vornherein auf den Ehrgeiz verzichtet, mit den Handlungen, die sie gebietet, eine wesentliche und einflußreiche Veränderung am Gesamtbilde des Daseins im Auge zu haben; einer Moral, die an die corrigible Beschaffenheit der Welt glaubt, an die Fügsamkeit der Dinge und Wirksamkeit der Thaten, an eine endliche Hebelstange zwischen Wollen und Geschehen, an die unbedingte Correspondenz zwischen Erscheinung und Erscheinendem. Mit einer Ethik, die bewußt illusionistisch auftritt und erhobenen Blickes nach dem Unmöglichen himmelt, ist nicht zu streiten; sie würde auf unseren Einwand der innerlichen Unhaltbarkeit ihres Ideals mit einem trotzigcoquetten »Eben darum!« antworten. Ueber diese Stufe der Sittlichkeit a priori, die den »Normalgesetzen« großmüthig gestattet, das nach Naturgesetzen Unerreichbare zu fordern, sind wir heute wohl hinaus, und wenn Kant daran, daß etwas »geschehen s o l l, ob es gleich vielleicht nie geschieht«, sein moralistisches Behagen empfindet, so beneiden wir das Kind, dem das Zerspringen seiner Seifenblasen Vergnügen macht. Daß die Mittel und Wege, die erzieherischen Fictionen einer Ethik durch das Gebiet des Imaginären führen, ist vielleicht nicht zu vermeiden; aber ihre Ziele und Zwecke, das verlangen wir, müssen *[65]* im Realen liegen. Indem wir also eine »Kritik des reinen Sozialismus« unternehmen, rechnen wir auf einen Gegner, an dem etwas zu kritisiren ist, der nicht, auf dem Felde des Wissens geschlagen, mit einer schlangenglatten Wendung zum Gefühl oder Glauben zu entschlüpfen sucht.

Unter allen Räthseln, die sich der Mensch mit sich selber aufgegeben hat — überflüssiger Weise, darf man sagen — steht das der Individualität an der Spitze logischer Vieldeutigkeit; das einfache Identitätsurtheil: »Ich bin Ich«, das bald gesagt und bälder noch gethan ist (jedes Thier, jede Pflanze weiß praktisch damit Bescheid), scheint auf sauberes Denken leider gar nicht eingerichtet zu sein. Man kann hier kaum zwei Schritte ins Objective hinein speculiren, ohne auf einen befremdlichen Dualismus zu stoßen: das Ich kommt zum ichsagenden Subjekt etwa wie der Funke zum Pulver, als Erwecker potentieller Energie zu actueller Bethätigung. Ein geheimnißvoller Vorgang der Realisation muß sich abspielen, damit das bereitliegende Ichbewußtsein wirklich in Erscheinung trete; gewissermaßen schweift ein absoluter Ich-Punkt in der Welt der Subjecte umher, und so oft er mit einem Individualpunkt zusammentrifft, wird das zugehörige Individuum zum Dasein und Ich-Empfinden berufen — sowie auch ein absoluter Gegenwart-Punkt an der Reihe der Weltzustände hingleitend sie zum Wirklichwerden weckt und zwingt. Aber mit welchem Subjectpunkt hat sich, in einem gegebenen Falle, der transcendente Ichpunkt vereint, verschmolzen, identificirt? Darüber kann am wenigsten der glücklich bevorzugte Ichsager selbst Auskunft geben: »mit Mir«, würde er rufen, aber Millionen Andere, Millionen Wesen, die von der gleichen Gnadenwahl der Ver»ich«ung erlesen worden, rufen ebenso »mit Mir«. Jedes Subject sagt Ich, jede Gegenwart nennt sich Jetzt. Hier krystallisiren sich die wunderlichen Speculationen über Seelenwanderung und Wiedergeburt an, die in jedem halbwegs philosophischen Menschengehirn einer geheimen Sympathie sicher sind, und die sich vor dem abendländischen Dogma einer rationalen, untheilbaren, immateriellen Seelensubstanz nicht im mindesten zu schämen haben: beide philosophischen Erdtheile, Asien wie Europa, bemühen sich in ihrer Weise umsonst, den augenscheinlichen Thatbestand »Ich bin« in eine brauchbare Dialektik zu zerspinnen. Aber was geht uns eigentlich die Ichfrage an, diese schattenhafte Begriffsgespensterei und Kopfangelegenheit? Nun, man erinnert sich, welche Rolle in der Kulturgeschichte unserer Erdbevölkerung gerade die dürrsten Abstractionen zu spielen pflegen, und wie gern am Docht der Studierlampe sich die Flamme des Scheiterhaufens, die Brandfackel der Glaubenskriege entzündet. Wie »ernsthafte Folgen«, milde geredet, hat ein gewisses Jota gehabt, oder der Schulbegriff der menschlichen Willensfreiheit, oder eine Arithmetik, in der Eins gleich Drei ist, oder eine analytische Geometrie mit falsch gewähltem Coordinatenanfang (ich meine die »geocentrische Weltanschauung«)! Es giebt keine flachere Dogmatik als jene, die Geist und Materie als Gegensätze nimmt; es giebt kein dürftigeres Gedankending als das ens realissimum der Ontologie: haben beide darum weniger Geschichte gemacht, Gott und das spiritualistische Ideal? So hat sich auch die *theoretische Unklarheit* des Ichproblems in einer weltgeschichtlichen Werthverschiebung, einer *ethischen Ungerechtigkeit* ersten Ranges Ausdruck verschafft; in ihr hat nicht nur der dialektische Mensch, sondern auch der werthschätzende und kulturpraktische Mensch Partei ergriffen, und darum gehört sie zu den Realitäten der Menschheit, nicht bloß zu den Ideologieen der Philosophen. Unser tellurisches Völkchen ist nun einmal so; man erklügele und ergrübele, am Schreibtisch oder im Dachkämmerchen, eine rechte Armseligkeit von Idee oder lieber noch *Üdäh* (ich citire *[66]* Schopenhauers Briefe), etwas Spinnewebedünnes, Fadenscheiniges, Ausgeblasenes und Vertracktes — sicherlich werden sich die Menschen darum die Köpfe blutig schlagen. Aber man gebe ihnen, in Kunst, Wissenschaft, Seelen- oder Körperpflege, eine Realität zu beißen, etwas thatsächlich Nahrhaftes und Wohlschmeckendes, und man wird die Dogge knurren hören! Nun, mit einer dummen Menschheit muß man schon dumm thun, und um einem spintisirenden Kopfe etwas auszureden, muß man selber spintisiren. Auf unverdorbene Menschen von einer gewissen intégrité de l'instrument mental würde ich mir nicht getrauen, mit speculativem Apparat Eindruck zu machen; hier aber, wo es sich zunächst um eine Art Rückkehr zur Natur, zu der durch Theorie verbildeten und krummgezogenen Natur handelt, hier ist vielleicht auf dem Wege einer Gegentheorie etwas zu hoffen. Idee gegen Idee, Abstraction gegen Abstraction, vielleicht Unsinn gegen Unsinn!

2.

Die Vielheit von Individuen, die theoretisch ein Problem bedeutet, bedeutet praktisch noch mehr: eine erhebliche Complication des Daseins, das für den Philosophen, wie Schopenhauer, durch ein einziges Lebewesen bereits zur Genüge repräsentirt wäre. Leben heißt Interessen haben: ein individuell differentiirtes Leben ist also nothwendig Interessen-Vielheit, Interessen-Widerstreit, Interessen-Abwägung und -Ausgleichung. Nach welchem Gewichtsystem abgewogen wird, mit welcher muthmaßlichen Verstümmelung oder Integrität das Einzelne in die Gesamtabrechnung eingeht, das entscheidet über den Werth des Ausgleichungsverfahrens, gesetzt, daß es auch darüber einmal zu einer Abschätzung und Ausgleichung kommt — dabei übernehmen wir Philosophen nicht ohne Bescheidenheit das Amt des idealen Marktaufsehers, Gewichte nachzuwägen. Die Natur im engeren Sinne (also das »vernünftige« Menschengethier zunächst einmal ausgeschlossen) hält trotz mancher Verschiedenheiten im Einzelnen doch diejenige Hauptrichtung von Interessenausgleichung fest, die mit der Richtung organischer Verfeinerung und Höherentwicklung zusammenfällt; wir pflegen uns mit Stolz als Mitglieder, wenn nicht gar Endglieder, einer *aufsteigenden* biologischen Reihe zu fühlen. Mögen wir dabei den Menschen als beabsichtigtes Finale des Weltprocesses und die Natur mit innerer »Zielstrebigkeit« auf diese Marke lospeilend denken, oder mögen wir die scheinbare Zweckmäßigkeit als Nebenproduct aus rein mechanischen Vorgängen ableiten – jedenfalls sieht der »Wille in der Natur«, wenn einer vorhanden ist, eher einem Willen zur Erhöhung als einem Willen zur Wohlfahrt ähnlich. So gewiß der Stein das am leichtesten, der Mensch das am schwersten zum Leben gestellte Thier ist, so gewiß konnte die aufsteigende Kreaturenfolge Stein, Pflanze, Thier, Mensch nicht aus blos hedonistischen Triebkräften entspringen; das Bedürfniß nach Wohlbefinden, eine Form psychischer Schwerkraft, wirkt abwärts und fühlt sich erst bei einem Minimum von Leben wohl, beim Anorganischen. Schon der bloße Kampf ums Dasein, der doch im Grunde ein »Kampf um Rom«, um Macht und Vorrang ist, macht einen recht dicken Strich durch das utilitarische Bild des Lebens: wie bald würden solche englischen Behaglichkeitsthiere Frieden schließen und auf ihre kostspielige Selbstbehauptung, von der sie so wenig Freude haben, verzichten! Die Natur ist im Grunde aristokratisch und fördert das Entstehen, wenn auch nicht immer das Bestehen, der höher organisirten Gebilde gegenüber den niederen; soviel läßt sich schon in *[67]* majorem Matris gloriam aufrecht erhalten. — Sehr anders steht es mit derjenigen Natur, die ihre Imperative auf civilisatorischen Umwegen zu Gehör bringt und sich nicht mehr der organischen und instinctiven, sondern der bewußten Intelligenz anvertraut. Hier fehlt es beinahe an Allem, zunächst an jeder Präcision und Sicherheit in der Ausführung, wie an jeder Energie und Consequenz in der Zielsetzung. Das bunte Durcheinander menschlicher Moralsysteme und Institutionen, dieser ewig wechselnde Apparat ungeeigneter Mittel zu unhaltbaren Zwecken unterscheidet sich sehr zu seinem Nachtheil von der Arbeitsweise der Natur; diese hohe Schule der Planlosigkeit, die sich Weltgeschichte nennt, wird selbst von einer modernen Regierung nur unvollkommen nachgeahmt. Man wird zur Entschuldigung sagen, daß die supranaturalistische »Bestimmung« der Menschheit auch eine supranaturalistische Praxis erfordere, die erst gelernt sein will: nun, dann ist zu bedauern, daß wir dieses Pensum nicht bereits absolvirt haben. Indessen handelt es sich noch um etwas Anderes. Die Treffunsicherheit und Unbeholfenheit des von menschlicher Intelligenz bedienten teleologischen Mechanismus ließe sich lächelnd verschmerzen, ja wir müßten sie als Glücksfall begrüßen, wenn sich eines Tages das Schlimmere herausstellte, daß es bisher der zielsetzenden Menschheit nicht sowohl an Geschicklichkeit und Ausdauer im zweckbewußten Handeln, sondern an einem wirklich b e g e h r e n s w e r t h e n Z i e l e, an einer brauchbaren Rangordnung der Interessen gefehlt habe, daß jene »höhere Bestimmung«, die allein die zahllosen Wirren und Mängel des menschlichen Kulturbetriebs rechtfertigen könnte, der moralschöpferischen Menschheit nie eigen gewesen oder längst abhanden gekommen sei, kurzum, daß die unzulängliche Intelligenz einem mißleiteten Willen Dienste und Gesellschaft leiste. Wenn dieser Verdacht sich bestätigt, so ist die bisherige Vergeudung von Idealismus immer noch eine Ersparniß; mit vollem Dampfe wären wir nur tiefer in die Perversität hineingefahren. Müssen wir umkehren? sind die Ideale der historischen Menschheit haltbare Ideale oder nicht? Oder, wenn wir uns auf die moderne, die demokratische, die Herdenthiermenschheit, wie Kenner sie zeichnen, und ihr specifisch modernes Ideal beschränken, das sich immer fester consolidirt und andere Ideale niederdrückt: giebt der Begriff S o c i e t ä t ein haltbares Ideal, einen gerechten Ausgleichungsmodus im Kampf der Interessen? — Sicherlich nicht, sobald bewiesen ist, daß mit ihm nicht einmal eine Realität, ein erkenntnißtheoretisch greifbares Etwas umspannt wird. Wir stehen nicht so uninteressirt zum Leben und haben es lange nicht leicht genug, uns den Luxus imaginärer Ideale gestatten zu dürfen, die allenfalls, wenn es keine anderen gäbe, Ersatzdienste verrichten könnten. Die Kritik des Socialismus und Altruismus vereinfacht sich also zu der Frage nach der realen Bedeutung des socialen Ideals; fällt die Antwort hierauf ungünstig aus, so ist ihm auch der teleologische Werth abgesprochen, der zu allererst jene Realitätsbedingung als erfüllt voraussetzt.

3.

In der ersten Nummer »Einerleiheit und Verschiedenheit« seines Kapitels von der Amphibolie der Reflexionsbegriffe läßt sich Kant eine Bemerkung entschlüpfen, an die sich später eine ganze Kette metaphysischer Fabeln gehängt hat. Dort handelt es sich um eine gelegentliche Kritik des Leibniz'schen Satzes von der Identität des Nichtzuunterscheidenden (principium identitatis *[68]* indiscernibilium), eines Satzes, der vielleicht mehr seines allzuvielsilbigen Namens als seiner oft mißverstandenen Bedeutung wegen unter den Empiristen als eine Verirrung »crasser Scholastik« berüchtigt ist. Ich kann diesen Satz zwar nicht richtig, aber auch nicht gar so absurd finden; ich finde eher Kants Polemik dagegen ungenügend und die Schopenhauers sogar mystisch-sinnlos. Nach Leibniz müssen Dinge, die ihren begrifflichen Merkmalen nach ununterscheidbar sind, identisch sein; nach Kant gilt das zwar für »Gegenstände des reinen Verstandes«, nicht aber für Gegenstände der Sinnlichkeit, weil bei diesen empirischen Objecten, z. B. zwei Wassertropfen, die im Uebrigen vollkommen übereinstimmen, die r ä u m l i c h e Verschiedenheit als hinreichende Garantie ihrer Unterscheidbarkeit auftritt. Schopenhauer fügt, als in gleichem Sinne wirksam (nämlich empirisch trennend, was »an sich« sonst identisch ist), die Z e i t hinzu und nennt Raum und Zeit das principium individuationis. Man bemerkt hier unschwer die Anknüpfungsstelle für jene höchst pittoresque, aber auch höchst unwissenschaftliche Grundanschauung, die Schopenhauers metaphysisches Denken beherrscht: ihm sind die Erkenntnißformen täuschende Gaukelkünste, die das metaphysisch Eine und Ruhende zum empirisch Vielen und Bewegten zersplittern. Die »platonische Idee« des Löwen steht unerschüttert wie der Lichtstrahl im Sturm, während tausend Löwen als flüchtige Einzelerscheinungen kommen und gehen, auftauchen und schwinden — ganz wie bei Kant die beiden Wassertropfen als Gegenstände des reinen Verstandes identisch sind und nur als Phänomene, als sinnlich angeschaute Objecte differiren. Das Bewußtsein wäre also eine Art Alkoholrausch, ein Doppelt- und Mehrfachsehen des Einfachen, eine Illusionsvorrichtung wie Facettenglas und Kaleidoskop, und des Philosophen Vorrecht bliebe es, den »Schleier der Maja« zu lüften und das wahrhaft Seiende, das All-Eine hinter dem Zaubertrug des ruhelos Vielen zu erkennen, — sowie es Vorrecht des Künstlers ist, diese Erkenntniß wiederum in den Formen der Erscheinung darzustellen. Von dieser indisch-platonisch-schopenhauerisch-wagnerischen Metaphysik ist allenfalls das Gegentheil wahr, gesetzt, daß sie zur Wahrheit überhaupt in einer Beziehung steht. Nicht alle empirischen Löwen sind »an sich« nur Ein Löwe, sondern umgekehrt: tausend empirische Löwen verlangen als Correlativ *mindestens* tausend transcendente Löwen, vielleicht aber auch zehntausend oder einige Millionen! Die Bewußtseinsformen zerlegen das metaphysische »Urlicht« keineswegs in empirische Regenbogenfarben, eher noch sammeln sie das transcendent Bunte und Zerstreute zur empirischen Einheit — wenn man überhaupt mit so kindlichen Vorstellungen den Grenzübergang zwischen beiden Welten symbolisiren will. Es läßt sich mit einfachen Mitteln, zu deren Entfaltung hier dennoch nicht der Ort ist, der Satz beweisen, daß inhaltlich congruente (identische) Vorgänge für unser Bewußtsein in einen einzigen zusammenfallen, gleichviel ob und wie oft sie sich im absoluten Raum und in der absoluten Zeit wiederholen mögen. Beispiel: wenn irgend ein Jahr der empirischen Weltgeschichte sich »in Wahrheit« nicht einmal, sondern hundertmal abspielte, so würde uns davon nicht das Geringste zum Bewußtsein kommen; unsere empirische Zeitwahrnehmung würde das hundertste Mal vom ersten durchaus nicht zu unterscheiden vermögen. Ebenso hindert uns nichts, die Erde in hundert identischen Exemplaren den transcendenten Raum durchrollen zu lassen; wenn für einen objectiven Weltbetrachter etwa zwei dieser Erdkugeln einander ihre Pole zukehren, so wäre es irrig, daraus zu schließen, daß nun auch die Grönländer der ersten Kugel nach dem südlichen Eismeer der zweiten herüber- oder hinaufschauen und damit die transcendente Vervielfachung unseres Planeten *[69]* constatiren müßten. Wo Raum und Zeit zu solchen identischen Wiederholungen herkommt, die transcendent denkbar sind, eben weil sie empirisch unwahrnehmbar bleiben, das braucht uns nicht zu beunruhigen, wofern wir nur des subjectiven Raum- und Zeitdifferentials, das wir selbst erfüllen, vollkommen sicher sind. — Wenn wir dem alten Leibniz die Worte im Munde herumdrehen wollen, so dürfen wir uns erlauben, das eben gestreifte erkenntnißtheoretische Princip als indiscernibilitas identitatum auf den Markt des gelehrten Wortspielzeugs zu bringen, aber mit der dringlichsten Warnung, es nicht wieder zur falschen identitas indiscernibilium zurückzuverdrehen. Was empirisch unterscheidbar ist, ist auch gewiß inhaltlich oder »an sich« nicht identisch, den Einheitsmystikern zum Trotz; umgekehrt aber braucht das für uns Nichtzuunterscheidende an sich gar nicht identisch zu sein, sondern kann um absolute Raum- und Zeitbestimmungen differiren, also auf bloße Congruenz hinauslaufen, ja sogar auf noch weniger, nämlich auf Uebereinstimmung in den uns zugänglichen, Differenz in den uns verschlossenen Theilen. An dieser doch nicht gar so versteckten Klippe wird die Weltanschauung von Peter und Paul, die sich transcendentaler Realismus nennt, immer wieder scheitern, und wenn nach Eduard von Hartmann die Zeit »aus dem Sein, den Hirnschwingungen, direct in die Empfindung übertragen« wird, so ist diesem erkenntnißtheoretischen Plebiscit bündig mit Nein zu antworten — denn congruente Schwingungen im »Sein« erscheinen als einzige Schwingung im »Empfinden«. Und schon hier würde sich den unbedenklichen Socialethikern eine Falle stellen lassen, denn wenn auch nicht »transcendentalen«, so treiben sie doch mindestens transsubjectiven Realismus; sie sprechen von Gesamtwillen, socialen Organismen, von dem lebenden Wesen »Gesellschaft« mit einer Sicherheit, als hätten sie Hörner, Schweif und Klauen dieses mystischen Collectiv-Thieres gesehen oder befühlt. Wie kommt ihr Herren dazu, würde man fragen, jenseits der Sphäre des individuellen Subjects, der einzig als real zu verbürgenden Sphäre — ich setze voraus, daß der Idealismus des Bischofs Berkeley immer noch unwiderlegt und unwiderlegbar ist — von Thatbeständen zu sprechen, denen genau conträre Thatbestände als gleichberechtigte Möglichkeiten gegenüberstehen? Was hat die Vielzahl der Individuen für einen realen Sinn und Werth, wenn selbst das einzelne Individuum vielleicht nur die empirische Coincidenz von hundert transcendenten, durch objective Raum- und Zeitdifferenz getrennten Individuen ist, eine indiscernibilitas identitatum, also die individuelle Erscheinung zu einem »ansichlichen« — Collectivum! Aber ich schmeichle mir nicht, mit diesem erstaunlichen Phänomen eines Einzelwesens, das von der Ding-an-sich-Seite besehen eigentlich eine unproduvtice Genossenschaft ist, auf empiristisch gefärbte Gemüther Eindruck zu machen — höchstens meldet sich schon jetzt eine vage unbestimmte Skepsis, wie sie beim ersten Hinausdenken über den naiven Allerwelts-Realismus aufdämmert. Bringen wir also unseren speculativen Versuch mit der Wirklichkeit in noch engeren Zusammenhang — wobei es nicht länger zu umgehen sein wird, der Masse, der Societät, dem Collectivthier ein paar Ungezogenheiten ins Gesicht zu sagen.

4.

Wir verlassen also die Sphäre der Wissenschaft, der reinen Ü d ä h, und wollen uns die dem menschlichen Erkennen typische Ungenauigkeit zu Nutze machen. Denn der Mensch ist, wie angeblich sogar sein Name verräth, ein *[70]* messendes, wägendes, vergleichendes Thier, folglich, da die Natur mit beiden Enden der Größenscala ins Unendliche verläuft (ins mikroskopisch und teleskopisch Unendliche), ein Thier, das nothwendig Abrundungsfehler begeht und, wie die Psychophysik sagt, eine »Schwelle« besitzt. Für uns ist nicht nur die theoretische Null Null, sondern auch jedes theoretische Etwas, das unter einer gewissen Grenze liegt — einer Grenze, die durch Verfeinerung der Beobachtungsmethode immer tiefer herabgedrückt werden kann, ohne je völlig zu verschwinden. Wenn wir einen Baugrund ausmessen, so kommt es auf ein paar Centimeter nicht an; in der Physik messen wir die Wellenlängen des Lichts nach Millionteln des Millimeters, aber selbst diese allerwinzigste Distanz ist noch ungeheuer groß gegen die Wirkungssphäre der molecularen Kräfte oder die Dimensionen der Molecüle selber. Also irgendwo müssen wir Halt machen und die noch folgenden Stellen des unendlich langen Decimalbruchs abwerfen, sonst bedürften wir unendlich langer Zeit, um auch nur von einer einzigen physicalischen oder astronomischen Größe den correcten Werth zu ermitteln, ja nur niederzuschreiben. Für uns approximative Beobachter also ist ein Thatbestand von dem quantitativ nächstbenachbarten Thatbestand nicht zu unterscheiden; wenn ein bestimmter Bewußtseinseffekt auf irgend einer Linie des Weltgeschehens eintritt, so tritt er auch in der unmittelbaren Umgebung dieser Linie ein. Und jetzt, indem wir also menschlich-allzumenschlicher Weise auf absolute Genauigkeit verzichten, gelingt es uns auch, von der transcendenten Möglichkeit eines Collectivums, das als Individuum erscheint, einen Zipfel zu erfassen: wir thun einen Blick in die Leere und Dürftigkeit jeder bloßen Vervielfältigung individueller Bewußtseinsinhalte, die nicht zugleich mit intensiver Steigerung verbunden ist. Einen menschlichen Bewußtseinsvorgang in hundert identischen Exemplaren abzudrucken ist sicherlich kein Object ethischer Werthschätzung, weil es kein Object möglicher Erfahrung ist, weil die hundert Exemplare empirisch nicht zu trennen und zu zählen sind. Setzen wir denselben Vorgang in hundert *beinahe* identischen Exemplaren an, so ist allerdings die indiscernibilitas identitatum zur discernibilitas similum und damit sichtbar geworden, der empirische Effect ist theoretisch von Null verschieden und über die Schwelle objectiver Wahrnehmung gerückt — aber auch über die Schwelle gefühlsmäßiger Betonung? Wenn hundert Normalmenschen, jeder in der dumpfen Isolirzelle seines ego quilibet, ein und dasselbe dumpfe Normalmenschenglück genießen, wie hoch steht, realkritisch gerechnet, dieses Centurienglück über seiner Einheit, dem Einzelbehagen des einzelnen Normalmenschen? Beziehungen, deren *strenge* Erfüllung diese hundert Realitäten zu einer einzigen zusammenschmelzen würde, sind — leider! leider! — eben nicht streng, sondern nur angenähert erfüllt; die Congruenz ist keine absolute, sondern gewährt noch der individuellen Verschiedenheit Raum: das ist der ganze Thatbestand »Societät«, der mir nicht schwer genug ins Gewicht fällt, um als Stütze und Verankerung eines Werthvorrangs der Masse vor dem Einzelnen zu dienen.

Vielleicht beleidigt diese Folgerung den individualistischen Stolz des Normalmenschen; vielleicht ist es meiner Beweisführung von Vortheil, wenn ich das principium individuationis noch eine Stufe tiefer verfolge, eine Stufe unter den Normalmenschen. Hier ist es billiger Weise nicht mehr erlaubt, von Löwen zu sprechen; sprechen wir lieber von empirischen und transcendenten Kaninchen. Die Physiologen haben eine Methode, die sie selbst mit dem friedfertigen Worte »Thierversuch« benennen, während eine Gegnerschaft, hauptsächlich aus temperamentvollen Künstlern und Frauen bestehend, wider die blutrünstigen Schauder der »Vivisection« am liebsten den Staat zu Hülfe *[71]* rufen möchte. Wir enthalten uns des Urtheils; wir bemerken nur beiläufig und mit Ekel, daß in unserem *unreinlichen* neunzehnten Jahrhundert keine Partei, und sei es an sich die vernünftigste, ohne Flankendeckung durch die Legionen des Obscurantismus sich ins Feld wagt. Impfgegner, Alkoholgegner, Thierschützer, Naturärzte, Friedensfreunde, Keuschheitsapostel, »einige« Christen, Bayreuther und sonstige Weltverbesserer: lauter Menschen, mit denen sich über ihre Sache reden ließe, — mit denen sich aber nicht reden läßt, weil sie mit vier Brettern das Universum einzäunen und von ihrem Conventikel aus die Menschheit erlösen wollen, weil sie im weihevollen Stumpfsinn nicht von ihrem »Eins ist Noth« loskommen, und endlich, weil sie bei dem geringsten Mißerfolg ihrer Propaganda zum Dynamit greifen, ich meine, sich zu den Reactionären und Feinden der Kultur schlagen. Indessen hüten wir uns für heute, dies unappetitliche Thema zu verfolgen. Ohne in dem neuerdings wieder aufgeloderten Streit um die Vivisection Partei zu nehmen, können wir mit der Bosheit des erkenntnißtheoretischen Skeptikers zuhören, wenn sowohl pro als contra mit der »Idiosynkrasie der Zahl«, dem bestbeglaubigten aller populären Effectmittel, gearbeitet wird. Mit hundert! hundert zu Tode gemarterten Kaninchen wird die Phantasie des gefühlvollen Laien geängstigt; nein! es waren nur fünf! antwortet der Physiologe. Verehrungswürdige Naivität! Ist es wirklich ein ethischer Unterschied, ob ein, zwei, fünf oder hundert dieser fruchtbaren Nagethiere einem und demselben physiologischen Experiment zum Opfer fallen? Dieselben Instrumente, dieselbe Operation, dieselbe Art und Dauer des Schmerzes — und wäre nicht das mystische Facettenglas, das Illusionscabinet »Zeit und Raum«, so könnte die unbestimmte Anzahl von »Kaninchen an sich«, die uns hier zufälligerweise in Gestalt von hundert Kaninchen-Erscheinungen sichtbar wird, ebenso zufälligerweise in Ein empirisches Kaninchen zusammenschmelzen. Es bedürfte ganz geringer inhaltlicher Variationen, um die empirische Vielheit nahezu gleichartiger Individuen in die transcendente, d. h. empirisch unwahrnehmbare Vielheit genau identischer Individuen zurückzuverwandeln, aus der man sich jene durch Deformation entstanden denken kann. Von der exacten oder approximativen Gleichheit der Umstände hängt es ab, ob wir statt eines Kaninchens deren zwei oder hundert vor uns haben; sowie jeder Höcker eines ordinären Spiegelglases sich in einem besonderen Spiegelbilde verräth, während beim tadellos geschliffenen Planspiegel die von allen einzelnen Flächenelementen erzeugten Reflexe zu einem einzigen Spiegelbilde coincidiren. Es bedarf so außerordentlich weniger Vorbedingungen zur Herstellung eines empirisch Vielfachen aus einem empirisch Einfachen: der Demiurgos setzt die Gebilde nebeneinander und vermeidet nur den Grenzfall absoluter Congruenz — damit hat er die Aufgabe socialer Multiplication gelöst. Nun, es wäre straffällig, wenn eine kulturpraktische Zielsetzung und Werthrangordnung sich mit so niedrig gestellten Realitätsklassen begnügte, die noch in der unmittelbaren Nachbarschaft des empirisch Irrealen zu finden sind und von den Voraussetzungen, unter denen überhaupt ein »Ding an sich« zur Erscheinung wird, nur die allernothwendigsten nothdürftig erfüllen. Zwei Individuen, die gerade nur um soviel differiren, als unbedingt erforderlich ist, damit das principium individuationis überhaupt ins Spiel trete, zählen für die ethische Werthbemessung nicht mehr als eines. Sie höher anzusetzen, ginge nur in dem Falle an, wenn ihre Art, den Bedingungen der Individuation mit einem Minimum von Arbeitsleistung knapp zu genügen, die einzige im Himmel und auf Erden wäre, wenn die gesamte Lebewelt einen uniformen Froschlaich vorstellte, wo ein Ei dem andern zum Verwechseln ähnelt. So *[72]* weit sind wir nun noch nicht; es fehlt nicht an Realitäten, deren Entfernung von der Nullgrenze mehr als jenes winzige Differential beträgt, um das sich die empirische, altruistische Vielfachheit von der empirisch bedeutunglosen, transcendenten Vielfachheit unterscheidet; es fehlt auch nicht an Versuchen, den Titel Individuum kräftiger und merklicher zu repräsentiren als durch eine bloße conditio sine qua non. Dann ist es aber kein unbilliges Verlangen an menschliche Moral und Teleologie, daß sie die Partei der höhern Werthe, der faßbaren Realitäten, des stärker ausgesprochenen Individuums nehme, daß sie nicht das *Differential*, das eben noch Wahrnehmbare zum ethischen Rangunterschied übertreibe, während *endliche Differenzen* von handgreiflicher Länge immer noch der Umsetzung in entsprechende ethische Distanzen ermangeln. Das höhere Glück — um in der Sprache einer hedonistischen Moral zu reden — geht vor dem niederen; aber die Höhe bemißt sich nicht, wie der Socialismus will, nach der Anzahl der Mitgenießenden, sondern nach der individuellen Glücksempfänglichkeit des Bestentwickelten unter ihnen. Der eines hohen Glücks fähige Einzelmensch, der sensible Spätling mit verwöhnten Nerven steht eben so hoch über einer für Durchschnittsleid und Durchschnittsglück organisirten Masse, wie er über jedem einzelnen Exemplar dieser Masse steht — wogegen Niemand den Vorrang der Masse vor dem einzelnen Exemplar bestreiten wird. Zwei Normalmenschen sind freilich noch mehr werth als einer (hier tritt das Differential in sein Recht, weil hier alle Differenzen bloß Differentiale sind!), aber hundert Normalmenschen wiegen immer noch keinen »höheren Menschen« auf. Vielleicht, wenn sie alle auf einer Wagschale Platz fänden! aber auf der Wage animalischer Lust- und Unlustempfindungen wird Individuum gegen Individuum abgewogen, und es ist müssige Frage, welche Schale sich in jenem fingirten Falle senken würde, wenn die Ansprüche mehrerer Individuen zu einem Gesamtgewicht vereinigt werden könnten. Erst wenn die Kunst, ungleichnamige Größen zu addiren und die Societät auf ein Collectiv-Sensorium zu beziehen, erfunden sein wird, käme die Frage nach dem Glücksanspruch der Masse als Masse zur Discussion — bis dahin concurrirt nur Individuum mit Individuum, nicht Individuum mit Gemeinschaft. Ist unter den Mitbewerbern im Kampf ums Glück ein Collectivum, so nehme man das werthvollste seiner einzelnen Exemplare heraus und lasse den Rest ganz aus dem Spiel; das Recht der Gesamtmasse fällt nicht um ein Gran schwerer ins Gewicht als das Recht jenes Einzelnen. Nach dieser Regel, meine ich, sind bei der Abwägung der Interessen Gewichte anzusetzen und Conflicte zu entscheiden, nicht nach der demokratischen Additionsmethode, bei der die Gesellschaft unbesehen als Summe ihrer Einzelnen und fünf Viertelmenschen als mehr denn ein ganzer Mensch gerechnet werden — warum? weil fünf Viertel mehr als Eins ausmachen. Individuelle Lebensinhalte sind aber ungleichnamige Größen und als solche keiner additiven Vereinigung fähig; wären sie es, so würden sie überhaupt empirisch zusammenfallen.

5.

Ich habe hier von Glück geredet wie ein Engländer; sollte die Sprache einer eudämonistischen Moral im gegenwärtigen Zusammenhange etwas hohl klingen, so mag das wohl an dieser Moral selbst liegen. Unsere Betrachtung führt eben weiter, als wir für heute zu gehen gedenken; von ferne dämmert, *[73]* wie immer als Verschwindungspunkt transcendenter Perspectiven, eine Art Indifferentismus auf, eine tiefe Gleichgültigkeit insbesondere der hedonistischen Forderung gegenüber. Wir können uns beim besten Willen nicht zwingen, die Wohlfahrt der Menschheit so bitter ernst zu nehmen, nachdem sie uns atomistisch in die Wohlfahrt der Einzelnen zerfallen ist, denn es gilt uns mit Recht als unanständig, das Behagen eines Individuums zum Weltangelpunkt und höchsten Ziel einer ganzen Ethik zu machen. Aber selbst wenn wir auf diese letzten Ausblicke verzichten, haben wir nicht nöthig, auf der untersten Stufe primitiver Alltagsmoral stehen zu bleiben und von socialer Frage, socialem Elend, socialem Glück als Realitäten zu phantasiren. Und selbst wenn wir im Grunde jede bloß hedonistische Schätzung der Dinge verlachen, so ist uns nicht zuzumuthen, das, was wir an hedonistischen Triebkräften aufwenden wollen, an imaginäre Objecte zu vergeuden.

Unter dieser Voraussetzung sind die Ergebnisse unserer spaßhaften Metaphysik immerhin nicht ohne einigen normativen Werth, Ergebnisse, die ich mit wenigen Sätzen so zusammenfasse: Die Vielheit von Individuen müßte, um eine ethisch bevorzugte Stellung einzunehmen, sich durch hohen empirischen Realitätsgehalt dazu legitimiren. In Wirklichkeit ist sie neben dem einzelnen Individuum das nahezu Irreale, das als bloße deformatorische Trübung eines empirisch Unwahrnehmbaren, der identischen Vervielfachung eines und desselben Individuums, angesehen werden kann. Zwischen Individuum und Individuum ist allenfalls Werthvergleichung, aber keine Werthsynthesis möglich, vermöge deren die Werthe verschiedener Individuen zu einem Gesamtwerthe zu vereinigen wären. Nicht die Gesellschaft, nur das Individuum ist ethisch zu fördern; wenn sich der Einzelne der Gesamtheit aufopfert, opfert sich ein Reales für die Irrealität auf.

Es versteht sich von selbst, in welchem Falle eine scheinbare Ausnahme von der Regel zulässig ist: aus seiner eigenen Selbstbejahung heraus kann das Individuum mit allen anderen Dingen zwischen Himmel und Erde natürlich auch die Gesellschaft rehabilitiren und neu bewerthen. Nicht die Individuen meiner Außenwelt, wohl aber ihre Abdrücke in meinem Sensorium können sich summiren und zu einem Ton-, Farben-, Gefühlsaccord zusammenklingen, der über die Monophonie des Individuums hinausfluthet. Stimmt mich der Anblick einer jubelnden Volksmenge groß, begeistert einen Künstler die Autosuggestion einer kunsterzeugenden Gemeinschaft, als deren inspirirtes Organ er zu schaffen wähnt, so steht, wenn auch nur für den Augenblick einer solchen Stimmung oder Suggestion, die Vielheit über dem Einzelnen, der solch gesteigerte und rauschartige Zustände nicht zu erregen vermag; denn hier hat das schaffende Individuum von seiner Realität nach außen hin abgegeben und für dies Mal die Erschleichung der Socialethiker wahrgemacht, daß die Gemeinschaft mehr sei als die bloß begriffliche Combination ihrer einzelnen Glieder. Ohne diese Vereinheitlichung aber, ohne die Beziehung auf ein durch sie gefühlsmäßig erregtes Bewußtsein zerfällt die Gesellschaft sofort wieder in ihre Fragmente, die Synthesis löst sich und es bleibt ein ungekittetes Aggregat incommensurabler Größen — es bleiben die individuellen Lebensinhalte, deren jeder seine eigene Realität, deren Gesamtheit aber kaum empirische, geschweige denn ethische Bedeutung hat. Im Uebrigen wäre zu erwägen, ob jene Erregbarkeit des Individuums durch Sympathie für ein vorgestelltes Collectivum nicht eine im Schwinden begriffene Erbschaft niederer Kulturen ist, eine Rückständigkeit der Seele, die unsere Socialtheoretiker vergeblich am Leben zu erhalten bemüht sind. Dann fiele das letzte Argument, das wir Individualisten zu Gunsten der Gemeinschaft, des Volkes, der Masse *[74]* anerkennen: es gäbe keine sociale »Stimmung« mehr! »Todt ist das Volk. — Wohlauf Ich!« — — — — — —

Ich bin tief beschämt. Ich bin kein Philosoph. Ich bin dieses großen Zeitalters der Sociologie nicht würdig. Ich verstehe nichts von den modernen Erfindungen eines Gesamtwillens, der ebenso real ist wie der Einzelwille, einer politischen und humanen Gemeinschaft, die mehr als einen contrat social, nämlich eine organische Lebensform darstellt. Ich vermag nicht einzusehen, daß Familie, Klasse, Volk, Staat, Menschheit keine Gemenge, sondern chemische Verbindungen sind. Ich falle in die »schablonenhaften Constructionen« zurück, mit denen die Aufklärungszeit die gesellschaftlichen Probleme kurzerhand erledigte, während man doch nach Pflicht und Schuldigkeit das Individuum schablonenhaft behandeln und alle analytische Schärfe auf die Vorgänge im Schoß der heiligen Masse verwenden soll. Ich habe die Vermessenheit, von der glorreich überwundenen individualistischen Ethik nicht nur die Methoden, sondern sogar die Ziele wieder aufzurichten. Ich nehme in der Kritik des socialen Verhaltens die Partei des schnöden Augenscheins, der von der organischen Realität der Collectivgebilde nichts weiß. Ich bin Reactionär. Ich bin kein Philosoph. Ich bin tief beschämt.

Herrschaften, wir sind unter uns. Wir kamen unserem guten Geschmack, der nun einmal die individualistische Ethik fordert, mit einiger Speculation zu Hülfe; es war eine neue Form, uns dieses guten Geschmacks wieder einmal bewußt zu werden. Daneben verzichten wir auf den Ehrgeiz, den schlechten Geschmack der Anderen mit erkenntnißkritischen Argumenten zu widerlegen. Wem in der That der Werth der Gemeinschaft den Werth des Einzelwesens übersteigt, wer in das Agitatorengeschrei der ökonomischen Materialisten mit einstimmt, die sich gebärden, als wäre ihre constructive Geschichtsfälschung mindestens der Anfang der Wissenschaft und nicht das Ende der Hegelei, wer sich die von Niemandem geleugnete repräsentative Anwesenheit der Masse im Individuum zu einer selbständigen Realität der Masse außerhalb der Individuen hypostasiren läßt — der mag seine Weltanschauung auf Altruismus bauen: wir können nicht mehr als ihm deutlich machen, daß er eine Riesenschildkröte mit einer festen Insel verwechselt hat. Wir selbst bauen auf den Egoismus, auf das Individuum, das einzig beweisbare und controlirbare Ich; wir halten es nicht für die Aufgabe der Wissenschaft, in unlauteren Wettbewerb mit Kanzel und Polizei zu treten und den strafrechtlichen Ausschreitungen des praktischen Solipsismus vorzubeugen. Wenn wir die erkenntnißtheoretische Realität der Collectivgebilde bestreiten, so liegt uns nur daran, sie als normative Werthe, als Ideale loszuwerden; dabei verkennen wir nicht, daß man in der Analyse historisch dagewesener Moralen vielfach so reden *kann*, *als ob* der Gesamtwille eine Realität neben und über dem Einzelwillen wäre — etwa so, wie wir in der Naturwissenschaft der Wortkürze halber so reden, *als ob* es wirklich Atome, Massen, Kräfte, Aetherschwingungen gäbe. Aber wir werden uns die façon de parler nie zur façon de penser umdeuten lassen, am allerwenigsten, wenn daraus praktische Verbindlichkeiten fließen sollen. In einem ähnlichen Sinne unterlassen wir es, die aus unserer erkenntnißkritischen Negation der Gemeinschaft fließenden praktischen Folgerungen in voller Breite auszuführen; wenige Sätze werden genügen, um eine Moral, die in der Anwendung vieux jeu ist, an unsere befremdliche Metaphysik der indiscernibilitas identitatum anzuschließen. Ich wiederhole also: nicht die Gesellschaft, sondern das Individuum ist ein geeignetes Object hedonistischer Bethätigung, vor allem das überragende, sich abhebende, ausgezeichnete Individuum, wobei als Maßstab des Ueberragens *[75]* die schärfere Eigenart, die feinere Organisation, die entwickeltere Sensibilität dienen wird, zum mindesten solange kein objectiveres Werthkriterium vorliegt. Wenn also ein plus von Glück erzeugt werden soll, so ist nicht eine Pluralität von Einzelnen, sondern der zum Glücke fähigere und begabtere Einzelne mit den verfügbaren Mitteln zu beglücken: grob geredet, man schaffe Champagner für Einen, nicht Branntwein für Hundert. Im Zusammenhang damit bin ich für starke Concentration der materiellen Mittel, um auch im

Gebiete der glückhaften und lustausstrahlenden Dinge das Außerordentliche verwirklichen zu können; tausend kleine Rentner würden keine Villa Albani anlegen, auch nicht als Actiengesellschaft, — das vermag nur die in des Mächtigen Hand centralisirte Million, der fürstliche, goldene Reichthum im älteren, individualistischen Sinne, der mit dem modernen »Nationalwohlstand« nicht gerade identisch ist. Sodann ist ein energischer Egoismus anzurathen, wenigstens als faute de mieux, da wo es kein überragendes Individuum zu fördern, keine hero-worship in Praxis umzusetzen gilt. Wer wird in einem solchen Falle seine hedonistischen Bemühungen an eine imaginäre Größe, ein Collectivum zersplittern, wer wird sie an ein beliebiges anderes Einzelwesen verschwenden, wo die Unbekanntschaft mit dem Object, die Ungewißheit der Methode nur zu Kraftverlusten führt — anstatt sie auf den einzig practicablen Angriffspunkt zu voller Activität zusammenzudrängen, auf sein eigenes lenkbares und erforschbares Ich! Man muß schon in hohem Grade Obscurant und Colporteur für »wahre sittliche und humane Gesinnung« sein, um den einzigen leidlich erhellten Bezirk, das eigene Individuum, von der Bethätigung sympathischer Antriebe auszuschließen und diesen das dunkle Gebiet des Transsubjectiven als Arbeitsfeld anzuweisen. Ich möchte diese modernen Obscuranten mit den mittelalterlichen Theologen auf eine Stufe stellen, die uns vom Gebrauch der Vernunft, unserer specifisch menschlichen Leuchte im Weltwirrsal, abriethen, und ihnen das entsprechend variirte Wort Diderots zur Erwägung anheimgeben: Égaré dans une forêt immense pendant la nuit je n'ai qu'une petite lumière pour me conduire. Survient un inconnu qui me dit: »mon ami, souffle ta bougie, pour mieux trouver ton chemin.« Cet inconnu est un — socialiste.

Massenglück und Einzelglück

Entstehung

Zur Entstehung dieses ersten von Hausdorff *publizierten Essays sind keinerlei Zeugnisse nachgewiesen.*

Überlieferung

H *nicht nachgewiesen.*
D *›Neue deutsche Rundschau (Freie Bühne)‹ IX (1898), H. 1 (Jan.), S. 64–75.*

Erläuterungen

2 Normalmenschen] *In seinem zweibändigen Hauptwerk ›Sur l'homme et le développement de ses facultés, ou: Essai de physique sociale‹ (Paris 1836) suchte der belgische Statistiker und Sozialwissenschaftler* Lambert-Adolphe-Jacques Quételet *(1796–1874) mittels Erhebung und Auswertung statistischer Daten über Erscheinungen im menschlichen Leben seine »idées sur la théorie de l'homme moyen« (ebd., Bd. 1, S. I) wissenschaftlich zu begründen. Dabei ist der ›Normalmensch‹ gewissermaßen das statistische Mittel über alle Individuen: »[l]'homme moyen, en effet, est dans une nation ce que le centre de gravité est dans un corps« (ebd., Bd. 2, S. 264 – »der Normalmensch ist in der Tat innerhalb einer Nation das, was der Schwerpunkt in einem Körper ist«); vgl. dazu auch* Hausdorffs *Essay* Das unreinliche Jahrhundert, *Z. 16 (HGW VIII, 341), ebenso* Sant' Ilario, *Aph. 63–98, S. 57–85:* Vom Normalmenschen *(HGW VII, 151–179).*

3 Synthesis] *griech. σύνθεσις (synthesis) ›Zusammenstellung‹; die Verbindung einer Vielheit zu einer Einheit, in welcher die Mannigfaltigkeit der Teile zu einem selbständigen Ganzen vereint ist.*

4 Realitäten] *Jedes Glied der statistischen Reihe wird von einem realen Individuum repräsentiert; die Reihe selbst als eigenständiges Gebilde (etwa das ›Volk‹) bzw. der aus der Reihe durch statistische Mittelbildungen abgeleitete ›Normalmensch‹ sind Fiktionen, die mit dem einzelnen Individuum nichts zu tun haben.*

5 Mehrwerth] *zentraler Begriff der von* Karl Marx *(1818–1883) propagierten Theorie des Klassenkampfes: Der Arbeiter erhält nur den Lohn, der zur Deckung der für die Erhaltung der Arbeitskraft erforderlichen Kosten absolut notwendig ist (›Tauschwert‹). Auf dem freien Markt ist der Wert des Arbeitsproduktes aber weitaus größer (›Nutzwert‹) – die*

Differenz, der ›Mehrwert‹, kommt dem Besitzer der Produktionsmittel, dem kapitalistischen Arbeitgeber zugute. Dies führt zur Herausbildung des Proletariats und letztendlich zum Klassenkampf (vgl. neben ›Das Kapital‹ [3 Bde. Hamburg 1867–1894; MEW XXIII–XXV] insbesondere die 1862/63 entstandenen ›Theorien über den Mehrwert‹ [MEW XXVI]).

7 die antike Skepsis] *griech. σκέψις (sképsis) ›Prüfung‹, ›Überlegung‹; die seit der griechischen Antike verbreitete, seit der ersten Hälfte des 3. nachchristlichen Jahrhunderts auf den griechischen Philosophen Pyrrhon von Elis (um 365 v. Chr. – um 275 v. Chr.) zurückgeführte erkenntnistheoretische Lehre, prinzipiell an dem zu zweifeln, was andere für sicher oder feststehend halten, da weder der Verstand noch die Erfahrung oder die Wahrnehmung unfehlbare Erkenntnis bringen können. Damit wurde der Zweifel zu einem Prinzip des Denkens erhoben; vgl. dazu insbesondere Sextus Empiricus' (fl. um 200) ›Grundriß der pyrrhonischen Skepsis‹ (Eingel. u. übersetzt v. Malte Hossenfelder. Frankfurt a.M. ^{3}1999). Dieses Werk war im 16. Jahrhundert wiederentdeckt worden und hat im 16. und 17. Jahrhundert eine Renaissance des antiken Skeptizismus forciert.*

8–10 jenen römischen Kaiser *bis* mit Einem Streiche zu enthaupten] *Nach den ›Kaiserviten‹ des römischen Schriftstellers Gaius Suetonius Tranquillus (um 70 – um 140) soll der römische Kaiser Gaius Caesar Augustus Germanicus, genannt Caligula (12–41; Kaiser vom 18. März 37 bis zum 24. Jan. 41), erbost über die Menge, die bei einem Rennen eine andere Partei begünstigte als er selbst, ausgerufen haben: »Hätte doch das römische Volk nur einen einzigen Hals!« (Sueton: ›De vita Caesarum.‹ Hrsg. u. übersetzt v. Hans Martinet. Düsseldorf u. Zürich 1997, S. 493 [›Caligula‹ 30,2].)*

10 Wundt's Ethik] *Verweis auf das Werk ›Ethik. Eine Untersuchung der Thatsachen und Gesetze des sittlichen Lebens‹ (Stuttgart 1886) des deutschen Psychologen und Philosophen Wilhelm Wundt (1832–1920). Nach Wundt besteht der sittliche Endzweck in der Vervollkommnung der Menschheit, in der Herstellung einer allgemeinen Willensgemeinschaft der Menschheit. Dies erfordert »die Unterordnung des Einzelwillens unter den Gesamtwillen« (›Ethik.‹ 2 Bde. Stuttgart ^{3}1903, Bd. 2, S. 136).*

11 einen socialen Organismus] *Nach Auguste Comte (1798–1857), dem Begründer der Soziologie als eigenständiger Wissenschaft, ist die Gesellschaft eine Art Organismus, ein »organisme collectif« oder ein »organisme social«, dessen Ordnung (»l'étude statique«) es ebenso zu untersuchen gelte wie dessen Entwicklung (»l'étude dynamique«), um gleich einer »anatomie sociale« die kontinuierlich innerhalb des gesellschaftlichen System wirkenden Kräfte und Wechselbeziehungen aufzudecken (vgl. ›Cours de philosophie positive.‹ 6 Bde. Paris 1830–1842, v.a. Bd. 4, S. 230ff.). Der englische Philosoph Herbert Spencer*

(1820–1903) wandte die von Jean Baptiste de Lamarck *(1744–1829) inaugurierte Deszendenztheorie, nach welcher Entwicklung und Umwandlung der Organismen und ihrer Organe durch die direkte Wirkung äußerer Lebensbedingungen (Bedürfnisse und deren Befriedigung) erfolgt (vgl. ›Philosophie zoologique.‹ Paris 1809) erstmals auf soziale Systeme an und beschrieb die Gesellschaft als einen ›Überorganismus‹ mit Organen, die den von* Lamarck *formulierten Gesetzen von Wachstum und Absterben genügen (vgl. ›Social Statics.‹ London 1851; ›The Social Organism‹ [1860, = ›A System of Synthetic Philosophy.‹ 11 Bde. London 1862–1896, Bd. 1]).*

13 Socialethiker] *Der Begriff ›Sozialethik‹ wurde von dem deutschen Theologen* Alexander von Oettingen *(1827–1905) mit dem Werk ›Die Moralstatistik und die christliche Sittenlehre: Versuch einer Socialethik auf empirischer Grundlage.‹ 2 Bde. Erlangen 1868–1873 geprägt, dessen erster Band ›Die Moralstatistik in ihrer Bedeutung für eine Socialethik‹ (1868) den »[i]nductive[n] Nachweis der Gesetzmässigkeit sittlicher Lebensbewegung im Organismus der Menschheit« zu erbringen suchte, da der Mensch »erst als Glied des organisch gegliederten Ganzen [...] ein sittliches Wesen« werde (S. 27).*

15 Axiomen] *griech. ἀξίωμα (axioma) ›Forderung‹; nach* Aristoteles *(384/83 v. Chr. – 322 v. Chr.) sind Axiome in sich einsichtige Sätze, die eines Beweises weder bedürfen noch fähig sind (vgl. ›Analytica posteriora‹ I,2, 71b). In einem deduktiven System sind es erste Sätze, die nicht bewiesen werden, aus denen sich aber die übrigen Sätze des Systems deduktiv ableiten lassen.*

16 euklidischen Geometrie] *Der griechische Mathematiker* Euklid *(um 365 v. Chr. – um 300 v. Chr.) entwickelte in seinem um 325 v. Chr. entstandenen Hauptwerk ›Elemente‹ die ebene Geometrie als deduktives System, fußend auf fünf geometrischen und einigen logischen Axiomen. Für mehr als zweitausend Jahre war dieses System, erweitert auch auf den Raum, die Geometrie schlechthin. Erst die Entdeckung nichteuklidischer Geometrien (vgl. dazu Erl. zu 19) machte für diese Geometrie den Zusatz ›euklidisch‹ notwendig, um sie von anderen Geometrien zu unterscheiden. Allgemein versteht man heute unter einem euklidischen Raum einen n-dimensionalen oder unendlich-dimensionalen linearen Raum mit einer euklidischen Entfernungsbestimmung.*

19 Parallelenaxiom] *Das fünfte der von* Euklid *(vgl. Erl. zu 16) in den ›Elementen‹ der ebenen Geometrie zugrundegelegten Axiome war das Parallelenaxiom; es fordert, »daß, wenn eine gerade Linie beim Schnitt mit zwei geraden Linien bewirkt, daß innen auf derselben Seite entstehende Winkel zusammen kleiner als zwei Rechte werden, dann die zwei geraden Linien bei Verlängerung ins unendliche sich treffen auf der Seite, auf der die Winkel liegen, die zusammen kleiner als zwei Rechte sind« (I. Buch;* Euklid*: ›Elemente.‹ Buch I–XIII. Übers. u.*

hrsg. v. Clemens Thaer. Thun 1996 [Reprint ›Ostwald's Klassiker der exakten Wissenschaften‹, Bd. 235, 236, 240, 241 u. 243], S. 3). – Bereits in der Antike und vor allem von Mathematikern im islamischen Kulturkreis wurde versucht, das Parallelenaxiom mittels der übrigen geometrischen Axiome zu beweisen. Jedoch sind alle diese Versuche gescheitert, weil sie stets stillschweigend Sätze als gültig voraussetzten, die zum Parallelenaxiom äquivalent sind. Indirekte Beweisversuche von Johann Heinrich Lambert (1728–1777) und Giovanni Saccheri (1667–1733) im 18. Jahrhundert können bereits als Vorarbeiten zur Entdeckung nichteuklidischer Geometrien betrachtet werden. In den zwanziger Jahren des 19. Jahrhunderts gelang drei Mathematikern unabhängig voneinander der Durchbruch, indem sie das Parallelenaxiom durch die Forderung ersetzten, daß es zu einer gegebenen Geraden g und einem beliebigen nicht auf ihr gelegenen Punkt P unendlich viele Geraden gibt, die durch P gehen und g nicht schneiden, und indem sie dann aus dem so veränderten Axiomensystem eine widerspruchsfreie Geometrie entwickelten. Der ungarische Mathematiker János (Johann) von Bolyai (1802–1860) skizzierte seine Theorie 1825; publiziert wurden die Aufzeichnungen aber erst 1832 als Appendix zu Farkas (Wolfgang) v. Bolyais (1775–1856) ›Tentamen juventutem studiosam in elementa matheseos‹ (Maros Vâsárhely 1832) unter dem Titel ›Scientiam spatii absolute veram exhibens: a veritate aut falsitate Axiomatis XI Euclidei (a priori haud unquam decidenda) independentem; adjecta ad casum falsitatis, quadratura circuli geometrica‹. Drei Jahre vor dieser Publikation hatte der russische Mathematiker Nikolai Iwanowitsch Lobatschewski (1792–1856) sein System der nichteuklidischen Geometrie vorgestellt (›O natschalach geometrii‹ [›Über die Anfangsgründe der Geometrie‹], in: ›Kasanski vestnik‹ [›Kasaner Bote‹], 1829/30; vgl. auch Lobatschewski: ›Geometrische Untersuchungen zur Theorie der Parallellinien.‹ Berlin 1840). Auch der deutsche Mathematiker Carl Friedrich Gauss (1777–1855) hatte die hyperbolische nichteuklidische Geometrie von Bolyai und Lobatschewski entdeckt, ohne jedoch zu Lebzeiten hierzu etwas zu publizieren; erst nach seinem Tode wurden diese Bemühungen u.a. durch Wolfgang Sartorius von Waltershausens Würdigungsschrift ›Gauß zum Gedächtnis‹ (Leipzig 1856) und die Veröffentlichung des von Christian August Friedrich Peters herausgegebenen Briefwechsels (6 Bde., Altona 1860–1865) zwischen Gauss und dem deutschen Astronomen Heinrich Christian Schumacher (1780–1850) bekannt, was entscheidend zum Durchbruch der nichteuklidischen Geometrie beitrug (vgl. Hans Reichardt: ›Gauß und die Anfänge der nicht-euklidischen Geometrie.‹ Leipzig 1985).

33 Sittlichkeit a priori] *Betrachtet man nach Immanuel Kant (1724–1804) »die Versuche über die Sittlichkeit in jenem beliebten Geschmacke [...], so wird man bald die besondere Bestimmung der menschlichen*

Natur (mitunter aber auch die Idee von einer vernünftigen Natur überhaupt), bald Vollkommenheit, bald Glückseligkeit, hier moralisches Gefühl, dort Gottesfurcht, von diesem etwas, von jenem auch etwas in wunderbarem Gemische antreffen, ohne daß man sich einfallen läßt zu fragen, ob auch überall in der Kenntniß der menschlichen Natur (die wir doch nur von der Erfahrung herhaben können) die Principien der Sittlichkeit zu suchen seien, und, wenn dieses nicht ist, wenn die letztere völlig a priori, frei von allem Empirischen, schlechterdings in reinen Vernunftbegriffen und nirgend anders auch nicht dem mindesten Theile nach anzutreffen sind, den Anschlag zu fassen, diese Untersuchung als reine praktische Weltweisheit, oder (wenn man einen so verschrieenen Namen nennen darf) als Metaphysik der Sitten lieber ganz abzusondern, sie für sich allein zu ihrer ganzen Vollständigkeit zu bringen und das Publicum, das Popularität verlangt, bis zum Ausgange dieses Unternehmens zu vertrösten« – »alle sittlichen Begriffe« aber haben »völlig a priori in der Vernunft ihren Sitz und Ursprung«, und die »Vorstellung eines objectiven Princips, sofern es für einen Willen nöthigend ist, heißt ein Gebot (der Vernunft), und die Formel des Gebots heißt Imperativ«, der sagt, »daß etwas zu thun oder zu unterlassen gut sein würde, allein [er sagt] es einem Willen, der nicht immer darum etwas thut, weil ihm vorgestellt wird, daß es zu thun gut sei« (›Grundlegung zur Metaphysik der Sitten‹, 2. Abschnitt [AA IV, 410–413]).

33 den »Normalgesetzen«] *Anspielung auf die von* Kant *in der ›Kritik der Urtheilskraft‹ (1790) apostrophierte »ästhetische Normalidee, welche eine einzelne Anschauung (der Einbildungskraft) ist, die das Richtmaß seiner Beurtheilung, als eines zu einer besonderen Thierspecies gehörigen Dinges, vorstellt«, aber »nicht aus von der Erfahrung hergenommenen Proportionen, als bestimmten Regeln, abgeleitet« ist, »sondern nach ihr [...] allererst Regeln der Beurtheilung möglich« werden (KdU, § 17 [AA V, 233f.]).*

35f. wenn Kant daran, daß etwas »geschehen soll, ob es gleich vielleicht nie geschieht«, sein moralistisches Behagen empfindet] *Verweis auf eine Variation des kategorischen Imperativs in* Kants *›Kritik der reinen Vernunft‹ (1781/²1787): »Diese [die Vernunft] gibt daher auch Gesetze, welche Imperativen, d. i. objektive Gesetze der Freiheit sind, und welche sagen, was geschehen soll, ob es gleich vielleicht nie geschieht« (KrV, B 830).*

39–41 durch das Gebiet des Imaginären führen *bis* im Realen liegen] *Anspielung auf eine Methode zur Berechnung reeller Integrale. Man integriert dabei zunächst über Wege, die in der komplexen Zahlenebene durch das Imaginäre führen, erhält aber schließlich Ergebnisse, die ›im Reellen liegen‹, d.h. die Integrale über reelle Intervalle liefern.*

41 eine »Kritik des reinen Sozialismus«] *griech. κριτική (kritiké) ›Beurteilung‹; hier vmtl. in Anspielung auf* Kants *›Kritiken‹ der Verweis auf* *den von Linkshegelianern wie* MAX STIRNER *(eigentlich* JOHANN CASPAR SCHMIDT*; 1806–1856 [vgl.* HAUSDORFFS *Essay* Stirner, *HGW VIII, 381]) oder* BRUNO BAUER *(1809–1882 [vgl. ebd.]) vertretenen deutschen oder ›wahren‹ Sozialismus, den die Begründer des ›wissenschaftlichen‹ Sozialismus,* KARL MARX *(vgl. Erl. zu 5) und* FRIEDRICH ENGELS *(1820–1895), wie folgt charakterisieren: »Neben den deutschen Kommunisten hat sich eine Anzahl Schriftsteller aufgetan, die einige französische und englische kommunistische Ideen aufgenommen und mit ihren deutsch-philosophischen Voraussetzungen verquickt haben. Diese ›Sozialisten‹ oder ›wahren Sozialisten‹, wie sie sich nennen, sehen in der kommunistischen Literatur des Auslandes nicht den Ausdruck und das Produkt einer wirklichen Bewegung, sondern rein theoretische Schriften, die ganz, wie sie es sich von den deutschen philosophischen Systemen vorstellen, aus dem ›reinen Gedanken‹ hervorgegangen sind. Sie denken nicht daran, daß diesen Schriften, selbst wenn sie Systeme predigen, die praktischen Bedürfnisse, die ganzen Lebensverhältnisse einer bestimmten Klasse bestimmter Länder zugrunde liegen. Sie nehmen die Illusion mancher dieser literarischen Parteipräsentanten, als handle es sich bei ihnen um die ›vernünftigste‹ Ordnung der Gesellschaft und nicht um die Bedürfnisse einer bestimmten Klasse und Epoche, auf Treu und Glauben an. Die deutsche Ideologie, in der diese ›wahren Sozialisten‹ befangen sind, erlaubt ihnen nicht, das wirkliche Verhältnis zu betrachten. Ihre Tätigkeit gegenüber den ›unwissenschaftlichen‹ Franzosen und Engländern besteht nun darin, vor allen Dingen die Oberflächlichkeit oder den ›rohen‹ Empirismus dieser Ausländer gehörig der Verachtung des deutschen Publikums preiszugeben, der ›deutschen Wissenschaft‹ einen Hymnus zu singen und ihr die Mission zu geben, die W a h r h e i t des Kommunismus und Sozialismus, den absoluten, den w a h r e n Sozialismus erst an den Tag zu bringen. [...] Dieser ›wahre Sozialismus‹ ist also weiter nichts als die Verklärung des proletarischen Kommunismus und der ihm mehr oder minder verwandten Parteien und Sekten Frankreichs und Englands im Himmel des deutschen Geistes und, wie wir ebenfalls sehen werden, des deutschen Gemütes.« (*MARX*: ›Die deutsche Ideologie.‹ II. Band: ›Kritik des deutschen Sozialismus in seinen verschiedenen Propheten‹ [1845/46]; MEW III, 441f.)*

47f. Identitätsurtheil: »Ich bin Ich«] *Das Urteil ›Ich bin Ich‹, das den Inhalt von Subjekt und Prädikat als identisch setzt, leitet* JOHANN GOTTLIEB FICHTE *(1762–1814) aus einer »T h a t h a n d l u n g« des Ich ab: Gilt der »Satz: A ist A [...] nur unter einer gewissen Bedingung«, nämlich wenn A gesetzt und mit dem Prädikat A gesetzt ist, so gilt der »Satz: Ich bin Ich, aber [...] unbedingt und schlechthin«, in ihm ist »das Ich, nicht unter Bedingung, sondern schlechthin, mit dem Prädicate der Gleichheit mit sich selbst gesetzt; es ist also gesetzt; und der Satz lässt sich auch ausdrücken: I c h b i n« (›Grundlage der gesammten Wissen-*

schaftslehre‹ [FW, Bd. 1, S. 94f.]). Denn das »Ich setzt sich selbst, und es ist, vermöge dieses blossen Setzens durch sich selbst; und umgekehrt: das Ich ist, und es setzt sein Seyn, vermöge seines blossen Seyns. – Es ist zugleich das Handelnde, und das Product der Handlung; das Thätige, und das, was durch die Thätigkeit hervorgebracht wird; Handlung und That sind Eins und ebendasselbe; und daher ist das: Ich bin, Ausdruck einer Thathandlung; aber auch der einzigmöglichen, wie sich aus der ganzen Wissenschaftslehre ergeben muss« (ebd., S. 96). Wenn nun »von dem bestimmten Gehalte, dem Ich, abstrahirt [wird], und die blosse Form, welche mit jenem Gehalte gegeben ist, die Form der Folgerung vom Gesetztseyn auf das Seyn, übrig gelassen; wie es zum Behuf der Logik [...] geschehen muss, so erhält man als Grundsatz der Logik den Satz A=A, der nur durch die Wissenschaftslehre erwiesen und bestimmt werden kann. Erwiesen: A ist A, weil das Ich, welches A gesetzt hat, gleich ist demjenigen, in welchem es gesetzt ist: bestimmt; alles was ist, ist nur insofern, als es im Ich gesetzt ist, und ausser dem Ich ist nichts. Kein mögliches A im obigen Satze (kein Ding) kann etwas anderes seyn, als ein im Ich gesetztes. Abstrahirt man ferner von allem Urtheilen, als bestimmtem Handeln, und sieht bloss auf die durch jene Form gegebene Handlungs art des menschlichen Geistes überhaupt, so hat man die Kategorie der Realität. Alles, worauf der Satz A=A anwendbar ist, hat, inwiefern derselbe darauf anwendbar ist, Realität. Dasjenige, was durch das blosse Setzen irgend eines Dinges (eines im ich gesetzten) gesetzt ist, ist in ihm Realität, ist sein Wesen« (ebd., S. 98f.).

51 Dualismus] *von dem deutschen Philosophen und Mathematiker Christian Wolff (1679–1754) eingeführte Bezeichnung für diejenige erkenntnistheoretische Lehre, die die Existenz materieller und immaterieller Substanzen annimmt und damit anthropologisch Körperliches und Geistig-Seelisches substantiell unterscheidet (vgl. ›Psychologia rationalis methodo scientifica.‹ Frankfurt a.M. 1734, § 39: »Dualistae sunt, qui et substantiarum materialium et immaterialium existentiam admittunt«). Wolff unterscheidet sich damit von den älteren, metaphysischen bzw. ethisch-religiösen Annahmen zweier einander gegenüberstehender Prinzipien im All, des Guten, Göttlichen, Hellen und des Bösen, Satanischen, Dunklen (mit Betonung der Superiorität des guten Prinzips; vgl. auch Erl. zu 69f. u. 82f.). Der Dualismus zwischen Geist (Seele) und Materie, bereits in der Antike angelegt (auf metaphysischer Grundlage u.a. bei Platon), findet über die Neuplatoniker, die die Sinnenwelt substantiell von der ›intelligiblen‹ Welt trennen (u.a. Plotin [vgl. Erl. zu 69f.]), Eingang in die Patristik (u.a. Augustinus [vgl. Erl. zu 69f.]) und in die Scholastik. Mit der Apostrophierung des absoluten Gegensatzes zwischen Geist (res cogitans) und Stoff (res extensa) durch René Descartes (1596–1650) findet der an-*

thropologische Dualismus endgültig Eingang auch in die Naturwissenschaften, vgl. Erl. zu 82f.

55–60 gewissermaßen schweift ein absoluter Ich-Punkt *bis* zum Wirklichwerden weckt und zwingt] *Hausdorff überträgt hier Ideen seines erkenntniskritischen Versuchs* Das Chaos in kosmischer Auslese *auf das individuelle Bewußtsein; vgl. dazu das ausführliche Zitat in der Erl. zu 144f. im Kommentarteil zu* Tod und Wiederkunft, *HGW VIII, 434f.*

66f. Speculationen über Seelenwanderung und Wiedergeburt] *Während in der jüdischen, christlichen und islamischen Religion die Lehren von ›Seelenwanderung‹, griech. μετεμψύχωσις (metempsychosis), und ›Wiedergeburt‹, lat. reincarnatio (›Wiederfleischwerdung‹), fehlen bzw. ausschließlich der Mystik angehören, sind sie seit Ende des 6. vorchristlichen Jahrhunderts in den Schriften der Orphiker und der griechischen Philosophen Pythagoras (um 570 v. Chr. – um 480 v. Chr.), Empedokles (483/82 v. Chr. – zw. 430 und 420 v. Chr.) und Platon (427 v. Chr. – 347 v. Chr.) greifbar, wo sie in einem ethischen Kontext auftreten, da die Wiederverkörperung als Strafe für begangene Sünden interpretiert wird und somit der Läuterung dient. Demgegenüber verbindet sich im indischen Kulturbereich mit der Metempsychose seit dem 7. vorchristlichen Jahrhundert (›Upanishaden‹) die Vorstellung einer angemessenen Vergeltung aller (guten wie schlechten) Taten in einer anfangs- und – gewöhnlicherweise – endlosen Kette von Wiedergeburten (letztere thematisiert v.a. der deutsche Philosoph Arthur Schopenhauer [1788–1860] häufig, vgl. u.a. ›Die Welt als Wille und Vorstellung‹ I, § 63 [ASW 1, 479ff.]).*

69f. dem abendländischen Dogma einer rationalen, untheilbaren, immateriellen Seelensubstanz] *In der Antike und noch im frühen Christentum waren die Antworten auf die Frage nach der Beschaffenheit der Seele vielgestaltig. Ausgangspunkt einer neuen Auffassung war die Lehre des Neuplatonikers Plotin (205–270), der die menschliche Seele als immaterielle, unteilbare Substanz (vgl. ›Enneaden‹ IV, 2, 1) und als Emanation des nous (vgl. ebd., IV, 3, 4f.) bestimmte, die vom Gehirn ausgehend ihre Tätigkeit und ihre Kräfte – Wahrnehmung, Denken, Bewußtsein, Wille – entfaltet (vgl. ebd., IV, 8, 8). Der nous – seinerseits eine Emanation des Urseins, d.h. Gottes – denkt das Seiende und ist es insofern (vgl. ebd., IV, 5). Mit dem Diktum des Kirchenvaters Aurelius Augustinus (345–430), die Seele sei eine immaterielle, unteilbare Substanz (vgl. ›De quantitate animae‹ 2, 3) und »rationis particeps« (vgl. ebd., 13), setzte sich die abendländisch-christliche Ansicht einer* rationalen, untheilbaren, immateriellen Seelensubstanz *durch, die bis in die Neuzeit hinein dogmatische Gültigkeit besaß.*

78f. Wie »ernsthafte Folgen«, milde geredet, hat ein gewisses Jota gehabt] *Verweis auf den im 4. nachchristlichen Jahrhundert ausgetragenen heftigen Streit um die neutestamentlich bereits formelhaft (Mt 28,19) belegte Trinitätslehre (Dreifaltigkeit), in welchem der von Arius von*

ALEXANDRIA († 336) vertretenen Lehre einer Wesensähnlichkeit JESU CHRISTI mit Gott (griech. ὁμοιούσιος [homoioúsios] ›wesensähnlich‹) die letztlich dogmatisch geltende – und um ein iota ›beraubte‹ – Formel der Wesensgleichheit CHRISTI mit Gott (ὁμοούσιος [homoousios] ›wesenseins‹, ›wesensgleich‹) gegenüberstand. Die arianische Lehre wurde 325 auf dem Konzil von Nicäa als Irrlehre verurteilt, die Arianer als Ketzer verfolgt.

79f. der Schulbegriff der menschlichen Willensfreiheit] *Die menschliche Willensfreiheit ist das seit der Antike (vgl. u.a. ARISTOTELES: ›Nikomachische Ethik‹) postulierte Vermögen des Willens, sich unabhängig von innerem oder äußerem Zwang bzw. innerer oder äußerer Fremdbestimmung Handlungsziele frei zu setzen bzw. nach bestimmten sittlichen Normen und der Vernunft zu handeln. Nach AUGUSTINUS besaß der Mensch die absolute Willensfreiheit nur vor dem Sündenfall, doch ist sein Handeln auch jetzt noch insofern frei, als der Wille ein Vermögen des Sichentscheidens – zwischen Gut und Böse – ist (vgl. ›De libero arbitrio‹). Damit hatte sich eine Auffassung manifestiert, die noch KANT von einer seit dem Sündenfall »angeborne[n] Schuld« (vgl. ›Die Religion innerhalb der Grenzen der bloßen Vernunft‹, 1. Stück: ›Von der Einwohnung des bösen Prinzips neben dem Guten: oder Über das radikale Böse in der menschlichen Natur‹; AA VI, 38), von einem natürlichen menschlichen Hang zum ursprünglichen Bösen sprechen läßt, »welches, da es nur als Bestimmung der freien Willkür möglich ist, diese aber als gut oder böse nur durch ihre Maximen beurtheilt werden kann, in dem subjectiven Grunde der Möglichkeit der Abweichung der Maximen vom moralischen Gesetze bestehen muß« (ebd.; AA VI, 29), das Böse also vom vernünftigen Willen verabscheut werden muß (vgl. ›Kritik der praktischen Vernunft‹ [1788], 1. Teil, 1. Buch, 2. Hauptstück [AA V, 57–71]). – Gegen die indeterministische Deutung der Willensfreiheit richten sich u.a. der psychologische Determinismus WUNDTS (vgl. Erl. zu 10) und der QUÉTELETS (vgl. Erl. zu 2), radikaler aber noch die materialistischen Positionen LUDWIG BÜCHNERS (1824–1899; vgl. ›Kraft und Stoff‹ [EA 1855]) und vor allem CARL VOGTS (1817–1895). Dieser hatte zu Beginn der 1850er Jahre in den ›Bildern aus dem Thierleben‹ (Frankfurt a.M. 1852) formuliert, daß der Mensch ebensowenig Herr über seine »geistigen Kräfte« wie über die Absonderungen der Nieren sei (S. 445) bzw., wie er nur kurze Zeit später präzisierte, daß »die Gedanken in demselben Verhältniß etwa zu dem Gehirne stehen, wie die Galle zu der Leber oder der Urin zu den Nieren« (›Physiologische Briefe für Gebildete aller Stände.‹ 2., verm. u. verb. Aufl. Gießen 1854, S. 323). Damit ging die Leugnung des freien Willens einher: Denn »der Organismus kann nicht sich selbst beherrschen, ihn beherrscht das Gesetz seiner materiellen Zusammensetzung« (›Bilder aus dem Thierleben‹, S. 446f.). Mit diesem Diktum rekurriert VOGT jedoch auf den deutschen Philosophen GEORG*

Wilhelm Friedrich Hegel (1770–1831), der bereits 1807 hervorhob, daß Denken nichts anderes »als Pissen« sei (vgl. ›Phänomenologie des Geistes‹ [HW 3], S. 262). – Für Friedrich Nietzsche (1844–1900) ist der »freie Wille« eine Fiktion (vgl. etwa die ›Genealogie der Moral‹ I,13 [KGW VI,2, 292–295] und II,7 [KGW VI,2, 318–321]). Nietzsche schließt darin wiederum an Baruch de Spinoza (1632 1677) an; vgl. Spinoza, Ethik V, Vorrede, und Nietzsches Postkarte an Franz Overbeck (1837–1905) vom 30. Juli 1881: »[I]n fünf Hauptpunkten seiner Lehre finde ich mich wieder [...]: er leugnet die Willensfreiheit —; die Zwecke —; die sittliche Weltordnung —; das Unegoistische —; das Böse —; wenn freilich auch die Verschiedenheiten ungeheuer sind, so liegen diese mehr in dem Unterschiede der Zeit, der Cultur, der Wissenschaft« (KGB III,1, 111). Der philosophische Begriff der Willensfreiheit als Voraussetzung von Verantwortlichkeit und Zurechenbarkeit war der Grundpfeiler des aufgeklärten Denkens über Moral und Recht. Sofern man an Willensfreiheit glaubte, war sie jedoch, so Nietzsche, »verhängnisvoll«. Denn das Dogma der Willensfreiheit unterstelle jedem, daß er auch anders handeln könnte, als er handelt, und eröffne so die Möglichkeit, von anderen jederzeit moralische Rechtfertigungen für ihre Handlungen zu verlangen und damit ihnen gegenüber der jeweils eigenen Moral Geltung zu verschaffen. Moral könne auf diesem Wege zur Waffe Schwächerer gegenüber Stärkeren und der Begriff der Willensfreiheit damit zur Hauptstütze der »Moral des Ressentiment« werden (vgl. Werner Stegmaier, Nietzsches ›Genealogie der Moral‹. Werkinterpretation, Darmstadt 1994, 123-127). – Man vergleiche (mit Verweis auf Arthur Schopenhauers den Willen als selbständige und treibende Kraft in der gesamten Natur kennzeichnende Werke ›Die Welt als Wille und Vorstellung‹ [2. Bde., 1818 u. 1844] bzw. ›Ueber den Willen in der Natur‹ [1835]) auch Hausdorffs Sant' Ilario, *Aph. 395, S. 334f.:* Noch einige Stufen aufwärts im Erkennen der Seele, und es tagt uns, dass unser zuversichtliches »Ich kann thun, was ich will« dieselbe Einfalt und Komödie ist, wie wenn man frühmorgens der Sonne aufzugehen geböte. Der »Wille« ist eine Begleiterscheinung, eine beiläufige Auskunft, die uns über uns selbst ertheilt, nicht ein Gutachten, das uns abverlangt wird; die willkürliche Handlung unterscheidet sich von der unwillkürlichen nur durch den Geschäftsgang, dadurch dass das Bewusstsein eine Abschrift des geheimen Befehls empfängt — aber das Bewusstsein selbst hat nichts zu befehlen. Das Bewusstsein ist die Redaction, die von officiöser Seite auf dem Laufenden erhalten wird, aber nichts zu beantragen, zu beschliessen oder zu verantworten hat. Wir erfahren von dem, was in uns und ausser uns vorgeht, nur in der Form des Bewusstseins, durch die Berichterstattung des Bewusstseins —: das verführt uns zu glauben, das Bewusstsein ziehe auch die Fäden und drehe die Räder. Die Schopenhauersche Allmacht des Willens ist, was immer sonst, ein Abweg vom heutigen Gange des Erkennens; wir werden vielleicht noch in diesem Jahrhundert die Ohnmacht des Willens beweisen und ihn, die missverstandenste aller metaphysischen Erschleichungen, in sein Nichts zurückverweisen *(HGW VII, S. 428f.). – Vgl. auch Erl. zu 130.*

80 eine Arithmetik, in der Eins gleich Drei ist] *von griech. αριθμός (arithmós) ›Zahl‹; Anspielung auf die bereits neutestamentlich greifbare (vgl. Mt 28,19), seit dem 1. nicäanischen Konzil (vgl. Erl. zu 78f.) dogmatisch fixierte göttliche Einheit in den drei Erscheinungsweisen Gott Vater, Sohn und Heiliger Geist. – Eine solche Arithmetik gibt es aber gleichwohl, nämlich die Arithmetik von gerade und ungerade (d.h. das Rechnen mit den Restklassen modulo 2):*

$0+0=0$	$0 \cdot 0 = 0$
$0+1=1$	$0 \cdot 1 = 0$
$1+0=1$	$1 \cdot 0 = 0$
$1+1=0$	$1 \cdot 1 = 1$

Dann gilt: $3 = 1+1+1 = (1+1)+1 = 0+1 = 1.$

81f. eine analytische Geometrie mit falsch gewähltem Coordinatenanfang (ich meine die »geocentrische Weltanschauung«)] *Die analytische Geometrie geht zurück auf den französischen Philosophen und Mathematiker René Descartes; sie ist enthalten in einem Anhang ›La Geometrie‹ von dessen 1637 publizierter Abhandlung ›Discours de la méthode‹ (›Abhandlung über die Methode‹, dt. Übers. Mannheim 1863). Charakteristisch für die neue Teildisziplin der Mathematik, die auch durch Arbeiten von Pierre de Fermat (1601–1665) gefördert wurde, ist eine Verbindung zwischen Geometrie und Algebra, die auf der Einführung von Koordinaten beruht. Geometrische Figuren konnten nun durch Gleichungen beschrieben werden. Der Koordinatenanfang oder Ursprung des Koordinatensystems ist der Punkt, dessen Koordinaten alle Null sind. Bei der Beschreibung von Bewegungen wählt man für einen Punkt, der in Ruhe verbleibt, gewöhnlich den Koordinatenanfang. – Hausdorff spielt hier auf das auf den hellinistisch-ägyptischen Astronomen und Mathematiker Claudios Ptolemaios (um 100 – nach 160) zurückgehende, im christlichen Abendland zum Dogma erhobene geozentrische Weltbild an, welches die Erde zum ruhenden Mittelpunkt des Universums deklarierte, um welchen alle anderen Himmelskörper auf konzentrischen Bahnen kreisen. – Nach Kant, der den Begriff ›Weltanschauung‹ erstmals verwendete und präzise zu bestimmen suchte (vgl. KdU, § 26 [AA V, 251ff.]), fordert die Vernunft die Zusammenfassung »alle[r] gegebenen Größen [...] in eine Anschauung«, von welcher Forderung »selbst das Unendliche« nicht ausgenommen werden darf, was voraussetzt, das Unendliche »als ein Ganzes« denken zu können. Da aber eben dieses Unendliche »allen Maßstab der Sinne übertrifft«, kann diese Fähigkeit nicht in der Sinnlichkeit begründet sein, womit im menschlichen Gemüt ein seinerseits »übersinnlich[es]« Vermögen erforderlich ist, das »Unendliche der*

Sinnenwelt [...] unter einem Begriffe ganz« zusammenzufassen, »die Schranken der Sinnlichkeit [...] zu überschreiten« und ein bloßes Gedankending, ein »Noumenon«, auszubilden, welches wiederum »Substrat« der »Weltanschauung, als bloßer Erscheinung«, also einer nur bildhaften, »rein[] intellectuellen« Vorstellung vom Ganzen der Natur ist. In der Philosophie der Romantik insbesondere von FRIEDRICH SCHLEIERMACHER *(1768–1834) auf alle Bereiche der Geisteswissenschaften als eine prozeßhafte, sinnliche Aneignung des Universums durch das Individuum ausgedehnt, überschreitet die ›Weltanschauung‹ in der zweiten Hälfte des 19. Jahrhunderts im Gegensatz zum ›Weltbild‹, unter welchem Begriff man »die zusammenfassung und gedankliche verarbeitung der ergebnisse der naturwissenschaften zu einer wissenschaftlichen (oder auch naturphilosophischen) gesamtschau« versteht, »die grenzen der einzelwissenschaften, sie ist eine wertende stellungnahme zum ganzen der welt und schlieszt darum eine antwort auf die letzten fragen nach ursprung, sinn und ziel der welt ein« (DWb XXVIII, 1532). Damit inhärieren dem Entwurf einer Weltanschauung zwei entscheidende Momente: Einerseits durchbricht er die Grenzen der Einzeldisziplinen, indem er von einer leitenden Idee ausgehend das gesamte Weltwissen deutet. Andererseits verbindet die intellektuelle Konstruktion als wertender Akt die Theorie mit Handlungsanweisungen im Sinne der praktischen Vernunft (vgl.* HORST THOMÉ: *›Weltanschauungsliteratur. Vorüberlegungen zu Funktion und Texttyp.‹ In: ›Wissen in Literatur im 19. Jahrhundert.‹ Hrsg. v.* LUTZ DANNEBERG *u.* FRIEDRICH VOLLHARDT. *Tübingen 2002, S. 338–380, hier S. 341). Den Begriff der ›Weltanschauung‹ zeichnen folglich Surrogate der Systemphilosophie aus, die die Funktion haben, die neue Geltung der seit Mitte des 19. Jahrhunderts verstärkt hervortretenden empirischen Wissenschaften mit den Leistungen des Idealismus auf der Ebene der Wissenssynthetisierung und auf der Ebene der ›Sinnstiftung‹ zu vereinen; der Entwurf eines Ganzen der Natur wird nicht mehr einem transzendentalen, sondern nur einem empirischen und damit individuellen Ich zugeschrieben, weshalb die Weltanschauung nur die jeweils eigene, daher Ausdruck der Persönlichkeit ist, die in Lebenskrisen ›errungen‹ wurde und die sich nun im ›Kampf‹ der Weltanschauungen behaupten muß. Andererseits kann die jeweils propagierte Weltanschauung ihre Funktion, nämlich metaphysischen Trost zu spenden oder soziale Ordnung zu begründen, nur dann erfüllen, wenn sie wahr ist (vgl. hierzu auch* HORST THOMÉ: *›Der Blick auf das Ganze. Zum Ursprung des Konzepts ›Weltanschauung‹ und der Weltanschauungsliteratur.‹ In: ›Aufklärungen: Zur Literaturgeschichte der Moderne.‹ Festschrift für Klaus-Detlef Müller zum 65. Geburtstag. Hrsg. v.* WERNER FRICK *u.a. Tübingen 2003, S. 387–401; vgl. ebenso* HORST THOMÉ: *›Weltanschauung.‹ In: ›Historisches Wörterbuch der Philoso-*

phie.‹ Hrsg. v. Joachim Ritter, Karlfried Gründer u. Gottfried Gabriel. Basel 1971ff., Bd. 12, Sp. 453–460).

82f. keine flachere Dogmatik als jene, die Geist und Materie als Gegensätze nimmt] *Die von Christian Wolff als Dualismus bezeichnete anthropologische Lehre einer geistigen, immateriellen und einer körperlichen, materiellen Substanz (vgl. Erl. zu 51), die mit dem Diktum des Kirchenvaters Augustinus, die Seele sei eine immaterielle Substanz, im christlichen Abendland dogmatische Gültigkeit besaß (vgl. Erl. zu 69f.), suchte Descartes (vgl. Erl. zu 51) auch naturwissenschaftlich zu untermauern: Geist (res cogitans) und Körper (res extensa) sind Substanzen; der Geist, unräumlich und sich selbst als Denkendes erfassend, tritt mit Gottes Beistand in der Zirbeldrüse in Wechselwirkung mit dem Körper, wobei diese Wechselwirkung jedoch auf den Menschen beschränkt bleibt, da die übrige materielle Welt, einschließlich der von Descartes als seelenlose Automaten betrachteten Tiere, rein mechanisch-physikalischen Gesetzen gehorcht (vgl. v.a. Descartes: ›Discours de la méthode‹ [1637; ›Œuvres de Descartes.‹ Hrsg. v. Charles Adam u. Paul Tannery. 12 Bde. Paris 1897–1910, Bd. 6, S. 1–78]; ›Meditationes de prima philosophia‹ [1641; ›Œuvres‹, Bd. 7, S. 1–90]; ›Passions de l'âme‹ [1649; ›Œuvres‹, Bd. 11, S. 291–497]; ›Traité de l'homme‹ [1664; ›Œuvres‹, Bd. 11, S. 119–215]).*

83f. kein dürftigeres Gedankending als das ens realissimum der Ontologie] *Die sachlich auf die Antike (v.a. in der ›Metaphysik‹ des Aristoteles), begrifflich vmtl. auf den deutschen Philosophen Rudolph Goclenius (eigentlich Rudolph Göckel; 1547–1628) zurückgehende (›Lexicon philosophicum‹, Marburg 1613) Ontologie (aus griech. τό ὄν [tó ón] ›das Seiende‹ und griech. λόγος [lógos] ›Lehre‹) ist die Wissenschaft vom Sein und vom Seienden im allgemeinen. – Die Ontologie wird 1730 von Christian Wolff in seinem Werk ›Ontologia seu philosophia prima, est scientia entis in genere seu quatenus ens est‹ (›Ontologie oder Erste Philosophie, das ist die Wissenschaft vom Seienden im allgemeinen oder sofern es Seiendes ist‹) prinzipiell geschieden von der in der mittelalterlichen, scholastischen Tradition als Lehre vom Inbegriff aller Realität, d.h. von Gott als* ens realissimum *(lat. ens ›seiend‹, lat. realissimus ›allerwesentlich‹) verstandenen Seinslehre und ebenso von der ›natürlichen Theologie‹, die den »Theil der Welt-Weisheit, darinnen von GOTT und dem Ursprunge der Creaturen von ihm gehandelt wird« beinhaltet (›Vernünfftige Gedancken von den Kräften des menschlichen Verstandes [1712].‹ Halle* [14]*1754, ›Vorbericht‹, § 11 [WGW I,1, 118]).*

85 das spiritualistische Ideal] *lat. spiritus ›Geist‹. Als Spiritualismus wird diejenige philosophische Richtung bezeichnet, die das Wirkliche – das Absolute – als geistig annimmt, das Körperliche hingegen einzig als Erscheinungsweise des Geistes bzw. als Produkt bloßer Vorstellung betrachtet.*

88f. der dialektische Mensch] *griech. διαλεκτική ἐπιστήμη (dialektiké epistéme) ›das Wissen der Unterredung‹, von διαλέγειν (dialégein) ›sich unterreden‹; ›Dialektik‹ ist hier wohl nicht im Sinne* FICHTES *(vgl. Erl. zu 47f.) zu verstehen, der mit dem Dreischritt ›Thesis‹, ›Antithesis‹, ›Synthesis‹ im Entgegengesetzten das übereinstimmende Merkmal sucht (vgl. ›Grundlage der gesammten Wissenschaftslehre‹, § 3 [FW 1, S. 105–123]), und wohl auch nicht im Sinne* HEGELS, *nach dem die Dialektik die Natur des Denkens selbst ist (vgl. ›Enzyklopädie der philosophischen Wissenschaften im Grundrisse‹, § 10 [HW 8, S. 51f.]), deren Gesetzmäßigkeit es zu untersuchen gilt und für die charakteristisch ist, daß der einem Begriff inhärente Widerspruch sich selbst aufhebt, um, auf einer höheren Stufe, wieder zu sich zurückzukehren (vgl. ebd., § 81 mit Zusätzen [HW 8, S. 172–176]).* HAUSDORFF *spielt hier vermutlich auf das scholastische Verfahren an, das Wesen der Dinge logisch-spekulativ, vom Allgemeinen zum Besonderen schreitend und aus diesem das Allgemeine erkennend, zu erfassen, ein Verfahren, welches* PLATONS *Versuch modifizierte, durch Analyse und Synthese der Begriffe und Fortgang des Denkens von niederen zu höheren Begriffen zur Erkenntnis des Seienden zu gelangen (vgl. ›Philebos‹ 58a). Dies Verfahren ist nach* KANT *nur eine »Logik des Scheins«, eine »sophistische Kunst, seiner Unwissenheit, ja auch seinen vorsätzlichen Blendwerken den Anstrich der Wahrheit zu geben, daß man die Methode der Gründlichkeit, welche die Logik überhaupt vorschreibt, nachahmete, und ihre Topik zu Beschönigung jedes leeren Vorgebens benutzte«, auf »nichts als Geschwätzigkeit hinauslaufen[d], alles, was man will, mit einigem Schein zu behaupten, oder auch nach Belieben anzufechten« (KrV, B 86).*

91f. Unser tellurisches Völkchen] *lat. tellus ›Erde‹;* HAUSDORFF *verwendet den Terminus ›tellurisch‹ wiederholt zur Kennzeichnung der Erdenbewohner, vgl. etwa* Max Klingers Beethoven, *Z. 43f. (HGW VIII, 489f.) oder* Der Komet, *Z. 171 (HGW VIII, 726).*

94 Üdäh (ich citire Schopenhauers Briefe)] *siehe* SCHOPENHAUERS *Brief an den deutschen Philosophen* JULIUS FRAUENSTÄDT *(1813–1879) vom 21. August 1852: »Nennen Sie ihn [den »Judengott«] also nur wie die Andern, in Ihrem Sinne philosophirenden Kameraden, z. B. das Uebersinnliche, die Gottheit, das Unendliche, das Unvordenkliche, oder am schönsten, mit Hegel: ›die Uedäh!‹« (›Schopenhauer's Briefe an Becker, Frauenstädt, v. Doß, Lindner und Asher.‹ Hrsg. v.* EDUARD GRISEBACH. *Leipzig 1894, Nr. 25, S. 208–214, hier S. 209). In diesem Brief rechnet* SCHOPENHAUER, *die ›Idee‹ lautmalerisch-spöttisch in ›Uedäh‹ verballhornend, barsch mit dem absoluten Idealismus* HEGELS, *des »Herr[n] von Absolut« ab, denn man habe »das Ding an sich nicht zu suchen [...] in Wolkenkukuksheim (d. h. da, da wo der Judengott sitzt), sondern in den Dingen dieser Welt – also im Tisch, daran Sie schreiben, im Stuhl unter Ihrem Werthesten« (ebd.).*

99 die Dogge knurren hören] *vmtl. Anspielung auf eine Passage aus dem 5. Buch des Lehrgedichts ›De rerum natura‹ des römischen Schriftstellers und Philosophen* Titius Lucretius Carus *(um 96 v. Chr. – 55 v. Chr.): »Denn dies läßt sich ja doch aus bekannten Erscheinungen lernen. / Wenn die gewaltige Dogge molossischer Rasse gereizt wird / Und aus dem fleischigen Rachen mit bleckenden Zähnen hervorknurrt, / Klingt ihr Drohn bei verhaltener Wut ganz anders, als wenn sie / Losbellt und schier alles mit ihrem Gebrülle erfüllet.« (V, 1062–1066; ›Von der Natur‹. Aus dem Lateinischen übers. v.* Hermann Diels. *München 1991, S. 278.)*

102 intégrité de l'instrument mental] *frz. ›Unversehrtheit des geistigen Werkzeugs‹.*

124–130 wir pflegen uns mit Stolz *bis* aus rein mechanischen Vorgängen ableiten] Hausdorff *rekurriert hier wohl weder auf die jüdisch-christliche Lehre der Zweckmäßigkeit der Welt, ausgerichtet auf den Menschen und aus der Allweisheit Gottes abgeleitet (vgl. Gen 1,26–31) und ihre theologischen Deutungen noch auf die Teleologie (griech. τέλος [télos] ›Zweck‹, λόγος [lógos] ›Lehre‹) der frühneuzeitlichen Naturwissenschaft, welche begrifflich von* Christian Wolff *eingeführt (vgl. ›Philosophia rationalis sive logica [1728].‹ Frankfurt a.M. ³1740, S. 38) und auch praktisch vertreten wurde (vgl. ›Vernünfftige Gedancken von den Absichten der natürlichen Dinge.‹ Halle 1724). Schon bei* Anaxagoras *(um 500 v. Chr. – 428 v. Chr.) findet man die Grundidee einer solchen Teleologie als Lehre von dem Zweck und der Zweckmäßigkeit in der Natur.* Kant *maß einer solchen Lehre in der ›Kritik der Urtheilskraft‹ statt eines konstitutiven Charakters nur eine regulative Bedeutung zu; sie diene also nicht eigentlich der Erkenntnis, sondern nur zur Interpretation der Dinge nach Analogie der ›Zwecksamkeit‹. –* Hausdorff *bezieht sich hier vielmehr auf Schlagworte des seit Mitte des 19. Jahrhunderts virulenten Streits um die von* Ludwig Büchner *oder* Carl Vogt *(vgl. Erl. zu 79f.) behauptete strenge Kausalität in der Natur, wodurch der Mensch durch die Natur determiniert sei, und auf* Charles Robert Darwins *(1809–1882) Selektionstheorie, nach der die in der Natur feststellbare Zweckmäßigkeit nur das notwendige Resultat natürlicher, rein kausal wirkender Faktoren ist (›On the Origin of Species by Means of Natural Selection.‹ London 1859; ›The Descent of Man and Selection in Relation to Sex.‹ London 1871; vgl. Erl. zu 137). In der Reihe dieser mit ironischer Distanz genannten Schlagworte darf natürlich der* von Hartmann*sche ›Weltprocess‹ nicht fehlen: Das Entelechiekonzept des* Aristoteles *aufgreifend, wonach die Formen der Naturdinge zugleich deren immanente Zwecke bzw. Ziele sind, denen sie als Formen und Vollendungszuständen zustreben, hatte* Eduard von Hartmann *(1842–1906) in seiner ›Philosophie des Unbewussten‹ (Berlin 1869) hervorgehoben, die »richtige Mitte zwischen bewusster Teleologie, die nach menschlichem Vorbilde* *entstanden gedacht wird, und gänzlicher Leugnung der Naturzwecke« bestehe in der »Anerkennung der Finalität, welche aber nicht nach Art bewusster menschlicher Zweckthätigkeit durch discursive Reflexion geschaffen wird, sondern als immanente unbewusste Teleologie von einer intuitiven unbewussten Intelligenz den Naturdingen und Individuen vermittelst derselben Thätigkeit eingepflanzt wird, welche [...] als stetige Schöpfung oder Erhaltung, oder als reale Erscheinung des All-Einen Wesens« bezeichnet wird (›Philosophie des Unbewussten.‹ Zehnte erweiterte Auflage in drei Theilen. Leipzig 1890, Tl. 2, S. 176); diese »Finalreihe« – der »Weltprocess« – muß, anders als eine Kausalkette, »endlich sein, d. h. sie muss einen l e t z t e n oder E n d z w e c k haben«, »das Ziel des Weltprocesses«, das »einzig und allein [in] der E n t w i c k e l u n g d e s B e w u s s t s e i n s, der bewussten Intelligenz« zu suchen ist, »hier aber auch in ununterbrochenem Aufsteigen von der Entstehung der Urzelle bis zum heutigen Standpunct der Menschheit, und mit höchster Wahrscheinlichkeit weiter, so lange die Welt steht« (ebd., Tl. 2, S. 391f.). Zu VON HARTMANNS ›Weltprozeß‹ vgl. auch den Spott NIETZSCHES in den ›Unzeitgemäßen Betrachtungen‹: »Selten haben wir eine lustigere Erfindung und eine mehr philosophische Schelmerei gelesen als die Hartmanns; wer durch ihn nicht über das W e r d e n aufgeklärt, ja innerlich aufgeräumt wird, ist wirklich reif zum Gewesensein. Anfang und Ziel des Weltprozesses, vom ersten Stutzen des Bewusstseins bis zum Zurückgeschleudert-Werden in's Nichts, sammt der genau bestimmten Aufgabe unserer Generation für den Weltprozess, alles dargestellt aus dem so witzig erfundenen Inspirations-Borne des Unbewussten und im apokalyptischen Lichte leuchtend, alles so täuschend und zu so biederem Ernste nachgemacht, als ob es wirkliche Ernst-Philosophie und nicht nur Spass-Philosophie wäre: — ein solches Ganze stellt seinen Schöpfer als einen der ersten philosophischen Parodisten aller Zeiten hin: opfern wir also auf seinem Altar, opfern wir ihm, dem Erfinder einer wahren Universal-Medizin, eine Locke — um einen Schleiermacherischen Bewunderungs-Ausdruck zu stehlen. Denn welche Medizin wäre heilsamer gegen das Uebermaass historischer Bildung als Hartmanns Parodie aller Welthistorie? Wollte man recht trocken heraussagen, was Hartmann von dem umrauchten Dreifusse der unbewussten Ironie her uns verkündet, so wäre zu sagen: er verkündet uns, dass unsere Zeit nur gerade so sein müsse, wie sie ist, wenn die Menschheit dieses Dasein einmal ernstlich satt bekommen soll: was wir von Herzen glauben. Jene erschreckende Verknöcherung der Zeit, jenes unruhige Klappern mit den Knochen — wie es uns David Strauss naiv als schönste Thatsächlichkeit geschildert hat — wird bei Hartmann nicht nur von hinten, ex causis efficientibus, sondern sogar von vorne, ex causa finali, gerechtfertigt; von dem jüngsten Tage her lässt der Schalk das Licht über unsere Zeit strahlen, und da findet sich, dass sie sehr gut ist, nämlich für den, der möglichst stark an Unverdaulichkeit des Lebens leiden will und jenen jüngsten Tag nicht rasch genug heranwünschen kann. [...] Sichtbar steht es ganz erbärmlich, es wird aber noch viel erbärmlicher kommen, ›sichtbar greift der Antichrist weiter und weiter um sich‹ — aber es muss so stehen, es muss so kommen, denn mit dem Allen sind wir auf dem besten Wege — zum Ekel an allem Daseienden. ›Darum rüstig vorwärts im Weltprozess als Arbeiter im Weinberge des Herrn, denn der Prozess allein ist es, der zur Erlösung führen kann!‹« (II, ›Vom Nutzen und Nachteil der Historie für das Leben‹ 9 [KGW III,1, 310f.].) – Ebenfalls auf Aristoteles rekurrierend postulierte 1876 der deutsche Embryologe Karl Ernst von Baer (1792–1876) in einem Aufsatz mit dem Titel ›Ueber Zielstrebigkeit in den organischen Körpern insbesondere‹ als Ursache der immanenten Zweckmäßigkeit eine vernünftige Gottesinstanz (vgl. ›Reden, gehalten in wissenschaftlichen Versammlungen und kleine Aufsätze vermischten Inhalts.‹ 2 Bde. St. Petersburg 1864–1877, Bd. 2, S. 171–234). – Diesen »alten mystische[n] Vitalismus« und den »neuen, ebenso irrationelle[n] Neovitalismus« kritisierte 1899 Ernst Haeckel (1834–1919) in seinen ›Welträthseln‹ (vgl. ›Die Welträthsel. Gemeinverständliche Studien über monistische Philosophie.‹ Bonn 1899, S. 305-307); in späteren Auflagen urteilte er, daß Schriften wie die von Baers oder von Hartmanns »sich in schroffen Gegensatz zum Darwinismus [stellen] und [...] dessen mechanische Kausalität durch ihre zielstrebige Finalität ersetzen [wollen]; sie entbehren aber ebenso der umfassenden und gründlichen Kenntnis der biologischen Thatsachen, wie der unbefangenen und klaren logischen Urtheilskraft«, es sei »[g]anz verwerflich und unwissenschaftlich«, den Grund in einer »übernatürliche[n], von allen anderen Naturkräften oder physikalischen Energieformen principiell verschiedene[n] Erscheinung« zu suchen, denn »die sogenannte ›Zielstrebigkeit‹ oder Finalität dieser teleologischen Hypothese widerspricht der ›Naturgesetzlichkeit‹ oder wahren Kausalität, die wir sonst überall in der Natur finden« (zitiert nach der 11. Aufl. Leipzig 1919, S. 271 u. S. 59).*

130 »Wille in der Natur«] *unter Verwendung des Titels seiner 1835 entstandenen Abhandlung ›Ueber den Willen in der Natur‹ (ASW 3, 299–479) Anspielung auf Arthur Schopenhauers zentrales Theorem vom Willen als einer in allen materiellen Wesen primären und substantiellen Kraft; der Wille ist »das Innerste, der Kern jedes Einzelnen und ebenso des Ganzen: er erscheint in jeder blindwirkenden Naturkraft: er erscheint im überlegten Handeln des Menschen« (›Die Welt als Wille und Vorstellung‹ I, § 21), auf der untersten Stufe ein »blinder Drang und erkenntnisloses Streben«, ein »finsteres dumpfes Treiben«, schafft er sich in den Tieren und letztendlich im Menschen mit dem Gehirn ein Hilfsmittel, damit die Welt, »[b]isher bloß Wille«, »nun zugleich Vorstellung, Objekt des erkennenden Subjekts« werde (vgl.*

ebd., I, § 27). In der »äußern wie in der innern Teleologie der Natur ist [das], was wir als Mittel und Zweck denken müssen, überall nur die für unsere Erkenntnisweise in Raum und Zeit auseinandergetretene Erscheinung der Einheit des mit sich selbst soweit übereinstimmenden einen Willens« (ebd., I, § 28), der, »wo ihn Erkenntnis beleuchtet, stets [weiß] was er jetzt, was er hier will; nie aber was er überhaupt will«, woraus die pessimistische Prämisse resultiert, daß »jeder einzelne Akt [...] einen Zweck [hat]; das gesamte Wollen keinen: eben wie jede einzelne Naturerscheinung zu ihrem Eintritt an diesem Ort, zu dieser Zeit durch eine zureichende Ursache bestimmt wird, nicht aber die in ihr sich manifestierende Kraft überhaupt eine Ursache hat, da solche Erscheinungsstufe des Dinges an sich, des grundlosen Willens ist« (ebd., I, § 29).

134f. hedonistischen Triebkräften] *griech. ἡδονή (hédoné) ›Lust‹. Der antike Hedonismus in der Nachfolge des griechischen Philosophen Aristippos (um 435 v. Chr. – nach 366 v. Chr.) sah in der körperlichen wie seelischen Lust das höchste Gut menschlichen Lebens sowie Motiv und Zweck des (sittlichen) Handelns.*

137 der bloße Kampf ums Dasein] *Anspielung auf Darwins evolutionstheoretisches Grundlagenwerk ›On the Origin of Species by Means of Natural Selection, or the Preservation of Favoured Races in the Struggle for Life.‹ London 1859 (dt. Übers. Stuttgart 1860 u. d. T. ›Ueber den Ursprung der Arten im Thier- und Pflanzenreich durch natürliche Zuchtauswahl, oder Erhaltung der vervollkommneten Rassen im Kampf ums Daseyn‹), nach welchem in der Konkurrenz um Lebensraum und Nahrung innerhalb des Tier- und Pflanzenreichs selektiv die aufgrund von Mutationen am besten angepaßten Individuen überleben und Nachkommen hervorbringen. In ›The Descent of Man and Selection in Relation to Sex.‹ London 1871 (dt. Übers. in 2 Bden. Stuttgart 1871 u. d. T. ›Die Abstammung des Menschen und die geschlechtliche Zuchtwahl‹) weitete Darwin seine Theorie auch auf den Menschen aus.*

138 ein »Kampf um Rom«] *Anspielung auf den historischen Roman ›Ein Kampf um Rom‹ (4 Bde. Leipzig 1876) des deutschen Schriftstellers Felix Dahn (1834–1912).*

139f. das utilitarische Bild des Lebens: wie bald würden solche englischen Behaglichkeitsthiere] *Der englische Philosoph Jeremy Bentham (1748–1832) baute die bereits in der griechischen Antike in einzelnen Aspekten vorhandene utilitaristische Ethik (von lat. utilis ›nützlich‹) in der ›Introduction to the Principles of Moral and Legislation‹ (1780, publ. Oxford 1789) zu einer systematischen und allumfassenden sittlichen Lehre aus, nach der eine Handlung dann zu billigen ist, wenn sie das individuelle Glück und das der Gemeinschaft vermehrt, wobei das Ziel des sittlichen Handeln ›das größtmögliche Glück für die größtmögliche Anzahl‹ ist (vgl. auch Benthams ›Deontologie‹, die ›Lehre vom Seinsollenden‹: ›Deontology; or, The science of morality: in which the harmony and co-incidence of duty and self-interest, virtue and felicity, prudence and benevolence, are explained and exemplified.‹ Hrsg. v. John Bowring. London 1834). In Anlehnung an Bentham entwickelte der englische Philosoph John Stuart Mill (1806–1873) die utiliaristische Lehre weiter, korrigierte sie aber insofern, als er das Glück bzw. die Lust nicht nach quantitativen Aspekten, sondern qualitativ bestimmte; vgl. insbesondere Mill: ›On Utilitaricism.‹ London 1861.*

144 in majorem Matris gloriam] *lat. ›zum höheren Ruhme der Mutter‹; parodierende Variation des Wahlspruchs »Ad Majorem Dei Gloriam« (»Zum höheren Ruhme Gottes«) der ›Societas Jesu‹, der 1534 von Ignatius von Loyola (sc. Iñigo López Oñaz de Recalde y Loyola; 1491–1556) gegründeten Ordensgemeinschaft der Jesuiten.*

155f. supranaturalistische] *lat. supra ›darüber hinaus‹, lat. naturalis ›leiblich‹, ›natürlich‹. Als Supranaturalismus wird die v.a. in der mittelalterlichen Scholastik vertretene Auffassung bezeichnet, daß die erfahrbaren endlichen, d. h. natürlichen Dinge durch ein nicht mehr erfahrbares, ewiges und damit übernatürliches Prinzip in ihrer Existenz begründet seien bzw. durch dieses bestimmt würden, wobei durch besondere Vermögen des Geistes (Glaube, Vision, Ekstase) oder durch die über die Vernunft hinausgehende Offenbarung das Übernatürliche erkannt werden könne. Einer supranaturalistischen Auffassung hingen auch die protestantischen Bewegungen der Pietisten und ›Erweckten‹ an, insbesondere zwischen etwa 1780 und 1830 mit ihrer Besinnung auf den biblischen Offenbarungsglauben und in der spirituellen Opposition gegen den Rationalismus der Aufklärung.*

160 teleologischen Mechanismus] *Schon bei Anaxagoras (zw. 500 und 496 v. Chr. – 428 v. Chr.) findet sich eine teleologische Deutung der Natur; Aristoteles baute sie zu einer Lehre von der Endursache oder dem Endzweck (›Entelechie‹) aus, die in der Patristik und der Scholastik eine Wendung zur Lehre einer ausschließlich auf den Menschen hin gerichteten Zweckhaftigkeit in der Natur aufgrund vernünftiger, göttlicher Einrichtung erfuhr. Dem gegenüber stand in der Frühen Neuzeit das mechanistische Weltbild, das vor allem von Isaac Newton (1643–1727) in seinem Hauptwerk ›Philosophiae naturalis principia mathematica‹ (London 1687) geschaffen wurde und das z.B. John Locke (1632–1704) in ›An essay concerning human understanding‹ (London 1690) popularisierte. Gottfried Wilhelm Leibniz (1646–1716) hatte in der Auseinandersetzung mit der cartesischen Naturphilosophie den Versuch gewagt, zwischen diesen beiden Standpunkten zu vermitteln, und zwar so, daß die Natur als Erscheinung und relativ mechanisch zu deuten, der Grund des offensichtlichen Mechanismus aber in der Metaphysik zu suchen und damit teleologisch zu begründen sei (»La source de la mécanique est dans la métaphysique« [›Der Ursprung der Mechanik liegt in der Metaphysik‹; ›Die philosophischen Schriften von Gottfried Wilhelm Leibniz.‹ Hrsg. v. Carl Immanuel Gerhardt.*

7 Bde. Berlin 1875–1890, Bd. IV, S. 71]). Hausdorff meint mit teleologischem Mechanismus *wohl nicht diesen Leibnizschen Versuch, sondern er karrikiert hier wohl erneut die von Eduard von Hartmann propagierte »richtige Mitte zwischen bewusster Teleologie [...] und gänzlicher Leugnung der Naturzwecke«, die in der »Anerkennung der Finalität« im mechanistischen Naturganzen kulminiert, »eingepflanzt« von einer »intuitiven unbewussten Intelligenz«, einem »All-Einen Wesen[]« (vgl. Erl. zu 124–130).*

175 Herdenthiermenschheit] *Nach Nietzsche »verkleidet« sich der »Europäer [...] in die Moral, weil er ein krankes, kränkliches, krüppelhaftes Thier geworden ist, das gute Gründe hat, ›zahm‹ zu sein, weil er beinahe eine Missgeburt, etwas Halbes, Schwaches, Linkisches ist ... . Nicht die Furchtbarkeit des Raubthiers findet eine moralische Verkleidung nöthig, sondern das Heerdenthier mit seiner tiefen Mittelmässigkeit, Angst und Langenweile an sich selbst« (›Die fröhliche Wissenschaft‹ V, 352 [KGW V,2, 270f.]). Für diese Entwicklung macht Nietzsche das Christentum verantwortlich, das unfähig war, »die abgründlich verschiedene Rangordnung und Rangkluft zwischen Mensch und Mensch zu sehen: — solche Menschen haben, mit ihrem ›Gleich vor Gott‹, bisher über dem Schicksale Europa's gewaltet, bis endlich eine verkleinerte, fast lächerliche Art, ein Heerdenthier, etwas Gutwilliges, Kränkliches und Mittelmässiges, herangezüchtet ist, der heutige Europäer ... .« (›Jenseits von Gut und Böse‹, ›Drittes Hauptstück: das religiöse Wesen‹ 62 [KGW VI,2, 81].) Verantwortlich sind aber nach Nietzsche auch die »liberalen Institutionen«, denn diese »unterminiren den Willen zur Macht, sie sind die zur Moral erhobene Nivellirung von Berg und Tal, sie machen klein, feige und genüsslich — mit ihnen triumphirt jedesmal das Heerdenthier. Liberalismus: auf deutsch Heerden-Verthierung ...« (›Götzen-Dämmerung‹, ›Streifzüge eines Unzeitgemäßen‹ 38 [KGW VI,3, 133]).*

177 Societät] *lat. societas ›Gesellschaft‹.*

184 Altruismus] *von lat. alter ›der Andere‹; auf Auguste Comte zurückgehende Bezeichnung für denjenigen sittlichen Grundsatz, der in Anlehnung an das christliche Gebot der Nächstenliebe ein selbstloses Denken und Handeln als Bedingung für die Entwicklung der menschlichen Kultur fordert.*

189–197 In der ersten Nummer »Einerleiheit und Verschiedenheit« *bis* »crasser Scholastik« berüchtigt ist] *vgl. den Anhang ›Von der Amphibolie der Reflexionsbegriffe durch die Verwechslung des empirischen Verstandesgebrauchs mit dem transcendentalen‹ zum 2. Buch der 1. Abteilung der ›Transcendentalen Elementarlehre‹ in Kants ›Kritik der reinen Vernunft‹ (vgl. KrV B 316–349): »Leibniz nahm die Erscheinungen als Dinge an sich selbst, mithin für intelligibilia, d. i. Gegenstände des reinen Verstandes, (ob er gleich, wegen der Verworrenheit ihrer Vorstellungen, dieselben mit dem Namen der Phänomene belegte,) und da konnte sein Satz des Nichtzuunterscheidenden (principium identitatis indiscernibilium) allerdings nicht bestritten werden; da sie aber Gegenstände der Sinnlichkeit sind, und der Verstand in Ansehung ihrer nicht von reinem, sondern bloß empirischem Gebrauche ist, so wird die Vielheit und numerische Verschiedenheit schon durch den Raum selbst als die Bedingung der äußeren Erscheinungen angegeben. Denn ein Teil des Raums, ob er zwar einem andern völlig ähnlich und gleich sein mag, ist doch außer ihm und eben dadurch ein vom ersteren verschiedener Teil, der zu ihm hinzukommt, um einen größeren Raum auszumachen, und dieses muß daher von allem, was in den mancherlei Stellen des Raums zugleich ist, gelten, so sehr es sich sonst auch ähnlich und gleich sein mag.« (KrV B 320) – Schopenhauer urteilt über das »seltsame[] und seiner [sc. Kant] unwürdige[]« »Kapitel vom transzendentalen Ideale«, daß man »mit einemmal in die starre Scholastik des Mittelalters zurückversetzt« sei: »Man glaubt den Anselmus von Canterbury selbst zu hören. Das ›ens realissimum‹, der Inbegriff aller Realitäten, der Inhalt aller bejahenden Sätze tritt auf, und zwar mit dem Anspruch, ein notwendiger Gedanke der Vernunft zu sein!« (›Die Welt als Wille und Vorstellung‹ I, ›Anhang‹ [ASW 1, 680].)*

193f. Leibniz'schen Satzes von der Identität des Nichtzuunterscheidenden (principium identitatis indiscernibilium)] *Der schon bei den Stoikern bekannte Satz der Identität des Ununterscheidbaren (vgl. Cicero: ›Academica‹ II, 17f. u. 26) wird in der Philosophie des deutschen Mathematikers und Philosophen Gottfried Wilhelm Leibniz zum zentralen methodischen Prinzip, u.a. ontologisch dargelegt in der ›Monadologie‹ (1714), nach welcher die Monaden (griech. μονάς [monás] ›Einheit‹) einfache, d.h. nicht ausgedehnte und daher nicht teilbare, teils unbewußte (›nackte‹ Monaden), teils bewußte (›Seelenmonaden‹) Substanzen sind, deren tätige Kraft in der Vorstellung besteht, wobei jedoch der Vorstellungsverlauf einer jeden Monade in sich selbst kreist (§ 7: »Les Monades n'ont point de fenêtres, par lequelles quelque chose y puisse entrer ou sortir.« [›Philosophische Schriften‹ VI, S. 607] – »Die Monaden haben keine Fenster, durch die etwas hineindringen oder heraustreten könnte.«). Somit gibt es »niemals in der Natur zwei Wesen, die einander vollkommen glichen und bei denen sich nicht ein innerer oder ein auf eine innere Bestimmtheit gegründeter Unterschied entdecken ließe« (§ 9: »Car il n'y a jamais dans la nature deux Etres, qui soyent parfaitement l'un comme l'autre, et où il ne soit possible de trouver une difference interne, ou fondée sur une denomination intrinseque« [›Philosophische Schriften‹ VI, S. 608]).*

198 Kants Polemik dagegen ungenügend] *vgl. dazu die ›Anmerkung zur Amphibolie der Reflexionsbegriffe‹ in der ›Kritik der reinen Vernunft‹, B 324–349, insbesondere B 327f.: »Der Satz des Nichtzuunterscheidenden gründete sich eigentlich auf die Voraussetzung: daß, wenn in dem Begriff von einem Dinge überhaupt eine gewisse Unterscheidung nicht angetroffen wird, so sei sie auch nicht in den Dingen selbst anzutreffen; folglich seien alle Dinge völlig einerlei (numero eadem), die sich nicht schon ihrem Begriffe (der Qualität oder Quantität nach) voneinander unterscheiden. Weil aber bei dem bloßen Begriffe von irgend einem Dinge von manchen notwendigen Bedingungen einer Anschauung abstrahiert worden, so wird, durch eine sonderbare Übereilung, das, wovon abstrahiert wird, dafür genommen, daß es überall nicht anzutreffen sei, und dem Dinge nichts eingeräumt, als was in seinem Begriffe enthalten ist. Der Begriff von einem Kubikfuße Raum, ich mag mir diesen denken, wo und wie oft ich wolle, ist an sich völlig einerlei. Allein zwei Kubikfüße sind im Raume dennoch bloß durch ihre Örter unterschieden (numero diversa); diese sind Bedingungen der Anschauung, worin das Objekt dieses Begriffs gegeben wird, die nicht zum Begriffe, aber doch zur ganzen Sinnlichkeit gehören. Gleichergestalt ist in dem Begriffe von einem Dinge gar kein Widerstreit, wenn nichts Verneinendes mit einem Bejahenden verbunden worden, und bloß bejahende Begriffe können, in Verbindung, gar keine Aufhebung bewirken«; der Satz des Nichtzuunterscheidenden sei »lediglich eine analytische Regel der Vergleichung der Dinge durch bloße Begriffe« (ebd., B 328), denn da* Leibniz *»lediglich ihre [der Gegenstände] Begriffe, und nicht ihre Stelle in der Anschauung, darin die Gegenstände allein gegeben werden können, vor Augen hatte, und den transzendentalen Ort dieser Begriffe (ob das Objekt unter Erscheinungen, oder unter Dinge an sich selbst zu zählen sei,) gänzlich aus der Acht ließ«, dehnte »er seinen Grundsatz des Nichtzuunterscheidenden, der bloß von Begriffen der Dinge überhaupt gilt, auch auf die Gegenstände der Sinne« aus (ebd.) und verstieß somit gegen den transzendentalphilosophischen Grundsatz einer Unterscheidung von Verstand und Sinnlichkeit, das heißt von Ding an sich und Erscheinung.*

198f. die Schopenhauers sogar mystisch-sinnlos] *vgl. dazu ›Die Welt als Wille und Vorstellung‹ I, § 63: »[D]en Blick des rohen Individuums trübt, wie die Inder sagen, der Schleier der Maja: ihm zeigt sich statt des Dinges an sich nur die Erscheinung in Zeit und Raum, dem principio individuationis [...]: und in dieser Form seiner beschränkten Erkenntnis sieht er nicht das Wesen der Dinge, welches eines ist, sondern dessen Erscheinungen, als gesondert, getrennt, unzählbar, sehr verschieden, ja entgegengesetzt. Da erscheint ihm die Wollust als eines und die Qual als ein ganz anderes, dieser Mensch als Peiniger und Mörder, jener als Dulder und Opfer, das Böse als eines und das Übel als ein anderes. Er sieht den einen in Freuden, Überfluß und Wollüsten leben und zugleich vor dessen Türe den andern durch Mangel und Kälte qualvoll sterben. [...] Er sieht das Übel, er sieht das Böse in der Welt: aber weit entfernt zu erkennen, daß beide nur verschiedene Seiten der Erscheinung des einen Willens zum Leben sind, hält er sie für sehr verschieden, ja ganz entgegengesetzt und sucht oft durch das Böse, d.h. durch Verursachung des fremden Leidens, dem Übel, dem Leiden des eigenen Individuums, zu entgehn, befangen im principio individuationis, getäuscht durch den Schleier der Maja. – Denn wie auf dem tobenden Meere, das, nach allen Seiten unbegrenzt, heulend Wasserberge erhebt und senkt, auf einem Kahn ein Schiffer sitzt, dem schwachen Fahrzeug vertrauend; so sitzt mitten in einer Welt voll Qualen ruhig der einzelne Mensch, gestützt und vertrauend auf das principium individuationis oder der Weise, wie das Individuum die Dinge erkennt, als Erscheinung. Die unbegrenzte Welt, voll Leiden überall, in unendlicher Vergangenheit, in unendlicher Zukunft, ist ihm fremd, ja ist ihm ein Märchen: seine verschwindende Person, seine ausdehnungslose Gegenwart, sein augenblickliches Behagen, dies allein hat Wirklichkeit für ihn: und dies zu erhalten tut er alles, solange nicht eine bessere Erkenntnis ihm die Augen öffnet. Bis dahin lebt bloß in der innersten Tiefe seines Bewußtseins die ganz dunkle Ahndung, daß ihm jenes alles doch wohl eigentlich so fremd nicht ist, sondern einen Zusammenhang mit ihm hat, vor welchem das principium individuationis ihn nicht schützen kann. Aus dieser Ahndung stammt jenes so unvertilgbare und allen Menschen (ja vielleicht selbst den klügeren Tieren) gemeinsame Grausen, das sie plötzlich ergreift, wenn sie durch irgendeinen Zufall irrewerden am principio individuationis [...]: z.B. wenn es scheint, daß irgendeine Veränderung ohne Ursache vor sich ginge oder ein Gestorbener wieder da wäre oder sonst irgendwie das Vergangene oder das Zukünftige gegenwärtig oder das Ferne nah wäre. Das ungeheure Entsetzen über so etwas gründet sich darauf, daß sie plötzlich irrewerden an den Erkenntnisformen der Erscheinung, welche allein ihr eigenes Individuum von der übrigen Welt gesondert halten. Diese Sonderung aber eben liegt nur in der Erscheinung und nicht im Dinge an sich: ebendarauf beruht die ewige Gerechtigkeit« (ASW 1, 481f.); ebenso II, Kap. 41: ›Über den Tod und sein Verhältnis zur Unzerstörbarkeit unsers Wesens an sich‹: »In der Erscheinung und mittelst deren Formen, Zeit und Raum, als principium individuationis stellt es sich so dar, daß das menschliche Individuum untergeht, hingegen das Menschengeschlecht immerfort bleibt und lebt. Allein im Wesen an sich der Dinge, als welches von diesen Formen frei ist, fällt auch der ganze Unterschied zwischen dem Individuo und dem Geschlechte weg und sind beide unmittelbar eins. Der ganze Wille zum Leben ist im Individuo, wie er im Geschlechte ist, und daher ist die Fortdauer der Gattung bloß das Bild der Unzerstörbarkeit des Individui« (ASW 2, 634).*

199f. Nach Leibniz müssen Dinge, die ihren begrifflichen Merkmalen nach ununterscheidbar sind, identisch sein] *vgl. die ›Monadologie‹, § 8: »Et si les substances simples [sc. les Monades] ne differoient point par leur qualités, il n'y auroit point de moyen de s'appercevoir d'au-*

cun changement dans les choses, puisque ce qui est dans le composé ne peut venir que des ingrediens simples, et les Monades étant sans qualités seroient indistinguables l'une de l'autre, puisqu'aussi bien elles ne different point en qualité: et par consequent, le plein étant supposé, chaque lieu ne recevroit tousjours dans le mouvement que l'Equivalent de ce qu'il avoit eu, et un état des choses seroit indiscernable de l'autre.« (›Philosophische Schriften‹ VI, S. 608. – »Denn wenn sich die einfachsten Substanzen [sc. Monaden] nicht durch ihre eigentümlichen Beschaffenheiten unterschieden, so gäbe es überhaupt kein Mittel, irgendeine Veränderung in den Dingen festzustellen; denn was im Zusammengesetzten vorkommt, kann nur aus seinen einfachen Bestandteilen stammen. Wenn daher die Monaden ohne Eigentümlichkeiten und somit voneinander ununterscheidbar wären – denn auch quantitative Unterschiede gibt es bei ihnen nicht –, so würde folglich, unter Voraussetzung der durchgängigen Erfüllung des Raumes, jeder Ort der Bewegung stets nur einen Inhalt aufnehmen, der dem bisherigen äquivalent wäre. So wäre ein Zustand der Dinge vom anderen völlig ununterscheidbar.«)

201–205 nach Kant gilt *bis* als hinreichende Garantie ihrer Unterscheidbarkeit auftritt] *vgl. die ›Kritik der reinen Vernunft‹, B 319: »Wenn uns ein Gegenstand mehrmalen, jedesmal aber mit eben denselben innern Bestimmungen, (qualitas et quantitas) dargestellet wird, so ist derselbe, wenn er als Gegenstand des reinen Verstandes gilt, immer eben derselbe, und nicht viel, sondern nur Ein Ding (numerica identitas); ist er aber Erscheinung, so kömmt es auf die Vergleichung der Begriffe gar nicht an, sondern, so sehr auch in Ansehung derselben aller einerlei sein mag, ist doch die Verschiedenheit der Örter dieser Erscheinung zu gleicher Zeit ein genugsamer Grund der numerischen Verschiedenheit des Gegenstandes (der Sinne) selbst.«*

205–207 Schopenhauer fügt, *bis* das principium individuationis] *vgl. ›Die Welt als Wille und Vorstellung‹ I, § 23: »Schon die allgemeinste Form aller Vorstellung, die des Objekts für ein Subjekt, trifft ihn [den Willen] nicht; noch weniger die dieser untergeordneten, welche insgesamt ihren gemeinschaftlichen Ausdruck im Satz vom Grunde haben, wohin bekanntlich auch Zeit und Raum gehören, und folglich auch die durch diese allein bestehende und möglich gewordene Vielheit. In dieser letztern Hinsicht werde ich mit einem aus der alten eigentlichen Scholastik entlehnten Ausdruck Zeit und Raum das principium individuationis nennen, welches ich ein für allemal zu merken bitte. Denn Zeit und Raum allein sind es, mittelst welcher das dem Wesen und dem Begriff nach Gleiche und Eine doch als verschieden, als Vielheit neben und nach einander erscheint: sie sind folglich das principium individuationis« (ASW 1, 173). Vgl. ferner den hierauf gründenden Passus in der »zweite[n], sehr verbesserte[n] und beträchtlich vermehrte[n]« Auflage von* Schopenhauers *Dissertation ›Über die vierfache*

Wurzel des Satzes vom zureichenden Grunde. Eine philosophische Abhandlung‹ (1813). Frankfurt a.M. 1847, § 26: »[E]in Lexikon, welches [...] Einzeldinge aufzählt, enthält nicht Worte, sondern lauter Eigennamen und ist entweder ein geographisches oder ein historisches, d.h. entweder das durch den Raum oder das durch die Zeit Vereinzelte aufzählend, indem, wie m e i n e Leser wissen, Zeit und Raum das principium individuationis sind« (ASW 3, 122); ebenso in ›Die Welt als Wille und Vorstellung‹ II, Kap. 41: »Denn in gewissem Sinne ist es allerdings wahr, daß wir im Individuo stets ein anderes Wesen vor uns haben, nämlich in dem Sinne, der auf dem Satz vom Grunde beruht, unter welchen auch Zeit und Raum begriffen sind, welche das principium individuationis [...] ausmachen.« (ASW 2, 616.)

210–215 ihm sind die Erkenntnißformen *bis* auftauchen und schwinden] *vgl.* SCHOPENHAUER: *›Die Welt als Wille und Vorstellung‹ II, Kap. 41: »Wie die zerstäubenden Tropfen des tobenden Wasserfalls mit Blitzesschnelle wechseln, während der Regenbogen, dessen Träger sie sind, in unbeweglicher Ruhe feststeht, ganz unberührt von jenem rastlosen Wechsel; so bleibt jede I d e e, d.i. jede G a t t u n g lebender Wesen ganz unberührt vom fortwährenden Wechsel ihrer Individuen. Die I d e e aber oder die Gattung ist es, darin der Wille zum Leben eigentlich wurzelt und sich manifestiert: daher auch ist an ihrem Bestand allein ihm wahrhaft gelegen. Z.B. die Löwen, welche geboren werden und sterben, sind wie die Tropfen des Wasserfalls; aber die leonitas, die I d e e oder Gestalt des Löwen, gleicht dem unerschütterten Regenbogen darauf. Darum also legte P l a t o n den I d e e n allein, d.i. den Spezies, den Gattungen ein eigentliches Sein bei, den Individuen nur ein rastloses Entstehn und Vergehn.« (ASW 2, 617.)*

212 Die »platonische Idee«] *Nach* PLATON *sind Ideen Begriffe des ›wirklichen Wissens‹, auf ein Objekt bezogen, das nicht identisch ist mit dem Objekt der sinnlichen Vorstellung; die Idee ist die »wesenhafte Wirklichkeit selbst, die wir als das eigentliche Sein erklären« (›Phaidon‹ 78d). Zur Ideenlehre* PLATONS *vgl. generell dessen Dialog ›Parmenides‹, 128c–135d).*

215–217 wie bei Kant die beiden Wassertropfen *bis* Objecte differiren] *vgl. die ›Kritik der reinen Vernunft‹, B 319f.: »So kann man bei zwei Tropfen Wasser von aller innern Verschiedenheit (der Qualität und Quantität) völlig abstrahieren, und es ist genug, daß sie in verschiedenen Örtern zugleich angeschaut werden, um sie für numerisch verschieden zu halten.«*

219 Facettenglas] *von lat. facies ›Gestalt‹; veredeltes Glas, dessen durch Schleifen in zahlreiche kleine Flächen (Facetten) aufgeteilte Oberfläche das Licht in vielfacher Weise bricht.*

219 Kaleidoskop] *aus griech. καλός (kalós) ›schön‹, griech. εἶδος (eidos) ›Form‹ und griech. σκοπεῖν (skopein) ›betrachten‹; ›Schöneformenseher‹; ein von dem schottischen Physiker* DAVID BREWSTER *(1781–1868)*

1816 erfundenes optisches Spielzeug, bei dem in einer Röhre befindliche Gegenstände (meist farbige Glasstückchen) durch mehrfache Spiegelung sternförmige, bei Bewegung wechselnde zentralsymmetrische Figuren erzeugen.

220 »Schleier der Maja«] *In den vedischen (sanskr. tl. veda, ›Wissen‹) ›Upanischaden‹ bezeichnet Maya (sanskr. tl. māyā, ›Illusion‹, ›Täuschung‹) die Kraft, welche das eigenschaftslose Absolute, die Allseele oder das All-Eine (sanskr. tl. brahmā) als Vielheit erscheinen läßt. Als ›Schleier‹ hindert Maja die Individualseele (sanskr. tl. jivā) jedoch daran, ihre Identität mit der Allseele zu erkennen; der Eingeweihte aber kann die wahre Natur des Göttlichen mittels der Askese oder Meditation erfahren. – Vgl. hierzu insbesondere* Schopenhauer: *›Die Welt als Wille und Vorstellung‹ I, § 3: »[D]ie uralte Weisheit der Inder [...]: ›Es ist die Maja, der Schleier des Truges, welcher die Augen der Sterblichen umhüllt und sie eine Welt sehn läßt, von der man weder sagen kann, daß sie sei, noch auch, daß sie nicht sei: denn sie gleicht dem Traume, gleicht dem Sonnenglanz auf dem Sande, welchen der Wanderer von ferne für ein Wasser hält, oder auch dem hingeworfenen Strick, den er für eine Schlange ansieht.‹« (ASW 1, 37.) – Vgl. auch* Hausdorffs *Essay* Der Schleier der Maja *(HGW VIII, 453–466).*

221 das All-Eine] *vgl. Erl. zu 124–130 sowie zu 220.*

222f. Vorrecht des Künstlers ist, diese Erkenntniß wiederum in den Formen der Erscheinung darzustellen] *Nach* Schopenhauer *ist »die Kunst, das Werk des Genius« diejenige »Erkenntnisart«, die »jenes außer und unabhängig von aller Relation bestehende, allein eigentlich Wesentliche der Welt, den wahren Gehalt ihrer Erscheinungen, das keinem Wechsel Unterworfene und daher für alle Zeit mit gleicher Wahrheit Erkannte, mit Einem Wort, die Ideen, welche die unmittelbare und adäquate Objektität des Dinges an sich, des Willens, sind«, betrachtet, »durch reine Kontemplation« die »ewigen Ideen, das Wesentliche und Bleibende aller Erscheinungen der Welt« auffaßt und, »je nachdem der Stoff ist, in welchem sie wiederholt«, die Erkenntnis in der »bildende[n] Kunst, Poesie oder Musik« mitteilt (vgl. ›Die Welt als Wille und Vorstellung‹ I, § 36 [ASW 1, 265]).*

224 wagnerischen Metaphysik] *Nach der den Ideen* Schopenhauers *folgenden Auffassung* Richard Wagners *(1813–1883) ist die empirische Welt der Individuen nur die Erscheinung des Willens; die Verneinung des egoistischen Willens zum Dasein aber ist der Kern der wahren Religion, die auf die Erlösung vom Weltleiden zielt und in der Kunst ihre lebendig-anschauliche Darstellung erfährt, wobei diese, als ›Gesamtkunstwerk‹, der Erhebung und Veredelung der Menschheit dient (vgl. u.a. ›Das Kunstwerk der Zukunft.‹ Leipzig 1850; ›Religion und Kunst.‹ Bayreuth 1881); vgl. dazu u.a. die programmatischen Äußerungen zur 1850 uraufgeführten ›romantischen Oper‹ ›Lohengrin‹, wo* Wagner *zur ›Niederkunft‹ des Heiligen Grals erläutert: »Dem verzückten Bli-*

cke höchster, überirdischer Liebessehnsucht scheint im Beginne sich der klarste blaue Himmelsäther zu einer wundervollen, kaum wahrnehmbaren, und doch das Gesicht zauberhaft einnehmenden Erscheinung zu verdichten; in unendlich zarten Linien zeichnet sich mit allmählich wachsender Bestimmtheit die wunderspendende Engelsschar ab, die, in ihrer Mitte das heilige Gefäß geleitend, aus lichten Höhen unmerklich sich herabsenkt« (›Vorspiel zu »Lohengrin«‹; GSD 5, 179–181, hier 180; vgl. auch Hausdorffs *Essay* Das unreinliche Jahrhundert, *Z. 264f.:* jene metaphysisch blaue Lohengrinbeleuchtung*). – Nach dem von zwei unbekannten Verfassern zwischen 1280 und 1290 niedergeschriebenen Versepos ›Lohengrin‹ kommt der gleichnamige Titelheld, Gralsritter und Sohn des* Parzival *der Königin* Elsa(m) von Brabant *gegen* Friedrich von Telramunt, *der sie zur Frau begehrt, zu Hilfe.* Lohengrin *heiratet die Königin, muß sie und die beiden inzwischen geborenen Söhne jedoch verlassen, als* Elsa(m), *angestachelt durch die intrigante Fürstin von Kleve, die verbotene Frage nach seiner Herkunft stellt.*

229 das metaphysische »Urlicht«] *Ein »allen Dingen spendende[s] Urlicht« findet sich bereits in* Platons *›Politeia‹ (VII, nach der Übersetzung von* Wilhelm Siegmund Teuffel *[Buch I–V] und* Wilhelm Wiegand *[Buch VI–X], Stuttgart 1855/56 [PW IV, 1–5]). Die metaphorische Deutung Gottes als ›Urlicht‹, ›erstes Licht‹, ›absolutes Licht‹ findet man bei* Philo Judaeus *(um 20 v. Chr. – nach 40 n. Chr.); bei den Neuplatonikern wird es dem ›logos‹ gleichgesetzt, aus dem sich alles emaniert (vgl. u.a.* Plotin: *›Enneaden‹ V,5; vgl. Erl. zu 69f.). Auch* Giordano Bruno *(1548–1600) lehrt in ›De la causa, principio, et uno‹ (Venedig [sc. London] 1584) die Emanation der Substanzen und Akzidenzien aus einem absoluten Prinzip, dem ›Urlicht‹. Die vom Neuplatonismus beeinflußte Kabbala erkennt in Gott das Unendliche, das En-Sof, aus dem nach dem vmtl. zwischen dem 3. und 6. Jahrhundert entstandenen ›Sefer Jezira‹ (›Buch der Schöpfung‹) in zehn göttlichen Emanationen, den Sefiroth (hebr. tl. sefira ›Ziffer‹), und den sie verbindenden 22 Pfaden die Dinge hervorgehen, eine Lehre, die* Josef ben Abraham Gikatilla *(1248–1305 [1325?]) 1293 in dem Werk ›Tore des Lichts‹ (›Scha'are Orah‹; lat. Übers. Augsburg 1615, hebr. ED Riva di Trento 1559) in seine Systematik einbezieht, welche er viel früher, in dem bald nach 1275 entstandenen ›Sefer ha-Sohar‹ (›Buch des Glanzes‹), entwickelt hatte. Nach* Isaak ben Salomon Luria, *gen.* Ari *(1534–1572) schafft das En-Sof durch Selbstbeschränkung einen Urraum, in dem durch die Struktur der Sefiroth bedingt, der Adam Kadmon – gleich dem ›Demiurgos‹ der Gnostiker (vgl. Erl. zu 390) – die Urgestalt allen Seins bildet; durch alle seine Körperöffnungen bricht die göttliche Kraft in der Form von Licht, aus dem die Dinge hervorgehen (vgl. hierzu generell* Gerschom Scholem: *›Die jüdische Mystik in ihren Hauptströmungen.‹ Zürich 1957 sowie ders.: ›Zur Kabbala und* *ihrer Symbolik.‹ Frankfurt a.M. 1957). – Der neuplatonischen Gleichsetzung des ›logos‹ mit dem ›Urlicht‹ bedient sich auch* JOHANN GOTTLIEB FICHTE *in der 6. Vorlesung der ›Anweisung zum seligen Leben, oder auch die Religionslehre‹ (Berlin 1806), und zwar bei der Auslegung der Eingangsverse des Johannesevangeliums: Da Gott das Wort, der ›logos‹ ist (Joh 1,1), das im Anfang bei Gott war (Joh 1,2) und die Dinge durch das Wort gemacht worden sind (Joh 1,3), werden die »beiden folgenden Verse«, insbesondere aber Joh 1,4 (»In ihm war das Leben, und das Leben war das Licht der Menschen«) klar, denn in »ihm, diesem unmittelbaren göttlichen Daseyn, war das Leben, der tiefste Grund alles lebendigen, substantiellen, ewig aber dem Blicke verborgen bleibenden Daseyns; und dieses Leben ward im wirklichen Menschen Licht, bewusste Reflexion; und dieses Eine ewige Urlicht schien ewig fort in den Finsternissen der niedern und unklaren Grade des geistigen Lebens, trug dieselben unerblickt, und erhielt sie im Daseyn, ohne dass die Finsternisse es begriffen« (FW 5, S. 481f.).*

236f. im absoluten Raum und in der absoluten Zeit] *Nach* ISAAC NEWTON *bleibt der »absolute Raum […] vermöge seiner Natur und ohne Beziehung auf einen äussern Gegenstand, stets gleich und unbeweglich. Der relative Raum ist ein Maass oder ein beweglicher Theil des erstern, welcher von unsern Sinnen, durch seine Lage gegen andere Körper bezeichnet und gewöhnlich für den unbeweglichen Raum genommen wird. Z. B. ein Theil des Raumes innerhalb der Erdoberfläche; ein Theil der Atmosphäre; ein Theil des Himmels, bestimmt durch seine Lage gegen die Erde. Der absolute und relative Raum sind dasselbe an Art und Grösse, aber sie bleiben nicht immer an Zahl. Bewegt sich z. B. die Erde, so ist der Raum unserer Atmosphäre, welcher in Bezug auf unsere Erde immer derselbe bleibt, bald der eine, bald der andere Theil des absoluten Raumes, in welchen die Atmosphäre übergeht und ändert sich so beständig«; die »absolute, wahre und mathematische Zeit« hingegen »verfliesst an sich und vermöge ihrer Natur gleichförmig, und ohne Beziehung auf irgend einen äussern Gegenstand. Sie wird so auch mit dem Namen: Dauer belegt. Die relative, scheinbare und gewöhnliche Zeit ist ein fühlbares und äusserliches, entweder genaues oder ungleiches, Maass der Dauer, dessen man sich gewöhnlich statt der wahren Zeit bedient« (›Philosophiae naturalis principia mathematica‹, def. VIII, schol. [›Mathematische Prinzipien‹, S. 25f.]). –* HAUSDORFF *macht in* Das Chaos in kosmischer Auslese *im selben Jahr* bewussten Gebrauch *von der* Hülfsvorstellung *einer absoluten Zeit wie eines absoluten Raumes, um seine Metaphysikkritik im Hinblick auf die Kategorien Zeit und Raum vorzutragen; vgl. hierzu und zu* HAUSDORFFS Beispiel *(Z. 237–241) auch Erl. zu 55–60, ferner die Kommentare zu* Tod und Wiederkunft, *dort Erl. zu 144f. (HGW VIII, S. 434f.) sowie HGW VII, S. 605–623 und S. 821–824.*

254 indiscernibilitas identitatum] *neulat. ›die Nichtunterscheidbarkeit des Identischen‹; Gegenentwurf zum* Leibniz'schen Satz*[]* von der Identität des Nichtzuunterscheidenden (principium identitatis indiscernibilium), *vgl. Erl. zu 193f.*

264f. die Weltanschauung von Peter und Paul, die sich transcendentaler Realismus nennt] *Mit* Weltanschauung von Peter und Paul *meint* HAUSDORFF *hier wohl ironisch die ›Weltanschauung‹ eines naiven Jedermann; zum Begriff* Weltanschauung *vgl. Erl. zu 81f. – Nach* KANT *ist unter »transzendentale[m] Realism« die Lehrmeinung zu verstehen, die »Zeit und Raum als etwas an sich (unabhängig von unserer Sinnlichkeit) Gegebenes ansieht. Der transzendentale Realist stellt sich also äußere Erscheinungen (wenn man ihre Wirklichkeit einräumt) als Dinge an sich selbst vor, die unabhängig von uns und unserer Sinnlichkeit existieren, also auch nach reinen Verstandesbegriffen außer uns wären«; diesem ist ein »transzendentale[r] Idealism« entgegengesetzt, »nach welchem wir sie [die Erscheinungen] insgesamt als bloße Vorstellungen, und nicht als Dinge an sich selbst, ansehen, und dem gemäß Zeit und Raum nur sinnliche Formen unserer Anschauung, nicht aber für sich gegebene Bestimmungen, oder Bedingungen der Objekte, als Dinge an sich selbst sind« (KrV A 369).*

265–267 wenn nach Eduard von Hartmann die Zeit »aus dem Sein, den Hirnschwingungen, direct in die Empfindung übertragen« wird] *vgl. dazu die 1869 erstmals publizierte ›Philosophie des Unbewussten‹, das Hauptwerk des deutschen Philosophen* EDUARD VON HARTMANN *(vgl. Erl. zu 124–130): »Die Zeit wird aus dem Sein, aus den Hirnschwingungen unmittelbar in die Empfindungen übertragen, weil sie in der Form der einzelnen Hirnmolecularschwingungen auf dieselbe Weise wie im äusseren Reize enthalten ist« (›Philosophie des Unbewussten‹, 1. Tl., S. 300f.).*

267 Plebiscit] *lat. plebiscitium (von lat. plebs ›Masse‹); Beschlüsse der römischen Volksversammlung, die seit 287 v. Chr. den Gesetzen gleichgestellt waren.*

271f. transsubjectiven] *lat. trans ›über‹; außerhalb des eigenen Ich gelegen. – Vmtl. Übernahme aus dem Wortrepertoire des seit 1894 in Leipzig Philosophie lehrenden* JOHANNES VOLKELT *(1848–1930), der »alles, was es außerhalb meiner eigenen Bewußtseinsvorgänge geben mag«, als »transsubjectiv« bezeichnet (›Erfahrung und Denken. Kritische Grundlegung der Erkenntnistheorie.‹ Hamburg 1886, S. 42). Damit soll ausgedrückt werden, daß das Denken eine subjektive Tätigkeit ist, die Form der Erfahrung aber dazu berechtigt, die Erfahrung zu transzendieren – entgegen* KANT *also das Denken über die Schranken möglicher Erfahrung hinaus auf die ontische Struktur der Gegenstände anzuwenden (vgl. KrV B 473) –, und das »Denken« somit »transsubjectiv gültige Bestimmungen ausspricht«, ohne aber »das Transsubjective in seinen Bereich herein[zuziehen]«, da es nur fordert,*

»daß seine subjectiven Verknüpfungen für das Transsubjective gelten« sollen – das »Denken bleibt also beim Erkennen des Transsubjectiven durchaus in und bei sich selbst, und ebenso bleibt das Transsubjective dort, wo es ist« (›Erfahrung und Denken‹, S. 188).

272f. sie sprechen von Gesamtwillen, socialen Organismen, von dem lebenden Wesen »Gesellschaft«] *vgl. Erl. zu 11 u. 13.*

277 der Idealismus des Bischofs Berkeley] *Der englische Philosoph und Theologe* GEORGE BERKELEY *(1685–1753; seit 1734 Bischof von Cloyne bei Cork) lehnt in seinem Hauptwerk ›A Treatise concerning the Principles of Human Knowledge‹ (Dublin 1710; dt. Übers. u. d. T. ›Eine Abhandlung über die Prinzipien der menschlichen Erkenntnis‹, Berlin 1869) in kritischer Auseinandersetzung mit* JOHN LOCKE *(1632–1704; ›An Essay Concerning Human Understanding‹, 1690) die materialistische Ansicht einer außerhalb des Bewußtseins existierenden Körperwelt ab und vertritt die Auffassung, daß die Dinge nur als wahrgenommene Ideen und damit nur in den Subjekten, die sie wahrnehmen, existieren. – Vgl. auch die* Einführung *zu* Das Chaos in kosmischer Auslese, *dort heißt es:* Immerhin wäre es nicht räthlich, den Anfangspunkt der Untersuchung noch hinter ein Resultat zu verlegen, das bereits durch die ersten Schritte der Inder und Griechen, spätestens aber durch Berkeley, Kant und die Lehre von den specifischen Sinnesenergieen vorläufig gesichert ist: ich meine den unbedingten Dualismus zwischen Erscheinung und Ding an sich *(S. 1 [HGW VII, 595]).*

282 Coincidenz] *aus lat. con ›mit‹ und lat. incidere ›einfallen‹; also* Coincidenz *soviel wie ›Zusammentreffen‹, ›Zusammenfallen‹. Der Begriff wird in verschiedenen Zusammenhängen in der Sinnesphysiologie, der Physik und Technik benutzt. So spricht man von Koinzidenz von Signalen, wenn ihr Zeitunterschied unterhalb einer gewissen ›Auflösungszeit‹ liegt; beim menschlichen Sehen beträgt diese etwa 25 Millisekunden. – In Philosophie und Theologie spielt speziell die ›coincidentia oppositorum‹ eine Rolle, das Aufgehobensein der Vielheit, Gegensätze und Widersprüche des Seins im Einen, Unendlichen, Absoluten bzw. in Gott. In gewissem Sinne findet sich die Idee der ›coincidentia oppositorum‹ bereits im ἄπειρον (ápeiron, ›das Unbegrenzte‹) des* ANAXIMANDER VON MILET *(um 610 v. Chr. – um 545 v. Chr.). Explizit erscheint die ›coincidentia oppositorum‹ zuerst bei* NIKOLAUS VON KUES (NICOLAUS CUSANUS; *1401–1464), der von Gott als Einheit der Gegensätze spricht, in dem, da er zugleich das unendlich Große und unendlich Kleine ist, das Größte und das Kleinste zusammenfallen, wobei alle Verschiedenheiten in der Einheit des göttlichen Schauens aufgehoben sind (vgl. ›De docta ignorantia‹ [1440] I, 4f.). Auf diese Einheit der Gegensätze im Unendlichen beruft sich noch* FRIEDRICH WILHELM JOSEPH SCHELLING *(1775–1854) in den 1802 in Jena gehaltenen ›Vorlesungen über die Methode des akademischen Studiums‹ (Tübingen 1803), wenn er sei-*

nen Gedanken des Absoluten entwickelt (vgl. v.a. 6. Vorlesung, SW 2, 596–605).

286 von der Ding-an-sich-Seite] *Nach dem transzendentalen Idealismus* K*ANTS* *ist das ›Ding an sich‹ die lediglich denkbare, weil aber von allen Beziehungen auf das menschliche Erkenntnisvermögen losgelöst, unerkennbare absolute Beschaffenheit des Seienden (vgl. dazu KrV B XXVIIf.).*

301f. wie die Psychophysik sagt, eine »Schwelle« besitzt] *Die sachlich auf erste einschlägige Experimente des späten 18. und frühen 19. Jahrhunderts, begrifflich auf den deutschen Philosophen und Mitbegründer der modernen Psychologie* G*USTAV* T*HEODOR* F*ECHNER* *(1801–1887) zurückgehende* Psychophysik *als »exacte Lehre von den functionellen oder Abhängigkeitsbeziehungen zwischen Körper und Seele, allgemeiner zwischen körperlicher und geistiger, physischer und psychischer, Welt« (›Elemente der Psychophysik.‹ 2 Bde. Leipzig 1860, Bd. 1, S. 8) sucht das Verhältnis von physikalischen Reizen (Gewicht, Lichtstärke, Tonhöhe etc.) zu den Bewußtseinserscheinungen experimentell zu ergründen und mathematisch zu bestimmen, wobei sie als ›Schwelle‹ die minimale Reizintensität versteht, die eine Empfindung auslöst; vgl.* W*ILHELM* W*UNDT*: *›Grundzüge der physiologischen Psychologie.‹ 2 Bde. Leipzig 1874, Bd. 1, S. 341.*

302 die theoretische Null] *Das Zahlsystem, welches den physikalischen Theorien in der Regel zugrunde gelegt wird, ist der Körper der reellen Zahlen. Die* theoretische Null *ist die Zahl Null dieses Körpers. Da jede Messung nur eine beschränkte Genauigkeit hat, werden alle Meßwerte, die unterhalb einer gewissen Schranke liegen, als Null betrachtet, wobei die Größe der Schranke von den konkreten Gegebenheiten abhängt, wie* H*AUSDORFF* *Z. 305ff. an Beispielen erläutert.*

307f. die Wellenlängen des Lichts nach Millionteln des Millimeters] *Gegen die klassische, u.a. von* R*ENÉ* D*ESCARTES* *(vgl. Erl. zu 81f.) 1637 in der ›Dioptrique‹ des ›Discours de la méthode‹ propagierte Korpuskulartheorie, nach der das Licht aus sich geradlinig im Äther (vgl. Erl. zu 551) ausbreitenden Teilchen (›Korpuskeln‹, von lat. corpuscula ›kleiner Körper‹) bestehe, formulierte 1667 der englische Mathematiker und Physiker* R*OBERT* H*OOKE* *(1635–1703) die Hypothese, daß Licht sich in Form von Vibrationen geradlinig und mit gleichmäßiger Geschwindigkeit in alle Richtungen ausbreite, wobei jede Vibration der Ausbreitung einer Welle auf der Wasseroberfläche gleiche (›Micrographia.‹ London 1667). 1678 baute der niederländische Mathematiker, Physiker und Astronomen* C*HRISTIAAN* H*UYGENS* *(1629–1695) in seinem ›Traité de la lumière‹ (Leiden 1690) die Vibrationstheorie des Lichts zu einem systematischen Lehrgebäude aus (vgl. zu* H*UYGENS* *auch HGW V, 835–917).* I*SAAC* N*EWTON*, *der die Ergebnisse seiner optischen Untersuchungen 1704 in seinen ›Opticks‹ zusammenfassend darstellte, ging davon aus, daß das Licht aus materiellen Teilchen be-*

steht. Gewisse von ihm entdeckte Phänomene, wie die später nach ihm benannten Ringe, versuchte er mit periodisch wiederkehrenden ›Anwandlungen‹ (›fits‹) leichterer und schwererer Brechbarkeit bzw. Reflexion dieser Teilchen zu erklären. Newton akzeptierte also gewissermaßen beide Aspekte, Korpuskel und Welle, er leugnete aber stets, daß die Wellenbewegung die eigentliche Lichtfortpflanzung selbst darstelle. Seine Ansicht, daß weißes Licht die Mischung aller Spektralfarben sei, wurde lange angefeindet, hat sich aber schließlich durchgesetzt. Das 18. Jahrhundert sah die Vorherrschaft der Newtonschen Lichttheorie, und zwar, anders als bei Newton selbst, einer rein korpuskular verstandenen Emissionstheorie des Lichts. – Erst die Arbeiten von Thomas Young (1773–1829) konnten nachweisen, daß die Wellentheorie des Lichts manche Phänomene erklären konnte, die nicht mit der Korpuskulartheorie in Einklang zu bringen waren. Nach Young breitet sich das Licht im Äther in Transversalwellen aus, Wellen also, bei denen die Schwingungen senkrecht zur Fortpflanzungsrichtung erfolgen und nicht, wie man beim Schall bereits festgestellt hatte, in Longitudinalwellen, bei denen die Schwingungsrichtung mit der Ausbreitungsrichtung übereinstimmt (vgl. ›On the Theory of Light and Colours.‹ In: ›Philosophical Transactions of the Royal Society of London‹ 92 [1802], S. 12–48, ebenso ›Experiments and Calculations relative to physical Optics.‹ In: ebd., 94 [1804], S. 1–14). Durch seine Experimente zur Beugung und zur Interferenz lieferte der französische Physiker Augustin Jean Fresnel (1788–1827) gewichtige Argumente für die Wellentheorie des Lichts (vgl. ›Mémoire sur la diffraction de la lumière.‹ In: ›Mémoires de l'Academie des Sciences de Paris‹ V [1819], S. 339–475). 1819 zeigte er, daß senkrecht zueinander polarisierte Lichtbündel keine Interferenz zeigen. Damit war die Transversalität der Lichtwellen bestätigt. Fresnel gab 1822 in ›Sur la lumière‹ eine zusammenfassende Darstellung der Wellentheorie (dt. Übers. ›Über das Licht‹ in ›Poggendorfs Annalen der Physik und Chemie‹ 3 [1825], S. 89–128 u. S. 223–256). Der englische Physiker James Clerk Maxwell (1831–1879) entwickelte ab 1855 die elektromagnetische Feldtheorie, welche durch die heute nach Maxwell benannten Gleichungen beherrscht wird. Er zog aus dieser Theorie den Schluß, daß auch das Licht eine elektromagnetische Welle ist. Als schwingendes Medium nahm er einen hypothetischen Äther an (vgl. ›A Dynamical Theory of the Electromagnetic Field.‹ In: ›Philosophical Transactions of the Royal Society of London‹ 155 [1865], S. 459–512; ebenso ›A Treatise on Electricity and Magnetism.‹ Oxford 1873). Mit den Maxwellschen Arbeiten setzte sich die Wellentheorie des Lichts endgültig durch. Die moderne Quantenmechanik lehrt die Dualität von Welle und Korpuskel; gewisse Erscheinungen, wie der lichtelektrische Effekt, können nur korpuskular erklärt werden (Lichtquantenhypothese). – Nach Young liegt die Wellenlänge des für den Menschen wahrnehmbaren

Lichts im Bereich von 0,4–0,7 μm (vgl. ›Experiments and Calculations‹), ein Wert, der den heutigen Meßergebnissen von 0,36–0,78 μm sehr nahe kommt (1 μm = 10^{-6} m; Mikrometer, ein millionstel Meter).

309f. die Wirkungssphäre der molecularen Kräfte oder die Dimensionen der Molecüle selber] *Angeregt durch umfangreiche Studien über* EPIKUR *(341 v. Chr. – 270 v. Chr.; Bücher IX und X von ›Leben und Meinungen berühmter Philosophen‹ des griechischen Philosophen* DIOGENES LAERTIOS*; fl. 2./3. Jhd.), ferner durch Schriften des Wittenberger Mediziners* DANIEL SENNERT *(1572–1637; ›Epitome scientae naturalis.‹ Wittenberg 1618) und des Hamburger Gymnasialdirektors* JOACHIM JUNGE *(*JUNGIUS*; 1587–1657) entwickelte der französische Philosoph, Physiker und Astronom* PIERRE GASSENDI *(*PETRUS GASSENDUS*; 1592–1655) den antiken Atomismus zu einem mechanistischen Weltmodell weiter. Nach seiner Auffassung existieren kleinste Körperchen, die Atome, in einer Vielzahl von Arten, die sich durch Form, Gewicht und Größe unterscheiden, aber sämtlich aus ein und derselben Substanz (›materia prima‹) bestehen. Die Atome können sich durch Stoß zu sogenannten Molekülen (lat. molecula ›kleine Masse‹, Diminutiv von lat. moles ›Masse‹) zusammenschließen, aus denen wiederum die sichtbare Materie aufgebaut ist: »Talis verò effluxus, instar guttularum aqua à fullone exsufflata, dispergitur in moleculas, quae ex particulis similibus constent« (*GASSENDI*: ›Animadversiones in Decimum Librum D. Laertii.‹ Lyon 1649, S. 40, l. 15 [zu X, 52]. – »Derartig aber entströmend, gleich wie das Wasser tröpfchenweise vom Tuchwalker ausgetrieben, wird [die Materie] in Moleküle ausgebreitet, die aus ähnlichen Teilchen bestehen«). – Erst zu Beginn des 19. Jahrhunderts stellte* JOHN DALTON *(1766–1844) eine durch sorgfältige quantitative Experimente (zur Löslichkeit von Gasen in Flüssigkeiten und zu Verbrennungsvorgängen) gestützte Atomtheorie auf. Demnach besteht jedes chemische Element aus kleinsten, nicht weiter teilbaren, unzerstörbaren, in Größe und Masse einander gleichen Teilchen, den Atomen. Atome unterschiedlicher Elemente unterscheiden sich in ihrer Masse voneinander. Bei chemischen Reaktionen vereinigen sich die Atome der beteiligten Elemente zu ›zusammengesetzten Atomen‹ bzw. vereinigen sich letztere mit anderen oder trennen sich voneinander. Die relativen Massen der Atome und der ›zusammengesetzten Atome‹ sind experimentell bestimmbar. Bei chemischen Reaktionen verbinden sich die Atome verschiedener Elemente in bestimmten ganzzahligen Verhältnissen.* DALTON *entwarf auch eine Tabelle von relativen Atommassen, wobei er sich als Einheit auf die Masse des leichtesten Elements, des Wasserstoffs (1,66 • 10^{-27} kg), bezog (vgl. zu all diesem ›A New System of Chemical Philosophy.‹ Manchester 1808). Die* DALTON*schen ›zusammengesetzten Atome‹ erwiesen sich als eine der Grundlagen für den erst um 1860 endgültig von dem italienischen Chemiker* STANISLAO CANNIZZARO *(1826–1910) in die Chemie eingeführten Molekülbegriff.*

Ein für die Bestimmung der Moleküldimensionen wichtiger Schritt war die 1811 von dem italienischen Physiker AMEDEO AVOGADRO *(1776–1856) nach der Untersuchung chemischer Gasreaktionen gefundene Tatsache, daß gleiche Volumina idealer Gase bei gleichem Druck und gleicher Temperatur die gleiche Anzahl von – modern gesprochen – Molekülen enthalten (›Avogadro-Konstante‹, ca. 6,023 × 10^{23} mol^{-1}). 1865 bestimmte* JOSEF LOSCHMIDT *(1821–1895) die Anzahl der in einem Kubikzentimeter Luft unter Normalbedingungen vorhandenen Moleküle auf etwa 10^{20} (vgl. ›Zur Grösse der Luftmolecüle.‹ In: ›Sitzungsberichte der Kaiserlichen Akademie der Wissenschaften‹, Mathematisch-Naturwissenschaftliche Klasse, II. Abt. 52 [1866], S. 395–413), einen Wert, den* LUDWIG BOLTZMANN *(1844–1906) später als ›Loschmidtsche Zahl‹ (N_L) bezeichnete. Durch Kombination der ›Avogadro-Konstanten‹ oder der ›Loschmidtschen Zahl‹ mit dem Gewicht einer Gasmenge konnte das Gewicht eines einzelnen Moleküls dieser Gasmenge berechnet werden. – Um 1860 entwickelte der Chemiker* AUGUST KÉKULÉ VON STRADONITZ *(1829–1896) auf der Grundlage seiner Untersuchungen zu speziellen Kohlenstoffverbindungen (Benzolring) die Strukturtheorie der Moleküle, nach der die in einem Molekül verbundenen Atome kein ungeordnetes, regelloses Aggregat sind, sondern strukturell streng geordnet, so daß sich die Abstände der Atome zueinander, die Winkel zu einem gemeinsamen Bindungspartner sowie die Verknüpfungsfolgen bestimmen lassen (vgl. ›Sur la constitution des substances aromatiques.‹ In: ›Bulletin de la Société Chimique de Paris‹ 3 [1865], S. 98–110, ausführlicher ›Untersuchungen über aromatische Verbindungen.‹ In: ›Annalen der Chemie und Pharmacie‹ 137 [1866], S. 129–196).*

311 unendlich langen Decimalbruchs] *Die reellen Zahlen (vgl. Erl. zu 302) lassen sich als Dezimalbrüche darstellen; die rationalen Zahlen (Brüche aus ganzen Zahlen) sind endliche oder unendliche periodische, die irrationalen Zahlen unendliche nichtperiodische Dezimalbrüche (wobei ein endlicher Dezimalbruch auch als unendlicher periodischer Dezimalbruch geschrieben werden kann). Eine reelle Zahl als Meßergebnis wäre also ein unendlicher Dezimalbruch. Jede reale Messung kann aber nur eine gewisse Anzahl gültiger Ziffern ausweisen, wird also von einem kleinen Intervall reeller Zahlen repräsentiert* (also ist ein Thatbestand von dem quantitativ nächstbenachbarten Thatbestand nicht zu unterscheiden; *Z. 314–316).*

314 approximative Beobachter] *neulat. approximare ›allmählich näherkommen‹, ›annähern‹.*

318f. menschlich-allzumenschlicher Weise] *Anspielung auf* NIETZSCHES *Aphorismensammlung ›Menschliches, Allzumenschliches. Ein Buch für freie Geister‹ (EA Chemnitz 1878; ›Neue Ausgabe mit einer einführenden Vorrede‹ Leipzig 1886).*

329 discernibilitas similum] *lat. ›die Unterscheidbarkeit des Ähnlichen‹ (›des Gleichartigen‹).*

333 ego quilibet] *lat. ›ich, der erste beste‹.*

335 Centurienglück] *lat. centum ›hundert‹, hier mit Bezug zum Vorhergehenden ›Hundertschaftenglück‹ in Anlehnung an die Gliederung der römischen Legionen in Hundertschaften (›centuriae‹).*

348–351 Die Physiologen haben eine Methode *bis* die blutrünstigen Schauder der »Vivisection«] *lat. vivere ›leben‹, lat. sectio ›Zerstückelung‹; im medizinisch-zoologischen Zusammenhang zu Forschungszwecken dienender Eingriff am lebenden Tier. – Ein hauptsächliches Anliegen der frühen Tierschutzbewegung im deutschen Kaiserreich (vgl. Erl. zu 356) war das Verbot der Vivisektion, die für einen ihrer prominentesten Gegner, Richard Wagner, ebenso wie das rituelle Schächten »das Böse und das Jüdische« schlechthin symbolisierte. Trotz einer Verschärfung der gesetzlichen Bestimmungen 1885 in Preußen wurden die Anliegen der Tierschützer im Reichsgebiet weitestgehend ignoriert; gegen Ende des 19. Jahrhunderts verstärkten sich aber im Zuge der ›Lebensreform‹-Bewegung auch öffentlich die Forderungen nach einem Verbot von Tierversuchen (vgl. zur Vivisektion u.a. Klaus-Peter Schweiger: ›»Alter Wein in neuen Schläuchen«. Der Streit um den wissenschaftlichen Tierversuch in Deutschland 1900–1935.‹ Diss. Göttingen 1993; zur ›Lebensreform‹-Bewegung vgl. Diethart Kerbs u. Jürgen Reulecke: ›Handbuch der deutschen Reformbewegungen 1880 bis 1933.‹ Wuppertal 1998; ebenso ›Die Lebensreform. Entwürfe zur Neugestaltung von Leben und Kunst um 1900.‹ Katalog zur Ausstellung im Institut Mathildenhöhe Darmstadt. Hrsg. v. Kai Buchholz u.a. 2 Bde. Darmstadt 2001).*

353f. in unserem u n r e i n l i c h e n neunzehnten Jahrhundert] *vgl. dazu Hausdorffs Kritik am ›unreinlichen‹ Begriffsgebrauch des ausgehenden 19. Jahrhunderts in Philosophie und Alltag in seinem Essay* Das unreinliche Jahrhundert *(HGW VIII, 341–352). Er besteht dort auf klaren Scheidungen, der Vermeidung von Widersprüchen und Paradoxien, die er auch bei Kant, Schopenhauer und Nietzsche findet.*

355 Obscurantismus] *von lat. obscurare ›verdunkeln‹; die Feindschaft gegenüber jedweder Form der Aufklärung.*

356 Impfgegner] *Gegen die Pockenschutzimpfung, in Deutschland um die Wende zum 19. Jahrhundert eingeführt und seit 1874 gesetzlich vorgeschrieben, führten die* Impfgegner, *»welche hauptsächlich aus Homöopathen und Naturärzten, Vegetarianern, Pietisten, einzelnen Geistlichen und Socialdemokraten [sic!] bestehen« (›Brockhaus‹ IX [1898], 544) Zweifel an der Wirksamkeit an, ferner den Verdacht, während der Impfung könnten andere Krankheiten, v.a. die Syphilis, übertragen werden. Organisiert waren die* Impfgegner *im ›Deutschen Reichsverband zur Bekämpfung der Impfung‹ (gegründet 1874), der unter dem*

Titel ›Der Impfgegner‹ eine ›Monatsschrift für praktische Volkswohlfahrt und naturgemäße Gesundheitspflege‹ herausgab (1876ff.).

356 Alcoholgegner] *Der ›Deutsche Verein gegen den Mißbrauch geistiger Getränke‹ wurde 1883 in Kassel gegründet und suchte in lokal und regional organisierten Verbänden den Alkoholkonsum durch Öffentlichkeitsarbeit (u.a. ›Mittheilungen des Deutschen Vereins gegen den Mißbrauch geistiger Getränke‹, 1884ff.), die Einrichtung von Kaffeehäusern und ›Volkswirtschaften‹ einzudämmen. Aber auch drastische Maßnahmen wurden angestrebt wie die gesetzliche Entmündigung von Alkoholikern.*

356 Thierschützer] *Der erste deutsche Tierschutzverein wurde 1839 in Dresden gegründet. Um die Jahrhundertwende existierten mehr als 200 Vereine – etwa die Hälfte organisiert im ›Verband deutscher Tierschutzvereine‹ –, die neben dem unmittelbaren und aktiven Tierschutz (Viehhaltung und -transport, Schlachtung etc.) v.a. die Erziehung der Bevölkerung zu einem auf sittlich-moralischen Werten aufbauenden Umgang mit Tieren zum Ziel hatten und den Verzicht auf den Verzehr von Fleisch propagierten (vgl. Renate Ulmer: ›Ernährungsreform und Vegetarismus.‹ In: ›Lebensreform‹, Bd. 2, S. 529–538); vgl. dazu auch* Eduard von Hartmanns *Ausführungen in ›Moderne Probleme‹, wonach sich »die sittliche Verpflichtung, Niemanden zu verletzen, vielmehr jedem nach Kräften zu helfen, [...] auf alle empfindenden Lebewesen ohne Ausnahme [bezieht], gleichviel ob man dieselben als Mitgeschöpfe desselben Herrgotts, als Kinder desselben Vaters im Himmel, als natürliche Vettern älterer Linie, oder als objektive Erscheinungen desselben Einen Weltwesens betrachtet. Die moralischen Beziehungen des Menschen zu den Thieren bestehen auch unabhängig davon, ob das einzelne Thier seinerseits zu einer mehr oder minder vollkommenen oder unvollkommenen Auffassung dieser Beziehung im Stande ist, und ob es fähig und gewillt ist, die Rücksichtnahme und Hilfsbereitschaft des Menschen zu erwidern; das wäre eine traurige Sorte von Moralität, die von der Gegenseitigkeit der Leistungen abhängig gemacht würde und nur da gäbe, wo sie auf Entgelt oder Lohn von der andern Seite hoffen dürfte« (›Moderne Probleme.‹ Leipzig 1886, S. 22).*

356 Naturärzte] *Die zeitgenössisch sogenannten* Naturärzte *rekurrierten v.a. auf die von den ›Wasserdoktoren‹* Vinzenz Priessnitz *(1799–1851) und* Sebastian Kneipp *(1821–1897) entwickelten Hydrotherapien (›Prießnitzsche Wasserkur‹, ›Kneippsche Güsse‹), auf die von dem schweizerischen Industriellen* Arnold Rikli *(1823–1906) propagierten ›Licht- und Luftbäder‹ und die auf den deutschen Landwirt* Johannes Schroth *(1798–1856) und den deutschen Apotheker* Theodor Hahn *(1824–1883) zurückgehenden Ernährungstherapien (›Schroth-Kur‹, vegetarische Diäten, ›Grahambrot‹), aber auch auf die von dem deutschen Mediziner* Christian Friedrich Samuel Hahnemann *(1755–1843) begründete Homöopathie. Obwohl diese Naturheilverfahren in der Öffentlichkeit auf breite Resonanz stießen (u.a. ›Der Naturarzt. Correspondenzblatt der Freunde naturgemäßer Heilmethoden‹, 1863ff., der ›Deutsche Bund der Vereine für Gesundheitspflege und arzneilose Heilweise‹, gegründet 1888), waren sie der Kritik der ›Schulmedizin‹ ausgesetzt und standen nicht selten unter dem Verdacht der ›Kurpfuscherei‹ (vgl. dazu* Robert Jütte: *›Geschichte der Alternativen Medizin. Von der Volksmedizin zu den unkonventionellen Therapien von heute.‹ München 1996, spez. S. 115–261).*

356f. Friedensfreunde] *von dem US-amerikanischen Quäker* Elihu Burritt *(1810–1879) 1847 gegründete internationale, seit 1893 auch in Deutschland tätige Gesellschaft, die v.a. durch sogenannte ›Friedenskongresse‹ (1889ff.) die Abrüstung und die Austragung zwischenstaatlicher Streitigkeiten vor völkerrechtlichen Gremien anstrebte.*

357 Keuschheitsapostel] *in sogenannten ›Sittlichkeitsvereinen‹ seit den 1880er Jahren organisierte Gegner der ›Unzucht‹ in Wort und Bild, aber auch der Prostitution. Vor allem zu nennen ist der ›Bund vom weißen Kreuz‹ in Berlin, dessen Mitglieder sich zu Keuschheit und Hochachtung der weiblichen Ehre verpflichtet hatten; publizistische Organe u.a. das Berliner ›Korrespondenzblatt zur Bekämpfung der öffentlichen Sittenlosigkeit‹ (für ein männliches Publikum) sowie die Berliner ›Frauenblätter‹.*

357 »einige« Christen] *die ›Vereinigten Brüder in Christo‹, eine im Jahre 1800 von dem deutschen reformierten Theologen* Philipp Wilhelm Otterbein *(1726–1813) in den USA gegründete freikirchlich-religiöse Gemeinde (›Otterbeinleute‹), die im Kaiserreich der Jahrhundertwende eine lebhafte missionarische Agitation betrieb.*

357 Bayreuther] *hier negativ konnotierte Bezeichnung für die Anhänger* Richard Wagners, *deren geistiges Zentrum das 1876 mit dem ›Ring des Nibelungen‹ eingeweihte Festspielhaus in Bayreuth war.* Nietzsche, *der zunächst ein Anhänger* Wagners *war und später mit ihm radikal brach, nennt den Komponisten einen »typische[n] décadent, der sich nothwendig in seinem verderbten Geschmack fühlt, der mit ihm einen höheren Geschmack in Anspruch nimmt, der seine Verderbniss als Gesetz, als Fortschritt, als Erfüllung in Geltung zu bringen weiss« und fragt: »Ist Wagner überhaupt ein Mensch? Ist er nicht eher eine Krankheit? Er macht Alles krank, woran er rührt« (›Der Fall Wagner‹ 5 [KGW VI,3, 15]), »alle Die« aber, »welche das Bayreuther Fest begehen«, charakterisiert* Nietzsche *»als unzeitgemässe Menschen«, die »anderswo ihre Heimath als in der Zeit« haben und »finden anderwärts sowohl ihre Erklärung als ihre Rechtfertigung«: »Mir ist immer deutlicher geworden, dass der ›Gebildete‹, sofern er ganz und völlig die Frucht dieser Gegenwart ist, Allem, was Wagner thut und denkt, nur durch die Parodie beikommen kann — wie auch Alles und Jedes parodirt worden ist — und dass er sich auch das Bayreuther Ereigniss* *nur durch die sehr unmagische Laterne unsrer witzelnden Zeitungsschreiber beleuchten lassen will. Und glücklich, wenn es bei der Parodie bleibt! Es entladet sich in ihr ein Geist der Entfremdung und Feindseligkeit, welcher noch ganz andere Mittel und Wege aufsuchen könnte, auch gelegentlich aufgesucht hat. [...] Dass ein Einzelner, im Verlaufe eines gewöhnlichen Menschenlebens, etwas durchaus Neues hinstellen könne, mag wohl alle Die empören, welche auf die Allmählichkeit aller Entwickelung wie auf eine Art von Sitten-Gesetz schwören: sie sind selber langsam und fordern Langsamkeit — und da sehen sie nun einen sehr Geschwinden, wissen nicht, wie er es macht und sind ihm böse. Von einem solchen Unternehmen, wie dem Bayreuther, gab es keine Vorzeichen, keine Uebergänge, keine Vermittelungen; den langen Weg zum Ziele und das Ziel selber wusste Keiner ausser Wagner« (›Unzeitgemäße Betrachtungen‹ IV, ›Richard Wagner in Bayreuth‹ 1 [KGW IV,1, 4f.]).*

360 Conventikel] *lat. convenire ›zusammenkommen‹; hier eine (heimliche) Zusammenkunft.*

361f. »Eins ist Noth«] *Titel eines 1680 von* JOACHIM NEANDER *(1650–1680) verfaßten (Kirchen-)Liedes: »Eins ist noth, ach Herr, dies Eine / Lehre mich erkennen doch: / Alles Andre, wie's auch scheine, / Ist ja nur ein schweres Joch, / Darunter das Herze sich naget und plaget, / Und dennoch kein wahres Vergnügen erjaget; / Erlang ich dies Eine, das Alles ersetzt, / So werd ich mit Einem in Allem ergötzt.« (Vgl. EKG, Nr. 386.) –* NIETZSCHE *hingegen apostrophiert in der ›Fröhlichen Wissenschaft‹ demgegenüber: »Denn Eins ist Noth: dass der Mensch seine Zufriedenheit mit sich erreiche — sei es nun durch diese oder jene Dichtung und Kunst: nur dann erst ist der Mensch überhaupt erträglich anzusehen!« (›Die fröhliche Wissenschaft‹ IV, 290 [KGW V,2, 210].)*

362f. bei dem geringsten Mißerfolg ihrer Propaganda zum Dynamit greifen] *Nach der Erfindung des Dynamits (1867) durch den schwedischen Chemiker* ALFRED NOBEL *(1833–1896) bevorzugten v.a. die politischen ›Anarchisten‹ diesen Sprengstoff für Attentate und Anschläge.*

363 den Reactionären] *lat. reactio ›Gegenwirkung‹, in politischem und religiösem Zusammenhang Menschen mit dem fortschrittsfeindlichen Bestreben, zu veralteten gesellschaftlichen Zuständen zurückzukehren.*

364 Feinden der Kultur] *Anspielung auf den Konflikt der 1870er Jahre zwischen dem Königreich Preußen bzw. dem neuen Deutschen Reich unter Reichskanzler* OTTO EDUARD LEOPOLD FÜRST VON BISMARCK *(1815–1898) und der römisch-katholischen Kirche unter Papst* PIUS IX. *(eigentlich* GIOVANNI MARIA MASTAI-FERRETTI*; 1792–1878; Papst seit 1846) um die Durchsetzung der Autonomie des modernen Staates gegen geistliche Einflüsse der traditionsbestimmten Kirche. Dieser Konflikt, der sich letztendlich am Dogma der päpstlichen Unfehlbarkeit (1870) entzündet hatte, war von dem deutschen Mediziner und liberalen Poli-*

tiker RUDOLF VIRCHOW *(1821–1902) 1873 in einer im preußischen Abgeordnetenhaus gehaltenen Rede mit dem Schlagwort ›Kulturkampf‹ belegt worden. Bereits 1864 hatte* PIUS *IX., der u.a. auch durch das Dogma der ›Unbefleckten Empfängnis‹ (1854) bekannt geworden ist, in dem der Enzyklika ›Quanta cura‹ beigefügten ›Syllabus errorum‹ alle ›Irrlehren‹ des Materialismus und Rationalismus aufgelistet und eine Unterordnung der wissenschaftlichen Forschung unter die Autorität der Kirche gefordert, was auf dem 1. Vatikanischen Konzil 1869/70 im Dogma der Unfehlbarkeit des Papstes kulminierte. Durch dieses Dogma wurden die Lehrentscheidungen des Papstes zu Glaubenssätzen erhoben. Das Deutsche Reich reagierte vor allem auf dem Gebiet des Schul- und Bildungswesens (Aufhebung der kirchlichen Schulinspektion und Unterstellung der Schulen unter staatliche Aufsicht, Verbot des erzieherisch wirkenden Jesuitenordens [vgl. Erl. zu 144]), ferner mit dem ›Kanzelparagraphen‹ (keine Besprechung von staatlichen Angelegenheiten in der Kirche), der Festsetzung der ausschließlichen Rechtsgültigkeit der Zivilehe (Standesamt) und mit dem sogenannten ›Brotkorbgesetz‹ (Sperrung aller staatlichen Geldzuwendungen an die Kirche). Nach dem Tode* PIUS' *IX. 1878 wurden die meisten antikirchlichen Gesetze gemildert bzw. abgeschafft, manche sind aber noch heute geltendes Recht. In unterschiedlicher Vehemenz und Form berührten die Auseinandersetzungen zwischen traditioneller kirchlicher und moderner weltlicher Autorität auch zahlreiche andere europäische Staaten wie die Schweiz und Österreich, aber auch, wenngleich anders akzentuiert und zeitlich verschoben, Frankreich.*

365f. in dem neuerdings wieder aufgeloderten Streit um die Vivisection] *vgl. Erl. zu 348–351.*

368 »Idiosynkrasie der Zahl«] *aus griech. ἴδιος (idios) ›eigentümlich‹, griech. σύνκρασις (synkrasis) ›Mischung‹, in den antiken humoralpathologischen Säftelehren eigentlich die ›eigentümliche Mischung der Körpersäfte‹, die Gesundheit oder Krankheit hervorruft. Zeitgenössisch wird hierunter das dem Individuum als solchem eigentümliche Verhalten gegen die von außen her auf den menschlichen Körper einwirkenden sinnlichen Eindrücke verstanden. Häufig aber bezeichnet* Idiosynkrasie *darüber hinausgehend ein bestimmtes abweichendes Verhalten eines Menschen gegen Eindrücke, die auf die Masse in ganz anderer Weise einwirken. – In* NIETZSCHES *Spätwerk wird die ›Idiosynkrasie‹ zum Leitbegriff der Erkenntnis- und Moralkritik, u.a. definiert er die Moral als die »Idiosynkrasie von décadents, mit der Hinterabsicht, s i c h a m L e b e n zu rächen — und mit Erfolg« (›Ecce homo‹, ›Warum ich ein Schicksal bin‹ 7 [KGW VI,3, 371]) bzw., »insofern sie v e r u r t h e i l t, an sich, n i c h t aus Hinsichten, Rücksichten, Absichten des Lebens«, als einen »spezifische[n] Irrthum, mit dem man kein Mitleiden haben soll, eine D e g e n e r i r t e n - I d i o s y n k r a s i e, die unsäg-*

lich viel Schaden gestiftet hat!« (›Götzen-Dämmerung‹, ›Moral als Widernatur‹ 6 [KGW VI,3, 81].)

385f. jeder Höcker eines ordinären Spiegelglases] *Zeitgenössisch ist das rückseitige Verspiegeln von durchsichtigen Trägermaterialien (Glas) durch Aufdampfen von Silber oder die chemische Naßversilberung gängig, wobei sich Unebenheiten auf der Spiegelfläche bilden können, die die Reflexion des einfallenden Lichtes beeinträchtigen. Darüber hinaus kann es, da das Licht bei dieser Form der Verspiegelung zweimal das Trägermaterial vor der Spiegelfläche durchsetzen muß, durch Unebenheiten auf bzw. Fehler im Träger zu unkalkulierbaren Brechungen des Lichts kommen.*

390 der Demiurgos] *griech. δημιουργός (›Weltenbildner‹), eigentlich die Bezeichnung für einen Gewerbetreibenden, einen Handwerker oder Baumeister, von* PLATON *in seinem Dialog ›Timaios‹ auf den Schöpfer des gesamten Kosmos übertragen (vgl. 28a, c; 29a; 31a). Während die Bibel nur in Hebr 11,10 Gott als ›Demiurg‹ bezeichnet, wird er, an* PLATON *anschließend, in der orthodoxen Gnosis und Hermetik (u.a. bei* CLEMENS ALEXANDRINUS *[† um 215] und dem Kirchenvater* ORIGENES *[185 – um 255]) sowie in der Kabbala (›Adam Kadmon‹, als Einheit der ›Sefiroth‹, der zehn göttlichen Emanationen bzw. Wirkungssphären des Göttlichen; vgl. Erl. zu 229) als Offenbarungshypostase des Schöpfergottes angesehen. Dagegen kennt ihn die ›häretische‹ Gnosis (u.a.* BASILIDES AUS ANTIOCHIA *[fl. um 125] und* VALENTINUS *[† nach 160]) als unwissende oder bösartige Schöpfergestalt, die nicht mit Gott identisch, sondern aus ihm hervorgegangen ist (Lehren und Schriften ›häretischer‹ Gnostiker sind jedoch kaum überliefert, die Zeugnisse gehen zurück v.a. auf die alle Häresie verdammenden Werke der Kirchenväter* IRENAEUS VON LYON *[um 140 – um 202] und* HIPPOLYTUS *[† um 236]).*

406 Differential] *Bei* LEIBNIZ *ist das Differential dy einer Variablen y die unendlich kleine Differenz zweier ›nächstliegender‹ Werte von y.* NEWTON *nannte in seiner Version der Infinitesimalrechnung solche unendlich kleinen Größen ›Momente‹. Mit dieser Auffassung von Differentialen als unendlich kleinen Zuwüchsen, deren logische Widersprüchlichkeit bereits* GEORGE BERKELEY *erkannt hatte, wurden bis zum Ende des 18. Jahrhunderts große Teile der klassischen Analysis geschaffen. Erst im 19. Jahrhundert konnten die Grundbegriffe der Infinitesimalrechnung streng und logisch einwandfrei gefaßt werden.*

410 conditio sine qua non] *eine notwendige Bedingung, ohne die ein bestimmtes Ereignis nicht eintreten oder eine bestimmte Handlung nicht erfolgen könnte.*

421f. sensible Spätling mit verwöhnten Nerven] *Als* Spätling *bezeichnet man »ein ding, das spät zum vorschein kommt«, unter anderem auch »menschen, die einer späten generation angehören, epigonen, nachgeborne, nachzügler« (DWb XVI, 1999f.). – Nach* NIETZSCHE *scheint »[i]n fünffacher Hinsicht [...] die Uebersättigung einer Zeit in Historie dem Leben feindlich und gefährlich zu sein: durch ein solches Uebermaass wird jener bisher besprochene Contrast von innerlich und äusserlich erzeugt und dadurch die Persönlichkeit geschwächt; durch dieses Uebermaass geräth eine Zeit in die Einbildung, dass sie die seltenste Tugend, die Gerechtigkeit, in höherem Grade besitze als jede andere Zeit; durch dieses Uebermaass werden die Instincte des Volkes gestört und der Einzelne nicht minder als das Ganze am Reifwerden verhindert; durch dieses Uebermaass wird der jederzeit schädliche Glaube an das Alter der Menschheit, der Glaube, Spätling und Epigone zu sein, gepflanzt; durch dieses Uebermaass geräth eine Zeit in die gefährliche Stimmung der Ironie über sich selbst und aus ihr in die noch gefährlichere des Cynismus: in dieser aber reift sie immer mehr einer klugen egoistischen Praxis entgegen, durch welche die Lebenskräfte gelähmt und zuletzt zerstört werden« (›Unzeitgemässe Betrachtungen‹ II: ›Vom Nutzen und Nachtheil der Historie für das Leben‹ 5 [KGW III,1, 275]), ja »[w]ahrhaftig, lähmend und verstimmend ist der Glaube, ein Spätling der Zeiten zu sein: furchtbar und zerstörend muss es aber erscheinen, wenn ein solcher Glaube eines Tages mit kecker Umstülpung diesen Spätling als den wahren Sinn und Zweck alles früher Geschehenen vergöttert, wenn sein wissendes Elend einer Vollendung der Weltgeschichte gleichgesetzt wird. Eine solche Betrachtungsart hat die Deutschen daran gewöhnt, vom ›Weltprozeß‹ zu reden und die eigne Zeit als das nothwendige Resultat dieses Weltprozesses zu rechtfertigen; eine solche Betrachtungsart hat die Geschichte an Stelle der anderen geistigen Mächte, Kunst und Religion, als einzig souverän gesetzt, insofern sie ›der sich selbst realisirende Begriff‹, in sofern sie ›die Dialektik der Völkergeister‹ und das ‚Weltgericht‹ ist.« (Ebd., ›Vom Nutzen und Nachtheil der Historie für das Leben‹ 8 [KGW III,1, 304].)*

428 »höheren Menschen«] *Nietzsches Formel von den* »höheren Menschen« *ist durchaus auch negativ konnotiert, denn obwohl »das Verlangen nach Gewissheit [...] als die innerste Begierde und tiefste Noth [...] die höheren Menschen von den niederen« scheidet (›Die fröhliche Wissenschaft‹ I,2 [KGW V,2, 47]), sehen »[w]ir [...] heute Nichts, das grösser werden will, wir ahnen, dass es immer noch abwärts, abwärts geht, in's Dünnere, Gutmüthigere, Klügere, Behaglichere, Mittelmässigere, Gleichgültigere, Chinesischere, Christlichere — der Mensch, es ist kein Zweifel, wird immer ›besser‹«, und eben dieser »›zahme Mensch‹, der Heillos-Mittelmässige und Unerquickliche [habe] bereits sich als Ziel und Spitze, als Sinn der Geschichte, als ›höheren Menschen‹ zu fühlen gelernt« und »ein gewisses Recht darauf [...], sich so zu fühlen, insofern er sich im Abstande von der Überfülle des Missrathenen, Kränklichen, Müden, Verlebten fühlt, nach dem heute Europa zu stinken beginnt, somit als etwas wenigstens relativ Gerathenes, wenigstens noch Lebensfähiges, wenigstens zum Leben Ja-sagendes ...« (›Zur Genealogie der Moral‹, Erste Abhandlung: ›Gut und Böse‹, ›Gut und Schlecht‹ 11f. [KGW VI,2, 291f.]). Einer intensiven Auseinandersetzung mit diesem Typus des ›höheren Menschen‹ widmet* NIETZSCHE *den ›Zarathustra‹, insbesondere den vierten Teil, in welchem die vermeintlich ›höheren Menschen‹, verunsichert durch das »grösste neuere Ereigniss, — dass ›Gott todt ist‹, dass der Glaube an den christlichen Gott unglaubwürdig geworden ist [...] und [...] Alles, nachdem dieser Glaube untergraben ist, nunmehr einfallen muss, weil es auf ihm gebaut, an ihn gelehnt, in ihn hineingewachsen war: zum Beispiel unsre ganze europäische Moral« (›Die fröhliche Wissenschaft‹ V,343 [KGW V,2, 471]), nun einen »grossen Menschen« suchen, »einen Ächten, Rechten, Einfachen, Eindeutigen, einen Menschen aller Redlichkeit, ein Gefäss der Weisheit, einen Heiligen der Erkenntniss« (›Also sprach Zarathustra‹ IV, ›Der Zauberer‹ 2 [KGW VI,1, 315]).*

433f., 446f. ungleichnamige Größen zu addiren] *Ungleichnamige Brüche, d.h. Brüche mit verschiedenen Nennern, kann man erst addieren, wenn man sie gleichnamig gemacht hat.* HAUSDORFF *spielt Z. 446f. vermutlich darauf an, daß man etwa physikalische Größen verschiedener Art, wie Längen und Massen oder Energien und Frequenzen nicht addieren kann.*

440 Gran] *lat. granum ›Korn‹; Medizinal- und Apothekergewicht, zwischen 0,06 g und 0,07 g schwer.*

450 von Glück geredet wie ein Engländer] *vgl. dazu* NIETZSCHE *in ›Götzen-Dämmerung‹, ›Sprüche und Pfeile‹ 12: »Hat man sein w a r u m? des Lebens, so verträgt man sich fast mit jedem w i e? — Der Mensch strebt n i c h t nach Glück; nur der Engländer thut das.« (KGW VI,3, 54f.)*

451 einer eudämonistischen Moral] *griech. εὐδαιμονία (eudaimonía) ›seelisches Wohlbefinden‹; die Eudämonie, d.h. das Erreichen bzw. Fördern des eigenen oder fremden Glückes unter dem Aspekt der Tugendhaftigkeit, ist nach der ›Nikomachischen Ethik‹ des* ARISTOTELES *das oberste Ziel menschlichen sittlichen Handelns. –* NIETZSCHE *hebt hervor, daß »alle diese Denkweisen, welche nach L u s t und L e i d, das heisst nach Begleitzuständen und Nebensachen den Werth der Dinge messen«, also auch der »Eudämonismus«, »Vordergrunds-Denkweisen und Naivetäten [sind], auf welche ein jeder, der sich g e s t a l t e n d e r Kräfte und eines Künstler-Gewissens bewusst ist, nicht ohne Spott, auch nicht ohne Mitleid herabblicken wird.« (›Jenseits von Gut und Böse‹, ›Siebentes Hauptstück: unsere Tugenden‹ 225 [KGW VI,2, 166].)*

454f. Verschwindungspunkt transcendenter Perspectiven] *Anspielung auf die Praxis des perspektivischen Zeichnens. Der perspektivische Verschwindungspunkt eines Systems von parallelen Geraden liegt auf der*

Bildfläche dort, wo diese Fläche von demjenigen Sehstrahl getroffen wird, welcher parallel mit jenen Geraden ist.

458 atomistisch] *Auf den griechischen Philosophen* LEUKOPPOS VON MILET *(fl. 5. Jhd. v. Chr.) geht die Lehre zurück, daß die Materie aus unendlich vielen, der Form nach verschiedenen kleinsten festen Körpern, den Atomen (griech. ἄτομος [átomos] ›unteilbar‹) bestehe, die unteilbar und stets bewegt seien (vgl. DK 7A). Sein Schüler* DEMOKRIT VON ABDERA *(um 470 v. Chr. – zwischen 380 und 370 v. Chr.) lehrte laut* DIOGENES LAERTIOS, *daß die »Urgründe des Alls [...] die Atome und die Leere [seien], alles andere ist nur schwankende Meinung. Es gibt unendlich viele Welten, entstanden und vergänglich. Nichts wird aus dem Nicht-Seienden und nichts vergeht in das Nicht-Seiende. Auch die Atome sind unendlich an Größe und Menge; sie bewegen sich im All wirbelartig und erzeugen so alle Zusammensetzungen, Feuer, Wasser, Luft, Erde; denn auch diese sind Verbindungen bestimmter Atome; die Atome aber sind frei von Leiden (Beeinflussungen) und unveränderlich infolge ihrer Starrheit« (*DIOGENES LAERTIOS: *›Leben und Meinungen berühmter Philosophen‹ IX,7 . Übers. u. erl. v.* OTTO APELT. *2 Bde. Leipzig 1921, S. 155; vgl. auch DK 8A). Der griechische Philosoph* EPIKUR *(341 v. Chr. – 270 v. Chr.) schließlich baute die Lehre des* DEMOKRIT *dahingehend aus, daß alle Dinge, auch die Seele, aus Atomen bestehen und nach ihrem ›Tod‹ vergehen, wohingegen Götter unvergängliche Atomgebilde sind, die sich nicht um die Welt und den Menschen kümmern – man müsse sie weder fürchten noch verehren, ein Leben der Freude und der Lust ohne Schmerz und Unruhe (griech. εὐδαιμονία [eudaimonía] ›Glückseligkeit‹) sei mithin gegeben (zu* EPIKUR *vgl. neben* DIOGENES LAERTIOS *die ›Epicurea.‹ Hrsg. v.* HEINRICH USENER. *Leipzig 1887 [Reprint Stuttgart 1966]). – Vgl. auch Erl. zu 309f.*

460 Weltangelpunkt] *Nach* PAPPOS VON ALEXANDRIA *(fl. um 300) wird dem griechischen Mathematiker* ARCHIMEDES VON SYRAKUS *(um 287 v. Chr. – 212 v. Chr.) der Satz zugeschrieben: »Δός μοι ποῦ στῶ και κινῶ τὴν γῆν« (»Gib mir einen Punkt, auf dem ich fest stehen kann, und ich bewege die Erde«; vgl.* PAPPUS: *›Collectionis quae supersunt et libris manu scripti.‹ Hrsg. v.* FRIEDRICH HULTSCH. *3 Bde. Berlin 1876–1878, Bd. 3,1, VIII, S. 1060; ebenso* PLUTARCH: *›Marcellus‹ 14).* ARCHIMEDES *habe so das von ihm entdeckte Hebelgesetz demonstrieren wollen.*

487 Monophonie] *griech. μόνος (mónos) ›einfach‹, ›einzeln‹, griech. φωνή (phoné) ›Laut‹, ›Stimme‹; hier svw. Eintönigkeit.*

489 Autosuggestion] *aus griech. αὐτό (autó) ›selbst‹ und lat. suggestio ›Eingebung‹, ›Einflüsterung‹. Als* Autosuggestion *bezeichnet man die bewußte oder unbewußte Beeinflussung des Denkens, Fühlens, Wollens und Handelns eines Menschen durch die eigene Person unter Umgehung seiner kritisch wertenden und kontrollierenden Fähigkeiten (Gegensatz: Heterosuggestion). Die Wirkung der* Autosuggestion *reicht von psychischen (z.B. Überzeugungen) bis hin zu physischen und physiologischen Prozessen. – Der deutsche Mediziner* Franz Anton Mesmer *(1734–1815) entwickelte Mitte der 1770er Jahre die auf frühneuzeitlichen Magnettherapien basierende Lehre des animalischen Magnetismus oder Mesmerismus (vgl. ›Mémoire sur la découverte du magnétisme animal.‹ Paris 1779). Mitte der 1780er Jahre stellte* Mesmers *Schüler* Armand-Marie-Jacques de Chastenet, Marquis de Puységur *(1751–1825) eine modifizierte Variante des Mesmerismus, den Somnambulismus vor (vgl. ›Mémoire pour servir à l'histoire et à établissement du magnétisme animal.‹ London [sc. Paris] 1786). Auf der Grundlage der Lehren von* Mesmer *und* de Chastenet *schuf der schottische Mediziner* James Braid *(1795–1860) Mitte der 1840er Jahre eine die physiologischen und psychologischen Voraussetzungen erörternde Lehre des ›somnambulen Schlafes‹, den er therapeutisch bei psychischen Erkrankungen einsetzte und als ›Hypnose‹ bezeichnete (vgl. ›Neurypnologie or the rationale of nervous sleep considered in relation with animal magnetism.‹ London 1843). Gegen Ende des 19. Jahrhunderts erfährt der Hypnotismus u.a. durch seinen therapeutischen Einsatz in der Pariser ›Salpêtrière‹ durch* Jean-Martin Charcot *(1825–1893) neue Anerkennung und wird u.a. von* William Thierry Preyer *(1841–1897; vgl. ›Die Entdeckung des Hypnotismus. Nebst einer ungedruckten Original-Abhandlung von [James] Braid in deutscher Übersetzung.‹ Berlin 1881, ebenso ›Der Hypnotismus. Ausgewählte Schriften von James Braid.‹ Hrsg. v.* Wiliam Thierry Preyer. *Berlin 1882) und* Wilhelm Wundt *(›Hypnotismus und Suggestion.‹ Leipzig 1892) popularisiert; vgl. dazu auch* Sant' Ilario, *Aph. 17, S. 17 (HGW VII, 111),* Gottes Schatten, *Z. 12, Z. 101ff. (HGW VIII, 663, 665),* Der Schleier der Maja, *Z. 93ff. (HGW VIII, 455f.).*

499 incommensurabler Größen] *von lat. in ›nicht‹, cum ›mit‹ und mensurare ›messen‹; nicht vergleichbar, nicht meßbar. – In der Mathematik versteht man unter inkommensurablen Größen solche, deren Verhältnis eine irrationale, d.h. nicht durch einen Bruch mit ganzen Zahlen darstellbare Zahl ist. So sind etwa Seite und Diagonale eines Quadrates inkommensurabel, da ihr Verhältnis* $1{:}\sqrt{2}$ *ist.*

508 »Todt ist das Volk. — Wohlauf Ich!«] *Zitat aus* Max Stirners *(vgl. Erl. zu 41) philosophisch-gesellschaftstheoretischer Untersuchung ›Der Einzige und sein Eigenthum.‹ Leipzig 1845 (recte 1844), nach der 1893 von* Paul Lauterbach *(1860–1895) herausgegebenen und mit einem Vorwort versehenen Reclam-Ausgabe, S. 253. – Zu* Stirner *und ›Der Einzige und sein Eigenthum‹ vgl. im Detail* Hausdorffs *Essay* Stirner *(HGW VIII, 381–390).*

511 Sociologie] *vgl. Erl. zu 11.*

513f. contrat social] *Anspielung auf die staatspolitische Abhandlung ›Du contrat social ou principes du droit politique‹ (Amsterdam [sc. Paris] 1762; ›Über den Gesellschaftsvertrag oder die Grundregeln des allge-*

meinen Staatsrechts‹) des französischen Schriftstellers und Philosophen JEAN-JACQUES ROUSSEAU *(1712–1778), in der dieser die Theorie vertritt, daß der Staat als politische Organisation auf einem freiwillig geschlossenen Vertrag beruhe, der den Bürgern statt des Naturzustandes einen Zustand staatlicher Existenz gewährleiste. Der Verzicht auf ihr Naturrecht sichere den Bürgern die Wahrung ihrer – natürlichen und unveräußerlichen – Freiheit und ihres Eigentums durch den Staat zu, wobei Verzicht und Freiheit so zusammenfallen müssen, daß der neu gebildete politische Körper ein ›Gemeinschafts-Ich‹ darstelle, welches auch einen Gesamtwillen des Ganzen zum Ausdruck bringe, d.h. jeder Mensch müsse als Staatsbürger seine Einzelinteressen und das Streben danach in den Hintergrund stellen – was notfalls durch Zwang erreicht werden müsse.*

516–518 die »schablonenhaften Constructionen« zurück, mit denen die Aufklärungszeit die gesellschaftlichen Probleme kurzerhand erledigte] *In ›Émile ou de l'education‹ (Den Haag [sc. Paris] 1762) kritisiert* JEAN-JACQUES ROUSSEAUS *eine Erziehung ohne Berücksichtigung des individuellen und »wirklichen Gang[s] der Natur«, welche nur ein nach der »herkömmlichen Schablone zugesetztes, dressiertes und äußerlich wohlabgerichtetes Kind« hervorbringe (›Emil oder Über die Erziehung.‹ Frei aus dem Französischen übersetzt von* HERMANN DENHARDT. *2 Bde. Leipzig o. J., Bd. 2, S. 23), womit er den Erziehungsgedanken speziell der deutschen Aufklärung im Blick hat, nach dem »Kinder zu ziehen [...] ein Werk eines Philosophen, und keines gemeinen Schulmeisters« sei, um den Menschen »zur Vernunft und Tugend« zu führen (*JOHANN GEORG SULZER: *›Versuch von der Erziehung und Unterweisung der Kinder.‹ Zürich 1745, ²1748 [ders.: ›Pädagogische Schriften.‹ Mit Einl. u. Anm. hrsg. v.* WILLIBALD KLINKE. *Langensalza 1922, S. 43]). Dies habe – so ein anderer einschlägiger Autor – einzig auf der Grundlage einer wohldurchdachten Theorie zu geschehen, da die Erfahrung so lange »eine betrügliche Lehrmeisterin« sei, »bis wir im Stande sind, sie gleich dem Chemiker zu einer Antwort zu zwingen« (*JOHANN GOTTLIEB HEINRICH HEUSINGER: *›Beytrag zur Berichtigung einiger Begriffe über Erziehung und Erziehungskunst.‹ Halle 1794, S. XIV). Einen solchermaßen »vorgeschriebenen Weg« apostrophiert u.a. die ›Erziehung des Menschengeschlechts‹ (Berlin 1780)* GOTTHOLD EPHRAIM LESSINGS *(1729–1781), die in der Quintessenz kulminiert, daß »Erziehung [...] dem Menschen nichts [gibt], was er nicht auch aus sich selbst haben könnte: sie gibt ihm das, was er aus sich selber haben könnte, nur geschwinder und leichter«, und, da die »Erziehung [...] Offenbarung, die dem einzeln Menschen geschieht: und Offenbarung [...] Erziehung, die dem Menschengeschlechte geschehen ist, und noch geschieht« ist, ist es »der Erziehung nicht gleichgültig [...], in welcher Ordnung sie die Kräfte des Menschen entwickelt; wie sie dem Menschen nicht alles auf einmal beibringen kann: eben so hat auch*

Gott bei seiner Offenbarung eine gewisse Ordnung, ein gewisses Maß halten müssen« (vgl. § 2–5 [›Werke.‹ Hrsg. v. Herbert G. Göpfert. 8 Bde. München 1970–1979, Bd. 8, S. 490]), und so hat die Erziehung »ihr Ziel; bei dem Geschlechte nicht weniger als bei dem Einzeln. Was erzogen wird, wird zu Etwas erzogen«, eine auf Humanität und Sittlichkeit gegündete »Zeit eines neuen ewigen Evangeliums« (vgl. § 85f. [ebd., S. 508]). Ähnliche Gedanken vertritt auch Johann Gottfried Herder (1744–1803), der von einem »offenbaren Zweck« spricht, nach dem »unsre Natur organisieret [ist]: zu ihm sind unsere feineren Sinne und Triebe, unsre Vernunft und Freiheit, unsere zarte und daurende Gesundheit, unsre Sprache, Kunst und Religion uns gegeben. In allen Zuständen und Gesellschaften hat der Mensch durchaus nichts anders im Sinn haben, nichts anders anbauen können, als Humanität, wie er sich dieselbe auch dachte. Ihr zu gut sind die Anordnungen unsrer Geschlechter und Lebensalter von der Natur gemacht, daß unsre Kindheit länger daure und nur mit Hülfe der Erziehung eine Art Humanität lerne. Ihr zu gut sind auf der weiten Erde alle Lebensarten der Menschen eingerichtet, alle Gattungen der Gesellschaft eingeführt worden« (›Ideen zur Philosophie der Geschichte der Menschheit.‹ Riga 1784–1791, III, 15, 1 [›Werke.‹ Hrsg. v. Wolfgang Pross. München 1984ff., Bd. III,1 (2002), S. 581]).

533f. ökonomischen Materialisten] *Im Gegensatz zu den antiken naturphilosophischen Materialisten wie Demokrit von Abdera oder den ›Vulgärmaterialisten‹ wie Carl Vogt und Ludwig Büchner, die eine Erklärung der Natur und speziell des Verhältnisses von Materie und Geist zu geben suchten, gelten als ökonomische Materialisten insbesondere Karl Marx (vgl. Erl. zu 5 u. 41) und Friedrich Engels (vgl. Erl. zu 41), die um eine Erklärung der Geschichte der Menschheit und der Erscheinungen und Prozesse der menschlichen Gesellschaft bemüht waren; vgl. hierzu u.a. Jakob Stern: ›Der ökonomische und der naturphilosophische Materialismus.‹ In: ›Die Neue Zeit‹, 15. Jg. (1896/97), Bd. 2, Nr. 36, S. 301–304.*

536 Hegelei] *von Schopenhauer geprägter abschätziger Ausdruck für die Philosophie Hegels und seiner Nachfolger; später insbesondere auch benutzt, um eine Kombination von ›hohlem Wortkram‹ mit wenig inhaltlicher Substanz sowie fehlender intellektueller Redlichkeit zu geißeln. – Als Widerpart der ›Berliner Hegelei‹, die sich nach dem Tod Hegels in Publikationen wie den ›Jahrbüchern für wissenschaftliche Kritik‹ etablierte, gründete Arnold Ruge (1813–1880) unter Mitarbeit von David Friedrich Strauss (1808–1874) und Friedrich Theodor Vischer (1807–1887) ein eigenes – linkshegelianisches – Periodikum, die ›Hallischen Jahrbücher für deutsche Wissenschaft und Kunst‹ (1838ff.); vgl. auch Friedrich Engels' Diktum in ›Ludwig Feuerbach und der Ausgang der klassischen deutschen Philosophie‹: »Man begreift, welch ungeheure Wirkung dies Hegelsche System in der philo-*

sophisch gefärbten Atmosphäre Deutschlands hervorbringen mußte. Es war ein Triumphzug, der Jahrzehnte dauerte und mit dem Tod Hegels keineswegs zur Ruhe kam. Im Gegenteil, grade von 1830 bis 1840 herrschte die ›Hegelei‹ am ausschließlichsten und hatte selbst ihre Gegner mehr oder weniger angesteckt; grade in dieser Zeit drangen Hegelsche Anschauungen am reichlichsten, bewußt oder unbewußt, in die verschiedensten Wissenschaften ein und durchsäuerten auch die populäre Literatur und die Tagespresse, aus denen das gewöhnliche ›gebildete Bewußtsein‹ seinen Gedankenstoff bezieht. Aber dieser Sieg auf der ganzen Linie war nur das Vorspiel eines innern Kampfs.« (MEW XXI, 265–273, hier 270.)

538 hypostasiren] *von griech. ὑπόστασις (hypóstasis) ›Unterlage‹; svw. vergegenständlichen.*

540f. eine Riesenschildkröte mit einer festen Insel verwechselt hat] *vmtl. Anspielung auf die von* John Locke *(vgl. Erl. zu 160) kolportierte Anekdote vom indischen Weltweisen, der auf Nachfrage eines Engländers meinte, die Welt ruhe auf einem Elefanten, dieser auf einer Schildkröte und diese auf Etwas, von dem er aber nicht wisse, was es sei (vgl. ›Versuch über den menschlichen Verstand‹ II, 23, § 2); das Motiv ist insbesondere in der Auseinandersetzung mit* Kants *Transzendentalphilosophie verbreitet, vgl.* Dieter Henrich: *›Die wahrhafte Schildkröte. Zu einer Metapher in Hegels Schrift ›Glauben und Wissen‹.‹ In: ›Hegel-Studien‹ 2 (1963) S. 281–291.*

541 Egoismus] *Vom ›theoretischen‹ Egoismus (›Solipsismus‹, vgl. Erl. zu 544f.) unterscheidet* Kant *den ›praktischen‹ in dreifacher Hinsicht, als logischen, als ästhetischen und als moralischen: Der »l o g i s c h e E g o i s t hält es für unnöthig, sein Urtheil auch am Verstande Anderer zu prüfen; gleich als ob er dieses Probirsteins (criterium veritatis externum) gar nicht bedürfe«; der »ä s t h e t i s c h e Egoist ist derjenige, dem sein eigener G e s c h m a c k schon gnügt; es mögen nun andere seine Verse, Malereien, Musik u. d. g. noch so schlecht finden«; der »m o r a l i s c h e Egoist« schließlich ist »der, welcher alle Zwecke auf sich selbst einschränkt, der keinen Nutzen worin sieht, als in dem, was ihm nützt, auch wohl als Eudämonist blos im Nutzen und der eigenen Glückseligkeit, nicht in der Pflichtvorstellung den obersten Bestimmungsgrund seines Willens setzt« (›Anthropologie in pragnmatischer Hinsicht‹, § 2 [AA VII, 128–139]). Nach* Schopenhauer *ist »der E g o i s m u s, d.h. der Drang zum Dasein und Wohlsein«, die »Haupt- und Grundtriebfeder im Menschen wie im Tiere«, er ist »im Tiere wie im Menschen mit dem innersten Kern und Wesen desselben aufs genaueste verknüpft, ja eigentlich identisch« (›Über die Grundlagen der Moral‹, § 14 [ASW 3, 727]). –* Max Stirner *(vgl. Erl. zu 41) zufolge kümmert sich »Gott [...] nur ums Seine, beschäftigt sich nur mit sich, denkt nur an sich und hat sich im Auge [...]. Er dient keinem Höheren und befriedigt nur sich. Seine Sache ist eine — rein egoistische Sache«, und auch »die Menschheit sieht nur auf sich, die Menschheit will nur die Menschheit fördern, die Menschheit ist sich selbst ihre Sache. [...] Ist die Sache der Menschheit nicht eine — rein egoistische Sache?« – woraus* STIRNER *den Schluß zieht, »daß der Egoist am besten fährt«, und er seinesteils, »statt jenen großen Egoisten ferner uneigennützig zu dienen, lieber selbst der Egoist sein« wolle: »Mir geht nichts über Mich!« (›Der Einzige und sein Eigenthum‹ 1893, S. 13f.)*

542f. Aufgabe der Wissenschaft, in unlauteren Wettbewerb mit Kanzel und Polizei] *»beinahe Ekel« macht* NIETZSCHE *das, »[w]as zum Beispiel den pedantischen Engländer Herbert Spencer auf seine Weise schwärmen macht und einen Hoffnungs-Strich, eine Horizont-Linie der Wünschbarkeit ziehen heisst, jene endliche Versöhnung von ›Egoismus und Altruismus‹, von der er fabelt [...] — eine Menschheit mit solchen Spencer'schen Perspektiven als letzten Perspektiven schiene uns der Verachtung, der Vernichtung werth!« (›Die fröhliche Wissenschaft‹ 5, 373 [KGW V,2, 307].) – Der »so hartnäckig und überzeugt gepredigte Glaube von der Verwerflichkeit des Egoismus« hat nach* NIETZSCHE *»im Ganzen dem Egoismus Schaden gethan [...] namentlich dadurch, dass er ihm das gute Gewissen nahm und in ihm die eigentliche Quelle alles Unglücks suchen hiess. ›Deine Selbstsucht ist das Unheil deines Lebens‹ — so klang die Predigt Jahrtausende lang: es that, wie gesagt, der Selbstsucht Schaden und nahm ihr viel Geist, viel Heiterkeit, viel Erfindsamkeit, viel Schönheit; es verdummte und verhässlichte und vergiftete die Selbstsucht!« (›Die fröhliche Wissenschaft‹ 4, 328 [KGW V,2, 235].)*

544f. den strafrechtlichen Ausschreitungen des praktischen Solipsismus vorzubeugen] *Unter Solipsismus (aus lat. solus ›allein‹ und lat. ipse ›selbst‹) wird das philosophische Streben verstanden, das Bewußtsein von der Welt allein als Bewußtsein meiner selbst und damit das subjektive Ich samt seines Bewußtseinsinhaltes als das einzig Seiende zu erklären. –* SCHOPENHAUER *spricht in diesem Zusammenhang von einem »theoretischen Egoismus«, der »alle Erscheinungen außer seinem eigenen Individuum für Phantome hält«, und er wünsche den Solipsismus, obwohl er zugestehen muß, daß er »durch Beweise« nicht zu widerlegen sei, als »ernstliche Überzeugung« ins »Tollhause«, da er »nicht sowohl eines Beweises, als einer Kur« bedürfe (›Die Welt als Wille und Vorstellung‹ I, § 19 [ASW 1, 163]).*

551 Aetherschwingungen] *In den antiken griechischen Kosmogonien und Theogonien galt der Äther (von griech. αἰθήρ [aithér] ›die Luft über den Wolken‹) als feinster Urstoff bzw. als ›Quintessenz‹, als der fünfte Stoff, aus dem der göttliche Himmel bestehe (vgl. u.a.* ARISTOTELES: *›De coelo‹ I, 3). Im physikalischen Sinne als feinste, unwägbare, den gesamten Weltraum erfüllende und alle Körper durchdringende Materie ohne göttliche oder okkulte Qualitäten bestimmen den Äther u.a.* THOMAS HOBBES *(1588–1679; vgl. ›Problemata Physica.‹ London 1662)* *und* GOTTFRIED WILHELM LEIBNIZ; *vgl. ›Hypothesis physica nova.‹ London 1671). Auch in den verschiedenen Lichttheorien von* DESCARTES *bis* MAXWELL *(s. dazu Erl. zu 307f.) spielen gelegentlich Äthervorstellungen eine wichtige Rolle. – Der Äther blieb auch im 19. Jahrhundert in den physikalischen Theorien präsent, 1881 aber gelang dem amerikanischen Physiker* ALBERT ABRAHAM MICHELSON *(1852–1931) in einem Versuch, der eigentlich den Nachweis des durch die Bewegung der Erde um die Sonne auftretenden ›Ätherwindes‹ erbringen sollte, die Widerlegung der Ätherhypothese (vgl. ›The relative motion of the Earth and the luminiferous ether.‹ In: ›The American Journal of Science‹ 22 [1881], S. 120–129). Der irische Experimentalphysiker* FREDERICK THOMAS TROUTON *(1863–1922) bestätigte gemeinsam mit R. H.* NOBLE *1903* MICHELSONS *Ergebnisse mit einem anderen Versuchsaufbau (vgl. ›The mechanical forces acting on a charged electric condenser moving through space.‹ In: ›Philosophical Transactions of the Royal Society of London‹ A 202 [1903], S. 165–181). Der Michelson-Versuch war Ausgangspunkt für die von* ALBERT EINSTEIN *(1879–1955) 1905 publizierte ›Spezielle Relativitätstheorie‹, die die Äther-Hypothese »überflüssig« machte (vgl. ›Zur Elektrodynamik bewegter Körper.‹ In: ›Annalen der Physik‹ 17 [1905], S. 891–921; vgl. auch* EDMUND TAYLOR WHITTAKER: *›A History of the theories of aether and electricity.‹ 2 Bde. London 1953 (erweiterte Ausgabe von ›A History of the theories of aether and electricity: from the age of Descartes to the close of the nineteenth century.‹ Dublin 1910).*

552 die façon de parler nie zur façon de penser umdeuten] *frz. façon de parler ›Redensweise‹, frz. façon de penser ›Denkweise‹.*

557 vieux jeu] *frz. ›altes Spiel‹.*

570f. Villa Albani] *im Auftrag des päpstlichen Diplomaten und Kardinals* ALESSANDRO ALBANI *(1692–1779) zwischen 1743 und 1763 in Rom erbaute klassizistische Villa, die die von* ALBANI *zusammengetragene Sammlung antiker Kunstwerke beherbergt.*

575 faute de mieux] *frz. ›in Ermangelung eines Besseren‹.*

576 hero-worship] *engl. ›Heldenverehrung‹.*

583 Colporteur] *frz. ›Hausierer‹, im übertragenen Sinne jemand, der Gerüchte verbreitet.*

587f. den mittelalterlichen Theologen] *Nach* PLATONS *Ideenlehre ist die Idee nicht nur ein subjektiver Begriff, sondern die »wesenhafte[] Wirklichkeit selbst, die wir als das eigentliche Sein erklären« oder das »Wesen selbst« (›Phaidon‹ 78d 1ff. u. 103E 3; vgl. auch ›Symposion‹ 210e 4ff.). Darauf zurückgreifend vertrat der piemontesische Scholastiker und spätere Erzbischof von Canternury* ANSELM VON CANTERNURY *(1033–1109) die These, daß aus dem Begriffe Gottes auf dessen Existenz geschlossen werden müsse: Das Größte, was gedacht werden könne, sei Gott, der zunächst als Inhalt des Denkens wirklich sei, jedoch gehöre zur vollen Realität das Sein außerhalb des Denkens –*

wenn Gott aber nicht real außer uns existierte, wäre er nicht das Größte, weil ihm die Existenz außerhalb des Gedachtwerdens fehle. Also muß Gott, zu dessen Begriff (als Größtes) das Sein gehört, existieren (vgl. ›Proslogium‹ 2). Während Anselm auf der Grundlage seines ontologischen Gottesbeweises die Ansicht vertritt, die allgemeinen Begriffe des Denkens (Universalien) seien vor den Dingen vorhanden, nämlich als ewige Ideen in Gott und als angeborene Ideen in unserem Geist, vertreten gemäßigtere Realisten wie Thomas von Aquin (1225–1274) und Johannes Duns Scotus (1266–1308) die Meinung, daß den Universalien eine vom Bewußtsein unabhängige, externe Realität zukomme, und zwar ante res (vor den Dingen) als Form im göttlichen Geist, in rebus (in den Dingen) als deren ›Washeit‹ oder Wesen und post res (nach den Dingen) im Verstand als der von ihnen abstrahierte Begriff. – Den ontologischen Gottesbeweis widerlegt Kant in der ›Kritik der reinen Vernunft‹ ebenso wie den kosmologischen (die Existenz der Welt beweist deren Urheber) und den physikotheologischen (die Wohlgeordnetheit der Welt beweist einen weisen Baumeister); vgl. KrV B 611–658.

589–593 das entsprechend variirte Wort Diderots *bis* Cet inconnu est un — socialiste] *leichte, aber pointierte Variation der Nr. VIII aus der ›Addition aux Pensées philosophiques‹ (entstanden um 1749) des französischen Philosophen und Enzyklopädisten Denis Diderot (1713–1784): »Égaré dans une forêt immense pendant la nuit, je n'ai qu'une petite lumière pour me conduire. Survient un inconnu qui me dit: Mon ami, souffle ta bougie pour mieux trouver ton chemin. Cet inconnu est un théologien.« (›Œuvres complètes, revues sur les éditions originales.‹ Hrsg. v. Jules Assézat u. Maurice Tourneux. Bd. 1. Paris 1875 [Reprint Nendeln 1966], S. 159. – »Ich habe mich nachts in einem riesigen Wald verirrt und habe nur ein kleines Licht, um mich zurechtzufinden. Da kommt ein Unbekannter hinzu und sagt zu mir: Lieber Freund, blase deine Kerze aus, um deinen Weg besser zu finden. Dieser Unbekannte ist ein Theologe.«)*

Das unreinliche Jahrhundert.

›Neue Deutsche Rundschau (Freie Bühne)‹ IX (1898), H. 5 (Mai), S. 443–452.

[H 1898c]

Das unreinliche Jahrhundert.

Von **Paul Mongré.**

Wer einmal in der Schweiz oder in Italien an langen Mittagstafeln gesessen und hülflosen Auges die Gesichterreihe bis zum Verschwindungspunkt der Parallelen hinunter- und wieder heraufgeglitten ist, der entsinnt sich vielleicht, daß aus dem Chaos vielsprachigen Geschwätzes eine oder andere der folgenden Phrasen an sein Ohr schlug: »Ich finde die Franzosen so nett und liebenswürdig« ... »wissen Sie, diese unausstehlichen Engländer ...« »Die Schweiz ist entschieden viel schöner als Tirol« ... »Der Gardasee — kein Vergleich mit dem Lago maggiore« ... Und zwar sind es nicht nur die Lippen weiblicher Wesen, von denen diese nüancenlosen Pausch- und Bogen-Urteile fallen: auch der gerechtere Mann, selbst der exact denkende Universitätsprofessor, der in seinem Fach an Theilungen und Untertheilungen und messerscharfen Distinctionen unersättlich ist, läßt sich hier auf groben, stumpfen, trüben Allgemeinheiten ertappen und spricht von *dem* Engländer, *der* Schweiz, ungefähr wie der belgische Statistiker Quételet von *dem* Menschen sprach. Der Unterschied ist nur, daß der statistische Normalmensch, l'homme moyen, wenigstens auf zahlenmäßigem Wege aus den abweichenden Einzelmenschen gemittelt war, während jener Normalengländer, den man zwischen Fisch und Braten unausstehlich findet, nur als fingirter Träger für verstreute und zusammenhanglose Gelegenheitsbeobachtungen dient. Gesetzt, es gäbe wirklich das, was man *den* Engländer nennt, gesetzt, es ließen sich zwei, drei Merkmale finden, die in Antlitz, Gebärde, Benehmen auf den Angehörigen eines bestimmten Volkes zu deuten wären, oder gesetzt, einer Landschaft, einem ganzen Gebirge als Gesamtphänomen wäre etwas wie ein eigener Charakter zuzusprechen — nun, so ist der vom Reisedämon flüchtig vorbeigehetzte Fremdling sicher der Letzte, mit seinem Blick aufs Einzelne und Auffallende jenen verborgenen Wesenszügen auf die Spur zu kommen. Gregorovius fand, daß man nach zwanzig Jahren römischen Lebens ungefähr zu begreifen anfange, was Rom sei: nach diesem Maßstab sind die Urteile, die man auf der Reise über Land und Leute fällen hört und wohl auch einmal selber fällt, einigermaßen verfrüht. Man sollte so ehrlich, so gerecht, so wissenschaftlich sein, das im Einzelfall Erfahrene auch in Form eines Einzelsatzes auszusprechen; man sollte nie von der species aussagen, was man nur am Individuum, nie vom genus, was man nur an der species zu beobachten Gelegenheit hatte.

Aber wer thut alles, was er sollte, und noch dazu auf Reisen! Reisen, eine der wenigen Freuden, bei denen die Bedürfnißlosigkeit auch des philosophischen Menschen ein Ende hat und auf die zu verzichten Mühsal ist; Reisen, ein heroischer Entschluß, eine donquixotische Unterwerfung unter allerlei Plage des Leibes zu Gunsten des bilderdurstigen Gehirns; Reisen, ein Loskommen von Landschaften und Gesichtern, die zu Stereotypen erstarrt sind; *[444]* Reisen, ein Sprung um etliche Breiten- und Längengrade, ein Sprung nicht nur in Klima, Sprache, Ernährung, sondern auch in Nerven, Voraussetzungen, Sittlichkeit; Reisen, ein Trank aus dem Kelche, der wie ein Opal in unfaßbaren Farben glänzt, wo ein Tropfen schon berauscht und um so mehr, je bitterer er im Grunde schmeckt; Reisen, die entzückende Nothwendigkeit, alles noch einmal und im Kleinen zu lernen, was man sonst reflexmäßig übte: das Sichverständigen, das Richtigsehen, das Entfernungenschätzen, alle die Listen und Künste des primitiven Menschen, der mit Seinesgleichen und der Natur ohne Zwischenträger verkehren muß. Reisen ist die große Anspannung des Organismus zu concreten Leistungen, es stellt uns wie Kinder in eine neue Welt, die wir erst schauend und tastend uns aneignen; eben darum bedeutet es die gewaltige Entlastung des Denkens, die zeitweilige Ausschaltung der stofflosen, farblosen Begrifflichkeit, die wohlthätige Ruhepause für unseren Dämon Abstraction. Auf Reisen ist man oberflächlich, wenn man auch das ganze Jahr sonst der Gründlichen Gründlichster war; auf Reisen ist man lebhaft, sinnlich, geschwätzig im Aussprechen bunter Einfälle, die man daheim mit zwar und aber und einerseits und andrerseits verclausuliren würde; auf Reisen fliegt man aphoristisch, wo man zu Hause systematisch kriechen würde. Nietzsche schuf sein Letztes immer unterwegs, er ist der Philosoph der Reise, womit man seines Denkens Stärken und Schwächen in einem Wort beisammen hat. — Nun also, warum sollte ein Reisender nicht auch eine Dummheit aussprechen dürfen? irgend ein voreiliges, unbilliges, unbedingtes Allgemeinurtheil über Völker, Landschaften, Zeitalter — ja auch Zeitalter! Wo man zu Hause ist, in seinem Fach und Specialistenwinkel, da hütet man sich vor allzu collectiven Behauptungen, und den Wald vor lauter Bäumen nicht zu sehen ist dort beinahe Ehrenpflicht; aber wo anders, wo wieder andere Leute zu Hause sind und sich mit der richtigen Verallgemeinerung des Einzelfactums plagen, da als dilettirender Spaziergänger falsch verallgemeinern, kühnlich von Weltanschauung des Alterthums, Moral der Renaissance, Unsauberkeit des neunzehnten Jahrhunderts reden, ist das nicht eben als diletto verzeihlich, so unverzeihlich es als Verdict fachmännischer Autorität wäre? Wagen wir also unser wissenschaftliches Gewissen daran, sprechen wir von einer Eigenthümlichkeit des nächstens ablaufenden Jahrhunderts, wie man an der Gasthaustafel von den geistreichen Franzosen und den leidenschaftlichen Italienern, vom großartigen Michelangelo und vom lieblichen Raffael spricht — und halten wir immer fest, daß wir als Reisende vom Vorrecht der Oberflächlichkeit Gebrauch machen und uns sehr viel vorsichtiger ausdrücken müßten, wenn wir in der besprochenen Gegend oder Zeit, eben im neunzehnten Jahrhundert, mehr »zu Hause« wären.

Nietzsche findet, im »Fall Wagner«, als eigentliches Symptom der modernen Gegenwart die Falschheit, Instinctwidersprüchlichkeit, das Ja- und Neinsagen in einem Athem; wir haben, meint er, Werthe und Schätzungen verschiedener Abkunft im Leibe, wir sind nicht mehr homogen gebaut, wie es antike Menschen waren (und Napoleon als letzter Mensch vom antiken Typus). Zur Zeit, da Nietzsche noch in der Philologie »zu Hause« war und an der Psyche der Griechen und Römer herumrieth, hätte er vielleicht von der Einfachheit des antiken Menschen weniger summarisch gesprochen; auch dies ist wohl eine jener kühnen Abstractionen, mit denen ein Reisender gewohnt ist, aus Gütigkeit fürlieb zu nehmen. Lassen wir die homogene Bauart eines Perikles, eines Napoleon dahingestellt: aber daß wir Modernen heterogen zusammengesetzt, zwiefach und widersprüchlich geartet sind, das leuchtet uns ein, damit fühlen wir uns getroffen! Am Anfang unseres Jahrhunderts steht bereits der erstaunlichste *Dualismus*, der je Wort und Sprache fand: die *Kantische* *[445]* *Philosophie*, der bewußt geduldete, ja geforderte Widerspruch zwischen Theorie und Praxis, die heiliggesprochene »Lebenslüge«, um mich modern auszudrücken. Man hat den fuchsschlauen Moraltheologen aus Königsberg in aller Unschuld für einen gewaltigen Erkenntnißkritiker genommen: was er vielleicht war, gewiß aber erst in letzter Linie hat sein wollen. Verschweigen wir uns doch nicht, daß in Kant die ecclesia militans, wie später in Stirner die politische Reaction, sich auf ihren letzten uneinnehmbaren Punkt zurückgezogen hat, wozu es allerdings nöthig war, die schwächeren Außenwerke dem Feinde preiszugeben und sogar mit eigener Hand abzubrechen; so hat Kant die rationale Theologie, Stirner die Heiligkeit der Staatsidee zerstören helfen, d. h. beide vollenden die dialectische Zersetzung eines Ideales, um dasselbe Ideal jenseits aller Dialectik auf dem unbetretbaren Gebiet absoluten Beliebens wieder aufzurichten. Man sei doch nicht so harmlos, zu glauben, Kant habe die speculativen Gottesbeweise vernichten wollen: er wollte Gott vollkommen aus der Sphäre der Beweisbarkeit und Widerlegbarkeit heraus haben, es kam ihn hart an, diese seine fixe Idee den wechselnden Schicksalen philosophischer Discussion ausgesetzt zu wissen. Und was den »Einzigen und sein Eigenthum« anbetrifft, so kann ein Despot, der mehr als Augenblicksverstand hat, sich keine wirksamere Vorbereitung auf theoretischem Felde wünschen, als dieses temperamentvolle Buch, das die Maske der Revolution so verführerisch zu tragen weiß — jener Revolution, die immer mit einem Dictator endet. Als Stirner Recht und Staat negirte, mußte er mit der Möglichkeit vertraut sein, das Recht zu tödten, aber den Staat nur zu betäuben, sodaß der rechtlose Staat übrig blieb; ein Metternich hätte keinen weiseren Plan ersinnen können. Uebrigens war der galvanische Strom in diesem Falle zu schwach, und Staat wie Recht fühlten sich nur angenehm gekitzelt. Kant glückte es besser, er brachte wirklich seinen Gott in Sicherheit auf transcendentes Gebiet, wo er sagen konnte: beweist mich oder widerlegt mich, zuletzt existire ich doch! Die Formel dafür ist das christliche credo quia absurdum in moderner Wendung: die Vernunftideen müssen zum praktischen Behufe für wahr gehalten werden, auch wenn ihre Wahrheit theoretisch nicht beweisbar ist — kürzer: man kann nicht wissen, also muß man glauben. Welchen Erfolg dieses dialectische Kunststück bei den eigentlichen Philosophen fand, ist hier nicht zu erzählen; aber es fand auch außerhalb des Katheders Erfolg. Dualistisch zu empfinden und zwischen Wissen und Glauben eine Kluft zu sehen, hatte schon die Religion gelehrt; aber noch nie war die Kluft so grell beleuchtet, jeder Versuch der Ausfüllung so entschieden abgelehnt worden. Das ließ sich das neunzehnte Jahrhundert nicht zweimal sagen. Die Welt ist doppelt, wohlan! seien auch wir doppelt! Hinter den Erscheinungen stecken die »Dinge an sich«, und der Revers der Medaille sieht vielleicht ganz anders aus, als der Avers: vergessen wir dieses V i e l l e i c h t nicht, für den Fall, daß auch uns einmal nicht erspart wird, vorn anders auszusehen als hinten. Hüben habe die Wissenschaft Recht, und drüben der Katechismus; unter der Hausthür plaudern wir mit dem Doktor, während sich durchs Gartenpförtchen der Bruder Kapuziner in die Kinderstube schleicht.

Ein betrogener Ehemann sagte zu seiner Frau: Ob zwar der Beweis, daß du mir die eheliche Treue nicht gehalten hast, in Zeit und Raum als den transcendentalen Formen der reinen Sinnlichkeit und den zwölf Kategorien als transcendentalen, d. h. auf Objecte möglicher Erfahrung abzielenden Formen des reinen Verstandes mir unwiderlegbar geliefert worden ist, will und muß ich dich doch zum Behufe praktischen Vernunftgebrauchs als tugendhafte Frau erachten, weil die Idee weiblicher Ehrbarkeit, ob ihr gleich in der Welt der Erscheinungen nichts entsprechen mag, als eine den Maximen moralischen Handelns *[446]* zum Grunde liegende Selbstbestimmung der Vernunft als eines ihm selbst Gesetze gebenden praktischen Vermögens vor aller Erfahrung angetroffen und sonach zwar nicht in constitutiver, doch in regulativer Ansehung für wahr muß gehalten werden. — Dieser Ehemann ist Kantianer. Kant emancipirt alles, was theoretisch auf schwachen Füßen steht; seine »intelligible« Welt ist die große Zuflucht widerlegter Hypothesen, der riesenhaft übersinnliche Salon der Zurückgewiesenen. Eine Folgerung, zu der Beobachtung, Verstand, Urtheilskraft drängen, n i c h t zu ziehen, sondern die entgegengesetzte — damit ist man Kantianer; Kant ermächtigt den Neger, sich »regulativ« für einen Weißen zu halten. In der That, das neunzehnte Jahrhundert ließ sich das nicht zweimal sagen. Der Dualismus und Pluralismus verlernte die Scham vor sich; man war längst zweideutig, aber nun hatte man auch nicht mehr nöthig, eindeutig zu scheinen.

Wenn der Regierungsreferendar sein Gesangbuch in den Sonntagsrock steckt und zur Kirche geht: so ist er nicht Streber, denn dann würde er das Gesangbuch in der Hand tragen, sondern Kantianer. Man muß den modernen Menschen, der sich mittelalterlich gebärdet, nicht etwa als schnöden Heuchler ansehen; o nein! damit erweist man ihm zu viel Ehre, damit unterschätzt man das Nebeneinander von Kraut und Rüben, das in einem modernen Kopfe möglich ist. Der hypokritische Frömmling ist vielleicht als Charakter nicht wohlriechend, aber sein Gehirn kann möglicherweise monistisch arbeiten, es ist nicht von der Gedankenverfilzung betroffen, bei der widersprechende Elemente friedlich zusammenkleben. Unser Kirchengänger hingegen denkt sich gar nichts dabei, daß er in der rechten Rocktasche das erbauliche Büchlein mit Goldschnitt, in der linken die Sportzeitung bei sich führt; als »Erscheinung« hetzt er Pferde, Hasen und Socialdemokraten, als »Ding an sich« fühlt er für die Mühseligen und Beladenen. Schopenhauer schleudert einen seiner kräftigsten Flüche gegen die amerikanischen Sclavenhalter, die sich Wochentags an zuckenden Menschenleibern und Sabbats an der frommen Litanei erquicken: nun das ist eben Dualismus! derselbe Dualismus, auf den sich eine Philosophie gründet, die den Menschen empirisch als determinirt, an sich als willensfrei ansieht. Aber, allgemein gefragt, wie kann man überhaupt anders für Kirche und Religion empfinden als dualistisch? Der leise Vorbehalt, das verborgene Fragezeichen klingt nachgerade selbst bei denen durch, die von Berufs wegen das »Eins ist Noth« anzustimmen und diesen cantus firmus gegen das melodische Ranken- und Figurenwerk modernen Unglaubens durchzuführen haben. Man achte darauf: auch die Frömmsten der Frommen zeigen in der Art, ihren Gott zu preisen und anzupreisen, eine Nüance gönnerhafter Ueberlegenheit und leiser persönlicher Geringschätzung, als ob sie sagen wollten, daß Gott ohne sie ein unverlegter Autor und ein Unternehmen ohne Manager wäre. Man verficht eine Sache, bei der man engagirt ist, man inserirt sie, man druckt neue Auflagen — und man glaubt doch nicht recht daran. Oder man glaubt vielleicht doch — wer will das bei einem modernen Kopfe so genau feststellen? Als Laplace von Napoleon gefragt wurde, warum in seiner Exposition du système du monde der Name Gott nicht genannt sei, antwortete er: Sire, je n'avais pas besoin de cette hypothèse. Es ist mir im Augenblick nicht erinnerlich, ob Laplace nebenbei, »als Mensch«, an Gott geglaubt hat; sollte er's gethan haben, so hielt er sich privatim an eine Hypothese, die er wissenschaftlich nicht nöthig hatte — wogegen wir Menschen des folgenden Jahrhunderts die viel erheblichere Athletik fertig bringen, privatim eine Hypothese zuzulassen, die uns von der Wissenschaft sogar verboten wird! Wie machen wir das? nach kantischem Schema: theoretisch verboten, praktisch erlaubt. Und wie fühlen wir uns dabei? so ehr*[447]*lich, so einheitlich, so ganz aus Einem Gusse, daß wir kein Bedenken tragen, unsere Zweideutigkeit sogar rechtlich festzunageln. Wir strafen den Gotteslästerer; die »Erscheinung« wird eingesperrt, wenn sie sich über das »Ding an sich« nicht ganz parlamentarisch äußert. Umgekehrt, das über die Erscheinung zeternde Ding an sich bleibt straflos und wird eher noch zum Consistorialrath befördert; hier ist unser Dualismus nicht ganz neutral. Mit einiger Ueberlegung wird man sich sagen dürfen, daß, wenn man im Mittelalter einem Atheisten die Zunge ausschnitt, dies zwar weniger zartfühlend, aber hundertfach sinngemäßer und rechtschaffener war, als wenn man ihn heute ins Gefängniß steckt; die Voraussetzungen, unter denen man hier von einem Verbrechen reden darf, waren damals ebenso erfüllt, wie sie gegenwärtig fehlen — vor allem die wichtigste, die Voraussetzung, daß derjenige d a s e i, gegen den das Verbrechen sich richtete. Dazumal gab es einen Gott, auch einen Teufel, auch Zauberer und Hexen; das »wirkliche« Dasein dieser Wesen hätte gar keine anderen Folgen zeitigen können als ihr vermeintliches, ihr geglaubtes Dasein zeitigte — folglich existirten sie, wenn man den Begriff Existenz nicht allzu buchstäblich nimmt. Daß der heutige Glaube noch so mächtig sei, das Dasein des Geglaubten zu ersetzen, das bilden sich die Gläubigen wohl selbst nicht ein; die Existenz, die man modernen Glaubensgegenständen zuspricht, darf man nicht einmal bildlich nehmen. Der Glaube ist schwach geworden, die Gleichgültigkeit gegen die Religion (von den Religiösen unvergleichlich mehr gefürchtet als der schärfste Widerspruch) wächst in einem Grade, der selbst dem Religionsfeinde Nietzsche Besorgnisse erregte; mit modernen lauwarmen Mischmaschseelen, das sah er voraus, ist überhaupt kein Sturm und Ueberschwang des Willens mehr zu entfachen. Die »Euthanasie des Christenthums« könnte in der That zugleich ein Absterben des Bodens bedeuten, in dem Religionen überhaupt, auch etwa die neue vom Uebermenschen, Wurzel schlagen; wir würden sagen, ein Theil der Menschheits-Energie hätte sich definitiv und unumkehrbar aus der religiösen Form in eine andere, etwa die kunstschöpferische oder wissenschaftliche Form, umgesetzt. Unter allen Umständen ist es aber Komödie, wenn der abwelkenden Religiosität noch die äußeren Machtmittel der jugendlich starken als romantische Ueberbleibsel zur Verfügung stehen, und wenn ein bloß kirchengehendes Jahrhundert gegen Gotteslästerer den Rechtsstandpunkt glaubender Jahrhunderte einnimmt. Für die Litteratur mag es im Allgemeinen ein Gewinn sein, wenn die simple Unfläthigkeit der Gottlosen veranlaßt wird, sich zum attisch gesalzenen Cynismus zu verfeinern; immerhin unterschätze man nicht, was uns dadurch verloren geht, daß aristophanische Grobheiten heute ungesagt bleiben müssen.

Nicht sehr verschieden steht es mit einer anderen »Lästerung«, dem crimen laesae majestatis. Daß sie verfolgt und gestraft wird, ist wenigstens eine Sache, über die sich vernünftig discutieren läßt; hier *könnte* die Staatsraison, jedenfalls etwas Wirkliches und Greifbares, in Betracht kommen, während es bei der Gotteslästerung sich bloß um Schonung »frommer Gefühle« handelt. Dennoch ist auch hier der Dualismus nicht ganz undeutlich, und sogar die stumpfen Seelen merken ihn, wenn einmal die zur Kritik herausfordernden Einzelfälle sich ungewöhnlich gehäuft haben. Der Gottesgnadennimbus, die um den Monarchen gebreitete Sphäre von Mystik und Transcendenz hat früher einmal zu den Realitäten gehört; unter all den Uebersinnlichkeiten, mit denen man das Königthum umspann, erinnere ich nur an eine: die Wunderheilkraft einer Berührung von königlicher Hand, an die noch Luther glaubte. Deutsche Kurfürsten, englische und französische Könige des Mittelalters haben durch Handauflegen Mirakel vollbracht, wie vordem König Pyrrhus durch Fußaufsetzen, und es ist nicht zu zweifeln, daß auf das » Le roi te touche, Dieu te guérisse« *[448]* bei genügend vorbereiteten Neurasthenikern autosuggestive Erschütterungen folgten, die damals leicht mit Heilungen zu verwechseln waren. Nun, damals war auch Majestätsbeleidigung leicht mit todeswürdigem Verbrechen zu verwechseln. Aber jene Glorie des Gottgeweihten, jene metaphysisch blaue Lohengrinbeleuchtung mit schimmernden Geigenflageolets und dem Silberglanz hoher Tenortöne — ach, wie skeptischen Auges und Ohres lassen *wir* diese romantische Oper über uns ergehen, wie anders sieht *unserem* politischen Verstande das Königthum aus! Der Schützer von Brabant wie der Schutz unserer heiligsten Güter, speerschwingende Gralskönige, tugendbegeisterte Wartburghöfe und wallfahrende Kreuzritter: wie kalt läßt uns das alles innerhalb wie außerhalb des Theaters! Aber mit dem Wagnerischen Wotan vermögen wir noch mitzufühlen, dem Helden des Nibelungenringes, einem constitutionellen Gotte, der Verträge schließt und atavistische Anfälle von Ungebärdigkeit zeigt, wenn sein Wille nicht unbedingt respectirt wird. Im zweiten Aufzug der »Walküre« führt er ein erschütterndes Gespräch mit Brünnhilde, ein Gespräch, das im monumentalen Eddastil die moderne Geschichte des Königthums erzählt; man vergesse nicht, daß es eben zwischen Monarch und Verfassung, ich meine zwischen Wotan und Fricka, eine eheliche Scene gegeben hat, die billigerweise mit dem Siege Frickas endete. Aber wovon sprechen wir? Ich wollte sagen: die mythopoetische mise en scène des Königthums zieht nicht mehr, wir denken auch über diese Dinge heute amerikanisch, wir berechnen Leistung und Gegenleistung und finden, daß wir bei der monarchischen Regierungsform am besten, wenn auch vielleicht nicht am billigsten, daran sind. Aber die Zeit der souverainen Gebieter und Experimentatoren, der mystisch umleuchteten Gottesgnadenkönige, der geweihten und gesalbten Ausnahmewesen, die zugleich Heerführer, Priester, Richter, Aerzte waren — diese Zeit, in der noch alle vier Facultäten in einem Mann vereinigt sein konnten, ist unwiderruflich dahin. Das schließt nicht aus, daß man viel von ihr spricht; ein anderes ist Sectstimmung nach einem patriotischen Diner, ein andres die kühle constitutionelle Wirklichkeit unseres neunzehnten Jahrhunderts. Das Verblassen des monarchistischen Heiligenscheines ließe sich selbst dann nicht verbergen, wenn alle Monarchen Europas das Ihrige dazu thäten, transcendent und über dem Streit der Parteien zu bleiben, wozu gehören würde, daß sie sehr selten, und nur mit sehr vorbedachten Kundgebungen, und nie ungedeckt durch ministerielle Verantwortung, sich in den Vordergrund der Discussion stellten. Wenn vollends ein Monarch diese Vorsicht außer Acht läßt — und wer wollte das einem begabten temperamentvollen Fürsten verdenken — so ist eine b e s c h l e u n i g t e Abkühlung des monarchistischen Gefühls die nothwendige Folge. Das gläubige kritiklose Aufschauen zum Herrscher setzt zum wenigsten voraus, daß dieser Herrscher, bildlich gesprochen, fest und fern auf seinem Throne sitze, schwer sichtbar, selten vernehmbar, nie widerlegbar; daß er nicht aus der Weihrauchwolke niedersteige in die Staubwolke von allerlei Debatten und Meinungsverschiedenheiten. Aber ist der Staub einmal aufgewirbelt, so wird es nichts nützen, die Straße polizeilich zu sprengen; Staub erzählt von zerbröckelndem Gestein und schlechtem Baumaterial, Staub gehört in Uebergangszeiten zur unvermeidlichen Plage — g r a n i t n e Jahrhunderte, wie die Renaissance, gaben keinen Staub. Der moderne Monarch, wenn er nämlich ebenso modern wie Monarch ist, wird nicht umhin können, auch seinerseits Staub aufzuwirbeln, er wird Kritik üben und Kritik entfesseln, sprechen und Widerspruch herausfordern, Partei nehmen und auf Gegenpartei stoßen; Vorderseite und

Rückseite dieser Medaille tragen gleiches Gepräge. Aber erinnert man sich nicht? wozu war denn der Dualismus da, wenn nicht, um in den Revers etwas hineinzugeheimnissen, was dem Avers möglichst conträr widerspricht? Und *[449]* wenn die Vorderseite Constitution heißt, warum sollte die Kehrseite nicht Gottesgnadenthum heißen? Warum sollten wir den modernen Fürsten, der sich am öffentlichen Leben in seinem Standessinne betheiligt, nicht mit den veralteten Rechtsmitteln schützen, die in einer Zeit ohne Parlament und Presse zeitgemäß waren — gerade weil sie heute unzeitgemäß sind? Warum soll nicht irgend ein barbarisches Ueberlebsel byzantinischen Ursprungs in unseren Kasernenbau des modernen Staates hineinragen oder als gothischer Erker aus ihm herausragen — wozu haben wir unser »robustes Gewissen«, als um solche Anachronismen zu verdauen? Sind wir nicht gerade stillos genug, alle Stile zu mischen? leben wir nicht in dem berühmten Jahrhundert, von dem es heißt: in welchem Jahrhundert lebte man denn *nicht* im unsrigen?

Irrthümer, Mißverständnisse, Unredlichkeiten treten immer nesterweise auf; es wäre ein Wunder, wenn sich einer Zeit, die keinen Willen und kein Gewissen in Bezug auf Einheitlichkeit des Empfindens hat, nicht noch eine Handvoll Zweideutigkeiten nachweisen ließen. Wir entfernen uns nicht allzuweit von den bisher berührten religiösen und politischen Dingen, wenn wir einmal vom *Duell* reden und an das neunzehnte Jahrhundert die ergebenste Frage richten, was es eigentlich mit dieser Vorsintfluthlichkeit anzufangen gedenkt. Man fürchte hier keinen Ausbruch sittlicher Entrüstung; ich werde nicht das tausendmal Gesagte zum tausendundersten Male sagen, nicht in den Chorus verdienter und vernünftiger Männer einstimmen, die das Frivole, Sinnlose, allen Rechtsbegriffen Hohnsprechende dieser »Institution« zu verdammen Ursache fanden. Nein, ich will nur einen kleinen Nebenumstand aufklären, ein petit fait, in dem sich die ganze Unredlichkeit und Unreinlichkeit der Sache wie lichtscheues Ungeziefer verkrochen hat. Ich behaupte nämlich (und mißtraue jedem Gegenbeweis), daß wir Gegenwärtigen zu neurasthenisch, zu zart, zu sensibel — meinetwegen zu *feig* zum Duell sind, und daß, von wenigen Raufbolden abgesehen, der moderne Mensch nicht anders als mit eiskalten Händen und schlotternden Knieen sich dieser »gesellschaftlichen Pflicht« unterziehen wird. Daß wir aber das nicht eingestehen, sondern uns auf Mannesmuth und Ritterthum hinausspielen, daß wir, die zaghaften Leisetreter und Sockenschleicher, einander mit Sporenklirren und Säbelrasseln gruseln machen wollen — darin liegt der Humor, der Dualismus, der heilige Unsinn unseres Duellwesens. Man hat nicht die Courage, seinen Mangel an Courage zu bekennen; man will durchaus »tapfer« sein, in einer Zeit, die ganz andere Tugenden pflegt und großzieht als die von Schopenhauer gebührend gewürdigte Unteroffizierstugend der Tapferkeit. Zwingen wir uns heute, Seil zu tanzen oder Centnergewichte zu stemmen? Nein, aber wir zwingen uns, die groben Nerven von Raubjunkern oder Metzgergesellen zu haben und mit Säbel und Pistole einander gegenüberzutreten. Daß der Zweikampf im Heere nicht aussterben will, ist noch halb begreiflich, obwohl es auch dort gewiß Menschen von geistiger Art und verfeinerter Kultur giebt, die unter dem Zwang schwer leiden und dem kritischen Fall vorsichtig aus dem Wege gehen — diese »Schwachnervigen« bilden immerhin die Minderheit und noch dazu eine ohnmächtige. Aber daß Männer der Wissenschaft, der Kunst, der Schriftstellerei am Duell festhalten, ist ein Räthsel, das selbst durch das Schlüsselwort »Reserveoffizier« nicht völlig gelöst wird; hier stellen wir Gegenwärtigen uns ein schreckliches Zeugniß der Geistesarmuth aus — wir wissen nicht die Consequenzen des intellectuellen Lebens zu ziehen und die freche Zumuthung, uns wie Gassenjungen zu prügeln, gebührend zurückzuweisen. Eine deutsche Zeitschrift, die man an der einen Gesinnungsprobe bereits erkennen wird, stellte vor einiger Zeit die These auf, der deutsche Mann *müsse* gelegentlich, um sich an der Ehre nichts zu vergeben, Schimpf mit Schlag und Hohn mit Hieb er*[450]*widern! kurz und gestabt: der Mensch muß Rüpel, Raufbold, Rowdy sein! Wenn der »deutsche Mann« aber zufällig die Finger und Muskeln eines Chopin und die sokratische Gleichgültigkeit gegen Esel-Fußtritte hat? Hilft nichts, er muß prügeln und boxen und den Esel wiedertreten. Oder wenn er in einer wissenschaftlichen Untersuchung begriffen ist, die nicht nur ihn selbst, sondern auch seine ruhige, durch nichts abgelenkte Hingabe erfordert? Nebensache; erst kommt die »Ehre«, nämlich wie sie die Rowdies verstehen, und dann die Wissenschaft. Man sieht, hier sind die Grenzen des Dualismus, wo er nicht umhin kann, sich selbst zu verneinen. Geistiges Leben und Rowdythum vertragen sich nicht, darum fort mit — — ja, womit? Mensch des neunzehnten Jahrhunderts, du bist vor eine Alternative gestellt; du sollst einmal thun, was dir am schwersten fällt, nämlich Farbe bekennen. Willst du den Geist, die feinen Nerven, die höchste Schärfe im Erkennen, Beobachten, Schließen, Erfinden, — oder glaubst du ans Privilegium der strammsten Muskeln und der derbsten Faust? Bist du Kulturmensch oder Gardekürassier, hast du dein Schwert (mit silbernem Portepee) oder dein Gold in die Wagschale zu werfen? Willst du unter geschlossenen, reifen, selbstsicheren Persönlichkeiten leben, oder soll deine Gesellschaft aus Raufbolden und denen bestehen, die sich vor den Raufbolden ducken und beugen? Ist Mars deine Gottheit, oder Minerva? Beides zusammen nämlich ist nicht möglich; darin darfst du dich nicht täuschen — so sehr es deinen tiefsten Instinkten schmeichelte, das Eine zu haben und des Anderen nicht zu entbehren. In Einzelfällen wird sich immer das Unvereinbarste vereinen lassen; Künstler, die zugleich Raufbolde waren, hat es auch nach Benvenuto Cellini gegeben, und Rittmeister, die nebenbei Spectralanalyse treiben, kommen nicht nur im Strindbergschen Drama vor. Aber es ist nicht angebracht, auf solche Unwahrscheinlichkeiten seine Kultur im Allgemeinen einzurichten, und es gereicht einem Zeitalter nicht zum Ruhme, wenn es durch unmögliche Lebensbedingungen unmögliche Menschen zeitigt. Für den Fortgang intellectuellen und künstlerischen Daseins ist es beinahe eine Nothwendigkeit, die Reste mittelalterlichen Rowdythums auszuscheiden; wir erleben ja bereits den Fall, daß rein wissenschaftliche Meinungsverschiedenheiten zum Ehrenhandel führen oder daß ein Richter für seine pflichtgemäße Beurtheilung von Delict und Delinquenten mit der Waffe einzustehen hat — »persönlich« einzustehen, drückt man sich heute aus, indem man die Unteroffiziersauffassung durchschimmern läßt, daß die Persönlichkeit sich zu ihrer Kundgebung des Schlagens oder Schießens bediene. Daß man seine einfach menschliche Ehre, seinen Ruf bei Fachgenossen, seine Autorität bei hundert oder tausend Europäern, vielleicht gar seinen Namen und Ruhm bei der Nachwelt einsetzt, das ist zu wenig, man muß auch noch seine gesunden Gliedmaßen und Eingeweide riskiren — dann erst tritt man »persönlich« für seine Handlungen ein! Wir wollen aber nicht warten, bis diese Weltanschauung der Muskelmenschen uns Nervenmenschen und Kopfarbeitern das Concept völlig verrückt; seien wir reinlich und entschließen uns zur reinlichen Trennung der Pflichten und Rechte! Wir brauchen eine Kastenordnung nach indischem Vorbild; da Soldaten nothwendig sind, so muß es Soldaten geben, aber nothwendiger sind Lehrer und Lernende, und das Nothwendigste, daß Diese nicht mit den Sitten Jener ihre Zeit und ihren Ernst verlieren. Mag man weiterhin Offiziere aus der Armee entfernen, die sich nicht duelliren; aber eben so durchführbar und unerläßlich scheint es mir, Docenten, Beamte, Bürger, die Herausforderungen zum Zweikampf ergehen lassen oder annehmen, aus ihrem Lehrkörper, aus ihrem Amt, aus der guten Gesellschaft auszustoßen. Das ist ein milder Vorschlag — Schopenhauer will mit Duellanten noch ganz anders verfahren wissen —: er soll auch bloß, im gegebenen Einzelfall, zur Partei*[451]*nahme nöthigen und als Selectionsvorrichtung dienen, durch die Militär und Civil, Faustmenschen und Kopfmenschen, zweifellos geschieden und Zwitterbildungen beseitigt werden. Das Heer hat seinen Vortheil dabei, wenn ihm nur brutale Soldatennaturen zufließen, und die Gebiete geistiger Thätigkeit werden von den verrohenden Spuren der Lanzknechtemoral gesäubert. Ich weiß wohl, daß hierin eine Reaction liegt, und daß man das Volksheer, die innige Vermählung und Durchdringung der Kriegerkaste mit der Brahmanenkaste als moderne Errungenschaft hochschätzt. Es ist eben wieder der Dualismus, den wir hätscheln und liebkosen; der moderne Mensch soll durchaus nicht wissen, wohin er eigentlich gehört und wonach er sich zu richten hat.

Und ach! er weiß es wirklich nicht, dieser moderne Mensch! Es ist überflüssig, ihn irre zu machen; er ist schon verirrt und verwirrt genug. Hülflos schwankt er auf dem Seile zwischen zwei Weltanschauungen, und springt irgend ein Possenreißer über ihn hinweg, so verliert er sicher den Kopf und das Seil, wie es Zarathustra mit eigenen Augen gesehen hat. Wunderbares Changeant der Farben, in denen das Gewebe des modernen Geistes schillert! »wirr und kraus kreist die Welt«, wenn man, wie Wagners Erda, nur aus zeitlosem Schlummer und von außen in dies neunzehnte Jahrhundert hineinsieht. Wir haben eine gewaltige Forschung, ein tiefes und scharfes Erkennen des Naturzusammenhanges — und daneben den Spiritismus: den dumpfen Aberglauben unserer Ammen und Urgroßmütter zur frechen

Scheinwissenschaft drapirt. Wir haben neben dem übertriebenen Specialbetrieb der Wissenschaft die principiellste Unklarheit über Grenzen und Competenzen des Wissens, neben der lichtvollen Exactheit den nebelhaftesten Spuk von Occultisten, Obscuranten und Mystikern; man denke an den großen Magus Schopenhauer und seinen Erfolg, den er selbst einem durch die Kirche nicht befriedigten »metaphysischen Bedürfniß« der gegenwärtigen Menschheit zuschreibt. Dieses metaphysische Bedürfniß — seien wir doch ehrlich! — ist im Grunde dieselbe Neugier, die im Märchen den Hans forttreibt, das Gruseln zu lernen: es geht auf Thatsachen, Mirakel, Sensationen aus; es möchte Geister sehen, geheimnißvolle Anrufe hören, räthselhafte Durchbrechungen des Naturgesetzes erleben — lauter Dinge, die in das graue Einerlei der »gemeinen Wirklichkeit« feierlich bunt hineinleuchten. Ob man »transcendente Betrachtungen über den Willen als Ding an sich« anstellt oder irgend eine Ahnfrau spuken läßt: Absicht und Wirkung sind im Grunde beide Male gleich, nämlich — Gänsehaut, oder vornehmer ausgedrückt, frisson. Der gemeine Mann möchte das Jenseits in der Erscheinungswelt selbst am Zipfel fassen, der Metaphysiker es wenigstens dahinter »ahnden« oder durchschimmern sehen; beiden schmeckt die Wirklichkeit fade, wenn nicht ein Körnchen Phantastik und Unsinn beigemischt ist. Wie eng das theoretisirte, metaphysische Bedürfniß mit dem vulgären Hang zu Gespenstergeschichten und grobsinnlichen Wundern verwandt ist, hat Schopenhauer zum Ueberfluß selber gezeigt; er war in diesem Punkte so wenig kapitelfest wie das von ihm vorausgesetzte Publikum. Ein Philosoph, der an Geister glaubt und prophetische Träume von einem umgeworfenen Tintenfaß berichtet, daneben aber in Gehirn- und Sinnesphysiologie treffende Bemerkungen macht und die anglikanische Frömmigkeit verhöhnt, ist wirklich eine recht persönliche Illustration unseres zwiespältigen, schaukelnden, zwischen Wissen und Aberglauben schwankenden Jahrhunderts! Sein Erfolg aber bei diesem Jahrhundert ließ auch Andere nicht schlafen; Künstler, wie Wagner, Gabriel Max, Maeterlinck entdeckten in sich eine occultistische Ader, und heute wird nur noch »das Unbeschreibliche« gedruckt und gepinselt. Welch ein Abstand gegen das achtzehnte Jahrhundert, das man oberflächlich, altklug, phrasenhaft, aber wenigstens sauber und hell nennen muß! Damals der *[452]* tugendflammende Jüngling mit dem »Palmenzweige«, heute der katholisirende und buddhaisirende Snob, damals das Ringen um die »Idee«, heute das Schnüffeln nach unsagbaren Heimlichkeiten der Seele, damals beschränkte Ganzheit, heute die schillernde Coquetterie mit dem Heine'schen »Riß« oder der unerschöpflichen pluralité du moi! Und all diese moderne Halbheit und Doppelheit, diese Romantik bunter Domfenster und dämmernder Gralstempel — mitten hineingestellt in eine Zeit, die im Uebrigen Bismarck, Krupp und Rothschild anbetet, die fleißig arbeitet, gut rechnet und langweilig baut, in eine achtbare, wissenschaftliche, socialpolitische Zeit, die gar nicht mehr Mittelalter ist und nur aus Unreinlichkeit ein paar mittelalterliche Spinneweben in den Ecken ihrer weißgetünchten Zimmerwände hängen läßt!

Wer diese anachronistischen Ueberbleibsel wegfegen hilft oder wegfegt, verrichtet beileibe kein heroisches Werk, aber er erwirbt sich ein kleines ästhetisches Verdienst. Mag man noch soweit davon entfernt sein, mit der idealen Forderung der unbedingten »Wahrhaftigkeit« den Mund vollzunehmen, mag man selbst ein gewisses Schaukeln und Sichwidersprechen der Empfindung zu den Reizen des Lebens rechnen — aber daran ist wohl nicht zu zweifeln, daß der Dualismus des modernen Lebens nicht immer ein unschuldiges Vergnügen bleibt, daß er praktisch unbequem werden und lästige Beschränkungen der Freiheit nach sich ziehen kann. Ob der Pariser in den buddhistischen Club oder eine electrotechnische Conference geht, ob man Helmholtz oder Jacob Böhm zum fashionablen Tischgespräch aus dem Conversationslexicon hervorzieht, ist am Ende gleichgültig; weniger gleichgültig ist es, daß Bruchstücke von Recht und Moral des dreißigjährigen Krieges in unserer Gegenwart herumliegen. Man kann darüber stolpern — ich deutete ein paar Einzelfälle an, um sehr viele andere zu verschweigen. Räumt man damit auf, so erleichtert man einigen exponirten Menschen das Leben, schafft glatte Bahn und vollzieht einen Act der Reinlichkeit, mit dem jedes scheidende Jahrhundert sich seinem Nachfolger empfehlen sollte.

Das unreinliche Jahrhundert

Entstehung

Zur Entstehung dieses Essays sind keine Zeugnisse nachgewiesen.

Überlieferung

H *nicht nachgewiesen.*

D *›Neue Deutsche Rundschau (Freie Bühne)‹ IX (1898), H. 5 (Mai), S. 443–452.*

Erläuterungen

14f. wie der belgische Statistiker Quételet von d e m Menschen sprach] *Der belgische Statistiker und Sozialwissenschaftler* LAMBERT-ADOLPHE-JACQUES QUÉTELET *(1796–1874) wandte erstmals in breitem Maße Methoden der Statistik und der Wahrscheinlichkeitsrechnung auf die Sozialwissenschaften an. 1846 organisierte er die erste Volkszählung in Belgien. Zu seiner Idee des Normalmenschen vgl. Erl. zu 2 im Kommentarteil zu* Massenglück und Einzelglück *(HGW VIII, 289).*

27–29 Gregorovius *bis* was Rom sei] *Der deutsche Kunsthistoriker* FERDINAND ADOLF GREGOROVIUS *(1821–1891) ließ sich nach journalistischer und schriftstellerischer Tätigkeit 1852 in Italien nieder, wo er sich kulturhistorischen Studien, insbesondere über den Mittelmeerraum, widmete (u.a. ›Geschichte der Stadt Rom im Mittelalter.‹ 8 Bde. Stuttgart 1859–1872; ›Geschichte der Stadt Athen im Mittelalter.‹ 2 Bde. Stuttgart 1889). – Auf die Frage einer Dame, ob er Rom denn wirklich kenne, antwortete* GREGOROVIUS: *»Wie soll ich mir das anmaßen?! Ich lebe doch erst fünfzehn Jahre hier!«*

38f. eine donquixotische Unterwerfung unter allerlei Plage des Leibes] *In* MIGUEL DE CERVANTES SAAVEDRAS *(1547–1616) zwischen 1605 und 1615 erschienenem Roman ›El iggenioso hidalgo Don Quixote de la Mancha‹ läßt sich der Titelheld trotz schmerzhafter Zusammenstöße mit der Realität nicht davon abbringen, seine auf erste gefühlsmäßige Eindrücke gegründeten Phantasien für die Wirklichkeit zu halten. – Eine Übersetzungen legte u.a.* LUDWIG TIECK *(1773–1853) vor (›Leben und Thaten des scharfsinnigen Edlen Don Quijote von la Mancha‹ [4 Bde., Berlin 1799–1801]); sie war in zweiter Auflage (2 Bde., Berlin 1876) mit Illustrationen des französischen Malers und Graphikers* GUSTAVE DORÉ *(1832–1883) ausgestattet.*

59 aphoristisch] *Als Aphorismus bezeichnet man syntaktisch meist unverbundene Reihungen knapper geistreicher Formulierungen eines Gedankens, einer Lebensweisheit o.ä., was jedoch die Gefahr birgt, die Stringenz und Einheit einer Aussage aus den Augen zu verlieren; vgl. den Bezug zu Z. 59:* systematisch.

59f. Nietzsche schuf sein Letztes immer unterwegs] *Anspielung auf die ›Entstehungsgeschichte‹ des Wiederkunftgedankens in* FRIEDRICH NIETZSCHES *(1844–1900) ›Ecce homo‹, wonach ihm die »Grundconzeption des Werks, der Ewige-Wiederkunfts-Gedanke«, im August 1881 während eines Spaziergangs »am See von Silvaplana durch die Wälder[,] bei einem mächtigen pyramidal aufgethürmten Block unweit Surlei [...] kam« (vgl. KGW VI,3, 333); der »ganze erste Zarathustra [...], vor Allem Zarathustra selber, als Typus, überfiel« ihn im Winter 1881/82 »in jener anmuthig stillen Bucht von Rapallo unweit Genua, die sich zwischen Chiavari und dem Vorgebirge von Porto fino einschneidet«, während* NIETZSCHE *vormittags »in südlicher Richtung auf der herrlichen Strasse nach Zoagli hin in die Höhe [stieg], an Pinien vorbei und weitaus das Meer überschauend«, nachmittags »die ganze Bucht von Santa Margherita bis hinter nach Porto fino« umging (vgl. KGW VI,3, 334f.).*

69 dilettirender Spaziergänger] *ital. diletto ›Vergnügen‹ (vgl. Z. 72).*

76 vom großartigen Michelangelo] *Der italienische Bildhauer und Maler* MICHELANGELO *(eigentlich* MICHELAGNIOLO DI LUDOVICO DI LIONARDO DI BUONAROTI SIMONI; *1475–1564) wurde insbesondere durch seine zwischen 1501 und 1504 entstandene, überlebensgroße Marmorstatue des ›David‹ (heute in der Florentiner Galleria dell' Accademia) berühmt.*

77 vom lieblichen Raffael] *Der italienische Renaissancemaler* RAFFAELLO SANTI *(1483–1520) schuf, nachdem ihn Papst* JULIUS *II. (eigentlich* GIULIANO DELLA ROVERE; *1443–1513, Papst seit 1503) 1508 nach Rom berufen hatte, eine Reihe bedeutender Andachtsbilder, von denen sich insbesondere die Madonnendarstellungen durch eine ausgewogene und anmutige Komposition auszeichnen, hier v. a. die um 1513 entstandene, gleichsam unnahbar über den Wolken schwebende ›Sixtinische Madonna‹ (Öl auf Leinwand, 265 x 196 cm). Sie wurde ursprünglich für die Kirche San Sisto in Piacenza gemalt und konnte 1753 nach zähen Verhandlungen von dem sächsischen Kurfürsten* AUGUST *III. (1696–1763) erworben werden. Seit 1754 ist das Werk in Dresden (heute Gemäldegalerie Alte Meister) zu sehen.*

81–85 Nietzsche findet, im »Fall Wagner« *bis* wie es antike Menschen waren] *vgl. dazu den ›Epilog‹ in* NIETZSCHES *1888 erschienener Schrift ›Der Fall Wagner. Ein Musikanten-Problem‹ (KGW VI,3, 44–47), in welchem* NIETZSCHE *»[s]einen Begriff des Modernen« gibt (ebd., 44).*

85f. Napoleon als letzter Mensch vom antiken Typus] *vgl.* NIETZSCHES *Charakterisierung* NAPOLÉON BONAPARTES *(eigentlich* NAPOLEONE BUONAPARTE; *1769–1821, als* NAPOLÉON *I. Kaiser der Franzosen) in ›Morgenröthe‹ IV, 245: »Napoleon, als ein vollkommen zu Ende gedachter und ausgearbeiteter Typus Eines Triebes, gehört zu der antiken Menschheit: deren Merkmale — der einfache Aufbau und das erfinderische Ausbilden und Ausdichten Eines Motivs oder weniger Motive — leicht genug zu erkennen sind.« (KGW V,1, 205.)*

86f. Zur Zeit, da Nietzsche *bis* Römer herumrieth] NIETZSCHE *studierte 1864/65 zwei Semester Theologie und Philologie in Bonn, darauf zwischen 1865 und 1869 Philologie in Leipzig. In dieser Zeit entstanden Vorträge und Abhandlungen über die antike Tragödie, über* HESIOD, HOMER, DEMOKRIT, DIOGENES

LAERTIOS u.a. (vgl. dazu KGW II,1). Während seines Wirkens als Extraordinarius für klassische Philologie in Basel (1869–1879) bot er in den Sommersemestern 1872, 1873 sowie 1876 Vorlesungen über die vorplatonischen Philosophen an (vgl. KGW II,4, 207–362), die er bereits für das Wintersemester 1869/70 angekündigt hatte (vgl. KGW II,4, 209); vgl. auch die 1873 entstandene, nicht publizierte Abhandlung ›Die Philosophie im tragischen Zeitalter der Griechen‹ (KGW III,2, 292–366).

91 Perikles] *Der athenische Staatmann PERIKLES (um 490 v. Chr. – 429 v. Chr.) forcierte mit rigorosen Maßnahmen die innere Stärkung Athens und dessen Vormachtstellung in Attika.*

93–96 Am Anfang unseres Jahrhunderts *bis* zwischen Theorie und Praxis] *Gemäß der von IMMANUEL KANT (1724–1804) apostrophierten Zweiteilung »enthält« die theoretische Vernunft die »Prinzipien, etwas schlechthin a priori zu erkennen« (KrV B 24) und somit »das Vermögen der Erkenntniß aus Principien a priori« (›Kritik der Urtheilskraft‹, Vorrede [AA V, 167]), wohingegen die praktische Vernunft im »sic volo, sic jubeo« ihr »Grundgesetz« des kategorischen Imperativs ausspricht und sich dadurch als »unmittelbar«, »ursprünglich gesetzgebend [...] ankündigt« (›Kritik der praktischen Vernunft‹, § 7 [AA V, 30f.]).*

101 ecclesia militans] *lat. ›die streitende Kirche‹; die irdische Kirche der Lebenden; sie ist insofern eine streitende Kirche, da ihre Mitglieder ständig gegen die Sünde kämpfen in der Hoffnung, einst Teil der ›ecclesia triumphans‹, der Gemeinschaft der Heiligen zu werden..*

101 Stirner] *Der deutsche Philosoph MAX STIRNER (1806–1856), mit bürgerlichem Namen JOHANN CASPAR SCHMIDT (den Namen ›STIRNER‹ hatte er bereits während seiner Studentenzeit seiner hohen Stirn wegen von den Kommilitonen erhalten) war nach dem Lehramtsexamen (1834/35) von 1839–1844 Lehrer an einer privaten Lehranstalt für höhere Töchter, seit 1844 ›Privatgelehrter‹ und Journalist (u.a. für die von KARL MARX [1818–1883] herausgegebene ›Rheinische Zeitung‹); in Berlin knüpfte er seit den frühen 1840er Jahren zunächst Kontakte zu den Junghegelianern des Clubs ›Die Freien‹, von denen er sich jedoch Ende der 1840er Jahre wieder abwandte. Seine Publikationen bezeugen eine allgemeine Opposition gegen die Autorität von Staat und Kirche, verbunden mit einer scharfen Kritik an allen normsetzenden Instanzen. Sein Werk geriet jedoch bald nach seinem Tode weitgehend in Vergessenheit. – STIRNER verband in seinem 1844 erschienene Hauptwerk ›Der Einzige und sein Eigenthum‹ (vgl. Erl. zu 112f.) einen radikalen Individualismus mit einem militanten Atheismus und einer radikalen Kritik des Staates, gegründet darauf, daß alle vermeintlich allgemeinen Begriffe wie Gesellschaft, Moral oder Gott ›fixe Ideen‹ seien, die den Einzelnen, als ›Einzigen‹, an der Ausbildung eigener Begriffe und Normen, als ›sein Eigentum‹ und als Basis seiner Lebensführung, hindern und hindern sollen. Erst in den 1890er Jahren wurde STIRNER von den (Individual-)Anarchisten wiederentdeckt, wozu v.a. die von dem mit HAUSDORFF befreundeten Schriftsteller PAUL LAUTERBACH (1860–1895) 1893 bei Reclam in Leipzig besorgte und mit einem Vorwort versehene Neuausgabe von ›Der Einzige und sein Eigenthum‹ sowie die von dem schot-*

tischstämmigen Schriftsteller John Henry Mackay *(1864–1933) 1898 vorgelegte Biographie beitrugen; vgl. zu letzterer* Hausdorffs *Essay* Stirner *(HGW VIII, 381–390).*

101 die politische Reaction] *lat. reactio ›Gegenwirkung‹; in politischem und religiösem Zusammenhang das fortschrittsfeindliche Bestreben, zu veralteten gesellschaftlichen Zuständen zurückzukehren. – Auf die deutsche Geschichte angewandt wird insbesondere die Zeit zwischen der gescheiterten Revolution 1848/49 und der mit der Regentschaft* Wilhelms *I. (1797–1888) 1858 einsetzenden liberalen Reformära in Preußen als ›Reaktionszeit‹ bezeichnet.*

104f. die rationale Theologie] *Nach Maßgabe* Kants *vollzieht sich die »Erkenntnis des Urwesens« als Theologie entweder »aus bloßer Vernunft (theologia rationalis) oder aus Offenbarung (relevata)«, wobei die ›theologia rationalis‹ als »transzendentale Theologie« dieses ›Urwesen‹ durch reine Vernunft »vermittelst lauter transzendentaler Begriffe« wie »ens entium« (Gott als ›das Wesen der Wesen‹) oder als »natürliche Theologie« »durch einen Begriff, den sie aus der Natur (unserer Seele) entlehnt, als die höchste Intelligenz« denkt (KrV B 659).*

106f. die dialectische Zersetzung *bis* Dialectik] *griech. διαλεκτικὴ ἐπιστήμη (dialektiké epistéme) ›das Wissen der Unterredung‹, die allein auf die Vernunft, nicht auf die Erfahrung gestützte, logische Beweisführung. – Vgl. zu verschiedenen Auffassungen von Dialektik und zu* Kants *Kritik der Dialektik als »Logik des Scheins« die Erl. zu 88f. im Kommentarteil zu* Massenglück und Einzelglück *(HGW VIII, 302).*

108f. Kant habe die speculativen Gottesbeweise vernichten wollen] *Zu den Gottesbeweisen der scholastischen Theologen und zu* Kants *Widerlegung der Gottesbeweise in der ›Kritik der reinen Vernunft‹ vgl. Erl. zu 587f. im Kommentarteil zu* Massenglück und Einzelglück *(HGW VIII, 337f.).*

112f. was den »Einzigen und sein Eigenthum« anbetrifft] Max Stirner *(vgl. Erl. zu 101) übte in seiner philosophisch-gesellschaftstheoretischen Untersuchung ›Der Einzige und sein Eigenthum‹ (Leipzig 1845 [recte 1844]) eine grundsätzliche und umfassende Kritik an den philosophischen Systemen* Georg Wilhelm Friedrich Hegels *(1770–1831) und insbesondere seiner ›Schüler‹, der Junghegelianer (v.a.* Ludwig Andreas Feuerbachs *[1804–1872]), ferner am Sozialismus (v.a.* Karl Marx*) und am Liberalismus. Ausgehend davon lehnt* Stirner *nicht nur jede Autorität und Institution, sondern jedwede Idee von Mensch und Menschenrecht, von Vernunft, Freiheit und Humanität ab, da sie das Ich an externe Mächte binden und es mit sich selbst entzweien. Das in Preußen, Kurhessen und Mecklenburg-Schwerin verbotene Werk (vgl.* Heinrich Hubert Houben*: ›Verbotene Literatur von der klassischen Zeit bis zur Gegenwart.‹ Bd. 1. Berlin 1924, S. 577–581) provozierte bereits kurz nach dem Erscheinen vielfachen Widerspruch (u.a. wurde es von* Karl Marx *und* Friedrich Engels *[1820–1895] als kleinbürgerliche Ideologie kritisiert). Dessen ungeachtet lag es zeitgenössisch in zahlreichen Ausgaben und Übersetzungen vor; vgl. dazu auch* Hausdorffs *Essay* Stirner *(HGW VIII, 381f.).*

113 Despot] *Im antiken Griechenland bezeichnete dieser Terminus ursprünglich diejenige Person, die in einem Abhängigkeitsverhältnis (z.B. ›Herr – Skla-*

ve‹) die herrschende Rolle einnahm. Der Ausdruck wandelte sich, auf politische Verhältnisse übertragen, in der Neuzeit zur Bezeichnung eines einzelnen Machthabers, der eine schrankenlose Gewaltherrschaft ausübt.

117 Dictator] *in der römischen Republik ursprünglich Bezeichnung für einen in Notstandssituationen auf Zeit ernannten, mit außerordentlichen Vollmachten regierenden Staatsmann. Seit der Französischen Revolution wurde die Regierungsform der Diktatur von den jeweils absolut Herrschenden meist als notwendige und historisch legitimierte staatsrechtliche Antwort auf die aus Revolutionen, Umstürzen u.ä. folgende Anarchie betrachtet (z.B. von Napoleon nach seiner 1799 erfolgten Machtübernahme).*

117 als Stirner Recht und Staat negirte] *Nach Stirner (vgl. Erl. zu 101 und 112f.) sind der Staat und dessen Recht die ›Todfeinde‹ des ›Ich‹, von welchen es sich befreien muß.*

119 Metternich] *Der österreichische Staatsmann Klemenz Wenzel Fürst von (seit 1803) Metternich (1773–1859) leitete und bestimmte weitgehend die Verhandlungen des Wiener Kongresses 1814/15, der zu einer grundlegenden Neuordnung Europas nach dem Sturz Napoleons führte.*

120 der galvanische Strom] *hier ironisch gemeinter Hinweis auf den nach dem italienischen Naturforscher Luigi Galvani (1737–1798) benannten, elektrochemisch erzeugten Gleichstrom.*

123 auf transcendentes Gebiet] *lat. transcendere ›hinübersteigen‹. Nach Kant (vgl. Erl. zu 93–96) ist das Transzendente dasjenige, welches die Grenzen jedweder möglichen Erfahrung (auch der zukünftigen) und des menschlichen Bewußtseins übersteigt (vgl. KrV B 352f.).*

124f. das christliche credo quia absurdum] *lat. ›ich glaube, weil es widersinnig ist‹; im 17. Jahrhundert aufgekommene Wendung zur Charakterisierung einer antirationalen Glaubensauffassung in Anlehnung an ›De carne Christi‹ (5,4) des Kirchenvaters Tertullian (sc. Quintus Septimus Florens Tertullianus; um 160 – nach 220): »[E]t mortuus est Dei filius; prorsus credibile est, quia ineptum est« (»und gestorben ist Gottes Sohn; dies ist ganz und gar glaubhaft, weil es widersinnig ist«, wobei lat. ineptus ›töricht‹, ›sinnwidrig‹ dem lat. absurdus ›sinnlos‹ synomym ist, letzteres jedoch nur bedingt dem neuzeitlichen Begriff des Absurden entspricht).*

128–130 Welchen Erfolg dieses dialectische Kunststück *bis* auch außerhalb des Katheders Erfolg.] *Anspielung auf die von Arthur Schopenhauer (1788–1860) als »Spaßphilosophie« geziehene »Kathederphilosophie« (›Die Welt als Wille und Vorstellung‹ II, Kap. 17: ›Über das metaphysische Bedürfnis des Menschen‹; ASW 2, 206–243, hier 211) der von ihm vielgeschmähten ›Universitätsphilosophen‹ Johann Gottlieb Fichte (1762–1814), Friedrich Wilhelm Joseph Schelling (1775–1854) und Georg Wilhelm Friedrich Hegel (vgl. Schopenhauer: ›Parerga und Paralipomena‹ I, ›Über die Universitäts-Philosophie‹; ASW 4, 171–242), deren Werke zeitgenössisch in mehrbändigen Gesamtausgaben vorlagen (vgl. ›J. G. Fichte's Sämmtliche Werke.‹ Hrsg. v. Immanuel Hermann Fichte. 11 Bde. Berlin u. Bonn 1845/46 [Bd. 9–11 auch separat u. d. T. ›Nachgelassene Werke.‹ Bonn 1834–1836, ²1846]; ›Friedrich Wilhelm Joseph von Schellings sämmtliche Werke.‹ Hrsg. v. Karl*

Friedrich August Schelling. 14 Bde. in 2 Abt. Stuttgart 1856–1861 sowie ›G. W. F. Hegels Werke.‹ Vollständige Ausgabe durch einen Verein von Freunden des Verewigten. 18 Bde. Berlin 1832–1845; neu edierte Ausgabe in 20 Bänden Frankfurt a.M. 1970).

135 die »Dinge an sich«] *Zum ›Ding an sich‹ vgl. Erl. zu 286 im Kommentarteil von* Massenglück und Einzelglück *(HGW VIII, 319). Die Dualität von Erscheinung und Ding an sich ist Bestandteil des transzendentalen Idealismus Kants, der all jene Erkenntnis als »tranzendental« bezeichnet, die »sich nicht so wohl mit Gegenständen, sondern mit unserer Erkenntnisart von Gegenständen, so fern diese a priori möglich sein soll, überhaupt beschäftigt« (KrV B 25).*

136 Revers *bis* Avers] *lat. reversus, ›abgekehrt‹, lat. adversus, ›zugekehrt‹; die Rück- und die Vorderseite (Schauseite) einer Münze oder Medaille.*

139 Katechismus] *von griech. κατηχεῖν (katechein) ›mündlich unterrichten‹; im Frühchristentum und im Mittelalter zunächst mündliche, später in Lehrbuchform verfaßte Auslegung der Bibel auf der Grundlage festgefügter Fragen und Antworten.*

139–141 unter der Hausthür *bis* in die Kinderstube schleicht] *Anspielung auf den Ordo Fratrum Minorum Capuccinorum, den nach den langen spitzen Kapuzen der braunen Mönchstracht benannten, 1525 von dem Franziskanermönch Matteo di Bassi (auch Basci; vor 1525 – 1552) gegründeten Orden der Kapuziner, der sich in der Frühen Neuzeit aufgrund der praktizierten Volkspredigt zu einem der gewichtigsten Instrumente der katholischen Gegenreformation entwickelte. Nach einem um die Wende zum 19. Jahrhundert einsetzenden Niedergang erlebte er eine neue Blüte im Zuge des Ultramontanismus. Als Ultramontanismus bezeichnete man eine Entwicklung des Katholizismus in den deutschsprachigen Ländern, die dadurch gekennzeichnet war, daß die katholische Kirche immer mehr an Eigenständigkeit einbüßte und ihre Weisungen ausschließlich von der päpstliche Kurie, also aus dem ›ultra montes‹ (jenseits der Berge, der Alpen) gelegenen Vatikan erhielt. Der Vatikan verfocht in der zweiten Hälfte des 19. Jahrhunderts zunehmend das päpstliche Primat in der Kirche; dies gipfelte in dem auf dem 1. Vatikanischen Konzil 1869/70 verkündeten Dogma der Unfehlbarkeit des Papstes. – Als Schlagwort wurde der Begriff ›Ultramontanismus‹ v. a. im sogenannten ›Kulturkampf‹ benutzt; vgl. zum Kulturkampf Erl. zu 364 im Kommentarteil zu* Massenglück und Einzelglück, *HGW VIII, 326f.*

143f. Zeit und Raum als den transcendentalen Formen der reinen Sinnlichkeit] *Nach Kant gibt es »zwei reine Formen sinnlicher Anschauung, als Prinzipien der Erkenntnis a priori [...], nämlich Raum und Zeit« (vgl. KrV B 36f.).*

144f. den zwölf Kategorien als transcendentalen, d.h. auf Objecte möglicher Erfahrung abzielenden Formen des reinen Verstandes] *Nach Kant bestimmen die Kategorien Einheit, Vielheit, Allheit (Quantität), Realität, Negation, Limitation (Qualität), Substanz, Ursache, Gemeinschaft (Relation), Möglichkeit, Dasein und Notwendigkeit (Modalität) a priori die Art und Weise, wie Menschen überhaupt Gegenstände denken können und sind damit die apriorischen Bedingungen aller Erfahrung (vgl. KrV B 116ff.).*

152f. nicht in constitutiver, doch in regulativer Ansehung] *Konstitutiv (von lat. constituere ›bestimmen‹) nennt* KANT *dasjenige Prinzip der Vernunft, das auf der Grundlage der Kategorien (vgl. Erl. zu 144f.) das Wesen eines Dinges objektiv bestimmt, wohingegen regulativ (von lat. regula ›Richtung‹) dasjenige Prinzip der Vernunft ist, welches nur das Denken leitet und zur Erkenntnis führt, nicht aber als objektiv vorhanden angesehen werden darf (vgl. KrV B 537f.).*

155 seine »intelligible« Welt] *von lat. intellegibilis ›begreiflich‹; nach* KANT *ist die intelligible Welt der Inbegriff der reinen Gedankendinge und Ideen, »dem Verstande allein, und gar nicht den Sinnen gegeben« (vgl. KrV B 311ff.).*

161 Pluralismus] *von lat. plures ›mehrere‹; in der Philosophie derjenige Standpunkt, der von einer aus vielen einzelnen Wesenheiten bestehenden, keine durchgehende Einheit darstellenden Wirklichkeit ausgeht. –* KANT *bezeichnet die – auch auf politische und wissenschaftliche Theorien auszuweitende – »Denkungsart: sich nicht als die ganze Welt in seinem Selbst befassend, sondern als einen bloßen Weltbürger zu betrachten und zu verhalten« als »Pluralism« (›Anthropologie in pragmatischer Absicht‹ [1798] I, § 2 [AA VII, 130]).*

171f. monistisch] *griech. μόνος (mónos) ›einzig‹; als Monismus wird jedwede philosophische oder religiöse Auffassung bezeichnet, die aus einem einzigen Prinzip, einer einzigen Substanz oder einem einzigen Stoff die Entstehung, den Bestand und die Fortdauer der Welt erklärt.*

177–180 Schopenhauer *bis* an der frommen Litanei erquicken] *vgl.* SCHOPENHAUERS *›Zur Ethik‹ (›Parerga und Paralipomena‹ II, Kap. 8) mit Verweis auf ›Slavery and the internal Slavetrade in the United States of North-America: being replies to questions transmitted by the British Antislavery-society to the American Antislavery-society‹. London 1841: »Dieses Buch macht eine der schwersten Anklageakten gegen die Menschheit aus. Keiner wird es ohne Entsetzen, wenige ohne Tränen aus der Hand legen[,] [...] wenn [man] liest, wie jene Teufel in Menschengestalt, jene bigotten, kirchengehenden, streng den Sabbat beobachtenden Schurken, namentlich auch die anglikanischen Pfaffen unter ihnen ihre unschuldigen schwarzen Brüder behandeln« (ASW5, 251, § 114).*

180 Litanei] *von griech. λιτανεία (litaneía) ›Bitte‹, ›Flehen‹; im katholischen Gottesdienst ein alternierendes Bittgebet mit aneinandergereihten Anrufungen verschiedenen Inhalts des vorbetenden Klerikers und gleichlautenden Wiederholungen der Gemeinde. Im der evangelischen Kirche existiert hingegen nur die 1528 von* MARTIN LUTHER *(1483–1546) verfaßte ›Latina litania correcta‹ als Bestandteil des Gottesdienstes (vgl. EKG, Nr. 138).*

185f. das »Eins ist Noth«] *vgl. dazu Erl. zu 361f. im Kommentarteil zu* Massenglück und Einzelglück, *HGW VIII, 326.*

186 cantus firmus] *lat. ›fester Gesang‹; vorgegebene Melodie, die einem mehrstimmigen Satz zugrunde liegt; im Choral die feststehende Melodie, die von weiteren Stimmen umspielt wird.*

195–197 Laplace *bis* Sire, je n'avais pas besoin de cette hypothèse] *Hier irrt* HAUSDORFF *in bezug auf das erwähnte Buch von* LAPLACE*: Nach einer von* VICTOR HUGO *(1802–1855) 1847 überlieferten »anecdote favorite« des französischen Physikers* DOMINIQUE-FRANÇOIS-JEAN ARAGO *(1786–1853) soll der französische Astronom und Physiker* PIERRE-SIMON, MARQUIS DE LAPLACE *(1749–1827) bei der Übergabe des 1. Bandes des ›Traité de mécanique céleste‹ (5 Bde. u. 3 Suppl.-Bde., Paris 1799–1825) auf die Frage* NAPOLEONS *I., warum Gott in seinem Werk nicht erwähnt werde, geantwortet haben:* Sire, je n'avais pas besoin de cette hypothèse *(»Mein Herr, dieser Hypothese bedurfte ich nicht«); vgl.* HUGO*: ›Choses vues. Journal de ce que j'apprends chaque jour. Faits contemporains. Le Temps present.‹ Établissement du texte, notices et notes de* JEAN-CLAUDE NABET, CAROLINE RAINERI, GUY ROSA, CARINE TRÉVISAN *[›Œuvres complètes.‹ Bd. 8. Paris 1987], S. 686: »Quand Laplace eut publié sa Mécanique céleste, disait-il [sc.* ARAGO*], l'empereur [sc.* NAPOLEON *I.] le fit venir. L'empereur était furieux. ›– Comment, s'écria-t-il en apercevant Laplace, vous faites tout le système du monde, vous donnez les lois de toute la création, et, dans tout votre livre, vous ne parlez pas une seule fois de l'existence de Dieu! – Sire, répondit Laplace, je n'avais pas besoin de cette hypothèse.‹« (»Als Laplace seine Mécanique céleste publiziert hatte, hieß, so berichtete Arago, der Herrscher diesen zu sich kommen. Der Herrscher war wütend. ›Wie?, schrie er beim Anblick von Laplace auf, Ihr entwickelt das gesamte Weltsystem, Ihr formuliert die Gesetzmäßigkeiten der gesamten Schöpfung, und in Eurem ganzen Buch sprecht Ihr nicht ein einziges Mal über die Existenz Gottes! – Mein Herr, erwiderte Laplace, dieser Hypothese bedurfte ich nicht.‹«)*

203f. nach kantischem Schema: theoretisch verboten, praktisch erlaubt] *vgl. Erl. zu 93–96.*

210 Consistorialrath] *Amtstitel der Mitglieder eines Konsistoriums, einer kirchlichen Verwaltungsbehörde.*

211f. im Mittelalter einem Atheisten die Zunge ausschnitt] *Seit alters her wurde die Leugnung der Existenz Gottes (griech. ἄθεος [átheos] ›gottlos‹) oder die Gotteslästerei mit dem Herausschneiden der Zunge (teilweise auch der Lippen) geahndet, so etwa im Mittelalter gemäß des spanischen ›Fuero Real‹ von 1255. – Nach der in Teilen bis ins 19. Jahrhundert gültigen ›Peinlichen Gerichtsordnung‹ Kaiser* KARLS *V. (1500–1558) aus dem Jahre 1532 wird das Herausschneiden der Zunge zwar nicht expressis verbis als Strafe gotteslästerlicher Delikte angedroht, doch sollen »Gottßschwerer oder gotteslesterung« an »leib, leben oder glidern, nach gelegenheyt vnd gestalt der person vnd lesterung gestrafft werden« (Art. 106).*

214 man ihn heute ins Gefängniß steckt] *Nach den Bestimmungen von § 166 des ›Reichsstrafgesetzbuches‹ (in der Fassung von 1876) konnte derjenige, der »öffentlich mit beschimpfenden Ausdrücken« Gott lästerte und damit »ein Aergernis« darstellte, mit Gefängnis bis zu drei Jahren bestraft werden.*

230f. »Euthanasie des Christenthums«] *Vgl.* NIETZSCHES *›Morgenröthe‹ I,92: »Am Sterbebette des Christenthums. — Die wirklich activen Menschen sind jetzt innerlich ohne Christenthum, und die mässigeren und be-*

trachtsameren Menschen des geistigen Mittelstandes besitzen nur noch ein zurechtgemachtes, nämlich ein wunderlich vereinfachtes Christenthum. Ein Gott, der in seiner Liebe Alles so fügt wie es uns schliesslich am besten sein wird, ein Gott, der uns unsere Tugend wie unser Glück giebt und nimmt, sodass es im Ganzen immer recht und gut zugeht und kein Grund bleibt, das Leben schwer zu nehmen oder gar zu verklagen, kurz, die Resignation und Bescheidenheit zur Gottheit erhoben, — das ist das Beste und Lebendigste, was vom Christenthum noch übrig geblieben ist. Aber man sollte doch merken, dass damit das Christenthum in einen sanften Moralismus übergetreten ist: nicht sowohl ›Gott, Freiheit und Unsterblichkeit‹ sind übrig geblieben, als Wohlwollen und anständige Gesinnung und der Glaube, dass auch im ganzen All Wohlwollen und anständige Gesinnung herrschen kann: es ist die Euthanasie des Christenthums.« (KGW V,1, 81f.)

242 attisch gesalzenen] *›attisches Salz‹ sprichwörtlich svw. geistreicher Witz.*

243 aristophanische Grobheiten] *Der griechische Komödiendichter* ARISTOPHANES *(um 445 v. Chr. – um 385 v. Chr.) vereinte in seinen Dichtungen hohe poetische Sprache mit Derb-Realistischem und Vulgarismen.*

245f. crimen laesae majestatis] *lat. ›Majestätsverbrechen‹; zeitgenössisch konnten nach §§ 94–104 des ›Reichsstrafgesetzbuches‹ publizistische, verbale und andere Beleidigungen oder tätliche Angriffe gegen herrschende Persönlichkeiten bzw. deren Abgesandte mit bis zu lebenslänglicher Zuchthaus- oder Festungshaft geahndet werden.*

252f. Gottesgnadennimbus] *Nimbus (lat. ›Wolke‹) ist hier nicht in der Bedeutung von ›Heiligenschein‹ zu verstehen, sondern im übertragenen Sinne als ›Geltung‹, ›Ansehen‹. Das seit dem 8. Jahrhundert in Herrschertitulaturen belegte und durch die Bibel legitimierte (vgl. Röm 13,1: »es ist keine Obrigkeit außer von Gott«) Gottesgnadentum, welches aufgrund der Vorstellung des jus divinum, des auf das menschliche Verhalten bezogenen göttlichen Willens, die Aufrechterhaltung der göttlichen Ordnung auf Erden garantieren sollte, wandelte sich im 18. und 19. Jahrhundert im Zuge der antiabsolutistischen Staatsauffassung in eine ausschließliche Legitimierung der dynastischen Folge und verband sich mit dem säkularen monarchischen Prinzip, nach dem die alleinige und einheitliche Staatsgewalt in der Hand des Monarchen liegt, der sie durch eine verbindliche Verfassung beschränken kann, wobei die Verfassung immer nur eine begrenzende, niemals aber eine die Staatsgewalt begründende Funktion hat.*

253 Mystik] *von griech. μυστικός (mystikós) ›geheimnisvoll‹; ursprünglich Bezeichnung für nur Auserwählte aufnehmende religiöse (Geheim-)Bünde, werden mit dem Terminus bald Bestrebungen bezeichnet, durch Abkehr von der Sinnenwelt und auf der Grundlage von Askese und Meditation das Göttlichen bzw. Übersinnliche in sich selbst zu erfahren und eine Vereinigung mit dem Göttlichen (›unio mystica‹) zu erreichen.*

256 die Wunderheilkraft einer Berührung von königlicher Hand] *Die durch die Salbung zum Herrscher als kirchlich-sakrale Weihe vermittelte Gottunmittelbarkeit verlieh dem Volksglauben nach v. a. den französischen und englischen Königen die Gabe, insbesondere die Skrofulose (eine Tuberkuloseer-*

krankung mit Anschwellen der Lymphknoten) durch Handauflegen zu heilen. In Frankreich geht diese Gabe der Legende nach auf die Weihe und Salbung – in Wahrheit die vmtl. 498 durch den Bischof von Reims, den HL. REMIGIUS (um 436 – um 525) empfangene Taufe – des Merowingers CHLODWIG I. (um 466 – nach dem 29. Okt. 511) zurück, und – ebenfalls der Legende nach – auf die nach der Krönung obligatorische Wallfahrt der französischen Könige nach Corbeny, wo sie durch die hier seit 898 aufbewahrten Reliquien des HL. MARKULF (490–558), der seit dem 12. Jahrhundert bei Skrofulose angerufen wurde, die Gabe der Heilung durch Handauflegen empfangen haben sollen. Diese Wallfahrt gab es seit der Weihe LUDWIG IX., DES HEILIGEN (1214–1270) im Jahre 1226. In England wurde die Heilkraft der Könige angeblich seit EDUARD DEM BEKENNER (um 1005 – 1066; König seit 1042), sicher seit der Regentschaft des Hauses Plantagnet (HEINRICH II. [1130–1189]; König seit 1154) regelmäßig zeremoniell zur Schau gestellt. Vgl. zu dieser Thematik und insbesondere zum ›Königssegen‹ (vgl. Erl. zu 260) MARC BLOCH: ›Les rois thaumaturges. Études sur le caractère surnaturel attribué à la puissance royale particulièrement en France et en Angleterre.‹ Paris 1924 (›Die wundertätigen Könige.‹ Mit einem Vorwort v. JACQUES LE GOFF. Aus dem Franz. übers. von CLAUDIA MÄRTL. München 1998).

256f. an die noch Luther glaubte] *Der Reformator MARTIN LUTHER glaubte nicht dezidiert an jene* Wunderheilkraft einer Berührung von königlicher Hand, *war jedoch von einer Königen, Fürsten und anderen Herrschern von Gottes Gnaden gegebenen generellen Heilkraft überzeugt, wie er in einer seiner Tischreden darlegte: »Aber Wunder ist es (daß ich dieses auch sage, deß ich gewiß bericht bin), daß großer Fürsten und Herrn Arznei, die sie selbs geben und appliciren, kräftig und heilsam sind, sonst nichts wirkte, wenns ein Medicus gäbe. Also höre ich, daß beide Kurfürsten zu Sachsen etc., Herzog Friedrich und Herzog Johanns, haben ein Augenwasser, das hilft, wem sie es geben, es komme die Ursach der Augenweh aus Hitze oder Kälte. Ein Medicus dürfte es nicht wagen noch geben.« (›Werke‹, Tischreden 1, Nr. 360, S. 152.)*

258f. durch Handauflegen Mirakel vollbracht, wie vordem König Pyrrhus durch Fußaufsetzen] *Nach den Doppelbiographien des griechischen Philosophen und Schriftstellers PLUTARCH (um 46 – um 125) sprach man dem makedonischen König PYRRHOS (319/18 v. Chr. – 272 v. Chr.) die Gabe zu, »Milzsüchtige« (sc. Hypochonder) heilen zu können, wenn er »ihnen, während sie auf dem Rücken lagen, mit dem rechten Fuß sacht auf den Leib trat« (vgl. ›Vitae Parallelae‹, ›Pyrrhos‹ 3, hier in der Übertragung von KONRAD ZIEGLER).*

260 »Le roi te touche, Dieu te guérisse«] *»Der König berührt dich, Gott heile dich«; von LOUIS XV. (1710–1774) 1744 leicht abgewandelte Formel beim Handauflegen während des Königssegens (vgl. Erl. zu 256). Die althergebrachte Formel »Le Roy te touche et Dieu te guérit!« (»Der König berührt dich und Gott heilt dich«) ist seit dem 16. Jahrhundert als Bestandteil des Königssegen bezeugt, vor dieser Zeit waren Gebete üblich.*

261 Neurastheniker] *Unter Neurasthenie (griech. νευρον [neuron] ›Nerv‹, griech. ἀσθένεια [asthéneia] ›Schwäche‹) versteht man zeitgenössisch allgemein eine Nervenschwäche, die sich durch »abnorme Reizbarkeit, Schwäche und Ermüdbarkeit des gesamten Nervensystems« auszeichnet (›Brockhaus‹ XII [1898], 249). – 1869 beschrieb der US-amerikanische Neurologe* GEORGE MILLER BEARD *(1839–1883) erstmals die Neurasthenie als »predominantly American societal illness«, welche auf fünf bedrohlich gewordenen Außenfaktoren beruhe: der Dampfkraft, der Tagespresse, dem Telegraphen, den Wissenschaften und der »mental activity of women« (vgl.* BEARD*: ›Neurasthenia, or nervous exhaustion.‹ In: ›Boston Medical and Surgical Journal‹ 1869, S. 217–221). Nach der Übersetzung von* BEARDS *internationalem Erfolgsbuch ›A practical treatise on nervous exhaustion (neurasthenia), its symptomes nature, sequences, and treatment‹ (New York 1880) ins Deutsche (1881) wurde die ›Zivilisationskrankheit‹ Neurasthenie auch in Deutschland en vogue; vgl. hierzu generell* JOACHIM RADKAU*: ›Das Zeitalter der Nervosität. Deutschland zwischen Bismarck und Hitler.‹ München 1998.*

261 autosuggestive Erschütterungen] *zu ›Autosuggestion‹ vgl. Erl. zu 489 im Kommentarteil zu* Massenglück und Einzelglück, *HGW VIII, 331f.*

264f. metaphysisch blaue Lohengrinbeleuchtung] *vgl. dazu Erl. zu 224 im Kommentarteil zu* Massenglück und Einzelglück, *HGW VIII, 314f.; vgl auch die folgenden Erläuterungen zu 268 und 269.*

265 Geigenflageolets] *Als Flageolettöne bezeichnet man Töne von Streichinstrumenten, die durch leichtes Aufsetzen der Finger auf die ganzzahligen Teilungspunkte der gesamten oder der durch festen Griff verkürzten Saite erzeugt werden. Die auf Teilschwingungen der Saiten beruhenden Töne haben auf der Violine einen weichen, fast übersinnlichen, flötenähnlichen Klang (daher auch die Bezeichnung).*

268 Der Schützer von Brabant] *Das historische, seit dem 11. Jahrhundert erwähnte Brabant umfaßte etwa die heutigen belgischen Provinzen Antwerpen und Brabant sowie die niederländische Provinz Nordbrabant; 1830 bildete der südliche Teil das Kernland des neuen Königreiches Belgien. – In* RICHARD WAGNERS *(1813–1883) ›Lohengrin‹ tituliert »***Der Heerrufer***« den Titelhelden wie folgt: »Und weiter kündet euch der König an, / daß er den fremden gottgesandten Mann, / den Elsa zum Gemahle sich ersehnt [sc.* LOHENGRIN*], / mit Land und Krone von Brabant belehnt. / Doch will der Held nicht Herzog sein genannt, / ihr sollt ihn heißen: Schützer von Brabant!« (II,3; GSD II, 90.)*

269 speerschwingende Gralskönige] *Nach dem altfranzösischen, vor 1190 entstandene Versepos ›Perceval‹ des* CHRÉTIEN DE TROYES *(vor 1150 – vor 1190) ist der Gral eine Schale, von welcher lebensspendende Kraft ausgeht.* ROBERT DE BORON *(† um 1212) verbindet in seinem um 1180 entstandenen ›Roman de l'estoire del Graal‹ dieses Motiv mit der Legende um* JOSEPH VON ARIMATHIA *(vgl. Mt 27,57–61), der der apokryphen Überlieferung zufolge unter dem Kreuz das Blut* JESU CHRISTI *im Abendmahlskelch auffing.* ROBERT DE BORON *macht* JOSEPH *zum Begründer einer dem Letzten Abendmahl analogen Tafelrunde im Westen, die auf Geheiß* CHRISTI *mittels des Grals die guten Menschen von den Sündern scheidet. Hier fließen Elemente des keltischen* ARTUS*-Stoffes ein, da es* JOSEPHS *Schwager* BRON *ist, der nach* JOSEPHS *Tod den Gral* *nach Britannien bringt. In der Gralsdichtung v.a. in der Nachfolge* ROBERTS DE BORON *erscheint der Gral als an geheimem Ort aufbewahrtes und von Jungfrauen oder Rittern (in Anspielung auf den 1119 von* HUGO DE PAYENS *[†1136] gegründeten Templerorden), denen ein ›Gralskönig‹ vorsteht, bewachtes heiliges Gefäß, in dessen Besitz nur der Reine, der zu ihm gerufen wird, gelangen kann und das irdisches und himmlisches Glück verheißt. Die Suche nach dem Gral ist eng verwoben einerseits mit dem Namen* PERCEVAL *bzw.* PARZIVAL, *andererseits mit* GALA(H)AD: *In* WOLFRAMS VON ESCHENBACH *(um 1170/80 – um 1220) zwischen 1200 und 1210 entstandenem Versepos* PARZIVAL *ist der Gral ein Stein, der so schwer ist, daß ihn Sünder niemals heben, aber auch so leicht, daß die reinen Gralsjungfrauen ihn mühelos tragen können, und der seine Kraft durch eine Oblate erhält, die eine weiße Taube an jedem Karfreitag auf ihm ablegt.* PARZIVAL *erlöst mit seiner Frage, woran der Gralskönig* AMFORTAS *leide – bei einem Turnier von einem heidnischen Gegner schwer verwundet, ist* AMFORTAS *gelähmt, seiner Manneskraft beraubt und dem Tode geweiht – diesen von seinem Leiden und tritt dessen Nachfolge an.* GALA(H)AD, *Sohn* LANCELOTS *und der Tochter des Gralskönigs* PELLÈS *(sc.* AMFORTAS; *vgl. den um 1220 entstandene altfranzösischen Prosaroman ›Lancelot du lac ou Lancelot propre‹), löst seit dem ersten Drittel des 13. Jahrhunderts im anglonormannischen Raum* PERCEVAL *als zentrale Gestalt auf der Suche nach dem Heiligen Gral ab (vgl. den altfranzösischen Prosaroman ›Queste del Saint Graal‹); ihm ist es als einzigem der Gralssuchenden gestattet, den Gral in Händen zu halten. – Die Gralsdichtung schafft darüber hinaus eine Verbindung mit dem von einem römischen Soldaten – in den Apokryphen* LONGINUS *genannt – geführten und durch die Seite* CHRISTI *gebohrten Speer (vgl. Joh 19,34), der blutend dem Gral während der Prozession vorangetragen wird. Mit ihm heilt* GALA(H)AD *den unheilbar verwundeten Gralskönig* AMFORTAS. *Diesen Speer, die später sogenannte ›Heilige Lanze‹, entdeckte der legendenhaften Überlieferung zufolge die* HL. HELENA *(um 257 – um 336) während einer Pilgerfahrt nach Jerusalem und schenkte sie ihrem Sohn, dem byzantinischen Kaiser* KONSTANTIN I. (DEM GROSSEN; *280–337). Im frühen Mittelalter soll sie sich im Besitz der Italien erobernden Langobarden befunden haben. Nach der Ausrufung* RUDOLFS II. *von Hochburgund († 937) zum König von Italien (922) in dessen Besitz, schenkte dieser sie nach Untergebung in die Vasallität des deutschen Reiches und als Gegenleistung für die Anerkennung seiner Königswürde in Hochburgund 926 König* HEINRICH I. *(um 837 – 936), der sie als Symbol für die Herrschaft über Italien den Reichsinsignien einverleibte. – In* WAGNERS *1882 uraufgeführtem, den ›Parzival‹-Stoff* WOLFRAMS VON ESCHENBACH *aufgreifendem ›Bühnenweihfestspiel‹ ›Parsifal‹ heilt der Titelheld den Gralskönig* AMFORTAS, *dem der sündige und lasterhafte* KLINGSOR *mit dem von ihm geraubten, einst in die Seite* JESU CHRISTI *gestoßenen Speer eine unheilbare Wunde zugefügt hatte, mit ebendieser heiligen Waffe, woraufhin die Gralsritter* PARZIFAL *als neuem König huldigen (III,2).*

269f. tugendbegeisterte Wartburghöfe] *In der zwischen 1240 und 1260 von einem unbekannten Verfasser in Thüringen niedergeschriebenen Liedersammlung*

›Der Wartburgkrieg‹, einer höfischen Repräsentationsdichtung, treten im ersten, ›Fürstenlob‹ betitelten Teil am Hofe HERMANNS I. VON THÜRINGEN *(um 1155 – 1217) auf der Wartburg nach einer Herausforderung durch den historisch nicht bezeugten* HEINRICH VON OFTERDINGEN *die – historisch belegten – Sänger* WALTHER VON DER VOGELWEIDE *(um 1170 – 1230),* WOLFRAM VON ESCHENBACH *(vgl. Erl. zu 269),* BITEROLF *(fl. 13. Jhd.),* TANNHÄUSER *(nach 1200 – nach 1266),* REINMAR VON ZWETER *(um 1200 – nach 1246) sowie der durch einige Gedichte belegte* TUGENDHAFTE SCHREIBER *zum Sängerwettstreit an, in welchem* VON OFTERDINGEN *im Herrscherpreis unterliegt. –* WAGNER *verarbeitete den Stoff in seiner 1845 uraufgeführten ›großen romantischen Oper‹ ›Tannhäuser und der Sängerkrieg auf Wartburg‹, in der es während des Wettstreites zum Eklat kommt, als* TANNHÄUSER *in seinen Liedern dem abstrakten und moralisierenden Minnebegriff der drei erstgenannten Sänger die Erfahrung der irdischen körperlichen Liebe entgegensetzt, vgl. ›Tannhäuser‹ II,4: »**Tannhäuser** (in höchster Verzückung). Dir, Göttin der Liebe, soll mein Lied ertönen! / Gesungen laut sei jetzt dein Preis von mir! / [...] Armsel'ge, die ihr Liebe nie genossen, / zieht hin, zieht in den Berg der V e n u s ein! (Allgemeiner Aufbruch und Entsetzen.) **Alle.** Ha, der Verruchte! Fliehet ihn! / Hört es! Er war im Venusberg! **Die Edelfrauen.** Hinweg! Hinweg aus seiner Näh'! (Sie entfernen sich in größter Bestürzung unter Gebärden des Abscheu's. [...]) **Landgraf. Ritter** und **Sänger.** Ihr habt's gehört! Sein frevler Mund / that das Bekenntniß schrecklich kund. / Er hat der Hölle Lust getheilt, / im Venusberg hat er geweilt! — / Entsetzlich! Scheußlich! Fluchenswerth! / [...] / Zum Höllenpfuhl zurückgesandt, sei er gefehmt, sei er gebannt!« (GSD II, 25f.) –* NIETZSCHE *charakterisierte in ›Der Fall Wagner‹ diese Sequenz so: »Man kennt das Schicksal Goethe's im moralinsauren altjungfernhaften Deutschland. Er war den Deutschen immer anstössig [...]. Was warfen sie Goethen vor? Den ›Berg der Venus‹ [...]. Selbst der Wilhelm Meister galt als Symptom des Niedergangs, als moralisches ›Auf-den-Hund-Kommen‹. [...] Vor Allem aber war die höhere Jungfrau empört: alle kleinen Höfe, alle Art ›Wartburg‹ in Deutschland bekreuzte sich vor Goethe, vor dem ›unsauberen Geist‹ in Goethe.« (KGW VI,3, 12f.)*

272 Nibelungenringes] *›Der Ring des Nibelungen‹,* WAGNERS *zwischen 1864 und 1874 entstandenes, vom 13. bis 17. August 1876 im Bayreuther Festspielhaus erstmals geschlossen aufgeführtes ›Bühnenfestspiel‹ für drei Tage und einen Vorabend, nimmt sich, anders als etwa ›Lohengrin‹, ›Parsifal‹ oder ›Tannhäuser‹, in seinen vier Teilen (Vorabend: ›Das Rheingold‹, UA München 1869; 1. Tag: ›Die Walküre‹, UA München 1870; 2. Tag: ›Siegfried‹, UA 1876; 3. Tag: Götterdämmerung‹, UA 1876) nicht der mittelalterlichen, religiös durchdrungenen Heldenepik und Minnelyrik, sondern der mythischen germanischen Vergangenheit und Sagenwelt an.*

273f. atavistische Anfälle von Ungebärdigkeit] *lat. atavus ›Vorfahr‹, ›Urahn‹; bildungssprachlich für den Rückfall in primitives Verhalten.*

275–280 Im zweiten Aufzug der »Walküre« *bis* dem Siege Frickas endete.] *vgl. dazu den ›Ring des Nibelungen‹, 1. Tag: ›Die Walküre‹ II:* WOTAN *befiehlt der Walküre* BRÜNNHILDE, *in dem unumgänglichen Zweikampf zwischen* SIEG-

MUND und dessen Rivalen HUNDING, dem ungeliebten Gatten SIEGLINDES, auf Seiten SIEGMUNDS zu kämpfen und so den Tod HUNDINGS herbeizuführen, woraufhin FRICKA, WOTANS Gattin und Hüterin der Ehe, zornentbrannt erscheint und WOTAN anklagt, die Blutschande zu unterstützen. SIEGMUND und SIEGLINDE, Kinder WOTANS und der ERDA und Eltern des (noch ungeborenen) SIEGFRIED, sind nämlich Geschwister. FRICKA drängt auf die Bestrafung des Paares. Dieser Forderung beugt sich der Göttervater »in furchtbarem Unmut und innerem Grimm« (1. Auftritt); WOTAN widerruft BRÜNNHILDE gegenüber den Auftrag zur Unterstützung SIEGMUNDS und befiehlt, nachdem er über das von ihm in die Welt gesetzte Heldengeschlecht berichtet hat, voll Schmerz den Untergang seiner Kinder (2. Auftritt).

286 der geweihten und gesalbten Ausnahmewesen] *Weihe und Salbung des Königs bzw. Kaisers werden im christlichen Europa seit der Mitte des 8. Jahrhunderts als Teilakt der Thronerhebung üblich, um den Sakralcharakter des Herrschers hervorzuheben; vgl. Erl. zu 256.*

288 alle vier Facultäten] *Teilweise bis ins frühe 19. Jahrhundert hinein waren die Universitäten in Fakultäten ungleichen Ranges gegliedert, in die drei höheren Fakultäten Theologie, Jurisprudenz und Medizin und die niedere Artistenfakultät, die mit dem Studium der ›septem artes liberales‹ (bestehend aus dem Trivium Grammatik, Rhetorik, Dialektik und dem Quadrivium Arithmetik, Geometrie, Musik und Astronomie) die Voraussetzung für den Besuch der höheren Fakultäten bildete. Die Artistenfakultät wurde unter dem Einfluß des humanistischen Bildungsideals zur Philosophischen Fakultät erweitert und den höheren Fakultäten gleichgestellt. – Vgl. dazu auch das Lamento FAUSTENS in JOHANN WOLFGANG VON GOETHES (1749–1832) gleichnamiger Tragödie: »Habe nun, ach! Philosophie, / Juristerei und Medicin, / Und leider auch Theologie! / Durchaus studirt, mit heißem Bemühn. / Da steh' ich nun, ich armer Thor! / Und bin so klug als wie zuvor« (›Faust‹ I, 354–359 [WA I,14, 27]).*

324 Anachronismen] *aus griech. ἀνά (aná) ›über‹ und griech. χρόνος (chrónos) ›Zeit‹, Zeitwidrigkeiten; Sachverhalte, Ansichten oder Gegenstände, die in der Gegenwart ihren Sinn verloren haben, indes noch existieren.*

338 das Frivole] *frz. frivolité ›Leichtfertigkeit‹, ›Leichtsinn‹; im zeitgenössischen juristischen Sprachgebrauch als Adjektiv aber auch svw. vermessen, strafbar.*

340 petit fait] *frz. ›kleine Sache‹.*

353f. die von Schopenhauer gebührend gewürdigte Unteroffizierstugend der Tapferkeit] *ironischer Verweis auf SCHOPENHAUERS ›Aphorismen zur Lebensweisheit‹, Kap. 4: ›Von dem, was einer vorstellt‹: »[I]n unserer guten Gesellschaft [behauptet] der persönliche Mut den Rang vor jeder andern Eigenschaft [...]; während er doch eigentlich eine sehr untergeordnete, eine bloße Unteroffizierstugend ist, ja, eine, in welcher sogar Tiere uns übertreffen, weshalb man z.B. sagt: ›mutig wie ein Löwe‹.« (ASW 4, 455.)*

360f. »Schwachnervigen«] *vgl. Erl. zu 261.*

372 Rowdy] *»Raufbold, Krakeeler, Person aus der Klasse des Straßenpöbels« (›Brockhaus‹ XIII [1898], 1038).*

373 Chopin] *Der polnische Komponist und Pianist* FRYDERYK FRANCISZEK CHOPIN *(französisiert* FRÉDÉRIC FRANÇOIS; *1810–1849) begründete einen neuartigen Klavierstil, in dem eine hohe Virtuosität ganz im Dienste des poetischen Ausdrucks steht.*

373f. sokratische Gleichgültigkeit gegen Esel-Fußtritte] *Nach einer Anekdote des* DEMETRIOS VON PHALERON *(um 350 v. Chr. – um 280 v. Chr.) soll der für seine Langmut bekannte griechische Philosoph* SOKRATES *(um 470 v. Chr. – 399 v. Chr.) nach einem Fußtritt auf die Frage, warum er sich dies gefallen lasse, geantwortet haben: »Hätte mich ein Esel getreten, hätte ich diesen etwa gerichtlich belangt?« (*DIOGENES LAERTIOS: *›Vitae philosophorum‹ II, 21; nach der Übersetzung von* OTTO APELT*).*

386 Gardekürassier] *seit 1740 bestehende berittene Leibgarde der preußischen Könige (›Garde du Corps‹), die mit einem Brustharnisch (›Küraß‹) und fähnchenbewehrter Lanze ausgerüstet waren; der Küraß wurde seit Ende des 19. Jahrhunderts nur noch zu Paradezwecken getragen.*

386f. dein Schwert (mit silbernem Portepee)] *frz. porte-épée ›Degengehenk‹; seit Beginn des 18. Jahrhunderts trugen die Unteroffiziere der deutschen Armeen vom Rang eines Feldwebels an aufwärts eine silberne Degenquaste.*

390 Mars *[...]* Minerva] *Nach der italischen Mythologie ist* MARS *der Gott des Krieges,* MINERVA *die Göttin des Handwerks und der gewerblichen Kunstfertigkeiten, zu denen auch Heil- und Lehrberufe gezählt wurden.*

394f. Künstler, die zugleich Raufbolde waren, hat es auch nach Benvenuto Cellini gegeben] *Der italienische Goldschmied und Bildhauer* BENVENUTO CELLINI *(1500–1571) war wegen seiner Gewalttätigkeit und seiner Raufhändel berüchtigt. So tötete er 1530 den Mörder seines Bruders, 1534 seinen beruflichen Rivalen, den Goldschmied* POMPEO DE CAPITANEIS *(vor 1511 – 1534), und wurde u.a. wegen einer Schlägerei 1516 einige Monate nach Siena verbannt sowie zwischen 1556 und 1559 zweimal wegen des gleichen Delikts inhaftiert. –* JOHANN WOLFGANG VON GOETHE *übersetzte* CELLINIS *Autobiographie (entstanden zwischen 1556 und 1566, Erstdruck Neapel 1728) zwischen 1795 und 1803 (vgl. WA I, 43f.).*

395f. Rittmeister, die nebenbei Spectralanalyse treiben, kommen nicht nur im Strindbergschen Drama vor] *Im Trauerspiel ›Fadren‹ (Helsingborg 1887, dt. Übers. ›Der Vater‹ Leipzig 1888) des schwedischen Schriftstellers* AUGUST STRINDBERG *(1849–1912) teilt der Protagonist, der ›Rittmeister‹, dem anwesenden ›Doktor‹ mit, er habe »Meteorsteine einer Spektralanalyse unterworfen« (I,6). – Die 1859 von* GUSTAV ROBERT KIRCHHOFF *(1824–1887) und* ROBERT WILHELM BUNSEN *(1811–1899) entwickelte klassische Spektralanalyse untersucht das Spektrum des von einer glühenden Stoffprobe ausgehenden Lichts und kann daraus die in der Probe enthaltenen Elemente bestimmen. So konnten bereits* KIRCHHOFF *und* BUNSEN *das Vorhandensein einer Reihe irdischer Elemente auf der Sonne nachweisen.*

416 eine Kastenordnung nach indischem Vorbild] *von portug. casta ›Gattung‹; erbliche Gesellschaftsgliederung der hinduistischen Inder nach Priestern bzw. Gelehrten, Kriegern, Bauern und Dienern.*

419f. Mag man weiterhin Offiziere aus der Armee entfernen, die sich nicht duellieren] *Seit einer ›Allerhöchsten Verordnung‹ Kaiser* WILHELMS *I. (1797–1888) aus dem Jahre 1874 herrschte im deutschen Offizierskorps praktisch der Duellzwang; ein »Offizier, welcher seine Ehre nicht zu wahren weiß«, war nicht zu »dulden« und wurde aus dem Dienst entlassen (vgl. die Schlußworte der einleitenden Passagen zur ›Verordnung‹, hier zitiert nach* KARL DEMETER: *›Das deutsche Offizierkorps in Gesellschaft und Staat 1650–1945.‹ Frankfurt a. M. [4]1965, S. 290; dort S. 287–290 auch die Einleitung in Gänze); vgl.* Der Arzt seiner Ehre *(HGW VIII, 767–799).*

424f. Schopenhauer will mit Duellanten noch ganz anders verfahren wissen] *vgl. dazu* SCHOPENHAUERS *›Aphorismen zur Lebensweisheit‹, Kap. 4: ›Von dem, was einer vorstellt‹: »Sollte es inzwischen den Regierungen mit der Abstellung des Duellwesens wirklich Ernst sein und der geringe Erfolg ihres Bestrebens wirklich nur an ihrem Unvermögen liegen; so will ich ihnen ein Gesetz vorschlagen, für dessen Erfolg ich einstehe, und zwar ohne blutige Operationen, ohne Schafott, oder Galgen, oder lebenswierige Einsperrungen zu Hülfe zu nehmen. Vielmehr ist es ein kleines, ganz leichtes, homöopathisches Mittelchen: wer einen andern herausfordert, oder sich stellt, erhält, à la Chinoise am hellen Tage vor der Hauptwache, zwölf Stockschläge vom Korporal, die Kartellträger und Sekundanten jeder sechs.« (ASW 4, 465.)*

433 Brahmanenkaste] *die innerhalb des hinduistischen Kastenwesens (vgl. Erl. zu 416) oberste und angesehenste Gruppe, der die Durchführung religiöser Zeremonien und die Bewahrung und Tradierung der heiligen Überlieferung, des Veda (sanskr. tl. veda ›Wissen‹) obliegt.*

438–441 Hülflos schwankt er auf dem Seile zwischen zwei Weltanschauungen *bis* wie es Zarathustra mit eigenen Augen gesehen hat.] *vgl.* NIETZSCHE: *›Also sprach Zarathustra‹, ›Zarathustras Vorrede‹ 6: »Da aber geschah Etwas, das jeden Mund stumm und jedes Auge starr machte. Inzwischen nämlich hatte der Seiltänzer sein Werk begonnen: er war aus einer kleinen Thür hinausgetreten und gieng über das Seil, welches zwischen zwei Thürmen gespannt war, also, dass es über dem Markte und dem Volke hieng. Als er eben in der Mitte seines Weges war, öffnete sich die kleine Thür noch einmal, und ein bunter Gesell, einem Possenreisser gleich, sprang heraus und gieng mit schnellen Schritten dem Ersten nach. ›Vorwärts, Lahmfuss, rief seine fürchterliche Stimme, vorwärts Faulthier, Schleichhändler, Bleichgesicht! Dass ich dich nicht mit meiner Ferse kitzle! Was treibst du hier zwischen Thürmen? In den Thurm gehörst du, einsperren sollte man dich, einem Bessern, als du bist, sperrst du die freie Bahn!‹ — Und mit jedem Worte kam er ihm näher und näher: als er aber nur noch einen Schritt hinter ihm war, da geschah das Erschreckliche, das jeden Mund stumm und jedes Auge starr machte: — er stiess ein Geschrei aus wie ein Teufel und sprang über Den hinweg, der ihm im Wege war. Dieser aber, als er so seinen Nebenbuhler siegen sah, verlor dabei den Kopf und das Seil; er warf seine Stange weg und schoss schneller als diese, wie ein Wirbel von Armen und Beinen, in die Tiefe. Der Markt und das Volk glich dem Meere, wenn der Sturm hineinfährt: Alles floh aus einander und übereinander, und am meisten dort, wo* *der Körper niederschlagen musste. [...]*

Zarathustra aber blieb stehen, und gerade neben ihn fiel der Körper hin, übel zugerichtet und zerbrochen, aber noch nicht todt. Nach einer Weile kam dem Zerschmetterten das Bewusstsein zurück, und er sah Zarathustra neben sich knieen. ›Was machst du da?, sagte er endlich, ich wusste es lange, dass mir der Teufel ein Bein stellen werde. Nun schleppt er mich zur Hölle: willst du's ihm wehren?‹

›Bei meiner Ehre, Freund, antwortete Zarathustra, das giebt es Alles nicht, wovon du sprichst: es giebt keinen Teufel und keine Hölle. Deine Seele wird noch schneller todt sein als dein Leib: fürchte nun Nichts mehr!‹« (KGW VI,1, 15f.; vgl. dazu auch CHRISTIAN DAWIDOWSKI: *›Nietzsche und das vielbeschworene Seilläufertum. Das Prinzip des Ikarischen als Denkbild der Epochenschwelle.‹ In: ›Weimarer Beiträge‹ 4/2002, S. 531–547.)*

442 Changeant] *frz. ›Schillern‹; als ›changeant‹ wird zeitgenössisch ein durch Verschiedenfarbigkeit der glänzenden Kett- und der Schußfäden hergestelltes, bunt schillerndes Gewebe bezeichnet.*

443 »wirr und kraus kreist die Welt« *[...]* wie Wagners Erda] *vgl.* RICHARD WAGNERS *›Der Ring des Nibelungen‹, 2. Tag: ›Siegfried‹, 3. Aufzug:* ***»Erda*** *(ist in Sinnen versunken, und beginnt erst nach längerem Schweigen). Wirr wird mir's / seit ich erwacht: / wild und kraus / kreis't die Welt!« (GSD VI, S. 154f.)*

446 Spiritismus] *von lat. spiritus ›Geist‹; von den Vereinigten Staaten von Amerika seit 1848 ausgehende Bewegung, die, an die positiven Wissenschaften (experimentelle Versuchsanordnungen, Photographien) angelehnt, durch Medien Kontakt zu Verstorbenen herbeizuführen suchte. In Deutschland begrifflich seit 1861 belegt (*JOSEPH ANTON MAXIMILIAN PERTY: *›Die mystischen Erscheinungen der menschlichen Natur.‹ Leipzig 1861, 2. verm. Aufl. in zwei Bden. ebd. 1872), wird ›Spiritismus‹ seit den 1880er Jahren gleichsam Abreviatur für ›Geisterglauben‹ und ›Geistererscheinungslehre‹ (neben zahlreichen Buch-, Broschüren- und Zeitschriftenpublikationen vor allem spiritistische Vereinigungen), fällt aber rasch in den Verdacht der Betrügerei; vgl. insbesondere* CARL DU PREL: *›Der Spiritismus.‹ Leipzig 1893.*

451 Occultisten] *von lat. occultus ›verborgen‹; die Bezeichnung ›Okkultismus‹ kommt im letzten Viertel des 19. Jahrhunderts im Gefolge der 1875 von* HELENA PETROVNA BLAVATSKY *(1831–1891) ins Leben gerufenen theosophischen Bewegung (›Theosophische Gesellschaft‹) für diejenigen Lehren auf, die paranormale Phänomene durch eine nicht näher beschriebene Naturkraft zu erklären suchten, u.a. »alle jene von der offiziellen Wissenschaft noch nicht allgemein anerkannten Erscheinungen des Natur- und Seelenlebens [...], deren Ursachen den Sinnen verborgene, o c c u l t e, sind« (*CARL KIESEWETTER: *›Geschichte des neueren Occultismus.‹ Leipzig 1891, S. XI).*

451 Obscuranten] *von lat. obscurus ›dunkel‹, ›geheimnisvoll‹.*

452 Magus Schopenhauer] *lat. magus ›Zauberer‹, ›Magier aus dem Morgenland‹. – Bereits in Apg 8,9–24 wird ein* SIMON MAGUS *erwähnt. Dieser wird in den Bischof* CLEMENS I. ROMANUS *(† 97 oder 101) zugeschriebenen ›Pseudo-Clementinen‹, die romanhaft u.a. die Bekehrung* CLEMENS' *durch* PETRUS *schil-*

dern, zum Irrlehrer und Gegner des PETRUS *stilisiert, der die in der Gnosis vorherrschende dualistische Lehre von einem ›Inneren Licht‹ und einer von einem bösen und ungerechten Gott geschaffenen Welt vertritt. Diese Welt ist das Gefängnis des Lichts, aus dem nur er,* MAGUS, *die ›oberste Kraft Gottes‹, es befreien könne (vgl. recogn. II). Nach* IRENÄUS VON LYON *(um 140 – um 200) war* SIMON MAGUS *der erste ›Gnostiker‹ und ›Häretiker‹, da er den Anspruch erhoben habe, der Messias zu sein (vgl. ›Adversus Haereses‹ [›Entlarvung und Widerlegung der fälschlich sogenannten Gnosis‹] I,23–27). – Als ›Magus aus Norden‹ – ein Beiname, den er von* FRIEDRICH KARL FREIHERR VON MOSER *(1723–1798) wegen seines ›dunklen‹ Stils erhalten hatte – bezeichnete sich mit Vorliebe der deutsche Philosoph und Schriftsteller* JOHANN GEORG HAMANN *(1730–1788) in seinen antirationalistischen, eine intuitiv-divinatorische Durchdringung der Welt fordernden Schriften, die maßgeblichen Einfluß auf die Literaten des ›Sturm und Drang‹ ausübten; vgl. u.a. ›Kreuzzüge des Philologen.‹ Königsberg 1762 (darin: ›Aesthetica in nuce. Eine Rhapsodie in Kabbalistischer Prose‹); vgl. auch* HEGELS *Rezension von ›Hamanns Schriften‹ in den ›Jahrbüchern für wissenschaftliche Kritik‹ 1828, Nr. 77/78f. u. Nr. 107/108–113/114 (HW 11, S. 275–354, spez. S. 277). –* SCHOPENHAUER *selbst verweist im zweiten Kapitel seiner Dissertation ›Über die vierfache Wurzel des Satzes vom zureichenden Grunde‹ (1813) – neben der »Ketzergeschichte« des* IRENÄUS *– auf* JACOB BÖHMES *(1575–1624; vgl. Erl. zu 503) ›Gründlichen Bericht von dem Irdischen und Himmlischen Mysterio‹ (1620), aus welchem* SCHELLING *»die ganze Fabel« vom »Urgrund oder vielmehr U n g r u n d« genommen habe (§ 8; ASW 3, 29).* BÖHME *habe den »Ungrund« als »ein ewig Nichts« definiert, das »einen ewigen Anfang, als eine Sucht« mache: »Dann das Nichts ist eine Sucht nach Etwas« – »So dann nun also eine Sucht im Nichts ist, so machet sie ihr selber den Willen zu Etwas: und derselbe Wille ist ein Geist, als ein Gedancke, der gehet aus der Sucht, und ist der Sucht Sucher, dann er findet seine Mutter als die Sucht. Jetzt ist derselbe Wille ein Magus in seiner Mutter: dann er hat Etwas gefunden in dem Nichts, als seine Mutter, und so er dann seine Mutter funden hat, so hat er ietzt eine Stätte seiner Wohnung« (*BÖHME*: ›Sämtliche Werke.‹ Reprint der Ausgabe von 1730 in 11 Bden., begonnen von* AUGUST FAUST, *neu hrsg. v.* WILL-ERICH PEUKERT. *Stuttgart-Bad Cannstatt 1955–1961, Bd. 4, S. 97).*

452–454 den er selbst einem durch die Kirche nicht befriedigten »metaphysischen Bedürfniß« der gegenwärtigen Menschheit zuschreibt] *vgl. dazu ›Die Welt als Wille und Vorstellung‹ II, Kap. 17: ›Über das metaphysische Bedürfnis des Menschen‹, wo* SCHOPENHAUER *u.a. ausführt, daß »Tempel und Kirchen, Pagoden und Moscheen, in allen Landen, aus allen Zeiten, in Pracht und Größe, [...] vom metaphysischen Bedürfnis des Menschen [zeugen], welches stark und unvertilgbar dem physischen auf dem Fuße folgt«, der Mensch sich aber »bisweilen genügen« lasse an »plumpen Fabeln und abgeschmackten Märchen« der »Monopolisten und Generalpächter desselben«, der »Priester«, also »mit dem metaphysischen Bedürfnis die metaphysische Fähigkeit nicht Hand in Hand« gehe (ASW 2, 206–243, hier 208f.). –* NIETZSCHE *betont demgegenüber in ›Die fröhliche Wissenschaft‹ III, 151, daß »[d]as metaphy-*

sische Bedürfniss [...] nicht der Ursprung der Religionen [sei], wie Schopenhauer will, sondern nur ein Nachschössling derselben. Man hat sich unter der Herrschaft religiöser Gedanken an die Vorstellung einer ›anderen (hinteren, unteren, oberen) Welt‹ gewöhnt und fühlt bei der Vernichtung des religiösen Wahns eine unbehagliche Leere und Entbehrung, — und nun wächst aus diesem Gefühle wieder eine ›andere Welt‹ heraus, aber jetzt nur eine metaphysische und nicht mehr religiöse.« (KGW V,2, 172.)

455f. im Märchen den Hans forttreibt, das Gruseln zu lernen] *In dem von den Brüdern* Jacob *(1785–1863) und* Wilhelm Grimm *(1786–1859) aufgezeichneten ›Märchen von einem, der auszog das Fürchten zu lernen‹ (KHM 4) zieht ein Junge, der sich vor nichts fürchtet und hierob von seinem Vater und Bruder für dumm gehalten und nicht ernst genommen wird, in die Welt, um das Gruseln, »wohl eine Kunst [...], von der [er] nichts verstehe«, zu lernen. – Der Junge im Märchen bleibt namenlos,* Hausdorff *orientiert sich mit der Benennung* Hans *vmtl. an dem vor allem im Schwank für Bauern und Dienstboten üblichen Namen Hans.*

460f. Ob man »transcendente Betrachtungen über den Willen als Ding an sich« anstellt] *Die Passage in Anführungszeichen ist die Überschrift von Kapitel 25 in ›Die Welt als Wille und Vorstellung‹ II (ASW 2, 411–423), in welchem* Schopenhauer *die Welterkenntnis u.a. als paranormales – unbewußt-traumhaftes – Erfahren des letzten Grundes aller Erscheinung, des Willens in der Natur, apostrophiert.*

461 oder irgend eine Ahnfrau spuken läßt] *Eine Unheil oder Tod vorhersagende Ahnfrau bzw. – in den meisten Fällen – eine ›Weiße Frau‹ wird erstmals von dem Zisterziensermönch* Cäsarius von Heisterbach *(um 1180 – nach 1240) in seinem ›Dialogus miraculorum‹ (1219–1223) erwähnt. Sie soll nach mündlicher Überlieferung eines ›Subprior Gerlach‹ in einem Dorf namens Stamheim im Kölner Bistum den Tod eines Ritters und seiner Familie vorhergesagt haben. In der Überlieferung des Geschlechts der Hohenzollern findet sich seit 1486 eine ›Weiße Frau‹, die jedesmal erscheinen soll, wenn einem Mitglied der Familie ein Unglück bevorsteht, und die auf verschiedenen Schlössern und Burgen der Hohenzollern (Ansbach, Bayreuth, Neuhaus in Berlin) umgehen soll. Noch 1840 will man die ›Weiße Frau‹ vor dem Tode* Friedrich Wilhelms *III. (1770–1840) gesehen haben. Die ›Weiße Frau‹ wird in der späteren Überlieferung mit der Gräfin* Agnes von Orlamünde *gleichgesetzt – so in ›De gentium aliquot migrationibus libri XII.‹ Basel 1557 des* Wolfgang Lazius *(1514–1565) –, die nach der Anmerkung zum Titelkupfer der ›Theorie der Geister-Kunde.‹ Nürnberg 1808 des deutschen Mediziners, Schriftstellers und Pietisten* Johann Heinrich Jung, *genannt* Stilling *(1740–1817) die »Gemahlin Ottonis des 2ten Grafen von Orlamünda [war], der ums Jahr 1340 starb. Aus dieser Ehe hatte sie zwey Kinder; Sie verliebte sich in Albertum pulchrum, Burggrafen zu Nürnberg. Um ihren Zweck leichter zu erreichen, ermordete sie ihre beyden Kinder, wodurch er aber gänzlich vereitelt wurde. Diese soll nun hin und wieder als die so bekannte weiße Frau erscheinen. Ob nun diese, oder Bertha von Lichtenstein, gebohrne von Rosenberg, die wahre weiße Frau sey, oder ob sie beyde erscheinen, das werde ich vielleicht einmal näher untersuchen.« (S. IVf.; vgl. auch* Jacob *und* Wilhelm Grimm: *›Deutsche Sagen‹ Kassel 1816–1818, Nr. 579.)*

463 frisson] *frz. ›Schauder‹.*

470–472 Ein Philosoph, der an Geister glaubt und prophetische Träume von einem umgeworfenen Tintenfaß berichtet] Schopenhauer *behauptet im ›Versuch über das Geistersehn und was damit zusammenhängt‹, daß, da Raum und Zeit bloße Anschauungsformen des Subjektes seien, Erscheinungen von Seiendem auch außerhalb von Raum und Zeit möglich seien, welche von einem nicht in das gewöhnliche Bewußtsein fallenden Erkenntnisorgan aufgenommen werden und durch Vermittlung des Willens in die Sphäre des intellektualen Erkennens gelangen (vgl. ›Parerga und Paralipomena‹ I; ASW 4, 273–372). – In diesem ›Versuch‹ berichtet er darüber hinaus folgende Begebenheit: In Gedanken schüttete er einmal das Tintenfaß statt des Streusandes über einen Brief; die zum Aufwischen der auf den Boden geflossenen Tinte herbeigerufene Magd erzählte erschrocken, in der letzten Nacht habe ihr geträumt, sie wische an eben dieser Stelle Tinte auf, was eine zweite Magd, der die erste den Traum beim Aufwachen berichtet hatte, bestätigte (vgl. ebd., 306).*

472f. in Gehirn- und Sinnesphysiologie treffende Bemerkungen macht] *vgl. dazu insbesondere den ›Versuch über das Geistersehn‹ (ASW 4, 286–289).*

473 die anglikanische Frömmigkeit verhöhnt] *Hinsichtlich der »Insel [...] des Pfaffentruges« – England – macht* Schopenhauer *im ›Versuch über das Geistersehn‹ explizit darauf aufmerksam, daß die anglikanische »Pfaffenschaft dem Volke vorlügt, die Hälfte aller Tugenden bestehe im Sonntagsfaulenzen und Kirchengeplärr und eines der größten Laster, welches den Weg zu allen andern bahne, sei das sabbathbreaking, d.h. das Nichtfaulenzen am Sonntage: daher sie auch in den Zeitungen die zu hängenden armen Sünder sehr oft die Erklärung abgeben lassen, aus dem sabbathbreaking, diesem greulichen Laster, sei ihr ganzer sündiger Lebenslauf entsprungen.« (Vgl. ASW 4, 324–327.)*

477 Gabriel Max] *Nach dem Studium der Historienmalerei 1855 bis 1867 in Prag, Wien u. München avancierte der deutsche Maler* Gabriel Ritter von *(seit 1900)* Max *(1840–1915), zwischen 1879 und 1883 Professor an der Münchener Kunstakademie, zu einem der meist gefeierten Maler seiner Zeit. Seine durch naturwissenschaftliche und parapsychologische Studien geprägte, sich dem Impressionismus annähernde Malerei umfaßt neben phantastischen Gemälden (›Geistesgruß‹, 1879; ›Die Seherin von Prevorst‹, 1885) auch Illustrationen zu den Gedichten* Nikolaus Lenaus *(1802–1850) und* Ludwig Uhlands *(1787–1862) sowie zu* Christoph Martin Wielands *(1733–1813) Verserzählung ›Oberon‹ (1780).*

477 Maeterlinck] *Der belgische Schriftsteller* Maurice Maeterlinck *(1862–1949), einer der bedeutendsten Vertreter des literarischen Symbolismus, wandte sich in den 1890er Jahren v.a. in seinen Dramen dem einem blinden Schicksal, dem Tod, hilflos ausgelieferten Menschen zu (u.a. ›Les aveugles‹, 1890 [dt. ›Die Blinden‹, 1897], ›L'intruse‹, 1890 [dt. ›Der Eindringling‹, 1892]).*

Seine philosophischen und naturphilosophischen Prosawerke sind durch einen u.a. an den Schriften des schwedischen Naturforschers und Theosophen EMANUEL SWEDENBORG *(1688–1772) orientierten mystischen Pantheismus gekennzeichnet (vgl. u.a. ›Le trésor des humbles‹, 1896 [dt. ›Der Schatz der Armen‹, 1898], ›La vie des abeilles‹, 1901 [dt. ›Das Leben der Bienen‹, 1901].*

478 »das Unbeschreibliche«] MAETERLINCK *propagierte in seinem ›Trésor des humbles‹ das Schweigen als Vermittler der eigentlichen Wahrheiten; vgl. dazu auch* HAUSDORFFS *Ausführungen in der* Sprachkritik, *HGW VIII, 551f.*

481f. der tugendflammende Jüngling mit dem »Palmenzweige«] *In einem Brief an* FRIEDRICH NICOLAI *(1733–1811) vertrat* GOTTHOLD EPHRAIM LESSING *(1729–1781) im November 1756 die Auffassung, daß »[d]er mitleidigste Mensch [...] der beste Mensch sei« sei (LW 4, S. 163). Dieses Diktum, die Synthese zwischen intensivem Gefühlserleben und höchster Tugendhaftigkeit, wurde zum ›Schlagwort‹ der deutschen (literarischen) Aufklärung. Die auf dieser Grundlage beruhenden Verdienste und – im Palmenzweige symbolisierten – Erfolge der aufgeklärten Schriftsteller faßte* FRIEDRICH SCHILLER *(1759–1805) 1788/89 in die Worte: »Wie schön, o Mensch, mit deinem Palmenzweige / Stehst du an des Jahrhunderts Neige, / In edler stolzer Männlichkeit, / Mit aufgeschloßnem Sinn, mit Geistesfülle, / Voll mildem Ernst, in tatenreicher Stille, / Du reifster Sohn der Zeit, / Frei durch Vernunft, stark durch Gesetze, / Durch Sanftmut groß, und reich durch Schätze, / Die lange Zeit dein Busen dir verschwieg« (SchW 1, S. 173).*

482 der katholisirende *[...]* Snob] *Als* Snob *wird zeitgenössisch ein »Vornehmthuer, Geck« (›Brockhaus‹ XIV [1898], 1051) mit extravagantem Auftreten und Hang zu von der breiten Bürgerlichkeit nicht akzeptierten Kunst- und Lebensstilen verstanden.* WILLIAM MAKEPEACE THACKERAY *(1811–1863) setzte dem* Snob *in seinen 1849 erschienenen Prosaskizzen ›The Book of Snobs‹ ein satirisches Denkmal (dt. Übers. 1851). – In Deutschland formierte sich im letzten Drittel des 19. Jahrhunderts vor dem Hintergrund des sogenannten ›Kulturkampfes‹ (vgl. Erl. zu 364 im Kommentarteil zu* Massenglück und Einzelglück, *HGW VIII, S. 326f.) eine breite katholische Gegenbewegung, welche eine strengkirchliche Ausrichtung auf das Papsttum als zentraler Instanz der Kirche, eine auf strengen Gehorsam ausgerichtete religiöse Erziehung sowie die Wieder- bzw. Neubelebung einer alle Lebensbereiche durchdringenden Frömmigkeit (etwa des Neuthomismus) propagierte. Diese Bewegung agierte im protestantisch geprägten Kaiserreich häufig in abgeschotteten ›Sondergesellschaften‹ und wandte sich insbesondere gegen die vom Staat auf dem Gebiet des Bildungswesens erlassenen Gesetze (Aufhebung der kirchlichen Schulinspektion und Unterstellung der Schulen unter staatliche Aufsicht, Verbot des v. a. erzieherisch wirkenden Jesuitenordens; vgl. insbesondere zum bildungsgeschichtlichen Kontext* MICHAEL KLÖCKER: *›Katholizismus und Bildungsbürgertum. Hinweise zur Erforschung vernachlässigter Bereiche der deutschen Bildungsgeschichte im 19. Jahrhundert.‹ In: ›Bildungsbürgertum im 19. Jahrhundert.‹ Teil II: ›Bildungsgüter und Bildungswissen.‹ Hrsg. v.* REINHART KOSELLECK. *Stuttgart 1990, S. 117–138 sowie* CHRISTOPH

Weber: ›Der deutsche Katholizismus und die Herausforderung des protestantischen Bildungsanspruchs.‹ In: ebd., S. 139–167). – Nietzsche attestiert dem späten Richard Wagner bereits im ›Fall Wagner‹ (vgl. Erl. zu 81–85) mit dem ›Parsifal‹ (vgl. Erl. zu 269 und 269f.) einen konservativen Rückfall in den Katholizismus (vgl. 3 [KGW VI,3, 12f.]); in ›Nietzsche contra Wagner. Actenstücke eines Psychologen‹ (1889) fügt er hinzu, »Wagner, scheinbar der Siegreichste, in Wahrheit ein morsch gewordner verzweifelnder décadent«, sei »plötzlich, hülflos und zerbrochen, vor dem christlichen Kreuze nieder[gesunken]« und habe den »arme[n] Teufel und Naturbursch Parsifal [...] mit so verfänglichen Mitteln schliesslich katholisch gemacht« (vgl. ›Wagner als Apostel der Keuschheit‹ 3 und ›Wie ich von Wagner loskam‹ 1 [KGW VI,3, 428–430]).

482 buddhaisirende Snob] *Schopenhauer hatte in ›Die Welt als Wille und Vorstellung‹ II, Kap. 17 (ASW 2, 218) betont, daß er, wolle er »Resultate [s]einer Philosophie zum Maßstabe der Wahrheit nehmen«, dem »Buddhaismus den Vorzug vor den andern [Religionen] zugestehen« müsse. Von Schopenhauer angeregt, wandten sich in der zweiten Hälfte des 19. Jahrhunderts verstärkt Intellektuelle und Künstler den auf Buddha (um 560 v. Chr. – um 480 v. Chr.) zurückgehenden Lehren des Buddhismus zu. Auch die 1875 in New York gegründete und seit 1884 Zweigstellen in Deutschland unterhaltende ›Theosophische Gesellschaft‹ (vgl. Erl. zu 451) trug zur Verbreitung buddhistischer Lehren bei. Vor allem durch Henry Steel Olcotts (1832–1902) ›Buddhist Catechism‹ (1882), 1888 von Friedrich Zimmermann (1851–1917) unter dem Pseudonym Subhadra Bhikku als ›Buddhistischen Katechismus zur Einführung in die Lehre des Buddha Gotama‹ ins Deutsche übersetzt, die Übersetzungen der Reden Buddhas durch den Indologen Karl Eugen Neumann (1865–1915; 1892ff.), durch Theodor Schultzes (1824–1898) ›Buddhismus als Religion der Zukunft‹ (1894) und durch das ›Kalyano dhammo, the gospel of Buddha, according to old records‹ (1894) bzw. dessen Übersetzung ›Das Evangelium Buddhas nach den Quellen erzählt‹ (1895) des in die USA ausgewanderten Protestanten Paul Carus (1852–1919) etablierte sich gegen Ende des 19. Jahrhunderts in Deutschland eine buddhistische Bewegung, die sich auch missionarische Ziele setzte (vgl. u.a. Paul-Gerhardt Buttler: ›Die buddhistische Bewegung in Deutschland.‹ In: ›Asien missioniert im Abendland.‹ Hrsg. v. Kurt Hutten u. Siegfried von Kortzfleisch. Stuttgart 1962, S. 73–120; ebenso Martin Baumann: ›»Importierte« Religionen: das Beispiel Buddhismus.‹ In: ›Handbuch der deutschen Reformbewegungen 1880–1933.‹ Hrsg. v. Diethart Kerbs u. Jürgen Reulecke. Wuppertal 1998, S. 513–522). – Auch Richard Wagner trug sich mit dem Gedanken, eine Oper mit Motiven aus dem Leben Buddhas zu komponieren, die mit dem Titel ›Der Sieger‹ ,»obwohl nur im ungefährsten Entwurfe, stets in [ihm] fortgelebt hat« (vgl. ›Mein Leben.‹ Hrsg. v. Martin Gregor-Dellin. Mainz u. München 1983, S. 541).*

482f. damals das Ringen um die »Idee«] *Kant hatte gegenüber der frühneuzeitlichen Identifikation von Idee als Repräsentation der physischen Realität der Außenwelt und Begriff (vgl. u.a. John Locke [1632–1704]: ›An essay con-*

cerning human understanding.‹ London 1690, II 29 § 8) eine Differenzierung zwischen Idee als regulativem und Begriff als erkenntniskonstitutivem Prinzip vorgenommen (vgl. KrV B 377, ebenso 597). Demgegenüber gewinnt v.a. HEGEL *der Idee wiederum spekulative Dimensionen ab und postuliert »Idee« als »das objektive W a h r e oder das W a h r e a l s s o l c h e s. Wenn irgend etwas Wahrheit hat, hat es sie durch seine Idee, oder e t w a s h a t n u r W a h r h e i t, i n s o f e r n e s I d e e i s t« (HW 6, S. 462). – In einem Brief an den deutschen Philosophen* JULIUS FRAUENSTÄDT *(1813–1879) vom 21. August 1852 rechnet* ARTHUR SCHOPENHAUER *vehement mit dem absoluten Idealismus* HEGELS, *des »Herr[n] von Absolut« ab: »Nennen Sie ihn [den Gott der Bibel] also nur wie die Andern, in Ihrem Sinne philosophirenden Kameraden, z. B. das Uebersinnliche, die G o t t h e i t, das Unendliche, das Unvordenkliche, oder am schönsten, mit Hegel: ›die Uedäh!‹«, doch habe man »das Ding an sich nicht zu suchen [...] in Wolkenkukuksheim (d. h. da, da wo der Judengott sitzt), sondern in den Dingen dieser Welt – also im Tisch, daran Sie schreiben, im Stuhl unter Ihrem Werthesten« (›Schopenhauer's Briefe an Becker, Frauenstädt, v. Doß, Lindner und Asher.‹ Hrsg. v.* EDUARD GRISEBACH. *Leipzig 1894, Nr. 25, S. 208–214, hier S. 209).*

485 Heine'schen »Riß«] *Verweis auf eine Passage in* HEINRICH HEINES *(1797–1856) ›Die Bäder von Lukka‹: »Als ich einst an einem schönen Frühlingstage unter den Berliner Linden spatzieren ging, wandelten vor mir zwey Frauenzimmer, die lange schwiegen, bis endlich die Eine schmachtend aufseufzte: ach, die jrine Beeme! Worauf die Andre, ein junges Ding, mit naiver Verwundrung fragte: Mutter, was gehen Ihnen die jrine Beeme an?*

[...] Was aber jene naive Frage selbst anbetrifft, so kommt sie mir nie aus dem Gedächtnisse. Ueberall, wo ich unwahre Naturempfindung und dergleichen grüne Lügen ertappe, lacht sie mir ergötzlich durch den Sinn. Auch bey der Deklamazion des Markese wurde sie in mir laut, und den Spott auf meinen Lippen errathend, rief er verdrießlich: Stören Sie mich nicht – Sie haben keinen Sinn für reine Natürlichkeit – Sie sind ein zerrissener Mensch, ein zerrissenes Gemüth, so zu sagen, ein Byron.

Lieber Leser, gehörst du vielleicht zu jenen frommen Vögeln, die da einstimmen in das Lied von byronischer Zerrissenheit, das mir schon seit zehn Jahren, in allen Weisen, vorgepfiffen und vorgezwitschert worden, und sogar im Schädel des Markese, wie du oben gehört hast, sein Echo gefunden? Ach, theurer Leser, wenn du über jene Zerrissenheit klagen willst, so beklage lieber, daß die Welt selbst mitten entzwey gerissen ist. Denn da das Herz des Dichters der Mittelpunkt der Welt ist, so mußte es wohl in jetziger Zeit jämmerlich zerrissen werden. Wer von seinem Herzen rühmt, es sey ganz geblieben, der gesteht nur, daß er ein prosaisches weitabgelegenes Winkelherz hat. Durch das meinige ging aber der große Weltriß, und eben deßwegen weiß ich, daß die großen Götter mich vor vielen Anderen hochbegnadigt und des Dichtermärtyrthums würdig erachtet haben.« (›Reisebilder‹, III. Teil: ›Italien.‹ II. ›Die Bäder von Lukka‹, Capitel IV [DHA VII/1, 94f.].) – Diese Zerrissenheit stellt für HEINE *jedoch keine individual-psychologische Eigenschaft dar, sondern sie ist ein geschichtlich-gesellschaftliches Problem.*

485f. der unerschöpflichen pluralité de moi] *frz. ›Vielheit des Ich‹. Die Möglichkeit einer Diskontinuität und Multiplizität des Ich sowie Formen der Entpersonalisierung und Ichspaltungen stellte 1885 der französische Experimentalpsychologe* THÉODULE RIBOT *(1839–1916) in seiner Studie ›Les maladies de la personalité‹ heraus, ein, wie der Literaturkritiker und Essayist* HERMANN BAHR *(1863–1934) formulierte, »entsetzliches Buch«, in dem »Menschen gezeigt [werden], welche plötzlich ihr Ich verlieren und als neue Wesen eine andere Existenz beginnen, aus der sie manchmal, ebenso plötzlich und rätselhaft, wieder in die erste zurückgestoßen werden; ja es kommen solche vor, die ein dreifaches oder vierfaches Ich haben: das erste verschwindet, das zweite sinkt ihm nach, ein drittes, ein viertes taucht auf, da kehrt das erste zurück und keines kann sich auf das andere besinnen, eines weiß vom anderen nichts, es scheinen eigentlich in der Tat drei oder vier Menschen zu sein, die sich nur desselben Körpers bedienen, um an ihm der Reihe nach abwechselnd zu erscheinen, dann aber plötzlich wieder in leere Luft zu zerrinnen« (›Das unrettbare Ich.‹ In: ›Dialog vom Tragischen.‹ Berlin 1904, S. 79–102, hier S. 93f.). Auch* ERNST MACH *(1838–1916) apoatrophierte in der ›Analyse der Empfindungen‹ unter Rückgriff auf die Psychophysik* GUSTAV THEODOR FECHNERS *(1801–1887) die ontologische Unhaltbarkeit des Ich-Begriffs, was in dem Diktum kulminiert, daß das »Ich [...] unrettbar« ist (›Beiträge zur Analyse der Empfindungen.‹ Jena 1886, zitiert nach der 2. Aufl. ›Analyse der Empfindungen und das Verhältnis des Physischen zum Psychischen.‹ Jena 1900, S. 17). –* HAUSDORFF *variiert hier auch den Titel von* BERNHARD LA BOVIER DE FONTENELLES *(1657–1757) Werk ›Entretiens sur la pluralité des mondes‹ (Paris 1686, dt. Übers. Leipzig 1751 unter dem Titel ›Dialoge über die Mehrheit der Welten‹ von* JOHANN CHRISTOPH GOTTSCHED*), in welchem* FONTENELLE *die moderne kopernikanische Astronomie in romanhafter Form zu popularisieren sucht: ein Gelehrter (*FONTENELLE*) erklärt einer (fiktiven) wißbegierigen Marquise unter anderem, daß die Nachbarplaneten der Erde wahrscheinlich bewohnt sind.*

488 Bismarck, Krupp, Rothschild] *Die Reihung der Namen konnotiert den Glauben an die zeitgenössischen Werte in Politik, (Rüstungs-)Industrie und Finanzleben.* OTTO EDUARD LEOPOLD FÜRST VON BISMARCK *(1815–1898) war von 1862 bis 1871 preußischer Ministerpräsident und von 1871 bis 1890 Reichskanzler. Die deutschen Industriellen* ALFRED KRUPP *(1812–1887) und sein Sohn* FRIEDRICH ALFRED KRUPP *(1854–1902) bauten die von* FRIEDRICH KRUPP *(1787–1826) gegründete eisenverarbeitende Fabrik zur größten Gußstahlfabrik der Erde aus. Das international tätige Bankhaus Rothschild, 1776 von* MEYER ANSCHELM ROTHSCHILD *(1744–1812) in Frankfurt a.M. gegründet, zählte zeitgenössisch mit Filialen in London, Paris, Wien und Neapel zu einem der führenden Finanzunternehmen der Welt; das Stammhaus in Frankfurt a.M., zunächst geführt von* MEYER ANSCHELMS *ältestem Sohn* AMSCHEL MEYER *(1773–1855), erlosch allerdings 1901.*

501f. in den buddhistischen Club] *vmtl. Anspielung auf die von* LEON DE ROSNY *(1837–1914), Professor an der ›École des langues orientales vivantes‹, in den 1890er Jahren in Paris durchgeführten öffentlichen Lehrveranstaltun-*

gen, in denen sich v.a. die ›vornehmere‹ Gesellschaft in die Lehren des Buddhismus einweihen ließ und die auch über die Grenzen von Paris und Frankreichs hinaus Aufmerksamkeit erlangten (vgl. Beilage zur Münchener ›Allgemeinen Zeitung‹ vom 23. Mai 1894). Im Pariser ›Musée national des Arts asiatiques – Guimet‹ fanden in den 1890er Jahren ebenfalls kulturelle Veranstaltungen statt, die den westlichen Besucher in fernöstliche religiöse Riten einführten.

502 electrotechnische Conference] *Gemeint sind vmtl. die internationalen elektrotechnischen Fachkongresse, die seit 1881 in verschiedenen europäischen Städten stattfanden, u.a. 1881 und 1889 in Paris. An diesen nahmen auch Mitglieder der elektrotechnischen Vereine Deutschlands teil, deren erster 1879 gegründet worden war.*

503 Helmholtz] *Der deutsche Physiologe und Physiker Hermann Ludwig Ferdinand von (seit 1883) Helmholtz (1821–1894) nahm in der zweiten Hälfte des 19. Jahrhunderts eine führende Stellung unter den Naturwissenschaftlern Deutschlands ein. Er leistete bahnbrechende Beiträge zur Sinnesphysiologie (physiologische Akustik und Optik, Augenspiegel, Farbensehen) und zur experimentellen und theoretischen Physik (Energieerhaltungssatz, Gesetze der Wirbelbewegung von Fluiden, Vorstufen zur Maxwellschen Eletrodynamik). Stets auch an naturphilosophischen Fragen interessiert, beteiligte er sich aktiv an den Diskussionen um die Grundlagen der Geometrie. Helmholtz war seit 1887 der erste Präsident der neugegründeten Physikalisch-Technischen Reichsanstalt; vgl. neben den ›Wissenschaftlichen Abhandlungen.‹ 3 Bde. Leipzig 1882–1895 und den ›Vorträgen und Reden.‹ 2 Bde. Braunschweig 1884 u.a. das ›Handbuch der physiologischen Optik.‹ 3 Lfgg. Leipzig 1865–1867; zu Helmholtz vgl. insbesondere Leo Koenigsberger: ›Hermann von Helmholtz.‹ 3 Bde. Braunschweig 1902/03.*

503 Jacob Böhm] *Der deutsche Mystiker Jacob Böhme (vgl. Erl. zu 452) verband in seinen Werken kabbalistische Vorstellungen mit religiöser Mystik und vertrat die Auffassung einer ›adamischen‹ Sprache, die den Menschen befähige, das innere Wesen einer Sache bei der Betrachtung des Namens dieser Sache intuitiv zu erfassen. Dabei meinte er, daß die Benennungen aller Dinge auf Adam zurückgehen. – Die hier von Hausdorff verwendete Schreibweise* Böhm *findet sich so im ›Brockhaus' Konversations-Lexikon‹, 14. Aufl., Bd. III (1898), S. 217: »Böhme oder Böhm«.*

503 fashionable] *engl. ›modern‹, ›modisch‹.*

Zeugnisse

1899, Rezension von Hans Vaihinger

Der Verfasser macht sich im Stile seines Meisters Nietzsche lustig über unser Jahrhundert. Das 18. Jahrhundert könne man wohl oberflächlich altklug nennen, aber es sei wenigstens »sauber und hell« gewesen. Aber in unserem Jahrhundert habe man, neben allen modernen Fortschritten, mittelalterliche Spinnengeweben hängen lassen, und darin eben bestehe die »Unreinlichkeit« unseres Jahrhunderts. Infolge davon sei unser Jahrhundert zwiespältig und doppelzüngig, auf der einen Seite aufgeklärt, auf der andren Seite mystisch, daher herrsche neben der Naturwissenschaft noch immer der Aberglaube. Und wer ist Schuld an dieser »modernen Halbheit und Doppelheit«? Errätst du es, geduldiger Leser? Natürlich niemand anders als Kant! »Am Anfang unseres Jahrhunderts steht bereits der erstaunlichste Dualismus, der je Wort und Sprache fand, die Kantische Philosophie, der bewusst geduldete, ja geforderte Widerspruch zwischen Theorie und Praxis, die heilig gesprochene ›Lebenslüge‹, um mich anders auszudrücken.« Das liess sich das Jahrhundert nicht zweimal sagen: »Man war längst zweideutig, aber nun hatte man auch nicht mehr nötig[,] eindeutig zu scheinen« u. s. w. In diesem geistreich witzelnden Tone spricht der Nietzscheaner weiter und macht den Kantischen »Idealismus« für allerlei moralische Auswüchse der Zeit verantwortlich, wie das Duell und ähnliches. In der That, eine Verzerrung, wie sie frivoler nicht gedacht werden kann. Niemals hat der Kantische Idealismus zu einer moralischen Zwiespältigkeit die Hand geboten, wie der Verfasser ihm imputiert.

*Hans Vaihinger: [Rez.] ›***Mongré, Paul.*** Das unreinliche Jahrhundert.
Neue Deutsche Rundschau, IX, Mai 1898, S. 443ff.‹
In: ›Kantstudien‹ 3 [1899], S. 201.*

Stirner.

›Die Zeit‹ (Wien), Nr. 213 v. 29. Okt. 1898, S. 69a–72a.

[H 1898d]

Stirner

Verkanntes retten und Vergessenes wieder ans Licht fördern, ist das Lieblings-Tagewerk oder Nachtwerk eigenwilliger Menschen, die sich abseits vom Schwarme und gegen ihre Mitwelt begeistern. Sie horchen immer nach dem Rieseln geheimer Quellen und dem leisen Wachsthum unterirdischer Goldadern, und ganz boshaft ist ihr Entzücken, wenn sie der gedankenlosen Zeitgenossenschaft ins Gesicht sagen können: Seht, welches Kleinod ihr unter die Füße getreten, welchen Marmortempel ihr im Sande verschüttet habt! Den gelehrten Schatzgräbern, die in tieferen Erdschichten und verklungenen Zeiten ihre Funde erspüren, fehlt es nicht an mildernder Einsicht, und sie entrüsten sich nicht über das Allzunatürliche, dass *[69b]* der Lauf der Jahrtausende auch Werthvolles löscht und Gleichgiltiges aufbewahrt, dass gewonnene Wahrheiten wieder verloren gehen und todtgeglaubte Irrthümer zählebig weiterwuchern. Wenn aber der leidenschaftliche und durch Wissenschaft nicht gedämpfte Mensch einer starken Liebe seinen Geliebten sucht und nicht findet, wenn die Vergessenheit, sonst ein Ergebnis geschichtlicher Zeiträume, schon nach Jahrzehnten fast alle Spuren getilgt und undurchdringliche Schleier aufgespannt hat, wenn ein Geistesgewaltiger, der noch eben unter uns wandelte, mitten in unserem taghellen Jahrhundert der Verschollenheit und Todtsagung verfallen kann — dann verstehen wir den Zorn über das vergessliche, flatterhafte Menschengeschlecht, und mystischer Schrecken ergreift uns, wie wenig doch dazu gehört, dass ein Werk, ein Gedanke, ein Mensch spurlos verschwinde.

Ganz so schlimm ist es Max Stirner nicht ergangen, wenigstens dem Werke nicht. »Der Einzige und sein Eigenthum«, 1844 erschienen, erlebte sogar 1882 einen Neudruck — was kann ein ernsthaftes Buch mehr verlangen? Der Mensch allerdings war nahe daran, völlig zur Fabel zu werden, und wir begreifen, dass die liebevolle Hand des Dichters Mackay*, die den Schleier zu lüften unternahm, sich oft zur Faust gegen die schlaffe Gleichgiltigkeit ballt, mit der das neunzehnte Jahrhundert einen seiner Besten übersah. »Die Deutschen haben ihren kühnsten und consequentesten Denker so lange und gänzlich vergessen, dass sie jedes Anrecht auf das Geschenk seines Lebens verloren haben,« erklärt Mackay in einer Anwandlung jener Deutschenverachtung, die doch wohl mehr sein muss, als eine coquette Pose verkannter Genies: es wäre einmal an der Zeit, die Stimmen gegen »Europas Flachland« zu zählen und zu wägen. Nicht, um der drängenden Mitwelt gegenüber eine Verpflichtung zu erfüllen, hat der Biograph Stirners das karge Material, das ihm zu sammeln gelang, schon jetzt in Buchform gebracht, sondern neben persönlichen Gründen leitete ihn die Ueberzeugung, dass ein gewisser Abschluss erreicht sei, und nur ein unerwarteter Zufall noch neue Quellen zu erschließen vermöchte. Und diese

* Max Stirner. Sein Leben und sein Werk. Von John Henry Mackay. X, 260 S. Max Stirners kleinere Schriften. Herausgegeben von John Henry Mackay. 185 S. Berlin 1898. Verlag von Schuster & Loeffler.

Ueberzeugung dürfen wir theilen; die Entstehungsgeschichte der Biographie lässt keinen Zweifel, dass hier mit Hingebung jede Spur verfolgt und das Mögliche gethan worden ist, um den verschollenen Mann ans Tageslicht zu ziehen. Seltsame Dinge waren dabei im Spiel, Zufälle, fast unheimlich zu nennen, halfen Spuren auffinden und verschütteten sie wieder; die Hauptpforte der Enträthselung des Räthselhaftesten schien gefunden, aber der Schlüssel brach im Schlosse ab. Maric Dähnhardt, die längst Todtgeglaubte, war noch am Leben, das »Liebchen«, dem Stirner sein Werk zugeeignet! Wir erfahren, dass Stirner mit ihr seine zweite Ehe schloss, unter Umständen, die sich wie ein köstliches Capitel aus Murger lesen, dass die Eheleute vom Vermögen der Frau lebten, um eines Tages als echte Bohémiens zu entdecken, dass es aufgezehrt war, dass sie Noth und Sorge kennen lernten (seine Stellung als Töchterschullehrer hatte Stirner vor dem Erscheinen seines Buches aufgegeben) und auf allerhand verzweifelte Erwerbspläne geriethen, um sich schließlich nach dreijähriger Ehe zu trennen. Wir hören, dass Marie Dähnhardt nach England geht, sich einer Auswanderergruppe nach Australien anschließt und dort im Elend — fromm wird, dass sie jetzt wieder in der Nähe von London lebt, als achtzigjährige bigotte Frau, »prepared for death« ... Und nun sind wir auf Schlimmes gefasst, aber es lässt uns doch sprachlos, dass Mary Smith, wie sie sich noch immer nach ihres Gatten bürgerlichem Namen nennt, es einfach ablehnt, mit dem Biographen Stirners in Verbindung zu treten, ablehnt, »zur Zeugin für das Leben eines Mannes aufgerufen zu werden, den sie je weder geliebt noch geachtet habe«, ablehnt, irgend einen weiteren Briefwechsel über diesen Gegenstand zu führen, nicht ohne auf Mackays schriftliche Anfragen mit einem wahren Todesurtheil über Stirners Charakter geantwortet zu haben! Starrer, unversöhnter Groll über ein halbes Jahrhundert hinweg! wie unmöglich müssen diese beiden Menschen vor einander geworden sein, dass ein ganzes Leben nicht ausreichte, die Erinnerung an etwas Unerhörtes zu löschen! Schrecklich, dass die Seele dieser Greisin der einzige Ort sein muss, wo Stirner noch unvergessen lebt. Aber was heißt hier Vergessen und Erinnerung? Die Thatsachen schwinden, das Bildliche und Greifbare des Lebens erblasst, und nichts als eine Grundempfindung, ein dumpfer physiologischer Hass bleibt zurück. Auch Marie Dähnhardt hat vergessen, sie hat dem Biographen Stirner*[s]* nichts Neues zu sagen, die Bitterkeit ihrer Anklagen nicht begründen können oder wollen; soll man das Erinnerung nennen, dass ihr Blut noch heute kocht, wenn sie des einstigen Gatten gedenkt? Das letzte Residuum der Berührung zweier Menschenleben ist geblieben, eine kranke Stelle, die bei der Wiederberührung schmerzt; so tief hat ein Individuum sich in ein anderes hineingeätzt, dass der Abdruck kein feiner und getreuer sein kann. Wir fragen die Verwundete: »wer war er?«, und sie stöhnt: »ich weiß nicht; ich weiß nur, dass er mich verwundet hat«. Wer will hier von Schuld sprechen? lassen wir den Guten und Gerechten die Freude, festzustellen, dass Stirner ein kalter Egoist war, der sein *[70a]* Weib ausbeutete und seelisch vergiftete, gönnen wir auch denen ihre wohlfeile

Entrüstung, die in Mary Smith die verwilderte und wieder zahm gewordene Bourgeoise sehen und die Verbindung Stirners mit einer Unebenbürtigen am liebsten aus der Welt schaffen möchten. Freuen wir uns eher, dass die Genossin des »Einzigen« auch ihrerseits ihr Eigenthum zu wahren wusste, mag es uns auch hart ankommen, dass der einzige Mund, der noch von Stirner zu reden vermöchte, sich selbst ewiges Schweigen auferlegt hat.

Wenig genug und doch genug, was trotz alledem über den Menschen Johann Caspar Schmidt zu Tage gekommen ist! Ein Leben vom allereinfachsten Typus wird sichtbar, fast nur das nothwendige Substrat und die unentbehrliche Einkleidung des Werkes, an sich selbst ohne Fülle und Glanz. Der Gedanke kann nicht umhin, sich mit einem Denker zu behaften, und mancher Denker ist für seinen Gedanken ein recht peinlicher Erdenrest; aber diesmal hat der Schöpfer seine Schöpfung wahrhaftig nicht compromittirt. Stirner neben seinem Werke nimmt sich so unbeträchtlich und zufällig aus, wie die schreibende Hand neben dem Geschriebenen oder der Meißel neben der Statue, sein Gehirn hat einen phlegmatischen und anspruchslosen Leib zur Herberge gewählt. Der Mensch wächst, lernt denken, schreibt ein Buch, vegetirt noch ein Jahrzehnt und stirbt, still und geduldig wie das Insect, das seinen Lebenszweck erfüllt, die Gattung fortgepflanzt hat und damit überflüssig geworden ist. Vorspiel, Hauptthema, Ausklang, diese drei sind zu unterscheiden, im übrigen fehlt es an allem: Contraste, Stufen, Wendepunkte, Golgatha oder Damaskus, alle die geräuschvollen und feuerwerkartigen Katastrophen einer Seelengeschichte mangeln diesem Leben, das ein Philosoph oder ein Philister geführt hat. Wer zum Volke gehört und Sensationen liebt, wird sich hier enttäuscht fühlen: der furchtbare Egoist Stirner als Mädchenschulmeister und Stammtischgast —! Wir hatten einen Vampyr erwartet, der schönen Frauen das Blut aussaugt, oder einen Napoleon, der mit Fürsten und Völkern Würfel spielt, mindestens aber einen Raskolnikow, einen consequenten Propagandisten der That! Vielleicht fällt uns bei dieser Gelegenheit ein, dass auch Nietzsche kein Cesare Borgia und diamantharter Menschheitszüchter war, sondern ein zartnerviger Pfarrerssohn mit concilianten Umgangsformen, um den sich sogar neuerdings die Atmosphäre der Heiligkeit verbreiten will; vielleicht erinnern wir uns auch, dass der patriotische Träumer Macchiavelli ein Buch von brutaler Offenheit schrieb, das ein in praxi leidlich vorurtheilsfreier König mit einer moralinsauren Gegenschrift bekämpfte. Wunderbar! und doch nicht so sehr wunderbar; wer in aller Welt glaubt denn noch an nothwendige Uebereinstimmung zwischen Leben und Denken, Mensch und Werk! Oder, wenn diese Uebereinstimmung besteht, warum muss sie gerade von der plumpen Buchstäblichkeit sein, dass jeder Beliebige sie merkt?

In feiner und verborgener Weise zieht schließlich auch Stirners Leben die Consequenzen aus Stirners Lehre: unabhängig wie ein Stoiker und fatalistisch-gemächlich wie ein Türke lässt er sich vom Weltlaufe treiben und schließlich auf den Sand setzen, ohne sich sonderlich darum zu bekümmern, wie man ein fahrendes Boot steuert oder das festgefahrene wieder flott macht. Seine Beziehungen zu Mitmenschen sind so lose geknüpft, dass sie ohne Zuthun mit der Zeit von selber zerfallen; in den letzten Lebensjahren dürften von der Außenwelt her nur Gläubiger und Schuldenboten zu ihm gedrungen sein. Aber selbst in der fruchtbaren und frohmüthigen Zeit, die ihm sein Hauptwerk reifte, erscheint er als schweigsame und leicht zu übersehende Nebenperson im Kreise der »Freien« bei Hippel, jener merkwürdigen Gesellschaft radicaler und weltverbessernder Köpfe, die uns Mackay in einem eigenen Capitel mit großer Anschaulichkeit vorführt. Der impressionistische Darsteller und getreue Chroniqueur eines Zeitalters wird immer gut thun, auf derlei Conventikelwesen einen aufmerksamen Blick zu lenken, und so wenig diese »Freien« etwa als thätige Corporation zu bedeuten haben, so wenig dürfen sie fehlen, wo es ein lebendiges Bild des vormärzlichen Jahrzehnts zu zeichnen gilt. Zu guter Letzt war's ein deutscher Stammtisch, an dem getrunken, geraucht und debattirt wurde; aber auch die Stammtische gehören mit zur politischen Physiognomie einer Epoche, zumal da an diesem fast Alles saß, was vor 1848 die Feder führte. Manche Namen begegnen uns hier, die in der Geschichte des Revolutionsjahres wieder auftauchen; vergebens aber sucht man solche, die in der Geschichte der Literatur und des Gedankens heute noch zu nennen wären. Es muss unter diesen Volksbefreiern der Hippelschen Weinstube erschrecklich viel geredet und geschrieben worden sein; zum Glück räumte die Reaction mit der wachsenden Masse bedruckten Papiers auf. Stirners Buch ist das einzige Lebenszeichen eines »Freien«, das wirklich, nicht nur antiquarisch, bis auf unsere Tage kam; aber selbst in ihm ist ein kaum erträglicher Ballast zeitgemäßer Stammtisch-Dialectik und Wortklauberei verfrachtet. Die unermüdlichen Auseinandersetzungen mit Feuerbachs »wahrem Menschenthum«, die hundertmal wiederholten Angriffe auf die »freie menschliche Kritik« der Brüder Bruno und Edgar Bauer — was interessirt uns das alles? Diese ganze humane und absolute Kritik, mit deren Bekämpfung Stirner etwa ein Drittel seines Werkes füllt, *[70b]* ist weder eine typische Aeußerung des Menschengeistes, noch die letzte Consequenz des Christenthums — sondern eine Zeitungsphilosophie, die 1843 begann, 1844 schon zu Ende war und inzwischen von den Brüdern Bauer zusammen mit einem Cigarrengeschäft betrieben wurde: mit solchen Gegnern tritt Stirner vor das Forum der Ewigkeit, mit diesem papiernen Liberalismus verödet er die herrliche Unbefangenheit seines Buches, das sonst an sprühendem Muthwillen und quellfrischer Natürlichkeit das Werk eines wahrhaften Prinzen Vogelfrei ist! — Zweifellos hat der Verfasser des »Einzigen« die Freien bei Hippel sammt und sonders unendlich überragt, so wenig er auch sein Werk von ihren ephemeren Gesprächsgegenständen freizuhalten wusste. Aber auch unter ihnen, die ihm noch am nächsten standen, war er ein stiller und wenig beachteter Genosse, freundlich ohne mittheilsam zu sein, leidenschaftslos, bedürfnislos, energielos, ein phlegmatischer Raucher feiner Cigarren, gutartig und passiv in seinem »Egoismus«, den man sich wahrhaftig nicht mit Raubthierkrallen vorstellen darf. Johann Caspar Schmidt war kein Eigner und Gewaltiger, der mit sublimirtem geistigem Cannibalismus Menschen »verbraucht«; er ließ in Ruhe und wollte in Ruhe gelassen werden. Er hatte sich, wohl mehr instinctiv als grundsätzlich, für Ataraxie entschieden, für die unangefochtene halbschlafähnliche Seelenstille der spätgriechischen Philosophen, und ich zweifle, ob ihm selbst mit Marie Dähnhardt etwas wie ein Erlebnis widerfahren ist.

Ein überraschendes Bild, nicht wahr? Aber ich sagte schon, es liegt an uns, ob wir zwischen Leben und Denken dieses Mannes den scheinbaren Widerspruch oder die verborgene Uebereinstimmung sehen wollen. Einem tiefer Blickenden kann es nicht entgehen, dass Stirner zwar im kleinsten Maßstabe, aber mit vollkommen exemplarischer Folgerichtigkeit seine eigene Philosophie gelebt hat, die als Philosophie des Egoismus gilt und doch nur die Philosophie des Indifferentismus ist. Hierüber wären einige Worte zu sagen, wobei es nicht zu umgehen sein wird, uns an dieser Stelle von der Auffassung Mackays völlig zu trennen, dessen persönliche Verehrung Stirners (ohne die ein Unternehmen wie diese Biographie freilich nicht denkbar ist) sich sachlich als monströse Ueberschätzung äußert. Er wartet auf eine neue Epoche im Leben des Menschengeschlechts, eine Epoche der Freiheit, in deren Weltanschauung Stirner herrschen soll — ich fürchte, er kann lange warten! Es wird kein Zeitalter des Einzigen geben, so wenig wie ein Zeitalter des Uebermenschen; sollten wir nicht endlich darüber hinaus sein, von literarischen Erfindungen Weltgeschichte machen zu lassen? Daneben unterscheidet sich Stirners Ich von Nietzsches souveränem Individuum um eine Möglichkeit mehr, auf dem Wege zur Praxis zu entgleisen: der Uebermensch ist wohl nur Utopie, der Einzige aber, je nach Wahl, nie erreichbare Utopie oder längst erreichte Banalität. Ich ziehe die zweite Interpretation vor und meine, dass Stirner unsere Zukunft aus dem einfachen Grunde nicht beherrschen kann, weil er bereits unsere und jede Gegenwart beherrscht, weil man nicht gehen, stehen, athmen und schlafen kann, ohne Stirner'sches Ich zu sein.

Der normative Eindruck des »Einzigen« ist gleich Null. Man wird mich nicht im Verdacht haben, als schätzte ich ein Buch danach, wie viel gebrauchsfertige Ethik es überliefert; aber irgend einen Willensreiz muss ein Werk doch ausstrahlen, wenn es unsere sittliche Weltanschauung gründen, wandeln oder umstürzen will. Das Schauspiel, wie Stirners Ich eine Fessel nach der anderen abstreift, muss in uns den Wunsch gleicher Selbstbefreiung entzünden; sonst taugt das Schauspiel nichts, oder taugen wir nichts. Nehmen wir an, wir taugten etwas; wir wären nicht vom Sclavengeist so tief angefault, dass wir stumpfsinnig ins hereinbrechende Licht der Freiheit stierten und den geöffneten Kerker nicht verlassen wollten. Nehmen wir sogar an, wir seien ein wenig entwickelt und hätten die niedersten Grade der Selbstbefreiung schon unter uns; die Entdeckung, dass der Landrath kein Stellvertreter Gottes und der Staat nicht die höchste Entfaltung der absoluten Idee sei, fände uns nicht unvorbereitet. Kurz, nehmen wir einen Menschen von leidlicher Civilisation an und fragen, was kann ihm Stirner sein?

Eine prachtvolle Lectüre; nichts anderes. Stirner hat kein »Du sollst«; dagegen formulirt er ein »Du willst, kannst aber auch anders« so vielfältig, dass man sich in der That jeden activen oder müßigen Augenblick damit erheitern kann. Ich strecke den rechten Arm aus: wenn ich wollte, könnte und würde ich den linken Arm ausstrecken. Ich schlage Niemanden todt; wenn ich wollte und nicht das Strafgesetz wäre, würde ich Manchen todtschlagen. Ich bitte, was wird damit bewiesen? Doch nur, dass ich ungelähmte Muskeln, unversehrte Intelligenz und die sonstigen Requisiten dessen beisammen habe, was man kurz und schlecht Freiheit des Willens nennt. Soll ich darum zu jedem Bewusstseinsvorgang eine indeterministische Begleitempfindung ablaufen lassen? Andere Philosophen fordern die deterministische: ich soll stets der Bedingtheit und meinem Belieben entzogenen Nothwendigkeit meiner Handlungen bewusst bleiben. Beide haben Recht, beide Unrecht; vor allem aber ist jene Begleitempfindung ein philosophischer Spass für Neulinge, nicht für Fortgeschrittene. Wenn man diese Art circulus *[71a]* vitiosus (sein Thun als determinirt oder indeterminirt empfinden und zugleich damit motiviren) einigemale durchgeprobt hat, findet man, dass man seine Zeit nützlicher anwenden könne. Vielleicht aber hilft diese philosophische Selbstbeschnüffelung wirklich eine Ich-Souveränität, ein Hochgefühl der Seele erzeugen, das auch in schweren Prüfungen standhält; dann würde man den unwissenschaftlichen Ursprung des egoistischen Rausches verzeihen können. Aber für solche Fälle giebt Stirner nichts als sophistischen Selbstbetrug: der folternde Tyrann kann mir von meinem Eigenthum nichts entreißen, das Bein, das er mir abschneidet, ist nicht mehr »mein« Bein, nur der Leichnam meines Beines, den ich willig fahren lassen kann. Ein schöner Trost; und hier gestatte ich mir die Frage, ob dem souveränen »Ich will« aus dem »Ich soll« oder »Ich kann nicht« die tödtlichere Hemmung erwächst. Gegen die körperlosesten Schattenideale, die nie Freiheit und Gewissen eines erwachsenen Menschen ernstlich bedrückt haben, richtet Stirner den Stoß seiner individualistischen Empörung; die wirklichen Schranken lustvoller Ich-Bethätigung weiß seine hilflose Dialectik so wenig zu überspringen wie zu umgehen, und der Philosoph findet sich in der lächerlichen Situation des Herrn Phrasilaos, der einer gekreuzigten Sclavin klar macht, dass Schmerz ein Begriff ohne Realität sei. Humanität, Freiheit, Menschenthum, Sittlichkeit, diese Gespenster, die wohl Keinem von uns schlaflose Nächte bereitet, hat Stirner gebannt; kein kategorischer Imperativ fesselt mein Belieben mehr. Aber er fesselt auch das Belieben meines Gegners nicht mehr, der mich nach Laune niederschießen, boycottiren, einsperren mag. Dem russischen Sträfling wird es erfreulich sein zu hören, dass politische Freiheit, religiöse Freiheit, Pressfreiheit nur sublime Formen eines Terrorismus sind, die seine Eigenheit bedrohen, dass er, um der Tyrannei von Staat und Gesellschaft zu entgehen, gut thue, dem Verein beizutreten, und dass der Gefängnisdirector die Macht und folglich das Recht habe, ihn todtzuknuten. Wer sich auf derlei Gedankengängen von Stirner führen lässt, kann leicht auf einen schrecklichen Verdacht kommen, der von verschiedenen Seiten frühzeitig laut wurde: wenn dieser Individualist nicht ein Witzbold ist, sollte er nicht ein Fanatiker der Reaction sein? In diesem Falle wäre dem »Einzigen« der Ruhm, das geistreichste Buch der Weltliteratur zu sein, nicht wohl abzusprechen, und nur noch Kants Kritik der reinen Vernunft ließe sich ihm als Beispiel jener glänzenden Taktik, die in Form des Angriffs vertheidigt, an die Seite stellen. Der Drache Staat redet dem Individuum, das ihm durch Coalition der Schwachen zu mächtig wird, gut zu: lege doch den schweren Panzer ab, mein Kind, der dich drückt und beengt! Du wirst fühlen, wie es dich erleichtert, nackt zu gehen ...

Aber lassen wir diese heimtückischen Vermuthungen. Wir sehen, wie wenig Stirners Egoismus in ernsthaften Fällen besagen will; und für den Alltagsgebrauch ist er einfach ein psychologischer Ballast: jene Begleitempfindung souveränen Ich-Gefühls würde auf unsere Functionen anfangs wohl beschleunigend, dann aber gar nicht und schließlich noch verzögernd wirken. Stirner deckt den mehr oder minder bewussten Selbstbehauptungstrieb, Selbstförderungstrieb in unserem Verhalten auf und gibt damit eine vortreffliche Atomistik des socialen Lebens: so, auf dem nie versagenden Ich, baut es sich auf, wie der Körper aus den Molecülen, der Kreidefelsen aus den Infusorien. Aber wer wird die zahllosen Transformationsstufen verkennen, die vom bloßen Ich zu den socialen Formen und wieder, auf höherem Niveau, zum entwickelten Individuum, zur Persönlichkeit im Goethe'schen Sinne führen? Im Laufe der Zeit sammelt sich ein Bestand von Erfahrungen an, die man nicht wieder preisgeben wird; Collectivgebilde haben sich als zweckmäßig herausgestellt — wozu sie immer und immer wieder zersetzen, da sie doch immer und immer wieder erneuert werden müssen? Das Ich wird, zum Theil, eben nur in collectiver Form sichtbar, wie das Atom nur als Atomschwarm, als Naturkörper, in dem man auch das einzelne Atom nicht isoliren kann. So unbestreitbar nützlich es ist, sich einmal grundsätzlich über diese Elementarbestandtheile des Lebens klar geworden zu sein, so zwecklos ist es auch, sie immer wieder aus ihren Verbindungen abspalten zu wollen. Selbst im Stirner'schen »Verein« würde sich das Individuum, solange es des Vereines bedarf, den augenblicklichen Existenzbedingungen des Vereines unterordnen müssen: hat es einen Sinn, diese Unterordnung beständig durch das Begleitgefühl, dass sie eine freiwillige und jederzeit widerrufliche sei, psychophysisch zu kreuzen, oder wird es nicht der seelischen Oekonomie zuliebe angemessener sein, auf die Dauer der Unterordnung den rebellirenden Eigenwillen zeitweilig auszuschalten? Wenn uns ein Freund bei jeder uns erwiesenen Gefälligkeit zu Gemüthe führte: »vergiss nicht, dass ich dich verbrauche, und dass dies nur ein Mittel ist, dich mir mundgerecht zu machen!«, würden wir nicht endlich ausrufen: »schön! aber behalte dies für dich!« Und nun, wieweit sind wir noch von einer sogenannten Ethik, horribile dictu? Das souveräne Ich findet es aus irgendwelchen Gründen vortheilhaft, sich von »Idealen« den Weg weisen zu lassen; diese Ideale wirken erfahrungsgemäß am sichersten, wenn man sie in einiger Entfernung *[71b]* vom Ich aufstellt und vergisst, dass es eigentlich Erzeugnisse und Projectionen des Ich selbst sind. Man bedarf, um über manche Lebensstrecken hinwegzukommen, einer Lebenslüge, einer Fiction: dann aber muss man der Kritik den Mund verbieten und eine Weile lang die Lüge als Wirklichkeit, die Fiction als Realität verehren. Alle diese Künste verfeinerter Lebensführung fehlen bei Stirner, die Selbstblendung, dic Sclbstpreisgebung, der fromme und unfromme Selbstbetrug, die Exteriorisirung des Ichs in Scheinobjecte, die Autosuggestion als Liebe, als Idealismus, als Anreiz zur Production — die eigentlich hohen und raffinierten Formen des Egoismus sind diesem Egoisten nicht aufgegangen. Er hat überhaupt *Inhalt* und Umfang des Egoismus weder erschöpft noch erweitert; dafür giebt er jene rein *formale* Begleitempfindung des »car tel est mon plaisir«, die, wie ich andeutete, zum psychischen Ballast wird und die jeder, ausnahmslos jeder Bethätigung des menschlichen Lebens, vom Symphonieschreiben bis zum Wechselfälschen, vom Martyrium bis zum Secttrinken angehängt werden kann. Der Straßenräuber, der »zugreift«, und der biedere Beamte, der demüthig um Gehaltserhöhung »petitioniert«, beide sind Egoisten, beide thun, was ihnen bequem ist — dass der eine sich gegen die Gewalt auflehnt, der andere sich ihr fügt, bedeutet keinen Unterschied der »Weltanschauung«, sondern des Kräftemaßes, der Nerven und Muskeln, des Könnens und nicht des Wollens. Hiernach dürfte es schwer sein, sich *nicht* als Stirner'sches Ich zu benehmen, und wir sind mitten im salzlosen Indifferentismus, der seine Sach' auf *Nichts* gestellt hat: Stirner schmückt zwar, mit Hegelischer Rhethorik, dieses Nichts als das schöpferische, das zeugende und verzehrende, aber es bleibt doch eben Nichts — das Nichts, aus dem Nichts werden kann. Von Stirner, dem *Entwerther* aller Werthe, wird keine *Umwerthung* der Werthe ausgehen.

Man hört Stirner vielfach als geistigen Vorfahren *Nietzsches* preisen oder verdammen; ich kann mir kaum einen ärgeren Fehlgriff in der Genealogie denken. Nietzsche ist das gerade Gegentheil eines Nihilisten oder Indifferentisten: sein Uebermensch, verglichen mit dem jederzeit von Jedermann mühelos realisierten Einzigen, ist das Gespenst aller Gespenster, und die Stirner'schen Anarchisten haben Recht, den Erfinder dieses neuen »Spukes« zu den Moralisten, Romantikern und Religionsstiftern zu rechnen. Stirner ist, als »Ethiker«, unwiderlegbar, weil er inhaltleer ist und nicht Gefahr läuft, an Realitäten anzustoßen; Nietzsches Werte lassen sich wenigstens discutieren, sie weisen eine Richtung und deuten auf ein Ziel, sein Ideal ist kein truism, eben darum kann es falsch sein. Ein einzigesmal will sich Nietzsche zu den wirklichen Immoralisten gesellen: »Der Philosoph verachtet den wünschenden Menschen, auch den ›wünschbaren‹ Menschen — und überhaupt alle Wünschbarkeiten, alle *Ideale* des Menschen«; diese Stelle könnte Stirner inspiriert haben, sie ist radical und nichtssagend — mit ihr wäre Zarathustra ein- für allemal auf den Mund geschlagen. Dass aber, von dieser unüberlegten Schwankung abgesehen, Nietzsche selbst ein leidenschaftlich wünschender Idealist und weltenweit von der bequemen Ich-Wortspielerei Stirners entfernt ist, dass Zarathustra nur die »heile, gesunde Selbstsucht« und nicht jede beliebige gutheißt, dafür mögen ein paar aufs Gerathewohl herausgesuchte Sätze beider Männer zeugen.

Stirner: Ein Mensch ist zu nichts »berufen« und hat keine »Aufgabe«, keine »Bestimmung«. — Man lebt in *Sehnsucht* und hat Jahrtausende in ihr, hat in *Hoffnung* gelebt. Ganz anders lebt es sich im — *Genuss*!

Nietzsche: Hat man sein *warum*? des Lebens, so verträgt man sich fast mit jedem *wie*? — Der Mensch strebt *nicht* nach Glück: nur der Engländer thut das.

Stirner: Was bin ich denn nun? Etwa dieses *leibhaftige* Ich, wie ich gehe und stehe? Nichts weniger als das. Du siehst in mir nicht mich, den Leibhaftigen, sondern ein Unwirkliches, den Spuk.

Nietzsche: Den Menschen zu lieben um *Gotteswillen* — das war bis jetzt das vornehmste und entlegenste Gefühl, das unter Menschen erreicht worden ist. Dass die Liebe zum Menschen ohne irgend eine heiligende Hinterabsicht eine Dummheit und Thierheit mehr ist: — welcher Mensch es auch war, der dies zuerst empfunden und »erlebt« hat, er bleibe uns in alle Zeiten heilig und verehrenswerth, als der Mensch, der am höchsten bisher geflogen und am schönsten sich verirrt hat!

Stirner: Ja, wenn ich das Gesetz mir auch selbst gäbe, es wäre doch nur mein Befehl, dem ich im nächsten Augenblick den Gehorsam verweigern kann.

Nietzsche: Willenslähmung! wo findet man nicht heute diesen Krüppel sitzen? Und oft noch wie geputzt! Wie verführerisch herausgeputzt!

Stirner: Ihr seid menschliche Naturen, d. h. Menschen. Aber eben, weil Ihr das bereits seid, braucht Ihr's nicht erst zu werden.

Nietzsche: Was groß ist am Menschen, das ist, dass er eine Brücke und kein Zweck ist: was geliebt werden kann am Menschen, das ist, dass er ein *Uebergang* und ein *Untergang* ist.

Genug! Einzelne Sätze würden ja nichts beweisen: aber die Grunddifferenz lässt sich nicht verbergen, dass Nietzsche als cäsa*[72a]*rischer Gewaltherr den Menschen nach seinem Bilde formen, seine Hand auf Jahrtausende drücken, auf dem Willen von Jahrtausenden schreiben will, während bei Stirner jede normative Spitze abbricht und das gleichgiltige laisser aller übrig bleibt. Nietzsche, nur ein Gegner der christlichen, modernen Moral und beileibe kein Immoralist, würde in dem gallertig jeder Forderung entschlüpfenden »Einzigen« etwa seinen »letzten Menschen« wiedererkennen, dessen bequemen Eudämonismus Zarathustra mit Ekel verwirft; umgekehrt ist leicht zu errathen, dass Stirner an die heroische Utopie des Uebermenschen das indifferente Lächeln gewendet hätte, das er für jeden »Sparren« bereit hielt. Hierüber darf man sich nicht täuschen, und das hochentwickelte übersociale Individuum Nietzsches mit Stirners primitivem Gesellschafts-Atom zu verwechseln, sollte nur der akademischen Ethik gestattet sein, die in blinder Angst vor der »Umsturzgefahr« alle feinere Unterscheidung verlernt. Für den unmittelbaren Bestand der heutigen Sittlichkeit mag Nietzsches Gedanke bedrohlicher sein, während es vielleicht dem »Einzigen« vorbehalten ist, in langsam destructiver Nachwirkung die Menschheit zu »dissociiren«, also das Sonnensystem socialer Gestaltungen Schritt für Schritt zum chaotischen Nebularzustand zurückzuführen. Indessen würde für eine solche weltgeschichtliche Reaction weniger ein einzelnes Buch als das natürliche Verhängnis verantwortlich zu machen sein, ein Gesetz der Trägheit, der »Geist der Schwere« oder wie man sonst jenen dumpfen *hedonistischen* Widerstand nennen will, der dem *evolutionistischen* Zuge nach oben als feindselig kraftverzehrende Hemmung entgegenwirkt. Mit diesem vielleicht etwas phantastischen Maßstabe gemessen, könnte Stirner sogar zu einer Art Unsterblichkeit berufen sein, als der einzige, bewusste, phlegmatisch lächelnde Fürsprecher eines *antikosmischen* Weltverlaufs.

Leipzig — Paul Mongré

Stirner

Entstehungsgeschichtlicher Kontext

Max Stirner (1806–1856) – eigentlich Johann Caspar Schmidt, den Namen ›Max Stirner‹ hatte er bereits während seiner Studentenzeit seiner hohen Stirn wegen von den Kommilitonen erhalten – studierte ab 1826 Philosophie, Theologie und klassische Philologie in Berlin, Erlangen und Königsberg. Nach dem bestandenen Lehramtsexamen (1834/35) war er zunächst von 1839 bis 1844 als Lehrer an einer privaten Lehranstalt für höhere Töchter tätig, schied 1844 aber aus dem Dienst aus und betätigte sich als ›Privatgelehrter‹ und Journalist u.a. für die von Karl Marx (1818–1883) herausgegebene ›Rheinische Zeitung‹. In Berlin trat er seit den frühen 1840er Jahren zunächst in Kontakt mit den Junghegelianern des Clubs ›Die Freien‹, deren Programm die Loslösung »von allem Glauben, aller Überlieferung und Autorität, weil diese unmenschlich ist«, vorsah[1] und zu deren engerem Kreis neben Stirner u.a. die Brüder Bruno (1809–1882) und Edgar (1820–1886) Bauer gehörten. Bruno Bauer, anfänglich Privatdozent für Theologie in Berlin, dann in Bonn, wurde im März 1842 aufgrund seiner linkshegelianischen Anschauungen, die sich v. a. in der anonym erschienenen Broschüre ›Die Posaune des jüngsten Gerichtes über Hegel den Atheisten und Antichristen. Ein Ultimatum‹ (Leipzig 1841) niederschlugen, die Lehrerlaubnis entzogen, die Auflage seines ›Das entdeckte Christenthum. Eine Erinnerung an das 18. Jahrhundert und ein Beitrag zur Krisis des 19. Jahrhunderts‹ (Zürich 1843) wurde von der Zensur vernichtet (eine ›zweite‹ Auflage wurde 1927 von dem deutschen Kirchenhistoriker Ernst Barnikol [1892–1968] herausgegeben). Er siedelte nach Rixdorf bei Berlin über und lebte als Landwirt und Schriftsteller bei seinem Bruder Edgar. Dieser führte in Berlin ein von Bruno erworbenes Zigarrengeschäft, dem ein Verlag angeschlossen war, in dem in den Jahren 1843/44 die ›Allgemeine Litteratur-Zeitung‹ sowie die Publikationen der Brüder erschienen.

Seit Ende der 1840er Jahre wandte sich Stirner mehr und mehr von den ›Freien‹ ab; er war weiter als Privatgelehrter tätig, übersetzte Adam Smiths (1723–1790) ›Wealth of Nations‹ ins Deutsche (1847), verfaßte u.a. die ›Geschichte der Reaktion‹ (1852). Stirner starb an einer Sepsis, verursacht durch einen Insektenstich im Sommer 1856. Seine Publikationen, die eine allgemeine Opposition gegen die Autorität von Staat und Kirche mit einer scharfen Kritik an allen normsetzenden Instanzen verbinden, gerieten nach seinem Tode rasch in Vergessenheit. Erst Ende des 19. Jahrhunderts wurden sie von den (Individual-)Anarchisten wiederentdeckt, v. a. die philosophisch-gesellschaftstheoretische Untersuchung ›Der Einzige und sein Eigenthum (Leipzig 1845), die allgemein als Stirners Hauptwerk angesehen wurde.

In einer umfassenden Kritik an den philosophischen Systemen Georg Wilhelm Friedrich Hegels (1770–1831) und insbesondere seiner ›Schüler‹, der Junghegelianer (v.a. Ludwig Andreas Feuerbachs [1804–1872]), am Sozialismus (v.a. in der

---

[1] *Vgl. Max Stirner: ›Ueber die Verpflichtung des Staatsbürgers zu irgend einem Religionsbekenntnis‹ [1842], zitiert nach Gustav Mayer: ›Die Anfänge des politischen Radikalismus im vormärzlichen Preußen. In: ›Zeitschrift für Politik‹, 6 (1913), S. 1–113, hier S. 111.*

Deutung von MARX*) und am Liberalismus lehnt* STIRNER *in seiner populärsten Schrift nicht nur jede Autorität und Institution, sondern jedwede Idee von Mensch und Menschenrecht, von Vernunft, Freiheit und Humanität ab, da sie das Ich an externe Mächte binden und es mit sich selbst entzweien. Der ›Einzige‹, zunächst beschlagnahmt, nach wenigen Tagen aber wieder freigegeben, gleichwohl in Preußen, Kurhessen und Mecklenburg-Schwerin weiterhin verboten,*[2] *provozierte bereits kurz nach dem Erscheinen vielfachen Widerspruch, u.a. kritisierten* KARL MARX *und* FRIEDRICH ENGELS *(1820–1895) das Werk als kleinbürgerliche Ideologie.*[3] *Erst 1882 erschien eine zweite Auflage (Berlin: Otto Wigand), 1893 im Leipziger Reclam-Verlag eine hierauf aufbauende Edition, herausgegeben von* PAUL LAUTERBACH *(1860–1895) und mit einem Vorwort versehen, in dem* LAUTERBACH *einerseits auf die geistige Gefahr der vermeintlichen Dämonie* STIRNERS *hinwies, andererseits den noch wenig bekannten* FRIEDRICH NIETZSCHE *(1844–1900) als Retter, ja als »Nachfolger, Ausbauer und Umschöpfer«* STIRNERS *zu stilisieren suchte.*[4]

Seit 1888/89 beschäftigte sich der Schriftsteller JOHN HENRY MACKAY *(1864–1933) intensiv mit dem Leben und dem Werk* STIRNERS*. Im schottischen Greenock geboren, lebte* MACKAY *seit seinem zweiten Lebensjahr in Deutschland, studierte nach einer abgebrochenen Buchhändlerlehre in Kiel, Leipzig und Berlin fünf Semester Philosophie, Literatur- und Kunstgeschichte. In Berlin kam er in Kontakt zur naturalistischen Bewegung und schuf mit ›Kinder des Hochlands‹ (1885), ›Anna Hermsdorf‹ (1885) oder ›Moderne Stoffe‹ (1888) programmatische Werke der ›neuen‹ literarischen Strömung. Während eines einjährigen Aufenthaltes in London (1887/88) knüpfte er Kontakte mit revolutionären Emigranten-Clubs von Sozialisten, Kommunisten und Anarchisten, die sein Leben nachhaltig prägten. Nach ausgedehnten Reisen siedelte* MACKAY *1894 endgültig nach Berlin über, wo er sich in den Kreisen der Individualanarchisten bewegte und u.a. mit dem noch nicht der Theosophie anhängenden* RUDOLF STEINER *(1861–1925) die Propagandaschrift ›Sind Anarchisten Mörder?‹ des US-amerikanischen Anarchisten* BENJAMIN RICKETSON TUCKER *(1854–1939) publizierte.*[5] *Unter dem Pseudonym ›Sagitta‹ setzte sich* MACKAY *darüber hinaus literarisch in Flugschriften, Gedichten und Erzählungen für die Anerkennung der Homosexuellen ein, so etwa seit 1906 in der siebenbändigen ›Namenlosen Liebe‹, in der er sich gegen die grundsätzliche Ablehnung und Unterdrückung von Schwulen, insbesondere solcher mit Neigungen zu männ-*

---

[2] *Vgl. Heinrich Hubert Houben: ›Verbotene Literatur von der klassischen Zeit bis zur Gegenwart.‹ 2 Bde. Berlin 1924–1928, Bd. 1, S. 577–581; vgl. auch Bernd A. Laska: ›Ein heimlicher Hit. Editionsgeschichte des »Einzigen«.‹ Nürnberg 1994 (›Stirner-Studien‹ 1).*

[3] *Vgl. zur Rezeption Stirners v.a. Bernd A. Laska: ›Ein dauerhafter Dissident. 150 Jahre Stirners »Einziger«. Eine kleine Wirkungsgeschichte.‹ Nürnberg 1996 (›Stirner-Studien‹ 2); ebenso ›Max Stirners ›Der Einzige und sein Eigentum‹ im Spiegel der zeitgenössischen Kritik. Eine Textauswahl (1844–1856).‹ Hrsg. v. Kurt W. Fleming. Leipzig 2001.*

[4] *Max Stirner: ›Der Einzige und sein Eigenthum.‹ Hrsg. v. Paul Lauterbach. Stuttgart 1893, S. 8.*

[5] *Benjamin R. Tucker: ›Sind Anarchisten Mörder?‹ Übers. v. John Henry Mackay. Als Anhang: ›Die Litteratur des individualistischen Anarchismus.‹ Berlin 1899; von 1907 bis 1919 gab Mackay darüber hinaus gemeinsam mit dem Verleger Bernhard Zack die Schriftenreihe ›Propaganda des individuellen Anarchismus‹ heraus.*

lichen Adoleszenten, einsetzte.[6] *Waren seine literarischen Erfolge schon im Kaiserreich aufgrund der Rezeption durch ein deutlich begrenztes Publikum eher mager, so nahm* MACKAY *am literarischen Leben der Weimarer Republik keinerlei Anteil mehr. Auch die von dem Verleger* KURT ZUBE *(1905–1991) 1931 gegründete ›Mackay-Gesellschaft‹*[7] *konnte wenig zur Rettung des verarmten Schriftstellers beitragen; 1933 starb* MACKAY*, vermutlich an einer Überdosis Morphium.*

Die Biographie STIRNERS*, die* MACKAY *1898 nach umfangreichen Recherchen vorlegte, ist die erste und bis heute inhaltlich kaum erweiterte Lebensbeschreibung des Anarchisten. Sie hat, ergänzt durch die Publikation der ›Kleineren Schriften und seine Entgegnungen auf die Kritik seines Werkes: »Der Einzige und sein Eigenthum«‹*[8] *das* STIRNER*-Bild bis heute geprägt.*[9] *Gleichwohl stand die Biographie im Hinblick auf das Quellenmaterial auf allzu tönernen Füßen. Bereits im Vorfeld der Publikation wurden Stimmen laut, die auf eine Veröffentlichung drängten, gleichzeitig aber die fehlenden Nachweise für die nur spärlich mitgeteilten Archivalien und Dokumente zu* STIRNERS *›Leben und Werk‹ monierten.* MACKAY *selbst bedauert im Vorwort die »klaffenden Lücken«, die »Unvollständigkeit und Unzulänglichkeit« seines Werkes und bittet die Leser inständig, ihm »fernerhin förderlich zu sein«, »[j]ede neue Mitteilung, jede Erweiterung oder Berichtigung einer alten, jeder Wink und Hinweis in irgend einer Richtung, kurz: alles an [ihn] Gelangende« werde mit »Freude begrüsst, mit Dankbarkeit aufgenommen, und nach Kräften gewissenhaft verwertet werden«.*[10] *Auch* HAUSDORFF *bemängelt in seiner Besprechung des ›Stirner‹-Bandes fehlende Substanz,* das karge Material, *sucht aber auch Gründe hierfür zu finden. Und er findet sie:* MACKAY *habe die* Ueberzeugung *geleitet,*

> dass ein gewisser Abschluss erreicht sei, und nur ein unerwarteter Zufall noch neue Quellen zu erschließen vermöchte. Und diese Ueberzeugung dürfen wir theilen: die Entstehungsgeschichte der Biographie lässt keinen Zweifel, dass hier mit Hingebung jede Spur verfolgt und das Mögliche gethan worden ist, um den verschollenen Mann ans Tageslicht zu ziehen.[11]

---

[6] *Sagitta: ›Die Bücher der namenlosen Liebe.‹ Berlin u.a. 1906–1926.*

[7] *1933 wurde die Gesellschaft aufgelöst; Zube initiierte die Neugründung 1974, in der Folge erschienen u.a. die Broschürereihen ›Lernziel Anarchie‹ (1976–1981) und ›Zur Sache‹ (1981–1986).*

[8] *Max Stirner: ›Kleinere Schriften und seine Entgegnungen auf die Kritik seines Werkes: »Der Einzige und sein Eigenthum«. Aus den Jahren 1842–1847.‹ Hrsg. v. John Henry Mackay. Berlin 1898.*

[9] *Auch die von Rolf Engert (1889–1962) in den 1920er Jahren zusammengetragenen Dokumente konnten nichts wesentlich Neues beitragen, vgl. Engert: ›Stirner-Dokumente.‹ Berlin 1996 (Reprint der Hefte 1–4 von Engerts ›Neuen Beiträgen zur Stirnerforschung‹); zum derzeitigen Stand der Stirner-Forschung vgl. v.a. die Internet-Plattform der ›Max Stirner Gesellschaft e.V.‹.*

[10] *Vgl. Mackay: ›Max Stirner. Sein Leben und Werk.‹ Berlin 1898, S. IXf.; die über Jahrzehnte zusammengetragenen Zeugnisse, Dokumente und Archivalien verkaufte Mackay 1925 aufgrund seiner prekären finanziellen Lage an das ›Marx-Engels-Institut‹ in Moskau, wo sie erst 1989 einer wissenschaftlichen Einsichtnahme und Prüfung unterzogen wurden, vgl. Bernd A. Laska: ›John Henry Mackays Stirner-Archiv in Moskau.‹ In: ›Der Einzige. Zeitschrift des Max-Stirner-Archivs Leipzig‹, Nr. 7, August 1999, S. 3–9.*

MACKAY schien die Hauptpforte der Enträthselung des Räthselhaftesten *gefunden zu haben,* aber der Schlüssel brach im Schlosse ab – *MACKAY hatte MARIE WILHELMINE DÄHNHARDT (1818–1902), die STIRNER 1843 heiratete und die sich 1846 von ihm trennte, nach langer Suche in London aufgespürt. Die von den Zeitgenossen Totgeglaubte wollte jedoch keinerlei Auskunft über die für die Entstehung und erste Rezeption des ›Einzigen‹ aufschlußreichen Jahre geben, die wichtigste Quelle versiegte so plötzlich, wie sie sich auftat – [s]*eltsame Dinge waren dabei im Spiel, Zufälle, fast unheimlich zu nennen.[12] *Mehr aber noch bemängelt HAUSDORFF den hagiographischen Ton, dessen sich MACKAY über weite Strecken seiner Biographie bedient. Viele Abschnitte aus Stirners Leben bleiben bei MACKAY in der Tat im Dunkeln, werden in verklärender Weise mehr oder weniger spekulativ gefüllt.*[13]

Doch bildet solcherart Kritik nur den äußeren Rahmen; den eigentlichen Schwerpunkt der Besprechung legt HAUSDORFF auf die Widerlegung des für ihn ärgsten Fehlgriff*[s]* in der Genealogie, *nämlich* Stirner *[...]* als geistigen Vorfahren N i e t z s c h e s *[zu]* preisen oder *[zu]* verdammen.[14] *Anhand einer Gegenüberstellung zahlreicher Textstellen sucht HAUSDORFF zu zeigen, daß NIETZSCHE* das gerade Gegentheil eines Nihilisten oder Indifferentisten *wie STIRNER ist, daß von* Stirner, dem E n t w e r t h e r aller Werthe, *[...]* keine U m w e r t h u n g der Werthe ausgehen *werde: Sein* jederzeit von Jedermann mühelos realisierte*[r]* Einzige*[r] sei gleichsam banal gegenüber dem* Uebermensch*[en] NIETZSCHES, dem* Gespenst aller Gespenster.

> Genug! Einzelne Sätze würden ja nichts beweisen: aber die Grunddifferenz lässt sich nicht verbergen, dass Nietzsche als cäsarischer Gewaltherr den Menschen nach seinem Bilde formen, seine Hand auf Jahrtausende drücken, auf dem Willen von Jahrtausenden schreiben will, während bei Stirner jede normative Spitze abbricht und das gleichgiltige laisser aller übrig bleibt.[15]

Entstehung

Zu diesem anläßlich der Publikation von JOHN HENRY MACKAYS ›Max Stirner. Sein Leben und sein Werk‹, Berlin 1898, veröffentlichten rezensionsartigen Essay sind keine eigenen Aussagen HAUSDORFFS noch solche anderer Personen, die Auskunft über die Entstehung geben könnten, nachgewiesen. HAUSDORFF wurde vmtl. aber bereits in den frühen 1890er Jahren, während seiner Besuche im Nietzsche-Archiv (vgl. HGW VII, S. 66–70), mit MACKAYS Plänen bekannt; Gelegenheiten, mit MACKAY über den ›Anarchistenhasser‹ NIETZSCHE zu diskutieren, ergaben sich möglicherweise bereits vor Erscheinen der Biographie, denn 1897 ließ sich MACKAY

---

[11] *Mongré:* Stirner. *In: ›Die Zeit‹ (Wien), Nr. 213 v. 29. Okt. 1898, S. 69a–72a, hier S. 69b (HGW VIII, 381f.).*

[12] *Ebd. (HGW VIII, 382).*

[13] *»Die 160 Seiten der Biographie wären mühelos auf weniger als die Hälfte zu kürzen gewesen, ohne dass dies wesentliche Verluste am vermittelten Bild Stirners zur Folge gehabt hätte« (Laska: ›Mackays Stirner-Archiv‹, S. 2).*

[14] *Mongré:* Stirner, *S. 71b (HGW VIII, S. 388).*

[15] *Ebd., S. 71b–72a (HGW VIII, S. 389).*

»für mehrere Monate in Leipzig nieder« und verkehrte dort in der ›Litterarischen Gesellschaft‹, zu der auch HAUSDORFF Kontakte pflegte: Nach den Erinnerungen von KURT MARTENS (1870–1945), einem der Initiatoren der ›Gesellschaft‹, hatten die Gespräche mit MACKAY häufig STIRNER und seinen ›Einzigen‹ zum Inhalt (vgl. MARTENS: ›Schonungslose Lebenschronik 1870–1900.‹ Wien u.a. 1921, S. 197f.).

Überlieferung

H *nicht nachgewiesen.*

D *›Die Zeit‹ (Wien), Nr. 213 v. 29. Okt. 1898, S. 69a–72a.*

Erläuterungen

24f. »Der Einzige und sein Eigenthum« *bis* Neudruck] *Zu STIRNERS Hauptwerk ›Der Einzige und sein Eigenthum.‹ Leipzig: Otto Wigand 1845 (recte 1844) vgl. die Ausführungen im Abschnitt ›Entstehungsgeschichtlicher Kontext‹. Zu ergänzen wäre, daß bei Wigand nach der 1882 erschienenen zweiten Auflage 1901 eine dritte herauskam; 1910 lagen achtzehn Übersetzungen in acht Sprachen (darunter Französisch, Dänisch, Schwedisch und Russisch) vor.*

27f. den Schleier zu lüften] *vgl. die ähnliche Formulierung in MACKAY: ›Stirner‹, S. 23.*

30–32 »Die Deutschen *bis* Lebens verloren haben«] *Zitat aus MACKAY: ›Stirner‹, S. V.*

35 »Europas Flachland«] *Anspielung auf FRIEDRICH NIETZSCHES (1844–1900) Aussage im Vorwort zu ›Nietzsche contra Wagner‹, er habe »[s]eine Leser überall«, nur »nicht in Europa's Flachland Deutschland ...« (KGW VI,3, 413).*

35–47 Nicht, um der drängenden Mitwelt *bis* brach im Schlosse ab.] *vgl. dazu die Ausführungen MACKAYS zur Entstehungsgeschichte der Biographie in MACKAY: ›Stirner‹, S. 3–23.*

47 Marie Dähnhardt] *MARIE WILHELMINE DÄHNHARDT (1818–1902) heiratete STIRNER am 21. Oktober 1843, trennte sich aber bereits am 16. April 1846 wieder von ihm.*

47f. die längst Todtgeglaubte, war noch am Leben] *vgl. MACKAY: ›Stirner‹, S. 13.*

48 das »Liebchen«] *so STIRNERS Widmung in ›Der Einzige und sein Eigenthum‹: »Meinem Liebchen Marie Dähnhardt«.*

49 zweite Ehe] *STIRNER war in erster Ehe seit dem 12. Dezember 1837 mit AGNES CLARA KUNIGUNDE BURTZ (1815–1838) verheiratet, die im Kindbett starb.*

50 Murger] *Der französische Schriftsteller HENRI MURGER (1822–1861) schildert in den ›Scènes de la vie bohème‹ geistvoll das Leben der Pariser Künstler- und Literatenbohème. – Die seit 1845 zunächst in der Zeitschrift ›Corsaire‹ publizierten, 1851 als Roman erschienenen ›Scènes‹ dienten als Vorlage zu GIACOMO PUCCINIS (1858–1924) 1896 uraufgeführter Oper ›La Bohème‹.*

52 echte Bohémiens] *zu mlat. bohemus ›Böhme‹, aber auch ›Zigeuner‹; als* Bohémiens *werden um 1830 die (romantischen) freischaffenden Literaten-*

kreise im Pariser Quartier latin, u.a. um Théophile Gautier *(1811–1872), wegen ihres unkonventionellen Lebensstils bezeichnet. Mit* Murgers *›Scènes de la vie bohème‹ (vgl. Erl. zu 50) findet ab der Mitte des 19. Jahrhunderts ein populäres, meist heiteres Bild des Bohème als ›unsteter Lebenskünstler‹ Eingang in das gesellschaftliche Bewußtsein. –* Stirner *faßt »Alle, welche dem Bürger verdächtig, feindlich und gefährlich erscheinen, unter dem Namen ›Vagabunden‹« zusammen, denn es gebe auch »geistige Vagabunden«, die die »Schranken einer gemäßigten Denkungsart« und »alle Grenzen des Althergebrachten« überspringen und »mit ihrer frechen Kritik und ungezähmten Zweifelsucht« »extravagieren« (›Der Einzige‹, S. 123f.).*

53f. seine Stellung *bis* aufgegeben] Stirner *erhielt am 1. Oktober 1839 eine Lehrerstelle an der ›Lehr- und Erziehungsanstalt für höhere Töchter‹ in Berlin, die er aber bereits am 1. Oktober 1844 wieder aufgab; ›Der Einzige und sein Eigenthum‹ erschien Ende Oktober 1844.*

54f. allerhand verzweifelte Erwerbspläne] *u.a. versuchte* Stirner *1845 in Berlin einen Milchvertrieb aufzubauen, vgl.* Mackay: *›Stirner‹, S. 202f.*

56–59 Wir hören *bis* bigotte Frau] *vgl.* Mackay: *›Stirner‹, S. 207–209.*

59 »prepared for death«] *korrekt muß es heißen: »prepares for death«; so eine Notiz* Marie Dähnhardts *auf einem Fragebogen, den* Mackay *ihr im Februar 1897 zur Beantwortung nach London sandte. Ihr »letztes Wort« lautet: »Mary Smith [sc.* Marie Dähnhardt*] solemnly announces that she will have no more correspondence on the subject, and authorizes Mr. Bookseller Haas to return all those writings to their owners. – She is ill and prepares for death.« (Vgl. das Faksimile in* Mackay: *›Stirner‹, S. 255.)*

60f. Mary Smith *bis* bürgerlichem Namen nennt] *nach dem bürgerlichen Namen* Stirners *in anglisierter Form, vgl. die Ausführungen zum entstehungsgeschichtlichen Kontext.*

62–64 »zur Zeugin *bis* noch geachtet habe«] *Zitat aus* Mackay: *›Stirner‹, S. 13.*

66 mit einem wahren Todesurtheil über Stirners Charakter] *vgl.* Mackay: *›Stirner‹, S. 15: »In der zweiten [brieflichen Antwort] findet sie [*Marie Dähnhardt*] auf die Frage nach Stirners Charakter nur den einen Ausdruck: er war ›very sly‹. Ich überlasse es dem Leser, ihn sich selbst zu übersetzen.«*

75 Stirner*[s]*] *im Original versehentlich* Stirner.

78 Residuum] *zu lat. residuus ›zurückgeblieben‹, der Rest, der Überrest.*

87 Bourgeoise] *weiblicher Angehöriger der Bourgeoisie; frz. Bourgeoisie ›Bürgertum‹. Ursprünglich Bezeichnung für Vertreter des städtischen Groß- bzw. Besitzbürgertums, werden bourgeois/bourgeoise seit der Französischen Revolution zum Gegensatz des aktiv und eigenverantwortlich am Gemeinwesen teilnehmenden citoyen; vgl. dazu auch* Jean-Jaques Rousseaus *(1712–1778) politisch-philosophisches Hauptwerk ›Du contrat social, ou principes du droit politique‹ (1762): »[L]e plupart prennent une ville pour une Cité et un bourgeois pour un Citoyen. Ils ne savent pas que les maisons font la ville mais que les Citoyens font la Cité. [...] A l'égard des associés ils prennent collectivement le nom de peuple, et s'apellent en particulier Citoyens comme participans à l'autorité souveraine« (I, 6; ›Œuvres complètes.‹ Édition publiée sous la direction de* Bernard Gagnebin, *et* Marcel Raymond. *4 Bde.*

Paris 1959–1969, Bd. 3, S. 361f. mit Anm.). – Marx bezeichnet als ›Bourgeoisie‹ die herrschende und über die Produktionsmittel verfügende soziale Klasse der kapitalistischen Gesellschaft.*

92f. Johann Caspar Schmidt] *vgl. die Ausführungen zum entstehungsgeschichtlichen Kontext.*

107 Golgatha] *aram. tl. gulgolęt ›Schädel‹, ›Kopf‹, allgemein Bezeichnung für einen Hügel. In den Evangelien wird der Ort, an dem Jesus gekreuzigt wurde, als Κρανίου Τόπος (Kraníou Tópos), ›Schädelstätte‹, bezeichnet (vgl. Mt 27,33: »Golgata, das heißt: Schädelstätte«; vgl. auch Mk 15,22, Lk 23,33 und Joh 19,17).*

107 Damaskus] *Nach der biblischen Überlieferung soll sich in Damaskus die Wandlung des Christusgegners Saulus zum Apostel und eifrigen Missionar Paulus vollzogen haben (vgl. Apg 9,2–8). – Der schwedische Schriftsteller August Strindberg (1849–1912), dessen ›Blaubuch‹ Hausdorff später rezensierte (vgl.* Strindbergs Blaubuch *[HGW VIII, 691–695]), greift die Thematik in seiner autobiographisch eingefärbten Dramentrilogie ›Till Damaskus‹ (1. u. 2. Tl. Stockholm 1889, 3. Tl. ebd. 1904) auf; die beiden ersten Teile wurden von Emil Schering (1873–1951) 1899 in deutscher Übersetzung vorgelegt, die gesamte Trilogie erschien 1912 in München (StW I,5).*

109 Philister] *Die Philister waren ursprünglich eine im 12. vorchristlichen Jahrhundert von Westen her in den östlichen Mittelmeerraum eindringende Völkerschaft, die sich im jüdisch besiedelten Gebiet Palästinas niederließ. Nach Gen 26,15 verschütteten die Philister die Brunnen Isaaks, weshalb sie der Kirchenvater Origines (um 185 – 254) als beispielhaft für kulturfeindliche und sich der geistigen Erkenntnis verschließende Menschen nennt (12. und 13. Homilie). In Anlehnung hieran wurde ›Philister‹ im 17. Jahrhundert in Studentenkreisen als Bezeichnung für Nichtakademiker üblich. Arthur Schopenhauer (1788–1860) benutzt ›Philister‹ gern als Ausdruck für einen »Mensch[en] ohne geistige Bedürfnisse« (›Aphorismen zur Lebensweisheit‹, Kap. 2: ›Von dem, was einer ist‹ [ASW 4, 410]).*

111f. einen Vampyr erwartet, der schönen Frauen das Blut aussagt] *Die Literarisierung des Vampirmotivs, seit Johann Wolfgang von Goethes (1749–1832) Ballade ›Die Braut von Korinth‹ (1797) und John Polidoris (1795–1821) Roman ›The Vampyre‹ (1819) fester Bestandteil der Schauerromantik, erlebte 1897 einen Höhepunkt durch den ›Dracula‹ Abraham (Bram) Stokers (1847–1912), der als literarische Figur den Prototyp des blutsaugenden Grafen schuf.*

112 Napoleon] *eigentlich Napoleone Buonaparte (1769–1821), zwischen 1804 und 1814/15 Kaiser der Franzosen und in dieser Zeit der mächtigste Mann Europas.*

113 Raskolnikow] *Rodión Románowitsch Raskólnikoff, die Hauptfigur in Fjodor Michailowitsch Dostojewskis (1821–1881) 1866 erschienenem ›philosophischen‹ Roman ›Prestuplenie i nakazanie‹ (›Schuld und Sühne‹, dt. Übers. von W. Henckel unter dem Titel ›Raskolnikow‹ Leipzig 1882), ist von der Idee des Nutzens und des Fortschritts überzeugt, woraus er für sich das*

Recht ableitet, weniger wertvolles Leben als das seine zu vernichten, um sein Studium finanzieren zu können.

115 Cesare Borgia] *Der skrupellos seine Machtstellung gebrauchende italienische Renaissancefürst* Cesare Borgia *(1475–1507), Sohn Papst Alexanders VI. (eigentlich Rodrigo de Borgia [1430–1503], Papst seit 1492) diente Machiavelli als Vorbild für seine staatstheoretische Schrift ›Il principe‹ (vgl. Erl. zu 118f.).*

116 zartnerviger Pfarrerssohn] *Friedrich Nietzsche wurde am 15. Oktober 1844 als erster Sohn des pietistischen Pfarrers Carl Ludwig Nietzsche (1813–1849) in Röcken bei Lützen (in der Nähe von Leipzig) geboren.*

116f. mit concilianten Umgangsformen] *lat. conciliatus ›beliebt‹; hier svw. einnehmend.*

118f. der patriotische Träumer Macchiavelli *bis* schrieb] *Niccolò Machiavelli (1469–1527), italienischer Schriftsteller und florentiner Staatsbeamter; Hausdorff verweist hier auf Machiavellis 1513 unter dem Titel ›De principatibus‹ entstandenen, 1532 nach Umbenennung durch den Verleger als ›Il principe‹ erschienenen staatstheoretischen Traktat.*

120f. ein in praxi leidlich vorurtheilsfreier König *bis* Gegenschrift bekämpfte] *Gemeint ist Friedrich II. (der Große) von Preußen (1712–1786), dessen staatstheoretische Schrift ›Antimachiavel ou Essai de critique sur »Le principe« de Machiavel‹ 1740 in Den Haag anonym in der Bearbeitung von Voltaire (eigentlich François-Marie Arouet; 1694–1778) erschien, und in welcher er die human-aufklärerischen Ideen einer tugendhaften, maßvollen und auf Gerechtigkeit, Frieden und die Wohlfahrt der Untertanen abzielenden Staatsführung verteidigt.*

127 unabhängig wie ein Stoiker] *Verweis auf die um 300 v. Chr. von Zenon von Kition (335 v. Chr. – 263 v. Chr.) gegründete philosophische Schule der Stoa, die in ihrer Ethik ein Ideal des Weisen propagierte, der vollkommen frei von Leidenschaften und Affekten ist.*

127f. fatalistisch-gemächlich wie ein Türke] *In seinen ›Essais de Théodicée‹ schrieb der deutsche Philosoph und Mathematiker Gottfried Wilhelm Leibniz (1646–1716) hierüber: »[S]i ce que je demande doit arriver, il arrivera, quand je ne ferois rien; et s'il ne doit point arriver, il n'arrivera jamais, quelque peine que je prenne pour l'obtenir. On pourroit appeller cette necessité, qu'on s'imagine dans les evenemens, detachée de leur causes, Fatum Mahometanum [...] parcequ'on dit qu'un argument semblable fait que les Turcs n'evitent point les lieux où la peste fait ravage.« (›Théodicée‹ I, § 55 [›Philosophische Schriften‹ VI, S. 132] – »Wenn das, worum ich bitte, mit Notwendigkeit geschieht, wird es geschehen, wenn ich nichts tun werde; und wenn es mit Notwendigkeit nicht geschieht, wird es niemals geschehen, welche Mühe ich mir auch gebe, es zu erreichen. Man könnte diese Notwendigkeit, die man sich in den Geschehnissen unabhängig von ihren Ursachen vorstellt, Mohamedanisches Geschick nennen [...], weil, wie man sagt, die Türken mit einer derartigen Begründung die Orte nicht meiden, wo die Pest wütet.«) – Unter dem Stichwort »Fatalismus« führt Fritz Mauthner (1849–1923), dessen ›Beiträge zu einer Kritik der Sprache‹ (3 Bde. Stuttgart*

1901/02) HAUSDORFF *rezensierte und mit dem er seit 1901 in persönlichem Kontakt stand (vgl.* Sprachkritik, *HGW VIII, 551–580), im ›Wörterbuch der Philosophie. Neue Beiträge zu einer Kritik der Sprache‹ (2 Bde. Leipzig 1910) aus, es sei »bekannt, daß Mohammed den Mut in der Schlacht bei seinen Gläubigen durch die gleiche Vorstellung« – nämlich durch den Verweis auf das über allen waltende »unbeugsame[] Fatum« – »zu heben verstand: es sei einerlei, ob der Mensch sich in Gefahr begibt oder nicht, sein Ende ist ja doch vorher bestimmt. Aus vielen Stellen, in denen der Koran den Fatalismus oder das Kismet lehrt, wähle ich nur eine (III, 139): ›Die lebendige Seele stirbt nicht außer der Zulassung Gottes, nach dem ewigen Buche, welches das Ziel des Lebens geordnet hat.‹ Der Türke, den ein solcher Glaube furchtlos macht, hat sich wohl niemals die kniffliche Frage vorgelegt, wie sich seine Willensfreiheit mit dem Glauben an das ewige Buch vertrage: das Schicksal soll völlig unabhängig sein von dem menschlichen Willen; aber der Gläubige soll dennoch seine ganze Willensstärke aufwenden, um einen günstigen Ausgang der Schlacht herbeizuführen.« (›Wörterbuch der Philosophie‹, zitiert nach der 2., vermehrten Auflage Leipzig 1923, Bd. 1, S. 463.)*

136 im Kreise der »Freien« bei Hippel] *Die sich aus linkhegelianischen Kreisen formierenden ›Freien‹, deren Programm die Loslösung »von allem Glauben, aller Überlieferung und Autorität, weil diese unmenschlich ist«, vorsah (vgl.* STIRNER: *›Ueber die Verpflichtung des Staatsbürgers zu irgend einem Religionsbekenntnis‹ [1842], zitiert nach* GUSTAV MAYER: *›Die Anfänge des politischen Radikalismus im vormärzlichen Preußen. In: ›Zeitschrift für Politik‹ 6 [1913], S. 1–113, hier S. 111) und zu deren engerem Kreis neben* STIRNER *u.a. die Brüder* BRUNO *und* EDGAR BAUER *(vgl. Erl. zu 157f.) gehörten, trafen sich zunächst in einem Bierlokal, später in einer Weinstube, seit etwa 1841/42 in der Weinhandlung und -stube von* JACOB HIPPEL *(biographisch nicht nachgewiesen); vgl. dazu* MACKAY: *›Stirner‹, S. 67f. – Zur* HIPPEL*schen Weinstube vgl. auch* ROBERT SPRINGER: *›Berlin's Strassen, Kneipen und Clubs im Jahre 1848.‹ Berlin 1850, S. 227–239. Zu den ›Freien‹ vgl. das ›Handbuch literarisch-kultureller Vereine, Gruppen und Bünde 1824–1933.‹ Hrsg. v.* WULF WÜLFING, KARIN BRUNS *u.* ROLF PARR. *Stuttgart u. Weimar 1998, S. 102–111 sowie die ebd., S. 110f. angegebene Literatur.*

137f. die uns Mackay *bis* großer Anschaulichkeit vorführt] *vgl.* MACKAY: *›Stirner‹, S. 63–93; vgl. auch ebd., S. 104–107.*

140 Conventikelwesen] *Ein Konventikel ist eine (heimliche) Zusammenkunft.*

142f. ein lebendiges Bild des vormärzlichen Jahrzehnts] *Das Adjektiv ›vormärzlich‹ wie auch das Substantiv ›Vormärz‹ dienen bereits kurz nach der (März-)Revolution 1848 zur Charakterisierung vorrevolutionärer Zeiterscheinungen und setzen sich im 19. Jahrhundert als Abbreviatur der Phase »zwischen den freiheitskriegen und dem märz 1848, dem beginn der revolution in deutschland« durch (DWb XXVI, 1312). – Literarhistorisch wird der ›Vormärz‹ auf die Literatur und ihre Autoren in der unmittelbaren Vorphase der Revolution, d.h. im Zeitraum zwischen 1840 und 1848 eingeschränkt.*

145f. zumal da an diesem fast Alles saß, was vor 1848 die Feder führte] *vgl. dazu* MACKAY: *›Stirner‹, S. 67–93; vgl. auch das ›Handbuch literarisch-kultureller Vereine, Gruppen und Bünde 1824–1933‹ (Erl. zu 136), S. 108f.*

151 die Reaction] *vgl. dazu Erl. zu 101 im Kommentarteil zu* Das unreinliche Jahrhundert, *HGW VIII, 356.*

154f. zeitgemäßer Stammtisch-Dialectik] *zu* Dialectik *vgl. Erl. zu 88f. im Kommentarteil zu* Massenglück und Einzelglück, *HGW VIII, 302.*

156 Feuerbachs »wahrem Menschenthum«] *Der zu den Linkshegelianern zählende deutsche Religionskritiker und Philosoph* LUDWIG ANDREAS FEUERBACH *(1804–1872) kritisierte bereits in der 1839 in den ›Hallischen Jahrbüchern‹ erschienenen Abhandlung ›Zur Kritik der Hegel'schen Philosophie‹ (vgl. ders.: ›Gesammelte Werke.‹ Hrsg. v.* WERNER SCHUFFENHAUER. *22 Bde. Berlin 1967ff., Bd. 9 [1970], S. 17–62) die Geistesphilosophie* HEGELS *dahingehend, daß diese die Sinnlichkeit nicht berücksichtige und so den Menschen unberücksichtigt lasse. Dessen Wesen sei nämlich Sinnlichkeit und Interpersonalität, letzteres als die Erfahrung des Gegenüber auf der Basis sinnlicher Empfindungen. In seinem nur zwei Jahre später publizierten Werk ›Das Wesen des Christenthums‹ weitet er die Kritik auf die Religion überhaupt aus, die aufgrund ihres nur gedachten, im Menschen produzierten Gegenstandes – der im Zusammenhang mit der Religion damit gleichzeitig sein eigenes Wesen ausmacht – dem wahren Wesen des Menschen entgegenstehe (vgl.* FEUERBACH: *›Das Wesen des Christentums.‹ Leipzig 1841 [ders.: ›Gesammelte Werke‹, Bd. 5 (1973)]).*

157f. die »freie menschliche Kritik« der Brüder Bruno und Edgar Bauer] *Die Gebrüder* BRUNO *und* EDGAR BAUER *(vgl. dazu die Ausführungen im Abschnitt ›Entstehungsgeschichtlicher Kontext‹) vertraten den Standpunkt einer ›reinen Kritik‹, die sich aller Parteilichkeit entzog.*

162–164 eine Zeitungsphilosophie *bis* betrieben wurde] BRUNO BAUER *erwarb in Berlin ein Zigarrengeschäft, welches sein Bruder* EDGAR *führte und dem ein Verlag angeschlossen war, in dem in den Jahren 1843/44 die ›Allgemeine Litteratur-Zeitung‹ sowie die Publikationen* BRUNOS *und seines Bruders* EDGAR *erschienen; vgl.* MACKAY: *›Stirner‹, S. 71.*

167 eines wahrhaften Prinzen Vogelfrei] *vgl. dazu* FRIEDRICH NIETZSCHES *Gedicht ›Prinz Vogelfrei‹ aus dem Zyklus ›Idyllen aus Messina‹, welcher dem Aphorismenband ›Die fröhliche Wissenschaft‹ (1882) vorangeht (KGW V,2, 3f.); vgl. auch ›Die Lieder des Prinzen Vogelfrei‹, die 1887 als ›Anhang‹ zur Neuauflage der ›Fröhlichen Wissenschaft‹ erschienen (KGW V,2, 321–335).*

170 ephemeren] *griech. ἐφήμερος (ephémeros) ›für einen Tag‹; flüchtig, rasch vorübergehend.*

173 ein phlegmatischer Raucher feiner Cigarren] *vgl.* MACKAY: *›Stirner‹, S. 103f.: »Bedürfnisse hatte er [*STIRNER*] fast keine. Mässig im Essen und Trinken lebte er in offenbarer Zufriedenheit in der Einfachheit, in der er erzogen war, und der einzige Luxus, den er sich gestattete, waren gute Cigarren. Denn er rauchte viel, fast den ganzen Tag.«*

176 sublimirtem] *lat. sublimis ›erhaben‹.*

178 Ataraxie] *griech. ἀταραξία (ataraxía) ›Unerschütterlichkeit‹, vmtl. von dem griechischen Philosophen* DEMOKRIT VON ABDERA *(460 v. Chr. – 371 v. Chr.) eingeführter Begriff zur Wesensbestimmung der Eudämonie (griech. εὐδαιμονία [eudaimonía] ›seelisches Wohlbefinden‹). Von dem griechischen Philosophen* EPIKUR *(342/341 v. Chr. – 271/270 v. Chr.) wird die* Ataraxie *als eines der Grundziele eines glücklichen Lebens gepriesen (vgl.* DIOGENES LAERTIOS: *›Vitae philosophorum‹ X, 128).*

187 Philosophie des Egoismus] *lat. ego ›ich‹. Im Gegensatz zum Altruismus (von lat. alter ›der Andere‹), der – analog dem christlichen Gebot der Nächstenliebe – ein selbstloses Denken und Handeln fordert, setzt der Egoismus ausschließlich auf die Verfolgung der eigenen Zwecke.*

188 die Philosophie des Indifferentismus] *lat. indifferentia ›Unterschiedslosigkeit‹; hier svw. Gleichgültigkeit.*

196 ein Zeitalter des Uebermenschen] *Verweis auf den von* NIETZSCHE *u. a. in ›Also sprach Zarathustra. Ein Buch für Alle und Keinen‹ (4 Tle., 1883–1885) propagierten Idealmenschen. In seiner Besprechung von* NIETZSCHES *1901 posthum erschienener Aphorismensammlung ›Der Wille zur Macht. Versuch einer Umwerthung aller Werthe (Studien und Fragmente).‹ Hrsg. v.* PETER GAST, ERNST HORNEFFER *und* AUGUST HORNEFFER. *Leipzig: C.G. Naumann 1901 (= Bd. XV der Großoktav-Ausgabe;* ELISABETH FÖRSTER-NIETZSCHE *spricht in der Vorrede, S. VII, von* NIETZSCHES *»große[m] Hauptwerke«), konstatiert* HAUSDORFF NIETZSCHES *hehre Absichten, wahrt aber zum Ideal des Übermenschen auch kritische Distanz:* Nietzsche ist ein Fanatiker wie alle Religionsstifter. Erheiterndes Mißverständniß, daß gerade unbedenkliche Genußmenschen und schwammige Snobs, denen schon der Begriff Disciplin ein Aergerniß ist, sich auf Herrenmoral und Uebermenschenthum berufen: wenn sie eine Ahnung hätten, wie unbequem, wie rigoros, wie verpflichtend Zarathustras Werthtafeln sind! Die alte Moral hat mit Ruthen gestrichen, die neue würde mit Scorpionen züchtigen. John Henry Mackay, der Biograph Stirners, hat den richtigen Instinkt, wenn er Nietzsche nicht mag, den Anarchistenhasser und Bändiger des entfesselten Ichs. Und wenn man ehrlich sein will, so ist das zwar die häufigste Wirkung Nietzsches, aber die letzte, die er selbst beabsichtigt hätte: daß man dem Zerstörer zerstören, aber dem Baumeister nicht wieder aufbauen hilft. Das ist Entwerthung aller Werthe, nicht Umwerthung. Es giebt heute eine tiefe, hoffnungslose Skepsis, die sich nicht überreden kann, daß Zarathustras Ziele weniger Illusionen seien als alle früheren Zielsetzungen. Diesen Seelenzustand hat Nietzsche mit unvergleichlichen Worten geschildert, in der Kritik des europäischen Nihilismus; er selbst hat den Nihilismus in sich zu Ende gelebt, als ontogenetische Abkürzung menschheitlicher Prozesse, und aus der Verneinung eine stärkere Bejahung, das »Princip einer neuen Werthsetzung« ans Licht gebracht. Den alten Moralfanatismus hat ein neuer abgelöst, der nicht minder gewaltsam das Wirkliche systematisirt und dogmatisirt. Vermerkt man nicht, wie »großzügig« und primitiv Nietzsches letztes Weltbild ist? *(*PAUL MONGRÉ: Der Wille zur Macht. *In: ›Neue deutsche Rundschau [Freie Bühne]‹ XIII [1902], H. 12, S. 1334–1338, hier S. 1336f. [HGW VII, S. 903–909, hier S. 908].)*

206 Der normative Eindruck] *lat. norma ›Regel‹.*
207f. gebrauchsfertige Ethik] *griech. ἦθος (ethos) ›Charakter‹, ›Gesinnung‹. Nach dem griechischen Philosophen* ARISTOTELES *(384/383 v. Chr. – 322 v. Chr.) ist die Ethik derjenige Zweig der Philosophie, der sich mit der Betrachtung des menschlichen Wollens und Handelns, insofern es einer Wertbeurteilung unterliegt, beschäftigt.*
213f. vom Sclavengeist so tief angefault] *Nach* NIETZSCHE *sind die »moralischen Werthunterscheidungen […] entweder unter einer herrschenden Art entstanden, welche sich ihres Unterschieds gegen die beherrschte mit Wohlgefühl bewusst wurde, — oder unter den Beherrschten, den Sklaven und Abhängigen jeden Grades. Im ersten Falle, wenn die Herrschenden es sind, die den Begriff ›gut‹ bestimmen, sind es die erhobenen stolzen Zustände der Seele, welche als das Auszeichnende und die Rangordnung Bestimmende empfunden werden. […] Man bemerke sofort, dass in dieser ersten Art Moral der Gegensatz ›gut‹ und ›schlecht‹ so viel bedeutet wie ›vornehm‹ und ›verächtlich‹: — der Gegensatz ›gut‹ und ›b ö s e‹ ist anderer Herkunft. Verachtet wird der Feige, der Ängstliche, der Kleinliche, der an die enge Nützlichkeit Denkende; ebenso der Misstrauische mit seinem unfreien Blicke, der Sich-Erniedrigende, die Hunde-Art von Mensch, welche sich misshandeln lässt, der bettelnde Schmeichler, vor Allem der Lügner: — es ist ein Grundglaube aller Aristokraten, dass das gemeine Volk lügnerisch ist. […] Es steht anders mit dem zweiten Typus der Moral, der S k l a v e n - M o r a l. Gesetzt, dass die Vergewaltigten, Gedrückten, Leidenden, Unfreien, Ihrer-selbst-Ungewissen und Müden moralisiren: was wird das Gleichartige ihrer moralischen Werthschätzungen sein? Wahrscheinlich wird ein pessimistischer Argwohn gegen die ganze Lage des Menschen zum Ausdruck kommen, vielleicht eine Verurtheilung des Menschen mitsammt seiner Lage. Der Blick des Sklaven ist abgünstig für die Tugenden des Mächtigen: er hat Skepsis und Misstrauen, er hat F e i n h e i t des Misstrauens gegen alles ›Gute‹, was dort geehrt wird —, er möchte sich überreden, dass das Glück selbst dort nicht ächt sei. Umgekehrt werden die Eigenschaften hervorgezogen und mit Licht übergossen, welche dazu dienen, Leidenden das Dasein zu erleichtern: hier kommt das Mitleiden, die gefällige hülfbereite Hand, das warme Herz, die Geduld, der Fleiss, die Demuth, die Freundlichkeit zu Ehren —, denn das sind hier die nützlichsten Eigenschaften und beinahe die einzigen Mittel, den Druck des Daseins auszuhalten. Die Sklaven-Moral ist wesentlich Nützlichkeits-Moral. Hier ist der Herd für die Entstehung jenes berühmten Gegensatzes ›gut‹ und ›böse‹: — in's Böse wird die Macht und Gefährlichkeit hinein empfunden, eine gewisse Furchtbarkeit, Feinheit und Stärke, welche die Verachtung nicht aufkommen lässt. Nach der Sklaven-Moral erregt also der ›Böse‹ Furcht; nach der Herren-Moral ist es gerade der ›Gute‹, der Furcht erregt und erregen will, währen der ›schlechte‹ Mensch als der verächtliche empfunden wird. Der Gegensatz kommt auf seine Spitze, wenn sich, gemäss der Sklavenmoral-Consequenz, zuletzt nun auch an den ›Guten‹ dieser Moral ein Hauch von Geringschätzung hängt — sie mag leicht und wohlwollend sein —, weil der Gute innerhalb der Sklaven-Denkweise jedenfalls der u n -*

g e f ä h r l i c h e Mensch sein muss: er ist gutmüthig, leicht zu betrügen, ein bischen dumm vielleicht, un bonhomme.« (›Jenseits von Gut und Böse‹, ›Neuntes Hauptstück: was ist vornehm‹ 260 [KGW VI, 2, 218–222].)

218f. der Staat nicht die höchste Entfaltung der absoluten Idee sei] *ironisch gemeinter Hinweis auf die Staatstheorie HEGELS. Nach HEGEL entfaltet sich im Staat die absolute Idee: »Es ist der Gang Gottes in der Welt, daß der Staat ist, sein Grund ist die Gewalt der sich als Wille verwirklichenden Vernunft«. (HEGEL: ›Grundlinien der Philosophie des Rechts oder Naturrecht und Staatswissenschaft im Grundrisse‹, § 258 [HW 7, S. 403]). Der wohlgeordnete Staat bringt nach HEGEL das Interesse des Einzelnen mit dem Allgemeininteresse in Einklang.*

229 F r e i h e i t d e s W i l l e n s] *vgl. dazu die Erl. zu 79f. im Kommentarteil zu* Massenglück und Einzelglück, *HGW VIII, 297–299.*

230f. eine indeterministische Begleitempfindung] *von lat. in ›nicht‹ und lat. determinare ›abgrenzen‹. ›bestimmen‹; der Indeterminismus ist (im Gegensatz zum Determinismus, vgl. Erl. zu 231f.) diejenige religiöse oder philosophische Auffassung, nach der Zustände oder Ereignisse existieren, für die es keine Ursache gibt bzw. deren Ursache nicht angegeben werden kann.*

231f. die deterministische] *von lat. determinare ›abgrenzen‹, ›bestimmen‹. Der Determinismus postuliert die kausale Bestimmtheit allen Geschehens und damit die eindeutige Bestimmtheit der Gegenwart durch die Vergangenheit (bzw. der Zukunft durch die Gegenwart). Die Diskussion um die Determiniertheit oder Indeterminiertheit des menschlichen Wollens und Handelns ist eng mit der Frage nach der menschlichen Willensfreiheit verknüpft. In der klassischen Mechanik hatte der Determinismus eine universelle Bedeutung: Aus der Kenntnis der Bewegungsgleichungen und der Anfangsorte und Anfangsgeschwindigkeiten aller beteiligten Teilchen kann der Zustand eines Systems in der Zukunft berechnet werden (auf das ganze Universum angewandt, wird dies durch die Idee des LAPLACEschen Dämons zum Ausdruck gebracht, der die gesamte Zukunft vorausberechnen und damit vorhersehen kann). Die moderne Quantenmechanik führt zu einer Abkehr von der universell deterministischen Auffassung des Naturgeschehens.*

236 circulus vitiosus] *lat. ›fehlerhafter Kreis‹, Zirkelschluß, ein Beweis, der in seinen Voraussetzungen das zu Beweisende bereits enthält.*

243 sophistischen Selbstbetrug] *griech. σόφισμα (sóphisma) ›listig Ausersonnenes‹. Die Sophistik war eine Richtung der griechischen Philosophie im 5. und 4. vorchristlichen Jahrhundert, welche den Menschen – als, so PROTAGORAS VON ABDERA (um 480 v. Chr. – um 421 v. Chr.), »Maß aller Dinge, der seienden, daß (wie) sie sind, der nichtseienden, daß (wie) sie nicht sind« (DK 80 B 1) – in seiner Subjektivität, seinem Wollen und Denken in den Vordergrund der philosophischen Auseinandersetzung stellte. Dabei ging man von der Prämisse aus, daß das Gedachte stets subjektiv und folglich nicht das Seiende sei, umgekehrt das Denken das Seiende in ein bloß Gedachtes verwandele und folglich eine Unterscheidung in eine ›wahre‹ Welt, wenn es sie denn geben sollte, und eine ›scheinbare‹, d. h. erfahrbare Welt nicht möglich sei. Bereits in der Antike wird ›Sophist‹ bzw. ›Sophistik‹ ein Schimpf- bzw.*

Spottwort. So betont PLATON *(427 v. Chr. – 347 v. Chr.), daß die Sophisten bloß eine Meinung, »[e]ine scheinbare Erkenntnis [...] von allen Dingen, nicht aber die Wahrheit« besäßen und nicht belehren, sondern nur überreden, um des persönlichen Einflusses und der Bereicherung willen (vgl. ›Sophistes‹ 232b–233d). Der attische Komödiendichter* ARISTOPHANES *(um 445 v. Chr. – um 385 v. Chr.) karikiert in den ›Wolken‹ (uraufgeführt 423) die Sophisten als überschlau. Für* KANT *ist die Sophistik bloßer Schein, eine »Kunst, seiner Unwissenheit, ja auch seinen vorsätzlichen Blendwerken den Anstrich der Wahrheit zu geben, daß man die Methode der Gründlichkeit, welche die Logik überhaupt vorschreibt, nachahmet[], und ihre Topik zu Beschönigung jedes leeren Vorgebens benutzt[]« (KrV B 86).*

253f. Herrn Phrasilaos, der einer gekreuzigten Sclavin klar macht, dass Schmerz ein Begriff ohne Realität sei] *griech. φράσις (phrásis) ›rednerischer Ausdruck‹, ›Redewendung‹; als ›phrasis trita‹ aber auch im Sinne einer abgedroschenen Redensart.*

256f. kategorischer Imperativ] *vgl. dazu die Definition in der ›Grundlegung zur Metaphysik der Sitten‹ (1785)* IMMANUEL KANTS*: »Der kategorische Imperativ ist also nur ein einziger und zwar dieser: handle nur nach derjenigen Maxime, durch die du zugleich wollen kannst, daß sie ein allgemeines Gesetz werde« (AA IV, 421) bzw. »handle so, als ob die Maxime deiner Handlung durch deinen Willen zum allgemeinen Naturgesetze werden sollte« (ebd.), wobei die Erklärung der »Handlung ohne Beziehung auf irgend eine Absicht, d. i. auch ohne irgend einen andern Zweck, für sich als objectiv nothwendig [...] als ein apodiktisch-praktisches Princip« gilt (ebd., 415).*

260 Pressfreiheit] *zeitgenössische Bezeichnung für das Recht, die Presse zur öffentlichen Gedankenäußerung zu gebrauchen, die heutige Pressefreiheit.*

263 dem Verein] *gemeint sind die ›Freien‹ (vgl. Erl. zu 136).*

270 Kants Kritik der reinen Vernunft] *Die* ›Kritik der reinen Vernunft‹ *(KrV) ist eines der kritischen Hauptwerke* KANTS.

272 Der Drache Staat] *Anspielung auf* THOMAS HOBBES*' (1588–1679) staatstheoretische Abhandlung ›Leviathan oder Wesen, Form und Gewalt eines kirchlichen und bürgerlichen Gemeinwesens‹ (1651, lat. 1668, dtsch. 1794/95), in welcher der biblisch-mythologische* LEVIATHAN *oder* LIWJATAN *als titelgebende Figur auftritt. Der* LEVIATHAN *verkörpert in Gestalt eines vielköpfigen Meeresungeheuers die sich Gottes Schöpfermacht entgegenstellenden und von ihm besiegten Mächte (Ps 74,13f.; vgl. auch Hiob 3,8). Später ist es die biblische Bezeichnung für große, im Wasser lebende Tierkolosse (u.a. mit dem Nilkrokodil gleichgesetzt) bzw. Meeresungeheuer überhaupt (vgl. Hiob 40,25; Psalm 104,26).*

281f. den mehr oder minder bewussten Selbstbehauptungstrieb, Selbstförderungstrieb in unserem Verhalten] *Bereits die Stoiker gingen davon aus, daß jedes Lebewesen einen ursprünglichen Trieb zur Selbstbehauptung und Selbsterhaltung hat, d.h. eine Betätigung und Widerstandskraft gegenüber den von außen auf es einwirkenden Kräften (vgl.* DIOGENES LAERTIOS*: ›Vitae philosophorum‹ VII 1, 85). Diese Ansicht war bis in die Neuzeit hinein Konsens; so* *erläutert etwa* GOTTFRIED WILHELM LEIBNIZ, *daß »[c]haque substance se conserve, mais les masses en vertu des loix de leur propre nature tendent à se détruire« (›Philosophische Schriften‹ IV, S. 585).*

283 Atomistik] *griech.* ἄτομος *(átomos) ›unteilbar‹; auf die griechischen Naturphilosophen* LEUKIPPOS VON MILET *(um 480 v. Chr. – um 420 v. Chr.) und* DEMOKRITOS VON ABDERA *(um 460 v. Chr. – um 370 v. Chr.) zurückgehende Lehre, nach welcher sich kleinste, starre, unteilbare und undurchdringliche, ungewordene und unzerstörbare Körperchen, die Atome, in unendlicher Anzahl im leeren Raume befinden und sich quantitativ durch Gestalt, Lage und Anordnung voneinander unterscheiden. Aus deren Anhäufung bestehen die Dinge (vgl. zu letzterem* DIOGENES LAERTIOS: *›Vita philosophorum‹ IX, 12; ebenso* ARISTOTELES: *›Metaphysik‹ I, 4, 985b).* EPIKUROS VON SAMOS *(341 v. Chr. – 270 v. Chr.) modifizierte die ältere Atomistik insofern, als nach seiner Auffassung auch die Seele des Menschen und die Götter aus Atomen bestehen. Er bestimmte den senkrechten Fall als die naturgemäße Urform der Bewegung. Kleine Abweichungen der Atome von dieser Bewegungsform, die von ihnen selbst verursacht sind, führen zu den verschiedensten Atomverbindungen, womit* EPIKUR *die Verschiedenheit der Dinge und sogar die Willensfreiheit zu erklären suchte (vgl.* DIOGENES LAERTIOS: *›Vita philosophorum‹ X, 41). Ein weitgehend authentisches Bild der antiken Atomistik vermittelt das Lehrgedicht ›De rerum natura‹ des römischen Schriftstellers* TITUS LUCRETIUS CARUS *(97 v. Chr. – 55 v. Chr.), vgl.* LUKREZ: *›Von der Natur.‹ Aus dem Lateinischen übers. v.* HERMANN DIELS. *München 1991 (1850 von* KARL LACHMANN *herausgegeben [›De rerum natura libri sex.‹ Berlin 1850]).*

284 der Körper aus den Molecülen] *zur Entwicklung des Molekülbegriffs vgl. Erl. zu 309f. im Kommentarteil zu* Massenglück und Einzelglück, *HGW VIII, 321f.*

284f. der Kreidefelsen aus den Infusorien] *Der deutsche Naturforscher und Mitbegründer der Mikrobiologie und -paläontologie* CHRISTIAN GOTTFRIED EHRENBERG *(1795–1876) beschrieb in einem seiner Hauptwerke, ›Mikrogeologie: das Erden und Felsen schaffende Wirken des unsichtbar kleinen selbstständigen Lebens auf der Erde.‹ Leipzig 1854, die Gesteine der verschiedenen geologischen Formationen als mehrenteils aus den kieselerdigen und kalkigen Skeletten von Infusorien, d. h. einzelligen Lebewesen (›Heuaufgußtierchen‹), aufgebaut, die Kalk- und Kreidegebirge zum Beispiel aus den Überresten von sogenannten ›Polythalamien‹ mit mehrkammerigem Gehäuse.*

301 psychophysisch] *zur ›Psychophysik‹ vgl. die Erl. zu 301f. im Kommentarteil zu* Massenglück und Einzelglück, *HGW VIII, 319.*

308 horribile dictu] *lat. ›furchtbar (es) zu sagen‹.*

318f. die Autosuggestion als Liebe, als Idealismus, als Anreiz zur Production] *zur* Autosuggestion vgl. *Erl zu 489 im Kommentarteil zu* Massenglück und Einzelglück, *HGW VIII, 331f.*

322f. »car tel est mon plaisir«] *frz. ›denn solches ist mein Vergnügen‹.*

325 Wechselfälschen] *Ein Wechsel ist ein Wertpapier (vom Range einer Urkunde), das eine unbedingte Zahlungsanweisung des Ausstellers an einen Bezogenen beinhaltet. Wechselfälschung kann durch Mißbrauch der Namensun-*

terschrift des Ausstellers stattfinden oder dadurch, daß echte Wechsel durch Veränderung der Einträge oder Anbringung von Zusätzen zur rechtswidrigen Erlangung von Vermögensvorteilen unter Benachteiligung Dritter benutzt werden. Bei Hingabe eines Wechsels durch Indossament kann auch gefälscht werden, indem als Bezogene nicht existierende Personen angegeben werden oder solche, die vermögenslos sind (Bastard- oder Kellerwechsel). Wechselfälschung gilt als Urkundenfälschung und Betrug.

328 »petitioniert«] *zu lat. petere ›(er)bitten‹.*

333 im salzlosen Indifferentismus] *zu lat. cum grano salis (›mit einem Körbchen Salz‹), bildungssprachlich svw. nicht ganz wörtlich zu nehmen.*

333f. seine Sach' auf Nichts gestellt] *vgl. das Motto zu Stirners ›Der Einzige‹: »Ich hab' Mein' Sach' / auf Nichts gestellt«.*

334 mit Hegelischer Rhethorik] *hier wohl im Sinne von ›Hegelei‹. Zum Stichwort ›Hegelei‹ vgl. Erl. zu 536 im Kommentarteil zu* Massenglück und Einzelglück, *HGW VIII, 334f.*

337f. Umwerthung der Werthe] *Anspielung auf die vom Nietzsche-Archiv aus dem Nachlaß Nietzsches ziemlich willkürlich kompilierte und 1901 unter Nietzsches Namen erschienene Aphorismensammlung ›Der Wille zur Macht‹, die den Untertitel trägt: ›Versuch einer Umwerthung aller Werthe‹ (vgl. Erl. zu 339f.).*

339f. Man hört Stirner vielfach als geistigen Vorfahren Nietzsches preisen oder verdammen] *vgl. dazu u.a. Mackay: ›Stirner‹, S. 21f.: »Sie alle [die Artikel über Stirner] gehen mehr oder weniger direkt von Friedrich Nietzsche aus. [...] Ich habe die Beobachtung gemacht, dass die meisten Nietzsche-Schwärmer mit einer Art kühler und höchst komischer Überlegenheit von Stirner sprechen: sie trauen sich nicht recht an diesen Riesen [sc. Stirner] heran und fürchten sich heimlich vor seiner starren Logik. Bei Nietzsche brauchen sie weniger zu denken: sie lullen sich in seine Sprache ein, während der rechte Nietzsche ihnen meist fremd bleibt. [...] Das Fieber der Nietzsche-Krankheit ist bereits im Fallen. Eines Tages wird sich auch der ›Übermensch‹ an der Einzigkeit des Ich zerschmettert haben.« – Eduard von Hartmann (1842–1906), der bereits in seiner ›Philosophie des Unbewussten‹ (Berlin 1869) auf Stirners Bedeutung hingewiesen hatte (vgl. S. 611–614), verwies 1891 darauf, daß das »Endergebnis« von Nietzsches moralischer Anschauung, »das nur so auf Umwegen und nur andeutungsweise erreicht ist«, »uns aber keineswegs etwas Neues [liefert], sondern [...] von Max Stirner in seinem Werke ›Der Einzige und sein Eigentum‹ schon im Jahre 1845 [...] in meisterhafter Form mit einer nichts zu wünschen übrig lassenden Deutlichkeit und Offenheit dargelegt« wurde. Daß aber Nietzsche, so von Hartmann, der »nirgends den Namen Stirners oder seine Schriften« erwähnt, seinen »nachdrücklichen Hinweis auf Stirners Standpunkt und seine Bedeutung in der ›Philosophie des Unbewussten‹ [...] gekannt haben muss, geht aus seiner polemischen Kritik gerade desjenigen Kapitels hervor, in welchem er steht [vgl. Nietzsche: ›Unzeitgemässe Betrachtungen‹ II, ›Vom Nutzen und Nachtheil der Historie für das Leben‹ 9 (KGW III,1, 307–320)]. Dass er sich durch [Hartmanns] Hinweis nicht veranlasst gefühlt haben sollte, einen ihm so kongenialen Denker näher kennen zu lernen ist wenig wahrscheinlich« (HARTMANN: ›Nietzsches »neue Moral«.‹ In: ›Preußische Jahrbücher‹ LXVII [1891], S. 504–521; hier zitiert nach dem Wiederabdruck in: ›Eduard von Hartmann. Zeitgenosse und Gegenspieler Nietzsches.‹ Hrsg. v. JEAN-CLAUDE WOLF. Würzburg 2006, S. 41–67, hier S. 61f.). 1898 setzte sich HARTMANN nochmals mit STIRNERS ›Einzigem‹ auseinander, nicht ohne zu rühmen, daß »dem grösseren Publikum [...] Stirner erst wieder bekannt [wurde], als [er, HARTMANN] in einem Aufsatze über Nietzsche auf Stirner als einen verwandten, aber philosophisch bedeutenderen Denker hingewiesen hatte, und die Anhänger Nietzsches sich dadurch veranlasst fühlten, auf Stirner zurückzugreifen« (›Stirners Verherrlichung des Egoismus.‹ In: ders.: ›Ethische Studien.‹ Leipzig 1898, S. 70–90; hier zitiert nach dem Wiederabdruck in ›Eduard von Hartmann‹, S. 69–83, hier S. 69). – Im Zuge der ›Wiederentdeckung‹ STIRNERS durch MACKAY Anfang der 1890er Jahre kam es auch im Umfeld NIETZSCHES zu Mutmaßungen, ob dieser den ›Einzigen‹ gelesen habe: PETER GAST (sc. HEINRICH KÖSELITZ; 1854–1918) verneinte dies in einem Brief an FRANZ OVERBECK (1837–1905) vom 17. Februar 1893 (vgl. ›Franz Overbeck – Heinrich Köselitz. Briefwechsel.‹ Hrsg. v. DAVID MARC HOFFMANN, NIKLAUS PETER u. THEO SALFINGER. Berlin u. New York 1998 [›Supplementa Nietzscheana‹ 3], S. 376f.), ebenso OVERBECK (Brief an GAST, 24. Febr. 1893; ebd., S. 378); anläßlich des Erscheinens der Biographie STIRNERS nahmen GAST und OVERBECK dieses Thema erneut auf, doch schien laut GAST »Mackay [...], infolge seiner jahrelangen Befassung mit Stirner, so verrannt in ihn [zu sein], dass er in seiner Voreingenommenheit gegen Alles was nicht Stirner heisst, eines der abschreckendsten Beispiele abgiebt« und es für MACKAY »von vornherein festzustehen [scheine], dass Nietzsche nur l'écornifleur et plagiaire de Stirner [der Schmarotzer und Plagiator STIRNERS] sei und dass der Ruhm, der jetzt Nietzsche gelte, eigentlich Stirner gehöre. Solch ein armer, innerlich dürftiger Mensch wie Mackay wähnt wohl gar [...], Nietzsche habe den Stirner heimlicherweise immer bei sich geführt und all seine Gedanken daraus geschöpft.« (Brief an OVERBECK, 8. Febr. 1899; ebd., S. 466.) – Vgl. dazu auch HAUSDORFFS Besprechung von ›Der Wille zur Macht‹ (vgl. Erl. zu 337f.), jener 1901 erfolgten Publikation von insgesamt 483 Aphorismen aus dem Nachlaß NIETZSCHES, die einen Eindruck jenes »großen, theoretisch-philosophischen Hauptwerkes« ahnen lassen sollten, welches NIETZSCHE seit August/September 1885 unter dem Titel ›Der Wille zur Macht‹ plante (ELISABETH FÖRSTER-NIETZSCHE: ›Vorwort.‹ In: FRIEDRICH NIETZSCHE: ›Der Wille zur Macht. Versuch einer Umwerthung aller Werthe (Studien und Fragmente).‹ Hrsg. v. PETER GAST, ERNST und AUGUST HORNEFFER. Leipzig: C.G. Naumann 1901 [= Bd. XV der Großoktav-Ausgabe], S. VII–XXII, hier S. VII):*

John Henry Mackay, der Biograph Stirners, hat den richtigen Instinkt, wenn er Nietzsche nicht mag, den Anarchistenhasser und Bändiger des entfesselten Ichs. *(PAUL MONGRÉ:* Der Wille zur Macht. *In: ›Neue deutsche Rundschau [Freie Bühne]‹ XIII [1902], H. 12, S. 1334–1338, hier S. 1337; Wiederabdruck in HGW VII, 903–909, hier S. 908.)*

345 Moralisten] *Als* Moralisten *werden die Vertreter einer sich im Spanien und Frankreich des 16. Jahrhunderts entwickelnden philosophisch-literarischen Bewegung bezeichnet, die es sich zur Aufgabe gemacht hatte, die sittliche Handlungsweise (lat. mores ›Sitte‹) zu beobachten, zu beschreiben und zu deuten. Neben dem spanischen Jesuiten Baltasar Gracián y Morales (1601–1658), dessen Roman ›El criticón‹ (3 Tle., 1651–1657) allegorisch-satirisch die Laster der Menschen beleuchtet, treten v. a. die französischen Moralisten hervor, unter ihnen Michel Eyquem de Montaigne (1533–1592), François La Rochefoucauld (1613–1680), Jean de la Fontaine (1621–1695) und Blaise Pascal (1623–1662), die in ihren Essays und Aphorismen den Menschen dazu anregen wollten, sich selbst den Spiegel vorzuhalten; vgl. zu den französischen Vertretern insbesondere Fritz Schalk: ›Französische Moralisten.‹ Leipzig 1979 u.ö. – Nietzsche schätzte insbesondere die französischen Moralisten (vgl. u.a. ›Ueber Wahrheit und Lüge im aussermoralischen Sinne‹ 2 [KGW III,2, 381f.], ›Die fröhliche Wissenschaft‹ III, 95 [KGW V,2, 125f.]); er unterschied die Moralisten nach ihrem Erkenntnisinteresse: »Zwei Arten Moralisten. — Ein Gesetz der Natur zum ersten Male sehen und ganz sehen, also es nachweisen (zum Beispiel das der Fallkraft, der Licht- und Schallreflexion) ist etwas Anderes und die Sache anderer Geister, als ein solches Gesetz erklären. So unterscheiden sich auch jene Moralisten, welche die menschlichen Gesetze und Gewohnheiten sehen und aufzeigen — die feinohrigen, feinnasigen, feinäugigen Moralisten — durchaus von denen, welche das Beobachtete erklären. Die letzteren müssen vor Allem erfinderisch sein und eine durch Scharfsinn und Wissen entzügelte Phantasie haben.« (›Morgenröthe‹ V, 428 [KGW V,1, 268].)*

345 Romantikern] *Als Romantik bezeichnet man eine Epoche in der Geschichte der Literatur, bildenden Kunst und Musik, die grob etwa auf den Zeitraum zwischen 1790 und 1850 einzugrenzen ist. Ihre Themen sind Seele, Liebe, Gefühl, Leidenschaft und die Sehnsucht nach dem rational Unerfaßbaren, nach Unendlichkeit, Mysterium, Geheimnis; sie hat eine Vorliebe für Traumhaftes, Wunderbares, Übersinnliches. Das bevorzugte Symbol der Romantik ist die ›Blaue Blume‹, die bereits in Johann Georg Forsters (1754–1794) Übersetzung des Dramas ›Sakontala oder Der verhängnisvolle Ring‹ (1791) des indischen Dichters Kalidasa (fl. um 400), in Jean Pauls (sc. Johann Paul Richter; 1763–1825) ›Unsichtbarer Loge‹ (1793) und in Ludwig Tiecks (1773–1853) Gedicht ›Der Traum‹ (1799) als Traumbild thematisiert wird. In Novalis' (eigentlich Georg Friedrich Philipp Freiherr von Hardenberg; 1772–1801) fragmentarischem Roman ›Heinrich von Ofterdingen‹ (1802) wird die ›Blaue Blume‹ zum Sinnbild der Poesie stilisiert (vgl. ›Heinrich von Ofterdingen‹, 1. Teil: ›Die Erwartung‹, 1. Kap. [Novalis: ›Schriften.‹ Hist.-krit. Ausg. in 4 Bden., 1 Materialen-Bd. und 1 Erg.-Bd. Hrsg. v. Paul Kluckhohn u. Richard Samuel. Stuttgart 1960ff., Bd. 1: ›Das dichterische Werk‹ (³1977), S. 195]); vgl. dazu auch Heinrich Heine: ›Die romantische Schule‹, 2. Buch: »[Ü]berall in diesem Roman [sc. ›Heinrich von Ofterdingen‹] leuchtet und duftet die blaue Blume« (DHA 8,1, S. 194). – Zeitgenössisch finden sich Elemente der Romantik in der sogenannten Neuromantik, die um*

1890 als Reaktion auf den Naturalismus im Rahmen einer auch wissenschaftlichen Auseinandersetzung mit der deutschen Romantik entstand. Deren Vertreter haben neben dem Besorgen von Neuausgaben und Anthologien der Romantiker in durchaus sehr erfolgreichen eigenen Schöpfungen (u.a. legte der ›Eugen Diederichs Verlag‹ in Leipzig ein einschlägiges literarisches Programm vor) auf Motive und Themen der Romantik (v.a. Mythen, Märchen, Träume etc.) zurückgegriffen und diese in traditionellen Formen gefühlsbestimmt und harmonisierend gestaltet. Zu den Vertretern der ›Neuromantik‹ zählen u.a. Ludwig Fulda (1862–1939; ›Der Talisman‹, 1893; ›Maskerade‹, 1904), Börries Freiherr von Münchhausen (1874–1945; ›Balladen‹, 1900; ›Ritterliches Liederbuch‹, 1903) und Ricarda Huch (1864–1947; ›Gedichte‹, 1891 u. 1894; ›Vita somnium breve‹, 1902; vgl. auch die 1908 unter dem Titel ›Die Romantik‹ zusammengefaßten Studien Huchs ›Blütezeit der Romantik‹, 1899, und ›Ausbreitung und Verfall der Romantik‹, 1902), tendenziell aber auch Gerhart Hauptmann (1862–1946; ›Hanneles Himmelfahrt‹, 1893).

345 Religionsstiftern] *Zu den* Religionsstiftern *bemerkt Nietzsche in ›Die fröhliche Wissenschaft‹: »Die eigentliche Erfindung der Religionsstifter ist einmal: eine bestimmte Art Leben und Alltag der Sitte anzusetzen, welche als disciplina voluntatis wirkt und zugleich die Langeweile wegschafft; sodann: gerade diesem Leben eine Interpretation zu geben, vermöge deren es vom höchsten Werthe umleuchtet scheint, so dass es nunmehr zu einem Gute wird, für das man kämpft und, unter Umständen, sein Leben lässt. In Wahrheit ist von diesen zwei Erfindungen die zweite die wesentlichere: die erste, die Lebensart, war gewöhnlich schon da, aber neben andren Lebensarten und ohne Bewusstsein davon, was für ein Werth ihr innewohne. Die Bedeutung, die Originalität des Religionsstifters kommt gewöhnlich darin zu Tage, dass er sie sieht, dass er sie auswählt, dass er zum ersten Male erräth, wozu sie gebraucht, wie sie interpretirt werden kann. [...] Zum Religionsstifter gehört psychologische Unfehlbarkeit im Wissen um eine bestimmte Durchschnitts-Art von Seelen, die sich noch nicht als zusammengehörig erkannt haben. Er ist es, der sie zusammenbringt; die Gründung einer Religion wird insofern immer zu einem langen Erkennungs-Feste.« (›Die fröhliche Wissenschaft‹ V, 353 [KGW V,2, 271f.].)*

346 als »Ethiker«] *vgl. zunächst Erl. zu 207f. – Hier ist es vmtl. eine Anspielung auf die seit den 1860er Jahren verbreitete sogenannte ›ethische Bewegung‹, die eine Loslösung der Ethik von der Religion anstrebte und deren Ziel ein Gerechtigkeit, Wahrheit, Menschlichkeit und gegenseitige Achtung gleichermaßen umfassender Gesellschaftszustand (›ethische Kultur‹) war. In Deutschland war die ›ethische Bewegung‹ zeitgenössisch v.a. etabliert in der 1892 von Wilhelm Julius Förster (1832–1921) gegründeten ›Deutschen Gesellschaft für ethische Kultur‹, in dem von Bruno Wille (1860–1928), Erich Mühsam (1878–1934) und Wilhelm Bölsche (1861–1939) 1888 gegründeten ›Ethischen Club‹ sowie in dem von Wille 1900 gegründeten ›Giordana-Bruno-Bund‹; die beiden letzteren sahen sich als ›Konkurrenzbewegungen‹ zu der Försterschen Gründung.*

349 truism] *Fritz Mauthner (1849–1923; vgl. Hausdorffs Essay* Sprachkritik, *HGW VIII, 551–580) führt in seinem ›Wörterbuch der Philosophie‹ zum* truism *aus: »True und truth treten für alle Bedeutungen unseres wahr und Wahrheit ein; vom Glauben an die Offenbarung (to do truth = nach Gottes Willen tun) bis zu dem seltsamen truism, wo true nur noch einen wertlosen Gemeinplatz bedeutet« (zitiert nach der 2., vermehrten Auflage Leipzig 1923, Bd. 3, S. 382).*

349–352 Ein einzigesmal will sich Nietzsche *bis* alle Ideale des Menschen«] *Zitat aus Nietzsches ›Götzen-Dämmerung oder Wie man mit dem Hammer philosophirt‹ (1889), ›Streifzüge eines Unzeitgemässen‹ 32, eingeleitet als: »Der Immoralist redet« (KGW VI,3, 124f.).*

354 Zarathustra] *Der vmtl. zwischen 700 v. Chr. und 600 v. Chr. im heutigen Iran wirkende Prophet und Religionsstifter Zarathustra (griech. Ζωροάστρης ›Zoroástres‹), dessen Lehren in der Psalmensammlung ›Avesta‹ (›Wissen‹, auch ›Zend-Awesta‹, ›kommentiertes Wissen‹) überliefert sind, diente Friedrich Nietzsche als titelgebende Figur seines zwischen November 1882 und Februar 1885 entstandenen ›Also sprach Zarathustra‹.*

357f. Zarathustra nur die »heile, gesunde Selbstsucht« und nicht jede beliebige gutheißt] *vgl. Nietzsche: ›Zarathustra‹ III, ›Von den drei Bösen‹ 2: »Und damals geschah es auch, — und wahrlich, es geschah zum ersten Male! — dass sein Wort die Selbstsucht selig pries, die heile, gesunde Selbstsucht, die aus mächtiger Seele quillt« (KGW VI,1, 234).*

360–363 Stirner *bis* im — Genuss!] *Kompilation zweier Zitate aus Stirner: ›Der Einzige‹, S. 366 und, nach dem Gedankenstrich, S. 360.*

364–366 Nietzsche *bis* nur der Engländer thut das.] *Zitat aus Nietzsche: ›Götzen-Dämmerung‹, ›Sprüche und Pfeile‹ 12 (KGW VI,3, 54f.).*

367–369 Stirner *bis* den Spuk.] *stark gekürztes Zitat aus Stirner: ›Der Einzige‹, S. 190, dem am Ende hinzuzufügen ist: »d.h. einen Menschen«.*

370–376 Nietzsche *bis* am schönsten sich verirrt hat!] *Zitat aus Nietzsche: ›Zur Genalogie der Moral‹, ›Drittes Hauptstück: das religiöse Wesen‹ 60 (KGW VI,2, 77).*

377–379 Stirner *bis* den Gehorsam verweigern kann.] *Zitat aus Stirner: ›Der Einzige‹, S. 213f.*

380f. Nietzsche *bis* Wie verführerisch herausgeputzt!] *Zitat aus Nietzsche: ›Zur Genalogie der Moral‹, ›Sechstes Hauptstück: wir Gelehrten‹ 208 (KGW VI,2, 142).*

382f. Stirner *bis* braucht Ihr's nicht erst zu werden.] *Zitat aus Stirner: ›Der Einzige‹, S. 372.*

384–386 Nietzsche *bis* ein Untergang ist.] *Zitat aus Nietzsche: ›Zarathustra‹ ›Zarathustra's Vorrede‹ 4 (KGW VI,1, 10f.).*

394f. seinen »letzten Menschen« wiedererkennen, dessen bequemen Eudämonismus Zarathustra mit Ekel verwirft] *vgl. dazu Nietzsche: ›Zarathustra‹, ›Zarathustra's Vorrede‹ 5 (KGW VI,1, 12–15).*

395 Eudämonismus] *vgl. Erl. zu 451 im Kommentarteil zu* Massenglück und Einzelglück, *HGW VIII, 330.*

397 »Sparren«] *im Bauhandwerk ein die Konstruktion der Dachbedeckung (Latten, Bretter etc.) tragender Balken;* STIRNER *schreibt im Kapitel ›Der Sparren‹: »Mensch, es spukt in Deinem Kopfe; Du hast einen Sparren zu viel! Du bildest Dir große Dinge ein und malst Dir eine ganze Götterwelt aus, die für Dich da sei, ein Geisterreich, zu welchem Du berufen seist, ein Ideal, das Dir winkt. Du hast eine fixe Idee!« (›Der Einzige‹, S. 55.)*

402f. Für den unmittelbaren Bestand der heutigen Sittlichkeit mag Nietzsches Gedanke bedrohlicher sein] *vgl. dazu u.a.* WILHELM BÖLSCHE: *›Die Gefahren der Nietzscheschen Philosophie.‹ In: ›Freie Bühne‹ 4 (1893), S. 719–722.*

405f. das Sonnensystem socialer Gestaltungen Schritt für Schritt zum chaotischen Nebularzustand zurückzuführen] *Anspielung auf die* KANT-LAPLACE*sche Nebularhypothese. In seiner ›Allgemeinen Naturgeschichte und Theorie des Himmels‹ hatte* KANT *1755 die Entstehung des Kosmos auf mechanischem Wege zu erklären versucht, indem er einen Urzustand lückenlos über den gesamten Raum verteilter Materie voraussetzte, aus der sich auf Grund der Gravitation bewegte Körper und Körpersysteme gebildet hätten und weiterhin bildeten (AA I, 261–368). Unabhängig von* KANT *erklärte der französische Physiker* PIERRE-SIMON MARQUIS DE LAPLACE *(1749–1827) in seiner ›Exposition du système du monde‹ (2 Bde. Paris 1796) die Entstehung der Planeten im Sonnensystem auf eine ähnliche Weise: Anfangs sei die Sonne von einer sehr heißen, mit der Sonne rotierenden und die Dimensionen des heutigen Sonnensystems ausfüllenden Gasmasse umgeben gewesen. Durch Erkalten und Verdichten hätten sich schließlich nach den Gesetzen der Mechanik (Drehimpulssatz, Zentrifugalkraft) Gasringe gebildet, die in der Äquatorebene um die Sonne rotierten. Aus diesen seien durch weiteres Erkalten und Verdichtung schließlich die Planeten entstanden.*

408f. ein Gesetz der Trägheit] *von dem italienischen Mathematiker und Physiker* GALILEO GALILEI *(1564–1642) in den Briefen über die Sonnenflecken (›Istoria e dimostrazioni intorno alle maccie solari e loro accidenti: compresse in 3 lettere scritte all'illustrissimo Signor Marco Velseri.‹ Rom 1613) benutztes, von* PIERRE GASSENDI *(*PETRUS GASSENDUS*; 1592–1655) 1640 formuliertes Gesetz (›Epistolae de motu impresso a motore translato.‹ Paris 1642), welches besagt, daß ein Körper, auf den keine äußeren Kräfte einwirken, im Zustand der Ruhe oder der gleichförmigen geradlinigen Bewegung verharrt. Das Trägheitsgesetz wurde von* ISAAC NEWTON *(1643–1727) in seinem Hauptwerk ›Philosophiae naturalis principia mathematica‹ als erstes Axiom (lex prima) der klassischen Mechanik zugrundegelegt.*

409 der »Geist der Schwere«] *vgl. dazu* NIETZSCHE: *›Also sprach Zarathustra‹ II, ›Das Tanzlied‹ (KGW VI,1, 135–137), insbesondere aber ›Also sprach Zarathustra‹ III, ›Vom Geist der Schwere‹ (KGW VI,1, 237–241);* HAUSDORFF *selbst betitelt in den* Ekstasen, *S. 53, ein Gedicht mit ›*Dem Geist der Schwere*‹, vgl. HGW VIII, 90f.*

409f. hedonistischen Widerstand] *vgl. dazu Erl. zu 134f. im Kommentarteil zu* Massenglück und Einzelglück, *HGW VIII, 306.*

Dokumente

1. Dezember 1898, ›Das litterarische Echo‹

Die Zeit. *In der Nr. 123 giebt P a u l M o n g r é eine eingehende Würdigung von Max Stirners Leben und Schriften aufgrund der beiden im Frühjahr erschienenen Mackayschen Bücher.*

Arthur L. Jellinek: ›[Echo der Zeitschriften: Österreich] Die Zeit.‹ In: ›Das litterarische Echo‹, 1. Jg. (1898/99), Heft 5 (1. Dez. 1898), Sp. 306.

Tod und Wiederkunft.

›Neue Deutsche Rundschau (Freie Bühne)‹ X (1899), H. 12 (Dez.), S. 1277–1289.

[H 1899b]

Tod und Wiederkunft.

Von **Paul Mongré**.

Meine liebe Freundin, Sie haben Schopenhauer's Kapitel über den Selbstmord und die Unzerstörbarkeit unseres wahren Wesens durch den Tod gelesen und fühlen Sich in Ihrem Drange nach Klarheit ein wenig beunruhigt: wie kein Wunder bei diesem zwielichtfarbenen Denker, der es den Fledermäusen abgelernt hat auf der Abendscheide zwischen Tag und Nacht, zwischen leuchtender Besonnenheit und dunkelster Mystik sein Wesen zu treiben. Sie sagen, er habe im Grunde Recht, obwohl er, buchstäblich genommen, nicht einmal offenen Unsinn scheue; daß man zum Beispiel durch Selbstmord dem Leben nicht entrinne, sei doch entschieden das Unglaublichste unter der Sonne, und doch stecke auch da etwas dahinter, nur könnten Sie es nicht erklären. Ihr Vertrauen, ich könne es, werde ich wohl kaum in vollem Umfange rechtfertigen; jedenfalls ist mir die Wißbegier, mit der Sie an den Selbstmord theoretisch herangehen, ein erfreuliches Zeichen, daß Sie in praxi hinreichend weit davon entfernt sind. Oder sichern Sie Sich bereits, für alle Fälle, das philosophische Argument, ohne das wir sogar unsere menschlich-allzumenschlichen Dummheiten ungethan ließen? Es würde Sie, wenn ich richtig rathe, beruhigen, zu wissen daß dieses letzte Mittel wirklich hilft, daß man sich nicht in vergebliche Unkosten für Morphium oder Revolverpatronen stürzt? Unter dieser Voraussetzung würde sogar, gemäß einer uralten und sehr einfachen Psychologie, der Gedanke an freiwilligen Tod das menschliche Leben verlängern, genau so wie (nach Ihrer scharfsinnigen, aber verdächtigen Bemerkung) aus der Möglichkeit der Scheidung die Ehe ihre Dauer schöpft. Man kann hinaus, folglich bleibt man drinnen!

Also, hilft's oder hilft's nicht, das wäre die Frage. Kann man hinaus? *[1278]* Läßt sich das Leben, diese unerbetene Zudringlichkeit, abschütteln? Oder ist man verurtheilt, dem Leben eheliche Treue zu halten, selbst nach erloschener Liebe zum Leben? — Hier, beste Freundin, ist ein Unterschied von beleidigender Einfachheit zu machen, den Sie mir dennoch verzeihen müssen, weil unser Philosoph, Ihr Schopenhauer mit ekstatischer Gebundenheit den Blicken darüber hinwegsieht. Ein ganz simpler Zeitunterschied. Daß man durch Tod oder Selbstmord von seinem vergangenen Leben, wie es im kritischen Augenblicke abgeschlossen vorliegt, nicht loskommt, ist mit oder ohne Metaphysik begreiflich. Sei es, daß man das Gewesene einfach als gewesen nimmt, sei es, daß man aus ihm die transcendente Möglichkeit des Wiederkehrens in irgend einem Sinne herausgelesen hat — jedenfalls ist es der abändernden oder zerstörenden Willkür entzogen. Aber die Zukunft, diejenige Lebensstrecke, die sich meiner Berechnung nach an die Vergangenheit angeschlossen hätte, die vernichte ich doch, wenn ich vor ihrem Beginn mich selbst bei Seite schaffe! Sie waren in S. Stefano rotondo, als ausstudirte Römerin, und haben Sich an einem der vollständigsten Fresco-Cyklen gebrühter, zerquetschter und zersägter Märtyrer, die je die Wände einer Erbauungsstätte schmückten, den Appetit zum pranzo geschärft. Nun, glauben Sie, wenn etwa die heilige Agathe, der übrigens nur wenige moderne Jungfrauen, selbst den besten Willen vorausgesetzt, ihr Martyrium nachmachen könnten (post diros cruciatus mammillae abscinduntur, meldet die Unterschrift ...), wenn also diese heilige Agathe vor der Duldung des Schlimmsten ein acutes Gift genommen hätte: glauben Sie nicht, daß das, was sie sich ersparen wollte, ihr wirklich erspart geblieben wäre? Aber der erste aller Mystagogen vermauert diesen natürlichen Ausweg: »wer zwar wohl das Leben möchte und es bejaht, aber die Quaalen desselben verabscheut, und besonders das harte Loos, das gerade ihm zugefallen ist, nicht länger tragen mag: ein solcher hat nicht vom Tode Befreiung zu hoffen und kann sich nicht durch Selbstmord retten; nur mit falschem Scheine lockt ihn der finstere kühle Orkus als Hafen der Ruhe.« Wenn das bedeuten soll, daß die dem Individuum zugedachte objective Unlustsumme keiner freiwilligen Verminderung fähig sei, so haben wir wieder einmal jene Metaphysik vor uns, die immer dann ins Absurde flüchtet, wenn ausnahmsweise die gemeine Wirklichkeit halbwegs vernünftig ausschaut. Der Philosoph soll sich vom Augenschein und gesunden Menschenverstand emancipiren; aber man ist noch nicht Philosoph, wenn man dem gesunden Menschenverstand ins Gesicht schlägt. Weil vielen Dingen ein Körnchen Mystik beigemischt ist, darum schmecken voreilige Zungen, die zu schnell und grob verallgemeinern, überall eine gesättigte mystische Lösung. Aber manchen Dingen ist recht gut ohne Mystik beizukommen, und Rationalismus ist nicht immer ein Schimpfwort. Verlieren wir darüber kein Wort weiter. Das »Ding an sich« macht nicht so talmudistische Unterschiede, wie Schopenhauer ihm zumuthet, nämlich ob die »Erscheinung« sich todtschießt oder todt hungert, ob der eigene oder ein fremder Arm die Mordwaffe führt, ob unfreiwillig eingeathmete Bacterien oder freiwillig eingeführte Quecksilbersalze das Gewebe zerstören. Von dem Lebenspensum, das n a c h i h m gekommen wäre, entbindet der Tod: diese höchst erstaunliche Wahrheit, meine Freundin, lassen Sie Sich nicht, so geradlinig wie sie ist, mit metaphysischem Rankenwerk übermalen.

Aber von jener anderen Lebensstrecke, die mit der Geburt anhebt und mit dem Tode schließt, entbindet uns nichts: auch diese Wahrheit, die je nach Umständen eine geradlinige oder eine krumme, krause Wahrheit sein *[1279]* kann, will gefaßt sein. Man kann sie, wie ich Ihnen schon andeutete, mit oder ohne Metaphysik fassen; sie verfärbt sich dabei, sie kann zur blassen Identität — sie kann aber auch ganz roth werden, ganz glühend und schwellend von Gefühlswerth. Das Gewesene ist gewesen — lachen Sie nicht, meine Freundin! Ich könnte auch sagen: Geschehenes wird nimmer ungeschehen, und dann wären Sie vielleicht ernst geblieben, aber aus einem Mißverständniß! Sie hätten, gestehen Sie, an einen Roman mit dem Titel »Unsühnbar!« gedacht oder »Unheilbar!!« oder »Unwiederbringlich!!!«, in

Ihrer Phantasie wären, mit der nöthigen Anzahl von Ausrufungszeichen, blutrünstige Fälle aufgetaucht, in denen das Vergessen sich als ohnmächtig erweist, ein Leid unauslöschlich fortglimmt, eine Wunde sich nicht schließen will — jene mehr oder minder theatralischen Fälle, die sich mehr oder minder gleichnißweise auf den Typus des »... nunquam restaurabitur« bringen lassen. Ja, meine Liebe, daran hätten Sie gedacht, an das Fortleben des ursprünglichen Thatbestandes in seinen Wirkungen und Resonanzen; die Conradi'sche Formel »unerbittlich in seiner Zukunft ist das Gewesene« hätte sich in Ihr Bewußtsein geschoben, das sich doch auf etwas völlig Anderes einstellen sollte. Nicht nur vermöge der von ihm auslaufenden Causalketten, nicht nur als Quell mannigfacher Ströme des Geschehens, sondern in sich selbst ist alles Seiende unzerstörbar; dem Gewesenen kann das Prädicat des Gewesenseins nicht mehr geraubt werden. Sie werden wie Horatio finden, daß kein Geist nothwendig war, uns das zu sagen —: aber warten Sie, Sie sollen mir noch in Gespensterfurcht und blödem Schauder frösteln wie auf irgendwelcher verzauberten Schloßterrasse von Helsingör. Das Gewesene bleibt gewesen, und Sie meinen, gerade darum ginge es uns nichts mehr an? Ja, welche andere Form des Seins kennen Sie eigentlich außer dem Gewesensein? Die Gegenwart, den Augenblick? Haben Sie schon einmal einen leibhaften Augenblick gesehen, gespürt, getastet? Und wie oft, antworten Sie. Zum Beispiel jene blaue Stunde am Gardasee, wissen Sie noch? Unbewegte Flut, wolkenlos leuchtender Himmel; wir Beide im Nachen mit geschlossenen Lidern ... und Sie öffneten das Auge, um es sofort wieder zu schließen; das war doch ein Augenblick, ein Moment reiner, zeitlos schwebender Gegenwart, oder nicht? Nein, Freundin, das war kein Augenblick, das war ja eine ganze Weltgeschichte, ein schäumender Wirbel und Maelstrom von complicirtesten Ereignissen. Ich rede kein Wort von dem anstrengenden Dienst, den Ihr Hebemuskel des oberen Lides, levator palbebrae superioris, zusammen mit dem orbicularis palpebrarum zu verrichten hatte, wie diese beiden braven Gesellen, vom nervus facialis commandirt, ein wundervoll in einander greifendes Doppelspiel von Spannung und Entspannung, Verkürzung und Ausdehnung mit einander spielten. Aber davon kann ich nicht schweigen, daß in der Viertelsecunde, da Ihr Auge ins selige Blau hinaufblinzelte, etwa hundertundfünfzig Billionen Aetherschwingungen durch Hornhaut, Linse und Glaskörper dieses Auges hindurchflimmerten, sich in die Faser- und Körnerschichten Ihrer Netzhaut einwühlten und mit der Energie ihres rasenden Trommelwirbels eine vandalische Verheerung anrichteten, indem sie von Millionen Stäbchen den Sehpurpur zerstörten — zum Teufel, ist das nicht eine ungeheure historische Action, so gut wie die Völkerwanderung? Und wenn ich meinerseits von dem unbewiesenen Dinge sprechen darf, das sich meine Seele nennt: die Billionen elektromagnetischer oder Gott weiß, was für welcher Vibrationen, die in jener Viertelsecunde meine Nerven- und Gehirnsubstanz kräuselten, um schließlich als einfaches, allzueinfaches Gefühl in mein Bewußt*[1280]*sein zu treten — als welches Gefühl? oh meine Freundin, die

Situation gestattet nur eine Auslegung — ja, glauben Sie nicht, daß sich in dieser Viertelsecunde innerlich mehr begeben hat, als in fünf Acten Wildenbruch? Und das nennen Sie einen Augenblick? Erfinden Sie nur eine Zeitlupe mit hinreichender Vergrößerung, ein Chronomikroskop (Sie sehen, der Name ist bereit, nur die Sache fehlt), und Sie werden es in solch einem Augenblick wimmeln sehen wie das Infusoriengezücht im Wassertropfen! Sie können ihn so in die Länge ziehen, daß ein Jahrhundert, mit »unbewaffnetem« Zeitsinn erlebt, nicht länger erscheint, auch vielleicht nicht bunter, nicht interessanter! folglich — war's kein Augenblick, denn der wäre ohne Dimensionen und müßte bei der stärksten Vergrößerung noch als einfacher Zeitpunkt erscheinen. Nein, Sie haben, wenn Sie Sich recht besinnen, unendlich viele Augenblicke erlebt, unendliche Mengen, Reihen, Ensembles von Augenblicken, aber nie einen einzelnen isolirten Augenblick, aus dem sehr einfachen Grunde, weil das »nicht geht«, weil unser Bewußtsein linear und nicht punctuell arbeitet. Dieses räthselhafte Wesen, das sich Moment, Zeitpunkt, Weltzustand nennt, ist nur eine wissenschaftliche Construction und kommt uns nie unverhüllt zu Gesichte (so wenig wie der Raumpunkt oder das Atom), weder allein für sich, noch zuzweit oder zudritt oder in endlicher Anzahl: nur unendliche, »transfinite« Mengen dieses feinen Punktstaubes, nur Continua von erfüllten Augenblicken geben einen Bewußtseinsvorgang. Ach, wie armselig, wie einfach und unzerlegbar kann so ein Bewußtseinsvorgang sich ausnehmen und steht doch seiner Structur nach nicht niedriger als das ganze Cinquecento mit seinen Künsten und Gelehrsamkeiten! Und nun, meine geliebte, einen »Augenblick« geliebte Freundin, was folgt daraus? Es giebt, für unser Bewußtsein, keinen Moment, sondern nur zusammenhängende Momentfolgen, keinen Zeitpunkt, sondern nur Zeitstrecken. Es giebt, für unsere Erfahrung, kein anderes Sein als das Gewesensein; denn die G e g e n w a r t im strengen Sinne, als ausdehnungslose Grenze zwischen Vergangenheit und Zukunft, wäre ein Z e i t p u n k t, also unerfahrbar und unfähig, ins Bewußtsein zu treten. Was wir im gewöhnlichen Sprachgebrauch Gegenwart nennen, ist also nur die jüngste, frischeste Vergangenheit, vielleicht nur von der Dauer einer Muskelcontraction oder einer einfachen Gesichtsempfindung, vielleicht nur die letzte Viertelsecunde unseres Daseins, aber doch immer hinter uns liegend so gut wie das Zeitalter des Perikles, wenn auch nicht so weit hinter uns. Machen Sie doch den Versuch, die Gegenwart festzuhalten, festzunageln; zeigen Sie uns, wie man mit dem Hammer philosophirt! Aber wenn der Hammer fällt, ist es bereits Vergangenheit, daß er gehoben wurde, und wenn Sie den Schlag hören, ist es bereits Vergangenheit, daß der Hammer fiel! ... Vielleicht wird Ihnen schon jetzt ein wenig schwindlig, und Ihr Blick, der eben noch so ruhig ins Wasser starrte, wird plötzlich von den Wellen gefangen und mitgezogen, wie damals, damals ... Sie glaubten Sich im festen Gehäuse »Gegenwart« sanft und sicher durch die Flut getragen, und nun schwindet und verflüssigt sich Alles, das Boot ist selbst nur Wasser, die Gegenwart selbst nur Vergangenheit ... Wie steht es mit Jetzt und

Ehemals? ziemlich gleich, ziemlich unterschiedslos, wie es scheint. Der eben verhallende Thurmglockenschlag und jenes Geläut des Kirchleins von Fasano, das damals, damals über die schweigsame Seefläche zu uns klang — der eine ist mir nicht mehr Gegenwart als das andere, dieses nicht mehr Vergangenheit als jener, auf beide habe ich gleich viel oder gleich wenig Recht. Alles Sein erscheint uns als Gewesensein; die verschiedenen Theile der Vergangenheit sind, der Realitäts*[1281]*klasse nach, einander völlig gleichwerthig, und das einstweilen noch bestehende Privileg des Zukünftigen erlischt zusehends, indem das Zukünftige zum Vergangenen wird. Wer stirbt, dessen ganzes Leben gehört nunmehr einer Realitätsklasse an, der Klasse des Gewesenen — aber das ist ja die Klasse des Seienden, des unzerstörbar und unwiderruflich Seienden! Der Tod, dieser Sendbote der Gerechtigkeit, verhilft zu gleichen Lebens-Chancen in Bezug auf das verflossene Leben; während er dem Austretenden die Thür öffnet, reißt der Zugwind hundert Thüren zum *Wiedereintritt* auf!

Stellen Sie Sich den versöhnenden Schlußact einer Folterscene in S. Stefano vor: die heilige Agathe mit der Märtyrerpalme, auf einer Engelwolke gen Himmel getragen. Lassen Sie daran das Allzubildliche in Ihrer Phantasie verblassen, so bleibt etwa der Gedanke einer zeitlos schwebenden Seele übrig, die aus dem Geflecht alles zeitlichen Geschehens gelöst, vom Leben und Leiden ausruht. Wollen wir die Träumende wecken? oder, was dasselbe ist, die Wachende wieder in den Traum einspinnen? Grausam genug, aber es muß ja nicht gerade Kerker oder Richtstatt sein, wo die Erlöste ins Werden zurücktaucht; mag die zeitlose Seele schwebend an der ganzen Linie des abgeschlossenen Lebens entlang gleiten und selbst den Punkt wählen, an dem sie wieder ins Netz der Zeitlichkeit schlüpfen will. Sie hat ja diese Wahlfreiheit ehrlich verdient, durch den Tod, der sie aus der zeitlichen Abstufung heraushob und alle Niveau-Unterschiede ausglich; sie darf, von draußen kommend, jeden Platz im Theater besetzen, während der Lebende, der einmal seinen bestimmten Platz eingenommen hat, dadurch für einstweilen von allen anderen Plätzen ausgeschlossen ist. »Jetzt« ist eine Scheidewand gegen jedes andre Jetzt. Wir klammern uns an die Nußschale Gegenwart, bis der Tod sie uns aus Händen reißt, und nun sehen wir, daß eigentlich zahllose solche Nußschalen in den Wellen schwimmen, von denen wir nur *irgend eine beliebige* wieder zu ergreifen brauchen. Was wird dann geschehen? Dann klammern wir uns wieder an die eine, als ob sie die einzige wäre; dann sagen wir wieder Jetzt, als ob keine andere Zeit Jetzt sagen dürfte; dann sind wir wieder ins Gewebe des Weltlaufs verflochten und wissen nichts mehr davon, daß wir schon einmal hinausgeschlüpft waren ... Verstehen Sie das, meine Freundin? Wir leben eine Spanne Lebens zum zweiten Male, aber genau so, als lebten wir sie zum ersten Male! Die Larve ist wieder in ihr Gehäuse eingesponnen, und ihr trübes dumpfes Brüten ist von keinem Strahl des Falterlebens erhellt, das sie einmal schon hinter sich ließ, um es nun wieder als reine ungekostete Zukunft vor sich zu haben. Die Situation ist reproducirt, und der Bewußtseinsstand ist reproducirt, von dem aus die Situation als absolut neu, folglich eben *nicht* als Reproduction erscheint; wäre es anders, träte die Wiederholung ins Bewußtsein, so hätte sich vom ersten zum zweiten Male etwas geändert und die Wiederholung ließe an Treue und Genauigkeit alles zu wünschen übrig. Das erste und zweite Mal mögen sich von draußen, von der zeitlosen Ueberweltseite her gesehen, unterscheiden; von innen gesehen, von den ins Zeitgespinnst verlarvten Bewußtseinsträgern erlebt, unterscheiden sie sich nicht, da ist kein Stellenzeiger, der von der Eins auf die Zwei spränge! Die Engel in der Wolke, die vom Himmel hoch ihre himmlische, ihre absolute Zeit mit herunterbringen, mögen gelangweilt wegblicken, wenn die befreite Seele sich wieder ins Leibliche verkapselt und noch einmal den empirischen Zeitinhalt an sich abrollen, vorübergleiten läßt: aber diese Seele selbst ist ganz gebannt und athemlos bei der Sache, in ihr und um sie sind alle Uhren gleichweit zurückgestellt und alle Bilder leuchten frisch wie *[1282]* zum ersten Male — es *ist* ja das erste Mal, es ist nicht um ein Haar breit anders als das erste Mal! Jedes Wölkchen am Himmel steht, wie es gestanden hat, und jeder Grashalm und jeder blinkende Thautropfen ist wieder an der alten Stelle, und im Gebüsch hängt noch unzerrissen das Spinnennetz, das eine Stunde später der Regen niederschlagen wird ... wer hat es geflickt? wer hat die Satzung des nunquam restaurabitur entkräftet? Der große Erneuerer des Daseins, kein Anderer als dies Dasein selbst! Alles ist wieder emporgetaucht, aus dem gewaltigen Reservoir des Seins, nämlich dem Gewesensein, das ein Immerwiederkehren bedeutet und verbürgt. Alle sind wieder da — wie haben sie das gemacht? nun genau so wie das erste Mal, es fällt ihnen diesmal nicht leichter und nicht schwerer. Wir haben uns wieder zusammengefunden, die Furchen glattgestrichen, die das Kommende uns eingraben soll, die Erinnerungsreflexe ausgelöscht, mit denen unsere Gesichter, eines für des anderen Blick, sich überkleiden werden — wir schmecken uns wieder neu, wir schreiben wieder auf unbeschriebene Blätter (von *uns* unbeschrieben, meine Freundin, Sie verstehen mich ...), wir haben wieder Ueberraschungen und uneingelöste Glücksversprechen für einander ...

Ewige Wiederkunft, diese feierlich glänzende Formel Zarathustras liegt Ihnen gewiß auf den Lippen; ich sehe Sie beinahe vor mir, wie Sie athemlos und ungeduldig bereit sind, mir mit dieser — Verwechselung in die Rede zu fallen. Hier sind zwei Gedanken zu trennen, die verwandt scheinen und doch ungleiche Abstammung haben; wie mache ich Ihnen das begreiflich, ohne die philosophische Begriffsmühle zu drehn und mit Abstractionen zu stäuben? Um zunächst von *meiner* ewigen Wiederkehr zu sprechen (ich nehme unbedenklich den Vortritt vor Nietzsche wie jener englische Botschafter vor Ludwig dem Vierzehnten: gerade das Gegentheil wäre Verletzung der Höflichkeit und verriethe eine anmaßlich vorausgesetzte Ranggleichheit!): wenn Sie das Schmückende und Nebensächliche meiner Betrachtungen bei Seite lassen, so bleibt als Ur-, Grund-, Erz-, Hauptgedanke übrig, daß die Realität durch zeitlichen Ablauf nicht erschöpft und aufgezehrt wird, sondern immer wieder mit unverminderter Frische reproducirt werden kann. Jede Zeitspanne ist unbegrenzt häufiger Wiederholung, aber identischer Wiederholung, bis in die kleinste Kleinigkeit getreuer Wiederholung fähig; sie erscheint dabei den in sie verflochtenen Bewußtseinssubjecten jedesmal als neu, zum ersten Male und nur dies eine Mal vorhanden. Wir merken nichts von dieser ewigen Wiederkehr, eben weil sie identische und nicht bloß angenäherte Wiederkehr ist, und haben für die verschiedenen Reproductionen keinen Index, keine Zählmarke, keinen Stellenzeiger: darin liegt gerade die Möglichkeit des Ganzen, weil das uns allein Zugängliche, unsere Bewußtseinswelt, nicht davon betroffen wird. Die Hypothese der Wiederkehr leistet, zur Erklärung des uns vorliegenden Weltphänomens, genau dasselbe wie die einfachere, aber auch viel beschränktere naiv-realistische Hypothese vom einmaligen unwiderruflichen Ablauf der Dinge. Mehr kann ich Ihnen hier nicht verrathen; sollten diese seltsamen und abseitigen Speculationen Ihnen den Schlummer rauben, so müssen Sie als Narcoticum ein Buch zu Rathe ziehen, das ich unter dem Titel »das Chaos in kosmischer Auslese« veröffentlicht habe. Dort sind Sie in einem sphärocyklischen Zaubercabinet und können das Kreis-, Ring- und Kugelspiel, in das wir Bewußtseinsnarren mitten hineingestellt sind, mit Seelenruhe von außen betrachten. Zeit, Raum, Ordnung, Naturgesetz — durch alle diese Illusionen greife ich hindurch wie durch schöne, regelmäßige, aber wenig haltbare Quallenleiber. Wollen Sie's *[1283]* versuchen? Den Schleier der Maja ein wenig über die Augen hinaufgeschoben: vielleicht kleidet Sie das? ... Ach, verehrte Freundin, es war erst ein ganz kleiner Schlüssel, den ich zu fassen bekam, aber »er wächst in meiner Hand, er leuchtet, blitzt« — und nun glaube ich gar, er führt zu den Müttern! ... Was aber bedeutet Nietzsches Wiederkunftgedanke, jene erschütternde Inspiration am See von Silvaplana, »6000 Fuß über dem Meere und viel höher über allen menschlichen Dingen«? Beiläufig, wenn es unter Nietzsches Anhängern solche gäbe, die auf eine fürstliche und ausgesuchte Art zu ehren wissen, so stünde längst eine Gedenksäule an der Geburtstätte Zarathustras, bei dem pyramidalen Felsblock unweit des Engadiner Dörfchens Surlej, eine schlichte, unauffällige, vor den Engländern gut versteckte Gedenksäule mit Adler, Schlange und dem »hochzeitlichen Ring der Ringe, dem Ring der Wiederkunft« ... Ein Ring ist das Emblem dieses Wiederkehrgedankens, den übrigens die Pythagoreer, jene unvermeidlichen Vordenker und Flügelmänner der Menschheit zuerst ausgesprochen haben; das Weltgeschehen läuft als geschlossene Linie in sich zurück, der Weltproceß als Ganzes ist streng periodisch (nicht etwa nur angenähert periodisch wie Tages- und Jahreskreislauf). Jede Zeitstrecke, etwa ein Menschenleben, kommt immer wieder an die Reihe, aber nur im Verlauf des ganzen »Weltenjahres«, das vom Tode vorwärts durch ungeheure Zeitenferne wieder zur Geburt zurückleitet — während bei mir die Zeitstrecke allein für sich, ohne Zusammenhang mit allen übrigen, jederzeit reproducirt werden kann. Eine innere Unterscheidung der Wiederkehren nach der Ordnungszahl darf auch bei Nietzsche nicht stattfinden, sodaß, falls überhaupt ein Bewußtsein der Reproduction, als Erinnerung oder Voraussicht, bestehen soll, dies nur in Form eines Vor- und Rückblickes auf eine *unendliche Reihe* von Wiederkehren geschehen kann — eine ziemlich verzwickte Angelegenheit, liebe Freundin, deren schärferes Durchdenken ihre Phantasie so anstrengen würde wie etwa jener unvermeidliche circulus: an der Zimmerwand hängt ein Bild des Zimmers, an der darauf gemalten Wand hängt ein Bild des Bildes, dies gemalte Bild zeigt wieder Zimmer, Wand und Bild des gemalten Bildes, also ein Bild vom Bilde des ursprünglichen Bildes — und so fort in alle Ewigkeit. Nun aber der Hauptunterschied zwischen den beiden Arten Wiederkunft: meine Hypothese ist ohne Einfluß auf die Bewußtseinswelt (gerade darauf beruhte ja ihre Zulässigkeit), sie gilt also unabhängig vom empirischen Zeitinhalt und hat von der Erfahrungsseite weder Bestätigung noch Widerlegung zu erwarten; während Nietzsches Lehre etwas Positives über Structur und Zusammenhang der Wirklichkeit aussagen will. Damit gehört sie letzten Endes in die Naturwissenschaft — nicht in die Philosophie — und Nietzsche hat das selbst gefühlt: er trug sich mit dem Plan jahrelanger naturwissenschaftlicher Studien, aus denen die ewige Wiederkunft nicht mehr als dionysischer Blitz, sondern als klare exacte Wahrheit aufleuchten sollte. Uebrigens scheiterte der Plan und dem Planenden blieb eine Enttäuschung erspart, denn die Grundanschauungen unserer theoretischen Physik sind einem rein periodischen Weltverlauf nicht günstig; schlimme Dinge werden uns da angekündigt, unablässig wachsende »Entropie«, Uebergang aller Energieformen in Wärme, Temperaturausgleichung und schließliche Erstarrung des Weltalls, aus der nie wieder Bewegung und Leben hervorquellen kann — also nichts Geringeres als das absolute Finale! Nun glauben zwar nicht alle Physiker an diese weitgespannten Prognosen, die mit einer kühnen Verallgemeinerung vom Laboratorium aufs Universum schließen; aber es fehlt nicht an sonstigen Gründen, *[1284]* die gegen die Möglichkeit eines Kreisprocesses sprechen — für *unsere* Erfahrungswelt, wohlgemerkt! Natürlich hindert nichts, geschlossene Zeitlinien und in sich zurücklaufende Weltprocesse willkürlich construirt zu denken; nur gehört unser Kosmos wahrscheinlich nicht zu ihnen, und es würden dort andere Naturgesetze gelten müssen als bei uns. Solche Welten mögen *neben* der unserigen existiren, ohne in sie und in einander »hineinzuragen«, jeder Strom in seinem eigenen Zeitbette fließend und von seinen eigenen, in ihm mitschwimmenden Bewußtseinsträgern als Bewußtseinswelt, als einzig existirende Welt gedeutet, lauter verschiedene Zeitlinien etwa in einer sie umfassenden *Zeitebene* ... aber hier, verehrte Freundin, muß ich selbst Ihnen für heute unverständlich bleiben. Einstweilen beunruhigen Sie Sich nicht, daß Wand an Wand mit uns die Inhaber anderer Kosmoi wohnen; diese Weltnachbarn werden unsere Kreise noch weniger stören als die Bevölkerung irgendwelches Planeten in irgendwelchem fremden Sonnensystem. Mit Martiern oder Siriusmenschen *könnten* wir communiciren, da sie Raum und

Zeit mit uns gemeinsam haben, — das wäre nur eine Frage der Distanz-Ueberwindung, also eine praktische Frage: aber von jenen transcendenten Daseinsbrüdern trennt uns die Realitätsgattung, sie sind in ein anderes Weltgewebe eingeflochten und kein verknüpfender Faden spinnt sich zwischen ihnen und uns.

Was ich nun noch zu sagen habe, kann ich ungezwungen an Nietzsches Wiederkunftsbegriff statt an den meinigen anschließen, der leichteren Faßlichkeit wegen; kommt es andererseits auf einwandfreie Sicherheit an, so ist im rechten Moment die Ringhypothese wieder durch die Annahme beliebiger Reproduction jeder einzelnen Zeitspanne zu ersetzen. In den Engadiner Aufzeichnungen aus dem Sommer 1881 heißt es: »Ihr meint, ihr hättet lange Ruhe bis zur Wiedergeburt, — aber täuscht euch nicht! Zwischen dem letzten Augenblick des Bewußtseins und dem ersten Schein des neuen Lebens liegt »keine Zeit«, — es ist schnell wie ein Blitzstrahl vorbei, wenn es auch lebende Geschöpfe nach Jahrbillionen messen und nicht einmal messen könnten.« Nietzsche hat, wie Sie sehen, vor einer letzten schauerlichen und entzückenden Folgerung nicht Halt gemacht: mit der Wiederkunft sind wir zum e w i g e n L e b e n, zum ununterbrochen ewigen Leben verurtheilt! Das Prädicat des Gewesenseins ist unzerstörbar, das Seiende kann sich niemals nichtseiend antreffen: solche und ähnliche Begriffsspiele, Gedankenhülsen, Seifenblasen des »reinen Denkens« nehmen jetzt eine leibhafte schreckeneinflößende Bedeutung an, sie werden zu Gesichtern und ihr Blick macht uns das Blut erstarren. Der Tod entbindet uns nicht vom Leben, wenn schon vom Weiterleben; es bedarf einiger Tapferkeit, dieser Wahrheit unter den Schleier zu sehen. Wir kommen immer wieder daran, wir kommen sofort wieder daran zu leben, das athemlose, zu Tode gehetzte Sein hat nicht eine Minute Zeit, im Nichtsein zu verschnaufen. Nur mit falschem Scheine lockt der finstere kühle Orkus als Hafen der Ruhe — entsinnen Sie Sich? Und »den Tod fürchten, weil er uns die Gegenwart entreißt, ist nicht weiser, als fürchten, man könne von der runden Erdkugel, auf welcher man glücklicherweise nun gerade oben steht, hinuntergleiten.« Schopenhauer tröstet, oder erschreckt, das vergängliche Individuum mit einer halbmystischen Perspective: dem Willen zum Leben sei die Gegenwart, als Form seiner Bejahung gewiß. Aber für uns ist es nicht mehr der beharrende Kern, von dem nur die individuelle Schale fällt; uns ist die Schale selbst unzerstörbar, jedes Einzelwesen ist in sein Einzeldasein gebannt wie das tertiäre Insect in die Bernsteinhülle. Wir finden uns immer wieder: ich mich, Sie Sich, *[1285]* mit allen Winzigkeiten unserer irdischen Laufbahn — fühlen Sie das Versteinerte, Unentrinnbare des Lebens recht persönlich, recht detaillirt, recht situationsmäßig ausgearbeitet, bis hinab zu den Perlmutterknöpfen ihres Mantels und den venetianischen Gläsern auf Ihrem Tische; erst in dieser grotesken Kleinlichkeit werden Sie begreifen, was die ewige Wiederkunft des Gleichen sagen will. Eine Möve schießt uns zu Häupten dahin, ihre Silberflügel blitzen ... wohlan! hier haben wir eine Gefährtin fürs ewige Leben, dieser Silberblitz und Flügelschlag haftet als unablösbares Geschehen an dem Bewußtsein, das ihn einmal nachzeichnete, nun giebt es für die Beiden, für Bewußtsein und Bewußtseinsinhalt, keine Trennung mehr —— wie seltsam, daß diese flüchtigste Verknüpfung auch die starrste sein muß, daß jeder Tropfen des Zeitflusses herausgehoben und als Eiskrystall verewigt werden kann! Aber doch nur kann!? Ihnen wird schon lange die Frage auf den Lippen liegen, wie ich denn gerade an meine Wiederkunft, eine bloße Möglichkeit neben anderen Möglichkeiten, solche Schlüsse reihen dürfe, die allenfalls dem Verfechter der Ringhypothese erlaubt seien. Wenn bei Nietzsche das Weltenjahr sich mit objectiver Realität abspielt und immer wieder abspielt, so trifft uns sicherlich immer wieder das Loos zu existiren, und damit ist uns ununterbrochenes Dasein verbürgt, da die ungeheure, vielleicht nach Jahrbillionen zählende Zeitstrecke vom Tode bis zur Wiedergeburt aus dem Bewußtsein herausfällt und »schnell wie ein Blitzschlag« vorbei ist. Aber ich bestehe ja gar nicht auf einer inhaltlichen Periodicität im Weltverlauf, sondern gebe jeder einzelnen Stunde, Minute, Secunde des kosmischen Geschehens das Recht, zu beliebiger Zeit producirt und reproducirt zu werden: sollte also — und auch diese Möglichkeit ist doch nicht zu bestreiten — von dem genannten Rechte Gebrauch gemacht werden, sollte ein etwaiger Weltordner sich auf einmaliges Abrollen des Weltprocesses ohne Wiederholung beschränken, so wären wir doch mit dem Tode in den Hafen der Ruhe eingelaufen und dem Leben endgültig entronnen. Gewiß, nur ist nicht abzusehen, warum diese bestimmte Anordnung der Dinge vor jeder beliebigen anderen den Vorzug genießen sollte; die Erfahrung, die einzige für uns entscheidende Instanz, entscheidet in diesem Fall gar nichts, ihr kann jede Succession der Weltbegebenheiten, sofern sie sich hinter dem Bewußtsein abspielt, gleich willkommen sein. Sie müssen nicht denken, die Hypothese vom einmaligen gleichförmigen Zeitflusse sei die nächstliegende, natürlichste und darum wahrscheinlichste, und alle anderen nur mühsam ersonnene Verrenkungen und Zerrbilder, höhnische Fratzen einer à outrance leugnenden und zersetzenden Skepsis; so steht die Sache keineswegs. Unsere kriechende, tastende Dialektik wird immer die Wahrheit von irgend einem Irrthum, die Allgemeinheit von irgend einer Beschränkung aus erreichen; wer den Nordpol sucht, nähert sich ihm auf einem bestimmten Meridian, aber im Pol selbst laufen alle Meridiane gleichberechtigt zusammen. Glauben Sie etwa, weil Sie Deutsche sind, daß »roth« der bezeichneten Farbenempfindung sachlich näher stehe als red, rouge, rosso? Nun, ebenso wenig trifft die Annahme gleichförmigen Weltverlaufs den »wahren« Sachverhalt genauer als irgend welche davon abweichende, die ein freies Zufallsspiel ewiger Wiederkunft statuirt. Die Reproducirbarkeit jeder einzelnen Zeitstrecke hat gar keinen Grund, sich nicht in wirklicher Reproduction zu bewähren, und wieder gefriert unser Leben zu starrer unentrinnbarer Allgegenwart. Das Seiende wird durch den Proceß zeitlichen Ablaufs nicht erschöpft, es steht nach einmaligem Vorübergleiten so unerschüttert wie zuvor und seine Wirklichkeits-Chance hat sich nicht um ein Jota vermindert: *[1286]* denken Sie an den Diamantberg im Märchen, daran ein Vöglein seinen Schnabel wetzt. Was in aller Welt sollte Wiederkehr des Gewesenen verhüten? Das Gewesensein? wer das glaubt, mag auch gleich jenen Wilden sich gegen das Gemaltwerden sträuben, als ob der gemalte Körper Blut, Saft und Fülle von dem lebenden nähme. Soviel Realität, wie ein Ding dadurch einbüßt, daß es gesehen und gezeichnet wird, soviel büßt das Weltsubstrat durch zeitliche Entfaltung ein; soviel Vöglein kommen müssen, um den Diamantberg abzuwetzen, soviel Wiederkehren sind nöthig, das Seiende bis zur völligen Entkräftung aufzuzehren.

Und uns blüht — leider bleibt es dabei — genau wie bei Zarathustras ringförmigem Weltproceß nichts Anderes als das ewige Leben, der grelle Mittagsonnenschein ohne Aufgang und Niedergang, das lückenlos webende und spinnende Bewußtsein, zwar periodisch zu Schlaf, Traum, Ohnmacht getrübt, aber nie in der erquickenden Ruhe wahrhaften Nichtseins schwelgend, — und doch ist in der wirklichen Vertheilung dem Nichtsein Platz genug, vielleicht soviel Platz eingeräumt, daß zwischen zwei Secunden meines Lebens Jahrbillionen ohne mich verstreichen. Das ist die unveräußerliche Sonderstellung des Seins gegenüber dem Nichtsein; das Bewußtsein treibt gewissermaßen falsche Statistik, indem es nur sich registrirt und sich damit in der Selbstwahrnehmung eine scheinbare Continuität giebt. Denken Sie Sich einmal eine Reihe von Göttern oder Aeonen, die ihr Dasein mit folgendem Zeitvertreib ausfüllen. Jeder dieser gelangweilten Unsterblichen hat eine Million Würfel, mit denen er in Zwischenräumen von einer Million Jahren einen Wurf thut; der Fall, daß sämmtliche Würfel dieselbe Zahl Eins zeigen, gilt als Zeichen des Spielerwechsels. Also: der erste Gott würfelt, in jeder Jahrmillion einmal, bis ihm endlich der niedrigste Wurf von einer Million Einsen geglückt ist; alsdann spielt der zweite; nachdem dieser sich freigewürfelt hat, der dritte —. Von solchen göttlichen Spielern oder Aeonen giebt es wiederum eine Million; nachdem der letzte, der Demiurgos, sein Spiel beendet, erhält er die Erlaubniß, eine einzige beliebig herausgegriffene Secunde unseres Weltprocesses, sei es aus dem Zeitalter des Perikles oder aus Ihrem Leben, meine Freundin, oder aus dem Jahre 3000 post Christum natum, zu realisiren, wirklich in Scene zu setzen und ablaufen zu lassen. Aber nur eine Secunde: alsdann beginnt das Spiel von Neuem um eine andere Secunde. Was wäre für Sie, für uns die phänomenale Wirkung dieses ungeheuerlichen Zufallsspieles? Genau das, was Sie, was wir erleben: unsere stetig, glatt, in einem Zuge verfließende zeitliche Welt ohne Sprung, Lücke und Wiederholung! Ein Tanzboden für göttliche Zufälle, ein Göttertisch für göttliche Würfel und Würfelspieler — mit diesen Worten Zarathustras ist vielleicht, wenn man ihren halkyonischen Glanz und Zauber abblendet, das metaphysische Weltwesen noch streng genug bezeichnet ... Die Jugendsünde eines berühmten Philosophen ist in diesem Zusammenhange nicht zu verschweigen. Der gequälten Creatur steht Erlösung in Aussicht, aber nicht wie bei Schopenhauer individuelle, sondern collective Erlösung, allgemeiner Abschluß des Weltprocesses; das

»Unbewußte«, vertreten durch eine parlamentarische Mehrheit des Menschengeschlechts, macht dem Jammer ein Ende und vor der Bühne des kosmischen Geschehens fällt der Vorhang. Wie aber, wenn das Spiel sich erneuert? Hartmann prüft die Chancen von Sein oder Nichtsein; er findet, daß die Wahrscheinlichkeit des Seins eine nicht zu verachtende Reduction von 1 auf ½ erfahren habe und nach mehrfacher Wiederholung des Processes auf einen noch kleineren Betrag sinken könne, *[1287]* der praktisch zur Beruhigung genüge. Genügt er Ihnen? Nehmen Sie die Chance der Existenz so niedrig wie Sie wollen, geben Sie dem Wahrscheinlichkeitsbruch als Nenner ungezählte Millionen oder eine Ziffer mit Millionen Stellen — für Sie hört Ihre eigene Existenz nicht auf, subjective Gewißheit zu sein! Was hilft es Ihnen, die nur innerhalb des Weltprocesses zu Realität und Bewußtsein kommt, daß für einen außerhalb der Welt stehenden Demiurgos das Abrollen des Processes ein Ausnahmefall von verschwindender Seltenheit ist? Sie registriren ja nur den Ausnahmefall — der Ihnen erst das Dasein giebt — und nicht den unendlich viel häufiger vertretenen Normalfall; Sie treiben, wie ich schon sagte, als Bewußtsein falsche, einseitige, selective Statistik; sie ergänzen die sporadischen Lebensblitze zu einem ununterbrochenen Leuchten und gehen zeitlos über die langen Dunkelpausen des Nichtseins hinweg. Dem Sträfling, dem monatlich ein Prügel- oder Fasttag zudictirt ist, mag der kleine Bruch 1/30 zur praktischen Beruhigung dienen; ihm sind ja die 29 unverschärften Tage eine Realität, er hat an ihrer Länge einen Maßstab für die Kürze des einen Straftages — aber stellen Sie Sich vor, er würde durch irgend ein fabelhaftes Opiat in todähnlichen Schlaf versenkt und allmonatlich nur einmal zum Prügeln aufgeweckt, so würde er sich im permanenten Zustande des Geprügeltwerdens antreffen und von der objectiven Seltenheit dieses Zustandes weder Kenntniß noch Beruhigung haben. In diesem Falle sind wir; mag die Welt noch so unermeßlich lange ohne uns ihren Gang gehen, mögen unsere Erdentage sich in Kalpas und Aeonen verlieren wie einzelne Tropfen im Ocean — zu guter Letzt sind wir doch immer wieder da, es ist keine Möglichkeit, das Leben abzuschütteln, wer's einmal hat, wird's nicht mehr los! Ungeboren bleiben, oder sicherer noch, unempfangen, das ist die einzige Garantie, vom Sein verschont zu werden; beneiden Sie, wenn Ihr Gehirn das fertig bringt, alle die Glücklichen, die sich mit keinem Faden, keinem Zipfel in das Getriebe unseres oder irgendwelches anderen Weltprocesses verfangen haben! Sie sind die wahren, die einzigen Bewohner des Nirwana und lassen in autochthoner Ausschließlichkeit Niemanden sonst herein, Niemanden der sich einmal mit dem Sein auch nur im Geringsten compromittirt hat — sei es Mensch, Thier, Pflanze, Krystall, Wasserstoffatom! Uns hält Sansara, die Welt der Wiederkehren, mit diamantenen Klammern; das Seiende ist ins Sein, der Lebende ins Leben unentwirrbar versponnen. Und die heilige Agathe wird wieder zur Marterung geführt — jetzt, in demselben Augenblicke, da Sie das Gemälde in der römischen Rundkirche betrachten und etwas Tröstliches dabei empfinden, daß die Geschichte sich vor mehr als sechzehnhundert

Jahren zugetragen hat; und kein Wölkchen am Himmel, kein Aufblitzen eines römischen Speeres, kein Wimperzucken der Märtyrerin fehlt in dem schauerlichen Bilde, das mit allen allerflüchtigsten Einzelzügen zur Ewigkeit erstarrt ist. Jede Zeitspanne nennt sich Gegenwart, nennt alles Andere Zukunft und Vergangenheit; daß wir »jetzt« sagen, hindert keinen der Gewesenen und Kommenden, mit gleichem Rechte »jetzt« zu sagen. »Wir sind« ist die Meinung aller Wir, und Alle haben den Schein für sich. Oder hätten wir ihn allein? Haben wir damit, daß w i r existiren, die Früheren und Späteren von der Existenz ausgeschlossen? Nur von der Existenz für uns, zugleich mit uns, von der sichtbaren Mitwirkung auf unserer Bewußtseinsbühne, — nicht von der Existenz für sich, die ihrerseits dieselbe Exclusivität gegen uns geltend macht. Wir sind, und wir werden nie in den Fall kommen, guten Gewissens behaupten zu dürfen »wir sind nicht«. Wir bringen uns überallhin mit, wir lesen *[1288]* uns überall heraus, wir treffen uns überall in unverwüstlicher Frische und Gegenwart — ja, erzähle ich Ihnen denn Märchen, meine Freundin? Ich erzähle Ihnen doch nur, was Sie ohnehin wissen: daß Ihr Auge, wenn Sie in den Spiegel blicken, sich nie anders als g e ö f f n e t sieht ... Vielleicht giebt es keine kürzere Formel und keine schärfere Symbolik für den fraglichen Sachverhalt; man könnte ihn die a u t o m a t i s c h e A u s l e s e des Seins aus dem Nichtsein nennen. Er garantirt uns, in der subjectiven Selbsterfassung, stetige lückenlose ununterbrochene Existenz, während von außen gesehen unser Leben der flüchtigste und unwahrscheinlichste Ausnahmefall sein mag — ein secundenlanger Blitz in der Nacht der Jahrtausende, eine verschwindende Möglichkeit im regellosen Wirbel der Atome, eine Nußschale im Weltmeer: aber für uns selbst die wohlgegründete dauernde Erde, das Starre, Haftende, Unabwendbare — warum den Namen scheuen? — : die Ewigkeit!

Und was fangen wir mit diesen Perspectiven an? Was wir wollen, oder vielmehr, was wir k ö n n e n; die Seele muß sich irgendwie einstellen, anpassen, abfinden, und es ist ihre eigne Sache, wie sie damit fertig wird. Mein Gehirn kann sich mit Ihrem Gehirn einigen; aber was meine Nerven und Ihre Nerven dazu sagen, wird wohl zweierlei sein. Die reine Wahrheit redet überhaupt keine Gefühlssprache, nur Halbwahrheiten regen auf, bezaubern, erschüttern — vielleicht habe ich nicht Alles gesagt, was ich wußte, vielleicht wenigstens es nicht frostig, nicht exact, nicht »wissenschaftlich« genug gesagt. Aber selbst wenn ich auf Ihre Nerven wirken wollte: w i e ich gewirkt habe, hängt zu sehr von Ihren Nerven selber ab, um für mich berechenbar zu sein. Man theilt Erkenntnisse mit, man strahlt dabei auch Emotion aus, aber man muß verzichten, gerade den eigenen Emotionswerth seiner Erkenntnisse in die fremde Sphäre zu übertragen. Was wissen wir von den Schaudern und Entzückungen, die über Spinozas Seele hinliefen, was von dem schwülen Gewitterdunst, in dem Schopenhauer seine Welt glimmen sah, was selbst — auch der Nüchternste hat hier seine Trunkenheit — von dem glashellen durchsichtigen Phantom, das Kant »Erscheinung« nannte und in Raum, Zeit und Kategorieen ausgegossen träumte? Es bedarf tiefer nachschöpferischer Versenkung, die philosophischen Systeme als Gesichte und Rauschzustände ihrer Urheber zu errathen, wie es Nietzsche mit den vorplatonischen Griechen versucht hat. Nietzsche selbst hat eine solche Emotion von gewaltsamster Heftigkeit erlebt (sein ganzes Denken ist impulsiven, triebhaften Ursprungs): eben jenen Wiederkunftsblitz beim Stein von Surlej. Verstehen sie, daß derlei den Organismus bis zum Grunde aufwühlen kann? verstehen Sie die Frage der Thiere an den genesenden Zarathustra: »Kam wohl eine neue Erkenntniß zu dir, eine saure, schwere? Gleich angesäuertem Teige lagst du, deine Seele ging auf und schwoll über all ihre Ränder«. Die ganze Folge erschütternder Emotionen, in der Nietzsche den Wiederkunftsgedanken sich einzuverleiben, zu überwältigen sucht, läßt sich aus der Zarathustradichtung ablesen. Er zittert, diesen »abgründlichen Gedanken« sich selber einzugestehen, er zittert noch mehr, ihn zu verkünden. Die Schlange, die dem Hirten in den Schlund kriecht, symbolisirt den Ekel vor der Wiederkunft des Kleinen, Sinnlosen, Ueberflüssigen; auch an die Verewigung leiblicher Qualen mag Nietzsche, der selbst schwer genug Leidende, gedacht haben — doch wohl nur nebenbei. Seine harte und fast kriegsmännische Natur ersparte ihm, was uns müden Spätlingen und Gallertmenschen vielleicht nicht erspart bleibt: den Schmerz als Einwand gegen das Leben zu empfinden. Und so hat er, der Ueberwinder des Ekels, eine nicht minder *[1289]* peinliche, aus Furcht und Mitleid heraufquellende Wiederkunfts-Sensation uns verweichlichten Nervenmenschen zur Aufpeitschung unserer Phantasie überlassen: auch der Stier des Phalaris, das Kreuz auf Golgatha kehrt ewig wieder, auch die Märtyrer, die Leidenden, die dem Sein das Nichtsein vorzuziehen Grund hätten, sind zum unerschöpflichen, jederzeit reproducirbaren Leben verdammt. Vielleicht ist eine solche Furcht- und Mitleids-Hysterie weder Ihnen, noch mir ganz fremd ... Wer in diesen Irrgängen des Gefühls den Faden verliert, könnte zuletzt auf einen seltsamen Wunsch verfallen: auf den Wunsch, daß Religion und Spiritismus Recht hätten mit ihrer Hypothese von einer »unsterblichen Seele«, daß der Mensch wirklich in irgendwelchem Bewußtseinszustande seinen Leibestod überlebte. So wäre doch, im Zufallsspiel der ewigen Wiederkehr, ein Gegengewicht, eine erweiterte Lebenschance gegenüber dem irdischen Daseinsjammer geschaffen und die scheinbare Continuität des Seins würde nicht ausschließlich zwischen Geburt und Tod ihren leuchtenden Bogen wölben. Aber wünschen, was man nicht glauben darf: sind wir schon so weit? Versuchen wir lieber, der Schlange den Kopf abzubeißen — und wenn unsere Nerven über die Wiederkunft philosophiren wollen, so warten wir jene Stunde der Vollkommenheit ab, in der auch Zarathustra zum »Fürsprecher des Kreises« wurde. Haben wir Geduld: es angeln sich immer wieder goldne bunte glitzernde Augenblicke aus der blauen Lebenstiefe, Augenblicke, denen wir gern das Verweilen, lieber noch das Wiederkehren abschmeicheln möchten. Nun, in einem gewissen Sinne ist der Wunsch erfüllbar, wenn gleich nicht so, daß wir der Erfüllung inne werden. Aber schon der bloße Gedanke der Ewigkeit kann die vorüberschwebende Secunde mit einem tiefen traumhaften Glanze sättigen. Etwas seltsam Feierliches und zugleich schalkhaft Seliges ist in uns, eine Heiterkeit höherer Dimension, als ob wir hinter den Zeitschleier blickten und über die Täuschung der Vergänglichkeit hinaus wären. Die Welt sieht so treu, weise und selbstsicher aus, so verkrochen in ihr Stillleben; alle Dinge liegen in der Sonne und spinnen. Pan schläft, und die feine lustige Grillenmusik wird ihn nicht aufwecken, auch nicht das Singen der Telegraphendrähte an der alten Bergstraße, auch nicht der ferne Ruf des Bergamasker Hirten. Mittagsonne glüht auf die Alpenwiesen, aber ein kühler Paßwind läßt sie nicht aufkommen ... Und da kann es geschehen, daß wir im Ueberglück der großen Mysterienstimmung eine lächerlich-heilige Freundschaft schließen, mit der singenden Grille oder dem Bergfalter, der schimmernd an uns vorüberstreift: den Bund für einmal und immer wieder, für flüchtiges Begegnen und gesichertes Wiederbegegnen, die metaphysische Verabredung zum Stelldichein fürs nächste Mal, die süße thörichte ekstatische Freundschaft fürs *ewige Leben* ...

Tod und Wiederkunft

Entstehung

Dieser Essay ist als Brief an eine fiktive Freundin abgefaßt, die Auskunft über Arthur Schopenhauers (1788–1860) Ausführungen zu Tod und Selbmord wünscht. Der gewählte literarische Rahmen, die briefliche (oder auch mündliche) Belehrung einer wißbegierigen Dame, hat berühmte Vorbilder, etwa Bernhard Le Bovier de Fontenelles (1657–1757) ›Entretiens sur la pluralité des mondes‹ (Paris 1686, dt. Übers. Leipzig 1751 unter dem Titel ›Dialoge über die Mehrheit der Welten‹ von Johann Christoph Gottsched), ein fiktiver Dialog, in dem ein gelehrter Mann einer adligen Dame das moderne astronomische Weltbild (Kopernikus, Kepler, Galilei) erklärt, oder Leonhard Eulers (1707–1783) ›Lettres à une Princesse d'Allemagne sur divers sujets de physique & de philosophie‹ (3 Tle., 1768–1772; dt. Übersetzung [Teile I und II Leipzig 1769, Teil III Riga u. Leipzig 1773] als ›Briefe an eine deutsche Prinzessin über verschiedene Gegenstände aus der Physik und Philosophie‹; Übersetzungen in sieben weitere Sprachen). Zum Essay Tod und Wiederkunft *sind keine die Entstehung betreffenden Zeugnisse Hausdorffs oder anderer Personen nachgewiesen.*

Überlieferung

H *nicht nachgewiesen.*

D *›Neue Deutsche Rundschau (Freie Bühne)‹ X (1899), H. 12 (Dezember), S. 1277–1289.*

Erläuterungen

1–3 Schopenhauer's Kapitel über den Selbstmord und die Unzerstörbarkeit unseres wahren Wesens durch den Tod] *vgl. hierzu Kapitel 10: ›Zur Lehre von der Unzerstörbarkeit unseres wahren Wesens durch den Tod‹ (§ 134–141; ASW 5, 316–333) sowie Kapitel 13: ›Über den Selbstmord‹ (§ 157–160; ASW 5, 361–367) in Schopenhauers ›Parerga und Paralipomena‹ II.*

41–43 in S. Stefano rotondo *bis* zersägter Märtyrer] S. Stefano rotondo *ist eine zwischen 425 und 450 errichtete, unter Papst Simplicius (gest. 483; Papst seit 468) dem hl. Stephanus geweihte Rundkirche in Rom, in deren Grundriß die beiden für die Ostkirche üblichen Typen von Märtyrerstätten (Kreis und griechisches Kreuz) miteinander verschmolzen sind. Die inneren Ringmauern wurden zwischen 1582 und 1583 von Niccolò Circignani, genannt Pomarancio il vecchio (zw. 1524 und 1536–1596) unter Mitarbeit von Matteo da Siena (1533–1588) mit Fresken versehen: In 117 Einzelepisoden inszenieren die 31 Fresken, unterstützt von Schrifttafeln, die Martyrien unter anderem der Heiligen Stephanus (nach Apg 11,19 der erste christliche Märtyrer, gesteinigt [vgl. ebd., 7,59]), Vitus (nach der um 600 entstandenen ›Passio S. Viti‹ gemeinsam mit seinem Erzieher Modestus und seiner Amme Cres-*

CENTIA in siedendem Blei, Harz und Pech verbrüht) sowie SIMON DES ZELOTEN (vgl. Lk 6,15 u. Apg 1,13; der traditionellen Überlieferung zufolge zersägt); vgl. zu den Martyrien insbesondere auch die von dem italienischen Dominikaner JACOBUS A [bzw. DE] VORAGINE (auch JACOBUS JANUENSIS [von Genua], ital. IACOPO DA VARAZZE; um 1230 – 1298) zwischen etwa 1263 und 1273 zusammengestellte Sammlung von Legenden über die Heiligen des Kirchenjahres, die seit dem Spätmittelalter sogenannte ›Legenda aurea‹ (handschriftlich verbreitet v.a. unter dem Titel ›Vitae sanctorum a praedicatore quodam‹, seit dem ersten Druck um 1470 auch ›Lombardica historia‹; zum Martyrium der drei o.g. Heiligen vgl. ›Die Legenda aurea des Jacobus de Voragine.‹ Aus dem Lateinischen übers. u. eingel. v. RICHARD BENZ. Heidelberg 1955 u.ö., S. 64–71, S. 435–437 u. S. 878–885). – Der italienische Zeichner und Kupferstecher GIOVANNI BATTISTA DE CAVALIERI (um 1525 –1601) stach die Fresken 1583 für eine von dem italienische Schriftsteller GIULIO ROSCIO (fl. Ende 16. Jhd.) mit Texten versehene, 1585 in Rom gedruckte Buchausgabe der ›Legenda aurea‹ in Kupfer.

44 pranzo] *ital. ›Mittagessen‹.*

44f. die heilige Agathe] *Aus einer vornehmen Familie aus Catania auf Sizilien stammend, schlug die Christin AGATHE der Legende nach die Werbung des Stadtpräfekten QUINTINIAN aus, woraufhin sie einer Kupplerin übergeben wurde, ihre Keuschheit aber bewahren konnte. Als sie während der Christenverfolgung durch den römischen Kaiser DECIUS (eigentlich GAIUS MESSIUS QUINTUS TRAIANUS DECIUS; um 190 – 251) dem christlichen Glauben trotz Folter nicht abschwor, schnitt man ihr die Brüste ab und kerkerte sie ohne Versorgung der Wunden ein, doch erschien ihr im Kerker der HL. PETRUS, der sie heilte. AGATHE erlitt später den Märtyrertod auf glühenden, mit Scherben vermischten Kohlen; vgl. hierzu auch JACOBUS' A VORAGINE ›Legenda aurea‹ (BENZ, S. 214–219).*

46f. post diros cruciatus mammillae abscinduntur] *lat. ›nach grauenvoller Folter wurden [ihr] die Brüste abgeschnitten‹.*

50 Mystagogen] *im griechischen Kultus die in die Mysterien, die geheimen religiösen Fruchtbarkeitsriten, einführenden Priester; bildungssprachlich svw. eine Geheimlehre Verbreitender, Geheimniskrämer; hier Anspielung auf SCHOPENHAUER.*

51–56 »wer zwar wohl das Leben *bis* als Hafen der Ruhe.«] *Zitat aus SCHOPENHAUER: ›Die Welt als Wille und Vorstellung‹ I, § 54 (ASW 1, 388).*

67 Das »Ding an sich«] *vgl. dazu die Erl. zu 286 im Kommentarteil zu* Massenglück und Einzelglück, *HGW VIII, 319, und Erl. zu 135 im Kommentarteil zu* Das unreinliche Jahrhundert, *HGW VIII, 358.*

67f. talmudistische Unterschiede] *Der Talmud (hebr. ›Lehre‹) ist die seit dem Ende des 6. vorchristlichen Jahrhunderts (Rückkehr der Juden aus der ›Babylonischen Gefangenschaft‹) in mündlicher wie schriftlicher Überlieferung entstandene, Anfang des 5. Jahrhunderts (palästinischer Talmud) bzw. Anfang des 7. Jahrhunderts (babylonischer Talmud) abgeschlossene Sammlung rabbinischer Auslegungen der hebräischen Bibel, der Tora, wobei fast ausschließlich der babylonische Talmud wirkungsgeschichtlich von Bedeutung war und ist. Der Talmud war seit dem Mittelalter das bevorzugte Objekt antijüdischer Polemik und galt als Symbol von Spitzfindigkeit.*

71 Quecksilbersalze] *Quecksilberoxydsalze, durch Lösung von Quecksilber oder Quecksilberoxyd in Säuren hergestellte hochgiftige Salze, die zeitgenössisch in der Medizin Verwendung fanden, vielfach aber auch zum Suizid genutzt wurden.*

84f. einen Roman mit dem Titel »Unsühnbar!« gedacht oder »Unheilbar!!« oder »Unwiederbringlich!!!«] *Anspielung auf MARIE VON EBNER-ESCHENBACHS (1830–1916) Erzählung ›Unsühnbar‹ (Berlin 1890), DORA DUNCKERS (1855–1916) Roman ›Unheilbar‹ (Stuttgart 1890) sowie THEODOR FONTANES (1819–1898) zwischen 1887 und 1890 entstandenen, die tödlich endende Zerrüttung einer Ehe schildernden Roman ›Unwiederbringlich‹ (Berlin 1891 [recte 1892]).*

90 den Typus des »... nunquam restaurabitur«] *lat. ›niemals wird es wieder hergestellt werden‹.*

92f. die Conradi'sche Formel »unerbitterlich in seiner Zukunft ist das Gewesene«] *Zitat einer Sentenz aus dem Gedicht ›Trauer‹ des deutschen Dichters HEINRICH GOTTLIEB HERMANN CONRADI (1862–1890): »Aber wieder / Riß ich mich los / Und der Vergangenheit / Schmerzensreichem / Mühenschoß, / Der mich gewirket, / Gab ich mich wieder. // Oh! Unerbittlich / In seiner Zukunft / Ist das Gewesene! // Es fraß sich in mich / Und gebiert sich fort / Und haftet immer!« (›Lieder eines Sünders.‹ Leipzig 1887, S. 14f.). – CONRADI, der zwischen Mai 1886 und September 1887 in Leipzig lebte, wo er engen Umgang mit KURT HEZEL (1865 – nach 1914) pflegte und über diesen vmtl. mit HAUSDORFF bekannt gemacht wurde, war einer der ersten, die in Deutschland FRIEDRICH NIETZSCHE (1844 – 1900) für sich entdeckten, vgl. dazu den ›Triumph des Uebermenschen‹ in den ›Liedern eines Sünders‹ sowie den Roman ›Adam Mensch‹ (Leipzig 1889).*

98f. wie Horatio finden, daß kein Geist nothwendig war, uns das zu sagen] *In WILLIAM SHAKESPEARES (1564–1616) um 1600 entstandener Tragödie ›The tragicall Historie of Hamlet, Prince of Denmarke‹ (UA London 1602, EA London 1603/05) ist HORATIO der Offizier, der als erster in dem erscheinenden Gespenst den Vater HAMLETS zu erkennen glaubt (I,2). Nach der Unterredung des Gespenstes mit HAMLET wirft HORATIO auf die Äußerung HAMLETS: »Es lebt kein Schurk' im ganzen Dänemark, / Der nicht ein ausgemachter Bube wär'« ein: »Es braucht kein Geist vom Grabe herzukommen, / Uns das zu sagen.« (I,5; nach der Übersetzung von SCHLEGEL.)*

100f. Sie sollen mir noch in Gespensterfurcht *bis* Schloßterrasse von Helsingör] *Anspielung auf die Eröffnungsszene von Shakespeares ›Hamlet‹, in der auf »[e]ine[r] Terrasse vor dem Schlosse« in »Helsingör« den Wachposten BERNARDO und MARCELLUS sowie HORATIO ein Gespenst – der Vater HAMLETS – erscheint (I,5; nach der Übersetzung von SCHLEGEL).*

108 Nachen] *kleines Wasserfahrzeug auf Binnengewässern, mit Ruder oder Stake; zeitgenössisch wird der Begriff fast ausschließlich in dichterischem Kontext benutzt.*

113f. Hebemuskel des oberen Lides, levator palbebrae superioris] *eigentlich musculus* levator palbebrae superioris *(von lat. levare ›emporheben‹, lat. palpebra ›Augenlid‹).*

114 orbicularis palpebrarum] *lat. orbicularis ›rund‹, lat. palpebra ›Augenlid‹; Teil des musculus opercularis oculi, des Ringmuskels des Auges, dient dem Lidschluß und dem Lidschlag.*

115 nervus facialis] *innerviert motorisch die mimische Muskulatur des Gesichts, v.a. die oberen Gesichtsmuskel.*

120–123 Aetherschwingungen durch Hornhaut, Linse und Glaskörper *bis* mit der Energie ihres rasenden Trommelwirbels eine vandalische Verheerung anrichteten] *zur Aethervorstellung vgl. Erl. zu 551 im Kommentarteil zu* Massenglück und Einzelglück, *HGW VIII, 336f.; zu den Lichttheorien, insbesondere zu* CHRISTIAAN HUYGENS' *(1629–1695) Vibrationstheorie, vgl. ebd., Erl. zu 307f., HGW VIII, 319–321. – Die* Huygens'sche Vibrationstheorie *verteidigt* HAUSDORFF *in seinem Aphorismenband* Sant' Ilario *eindringlich gegen* SCHOPENHAUER *(*Sant' Ilario, *Aph. 399, S. 339 [HGW VII, 433), der seine »physiologische[] Farbentheorie« im »Widerstreit [...] mit der jetzt überall so unverschämt aufgetischten kolorierten Äther-Trommelschlag-Theorie« sieht, »welche die Lichtempfindung des Auges zu einer mechanischen Erschütterung, wie die des Gehörs zunächst wirklich ist, erniedrigen will« (›Die Welt als Wille und Vorstellung‹ II, Kap. 3: ›Über die Sinne‹; ASW 2, 43).* SCHOPENHAUER *setzt später seine Schimpfkanonade mit der Feststellung fort, daß die »ganze Äther-Atomen-Tremulanten-Hypothese [...] nicht nur ein Hirngespinst [sei], sondern [...] es an täppischer Plumpheit den ärgsten Demokritischen gleich [tue], [...] aber unverschämt genug [sei], sich heutzutage als ausgemachte Sache zu gerieren, wodurch sie erlangt hat, daß sie von tausend pinselhaften Skribenten aller Fächer, denen jede Kenntnis von solchen Dingen abgeht, rechtgläubig nachgebetet und wie ein Evangelium geglaubt« werde (ebd., Kap. 24: ›Von der Materie‹; ASW 2, 408).*

121 Körnerschichten] *am Übergang von der Keimschicht der Oberhaut zu deren Hornschicht befindliche dünne Hautschicht, die sich durch das Auflösen der Zellkerne und die Einlagerung von Hornsubstanzen bildet.*

123f. von Millionen Stäbchen den Sehpurpur zerstörten] *Zeitgenössisch war noch unbekannt, wie das Auge Licht empfindet; gesicherte Erkenntnisse lagen nur dahingehend vor, daß eine Reaktion des 1876 von dem deutschen Physiologen* FRANZ CHRISTIAN BOLL *(1849–1878) entdeckten* Sehpurpurs *(Rhodopsin) eine gewichtige Rolle spielt – dieser in den Stäbchen (Hell-Dunkel-Sehen), aber auch den Zäpfchen (Farbwahrnehmung) der Netzhaut eingelagerte rote Farbstoff verblaßt bei Lichteinfall.* HAUSDORFF *macht hier die* Aetherschwingungen, *die stakkatohaft auf die Netzhaut schlagen, für das Verblassen, also die ›Zerstörung‹ des Sehpurpurs verantwortlich; die durch Licht einsetzende chemische Zersetzung des Rhodopsins in das zur Vitamin A-Gruppe gehörende Retinal und das Protein Opsin und der sich bei Dunkelheit vollziehende Wiederaufbau waren noch nicht bekannt.*

132f. in fünf Acten Wildenbruch] *Die Dramen des deutschen Juristen und Literaten* ERNST VON WILDENBRUCH *(1845–1909) zeichnen sich durch ein überkomme-*

nes Formverständnis und die Hinwendung zu historischen Themen aus, wobei im Mittelpunkt ein nicht begrifflich faßbares ›Schicksal des Volkes‹ und dessen politische Reife steht (vgl. u.a. ›Die Karolinger.‹ Berlin 1881; ›Heinrich und Heinrichs Geschlecht.‹ Berlin 1895).

134 Chronomikroskop] *Neologismus Hausdorffs, zusammengesetzt aus griech. χρόνος (chrónos) ›Zeit‹ und Mikroskop (aus griech. μικρός [mikrós] ›klein‹ und σκοπεῖν [skopein] ›betrachten‹).*

136 Infusoriengezücht] *Als Infusorien werden zeitgenössisch die sogenannten ›Aufgußtierchen‹, die im Wasser eines (Heu-)Aufgusses aus Dauerzysten sich entwickelnden Einzeller, bezeichnet. – Der Terminus ›Infusorium‹ (lat. infusus ›hineingegossen‹) geht zurück auf den deutschen Anatomen Heinrich August Wrisberg (1739–1808), der hiermit 1765 die im Wasser lebenden Mikroorganismen allgemein (auch Mehrzeller) bezeichnete (›Observationum de animalculis infusoriis satura.‹ Göttingen 1765; vgl. John O. Corliss: ›Addendum: ›First‹ in Protozoology.‹ In: ›Transactions of the American Microscopical Society‹, Vol. 98 (1979), S. 49–58, hier S. 50 mit Anm. 14).*

137f. mit »unbewaffnetem« Zeitsinn] *Anspielung auf das durch Lupe oder Mikroskop ›bewaffnete‹ Auge, welches kleine Objekte vergrößert wahrnimmt; die analoge ›Bewaffnung‹ für den Zeitsinn wäre Hausdorffs hypothetisches* Chronomikroskop *(vgl. Erl. zu 134), welches so etwas wie eine Zeitlupenaufnahme des gesamten Geschehens liefern würde.*

144f. weil unser Bewußtsein linear und nicht punctuell arbeitet] *dazu und zum folgenden bis Z. 166 argumentiert Hausdorff ausführlicher in seinem Buch* Das Chaos in kosmischer Auslese. *Ausgangspunkt ist die hypothetische Spaltung der Zeitvorstellung in zwei Einzelvorstellungen:* In unserer Zeitvorstellung sind zwei ungleichartige Einzelvorstellungen, die ich kurz Zeitinhalt und Zeitablauf nennen will, auf leicht trennbare Weise mit einander verknüpft: einerseits die einer continuirlichen Reihe von Weltzuständen, eines materialen Substrates der Zeit, andererseits die eines räthselhaften formalen Processes, durch den jeder Weltzustand die Verwandlungenfolge Zukunft, Gegenwart, Vergangenheit erfährt. *[...]* Weltzustand ist eine erfüllte Zeitstrecke von der Länge Null, sowie Augenblick eine leere Zeitstrecke von der Länge Null ist. Der Weltzustand verhält sich zur erfüllten Zeitstrecke wie der Augenblick zur leeren oder wie ein Punkt zur Linie. Die erfüllte Zeit ist ein einfach ausgedehntes Continuum von Weltzuständen, sowie die leere Zeit ein einfach ausgedehntes Continuum von Augenblicken, die Linie ein einfach ausgedehntes Continuum von Punkten ist. Was eine erfüllte Zeitstrecke ist, darüber ist unmittelbar unser zeitlich erlebendes Bewusstsein zu befragen, das receptiv und productiv mit nichts anderem als mit der Erfüllung der Zeitform beschäftigt ist. *[...]* Den Weltzustand selbst können wir freilich vom Standpunkte des zeitlich erlebenden Bewusstseins, dessen unerreichbare Nullgrenze er bildet, nicht näher beschreiben; *[...]* die einfachste Bewusstseinsaction setzt immer unendlich viele, stetig aufeinander folgende Augenblicke, kürzer ein Continuum von Weltzuständen voraus. *[...]* Bei der oben vorgeschlagenen Trennung zwischen zeitlichem Verlauf und zeitlichem Inhalt schiebt sich unwillkürlich ein Hülfsvorstellung ein, von der wir jetzt bewussten Gebrauch machen wollen: die Vorstellung einer absoluten Zeit, in der gewissermassen jener Zeitinhalt als ruheartig beharrend, jener Zeitablauf als bewegungsartig sich abspielend gedacht wird. *[...]* Man denkt sich die einfach ausgedehnte Gesamtheit aller Weltzustände, deren stetige Succession unsere zeitliche Erfahrungswelt ausmacht, unter dem Bilde einer unbegrenzten Linie, der Zeitlinie, jeden Weltzustand als einen ihrer Punkte, endlich den Process der zeitlichen Realisation ausgeübt durch einen Punkt, den Gegenwartpunkt, der sich auf der Zeitlinie bewegt. Die Zeit, in der sich diese Bewegung abspielt, ist die absolute Zeit. Jeder Weltzustand, den der Gegenwartpunkt passirt, geht hierbei aus seinem imaginären Dasein (Zukunft) durch die momentane Realität (Gegenwart) wiederum ins imaginäre Dasein (Vergangenheit) über *(S. 11–15 [HGW VII, 605–609]; Hvhg. im Original; vgl. dazu, insbesondere zum Begriff ›Weltzustand‹, auch die Erläuterungen in HGW VII, 820–823).*

149 »transfinite« Mengen] *lat. trans ›über hinaus‹, ›jenseits‹ und lat. finis ›Grenze‹; hier im Sinne von ›unendliche Menge‹ gebraucht. Der deutsche Mathematiker Georg Cantor (1845–1918) hat ab 1872, von Untersuchungen über Punktmengen auf der reellen Zahlengeraden ausgehend, eine mathematische Theorie der unendlichen Mengen entwickelt und damit der Akzeptanz des aktual-Unendlichen in der Mathematik zum Durchbruch verholfen. Während er in seinen Arbeiten zunächst immer nur von unendlichen Mengen sprach, führte er 1883 den Terminus ›Transfinitum‹ ein: »Was ich behaupte und durch diese Arbeit, wie auch durch meine früheren Versuche bewiesen zu haben glaube, ist, dass es nach dem Endlichen ein Transfinitum (welches man auch Suprafinitum nennen könnte) d. i. eine unbegrenzte Stufenleiter von bestimmten Modis giebt, die ihrer Natur nach nicht endlich, sondern unendlich sind, welche aber ebenso wie das Endliche durch bestimmte, wohldefinirte und voneinander unterscheidbare Zahlen determinirt werden können.« (›Grundlagen einer allgemeinen Mannichfaltigkeitslehre.‹ Leipzig 1883, S. 13; publ. auch als Teil 5 von ›Über unendliche lineare Punctmannichfaltigkeiten.‹ Math. Annalen 21 [1883], S. 51–58 u. S. 545–586). Cantor, der etwa ab 1883 die Antinomien der Mengenlehre kannte, benutzte für die von ihm untersuchten (nichtantinomischen) unendlichen Mengen den Terminus ›transfinit‹, um das der mathematischen Forschung zugängliche Unendliche vom unerforschlichen ›absoluten Unendlich‹, dem ›Unendlichen in Deo‹, abzugrenzen. In einem Brief an den Mediziner Albert Eulenburg (1840–1917) vom 28. Februar 1886 schreibt Cantor z.B.: »Das Transfinite mit seiner Fülle von Gestaltungen und Gestalten weist mit Nothwendigkeit auf ein Absolutes hin, auf das ›wahrhaft Unendliche‹, an dessen Größe keinerlei Hinzufügung oder Abnahme statthaben kann und welches daher quantitativ als absolutes Maximum anzusehen ist. Letzteres übersteigt gewissermassen die menschliche Fassungskraft und entzieht sich namentlich mathematischer Determination« (zitiert nach Walter Purkert: ›Georg Cantor und die Antinomien der Mengenlehre.‹ Bulletin de la Société Mathématique de Belgique 38 [1986], S. 313–327, dort S. 321). Die Mathematiker nach Cantor sind mit der Axiomatisierung der Mengen-*

lehre andere Wege zur Vermeidung der Antinomien gegangen; ›transfinit‹ wurde, wie bei HAUSDORFF, *wieder synonym mit ›unendlich‹ gebraucht. – Die seit der Antike diskutierten Paradoxien des Unendlichen, die zeigen sollten, daß das aktual-Unendliche nicht widerspruchsfrei gedacht werden kann, beruhen darauf, daß vom Endlichen her gewohnte Schlüsse kritiklos auf das Unendliche übertragen werden; dies hat vor* CANTOR *bereits* BERNARD BOLZANO *(1781–1848) eingehend analysiert und gezeigt, daß diese Paradoxien keine logischen Antinomien sind (vgl. ›Paradoxien des Unendlichen.‹ Hrsg. v.* FRANZ PRIHONSKY. *Leipzig 1851).*

149f. feinen Punktstaubes] v*mtl. eine Anspielung auf von* CANTOR *eingeführte, einer anschaulichen Vorstellung schwer zugängliche Punktmengen, wie das* CANTOR*sche Diskontinuum, eine Punktmenge, die kein Kontinuum enthält, aber perfekt und von der Mächtigkeit des Kontinuums ist. Man assoziiert damit am ehesten die Vorstellung eines auf der Geraden sehr kompliziert verteilten* Punktstaubes.

150 Continua] *lat. continuus ›ununterbrochen‹. Bereits* ARISTOTELES *(384/83 v. Chr. – 322 v. Chr.) diskutierte in der Physik-Vorlesung den Begriff des Kontinuums, insbesondere in Auseinandersetzung mit* ZENONS *(um 490 v. Chr. – um 430 v. Chr.) Paradoxien der Bewegung (vgl. dazu aus Sicht der modernen Mathematik:* EGBERT BRIESKORN: *›Gibt es eine Wiedergeburt der Qualität in der Mathematik?‹ In: ›Wissenschaft zwischen Qualitas und Quantitas.‹ Hrsg. von* ERWIN NEUENSCHWANDER. *Basel 2003, S. 243–410). Insbesondere lehnt* ARISTOTELES *eine atomistische Vorstellung des Kontinuums ab: Es ist »unmöglich, daß aus Unteilbarem ein Kontinuierliches bestehe, wie z. B. daß eine Linie aus Punkten bestehe, wofern die Linie ein Kontinuierliches, der Punkt aber ein Unteilbares ist.« (›Physik‹, VI, 1, 231a). Die von* CANTOR *und* RICHARD DEDEKIND *(1831–1916) 1872 publizierten arithmetischen Theorien der reellen Zahlen erlaubten es, anschaulich gegebene Kontinua wie Geraden oder gerade Strecken mit Mengen reeller Zahlen zu identifizieren. So bezeichnete man die Menge* $\mathfrak{R}$ *der reellen Zahlen oder etwa das Intervall zwischen 0 und 1 als Kontinuum. Auch höherdimensionale Kontinua konnten als Punktmengen (Punkt = n-tupel reeller Zahlen, n = 2, 3, ...) mit gewissen Zusammenhangseigenschaften definiert werden. So erläutert z.B.* HAUSDORFF *in* Das Chaos in kosmischer Auslese, *S. 12 mit Anm. *: [D]*ie Linie *[ist]* ein einfach ausgedehntes Continuum von Punkten *[...]. [...]* Zweifach ausgedehnte Continua von Punkten heissen Flächen, dreifach ausgedehnte Volumina oder Körper *(HGW VII, 606). – Der Kontinuumsbegriff wurde in der Topologie sehr stark verallgemeinert; heute bezeichnet man als Kontinuum einen zusammenhängenden kompakten Hausdorff-Raum.*

153 Cinquecento] *ital. ›sechszehn‹; Bezeichnung für die Kunst und Kultur im Italien des 16. Jahrhunderts.*

165 Perikles] *Unter dem athenischen Staatsmann* PERIKLES *(um 490 v. Chr. – 429 v. Chr.), der eine innere Stärkung Athens und dessen Vormachtstellung in Attika forcierte, erlebte die klassische griechische Kultur einen Höhepunkt.*

167 wie man mit dem Hammer philosophirt] *Anspielung auf den Untertitel von* FRIEDRICH NIETZSCHES *1889 publizierter Schrift ›Götzen-Dämmerung oder: Wie man mit dem Hammer philosophirt.‹*

178 Fasano] *Stadt in der italienischen Provinz Brindisi, in der Küstenebene Apuliens; der auf einer Anhöhe gelegene Villenort Selva di Fasano gilt als Sommerfrische.*

192 mit der Märtyrerpalme] *In der christlichen Ikonographie ist die Palme das Symbol der Märtyrer und Heiligen.*

240 nunquam restaurabitur] *vgl. Erl. zu 90.*

253f. Ewige Wiederkunft, diese feierlich glänzende Formel Zarathustras] *In* NIETZSCHES *›Also sprach Zarathustra‹ III, ›Vom Gesicht und Räthsel‹ trägt Zarathustra den Gedanken der ewigen Wiederkunft vor, ohne diesen Terminus zu benutzen. Er spricht von einem ›Thorweg‹, der ›Augenblick‹ heißt. Zu ihm kommt nach der einen Seite alles in gleicher Folge wieder, was nach der andern weggegangen ist. In ›Also sprach Zarathustra‹ III, ›Der Genesende‹ (KGW VI,1, 266–273) spricht* NIETZSCHE *explizit von ewiger Wiederkunft: »Denn deine Thiere wissen es wohl, oh Zarathustra, wer du bist und werden musst: siehe du bist der Lehrer der ewigen Wiederkunft –, das ist nun dein Schicksal! [...] Siehe, wir wissen, was du lehrst: dass alle Dinge ewig wiederkehren und wir selber mit, und dass wir schon ewige Male dagewesen sind, und alle Dinge mit uns« (ebd., 271f.). Zu* HAUSDORFFS *Aufnahme und Kritik des Gedankens der ewigen Wiederkunft des Gleichen vgl. ausführlich in HGW VII, 37–49; vgl. ferner* HAUSDORFFS *Essay* Nietzsches Lehre von der Wiederkunft des Gleichen, *HGW VII, 895–902.*

282 unter dem Titel »das Chaos in kosmischer Auslese«] *Ausführlicher ist* HAUSDORFFS *Idee der ewigen Wiederkunft in* Das Chaos in kosmischer Auslese, *Kap. 3:* Gegen die Metaphysik, *auseinandergesetzt. Für* HAUSDORFF *ist die ewige Wiederkunft nur* transcendente Möglichkeit *(*Chaos, *S. 39, [HGW VII, 633]), die empirisch weder bestätigt noch widerlegt werden kann.*

283 sphärocyclischen] *aus griech. σφαῖρα (sphaira) ›Kugel‹ und griech. κύκλος (kyklos) ›Kreis‹.*

288 Schleier der Maja] *vgl. dazu Erl. zu 220 im Kommentarteil zu* Massenglück und Einzelglück, *HGW VIII, 314.*

290f. »er wächst in meiner Hand, er leuchtet, blitzt«] *vor allem in Studentenkreisen beliebtes Zitat aus* JOHANN WOLFGANG VON GOETHES *(1749–1832) Tragödie ›Faust‹: »*MEPHISTOPHELES. *[...] / Hier diesen Schlüssel nimm. /* FAUST. *Das kleine Ding! /* MEPHISTOPHELES. *Erst faß ihn an und schätz' ihn nicht gering. /* FAUST. *Er wächs't in meiner Hand! er leuchtet, blitzt! /* MEPHISTOPHELES. *Merkst du nun bald was man an ihm besitzt? / Der Schlüssel wird die rechte Stelle wittern, / Folg' ihm hinab, er führt dich zu den Müttern.« (›Faust‹ II, 1. Akt: ›Kaiserliche Pfalz. Finstere Galerie‹, vv. 6257–6263; WA I,15, 72.)*

292–294 Nietzsches Wiederkunftgedanke, jene erschütternde Inspiration am See von Silvaplana, »6000 Fuß über dem Meere und viel höher über allen menschlichen Dingen«] *Kompilation* HAUSDORFFS, *einerseits aus der paraphrasierten ›Entstehungsgeschichte‹ des Wiederkunftgedankens aus* NIETZSCHES *›Ecce homo‹: »Die Grundconception des Werks, der Ewige-Wieder-*

kunfts-Gedanke, [...] gehört in den August des Jahres 1881: er ist auf einem Blatte hingeworfen, mit der Unterschrift: ›6000 Fuss jenseits von Mensch und Zeit‹. Ich gieng an jenem Tage am See von Silvaplana durch die Wälder; bei einem mächtigen pyramidal aufgethürmten Block unweit Surlei [vgl. Erl. zu 296–298] machte ich Halt. Da kam mir dieser Gedanke« (KGW VI,3, 333), und andererseits aus einem Zitat aus Nietzsches Brief an Heinrich Köselitz (›Peter Gast‹; 1854–1918) vom 3. September 1883: »Dieses Engadin ist die Geburtsstätte meines Zarathustra. Ich fand eben noch die erste Skizze der in ihm verbundenen Gedanken; darunter steht ›Anfang August 1881 in Sils-Maria, 6000 Fuss über dem Meere und viel höher über allen menschlichen Dingen.‹« (KGB III,1, 444.)

293 Silvaplana] *bedeutender Luftkurort im Oberengadin (Kanton Graubünden).*

296–298 stünde längst eine Gedenksäule an der Geburtstätte Zarathustras, bei dem pyramidalen Felsblock unweit des Engadiner Dörfchens Surlej] *Hinsichtlich der Ortsangabe irrt Hausdorff hier: Zwar bezeichnete Nietzsche selbst das Engadin als »Geburtsstätte [s]eines Zarathustra« (vgl. Erl. zu 292–294), die ›wahre Geburtsstätte‹ der Gestalt Zarathustra indes liegt in der Bucht von Rapallo, wie aus Nietzsches ›Ecco homo‹ hervorgeht: »Den darauf [dem August 1881] folgenden Winter lebte ich in jener anmuthig stillen Bucht von Rapallo unweit Genua, die sich zwischen Chiavari und dem Vorgebirge von Porto fino einschneidet. [...] Den Vormittag stieg ich in südlicher Richtung auf der herrlichen Strasse nach Zoagli hin in die Höhe, an Pinien vorbei und weitaus das Meer überschauend; des Nachmittags [...] umgieng ich die ganze Bucht von Santa Margherita bis hinter nach Porto fino. [...] — Auf diesen beiden Wegen fiel mir der ganze Zarathustra ein, vor Allem Zarathustra selber, als Typus: richtiger, er überfiel mich ...« (KGW VI,3, 334f.)*

299f. »hochzeitlichen Ring der Ringe, dem Ring der Wiederkunft«] *Zitat der immer wiederkehrenden Formel aus ›Zarathustra‹ III, ›Die sieben Siegel (Oder: das Ja- und Amen-Lied)‹ (KGW VI,1, 283–287).*

301f. die Pythagoreer, jene unvermeidlichen Vordenker und Flügelmänner der Menschheit] *Als* Pythagoreer *wurden bereits in der Antike, z.B. von Aristoteles, die Anhänger der von dem griechischen Philosophen Pythagoras von Samos (um 570 v. Chr. – um 480 v. Chr.) um 525 v. Chr. in Kroton (Unteritalien) gegründeten und bis um 350 v. Chr. bestehenden philosophisch-religiösen ›Schule‹ bezeichnet. Viele Einzelheiten der Entwicklung und des Wirkens der pythagoreischen Schule sind in der historischen Forschung stark umstritten (vgl. etwa Leonid Zhmud: ›Wissenschaft, Philosophie und Religion im frühen Pythagoreismus.‹ Berlin 1997 versus Walter Burkert: ›Weisheit und Wissenschaft. Studien zu Pythagoras, Philolaos und Platon.‹ Nürnberg 1962). Unstrittig ist der gewaltige Einfluß, den die Pythagoreer auf den verschiedensten Gebieten auf die menschliche Geistesentwicklung hatten; Hausdorff findet hierfür das schöne Bild von den Vordenkern und Flügelmännern der Menschheit. – Die Pythagoreer glaubten an die Unsterblichkeit der Seele und an die Seelenwanderung. Durch rechte Lebensführung und Versenkung in Philosophie und Wissenschaft sollte die Seele auf ihr künftiges Dasein vorbereitet werden. In der Ethik hatten der Respekt vor den Tie-*

ren sowie die Freundschaft und Harmonie unter den Menschen, insbesondere unter den eigenen Gesinnungsgenossen, einen hohen Stellenwert. Das konstituierende Urprinzip der Welt war bei den Pythagoreern kein Stoff wie bei den ionischen Naturphilosophen THALES VON MILET *(um 625 v. Chr. – um 547 v. Chr.) und* ANAXIMENES VON MILET *(um 585 v. Chr. – um 526 v. Chr.) (Wasser, Luft), sondern ein Formprinzip: Zahlen und Zahlenverhältnisse bestimmen das Wesen aller Dinge. Daraus resultierten eine ausgedehnte Zahlenmystik, aber auch die Anfänge einer mathematischen Zahlentheorie (gerade und ungerade Zahlen, Primzahlen, vollkommene Zahlen). Die zahlentheoretischen Bücher VII–IX der ›Elemente‹ des* EUKLID *(fl. Um 300 v. Chr.) gelten als pythagoreisches Gedankengut (vgl.* BARTEL LEENDERT VAN DER WAERDEN: *›Die Pythagoreer.‹ Zürich u. München 1979). Den Pythagoreern wird auch die Entdeckung inkommensurabler Größen (irrationaler Verhältnisse) zugeschrieben, eine Entdeckung, die wie keine andere in der Folgezeit das Gesicht der Mathematik verändert hat. In der Kosmologie und Astronomie waren die Pythagoreer Vordenker eines nicht geozentrischen Weltbildes: Um ein Zentralfeuer kreisen die Erde, eine unsichtbare Gegenerde, der Mond, die Sonne und die Planeten. Die pythagoreische Erkenntnis, daß sich die damals bekannten harmonischen Intervalle Oktave, Quarte und Quinte durch Verhältnisse kleiner ganzer Zahlen charakterisieren lassen, markiert den Beginn einer Musiktheorie. Der Glaube an die Existenz der ›Sphärenklänge‹, der klingenden Himmelsharmonie, verband die Musik mit der Astronomie; noch* JOHANNES KEPLER *(1571–1630) war von dieser Idee begeistert. Auch in der Medizin werden den Pythagoreern bedeutende Leistungen zugeschrieben. – Besonders* PLATON *(427 v. Chr. – 374 v. Chr.) und seine Schule waren von pythagoreischem Gedankengut unmittelbar beeinflußt. In der Spätantike und in der Renaissance gab es bedeutende neupythagoreische Schulen.*

306f. im Verlauf des ganzen »Weltenjahres«] *Nach einer den Pythagoreern zugeschriebenen Lehre ist das Weltgeschehen kein linearer Ablauf, sondern es vollzieht sich in großen Zyklen ewiger Wiederkehr, wobei ein vollzogener Zyklus ein Weltenjahr ausmacht; vgl. die* PYTHAGORAS*-Biographie des* DIOGENES LAERTIOS *(fl. um 220; ›De vitis, dogmatibus et apophthegmatibus clarorum philosophorum‹) und die mehr oder weniger erfundene Lebensbeschreibung ›De vita Pythagorica‹ des* IAMBLICHOS VON CHALKIS *(um 250 – um 330). Vgl. zum ›großen Weltenjahr‹ auch die ausführliche Anmerkung in HGW VII, 882f.*

310f. Eine innere Unterscheidung der Wiederkehren nach der Ordnungszahl darf auch bei Nietzsche nicht stattfinden] *Sowohl bei* HAUSDORFFS *ewiger Wiederkunft als ›transzendenter Möglichkeit‹ (vgl. die folgende Erl.) als auch bei* NIETZSCHES *ewiger Wiederkunft wäre es keine Wiederkunft des* G l e i c h e n, *wenn z.B. konstatiert werden könnte, daß etwas schon dreimal da war und jetzt das vierte Mal abläuft. Es hat also keinen Sinn, von einer ersten, zweiten, dritten usw. Wiederkunft zu sprechen.*

321–324 meine Hypothese *bis* noch Widerlegung zu erwarten] HAUSDORFFS *Grundidee bei der Destruktion der Metaphysik bestand darin, zunächst eine gewisse Struktur des Transzendenten, etwa der ›absoluten Zeit‹, anzunehmen und dann zu zeigen, daß möglichst weitgehende Transformationen dieser Struktur nicht ins empirische Bewußtsein fallen würden. In* Das Chaos in kosmischer Auslese *beschreibt er das so: Dazu* greifen wir irgend eine unserer Bewusstseinswelt anhaftende Eigenschaft oder in ihr obwaltende Beziehung heraus, übertragen sie unverändert auf das absolut Reale und suchen sie dann, bei vorgeschriebener und festgehaltener empirischer Wirkung, möglichst stark umzuformen. Sobald uns das gelingt, so haben wir was wir brauchen: eine innerhalb gewisser Grenzen zutreffende negative Begriffsbestimmung der intelligiblen Welt« *(*Chaos, *S. 8; HGW VII, 602), d.h. wir haben die Erkenntnis, daß die transzendente Welt, die ›intelligible Welt‹, unbestimmt und unbestimmbar und somit ein wissenschaftlich sinnloser Begriff ist. Bei der Zeit würde eine transzendente Wiederholung einer beliebigen empirischen Zeitstrecke (ewige Wiederkehr im Sinne* Hausdorffs*) keinen anderen Bewußtseinseffekt hervorrufen als eine transzendent gleichmäßig verfließende Zeit, wie sie sich* Isaac Newton *(1642–1727) vorgestellt hatte (vgl dazu Erl. zu 236f. im Kommentarteil zu* Massenglück und Einzelglück, *HGW VIII, 316).* Hausdorffs *›transcendente Möglichkeit‹ der ewigen Wiederkehr könnte also empirisch weder widerlegt noch bestätigt werden.*

325–327 während Nietzsches Lehre *bis* in die Naturwissenschaft] *In einem Brief vom 12. Oktober 1898 an* Köselitz *(vgl. Erl. zu 292–294) faßt* Hausdorff *seine Kritik von* Nietzsches *›naturwissenschaftlichen‹ Spekulationen so zusammen:* Und was die wissenschaftliche Begründung anlangt, so hat mein Gedanke (identische Wiederkehr jeder beliebigen empirischen Zeitstrecke in der absoluten Zeit) von keiner empirischen Wissenschaft etwas zu fürchten – während zur Wiederkunft Zarathustras das Placet der theoretischen Physik kaum zu haben sein wird. Sie vollends in der Art zu beweisen, wie die Aphorismen aus dem Sommer 1881 (Bd. XII, p. 115–30) sich abquälen, halte ich nach wie vor für ausgeschlossen. *[...]* Nein, wenn der Weltverlauf cyklisch ist, so ist er's freiwillig, nicht weil ihn seine Endlichkeit gegenüber der unendlichen Zeit zur Wiederholung nöthigte, und die Erfahrung, nicht die Speculation, hat davon Zeugniss und Rechenschaft zu geben *(GSA 102/355). Zu* Nietzsches *›naturwissenschaftlichen‹ Beweisversuchen für die ewige Wiederkunft hat* Hausdorff *mehrfach Stellung genommen; vgl. HGW VII, 443–448, 787f., 897–902.*

327–329 Nietzsche hat das selbst gefühlt: er trug sich mit dem Plan jahrelanger naturwissenschaftlicher Studien] *In ihrer 1894 publizierten Darstellung ›Friedrich Nietzsche in seinen Werken‹ wies* Lou Andreas-Salomé *(1861–1937) darauf hin, daß* Nietzsche *»[d]amals«, Anfang der 1880er Jahre »die Absicht« hatte, die »Verkündigung« der »Wiederkunfts-Idee« »davon abhängig zu machen, ob und wie weit sie sich wissenschaftlich werde begründen lassen. [...] [E]r beschloß, an der Wiener oder Pariser Universität zehn Jahre ausschließlich Naturwissenschaften zu studieren. Erst nach Jahren absoluten Schweigens wollte er dann, im Fall des gefürchteten Erfolges, als der Lehrer der ewigen Wiederkunft unter die Menschen treten.« (›Friedrich*

Nietzsche in seinen Werken.‹ Mit Anm. v. Thomas Pfeiffer hrsg. v. Ernst Pfeiffer. Frankfurt a.M. 1983, S. 256f.)

329f. dionysischer Blitz] *Anspielung auf Nietzsches Selbsteinschätzung in der ›Götzen-Dämmerung‹, in der er sich »wieder auf den Boden zurück[stellt], aus dem mein Wollen, mein Können wächst — ich, der letzte Jünger des Philosophen Dionysos, — ich, der Lehrer der ewigen Wiederkunft ...« (Nietzsche: ›Götzen-Dämmerung oder Wie man mit dem Hammer philosophirt‹, ›Was ich den Alten verdanke‹ 5 [KGW VI,3, 154]). – Nach der griechischen Mythologie zeigte sich der Göttervater Zeus seiner sterblichen Geliebten Semele auf deren, von der eifersüchtigen Hera eingeredeten, Wunsch hin in seiner wahren göttlichen Gestalt, woraufhin Semele von seinem Blitz verzehrt wird und sterbend ein unreifes Kind, Dionysos, gebiert, das Zeus in seinen Schenkel näht und austrägt (vgl. Ovid: ›Metamorphosen‹ III, 259–315). Der Kult um den allzeit trunkenen Gott soll von Thrakien aus nach Griechenland vorgedrungen sein, wo Dionysos als ›Vater des Jubels, der Jauchzer und Johler‹ verehrt (vgl. ebd., IV, 15) und in orgiastischen Festen gefeiert wurde. – Als ›dionysisch‹ bezeichnet denn auch der deutsche Philosoph Friedrich Wilhelm Joseph Schelling (1775–1854) die »blinde, ihrer Natur nach schrankenlose Productionskraft«; im Gegensatz dazu steht die dem selben Subjekt innewohnende »besonnene, sich beschränkende und bildende«, die dionysische Kraft »eigentlich also negirende Kraft«, die er ›apollinisch‹ nennt (nach Apollon, dem griechischen Gott der Weissagung [vgl. ebd., I, 517–522], der aber auch heilen kann und Anführer der Musen ist [vgl. Homer: ›Ilias‹ I, 601–604]); vgl. Schelling: ›Philosophie der Offenbarung‹, 24. Vorlesung (SW II,4, 25). – Nietzsche machte das von Schelling verwendete Begriffspaar ›apollinisch-dionysisch‹ in der Philosophie der Kunst bekannt. ›Apollinisch‹ steht für die Einhaltung der Grenzen des Individuums nach Maß und Selbsterkenntnis; letztere zeigt »mit erhabenen Gebärden, wie die ganze Welt der Qual nöthig ist, damit durch sie der Einzelne zur Erzeugung der erlösenden Vision gedrängt werde und dann, ins Anschauen derselben versunken, ruhig auf seinem schwankenden Kahne, inmitten des Meeres, sitze«, gleichsam als ›Vergöttlichung des Individuationsprinzips‹ (vgl. Nietzsche: ›Die Geburt der Tragödie‹ 4 [KGW III, 1, 35f.]), welches sich im Staat und in der Ethik verwirklicht (vgl. Nietzsche: ›Die Geburt der Tragödie‹ 21 [KGW III,1, 132–140]). ›Dionysisch‹ steht für den »Drang zur Einheit, das Hinausgehen über Person, Alltag, Gesellschaft, Realität, als Abgrund des Vergessens« (KGW VIII,3, 16 [14 (14)]), welche künstlerisch auf der einen Seite in Plastik und Epik, auf der anderen Seite in der Musik zum Ausdruck kommen; vgl. dazu auch Nietzsche: ›Die dionysische Weltanschauung‹ 2: »In den Griechen wollte der Wille sich selbst zum Kunstwerk verklärt anschauen: um sich zu verherrlichen, mußten seine Geschöpfe sich selbst als verherrlichenswerth empfinden, sie mußten sich in einer höheren Sphäre wiedersehen, gleichsam in's Ideale emporgehoben, ohne dass diese vollendete Welt der Anschauung als Imperativ oder als Vorwurf wirkte. Dies ist die Sphäre der Schönheit, in der sie ihre Spiegelbilder, die Olympier, erblicken. Mit dieser Waffe kämpfte der hellenische Wille gegen das dem künstlerischen correlative Talent, zum* L e i d e n *und zur Weisheit des Leidens« (KGW III,2, 54; enthalten ist diese Schrift aus dem Baseler Nachlaß in Abt. 2, Bd. 9 der seit 1893 von dem Philologen* Fritz Koegel *[1860–1904] unter der Aufsicht* Eliabeth Förster-Nietzsches *[1846–1935] herausgegebenen sogenannten Großoktav-Ausgabe).*

334 »Entropie«] *griech. τροπή (tropé) ›Verwandlung‹, von dem deutschen Physiker* Rudolf Julius Emanuel Clausius *(1822–1888), in Anlehnung an ›Energie‹ benannte, 1865 eingeführte thermodynamische Zustandsgröße (vgl.* Clausius: *›Ueber verschiedene für die Anwendung bequeme Formen der Hauptgleichungen der mechanischen Wärmelehre.‹ In: ›Poggendorffs Annalen der Physik und Chemie‹ CXXV (1865), S. 353–400). In einem thermodynamischen System ist die Entropiezunahme dS ein Maß für den Verlust von verfügbarer Energie pro Temperatureinheit.* Ludwig Boltzmann *(1844–1906) gelang eine statistische Interpretation der Entropie: Ist W die thermodynamische Wahrscheinlichkeit eines gegebenen Zustandes des Systems, so gilt* $S = k \ln W$, *wo k eine Konstante und* ln *der natürliche Logarithmus ist. Diese Interpretation führte* Boltzmann *nur Erkenntnis des statistischen Charakters des zweiten Hauptsatzes der Thermodynamik und in der Folge zur strikten Ablehnung der Hypothese vom Wärmetod des Weltalls (vgl. die folgende Erläuterung). – Vgl. dazu auch* Hausdorffs *Essay* Andacht zum Leben *(HGW VIII, 743–746).*

335f. schließliche Erstarrung des Weltalls] *Anspielung auf die zeitgenössisch lebhaft diskutierte Hypothese vom ›Wärmetod des Weltalls‹. Nach dem zweiten Hauptsatz der Thermodynamik strebt ein abgeschlossenes System dem Zustand maximaler Entropie zu, der erreicht ist, wenn sich alle Temperaturunterschiede ausgeglichen haben. Auf das Weltall angewandt würde das bedeuten, daß es einem Zustand zustrebt, in dem alles makroskopische Geschehen erloschen ist (›Wärmetod‹). Bereits* Boltzmann *(vgl. Erl. zu 334) hielt es für höchst fragwürdig, Sätze über thermodynamisch abgeschlossene Systeme auf das Universum zu übertragen; die statistische Deutung des zweiten Hauptsatzes läßt Entropiefluktuationen zu, die lokal Entropieabnahme möglich machen.*

342 geschlossene Zeitlinien] *Die Idee geschlossener Zeitlinien diskutiert* Hausdorff *ausführlicher in* Das Chaos in kosmischer Auslese, *S. 191–194 (HGW VII, 785–788).*

349f. lauter verschiedene Zeitlinien etwa in einer sie umfassenden Z e i t e b e n e] *vgl. dazu in* Das Chaos in kosmischer Auslese *Kapitel 7:* Die Zeitebene, *S. 149–178 (HGW VII, 743 – 772).*

352 Kosmoi] *lateinische Umschrift des Plurals zu griech. κόσμος, (kósmos), die ›zweckvoll gegliederte (An-)Ordnung‹.*

354f. Martiern oder Siriusmenschen] *Obwohl u.a. bereits der italienische Naturphilosoph* Giordano Bruno *(1548–1600; ›De l'infinito, universo e mondi‹, 1584),* Fontenelle *(›Entretiens sur la pluralité des mondes‹, 1686),* Huygens *(›Cosmotheoros, sive de terris coelestibus earumque ornatu conjecturae‹, 1698),* Immanuel Kant *(1724–1804; ›Allgemeine Naturgeschichte und Theorie des Himmels‹, 1755), der englische Physiker* David Brewster *(1781–1868;*

›More Worlds than One‹, 1855) und der französische Astronom Camille-Nicolas Flammarion *(1842–1925; ›La pluralité des mondes habités‹, 1862) die Hypothese ausgesprochen hatten, auch andere Himmelskörper könnten von menschenähnlichen Lebewesen bewohnt sein, und obwohl 1744* Eberhard Christian Kindermann *(biographisch nicht nachgewiesen) in ›Die geschwinde Reise auf dem Luftschiff in die obere Welt‹ den ersten ›Marsbesuch‹ in der schöngeistigen Literatur thematisiert hatte, wird in der breiten Öffentlichkeit die Möglichkeit einer Existenz außerirdischer humanoider Lebensformen erst ab 1877 diskutiert, nachdem der italienische Astronom* Giovanni Virginio Schiaparelli *(1835–1910) auf dem Mars regelmäßige Strukturen entdeckt hatte, die er als Rinnen (›canali‹) bezeichnete (vgl. ›Osservazioni astronomiche e fisiche sull' asse di rotazione e sulla topografia del planeta Marte nella reale specola di brera in Milano coll'equatoriale di Merz durante l'opposizione del 1877‹, Rom 1878). ›Canali‹ wurde in den Übersetzungen als ›Kanäle‹ wiedergegeben (das italienische ›canale‹ kann sowohl Rinne, Fluß bzw. Flußbett als auch künstlicher Kanal bedeuten), was suggerierte, daß man es hier mit Bauwerken vernunftbegabter Marsbewohner zu tun hatte. Diese Interpretation forcierte im letzten Drittel des 19. Jahrhunderts eine Blüte der Marsliteratur. Die hier von* Hausdorff *gebrauchte Bezeichnung* Martier *– statt des üblichen ›Marsianer‹ – findet sich u.a. in dem utopischen Roman ›Auf zwei Planeten‹ (1897) des deutschen Philosophen und Schriftstellers* Kurd Lasswitz *(1848–1910), in dem er die Marsbewohner als der menschlichen Zivilisation technisch überlegene und ethisch vorbildhafte Wesen beschreibt, ganz im Gegensatz zu den ›Marsianern‹ in* Herbert George Wells' *(1866 – 1946) im selben Jahr publizierten ›Krieg der Welten‹ (›The War of the Worlds‹, in ›Pearson's Magazine‹ zwischen April und Dezember; Buchausgabe London 1898, dt. Übers. Wien 1901), in dem sie als grausame Invasoren dargestellt werden, welche die Menschheit vernichten wollen. – Erstmals Eingang in die ›schöngeistige‹ Literatur finden menschähnliche Bewohner des Sirius, des im Sternbild Großer Hund gelegenen hellsten Fixsterns des Himmels, in* Voltaires *(sc.* François-Marie Arouet*; 1694–1778) die ›Entretiens‹* Fontenelles *karikierendem philosophischen Märchen (›conte philosophique‹) ›Micromégas‹ (entst. 1750, EA London 1752, dt. Übers. v.* G. Ch. Freiesleben*, Dresden 1752), das, an* Jonathan Swifts *(1667–1745) 1726 erschienenem Buch ›Gullivers Reisen‹ angelehnt, in der Konfrontation des gigantenhaften, uralten* Siriusmenschen Micromégas *und seines vom Saturn stammenden Begleiters mit den Erdenbewohnern die Unwissenheit, Einfältigkeit und Dünkelhaftigkeit der Menschheit gleichsam als einen »nouveau plan de l'histoire de l'esprit humain« thematisiert.*

365–371 In den Engadiner Aufzeichnungen *bis* nicht einmal messen könten.«] *Zwischen dem 2. Juli und dem 1. Oktober 1881 hielt sich* Nietzsche *zum ersten Mal im schweizerischen, in der Engadiner Talmulde gelegenen Luftkurort Sils-Maria (Kanton Graubünden) auf, wo seine Gedanken an die ›Ewige Wiederkunft des Gleichen‹ erste Gestalt annahmen; vgl. das Notizheft M III 1., [318] (KGW V,2, 462f.); vgl. auch Erl. zu 292–294.*

376 des »reinen Denkens«] *Nach* KANT *ist das »reine[] Denken[]« jenes, »wodurch Gegenstände völlig a priori erkannt werden« und dessen besondere Handlungen und Regeln die Transzendentalphilosophie vorträgt (vgl. ›Grundlegung zur Metaphysik der Sitten‹, Vorrede [AA IV, 390]).*

384–386 »den Tod fürchten *bis* hinuntergleiten.«] *Zitat aus* SCHOPENHAUERS *›Die Welt als Wille und Vorstellung‹ I, § 54 (ASW 1, 387).*

392 das tertiäre Insect in die Bernsteinhülle] *Aus der vor ca. 67 Mio. Jahren beginnenden und vor ca. 2 Mio. Jahren endenden geologischen Formation des Tertiär sind aufgrund der progressiven Entwicklung der Insekten und der Ausbreitung der Nadelhölzer besonders viele in das versteinerte Harz eingeschlossene Fossilien vorhanden.*

395f. den Perlmutterknöpfen] *aus der innersten Schicht der Schalen von Muscheln und Seeschnecken, die bei Lichteinfall irisierende Farben zeigt, gefertigte Knöpfe.*

396 den venetianischen Gläsern] *seit dem 16. Jahrhundert in Murano bei Venedig gefertigte Glaskunstwaren, insbesondere dekorative Fadengläser, bei denen verschiedenfarbige Glasfäden zu Stangen verdreht und mit einer Glasblase verschmolzen werden, und sogenannte Flügelgläser, hochstielige, mittig mit Ansätzen (meist Tierfiguren) versehene Dekorationsgläser.*

409f. Wenn bei Nietzsche das Weltenjahr sich mit objektiver Realität abspielt und immer wieder abspielt] *vgl. dazu die Erl. zu 306f.*

425 Succession] *lat. successio ›Fortgang‹; hier Aufeinanderfolgen in der Zeit.*

430 à outrance] *frz. ›bis aufs äußerste‹.*

434 Meridian] *lat. meridianus ›Mittagslinie‹, zu lat. meridies ›Mittag‹; in der Geographie die von Pol zu Pol laufenden, den Äquator rechtwinklig schneidenden Linien konstanter geographischer Länge.*

439 freies Zufallsspiel] vgl. *Erl. zu 463–481.*

445f. denken Sie an den Diamantenberg im Märchen, daran ein Vöglein seinen Schnabel wetzt] *Verweis auf das Märchen ›Das Hirtenbüblein‹ in den* GRIMM*schen ›Kinder- und Hausmärchen‹, in welchem einem Hirtenknaben von einem König drei Fragen gestellt werden, deren dritte lautet: »Wieviel Sekunden hat die Ewigkeit?« Der Knabe beantwortet sie folgendermaßen: »In Hinterpommern liegt der Demantberg, der hat eine Stunde in die Höhe, eine Stunde in die Breite und eine Stunde in die Tiefe; dahin kommt alle hundert Jahre ein Vögelein und wetzt sein Schnäbelein daran, und wenn der ganze Berg abgewetzt ist, dann ist die erste Sekunde von der Ewigkeit vorbei« (*JACOB *und* WILHELM GRIMM*: ›Kinder- und Hausmärchen.‹ Nach der Ausgabe letzter Hand hrsg. v.* HEINZ RÖLLEKE*. 3 Bde. Stuttgart 1982, Bd. 2, S. 268f. [KHM 152]).*

463–481 das Bewußtsein treibt gewissermaßen falsche Statistik *bis* dieses ungeheuerlichen Zufallsspieles] HAUSDORFF *verwendet hier, wie auch an zahlreichen Stellen in seinem Buch* Das Chaos in kosmischer Auslese, *Bilder aus der Wahrscheinlichkeitsrechnung, mit der er sich im Zeitraum zwischen 1895 und 1901 intensiv beschäftigt hat. Die grundlegende Frage, die er in bezug auf das Verhältnis von empirischem Kosmos und transzendentem Chaos zu beantworten sucht, könnte so umrissen werden: Wie kann es sein, daß unserem empirischen Bewußtsein seine Welt als ›einzige und ausschließlich reale‹ und als kosmisch geordnete Welt erscheint, während sie in der ›Universalität‹ des Chaos nur eine von unendlich vielen Möglichkeiten darstellt? Hier wird die Metapher vom Zufallsspiel eingebracht: Das Chaos ist* transzendentes Zufallsspiel *(S. 49 [HGW VII, 643]); ein Ereignis, welches in diesem Zufallsspiel objektiv verschwindende Wahrscheinlichkeit hat, kann in unserem Kosmos, d.h. subjektiv, gewiß erscheinen, weil unser Bewußtsein nur die für das Ereignis günstigen Fälle ›ausliest‹. Der wahrscheinlichkeitstheoretische Hintergrund besteht darin, daß ein Ereignis E von beliebig kleiner Wahrscheinlichkeit eine bedingte Wahrscheinlichkeit P(E/F) = 1 besitzt, wenn die Bedingung F so beschaffen ist, daß sie E nach sich zieht. In* Das Chaos in kosmischer Auslese *hat HAUSDORFF diese Argumentation in bezug auf das Verhältnis von empirischer Zeit zu absoluter (transzendenter) Zeit (und darum geht es in der hier vorliegenden Passage) ausgeführt. Dabei hat er zugleich sein Prinzip der ›indirekten Auslese‹ erläutert, welches wahrscheinlichkeitstheoretisch auch als Auslese der ›günstigen Fälle‹ interpretiert werden kann, d.h. als Übergang von der objektiven (verschwindend kleinen) Wahrscheinlichkeit zur subjektiven Gewißheit:* Uns *[...]* wird sich die empirische Zeit beständig mit *e* erfüllt zeigen, während in der absoluten Zeit *e* mit Nicht-*e*, zum Beispiel auch *e* mit transformirten Vorgängen e_1, e_2, e_3, ... beliebig wechselt. Von allen diesen Fällen wird nur der eine Fall *e* Object unserer Erfahrung, wogegen sich die Fälle Nicht-*e* aus dem Complex unserer Welt von selbst eliminiren; anders ausgedrückt, der Fall *e* hat für uns subjective Gewissheit, an sich nur eine beliebige, auch beliebig kleine objective Wahrscheinlichkeit. Den hier ausgesprochenen, für die Folge sehr wichtigen Grundsatz möchte ich ein auf die Erkenntnisstheorie übertragenes Princip der indirecten Auslese nennen *(S. 125f. [HGW VII, 719f.]). Vgl. zu dieser Argumentation ausführlicher auch HGW V, 560–562.*

466 Aeonen] *griech. αἰών (aión) ›Leben‹, ›Lebenszeit‹, ›Zeitalter‹; in der ›Septuaginta‹, der griechischen Bibelübersetzung, wird hiermit der hebräische Zeitbegriff* עולם *('ōlām) wiedergegeben, welcher die fernste Zeit sowohl in der Vergangenheit als auch in der Zukunft ausdrückt und im Sinne von ›Ewigkeit‹ zu verstehen ist.*

475 Demiurgos] *vgl. dazu Erl. zu 390 im Kommentarteil zu* Massenglück und Einzelglück, *HGW VIII, 328.*

478 post Christum natum] *lat. ›nach Christi Geburt‹.*

483–485 Ein Tanzboden für göttliche Zufälle *bis* mit diesen Worten Zarathustras] *vgl. NIETZSCHES ›Zarathustra‹ III, ›Vor Sonnen-Aufgang‹: »Oh Himmel über mir, du Reiner! Hoher! Das ist mir nun deine Reinheit, dass es keine ewige Vernunft-Spinne und -Spinnennetze giebt: — — dass du mir ein Tanzboden bist für göttliche Zufälle, dass du mir ein Göttertisch bist für göttliche Würfel und Würfelspieler! —« (KGW VI,1, 205f.).*

485f. halkyonischen Glanz und Zauber] *griech. ἀλκυονίς (alkyonís) ›windstill‹, auch ›friedlich‹. Meist in Verbindung mit ›Tagen‹ verwendet, geht die Wendung auf den griechischen Mythos der Meerfrau ALKYONE zurück, die mit König KEYX von Trachis vermählt war; als KEYX auf See stirbt, verwandelt der*

Windgott und Vater ALKYONES, AIOLOS, *den Verstorbenen und die trauernde Witwe in Eisvögel. Während deren Brutzeit, den ›halkyonischen Tagen‹, herrscht Windstille. –* NIETZSCHE *läßt »Niemanden als [...] Kenner [des ›Zarathustra‹] gelten, den nicht jedes seiner Worte irgendwann einmal tief verwundet und irgendwann einmal tief entzückt hat: erst dann nämlich darf er des Vorrechts geniessen, an dem halkyonischen Element, aus dem jenes Werk geboren ist, an seiner sonnigen Helle, Ferne, Weite und Gewissheit ehrfürchtig Antheil zu haben« (›Zur Genealogie der Moral‹, ›Vorrede‹ 8 [KGW VI,2, 267].* NIETZSCHE *bezeichnet sich im ›Fall Wagner‹ selbst als »Halkyonier«, der bei Wagner »la gaya scienza; die leichten Füsse; Witz, Feuer, Anmuth; die grosse Logik; den Tanz der Sterne; die übermüthige Geistigkeit; die Lichtschauder des Südens; das glatte Meer — Vollkommenheit ...« vermißt (›Der Fall Wagner‹ 10 [KGW VI,3, 31]); vgl. dazu auch das Gedicht aus dem Nachlaß: »So sprach ein Weib voll Schüchternheit / Zu mir im Morgenschein: / ›Bist schon du selig vor Nüchternheit / Wie selig wirst du – trunken sein!‹« (NF Herbst 1884, 28 [43] [KGW VII,3, 25].) – Den »Geist halkyonischer Gemeinschaft« suchte* OTTO ERICH HARTLEBEN *(1864–1905), mit dem* HAUSDORFF *persönlich bekannt war, in der (in seiner 1903 erworbenen Villa ›Halkyone‹ am Gardasee gegründeten) ›Halkyonischen Akademie‹ auszuleben: »Das Erste sei, daß man der Welt sich freue, / sich vor den andern froh genießen lerne – / in stiller Nähe, wie in bunter Ferne / das Alte frisch genieße wie das Neue. // Doch schaff dir auch ein Herz voll stolzer Treue, / eins in sich selbst und seinem tiefsten Kerne! / Der Freie traut durch Wolken seinem Sterne – / das Brandmal aller Sklaven ist die Reue« (›Toskanischer Frühling‹, in:* OTTO ERICH HARTLEBEN: *›Ausgewählte Werke.‹ 3 Bde. Hrsg. u. eingel. v.* FRANZ FERDINAND HEITMÜLLER. *Berlin 1909, Bd. 1, S. 185; entgegen der Darstellung* HEITMÜLLERS *bietet der Band keineswegs »einen vollständigen Neudruck« dar der Ausgabe ›Meine Verse‹ [ebd., S. XLV; vgl.* OTTO ERICH HARTLEBEN: *›Meine Verse.‹ Berlin 1905], sondern eine um weitere Gedichte vermehrte Ausgabe; das Gedicht wurde unter dem Titel ›Halkyonische Tage‹ programmatisch in das ›Mitgliederverzeichnis 1903–1950‹, die ›Halkyonische Jahresgabe für 1949‹, aufgenommen [S. 6]; vgl. hierzu auch ›Halkyonisches Brevier mit Versen und Prosa von Otto Erich Hartleben.‹ Hrsg. v. C. F. W.* BEHL *u.* CHARLOTTE VON KLEMENT. *München 1962, ebenso ›Halkyonisches Gedenken an Otto Erich Hartleben. 1864–1905.‹ Zum 100. Geburtstag und 60. Todestag hrsg. v. der ›Halkyonischen Akademie‹. s.l. 1965 [DLA Marbach, Sign. KK,KPS4°]).*

487f. Die Jugendsünde eines berühmten Philosophen ist in diesem Zusammenhange nicht zu verschweigen.] *vmtl. Anspielung auf* WILHELM WUNDTS *(1832–1920) Vorwort zur zweiten, umgearbeiteten Auflage der ›Vorlesungen über die Menschen- und Thierseele‹ (Hamburg u. Leipzig 1892), in dem er konstatiert, daß er sich erst allmählich von den fundamentalen monistischen ›Irrtümern‹ der ersten Auflage (1863) befreit habe, und daß er »diese Arbeit schon Jahre lang [...] als eine Jugendsünde betrachten lernte« (ebd., S. Vf.). Der deutsche Zoologe und Naturphilosoph* ERNST HAECKEL *(1834–1919) bemerkte dazu: »Dreißig Jahre später veröffentlichte Wundt (1892) eine zweite, wesentlich verkürzte und gänzlich umgearbeitete Auflage seiner ›Vorlesungen über die Menschen- und Thier-Seele‹. Die wichtigsten Principien der ersten Auflage sind in dieser zweiten völlig aufgegeben, und der m o n i s t i s c h e Standpunkt der ersteren ist mit einem rein d u a l i s t i s c h e n vertauscht. W u n d t selbst sagt in der Vorrede zur zweiten Auflage, daß er sich erst allmählich von den fundamentalen Irrthümern der ersten befreit habe, und daß er ›diese Arbeit schon seit Jahren als eine J u g e n d s ü n d e betrachten lernte‹; sie ›lastete auf ihm als eine Art S c h u l d, der er, so gut es gehen mochte, ledig zu werden wünschte‹. In der That sind die wichtigsten Grundanschauungen der Seelenlehre in den beiden Auflagen von W u n d t ' s weit verbreiteten ›Vorlesungen‹ völlig entgegengesetzte; in der ersten Auflage rein monistisch und materialistisch, in der zweiten Auflage rein dualistisch und spiritualistisch.« (›Die Welträthsel. Gemeinverständliche Studien über monistische Philosophie.‹ Bonn 1899, S. 116f.)*

494–498 Hartmann prüft die Chancen von Sein oder Nichtsein *bis* der praktisch zur Beruhigung genüge.] *vgl. dazu die Ausführungen des deutschen Philosophen* Eduard von Hartmann *(1842–1906) in ›Die Philosophie des Unbewussten‹, 2. Teil: ›Methaphysik des Unbewussten‹, XV. ›Die letzten Principien‹, 2. ›Der Wille‹: »Wäre nun die Potenz z e i t l i c h, so würde, da ja die Zeit unendlich ist, die Wahrscheinlichkeit = 1, d. h. Gewissheit sein, dass die Potenz m i t d e r Z e i t sich auch einmal wieder zum Actus entschliesst; da aber die Potenz a u s s e r der Zeit steht, welche ja der Actus erst schafft, und diese ausserzeitliche Ewigkeit sich in zeitlicher Beziehung von dem Moment in nichts unterscheidet (wie gross und klein sich in Bezug auf die Farbe durch nichts unterscheiden), so ist auch die Wahrscheinlichkeit, dass die Potenz in ihrer ausserzeitlichen Ewigkeit sich zum Wollen bestimme, gleich der, dass sie sich im Moment dazu bestimme, d. h. = ½. Hieraus geht hervor, dass die Erlösung vom Wollen für keine endgültige betrachtet werden kann, sondern dass sie nur die Qual des Wollens und Seins von der Wahrscheinlichkeit 1 (welche sie während des Processes hat) auf die Wahrscheinlichkeit ½ reducirt, also immerhin einen für die Praxis nicht zu verachtenden Gewinn giebt. Natürlich kann die Wahrscheinlichkeit des künftig Geschehenden nicht durch die Vergangenheit beeinflusst werden, also der Wahrscheinlichkeitscoëfficient von ½ für das nochmalige Auftauchen des Wollens aus der Potenz dadurch nicht vermindert werden, dass sie vorher sich schon einmal zum Wollen entschieden hatte; betrachtet man aber a p r i o r i die Wahrscheinlichkeit, dass das Auftauchen des Wollens aus der Potenz mit dem gesammten Weltprocess sich n Mal wiederhole, so ist dieselbe offenbar = $(½)^n$ ebenso wie die apriorische Wahrscheinlichkeit, n Mal hinter einander die Kopfseite eines Geldstückes nach oben zu werfen. Da nämlich mit dem Ende eines Weltprocesses die Zeit aufhört, so ist auch bis zum Beginn des nächsten k e i n e Z e i t p a u s e gewesen, sondern die Sache ist genau ebenso, als wenn die Potenz im M o m e n t d e r V e r n i c h t u n g ihres vorigen Actus sich von Neuem zum Actus entäussert hätte. Es ist aber klar, dass die Wahrscheinlichkeit $(½)^n$ bei wachsendem n so klein wird, dass sie praktisch zur Beruhigung genügt.« (Hier zitiert nach der 10. Aufl. Leipzig 1890, 2. Tl., S. 438f.)*

499–508 geben Sie dem Wahrscheinlichkeitsbruch *bis* selektive Statistik] *vgl. dazu Erl. zu 463–481.*

514 Opiat] *als Rauschmittel und Therapeutikum genutzter eingetrockneter Milchsaft noch unreifer Mohnkapseln.*

519 Kalpas] *Als Grundzyklus einer Weltperiode bezeichnet ›Kalpa‹ in der indischen Kosmologie einen Tag im hundertjährigen Leben des Schöpfergottes* Brahmā, *welcher 4.320.000 irdischen Jahren entspricht und mit der Auflösung des Universums endet. Ihm folgt eine ebenso lange Nacht, der sich eine neue Schöpfung anschließt; vgl. dazu* Hartmann: *›Die Philosophie des Unbewussten‹, 2. Tl., S. 535, Nachtrag zu S. 439 [vgl. Erl. zu 494–498]: »Uebrigens hat der Gedanke an die Möglichkeit vieler aufeinander folgender Weltprocesse nur für die christliche-occidentalische Weltanschauung etwas Befremdliches; der Brahmanismus und Buddhismus nehmen sie sogar als feststehendes Dogma an und nennen sie das Ein- und Ausathmen Brahma's oder die Reihe der Kalpa's.«*

527 Nirwana] *sanskr. tl. ›Aushauchen‹, ›Verwehen‹, das Aufgehen der Individualseele (sanskr. tl. jivā) im Absoluten (sanskr. tl. brahmā), womit jedoch keine Vernichtung, sondern die Unsterblichkeit und das höchste Glück einhergehen. Das* Nirwana *ist das höchste Ziel des menschlichen Strebens, welches nur durch Erlangen der höchsten Erkenntnis und Loslösung von allem irdischen Begehren erreicht werden kann; vgl. dazu auch* Schopenhauers *›Die Welt als Wille und Vorstellung‹ II, Kap. 41: »Ruhig und sanft ist in der Regel der Tod jedes guten Menschen: aber willig sterben, gern sterben, freudig sterben ist das Vorrecht des Resignierten, dessen, der den Willen zum Leben aufgibt und verneint. Denn nur er will wirklich und nicht bloß scheinbar sterben, folglich braucht und verlangt er keine Fortdauer seiner Person. Das Dasein, welches wir kennen, gibt er willig auf: was ihm statt dessen wird, ist in unsern Augen nichts; weil unser Dasein, auf jenes bezogen, nichts ist. Der buddhaistische Glaube nennt jenes Nirwana, d.h. erloschen« (ASW 2, 650f.).*

527 autochthoner] *griech. αὐτός (autós) ›selbst‹, griech. χθών (chthón) ›Erde‹; svw. ›einheimisch‹.*

530f. Sansara, die Welt der Wiederkehren] *In den vedischen ›Upanischaden‹ bezeichnet Samsara (sanskr. tl. samsāra, ›Vorüberfließen‹) die Wiedergeburtenkette, die durch das karma (sanskr. ›Handlung‹) ausgelöst und reguliert wird; im weitesten Sinne bezeichnet es die vergängliche Existenz im Gegensatz zum ewigen Absoluten. In den zeitgenössischen Lexika wird der Begriff als »Sansāra« (›Meyer‹ XIV [1890], 299) bzw. »Sansāra (im Sanskrit samsāra)« (›Brockhaus‹ XIV [1898], 289) angegeben; zu dieser Variante vgl. auch* Schopenhauers *›Die Welt als Wille und Vorstellung‹ II, Kap. 41 (ASW 2, 651, Fn. 1): »Nach des selben Gelehrten [sc. der niederländisch-russische Orientalist* Isaak Jakob Schmidt; *1779–1847] Vorlesungen in der Petersburger Akademie ist Nirwana das Gegenteil von Samsara, welches die Welt der steten Wiedergeburten, des Gelüstes und Verlangens, der Sinnentäuschung und wandelbaren Formen, des Geborenwerdens, Alterns, Erkrankens und Sterbens ist.«*

555 die automatische Auslese des Seins aus dem Nichtsein] automatische Auslese *bedeutet soviel wie indirekte Auslese; vgl. dazu Erl. zu 463–481.*

568f. nur Halbwahrheiten regen auf, bezaubern, erschüttern] *In* Sankt' Ilario. Gedanken aus der Landschaft Zarathustras, *Aphorismus 378:* Wiederkunft und Wiedergeburt *schreibt* HAUSDORFF*:* Nietzsche hatte, wie Wagner, ein Auge für bezaubernde Halbwahrheiten. Beiden fehlt der dürre Ernst der wissenschaftlichen Verallgemeinerung *(S. 315 [HGW VII, 409]). Im Aphorismus 406:* Die Wiederkehr des Gleichen *widerlegt* HAUSDORFF NIETZSCHES *naturwissenschaftlichen Beweisversuch, dann heißt es:* Nietzsches materialistischer Beweis für die Nothwendigkeit der ewigen Wiederkunft darf damit als widerlegt gelten — etwas ganz anderes ist die Denkbarkeit dieser Hypothese, und wiederum etwas anderes ihr dichterischer, ethischer, speculativer Werth. Die ewige Wiederkunft ist eine gewaltige Conception, ein Mysterium, das schon als Möglichkeit aufregt, erschüttert, ungeheure Folgerungen zulässt. Wir treten diesem ›abgründlichen Gedanken‹ nicht zu nahe, wenn wir seinen oberflächlichen Beweis verwerfen *(S. 354 [HGW VII, 448]).*

579f. das Kant »Erscheinung« nannte und in Raum, Zeit und Kategorieen ausgegossen träumte] *vgl. dazu die Erläuterungen zu 143f. und 144f. im Kommentarteil zu* Das unreinliche Jahrhundert, *HGW VIII, 358.*

581–583 die philosophischen Systeme *bis* mit den vorplatonischen Griechen versucht hat] *NIETZSCHE bot während seiner Zeit als Extraordinarius für klassische Philologie in Basel (1869–1879) im Sommersemester 1872, ebenso 1873 und 1876 eine bereits für das Wintersemester 1869/70 angekündigte (vgl. KGW II,4, 209) Vorlesung über die vorplatonischen Philosophen an (vgl. KGW II,4, 207–362), die als – detailliertere und umfassendere – Vorstufe der 1873 entstandenen kürzeren Abhandlung ›Die Philosophie im tragischen Zeitalter der Griechen‹ (KGW III,2, 292–366) anzusehen ist.*

587–590 die Frage der Thiere *bis* schwoll über all ihre Ränder«] *vgl. ›Zarathustra‹ III, ›Der Genesende‹ 2 (KGW VI,1, 268).*

592–594 Er zittert, diesen »abgründlichen Gedanken« sich selber einzugestehen, er zittert noch mehr, ihn zu verkünden] *vgl. dazu ›Zarathustra‹ III, ›Vom Gesicht und Räthsel‹ 2: »›Halt Zwerg! sprach ich. Ich! Oder du! Ich aber bin der Stärkere von uns Beiden –: du kennst meinen abgründlichen Gedanken nicht! Den – könntest du nicht tragen!‹ —« (KGW VI,1, 195).*

594–596 Die Schlange, die dem Hirten in den Schlund kriecht, symbolisirt den Ekel vor der Wiederkunft des Kleinen, Sinnlosen, Ueberflüssigen] *vgl. ›Zarathustra‹ III, ›Vom Gesicht und Räthsel‹ 2 (KGW VI,1, 197f.).*

599 Spätlingen] *vgl. dazu Erl. zu 421f. im Kommentarteil zu* Massenglück und Einzelglück, *HGW VIII, 328f..*

599 Gallertmenschen] *hier unter ironischer Bezugnahme auf die zäh-elastische Konsistenz der Gallerte wie etwa Gelatine oder Leim Verweis auf die zeitgenössische Mentalität.*

604 der Stier des Phalaris] *Der Tyrann* PHALARIS VON AKRAGAS *(ca. 570 v. Chr. – 555 v. Chr.) soll der legendenhaften Überlieferung zufolge seine Gegner bei lebendigem Leibe in einem eisernen Stier verbrannt haben (vgl.* DIODOR *XIII, 90, XIX, 9 u. XX, 71); nach* OVID *(43 v. Chr. – 17 oder 18 n. Chr.) soll das erste Opfer des Stieres sein ›Erfinder‹ selbst gewesen sein (vgl. ›Klagelieder‹ III 11, 39–55).*

604 das Kreuz auf Golgatha] *vgl. dazu Erl. zu 107 im Kommentarteil zu* Stirner, *HGW VIII, 397.*

610 Spiritismus] *vgl. dazu Erl. zu 446 im Kommentarteil zu* Das unreinliche Jahrhundert, *HGW VIII, 369.*

619f. in der auch Zarathustra zum »Fürsprecher des Kreises« wurde] *vgl.* NIETZSCHES *›Also sprach Zarathustra‹ III, ›Der Genesende‹ 1: »Ich, Zarathustra, der Fürsprecher des Lebens, der Fürsprecher des Leidens, der Fürsprecher des Kreises — dich rufe ich, meinen abgründlichsten Gedanken!« (KGW VI,1, 267.)*

631 Pan schläft] *In der griechischen Mythologie ist* PAN *der bocksgestaltige Gott der Hirten und Jäger und Anführer der Fruchtbarkeitsdämonen, der Satyren und Silenen; meist hält er sich auf Bergen und an einsamen Orten auf, wo er mittags durch einen Schrei den ›panische Schrecken‹ (griech./lat. daemonion meridianum ›Mittagsdämon‹) auslöst. – Vgl. dazu auch* NIETZSCHES *1886 in 2. Auflage bei* FRITZSCH *in Leipzig publizierte Gedankensammlung ›Menschliches, Allzumenschliches. Ein Buch für freie Geister‹, Bd. 2, 2. Abt.: ›Der Wanderer und sein Schatten‹ [EA Chemnitz u.a. 1880], 308: »Am Mittag. — Wem ein thätiger und stürmereicher Morgen des Lebens beschieden war, dessen Seele überfällt um den Mittag des Lebens eine seltsame Ruhesucht, die Monden und Jahre lang dauern kann. Es wird still um ihn, die Stimmen klingen fern und ferner; die Sonne scheint steil auf ihn herab. Auf einer verborgenen Waldwiese sieht er den grossen Pan schlafend; alle Dinge der Natur sind mit ihm eingeschlafen, einen Ausdruck von Ewigkeit im Gesichte – so dünkt es ihm.« (KGW IV,3, 328.)*

633f. der ferne Ruf des Bergamasker Hirten] *Die Bergamasker Alpen erstrecken sich am italienischen Alpensüdrand zwischen dem Comer See und dem Val Camonica. – Der belgische Lyriker* ALBERT KAYENBERGH *(1860–1929) publizierte 1884 unter dem Pseudonym* ALBERT GIRAUD *eine Sammlung von ›Rondels bergamasques‹ mit dem Titel ›Pierrot Lunaire‹, die* OTTO ERICH HARTLEBEN *(vgl. Erl. zu 485f.) zwischen 1886 und 1891 ins Deutsche übertrug und aus welcher* HAUSDORFF *drei Rondels in deutscher Übertragung für seinen Gedichtband* Ekstasen *wählte (vgl. HGW VIII, 133–134).*

Der Schleier der Maja.

›Neue Deutsche Rundschau (Freie Bühne)‹ XIII (1902), H. 9 (Sept.), S. 985–996.

[H 1902a]

Der Schleier der Maja.

Von **Paul Mongré**.

Eine Legende.

Als der Graf Friedrich von Hohenberg, treu seinem Gelübde, zum heiligen Grabe pilgerte, traf es sich, daß er ohne seine Mannen im fremden Land einen Bergpaß überschritt; den hatte noch keines Menschen Fuß vor ihm betreten. Oben lagen viele Blöcke und lose Steine, ohne Ordnung herumgestreut. Da er aber auf der Paßhöhe stand, traute er seinen Augen nicht, denn da war aus solchen Steinen sein Name »Friedrich von Hohenberg« zusammengesetzt, deutlich zu lesen; daneben stand das geheime Zeichen der Brüderschaft, das da bedeutet die erlösende Liebe Gottes zu den Menschen. Der Graf versank in Träumen und gedachte seiner Aeltern und Altvordern; aber es wollte ihm nicht zu Sinn, wie deren Einer sollte in diesen Bergen gewesen sein. Nachdem er gebetet hatte, sprach er aber frohmüthig: Wer Du auch seist, der dies gesetzt hat, ich will Dir Antwort geben. Und änderte den Namen, doch so, daß er nur die Steine verschob, in Elisabeth von Hohenberg, das war der Name seines Weibes, das er daheim gelassen hatte, und aus dem Zeichen der erlösenden Liebe bildete er jenes, das bedeutet Liebe der Menschen unter einander. Dann zog er seines Weges.

Hernach, als der Graf im gelobten Lande Todes verblichen war, ging sein Weib Elisabeth den Weg, den er gegangen, und Gott fügte es, daß sie denselben Paß überschritt. Da fand sie in den Steinen ihren Namen und das Zeichen der menschlichen Liebe, welches sie billig ihrem Gemahl zuschrieb. In allem Leide ward sie froh, seinen letzten Gruß zu lesen; dann aber, ehe sie weiter wanderte, setzte sie an die Stelle ihres Namens Elisabeth den Friedrichs, ihres Gemahles, und aus dem Zeichen der Menschenliebe bildete sie das der erlösenden Gottesliebe, wie ihr Gatte sie es einst gelehrt hatte; Beides zum Gedächtniß seines seligen Hinschieds.

Als auch diese fromme Frau heimgegangen war und die Welt abgeblüht hatte, kehrten alle Dinge in ihren Schoß und Ursprung zurück, Menschen, Gethier und Bäume, so daß nur die stummen Steine blieben, wo sie standen. Gott aber gefiel es, das Ende in den Anfang überzuleiten; da kam Alles wieder, wie es gewesen, und trank aus demselben Bache und aß dasselbe Brot. Auch der Graf Friedrich von Hohenberg lebte wieder und ging über jenes Gebirge: wir wissen aber, daß die Steine, wie er sie oben fand, von seinem Weibe also gesetzt worden waren.

Gottes Gebet an den Menschen.

Mein Sohn, an dem ich Wohlgefallen habe, ich bitte Dich um der himmlischen Liebe willen: bete nicht zu mir.

Willst Du beten, so mache Dir Puppen aus Holz und Stein, und schlachte ihnen Lämmer, und kränze ihren Nabel mit Mohnblumen.

[986] Diese Götter werden Dir helfen, je nach dem Grade Deines Glaubens. Deinem Glauben nach habe ja sogar ich Dir geholfen.

Sie werden Dir helfen soviel wie ich, aber sie müssen nicht hören, was ich höre, und ihre Augen sind geschlossen, also daß sie nicht sehen müssen, was ich sehe.

Bete zu todten Göttern, nicht zu mir, der ich ein lebendiger Gott bin — wenigstens nach Deinem Glauben.

Wenn Du an mich glaubst, so habe auch Mitleid mit mir und lasse mich unangebetet.

Deiner Opfer Duft ärgert meine Nase; opfere Deinen Puppen, die keine Nase haben.

Siehe, ich beneide diese Götter, daß sie nichts hören, nichts sehen, nichts riechen. Ich beneide auch Dich, der Du taub und blind bist und hülflos wie ein junger Sperling, der vom Dache fällt.

Ich habe die Sperlinge gezählt, aber sie fallen doch. Kein Haar Deines Hauptes schwindet, ohne daß ich darum weiß, aber darum schwindet es doch.

Mein machtloses Wissen, oh lieber Sohn, beneidet Deine unwissende Ohnmacht.

Allwissend bin ich und leider allgütig, aber allmächtig —? Das können mir nur meine Feinde nachgesagt haben.

Ich bin ohnmächtig wie Du, aber ich bin nicht blind wie Du. Und darum beneide ich Dich.

Und jede Minute muß ich sehen, hören und riechen, was mich nicht freut. Ewig bin ich, um mich ewig zu ärgern.

Ich habe auf hebräisch und griechisch gegen die Sünde geschrieben, und der Sünde hat es nichts geschadet.

Ich bin ein allgütiger Gott, und in jeder Sekunde, in jedem Wassertropfen auf jedem Planeten jedes Sonnensystems geht ein Lebendes qualvoll zu Grunde.

Ich bin ein allgütiger Gott, aber ihr Menschen erfandet Feuer und Rost und spanische Stiefel und die eiserne Jungfrau. Das ist kein leichtes Dabeisein für meine Allgüte.

Und wenn ihr einem Heiligen die Haut abzieht, so möchte ich selber aus der Haut fahren.

Und da ich Dein Vater bin – wenigstens nach Deinem Glauben, — so grämt es mich, wie Du Dich und Deinesgleichen quälst. Und wenn Du dann noch zu mir betest, so finde ich das unanständig.

Ich habe die Welt nicht erschaffen; diese Verleumdung lasse ich nicht auf mir sitzen. Ich bin nur Weltzuschauer, aber ich wollte, ich wäre es die längste Zeit gewesen.

Noch klingt mir in den Ohren der Schrei eines gekreuzigten Menschen: mein Gott, mein Gott, warum hast Du mich verlassen! Und ich sage mir: er hat leider Recht.

Aber ich kann nichts dafür, und nichts dawider. Und darum möchte ich den Schrei nicht hören. Und auch Deine Gebete will ich nicht hören.

Und wenn Du wieder betest, so soll doch ein Himmeldonnerwetter — aber ich will nicht fluchen.

Denn wenn ich Dir fluche, so ist mir nicht geholfen und Dir nicht geschadet.

Nichts kann ich verhindern, nicht einmal, daß Du zu mir betest. Aber eine Ehre erweisest Du mir nicht damit!

[987] Welten.

Der Wahrheitsucher kauerte in seinem Dachkämmerchen, in indisch-contemplativer Stellung: er beschaute nämlich seinen Nabel. Gleißender Sonnenschein fluthete durch das Fenster, ließ sich in einer scharfbegrenzten schrägen Säule zum Boden nieder und zeichnete dort den Schatten des Fensterkreuzes. In dieser Lichtröhre tanzten zahllose Stäubchen, beinahe ungestört in der wirbellosen Luft, weil der Wahrheitsucher gleich einem Fakir ungeheuer langsam athmete. Während die flimmernden Pünktchen ihren Schwebetanz vollführten, starrte der Wahrheitsucher auf seinen Nabel und dachte:

Dies Alles ist so, aber muß es so sein? Warum ist die Erde keine Scheibe oder Walze? wegen unserer Hydrodynamik, aber warum gilt diese Hydrodynamik und keine andere? Könnte es nicht einen krystallenen Raum geben, wo man um die Ecke sehen und in ein anderes Ich hineinempfinden kann? Warum diese trennende Epidermis? wozu Lingam und Yoni? Könnte man sich nicht einfach spalten? Oder warum nicht drei Geschlechter: das erste Geschlecht sondert einen Samen ab, das mittlere nimmt ihn auf, verwandelt ihn in seinem Leibe, und nun erst ist er reif, das dritte zu befruchten? Männer, Mittler, Mütter? Es ist nicht so, aber könnte es nicht so sein?

Leise, ohne Wirbel und Gestöber, weil der Wahrheitsucher kaum athmete, schwebten die Sonnenstäubchen. Jedes dieser winzigen Leuchtpünktchen war aber, mit eigenem Maß gemessen, ein Sonnenball von Planeten umkreist, und einer dieser Planeten war, während der Wahrheitsucher seinen Gedanken dachte, von der kambrisch-silurischen Formation zu Diluvium und Alluvium fortgeschritten und hatte Würmer, Fische, Vögel, Säuger, zuletzt sogar Menschen und Philosophen hervorgebracht. Und in einem Dachkämmerlein dieses Planeten saß ein Philosoph vom Mittlergeschlecht, beschaute seinen Nabel und dachte: Könnte es nicht eine Mechanik geben, vermöge deren die Weltkörper Kugelgestalt annähmen? Oder eine Fortpflanzung mit nur zwei Geschlechtern? Warum ist Alles so, wie es ist? Könnte es nicht anders sein?

Die Daktylen.

Der Zauberer Pythagoras und der Wahrheitsucher saßen im Theater. »Ueber die Kraft,« sagte der Zauberer, »wie lächerlich Ihr Menschen seid. Als ob es auf die Kraft ankäme! Ihr Athleten der Seele, unglückselige Atlasse, Muskelanbeter! Er war nicht stark genug — so sagt Ihr, wenn ein Wunder ungethan blieb. Ich aber sage Euch: er war nicht klein genug! er war zu grob, zu summarisch! er hatte keine Pincette für Moleküle und keine Nerven, sondern getheerte Schiffstaue! O Ihr Menschen! Leviathans, Walfische von Anbeginn, gepanzerte Riesen, Bärenhäuter! wollt Ihr vielleicht feine Knoten lösen mit Euren hornigen Fäusten, mit Eurer Seelen-Elephantiasis Wunder thun? Als ob es auf die Kraft ankäme, Mammuthe Ihr! Büffel, die auf Spinnweben tanzen wollen!« Und der weißbärtige Zauberer lachte spitz und boshaft.

»Schau her, Wahrheitsucher, ich will ein Wunder thun, das über Eure Kraft geht. Ein Wunder im unendlich Kleinen. Kein Elephanten-Wunder!«

Und Pythagoras berief seine Dämonen, die er Daktylen nannte, obwohl sie *[988]* nicht daumengroß, sondern unvorstellbar viel kleiner waren. Sie waren nämlich von der »Größenordnung« der Moleküle und verstanden die Kunst, mit Fingern und Fangbechern die einhersausenden Moleküle aufzugreifen, wie spielende Kinder ihre Federbälle, sie weiterzuwerfen oder anzuhalten oder zurückzuschleudern wie es ihnen beliebte, — während die Mammuthe, wenn sie eins fangen wollen, statt dessen viele Tausende im Fluge stören, weil sie zu groß und zu langsam und zu täppisch sind. Diese Daktylen nun fingen alle Moleküle auf, die mit riesengroßen Geschwindigkeiten dahergestürmt kamen, während sie die schwächern und langsamer fliegenden mit ihren Fangbechern zurückschlugen. So sammelten sich an einer Stelle die heftigsten und gewaltsamsten Moleküle, und häuften dort auf, was die Menschen Wärme nennen, und plötzlich prasselte mitten im Theater eine lodernde Flamme, von der kein Mensch wußte, woher sie kam.

Da gab es ein schreckliches Drängen und Kreischen, und das Theater glich einem aufschwirrenden Bienenschwarm. Pythagoras aber donnerte »Ruhe!!!« mit einer Stimme, die Alle unwiderstehlich zwang, auf ihren Sitzen zu bleiben. Und so geschah kein Unglück, außer daß eine Frau vor Schreck zu früh niederkam.

Als Pythagoras davon hörte, lachte er wieder boshaft und sprach zum Wahrheitsucher: »Ihr Mammuthe von Anbeginn. Riesenschildkröten! aus der Kraft Erzeugte! Um ein Molekül zu fangen, schlagt Ihr Tausende nieder! und Millionen Samenzellen müssen schwärmen, auf daß eine von Millionen das Ei befruchte! Wie weise und treffsicher ist Eure Natur eingerichtet! Einem Schützen gleicht sie, der das Ziel mit Pfeilhageln überschüttet. O Ihr Abgründlinge aus Kraft, Zahl und Dummheit! Froschlaichgeborene! Zufallswürfe! Schaut her, ein Wunder will ich thun, ein Wunder im unendlich Kleinen, ein Daktylen-Wunder!«

Und als Männer und Frauen zugleich im Meere badeten, hieß er seine Daktylen ein einziges Samenfädchen herübertragen aus eines Mannes Lenden in den Schoß eines Weibes. So gebar dieses Weib, ohne mit Millionen Samenzellen überschüttet worden zu sein von dem täppischen Schützen, der nicht zielen kann. Aber die Menschen wollten an diese unbefleckte Empfängniß nicht glauben; solches sei, so sprachen sie, nur einmal vorgekommen und nicht mit natürlichen Dingen zugegangen. Und die Eltern und Brüder verstießen das Weib, weil sie das Wunder im unendlich Kleinen nicht anerkennen wollten, und es gab viel Geschrei und Aergerniß unter den Mammuthen, welches alles das Werk winziger Daktylen war.

Kosmos.

Du Räthsellöser, sagte der Wahrheitsucher zu Pythagoras, so löse mir doch das Eine Räthsel, an dem meine Seele sich wund grübelt. Warum ist die Zahl aller Dinge Meisterin? Warum ist Ordnung in der Welt und Verknüpfung und Harmonie der Sphären und gegenseitiges Bezogensein fremder Willen? Gehorsam rollt die Erde in ihrer Bahn, und sagt nicht: was gehst Du mich an, Sonne! In tausend Kelchen blüht der Mohn, und keine Blüte sagt zur andern: sei Du meinetwegen roth, mir aber beliebt es blau zu sein! Schweigsam und geduldig steht auf ihrem Sockel die marmorne Aphrodite, denkt nicht: heute Nacht, wenn die melischen Jünglinge ihren Fischzug rüsten, schreite ich hinab und will im Meere baden! Warum, Du großer Zaubrer, ist alles solchermaßen vernietet mit diamantenen Klammern der Nothwendigkeit? Ist es nicht ein Wunder, daß es keine *[989]* Wunder giebt? Wer hat die Titanen gebändigt und alle Thore der Freiheit verriegelt?

Der Zauberer sagte trocken: mein Freund, bei den Ansprüchen, die ihr Menschen an den Kosmos stellt, ist es gewiß, daß er euch kosmisch vorkommt. Ich will Dir eine wahre Geschichte erzählen.

Ein Bauer hatte einem Metzger einen Ochsen verkauft, um hundert Drachmen. Als der Metzger das Geld brachte, schüttelte der Bauer es auf den Tisch und begann die Silberstücke nachzuzählen, denn es ist nicht Sitte bei den Bauern, blindlings zu trauen. Da er aber siebzig Drachmen gezählt hatte, schob es alles wieder in den Beutel und sagte: mehr als die Hälfte stimmt, nun wird auch das Uebrige stimmen. Und so schieden sie in Freundschaft.

Der Wahrheitsucher fragte: giebt es so dumme Bauern? Oh, es giebt viel dümmere, lachte Pythagoras.

Tat twam asi.

Der wiedergeborene Pythagoras saß irgendwo in Nizza, in Neapel, in Paris, schluckte Austern und hatte zwei bildschöne nackte Knaben auf dem Schoß. So traf ihn der Wahrheitsucher. Statt dem Zauberer ein Wort zu sagen, öffnete er das Fenster und deutete auf die Straße, wo in diesem Augenblick die Volksmenge zusammenlief. Es gab da nämlich bei elektrischer Beleuchtung etwas zu sehen: die Leiche eines Selbstmörders war aus dem Wasser gezogen worden und glotzte zu den Bogenlampen und zu den erleuchteten Hôtelfenstern hinauf. Endlich aber sagte der Wahrheitsucher doch ein Wort: tat twam asi, das bist Du!

Schließe gefälligst das Fenster, gebot der Zauberer; Telephos und Sybaris erkälten sich.

Du Weiser, sagte bitter der Wahrheitsucher. Kluger, der das Ich umzirkt, Monade ohne Fenster, in dein Selbst Verkapselter, Schiffer in deiner Nußschale! Hörst Du nicht den Ocean heulen?

Aber die beiden Knaben brachen in ein so silberhelles Gelächter aus, daß Pythagoras den Ocean nicht heulen hörte. Dann goß er dem Wahrheitsucher ein Glas weißen Burgunder ein und sagte: Stoß an, Prediger in der Wüste, auf den g e l e b t e n Monismus, auf die praktische All-Einheit!

Sieh mich Märtyrer des universellen Mitleidens, mich Gekreuzigten der Wiedergeburt, mich metaphysischen Altruisten, mich Dynamitarden der gesprengten Individualschranken! Thue ich denn dies für mich? Höre ich nicht den Ocean heulen? Weiß ich nicht, daß in dieser Nußschale nach mir Andre das Meer kreuzen werden?

Wenn nun ich und der erbärmliche Kerl da draußen, dem die Wasserleiche gehört, seelenwandernd ihre Rollen tauschen, wer von uns Beiden hat den Andern weicher gebettet?

Ich bin der Trockenwohner der Individualität, die ich augenblicklich innehabe; meine Nachfolger in der Incarnation werden sich behaglich fühlen. Wer aber soll diesem Lebensstümper in seine elende Hülle nachschlüpfen?

Siehe, der Menschheit Loos liegt auf mir, und ich thue Alles für Andere! Aus Mitleid lasse ich mir's wohlsein. Tat twam asi!

So lachte Pythagoras, und die Knaben mitsamt dem Wahrheitsucher weinten vor Bewunderung und metaphysischer Ergriffenheit.

[990] That und Traum.

Eines Morgens kam sein liebster Schüler zu Pythagoras, wie Einer, dem über Nacht sein ganzes Leben zerstört worden. Bläuliche Schatten lagen um seine Augen, das Kinn hing schlaff herab, und mit scharfen Furchen stand in seinem Antlitz geschrieben: nun ist alles aus.

»Was ist Dir, mein armer Freund? fragte der Zauberer voll Mitleid. Ist eine Sturmflut gekommen und hat Dir alles fortgespült, außer Dir selbst? Stehst Du allein unter Trümmern?«

»Ich habe mein Leben verwirkt,« sprach der Andere mit bebenden Lippen.

»Womit? Schrie der Zauberer. Was hast Du gethan?«

»Ich habe einem Weibe Gewalt angethan. Dann habe ich der noch Lebenden den Leib aufgeschlitzt und die Eingeweide herausgerissen. Dann habe ich den Leichnam ins Meer geworfen.«

»In welches Meer? rief der Zauberer, wie kannst Du das in dieser Nacht gethan haben, da wir hundert Meilen fern von jedem Meere sind! Du bist wahnsinnig! Du hast einen schlimmen Traum gehabt! Wach auf, Freund!«

»Ja, ich habe nur geträumt,« sagte der Schüler, ohne daß der Schauder der Erinnerung von seinem Angesicht verschwinden wollte. »Ich habe es im Traume gethan — das ist nicht anders, als hätte ich es wirklich gethan. Und nun werde ich es thun: das ist alles Eins.«

»Schwatze keinen Unsinn,« rief Pythagoras zornig. »Du hast es geträumt: was hat Dein Traum mit Dir zu schaffen?«

»Was mein Traum mit mir zu schaffen hat? Er hat mich *beleuchtet*: so sieht es in meinen Tiefen aus. Meine Seele hat ihren Abgrund bekannt. Nun weiß ich, wer ich bin — wehe mir, daß ich's weiß!«

»Ein Narr bist Du, schrie der greise Zauberer und verlor alle Geduld. Was geht Dich Dein geträumter Unsinn an? hat Deine Vernunft das geplant? Dein Wille es gewirkt? hat Dein Selbst einen Theil daran? Deine Samenbläschen waren überfüllt und Dein Hirn voll schweren Weines: da träumtest Du Wollust und wühltest in blutendem Fleisch. Geh zum Arzte!«

»Zum Richter führt mein Weg,« jammerte der Schüler und blickte mit zerrütteten Augen um sich. »Für meine Träume hab' ich einzustehen, nicht für meine Vernunft, nicht für meinen Willen. Meine Vernunft sagt: zweimal zwei ist vier, das sagt anderer Leute Vernunft auch. Mein Wille will Glück und Gerechtigkeit, das wollen andere Willen auch. Vernunft und Wille gehören nicht zu mir, aber mein Traum ist mein innerstes Ich, Nothwendigkeit meines Leibes und Geständniß meiner Seele. Mein Traum fliegt zurück, ins Dunkel der Jahrtausende, die lange, lange Kette der Zeugungen: aus Ahnentiefen holt er herauf, der untrügliche Taucher, was unten auf dem Grunde schläft. Und wenn mir Vernunft und Wille ins Ohr flüstern, daß ich gerecht bin und mitleidig und Herr meiner Begierden: mein Traum schreit mir zu: Mörder! grausamer, wollüstiger Mörder! Zahm bin ich und gerecht, solange ich die Hemmschuhe und Lenkungen des wachen Lebens spüre: wenn der Traum die Fesseln löst, bin ich Schlächter und schlitze Bäuche auf ... *Das weiß ich nun von mir*, das löscht ein Leben nicht wieder aus. Eine finstere Höhle und Herberge war ich, ein Schlupfwinkel giftiger Schlangen: nun ward Licht gebracht und ich habe mit Augen gesehen, was ich nie mehr vergessen *[991]* kann. Ein Metzger, ein Lustmörder: so sieht es in meinem tiefsten Grunde aus. Ich habe gemordet, ich werde morden: das ist alles Eins. Meiner Seele habe ich die Eingeweide herausgerissen ...«

So schwatzte der Unglückliche und merkte nicht, daß Pythagoras längst vor Zorn und Ungeduld fortgegangen war. Einige Monate später erfuhr der alte Zauberer, daß sein liebster Schüler eingekerkert war: er hatte nämlich zur Nachtzeit ein Weib überfallen, die noch Lebende verstümmelt und den Leichnam ins Wasser geworfen. Da schüttelte Pythagoras den Kopf und trauerte um die Verwirrung der menschlichen Dinge.

Blutvergiftung.

Zu Pythagoras kam ein Mann, der dem Wahrheitsucher glich, aber schwarzblau im Gesicht und geschwollenen Leibes.

Der Zauberer sagte: Dich hat die Weltspinne gebissen.

Sie hat Dich mit ihrem Safte ganz lahm gebissen, also daß Du keinen Finger mehr rühren willst. Die Krankheit des Morgenlandes kreist in Deinem Blute, mein armer Freund.

Schauerliche Träume braut Dein vergiftetes Blut. Da hängst Du in dem glitzernden Weltspinnennetz, und jedes Deiner Haare ist ein Spinnfaden, und aus Deinen Poren schießen Tausende von Spinnfäden und Abertausende, und strahlen aus, kreuzen sich, verknoten sich, laufen durcheinander und glitzern. Und wenn Du einen Finger rührst, zittert das ganze Netz: so schauerlich verflochten ist Alles.

Da träumst Du vom Blicke eines Weibes, und aus des Weibes Wimpern spinnen sich Fäden, und in den Fäden hängt ein Kind, gefesselt über langsamem Feuer, ein Kind zu Leben und Qual verurtheilt durch jenes Weibes Blick. So schauerlich verflochten ist Alles.

Und von Menschen ohne Haut träumst Du, die vor Schmerz brüllen, wenn Du den Finger rührst und an ihren Spinnfäden ziehst. So schauerlich verflochten ist Alles.

Und von Felsblöcken, die thalwärts stürzen, wenn ein Finger sie berührt: Spinnfäden aber laufen von Deiner Hand zu ihnen, in Deinen Fäden hängt Unheil für Tausende: so schauerlich verflochten ist Alles.

Und Alle hängen im Netze der Weltspinne, und wenn Einer einen Finger rührt, brüllen die Andern vor Schmerz. Böse Träume, mein armer Freund! Weißt Du, was Dir hilft? Du mußt die Tarantella tanzen!

Und der Zauberer gab ihm ein Tamburin, da tanzte er die Tarantella. Und aus dem schwarzblauen geschwollenen Leibe schwand das Gift, aber die Haut des Mannes ward hornig und unempfindlich. Und er tanzte, wirbelte, drehte sich, sprang, schrie, bis er wie todt umfiel.

Nun hast Du Dich aus dem Netz Deiner Träume herausgewickelt, lachte Pythagoras. Und wenn Du erwachst, wirst Du nicht mehr an die Verflochtenheit der Dinge denken. Dumm wirst Du erwachen und dickfellig, hornhäutig und beschränkt, und Dein Rückenmark wird starke dumpfe Thaten ausbrüten. Ein Unbedingter wirst Du sein und die Fäden im Spinnennetze nicht mehr glitzern sehn. Wahrheitsucher warest Du, nun wirst Du großer Mann und Völkerschicksal heißen. Ein Stück Weltgeschichte schnarcht in Dir: gegrüßet seist Du, o haram milas helotim!

[992] Talos.

Und als sie viel Volk auf ihre Seite gebracht hatten, glaubten sie die Zeit gekommen, endlich die Tyrannei des wahnsinnigen Königs zu brechen. Und um Mitternacht machten sich zwölf todbereite und tollkühne Männer auf, geführt vom Wahrheitsucher, sich ins Schloß einzuschleichen und den König zu ermorden.

Als sie aber unter den Cypressen des Parkes lautlos vorwärtsschritten, trat plötzlich der Mond aus den Wolken und sandte einen grünlichen vor Bosheit funkelnden Strahl in den dunklen Garten. Und die Zwölf prallten zurück, denn da stand Einer im Mondlicht, marmornen Antlitzes, mit einem höhnischen irren traurigen Lächeln auf den Lippen. Und alle Zwölf wußten mit Einem Male, daß dies kein Anderer sei, als der wahnsinnige König; sie waren aber wie vereist vor Schrecken und ihre bewaffneten Hände ballten sich im Starrkrampf.

Ihr kommt mich zu töten, flüsterte der Irre und hörte nicht auf zu lächeln. Und die Palastwachen werden Euch ergreifen, meine Richter werden Euch verdammen, mein Henker wird Euch die Knochen zermalmen. Ihr aber wollt wehthun und leiden um Eurer Enkel willen, um leidloser Jahrtausende willen, die da kommen sollen. Deute ich den geheimen Wunsch Eurer Seelen, ihr Apostel der Zukunft?

Aber horcht, horchet hinaus, über Raum und Zeit! flüsterte der Wahnsinnige, und lächelte so furchtsam wie ein kleines Kind, so daß dem Wahrheitsucher und den Seinigen alles Blut aus dem Herzen wich.

Da horchten sie und vernahmen einen langen ächzenden Ton wie aus unbestimmbaren Fernen. Es war wohl nur eine Cypresse, die im Winde schwankte und dabei leise stöhnte und sang, wie es alter morscher Bäume Art ist. Aber in der dumpfen Nachtstille klang es so sonderbar wie das Aechzen und Wimmern einer Menschenstimme.

Hört ihr, hört ihr? jammerte der wahnsinnige König und lächelte immer noch, während sich seine Glieder vor Frost schüttelten. Horchet nur, er wimmert erst, aber wenn's ihm zu heiß wird, wird er schon brüllen!

Und die Zwölf erblaßten vor Schauder bei diesen irren Worten. Da fuhr ein starker Windstoß durch die Bäume, und nun hörte man ganz deutlich einen unbeschreiblich grauenhaften Ton, der das Blut in den Adern gerinnen machte. Und es klang wie dreierlei: wie Gebrüll eines Stieres, und wie das Dröhnen eherner Gewölbe, und wie das Heulen eines gefolterten Menschen.

Hört doch! schrie der wahnsinnige König und brach in sardonisches Lachen aus. Lauschet doch hinweg über Raum und Zeit! hört ihr nicht? Der Stier des Phalaris brüllt durch die Jahrtausende! Hört doch! seid ihr denn taub? Eben jetzt! eben jetzt schleppen sie einen lebenden Menschen herbei, stoßen ihn hinein in den glühenden Bauch — — — er brüllt, er brüllt! helft ihm doch! helft ihm doch! lasset es nicht geschehen! er ist ein Verschwörer wie Ihr, und morgen lasse ich Euch auf dem Rost verbrennen! Ihr sollt mir schreien, bis ich den Stier nicht mehr brüllen höre! Helft doch! eben jetzt ... und Ihr wollt Glück für Eure Enkel! Leidlose Jahrtausende! nach diesem Unmöglichen noch Glück! — Talos! Talos! umschlinge mich, Eherner, Glühender, verbrenne mich in dir, Talos! Talos!! —

Und der wahnsinnige König schrie und lachte und gebärdete sich, als umarmte er eine glühende Erzgestalt. Der Wahrheitsucher und die Seinigen aber, schlotternd *[993]* vor Entsetzen, waren ins Dunkel des Parkes geflohen. Und der Wind war zum Sturm geworden, und schauerlich klangt das Geheul der uralten morschen Cypresse durch die Nacht, schauerlicher noch das Schreien und Gelächter des wahnsinnigen Königs.

Einer und Hundert.

Dem wahnsinnigen König wurde von seinen Spähern hinterbracht, daß die angesehensten Männer des Reiches ihm nach dem Leben trachteten. Und in einer Nacht, ehe die Verschworenen auseinandergingen, ließ er sie alle verhaften und fesseln. Am nächsten Morgen wurden sie vor sein Gericht gestellt, hundert an der Zahl, und der König selbst fällte den Spruch, der Alle zum Tode durch Enthauptung verurtheilte. Weil aber der König kranken Gemüthes war und immer über das Leid in der Welt grübelte und in allen Chroniken nach unerhörten Folterqualen suchte, und darüber alles Vertrauen zum Leben verloren hatte, darum konnte er sich auch jetzt sein grausames Spiel nicht versagen, gleich als sollte er nun endlich das Rätsel lösen, das ihn wahnsinnig machte. Und er stellte den Verurtheilten die Wahl, ob sie allesamt, hundert an der Zahl, durch Enthauptung büßen oder Einen aus ihrer Mitte auslosen wollten: der sollte dann einen langsamen Martertod sterben und dadurch allen Uebrigen Freiheit und Leben erkaufen.

Da beriethen die Hundert, und weil Jeder im Stillen erwog, daß es schon mit unrechten Dingen zugehen müßte, wenn gerade ihn und keinen der übrigen Neunundneunzig das Loos treffen sollte, so stimmten Alle dafür, einen Einzigen zu opfern und durch dessen verschärfte Todesqual die Andern zu retten. Nur Einer unter Hundert stimmte dagegen und wollte Block und Beil für Alle, nicht Rad und Rost für Einen. Als dies der König hörte, bebte er vor wahnsinniger Angst; denn nun sah er, daß auch Menschen mit gesunden Sinnen von demselben Räthsel verdüstert waren wie er selbst, also daß sie die Qual eines Einzigen für unerträglicher achteten als das schmerzlose Sterben von Hundert. Und er ließ jenen Einzigen, der sich der Ausloosung widersetzt hatte, vor sein Angesicht rufen, um von ihm die Lösung des Räthsels zu erfahren.

Warum wählst Du sicheren Tod, fragte der König, statt nahezu gewisser Rettung?

»Damit weniger des Uebels in der Welt geschehe,« sagte der Verschworene.

Ist es nicht mehr des Uebels, wenn Hundert den Kopf verlieren, als wenn Einer sich windet und schreit in Folterqualen? fragte wiederum der König.

»Was Hunderten geschieht, geschieht immer nur Einem«, sprach der Verurtheilte. »Laß Hunderte köpfen: wo ist der Nacken, der hundertfachen Schmerz fühlte? Einer fühlt Schmerz, und tausend Meilen davon wieder Einer: ewige Klüfte gähnen zwischen Zweien, die Ich sagen. Laß Dir aus Glas ein Bienenauge schleifen und schaue mich an, so siehst Du Hundert: schlage mir den Kopf ab, und Du siehst hundert Köpfe fallen — aber nur ein Hals spürt des Beiles Schärfe. Nicht anders ist es, wenn wir Hundert sterben, als wenn Einer stirbt: das Uebel ist nicht vermehrt in der Welt. Aber laß Einen brennen und schrauben: dann ist das Uebel in der Welt vermehrt.«

Und der König zitterte, denn er erkannte die Gedanken wieder, an denen er sich wahnsinnig gedacht hatte. Und noch einmal sprach er zu dem Verschworenen:

[994] Wenn Du die alten Urkunden gelesen hast, so wirst Du viel Uebel in der Welt gefunden haben!

»Oh König,« sagte der Verurtheilte und lachte trostlos und ingrimmig, »es ist so viel Uebel in der Welt, daß es nie wieder ausgelöscht werden kann. Nur vermehrt werden kann es noch!«

Kann es das? schrie der König voll wahnsinniger Freude, kann es das?

Und er gab das Zeichen zur Ausloosung, weil die Mehrheit der Verurtheilten sich dafür entschieden hatte. Und das Loos traf den Einen, der gegen die Ausloosung gestimmt und mit dem Könige über das Uebel in der Welt gesprochen hatte. Dieser trug aber ein Fläschchen Gift bei sich, und ehe der Rost glühend geworden war, hatte er schon zu leben aufgehört.

Das Gleichgewicht des Ganzen.

Im Meere liefen zwei Schiffe nebeneinander.

Auf dem einen waren lustige gedankenlose Leute, die kümmerten sich weder um das Schiff noch Einer um den Andern. Jeder saß, stand, spazierte, tanzte, wie es ihm gerade in den Sinn kam; Einer hockte in der Sonne, der Andere im Schatten unter einem Zeltdach, Manche waren ins Takelwerk hinaufgeklettert, und Viele lagen auch seekrank unten in den Kajüten. Und weil Alles rechts und links, oben und unten regellos durcheinander schwirrte, so glich sich die viele Unruhe im Mittel aus und das Schiff glitt, ohne sonderlich zu schaukeln, durch die Wellen, sanft und unauffällig.

Drüben aber auf dem anderen Schiffe ging es ernsthaft und zweckmäßig zu. Es waren nämlich Leute, die »das Wohl des Ganzen im Auge behielten«. Und sie hatten sehr feine kostbare Apparate aufgestellt, vor allem einen Quecksilberhorizont, dessen leise Schwankungen anzeigten, ob das Schiff im Gleichgewicht wäre und nicht nach rechts oder links überneigte. Und immer, wenn der Spiegel der Quecksilbermasse schwankte, wurden vom Kapitän zehn oder zwanzig oder hundert Mann von der einen Seite auf die andere kommandirt, um das Schiff im Gleichgewicht zu halten. So hatten diese Schiffsleute fleißig aufzupassen und keine Zeit zum Sitzen, Tanzen, Spazieren. Und einmal kam eine etwas stärkere Welle, und das Quecksilber schwankte bedenklich. Da brüllte der Kapitän, und alle diese zielbewußten Leute, die das Gleichgewicht des Ganzen behüteten, stürzten, damit das Schiff nicht leewärts umkippe, samt und sonders auf die Luvseite. Da kippte das Schiff luvwärts, und die klugen, ernsthaften, auf das Wohl des Ganzen bedachten Leute ersoffen.

Falter und Ameisen.

Auf dem Waldboden kroch ein Zug von Ameisen, tausend Wollende eines Willens. Und dieser Wille hieß: fiat formica, pereat mundus!

Hunderte zogen vom Neste aus, die Larven in die Sonne zu tragen. Und Hunderte kamen ihnen entgegen auf der wohlgebauten Straße, Lasten schleppend, oder süßen Saft bringend für die hungernde Brut. Und Etliche hatten einen Regenwurm angefallen und um Verstärkung gerufen, da wurden Hunderte ausgesandt, mit ihren scharfen Kiefern den Wurm töten zu helfen; der Wurm aber wand *[995]* und wälzte sich ingrimmig und zerquetschte viele der Angreifer, die sich in ihm festgebissen hatten. Und Hunderte kehrten heim vom Sklavenraub, mit erbeuteten Larven und Puppen fremder Ameisen. Und Hunderte blieben daheim, zu bauen und zu bessern, wenn im Neste etwas einstürzte. Und Hunderte hingen wie erstarrt mit dickgeblähten Honigbäuchen, lebende Vorrathskammern für Winterszeiten. All den Hunderten aber und Tausenden gebot Ein Wille, der unbedingte Ameisenwille, und scharf und geradlinig und unbedingt furchte der schwarze Heereszug den Waldboden.

Auf einer Waldblume aber saß ein Falter und ließ die Sonne auf seinen Perlmutterflügeln glitzern.

Ein Danebenstehender bin ich, sang klagend der Falter, ein Darüberschwebender, in keinen Zweck eingefangen, kein Mitschaffender auf geradlinigen Heerstraßen. Arbeiter und Soldaten, Nestbauer und Honigbäuche, wie beneide ich Euch! Ihr Unbedingten! Ihr Wollenden eines Willens! Ihr tausend Finger und Fühler der Nothwendigkeit! Nehmet meine Flügel und gebt mir, Ihr Zielstrebigen, gebt dem Flatternden, Spielenden, Spottenden ein Lebensziel, danach man kriechen kann! Ein Wozu, Wofür, Wohin des Lebens: ach gebt es mir!

Und ein Windhauch kam und trug den klagenden Falter von dannen.

Die Heimath der Worte.

Ueber der Wiese, wo die Herbstzeitlosen standen, dämmerte ein silbern blasser Himmel. Und edle Gestalten schritten schweigend auf und nieder, dem Pilger schien es aber, als ob sie alle Trauernde oder Büßer wären.

Bin ich in Traumland? fragte der Pilger den Ersten, der ihm begegnete. »Du bist in der Heimath der Worte.« Da bat ihn der Pilger um Geleit, und daß er ihm Kunde gäbe von den Bewohnern dieses seltsamen Reiches.

Wir sind die Worte, sagte der Führer. Auf dieser Wiese schreiten wir wie Schatten, und wenn Ihr Menschen uns ruft, so kommen wir, verlauten, hallen nach, schwinden in unsere Heimath. Wir sind die Worte, die in Schicksal ausklingen. Wir werden nicht vergessen, und vergessen selber nicht. Siehe wie wir gedenken müssen, daß wir nach unserem Wesen wirkten!

Da sahen sie Gestalten, die um die Mündung eines Brunnens wanderten, eine Weile stillstanden und dann fortgingen, die Stätte zu verlassen, aber nach wenigen Schritten wieder umkehrten und abermals den Brunnen zu umkreisen begannen. Und wieder wollten sie fort und wieder zog es sie zurück, daß sie verzweifelt die Hände rangen.

Das sind die Worte, die nicht loskommen können, sagte der Führer. Immer schleichen sie um das Geheimniß, das unten im Brunnen schläft, immer wieder machen sie ein Vergangenes lebendig. Wo sie gesprochen, giebt es keine Genesung.

Und als sie weiter gingen, sah der Pilger Gestalten, die mit unaufgeblühten, erfrorenen und verdorrten Blumen bekränzt waren. Und sie wollten die Blumen im Bache tränken, der aber riß sie ihnen aus der Hand, und sie weinten bitterlich.

Zu früh gesprochene Worte sind dies, sagte der Führer, Mörder des keimenden Lebens. Ein Zartes, das in Schweigen reifen wollte, haben sie vor der Zeit ausgerissen. Liebende wollten zu einander, da kam ein voreiliges

Wort, scheuchend, trennend – wie wenn ein allzuhastiger Knabe den Falter sich nicht setzten läßt. *[996]* Eine Seele glühte, eines werdenden Dichters Seele, aber sie lernte vor der Zeit sich entblößen: da ward sie käuflich und schamlos. Wie wenn Fischer zu früh die Netze herauf ziehen, da fangen sie nichts und der Fisch kommt nie wieder. Mörder alles werdenden Glückes sind sie, die vorzeitig gesprochenen Worte.

Wer aber sind Diese, fragte der Pilger, die so hastig schreiten und einem Unerreichbaren winken, mit wehenden Schleiern?

Das sind Worte des Nachruhms, die der Gerühmte nicht mehr vernahm, Worte der Liebe an Gräbern, in denen ein lieblos Verschmachteter lag. Zu späte Antworten, indeß der Frager längst verdurstet war. Worte aus sparsamen, herben, verschlossenen Seelen, die nicht zur rechten Zeit überfließen und sich verschwenden konnten. Nun wehen sie umsonst mit grüßenden Schleiern.

Und deute mir Diese, bat der Pilger weiter, die mit bloßen Füßen über welkes Laub und Kiesel schreiten!

Thatenmörder sind dies, sagte der Führer, Worte des Verkennens, kleine mißtrauende nagende Worte, die wie Splitter ins Fleisch wachsen und schwären. Worte, die den gebärenden Schoß unfruchtbar machen; wo sie gesprochen sind, kann nichts Großes mehr geschehen. Viele der heiligen und frommen Worte sind unter ihnen.

Nun sage mir, rief der Pilger endlich, sind denn nur Lebensfeinde und Büßer in der Heimath der Worte? nur mörderische Worte und vergiftende und Worte zur unrechten Zeit? Wo sind die Saat- und Frucht-Worte, die Quell- und Gedeihworte, die Worte, die dem Leben dienen?

Da geleitete ihn der Führer höher hinauf, in einen heiligen Hain voll Oelbäumen. Da dämmerte der Himmel nicht mehr blaßblau, sondern purpurnes Gewölk glühte in den Waldschatten hernieder, und in diesem goldrothen Scheine schwammen die Glieder nackter, tanzender Gestalten. Jünglinge und Mädchen hielten einander mit verschlungenen Händen und umkreisten in feierlichem Reigen einen Altar, auf dem die Flamme des Lebens loderte. »Dies sind die Worte der Kraft und Fruchtbarkeit, die heilsamen schöpferischen gesegneten Worte, die Worte des Glücks und der Liebe, die zeugenden und gebärenden Worte, die Genien der Menschheit.«

Und wie heißen sie? fragte der Pilger.

»Es sind die Lügen.«

Der Schleier der Maja

Entstehung

Zur Entstehung dieser die Themen Wiederkehr, Chaos-Kosmos, Wortfetischismen u.a. berührenden Sammlung von Geschichten, Gleichnissen und Allegorien sind keinerlei Aussagen Hausdorffs bzw. Zeugnisse anderer Personen nachgewiesen.

Überlieferung

H *nicht nachgewiesen.*
D *›Neue Deutsche Rundschau (Freie Bühne)‹ XIII (1902), H. 9 (Sept.), S. 985–996.*

Erläuterungen

Der Schleier der Maja] *vgl. dazu die Erl. zu 220 im Kommentarteil zu* Massenglück und Einzelglück, *HGW VIII, 314.*

1 **Legende**] *von mlat. legenda ›das zu Lesende‹; die Darstellung einer im kirchlich-religiösen Sinne vorbildhaften Lebensgeschichte (meist einer/s Heiligen) oder einzelner exemplarischer Begebenheiten daraus. – Die seit den biblischen Apostelgeschichten belegte, im Zuge der Reformation verpönte, mit der Gegenreformation und im Barock wiederbelebte Legende erfreute sich im 18. Jahrhundert und in der Romantik wegen ihres poetischen Reizes großer Beliebtheit. Der zwischen 1855 und 1871 entstandene Zyklus ›Sieben Legenden‹ (Stuttgart 1872) des schweizerischen Schriftstellers Gottfried Keller (1819–1890) eröffnete eine Phase der Legendendichtung, die statt einer naiven Gläubigkeit die psychologische Begründung des Handelns zu geben suchte und sich um ironische Distanz zum Geschehen bemühte.*

2 Graf Friedrich von Hohenberg] *Ein Geschlecht der Grafen von Hohenberg ist in Schwaben seit 1170 urkundlich belegt. 1381 ging der größte Teil der Grafschaft in den Besitz der Habsburger über; die letzte Seitenlinie starb gegen Ende des 15. Jahrhunderts aus (vgl. Eugen Stemmler: ›Die Grafschaft Hohenberg.‹ In: ›Vorderösterreich. Eine geschichtliche Landeskunde.‹ Freiburg i.Br. [4]2000, S. 349–360). Graf Friedrich von Hohenberg († nach dem 11. April 1195), zweitgeborener Sohn Burkhards II. von Hohenberg. († nach 1152), scheint kinderlos gestorben zu sein; ob Hausdorff hier jedoch diesen Grafen im Blick hat, oder ob es sich nur um eine fiktive Figur handelt, muß aufgrund der fehlenden Entstehungszeugnisse ungeklärt bleiben. – In Karl Gutzkows (1811–1878) 1850/51 erschienenem ›Roman in neun Büchern‹ ›Die Ritter vom Geiste‹, der ein Bild der deutschen Gesellschaft des Vormärz geben möchte, vertritt der als Gegenspieler des*

Bundes der ›Ritter vom Geiste‹ fungierende »Prinz Hohenberg« die radikalen restaurativen Kräfte.

8f. das geheime Zeichen der Brüderschaft, das da bedeutet die erlösende Liebe Gottes zu den Menschen] *Im christlich-religiösen Kontext steht das die Dreifaltigkeit Gott Vater, Sohn und Heiliger Geist symbolisierende gleichseitige Dreieck zeichenhaft für die erlösende Liebe Gottes zu den Menschen.*

16f. Zeichen *bis* Liebe der Menschen unter einander] *In der christlichen Ikonographie symbolisiert das Herz die Liebe der Menschen zueinander.*

38f. Willst Du beten *bis* Nabel mit Mohnblumen] *Mit Bezug zur Götzenverehrung Anspielung auf Ex 20,22–24 sowie Ex 32,1–6; vgl. auch Jer 10,2–5. – Bereits in vorklassischer Zeit zählen neben Kornähren Mohnblumen zu den Attributen der Fruchtbarkeitsgöttin* Demeter, *wie überhaupt Mohn aufgrund seiner zahlreichen Samen als Fruchtbarkeitssymbol gilt.*

65 Ich habe auf hebräisch und griechisch gegen die Sünde geschrieben] *hier Verweis auf die Bibel als Wort Gottes. – Die Bücher des Alten Testaments sind in Hebräisch (seit dem 10. vorchristlichen Jahrhundert; älteste Handschrift Ende des 9. Jahrhunderts , älteste vollständige Handschrift aus dem 10. Jahrhundert), die des Neuen Testaments in griechischer Sprache (seit etwa 50; älteste Handschrift um 125) verfaßt; in den letzten drei vorchristlichen Jahrhunderten entstand aus zahlreichen Einzelübersetzungen die in die griechische Sprache übersetzte Version des Alten Testaments, die ›Septuaginta‹.*

70 Feuer] *Im Alten Testament begleitet das Feuer die Theophanie (vgl. Ex 3,1–6 sowie Ex 19,18); in der Apostelgeschichte zeigt sich der Heilige Geist in »Zungen, zerteilt wie von Feuer« (Apg 2,1–4). Feuer dient alttestamentlich aber auch zur göttlichen Bestrafung von Sündern (vgl. Gen 19,24f.), insbesondere als Strafe für Unzucht (vgl. Lev 20,14 und 21,9, ebenso Gen 38,24 und Ri 15,6; vgl. generell* Adolf Büchler: *›Die Todesstrafen der Bibel und der jüdisch-nachbiblischen Zeit.‹ In: ›Monatsschrift für Geschichte und Wissenschaft des Judentums‹ N.F. 14 [1906], S. 539–562 u. S. 664–706, v.a. S. 542–562: »Die Strafe des Verbrennens«), wie überhaupt in den frühen Hochkulturen des Nahen Ostens das Verbrennen als Strafe für Unzucht, Gotteslästerung und Götzendienst verbreitet war (vgl.* Josef Kohler: *›Das Recht der orientalischen Völker.‹ Leipzig 1914, S. 69). In der christlichen Spätantike und im Frühmittelalter schreiben Gesetzesverordnungen auf der Grundlage von Ex 22,17 und Deut 18,10–12 (Strafen für Zauberei als Götzendienst) die Verbrennung als Strafe für Zauberdelikte fest (vgl. u.a. ›Codex Iustinianus‹ 9.18); mit den Verfolgungen der Katharer, Albigenser und Waldenser seit dem späten 12. Jahrhundert wird das Verbrennen auf dem Scheiterhaufen zur üb-*

lichen Strafe für jede Form der Ketzerei, auch und insbesondere für ›Hexerei‹.

70 Rost] *Der Überlieferung des Kirchenvaters* Ambrosius *(339–397; vgl. ›De officiis ministrorum‹ I,41 u. II,8) zufolge soll auf Befehl des römischen Kaisers* Valerian *(eigentlich* Publius Licinius Valerianus; *um 190 – nach 259) der* hl. Laurentius *(† 258) auf einem glühenden Rost zu Tode gefoltert worden sein, weil er den Auftrag seines im Zuge der Christenverfolgungen enthaupteten Lehrers Papst* Sixtus *II. († 258), dessen Habe unter die Armen und Kranken zu verteilen, gegen den Willen* Valerians *ausgeführt hatte; vgl. zur volkstümlichen Verbreitung der Überlieferung dieser Heiligenlegende in der sogenannten ›Legenda aurea‹ (dort S. 609–623) die Erl. zu 41–43 im Kommentarteil zu* Tod und Wiederkunft, *HGW VIII, 430f.. – Vgl. auch* Sant' Ilario: Jugend ist ein Martyrium, eine Bartholomäusschindung, ein Laurentiusrost, jedenfalls nichts Wohlriechendes *(Aph. 250, S. 156 [HGW VII, 250]).*

71 spanische Stiefel und die eiserne Jungfrau] *Als ›Spanischer Stiefel‹ wird ein an die Beine angelegtes Folterinstrument bezeichnet, welches diese mittels Schraubstöcken oder durch Eintreiben von Keilen zerquetscht. Als ›Eiserne Jungfrau‹ bezeichnet man eine zweiteilige, lebensgroße, im Innern mit Stacheln oder Messern bewehrte Hohlfigur – meist mit weiblichen Proportionen und Gesichtszügen –, in der der Delinquent durch Schließen der beiden Hälften gefoltert und auch hingerichtet werden konnte. – Während ›Spanische Stiefel‹ als Instrumente der Folter in zahlreichen Verhörprotokollen belegt sind, ist die ›Eiserne Jungfrau‹ eine von dem Juristen* Johann Christian Siebenkees *(1753–1841) kolportierte, auf einer fingierten Nürnberger Chroniknachricht aus dem Jahre 1533 beruhende ›Erfindung‹ (vgl. ›Materialien zur Nürnbergischen Geschichte.‹ Hrsg. v.* Johann Christian Siebenkees. *4 Bde. Nürnberg 1791–1795, Bd. 2 [1792], S. 753), die als Nachbau oder als nachträglich mit Nägeln o.ä. gespickter frühneuzeitlicher ›Schandmantel‹ Eingang in die Museen, aber auch in die rechtsgeschichtliche und fiktionale Literatur fand (vgl. u.a.* Bram Stoker: *›The Squaw‹, 1893; vgl. dazu auch* Wolfgang Schild: *›Die eiserne Jungfrau. Dichtung und Wahrheit.‹ Rothenburg ob der Tauber 2000 [›Schriftenreihe des Mittelalterlichen Kriminalmuseums Rothenburg ob der Tauber‹ 3]).*

73 wenn ihr einem Heiligen die Haut abzieht] *Der* hl. Bartholomäus, *einer der zwölf Apostel* Jesu *(vgl. Mk 3,18), soll der legendenhaften Überlieferung u.a. des* Isidor von Sevilla *(um 560 – 636) zufolge das Martyrium durch Schindung (Abziehen der Haut) erlitten haben (vgl. die ›Legenda aurea‹, S. 674–685). – Vgl. Erl. zu 70.*

82 mein Gott, mein Gott, warum hast Du mich verlassen!] *nach den Evangelien des* Matthäus *(Mt 27,46) und des* Markus *(Mk 15,34) die letzten Worte* Christi *am Kreuz.*

93–99 in indisch-contemplativer Stellung *bis* gleich einem Fakir ungeheuer langsam athmete] *lat. contemplatio ›das Beschauen‹, ›das Anschauen‹; das unter »Anhalten des Atems, besondere[r] Stellungen des Körpers u. dgl.« (vgl. ›Brockhaus‹ XVI [1898], 894) sich einstellende anschauende Versenken in einen übersinnlichen Bewußtseins- und Empfindungszustand. Fakire (arab. tl. faqīr ›arm‹, ›der Arme‹) nennt man eigentlich die »mohammed.[anischen] Derwische«, zeitgenössisch wird die Bezeichnung indes »sehr häufig, aber irrtümlich« auf »die ind.[ischen] Dschogi [sc. sanskr. tl. yōgī ›ein der Meditation sich Hingebender‹; vgl. ›Brockhaus‹ V (1898), 557] angewendet« (›Brockhaus‹ VI [1898], 531).*

94 er beschaute nämlich seinen Nabel] *Die sogenannte ›Nabelschau‹ (›Omphaloskepsis‹, aus griech. ὀμφαλός [omphalós] ›Nabel‹, griech. σκέψις [skepsis] ›Betrachtung‹) ist eine in sitzender Haltung praktizierte Meditationsübung. Sie geht auf die im 1. nachchristlichen Jahrhundert entstandene buddhistische Lehrschrift ›Yoga-Sutras‹ zurück. Auch in mystischen Lehren des christlichen Mittelalters finden sich ähnliche Praktiken, so im Hesychasmus (griech. ἡσυχία [hesychía] ›Ruhe‹), einer von Gregorios Palamas (1296/97–1359) begründeten, auf asketischen Lehren des 3. bis 5. Jahrhunderts fußenden orthodoxen Bewegung. Im Quietismus der Frühen Neuzeit, vertreten v.a. durch die französische Mystikerin Jeanne Marie Bouvier de la Motte-Guyon (1648–1717), steht das sogenannte Herzgebet (mit Blick auf die Herzgrube gesprochene Gebetsformeln, meist aus den Evangelien oder aus den Psalmen) im Mittelpunkt. Die bei de la Motte-Guyon durch das Herzgebet hervorgerufenen Visionen und Verzückungen sind von dem französischen Mystiker François La Combe (1640– 1715) in zahlreichen Schriften geschildert worden (vgl. zu de la Motte-Guyon auch* Gottes Schatten, *Z. 73 mit Erl. [HGW VIII, 664]). Im deutschen Sprachgebiet fand das ›Herzgebet‹ insbesondere durch die Gedichte und Lieder des calvinistischen Mystikers Gerhard Tersteegen (eigentlich Gerrit ter Steegen; 1697–1769) Verbreitung. – Durch den ›Mesmerismus‹ und seine Weiterentwicklung, den ›Somnambulismus‹ (vgl.. dazu Erl. zu 489 im Kommentarteil zu* Massenglück und Einzelglück, *HGW VIII, 331f.) erlebt die Praxis des Beschauens oder Bestreichens des Nabels oder der Herzgrube zur Hervorrufung veränderter Bewußtseinszustände, Divinationen, Ahndungen und Prophetien, aber auch der sogenannten Luzidität, d.h. der Fähigkeit, eigene Krankheiten zu erkennen und therapeutische Mittel anzuordnen, als Heilkonzept auch einen nichtreligiösen Charakter. Auf diesen Grundlagen entwickelte der schottische Mediziner James Braid (1795–860) eine die physiologischen und psychologischen Voraussetzungen erörternde Lehre des ›somnambulen Schlafes‹, den er therapeutisch bei Nervenkrankheiten einsetzte und als ›Hypnose‹ bezeichnete (vgl. dazu auch o.g. Erl zu 489). – Vgl. auch* Gottes Schatten, *Z. 101 (HGW VIII, 665):* man hypnotisiert sich lieber am Nabel *mit Erl.*

103 Hydrodynamik] *aus griech. ὕδωρ (hýdor) ›Wasser‹ und griech. δύναμις (dýnamis) ›Kraft‹; die Lehre von den Bewegungen der Flüssigkeiten. Hausdorff hatte ausgezeichnete Kenntnisse auf dem Gebiet der Hydrodynamik, wie seine erste Vorlesung ›Figur und Rotation der Himmelskörper‹ zeigt; vgl. dazu HGW V, 381–400.*

106 Epidermis] *griech. ἐπί (epí) ›über‹ und griech. δέρμα (dérma) ›Haut‹; eigentlich die anatomische Bezeichnung für die Oberhaut der Wirbeltiere, hier im Sinne von Haut allgemein.*

106 Lingam] *sanskr. tl. linga ›Zeichen‹, ›Phallus‹; phallisch geformter Kultstein zu Ehren des Gottes Shivas, Symbol der Potenz und Fruchtbarkeit, in Verbindung mit der Yoni (vgl. die folgende Erl.), aber auch Sinnbild aufbrechender Erkenntnis und der Verbindung von Form und Materie.*

106 Yoni] *sanskr. tl. yoni ›Quelle‹, ›Schoß‹; Bezeichnung für das weibliche Geschlechtsorgan, hinduistisches Kultsymbol der Gebärkraft.*

107 drei Geschlechter] *Das ›dritte Geschlecht‹ war zeitgenössisch ein literarischer Topos. Es ging u.a. darum, gegen ›emancipierte Weiber‹ zu polemisieren; vgl. Elsa Asenijeff (1867–1941): ›Aufruhr der Weiber und das dritte Geschlecht.‹ Leipzig 1898, und Ernst von Wolzogen (1855–1934): ›Das dritte Geschlecht.‹ Berlin 1899. Elsa Asenijeff war von 1898 bis 1914 die Lebensgefährtin von Max Klinger (1857–1920), mit dem Hausdorff persönlich verkehrte.*

115 kambrisch-silurischen Formation] *Zeitgenössisch werden die Formationen, d.h. die »Produkte der gesteinsbildenden Thätigkeit [...], also die Schichtenkomplexe, die während jeder Periode zur Ablagerung gelangt sind« (›Brockhaus‹ VII [1898], 812), des 1833 von Roderick Impey Murchison (1792–1871) nach Fundstätten in Cambria, dem heutigen Wales, benannten Kambriums (vgl. dazu ›Brockhaus‹ III [1898], 869) und des von Murchison 1839 nach Fundstätten im Gebiet der keltischen Silurer (im heutigen Westengland) benannten Siluriums (vgl. dazu ›Brockhaus‹ XIV [1898], 982) als die beiden Perioden des Erdaltertums (Paläozoikum, vor etwa 590 bis 408 Mio. Jahren) aufgefaßt (Triboliten, erste Wirbeltiere, erste Landpflanzen). Die heute in der erdgeschichtlichen Forschung zwischen Kambrium und Silur gängige Zwischenschaltung des Ordoviziums, nach dem keltischen Stamm der Ordovices in Nordwales benannt, geht auf Charles Lapworth (1842–1920) zurück (1879); der Terminus ›kambrisch-silurische Formation‹ hielt sich jedoch bis in die 50er Jahre des 20. Jahrhunderts.*

115f. Diluvium und Alluvium] *Der englische Geologe William Buckland (1784–1856) interpretierte eiszeitliche Sedimentablagerungen als Belege für die biblische Sintflut. Er unterteilte deshalb die jüngste, vor etwa 1,8 Mio. Jahren beginnende erdgeschichtliche Epoche in ein vor- und ein nachsintflutliches Zeitalter, in Diluvium (lat. ›Überschwem-*

mung‹, von lat. diluere ›wegwaschen‹; vor ca. 1,8 Mio. bis 11.000 Jahren) und Alluvium (lat. alluvio ›überschwemmtes Land‹; seit etwa 11.000 Jahren; vgl. BUCKLAND: *›Relics of the Deluge‹, 1823). Die heute gängigen Bezeichnungen Pleistozän (griech. πλεῖστος [pleistos] ›sehr viel‹) und Holozän (griech. ὅλος [hólos] ›ganz‹ und griech. καινός [kainós] ›neu‹) wurden 1839 von dem englischen Geologen* CHARLES LYELL *(1797–1875) eingeführt (›Nouveaux éléments de Géologie‹) und 1867 von* FRANÇOIS-LOUIS-PAUL GERVAIS *(1816–1879) breiter bekannt gemacht (›Zoologie et Paléontologie générales‹), konnten sich aber erst im 20. Jahrhundert durchsetzen (vgl. ›Brockhaus‹ I [1898], 427f. sowie ›Brockhaus‹ V [1898], 313).*

123 **Daktylen**] *griech. Δάχτυλοι (Ἰδαῖοι) ›Fingermännchen‹, ›Däumlinge (von Ida)‹; in der griechischen Mythologie im phrygischen Ida-Gebirge (oder dem kretischen Ida) beheimatete dämonenhafte, in der Schmiedekunst besonders bewanderte Kobolde aus dem Gefolge der Muttergottheit* KYBELE (RHEA)*, die als Entdecker und erste Bearbeiter des Kupfers und Eisens, aber auch als Erfinder des musikalischen Taktes und als Zauberer galten. Man stellte sie sich nicht immer als klein vor.*

124 der Zauberer Pythagoras] *Dem griechischen Philosophen* PYTHAGORAS VON SAMOS *(um 570 v. Chr. – um 480 v. Chr.) werden in verschiedenen legendenhaften, auf den griechischen Philosophen* ARISTOTELES *(384/383 v. Chr. – 322 v. Chr.) zurückgehenden Anekdoten übernatürliche Kräfte wie die Gabe der Prophetie nachgesagt (vgl. insbesondere* APOLLONIUS: *›Historia Mirabilium‹ 6 sowie* CLAUDIUS AELIANIUS: *›Varia Historia‹ 2,26). Weitere Legenden, die von übersinnlichen Fähigkeiten des* PYTHAGORAS *berichten, finden sich in den* PYTHAGORAS*-Biographien des* DIOGENES LAERTIOS *(fl. um 220; ›Vitae philosophorum‹) und des* IAMBLICHOS VON CHALKIS *(um 250 – um 330; ›De vita Pythagorica‹). – Über* PYTHAGORAS *und die Pythagoreer vgl. auch Erl. zu 301f. im Kommentarteil zu* Tod und Wiederkunft, *HGW VIII, 438f.*

127 Atlasse] *In der griechischen Mythologie ist* ATLAS *ein am Westrand des Erdkreises das Himmelsgewölbe tragender Titan (vgl. dazu das Schöpfungs-Epos ›Theogonie‹ [vv. 507–520] des griechischen Dichters* HESIOD *[fl. um 700 v. Chr.]); der hier von* HAUSDORFF *unkorrekt verwendete Plural bezeichnet eigentlich »glattes, rauschendes seidenzeug« (DWb I, 594).*

130f. Leviathans] *In der alttestamentarischen Mythologie ist der* LEVIATHAN *zunächst ein vielköpfiges Meeresungeheuer, in dem sich die Gottes Schöpfermacht entgegenstellenden und von ihm besiegten Mächte verkörpern (Ps 74,13f.; vgl. auch Hiob 3,8, wo er in Gestalt eines schlafenden Drachen als Instrument des Bösen geschildert wird). Später wird* LEVIATHAN *die biblische Bezeichnung für einen großen, im Wasser lebenden Tierkoloß (u.a. mit dem Nilkrokodil gleichgesetzt) bzw. für ein Meeresungeheuer überhaupt (vgl. Hiob 40,25–41,26; Ps 104,26).*

In den Apokryphen begegnet er uns als weibliches Fabelwesen, das nach dem apokalyptischen Kampf mit BEHEMOT, *seinem männlichen Pendant (vgl. Hiob 40,5–24, mit dem Nilpferd gleichgesetzt), am Ende der Zeit von den Gerechten besiegt wird (1. Hen 60,7). – In der staatsphilosophischen Abhandlung ›Leviathan, or, Matter, Form, and Power of a Commonwealth, Ecclesiastical and Civil‹ (›Leviathan oder Wesen, Form und Gewalt eines kirchlichen und bürgerlichen Gemeinwesens.‹ London 1651, lat. Übers. 1668, dt. Übers. 1794/95) des englischen Staatstheoretikers und Philosophen* THOMAS HOBBES *(1588–1679) wird der* LEVIATHAN *titelgebende Figur und Sinnbild des Staates (vgl. auch* HOBBES' *1668 vollendetes Werk ›Behemoth: The History of the Causes of the Civil Wars of England, and the Counsels and Artifices by which they were carried on from the Year 1640 to the Year 1660‹ [posthum London 1682]).*

131 Bärenhäuter] *seit dem 16. Jahrhundert v.a. in der Soldatensprache Schimpfwort für einen Faulpelz und Nichtstuer. In Anlehnung an* PUBLIUS CORNELIUS TACITUS' *(um 55 – nach 115) Ausführungen in dem geographisch-ethnographischen Werk ›De origine et situ germanorum‹ (›Germania‹, um 98 entstanden [15, 17]) führt* JOHANN JACOB CHRISTOPH VON GRIMMELSHAUSEN *(1621/22–1676) in der Einleitung seiner 1666 entstandenen Erzählung ›Der erste Beernhäuter‹ (EA Nürnberg 1670) aus, man meine, die »alten Teutschen« hätten diejenigen, die »immerhin aus Faulheit auf ihrer Bernhaut liegen bleiben / und nie nichts tapffers auszurichten begehrt«, zum Spott »Bernheuter« genannt (›Der erste Beernhäuter.‹ In: ›Werke.‹ Hrsg. von* DIETER BREUER. *3 Bde. Frankfurt a.M. 1989ff., Bd. 2, S. 323);* GRIMMELSHAUSEN *selbst, dem »soweit hinaus nicht« »gedenckt« (ebd.), gibt das Beispiel eines Landsknechtes, der einen Pakt mit dem Teufel schließt: er erlange Reichtum, wenn er sich sieben Jahre lang weder wasche noch kämme, auch dürfe er sich weder Bart- und Haupthaar noch die Fingernägel schneiden (vgl. ebd., S. 323–325); auf letzteres ist die Benennung im Text wohl zu beziehen.*

132f. Seelen-Elephantiasis] *Als* Elephantiasis *wird eine angeborene oder erworbene elefantenlederartige Verdickung der Haut und des Unterhautgewebes, v.a. an den Beinen, aber auch an den Geschlechtsorganen und den Brüsten, bezeichnet, die durch Erkrankungen der Venen oder des Lymphsystems, oft auch durch Parasiten (Filarien, Fadenwürmer) hervorgerufen wird.*

138–151 Und Pythagoras berief seine Dämonen *bis* woher sie kam.] *Anspielung auf den ›Dämon‹, den der schottische Physiker* JAMES CLERK MAXWELL *(1831–1879) in einem Gedankenexperiment bemühte (vgl.* MAXWELL: *›Theory of Heat.‹ London 1871), um den 2. Hauptsatz der Thermodynamik (Wärme kann nicht von selbst von einem Körper niedriger Temperatur in einen Körper höherer Temperatur übergehen) in Zweifel zu ziehen: Zwei thermisch isolierte, mit Gas gleicher*

Temperatur gefüllte Behälter sind durch ein Loch miteinander verbunden, das mit einer Klappe verschlossen werden kann, und das so klein ist, daß bei geöffneter Klappe immer nur ein einziges Molekül hindurchfliegen kann; die Klappe wird nun von einem Wesen bedient, das sich die einzelnen Moleküle, die auf das Loch zufliegen, anschaut: kommt von links ein schnelles Molekül oder von rechts ein langsames, dann macht es die Klappe auf und das Molekül fliegt auf die andere Seite, kommt hingegen von links ein langsames Molekül oder von rechts ein schnelles, dann macht das Wesen die Klappe zu und das Molekül kommt nicht hindurch, wodurch sich links die langsamen und rechts die schnellen Moleküle sammeln, d.h. der Behälter links kühlt sich ab, während der Behälter rechts wärmer wird, ohne daß dazu Arbeit verrichtet werden muß – dies aber verstößt gegen den zweiten Hauptsatz. Die Bezeichnung ›Maxwell'scher Dämon‹ geht auf den englischen Physiker WILLIAM THOMSON, LORD KELVIN OF LARGS (1824–1907) zurück, vgl. THOMSON: ›The Sorting Demon of Maxwell.‹ [1879] In: ders.: ›Mathematical and Physical Papers.‹ 6 Bde. Cambridge 1882–1911, Bd. 5, S. 21–23; vgl. auch HAUSDORFFS essayistische Rezension Andacht zum Leben, *Z. 90f. (HGW VIII, 745) mit Erl.*

170–172 Aber die Menschen *bis* nicht mit natürlichen Dingen zugegangen.] *Nach dem Evangelium des MATTHÄUS »fand es sich«, daß die JOSEF versprochene Jungfrau MARIA vor der Hochzeit »schwanger war von dem heiligen Geist« (Mt 1,18, auch Mt 1,20; vgl. Lk 1,35). – Der aus der biblischen Überlieferung hergeleiteten Überzeugung, MARIA habe JESUS CHRISTUS auf übernatürlichem Wege empfangen, wurde seit dem 2. Jahrhundert (im apokryphen Jakobusevangelium) die Auffassung der immerwährenden Jungfräulichkeit MARIAE (d.h. vor, während und nach der Geburt JESU CHRISTI) zur Seite gestellt und 1555 auf dem Konzil von Trient zum Dogma erklärt. Seit dem 12. Jahrhundert ist die Auffassung nachweisbar, auch MARIA sei unbefleckt empfangen worden, d.h. auch sie sei wie JESUS von der Erbsünde frei, wohl aber von ihrer Mutter auf natürliche Weise empfangen und geboren worden. Obwohl hierfür keinerlei biblische Zeugnisse vorliegen – einzige Quelle ist ebenfalls das Jakobusevangelium –, wurde die v.a. durch den Franziskaner-Orden propagierte ›Unbefleckte Empfängnis‹ MARIAE 1854 von Papst PIUS IX. (eigentlich GIOVANNI MARIA MASTAI-FERRETTI; 1792–1878; Papst seit 1846) zum Dogma erklärt.*

176 **Kosmos**] *lat. Umschrift zu griech. κόσμος, (kósmos) ›zweckvoll gegliederte (An-)Ordnung‹; die wohlgeordnete Welt im Gegensatz zum ungeordneten Chaos. In der griechischen Mythologie entsteht der Kosmos aus dem Chaos durch Eingriff der Götter, in der griechischen Naturphilosophie durch das Wirken einer – unterschiedlich gearteten– Vernunft. – Den Begriff ›Kosmos‹ als Ausdruck für den wohlgeordneten Zustand der Welt benutzte erstmals der griechische Philosoph und Pythagoreer PHILOLAOS VON KROTON (um 470 v. Chr. – um 390 v. Chr.),* *vgl. DK 44 A 16. – Zur Verwendung des Begriffspaares Chaos – Kosmos bei* Nietzsche *und in* Hausdorffs Das Chaos in kosmischer Auslese *vgl. HGW VII, 49–61.*

178f. Warum ist die Zahl aller Dinge Meisterin?] *Nach* Aristoteles *hielt die um 525 in Kroton in Unteritalien von* Pythagoras *gegründete Schule der Pythagoreer die Zahl für das Wesen aller Dinge (vgl.* Aristoteles: *›Metaphysik‹ A,5, 985b–987a). – Über* Pythagoras *und die Pythagoreer vgl. auch Erl. zu 301f. im Kommentarteil zu* Tod und Wiederkunft, *HGW VIII, 438f.*

184f. marmorne Aphrodite] *Verweis auf die auf Melos, der südwestlichsten der großen Kykladeninseln im Ägäischen Meer, entdeckte späthellenistische Marmorstatue der griechischen Liebesgöttin* Aphrodite *(›Venus von Milo‹, 2. Jhd. v. Chr.).*

185 die melischen Jünglinge] *Jünglinge von der Kykladeninsel Melos.*

189 Titanen] *Der griechischen Mythologie zufolge wurden die Titanen, die Söhne und Töchter des* Uranos *(›Himmel‹) und seiner Mutter* Gaia *(›Erde‹), von* Zeus *im Kampf um die Vormachtstellung im Götterhimmel besiegt und im Tartaros (›Unterwelt‹) eingekerkert; vgl. dazu* Hesiod: *›Theogonie‹ 617–735.*

195 Drachmen] *antike griechische Silber- und – seltener – Goldmünzen, aber auch Gewichtseinheiten (in Athen etwa entsprach eine Drachme 4,36 g).*

203 **Tat twam asi**] *sanskr. tl. tat tvam asi, der nach dem 6. Buch der vedischen ›Chāndogya-Upanishad‹ dem Brahmanen* Shvetaketu *von seinem Vater* Uddālaka Āruni *mitgeteilte bekannteste und bedeutendste der ›großen Lehrsätze‹ (sc. sanskr. tl. Mahāvākya) der Veda als Schlüssel zu aller Erkenntnis. – Obwohl eine deutsche Übersetzung der ›Upanishaden‹ seit 1882 vorlag (›Das Oupnek'hat‹. Übers. v.* Franz Michel. *2 Bde. [Bd. 1: Text, Bd. 2: Berichtigungen]. Dresden 1882 u. 1887), die dieser zugrundeliegende lateinische Übersetzung gar seit der Wende zum 19. Jahrhundert (›Oupnek'hat.‹ Übers. v.* Abraham Hyacinthe Anquetil-Duperron. *2 Bde. Straßburg 1801/02), hier von* Hausdorff *vmtl. übernommen aus* Schopenhauers *›Die Welt als Wille und Vorstellung‹ I, § 63: »Die direkte Darstellung [des Alleinen im Kosmos] finden wir in den Veden, der Frucht der höchsten menschlichen Erkenntnis und Weisheit [...], in mancherlei Weise ausgedrückt, besonders aber dadurch, daß vor den Blick des Lehrlings alle Wesen der Welt, lebende und leblose, der Reihe nach vorgeführt werden und über jedes derselben jenes zur Formel gewordene und als solche die Mahavakya genannte Wort ausgesprochen wird: ›tatoumes‹, richtiger ›tat tvam asi‹, welches heißt: ›dies bist du‹« (ASW 1, 485).*

204 wiedergeborene Pythagoras] *Anspielung auf die von* Pythogaras *und seiner Schule vertretene Lehre einer immerwährenden Wiederkunft aller Dinge und Individuen (vgl. DK 14, 8a; ebenso* Diogenes Laertios:

›Vitae philosophorum‹ VIII, 36); vgl. auch Erl. zu 231 und Erl. zu 301f. im Kommentarteil zu Tod und Wiederkunft, *HGW VIII, 438f.*

210 Bogenlampen] *auf die Entdeckung des Lichtbogens (1809) durch den englischen Chemiker Humphry Davy (1778–1829) zurückgehende Lampe, bei der zwischen zwei Kohleelektroden eine Gasentladung (Lichtbogen) mit sehr hoher Temperatur und entsprechend großer Leuchtdichte stattfindet.*

213 Telephos] *in der griechischen Mythologie der Sohn des Herakles und der Athena-Priesterin Auge. Er wurde von Auges Vater Aleos ausgesetzt, von einer Hirschkuh gesäugt und von Hirten großgezogen. Von Teuthras, dem König von Mysien adoptiert, schlägt Telephos den Einfall der auf der Suche nach Troja umherirrenden Griechen zurück, doch bringt ihm Achill eine nicht heilende Wunde bei. Aufgrund eines Orakelspruches, der ihm Heilung von demjenigen verspricht, der ihm die Wunde geschlagen hat, begibt sich Telephos ins Lager der Griechen, wo ihn Achill gegen das Versprechen, der griechischen Flotte den Weg nach Troja zu weisen, mit dem Rost der Speerspitze, die ihn verwundete, heilt (vgl. Apollodor VI, 16–20).*

213f. Sybaris] *in der griechischen Mythologie Name eines weiblichen Berggeistes. Sybaris hieß auch die Tochter des athenischen Staatsmannes Themistokles (um 525 v. Chr. – nach 460 v. Chr.). Hier wird vmtl. auf die griechische Kolonie* Sybaris *am Golf von Tarent angespielt (um 720 v. Chr. gegründet und 510 v. Chr. von dem benachbarten Kroton zerstört), die durch Handel zu beachtlichem Reichtum gelangte und deren Einwohner als verweichlichte Bonvivants galten; vgl.* Sant' Ilario, *Aph. 277, S. 178:* Oh wir fanatischen Sybariten! wir Naschkatzen aus Überzeugung! wir Märtyrer der gourmandise! *(HGW VII, 272; vgl. auch* Sant' Ilario, *Aph. 305, S. 203 [HGW VII, 297].)*

215 umzirkt] *hier im Sinne von ›sich im Kreis um etwas herumbewegen‹.*

216 Monade ohne Fenster] *griech. μονάς (monás) ›Einheit‹. Auf der Grundlage der ›Monaden ohne Fenster‹ fußt Gottfried Wilhelm Leibniz' (1646–1716) zentrales methodisches Prinzip der Identität des Nichtzuunterscheidenden (principium identitatis indiscernibilium); vgl. dazu und zu Leibniz' ›Monadologie‹ (1714) die Erl. zu 193f. im Kommentarteil zu* Massenglück und Einzelglück, *HGW VIII, 309f.*

221 Monismus, auf die praktische All-Einheit] *Zum Begriff vgl. Erl. zu 171f. im Kommentarteil zu* Das unreinliche Jahrhundert, *HGW VIII, 359. – In Anlehnung an die materialistischen Lehren Ludwig Büchners (1824–1899; vgl. v.a. ›Kraft und Stoff. Empirisch-naturphilosophische Studien. In allgemeinverständlicher Darstellung.‹ Frankfurt a.M. 1855 u.ö.) sah 1892 Ernst Haeckel (1834–1919) den naturwissenschaftlichen Monismus nicht nur als »Band zwischen Religion und Wissenschaft«, sondern proklamierte diesen zum »naturwissenschaftliche[n] Glaubensbekenntniß« (›Der Monismus als Band zwischen Religion und Wissenschaft. Glaubensbekenntniß eines Naturforschers.‹ Bonn*

1892 [hier zitiert nach ders.: ›Gemeinverständliche Vorträge und Abhandlungen aus dem Gebiete der Entwicklungslehre.‹ 2 Bde. Leipzig 1902, Bd. 1, S. 281–344, hier S. 327]). In den ›Welträthseln‹ erhob er die »monistische Religion« zum Ersatz der christlichen Lehren (vgl. Haeckel: ›Die Welträthsel. Gemeinverständliche Studie über monistische Philosophie.‹ Bonn 1899, spez. Kap. 18, S. 381–398). Hierauf aufbauend forderte Bruno Wille (1860–1928) die Schaffung einer Weltanschauung, die »einerseits der modernen Wissenschaft, andererseits aber auch den Bedürfnissen des Gemütes gerecht wird, also Wissenschaft, Poesie, Religion (im besten Sinne des Wortes) und Lebensführung zu einem Ganzen, einem Monon, vereinigt« (›Monismus.‹ In: ›Der Freidenker‹ 8 (1900), S. 18–20 u. S. 30–32, hier S. 18); vgl. v.a. ›Monismus um 1900. Wissenschaftskultur und Weltanschauung.‹ Hrsg. v. Paul Ziche. Berlin 2000, ebenso Andreas W. Daum: ›Wissenschaftspopularisierung im 19. Jahrhundert. Bürgerliche Kultur, naturwissenschaftliche Bildung und die deutsche Öffentlichkeit 1848–1914.‹ München 1998. – Vgl. dazu auch Sant' Ilario, *Aph. 308, S. 207 (HGW VII, 301):* Ältere Menschen, die auf Harmonie, Einheit, Monismus aus waren, quälte der Zweifel, die Möglichkeit des Auseinanderfallens ihrer Welt in zwei oder viele unverbundene Weltfragmente. Wir suchen umgekehrt die Vielheit *[...]*; nichts peinigt uns mehr, als das Zusammenrinnen geschiedener Welten zu einem grossen grauen Ganzen, die Ahnung einer einzigen welterklärenden, weltenträthselnden Formel, die Fernsicht auf jenen Gipfel der Trivialität »Alles ist eins«.

223 metaphysischen Altruisten] *Metaphysisch (von griech. τὰ μετὰ τὰ φυσικά [ta meta ta physiká] ›[die Bücher] hinter der Natur‹) wird eine Erörterung dann genannt, wenn sie über alle mögliche Erfahrung hinausgeht. Als Altruismus (von lat. alter ›der Andere‹) wird der auf den französischen Philosophen Auguste Comte (1798–1857) zurückgehende sittliche Grundsatz bezeichnet, der in Wiederholung des christlichen Gebots der Nächstenliebe ein selbstloses Denken und Handeln fordert, vgl. ›Cours de philosophie positive.‹ 6 Bde. Paris 1830–1842, v.a. Bd. 4; vgl. hierzu auch* Massenglück und Einzelglück, *Z.184, HGW VIII, 279.*

223 Dynamitarden] *seit dem Einsatz des von dem schwedischen Chemiker Alfred Nobel (1833–1896) 1867 erfundenen Dynamits durch die Pariser ›communards‹ gegen die Truppen der bürgerlichen Regierung im Mai 1871 Bezeichnung für ›Anarchisten‹ und ›Terroristen‹.*

230 Trockenwohner] *zeitgenössische Bezeichnung für von Neubau zu Neubau ziehende nichtseßhafte Familien, die durch (Kohle-)Feuerung das Abbinden des gängigen Kalkmörtels, der hierfür im Gegensatz zum Zementmörtel keinen Sauerstoff, sondern Kohlendioxid benötigt, zu beschleunigen und das Haus bewohnbar zu machen.*

231 Incarnation] *lat. incarnatio ›Fleischwerdung‹. Während in der jüdischen, christlichen und islamischen Religion die Lehren von der ›Wiedergeburt‹ (lat. reincarnatio ›Wiederfleischwerdung‹) fehlen bzw. ausschließlich der Mystik angehören, sind sie seit Ende des 6. vorchristlichen Jahrhunderts in den orphischen Schriften und bei* PYTHAGORAS *(vgl.* DIOGENES LAERTIOS: *›Vitae philosophorum‹ VIII, 36) bezeugt, wo sie in einem ethischen Kontext auftreten, da die Wiederverkörperung als Strafe für begangene Sünden interpretiert wird und der Läuterung dient. Demgegenüber verbindet sich im indischen Kulturbereich mit der Wiedergeburt seit dem 7. vorchristlichen Jahrhundert (›Upanishaden‹; vgl. Erl. zur Überschrift u. zu 203) die Vorstellung einer angemessenen Vergeltung aller (guten wie schlechten) Taten in einer anfangs- und – gewöhnlicherweise – endlosen Kette von Wiedergeburten (letztere thematisiert v.a.* SCHOPENHAUER *häufig, vgl. u.a. ›Die Welt als Wille und Vorstellung‹ I, § 63 [ASW 1, 479ff.]).*

237 **That und Traum**] *vgl. dazu* Sant' Ilario, *Aph. 390, S. 331:* Der Traum, der ein Atavismus, ein Zurücksinken in überwundene Entwicklungsstufen ist, stellt die ursprünglichen Denkgewohnheiten wieder her, wie er auch die blind zutappende Schnellmalerei des Causalitätstriebes wieder herstellt, der ohne Wahl und Sichtung die erste beste ihm einfallende Hypothese zu Recht anerkennt, d. h. in die anschauliche Welt hineinconstruirt. So interpretiren wir im Traume auch unsere inneren Zustände als äussere Thatsachen und Objecte: eine Brustbeklemmung als Incubus, eine sexuelle Spannung als erotische Scene, unseren Wunsch weiterzuschlafen als reales Hinderniss des Erwachens — wir treiben Fetischismus und Dämonomagie, wie wir sie in vorgeschichtlichen Zeiten getrieben haben *(HGW VII, 425), sowie* Sant' Ilario, *Aph. 397, S. 335:* Im Traume revoltirt dasjenige Ich, das vom wachenden überbaut, erstickt, niedergedrückt wird, ein Ich aus früheren tieferen Schichten, das am Tage nicht hervordarf. [...] [W]as am Tage unter den Tisch fällt, was unter kräftigem Drucke unten gehalten wird, als das Proletariat der Gedanken und Empfindungen, [...] das alles rächt sich für die tagsüber erfahrene Unterdrückung und macht sich im Vordergrunde der Traumbühne zu schaffen *(HGW VII, 429f.).*

294 **Blutvergiftung**] *Sepsis (griech. σῆψις ›Fäulnis‹), jede von einem lokalen eitrigen Entzündungsherd ausgehende Streuung von Bakterien und/oder deren toxischen Stoffwechselprodukten in die Blutbahn, die zu einer schweren Allgemeininfektion mit Symptomen wie hohem Fieber und Schüttelfrost führt; vgl. Erl. zu 296.*

296 schwarzblau im Gesicht und geschwollenen Leibes] *Beschreibung von Symptomen der Pest (vgl. Erl. zu 299), einer höchst infektiösen Krankheit, die durch das 1894 von dem französischen Mediziner* ALEXANDRE YERSIN *(1863–1943) identifizierte Bakterium Yersinia pestis verursacht und durch auf Nagern parasitär lebende Flöhe übertragen wird. Diese Symptome äußern sich u.a. durch die von Einblutungen in die ange-*

schwollenen Lymphdrüsen an Hals, Achseln und Leisten (Beulen- oder Bubonenpest), großflächigen Hauteinblutungen (Pestsepsis) und Einblutungen in die Lippen (Lungenpest) hervorgerufene blauschwarze Färbung einzelner Hautpartien. Das Wort **Blutvergiftung** *(294) und der Verweis auf die im* Blute kreis*[ende]* Krankheit *(299f.) deuten hier auf die Symptome der Pestsepsis hin, bei der es durch das Eindringen des Bakteriums in die Blutbahn (offene Wunden, Aufplatzen der Bubonen nach innen) zu einer Infektion des ganzen Körpers kommt, die sich durch allgemeines Unwohlsein, Fieber und Schüttelfrost, später durch ausgedehnte Einblutungen in die Haut und die inneren Organe äußert und unbehandelt immer tödlich endet; vgl. auch Erl. zu 299.*

297 Weltspinne] *In fast allen antiken Mythologien erscheint die Spinne wegen ihres kunstvoll gefertigten Netzes und der zentralen Position darin als Symbol der kosmischen Ordnung, aber auch als Spinnerin der ›Schicksalsfäden‹, so etwa versinnbildlicht in der orphischen Theogonie als Ananke, Gemahlin des Demiurgos, des Weltenschöpfers, und Mutter u.a. des Chaos. – Friedrich Nietzsche (1844–1900) greift die Schicksalsthematik u.a. in ›Menschliches, Allzumenschliches‹ II, 32 auf: »Der Dichter stellt sich so, wenn er die einzelnen Berufsarten [...] schildert, als ob er diese Dinge von Grund aus kenne und ein Wissender sei; ja bei der Auseinanderlegung menschlicher Handlungen und Geschicke benimmt er sich, wie als ob er beim Ausspinnen des ganzen Weltennetzes zugegen gewesen sei: in so fern ist er ein Betrüger. Und zwar betrügt er vor lauter Nichtwissenden — und desshalb gelingt es ihm: diese bringen ihm das Lob des ächten und tiefen Wissens entgegen und verleiten ihn endlich zu dem Wahne, er wisse die Dinge wirklich so gut wie der einzelne Kenner und Macher, ja wie die grosse Welten-Spinne selber« (KGW IV,3, 30; vgl. auch ›Zarathustra‹ III, ›Von der verkleinerten Tugend‹ 3: »Auch was ihr unterlasst, webt am Gewebe aller Menschen-Zukunft; auch euer Nichts ist ein Spinnennetz und eine Spinne, die von der Zukunft Blute lebt« [KGW VI,1, 212]). – Vgl. auch* Sant' Ilario, *Aph. 355, S. 287:* Wer sich eingesteht, wie transcendent für seine Zeichendeuterkunst die Geheimschrift des Lebens ist, wie Gesundheit und Schönheit auf wunderlichen Schleichwegen gehen dürfen und müssen, wie oft auf Spinnfäden und Falterflügeln sich der Samen der köstlichsten Dinge rettet, wo überall er unvermuthet sein Erdreich findet und Wurzeln schlägt — wer diesem so fest und zart verknüpften Causalgewebe der Welt nachspürt, der wird immer mehr davon zurück-, darüber hinauskommen, aus solch einer klingenden Harmonie irgend ein Einzelnes hinwegzuwünschen, sei es für sich betrachtet noch so werthlos, missgeschaffen und hässlich *(HGW VII, 381).*

299 Krankheit des Morgenlandes] *vmtl. Anspielung auf die Pest (lat. pestis ›Seuche‹; vgl. Erl. zu 296), nach biblischer Überlieferung die sechste der zehn ägyptischen Plagen, die »an Mensch und Vieh Geschwüre mit aufplatzenden Blasen« verursacht (Ex 9,9). Die Pest ist die durch »Mäuse« hervorgerufene, durch »Beulen« am Körper charakterisierte Bestrafung der Philister nach dem Raub der Bundeslade (vgl. 1. Sam 5,6–6,18). Ob es sich bei der von dem griechischen Geschichtsschreiber* THUKYDIDES *(zwischen 460 und 455 v. Chr. – um 400 v. Chr.) beschriebenen, in den Jahren 430 bis 426 v. Chr. in Athen wütenden Epidemie, die zuerst in Äthiopien und Ägypten aufgetreten sein soll (vgl. ›Der Peloponnesische Krieg‹ [entstanden nach 404 v. Chr.] II, 7–54, insbesondere II, 48), und der sogenannten ›Antoninischen Pest‹, die 166 von aus den Partherkriegen im vorderen Orient zurückkehrenden Legionären eingeschleppt wurde (vgl. u.a.* CASSIUS DIO *72, 14, 3), tatsächlich um die Pest handelte, ist trotz der Beschreibung der Symptome durch* GALEN *(129/30 – um 216; vgl. ›Methodus medendi vel de morbis curandis libri XIV.‹ Paris 1519) unklar. Die eindeutig als Pestpandemie verifizierte ›Justinianische Pest‹, die zwischen 542 und 544 in Konstantinopel wütete und an der auch Kaiser* JUSTINIAN I., DER GROSSE *(eigentlich* FLAVIUS PETRUS SABBATIUS JUSTINIANUS*; 482–565) erkrankte, soll nach* PROKOPIOS*' (um 500 – nach 559) ›Über die Kriege‹ im Orient ausgebrochen sein (II, 22–33). Der seit Ende 1347 in Europa wütende ›Schwarze Tod‹ nahm seinen Ausgang offenbar in Zentralasien und wurde auf den Handelswegen des mittleren und vorderen Orients eingeschleppt.*

319f. Tarantella *[...]* Tamburin] *Die Tarantella, ein neapolitanischer, auf tarentinische Wurzeln zurückgehender schneller Tanz im $^3/_8$ - oder $^6/_8$ - Takt mit sich steigerndem Tempo, wird von Tamburinen und Kastagnetten begleitet. Obwohl hier mit der* Weltspinne *genannt und zeitgenössisch auch lexikalisch mit der »Tarantel in Zusammenhang gebracht« (›Brockhaus‹ XV [1898], 615), läßt sich der Name des Tanzes nicht von der ›Tarantel‹ ableiten, sondern kommt vmtl. vom ›Tarantismus‹ her, einer seit dem 15. Jahrhundert beschriebenen, in der Gegend von Tarent auftretenden Art des Veitstanzes (chorea St. Viti [griech. χορεία ›Tanz‹]), einer infektiös-toxischen Nervenerkrankung mit unwillkürlichen Muskelkontraktionen, zu deren Heilung man zur St. Veitskapelle bei Ulm pilgerte.*

331 o haram milas helotim] *nach dem ›Compendium Magicae innaturalis nigrae‹ (›Kurzer Begriff der übernatürlichen schwarzen Magie‹) des – wie er sich selbst nennt – »Priester[s]« der »Gesellschaft Jesu«* JOSEPH ANTON HERPENTIL *(biographisch nicht nachgewiesen) Formel bei der Beschwörung des* AMAZEROTH*, eines obersten Fürsten der Geister. –* HERPENTILS *›Kurzer Begriff‹, der »Beschwörungen und Namen der mächtigen Geister und deren Siegel« enthält, ist bibliographisch nicht nachgewiesen. In der ›Herzogin Anna Amalia-Bibliothek‹ Weimar wird in der Faust-Sammlung eine um 1700 entstandene Handschrift (mit Zusätzen von späterer Hand) verwahrt, die unter dem Titel ›Liber Spirituum potentissimorum, Seu Compendium Magiæ innaturalis ni-*

græ continens. Citationes et Nomina diversorum Spirituum‹ auch den ›Kurzen Begriff‹ in einer lateinischen Version enthält. Daneben finden sich in dieser Handschrift der seit Anfang des 16. Jahrhunderts in zahlreichen Handschriften und Drucken verbreitete, durch Johann Wolfgang von Goethes *(1749–1832) Dramen bekannte ›Dreyfache [...] Höllen Zwang‹ des* Johannes Faust *(um 1480 – um 1540; vgl. hierzu* Günther Mahal: *›Faust. Die Spuren eines geheimnisvollen Lebens.‹ Reinbek bei Hamburg 1995) und weitere kurze schwarzmagische Schriften (›Liber Spirituum potentis/ simorum, Seu Compendium/ Magiæ innaturalis nigræ/ Continens: J. G. Herpentilis S. J./ Der dreyfache/ heimliche und unerforschliche/ und approbirte Doct: Johann/ Fausts/ Höllen Zwang/ genannt./ nebst/ Cabula Nigra/ sammt/ Schwartzer Mohren Stein/ oder/ Pentaculum Nigrum.‹ Sign. F 8476, 72 Bll., hier Bl. 3r–9r). Der protestantische Theologe* Georg Conrad Horst *(* 1769) publizierte 1821 im ersten Band seiner ›Zauber=Bibliothek‹ (6 Bde., Mainz 1821–1826) ›Des hochwürdigen Herpentilis, der Gesellschaft Jesu Priesters, kurtzen Begriff der übernatürlichen schwartzen Magie, enthaltendt Beschwörungen und Namen der mächtigsten Geister und deren Siggeln, oder das Buch der stärksten Geister, eröffnendt die großen Heimlichkeiten aller Heimlichkeiten‹ in deutscher Übersetzung nach der Abschrift eines deutschen Druckes, den er in den 1780er Jahren im Kloster Arnsburg bei Gießen gesehen haben will, mit einigen Abweichungen zur oben genannten Handschrift und mit einer Vorrede, die den Text als ehemals arabische Zauberschrift identifiziert, welche von* Herpentil *1505 in Salzburg ins Lateinische übersetzt wurde (vgl. Bd. 1, S. 157–176). Der Abdruck eines weiteren, dem »Philosoph[]« und »Pater«* Herpentil *zugeschriebenen Werkes, des ›Inbegriffs der übernatürlichen Magie‹, eines ›Buches von den Beschwörungen einiger Dämonen ersten Ranges‹ mit der Jahresangabe »1519«, findet sich im dritten Band der von dem Stuttgarter Antiquar und Verleger* Johann Scheible *(biographisch nicht nachgewiesen) herausgegebenen Sammlung der ›ältern deutschen Volks-, Wunder-, Curiositäten-, und vorzugsweise komischen Literatur‹, wobei darauf hingewiesen wird, daß* Herpentil *»als Pastor in Landshut [...] dieses Experiment [sc. die Beschwörung von Dämonen] mehrmals mit gutem Erfolge vorgenommen, und es einem gewissen R. mitgetheilt« habe (vgl. ›Das Kloster. Weltlich und geistlich. Meist aus der ältern deutschen Volks-, Wunder-, Curiositäten-, und vorzugsweise komischen Literatur. Zur Kultur- und Sittengeschichte in Wort und Bild.‹ 12 Bde. Stuttgart 1846–1850, Bd. 3, S. 626–633, Zitat S. 633); ein direkter Hinweis auf* Herpentils *Zugehörigkeit zur »Gesellschaft Jesu« fehlt hier aber ebenso wie die »Citation« eines Dämonen namens* Amazeroth *und die Formel »ô Haram milas Helotim«. – Wie des ›Nobilis Johannis Kornreutheri ordinis sive augustini Prioris Magia Ordinis Artium et Scientiarum Abstrusarum‹, enstanden »Anno Post Par-*

tum Virginis 1515« (nachweisbar seit 1748 [vgl. Horsts *›Zauber=Bibliothek‹, Bd. 1, S. 158f.], Handschrift in der ›Wellcome Library‹ London, Mss. 3130), muß auch* Herpentils *inhaltlich verwandter ›Kurzer Begriff‹ zu den seit dem 17. Jahrhundert mit fingierten Entstehungsdaten zunächst handschriftlich verbreiteten, seit dem 19. Jahrhundert vermehrt gedruckten Grimoires oder Zauberbüchern gezählt werden, die das Bedürfnis nach okkulten Praktiken – v.a. Dämonenzitationen und Schatzgräberei – publikumswirksam zu befriedigen suchten (vgl. u.a. zu* Fausts *›Höllenzwang‹* Mahal: *›Faust‹, ebenso schon* Karl Engel: *›Zusammenstellung der Faust-Schriften vom 16. Jahrhundert bis Mitte 1884.‹ Oldenburg 1885, insbes. S. 149–180). Daß hierbei auch Unstimmigkeiten wie die mit dem Arabischen identifizierte Phantasiesprache oder* Herpentils *Zugehörigkeit zur erst 1534 von* Ignatius von Loyola *(1491–1556) gegründeten und 1540 von Papst* Paul *III. (eigentlich* Alessandro Farnese; *1468–1549; Papst seit 1534) als kirchlicher Orden bestätigten ›Societas Jesu‹ (Jesuiten) hingenommen wurden, dokumentiert* Horst: *»Also auch dieses apokryphische Produkt war ursprünglich a r a b i s c h geschrieben, ward 1505 von Herpentil in's Lateinische, und vielleicht dreißig Jahre später, als der Uebersetzer vielleicht wirklich zur Gesellschaft Jesu gehörte, von einem Anderen in's Deutsche übertragen, der unwissend oder unüberlegt genug war, das J. 1505 beizubehalten. Vielleicht ist dieß die beste Auflösung des Räthsels« (›Zauber=Bibliothek‹, Bd. 1, S. 163, Anm.). – Zeitgenössisch existierte eine auf* Horsts *›Zauber=Bibliothek‹ basierende Publikation des ›Kurzen Begriffs‹ in* Wilhelm Mannhardt: *›Zauberglaube und Geheimwissen im Spiegel der Jahrhunderte‹ (Leipzig 1896, S. 162–173; hier auch, ebenfalls bereits von* Horst *publiziert, der ›Höllenzwang‹ und die ›Pnevmotologia Occulta‹); vgl. zur Rezeption des* Herpentil*schen Werkes durch* Hausdorff Strindbergs Blaubuch, *Z. 127–130:* Durch den Fürsten Amazeroth, den wir mit Hilfe von Herpentils schwarzer Magie zitierten, gelang es uns nämlich, uns mit dem verstorbenen Mathematiklehrer Strindbergs in Rapport zu setzen *(HGW VIII, 693) sowie die Hinweise im Essay* Sprachkritik *(Z. 811–813 [HGW VIII, 569]); vgl. zur Verbreitung ›magischen Wissens‹* Stephan Bachter: *›Anleitung zum Aberglauben. Zauberbücher und die Verbreitung magischen »Wissens« seit dem 18. Jahrhundert.‹ Diss. phil. Hamburg 2005.*

332 **Talos**] *in der griechischen Mythologie ein von* Hephaistos *geschaffener bronzener Riese, der als Wächter des* Minos *die Insel Kreta täglich umrundete und Eindringlinge abwehrte, indem er sie an seine glühende Brust drückte, bis sie verbrannt waren (vgl. dazu auch Z. 378f.).*

335 zwölf todtbereite und tollkühne Männer] *Anspielung auf die zwölf Apostel* Jesu; *vgl. auch Z. 351. – Die Zahl Zwölf ist seit dem Altertum Ausdruck von Vollkommenheit und Stärke sowie des Kosmischen schlechthin. So bevölkern – seit dem 5. vorchristlichen Jahrhundert –*

zwölf Götter den griechischen Pantheon (217 v. Chr. von den Römern übernommen); die biblische Überlieferung nennt die zwölf Stämme Israels und die zwölf Tore des himmlischen Jerusalem (Offb 21,12).

345 Starrkrampf] *Katalepsie (von griech. καταλαμβάνω [katalambáno] ›halte fest‹), das tonische Zusammenziehen der Muskeln in Ausnahmesituationen.*

369f. sardonisches Lachen] *Hier nicht die bereits in der Antike beschriebene (vgl. Homer: ›Odyssee‹ XX, 302), durch Verkrampfung der Gesichts- und Kaumuskulatur ausgelöste Ausdrucksverzerrung in Form eines maskenhaften Lächelns (›Sardonius risus‹, griech. σαρδόνιος [sardónios] ›bitter‹), sondern griech. σαρδάνιος γέλως (sardánios gélos), »das grimmige Hohngelächter eines Zornigen, zu eigenem Schaden od. bei eigenem Schmerze des Lachenden« (Wilhelm Pape: ›Handwörterbuch der griechischen Sprache. Griechisch-deutsches Wörterbuch.‹ 2 Bde. Bear. v. Max Sengebusch. Braunschweig* [3]*1880, Bd. 2, S. 862).*

370f. Der Stier des Phalaris] *vgl. Erl. zu 604 im Kommentarteil zu* Tod und Wiederkunft, *HGW VIII, 449f.*

406f. Block und Beil] *Bereits das römische Strafrecht sieht die Enthauptung mit dem Beil als Form der Hinrichtung vor (ob hierbei ein Block Verwendung fand, läßt sich anhand der Quellen nicht belegen; vgl. Theodor Mommsen: ›Römisches Strafrecht.‹ Leipzig 1899, S. 916ff.). Nach der um 200 von Rabbi Jehuda Ha-Nasi (um 135 – nach 200) redigierten ›Mischna‹, der schriftlichen Fixierung des mit der Thora mitgegebenen mündlichen Gesetzes, »legt man den Kopf des Verurteilten auf einen Block und hackt ihn mit dem Beile ab« (zitiert nach Büchler: ›Die Todesstrafen der Bibel‹, S. 692). Obwohl seit dem Mittelalter mehr und mehr durch das Schwert verdrängt, blieb das Beil in England und einigen Gebieten Deutschlands bis ins 19. Jahrhundert das Instrument der Enthauptung. Das deutsche ›Reichsstrafgesetzbuch‹ (in der Fassung von 1876) sah als einzige Form der Vollstreckung einer Todesstrafe das Enthaupten vor (§ 13), meist mit dem Fallbeil, doch wurde auch weiterhin noch mit dem Handbeil hingerichtet.*

407 Rad] *Das Rädern ist als Form der Hinrichtung bereits in nordgermanischen Rechts- und fränkischen Geschichtsquellen bekannt, nach der in Teilen bis ins 19. Jahrhundert gültigen ›Peinlichen Gerichtsordnung‹ Kaiser Karls V. (1500–1558) aus dem Jahre 1532 wird mit »dem rade durch zerstossung seiner glider vom leben zum todt gericht, vnd fürter offentlich darauff [das Rad] gelegt werden« (vor Art. 193), »wer jemandt durch gifft oder venen [sc. venenum: Gift], an leib oder leben beschedigt« (Art. 130) oder als »fürsetzlicher mutwilliger mörder« überführt ist (Art. 137). Bis ins späte 18. Jahrhundert wurden in Deutschland Hinrichtungen durch Rädern vollstreckt, meist in einer ›milderen‹ Variante ›von oben herab‹, d.h., der Henker führte den ersten Schlag auf den Halsbereich, was meist unmittelbar den Tod zur Folge hatte – beim Rädern ›von unten herauf‹ wurden die Gliedmaßen und der Leib von den Füßen aufwärts zerschlagen und so die Qualen des Verurteilten hinausgezögert.*

425 Bienenauge] *Das Sehorgan der Biene ist wie das aller anderen Insekten (Gliederfüßer außer den Spinnentieren und den meisten Tausendfüßern) aus zahlreichen Einzelaugen zusammengesetzt (Facettenauge).*

450 Takelwerk] *die zum Anbringen und Handhaben der Segel dienenden Vorrichtungen auf einem Schiff wie Masten, Rahen, Segel, Tauwerk.*

458 Quecksilberhorizont] *künstlicher Horizont in Form eines flachen, mit Quecksilber gefüllten Gefäßes.*

467 leewärts] *Die Leeseite ist die vom Wind abgewandte Seite eines Schiffes.*

467f. Luvseite] *die dem Wind zugewandte Seite eines Schiffes.*

471f. Auf dem Waldboden *bis* eines Willens.] *vmtl. ironische Anspielung auf Nietzsches ›Der Wille zur Macht‹ (vgl. dazu Erl. zu 339f. im Kommentarteil zu* Stirner, *HGW VIII, 406f).*

472 fiat formica, pereat mundus] *lat. ›die Ameise werde, auch wenn die Welt zugrunde geht‹; parodistische Variation von »Fiat iustitia, et(iamsi) pereat mundus!« (»Es geschehe Gerechtigkeit, auch wenn die Erde zugrunde geht!«), des Wahlspruchs Ferdinands I. (1503–1564) als Kaiser des Heiligen Römischen Reiches Deutscher Nation (seit 1556); vgl. Jacob Manlius: ›Loci communes.‹ Basel 1563, Bd. 2, S. 290.*

489–496 Ein Danebenstehender *bis* gebt es mir!] *vgl. dazu auch den Gedichtzyklus* »Falterflüge« *in den* Ekstasen *(HGW VIII, 41–91).*

498–562 **Die Heimath der Worte** *bis* »Es sind die Lügen.«] *vgl. dazu auch Hausdorffs sprachphilosophische Erörterungen in der* Sprachkritik *(HGW VIII, 551–580). – Fritz Mauthner (1849–1923) selbst resümiert in den dort von Hausdorff besprochenen ›Beiträgen zu einer Kritik der Sprache‹ (3 Bde. Stuttgart 1901/02) über die Lüge: »Man hat mir nicht ohne zitternde Stimme entgegengehalten, dass die Lüge nicht mehr unsittlich sein werde, wenn man die Sprache als ein schlechtes Werkzeug der Erkenntnis erkannt habe; wenn jeder Satz falsch wäre, so käme es auf ein bisschen Fälschung mehr nicht an. Darauf habe ich erstens zu erwidern, dass mich die Geschichte der menschlichen Sitte hier wenig angeht, dass der Vorwurf der Unsittlichkeit den Gedanken so wenig trifft wie den Diamanten der Vorwurf der Härte, dass die Lüge überhaupt an sich so wenig in das Gebiet der Moral gehöre wie andre Waffen, und dass nur der Gebrauch der Lüge wie der Gebrauch andrer Waffen unter den Begriff der Bräuche oder Sitten falle. Vielleicht ist der Mensch das lügende Tier, wie er das feuermachende Tier ist. Zweitens aber wird derjenige Charakter, der unbeugsam auf seiner Meinung beharrt, erst recht eigensinnig werden, wenn sich ihm die Sprache als das mangelhafte System von Zeichen* *für mangelhaft bewusste Empfindungen enthüllt hat. Der Bekenner von ehemals, der sich für seinen Begriff von der Dreieinigkeit verbrennen liess, musste eigentlich mitunter den fürchterlichen Einfall haben: ›Wie, wenn meine Gegner recht hätten?‹ Er starb für Worte, deren Sinn auf eine Autorität gegründet war, auf die der Bibel, auf die eines Lehrers, auf die der Tradition. Der Märtyrer von ehemals starb also, weil er seinen Glauben an andre nicht verleugnen wollte.« (›Beiträge‹ I, S. 79f.)*

560 Genien] *Der Genius ist ursprünglich die Personifikation der in einem Mann wirksamen göttlichen Kraft, insbesondere seine Zeugungsfähigkeit (dem männlichen Genius korrespondiert* JUNO *als Personifikation der weiblichen Gebährfähigkeit); später wird er als Schutzgeist der Familie, des Hauses oder eines Ortes gedacht.*

Max Klingers Beethoven.

›Zeitschrift für bildende Kunst‹, N.F. XIII (Mai 1902), S. 183–189.

[H 1902c]

MAX KLINGERS BEETHOVEN VON PAUL MONGRÉ

In den Ostertagen dieses Jahres wurde ein künstlerisches Fest von säkularer Seltenheit und Bedeutung gefeiert. Klinger's Beethoven enthüllte sich den Blicken der Öffentlichkeit, fast genau um die 75. Wiederkehr von Beethoven's Todestage. Et resurrexit ... Gläubige und Ungläubige, Zöllner und Pharisäer, stumpfe Neugier und wissende Bewunderung strömten sechs Tage lang im weltberühmten Atelier zu Leipzig-Plagwitz zusammen, das Wunder des auferstandenen Zauberers zu schauen. Am siebenten Tage wurde abgebaut, zerlegt, transportiert, und augenblicklich bildet das wieder zusammengefügte Riesenwerk den Mittelpunkt und das Ereignis der Wiener Secession. Um den Ankauf bemühen sich Klinger's Vaterstadt und Beethoven's zweite Heimat; nach Zeitpunkt, Geldmitteln und Begeisterung scheint Wien den Vorsprung zu haben. Nachdem das Parisurteil, die Kreuzigung, Christus im Olymp nach Österreich gewandert sind, dürften wir uns den Beethoven unter keinen Umständen entgehen lassen: das ist Ehrensache, Idealismus und überdies eine gute Kapitalsanlage. Der »Thatenleib« des grössten lebenden deutschen Künstlers soll seinen Schwerpunkt nicht ausserhalb der deutschen Reichsgrenzen haben.

Ja, was hilft es: vor einem solchen Ungetüm von Kunstwerk muss man schon einmal hyperbolisch reden und alle wohlerwogene nüancierte Bewunderung mit Vorbehalten zum Teufel schicken. *Con brio,* wie Beethoven's Lieblingstempo war: statt des üblichen allegro moderato oder allegro, ma non troppo. Das heutige Geschlecht ist ja sonst so freigebig in der Errichtung von »Marksteinen« und Datierung neuer Epochen: nun, hier ist etwas wirklich, nicht nur redensartlich Monumentales geschaffen, ein neues leibhaftes Weltwunder, das miterlebt zu haben uns ein unauslöschliches Glücks- und Dankgefühl bedeutet. Es giebt eine Kunst, die zu nichts verpflichtet, die glatt abfliessend weder fragt noch antwortet, die genossen wird, aber nicht mitgeschaffen — vor ihr wie nach ihr ist man derselbe Mensch. Und es giebt Künstler, die uns die Gefühlsessenz einer ausgelebten Vergangenheit zu kredenzen wissen oder einer so hochmodernen Gegenwart, dass sie im Handumdrehen schon zur Vergangenheit abgeblüht ist: es giebt Kunstwerke, die einen an zeitliche und konventionelle Bedingungen gebundenen Seelenzustand im Augenblicke höchster Intensität aussprechen und schon im nächsten uns nichts mehr angehen. Dann aber giebt es auch zeitüberragende Kunstwerke, die den Rahmen der formalen und historischen und artistischen Kunst sprengen, die mit uns von grossen Menschheitsdingen reden und »ewig« sind in dem Sinne, in dem ein Mensch überhaupt dies Wort in den Mund nehmen darf; Werke, an denen man nicht vorbei kann, wenn man nicht vorbeigelebt haben und als trüber Gast auf der dunklen Erde bloss vegetieren will; Werke, in denen die Seele untergeht und sich erneuert, aus denen eine Kraft der Umwandlung wie ein läuterndes Feuer herausflammt; Werke, in denen sich nicht mehr das Individuum, sondern die Menschheit manifestiert, mit denen geradezu die tellurische Brüderschaft sich gegen andere Planetenvölker abzeichnet und ihre Parole abgiebt. Aber hier fängt vielleicht die Metaphysik an. Nun, solch ein Menschheitsgenius und representative man war Beethoven, und solch ein Schlüsselwort zum Menschheitsrätsel ist Klinger's Werk.

Neben der fertigen Beethovenstatue stand im Atelier das aus dem Jahre 1886 stammendc Gipsmodell, Klinger's erstes plastisches Versprechen, nun nach anderthalb Jahrzehnten »»in Überlebensgrösse«« eingelöst. Was liegt nicht alles dazwischen? die Wunderwelt der radierten Cyklen, die grossen Gemälde, vor allem der ganze Entwickelungsgang des Bildhauers. Ein kühngewölbter unsichtbarer Brückenbogen spannt sich zwischen jenem bemalten Entwurf und dem heutigen polychromen Bildwerk aus Marmor, Bronze und Elfenbein. Wer unter uns Zeitgemässen vermag einen solchen Bogen zu wölben, eine so langfristige Verheissung in sich auszutragen? Wer hat diese Kraft der inneren Vision über Zwischenakte hinweg, diesen stählernen Willen, der nicht nur gleich dem Marmorbohrer über hartes Material, sondern mehr noch über *[184]* eigene Ablenkungen und Verzögerungen Herr wird, diesen ausharrenden Künstlerfleiss eines Dante oder Zola, der sich nicht in feuilletonistischen Augenblicksinspirationen verpufft, sondern gemächlich Stein auf Stein türmend seine cyklopischen Bauten errichtet? Seit Richard Wagner in gewaltigsten Dimensionen sein Lebenswerk hinstellte und darüber Zeit und Ruhm an sich vorüberbrausen liess, ist der Typus des unbeirrten, sich selbst getreuen Künstlers nicht so prachtvoll wieder verkörpert worden wie in dem anderen obstinaten Leipziger, in Max Klinger. Nicht die Stärke, sondern die Dauer der hohen Empfindung macht den hohen Menschen, heisst es irgendwo bei Nietzsche. Nun, diejenige Empfindung Klinger's, die auf den Namen Beethoven's getauft ist, ist keine aufglühende und verlöschende Stimmung, sondern ein tief eingesenktes Grundgefühl, ein aufbauendes und mitbestimmendes Element im Gefüge der Klinger'schen Persönlichkeit. Frühzeitig muss Beethoven's Antlitz, das trotz seinen Pockennarben und seiner »Garstigkeit« die Wiener Aristokratinnen fascinieren konnte, den Künstler in seinen Bann gezwungen haben. Hat er sich nun davon entlastet und seine innere Beethoven-Anschauung zum letztenmale exteriorisiert? oder wird noch eine spätere Menschengestalt den ungeheuerlich seelenvollen Beethovenkopf tragen wie der Jünger Johannes auf der Dresdner Pietà und der Kreuzigung? Zwei Totenmasken, Nietzsche und Brahms, lagen dieser Tage in Klinger's Werkstatt: werden auch sie in langer schöpferischer Erregung Wellenringe ausbreiten und Kreise ziehen, wie jene Beethovenmaske von 1812, die Franz Klein vom lebenden Gesicht geformt, und aus der durch tiefe organische Umbildungsprozesse Klinger's marmorner Beethovenkopf erwachsen ist?

***

Aber wir träumen schon von künftigen Bildwerken, die noch ungemeisselt im Stein und vielleicht ungestaltet in des Künstlers Gehirn schlafen, und haben noch nicht ein Wort über die sinnenfällige Erscheinung der gegenwärtigen, glorreich vollendeten Kunstschöpfung gesagt. Ich könnte mir einen Beschauer denken, dem diese sinnliche Aussenseite gar nicht ins Blickfeld des Bewusstseins träte, der sich von der packenden Seelensprache und erschütternden Innerlichkeit des Werkes völlig gefangen nehmen liesse; ich könnte mir aber auch, namentlich bei Feinschmeckern des Gesichtssinnes und Fachmännern der bildenden Kunst, das absolute Gegenteil vorstellen: dass die prachtvolle Erscheinung den geistigen Gehalt abblendete und unter der Bewusstseinsschwelle hielte. Wer das Werk in seiner ganzen Umfänglichkeit geniessen will, muss sich beides nahe gehen lassen: die hohe Gedankenkunst und Gefühlswelt nicht minder als die brausende Formen- und Farbenpracht, die sich vor dem schwelgenden Auge aufthut. Klinger hat hier alle einzeln entwickelten Elemente seiner plastischen Vergangenheit[1] in eine beispiellose Gesamtoffenbarung konzentriert: die Freude am philosophischen Tiefsinn und an ausdrucksvoller Seelenkündigung, die Freude am leuchtenden nackten Menschenleib, die Freude am Farbenzauber kostbaren Materials, die Freude an technischen Schwierigkeiten und versucherischen Wagnissen. Der Grübler, der die Kassandra aus dem Stein hieb, der unheimliche Psychologe, dem die Salome gelang, der Schönheitsanbeter, der den wonnigen Frauenleib der Amphitrite und das reizvolle Gliederspiel des badenden Mädchens schuf, der Experimentator, der in eine Treppenstufe die Verschlingung Leda's mit dem Schwan hineinbannte und wie Michelangelo dem widerspenstigen Material unerhörte Möglichkeiten abtrotzt, der malerisch empfindende Plastiker, der nicht beim schwächlichen Kompromiss der Bemalung stehen bleibt, sondern die leuchtende Naturfarbe bunter Gesteine wirken lässt und damit das missverstandene klassizistische Ideal der antikisierenden Bildhauerei endgültig ablehnt —: alle diese Komponenten in Klinger's umfassender Gesamtpersönlichkeit mussten sich vereinen, den Beethoven zu schaffen.

[185] Drei gewaltige Marmorstufen tragen das halb felsenartige halb wolkige Postament aus dunkelbraunviolettem Pyrenäenmarmor, auf dem der Thron des Olympiers steht. Die Faustworte »Der Einsamkeiten tiefste schauend unter meinem Fuss« sind als Sockelinschrift gedacht. Zeus-Beethoven thront mit vorgebeugtem nacktem Oberkörper; das rechte Bein ist über das linke geschlagen, auf dem heraufgezogenen Oberschenkel ruhen die geballten Fäuste, die rechte vor der linken. Die nackten Teile sind aus Syramarmor, dessen Weiss, mit einem unmerklichen Stich ins Bläuliche, kreidig erloschen und geisterhaft schimmert wie Firnschnee nach Sonnenuntergang. Über die Beine breitet sich in feierlichem Faltenwurf ein Gewand aus gelbbraun gebändertem tiroler Onyx: das Gipsmodell hatte statt dessen rote Bemalung. Zu Füssen des Olympiers kauert gesträubt, mit kaum gebändigtem Flügelschlage, der Adler aus schwarzem zartgeädertem Mar-

[1] Vergleiche Georg Treu, Max Klinger als Bildhauer.

mor (ursprünglich sollte er aus Ebenholz geschnitzt werden), die glühenden Bernsteinaugen auf den düster schweigenden Gott geheftet. Eine ungeheure Spannung und atemraubende explosive Bereitschaft zittert in dieser scheinbaren Ruhe: noch ein Augenblick, und mit dem auffliegenden Adler schmettert der Blitz aus Kronions geballten Fäusten. Wenn die homerischen Verse vom Schütteln der Locken, das den Olymp erbeben macht:

> Also sprach und winkte mit schwärzlichen Brauen Kronion,
> Und die ambrosischen Locken des Herrschers fluteten vorwärts
> Von dem unsterblichen Haupt: es erbebten die Höhn des Olympos,

— wenn diese Vorstellung aktueller Bewegungsgewalt den Pheidias zu seiner Zeusstatue inspiriert haben soll, so ist es bei Klinger umgekehrt die latente Energie, die angesammelte, verdichtete, auf Entladung wartende Machtfülle, die der Gruppe von Gott und Tier eine gesteigerte und leidenschaftlich erregte Lebendigkeit einhaucht. Das ist nicht jene olympische Ruhe, die nebst der stillen Einfalt, der heiteren Harmonie, der goldenen Mitte und ähnlichen philiströsen Missverständnissen aus der Winckelmannzeit unseren Gymnasialbegriff von Griechen und Griechengöttern ausmacht. Nietzsche's Worte

> Wer viel einst zu verkünden hat,
> Schweigt viel in sich hinein.
> Wer einst den Blitz zu zünden hat,
> Muss lange — Wolke sein

geben eine verwandte Stimmung. Klinger's Beethoven schweigt viel in sich hinein. Die Lippen sind zusammengepresst, der Unterkiefer etwas vorgeschoben, die Augen starr ins Unendliche gerichtet. Äusserst reizvoll wäre eine genaue Analyse des Kopfes, namentlich im Vergleich mit dem alten Modell und mit der Klein'schen Maske. Über Beethoven's wirkliche Erscheinung sind ja, wie Frimmel's eingehende Untersuchung gezeigt hat, viele konventionelle Irrtümer verbreitet. Des Meisters Ungebärdigkeit bei den Sitzungen, die mangelnde Beobachtungstreue und überschüssige Phantasie der damaligen Porträtisten, zuletzt noch die irreführende, erst *nach* der Schädelobduktion abgenommene Danhauser'sche Totenmaske: kein Wunder, dass unter solchen erschwerenden Umständen sich eine ideale, glatt verzierlichte oder genial dämonisierte Beethovenphysiognomie über die wirkliche schob. Zu den zuverlässigeren Urkunden gehört immer noch jene Maske von 1812 und die danach fast unverändert ausgeführte Klein'sche Büste. Vielleicht aus überempfindlicher Scheu vor jener konventionellen Auffassung zeigt Klinger's Modell von 1886 die charaktervolle Hässlichkeit des wirklichen Beethoven noch in seltsamer Heftigkeit accentuiert: keine hohe, sondern eine breite vorgewölbte Stirn (»kugelig« nennt sie ein Zeitgenosse, während Bettina sie »himmlisch« findet), und darunter ein stier brütendes Antlitz von halb wahnsinnigem, halb tierischem Ausdruck

— so düster und gespenstisch wie jenes Largo aus dem D-dur-Trio, das Beethoven's Freunde für seinen Geisteszustand fürchten machte. Das ist noch nicht der Olympier, der die Titanen zu bändigen weiss; das ist der »kraupete Musikant«, dem man in den Strassen Wiens mit scheuer Verwunderung nachblickt, der durch seine Taubheit *[186]* schauerlich Vereinsamte, Verwilderte, unsinnig Misstrauische. Welcher Aufstieg seelischer Befreiung und technischer Ausdrucksbeherrschung von diesem Modellkopf zum marmornen Beethovenhaupte! Auch hier glüht noch Düsterkeit, Schicksalstrotz: aber nicht mehr die dumpfe ratlose persönliche Befangenheit, der Raubtierblick hinter Gitterstäben, sondern universelle Leidenstiefe, zermalmende und erhebende Erkenntnis des Notwendigen, Tragik des innersten Weltgrundes. Beethoven leidet nicht mehr an sich, er leidet an der Menschheit; er hat sein Selbst zu ihrem Selbst erweitert; er hat die Neunte Symphonie geschaffen. Zeus ist ja nicht allmächtig — zu einer so unvollziehbaren gehirnverrenkenden Begriffsbildung waren die Griechen zu gesund: über den Göttern thront Moira. Der Olympier starrt ins Unabänderliche ...

Beethoven als Träger des Schicksals der Menschheit: diese Umdeutung des Individuums zum »Erdgeist« ist das Thema der Thronreliefs. Aus Einem Stück hat der Pariser Erzgiesser P. Bingen den gewaltigen Thronsessel gegossen; die Details der Flachbilder sind so zart herausgekommen wie die feinsten Töne einer Radierung. Man hört, dass ein neues, noch unerprobtes Verfahren zur Herstellung der Gussform gedient habe. Eine wunderbare Kombination aus ornamentalen Motiven ist der Götterthron, kühn genug, um wie Böcklin's Kentauren und Tritonen das »morphologisch gebildete Auge« eines Dubois-Reymond zu verletzen; auf hufartigen Vorderstützen ruhend, die etwas vorweltlich Archaistisches haben, im Grundgerüst aus Palmenstämmen und Palmenzweigen entwickelt, das Ganze in düsterem, stumpfbraunem Bronzeton, aus dem die phantastisch geschwungenen Armlehnen in glänzendem Goldschliff herausklingen. Die Innenseite der hochragenden Rückenlehne trägt einen Kranz von fünf liebreizenden, elfenbeinernen Engelsköpfen; der mittlere zeigt in den Haaren Bemalungsversuche, dem äussersten rechts wächst noch ein fingerweisendes Händchen hervor, das mit beredtem Ecce Homo auf den thronenden Gottmenschen deutet. Die Engelsflügel sind mit bunten Halbedelsteinen und antiken Millefiorigläsern, der Grund mit blauen ungarischen Opalen inkrustiert: wunderbar, in fast körperloser Zartheit, schwebt vor dieser farbenreichen Folie der astralweisse marmorne Oberleib, dessen vorgebeugte Haltung gutberechnete Durchblicke nach den inneren Puttenköpfchen offen lässt. Vielleicht hat dieser geisterhafte Farbenkontrast den Künstler bestimmt, von einer inkarnierenden Tönung des schneebleichen Marmors vorläufig abzusehen: das wäre kein Rückfall in den gefrorenen Zuckerstil der Pseudoantike, sondern eine wohlerwogene Feinheit und gerade ein Reiz mehr in der polychromen Pracht des Ganzen. — Auf den Aussenflächen des Thrones hat nun Klinger in drei grossen Reliefs das Seelenleben der Menschheit zusammengefasst. An der rechten Seite der Sündenfall: Adam, dessen lüsterne Scheu in einer merkwürdigen Kopf- und Armhaltung Ausdruck findet, nimmt von Eva den Apfel. Links zwei Tantaliden: ein hoch aufgereckter Mann greift nach zurückweichenden Früchten, ein knieendes Weib schöpft aus versiegender Quelle, beide fassen statt des qualvoll ersehnten Genusses ein maskenartiges grinsendes Phantom. Auf der mächtigen Rückenfläche des Thrones aber lässt Klinger, wie im »Christus im Olymp«, noch einmal die weltgeschichtlichen Kontraste aufeinander prallen: nazarenische Weltflucht und heidnische Sinnenfreude. Im Vordergrunde die auftauchende Aphrodite, von einer bärtigen Meergottheit auf der Muschel getragen, vor ihr eine Nereide, die zwischen den zum Sprachrohr gewölbten Händen gellende Worte in den Hintergrund hineinruft. Nach vorn schreitend, furienhaft, mit wehendem Mantel, windgepeitschtem Haar der Apokalyptiker Johannes, die linke Hand in unbeherrschtem Ingrimm zur Kralle verzerrt, die rechte mit anklagender Gebärde auf die Schönheitsgöttin gerichtet. Ganz fern die Schädelstätte, Christus mit den beiden Schächern am Kreuz, Maria die Mutter und Maria die Magdalenerin. Das Griechenmeer umschäumt den Golgatha-Felsen, und am Horizont geht die Sonne auf: die Sonne des Christentums? Leuchtet sie der sterbenden Antike und dem Siege des Galiläers? Aber der Ewigkeitsaccent über dieser Scene und Klinger's künstlerischer Glaube verbieten eine so engherzige Deutung, eine so bedingungslose Ergebung in das historische Faktum. Erst die Synthese der Gegensätze vollendet den dialektischen Prozess: aus der Versöhnung hellenischer und christlicher Kultur wird das »dritte Reich« kommen, von dem Ibsen seinen Julianus Apostata träumen lässt, das dritte Reich, dessen Sonne dort am Himmelsrande aufflammt. *[187]* Der dramatische Kern dieses leidenschaftlich bewegten Gesamtbildes ist zweifellos die verdammende Liebesfluchgebärde des Jüngers, von der sich Anadyomene in göttlicher Gleichgültigkeit abwendet: auf dem Gipsmodell ist noch ein Spruchzettel zu erkennen, der die Anklage in eine Wortformel übersetzt. Klinger's Philosophie der Liebe ist ja keineswegs unbedingt optimistisch, er sieht tiefer als Künstler zu sehen pflegen: der Kampf der Geschlechter, die Sinnlichkeit als zerrüttende Illusion, die das Individuum der Gattung aufopfert, Eros als Feind der aufstrebenden Menschheit — das sind ihm keine fremden Vorstellungen. In den radierten Cyklen »Eva und die Zukunft«, »ein Leben«, »eine Liebe« hat er die Geschlechtlichkeit als grausame Zerstörerin geschildert, und nicht nur im Bunde mit sozialen Zufälligkeiten und Vorurteilen, sondern ihrem inneren Wesen nach. Eva, der die Schlange den Spiegel vorhält, erwacht zum Bewusstsein ihres Körpers: das ist der psychologische Moment des Sündenfalles. Und auf einem Blatte der »Brahmsphantasie« erscheint Aphrodite im Ausbruche zügellosen Machtgefühls, während Menschenleiber, Menschenschicksale wie Trümmer im Wellenspiel geschaukelt werden: unberechenbar, unverantwortlich, gewissenlos wie jede Naturkraft schaltet die Liebe mit den ohnmächtigen Individuen. Phobos und Deimos, Schrecken und Furcht entkeimen dem Schoss der Liebesgöttin ...Vielleicht ist es ein Symptom moderner Willensschwäche, dass wir die Liebe so tragisch empfinden;

selbstsichere, disziplinierte Zeitalter mögen zu einer idyllischen Auffassung, zu Galanterie und Gauloiserie neigen. Für unser Gefühl, das man darob zwiespältig schelten mag, hat jedenfalls der gewaltig zürnende Apostel nicht minder Recht als die im eigenen Schönheitsrausche schwelgende Göttin; es ist eben ein vollendeter »Dialog zweier Prinzipien« (so bezeichnet Beethoven gelegentlich das Programm zweier Klaviersonaten) und keine Partei besitzt die volle, endgültige Wahrheit. Eine Weltgeschichte mit ihren gegensätzlichen Triebkräften ist in diese Bronzereliefs gebannt: verlorenes Paradies und ungestilltes Glückverlangen, Selbstgenuss und Selbstaufopferung, Sensualismus und Spiritualismus, Kypros und Golgatha — aus diesem Spiel sich kreuzender Kontraste, aus Kette und Einschlag webt sich der Teppich des Lebens. Klinger's Raumkunst wagt hier das Höchste: sie überträgt Beethoven's tönende Hieroglyphen in sichtbare Symbolik, sie redet vom Schicksal der Menschheit.

Noch ist von dieser überströmenden Bilderwelt nicht alles gesagt: den oberen Rand der Rückenlehne kränzen fünf liegende Menschenfiguren, sozusagen simple »Geschöpfe des Prometheus«, denen Beethoven einmal eine Balletmusik gemacht hat, individuell besonderte und ins eigene Schicksal eingesperrte Pygmäen neben der Überlebensgrösse des Tonschöpfers, dem der Erde Weh, der Erde Glück zu tragen zufiel. Ob ein schärfer zugespitzter Gedanke in diesen Gestalten ausgedrückt ist, die wegen ihrer erschwerten Sichtbarkeit hauptsächlich dekorativ wirken, vermag ich nicht anzugeben.

***

»Hol' Sie der Teufel, ich mag nichts von Ihrer ganzen Moral wissen, *Kraft* ist die Moral der Menschen, die sich vor anderen auszeichnen, und sie ist auch die meinige,« so steht auf einem der Zettel, auf denen sich Beethoven's grimmiger Humor zu entladen pflegte. »Eine ganz ungebändigte Persönlichkeit«, klagt Goethe, und Bettina berichtet: »Kein Kaiser und König hat so das Bewusstsein seiner Macht, und dass alle Kraft von ihm ausgehe, wie dieser Beethoven«. Dem jungen Moscheles, der unter eine Notenabschrift »fine mit Gottes Hülfe« setzt, schreibt Beethoven die Replik: o Mensch, hilf dir selber! Und dieser Empörer voll titanischer Hybris thront nun selbst als der Sieger über Titanen und Giganten, als Zeus Horkios, der über Eide und Verträge, Ordnung und Gesetzmässigkeit in seiner Welt wacht? Der »Generalissimus in Donner und Blitz«, aufbrausend und rasch besänftigt wie ein Kind, als der unerschütterlich machtbewusste Olympier, der in Milde und Groll langmütige Göttervater, wie ihn die Büste von Otricoli ahnen lässt? Und selbst Beethoven als Musiker: der Dichter der Sehnsucht, die an lauter Unmöglichem und Unaussprechlichem leidet, der schwärmerischen weichgewordenen Empfindung, in der alle Dinge ihren *[188]* Stachel zurücklassen, oder, im anderen Falle, der trotzigen hohnlachenden Männlichkeit, die ohne Siegeshoffnung den Kampf mit dem

Schicksal aufnimmt und nur in ekstatischen Ausbrüchen einer schmerzlich-gewaltsamen Heiterkeit über das Schwerste hinwegkommt: darf man solch einen ringenden Menschen, die Seele voll unausgeglichener Dissonanzen, der im Aufblick zur Vorsehung, zu einem gütigen Vater über den Sternen Trost suchen muss und dessen höchste musikalische Kundgebung mit demütiger Inbrunst in eine »Bitte um inneren und äusseren Frieden« ausklingt — darf man ihn auf olympisches Gewölk setzen, ohne dass ihm bei seiner Gottähnlichkeit bange wird? Es ist schülerleicht, solche Widersprüche und noch oberflächlichere zusammenzusuchen: Widersprüche, die — wenn es wirklich welche sind — nicht in der lebendigen Gegenwart des Kunstwerkes ins Bewusstsein treten, sondern hinterher aus der Kollision abstrakter Kenntnisse und Bildungsbegriffe entstehen. Wer sein Schulwissen nicht einen Augenblick vergessen kann, mag an dem bartlosen Zeus Anstoss nehmen und sich gegen die olympische Apotheose eines Wiener Komponisten aus der Kongresszeit verwahren: ihm wird ein kostümierter Beethoven besser zusagen, im blauen Frack mit Messingknöpfen, Hörrohr und Konversationsheft in der Tasche, auf einem Sockel sitzend, der aus den Bänden der kritischen Gesamtausgabe von Breitkopf & Härtel geschichtet ist. Der »Olympier« ist nun einmal für einen Anderen in Beschlag genommen, für Goethe: hier decken sich zufällig zwei erlernte Begriffe, wie sie im anderen Falle sich ebenso zufällig gegen die Vermischung sträuben. An sich ist die Ideenverbindung Goethe-Zeus um kein Haar vernünftiger als die andere Beethoven-Zeus; sie ist nur stereotyp geworden, ein Einfall Bettina's, aus dem die deutsche Bildung ein Cliché gemacht hat. »Für Goethe weisen wir das Symbol des Olympiers zurück. Das ist nicht der Goethe, den wir kennen, nicht der Mann der ›grenzenlosen Thränen‹, nicht der, den noch als beinahe Achtzigjährigen eine Leidenschaft wehrlos, fieberkrank auf das Lager warf«, so schreibt H. von Stein, und wenn wir die Inkongruenz mehr im Äusserlichen suchen wollen: die diplomatische Kühle und konziliante Höflichkeit des Weimarer Geheimen Rates associiert sich auch nicht ganz mühelos mit dem überlieferten Bilde des Donnerers Kronion. Aber zu guter Letzt ist das alles ein Federballspiel mit Worten. Über die Unterschiede (oder Ähnlichkeiten) zwischen Zeus und Beethoven lässt sich trefflich streiten: als Paarung blosser Begriffe bleibt das so unfruchtbar wie die tausend mehr oder minder sachgemässen Ideenverknüpfungen und Wortkomplexe, die täglich geredet, geschrieben, gedruckt und wieder vergessen werden. Das Wesentliche ist, dass Klinger's neue Synthese leibhaft und überzeugend vor unserem Auge lebt, eine anschauliche Ideenvermählung, die nicht mehr geschieden werden kann, während nichts sich leichter verbindet und leichter trennt als Worte. In der erhöhten Temperatur der Künstlerphantasie sind die beiden Symbole Beethoven und Zeus, mit Abstossung des Unvereinbaren, glühend unlösbar verschmolzen; »kein Engel trennte geeinte Zwienatur der innigen Beiden«. Wir werden von diesem Zeugma, dieser machtvoll zwingenden Verknüpfung zweier Vorstellungsreihen nun nicht wieder loskommen, und das ist ganz in der Ordnung. Wer in aller Welt will gerade die bildende Kunst dahin einschränken, poetisch überlieferte Typen unverändert zu stabilisieren? ihr verbieten, Empfindungswerte umzuwerten und von der Netzhaut her dem Gehirn neue Erregungen mitzuteilen? Wenn schon die griechischen Bildhauer es wagen durften, einfach der in ihnen drängenden plastischen Entwickelungstendenz, ihrem nisus formativus folgend die traditionellen Götterbilder umzubilden und aus dem ursprünglichen Harnisch und dem »übersittlichen Faltenhemd« der Liebesgöttin den nackten schönen Frauenkörper hervorzuholen — um wieviel freier darf ein moderner Künstler mit dem verblassten Erinnerungsbilde eines alten Göttervaters und mit der doch immerhin nebensächlichen Leiblichkeit eines seelenbezwingenden Tondichters schalten? Wenn seine neue Vision nur lebt und mit suggestiver Gewalt in die empfangenden Seelen überströmt! Denkt euch immerhin den Beethoven anders: aber lasst es auf die Kraftprobe ankommen und stellt eure innere Anschauung dem Klinger'schen Bildwerke gegenüber — welches von beiden wird das andere auslöschen? Klinger ist der psychisch Stärkere; wie jene indischen Magier kann er euch zwingen zu sehen, was er will, nicht was ihr wollt oder was die realistische Wirklichkeit *[189]* vorschreibt. Auch seine Bildhauerei ist eine Griffelkunst, und die Seele muss so willig wie die Kupferplatte die Spuren aufnehmen, welche der Meister ihr einätzt. Darin, wie in vielen anderen Dingen, ist Klinger seinem Heros Beethoven verwandt, dass er in einer neuen Sprache den zwingenden Ausdruck findet, ohne erstarrte Symbole und gewohnheitsmässige Associationen dennoch Eindeutiges und Bestimmtes hervorruft, ohne eingefahrene Geleise immer geradlinig ans Ziel kommt. Er hat Taine's Blick für das Wesentliche und lässt sich davon nicht durch eine gebildete Technik, die für ihn dichtet und denkt, abbringen, sondern denkt und dichtet selber. Wenn man sieht, wie sich alle modernen Menschen in Lebensstil und Kunstschaffen um Originalität abquälen und dabei die Sicherheit der Mitteilung ihres persönlichen Innenlebens immer mehr einbüssen, wenn man auf der anderen Seite bei epigonenhafter Virtuosität in der Beherrschung der Darstellungsmittel den Mangel jedes darstellenswerten Inhalts spürt, so muss man, zwischen Verschrobenheit und Banalität, unaussprechlicher Eigenart und glatter Nichtssäglichkeit, pathologischer Isolation und physiognomielosem Normalmenschentum, zwischen Stefan George und Berliner Siegesallee einem Manne wie Klinger einfach zujubeln: der nicht nur 'was zu sagen hat, sondern es auch ohne hysterisches Schlingen und Würgen wirklich sagt. Bei Klinger fehlen die toten Stellen, die Gedankenstriche und Punktreihen moderner Gedichtbücher, die Momente versagenden Atems und priesterlicher Katalepsie; dieser Mensch mit dem heissen Herzen und klaren Kopfe, diese kaltblütige Feuerseele ist von einer herausfordernden Sicherheit im Was und Wie. Ganz wie Beethoven, der die konturenlos verschwimmende »Mondscheinsonate« nicht übermässig hochstellt und Künstlerthränen verabscheut, ja der manchmal wie ein Pythagoräer sich an Mass und Zahl klammert und in einer (später freilich widerrufenen) Briefstelle den glänzenden Erfolg der Neunten Symphonie in Berlin grossenteils der — Metronomisierung zuschreibt. Heute ist »Stimmung« unser drittes Wort, ein Bekenntnis der Passivität, die mit weichen Fischflossen im Gallert herumfährt und amorphe Symbole der eigenen Unzulänglichkeit knetet: vergebens mühen sich die Lieder, vergebens quälen sie den Stein. Aber ein Höheres ist »Gestaltung«, innerlich Geschautes mit derb zupackenden Händen in hartem Material abgeformt: Manneswille quantum satis, der dem Chaos einen Kosmos abtrotzt. Solch ein Gestaltetes ist Klinger's Beethoven, aus Stein und Metall heraufgeholt wie die geordnete Welt aus dem »Grenzenlosen« des Anaximander, wie die Zeusherrschaft aus Titanenkämpfen, wie Beethoven's scharfumschriebene Toncharaktere aus labyrinthischem Gefühlswirrsal, wie jedes beseelte Kunstwerk aus den ungeschieden wirbelnden, sinnlos durcheinander brausenden Elementen der Wirklichkeit. Wie hier Marmor- und Erzatome in einen neuen Reigentanz gezaubert sind, dessen Figuren und Verschlingungen dem Auge zu geistbezeugenden Offenbarungen werden, so ist unserer modernen Seele, in ihrer chaotisch fiebernden halbtraumhaften Übergangsunruhe, eine klare Signatur, eine weithinragende Lichtgestalt und Bestimmtheit gewonnen: »der grosse gesammelte Ausdruck unserer Lebensanschauung«.

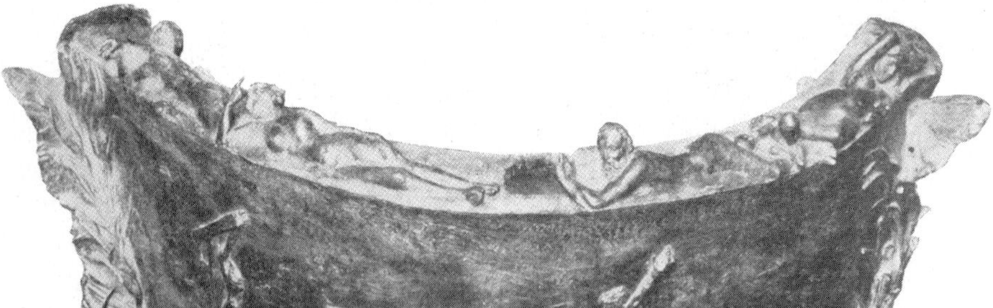

Oberer Rand von Beethoven's Thron

Klingers Beethoven. Thronrückwand

Max Klingers Beethoven

Entstehungsgeschichtlicher Kontext

Unter der Präsidentschaft GUSTAV KLIMTS *(1862–1918) und der Mitwirkung u.a.* KOLOMAN MOSERS *(1868–1918) hatte sich am 3. April 1897 die ›Vereinigung bildender Künstler Wiener Secession‹ konstituiert, welche eine österreichische Variante des Jugendstils (›Sezessionstil‹) vertrat. Neben der Publikation der programmatischen Zeitschrift ›Ver Sacrum‹ (1898–1903)*[1] *trat die ›Secession‹ vor allem mit aufsehenerregenden Ausstellungen an die Öffentlichkeit – so auch im Frühjahr 1902. Die ›XIV. Kunstausstellung der Vereinigung bildender Künstler Österreichs – Secession‹, die am 15. April 1902 eröffnet wurde, war als ›Raumkunstausstellung‹ konzipiert, deren Gestaltung in den Händen des österreichischen Architekten* JOSEF HOFFMANN *(1870–1956) lag. Bereits 1900 hatte die ›Vereinigung‹ den Entschluß gefaßt, im Sinne der ›Raumkunst‹ einen »einheitliche[n] Raum« zu schaffen und »Malerei und Bildhauerei diesen im Dienste der Raumidee dann schmücken« zu lassen«, wobei in »gegebenen Verhältnissen, in enggezogenen Grenzen die Teile der Wirkung des Ganzen« und die Ausgestaltung insgesamt einer »leitenden Idee« untergeordnet werden sollten.*[2] *Diese ›leitende Idee‹ sollte eine monumentale Plastik verkörpern, die noch vor ihrer Fertigstellung Bewunderung wie Ablehnung gleichermaßen hervorrief: der ›Beethoven‹ des Leipziger Künstlers* MAX KLINGER *(1857–1920).*

Die »Idee«, dem Komponisten LUDWIG VAN BEETHOVEN *(1770–1823) mit einem die üblichen Dimensionen sprengenden Bildwerk ein Denkmal zu setzen, »kam«* KLINGER *in Paris, wo er seit 1883 überwiegend lebte und wo große Werke seiner ›Griffelkunst‹,*[3] *die graphischen Zyklen ›Vier Landschaften‹, ›Dramen‹, ›Ein Leben‹ entstanden, »eines schönen Abends [...] am Klavier«, und zwar*

> *so farbig bestimmt und deutlich, wie nur ganz wenige Sachen: die Haltung, die Faust, das rote Gewand, der Adler, der Sessel, die Falten – sogar die Goldlehnen.*[4]

Im Frühjahr 1885 fertigte KLINGER *einen ersten plastilinen Entwurf an, der indes vom Pariser ›Salon‹ als Ausstellungsstück abgelehnt wurde.*[5] *Erst im Oktober 1886 nahm* KLINGER *die Arbeiten am ›Beethoven‹ wieder auf, an einem größer dimensionierten Entwurf, ebenfalls aus Plastilin, aber »c. 500 kilo« schwer.*[6] *Am 18. Dezember desselben Jahres war dieser in Gips gegossen und bereit, bemalt zu*

---

1 *Vgl. zu ›Ver Sacrum‹ und dessen Beiträgern generell Christian M. Nebehay: ›Ver Sacrum 1898–1903.‹ Wien 1975; vgl. auch die um den Bildteil gekürzte Ausgabe München 1979 (nach dieser Ausgabe im folgenden).*

2 *Vgl. ebd., S. 11.*

3 *In seiner Programmschrift ›Malerei und Zeichnung‹ wählte Klinger »das Wort ›Griffel‹, das gemeinsame Werkzeug aller vervielfältigenden Techniker, das symbolische Wort für Feder und Stift, als Stamm zu einem Worte Griffelkunst«, vgl. Max Klinger: ›Malerei und Zeichnung.‹ Leipzig 1891, S. 4.*

4 *Zitiert nach Willy Pastor: ›Max Klinger.‹ Leipzig [3]1922, S. 168.*

5 *Original der Ablehnung mit Datum vom 24. April 1885 im Klingernachlaß des Kreisarchivs Naumburg, Nr. 508.*

6 *Max Klinger an Hermann Prell, Oktober 1886; Max Klinger: ›Malerei und Zeichnung. Tagebuchaufzeichnungen und Briefe.‹ Hrsg. v. Anneliese Hübscher. Leipzig 1985, S. 193.*

werden.[7] *Auch diesen »fast ganz fertig gemachte[n] und gemalte[n] (stramm farbige[n]) Entwurf« reicht der Künstler zu Ausstellungszwecken ein, diesmal bei der Königlichen Akademie der Künste in Berlin, doch wurde auch er »1887 [...] auf der Berliner großen Kunstausstellung refüsiert [abgelehnt]«.*[8]

Seit diesem Datum ruhte das Projekt ›Beethoven‹. Klinger arbeitete vorwiegend in einem angemieteten Atelier in Rom, wo zwischen 1888 und 1891 das monumentale Gemälde ›Die Kreuzigung Christi‹ (Öl auf Leinwand, 251 x 465 cm) entstand. 1891 stellte er das Bild öffentlich zunächst in München aus. Und es kam zu einem Skandal: die untere Hälfte des vollkommen nackt dargestellten Christus mußte mit einem Tuch verhängt werden. Für eine Anfang 1894 geplante Ausstellung des Leipziger Kunstvereines[9] *übermalte Klinger die ›beanstandeten‹ Stellen mit »Ochsen- und mit eigener Galle«.*[10] *Die Leipziger Ausstellung war für Klinger trotz dieses Eklats indes überaus erfolgreich, wurde doch noch während der Ausstellungszeit sein erstes in Stein verfertigtes Werk, die ›Neue Salome‹ (sitzende Halbfigur, verschiedenfarbiger Marmor und Bernstein, intarsiert, montiert, bemalt und getönt) vom Leipziger Museum erworben. Mit dem Erlös finanzierte Klinger die Materialien, die er für die Weiterarbeit am ›Beethoven‹ so dringend benötigte.*[11]

Zu den Besuchern der Leipziger Ausstellung zählte auch Hausdorff, der unter dem Eindruck der Kunstwerke mit Lauterbach eine Klingerconferenz *abhielt.*[12] *Ob er in der Folge auch Gast in Klingers Atelier war, ist nicht bekannt; vielleicht aber ist jener* Klinger'sche Hohenpriester[13] *der plastiline ›Beethoven‹-Entwurf, der »allen Besuchern eine wohlbekannte Erscheinung, für den Meister der Gegenstand sehnsüchtiger Hoffnung« war.*[14] *Klinger hatte ihn nach Leipzig schaffen lassen, zunächst in den Fabrikschuppen, Ende 1895 in die großzügigen Atelierräume des nach eigenen Plänen auf dem väterlichen Grundstück errichteten Wohnhauses. Auch Richard Dehmel (1863–1920) war zu Gast, im Oktober 1894. Fasziniert und irritiert zugleich – neben dem Gipsmodell des ›Beethoven‹ blickte er im Schuppen auf das im Entstehen begriffene, den Einbruch des Christentums in die antike Götterwelt thematisierende Monumentalgemälde ›Christus im Olymp‹ – reflektierte er auf die Eindrücke in seinem Gedicht ›Jesus und Psyche‹:*

---

[7] *Max Klinger an Hermann Prell, 8. Dez. 1886; ebd., S. 194.*

[8] *Zitiert nach Pastor: ›Max Klinger‹, S. 168; Klinger konnte sich nicht mehr erinnern, ob der ›Beethoven‹ »1887 oder 1888« abgelehnt worden war. Die von Klinger angesprochene Ausstellung, die 59. der Königlichen Akademie, fand im Jahre 1887 statt.*

[9] *Die Ausstellung fand zwischen dem 5. Januar und dem 18. Februar 1894 statt; bereits 1887 war in den Räumen des Leipziger Kunstvereins Klingers 1886/87 entstandenes Kolossalgemälde ›Das Urteil des Paris‹ (Öl auf Leinwand, 320 x 720 cm mit Predella und Rahmen) ausgestellt worden.*

[10] *Max Klinger an Julius Vogel, Oktober 1893 (vgl. Julius Vogel: ›Max Klinger und seine Vaterstadt Leipzig. Ein Kapitel aus dem Kunstleben einer deutschen Stadt.‹ Leipzig 1923, S. 43).*

[11] *Vgl. zu den Materialien und deren Verarbeitungen sowie zum Guß des Thrones detailliert Elsa Asenijeff: ›Max Klingers Beethoven. Eine kunst-technische Studie.‹ Leipzig 1902.*

[12] *Brief an Lauterbach, 2. Febr. 1894 (HGW IX, Briefe Hausdorffs an Lauterbach).*

[13] *An Lauterbach, 8. Juli 1894 (vgl. ebd.).*

[14] *Julius Vogel: ›Max Klingers Leipziger Skulpturen.‹ Leipzig ²1902, S. 64.*

Der Raum ist groß wie ein Bankettsaal,
ist ganz voll Licht.
Da zeichnet er, da meißelt er, da malt er.
Du fühlst, er braucht so großen Raum:
Klinger.

Und wenn das Glück dich wie ein Schreck befällt,
daß du kein Wort weißt, das von Herzen kommt,
so stand ich.
Allein. Doch neben mir saß Zeus,
ein neuer Zeus, von Antlitz und Gestalt
Beethoven gleich; und in den Abgrund
der Welt und Menschheit starrt sein Schöpferblick
daß sich der Adler ihm zu Füßen sträubt,
erwartungsvoll.
[...][15]

Doch noch ruhte die Weiterarbeit.

Erst Ende 1898 nahm Klinger die Arbeiten am ›Beethoven‹ wieder auf. Einen Gipsabguß des Torsos übertrug er in Marmor, den Onyx formte er zum Gewand. Das noch fehlende Material für den Sockel fand er Anfang 1899 in den Pyrenäen, einen bläulich-violetten Marmor, ebenso schwarzen Marmor für den Adler. Die Arbeiten am bronzenen Thron, auf dem Beethoven Zeus gleich sitzt, begannen bereits 1897, im Juni 1900 war das Gipsmodell vollendet und wurde nach Paris in die für ihre Statuetten und Monumentalplastiken bekannte Gießerei des Pierre Bingen[16] *gebracht. Mehr als sechs Monate nahmen die Arbeiten am Wachsabguß, beinahe ein Jahr diejenigen am Formmantel in Anspruch: Der Thron sollte im ›cire-perdu‹-Verfahren, das heißt in verlorener Form, in einem Stück gegossen werden. In der Nacht vom 2. auf den 3. Dezember 1901 fand der Guß des Thrones statt.*[17] *Nachdem der Thron in Leipzig eingetroffen war, begann Klinger im Februar 1902, die einzelnen Teile des Bildwerkes in seinem neuen Leipziger Atelier zusammenzufügen, wo das Kunstwerk am 15. März endlich vollendet wurde. Für*

---

[15] *Richard Dehmel: ›Jesus und Psyche. Phantasie bei Klinger.‹ In: ›Lebensblätter. Gedichte und anderes.‹ Berlin 1895. Das Gedicht ging später in die 2. Folge des Zyklus ›Aber die Liebe. Ein Ehemanns- und Menschenbuch‹ (EA 1893; vgl. Dehmel: ›Gesammelte Werke in zehn Bänden.‹ Berlin 1906–1909, Bd. 2, S. 23–30, hier S. 23) ein. Im Fokus der Reflexion steht jedoch nicht das ›Beethoven‹-Modell, sondern das 1897 vollendete kolossale (Öl auf Leinwand, 550 x 970 cm mit Predella und Rahmen) Gemälde ›Christus im Olymp‹, das 1899 im Zentrum der III. Ausstellung der Wiener ›Secession‹ (12. Januar bis 20. Februar) stand.*

[16] *Über Bingen, der u.a. Werke von Jules Dalou (›Eugène Delacroix‹, Paris), Paul Dubois (›Jeanne d'Arc‹, Reims) und Auguste Rodin in Bronze goß, ist nur wenig in Erfahrung zu bringen; geboren wurde er vmtl. 1842 in Ampfen und lebte seit 1883 in Paris; nach 1902 ist er biographisch nicht mehr nachgewiesen (vgl. ›Allgemeines Künstlerlexikon‹, Bd. 11, S. 98). Bingen goß im ›cire-perdu‹-Verfahren auch Klingers Nietzsche-Büste, vgl. hierzu Michael Hertl: ›Der Mythos Friedrich Nietzsche und seine Totenmasken. Optische Manifeste seines Kultes und Bildzitate in der Kunst.‹ Würzburg 2007, S. 80–84.*

[17] *Vgl. zum Guß des Thrones detailliert Asenijeff: ›Max Klingers Beethoven‹, S. 60–71.*

wenige Tage wurde es öffentlich im Atelier ausgestellt, bevor es wieder demontiert und per Bahn nach Wien gebracht wurde, wo es am 11. April eintraf.[18]

Der kursorische Überblick der Entstehungsgeschichte des ›Beethoven‹ vermag indes nicht die Schwierigkeiten zu benennen, die die Arbeit an dem Werk, zumindest in ihrer Endphase, mit sich brachte. Zunächst eigenverantwortlich geplant, wurde der ›Beethoven‹ mehr und mehr zu einem ›Termin-‹, wenn nicht gar Auftragswerk. Nachdem der ›Christus im Olymp‹ im Mittelpunkt der III. Ausstellung der Wiener ›Secession‹ (12. Januar bis 20. Februar 1900) gestanden hatte, waren die ›Secessionisten‹ auch auf den ›Beethoven‹ aufmerksam geworden. In einem vom 30. Juli 1900 datierten Brief teilte KLINGER *dem Maler und scheidenden ›Secessions‹-Vorsitzenden* CARL MOLL *(1861–1945)*[19] *auf dessen Anfrage hin den Stand der Arbeiten am ›Beethoven‹ mit:*

> *Die Marmorarbeiten sind weit vorwärts, aber es wird noch eine geraume Zeit dauern bis er fertig wird. Sie müssen sich dann einmal nach Leipzig bemühen.*[20]

MOLL *tat wie geheißen und reiste vermutlich im Sommer 1901 ins Leipziger Atelier, wo ihm* KLINGER *versichert zu haben scheint, das Bildwerk bis Mitte November desselben Jahres, dem anvisierten Eröffnungstermin der ›Raumkunstausstellung‹, fertigstellen zu können. Am 29. August aber deutete sich ein Mißerfolg an: »Die Nachricht«, schrieb* KLINGER *an (vermutlich)* KOLOMANN MOSER,[21] *»die ich Ihnen heut zu geben habe wird Sie wenig befriedigen [...]. [...] Es ist [...] keine Hoffnung.«*[22] *Der Künstler, so geht aus dem Brief hervor, hatte von Verzögerungen beim Guß des Thrones erfahren, was ihn bewog, »keine bestimmte Zusage« zu machen, gleichwohl aber optimistisch zu bleiben und zu hoffen, die Schwierigkeiten rechtzeitig zu überwinden, denn andernfalls »würde [er s]ich bei solcher Arbeit nie auf einen Termin verpflichtet haben.«*[23]

Die Hoffnung erfüllte sich nicht: In einem Brief an MOSER *vom 2. November 1901 teilte* KLINGER *diesem mit, daß der Guß erst Mitte November stattfinden könne – angesichts der noch folgenden Arbeiten zu spät, um das Bildwerk fristgerecht zu vollenden.* KLINGER *bat um Aufschub. Dieser wurde ihm umgehend gewährt, die bereits größtenteils fertiggestellten Fresken der Ausstellungsräume wurden hinter vorgebauten Holzwänden verborgen.*[24] *Mit Werken vor allem skandinavischer und russischer Maler öffnete am 26. November die XII. Ausstellung der ›Secession‹*

---

[18] *Vgl. ›Wiener Allgemeine Zeitung‹ vom 13. April 1902 (nach Marian Bisanz-Prakken: ›Gustav Klimt – Der Beethovenfries. Geschichte, Funktion und Bedeutung.‹ München 1980, S. 20).*

[19] *Moll war eine Schlüsselfigur der Wiener ›Secession‹, weniger jedoch in künstlerischer Hinsicht als vielmehr in seiner Eigenschaft als Mittler zwischen den Wiener Künstlern und der nationalen wie internationalen Kunstszene.*

[20] *Hier wie im folgenden zitiert nach der Erstpublikation in Brisanz-Prakken: ›Der Beethovenfries‹, S. 18–20, hier S. 18.*

[21] *Nach ebd. mit Anm. 16; Klinger redet den Briefempfänger ohne Nennung des Namens mit »Verehrtester Herr Professor an«.*

[22] *Vgl. ebd., S. 18.*

[23] *Vgl. ebd., S. 18f.*

[24] *Vgl. den Bericht von Berta Zuckerkandl in der ›Wiener Allgemeinen Zeitung‹ vom 30. März 1902, nach ebd., S. 15f.*

ihre Tore. Klinger aber ließ weiter auf sich warten. Auch die im Februar 1902 eröffnete XIII. Ausstellung, mit Bildern von Alfred Böcklin (1827–1901) und Klimt, war nur eine Notlösung, um dem Leipziger Künstler Zeit zur Vollendung des Bildwerkes zu geben. Anfang März teilte Klinger der ›Secession‹ endlich mit, daß sich nun definitiv »über alles reden« lasse: Er könne »mit Bestimmtheit darauf rechnen am 15. April resp. schon am 12. mit der fertigen Arbeit in Wien zu sein.«[25] Bereits einen Tag früher als angekündigt traf der demontierte ›Beethoven‹ schließlich in Wien ein, wo »die einzelnen Teile der Statue aus dem Eisenbahnwaggon am N.W. Bahnhof ausgeladen und [...] in zwei Möbelwagen« zum Ausstellungsgebäude an der Wienzeile gebracht wurden; unter der persönlichen Leitung von Klinger setzte man sie dort zusammen und stellte die Statue rechtzeitig zum Eröffnungstermin der ›XIV. Kunstausstellung der Vereinigung bildender Künstler Österreichs – Secession‹ auf,[26] die nicht zuletzt durch den ›Beethoven‹ mit 58.000 Besuchern die bis dahin erfolgreichste der ›Secession‹ wurde – »Klinger ist in Wien und Wien ist voll von ihm«.[27]

Klingers monumentales Werk dürfte bereits vor seiner Fertigstellung in bildungsbürgerlichen Kreisen bekannt gewesen sein: Kurz nach der Leipziger Ausstellung wurde in einer Notiz der Münchener ›Kunst für Alle‹ auf den Entwurf hingewiesen;[28] 1899 hatte Georg Treu (1843–1921) das in Klingers Atelier stehende Modell in der Zeitschrift ›Pan‹ teilweise beschrieben und es als Meisterwerk gepriesen.[29] Hausdorffs eingehende Besprechung des ›Beethoven‹ im Mai 1902 in der renommierten ›Zeitschrift für bildende Kunst‹[30] aber legt nahe, daß Hausdorff persönliche Kontakte zu Klinger pflegte. Ob diese bereits Anfang des Jahres 1894, nach der Leipziger Ausstellung, geknüpft wurden, muß zwar ungeklärt bleiben, doch ein kleines Detail deutet darauf hin, daß Hausdorff über Kenntnisse der Arbeit am ›Beethoven‹ verfügte, die der Öffentlichkeit nicht zugänglich waren: Er weist nämlich auf einen bisher unerwähnten Spruchzettel *hin, der auf dem* Gipsmodell *noch zu erkennen sei und der die auf dem Thronrücken dargestellte verdammende* Anklage *des Apokalyptikers Johannes gegen die nackte Aphrodite* in eine Wortformel übersetzt[31] *– das »stramm farbige« Modell aber hielt Klinger in seinem Atelier ›unter Verschluß‹, es wurde erst nach Fertigstellung des steinernen Bildwerkes, und nach der Wiener Ausstellung, 1902 in der V. Ausstellung der Berliner ›Secession‹ erstmals öffentlich gezeigt, wo es das allgemeine Mißfallen der Kritiker hervorrief.*[32]

---

[25] *Brief an vmtl. Moser vom 11. März 1902, nach ebd., S. 19f.*

[26] *Vgl. Zuckerkandl in der ›Wiener Allgemeinen Zeitung‹, nach ebd., S. 20.*

[27] *Ludwig Hevesi: ›Acht Jahre Sezession.‹ Wien 1906 [Reprint Klagenfurt 1984], S. 382.*

[28] *Vgl. ›Die Kunst für Alle‹ 10 (1894/95), S. 94.*

[29] *Vgl. Georg Treu: ›Max Klinger als Bildhauer.‹ In: ›Pan‹, Jg. 5/1 (1899), 1. Heft, S. 27–35, hier S. 27f.*

[30] *Vgl. Paul Mongré:* Klingers Beethoven. *In: ›Zeitschrift für bildende Kunst‹ N.F. XIII (Mai 1902), S. 183–189.*

[31] *Vgl. ebd., S. 187; vgl. dazu auch Martella Gutiérrez-Denhoff: ›Max Klingers »Beethoven«. Ausschnitte aus der Rezeptionsgeschichte.‹ In: ›Beethoven und die Nachwelt. Materialien zur Wirkungsgeschichte Beethovens.‹ Hrsg. v. Helmut Loos. Bonn 1986, S. 139–156, hier S. 151.*

Eine engere persönliche Beziehung zwischen Hausdorff *und* Klinger *dokumentiert auch* Ernst Eggebrecht *(1864–1953), der sich nach dem Studium (1889/90) und der Assistenz in Leipzig als praktischer Arzt in der Stadt niedergelassen hatte: Nach einem feuchtfröhlichen Abend im Hause* Klingers *saßen am frühen Morgen*

> *nur Klinger, Reger, der Mathematikprofessor Hausdorff und ich bei der aufgehenden Sonne zusammen. [...] Die beiden Maxe hatten bald Brüderschaft getrunken. Dann ging Reger zum Angriff über. »Max, schenk mir doch das Modell der Lisztbüste.« Sie war etwas über Lebensgröße, die Marmorausführung steht im Gewandhaus. Nach einigem Hin und Her war Klinger breitgeschlagen. Weiter erbat sich Reger noch die Totenmaske von Brahms und versprach, dem Meister Klinger sein nächstes opus zu widmen. Brahms sah wirklich jammervoll drein bei diesem Handel. Schließlich waren wir so um acht Uhr abschiedfertig. Man fuhr mit der Pferdedroschke heim zur Regerschen Wohnung in der Felixstraße – eine illustre Gesellschaft: zwei Tote und drei nicht mehr sehr Lebendige. Vor Regers Hause wurden die Rollen verteilt. Ich übernahm es, das Droschkenpferd zu bewachen, obgleich es wie ein lebendiges Halt wirkte, mußte das doch wohl so sein. Liszt wurde vom Kutscher geschultert, Brahms fand unter dem Arm Regers seine Ruhestätte und Hausdorff ging als Führer der Seelen mit hinauf, »damit der Orkus wisse, wir kommen«. Natürlich gewitterte es etwas am Orkus, wie wir das auch vom Fährmann Charon wissen. Mir dämmerte auch von einem Auftrag, Regers Hüter sein zu sollen. Nun, als ich wieder im Besitz meines Freundes Hausdorff war, enteilten wir.*[33]

Max Reger *(1873–1916) lebte seit Ende März 1907 in Leipzig,*[34] *wo er am dortigen Konservatorium Komposition lehrte. Vor allem mit* Klinger, *in dessen Atelier ein Flügel stand, verkehrte er freundschaftlich, wie Inhalt und Duktus eines Briefes von* Reger *an* Klinger *von Ende April 1909 dokumentieren:*

> *Also nächsten Montag 3. Mai abends siebeneinhalb Uhr haben wir die große Freude, Sie und Frau Asenjeff bei uns begrüßen zu können; Sie treffen nur Bekannte, d. h. Ihnen schon Bekannte – also ist's kein hinterlistiger »gesellschaftlicher Überfall«. Sodann: kommen Sie, bitte, im bequemen Hausanzug – ganz wie Sie wollen! Die »Galauniform« überlassen wir dem Zirkus und ähnlichen gräßlichen höfischen Veranstaltungen. Wir essen, machen Musik; für Giftnudeln [Zigarren], die man sich in das Mundwerk steckt, hab' ich gesorgt; auch habe ich mir das »Ölkrüglein« der Witwe von Sarepta besorgt.*

---

[32] *Vgl. Hans Rosenhagen: ›Die fünfte Ausstellung der Berliner Secession.‹ In: ›Die Kunst für alle‹ 17 (1901/02), S. 440f.*

[33] *Eggebrecht: ›Vom Jungsein und Altern.‹ o. O., o. J. [1935], S. 79f. Die Marmorbüste Franz Liszt' (1811–1886), 1901 vollendet (1944 zerstört), war eine für das Leipziger Gewandhaus bestimmte Auftragsarbeit des Liszt-Schülers Alexander Siloti (1863–1945), der Klinger hierfür 1900 ein Exemplar der Totenmaske des Komponisten hatte zukommen lassen; den Gipsabguß schenkte Elsa Reger (1870–1951) nach dem Tod ihres Mannes dem Leipziger Museum für bildende Künste. Den Komponisten Johannes Brahms (1833–1897) hatte Klinger am 18. Februar 1886 anläßlich der Uraufführung von dessen 4. Symphonie in Leipzig kennengelernt; kurz nach dessen Tod faßte er erste Gedanken zu einem Brahms gedenkenden Werk, nahm 1901 einen Gipsabdruck der Brahmsschen Totenmaske und fertigte ein erstes Modell einer Bildnisbüste. 1904 erweiterte Klinger den Entwurf zu einer Ganzfigur, die er 1905 in Marmor zu übertragen begann. Fertiggestellt, wurde das Brahmsdenkmal 1909 feierlich in der Hamburger Musikhalle aufgestellt (vgl. Paul Schumann: ›Max Klingers Brahmsdenkmal.‹ In: ›Kunstchronik‹ 1909, N.F. XX, Sp. 307–309).*

[34] *Vgl. Regers Brief an Karl Straube vom 23. März 1907, in: Max Reger: ›Briefe eines deutschen Meisters. Ein Lebensbild.‹ Hrsg. v. Else von Hase-Koehler. Leipzig 1928, S. 160.*

Selbiges Ölkrüglein ist aber nicht mit Rizinusöl – sondern mit Rhein-, Moselwein und Bier gefüllt; in verschiedenen Abteilungen, da sich diese drei Sorten zusammen nicht gut vertragen. Im Magen vertragen sie sich schon nachher, wenns immer »runterwärts« geht.[35]

Den Zeitpunkt der ›denkwürdigen‹ Übergabe der Büste Liszts und der Brahmsschen Totenmaske benennt Eggebrecht zwar nicht, und auch die zitierte Briefpassage deutet darauf hin, daß der Komponist und der Künstler noch keine »Brüderschaft« ›getrunken‹ hatten.[36] *Dennoch läßt sich das Ereignis recht genau in das zeitliche Umfeld des Regerschen Briefes datieren, in das Frühjahr oder den Frühsommer 1909. Auch Regers Gattin Elsa (1870–1951) nämlich hält es fest, mit Verweis auf die Zeit nach Ostern 1909:*

Bei einem Herrenabend Max Klingers charakterisierte Reger Klinger musikalisch so einzig schön, daß ihm dieser als Dank dafür seine Lisztbüste – und später die Totenmaske von Brahms – verehrte. Der Morgen dämmerte, als die Glocke läutete. Ich sprang aus dem Bett und öffnete, prallte aber erschrocken zurück, als mir Liszts mächtiges Haupt entgegenkam. Reger hatte sein Geschenk gleich mit in einer Droschke heimgenommen, und der Kutscher wuchtete die Büste hinauf.[37]

Über die Freundschaft Regers mit Klinger[38] *hinaus aber dokumentiert vor allem Eggebrechts Erinnerung an jenen Abend eine ebenfalls über einen bloßen gesellschaftlichen Kontakt hinausgehende Bekanntschaft Klingers und vermutlich auch Regers mit Hausdorff. Angenommen werden darf, daß der Beginn der Bekanntschaft Hausdorffs mit Klinger und damit die Auseinandersetzung mit dem ›Beethoven‹ in die zweite Hälfte der 1890er Jahre fällt; wann und ob der Kontakt beider zueinander zu Lebzeiten Klingers abbricht, ist nicht bekannt, weil Zeugnisse dazu fehlen. Unbekannt ist auch, ob Hausdorff nach seinem 1910 erfolgten Wegzug aus Leipzig die Beziehung zu Reger aufrechterhalten konnte.*

Bemerkenswert ist der Publikationsort des ›Beethoven‹-Essays: die ›Zeitschrift für bildende Kunst‹. Die Initiative zur Publikation des Essays über Klingers ›Beethoven‹ ging vermutlich von Gustav Kirstein (1870–1934) aus.[39] *Mit Kirstein verband Hausdorff eine jahrelange Freundschaft. Wann sie ihren Anfang nahm, ist unbekannt, doch scheinen Kontakte bereits vor der Jahrhundertwende bestanden zu haben, worauf die Publikation der* Ekstasen *im Seemann-Verlag hinweist. In der ›Zeitschrift für bildende Kunst‹ konnte Kirstein Hausdorff ein Forum anbieten, um den aus der Masse der Kritiken und Verrisse des ›Beethoven‹ hervorstechenden Text der Öffentlichkeit zugänglich zu machen.*

---

35 *Reger an Klinger, 30. April 1909, in: Reger: ›Briefe eines deutschen Meisters‹, S. 210f.; weitere Briefe Regers an Adolf Walch (19. Juli 1908; ebd., S. 189), an Adalbert Lindner (14. März 1909; ebd., S. 207) sowie an den Musikverlag Lauterbach & Kuhn (21. Juli 1908; Max Reger: ›Briefe zwischen der Arbeit. Neue Folge.‹ Hrsg. v. Ottmar Schreiber. Bonn 1973, S. 98) zeugen ebenso hierfür; vgl. auch Konrad Huschke: ›Max Reger und Max Klinger.‹ In: ›Zeitschrift für Musik‹, 100. Jg. (1933), H. 3, S. 223–227.*

36 *Gleichwohl siezen sich beide Künstler auch in späteren Briefen.*

37 *Elsa Reger: ›Mein Leben mit und für Max Reger. Erinnerungen.‹ Leipzig 1930, S. 81.*

38 *Die bis zum Tode Regers im Mai 1916 währte.*

39 *Zu Kirstein vgl. das* Akrostichon / Zum 24. Februar 1930, *HGW VIII, Teil 2.*

HAUSDORFFS Essay scheint – sicher auch durch die Detailstudien des Thrones – allgemeine Zustimmung erfahren zu haben; noch im selben Jahr erschien er auch als Sonderheft zur ›Zeitschrift für bildende Kunst‹.

Unter der Verlagsführung von KIRSTEIN projektierte das ausschließlich auf die Publikation von Kunstliteratur konzentrierte Unternehmen ›E. A. Seemann‹ mehrere neue Periodika, darunter auch die für den ›anschaulichen Unterricht‹ gedachten ›Meister der Farbe‹, die ›Beispiele der gegenwärtigen Kunst in Europa‹ mit ›begleitenden Texten‹ vorzustellen beabsichtigten. In stark gekürzter Form, die Quintessenz des Essays wieder aufgreifend, erschien HAUSDORFFS Auseinandersetzung mit dem ›Beethoven‹, wohl ebenfalls von KIRSTEIN initiiert, auch in deren erstem Heft.[40] *Wie bereits im Essay, so preist HAUSDORFF auch hier*

> Klingers strenge Stilsicherheit, die das Auseinanderstrebende zusammenhält und jenes verwirrende Aggregat von Steinen, Metallen, Gläsern, stumpfen und leuchtenden Farben mit der Kraft gegenseitiger Verbundenheit bezwingt. Und über dieses dekorative Zusammenstimmen hinaus wirkt als Schlußring der Kette ein geistiges Prinzip, die Einheit von Gedanke, Leidenschaft, Gebärde, die das Ganze mit beherrschender Notwendigkeit durchglüht und jeden Zufall, jedes allzu selbständige Hervortreten raffinierter Einzelheiten ausschließt.[41]

Entstehung

*Der ›Beethoven‹ war nach seiner Fertigstellung am 15. März von Ende März bis Anfang April 1902 eine Woche lang in den großzügigen Atelierräumen von KLINGERS Leipziger Wohnhaus öffentlich ausgestellt. Aufgrund der im Essay genannten Details zur Leipziger Präsentation und zur Demontage für den Transport nach Wien ([a]*m siebenten Tage wurde abgebaut, zerlegt, transportiert*) und des Hinweises, daß* augenblicklich *[...]* das wieder zusammengefügte Riesenwerk den Mittelpunkt und das Ereignis der Wiener Secession *bilde,*[42] *darf der terminus post quem des Manuskripabschlusses nach dem 15. April 1902, der terminus ante quem wohl Anfang Mai 1902 angesetzt werden. HAUSDORFF dürfte aber aufgrund seiner Bekanntschaft mit KLINGER bereits während dessen Leipziger Arbeiten am ›Beethoven‹ mit der Ausführung des Standbildes vertraut gewesen sein – er weist auf Details des erst später öffentlich ausgestellten »stramm farbige[n]« Gipsmodells hin –, so daß erste Aufzeichnungen bzw. Skizzen des Essays vor dem März 1902 als wahrscheinlich gelten dürfen. Da jedoch keinerlei Zeugnisse darüber vorliegen, wann KIRSTEIN als verantwortlicher Verleger der ›Zeitschrift für bildende Kunst‹ mit der Bitte um Übernahme einer Besprechung an HAUSDORFF herantrat – und ob überhaupt, auch die von HAUSDORFF ausgehende Initiative ist denkbar –, kann der Beginn der Arbeiten am Essay nicht genau angegeben werden.*

---

[40] *Paul Mongré:* Max Klinger, Beethoven. *In: ›Meister der Farbe. Beispiele der gegenwärtigen Kunst in Europa. Mit begleitenden Texten‹, 1. Jg. (1904), H. 1, Nr. 4 [unpaginiert] (HGW VIII, 685f.).*

[41] *Ebd.*

[42] *Mongré:* Max Klingers Beethoven, *S. 183.*

Zur Biographie BEETHOVENS *und zu den vielfältig verarbeiteten rezeptionsgeschichtlichen Aspekten standen* HAUSDORFF *mannigfaltige Studien zur Verfügung. Viele der – oft landläufig bekannten – Zitate von Zeitgenossen und Anhängern sind wohl übernommen aus den zeitgenössisch vorliegenden Bänden der umfangreichen Materialsammlung* ALEXANDER WHEELOCK THAYERS *(1817–1897) ›Ludwig van Beethovens Leben‹,*[43] *weitere aus den Studien des renommierten Musikhistorikers und* BEETHOVEN*-Forschers* THEODOR VON FRIMMEL *(1853–1928).*[44] *Die nachfolgenden Erläuterungen bemühen sich soweit als möglich, die Zitate nach den Originalquellen wiederzugeben.*

Überlieferung

H *nicht nachgewiesen.*
D *›Zeitschrift für bildende Kunst‹ N.F. XIII (Mai 1902), S. 183–189.*
D[1] *Sonderheft zur ›Zeitschrift für bildende Kunst‹, Leipzig 1902.*

Erläuterungen

3f. die 75. Wiederkehr von Beethoven's Todestage] BEETHOVEN, *getauft am 17. Dezember 1770 in Bonn, starb am 26. März 1823 in Wien.*

4 Et resurrexit] *lat. ›und er erhob sich wieder‹. Im lateinischen Bibeltext der ›Vulgata‹ heißt es mit Bezug auf die Auferstehung* JESU CHRISTI: *»surrexit« (›er erhob sich‹; vgl. Mt 28,6; Mk 16,6; Lk 24,6); im römisch-katholischen Glaubensbekenntnis, dem ›Credo‹, »et resurrexit«: »Crucifixus etiam pro nobis / sub Pontio Pilato; / passus et sepultus est, / et resurrexit tertia die, secundum Scripturas, / et ascendit in cælum« (»Er wurde für uns gekreuzigt / unter Pontius Pilatus, / hat gelitten und ist begraben worden, / ist am dritten Tage auferstanden nach der Schrift / und aufgefahren in den Himmel«; lat. Text nach dem ›Missale Romanum ex decreto Sacrosancti Oecumenici Concilii Vaticani II instauratum auctoritate Pauli PP. VI promulgatum‹ [3. Aufl. 2002], dt. Text nach dem ›Meßbuch für die Bistümer des deutschen Sprachgebietes‹ Teil I: ›Die Sonn- und Feiertage deutsch und lateinisch‹ [2. Aufl. 1988]). – Das ›Credo‹ (lat. ›ich glaube‹) wird im liturgischen Meßablauf der römisch-katholischen Kirche als Bestandteil des das ganze Kirchenjahr über textlich unveränderten Ordinariums in der Regel an Sonn- und Feiertagen zwischen Predigt und Fürbitten gesprochen. In den auf dem Wortgottesdienst fußenden, seit dem 14. Jahrhundert verbreiteten und zu einer eigenständigen musikalischen Gattung gewordenen Vertonungen nimmt das Credo die Mitte der gewöhnlich fünf Sätze – Kyrie (Bittgesang in Anlehnung an die Formel ›Kyrie eleison‹ [›Herr, erbarme dich‹]), Gloria (Hym-*

---

[43] *Thayer: ›Ludwig van Beethovens Leben.‹ Nach dem Original-Manuskript deutsch bearbeitet von Hermann Deiters. 5 Bde. [Bde. 4 und 5 bearb. u. hrsg. v. Hugo Riemann nach den Notizen Thayers]. Leipzig 1866–1908.*

[44] *Vgl. u.a. Frimmel: ›Neue Beethoveniana.‹ Neue Ausgabe. Wien 1890 [EA ebd. 1887]; ebenso ders.: ›Beethoven und Goethe.‹ Eine Studie. Wien 1883.*

nus ›Gloria in excelsis Deo‹), Credo, Sanctus (Anrufung), Agnus Dei (›Lamm Gottes‹, Bittgesang) – ein; in Beethovens zwischen 1817 und 1823 komponierter ›Missa Solemnis‹ in D-Dur, Op. 123 (UA St. Petersburg, 7. April 1824) sticht das »et resurrexit« durch seine a capella-Setzung und das abrupte Ende besonders hervor.

4f. Zöllner und Pharisäer] *Anspielung auf das Neue Testament (Mt 11,9–11; Lk 15,1f.), in welchem die ›Zöllner‹ (Zolleinnehmer) von den ›Pharisäern‹ als ›Gesindel‹ bezeichnet werden. Die Zöllner galten wegen ihrer Tätigkeit im Auftrag der ›heidnischen‹ Römer als ›unrein‹ und hatten nach jüdischem Recht ihre bürgerlichen Ehrenrechte verloren. Die Pharisäer waren eine religiöse, ihr Leben streng auf den Pentateuch, die Tora, stützende Bewegung (hebr. tl. ha-perûschîm ›die Abgetrennten‹)*

6 Atelier zu Leipzig-Plagwitz] *Klinger ließ zwischen Juni und Dezember 1895 auf dem elterlichen Grundstück (Karl-Heine-Straße 6) ein Wohnhaus mit großzügigen Atelierräumen errichten; der ›Beethoven‹ war hier von Ende März bis Anfang April 1902 eine Woche, vor der Demontage und dem Transport nach Wien, ausgestellt.*

9f. Wiener Secession] *lat. secessio ›Absonderung‹. Unter der Bezeichnung ›Secession‹ gab es seit dem späten 19. Jahrhundert vor allem in Deutschland und Österreich die Abspaltung von Künstlergruppen vom etablierten Kunstbetrieb, die sich unter neuen Zielen zusammenschlossen und die insbesondere gegen die akademische Malerei gerichtet waren; zur ›Vereinigung bildender Künstler Wiener Secession‹ vgl. den einleitenden Abschnitt ›Entstehungsgeschichtlicher Kontext‹. Die XIV. Ausstellung der ›Wiener Secession‹ war vor allem Klingers ›Beethoven‹ gewidmet (vgl. dazu v.a. Joseph August Lux: ›Klinger's Beethoven und die moderne Raumkunst.‹ In: ›Deutsche Kunst und Dekoration‹, 5. Jg. [1902], H. 10 [Juli], S. 475–482, Bildteil S. 483–518); verschiedene Werke Klingers waren in anderen Ausstellungen der ›Secession‹ zu sehen (III., 12. Jan.–20. Febr. 1899 [vgl. Erl. zu 13]; IX., 13. Jan.–28. Febr. 1901; vgl. dazu auch den Abschnitt ›Entstehungsgeschichtlicher Kontext‹).*

10 Klinger's Vaterstadt] *Klinger wurde am 18. Februar 1857 in Leipzig geboren.*

12 das Parisurteil] *Der griechischen Mythologie zufolge wurde Paris, Sohn des trojanischen Königs Priamos und der Hekabe, als Schiedsrichter ausersehen, als während der Hochzeit des Peleus, König von Phthia, und der Thetis, Tochter des Meergottes Poseidon, Eris, die Göttin des Streites, zwischen den Göttinnen Hera, Athene und Aphrodite einen Streit um die Frage entfesselte, welche von ihnen die Schönste sei. Paris wählte Aphrodite, die ihm als Lohn die schönste sterbliche Frau – Helena – versprochen hatte; später raubte er Helena und löste damit den Trojanischen Krieg aus. – Klingers 1886/87 entstandenes Kolossalgemälde ›Das Urteil des Paris‹ (Öl auf Leinwand, 320 x 720 cm mit Predella und Rahmen) wurde 1887 in den Räumen des Leipziger Kunstvereins ausgestellt, wo es aufgrund der Darstellung der ihre üppigen Reize unverhohlen zur Schau stellenden nackten Hera Anstoß erregte; später erwarb es der Triester Architekt Alexander Hummel († 1914) und schenkte es der Galerie moderner Kunstwerke in Wien (heute Kunsthistorisches Museum Wien).*

12f. die Kreuzigung] *Zwischen 1888 und 1891 in Rom entstanden, war ›Die Kreuzigung Christi‹ (Öl auf Leinwand, 251 x 465 cm) nach der Konzeption Klingers gemeinsam mit der ›Pietà‹ (1890; vgl. Erl. zu 72f.) und ›Christus im Olymp‹ (vgl. Erl. zu 13) für einen Raum gedacht; 1893 in München ausgestellt, rief das vollendete Gemälde aufgrund der Darstellung eines nackten Christus einen Skandal hervor (vgl. dazu und zur Leipziger Ausstellung des Gemäldes die Ausführungen im einführenden Abschnitt ›Entstehungsgeschichtlicher Kontext‹). – Das Werk wurde 1901 von Hummel (vgl. Erl. zu 12) für seine Villa ›Eirene‹ im damalig österreichischen Triest erworben, nachdem ein Verkauf an die Galerie in Hannover durch den Einspruch kirchlicher Kreise nicht zu Stande gekommen war; 1918 verkauften es Hummels Erben an das Leipziger Museum.*

13 Christus im Olymp] *Das 1897 in Leipzig vollendete kolossale Gemälde (Öl auf Leinwand, 550 x 970 cm mit Predella und Rahmen), welches allegorisch den Einbruch des Christentum in die antike Götter- und Geisteswelt thematisiert, stand 1899 im Zentrum der III. Ausstellung der Wiener ›Secession‹ (12. Januar bis 20. Februar), wurde 1901 ebenfalls von Hummel erworben und sollte der Wiener Galerie geschenkt werden, konnte aber nie in die Schausammlung integriert werden. 1938 wurde es als Leihgabe dem Leipziger Museum für bildende Künste überlassen, wo es sich noch heute befindet. – Eine ausdrucksstarke Deutung erfuhr das Werk durch Richard Dehmel (vgl. dazu die Ausführungen im einführenden Abschnitt ›Entstehungsgeschichtlicher Kontext‹).*

15 der »Thatenleib«] *vmtl. Anspielung auf eine Definition Bruno Willes (1860–1928), der unter ›Tatenleib‹ die Sphäre von Taten eines Individuums verstehen wollte, in welcher es nach dem Tode weiterlebt, gleichsam als Projektion seines Ich; vgl. ›Der Thatenleib. Gespräche über Unsterblichkeit‹, 1900 als Abhandlung in Fortsetzungen in der Zeitschrift ›Ethische Kultur. Wochenschrift zur Verbreitung ethischer Bestrebungen‹ erschienen (Jg. 8 [1900], H. 4, S. 27–30, H. 5, S. 35–37, H. 6, S. 44–46 u. H. 7, S. 52–54).*

19 hyperbolisch] *griech. ὑπερβολή (hyperbolé) ›Übertreibung‹.*

20 Con brio] *ital. ›mit Feuer‹; musikalische Tempoangabe.*

21f. allegro moderato oder allegro, ma non troppo] *ital. ›mäßig lebhaft‹ und ital. ›nicht zu lebhaft‹; musikalische Tempiangaben.*

43f. tellurische Brüderschaft] *lat. tellus ›die Erde‹; Hausdorff verwendet diese Bezeichnung für die Erdenbewohner später noch einmal in* Der Komet, *Z. 171 (HGW VIII, 726).*

48f. das aus dem Jahre 1886 stammende Gipsmodell] *Der Entwurf zu ›Beethoven‹ wurde von Klinger rückblickend in die Jahre 1885/86 terminiert: Der »Beethoven entstand genau so in allen Details wie er jetzt ist, nur in anderen Proportionen und anderem Material bereits 1885 in Paris und der dort fast ganz fertig gemachte und gemalte (stramm farbige) Entwurf wurde 1887 oder 1888 auf der Berliner großen Kunstausstellung refüsiert [abgelehnt].«*

(Zitiert nach Willy Pastor: *›Max Klinger.‹ Leipzig* [3]*1922, S. 168 [in den vorhergehenden Auflagen nicht nachgewiesen].)*

50 »in Überlebensgröße«] *vgl. dazu u.a.* Georg Treu: *›Max Klinger als Bildhauer.‹ In: ›Pan‹, Jg. 5/1 (1899), 1. Heft, S. 27–35, hier S. 28: »Dies Bild des thronenden Beethoven geht jetzt, nachdem vierzehn Jahre seit der Herstellung des ersten Modells verflossen sind, in überlebensgrossen Massen und kostbarsten Stoffen der Vollendung entgegen«.*

54 polychromen] *aus griech. πολύς (polys) ›viel‹ und griech. χρῶμα (chroma) ›Farbe‹; mehrfarbig.*

60 Künstlerfleiss eines Dante oder Zola] *Der italienische Dichter* Dante Alighieri *(1265–1321) verfaßte zwischen 1307/1311 und 1321 die ›Divina Commedia‹, ein allegorisch-lehrhaftes, episches Gedicht in 100 Gesängen mit 14.230 Versen (EA Foligno 1472). – Der französische Romancier und Hauptvertreter des europäischen Naturalismus* Émile Zola *(eigentlich* Édouard-Charles-Antoine Zola; *1840–1902) publizierte zwischen 1871 und 1893 einen zwanzigbändigen Romanzyklus mit dem Titel ›Les Rougon-Macquart. Histoire naturelle et sociale d'une famille sous le second Empire‹ (Paris 1871–1893).*

62 seine cyklopischen Bauten] *hier svw. großartige Bauten. – Der griechischen Mythologie zufolge waren die Kyklopen, Söhne des* Uranos *(›Himmel‹) und der* Gaia *(›Erde‹), Riesen mit nur einem Auge auf der Stirn. Sie schmiedeten für* Zeus, *der sie aus der Gefangenschaft ihres Vaters befreit hatte, Blitze und Donnerkeile, mit welchen er im Kampf um die Vorherrschaft im Pantheon den Sieg davontragen konnte (vgl. die ›Theogonie‹ des griechischen Dichters* Hesiod *[fl. um 700 v. Chr.], vv. 139–146 u. 501–506).*

63f. Seit Richard Wagner in gewaltigsten Dimensionen *bis* an sich vorüberbrausen liess] *Anspielung auf das Bayreuther Festspielhaus, das zwischen 1872 und 1876 im Auftrag des deutschen Komponisten* Richard Wagner *(1813–1883) erbaut wurde und zu dessen Eröffnung ›Der Ring des Nibelungen‹,* Wagners *zwischen 1864 und 1874 entstandenes gigantisch dimensioniertes ›Bühnenfestspiel‹ für drei Tage und einen Vorabend (Vorabend: ›Das Rheingold‹, UA München 1869; 1. Tag: ›Die Walküre‹, UA München 1870; 2. Tag: ›Siegfried‹, UA 1876; 3. Tag: ›Götterdämmerung‹, UA 1876) erstmals geschlossen uraufgeführt wurde.*

66 obstinaten] *lat. obstinatus ›hartnäckig‹; bildungssprachlich auch svw. unbeirrbar.*

67f. Nicht die Stärke *bis* heisst es irgendwo bei Nietzsche.] *Zitat aus* Friedrich Nietzsches *(1844–1900) ›Jenseits von Gut und Böse‹, 72 (KGW VI,2, 86).*

73 trotz seinen Pockennarben und seiner »Garstigkeit«] Beethoven *war in seiner Kindheit an Pocken erkrankt.* Bettina von Arnim *(1785–1859) berichtet über ihre Begegnung mit* Beethoven *in einem Brief an* Alois Bihler *(1788–1857) vom 9. Juli 1810,* Beethoven *sei »klein [...], voll Blatternarben, was man nennt: garstig« (vgl.* Alois Bihler: *›Beethoven und das Kind.‹ In: ›Die Gartenlaube‹ 18 [1870], S. 314f., hier S. 314).*

77f. den ungeheuerlich seelenvollen Beethovenkopf tragen wie der Jünger Johannes auf der Dresdner Pietà und der Kreuzigung] *Der Apostel* Johannes, *den*

Klinger in seinem 1890 in Rom entstandenen Gemälde ›Pietà‹ (Öl auf Leinwand, 150 x 205 cm, 1893 von der Dresdener Gemäldegalerie erworben, im Zweiten Weltkrieg zerstört) neben der Jesus beweinenden Maria sitzend darstellt, trägt die Züge Beethovens, ebenso der Maria im Anblick des Gekreuzigten stützende Johannes der ›Kreuzigung‹ (vgl. Erl. zu 12f.).

78f. Zwei Totenmasken, Nietzsche und Brahms, lagen dieser Tage in Klinger's Werkstatt] *Zwei Tage nach Nietzsches Tod (25. August 1900) nahmen der Bildhauer und Architekt Curt Stoeving (1863–1939) und der Bildhauer und Graphiker Rudolf Saudek (1880–1965) gemeinsam mit dem Schriftsteller und engagierten Nietzscheaner Harry Graf Kessler (1868–1937) die Totenmaske ab – eine Aufgabe, die nach dem Wunsche von Nietzsches Schwester Elisabeth eigentlich Klinger zukommen sollte, doch hielt dieser sich in Paris auf. Auf der Grundlage dieser Totenmaske (wegen halbseitiger Lähmungserscheinungen ist das Gesicht verschoben) fertigte Klinger seit 1901 Studien an, denen 1903 eine monumentale Marmorbüste folgte, die Kessler in das seit 1902 zum Zentrum eines Nietzsche-Kultes ausgebaute Nietzsche-Archiv in Weimar integrierte. 1904 schuf Klinger eine Bronzebüste (Städtische Galerie Frankfurt a.M. und Städtisches Museum Wiesbaden) und 1914 im Auftrag des Leipziger Nietzsche-Verlages Alfred Kröner eine für das Weimarer Archiv gedachte Mamorherme (Museum der bildenden Künste Leipzig). Die Marmorbüste war seit 1904 in verkleinerter Form mit hohen Verkaufszahlen im Handel. – Bereits 1898, kurz nach dem Tode Johannes Brahms', spielte Klinger mit dem Gedanken eines Denkmals für den Freund und Bewunderer; 1901 befaßte er sich in Paris eingehend mit einem Gipsabdruck der Totenmaske und fertigte erste Entwürfe an. Im selben Jahr nahm Klinger an dem von der Stadt Hamburg ausgeschriebenen Wettbewerb um ein Brahms-Denkmal für die Musikhalle mit dem Modell für eine auf einer Stele ruhende Büste teil, welches die Hansestädter überzeugte, von Klinger nach dem Vertragsabschluß 1904 aber in eine Ganzfigur umgestaltet und zwischen 1905 und 1909 in Marmor ausgeführt wurde. Die Brahmssche Totenmaske überließ Klinger 1907 oder in den Jahren danach den Erinnerungen des Mediziners Ernst Eggebrecht zufolge nach einem feuchtfröhlichen Abend dem Komponisten Max Reger; vgl. dazu das ausführliche Zitat aus Eggebrechts Erinnerungen ›Vom Jungsein und Altern‹ im einführenden Abschnitt ›Entstehungsgeschichtlicher Kontext‹.*

81f. jene Beethovenmaske von 1812, die Franz Klein vom lebenden Gesicht geformt] *Der deutsche Bildhauer und Anatom Franz Klein (1778–1840) nahm 1812 im Hause des Klavierbauers und Beethoven-Freundes Johann Andreas Streicher (1761–1833) eine Gipsmaske Beethovens ab, nach der er eine lebensgroße Büste schuf; Abgüsse der Maske waren weit verbreitet und dienten zahlreichen Künstlern als Vorlage.*

99f. seiner plastischen Vergangenheit, *mit Anmerkung 1*] *Hausdorff verweist auf Georg Treus Studie ›Max Klinger als Bildhauer‹ (vgl. Erl. zu 50).*

104 die Kassandra] *Nach der griechischen Mythologie war Kassandra die Tochter des Priamos und der Hekabe, der Apoll die Gabe der Weihsagung verlieh, ohne ihr aber die Kraft zu geben, ihr Publikum zu überzeugen (›Kassandra-*

Rufe‹). Nach dem Fall Trojas war sie Sklavin des griechischen Heerführers AGAMEMNON; *dessen Gattin* KLYTÄMNESTRA *erschlug* KASSANDRA *und* AGAMEMNON *(vgl.* HOMER: *›Odyssee‹ III, 234–275). – Die stehende Halbfigur der ›Kassandra‹ (verschiedenfarbiger Marmor, Alabaster und Bronze, intarsiert, montiert, bemalt und getönt) vollendete* KLINGER *im Februar 1895.*

105 die Salome] *Nach dem Evangelium des* MARKUS *soll* SALOME *(hebr. tl. ›die Friedfertige‹), die Tochter* HERODES' *I. (um 73 v. Chr. – 4 v. Chr.), auf Anweisung ihrer Mutter von* HERODES ANTIPAS *(20 v. Chr. – nach 39) das Haupt* JOHANNES *des Täufers gefordert haben (vgl. Mk 6,14–29). –* KLINGER *vollendete die ›Salome‹ als sein erstes in Stein verfertigtes Werk (sitzende Halbfigur, verschiedenfarbiger Marmor und Bernstein, intarsiert, montiert, bemalt und getönt) im Herbst 1893; inspiriert wurde er zu diesem Werk durch* GUSTAVE FLAUBERTS *(1821–1880) Erzählung ›Hérodias‹ (EA Paris 1877 in den ›Trois contes‹). Entgegen der christlichen Überlieferung und der traditionellen künstlerischen Gestaltung finden sich am Sockel der Skulptur indes zwei Köpfe, die man ›Johannes‹ und ›Herodes‹ genannt hat; das Werk wurde 1894 vom Leipziger Museum erworben.*

106 den wonnigen Frauenleib der Amphitrite] *Nach der griechischen Mythologie war* AMPHITRITE *eine der Töchter des greisen, weihsagenden Meergottes* NEREUS *(vgl. auch Erl. zu 224), Gemahlin des* POSEIDON *und Königin des Meeres. – Die Hermenbüste (verschiedenfarbiger Marmor und Bernstein, intarsiert, montiert und getönt) entstand zwischen 1895 und 1898; zunächst im Besitz des Bankiers* KÖNIG *(biographisch nicht nachgewiesen) in Berlin, wurde sie nach dessen Tod an die Königliche Gemäldegalerie Berlin verkauft.*

106f. das reizvolle Gliederspiel des badenden Mädchens] *Die Sockelfigur ›Das badende Mädchen‹ schlug* KLINGER *1896/97 aus einem einzigen Marmorblock; nach einer Sammlung unter den Leipziger Bürgern und mit Hilfe der Theobald Petschke-Stiftung wurde die Skulptur für das Leipziger Museum erworben.*

107f. in eine Treppenstufe die Verschlingungen Leda's mit dem Schwan hineinbannte] *Nach der griechischen Mythologie wurde* LEDA, *die Gemahlin des Spartanerkönigs* TYNDAREOS, *von* ZEUS *in Gestalt eines Schwanes geschwängert und ›legte‹ zwei Eier, aus denen* HELENA *und die Dioskuren* KASTOR *und* POLYDEUKES *schlüpften. – Auf seinen Reisen in den Mittelmeerraum zur Beschaffung geeigneten Marmors für seine Werke entdeckte* KLINGER *im Hafen der Kykladeninsel Syra eine fleischfarben schimmernde marmorne Treppenstufe, die er nach Leipzig bringen ließ und aus ihr die Hermenbüste der* AMPHITRITE *(vgl. Erl. zu 106) schlug; eine ausgesägte Platte des Marmorblocks nutzte* KLINGER *als Material für das Flachrelief der* LEDA.

109 Michelangelo] *vgl. Erl. zu 76 im Kommentarteil zu* Das unreinliche Jahrhundert, *HGW VIII, 354.*

110–113 der nicht beim schwächlichen Kompromiss der Bemalung *bis* Ideal der antikisierenden Bildhauerei endgültig ablehnt] GEORG TREU *(vgl. Erl. zu 50) hatte 1884 in einer programmatischen und vielfach kritisierten Schrift gefordert, Statuen nach antikem Vorbild der Ausdrucksstärke wegen zu bemalen und es nicht bei der seit der Renaissance üblichen ›Einfarbigkeit‹ zu belas-*

sen; vgl. TREU: *›Sollen wir unsere Statuen bemalen?‹ Ein Vortrag. Berlin 1884, S. 39f. Diese Frage speziell in bezug auf die Mehrfarbigkeit der Statue* BEETHOVENS *griff 1903* HEINRICH BULLE *in seiner Abhandlung ›Klingers Beethoven und die farbige Plastik der Griechen‹ (München 1903, mit zahlreichen Abb.) auf.*

117 Postament] *ital. postare ›hinstellen‹; meist verzierter Sockel einer Säule bzw. Untersatz einer Statue.*

118f. Die Faustworte »Der Einsamkeiten tiefste schauend unter meinem Fuss« sind als Sockelinschrift gedacht] *vgl.* JOHANN WOLFGANG VON GOETHES *(1749–1832) ›Faust‹ II, 4. Akt ›Hochgebirge‹, v. 10039 (WA I,15, 245). – Beim Zusammenfügen der einzelnen Standbildteile in* KLINGERS *Leipziger Atelier zeigte sich, daß die bereits in den Sockel gemeißelte Inschrift den Aufbau behinderte und wieder entfernt werden mußte.*

119f. Zeus-Beethoven] *vgl. dazu* DEHMELS *Verse aus dem Gedicht ›Jesus und Psyche‹: »[...] so stand ich. / Allein. Doch neben mir saß Zeus, / ein neuer Zeus, von Antlitz und Gestalt / Beethoven gleich« (DeGW 2, 23; ausführlicherer Auszug aus dem Gedicht im einleitenden Abschnitt ›Entstehungsgeschichtlicher Kontext‹). – Die Verbindung* Zeus-Beethoven *zieht explizit* HUGO BLÜMNER: *›Tracht und Nacktheit in der Porträtbildnerei. Bemerkungen zum Roland-Bismarck und zum Zeus-Beethoven.‹ München 1902, doch findet sie sich bei beinahe allen Betrachtern von* KLINGERS *Skulptur; so spricht etwa* PAUL SCHUMANN *von »dem erhabenen Olympier« (›Max Klingers Beethoven.‹ Leipzig 1902, S. 6),* JULIUS VOGEL *möchte gar »demütig und in tiefer Bewunderung in den Staub vor dem Olympier« sinken (›Max Klingers Leipziger Skulpturen.‹ Leipzig 1902, S. 79).*

124 Firnschnee] *alter, mehrjähriger Schnee im Hochgebirge, der durch mehrfaches Auftauen und Wiedergefrieren körnig geworden ist.*

126 tiroler Onyx] *Bereits* TREU *weist in ›Max Klinger als Bildhauer‹ (vgl. dazu Erl. zu 50) auf die »kostbarsten Stoffe« hin, die* KLINGER *für den ›Beethoven‹ verwendete: »die nackten Teile in lichtem Syra-Marmor, der Mantel in gelbgebändertem tiroler Onyx, Adler und Fels aus schwarzem und braunem pyrenäischem Marmor« (S. 28). – Die verwendeten Materialien werden detailliert beschrieben von* KLINGERS *damaliger Lebensgefährtin* ELSA ASENIJEFF *(sc.* ELSA MARIA PACKENY, *verh.* NESTOROFF; *1868–1941) in ›Max Klingers Beethoven. Eine kunsttechnische Studie.‹ Leipzig 1902, spez. S. 9–27.*

132f. mit dem auffliegenden Adler schmettert der Blitz aus Kronions geballten Fäusten] *griech. Κρονίων (Kroníon) ›Sohn des* KRONOS*‹, Beiname des* ZEUS *nach seinem Vater, dem Titanen* KRONOS, *Sohn des* URANOS *(›Himmel‹) und dessen Mutter* GAIA *(›Erde‹). – Der Adler, als Symbol der Macht, und Blitzbündel, die der Mythologie zufolge von den Kyklopen (vgl. Erl. zu 62) geschmiedet worden waren (*HESIOD: *›Theogonie‹ 501–506), sind die Attribute des höchsten griechischen Gottes, der seit dem 6. vorchristlichen Jahrhundert bevorzugt als aufrecht stehender nackter, langhaariger und bärtiger Blitzschleuderer dargestellt wird.*

133–137 die homerischen Verse *bis* die Höhn des Olympos] *Zitat aus der ›Ilias‹ des* HOMER *(I, 529–531), nach der Übersetzung von* JOHANN HEINRICH VOSS.

138f. den Pheidias zu seiner Zeusstatue inspiriert] *Der Überlieferung zufolge schuf der athenische Bildhauer* PHEIDIAS *(auch* PHIDIAS; *fl. 460 v. Chr. – 430 v. Chr.) in den 440er Jahren vor unserer Zeitrechnung, inspiriert von den in Z. 133–137 zitierten homerischen Versen, die zwölf Meter hohe Kolossalstatue des* ZEUS *in Olympia; sie galt als eines der ›Sieben Weltwunder‹.*

144 philiströsen] *hier svw. engstirnig, für Neues unaufgeschlossen. – Zum Begriff ›Philister‹ vgl. Erl. zu 109 im Kommentarteil zu* Stirner, *HGW VIII, 397.*

144f. aus der Winckelmannzeit] *Der deutsche Archäologe und Kunstgelehrte* JOHANN JOACHIM WINCKELMANN *(1717–1768) bestimmte mit seiner Charakterisierung der Kunst der griechischen und römischen Antike als einer Kunst, die ›edle Einfalt und stille Größe‹ ausstrahlt, das Schönheitsideal der deutschen Klassik (›Geschichte der Kunst des Alterthums.‹ 2 Bde. Dresden 1764).*

146–150 Nietzsche's Worte *bis* Wolke sein] *Wortlaut der auf den 14. März 1883 datierten Widmung* NIETZSCHES *im Dedikationsexemplar der Aphorismensammlung ›Morgenröthe. Gedanken über die moralischen Vorurtheile‹ (1881) für den deutschen Komponisten* AUGUST BUNGERT *(1845–1915); Abdruck in Band VIII der seit 1893 von dem Philologen* FRITZ KOEGEL *(1860–1904) herausgegebenen Gesamtausgabe (S. 338 u. Nachbericht, S. VI; vgl. KGB III,1, 577, Nr. 388a).*

156 Frimmel's eingehende Untersuchung] *vgl. die ›Neuen Beethoveniana.‹ Neue Ausgabe. Wien 1890 [EA ebd. 1887], hier spez. S. 189–324, des renommierten Musikhistorikers und Beethoven-Forschers* THEODOR VON FRIMMEL.

160 Danhauser'sche Totenmaske] *Zwei Tage nach* BEETHOVENS *Tod entfernte man während der Obduktion des Leichnams sowohl die Gehörgänge auf beiden Seiten als auch die Gelenkgruben für den Unterkiefer, wodurch die Gesichtsform entstellt wurde; erst nach diesem Eingriff nahm der österreichische Maler* JOSEF DANHAUSER *(1805–1845) eine Totenmaske ab, nach welcher er eine Büste anfertigte.*

164f. Klein'sche Büste] *vgl. Erl. zu 81f.*

168f. »kugelig« nennt sie ein Zeitgenosse] *so der mit* BEETHOVEN *bekannte Hofsekretär und ›Gelegenheitsmaler‹* WILLIBRORD JOSEPH MÄHLER *(1778–1860), der den Komponisten seit 1804 vier Mal porträtierte.*

169 während Bettina sie »himmlisch« findet] *In ihrem Brief an* BIHLER *(vgl. Erl. zu 73) bezeichnet* BETTINA VON ARNIM BEETHOVENS *Erscheinung zwar als »garstig«, er habe »aber eine himmlische Stirn, die von der Harmonie so edel gewölbt ist, daß man sie wie ein herrliches Kunstwerk anstaunen möchte« (vgl.* BIHLER: *›Beethoven und das Kind‹, S. 314).*

171 jenes Largo aus dem D-dur-Trio] *ital. largo ›breit‹; Bezeichnung für einen Satz (oder eine Komposition) in langsamem Tempo. – Das Largo aus* BEETHOVENS *1808 entstandenem D-dur-Trio für Klavier, dem ›Geistertrio‹ (Op. 70,1), scheint im ruhig-träumerischen Ausdruck eines romantischen Nachtstückes der Welt des Zuhörers entrückt zu sein.*

173 Titanen] *nach der ›Theogonie‹* HESIODS *(vgl. Erl. zu 62) Söhne und Töchter des* URANOS *(›Himmel‹) und der* GAIA *(›Erde‹), die von* ZEUS *im Kampf um die Vorherrschaft im Götterhimmel mit Hilfe der Kyklopen (vgl. Erl. zu 62) be-*

siegt und in den Tartaros (›Unterwelt‹) verbannt wurden (vgl. ›Theogonie‹ 132–137 u. 617–735).

174 der »kraupete Musikant«] *›kraupet‹ hat in der bairischen Mundart die Bedeutung »verstört«, in der mährischen Mundart bedeutet es »von widerlichem aussehen« (DWb XI, 2088).*

175 seine Taubheit] *BEETHOVEN litt seit etwa 1796 an »[S]ausen und [B]rausen« in den Ohren (Brief an den Jugendfreund und Mediziner FRANZ GERHARD WEGELER [1765–1848] vom Juni 1801, in: ders. und FERDINAND RIES: ›Biographische Notizen über Ludwig van Beethoven.‹ Koblenz 1838 [Reprint Hildesheim 2000], S. 37); seit 1801 wurde sein Gehör ständig schwächer – er sei »taub«, teilte er WEGELER ebd. mit – und er mußte sich verschiedenster Hörhilfen bedienen, bis um 1814 völlige Taubheit eintrat.*

183f. die Neunte Symphonie] *Die FRIEDRICH SCHILLERS (1759–1805) Ode ›An die Freude‹ (1785, EA 1786) musikalisch untermalende und König FRIEDRICH WILHELM III. von Preußen (1770–1840) gewidmete Chorsymphonie in d-Moll (Op. 125) entstand zwischen 1817 und dem Herbst 1823 und wurde am 7. Mai 1824 in Wien uraufgeführt.*

186 Moira] *griech. μοίρα, in der griechischen Religion ursprünglich der dem einzelnen Menschen zukommende Anteil am Schicksal; bei HESIOD in Dreizahl (Μοῖραι [Moirai], vgl. ›Theogonie‹ 217f.) als Töchter des ZEUS und der THEMIS personifiziert, von denen die erste den Lebensfaden spinnt, die zweite seine Länge bestimmt und die dritte ihn abschneidet; in der ›Ilias‹ und der ›Odyssee‹ des HOMER in der Einzahl als Schicksalsgöttin. In der neuzeitlichen Kunst wird* Moira *als Personifikation des persönlichen Schicksals verstanden.*

188 »Erdgeist«] *In GOETHES ›Faust‹ I stellt sich der von FAUST beschworene »Geist der Erde« (v. 461) mit den Worten vor: »In Lebensfluthen, im Thatensturm / Wall' ich auf und ab, / Wehe hin und her! / Geburt und Grab, / Ein ewiges Meer, / Ein wechselnd Weben, / Ein glühend Leben, / So schaff' ich am sausenden Webstuhl der Zeit, / Und wirke der Gottheit lebendiges Kleid« (vv. 501–509 [WA I,14, 32]). Zum ›Erdgeist‹ heißt es in BENJAMIN HEDERICHS (1675–1748) ›Gründlichem mythologischem Lexicon‹: »DAEMOGORGON [...] soll so viel als der Erdgeist heißen und wird für das erste und ursprüngliche Wesen aller Dinge angegeben, welches die dreyfache Welt, nämlich den Himmel, die Erde und das Meer und alles, was darinnen ist, hervorgebracht hat, [...]. [...] An sich aber war dieses Grundwesen nichts anders, als was man die Natur nennet« (Leipzig 1724, hier nach der von JOHANN JOACHIM SCHWABE durchgesehenen, vermehrten und verbesserten Ausgabe Leipzig 1770, Sp. 858). – Mit dem* »Erdgeist« *spielt HAUSDORFF aber womöglich auch auf FRANK WEDEKINDS (1864–1918) 1895 erschienene Tragödie ›Der Erdgeist‹ (bei der Uraufführung 1898 als ›Burleske‹ bezeichnet) an, deren Protagonistin LULU ein triebgesteuertes biologisches Wesen ohne den regulierenden Eingriff durch den Geist ist.*

189 der Pariser Erzgießer P. Bingen] *Der deutsche Bronzegießer PIERRE BINGEN (1842 – nach 1902) betrieb seit 1883 in Paris eine Werkstatt, in der er zahlreiche Statuetten und Monumentalplastiken für renommierte Künstler seiner*

Zeit (u.a. AUGUSTE RODIN *[1840–1917]) anfertigte; der Thron des ›Beethoven‹ wurde im Winter 1901/02 in Paris aus verlorener Form (›cire-perdu‹) in einem Stück gegossen (vgl. hierzu detailliert* ASENIJEFF: *›Max Klingers Beethoven‹, S. 28–68).*

194 Böcklin's Kentauren und Tritonen] *Nach der griechischen Mythologie waren die Kentauren, Söhne des* KENTAUROS *und thessalischer Stuten, animalische und wilde Mischwesen mit Pferdeleib und menschlichem Oberkörper (vgl.* PINDAR: *›Phythien‹ II, 21–60). Triton, der Sohn der* AMPHITRITE *(vgl. Erl. zu 106) und des Meergottes* POSEIDON *(vgl.* HESIOD: *›Theogonie‹ 930–933) war ein Mischwesen mit Fischleib und menschlichem Oberkörper, dem in späteren Überlieferungen ›Brüder‹ – als Gespielen der Nereiden (vgl. Erl. zu 224) – zur Seite gestellt werden. – Der schweizer Maler* ARNOLD BÖCKLIN *(1827–1901) stellte die antiken Mythen in seinen Gemälden ›Kentaurenkampf‹ (1873, Öl auf Leinwand, 105 x 195 cm) und ›Triton und Nereide‹ (1873, Öl auf Leinwand, 102 x 191 cm) dar.*

194f. das »morphologisch gebildete Auge« eines Dubois-Reymond] *Die Morphologie (von griech. μορφή [morphé] ›Gestalt‹) ist die Lehre von der äußeren Gestalt der Lebewesen sowie deren Teile. –* EMIL DU BOIS-REYMOND *(1818–1896) war eigentlich Physiologe (seit 1858 Professor für Physiologie in Berlin), beschäftigte sich also von Haus aus mit den Lebensvorgängen der Organismen und widmete sich bereits früh auf Anregung seines Lehrers* JOHANNES MÜLLER *(1801–1858) den bioelektrischen Erscheinungen im Muskel- und Nervensystem.*

196 Archaistisches] *von griech. ἀρχαῖος (archaios) ›alt‹, ›altertümlich‹.*

203 Ecce homo] *lat. ›siehe, welch ein Mensch‹, nach Joh 19,5 Ausruf des* PILATUS, *mit welchem er den gegeißelten und mit der Dornenkrone gekrönten* JESUS *der wartenden Menge präsentierte.*

204 Millefiorigläser] *ital. mille fiori ›tausend Blumen‹; aus verschiedenfarbigen Glasstangen verschmolzenes Mosaikglas, das sich bereits in der Antike großer Beliebtheit erfreute und im 15. Jahrhundert von Venedig ausgehend über Europa verbreitet wurde. – Vgl. auch* TREU: *›Max Klinger als Bildhauer‹, S. 28: »die Engelsköpfe [...], deren Flügel mit bunten, antiken Millefiorigläsern inkrustiert werden.«*

205 inkrustiert] *lat. incrustere ›mit Marmor überziehen‹; das Verkleiden von Wänden oder Böden mit Steinplatten, v.a. mit Marmor, aber auch das Einlegen mit Edelsteinen oder das Überziehen mit Blattgold oder -silber. – Vgl. auch Erl. zu 204.*

206f. astralweisse] *lat. astralis ›die Gestirne betreffend‹; hier svw. sternenweiß.*

208 Puttenköpfchen] *ital. putto ›Knäblein‹, von lat. putus ›Knabe‹; in der bildenden Kunst Figur eines kleinen, nackten oder leicht bekleideten Knaben mit oder ohne Flügel.*

209f. einer inkarnierenden Tönung] *Als Inkarnat (ital., von lat. caro ›Fleisch‹) bezeichnet man in der Malerei den Farbton der Haut, hier svw. fleischfarbene Tönung.*

217 Tantaliden] *in der griechischen Mythologie die für ihre Greueltaten berüchtigten Nachkommen (u.a.* AGAMEMNON) *des lydischen Königs* TANTALUS, *der, um die Weisheit der Götter zu prüfen, seinen Sohn* Pelops *schlachtete und ihn den Göttern zum Mahl vorsetzte. Von diesen in die Unterwelt verbannt, erleidet er in einem See stehend immerwährenden Durst und Hunger, die sogenannten Tantalusqualen: das Wasser weicht zurück, sobald er zu trinken sucht, die über ihm hängenden Früchte schnellen zurück, sobald er nach ihnen greift (vgl.* Homer: *›Odyssee‹ XI, 583–592).*

223f. die auftauchende Aphrodite, von einer bärtigen Meergottheit auf der Muschel getragen] *Nach der griechischen Mythologie ›entsprang‹ die Liebesgöttin* Aphrodite *dem Schaum, der sich um das von* Kronos *(vgl. Erl. zu 132f.) mit einer Sichel abgetrennte Glied seines Vaters* Uranos *(vgl. Erl. zu 62) bildete, vgl.* Hesiod: *›Theogonie‹ 188–200, der den Namen der Göttin fälschlich von griech. ἀφρός (aphrós) ›Schaum‹ ableitet. – Die hier erwähnte, bei* Hesiod *nicht nachweisbare Muschel findet sich auch auf dem um 1478 entstandenen Gemälde ›Die Geburt der Venus‹ des italienischen Malers* Sandro Botticelli *(eigentlich* Alesando di Mariano Filipepi; *1445–1510).*

224 Nereide] *Die Nereiden sind der griechischen Mythologie zufolge die fünfzig Töchter (u.a.* Amphitrite, Thetis, Galatea*) des* Nereus *(vgl. Erl. zu 106), die auf den Wellen tanzen und spielen (vgl.* Hesiod: *›Theogonie‹ 240–264). – In den Wellen mit anderen Wassergeschöpfen spielende Nereiden sind ein beliebtes Motiv in der neuzeitlichen Kunst, vgl. Erl. zu 194.*

229f. die Schädelstätte] *vgl. dazu Erl. zu 107 im Kommentarteil zu* Stirner, *HGW VIII, 397.*

230 mit den beiden Schächern am Kreuz] *Als Schächer (ahd. scāhāri, zu ahd. scāh ›Raub‹) werden seit dem Mittelalter die beiden nach Mk 15,27 zusammen mit* Jesus *gekreuzigten Verbrecher bezeichnet.*

237–239 aus der Versöhnung *bis* träumen lässt] *In* Henrik Ibsens *(1828–1906) zweiteiligem Drama ›Kejser og Galilæer‹ (›Kaiser oder Galiläer‹ [1. ›Caesars Abfall‹, 2. ›Kaiser Julian‹, beide in jeweils fünf Akten]; EA Kopenhagen 1873, dt. Übers. hrsg. v.* Ernst Brausewetter *mit dem Untertitel ›Welthistorisches Schauspiel‹, Leipzig 1888) lernt der Protagonist* Julian *durch den orientalischen Mystiker* Maximos *die Lehre von den drei Reichen kennen: das erste sei gegründet auf dem Baum der Erkenntnis, das zweite auf dem Kreuz, das dritte aber, das des großen Geheimnisses, sei auf beiden gegründet. – Der seit 361 regierende römische Kaiser* Julianus Apostata *(eigentlich* Flavius Claudius Julianus; *331–363) wandte sich früh vom christlichen Glauben ab – daher der Beiname ›Apostata‹, der Abtrünnige – und der neuplatonischen Lehre zu, die er, mit christlichen Elementen versetzt, zur neuen Staatsreligion ausbauen wollte. – Eine Verbindung zwischen den Motiven auf den Thronreliefs, die antike heidnische und christliche Kultur vereinen, und dem v.a. in der Frühromantik aktuellen ›Dritten Reich der Sehnsucht‹ (vgl. hierzu* Jörg Träge: *›Philipp Otto Runge und sein Werk.‹ München 1975, S. 124ff.) stellte bereits Mitte April 1902* Franz Servaes *in seiner Besprechung für die ›Neue Freie Presse‹ her (*Servaes: *›Klingers »Beethoven«.‹ In: ›Neue Freie Presse‹ v. 16. April 1902); ebenso sprechen* Paul Kühn *(›Max Klinger.‹ Leipzig 1907, S. 451) und* Max Graf *(›Klingers Beethoven.‹ In: ›Die Musik‹ 17 [1902], H. 1, S. 1586–1590, hier S. 1586f.) diesen Gedanken aus.*

242 Anadyomene] *griech. ›die Auftauchende‹; Beiname der* APHRODITE *(vgl. Erl. zu 223f.).*

247 Eros] *Nach der griechischen Mythologie ist* EROS, *der Gott der Liebe, aus dem Chaos geboren (vgl.* HESIOD: *›Theogonie‹ 116–122), späterer Überlieferungen zufolge aber der Sohn der* APHRODITE *und des Kriegsgottes* ARES.

248f. In den radierten Cyklen »Eva und die Zukunft«, »ein Leben«, »eine Liebe«] *Verweis auf ›Eva und die Zukunft, ein Capriccio‹, Folge von sechs Blättern, entstanden 1880 (Op. III), ›Ein Leben‹, Zyklus von zwölf Blättern, entstanden 1883 (Op. VIII) sowie ›Eine Liebe‹, Folge von zehn Blättern, 1887 entstanden und* ARNOLD BÖCKLIN *(vgl. Erl. zu 194) gewidmet (Op. X); zur Werknumerierung vgl.* HANS WOLFGANG SINGER: *›Max Klingers Radierungen, Stiche und Steindrucke: Wissenschaftliches Verzeichnis.‹ Berlin 1909 [Reprint New York 1978].*

254 auf einem Blatte der »Brahmsphantasie«] *Es handelt sich um ein Konvolut von 41 Stichen, Radierungen und Lithographien* KLINGERS *nach Kompositionen von* JOHANNES BRAHMS *mit eingedruckten Noten* BRAHMS*scher Lieder, entstanden zwischen 1891 und 1893, erschienen Berlin 1894.*

258 Phobos und Deimos] *in der griechischen Mythologie die Söhne des Kriegsgottes* ARES *und der* APHRODITE *und Begleiter des* ARES *(vgl.* HESIOD: *›Theogonie‹ 934); beide personifizieren Furcht und Schrecken.*

262 Gauloiserie] *frz. esprit gaulois ›gallischer Witz‹;* Gauloiserie *wird der ausgelassene, zynische oder auch derbe Geist in der französischen Literatur genannt.*

270 Kypros] *griech. Κύπρος ›Kupferinsel‹, der griechische Namen der Insel Zypern. Nach* HESIOD *und* HOMER *war Zypern die Heimat der Liebesgöttin* APHRODITE *(vgl. ›Theogonie‹ 191–193: »Da entwuchs ihm / alsbald die Jungfrau. [...] und kam dann zum meerumflossenen Kypros« sowie ›Odyssee‹ VIII, 362f. [nach* VOSS*]: »Aber nach Kypros ging Aphrodite, die Freundin des Lächelns, / In den paphischen Hain, zum weihrauchduftenden Altar«). In der griechischen Literatur wird* APHRODITE *häufig als Κύπρις (Kýpris), die Zypriotin bezeichnet.*

272 Klinger's Raumkunst] *In seiner Programmschrift ›Malerei und Zeichnung‹ (Leipzig 1891) fordert* KLINGER, *angelehnt an das Ideal der Renaissance, daß »Baukunst, Malerei und Bildhauerei [...] verbunden sein müssen, dass jede einzelne der anderen bedarf um zur vollen Höhe sich aufschwingen zu können«; er propagiert die »Ausbildung des Raumes zum Kunstwerk« (S. 37); vgl. dazu auch* JOSEPH AUGUST LUX: *›Klinger's Beethoven und die moderne Raumkunst.‹ In: ›Deutsche Kunst und Dekoration‹, 5. Jg. (1902), H. 10 (Juli), S. 475–482, Bildteil S. 483–518.*

277f. »Geschöpfe des Prometheus« *bis* Balletmusik gemacht hat] *Die den griechischen Mythos des* PROMETHEUS, *Sohn des Titanen* IOPETOS *und Bildner des ersten Menschen (vgl. u.a.* OVID: *›Metamorphosen‹ I, 83) thematisierende, 1800/01 entstandene Ballettmusik (Op. 43) wurde am 28. März 1801 unter der Choreographie des italienischen Tänzers und Ballettmeisters* SALVATORE VIGANÒ *(1769–1821) am Wiener Hoftheater uraufgeführt.*

285–288 »Hol' Sie der Teufel *bis* zu entladen pflegte.] *Zitat aus einem Brief* BEETHOVENS *an seinen Freund, den ungarischen Komponisten* NIKOLAUS ZMESKALL VON DOMANOVETZ *(1759–1833) aus den Jahren um 1798: »[L]iebster Baron Dreckfahrer je vous suis bien obligè pour votre faiblesse de vos yeux. – übrigens verbitte ich mir in's künftige mir meinen frohen Muth, den ich zuweilen habe, nicht zu nehmen, denn gestern durch ihr Zmeskal-domanovezisches geschwäz bin ich ganz traurig geworden, hol' sie der Teufel, ich mag nichts von ihrer ganzen Moral wissen, Kraft ist die Moral der Menschen, die sich vor andern auszeichnen, und sie ist auch die meinige, und wenn sie mir heute wider anfangen, so plage ich sie so sehr, bis sie alles gut und löblich finden was ich thue« (*BEETHOVEN: *›Briefwechsel.‹ Gesamtausgabe. Im Auftrag des Beethoven-Hauses Bonn hrsg. v.* SIEGHARD BRANDENBURG. *München 1996ff., Bd. 1 [1783–1807], Nr. 35 [S. 43]).*

288f. »Eine ganz ungebändigte Persönlichkeit«] *so* GOETHE, *der* BEETHOVEN *im Juli 1812 in Teplitz getroffen hatte, in einem Brief vom 2. September 1812 an* CARL FRIEDRICH ZELTER *(WA IV,23, Nr. 6373, S. 89); vgl. zum Verhältnis beider auch* THEODOR FRIMMEL: *›Beethoven und Goethe.‹ Eine Studie. Wien 1883.*

289–291 Bettina berichtet: »Kein Kaiser und König hat so das Bewusstsein seiner Macht, und dass alle Kraft von ihm ausgehe, wie dieser Beethoven«] *vgl.* BETTINA VON ARNIM: *›Goethe's Briefwechsel mit einem Kinde. Seinem Denkmal.‹ 3 Tle. Berlin 1835 (ebd. ²1837), Brief aus Wien vom 28. Mai 1810 (in:* BETTINA VON ARNIM: *›Werke und Briefe.‹ Hrsg. v.* WALTER SCHMITZ *u.* SIBYLLE VON STEINSDORFF. *4 Bde. Frankfurt a.M. 1992, Bd. 2, S. 350).*

291–293 Dem jungen Moscheles *bis* o Mensch, hilf dir selber!] *Der tschechische Komponist und Pianist* IGNAZ MOSCHELES *(1794–1870) arrangierte 1814 auf Anweisung des Wiener* BEETHOVEN*-Verlegers Artaria & Co. einen Klavierauszug aus* BEETHOVENS *Oper ›Fidelio‹ (entst. 1804/05, UA 1805) – der eigentlich für diese Arbeit vom Verlag verpflichtete österreichische Komponist* JOHANN NEPOMUK HUMMEL *(1778–1837) hatte den Ansprüchen* BEETHOVENS *nicht genügen können. Unter die Partitur setzte* MOSCHELES *ein »Fine mit Gottes Hülfe« –* BEETHOVEN *schrieb darunter: »Mensch, hilf dir selbst.« (*ANTON SCHINDLER: *›Biographie von Ludwig van Beethoven.‹ [1840]. Dritte, neu bearbeitete und vermehrte Auflage in 2 Teilen. Münster 1860, 2. Tl., S. 171.) –* SCHINDLER *(1798–1864), Dirigent,* BEETHOVEN*-Vertrauter und erster* BEETHOVEN*-Biograph, weist in seiner Biographie diese von* MOSCHELES *kolportierte Begebenheit als »unerhörte Dreistigkeit« zurück, habe der junge Tscheche doch niemals »den persönlichen Umgang mit Beethoven genossen.« (Vgl. ebd., 2. Tl., S. 172.)*

294 Giganten] *in der griechischen Mythologie ein Geschlecht von Riesen mit in Schlangenschwänzen auslaufenden Leibern, aus den Blutstropfen entstanden, die vom abgetrennten Glied des* URANOS *(vgl. Erl. zu 223f.) fielen (vgl.* HESIOD: *›Theogonie‹ 441).*

294 Zeus Horkios] *griech. Ὅρκιος (Horkios) ›Eid‹; Beiname des* ZEUS *als Wächter über Eid und Vertrag.*

296 »Generalissimus in Donner und Blitz«] *so der Titel eines Kapitels aus* WILHELM JOSEPH VON WASIELEWSKIS *›Ludwig van Beethoven‹ (2 Bde. Berlin*

1888, hier Bd. 2, Kap. 3). Beethoven bezeichnete sich selbst im Briefwechsel mit seinem Wiener Verleger Sigmund Anton Steiner (1773–1838) gern und oft als »der g — s [generalissimus]« bzw. unterschrieb mit »ihr generalissimus Beethowen« oder »ihr g — s« (an Steiner, 20. und 29. Mai 1815, vgl. Beethoven: ›Briefwechsel‹, Bd. 3 [1814–1816], Nr. 807 [S. 139–141] u. Nr. 808 [S. 141]).

298f. die Büste von Otricoli] *der ›Zeus von Otricoli‹, die römische Kopie eines griechischen Originals aus dem 4. vorchristlichen Jahrhundert, gefunden in Otricoli (Ocriculum) in der italienischen Provinz Terni (Vatikanische Sammlung, Rom).*

308f. dessen höchste musikalische Kundgebung mit demütiger Inbrunst in eine »Bitte um inneren und äusseren Frieden« ausklingt] *1818 begann Beethoven mit der Komposition einer Messe für das im März 1820 vorgesehene feierliche Hochamt zur Inthronisation seines Mäzens, des Erzherzogs Rudolph von Habsburg (1788–1831) als Erzbischof von Olmütz, doch vollendete er die ›Missa solemnis‹ erst 1823. Die am 7. April 1824 in St. Petersburg uraufgeführte, in Teilen (›Kyrie‹, ›Credo‹ und ›Agnus Dei‹) am 7. Mai desselben Jahres der Uraufführung der ›Neunten Symphonie‹ vorangehende Messe endigt in einem Adagio-Abschnitt von 95 Takten mit dem Schwerpunkt »miserere nobis«, gefolgt von einem sehr langen, tempomäßig mehrteiligen Abschnitt »dona nobis pacem« von fast 340 Takten, der von in forte gesungenen »dona pacem, pacem«-Rufen des Chores, unterstützt von Streichern und Holz, ausklingt; das dem liturgischen Messeablauf widersprechende zweiteilige ›Agnus Dei‹ – korrekt wäre ein zweimaliges »Agnus Dei, miserere nobis«, gefolgt von einem »Agnus Dei, dona nobis pacem« – überschrieb Beethoven mit »Bitte um inneren und äusseren Frieden«.*

316f. an dem bartlosen Zeus Anstoss nehmen] *Darstellungen des Zeus sind seit dem 7. vorchristlichen Jahrhundert gesichert, teilweise auch unbärtig, was später aber unüblich wird; gemeint ist hier die Darstellung des bartlosen Beethoven.*

317 Apotheose] *griech. ἀποθέωσις (apothéosis) ›Vergötterung‹; die Verherrlichung von Personen als überirdische Wesen.*

318 Kongresszeit] *auch Restaurationszeit, die Epoche zwischen dem Wiener Kongreß 1814/15 und der Märzrevolution 1848.*

320f. aus den Bänden der kritischen Gesamtausgabe von Breitkopf & Härtel] *›Ludwig van Beethoven's Werke: vollständige, kritisch durchgesehene, überall berechtigte Ausgabe‹, erschienen zwischen 1862 und 1888 bei dem renommierten und auf Musikalia spezialisierten Leipziger Verlagshaus Breitkopf und Härtel in 25 Serien mit Supplementen.*

321–323 Der »Olympier« ist nun einmal für einen Anderen in Beschlag genommen, für Goethe] *Goethe wurde bereits zu Lebzeiten als ›göttlicher‹ Dichter verehrt.*

326 ein Einfall Bettina's] *Bettina von Arnim (vgl. Erl. zu 73) entwarf, als die Stadt Frankfurt am Main ein Denkmal zu Ehren Goethes plante, in den Jahren nach 1821 ein Gipsmodell, das den Dichter Jupiter gleich mit nacktem Oberkörper auf einem Thron sitzend darstellt; die 1853 von Carl Johann Stein-*

HÄUSER (1813–1879) nach diesem Modell aus weißem Marmor geschaffene Statue ›Goethe und Psyche‹ befindet sich heute im Treppenhaus des Neuen Museums in Weimar.

327–331 »Für Goethe *bis* schreibt H. von Stein] *Der deutsche Philosoph und Ästhetiker HEINRICH FREIHERR VON STEIN (1857–1887) wirkte nach einem naturwissenschaftlichen Studium in Heidelberg, Halle und Berlin zunächst 1879/80 als Erzieher SIEGFRIED WAGNERS (1869–1930) in RICHARD WAGNERS Bayreuther ›Villa Wahnfried‹; 1881 wurde VON STEIN mit einer Arbeit über GIORDANO BRUNO (1548–1600) an der Universität Halle habilitiert, wo er bis 1884 als Privatdozent lehrte – und die erste Vorlesung überhaupt über WAGNER hielt –, dann wechselte er an die Berliner Universität, wo er v.a. über Ästhetik las (›Vorlesungen über Aesthetik.‹ Posthum Stuttgart 1897). – Von PAUL RÉE (1849–1901) wird FRIEDRICH NIETZSCHE 1877 auf VON STEIN aufmerksam gemacht. Nach mehreren vergeblichen Versuchen, NIETZSCHE persönlich zu treffen, besucht VON STEIN vom 26. bis zum 28. August 1884 NIETZSCHE in Sils-Maria, »Jedermann erklärend, dass er n i c h t wegen des Engadins komme« – »[d]ieser ausgezeichnete Mensch, der mit der ganzen ungestümen Einfalt eines preussischen Junkers in den Wagner'schen Sumpf hineingewatet war [...] war diese drei Tage wie umgewandelt durch einen Sturmwind der Freiheit, gleich Einem, der plötzlich in s e i n e Höhe gehoben wird und Flügel bekommt. Ich sagte ihm immer, das mache die gute Luft hier oben, so gehe es Jedem, man sei nicht umsonst 6000 Fuss über Bayreuth« (›Ecce homo. Wie man wird, was man ist‹, ›Warum ich so weise bin‹ 4 [KGW VI,3, 268]). – HAUSDORFF zitiert hier aus VON STEINS Berliner Vorlesungen ›Die Ästhetik der deutschen Klassiker‹, zuerst gedruckt in den ›Bayreuther Blättern‹ X (1887), S. 129 – 211 (Zitat S. 209). Posthum erschien 1893 eine Buchfassung unter dem Titel ›Goethe und Schiller. Beiträge zur Ästhetik der deutschen Klassiker‹.*

332f. konziliante Höflichkeit] *lat. conciliatus ›beliebt‹.*

333 des Weimarer Geheimen Rates] *JOHANN WOLFGANG VON GOETHE wurde 1779 unter der Regentschaft Herzog KARL AUGUSTS von Sachsen-Weimar-Eisenach (1757–1828) zum ›Geheimen Rat‹ (v.a. für das Finanzwesen) berufen.*

345f. »kein Engel trennte geeinte Zwienatur der innigen Beiden«] *Zitat aus GOETHES ›Faust‹ II, 5. Akt: ›Bergschluchten, Wald, Fels‹ (vv. 11961–11963 [WA I,15, 331]).*

346 Zeugma] *griech. ζεύγμα (zeúgma) ›Joch‹; in der Rhetorik Begriff für ein Satzglied, das zwei syntaktisch oder semantisch verschiedenen Satzteilen zugeordnet ist und so Unpassendes zusammenzwingt.*

353 nisus formativus] *lat. nisus ›Anstrengung‹, lat. formativus ›gestaltend‹. Der Begriff* nisus formativus *geht auf den deutschen Naturforscher JOHANN FRIEDRICH BLUMENBACH (1752–1840) zurück. BLUMENBACH vertrat in seiner Schrift ›Ueber den Bildungstrieb und das Zeugungsgeschäfte‹ (Göttingen 1781) eine gegen die Lehre der Präformation der Lebewesen gerichtete Theorie der Entwicklung (›Epigenese‹). Darin belegte er die Vorstellung, »in allen belebten Geschöpfen vom Menschen [...] bis zum Schimmel herab« liege ein »besondrer, eingebohrner, Lebenslang thätiger würksamer Trieb [...], ihre be-*

stimmte Gestalt anfangs anzunehmen, dann zu erhalten, und wenn sie ja zerstöret worden, wo möglich wieder herzustellen. Ein Trieb« mit dem »Namen des Bildungs-Triebes (Nisus formativus)« (vgl. ebd., S. 12f.).

354–356 die traditionellen Götterbilder umzubilden *bis* den nackten schönen Frauenkörper hervorzuholen] *Bis in das 5. vorchristliche Jahrhundert hinein wurde* Aphrodite *ausschließlich bekleidet dargestellt. Aus dem späten 5. vorchristlichen Jahrhundert ist erstmals eine Statue der* Aphrodite *mit entblößter Brust bezeugt (dem griechischen Bildhauer* Kallimachos *[fl. letztes Drittel des 5. Jhds. v. Chr.] zugeschrieben); als erster Bildhauer schuf* Praxiteles *(fl. 4. Jhd. v. Chr.) eine die Göttin vollkommen nackt zeigende Statue (›Aphrodite von Knidos‹, um 345/340 v. Chr.). Einige der erhaltenen Standbilder der* Aphrodite *tragen ein Schwert, und auch nach der ›Reise in Griechenland‹ des griechischen Schriftstellers* Pausanias *(zw. 111 und 115 – nach 180) waren v.a. in Sparta Statuen der Göttin bewaffnet (vgl. hierzu* Johan Flemberg: *›Venus armata. Studien zur bewaffneten Aphrodite in der griechisch-römischen Kunst.‹ Göteborg 1991).*

355 »übersittlichen Faltenhemd«] *Anspielung auf* Goethes *›Faust‹ II, 5. Akt: ›Grablegung‹, während der* Mephistopheles *dem Chor der Engel zuruft: »Auch könntet ihr anständig-nackter gehen, / Das lange Faltenhemd ist übersittlich« (v. 11797f.; WA I,15, 324).*

366 Griffelkunst] *vgl. dazu Fußnote 3 im einführenden Abschnitt ›Entstehungsgeschichtlicher Kontext‹; vgl. dazu auch* Ferdinand Avenarius: *›Max Klingers Griffelkunst: ein Begleiter durch seine Phantasiewelt.‹ Berlin 1895.*

372f. Taine's Blick für das Wesentliche] *Der französische Philosoph und Historiker* Hippolyte-Adolphe Taine *(1828–1893), einer der Hauptvertreter des französischen Positivismus, erläuterte in der ›Philosophie der Kunst‹ (Paris 1866; ›Philosophie de l'art.‹ Paris 1865), daß der »wesentliche Charakter [...] eine Eigenschaft [sei], aus der alle übrigen oder wenigstens viele andere Eigenschaften nach feststehenden Zusammengehörigkeiten hervorgehen« (ebd., S. 43).*

378 epigonenhafter Virtuosität] *griech. ἐπιγονή (epigoné) ›Nachkommenschaft‹. Als Epigonen werden in der Literatur und der bildenden Kunst Nachahmer ohne eigene Schöpfungskraft bezeichnet.*

382 Stefan George] *Der deutsche Lyriker* Stefan Anton George *(1868–1933) schuf auf der Grundlage seiner gegen den Naturalismus gerichtetem Kunstauffassung im Geiste des l'art pour l'art eine an den französischen Symbolisten orientierte, selbstreflexive Lyrik (u.a. ›Hymnen‹ [1890], ›Algabal‹ [1892]). 1890 formierte sich nach französischem Vorbild (v.a.* Stéphane Mallarmé *[1842–1898]) ein Kreis Gleichgesinnter um* George, *der die Idee, eine neue Kunst ohne moralische, soziale oder politische Zwecksetzung zu schaffen, in die Tat umzusetzen suchte (vgl. das Publikationsorgan ›blätter für die kunst‹, herausgegeben von* George *und* Carl August Klein *(1867–1952), erschienen zwischen 1892 und 1919).*

385f. die Gedankenstriche und Punktreihen moderner Gedichtbücher] *Anspielung u.a. auf den Gedichtzyklus ›Phantasus‹ (1898/99) des deutschen Lyrikers und Dramatikers* ARNO HOLZ *(1863–1929), aber auch die Gedichte* RICHARD DEHMELS.

387 Katalepsie] *von griech. καταλαμβάνω (katalambáno) ›halte fest‹. Hier ist wohl nicht die motorische Störung bei länger in sogenannten modellierten, passiven Stellungen ausharrender Kranker gemeint, sondern die Kataplexie (von griech. καταπλήσσω (kataplésso) ›schlage nieder‹, die sogenannte ›Starrsucht‹, das tonische Zusammenziehen der Muskeln in Ausnahmesituationen.*

390 »Mondscheinsonate«] BEETHOVENS *1800/01 entstandener, der Comtessa* GUILIETTA GUICCIARDI *(1748–1856) gewidmeter ›sonata quasi una fantasia‹ in cis-Moll für Klavier (Op. 27,2) verlieh der deutsche Schriftsteller und Musikkritiker* HEINRICH FRIEDRICH LUDWIG RELLSTAB *(1799–1860) wegen des für die herkömmliche Sonatenform untypischen melancholischen Adagio im ersten Satz, das düster-verhangene Nachtstücke romantischer Tradition antizipiert, den Titel ›Mondscheinsonate‹.*

391f. wie ein Pythagoräer sich an Mass und Zahl klammert] *vgl. dazu Erl. zu 301f. im Kommentarteil zu* Tod und Wiederkunft, *HGW VIII, 438f.; zur Bedeutung der Zahl für die Pythagoreer vgl. auch* ARISTOTELES: *›Metaphysik‹ I 5, 987a.*

392–394 in einer (später freilich widerrufenen) Briefstelle den glänzenden Erfolg der Neunten Symphonie in Berlin grossenteils der — Metronomisierung zuschreibt] BEETHOVEN *schrieb in der zweiten Dezemberhälfte 1826 an das Musikverlagshaus ›B. Schott's Söhne‹ in Mainz: »Die Metronomisirung folgt nächstens. Warten Sie ja darauf. In unserm Jahrhundert ist dergleichen sicher nöthig; auch habe ich Briefe von Berlin, daß die erste Aufführung der Symphonie mit enthusiastischem Beyfalle vor sich gegangen ist, welches ich großentheils der Metronomisirung zuschreibe.« (*BEETHOVEN: *›Briefwechsel‹, Bd. 6 [1824–1826], Nr. 2244, S. 330.)*

394f. Heute ist »Stimmung« unser drittes Wort] *Als* Stimmung *wird zeitgenössisch »die einheitliche Gemütslage eines Menschen« bezeichnet, »die aus einer Summe von Gefühlszuständen in einem Zeitpunkte hervorgeht. Die Stimmung wechselt bei dem Menschen nach seinem Gesamtbefinden, nach Wetter Jahreszeit, Klima, Nahrung, Umgebung u. dgl.; doch ist das Wiederkehrende in ihr auch vom Temperament des Menschen abhängig« (*FRIEDRICH KIRCHNER: *›Wörterbuch der Philosophischen Grundbegriffe.‹ 2 Bde. Berlin 1886, hier zitiert nach ›Kirchner's Wörterbuch der Philosophischen Grundbegriffe.‹ 2 Bde. Fünfte Auflage. Neubearb. von Dr.* CARL MICHAËLIS. *Leipzig 1907, Bd. 2, S. 602). Ein anderes zeitgenössisches Wörterbuch definiert* Stimmung *als »die besondere, von äußeren und inneren Umständen abhängige Gemütslage, Gemütsverfassung, gemütliche Resonanz eines Individuums, die Gefühlsdisposition zu einer bestimmten Zeit im Gefolge von Organempfindungen, Vorstellungen, Reflexionen, Erlebnissen heiterer oder trauriger Art« (vgl.* RUDOLF EISLER: *›Wörterbuch der philosophischen Begriffe.‹ Berlin 1899, hier zitiert nach der 2., völlig neu bearb. Auflage in 2 Bden. Berlin 1904, Bd. 2, S. 434). Als* drittes Wort *bezeichnet* HAUSDORFF *die* Stimmung *auch in seinem 1910 publizierten Kleindrama* Der Komet*:* Entwerfen wir eine Kategorientafel. Da haben wir zunächst die drei Haupttribünen, von denen aus man das Phänomen besichtigen kann: I. Wissenschaft, II. Philosophie, III. Stimmung *(HGW VIII, 724); vgl. auch* Sant' Ilario, *Aph. 282, S. 186f.*, *HGW VII, 280f.*

399f. quantum satis] *lat. ›so viel als nötig‹, Angabe in medizinischen Rezepturen.*

401f. wie die geordnete Welt aus dem »Grenzenlosen« des Anaximander] *Der griechische Naturphilosoph* Anaximandros von Milet *(um 610 v. Chr. – um 546 v. Chr.) nahm einen quantitativ wie qualitativ unbestimmten Urstoff an, den er als ἄπειρον (ápeiron), das ›Grenzenlose‹ bezeichnete; durch die ewige Bewegung, in der sich dieser Urstoff befindet, entstehen die besonderen Stoffe und damit die Welt.*

402f. wie die Zeusherrschaft aus Titanenkämpfen] *vgl. Erl. zu 173.*

410f. »der grosse gesammelte Ausdruck unserer Lebensanschauung«] *Zitat aus* Klinger: *›Malerei und Zeichnung‹, S. 40. –* Hausdorff *sieht mithin im ›Beethoven‹ die Aufgabe erfüllt, die* Klinger *sich für eine Synthese der Künste zu einer gesamtheitlichen ›Kunst‹ gestellt hatte, heißt es doch ebd., S. 39f. mit kritischem Blick auf die zeitgenössische Kunst: »Wir haben nun Baukunst und Bildhauerkunst, Malerei und reproducirende Kunst, dazu noch decorative und Fachkünste. Der grosse, gesammelte Ausdruck unserer Lebensanschauung fehlt uns. Wir haben Künste, keine Kunst.«*

Offener Brief gegen Landauer

›Die Zukunft‹, 10. Jg. (1902), Nr. 37 (14. Juni 1902), S. 441–445.

[H 1902d]

Einen am siebenzehnten Mai — unter dem Titel »Die Welt als Zeit« — hier veröffentlichten Artikel des Herrn Landauer glossirt und bekämpft Herr Paul Mongré in dem folgenden Brief:

»Sehr geehrter Herr Landauer, Sie sehen das Heil darin, daß der Raum zur Zeit werde; ich möchte diese Metapher auf den Kopf stellen und den Aufstieg der Erkenntniß von dem Wunder abhängig machen, das dem staunenden Parsifal des Grals Nähe ankündigt: Du siehst, mein Sohn, zum Raum wird *[442]* hier die Zeit! Ich verspreche mir gar nichts davon, daß die Leere zwischen mir und dem ›Dinge da hinten‹, die gähnende Kluft zwischen Ich und Nichtich ausgefüllt werde; ich halte es für eine mächtige Entlastung der Sensibilität, daß diese Kluft aufgerissen und die Intensitätschwankungen meines Binnenlebens zu fremden Objekten exteriorisirt wurden. Es muß noch immer mehr Raum aus der Zeit auskristallisirt werden, aus den diffus schwimmenden Seelenbegebenheiten sich ein fester Niederschlag abscheiden. Wir müssen immer mehr noch von uns ins Außerweltliche verfestigen und aus den inneren Säften ein schönes Kieselskelet bilden, wie die neuerdings so berühmten Radiolarien; nicht, wie dem Manfred Byrons, sollen uns Berge ein Gefühl sein, sondern lieber wollen wir Gefühle aufeinanderthürmen wie Berge, um wirklich in die Höhe zu kommen und tastbaren Grund unter uns zu haben. Leiden wir nicht Alle heute an der Verinnerlichung oder, wie Sie sagen, an der Verzeitlichung? Und nachträgliche Propheten wie Maeterlinck verheißen ein ›Erwachen der Seele‹: ich finde, wir haben entschieden Ueberproduktion an Seele und sollten trachten, diese an freier Luft leicht verderbliche Waare schleunigst loszuwerden. Die Zeitkünste, Musik und Lyrik, packen so viel Seele aus, wie gar nicht beisammen bleiben will; Das verbreitet sich dann überall im ›Raum‹ und macht die kleinen Objekte, die Tiffanygläser und japanischen Bronzen, aufrührerisch, daß sie auch schon Seele auszudunsten anfangen. Ach, diese Orgien der freien (im chemischen Sinne) freigewordenen Seele! Ganze fünfaktige Dramen werden als Wasserstoffballons um so einen Seelenhauch herumgeschrieben; langwierige Romane suchen mit Millimeterschärfe den Punkt zwischen zwei Seelen zu bestimmen, wo jede auf die andere gleich stark reagirt. Sie wollen noch mehr Seele, noch mehr Form der inneren Anschauung, noch mehr ›Zeit‹? Aber die Zeitkünstler schmachten nach einer Raumkunst in Klingers Art. Was ist Straußens Zarathustra und Heldenleben anderes als ein Versuch, dreidimensionale Musik zu machen, die Tongestalten aus der einfach ausgedehnten Zeitlinie herauszuschrauben und ihnen plastische Ausladung zu geben? Die Zeit, das überfüllte Gefäß der Seele, platzt an allen Ecken und speit ihr Inneres aus: und Sie wollen nicht nur das Bisherige, sondern noch viel mehr in den engen Schlauch zurückstopfen? Was entzückt uns denn am Raumkunstwerk, was giebt unseren Nerven die wohlthätige Ruhe, gegenüber den zudringlichen Boa-Konstriktor-Umwindungen der seelenhaften Ton- und Redekunst? Das Centrifugale, die Richtung von der Seele weg ins Sichtbare, die anständige Entfernung. Endlich ein Stück Seele unwiderruflich abgetrennt und als festes

Symbol uns gegenübergestellt! Wir athmen auf. Und Sie wollen das Netzhautbild uns wieder als Albdruck ›menschlich näher bringen‹? Nicht ohne romantische Sehnsucht malen Sie eine Tastwelt ohne Gesichtsempfindungen aus, die raumlos nur als Succession von hart, scharf, glatt, geschweift, naß, kalt, als Aeolsharfenspiel wechselnder Ichgefühle verliefe. Der blinde Seher, die introspektive Mystik hat es Ihnen angethan. Aber wir halten es mit Gottfried Keller: Augen, meine lieben Fensterlein!

Ich glaube, wir sind nicht mehr jung genug, um uns über solche Sätze aufzuregen wie: alle Handlungen entspringen aus Egoismus, alles Geschehen ist nothwendig, alle Wirklichkeit ist Bewußtseinsphänomen. Solche universellen Aussagen gehen uns eigentlich nicht mehr an, als wir den allseitigen Luftdruck *[443]* spüren; worauf es ankommt, sind die Abstufungen innerhalb des so oder so bezeichneten Gesammtbegriffes. Es ist so wahr wie eine Tautologie, daß Niemand Etwas thut, das ihm nicht Vergnügen macht; aber, Dies einmal konstatirt, erweist es sich doch als zweckmäßig, zu unterscheiden, ob Einer an Ehrlichkeit oder Diebstahl, am Geben oder Nehmen Vergnügen findet. Der menschliche Wille ist determinirt und eine metaphysische Verantwortlichkeit giebt es nicht; aber die Gesammtheit aller ›unfreien‹ Handlungen wird doch plausibler Weise in Gruppen voller, verminderter und aufgehobener Zurechnungsfähigkeit eingetheilt. Alle Dinge beeinflussen einander und kein Sperling fällt zur Erde, ohne den Sirius aus seiner Bahn abzulenken; aber für manche Paare von Dingen, wie Sirius und Sperling oder Mond und Wetter, ist es doch vortheilhafter, zu sagen: sie beeinflussen einander nicht. Jedes Zeichen ist inkongruent mit dem Bezeichneten; aber ein Zeichen, das eindeutig orientirt, bleibt darum doch werthvoller als ein irreführendes, mißweisendes. Die ganze Außenwelt ist meine Bewußtseinserscheinung; aber innerhalb dieser allumfassenden Scheinbarkeit ist es doch rationell, gewisse Dinge als wirklich, andere als eingebildet oder halluzinirt anzusehen. Der Raum ist eine Projektion aus inneren Erlebnissen oder, wie Sie sagen, eine Eigenschaft der Zeit; aber es ist immerhin merkwürdig, daß aus dem quallenhaft fließenden Chaos seelischer Zustände sich so ein Knochengerüst mit permanenten Bestimmtheiten herausschälen läßt, und diese Thatsache spricht eigentlich dafür, das Skelet nicht wieder in Gallert aufzulösen. Auch die ›Dinge‹, diese ontologischen Ungeheuer und Quidditäten, über die der spätere Nietzsche so pyrrhonisch spottet und denen auch Ihr Freund Mauthner in seiner bewundernswerthen Sprachkritik zu Leibe geht, auch diese erkenntnißtheoretischen Substantiva, so wenig sie existiren, lassen sich doch nachträglich dadurch retten, daß die Oekonomie des Denkens zweckmäßiger Weise so thut, als ob sie existirten. Freilich habe ich, streng genommen, nichts Anderes als zeitliche Modifikationen meiner Seele, zum Beispiel Gesichtsempfindungen von grün, zitternd, herzförmig, Gehörsempfindungen von wispern, rauschen, Geruchsempfindungen von Ozon und aromatischen Oelen, Hautempfindungen von Schattenkühle und vorbeistreichendem Luftstrom; dazu Erinnerungsgefühle, daß alle diese Empfindungen in ähnlichem Zusammenspiel schon einmal da waren, ferner ein gewisses Gefühl der Abhängigkeit, daß nämlich diese Empfindungen nicht verschwinden würden, selbst wenn ich ›wollte‹, es sei denn, daß ich gewisse andere Empfindungen, die Muskelgefühle des Augenschließens oder Kopfdrehens, in mir zu erzeugen vermöchte u.s.w. Ja, das ist das Einzige, was ich eigentlich habe; aber wenn ich dieses komplizirte Besitzthum wirklich ergreifen, handhaben, in Taschenformat bei mir tragen will, so bleibt mir doch nichts übrig, als ein ›Ding‹ zu hypostasiren und zu sagen: Das ist die Linde, die vor meinem Fenster steht! Ueber dieses Ding und Baumsubstantivum zu lachen, ist philosophischer Laune nicht unwürdig, zumal wenn ontologisch angelegte Köpfe sich an dieser symbolischen Chiffre wie an einer starren Wesenheit Beulen stoßen und Schopenhauer die platonische Idee der Linde über den Wässern schweben sieht. Aber für den Hand- und Hausgebrauch werden Sie doch das Symbol nicht wieder ausführlich umschreiben, das Ding nicht wieder in seine zahllosen Einzelfasern zerspinnen wollen! Dazu hätten Sie Grund, wenn die Dinge Das nicht leisteten, wozu wir sie erfunden *[444]* haben, wenn die Symbole sich nicht so wählen ließen, daß sie zu allen Zeiten und für alle Subjekte das Selbe bedeuten, wenn Sie heute einen Komplex innerer Erlebnisse bei sich fänden, der in neunundneunzig Beziehungen ›Linde‹, in einer einzigen Beziehung aber ›Buche‹ aussagt. Solche Fälle kommen ja freilich vor, haben sich aber bisher immer noch unter die Pathologie der betreffenden Objekte subsumiren lassen und unsere leichtsinnige Maxime: ›Ausnahmen bestätigen die Regel‹ nicht umzustoßen vermocht. Und gerade Das unterschätzen Sie, wie mir scheinen will; Sie sind nicht dankbar genug für den Glücksfall, daß die Natur sich wirklich, im Großen und Ganzen, in unsere armsäligen Symbole einfangen läßt. Es könnte ja auch anders sein. Wie viel leistet allein der Raum, wie viel Wirklichkeit umspannt er, während von vorn herein Niemand dafür bürgen konnte, daß ein Fisch in dieses Netz gehen würde. Er ist dreidimensional; wie viel ist es aber von einer kompakten Außenwelt verlangt, daß sie überhaupt eine zeitweilig bestimmte Dimensionenzahl habe und nicht (in der Art, wie sichs die Spiritisten vorstellen) durch gelegentlichen Hokuspokus eine Extradimension verrathe, die sie wie ein Pseudopodium bald ausstreckt, bald einzieht? Ferner, daß diese bestimmte Dimensionenzahl, in die sich Alles widerspruchsfrei einfügt, mit der Zeit unveränderlich sei? Weiter: die freie Beweglichkeit, die man so geneigt ist, als ein denknothwendiges Attribut vorauszusetzen, bedeutet doch auch nur eine freiwillige Selbstbeschränkung der Natur, an die wir nun durch Verjährung ein Recht zu haben glauben. Wir drehen und verschieben unsere Leiber und schleudern unsere Kegelkugeln so unbedenklich, als wäre der Raum verpflichtet, an jedem Ort gleiche Aufnahmebedingungen zu gewähren und unsere Cook-Tickets überall unterschiedlos zu honoriren. Aber es sind Räume veränderlicher Krümmung denkbar, worin eine Figur als starrer Körper nur in einziger Lage möglich ist und also die Wahl hat, entweder auf starre Form oder auf Bewegung zu verzichten; in einem solchen Raume wandernd, müßten wir uns deformiren, wie die Bilder in einem

Hohlspiegel oder wie Quecksilber, das durch Röhren getrieben wird. Nun könnte zwar, da doch irgend ein Vergleichsobjekt und ›Normalmeter‹ gewählt werden muß, jedes Individuum immer noch seinen eigenen Leib für unveränderlich erklären oder sich ein Stück Eisen anfertigen, an dessen Starrheit es axiomatisch glauben will; aber dann würden die Räume verschiedener Individuen nicht zusammenstimmen oder der Raum, der für dies eine Stück Eisen freie Beweglichkeit gestattet, würde sie einem anderen, physikalisch gleichberechtigten Eisenstück versagen. Auf alle diese Heimtücken und Störungen unserer Wissenschaft verzichtet die Natur, so wenig sie sonst unsere bereit gehaltenen Schemata auszufüllen und die menschlich-allzumenschlichen Kategorien des Schönen, Wahren, Guten zu respektiren pflegt: aber den Raum, dieses doch gar nicht bequeme Panzerhemd, haben wir ihr glücklich umgehängt und sie duldet es ohne Widerspruch. Finden Sie daran gar nichts zu erstaunen? ... Ich habe mich hier, der Kürze halber, mythologisch ausgedrückt und von der Natur gesprochen, die sich Dies und Jenes gefallen ließe; setzen wir statt Natur wieder Bewußtsein, so bleibt es nicht minder eine Extragefälligkeit dieses Bewußtseins, aus seinem fluthenden Bilderwechsel eine annähernd stabile Außenwelt, mit ›Dingen‹, Atomen, chemischen Elementen, abzulagern, die sich, ohne Ausrenkung und Verkürzung, glatt und ungezwungen in das Prokrustesbett des euklidischen Raumes *[445]* hineinschmiegt. Und darum dürfte es weder Willkür und zufälliger visual language sein, daß wir einen Theil des Zeiterfüllenden zum Raum exteriorisirt haben, noch dürfte es in unserer Macht liegen, diese erstarrte Abscheidung im Schmelztiegel wieder zu verflüssigen, noch endlich würden wir, wenn es selbst in unserer Macht läge, zur Bereicherung unseres heiligen Innern irgend Etwas gewonnen haben. Was hilft es, den Objekten ewig ihren Ursprung aus menschlichem Bewußtsein nachzutragen? Damit, daß wir in jedes Goldstück unseren Namenszug eingraviren, vermehren wir unseren Besitzstand nicht. Auch der schrankenloseste Subjektivismus kann den ganzen Wein nicht auf einmal austrinken; er muß Flaschen und Fässer füllen und einen Keller zur Aufbewahrung haben. Wenn schon unsere Geliebte nichts ist als die Summe unserer Begegnungen mit ihr, unserer Vorstellungen von ihr, so würde es doch diesen ›Ichgefühlen‹ ihren besten Reiz nehmen, nicht an ein Substrat dahinter zu glauben. Freilich kann der Wein im Keller sauer werden und die Geliebte hat, als ›Ding‹ im Raum, drei Dimensionen zur Verfügung, um uns durchzubrennen; aber in solchen Fällen ist die Zeit, ihrer Nichtumkehrbarkeit wegen, eine noch viel fatalere Einrichtung. Der Raum ist wenigstens Etwas, das überwunden werden kann. Und im Raum kann man einen Umweg machen, während man in der Zeit durch den schwärzesten Schlamm mitten durch muß. Wäre ich Phantast wie Sie, so würde ich aus all diesen Gründen eher für Verwandlung der Zeit in Raum stimmen; man würde sein Leben vernünftiger stilisiren können, wenn man die zeitlichen Erlebnisse im übersichtlichen Nebeneinander statt im verdeckenden Nacheinander anordnen, also gewissermaßen um die Ecke sehen und außer der Reihe marschiren dürfte und nicht, der dummen Eindimensionalität wegen, nach dem A jedesmal B sagen müßte. So weit wage ich meine Vision einer Ummenschung des Menschen aber nicht zu treiben, sondern glaube einstweilen nur, daß sich noch mancherlei Zeit (nicht alle!) in Raum verwandeln, mancherlei Seelisches zu Dinglichkeit kristallisiren läßt und daß wir nach den ewigen Innerlichkeiten und molluskenhaften ›Stimmungen‹ der letzten Jahrzehnte gut thun, zur Abwechselung wieder einmal uns nach der Objektseite, in klaren Gestalten und scharf gezeichneten Bildern, recht räumlich und substantiell auszuleben.«

Offener Brief gegen Landauer

Entstehungsgeschichtlicher Kontext

Am 17. Mai 1902 erschien in der Zeitschrift ›Die Zukunft‹ ein Artikel des Publizisten Gustav Landauer (1870–1919) mit dem Titel ›Die Welt als Zeit‹.[1] *Die zentrale These dieses Artikels lautete: »Der Raum muß in Zeit verwandelt werden.«*[2] *Kurze Zeit darauf, am 14. Juni 1902, brachte die ›Zukunft‹ einen gegen Landauers Artikel gerichteten offenen Brief Hausdorffs,*[3] *aus dem sich eine nicht öffentlich weitergeführte Kontroverse zwischen Landauer und Hausdorff entwickelte.*[4]

Gründer der ›Zukunft‹ war Maximilian Harden (sc. Felix Ernst Witkowski; 1861–1927). Die überwiegend politisch gegen den Kurs der wilhelminischen Politik geprägte Zeitschrift trat am 1. Oktober 1892 als »unabhängige Rednertribüne für jedermann« in Erscheinung.[5] *Wie die Wiener ›Zeit‹, so beinhaltete auch die ›Zukunft‹ vornehmlich Beiträge zu nichtliterarischen Themen, erst ab 1898 findet vermehrt Literarisches – meist Gedichte – Eingang in die Zeitschrift. Anders als die ›Rundschau‹ oder die ›Zeit‹ sprach sie jedoch nicht das Bildungsbürgertum in Gänze an, sondern bewußt einen kleinen, beinahe elitären Kreis von politisch interessierten und engagierten Intellektuellen. In der ›Zukunft‹ war Hausdorff schon Ende des 19. Jahrhunderts mit zwei kleineren Beiträgen vertreten. Auf die Aufforderung Hardens an »ernste Autoren« hin, »künftig hier ihre neuen Bücher selbst anzuzeigen«, und dies kostenlos,*[6] *reagierte Hausdorff im November 1897 mit der Anzeige seines Buches* Sant' Ilario. Gedanken aus der Landschaft Zarathustras.[7] *Die Möglichkeit zur Selbstanzeige nutzte Hausdorff ein weiteres Mal, um in einem in Gedichtform abgefaßten* Epilog, dessen Personen der Philosoph und das kantische »Ding an sich« sind, *seinen erkenntniskritischen Versuch* Das Chaos in kosmischer Auslese *vorzustellen.*[8]

---

1 *Gustav Landauer: ›Die Welt als Zeit.‹ In: ›Die Zukunft‹, 10. Jg. (1902), Nr. 33 vom 17. Mai 1902, S. 265–276.*

2 *vgl. dazu das ausführliche Zitat in den folgenden Erläuterungen, Erl. zu 4f.*

3 *Paul Mongré: [›Brief gegen Landauer‹.] In: ›Die Zukunft‹, 10. Jg. (1902), Nr. 37 vom 14.Juni 1902, S. 441–445.*

4 *Die inhaltlichen Differenzen zwischen Hausdorff und Landauer sind eingehend analysiert in Egbert Brieskorn: ›Gustav Landauer und der Mathematiker Felix Hausdorff‹. In: ›Gustav Landauer im Gespräch. Symposium zum 125. Geburtstag.‹ Hrsg. v. Hanna Delf u. Gert Mattenklott. Tübingen 1997, S. 105–128.*

5 *So der Untertitel; zu Hardens ›Zukunft‹, ihren Mitarbeitern und Beiträgern vgl. Björn Uwe Weller: ›Maximilian Harden und die »Zukunft«.‹ Bremen 1970 (›Beiträge zur Publizistik‹ 13).*

6 *›Die Zukunft‹, 4. Jg. (1895/96), Nr. 23 v. 7. März 1896, S. 477.*

7 *Paul Mongré:* Sant' Ilario. Gedanken aus der Landschaft Zarathustras. Leipzig, Verlag von C. G. Naumann. *In: ›Die Zukunft‹, 6. Jg. (1896/97), Nr. 9 v. 20. Nov. 1897, S. 361 (HGW VII, 477).*

8 *Paul Mongré:* Das Chaos in kosmischer Auslese. Verlag von C. G. Naumann, Leipzig 1899. *In: ›Die Zukunft‹, 8. Jg. (1898/99), Nr. 5 v. 18. Okt. 1898, S. 222f. (HGW VII, 811–813).*

Landauer hatte offenbar schon vor der offiziellen Auslieferung der den Brief Hausdorffs enthaltenden Nummer der ›Zukunft‹ ein Exemplar erhalten, denn schon am 13. Juni 1902 schrieb er an Harden:

> *Mit Vergnügen lese ich in Ihriger heutigen Nummer die gescheiten Worte des Herrn Mongré an meine Adresse; sie könnten dazu dienen, die Zusammenhänge, in die meine Anschauung gebettet ist, klarer zu zeigen, als ich es getan habe. Was er mir entgegenhält, trifft mich wenig, er redet von der Hygiene und Kosmetik des Lebens, wo ich von erkenntnistheoretischen Zwängen des Intellekts spreche, ohne Rücksicht auf Gefahren und Unbequemlichkeiten. Eine Antwort in der »Zukunft« zu geben, wünsche ich nicht; ich bin schon dankbar genug, daß Sie mir für so verstiegene und entlegene Dinge so viel Platz eingeräumt haben. Doch möchte ich Sie bitten, mir die Adresse des Herrn Paul Mongré zukommen zu lassen, damit ich ihm persönlich einiges schreiben kann.*[9]

Landauer muß dann sehr bald an Hausdorff geschrieben haben; dieser Brief ist leider nicht erhalten geblieben. Hausdorff antwortete in einem längeren Brief vom 2. August 1902 (abgedruckt im Band IX dieser Edition); dieser beginnt mit der Bemerkung, daß Landauers Brief schon »anderthalb Monat [...] auf Erwiderung« warte. In bezug auf Landauers Replik auf den offenen Brief heißt es dann:

> Obwohl ich in meiner Zuschrift viel von Activität, Gestaltung und solchem Zeug geredet habe wie einer der heute nachgerade zu üppig ins Kraut schiessenden Menschheitserzieher und Lebensreformer, so haben Sie in Ihrer Replik doch auch den Punkt errathen, auf den es mir im Grunde mehr ankam: die Entlastung und Automatisirung des Bewusstseins. Ich kann es mir nur als entsetzlichen Ballast und hoffnungslose Erschwerung alles Denkens, Redens, Bildens, Empfindens ausmalen, wenn Sie das ganze menschliche Bewusstsein wieder unter Zeit setzen und damit das wenige Festland überfluthen wollen, das sich – als Welt des Raumes, der Materie, der Dinge – im Laufe millionenjähriger Geistesentwicklung aufgeschichtet hat. Nicht einen Augenblick zögere ich, Ihnen rein erkenntnisstheoretisch zuzugeben, dass die Zeit als forma formalissima alles umspannt und dass die scheinbar zeitlose Raumgestalt, eines Krystalls etwa, ein verwickeltes Zusammenspiel von Wahrnehmungen, zeitlichen Erlebnissen also, oder wie Sie sagen, Intensitätsschwankungen ist; aber irgend einen Grad der Auszeichnung müssen Sie doch haben, ein knapp orientirendes Symbol, das zum Ausdruck bringt, inwiefern sich etwa ein solcher Krystall als Inbegriff zeitlicher Erlebnisse von einer Qualle oder einem geträumten Gegenstand unterscheidet.[10]

Hausdorff geht am Schluß des Briefes nochmals auf die erkenntnistheoretische Seite der Diskussion ein und verweist auf seine eigene radikale Erkenntniskritik in seinem Werk Das Chaos in kosmischer Auslese:

> Die Verdinglichung, Objectivirung, Materialisation ist eine Rettung aus dem Chaos des zeitlichen Wellenspiels von Erregungen und Seelenzuständen, ein Schritt zur Gliederung, Differenzbildung, zum Weltverständniss – und doch keine blosse Willkür unsererseits, sondern von einem merklichen Entgegenkommen seitens der Aussenwelt beantwortet und gerechtfertigt. Wir haben auch Fehlschläge auf diesem Eroberungszuge zu verzeichnen gehabt, auch Symbole ersonnen, in die sich kein lebendiges Ding gutwillig

---

[9] *Teilnachlaß Landauer, Internationales Institut für soziale Geschichte Amsterdam, Mappe 121; vgl. Thorsten Hinz: ›Mystik und Anarchismus. Meister Eckhart und seine Bedeutung im Denken Gustav Landauers.‹ Berlin 2000, S. 163.*

[10] *Hausdorff an Landauer vom 2. Aug. 1902 (Leo Baeck Institute, New York); vgl. Brieskorn: ›Gustav Landauer und der Mathematiker Felix Hausdorff‹, S. 125f.*

hineinfügte: aber alle diese Schemata wieder preisgeben und nur die letzte leerste blässeste Gemeinsamkeit aller Dinge, Zeit, zurückbehalten wäre doch eine zu traurige Resignation.

Und es wäre nicht einmal erkenntnisstheoretisch consequent. Wenn schon, dann zerreissen Sie auch noch den Zeitschleier; diese universelle Illusion wird ja dadurch nicht weniger Illusion, dass sie universell ist. Diesen Schritt habe ich selber gethan in einem Buch, das den Titel trägt »Das Chaos in kosmischer Auslese«; dort bin ich allerdings so weit ins nördliche Eismeer vorgedrungen, dass ich vor Wärmebedürfniss Eskimos lieben und aus Anschauungshunger in Erde beissen könnte. Darum ist mir Ihre Verwandlung von Raum in Zeit praktisch zu radical und theoretisch noch viel zu zahm![11]

Ob es weitere Briefe Hausdorffs an Landauer gegeben hat, ist nicht bekannt. Die folgende Passage in einem Brief Landauers vom 24. September 1902 an seinen Freund, den Philosophen und Schriftsteller Fritz Mauthner (1849–1923), könnte darauf hindeuten: »Von Paul Mongré (Felix Hausdorff, Mathematikprofessor in Leipzig) habe ich Briefe, die Dir auch Freude machen werden.«[12]

In den Jahren 1901 bis 1902 publizierte Mauthner sein dreibändiges Werk ›Beiträge zu einer Kritik der Sprache‹. Diesem Werk ließ Landauer eine kleine Schrift ›Skepsis und Mystik. Versuch im Anschluß an Mauthners Sprachkritik‹[13] *folgen, die sich eng an die ›Beiträge‹ anlehnte, in die aber auch Elemente der Mystik Meister Eckharts (um 1260 – 1328)*[14] *eingeflossen sind. Der Mittelteil dieser Schrift trägt den Titel ›Die Welt als Zeit‹; dort hat Landauer seinen Aufsatz aus der ›Zukunft‹ eingearbeitet. Hausdorff hat auf ›Skepsis und Mystik‹ nur sehr kurz reagiert, und zwar in seiner ausführlichen Rezension von Mauthners ›Sprachkritik‹ in der ›Neuen Deutschen Rundschau‹.*[15] *Dort resümiert Hausdorff, es könne scheinen,*

als wolle sich Mauthner den Obskuranten des Unsagbaren und Priestern des Schweigens zugesellen. Maeterlinck und Meister Eckart werden zitiert; der Schatzgräber, der keine Silbe sprechen darf; und mit dem stolzen Märtyrerwort »qui potest mori non potest cogi« wird der Selbstmord der Sprache verkündet. Hier hat Mauthners Freund Gustav Landauer, dessen seltsames Schriftchen »Skepsis und Mystik« auf die Sprachkritik folgt wie auf die Kritik der reinen Vernunft die der praktischen, die Grundlinien einer neuen Innerlichkeit gezogen und auf den Trümmern der Wissenschaft ein okkultistisches Tempelchen errichtet.[16]

---

11 *Hausdorff an Landauer, 2. August 1902 (Leo Baeck Institute, New York); vgl. Brieskorn: ›Gustav Landauer und der Mathematiker Felix Hausdorff‹, S. 126.*

12 *›Gustav Landauer – Fritz Mauthner. Briefwechsel 1890–1919.‹ Bearb. v. Hanna Delf. München 1994, Nr. 152, S. 72.*

13 *Gustav Landauer: ›Skepsis und Mystik. Versuch im Anschluß an Mauthners Sprachkritik.‹ Berlin 1903.*

14 *Mehrere der zwischen 1294 und 1327 entstandenen Predigten Meister Eckharts übertrug Landauer ins Neuhochdeutsche, vgl. ›Meister Eckharts mystische Schriften.‹ In unsere Sprache übertragen von Gustav Landauer. Berlin 1903; auch Mauthner zitiert in den ›Beiträgen‹ aus den Werken des Mystikers, so aus der Predigt ›Vom Schweigen‹, vgl. Mauthner: ›Beiträge‹ 1901/02, Bd. 1, S. 78f.*

15 *Paul Mongré:* Sprachkritik. *In: ›Neue Deutsche Rundschau (Freie Bühne)‹ XIV (1903), H. 12, S. 1233–1258 (HGW VIII, 551–580).*

16 *Ebd., S. 1241 (HGW VIII, 560).*

Seine Divergenzen mit LANDAUER *erwähnt* HAUSDORFF *auch kurz in einem Brief an* MAUTHNER *vom 17. Juni 1904. Dort heißt es:*

> Sagen Sie Herrn Gustav Landauer ein Wort freundlichen Gedenkens von mir? Ich hoffe, dass er mich so wenig als rationalistischen Oberflächling preisgiebt, wie ich ihn als occulten Schwärmer preisgebe. Von seiner »Skepsis und Mystik« trennt mich freilich eine tiefe Kluft. Ich habe meine antilogische Periode hinter mir, meine erste wenigstens; womit ja nicht ausgeschlossen ist, dass ich durch eine Spiralwindung wieder dahin zurückkomme.[17]

MAUTHNER *leitete die Grüße offenbar sofort weiter, bedankte sich* LANDAUER *doch bereits am 22. Juni für die »Übermittlung der Grüße Hausdorffs.«*[18] *Ob es in der Folge noch irgendeinen Kontakt zwischen* LANDAUER *und* HAUSDORFF *gab, ist nicht bekannt.*

Entstehung

Die Entstehungszeit des Essays kann aufgrund der Publikationsdaten von LANDAUERS *Artikel ›Die Welt als Zeit‹ am 17. Mai 1902 als terminus post quem und dem Erscheinen des offenen Briefes* HAUSDORFFS *in derselben Zeitschrift am 14. Juni 1902 als terminus ante quem auf die letzte Maihälfte und die ersten Junitage des Jahres 1902 eingeschränkt werden.*

Überlieferung

H *nicht nachgewiesen.*
D *›Die Zukunft‹, 10. Jg. (1902), Nr. 37 (14. Juni 1902), S. 441–445.*
d *›Leserbrief von Paul Mongré.‹ In:* THORSTEN HINZ: *›Mystik und Anarchismus. Meister Eckhart und seine Bedeutung im Denken Gustav Landauers.‹ Berlin 2000, S. 212–215.*

Erläuterungen

1f. Einen am siebzehnten Mai *bis* des Herrn Landauer] GUSTAV LANDAUERS *Artikel ›Die Welt als Zeit‹ erschien am 17. Mai 1902 in der Nummer 35 des 10. Jahrgangs (Bd. 39) der ›Zukunft‹, S. 265–276.*

4f. Sie sehen das Heil darin, daß der Raum zur Zeit werde] *vgl.* LANDAUER: *›Die Welt als Zeit‹, S. 268f.: »Ich habe gesagt, die Wissenschaft sei das Wissen von Dem, was nicht ist. [...] ich erinnere an das Gesetz von der Trägheit oder der Erhaltung der Energie, deren Aussagen ja nur landläufige Irrthümer zurückweisen. Ich habe dann zweitens von dem Nichtwissen in dem abgründlich positiven Sinn der Mystik gesprochen; für Den, der daran glaubt, muß Das die einzige Art von Religion sein, die ihm noch möglich ist. Neben*

---

17 *Hausdorff an Mauthner, 17. Juni 1904 (Leo Baeck Institute, New York); vgl Brieskorn: ›Gustav Landauer und der Mathematiker Felix Hausdorff‹, S. 122.*

18 *Landauer an Mauthner, 22. Juni 1904 (›Briefwechsel Landauer – Mauthner‹, Nr. 207, S. 97).*

diese Wissenschaft und diese Religion tritt ein drittes Element unserer Weltanschauung: die Kunst. Darunter verstehe ich hier die symbolische oder metaphorische Ausdeutung der Metaphern unserer Sinne und der Metaphern unseres inneren Bewußtseins. Sie hat an die Stelle Dessen zu treten, was bisher die Wissenschaft Positives zu leisten wähnte. Nicht mehr absolute Wahrheit können wir suchen, seit wir erkannt haben, daß sich die Welt mit Worten und Abstraktionen nicht erobern läßt. Wohl aber drängt es uns, so stark, daß kein Verzicht möglich ist, die mannichfachen Bilder, die uns die Sinne zuführen, zu einem einheitlichen Weltbild zu formen, an dessen symbolische Bedeutung wir zu glauben vermögen. Das aber ist die Kunst in diesem höchsten Sinn: ein zwingendes Sinnbild der Welt. [...] In der Wissenschaft [...] findet man überall zerstreut die Bruchstücke der Symbolik, die einmal an die Stelle des angeblich positiven Theils unserer abstrakten Erkenntniß treten wird. Bevor es aber dazu kommt, bevor es möglich zu sein scheint, aus den Ergebnissen der wissenschaftlichen Forschung eine Weltgestalt zu formen, scheint eine große Umnennung nöthig: der Verzicht auf eine uralte Metapher und ihr Ersatz durch eine andere. Der Raum muß in Zeit verwandelt werden«, sowie ebd., S. 274: »Die Zeit ist nicht nur die Form unserer Anschauung, sondern auch die Form unserer Ichgefühle, also ist sie für uns wirklich, für das Weltbild, das wir von uns aus formen müssen. Die Zeit ist wirklich, gerade weil sie subjektiv ist. Der Raum aber ist eine Anschauungsform; unsere Subjektivität braucht ihn nicht zur Deutung des Eigenen, sondern nur als Bedeutung für das immer noch fremd Gebliebene. [...] Die Entdeckung, daß es nichts Räumliches, nichts Dingliches giebt, ist Etwas, das uns mal in Fleisch und Blut übergehen muß [...]. Wir müssen das Fremde zu unserem Eigenen machen, den Raum in Zeit verwandeln«.

6–8 Wunder [...] das dem staunenden Parsifal *bis* zum Raum wird hier die Zeit!] *vgl. das 1882 uraufgeführte ›Bühnenweihespiel‹ ›Parsifal‹ des deutschen Komponisten* R*ICHARD* W*AGNER* *(1813–1883): »**Parsifal.** / Ich schreite kaum, — / doch wähn' ich mich schon weit. / **Gurnemanz.** / Du siehst, mein Sohn, / zum Raum wird hier die Zeit.« (1. Aufzug; GSD X, 339.)*

9f. ›Dinge da hinten‹] *Anspielung auf das* K*ANT*sche *›Ding an sich‹ (vgl. Erl. zu 286 im Kommentarteil zu* Massenglück und Einzelglück, *HGW VIII, 319), das dem erkennenden Subjekt in den »zwei reine[n] Formen sinnlicher Anschauung, als Prinzipien der Erkenntnis a priori [...], nämlich Raum und Zeit« (vgl. KrV B 36), in den Kategorien (vgl. dazu Erl. zu 144f. im Kommentarteil zu* Das unreinliche Jahrhundert, *HGW VIII, 358) und den Verstandesgesetzen eingekleidet nur erscheint (vgl. KrV B 116ff.).*

16f. ein schönes Kieselskelet bilden, wie die neuerdings so berühmten Radiolarien] *lat. radius ›Strahl‹. Bereits Mitte des 19. Jahrhunderts hatte* C*HRISTIAN* G*OTTFRIED* E*HRENBERG* *(1795–1876) die Bildung von Gesteinsformationen aus abgestorbenen ›Infusorien‹ beschrieben (vgl. dazu Erl. zu 284f. im Kommentarteil zu* Stirner, *HGW VIII, 405). Der v. a. durch sein popularwissenschaftliches Kompendium ›Die Welträthsel. Gemeinverständliche Studien über monistische Philosophie‹ (Bonn 1899) berühmt gewordene deutsche Zoologe und Naturphilosoph* E*RNST* H*AECKEL* *(1834–1919), der als Schüler des*

Berliner Physiologen JOHANNES MÜLLER *(1801–1858) diesen auf der ersten meeresbiologischen Exkursion – nach Helgoland – begleitet und während einer Studienreise nach Italien 1859/60 mehr als hundert neue Arten der noch wenig erforschten marinen Radiolarien entdeckt hatte, publizierte Anfang der 1860er Jahre eine umfangreiche Beschreibung der ›Strahlentierchen‹ (›Die Radiolarien. Eine Monographie.‹ Berlin 1862). Um die Jahrhundertwende ließ* HAECKEL *eine reichbebilderte Publikation mit dem Titel ›Kunstformen der Natur‹ (11 Lfgg. u. Suppl. Leipzig u. Wien 1899–1904) folgen, in welcher er durch zahlreiche, ästhetisch besonders gelungene, aber wissenschaftlich nicht immer korrekte Abbildungen die Strahlentierchen einer breiten Öffentlichkeit vorstellte.*

18 Manfred Byrons] *Anspielung auf das 1816 unter dem Eindruck der grandiosen Gebirgskulisse der Schweizer Alpen entstandene dramatische Gedicht ›Manfred‹ (EA 1817) des englischen Dichters* GEORGE GORDON LORD BYRON *(1788–1824), in welchem der Protagonist angesichts seiner mystischen Erlebnisse im Gebirge ausruft: »Ich möchte glauben, jener goldne Schatz, / Das seltene ›Kalon‹ sei nun gefunden / Und ruh mir in der Seel. Zwar wird's nicht dauern, / Doch schön ist's schon, es je gekannt zu haben. / Es hat mir einen neuen Sinn ins Haupt / Gelegt und in mein Schreibbuch möchte ich's tragen: / Es gab ein solch Gefühl!« (›Sämtliche Werke.‹ In den Übertragungen von* ADOLF SEUBERT *u.a. hrsg. v.* SIEGFRIED SCHMITZ. *3 Bde. München 1977–1996, Bd. 3, S. 35; unter ›Kalon‹ versteht man im antiken Griechenland den Inbegriff des Guten und Schönen).*

22f. Maeterlinck *bis* ›Erwachen der Seele‹] *Zu* MAETERLINCK *vgl. Erl. zu 477 im Kommentarteil zu* Das unreinliche Jahrhundert, *HGW VIII, 372f. – In seinem Prosaband ›Le trésor des humbles‹ publizierte* MAETERLINCK *den Essay ›Le Silence‹ (›Das Schweigen‹), aus welchem* MAUTHNER *(vgl. die Ausführungen zum entstehungsgeschichtlichen Kontext) in seinen ›Beiträgen zu einer Kritik der Sprache‹ einige Passagen in eigener Übersetzung zitiert (vgl. ›Beiträge‹ 1, S. 111f.).*

27 Tiffanygläser] *nach dem US-amerikanischen Maler und Kunsthandwerker* LOUIS COMFORT TIFFANY *(1848–1933) benannte gläserne (Kunst-)Artikel aus unterschiedlich gefärbter und miteinander vermischter Glasmasse, die teils mit einer aufgespritzten irisierenden Schicht aus einem Gemenge von Zinkchlorid und Bariumnitrat überzogen werden; Tiffanygläser galten um die Jahrhundertwende als unverzichtbares Accessoire des gehobenen Haushalts.*

27f. japanischen Bronzen] *Bronzearbeiten aus Japan gewannen mit dem ›Japanismus‹ bzw. ›Japonismus‹, der mit dem Jugendstil einsetzenden Abart des zeitgenössisch en voguen ›Exotismus‹, als Einrichtungsaccessoire große Bedeutung (vgl. hierzu insbesondere* CLAUDIA DELANK: *›Das imaginäre Japan in der Kunst. »Japanbilder« vom Jugendstil bis zum Bauhaus.‹ München 1996). – Vgl. auch* HAUSDORFFS Sant' Ilario*: [W]*as spukt nicht alles heute? *[...]* Der Japanismus *(Aph. 348, S. 243 [HGW VII, 337]).*

35 Raumkunst in Klingers Art] *vgl. dazu Erl. zu 272 im Kommentarteil zu* Max Klingers Beethoven, *HGW VIII, 520.*

35f. Straußens Zarathustra und Heldenleben] *Anspielung auf die Tondichtungen ›Also sprach Zarathustra‹ (frei nach* FRIEDRICH NIETZSCHE *(1844–1900), UA 1896) und ›Ein Heldenleben‹ (UA 1899) des deutschen Komponisten* RICHARD STRAUSS *(1864–1949).*

37 der einfach ausgedehnten Zeitlinie] *vgl. hierzu das ausführliche Zitat aus* HAUSDORFFS Das Chaos in kosmischer Auslese *in Erl. zu 144f. im Kommentarteil zu* Tod und Wiederkunft, *HGW VIII, 434f.*

48–50 Tastwelt ohne Gesichtsempfindungen *bis* wechselnder Ichgefühle verliefe] *vgl. hierzu* LANDAUER: *›Die Welt als Zeit‹, S. 272f.: »[D]ie Raumhypothese ist, wie ich zeigen will, nur auf das Auge, nicht, wie man meist annimmt, auf eine Kombination von Sehen und Tasten zurückzuführen. Nicht die drei Dimensionen sind das Charakteristische für die Hypothese des Raumes, sondern die Annahme eines Aeußeren, Dinghaften, Bleibenden, das nicht zu uns gehört, das nicht bei uns, nicht unser ist. Ohne Distanz, ohne Entfernung, ohne Trennung durch scheinbar Unausgefülltes wäre man niemals darauf gekommen, Etwas wie Raum oder Ding anzunehmen. [...] Man stelle sich einmal vor, es habe nie Gesichtsvorstellungen gegeben, niemals Licht oder Farbe oder gesehene Gestaltung, und dann gleite man, während die Augen geschlossen sind, mit den Fingerspitzen dem nächsten Gegenstand entlang, diesem Stuhl oder diesem Tisch; ich behaupte: was ich da fühle, ist nimmermehr ein harter Gegenstand da draußen – ich kenne kein Draußen und habe nicht die geringste Veranlassung, es anzunehmen –, sondern nur eine in der Zeit vorgehende Veränderung meiner selbst. Meine Fingerspitzen werden so merkwürdig verändert; Das fühle ich; da wir diese Tastsprache nicht ausgebildet haben, will ich mich unserer Ausdrücke bedienen und sage: meine Fingerspitzen werden hart; und inzwischen sind sie geschweift und glatt (Form und Oberfläche des Stuhles) und nun ist wieder das Alte (der Stuhl hat aufgehört) und jetzt sind die Finger scharf (die Schreibtischkante) und nun werden sie naß und kalt (ich bin ins Tintenfaß gekommen). Selbstverständlich könnten diese Abstufungen, Grad- und Qualitätsunterschiede noch viel feiner und spezifizirter ausgedrückt werden, wenn die Menschen bis heute das Interesse gehabt hätten, darauf zu achten. Aber jedenfalls habe ich nicht die geringste Veranlassung, beim Tasten mir ein Außen zu denken, da ich ja nur Etwas fühle, das bei mir, an mir, zu mir gehörig ist. Ich fühle nur, daß in der Zeit fortwährend Veränderungen mit mir vorgehen. Alles also, was ich taste, sind zeitliche Qualitätsunterschiede, aber keine Spur von Raum bietet sich mir dar.«*

49 Succession] *lat. successio ›Nachfolge‹.*

50 Aeolsharfenspiel] *Die Aeolsharfe, auch Wind- oder Geisterharfe genannt, ist ein nach dem griechischen Windgott* AEOL *benanntes, seit der Antike bekanntes Instrument mit vier bis 48 Saiten, die durch den Wind zum Klingen gebracht werden und einen gleichsam schwebenden Zusammenklang hervorbringen.*

50f. Der blinde Seher] *vmtl. Anspielung auf* HOMER, *der der legendenhaften Überlieferung zufolge blind war; vielleicht auch Anspielung auf die Gestalt des blinden Sängers* DEMODOKOS *aus der ›Odyssee‹, der in einem Lied über die ihm von Apoll geweissagte Schadenfreude des Agamemnon über den Streit zwischen Odysseus und Achill vorträgt (vgl. VIII, 62–82).*

51 introspektive Mystik] *lat. introspicere ›(in etwas) hineinsehen‹. In der empirischen Psychologie bezeichnet man als Introspektion die nach innen, d.h. auf das eigene Bewußtsein hin gerichtete Beobachtung. – Als Mystiker (griech. μυστικός [mystikós] ›geheimnisvoll‹) werden ursprünglich die Mitglieder von nur Auserwählte aufnehmenden religiösen (Geheim-)Bünden bezeichnet, bald aber dient Mystik als terminus technicus für den Versuch, durch Abkehr von der Sinnenwelt und auf der Grundlage von Askese und Meditation das Göttliche bzw. Übersinnliche in sich selbst zu erfahren und eine Vereinigung mit diesem (›unio mystica‹) zu erreichen.*

52 mit Gottfried Keller: Augen, meine lieben Fensterlein!] *Anfangszeile des Gedichts ›Abendlied‹ (1879) des schweizerischen Schriftstellers Gottfried Keller (1819 – 1890): »Augen, meine lieben Fensterlein, / Gebt mir schon so lange holden Schein, / Lasset freundlich Bild um Bild herein: / Einmal werdet ihr verdunkelt sein!« (Druck in: ›Gesammelte Gedichte.‹ Ausgabe letzter Hand. Berlin 1883; vgl. Keller: SW 3, 300f.)*

59 Tautologie] *aus griech. τὸ αὐτό (to autó) ›dasselbe‹ und griech. λόγος (lógos) ›Aussage‹. In der Stilistik der Sprache bezeichnet man als Tautologie die Wiedergabe eines Begriffes oder Sachverhaltes durch mindestens zwei bedeutungsgleiche Ausdrücke bzw. eine Häufung gleichbedeutender Wörter. In der Logik ist eine Tautologie eine Aussage, die unabhängig vom Wahrheitswert der Prämissen stets wahr ist.*

66f. kein Sperling fällt zur Erde, ohne den Sirius aus seiner Bahn abzulenken] *Der Königsberger Astronom Friedrich Wilhelm Bessel (1784–1846) bemerkte 1844, daß der Sirius eine kleine, fast kreisförmige Eigenbewegung hat und zog daraus den Schluß, daß Sirius einen unsichtbaren Begleiter haben müsse. Dieser heute als ›Sirius B‹ bezeichnete Fixstern (weißer Zwerg) wurde 1862 entdeckt. Der Leipziger Mathematiker Carl Neumann (1832–1925) hat in seiner Antrittsvorlesung ›Über die Principien der Galilei-Newton'schen Theorie‹ (Leipzig 1870) über die Entdeckungsgeschichte des Sirius B berichtet und daran folgende Bemerkung angeschlossen: »Newton's Gedanke von einer gegenseitigen Einwirkung, einer gegenseitigen Anziehungskraft der Himmelskörper hat sich mit der Zeit so eingebürgert, dass w i r kaum noch etwas Befremdliches darin erblicken. Und doch besteht dieser Gedanke im Wesentlichen darin, dass die Himmelskörper einander von Augenblick zu Augenblick ihre Befehle zurufen, und dass jeder einzelne Körper die ihm gewordenen Befehle augenblicklich und in pünktlichster Weise ausführt« (S. 7). Hausdorff, der die Neumannsche Schrift sehr gut kannte (vgl.* Das Raumproblem, *HGW VI), hat diesen Gedanken in der obigen Passage absichtlich etwas überzeichnet.*

69f. Jedes Zeichen ist inkongruent mit dem Bezeichneten] *lat. congruentia ›Übereinstimmung‹. Der schweizer Sprachwissenschaftler Ferdinand de Saussure (1875–1913) stellte in seinen seit 1891 in Genf gehaltenen Vorlesungen u.a. die These auf, daß einem (sprachlichen) Zeichen die Bilateralität inhäriere, d.h. jedes Zeichen besteht aus einerseits einem materiellen Zeichenkör-*

per (Laut, Graphem o.ä.), dem Bezeichnenden, und andererseits aus einem begrifflichen Konzept, dem Bezeichneten, wobei die Zuordnung zwischen Bezeichnendem und Bezeichneten arbiträr, d.h. willkürlich und der Zusammenhang zwischen beiden in keiner Weise motiviert sei (vgl. DE SAUSSURE: *›Cours de linguistique générale.‹ Paris 1916; ders.: ›Grundlagen der allgemeinen Sprachwissenschaft.‹ Hrsg. v.* PETER VON POLENZ. *Berlin ²1967); vgl. auch* MONGRÉ: Sprachkritik, *Z. 80f.:* Vom Bezeichneten löst sich das Zeichen und lügt sich ein eigenes Leben *(HGW VIII, 552f.).*

74f. Der Raum ist eine Projektion *bis* eine Eigenschaft der Zeit] LANDAUER *hebt in ›Die Welt als Zeit‹ dezidiert hervor, daß »der Raum mit Allem, was darin ist, [...] eine Eigenschaft der Zeit« sei (vgl.* LANDAUER: *›Die Welt als Zeit‹, S. 271).*

79 ontologischen] *vgl. dazu die Erl. zu 83f. im Kommentarteil zu* Massenglück und Einzelglück, *HGW VIII, 301.*

80 Quidditäten] *zu lat. quid ›was‹; die ›Washeiten‹. Quiddität ist ein Ausdruck der scholastischen Philosophie, der den Inbegriff dessen bezeichnet, was ein Ding wesentlich ist, d. h. die Menge aller Eigenschaften, durch die sich ein Gegenstand – generell oder individuell – von einem anderen unterscheidet. –* HAUSDORFF *benutzt den Terminus* ontologische Quidditäten *auch in der im Jahr auf den ›Brief gegen Landauer‹ folgenden Besprechung von* MAUTHNERS *›Beiträge zu einer Kritik der Sprache‹, vgl.* Sprachkritik, *Z. 912 (HGW VIII, 571).*

80 pyrrhonisch] *Das Wort ist von dem griechischen Philosophen und Stifter der älteren skeptischen Schule* PYRRHON VON ELIS *(365 v. Chr. – 275 v. Chr.) hergeleitet; zur antiken Skepsis vgl. Erl. zu 7 im Kommentarteil zu* Massenglück und Einzelglück, *HGW VIII, 290.*

81f. Ihr Freund Mauthner in seiner bewundernswerthen Sprachkritik] *vgl. dazu die Ausführungen im einleitenden Abschnitt ›Entstehungsgeschichtlicher Kontext‹.*

84 Oekonomie des Denkens] *Bereits im Mittelalter hatte der englische Theologe und Philosoph* WILHELM VON OCKHAM *(um 1295 – 1349) ein methodisches Sparsamkeitsprinzip für die wissenschaftliche Arbeit propagiert, welches besagt, daß von mehreren Erklärungen für den gleichen Sachverhalt die einfachste zu wählen sei (im 18. Jahrhundert unter der Bezeichnung ›Ockham's razor‹ [›Ockhams Rasiermesser‹] bekannt geworden). Angelehnt an solche Überlegungen und inspiriert von den Minimalprinzipien der klassischen Physik entwickelte der deutsche Philosoph* RICHARD AVENARIUS *(1843–1896) eine erkenntnispsychologische Theorie, die das menschliche Denken bzw. dessen Entwicklung unter ökonomischen Gesichtspunkten als zielgerichtet zu erklären suchte (vgl.* AVENARIUS: *›Philosophie als Denken der Welt gemäß dem Prinzip des kleinsten Kraftmaßes. Prolegomena zu einer Kritik der reinen Erfahrung.‹ Leipzig 1876). – Die Denkökonomie bildet eine der Grundlagen des von* AVENARIUS *entwickelten Empiriokritizismus, dessen bedeutendster Vertreter der Physiker und Philosoph* ERNST MACH *(1838–1916) war.*

88 Ozon] *griech. ὄζω (ódso) ›dufte‹; in hoher Konzentration tiefblaues und höchst explosives Gas aus dreiatomigen Sauerstoffmolekülen (O_3), das nicht* *nur viele Metalle oxydiert, sondern auch zahlreiche organische Verbindungen zerstört und tierisches und pflanzliches Gewebe angreift. – Entdeckt wurde das Ozon 1785 von dem niederländischen Naturwissenschaftler* MARTIN(US) VAN MARUM *(1750–1837), als dieser während experimentell herbeigeführter elektrischer Entladungen dessen charakteristischen Geruch wahrnahm, aber erst 1839 beschrieb der deutsche Chemiker* CHRISTIAN FRIEDRICH SCHÖNBEIN *(1799–1868) das Gas.*

97f. hypostasiren] *griech. ὑπόστασις (hypóstasis) ›Unterlage‹; bildungssprachlich svw. als gegenständlich betrachten.*

98 Das ist die Linde, die vor meinem Fenster steht!] *Rekurs auf eine Zeile aus dem Gedicht ›Herbstgefühl‹ des Privatgelehrten* KARL AUGUST HÜCKINGHAUS *(*1861): »Ihre nackten Arme hebt / Zu dem Himmel auf die Linde, / Die vor meinem Fenster steht, / Und sie ächzt und stöhnt im Winde.« Das Gedicht ist in der von* WILHELM ARENT *(1864 – nach 1897) 1885 herausgegebenen Lyrikanthologie ›Moderne Dichter-Charaktere‹ enthalten (›Moderne Dichter-Charaktere.‹ Hrsg. v.* WILHELM ARENT. *Leipzig 1885, S. 134f., hier S. 135.)*

102f. Schopenhauer die platonische Idee der Linde über den Wässern schweben sieht] *Zur* platonischen Idee *vgl. zunächst Erl. zu 212 im Kommentarteil zu* Massenglück und Einzelglück, *HGW VIII, 313. Nach* ARTHUR SCHOPENHAUER *(1788–1860) »bleibt jede Idee, d.i. jede Gattung lebender Wesen ganz unberührt vom fortwährenden Wechsel ihrer Individuen«, gerade so, »[w]ie die zerstäubenden Tropfen des tobenden Wasserfalls mit Blitzesschnelle wechseln, während der Regenbogen, dessen Träger sie sind, in unbeweglicher Ruhe feststeht, ganz unberührt von jenem rastlosen Wechsel [...]. Die Idee aber oder die Gattung ist es, darin der Wille zum Leben eigentlich wurzelt und sich manifestiert: daher auch ist an ihrem Bestand allein ihm wahrhaft gelegen. Z.B. die Löwen, welche geboren werden und sterben, sind wie die Tropfen des Wasserfalls; aber die leonitas, die Idee oder Gestalt des Löwen, gleicht dem unerschütterten Regenbogen darauf. Darum also legte Platon den Ideen allein, d.i. den Spezies, den Gattungen ein eigentliches Sein bei, den Individuen nur ein rastloses Entstehn und Vergehn.« (›Die Welt als Wille und Vorstellung‹ II, Kap. 41; ASW 2, 617.)*

111 Pathologie] *aus griech. πάθος (páthos) ›Leiden‹, ›Krankheit‹ und griech. λόγος [lógos] ›Lehre‹; die Lehre von den Ursachen, der Entstehung und den Symptomen von Krankheiten.*

119 Er ist dreidimensional] *In seiner Antrittsvorlesung an der Universität Leipzig vom 4. Juli 1903 hat sich* HAUSDORFF *eingehend mit dem Raumproblem auseinandergesetzt (›Das Raumproblem.‹ In: ›Annalen der Naturphilosophie‹ 3 [1903], S. 1–23; Wiederabdruck mit Kommentar HGW VI). Dort heißt es im Hinblick auf unseren Erfahrungsraum:* Daß die Dimensionenzahl Drei keine Denknotwendigkeit ist, wird heute wohl gutwillig zugestanden werden; der Mathematiker wird seinerseits, mit Ablehnung aller spiritistischen Zauberkunststücke, zugeben, daß hier kein Erfahrungsspielraum für Abweichungen von der Drei offen bleibt *(S. 13).*

121f. nicht (in der Art, wie sichs die Spiritisten vorstellen) durch gelegentlichen Hokuspokus eine Extradimension verrathe] *Zum Spiritismus und zur spiri-*

tistischen Bewegung vgl. Erl. zu 446 im Kommentarteil zu Das unreinliche Jahrhundert, *HGW VIII, 369f. – HAUSDORFF spielt hier auf die Affäre um den Leipziger Astrophysiker JOHANN KARL FRIEDRICH ZÖLLNER (1834–1882) an, der bereits Anfang der 1870er Jahre für den Erfahrungsraum die Möglichkeit eines vierdimensionalen euklidischen Raumes erwog (vgl. ZÖLLNER: ›Ueber die Natur der Cometen. Beiträge zur Theorie und Geschichte der Erkenntnis.‹ Leipzig 1872) und diese Hypothese – die dreidimensionale Welt sei von einer (ebenfalls realen) vierdimensionalen Welt umschlossen – seit 1875 unter dem Einfluß spiritistischer Studien einsetzte, um die Existenz einer transzendenten Welt und damit übersinnlicher Phänomene zu beweisen. Seit November 1877 suchte ZÖLLNER im Beisein renommierter Leipziger Kollegen wie dem Mediziner ERNST HEINRICH WEBER (1795–1878) und dem Begründer der Psychophysik und Pionier der experimentellen Psychologie, GUSTAV THEODOR FECHNER (1801–1887), mit Hilfe des US-amerikanischen Mediums HENRY SLADE (1835–1905) die Existenz vierdimensionaler Wesen auch experimentell zu demonstrieren. Dazu sollten v. a. die 1878 durchgeführten, von Untersuchungen des Mathematikers FELIX KLEIN (1849–1925) über Kurven im vierdimensionalen Raum angeregten, Knotenexperimente dienen: Verschiedene Schnüre wurden zu geschlossenen Kreisen verknotet, die Verbindungsstellen mit Lack versiegelt, ZÖLLNER selbst fixierte sie mit dem Daumen auf einem Tisch, und es schien wirklich so, als würden mit den solchermaßen präparierten Schnüren Knoten geschlagen, für welche in der ›normalen‹ dreidimensionalen Welt eigentlich zwei offene Enden notwendig waren, was in spiritistischen Kreisen als Beweis für die Existenz einer weiteren, vierten Dimension angesehen wurde (vgl. hierzu MORITZ WIRTH: ›Herrn Professor Zöllners Experimente mit dem amerikanischen Medium Herrn Slade und seine Hypothesen intelligenter vierdimensionaler Wesen.‹ Leipzig 1882; vgl. auch MORITZ EPPLE: ›Die Entstehung der Knotentheorie.‹ Wiesbaden 1999, S. 166–173). Diese Seancen und seine spiritistischen Publikationen (vgl. etwa Zöllner: ›Wissenschaftliche Abhandlungen.‹ 4 Bde. Leipzig 1878–1881 [teilweise ins Englische übersetzt unter dem Titel ›Transcendental Physics. An Account on Experimental Investigation.‹ London 1880] sowie ders.: ›Naturwissenschaft und christliche Offenbarung. Populäre Beiträge zur Theorie und Geschichte der vierten Dimension.‹ Leipzig 1881) trugen u.a. dazu bei, daß ZÖLLNERS seit den frühen 1870er Jahren massiv vorgetragenen und zunehmend antisemitisch konnotierten Angriffe auf seine Fachkollegen mit geistiger Verwirrung erklärt wurden und auch zu disziplinarrechtlichen Untersuchungen gegen ihn führten; beim Sächsischen Justizministerium ging sogar eine förmliche Strafanzeige ein (vgl. generell DIETER B. HERRMANN: ›Karl Friedrich Zöllner.‹ Leipzig 1982; ebenso CHRISTOPH MEINEL: ›Karl Friedrich Zöllner und die Wissenschaftskultur der Gründerzeit. Eine Fallstudie zur Genese konservativer Zivilisationskritik.‹ Berlin 1991 sowie FRANZ LUTTENBERGER: ›Friedrich Zöllner, der Spiritismus und der vierdimensionale Raum.‹ In: ›Zeitschrift für Parapsychologie und Grenzgebiete der Psychologie‹ 19 [1977], S. 195–214; zum Spiritismus in Leipzig vgl. DIETHARD SAWICKI: ›Leben mit den Toten. Geisterglauben und Entstehung des Spiritismus in Deutsch-*

land 1770–1900.‹ Paderborn 2000, S. 311–323). SLADE, *der seit Mitte der 1860er Jahre durch die europäischen Metropolen tingelte, wurde, nachdem er bereits 1876 in England als Betrüger inhaftiert worden war, nach dem deutschen ›Gastspiel‹ und einem Aufenthalt in Australien mehrfach Mitte der 1880er Jahre in den USA des Betruges angezeigt und inhaftiert; als Alkoholiker starb er mittellos und geistig umnachtet 1905 in einem Sanatorium in Michigan (zu* SLADE *vgl.* NANDOR FODOR*: ›Encyclopaedia of Psychic Science.‹ London 1933, S. 345f.). –* ERNST HAECKEL *(vgl. Erl. zu 16f.) äußerte sich in den ›Welträtseln‹ zum »moderne[n] Geisterglaube[n]« allgemein und zu den Leipziger Vorfällen speziell folgendermaßen: »Es ist eine ebenso befremdende wie betrübende Thatsache, daß noch heute Millionen gebildeter Kulturmenschen von diesem finsteren Aberglauben völlig beherrscht sind; ja sogar einzelne berühmte Naturforscher haben sich von demselben nicht losmachen können. Zahlreiche spiritistische Zeitschriften verbreiten diesen Gespenster-Glauben in weitesten Kreisen, und unsere ›feinsten Gesellschafts-Kreise‹ schämen sich nicht, ›Geister‹ erscheinen zu lassen, welche klopfen, schreiben, ›Mittheilungen aus dem Jenseits‹ machen u. s. w. Man beruft sich in den Kreisen der Spiritisten oft darauf, daß selbst angesehene Naturforscher diesem Aberglauben huldigen. In Deutschland werden dafür als Beispiele u. A. Zöllner und Fechner in Leipzig angeführt, in England [der Zoologe* ALFRED RUSSEL*] Wallace und [der Chemiker* WILLIAM*] Crookes in London. Die bedauerliche Thatsache, daß selbst so hervorragende Physiker und Biologen sich dadurch haben irre führen lassen, erklärt sich theils aus ihrem Uebermaß an Phantasie und Kritikmangel, theils aus dem mächtigen Einfluß starrer Dogmen, welche religiöse Beziehung dem kindlichen Gehirn im frühester Jugend schon einprägt. Uebrigens ist gerade bei den berühmten spiritistischen Vorstellungen in Leipzig, in welchen die Physiker Zöllner, Fechner und Wilhelm Weber durch den schlauen Taschenspieler Slade irre geführt wurden, der Schwindel des Letzteren nachträglich klar zu Tage gekommen; Slade selbst wurde als gemeiner Betrüger erkannt und entlarvt.« (›Die Welträtsel‹, S. 352f.)*

123 Pseudopodium] *aus griech. ψευδής (pseudés) ›falsch‹, ›unecht‹ und griech. πόδιον (podion) ›Füßchen‹; die sogenannten ›Scheinfüßchen‹, die veränderlichen und reversiblen Ausstülpungen, die sich kurzzeitig bei vielen Einzellern bilden und die der Fortbewegung, aber auch der Nahrungsaufnahme dienen.*

125 freie Beweglichkeit] *In ›Das Raumproblem‹ (vgl. Erl. zu 119) erklärt* HAUSDORFF *die* freie Beweglichkeit *als* Unabhängigkeit aller Figuren und Konstruktionen vom Ort; jedes Raumgebilde kann ohne Änderung seiner Winkel, Längen, Flächen, Volumina wie ein starrer Körper beliebig verschoben und gedreht werden *(S. 9). In Räumen freier Beweglichkeit muß das* RIEMANN*sche Krümmungsmaß konstant sein.*

126 Attribut] *lat. attribuere ›zuteilen‹; die Eigenschaft eines Gegenstandes, die er seiner Natur nach wesentlich haben muß, im Unterschied zur Akzidenz (lat. accessio ›das Hinzukommen‹), das nach* ARISTOTELES *(384/83 v. Chr. – 322 v. Chr.) »dasjenige [ist], was sich zwar an etwas findet und mit Wahr-*

heit von ihm ausgesagt werden kann, aber weder notwendig noch in den meisten Fällen sich findet« bzw. »das, was einem Gegenstand an sich zukommt, ohne in seinem Wesen zu liegen« (›Metaphysik‹ V 30, 1025a).

131 Cook-Tickets] *nach dem englischen Reiseunternehmer* THOMAS COOK *(1808–1892) benannte, 1841 in England eingeführte und seit dem letzten Drittel des 19. Jahrhunderts für ganz Europa, Rußland und den Orient erhältliche (Bahn-)Rundreisekarten. Sie waren nach den Wünschen der Reisenden individuell zusammengestellt und enthielten neben den in Couponheften angeordneten Bahnfahrkarten oft auch Gutscheine für Übernachtungen und andere Dienstleistungen.*

132–134 es sind Räume veränderlicher Krümmung denkbar *bis* auf Bewegung zu verzichten] *In seiner Antrittsvorlesung* Das Raumproblem *(vgl. Erl. zu 119) hat* HAUSDORFF *dazu ausgeführt (vgl. auch Erl. zu 125):* Jedenfalls ist die freie Beweglichkeit kein Denkgesetz und muß beim Aufbau der Geometrie als besondere Voraussetzung, etwa in Form eines Axioms über kongruente Dreiecke, gefordert werden. Gibt man sie preis, so wird man zunächst auf die Riemannsche Begriffsbildung der Räume variablen Krümmungsmaßes geführt, eine Verallgemeinerung der beliebig gekrümmten Flächen im euklidischen Raume. In einem solchen Raume ist nicht nur jeder Punkt mit jedem anderen unverwechselbar und sozusagen durch ein besonderes »Lokalzeichen« individualisiert, so daß etwaige Bewohner den absoluten Ort ermitteln können, wo sie sich jeweilig befinden; sondern die Raumstruktur in jedem Punkte ist auch nach verschiedenen Richtungen verschieden und es gibt Richtungen ausgezeichneten Verhaltens, Prinzipalrichtungen, ähnlich den Trägheitsachsen eines schweren Körpers oder den optischen Achsen eines Krystalls *(S. 10f.).*

136 Hohlspiegel] *gewölbter Spiegel, dessen hohle Seite dem Licht zugewandt ist.*

137 ›Normalmeter‹] *von lat. norma ›Regel‹ und griech. μέτρον (métron) ›Maß‹; zur Darstellung einer Maßeinheit bestimmter Gegenstand. – Das wohl bekannteste ›Normalmeter‹ ist der seit 1889 in Paris aufbewahrte Platin-Iridium-Stab mit X-förmigem Querschnitt, auf dem zwischen zwei eingeritzten Linien die Längeneinheit ›Meter‹ fixiert ist. Diese Längeneinheit war 1795 von der französischen Nationalversammlung als zehnmillionster Teil des durch die Pariser Sternwarte gehenden Erdmeridianquadranten festgelegt worden und galt – trotz verbesserter Gradmessungen – bis 1927 den das metrische System nutzenden Staaten als Prototyp. Seit 1927 wurden optische, auf ein Wellenlängennormal beruhende Vergleichstandards festgelegt (zunächst im Cadmiumspektrum, ab 1960 im Spektrum des Kryptonisotops Kr 86).*

140 axiomatisch] *vgl. zum Begriff ›Axiom‹ Erl. zu 15 im Kommentarteil zu* Massenglück und Einzelglück, *HGW VIII, 291; hier ist ›axiomatisch‹ im Sinne von ›a priori‹ gebraucht.*

145f. die menschlich-allzumenschlichen Kategorien des Schönen, Wahren, Guten] HAUSDORFF *spielt mit dieser Formulierung an auf* FRIEDRICH NIETZSCHES *1878/79 publizierte zweibändige Aphorismensammlung ›Menschliches, Allzumenschliches. Ein Buch für freie Geister‹, 3. Hauptstück: ›Vom religiösen Leben‹, 108–144 (vgl. KGW IV,2, 105–140).*

155 Prokrustesbett] *Nach der griechischen Mythologie war* Prokrustes *ein eleusischer Gastwirt, der allen Vorbeikommenden ein Bett als Nachtlager anbot, sie aber dann zu Tode marterte, da er die Großen in ein zu kleines Bett steckte und ihnen die überhängenden Glieder abschlug, den Kleinen indes ein zu großes offerierte und ihre Glieder mit einem Hammer solange dehnte und streckte, bis sie in das Bett paßten (vgl.* Apollodor *IV, 4);* Prokrustesbett *im übertragenen Sinn bedeutet svw. Zwangslage oder Schema, in das etwas gewaltsam hineingepreßt wird.*

155f. des euklidischen Raumes] *vgl. Erl. zu 16 im Kommentarteil zu* Massenglück und Einzelglück, *HGW VIII, 291.*

157 visual language] Landauer *weist in ›Die Welt als Zeit‹ darauf hin, daß »[s]chon Berkeley« gewußt habe, »daß Alles, was wir sehen, nur die Sprache von etwas Psychischem ist, also nur ein unzutreffendes Bild des Wirklichen in fremdem Material giebt; seine beste Erkenntniß hat ihm seine Christensprache verhunzt, aber deutlich genug hat er trotzdem von dem visual language gesprochen« (S. 272). – Der englische Philosoph und Theologe* George Berkeley *(1685–1753; seit 1734 Bischof von Cloyne bei Cork) lehnte in seinem Hauptwerk ›A Treatise concerning the Principles of Human Knowledge‹ (Dublin 1710; dt. Übers. v.* Friedrich Ueberweg *u. d. T. ›Abhandlung über die Principien der menschlichen Erkenntniss.‹ Berlin 1869) auf der Grundlage seines kurz zuvor erschienenen ›Essay towards a New Theory of Vision‹ (Dublin 1709; eine deutsche Übersetzung wurde erst 1912 von* Raymund Schmidt *vorgelegt, vgl. ›Versuch einer neuen Theorie der Gesichtswahrnehmung.‹ Leipzig 1912) und in kritischer Auseinandersetzung mit* John Locke *(1632–1704; ›An Essay Concerning Human Understanding‹, 1690) die materialistische Ansicht einer außerhalb des Bewußtseins existierenden Körperwelt ab und vertrat die Auffassung, daß die Dinge nur als wahrgenommene Ideen und damit nur in den Subjekten, die sie wahrnehmen, existieren – ›esse est percipi‹, d.h. »die wirkliche Existenz eines undenkenden Dinges« bestehe »gerade in seinem P e r c i p i r t w e r d e n«, also darin, wahrgenommen werden zu können (*Berkeley*: ›Abhandlung‹, LXXXVIII, S. 68; vgl. auch ebd., III, S. 22 u.ö.); die »Gesichtswahrnehmungen, wenn wir durch sie Entfernung und entfernte Dinge auffassen«, so* Berkeley, *»bekunden« »uns nicht Dinge, die gegenwärtig in einer Entfernung existiren«, noch bringen sie diese »zum Bewusstsein«, sondern machen »uns nur darauf aufmerksam [...], welche Tastideen in unserem Geiste entstehen werden nach bestimmten Zeitabschnitten und in Folge bestimmter Handlungen. Es ist [so], [...] dass sichtbare Ideen die Sprache sind, wodurch der herrschende Geist, von dem wir abhängig sind, uns belehrt, was für tastbare Ideen er uns einzuprägen im Begriff stehe, falls wir diese oder jene Bewegung in unserem eigenen Körper hervorrufen« (ebd., XLIV, S. 43). Diese Annahme hat* Berkeley *in seiner ›Theory of Vision, or Visual-Language. Showing the Immediate Presence and Providence of the Deity, Vindicated and Explained‹ (London 1733) in physikotheologischer Weise bekräftigt.*

182f. Ummenschung des Menschen] *Anspielung auf den Untertitel ›Versuch einer Umwerthung aller Werte‹ von* Nietzsches *1901 posthum erschienener*

Aphorismensammlung ›Der Wille zur Macht‹ (vgl. dazu auch Erl. zu 196 im Kommentarteil zu Stirner, *HGW VIII, 401).*

186 molluskenhaften] *lat. mollis ›weich‹; als Mollusken werden die im Stamm der Weichtiere zusammengefaßten Wirbellosen wie Schnecken, Muscheln und Tintenfische bezeichnet.*

186 ›Stimmungen‹] *vgl. dazu Erl. zu 394f. im Kommentarteil zu* Max Klingers Beethoven, *HGW VIII, 525f.*

Sprachkritik.

›Neue Deutsche Rundschau (Freie Bühne)‹ XIV (1903), H. 12 (Dez.), S. 1233–1258.

[H 1903b]

Sprachkritik.

Von **Paul Mongré**.

... Und im Anfang war traumlose Tiefe.

Über die graugrün dämmernde Fläche wogen Purpurwolken. Grenzenloses Brausen verdichtet sich da und dort zu dröhnenden Schwellungen, dumpfe Tonschatten fluten darüber. Schwebende Schleier gleiten durch den Nebel, Kommendes kündigt sich an.

Aus dem blassen Trüben blitzt stechend scharf, strahlend, schmerzend ein Punkt. Der erste Reiz wird empfunden.

Andere Punkte flammen auf, schwirren, tauchen wieder unter. Dieser scheint anders gespürt zu werden als jener; manche geben einen kühlen Kitzel, andere berühren zitternd und hauchend. Töne, Farben, Düfte. Und einige klingen oder drücken ähnlich, sind aber doch nicht Eins, werden auseinander gefühlt; Hier und Dort scheiden sich. Und die Punkte flattern zusammen, bilden Perlenschnüre, Ringe, Reihen. Vielheiten, Verknüpfungen, Gestalten sondern sich aus dem dunklen Feld.

Eine Gestalt scheint von einer seltsamen Dunsthülle und Ähnlichkeit umspielt, als schleifte sie etwas Anderes, Doppelgängerisches nach. Ein neues Gefühl spitzt sich: Vertrautheit, Erinnerung, die zarte Lust des Wiedererkennens. Aber fremde Bilder, die zum ersten Male kommen, erregen Unbehagen, Furcht.

Und sonderbar, daß manche dieser Berührungen und Erlebnisse sich immer zusammen aufdrängen. Dieses Glatte und Runde und jenes Rote ist, zu einander gesellt, von Süßigkeit begleitet. Eine eigentümlich lockende und spannende Erregung meldet sich, wenn Glatt, Rund, Rot erscheinen: das Süße wird gewollt, die Frucht ergriffen. Es ist die Frucht vom Baume der Erkenntnis; nun gibt es D i n g e.

Immer mehr Gegenständliches ballt sich so zusammen, scheidet sich ab aus dem weichen schwimmenden Gallert der Empfindungen: Frucht und Zweig, Baum und Fels. Manches Ding zappelt und wehrt sich, wenn es angepackt wird. Wehrt sich auch die Frucht? nein, aber irgend etwas Versperrendes streckt sich dazwischen. Hände greifen, stoßen einander fort, die glühenden Augen eines Antlitzes tauchen in schreckhafter Nähe auf. Das Lebendige hat Seinesgleichen erkannt: Ich und Du, Mensch und Tier, Freund und Feind.

Aber noch liegt die Welt rings umher in drohenden Schatten. Vieles ist ihr schon abgerungen, der flüchtige Bewußtseinsschimmer um die Gegenwart des Lebenden, und doch wie wenig! Eine Eisscholle im Meere, die *[1234]* immer wieder zerschmilzt, ein Flackerfeuer in der grenzenlosen Nacht. Wer wirft den Brand hinaus, daß er das All erleuchte? Wer baut Schiffe, die erworbenen Besitz zeitabwärts tragen, von Geschlecht zu Geschlecht?

Eines Tages kauern zwei Menschentiere vor dem erjagten Wild. Ein Blitzstrahl kracht nieder und zerschmettert die Fichte drüben, der Donner brüllt wie zehntausend Stiere. Die beiden starren mit schreckblöden Augen. Das Weib deutet mit dem Finger auf das Wunder, des Mannes Zunge stammelt ein bewußtloses Da! ... Da! lallt ihm die Männin nach, dann stürzen sie fort in atemloser Flucht.

Da sie das nächste Mal ihr Jagdweg wieder in die Nähe der gebrochenen Fichte führt, sehen sich beide an und biegen scheu in weitem Kreise aus. Da! lallt wieder der Mann, Da! ahmt das Weib nach. Und in den blöden Augen dämmert das Licht einer unendlichen Zukunft — die armen Menschentiere haben geahnt, daß dieses Da ihnen ein Erinnerungsmal ist für das gemeinsame Erlebnis, daß man mit Lauten auf etwas hindeuten kann, was nicht Laut ist, daß Laute etwas bedeuten, etwas bezeichnen, etwas festhalten, etwas mitteilen und überliefern können. Sie werden ihre Gefährten an die Schreckensstätte führen und mit Da auf die gestürzte Fichte weisen; die Horde wird das Da aufnehmen und es wird vielleicht Fichte, vielleicht Donner, vielleicht Himmel oder Feuer oder Schrecken oder Gott bedeuten — aber die Entdeckung kann nicht wieder verloren gehen, das erste noch schwankende, noch vieldeutige Wort der künftigen Sprache ist gewonnen.

Und andere Horden bilden andere Lautzeichen. Bei Kampf und Tausch, Wanderung und Eroberung mischen sich auch die Laute, verbreiten sich herüber und hinüber, die Geschichte der Sprachen beginnt.

Wunderbar lichtet und klärt sich nun die Welt. Das Abwesende, Ferne, Aussetzende wird im Lautbilde weitergetragen, Dauer und Beharrung wird den Dingen zugesprochen, ja wirklich *zugesprochen*, eingeredet, angesagt. Von einer empfundenen Gegenwart zur andern spannt sich die Regenbogenbrücke des Wortes. Was sonst, wenn es den Sinnen entschwand, in Vergessen sank, wirkt im Gedankensymbol fort. Der Vater sagt es dem Sohne, daß der Apfel süß und die Tollkirsche giftig ist, Einzelerfahrungen werden erspart, ererbt und aus tausend Versuchen und Merkmalen baut sich ein erstes Weltverständnis. In den Greisen des Stammes lebt alle Weisheit, und in feierlichen Zaubersprüchen geht sie von Mund zu Munde. Noch einmal, da die tönende Rede allzuflüchtig und wandelbar ist, wird das Wunder verknüpfender Zuordnung vollbracht und ein *Bild des Bildes* geschaffen. Wie das Wort an die Dinge heranwächst, so wächst an das Hörbare ein Sichtbares, an das Lautzeichen ein Schriftzeichen heran. Die Kette der Geschlechter sammelt und ordnet ihr Erlebtes, die Menschheit hat ihr Gedächtnis empfangen.

Da begibt sich ein Seltsames.

Vom Bezeichneten löst sich das Zeichen und lügt sich ein eigenes Leben.

Der Mensch schuf Gott sich zum Ebenbilde, aber Gott stellt sich auf Altäre und heißt den Menschen davor knieen und opfern. In eine Zauberflasche bannte der Mensch seinen Gedanken, aber der Gedanke wächst vom Menschen fort und sprengt das Glas und schweift frei im Raume.

Spiegel und Schatten der Dinge sollten die Worte sein; aber nun will das Spiegelbild die Wirklichkeit entthronen, die Schatten begehren Blut zu trinken. Und der Mensch gibt ihnen Blut zu trinken, nährt die Gespenster mit Lebendigem, füttert seine Götter mit den Erstlingen und weiht ihnen Ungeborenes.

[1235] Um einen Buchstaben bluten Hunderttausende. Aus Worten sprießt Gift und Feuer und langsame Qual.

Auf schwindelnden Worttreppen versteigen sich alle Geister, im Luftsprung von Wort zu Wort verrenken sich die Glieder, und der Boden der Dinge wird nicht mehr betreten. Worte ohne Wirklichkeit sollen Kranke heilen, Geister rufen und Quellen springen machen. Worte gebieten der Welt, wie sie sei und notwendig sein müsse, und in den Lehrsälen streitet man über die richtige Weise, Worte mit Worten zu verbinden. Und der frechste aller Wortpriester lehrt, daß die Welt in aller Welt nichts sei als Bewegung der Worte.

Eine lange bange Nacht liegt der Alpdruck der Worte auf den Völkern, und wohl zweitausend Male kreist der Planet, der diese wortwahnsinnige Menschheit trug, um seine Sonne. Aber endlich glüht doch der Morgen hinter den Bergen herauf.

Ein junges heldenhaftes Geschlecht tritt auf den Plan, das wirft allen Götzendienst und Gespensterwahn und Wortaberglauben hinter sich.

Geschrieben stand das Wort: alle Völker werden hören die Posaune des Gerichts. Und dieses Wortes wegen sollte die Erde eine Scheibe sein. Aber Einer, der keine Wortfurcht kennt, wagt zu sehen, daß die Erde keine Scheibe ist.

Geschrieben stand das Wort: aller Bahnen vollkommenste ist der Kreis, darum müssen alle Dinge sich in Kreisen bewegen. Aber Einer, der keine Wortfurcht kennt, wagt zu sehen, daß die Dinge sich nicht in Kreisen bewegen.

Viele wagen nun zu sehen, was ist, und entschlagen sich der Wortfurcht. Aber nur die Besten wagen zu sagen, was sie gesehen haben; denn ein anderes ist Furcht vor Worten, ein anderes Furcht vor den Wortpriestern und ihren Scheiterhaufen.

Den Wortpriestern hat man Fackeln und Zangen aus den Händen genommen, und die frechen blutsaugenden Worte hat man getötet. Aber fromme Menschen schleppen die toten Worte auf dem Rücken weiter. Wir müssen die Wortleichen auf den Turm des Schweigens tragen, daß die Geier des Himmels sie verzehren.

Noch die Erkenntnis der Freiesten ist getrübt durch heimlichen Wortdienst. Noch fliegen Wortgespenster und Wolkenschatten über sonniges Land. Noch verwirrt uns alter Wortwahn, wie den Erwachenden ein schlimmer Traum in der Erinnerung verwirrt und quält.

Die Menschheit schüttelt Traum und Traumes Erinnerung ab. Ihrem letzten Wortgötzen kündigt sie den Glauben. Gekommen ist der Tag der Wirklichkeiten!

* * *

Fritz Mauthners »Beiträge zu einer Kritik der Sprache« sind in Cottas Verlage in den Jahren 1900 – 1902 erschienen. Die drei einzelnen Bände führen die Titel: Sprache und Psychologie; Zur Sprachwissenschaft; Zur Grammatik und Logik. Ein vierter Band, der die Geschichte des sprachkritischen Gedankens verfolgen soll, ist in unbestimmte Aussicht gestellt.

* * *

[1236] In nichts ist die Philosophie bisher zur Einstimmigkeit gelangt: nicht in der Definition, nicht im Gegenstande, nicht in den Methoden, nicht in Weg und Ziel. Es gibt so viele Philosophieen, wie es Philosophen gibt, oder noch einige mehr, weil mancher Philosoph ja nicht einmal bis zur Übereinstimmung mit sich selbst gediehen ist. »Die« Philosophie gibt es nicht; »das« System, das die Wahrheit wäre, gibt es nicht; es ist unmöglich, w e i l es die Wahrheit wäre, sagt Mauthner, der Skeptiker. Und er spricht mit immer leiseren Worten das Geheimnis der Philosophie aus, im Epilog des ersten Bandes: wie die Philosophie nicht Erkenntnis sei, auch nicht Selbsterkenntnis des menschlichen Geistes, sondern Stimmung, Richtung nach dem Zenith, Leidenschaft, Ruhebedürfnis, Todessehnsucht des Denkens, das am Strande von Kareol nach einem letzten Warum ausschaut. Hundert philosophische Standpunkte, Objekte, Untersuchungsmethoden, Bekenntnisse hat es gegeben; aber ein Gemeinsames ist da, das man nur mit dem weitfaltigen modernen Worte »Stimmung« einfangen kann, der Stimmklang und Tonfall der echten Philosophen: Ergriffenheit vom Dasein aller Dinge, Verwunderung, wie es Plato nennt, Zweifel bei Cartesius, amor dei bei Spinoza; lauter verschiedene Worte für Ein Namenloses. Daß man ein tiefes Staunen nicht los wird, wie sonderbar alles ist, da es doch anders sein könnte; daß man verknüpfende Fäden glitzern sieht und nichts mehr in seiner scheinbaren Vereinzelung fassen kann; daß man einer letzten Einheit nachtastet und vor einer letzten Fremdheit schaudert; daß man ... genug der armseligen Umschreibungen. Ich »definierte« eben das philosophische Pathos, sagt Nietzsche einmal; aber es scheint, daß das philosophische Pathos, der philosophische Humor, das philosophische Klima jeder Definition spottet. Mauthner hat es, dies philosophische X, das man nicht damit erwirbt, daß man etwas über die Kausalität bei Lotze oder die Gottesbeweise bei Averrhoes drucken läßt. Von dieser Sprachkritik geht ein Kälteschauer aus wie von der Kritik der reinen Vernunft; aber ein Golfstrom mischt Zärtlichkeit und fernen Blütenduft dazwischen. Wie leise, gütig, resigniert ist die Sprache dieses Richters der Sprache: und keine Verführung ist doch größer, als von oben herab sprechen, wenn man die Dinge von oben herab sieht. Das sokratische Bekenntnis des Nichtwissens, mit einem schmerzlichen Lächeln über die dogmatische Bestimmtheit derer, die ex animi fiducia und more professorio zu wissen wähnen; die skeptische Besonnenheit, der »die

tiefsten philosophischen Fragen zu Fragen des Sprachgebrauchs« und die Denkgewohnheiten unserer Kultursprachen zu »Lokalsitten der abendländischen Menschheit« herabsinken; die liebevolle, verständnisvolle Einfühlung in Sprachen fremder verachteter Völker, in Kinder- und Tiersprache; der ungeblendete Blick für Schwächen und Zufälle in den angeblich so hoch entwickelten indogermanischen Sprachen: wie philosophisch gestimmt und stimmend ist das Alles! Wir verlangen von einem Philosophen freie Aussicht, weiten Umblick: er soll über das hinaus sein, was hier und heute gilt, was innerhalb einiger hundert Quadratmeilen Landes und einiger Jahrzehnte Völkerlebens als das Wahre, Gute, Schöne in Umlauf ist. Aber es ist Mauthners Ruf, daß die Schranken geöffnet werden, die Schranken des Raumes und der Zeit! Ein letztes belangloses Endchen der Entwicklung kennen wir und nennen es »Weltgeschichte«; die letzten Abenteuer der Mittelmeer-Völker, die spätesten Ausläufer der ungeheuren Sprachentwickelung. Von der eigentlichen, vorschriftlichen Geschichte, von der vielleicht nach Hunderttausenden oder Millionen Jahren zählenden Paläontologie der Sprache wissen wir *[1237]* nichts: vom Ganzen also wissen wir so viel, »wie ein Regenwurm vom Erdinnern weiß«. Aber unsere vergleichenden Linguisten fabelten sehr bestimmt von der Ursprache des Urvolkes, von seinen Wohnsitzen am Hindukusch oder an der Wolga, seinem Kulturzustand »vor der Trennung«; sie entwarfen Wanderkarten der Indoeuropäer oder Indogermanen, und der legendare Begriff des Ariers verdichtete sich bis zur Realität von Ohrfeigen in Berliner Nachtcafés. Mauthner erneuert mit Energie die Forderung, statt der biblischen Jahrtausende geologische und biologische Zeiträume auch in die Sprachgeschichte einzuführen. Er erinnert an eine bekannte Eiszeithypothese, wonach eine periodische Abkühlung und Vergletscherung auf jeder Erdhälfte im Rhythmus von 21 000 (26 000 ?) Jahren wiederkehren soll, infolge einer entsprechenden Schwankung der Erdachse (Präzession der Tag- und Nachtgleichen). Völkerwanderungen, Vernichtungskämpfe, Sprachverschiebungen ungeheuren Stiles, neben denen alles historisch Bezeugte zu lächerlicher Kleinheit einschrumpft, müssen die wechselnde Vereisung und Wiederaufschließung der Ländermassen begleitet haben. Mag diese Hypothese stimmen oder nicht: jedenfalls haben wir so eine erste Vorstellung von der Größenordnung der Zeiträume, die für Menschheitsgeschichte und Sprachengeschichte in Betracht kommen. Und es steht einem Philosophen wohl an, den »Lärm um die letzten Neuigkeiten«, die jüngste Minute im kurzen Menschheitsgedächtnis nicht so feierlich zu nehmen; dieses Gestern und Vorgestern, mit seinen sechs Jahrtausenden, ist für die Entwickelung einer Tierspezies verdammt gleichgültig.

Noch manches an diesem Buche ist philosophisch, wenn schon nicht fachphilosophisch. Mauthner war in einer ähnlichen Lage wie seit Kant alle schärferen Erkenntniskritiker: über das Denken denken zu müssen, die Grenzen der Vernunft mit Hilfe der Vernunft abzustecken, Sprachkritik mit den Mitteln der Sprache zu treiben. Das bedingt ein fortwährendes Hin- und Hergleiten des Standpunktes, eine reizbare Kunst des Sichselbstbelauschens und -ertappens, eine Akrobatik, die sich auf den eigenen Kopf steigt und über die Achsel sieht, eine feinfühlige Abwehr des geistigen Zwanges, den die Sprache auf uns ausübt, eine besondere Technik der Skepsis, das Gesicherte immer wieder in ein Vorläufiges, das Definitivum in ein Interim aufzulösen. Der Zweifel kehrt sich gegen Grund und Ausdruck des Zweifels, der Spiegel wird selbst zum gespiegelten Schein, der archimedische Hebelpunkt, von dem aus die Erde gehoben werden soll, liegt auf dieser selben Erde. Es ist ein Gedankenspiel, das manchmal zur Gedankenqual wird. »Das Kind will den Mutterleib verlassen und kann es nicht, ohne daß die Zange angelegt wird! Doch gräßliche Tragikomödie! Das Kind hält selbst die Zange in der Hand! Kind und Zange, beides ist Sprache!« Für die Lesbarkeit des Buches lag hier eine große Schwierigkeit; denn dieses Springen des Blickpunktes erzeugt eine Art Seekrankheit, und man ermüdet durch den fortwährenden Wechsel der Augenstellung zwischen Fern und Nah, durch das Wandern der Aufmerksamkeit zwischen der Sprache als Objekt und der Sprache als Methode. Ich will nicht behaupten, daß es hierbei immer kurzweilig zugehe; aber es spricht für Mauthners philosophische Kunst, daß es doch selten langweilig zugeht. Wir sehen einen fabelhaften Jongleur seine Kugeln durcheinanderwerfen, und manchmal so schnell, daß das Auge nicht mehr folgt. Da schwankt und vibriert alles; lauter ironische angesäuerte Worte verhöhnen einander. Noch während er die landläufige oder gegnerische Ansicht ausspricht, mischt er Vorbehalt und Anfechtung hinein; er fällt dem Widersacher ins Wort, er läßt sich selbst nicht ausreden. Da kann es vor*[1238]*kommen, daß der Gegner schließlich ganz verschwindet in den Nebeln der Halluzination und eine Windmühle übrig bleibt ... Aber mir scheint, daß ich in diesem Augenblicke selbst Herrn Mauthner nicht ausreden lasse, daß die Sprachkritik verschwindet in den Nebeln allgemeiner Charakteristik, und daß ich mit der linken Hand zurücknehme, was ich mit der rechten erst geben wollte. Besinnen wir uns auf die Pflichten eines Referenten. Ein Buch will besprochen sein ... nein! das will es lieber nicht.

* * *

Wer Mauthners Grundstimmung in sich nachklingen läßt und das Wort »Sprechen« kaum noch ohne ein heimliches Fragezeichen oder ironische Gänsefüßchen denken kann, wird auch nicht mehr mit wissenschaftlicher Feierlichkeit Bücher und Kunstwerke »besprechen«, als ob ein Erhebliches davon abhinge. Wenn die weise Frau eine Krankheit »bespricht«, so ist das Wort vielleicht eine Macht, aber kein Werkzeug der Erkenntnis, und der Patient genest oder stirbt ohne Diagnose. Das Wort kann nützen oder schaden, und mehr kann auch kein Rezensent. Mir hat Mauthners Buch außerordentliches Vergnügen gemacht, und aus Dankbarkeit oder Menschenliebe möchte ich recht viele Leser verführen, sich dasselbe Vergnügen zu gönnen; so bescheiden fasse ich die kritische Tätigkeit auf, in einem Jahrzehnt, da die geistvolle Kritik sich sozusagen als oberste Naturwissenschaft aufgetan und die schmeichelhafte Proportion verkündet hat: wie der Zoologe zur Qualle, die er seziert, so verhält sich zur Künstlerseele der Kritiker. Wenn ich so stolz und verantwortungsvoll von der Sache dächte, so würde ich Mauthners Buch eher beschweigen als besprechen; ein Werk wie dieses verdient, daß man die Wirkung abwarte und nicht mit raschem Ja oder Nein dem Wandel und Wachstum einer Weltanschauung vorgreife. Das ist keine »brennende Frage« von heute und morgen, und darum kann weder heute noch morgen etwas Abschließendes darüber gesagt werden. Aber wozu immer die höchsten Perspektiven bemühen? Hier ist ein Buch, das Widerhall wecken möchte; drüben sind vielleicht — vielleicht! — zwei oder drei Leser, die sich wie Lichtenberg ein Werk »von etwa zehn Folianten« wünschen, »worin in nicht allzu großen Kapiteln jedes etwas Neues, zumal von der spekulativen Art enthielte; wovon jedes etwas zu denken gäbe, und immer neue Aufschlüsse und Erweiterungen darböte«; Leser, die wie Lichtenberg nach einem solchen Werk auf den Knieen von Göttingen nach Hamburg rutschen würden! Solche Leser mit einem solchen Buch zusammenzubringen, sagt man ein paar vermittelnde Worte, ohne sich übrigens einzubilden, daß sie nicht am Ende auch sonst zusammenkämen. Aber eine leichte Verantwortung erwächst auch dem Vermittler, und so will ich hier, zwischen Für und Für, ein einziges, alle Einwände umfassendes Wider nicht verschweigen. Mauthners Buch hat drei Bände und 657 + 735 + 651 = 2043 Seiten; damit ist alles gesagt. Beim Barte des Polonius, es ist zu lang, zu lang! Lichtenberg läßt etwa zehn Folianten zu, aber soviel Geduld hat kein moderner Leser mehr. Ja, ich bekenne, daß ich manchmal verzweifelt von den großen vollbedruckten Seiten, dem uferlosen, nur durch seltene Kapitelteilungen gegliederten Zeilengewimmel aufgeblickt und sehnsüchtig nach kleinen Unehrlichkeiten gespäht habe: nach einer Unehrlichkeit des Autors, der einmal etwas unaufgeklärt ließe, oder des Verlegers, der uns für gutes Geld etwelche leeren Blätter einschmuggelte. Aber Mauthner wie Cotta schenken nichts und lassen sich nichts schenken. Bekennen muß ich, daß ich *[1239]* bisweilen schmerzlich zweifelte, ob ich mich in einem planvoll geführten Gedankenhaushalt oder einer Jean Paul'schen Zettelkasten-Wirtschaft befinde, bis doch die heimliche Architektonik des Ganzen wieder durch die Nebel leuchtete; bekennen, daß mir gerade der »Dilettant« Mauthner um dieses Ehrentitels willen kein Recht auf die gelehrtenhafte Unsitte des dicken Buches zu haben schien; bekennen, daß ich mich oft innerlich erdreistete, ihm, dem feinfühligen Stilisten und routinierten Kenner des Schreibhandwerks, die älteste aller Stilregeln zuzurufen: πλεον ἡμισυ παντος, die Hälfte ist mehr als das Ganze! Und dann dünkte es mich wieder geschmacklos, Einwände zu machen, die niemand besser als der Autor selbst sich gemacht hat. Mauthners Buch hat die Fehler seiner Vorzüge; es ist ein Lebenswerk, aus jahrzehntelang fortgeführten Aufzeichnungen erwachsen, von tausend Assoziationen genährt, aus täglichen Erlebensquellen gespeist. Eines Tages ist alles reif und überreif, eine gebieterische Stunde drängt nach Entlastung der Seele; aber um jetzt ein Buch zu komponieren, müßte man Automat sein. Der gewöhnliche Buchschreiber hat seine Disposition, die er nachträglich füllen, mit Material ausstopfen muß; darum wirken ad hoc gemachte Bücher so armselig, weil der Rahmen eher da war, als das Bild, und das Schema mehr fragt, als der Autor eigentlich beantworten wollte. So wenn ein Philosoph, um des Systems willen, neben Ethik und Logik eine Ästhetik schreibt, auf die er freiwillig, aus eigener künstlerischer Erfahrung und Interessiertheit heraus, nie verfallen wäre. Hier aber war der umgekehrte Fall; eine überquellende Stoffmenge, die notdürftig und ungefähr in einer nachträglichen Disposition untergebracht werden mußte. Sollen wir es Mauthner verdenken, daß er nicht energisch genug seine Niederschriften dezimiert hat und sich von manchem Blatt nicht trennen wollte, das wir für entbehrlich halten? Oder daß wir noch zuviel Werden statt des Gewordenen in Kauf nehmen müssen und statt durchgesiebter Schlußresultate allerhand Kreuz- und Querzüge, Selbstbefragungen, Gedankenexperimente, mit denen er sich zur Klarheit durchschreibt? Auch dieser Fehler wird zum Vorzug, weil sich im Danebendenken die Persönlichkeit des Denkers enthüllt. Mag er uns viele Umwege führen: zum Schluß sind wir doch in fesselnder Gesellschaft gewesen. Zweitausend Seiten sind gewiß keine Kleinigkeit, aber überall springen die Quellen des Lebens, der Beobachtung; im Verhältnis zu seiner Gedankenfrequenz ist es immer noch ein dichtes oder kurzes Buch, edles reiches goldfarbiges Erz mit wenig taubem Gestein. Und nachdem wir so die Ungeduld des verwöhnten Lesers, der gar nicht sitzen bleiben und aushalten will, niedergekämpft haben, finden wir an der Sache sogar eine moralische Seite zu bereden, obwohl sich ja das Moralische immer von selbst versteht. Es ist doch etwas, wenn ein gefeierter Kritiker und »Journalist« sein sicheres Publikum preisgibt und abseits vom Markte ein Buch vollendet, das in Berlin W. unter tausend Menschen nicht zwei interessiert; es ist um so mehr, wenn dies Buch tiefe wissenschaftliche Vorarbeiten verlangt und bei alledem das Mißtrauen der präsumptiven Leser gegen sich hat, weil der Verfasser kein graduierter, behördlich gestempelter und geaichter Fachmann ist. Unter solchen Aussichten neun Jahre einer Sache widmen, setzt ein gewisses Maß entschlossener Selbsthingabe, echten inneren Müssens voraus und verdient schon eine kleine Hochachtung; in der Nichtsalslitteratur, der berufsmäßig anzugehören Mauthner offenbar nicht als letztes Lebensziel betrachtet, sind solche langen Schwangerschaften, mit Versäumnis vieler Saisons, nicht Mode. Ich habe den persönlichen Eindruck, vielleicht das Vorurteil, daß der philosophische Ekel an der Sprache, *[1240]* wie er an vielen Stellen dieses Buches grelle hohnvolle oder schmerzlich resignierte Worte findet, nirgends besser gedeihen konnte als bei einem Literaturkritiker, der den täglichen Mißbrauch der Sprache, die Prostitution der Sprache von Berufs wegen registrieren muß. Zehn- oder zwanzigtausend Bücher gelesen haben; die *Verrohung in der Produktion*, der keine Verrohung in der Kritik je nachwachsen kann, mit schmerzenden Augen zu Protokoll nehmen müssen:

das war, in der revolutionären Grundstimmung, eine gute Vorbereitung auf die von Mauthner übernommene Mission — so weltenweit auch die logische und erkenntnistheoretische Kritik der Sprache hinausgreift über die bloße ästhetische Kritik an den Überflüssigen und Vielzuvielen, die aus der Sprache ein Geschäft machen. Gerade wer von Beruf der Bellettristik nahe steht — wenn er nämlich von Geist und Charakter abseits und darüber steht — kann gute Beobachtungen sammeln über den »Pöbel, der sein tägliches lauwarmes Wortbad zu nehmen liebt«; über den Massengebrauch der Sprache als Schwatzvergnügen, wo wie beim Dominospiel »die ganze Geistesarbeit darin besteht, an das Wertzeichen des Gegners sein Steinchen von gleichem Wert anzusetzen, solange man es aushält«; über das Wort als Erreger des Geschlechtstriebes, mit bewußter oder unbewußter Spekulation auf diese Wirkung; über die Sprache als »die große Lehrmeisterin zum Laster«; über die innerliche Zerfressenheit und den »wollüstigen Komfort« unserer Kultursprachen, mit deren gespenstischen Wortfetischen »Kinder und Dichter, Salondamen und Philosophieprofessoren« spielen. So pflegen die Sprachgelehrten nicht von der Sprache zu reden; aber es ist ganz gut, dem humanitären Optimismus und seinen Gottheiten Sprache, Sitte, Religion einmal aus der Erfahrung eines modernen Kulturpsychologen heraus die Sprache als Symptom und Miterreger unserer décadence gegenüberzustellen, dem Latein der Kaiserzeit vergleichbar, die Sprache als Ausdruck und Mittel der allgemeinen Desorientierung, als verseuchtes Röhrennetz, das Krankheiten überträgt, als gegenseitige Hypnose zu Verbrechen und künstlichem Wahnsinn. Und für diese Perspektiven — um wieder ruhiger zu reden — bringt Mauthner, der viel Verrenkung und Jonglerie der modernen Seele von Berufs wegen aus nächster Nähe betrachtet hat, bessere Augen mit, als wenn ihm auf Grund linguistischer Spezialstudien die Sprache zum Problem geworden wäre. Er bringt als Journalist auch besseren Geschmack mit; man bemerkt mit Vergnügen die völlige Abwesenheit jenes akademischen Humors, der in Vorlesungen mit pedalen Gemütsausbrüchen, bei Antrittsreden und Festvorträgen mit frostigem Lächeln quittiert zu werden pflegt. Und er hat das lebendige, sagen wir ruhig *aktuelle* Spiel der Assoziationen, das den ewig Gestrigen ein Ärgernis sein mag; er ist Mensch der Gegenwart, kein zeitfremder Philosoph im Dachkämmerchen, und weiß die modernsten Erscheinungen in Politik, Kunst, Technik, Industrie im Sinne seines sprachkritischen Gedankens zu entziffern. Als gegenwärtiger Mensch empört er sich gegen unsere Schulbildung, die eine Mißhandlung kindlicher Gehirne durch antiquierte Begriffe und vorstellungslose Worte ist; als Mensch der Wirklichkeit nimmt er die Partei der Anomalie gegen die Analogie, der Beobachtung gegen den Begriff, der lebenden Sprache gegen Schriftsprache und Schulmeisterei. Man sieht: auch wer nur modern ist und nichts als modern, findet hier einige Gelegenheiten begeisterter Zustimmung. Es ist eine Feuersbrunst; wer will, kann seine Suppe daran kochen.

* * *

[1241] »Könnten meine Augen reden, so würden meine Lippen gute Tage haben«, schrieb Hebbel an Bamberg, und eine Tagebuchstelle über das Wunder der Sprache schließt: »dann im Auge die brennende Materie, die der Sprache zu Hilfe kommt und sie oft ersetzt!« Daß die Sprache, für sich allein, als Mittel der Verständigung nicht viel wert sei, ist einer von Mauthners liebsten und feinsten Gedanken. Sprache ist zwar *etwas zwischen den Menschen*, ein soziales Gebilde wie Sitte, Kunst, Erkenntnis, aus Gemeinsamkeit der Zufallssinne, gemeinsamer Not, gemeinem Herdenglück erwachsen; Sprache ist eine Spielregel im Gesellschaftsspiel — und doch ist sie noch für diesen armseligen Zweck zu armselig. Nur durch begleitende Umstände, *gemeinsame Situation* zwischen Sprecher und Hörer (oder Schreiber und Leser), durch Tonfall, Gebärde, Fingerzeig wird das Wort verständlich. »Die Sprache setzt den Gegenstand der Mitteilung als bekannt voraus«, heißt es mit schroffer Pointe; »der Hörer weiß immer, was gemeint ist, weil die Menschen überflüssig beschwatzen, was sie ohnehin wissen oder einander mit dem Finger weisen könnten.« Aus Sachverständnis Wortverständnis, nicht umgekehrt. An gemeinsame Erfahrungen erinnern, à peu près und ohne zwingende Eindeutigkeit erinnern: mehr kann die Sprache nicht. Für sich allein ist die Sprache das excellente Mittel des Mißverständnisses. Es gibt im strengen Sinne keine Synonyma; nicht bei zwei Menschen, nicht zweimal bei demselben Menschen hat dasselbe Wort genau denselben Sinn. Unaufhörlicher Lautwandel und Bedeutungswandel verwäscht die schwimmenden Grenzen der Wortbilder und Begriffssphären. Die Worte wachsen, altern, sterben: »im Anfang schuf Gott Himmel und Erde« ist das Beispiel eines total veralteten Satzes. Worte entwickeln sich, differenzieren sich zu entgegengesetzten Bedeutungen; nicht nur bei den Chinesen ist das Wort, ohne Fixierung durch den Tonfall, vieldeutig. Das wirkliche Leben der Sprache, das mikroskopisch studiert werden müßte, kennt nur zeitweilige Individualsprachen; schon Mundarten sind Abstrakta, und Gemeinsprache, Schriftsprache ist allerhöchste Abstraktion. Die Individuen sprechen verschieden; Männer und Weiber sprechen verschieden; die berühmtesten Fragen sind Wortstreitigkeiten. »Descartes, welcher die Tiere für unbeseelte Maschinen erklärte, und Haeckel, welcher zwischen Tier- und Menschenseelen keinen Unterschied sieht, haben trotzdem ungefähr die gleiche Vorstellung vom Menschen einerseits und vom Tiere anderseits.« Man redet die gleichen Worte und meint Verschiedenes, man redet gegensätzliche Worte und meint Gleiches; die gemeinsame Situation bringt Verständigung ohne Worte, auch gegen die Worte, aber Worte bringen keine Verständigung ohne gemeinsame Situation. Der Höhepunkt des Mißverstehens durch Sprache ist das Sichselbstmißverstehen, das gerade den schärfsten Denkern nachgesagt wird.

Ähnliche Gedanken, vielleicht weniger zugespitzt und weniger zusammenhängend, sind ja längst ausgesprochen worden, und es könnte scheinen, als wolle sich Mauthner den Obskuranten des Unsagbaren und Priestern des Schweigens zugesellen. Maeterlinck und Meister Eckart werden zitiert; der Schatzgräber, der keine Silbe sprechen darf; und mit dem stolzen Märtyrerwort »qui potest mori non potest cogi« wird der Selbstmord der Sprache verkündet. Hier hat Mauthners Freund Gustav Landauer, dessen seltsames Schriftchen »Skepsis und Mystik« auf die Sprachkritik folgt wie auf die Kritik der reinen Vernunft die der praktischen, die Grundlinien einer neuen Innerlichkeit gezogen und auf den Trümmern der Wissenschaft ein okkultistisches Tempelchen errichtet. Übrigens möchte ich hervorheben, daß die dichterische *[1242]* Aphasie, das romantische und neuromantische Verstummen an den Grenzen des Unaussprechlichen in Mauthner keinen Verteidiger findet. Nicht sagen können, was man fühlt, ist ein persönlicher Defekt, den man nicht auf die Sprache abwälzen darf. Nur als Erkenntniswerkzeug versagt die Sprache, nicht als Wortkunst. Alle ihre logischen Mängel sind, ästhetisch betrachtet, Hauptmittel der Wirkung, Stimmungserreger: daß der Zusammenhang erst den Sinn erklärt, daß der Satz früher ist als das Wort, daß alle Rede Tautologie ist; das Flimmernde und Unbestimmte der Konturen; die Vieldeutigkeit der Assoziationen, das Metaphorische aller Worte; daß Worte keine oder nur undeutliche Anschauung, sondern Bilder von Bildern geben; das Mitklingen der Wortgeschichte, das leise Bewußtwerden früherer Wortbedeutungen, älterer verblaßter Metaphern. Stimmung, nicht Erkenntnis, liegt im Machtbereich der Sprache. Und Landauer hat ganz Recht, wenn er die Sprachkritik mit der modernsten Lyrik in liebenden Zusammenhang bringen will: denn Hofmannsthal und George, Dehmel und Mombert lokalisieren ja auch in der assoziativen Dunsthülle, nicht im deskriptiven Kern des Wortes den Sitz poetischer Wirkung. Diese Musik arbeitet nur noch mit Neben- und Obertönen; die Grundtöne hat Mauthner wegkritisiert.

* * *

In der Erkenntnistheorie ist Mauthner, um es kurz mit den üblichen Schlagworten auszudrücken, Sensualist, ohne Materialist zu sein. Lockes Satz: nichts ist im Intellekt, was nicht vorher in den Sinnen war, lautet bei ihm: nichts ist im *Gedächtnis der Sinne*, was nicht vorher in den Sinnen war. Also der Intellekt ist Gedächtnis der Sinne, die ihrerseits bloße Zufallssinne sind und nur gelegentliche Ausschnitte aus der Wirklichkeit beherrschen; ein selbständiges Denken als Faktor der Erkenntnis, eine geistige Formung und Prägung der Sinneswahrnehmungen zu geordneter Erfahrung wird abgelehnt. Wie schwer gerade diese Position gegen eine schärfere Kritik der »Sinneswahrnehmung« zu halten ist, darüber sagt die Sprachkritik einmal ausnahmsweise nichts; hier sieht wohl Mauthner sein »Urphänomen«. Also auch die unerbittlichste Skepsis wird einmal müde, wirft Anker und erklärt j'y suis j'y reste. Von dieser petitio principii aus wird es verständlich, wie für Mauthner das *Gedächtnis* zu weltverschlingender Größe anschwillt und so ziemlich jeder geistigen Funktion gleichgesetzt werden kann, auch wirklich gleichgesetzt wird; um so ungerechter ist seine Wortchicane gegen den Physiologen Hering, der das Gedächtnis eine Funktion der organisierten Materie genannt hat. Gedächtnis vergleicht die Sinneseindrücke, bemerkt Ähnlichkeiten, klassifiziert, bildet Begriffe und dehnt sie metaphorisch auf neue Erfahrungen aus, häuft ein Vorstellungslager an, von dem jeden Augenblick nur ein einziges Element das »Nadelöhr des Bewußtseins« passiert; Gedächtnis ist Sprachschatz des Individuums, Geschichte und Wissenschaft der Menschheit. Und zwar verdanken wir das alles eigentlich den Gedächtnisfehlern, der Ungenauigkeit des Gedächtnisses; auf dem Ähnlichsehen des Ungleichen, dem Übersehen der Unterschiede, also dem flüchtigen und unscharfen Sehen beruht Klassifikation, Begriffsbildung, Sprache. Ein exakter Beobachter dürfte kein Baumblatt mit einem anderen verwechseln, käme also nicht in die Lage, beide dem Begriff Blatt zu subsumieren. »Vielleicht sehen die Insekten so scharf und können darum im Denken keine Fortschritte machen.« Gedächtnis und Erblichkeit gehören zusammen, Gedächtnisfehler und Variation: bei genauem *[1243]* Gedächtnis gäbe es keine Sprache, bei genauer Erblichkeit keine Entwicklung. Sehr verwandte Ideen hat Nietzsche ausgesprochen, in zahllosen Aphorismen und besonders in dem zusammenhängenden Fragment »über Wahrheit und Lüge im außermoralischen Sinne«, das sich wie ein Programm und glänzendes Résumé der gesamten Sprachkritik liest; nur mühsam widerstehe ich der Verlockung, ganze Seiten aus dieser skeptischen Thronrede hierherzusetzen, und beklage es mit Mauthner, daß der Umwerter aller Werte seinen stärksten Angriff gegen die praktischen Begriffe gerichtet, gegen die theoretischen nur einige aufhellende Lichtblitze geschleudert hat. Neben der menschlichen Erkenntnis ist die menschliche Moral ein armseliges Problem, gut genug für Tatsachensammler und Evolutionsschwätzer; daß ein Geist wie Nietzsche sich daran verschwendet hat, ist ebenso unbegreiflich wie es begreiflich ist, daß ein im Denken geschwächtes Zeitalter die Ethik wieder in den Vordergrund der philosophischen Betrachtung schiebt.

* * *

Von den festgelegten Stützpunkten aus greift die Sprachkritik um sich und wird zur Kritik der Sprachwissenschaft. Wenn ich als Außenstehender einen Eindruck von dieser Auseinandersetzung mit den Fachmännern wiedergeben darf, so vermute ich, daß Mauthners Angriff in vielen Fällen zu spät kommt und bereits aufgegebene Positionen stürmt. Ich vermute es nach einem flüchtigen Hinhorchen auf das, wovon die Linguisten heute sprechen und was sie dabei als sous-entendu verschweigen. Glaubt man wirklich noch an die Sanskritwurzeln als absoluten Anfang, an eine vom Himmel in die Wiege des Menschengeschlechts herabgefallene Ursprache, an die Sprache als selbständige geistige Potenz mit immanenten, von Historie und Psychologie unabhängigen Entwicklungsgesetzen? Mir scheint, daß auch die Sprachwissenschaft ihre Romantik und Metaphysik hinter sich hat, daß man auch hier wie in anderen Wissenschaften exakt und nüchtern arbeitet, Mundarten erforscht, Entwicklungen vorsichtig zu rekonstruieren sucht und nebelhafte Ursprungshypothesen bescheiden ablehnt. Als gedankenreicher Mitarbeiter am Werke der modernen Wissenschaft mag Mauthner vielleicht den Linguisten willkommener sein, als er selbst denkt und als sie zunächst eingestehen werden: er soll nur die Dynamitkiste beiseite stellen und als friedlicher Reformer mit in Reih' und Glied treten. Das ist ja der Schmerz aller Skeptiker: man fürchtet sich nicht genug vor ihnen! — Da die Sprache keine lebendige Einheit, kein Organismus, keine qualitas occulta hinter und neben den Milliarden einzelner Sprachtätigkeiten ist, so ist ihre Geschichte ein Teil der menschlichen Verkehrs- und Kulturgeschichte und wie diese zwar kausal notwendig, aber nicht gesetzmäßig. Alle Zufälle historischen Geschehens, die Zufälle von Sitte, Brauch, Mode, Aberglauben, manchmal die Laune oder das Mißverständnis Einzelner haben an der Sprache geformt; Krieg, Handel, Wanderung müssen zu Sprachmischungen in einem Grade geführt haben, der alle Schlüsse aus »Sprachverwandtschaft« unsicher macht; Wortentlehnung, falsche Analogie, Volksetymologie müssen in vorschriftlichen Zeiten eine viel entscheidendere Rolle gespielt haben, als wir heute nachweisen können. Die historischen und ethnologischen Konstruktionen aus der Sprachentwickelung schweben in der Luft; wo wir etwas von Völkerwanderungen, Völkerstammbäumen wissen, wissen wir es anderswoher und können auf Grund dieser sonstigen Zeugnisse die Sprachgeschichte richtig deuten, nicht umgekehrt. An den Grenzen der Geschichte hört auch unsere *[1244]* Sprachenkenntnis auf; die Sanskritwurzeln sind nicht die Worte einer legendaren gemeinsamen Ursprache, sie sind überhaupt nie Worte einer lebenden Sprache gewesen, sondern Produkte grammatischer Analyse. Von der ungeheuren prähistorischen Sprachentwickelung, zu deren Länge sich der geschichtliche Zeitraum verhält wie die Wurzellänge eines Baumes zum Erdradius, wissen wir so gut wie nichts, und über den Ursprung der Sprache oder die mutmaßliche Beschaffenheit der ersten sprachbegabten Menschen Hypothesen zu ersinnen ist Vermessenheit. Höchstens dürfen wir den Grundsatz aufstellen, die einstige Entstehung der Sprache denselben wirkenden Kräften unterworfen zu denken, die noch gegenwärtig das Wachstum der Sprache beherrschen: jenen Grundsatz, mit dem die moderne Geologie über die Katastrophentheorie, die Biologie über die Schöpfungslehre hinaus den entscheidenden Schritt tat. Alle von uns beobachtete Sprachveränderung bringt Mauthner unter den Sammelbegriff Metapher; für ihn ist wie für Jean Paul die Sprache ein »Wörterbuch vergilbter Metaphern«. In dieser Allgemeinheit scheint das beinahe selbstverständlich; da die Wirklichkeit nicht Sprache, die Sprache nicht Wirklichkeit ist, so kann zwischen beiden keine Identität, sondern höchstens Korrelation, Zuordnung, metaphorische Übertragung bestehen. Aber auch die bloße Schallnachahmung, die Onomatopöie ist metaphorisch;

der Kuckuck ruft gar nicht Kuckuck, der Hahn nicht Kikeriki. Das Wachstum der Begriffe ist metaphorisch: wenn wir eine neue Wahrnehmung dem alten Begriff subsumieren, so sprechen wir eine wahrgenommene Ähnlichkeit fälschlicherweise als Gleichheit aus, vollziehen also einen wenn auch minimalen Bedeutungswandel. Je entfernter die Ähnlichkeit, desto stärker, bewußter die Metapher; in Urzeiten müssen alle Wortbedeutungen kräftige und intensiv gefühlte Metaphern gewesen sein, wie die kühnsten Bilder absichtlicher Poesie. In der Metapher liegt die künstlerische Macht und die logische Schwäche der Sprache. Durch täglichen Gebrauch verblassen die Metaphern: wie wir z. B. bei Stahlfeder und Papierblatt gewöhnlich nicht mehr an die ursprüngliche Bedeutung von Feder und Blatt denken. Da vermöge seiner metaphorischen Herkunft jedes Wort seine Assoziationssphäre hat und leise umschwebt ist von früheren Bedeutungen, so ist jede Wortverbindung strenggenommen Bildermischung, Katachrese oder wie Mauthner minder preziös sagt: W i p p c h e n; die Sprache bildet immer Wippchen! und um so leichter, je lebendiger, bedeutungsvoller, vorstellungsreicher die Worte empfunden werden. Nur eine fremde, unbildliche, tote Sprache schützt vor Wippchen; übrigens kann auch das beabsichtigte Wippchen Sprachgebrauch werden und damit unter die Schwelle der Lächerlichkeit sinken — gerade weil es »durch ungeheure Komik imstande ist, sich dem Gedächtnis einzuprägen.« An einer andern Stelle wird fein darauf hingewiesen, wie auch die Artbegriffe zwischen den Menschen »über Gelächter und Irrtümer hinweg« metaphorisch entstanden sein mögen. Mauthner führt einige Typen von Wippchensprache, kontaminierender Sprache vor, aus Parlamentsreden, aus Shakespeare; sogar Goethe ist nicht frei davon. Als Kritiker der Wissenschaft hätte er sich die Wippchen der Gelehrtensprache nicht entgehen lassen sollen, die ein feinerer Stilist einmal einer Monographie würdigen sollte: es ist spaßhaft zu beobachten, wie unlebendig und ohne Organ für den Bildwert der Worte die deutsche wissenschaftliche Prosa »Wendungen eintreten«, »Standpunkte beeinflußt« werden, Nachweise »an der Hand der Quellen« erbringen und »Strömungen den Ausschlag geben« läßt. Mauthners nachsichtige Beurteilung solcher Erscheinungen — die ihm ebenso wie die von Schulmeistern *[1245]* bejammerten Sprachfehler Lebenszeichen der sich fortentwickelnden Sprache sind — kommt also in diesem Falle der Wissenschaft als kleines Äquivalent für sonstige despektierliche Behandlung zugute.

* * *

Erquicklich zu lesen und reich an feinen Anregungen ist das Plaidoyer gegen die G r a m m a t i k, deren Unbestimmtheit und mangelnde Beziehung zur realen Welt scharf erkannt wird. Die grammatisch geschiedenen Redeteile fließen in Wirklichkeit zusammen, und Unterschiede der Wirklichkeit werden grammatisch nicht genügend differenziert: ein Gedanke, der übrigens weniger überraschend und wertvoll ist als seine Nachweise im Einzelnen. Substantiv und Adjektiv sind nicht wesentlich verschieden:

jenes erinnert an 2–6 Eindrücke, dieses an einen. Adjektiv und Verbum: zufälligerweise wird Luftschwingung als Tätigkeit, Ätherschwingung als Eigenschaft bezeichnet; die Glocke tönt, der Apfel ist rot. Das Verbum beschreibt nicht eine Handlung, sondern erinnert an eine Unsumme einzelner Handlungen durch symbolische Zusammenfassung zu einem gedachten Endzweck; »graben«, »gehen« ist nichts Einfaches, sondern ein verwickelter Komplex. So treiben wir mit Worten Mythologie: mit dem Substantiv als Hypothese einheitlicher Ursache, mit dem Verbum als Hypothese einheitlichen Zweckes. Die Casus leiden an völliger Unbestimmtheit, jede Beziehung oder Assoziation kann durch jeden von ihnen ausgedrückt werden; und das Aussterben alter Casus zeigt, daß kein Bedürfnis vorliegt, für unklare Unterscheidungen besondere Kategorieen festzuhalten. Das Geschlecht der Hauptworte ist die lächerlichste aller Metaphern, ein sinnloser Ballast, dessen künftige Abstoßung sich schon im Englischen deutlich ankündigt: die Eskimos, auf die wir Indogermanen mit Verachtung herabsehen, haben die tausendmal wertvollere Unterscheidung zwischen belebten und leblosen Dingen. Zwischen transitiven und intransitiven Verben ist der Trennungsstrich nicht scharf zu ziehen; die Intransitiva haben »mich«, das Sensorium des Sprechenden, zum Objekt, und eine Sprache, die nach Locke, Kant, Helmholtz die idealistische Natur unserer Vorstellungen betonen wollte, müßte sagen »der Baum grünt mich«. Bei den Zeitformen des Verbums macht Mauthner die originelle Bemerkung, daß sie zur klaren Bezeichnung der wirklichen Verhältnisse nicht ausreichen. Wir brauchten mindestens neun Verbalformen, nämlich um Gegenwart, Vergangenheit, Zukunft in den drei Fällen auszudrücken, daß der Nullpunkt, das Jetzt des Sprechenden, gegenwärtig, vergangen oder zukünftig ist. Von diesem Schema, das ich lateinisch geben möchte:

facio	feci	facturus sum
faciebam	feceram	facturus eram
faciam	fecero	facturus ero

fehlt uns die subtile Unterscheidung zwischen der »gegenwärtigen Zukunft« und der »zukünftigen Gegenwart«; andere Formen können wir nur durch Umschreibungen ausdrücken: »ich stand im Begriff« u.s.w. Wir sind also in der Lage eines Kellermeisters, der neun verschiedene Weinsorten in sechs Fässern aufbewahren sollte, und die Unsicherheit der Zeitbestimmung wird nicht viel größer, wenn alle Tempora einfach durch das Präsens ersetzt werden: wir wissen ja, daß stets die Situation, nicht die Sprache, Verständnis bedingt, und daß wir mit Worten nichts können als gemeinsame Erinnerungen wecken. Darum besteht alle Sprache notwendig und wesentlich *[1246]* aus »Ellipsen«, und grammatisch vollständige Sätze sind nur langweiliger, nicht deutlicher als diese; die Sprache ist deiktisch, hinweisend, erinnernd, nicht nachahmend, beschreibend, erklärend. Der Matrose des Columbus rief Land! »und die neue Zeit brach an, trotzdem die Syntax dabei zu kurz kam.« Auch die Syntax ist unbestimmt, überflüssig, lockert sich ohne Schaden des Verständnisses wie im Englischen; die Betonung in der mündlichen Rede ist hundertmal wichtiger als die kleine entbehrliche Hülfe syntaktischer Formen. Die Syntax ist mehr für die Augen da; wobei mir jener Freund Kants einfällt, der schrieb, er brauche mehr als zehn Finger, um sich in den verschlungenen Perioden der Vernunftkritik zurechtzutasten und die Satzanfänge nicht zu verlieren. — Allen diesen Bemerkungen, die das unsichere und schwankende Verhältnis der Sprache zur Wirklichkeit betreffen, kommt noch die sprachvergleichende Betrachtung zu Hülfe und enthüllt das Gesetzlose, Beliebige in den Kategorieen jeder einzelnen Sprachgruppe. Schopenhauers Meinung, daß sich keine Sprache ohne das Minimum substantivischer, adjektivischer und verbaler Gliederung denken lasse, ist durch die Tatsachen längst widerlegt. In den Bantusprachen findet sich eine Kongruenz der Satzglieder, die an komplizierter Feinheit und Folgerichtigkeit von keiner unserer syntaktischen Formen erreicht wird. Der Zufall beherrscht Sprachmaterial und Sprachform, und aus den Zufällen der griechischen Syntax destillierte ein griechischer Grammatiker eine Wissenschaft, die als Lehre von den menschlichen Denkformen zwei Jahrtausende lang Königin aller Wissenschaften und Beherrscherin der Geister war: die sogenannte Logik!

*   *   *

Bei der Hinrichtung der aristotelischen Logik hat sich's Mauthner in corpore vili etwas bequem gemacht. Statt den köstlichen Spott Molières über Barbara, Celarent, Darii, Ferio, Baralipton in die Länge zu ziehen, hätte er die neueren, besonders von englischen Logikern gelieferten Formalismen und die logische Algebra schärfer aufs Korn nehmen müssen. Es wären auch hierbei lustige Sachen zu sagen gewesen. Ich vermisse ein Wort über die von Stanley Jevons erfundene Denkmaschine, das logische Klavier, das sich folgender Leistungen rühmen darf. Nachdem ich etwa die beiden Prämissen »alle Chinesen sind Menschen, alle Menschen sind Säugetiere« gebildet habe, wünsche ich zu erfahren, welche Kombinationen der drei Begriffe Chinese, Mensch, Säugetier und ihrer Gegenteile in einer Welt existenzfähig sind, in der die Prämissen zugestanden werden. Unsere Maschine hat nun Tasten, nicht zwar für alle Milliarden wirklicher Begriffe wie Chinese, Mensch, Säugetier, sondern für Zeichen allgemeiner Begriffe, sozusagen Begriffe von Begriffen, für Begriffe A B C D und ihre Gegenteile a b c d; sie hat für jeden Begriff zwei Tasten, eine Subjekt-Taste und eine Prädikat-Taste, eine Taste für die Kopula, für die Konjunktion »oder« u.s.w. Ich werde also für die Dauer des Versuches unter A Chinesen, unter a Nichtchinesen, unter B und b Menschen und Nichtmenschen, unter C und c Säugetiere und Nichtsäugetiere verstehen. Die Beschreibung des nun folgenden Tastendrückens erlassen wir dem Leser, der mit uns nach dem Schlußresultat begierig ist. Und siehe, nach beendetem Klavierspiel erscheinen oben, in dem registrierenden Tableau oder »logischen Abcdarium«, die möglichen, mit den Prämissen verträglichen Kombinationen ABC, aBC,

abC und abc, oder wir erfahren, daß es außer Säugetieren, die Menschen und zugleich Chinesen sind, noch Säugetiere gibt, die zwar Menschen, aber *[1247]* keine Chinesen sind, und Säugetiere, die keine Menschen und auch keine Chinesen sind, endlich auch Nichtsäugetiere, die weder Menschen noch Chinesen sind. Verschwunden aber, von unserer Denkmaschine wirklich automatisch ausgeschaltet sind die Kombinationen, die den Prämissen widersprechen: Säugetiere, die keine Menschen und doch Chinesen wären, Menschen die Chinesen oder Nichtchinesen sein wollen, ohne Säugetiere zu sein, und gar die Chinesen, die nicht Menschen und nicht einmal Säugetiere sein wollen. So ist die logische Spreu vom Weizen gesondert und ein tadelloser Syllogismus, ein Maschinenschluß gezogen worden: alle Menschen sind Säugetiere, die Chinesen sind Menschen, folglich sind die Chinesen Säugetiere. Oder: kein Chinese ist ein Unmensch, einige Säugetiere sind Chinesen, folglich sind einige Säugetiere keine Unmenschen. Mauthner, der witziger als seine Vorgänger die aristotelische Schullogik verspottet hat, wird auch der Maschinenlogik und der logischen Algebra ihr gebührendes Maß satirischer Schärfe nicht schuldig bleiben; aber um der Gerechtigkeit willen muß zugestanden werden, daß erst in diesem sauberen mechanischen Begriffskalkül die deduktive Logik wirklich vollendet und in präziser Gestalt vorliegt, neben der das vielbewunderte Organon stagiritischen Tiefsinns als ein vorläufiger, mit Unreinlichkeiten und Zufälligkeiten behafteter Orientierungsversuch erscheint. Wir beherrschen nun wenigstens das Chaos logischer Prozesse von einem einheitlichen Gesichtspunkte, und das verzwickte System der Urteile, Schlüsse und Schlußketten mit ihren Figuren und Modi enthüllt sich als einfaches Spiel mit logischen *Gleichungen*, in denen wir nach Belieben Gleiches für Gleiches substituieren. Es ist kein Zufall, daß damit die Logik maschinenfähig, automatenreif geworden ist, und daß der geistige Aufwand, den Jahrhunderte an diese ihre einzige »Wissenschaft« verschwendeten, jetzt von Klaviertasten und Buchstabentableaux besorgt werden kann; damit ist erst der Geist völlig herausgetrieben, und für den mephistophelischen Professor im Collegium logicum wird ein Denkmaschinenfräulein eintreten. Hier kann man denn mit Händen greifen, was Mauthner noch mit zuviel Gründlichkeit beweist: daß diese kombinatorische Logik keine neuen Erkenntnisse liefert, sondern nur die Prämissen anders gruppiert, und daß der Automat nichts anderes herausgibt, als was wir zuvor in ihn hineingesteckt haben. Das ist nicht einmal die Schuld des Automaten; mechanische Apparate *können* unsere Weltkenntnis bereichern, wie etwa die selbstregistrierenden Thermometer. Die Maschine an sich ist nicht zu dumm, um mehr als denken zu können; aber die Logik ist zur Unfruchtbarkeit verurteilt, weil sie gegen die Psychologie, gegen die wirkliche Denktätigkeit gleichgültig und von exklusivem Hochmut ist, übrigens nicht anders sein kann. Ob wir Chinesen, Menschen und Säugetiere oder Vierecke, Hunde und Kometen zu Urteilen verbinden, die Denkmaschine sträubt sich nicht und gibt in jedem Falle die verträglichen Kombinationen heraus: jeder Chinese ist ein Säugetier, kein Hund ist ein Komet.

Ja, ein Paar von Begriffen, die sich im normalen Denken nie assoziieren, hat für diese Logik sogar schärfere Bestimmtheit und höheren Aussagewert als ein Paar zusammenhängender Begriffe, weil von jenen wenigstens etwas, die gegenseitige Ausschließung, behauptet werden kann. »Kein Hund ist ein Komet«, das ist vom Standpunkt der formalen Logik immerhin etwas, eine logische Gleichung; während der Satz »es gibt Wirbeltiere, die im Wasser wohnen« logisch nichtssäglich ist, da er von den vier denkbaren Kombinationen zwischen Wirbeltieren und Wirbellosen, Wasserbewohnern und Land- (oder Luft-)bewohnern nur das Bestehen der einen nicht leugnet. Und doch ist der zweite Satz materiell *[1248]* entschieden wertvoller als der erste, der nur einen verzweifelten Assoziationsversuch ablehnt, auf den kein menschliches Gehirn jemals freiwillig verfallen würde. Die logischen Gleichungen lassen sich immer auf die Form von Nichtexistenzsätzen bringen: »gewisse Kombinationen kommen nicht vor«, diejenigen, die in der Denkmaschine ausgeschaltet werden. Aber so genügsam ist das wirkliche Denken nicht, um in der Leugnung von Hundekometen oder chinesischen Nichtmenschen eine Bereicherung zu erblicken. Hingegen ließe sich wohl die Möglichkeit absehen, daß die Sätze über Vorkommen und Nichtvorkommen der Kombinationen einen intellektuellen Wert erhalten, sobald sie *zahlenmäßig* abgestuft, »quantifiziert« werden. Damit wird aus der alten formalen Logik doch noch etwas Gescheites und Lebensfähiges: die *Wahrscheinlichkeitsrechnung*, die Maßkunst der Begriffe und Kontrolle unserer Erwartungen, die Lehre von allen Zufallsspielen, auch vom Zufallsspiel mit Worten.

* * *

Skeptiker sind immer die Sturmvögel, die den großen wissenschaftlichen Krisen vorausfliegen. In guten Zeiten blüht Denken und Sprechen wie ein fröhlicher Kredit- und Checkverkehr, belebt vom Optimismus gegenseitigen Vertrauens; das Publikum kauft, die Unternehmer gründen, und jeder Tag sieht neue Emissionen. Der mechanische Materialismus und die Entwickelungslehre waren unsere letzten beiden Haussen. Plötzlich ist das Mißtrauen da, und der Sturm auf die Kassen beginnt; bares Geld wird verlangt, der Glaube an Nominalwerte sinkt. Es gibt noch verzweifeltere Notstände, in denen noch materiellerer Besitz den Ausschlag gibt; auf dem Boot der Schiffbrüchigen gilt auch gemünztes Gold nicht mehr, da geht es um die Brotkruste und um die Schnapsflasche, die Einer sein Eigentum nennt. Mauthners Werk ist von einer Desperation, die sich an Sinnliches, Wirkliches klammert und mit wütendem Anschauungshunger in Erde beißen möchte, ungesättigt von den Schaugerichten der Wissenschaft. Auch er, wie viel kleinere Geister, verkündet den Bankrott der Wissenschaft; und der Hammer, mit dem er philosophiert, ist vielleicht der Hammer des Auktionators, der die entwerteten Pretiosen zu gesunkenen Preisen ausbietet. Götzendämmerung der Wortfetische! Es gab im frühen Mittelalter eine Denkrichtung, die scholastischer Realismus oder kürzer und bezeichnender Wortrealismus heißt; und man findet im Konversationslexikon, daß sie, in unklarer Mischung platonischer Idee mit aristotelischer Entelechie, an die Wirklichkeit der Begriffe neben und über den Einzelerscheinungen glaubte. Da gab es wohl eine Hundheit, deren Abdrücke und Verkörperungen die einzelnen Hunde waren. Die Gegner, die sich Nominalisten nannten, vertraten also eigentlich den realistischen Standpunkt des gesunden Menschenverstandes, wenn sie die Allgemeinbegriffe für flatus vocis, bloße Worte und Lautzeichen erklärten, die den wirklichen Dingen nicht innewohnen oder ursächlich vorangehen, sondern im menschlichen Denken nachfolgen. Es gilt als ausgemacht, daß der Nominalismus gesiegt habe, daß wir uns von Namen und Worten nicht mehr verblüffen lassen, daß nur noch das Bargeld aufzeigbarer Realitäten unter uns kursiert. Aber in diese fable convenue leuchtet der Sprachkritiker hinein, leuchtet in unsere Geldschränke und zieht die ungedeckten Nominalwerte hervor, leuchtet in die entgötterten Altarnischen und findet überall noch alte Götter unter neuem Namen, ehrwürdige, opferheischende, blutsaugende Worte, geglaubte *[1249]* Wortfetische und vor ihnen knieend gläubige Wortrealisten ... Freilich »den eigenen Götzendienst nennt man Gottesdienst, wie man die eigene Macht Recht und die eigene Brunst Liebe nennt.«

Priester und Volksredner kennen die faszinierende Macht des Wortes. Mit Worten hypnotisieren sich die Menschen zu Kriegen, Hexenverfolgungen, Massendelirien. Nachdem die Menschen lange genug mit Worten gespielt haben, werden die Worte frech und spielen mit den Menschen, z. B. das Wort »Ehre«, oder die Worte Staat, Monarchie, Vaterland, Erbfeind. Wie haben die Namen Jesus, Mohammed, oder die drei Worte der französischen Revolution mit der Menschheit gespielt! Noch die beiden größten Tatsachenmenschen der Neuzeit waren Wortrealisten; mit Napoleon spielte der geographische Begriff »Europa«, den er zur realen Einheit verdichten wollte, mit Bismarck der spukhafte geschichtliche Begriff des Kaisertums. Noch im taghellen neunzehnten Jahrhundert kann ein Abrakadabra, ein im Halbdunkel zwischen Gefühl und Unsinn schillerndes Zauberwort Geister beschwören und Herzen entflammen. Das Wort macht Geschichte, ein Nichts wandelt die Welt.

Wie sie heißen, nicht wie sie sind, bestimmt die Wirkung der Dinge; das ist älteste und jüngste Weisheit. Tristram Shandys Vater weiß, wieviel der Name zum Kinde tut. Ich kann mir nicht versagen, Mauthners philosophische Anekdote von den Löwen im Markomannenkriege als Stilprobe hierherzusetzen.

»Der Kaiser Marc Aurel war ein Philosoph und kannte darum den Wert der Namen. Er nannte manche Handlungen der Römer Tugenden, viele andere nannte er Laster; die Römer übten beide weiter, zahlten Steuern für die Handlungen, die deshalb Laster hießen, und befanden sich gut dabei. Nur die Kriege hörten unter dem philosophischen Kaiser nicht auf.

Einmal gab es Krieg gegen die Markomannen, die damals in Böhmen saßen und um ihrer Körperkraft willen berühmt waren. »Ich will euch meine Löwen mitgeben,« sagte Marc Aurel, und die Soldaten zogen fröhlich mit ihren Löwen in den Kampf. Denn sie wußten durch den Namen allein, daß Löwen grausame Tiere von unbezwingbarer Kraft sind.

Als es zur Schlacht kam, sahen die Markomannen mit Erstaunen die gelben Tiere auf sich zuspringen.

»Was ist das?« fragten sie.

Der Führer der Markomannen war nicht naturwissenschaftlich gebildet, aber auch er war ein Philosoph und kannte die Bedeutung von Namen und Worten.

»Das da? das sind Hunde, römische Hunde.«

Und da die Markomannen es nicht anders wußten, als daß man Hunde totschlägt, wenn sie lästig werden, so schlugen sie die großen römischen gelben Hunde mit ihren Keulen tot.

Hätten die Markomannen aber Bildung besessen und den Begriff vom Löwen gehabt, so hätten sie auch gewußt, wie stark er ist, hätten sich tot beißen lassen und die Schlacht verloren.«

Bei einigen wilden Völkern ist es verboten, den Namen eines Toten oder seiner Verwandten auszusprechen; sogar alle ähnlich lautenden Worte müssen zeitweilig oder für immer verschwinden. Ein anderer Gebrauch ächtet die Worte und Silben, die an den Namen des regierenden Königs anklingen. Fromme Juden dürfen den Namen ihres Gottes Jehovah nicht nennen. Auch wir haben unser Hlonipa, Tepi, Tabu; auch uns wird von Sitte und Mode überall ein favete linguis zugerufen — man denke an die närrischen *[1250]* Euphemismen bei Flüchen oder bei geschlechtlichen Bezeichnungen. Als wäre der Schlauch des Äolus durch ein Wort verschlossen, als lauerte eine verderbensinnende Gottheit, den unvorsichtigen Sprecher beim Worte zu nehmen, wie ein Staatsanwalt auf gewisse Wortverbindungen Jagd macht, die man Majestätsbeleidigungen oder Gotteslästerungen nennt. Man fürchtet noch das Wort, wo die Sache längst aufgehört hat Furcht einzuflößen; so fürchtet man den Atheismus, aber Pantheismus ist sogar auf Universitäten erlaubt. Das Wort Sklaverei vermeidet man; die Sache läßt sich nicht vermeiden. Alte tote Götter werden wieder lebendig, wenn man sie mit neuen Namen behängt; Spinoza sagt Natura und schreibt es mit großem Anfangsbuchstaben, Strauß sagt Universum und verrichtet vor ihm seine Andacht. Das Unerforschliche, das sogar Goethe — von Spencer und dem Philosophen des »Unbewußten« nicht zu reden — stiller Verehrung würdigt, ist ein Wort, eine personifizierende Zusammenfassung dessen, was wir nicht wissen. »Menschheitsdienst statt Gottesdienst«, das ist ein Wortdienst statt eines andern, und als Eduard von Hartmann empfahl, sich der Vollendung des Weltprozesses zu weihen, hatte er unserer Wortgläubigkeit wieder einen schönen neuen Fetisch aufgestellt. So sind und bleiben wir »Diener am Wort«, wie sich die protestantischen Geistlichen nennen, Knechte an den Ruderbänken der Wortgaleeren; nur daß wir statt der alten Worte Gott,

Freiheit, Unsterblichkeit die neuen Worte Recht, Sitte, Wohlfahrt, Glück haben. »Und unsere Minister, unsere Abgeordneten, unsere Journalisten sind die neuen Diener an diesen neuen Worten, sind die künftigen Pfaffen.« Das klingt fast nach Stirner; aber wieviel freier ist Mauthner als der Sklave des Ichbegriffs, der abstrakteste aller Wortrealisten und Fetischanbeter, der noch an das grammatikalische Subjekt als Wirklichkeit, als einzige Wirklichkeit glaubt! »Daß, wenn gedacht wird, es Etwas geben muß, das denkt, ist einfach eine Formulierung unserer grammatischen Gewöhnung«: dieser sprachkritische Blitz Nietzsches zerschmettert das zu trügerischer Realität aufgereckte Stirner'sche Ich und es bleibt eine leere Wortspielerei. Die »Verführung durch die Grammatik« aber ist vielleicht die aufs höchste gesteigerte Verführung durch die Sprache: ein scholastischer Realismus nicht mehr vor einzelnen noch halbwegs lebendigen Worten, sondern gegenüber den blassen schwebenden Kategorien und Beziehungsformen: ein Heiligenkultus nicht mehr vor Körpern, sondern vor Gewändern und Gewandfalten. Es ist lohnend, in die Psychologie sprachbildender Urzeiten hinabzuleuchten und die gegenseitige Verflechtung zwischen Außenwelt, Sprachform und rückwärts durch Sprachform gefälschter Außenwelt bloßzulegen. Am klarsten ist der Zusammenhang zwischen Substantiv und Substanz, zwischen substantivischer Sprache und substantialistischer Weltanschauung. Das »Hauptwort« wird uns zunächst durch unseren Empfindungsfluß und den uns umgebenden Weltverlauf suggeriert, nämlich durch die relativ beständigen Empfindungsgruppen, die als Bilder von Objekten, Gegenständen aufgefaßt werden; man kann sagen, daß sich im Substantivum der feste Aggregatzustand verrät — eine nur gasförmige oder flüssige Natur würde als Korrelat eine substantivlose Sprache psychologisch hervorrufen. (Cum grano salis zu verstehen, wie alle konditionalen Aussagen über andere Welten und andere Intellekte.) Ferner verschmilzt das Substantiv mit dem Subjektbegriff, der uns durch das Ichgefühl, die Einheit des Selbstbewußtseins gegeben und durch antropomorphe Analogie in die Außenwelt, in die leblosen Objekte hineingetragen wird. Hier beginnt dann die Mythologie nach zwei Richtungen zu spielen: sie beseelt das Objekt als Träger von Eigenschaften und als Täter von Handlungen. Beide *[1251]* Metaphern, die adjektivische wie die verbale, sind vom Menschen genommen, von menschlichen Gemütszuständen und von menschlichen Tätigkeiten. Ein Satz wie »der Bach treibt das Mühlrad« hat für ein kulturgeschichtlich gebildetes Ohr immer noch den animistischen Klang wie etwa »Poseidon regt das Meer auf«; »der Apfel ist rot« wird einst nicht viel anders empfunden worden sein als »ich bin traurig«. Die in der Sprache schlummernde Dingheits- und Subjektskategorie erscheint endlich mit vollem Bewußtsein in der Philosophie: es bilden sich die Begriffe von Körpern, die einfachen und zusammengesetzten Substanzen, mit denen die Scholastik ihre Naturerkenntnis betrieb, Monaden, Moleküle, Atome, lauter ontologische Quidditäten und personenähnliche Substrate, die unter dem Wechsel der Accidentien beharren wie das Substantiv unter den verschiedenfach angehefteten Attributen und Prädikaten, und von denen Tätigkeiten, Kraftwirkungen ausstrahlen wie vom Subjekt der Verbalsatz. Wie sehr das Alles unter dem Bann der abendländischen Sprachen steht, ist mit Händen zu greifen. »Wenn die Indianer und Chinesen das Wort »sein« nicht haben, so haben sie eine andere Logik und verstehen unsere Seinsmetaphysiken nicht«. Und wenn — nochmals cum grano salis! — es in unserer Welt nicht so nahezu starre Körper gäbe, so hätte sich vielleicht eine Sprache mit mehr *verbalistischem* Gepräge und als entsprechende Naturphilosophie eine Art *Funktionalismus* entwickelt, in dem nicht die fließenden Gestaltgrenzen der Naturdinge, sondern Wirkensweise und gegenseitige Bezogenheit betont würden: eine Anschauung, die übrigens sogar bei uns den Vertretern energetischer und dynamischer Theorien vorschwebt und als Befreiung von unserer substantivischen Sprache angestrebt zu werden scheint. Wiederum mehr *adjektivische* Färbung müßte eine Sprache gewinnen, die der psychologischen Analyse der Vorstellungen gerecht werden und dem Idealismus zum Ausdruck verhelfen wollte: man kann sagen, daß für die Elementarempfindungen das Adjektiv die zweckmäßigste Bezeichnung ist und daß das Substantiv nur eine gleichzeitige, das Verbum eine successive Reihe von Adjektiven in eine hypothetische Einheit zusammenfaßt.

Bis in die moderne Philosophie und Naturforschung hinein verfolgt Mauthner den Wort- und Kategorienrealismus. Die Wissenschaft hängt an überkommenen Worten und sucht ihnen, weil sie einmal da sind, einen Sinn unterzulegen. Wir leiden an der geistigen Schwäche zu glauben, weil ein Wort da sei, müsse dem Worte etwas Wirkliches entsprechen; weil man Gott, Seele, Entwicklung sagt, ließen sich zugehörige Begriffe definieren. Das ist eine Art Rebusraten, und in einer fremden Sprache; wir schleppen uns mit den Wortresten verstorbener Geschlechter. Sprache ist Totenkult, Ahnenkult, Religion, Bild einer veralteten Weltanschauung, den neuen Beobachtungen noch nicht angepaßt. Götter sind Worte, Worte sind Götter oder Gespenster. Auf Wortstreit und Talmudistik kommen die berühmtesten Fragen hinaus, beispielsweise die Seelenfrage. Hat nur der Mensch eine Seele? Ja und nein, je nach der Definition. Das Tier hat keine Menschenseele, das ist wahr, aber nicht sehr aufschlußreich. Gibt es eine Embryoseele, eine Pflanzenseele, eine Weltseele? Alles Fragen der Definition, des Sprachgebrauches; wer den »Sitz der Seele« sucht, lokalisiert ein Wort. Wortfrage ist, ob Seelisches und Physisches aufeinander »wirken« können oder nur »parallel« laufen; Wortfrage, ob zwischen zwei Erscheinungen ein »Art- oder Gradunterschied« besteht, und der ganze Darwinismus würde sich demgemäß in eine façon de parler auflösen. Der Artbegriff ist eine Kategorie der Sprache, nicht der Wirklichkeit; der Zufall entscheidet, welche *[1252]* Merkmale wir als artbildend ansehen, welche nicht, und daß wir z. B. aus Säugetieren und Nichtsäugern, nicht aber aus längsgestreiften und quergestreiften Tieren eine Klassifikation machen, oder daß wir die Blüten nach der Zahl der Staubfäden und nicht nach der Farbe einteilen. Den Artbegriffen verwandt sind die Naturgesetze, auch nur Wortzeichen für beobachtete

Ähnlichkeiten; Gravitation, Elektrizität, Äther, Lebenskraft sind Worte, vertretende Einzelworte für ganze Worthaufen, fingierte Träger von Sammelnamen, substantivierte und personifizierte Erscheinungskomplexe, nicht unähnlich den Sternbildern der alten Astronomie oder der virtus dormitiva des Opiums in Molières unsterblicher Promotionsszene. Galls Schädellehre gilt als überwunden; aber wenn die neuere Physiologie wieder die geistigen Vorgänge in bestimmten Gehirnzentren lokalisiert, so restauriert sie die alten »Seelenvermögen«, die Statthalter in den Denkprovinzen, und treibt Wortfetischismus. Auch die moderne Psychologie — — aber halten wir einen Augenblick inne, um uns zu fragen: ist es wahrscheinlich, ist es möglich, daß die moderne Wissenschaft das, was an dieser Kritik berechtigt und nicht seinerseits Streit um Worte ist, sich nicht längst selber gesagt haben sollte? Ich stehe vielleicht einer Wissenschaft zu nahe, die in der Kritik ihrer Grundlagen besonders vorsichtig ist (darüber später noch ein Wort); aber haftet *irgend eine* Wissenschaft noch so naiv an scholastischem Wortglauben, daß sie Namen von Kollektiverscheinungen für selbständige Wesen hält oder gemeinsprachliche Ausdrücke kritiklos hinnimmt, ohne sie eindeutig zu definieren oder wenigstens der unvermeidlichen Mehrdeutigkeit bewußt zu bleiben? Es ist die eine Gefahr des Skeptikers, in einer Wissenschaft, die er nicht selbst von Grund aus kennt, nur die streitenden Stimmen zu hören und nicht den Akkord, nur die endlose Reihe zu sehen und nicht ihre Konvergenz, nur die mangelnden Fundamente zu beachten und nicht die *rückwirkende Verfestigung* vorläufiger Annahmen durch spätere Systemteile. Und es ist seine andere Gefahr, post festum zu kommen, halboffene Türen einzurennen und da zu befreien, wo Niemand mehr sich gefesselt fühlt. Er baut eigenhändig die Pyramide auf, die er stürzen will, und muß dem feindlichen Dogmatismus mehr in den Mund legen als dieser behauptet; er überhört die freiwilligen einzelnen Zugeständnisse und sieht sich gegenüber nur kompakte Beschränktheit. Er macht die Wortfetische immer wieder lebendig, um sie immer wieder töten zu können — so wie Gott und die Moral nicht stirbt, so lange es Atheisten und Immoralisten gibt. Seltsam; es ist die einzige Verführung der Sprache, von der Mauthner nicht redet, die einzige, gegen die er selbst schwach ist: weil Worte da sind, an Gläubige dieser Worte zu glauben, das Wort als Banner zu sehen und eine feindliche Heerschar dahinter. Unermüdlich warnt er vor der Neigung, Abstrakta zu personifizieren und in Aufmerksamkeit, Gedächtnis, Verstand, Vernunft, Sprache etwas wie Kräfte, Einheiten, Gottheiten zu sehen: aber wer tut das eigentlich? oder wenigstens, wer tut es heute noch? Die Seelenvermögen sind längst in die Mythologie verwiesen, nicht von Herbart oder einem Einzelnen, sondern durch die langsame naturwissenschaftliche Schulung unseres Denkens und die Gewöhnung, in den psychologischen terminis nur Namen für Tatsachenkomplexe und nichts anderes zu sehen. Oder täusche ich mich? Nehme ich eine künftige Geistesbeschaffenheit voraus, die groß zu züchten es eben solcher Taten wie der Sprachkritik bedarf, oder ist es Mauthner, der eine überwundene Denkart noch einmal überwindet, der vielleicht im eigenen Innern nicht ganz fest gegen den Wortrealismus ist und im Substantiv eine geheime Macht, ein *[1253]* »Seelenvermögen« sich aufdrängen fühlt? Sowie der hitzige Atheist eben der ist, der innerlich von Gott nicht los kommt? Worte sind ja bloße Götter!

Mauthner wäre nicht der Seelenkenner, der er ist, wenn dieser feine Verdacht gegen sich selbst und gegen die Zeitgemäßheit seiner Skepsis ihm selber nicht zuerst aufgestiegen wäre. Er weiß von den Kautelen der heutigen Wissenschaft, aber schlägt sie offenbar nicht sehr hoch an. »Die neueren Psychologen arbeiten unter Vorbehalt mit den mythologischen Begriffen so lange weiter, bis sie und die Leser den Vorbehalt vergessen haben.« Sie ist aber auch in gewissem Sinne notwendig, diese Hygiene des Vergessens, und Mauthners Buch ist darum gerade so lang und unübersichtlich geworden, weil er seine Vorbehalte nie vergessen kann und kein Wort gebraucht, ohne sich immer wieder umständlich zu reservieren, daß man das Wort eigentlich nicht gebrauchen solle!

* * *

Die Sprachkritik ist eine Tat; damit sie auch ein Ereignis werde, dürfen ihre Freunde eines nicht unversucht lassen, nämlich die notwendige *Abschwächung*, ohne die alle extremen Dinge lebloses Gedankenspiel werden, ohne die keine Weiterwirkung, kein fruchtbarer Austausch, keine Aufnahme in organische Zusammenhänge möglich ist. Es ist eine persönliche Resignation, aus der ich diese abschwächende und vermittelnde, sozusagen parlamentarische Funktion übernehme; auch ich habe mich mit einem Zerstörungswerk an die Grenzen der Menschheit vorgewagt und im Leeren keinen Widerhall gefunden. Es ist möglich, sich zu isolieren und mit einer Skepsis, die sich kein Jota abdingen läßt, alle Voraussetzungen des gewöhnlichen, auf soziale Übereinstimmungen hinzielenden Denkens abzulehnen; aber die allmächtige Entwicklung flutet über solche nicht anpassungswilligen Einzelnen hinweg, — auch im Blutstrom, der den Kulturleib der Menschheit speist, gibt es Schutzstoffe, Phagocyten, die den feindlichen Fremdkörper einkapseln und außer Zirkulation setzen. »Verachte nur Vernunft und Wissenschaft, des Menschen allerhöchste Kraft, so hab' ich dich schon unbedingt!« So triumphiert der Geist, der stets verneint. Auf die Gefahr hin, das Tiefste und Eigenste der Sprachkritik scheinbar preiszugeben, muß ich gestehen, daß ich mit Mauthners letzten weltauflösenden Konsequenzen — Wortausläufern, sagbaren aber nicht vollziehbaren Urteilen der Schlußinstanz — nichts anzufangen weiß. Nichts mit der Herabsetzung der Wissenschaft zu Wortstreit und Talmudistik, nichts mit der Verzweiflung über das Denken als wertlose Tautologie, nichts mit dem Selbstmord der Sprache und ihrer Erlösung in sprachlose Mystik. Bekanntlich gibt es chikanöse Standpunkte, mit denen man unweigerlich Recht behält und ebenso unweigerlich aus dem Kreise zweckmäßiger Diskussion ausgestoßen wird.

Wenn ich Solipsist bin und verlange, daß mir der Gegner seine reale Existenz beweise, oder wenn ich keinen Begriff ohne seine vollständige Definition zulasse, so ist jeder Fortgang des Gesprächs abgeschnitten. Nicht immer ist Mauthner von solcher fruchtloser Unwiderlegbarkeit frei zu sprechen. Dazu rechne ich auf dem engeren sprachwissenschaftlichen Gebiet die häufig wiederholte Behauptung, daß Mundarten und Gemeinsprachen nur Abstrakta seien, daß es »in der Wirklichkeitswelt« nur zeitweilige Individualsprachen, streng genommen nur einzelne Tätigkeiten der Sprachwerkzeuge gebe. Unbestreitbar. Es gibt nicht einmal das; es gibt nur Elementarempfindungen — die wir elementar *[1254]* nennen, weil wir sie nicht weiter zerlegen können, die aber selbst schon hoch zusammengesetzte Verbindungen einfacherer und einfachster Elemente sein mögen — und eigentümliche Verknüpfungsgefühle zwischen einer gegenwärtigen Empfindung und den repräsentativen Abbildern früherer Empfindungen. Z. B. es gibt zwei Klang- oder Geräuschempfindungen, denen wir die Buchstaben s und e als sichtbare Gedächtniszeichen zugeordnet haben; und es gibt eine Kombination, dem Wort See entsprechend, die wir etwa so beschreiben müßten: eine letzte Elementarempfindung e, gesättigt oder getönt mit einer Erinnerungs- oder Dauerempfindung e, in zweiter Linie verknüpft mit einer Erinnerungsempfindung s (denn im Ausklingen des e ist ja sowohl das anlautende s wie die Dehnung des e schon Vergangenheit, also Gedächtnisbild), dazu in weiterer Komplikation verbunden mit Muskelgefühlen des gesprochenen Wortes und unbestimmten Erinnerungen an Gesichtsempfindungen des gedruckten oder geschriebenen Wortes See und an Gesichtsempfindungen einer blauen oder grauen glitzernden Fläche ... Das alles, und noch endlos viel mehr, spielt sich auf und hinter der Bewußtseinsbühne ab in der Viertelsekunde des gesprochenen Wortes See: ein Drama, das die schärfste psychologische Analyse nicht vollständig entwirren kann. Und doch, auf der andern Seite, die bescheidene Tatsache, daß die tausend oder Millionen Dramen, die sich abspielen, wenn im Laufe eines Jahres im deutschen Sprachgebiet das Wort See erklingt, etwas fabelhaft Gemeinsames haben. Dieses Gemeinsame, das deutsche Wort See, von dem die Sprachforschung redet, mag ein Abstraktum sein, übrigens in nicht höherem Maße, als schon das individuell gesprochene Wort See ein Abstraktum, ein Sammelname für den verwickeltsten Komplex von psychologischen Elementen ist: aber dies vorweg und ein für alle Male zugestanden, heißt es doch jede Wissenschaft lähmen, wenn man sie in jedem Augenblick und Einzelfall zur detaillierten Besinnung auf die Zusammensetzung ihrer Objekte verpflichten will. Wenn also Mauthner Recht hat, daß die sogenannten Sprachgesetze diesen Namen nicht verdienen, weil sie von Ausnahmen und diese wieder von Ausnahmen zweiter Potenz gekreuzt werden — so hat er möglicherweise in den Tatsachen Recht, aber nicht in der Berufung auf die komplexe Beschaffenheit der Sprache, die sie mit allen anderen Objekten der Wissenschaft teilt. Es könnte trotz alledem Sprachgesetze geben, oder meinetwegen Sprachtendenzen, erkennbare Gemeinsamkeiten, vorherrschende Normen, statistische Mittelwerte — was liegt an Worten? — sowie die Biologie oder die Physiologie ihre Gesetze hat, trotzdem auch Leben und Organismus Namen für unaufgelöste Erscheinungskomplexe sind. Wir wollen nicht das Opfer des Intellekts bringen und die Prüfung der Grundlagen soll zur rechten Zeit erneuert und immer wieder erneuert werden; aber eine Wissenschaft aus dem blühenden Arbeitsfelde gerade um die Erntezeit herausdrängen an die fragwürdigen und bestreitbaren Grenzen ihres Bereichs, daß sie sich urkundlich als berechtigt gegen Nachbarn und Aufsichtsbehörden ausweise — das ist eine polizeimäßige Belästigung! Die Entwicklung der meisten Wissenschaften nimmt, wie Mauthner selbst weiß und schildert, den irrationellen Gang: eine lange Zeit wird gebaut, ehe an die Fundamente überhaupt gedacht wird, die unkritische Sammlung und Ordnung der Tatsachen geht der strengen Systematisierung voraus. Und das ist nicht nur nützlich, sondern geradezu Existenzbedingung: eine Wissenschaft, die keinen Schritt ohne Legitimierung aller früheren Schritte tun wollte, könnte den Mutterleib nicht verlassen, würde zum Lithopädion erstarren. Hätte die Mathematik mit dem strengen Zahl- und Funktionsbegriff angefangen, so besäßen wir heute noch keine *[1255]* Logarithmentafeln; wollte die Physiologie nicht weiterschreiten, ehe die Grundbegriffe Leben, Zelle, Organ definiert sind, so wüßten wir heute noch nichts vom Blutkreislauf. Herakles in der Wiege muß die Schlangen der Skepsis erwürgen, wenn er Mann werden will. Und auch das darf man als historisch beglaubigt annehmen, daß die später einsetzende Wortkritik den Bestand angesammelter Kenntnisse und Meinungen gar nicht wesentlich erschüttert und entwertet, sondern nur besser ordnet und schärfer formuliert; auch hier sind es die neuen Aperçus und Beobachtungen, mehr als die rückblickende Skepsis, die völlige Umwälzungen der zeitweiligen Erkenntnis einzuleiten vermögen. Nicht der kluge Frager und Kritiker Sokrates hat die antike Wissenschaft getötet, sondern Archimedes der Beobachter und Erfinder; nicht von der eleatischen Zersetzung des Bewegungsbegriffs, sondern von Galileis Fallversuchen datiert die moderne Mechanik. Können Worte die Erkenntnis nicht wesentlich fördern, wie sollten sie sie wesentlich hindern können?

So gestehe ich auch meine Hoffnung, daß trotz Mauthners Todesurteil die Tage des menschlichen Denkens noch nicht gezählt sein werden. Zwischen den Extremen derer, die Allmacht oder Ohnmacht des Denkens verkünden, scheint eine gerechte Abschätzung nach seinen tatsächlichen Leistungen angebracht zu sein. Auf der einen Seite Hegels Logik, die aus sich heraus die Welt gebiert und entwickelt, auf der anderen Mauthners degradierte Logik, die entweder leere Tautologie oder günstigstenfalls eine zufällige Gruppierung menschlicher Gedächtniszeichen, das bloße gleichgültige Alphabet des Weltkatalogs sein soll: in Wirklichkeit keins von beiden, sondern ein planvoll geführter, teilweise gelungener Versuch, zwischen zwei selbständigen Ordnungen drinnen und draußen gegenseitige vollkommene Korrespondenz herzustellen. Die aristotelische Logik als maschinenmäßige Wortkombinatorik haben wir mit Mauthner und seinen zahlreichen Vorgängern preisgegeben: das ist nach Bacon, Locke, Kant kein Heldenstück mehr. Diese sklavisch an die Sprachformen angeschlossene, von keinem Hauch Psychologie berührte Denkwissenschaft mag man als zufälliges Nebenprodukt der griechischen Grammatik geringschätzen und der Mehrzahl der Grammatiken eine Mehrzahl der Logiken entsprechen lassen, deren jede die äußerlichen Denkgewohnheiten einer geographisch oder geschichtlich begrenzten Gruppe zusammenfaßt. Daß es aber eine Logik gibt, die nicht »die tauben Nüsse der Tautologie trägt«, daß eine Wissenschaft von selbständigen, aber nicht platt selbstverständlichen Erzeugnissen des menschlichen Denkens existiert, die keine »Lokalangelegenheit der sogenannten indoeuropäischen Menschheit« ist, dafür haben wir doch ein klassisches Zeugnis in jener Wissenschaft, deren Möglichkeit dem alten Kant als erstaunliches Problem aufging: in der Mathematik! Was Kant ungenau fühlte, als er bestreitbarer Weise die Sätze der Mathematik synthetische, nicht analytische Urteile nannte, können wir noch viel ungenauer, aber unwidersprechlich so ausdrücken: die Sätze der Mathematik sind nicht tautologisch, sie bringen Neues, sie stehen nicht auf der kläglichen Stufe des berühmten Cajus, der sterblich ist, weil alle Menschen sterblich sind! Das Problem der Quadratur des Kreises, zweitausend Jahre vor Christi Geburt den Ägyptern bekannt, ist gegen Ende unseres 19. Jahrhunderts erledigt worden: sollte die arme Menschheit vier Jahrtausende gebraucht haben, um eine Selbstverständlichkeit einzusehen? Und doch liegt die Transcendenz der Kreiszahl schon im Begriff des Kreises, den jeder Bauernjunge hat; die Unmöglichkeit, ein dem Kreise gleiches Quadrat mit Zirkel und Lineal zu zeichnen, folgt mit rein logischer Sicherheit aus dem Umstande, daß die Punkte der Kreislinie gleichen Abstand vom Mittelpunkte haben! Also *[1256]* Logik und doch nicht Tautologie, reines Denken und doch nicht leeres Wortgeräusch! Eben so wenig aber war hier eine Berufung auf Erfahrung, auf die »Wirklichkeitswelt« notwendig, die dem Sensualisten Mauthner als einzige Quelle wertvoll erzählender, nicht geschwätzig wortumschreibender Urteile gilt. Der Streit, ob die Geometrie eine emprische Wissenschaft sei, kann hier unentschieden bleiben, denn das Kreisproblem läßt sich rein arithmetisch fassen, und wir haben rein arithmetische Fragen in schwerer Menge, die bis zum heutigen Tage nicht aufgeklärt sind. Die Arithmetik aber ist doch wohl keine Erfahrungswissenschaft? oder teilt Mauthner die parodistische Skepsis seiner »taufrischen Amme Walburga«: »zweimal zwei ist vier. Bei uns. Ob auch wo anders?« Ich muß für diesen Scherz um Vergebung bitten, insonderheit Mauthner selbst; aber seine Stellung zur Mathematik ist mir nicht völlig klar geworden, und mir scheint, daß man auf ein klares Verhältnis zu dieser Wissenschaft von vornherein verzichtet, wenn man *Denken und Sprechen* gleichsetzt. Ist Sprechen und Denken dasselbe, so muß man entweder Zahlen, Symbole, Formeln zur Sprache rechnen oder der geistigen Tätigkeit des Mathematikers den Titel Denken vorenthalten, der bei Mauthner ja nicht einmal ein Ehrentitel ist. Eine zwecklose Wortrevolution. Es kann bei dieser Gelegenheit ausgesprochen werden, daß Mauthner die Unklarheit unserer wissenschaftlichen Begriffe nicht nur kritisiert, sondern in vielen Fällen steigert, daß er einigermaßen festgestellte Wortsphären, weil sie nicht mit idealer Schärfe begrenzt sind, aus Gewissenhaftigkeit vollends verwischt. Was setzt er nicht alles der Sprache gleich! Denken, Gedächtnis, Bewußtsein, Ich, Individualität, Weltanschauung, — die Liste ließe sich weiterführen. Seine Skepsis arbeitet wie eine schleichende, langsam steigende Flut, die meilenweit alles Erkennbare auslöscht: nicht wie ein wohlgezieltes Geschützfeuer oder eine planmäßig gelegte Mine, die ein bestimmtes Angriffsobjekt haben und von einem bestimmten Angreiferstandpunkt aus dirigiert sind. Kant, der »Alleszermalmer«, ließ doch einiges stehn; will Mauthner das begrenzte Zerstörungswerk zur uferlosen Überschwemmung aller wissenschaftlichen Kulturen erweitern, will er der Allesverwüster heißen? Wenn wir nur bestimmt wüßten, daß dieser Nilgott dereinst das Füllhorn mit Blumen, Ähren, Trauben ausschütten, daß der Allesverwüster zuletzt ein Allesbefruchter sein wird? — Er löst die starren Schranken, sprengt veraltete Definitionen, überbrückt Gegensätze, enthüllt Zusammenhänge: gut! Unsere wissenschaftliche Sprache ist nichts Vollendetes, schleppt genug toten Ballast, Wortleichen und Wortgespenster verschollener Jahrtausende: soll darum das Lebendige, das in ihr atmet, auch getötet werden? Die Sprache rächt sich an ihrem Kritiker, und er, der die vorläufigen Stützpunkte und Orientierungen verschmäht, wird mitgerissen von der Komplikation der Erscheinungen und weiß die verwickeltsten Beziehungen der Wirklichkeit nur mit einer hülflosen Kopula auszudrücken: Denken ist Sprechen, Sprache ist Gedächtnis, Gedächtnis ist Bewußtsein. Wozu diese Konfusion, diese nächtliche Auftrennung des Gewebes, das die arme Menschheit mühsam an Tagen gesteigerter Besonnenheit spinnt und weiterspinnt? Rationalistische Träumer haben einmal von der vorsprachlichen Vernunft gefabelt, die sich als Werkzeug ihres Denkens die Sprache erfindet: um diese unhistorische, von keinem Sprachforscher heute mehr geteilte Mythologie abzulehnen, setzt Mauthner Denken und Sprechen gleich. Wir haben vorhin in der Mathematik ein Beispiel sprachlosen Denkens, neologischen, nicht tautologischen Denkens genannt, das zu widerlegen der Sprachkritik aufgegeben sei, wenn sie zugleich Vernunftkritik und mehr als diese sein will.

[1257] Vielleicht wird man mir entgegenhalten, daß die Mathematik eine Sonderstellung einnehme, daß aber in allen anderen Wissenschaften das Denken nur Sprache, also entweder überflüssige Wortmacherei oder bloße Katalogisierung und Inventarisierung der Beobachtungen sei. Oder gibt Mauthner wenigstens zu, daß sich die Wissenschaften in eine Reihe anordnen lassen (etwa Mechanik, Physik, dann Chemie mit den deskriptiven Naturwissenschaften, zuletzt die »Geisteswissenschaften«) und daß deren oberste, der Mathematik näherstehende Glieder immer noch einen anständigen Bruchteil wertvollen, nicht blos tautologischen und registrierenden Denkens enthalten? Nur mit Zagen rechne ich auf dies Zugeständnis, wenn ich mir ins Gedächtnis rufe, daß die speziellen N a t u r g e s e t z e für den

Sprachkritiker auch nur Worte, unvollendete Induktionen, Sammelzeichen und Etiketten für wahrgenommene Ähnlichkeiten und gläubig erwartete künftige Regelmäßigkeiten sind, während ihm unsere obersten umfassendsten Gesetze gar zu »einfachsten Negationen des Unsinns« herabsinken. Gravitation, Entwicklung sind Banknoten, die ein Automat herausgibt, »sobald man den Betrag in Gold vorher hineingeworfen hat«; aber der Stolz des 19. Jahrhunderts, die Erhaltung der Energie, ist sogar »etwas Selbstverständliches, noch weniger als eine Tautologie, nämlich nichts als die Weisheit: wir brauchen keinen Unsinn zu denken.« Diese Auffassung ist g e i s t r e i c h, womit ich sie in Mauthners Sinne nicht gelobt habe. Dazu verführen konnte allerdings die spekulative Darstellung bei Robert Mayer, der ein scholastisches Spiel mit den Sätzen: »aus Nichts wird Nichts, Nichts wird zu Nichts, die Ursache ist gleich der Wirkung« treibt und das Energiegesetz zur a priori gültigen Denknotwendigkeit stempelt; diese metaphysischen Scheinbeweise werden, wie Helmholtz sagt, jedem an strenge wissenschaftliche Methodik gewöhnten Naturforscher gerade als die schwächste Seite seiner Leistungen erscheinen. Der philosophische Witz ist nämlich, daß die plausibelsten Behauptungen über Ursache und Wirkung nichts besagen, solange man nicht weiß, was in einem bestimmten Falle Ursache, was Wirkung heißen soll. Es ist bemerkt worden, daß man bei einem bewegten Körper genau so gut sagen kann: verschwindet die Ursache, verschwindet die Wirkung, wie auch: verschwindet die Ursache, bleibt die Wirkung — wenn man nämlich unter Ursache die Kraft, unter Wirkung aber das eine Mal die Geschwindigkeitsänderung, das andere Mal die erlangte Geschwindigkeit versteht. Vor Galilei sagte man auch ex nihilo nihil fit, und schloß daraus, daß ein Körper ohne äußere Einwirkung seinen Ort nicht ändern könne; jetzt weiß man, daß er ohne äußere Einwirkung seine Richtung und Geschwindigkeit nicht ändern kann, und müßte also, wenn Ortsveränderung Etwas ist, sagen »aus Nichts wird Etwas.« Cartesius behauptete, daß die »Bewegungsgröße des Weltalls« unveränderlich sei, also auch so etwas, was Mauthner bloße Negation des Unsinns nennen müßte: aber der Unsinn ist leider Wirklichkeit, die Bewegungsgröße des Weltalls ändert sich — und sieht doch auf den ersten Anblick genau so beständig, so substanziell aus wie die Energie: in der einen stecken die Geschwindigkeiten, in der anderen die Quadrate der Geschwindigkeiten. Wir dürfen vielleicht etwas Substanz nennen, wenn wir aus Erfahrung wissen, daß es sich nicht ändert; aber ein Ding Substanz nennen, und dann seine Unveränderlichkeit als selbstverständlich proklamieren ist Scholastik. Was würde Mauthner sagen, wenn ich erklären wollte: die Unsterblichkeit der Seele ist bloße Tautologie, Negation des Unsinns, daß aus Etwas Nichts werden könnte? Nein, die höchsten allgemeinsten Synthesen unserer Naturwissenschaft sind doch etwas mehr als leere Hülsen und taube Nüsse. Aber *[1258]* so machen es die Herren Gegner der Wissenschaft, vom großen dummen Tolstoi bis zum kleinen schlauen Brunetière, vom prinzipiellen Widersacher bis zum nörgelnden Zeugflicker: die speziellen Tatsachen sind ihnen zu winzig und die allgemeinen zu selbstverständlich, das Interessante finden sie bestreitbar und das Unbestreitbare uninteressant. »Die Physik fördert Wahrheiten zu Tage, gegen die sich nichts sagen läßt, die uns aber auch nichts sagen«, predigt Richard Wagner wie ein kluger Priester; aber die pittoresken Unwahrheiten, die christliche und indische Metaphysik zu Tage fördert, sagten ihm Etwas.

Wir erwarten große und bleibende Wirkungen von der Sprachkritik. Sie wird unser intellektuelles Gewissen, unseren Sinn für das Tatsächliche, unser Mißtrauen gegen Worte nicht umsonst geschärft haben. Sie gibt uns Blitze, den elenden Schlagwortkultus, die Halbbildung, das Parteiengezänk unserer Tage niederzuschmettern. Sie ruft noch einmal Religion und Moral, die eigensinnigsten Formen des Wortfetischismus, zur Rechenschaft. Sie nimmt die Partei der lebenden Sprache gegen die Papiersprache, der Entwicklung gegen die Erstarrung, der Anschauung gegen die Abstraktion. Sie hat mitzureden bei der Revision unserer wissenschaftlichen Begriffe, bei der Ausscheidung letzter Rückstände von Wortrealismus und Scholastik. Sie wird zu befragen sein, wenn der gegenwärtige Streit um Logik und Psychologie, Erkenntnistheorie und Metaphysik einmal zum Austrag kommen soll. Dies alles ist ihres Amtes; aber dem herostratischen Ehrgeiz, den Tempel menschlicher Sprache und Vernunft niederzubrennen, möge sie beizeiten entsagen. Die Feinde der Erkenntnis werden auch diese neueste Skepsis wie jede andere in ihrem Sinne ausbeuten, und kirchliche wie okkultistische Pfaffen, die sich mit vorläufiger Vollstreckung noch nicht rechtskräftiger Todesurteile immer zu beeilen pflegen, werden ein erschröckliches Zeter- und Blutgeschrei über die gerichtete Hexe Wissenschaft erheben. Es wird der Sprachkritik wie einst der Reformation nicht erspart bleiben, die Schwarmgeister und Mordbrenner, die ihre nächste Gefolgschaft sein werden, um ihrer historischen Aufgabe willen kräftig und rücksichtslos abzuschütteln.

Sprachkritik

Entstehungsgeschichtlicher Kontext

> *Bestimmt weiß ich nur, daß der Schrecken über die Sprache, dessen Analyse ich dann zu meiner Lebensaufgabe machte, mich einmal auf einem langen Marsch überfiel, als ob ich einen Schlag vor die Stirn erhalten hätte.*[1]

Gleich Friedrich Nietzsche (1844–1900), den der »Ewige-Wiederkunfts-Gedanke« auf einem Spaziergang »am See von Silvaplana durch die Wälder[,] bei einem mächtigen pyramidal aufgethürmten Block unweit Surlei« (KGW VI,3, 333) überkam, beschreibt Fritz Mauthner (1849–1923) in seinen 1918 publizierten ›Erinnerungen‹, zurückblickend auf das Jahr 1873, das prägende Erlebnis, das ihn zeit seines Lebens zu einer Analyse eines irrationalen Sprachhasses, eines Erschreckens über die Nichtigkeit der Sprache antreiben sollte. Unmittelbar nach dem ›Sprachschreck‹ begann er mit der Niederschrift eines »neuen Büchleins« mit der »Überschrift: ›Die Kritik der Sprache‹«, und verbrachte eine

> *Woche lang [...] die halben Nächte damit, [s]eine Flüche hineinzuwühlen darüber, daß wir so gar nicht wissen können, daß die menschliche Vernunft gar kein anderes Auskunftsmittel hat als die elende Sprache, daß die Sprache ein Handwerkszeug ist, mit dem wir an nichts Wirkliches herankönnen, weder an die Natur noch an unsere Empfindungen.*[2]

Dieses Werk aber, von dem er »nicht einmal hätte sagen können, daß es philosophischer, erkenntniskritischer Art wäre«, übergab Mauthner schon bald dem Feuer. Obwohl Zweifel an der Richtigkeit dieses gleichsam mystischen Erlebnisses angebracht sind – nur wenige Jahre später legt Mauthner den ›Sprachschreck‹ in das Jahr 1869[3] *–, scheint jedoch in den frühen 1870er Jahren der Grundstein für Mauthners sprachskeptisches und -kritisches Denken gelegt worden zu sein.*

Aus dem böhmischen Städtchen Hořice im tschechischsprachigen Gebiet der Donaumonarchie siedelt die deutschsprechende jüdische Familie Mauthner 1855 nach Prag über. Gegen den Willen seines Vaters – eines wohlhabenden Webwarenfabrikanten, der ihn gern so schnell wie möglich als selbständigen Kaufmann gesehen hätte –, nimmt Mauthner nach der Matura 1869 ein Jurastudium auf, doch fühlte er sich eher zur Schriftstellerei hingezogen. Zwischen 1870 und 1876 entstehen zahlreiche, eher belanglose Gedichte,[4] *mehrere, heute teilweise verschollene Dramen sowie*

---

1 *Fritz Mauthner: ›Erinnerungen. I. Prager Jugendjahre.‹ München 1918, S. 207.*

2 *Fritz Mauthner: ›[Selbstdarstellung].‹ In: ›Die Philosophie der Gegenwart in Selbstdarstellungen.‹ Bd. 3. Hrsg. v. Raymund Schmidt. Leipzig 1922, S. 121–144, hier S. 126.*

3 *Vgl. ebd., S. 129.*

4 *Manuskripte im Leo-Baeck-Institut New York (LBI); Mauthners einziger veröffentlichter Gedichtband ›Die Große Revolution. Epigramme‹, eine Sammlung von Sonetten vornehmlich patriotischen Inhalts, erschien 1872 in Leipzig.*

Prosadichtungen;[5] *darüber hinaus schreibt* MAUTHNER *Artikel für verschiedene Zeitungen und Zeitschriften. 1873 bricht er, 1871 ›nur‹ in Rechtsgeschichte examiniert, das Jurastudium ab. Auf Wunsch des Vaters arbeitet* MAUTHNER *zunächst als Rechtsanwalt, gibt die Stellung aber nach dessen Tode 1874 auf und widmet sich von nun an ganz der Schriftstellerei.*

1876 siedelt MAUTHNER *nach Berlin über, wo er sich als Journalist, Feuilletonist, Parodist und als – mäßig erfolgreicher – Romanautor, als Herausgeber u.a. des ›Magazins für Litteratur‹ und Redakteur u.a. des ›Berliner Tageblatts‹ einen Namen macht.*[6] *In den Jahren zwischen 1891/92 und 1901/02 entstehen die ›Beiträge zu einer Kritik der Sprache‹, sein dreibändiges opus magnum, das, von der breiten Öffentlichkeit und der zeitgenössischen akademischen Philosophie kaum beachtet,*[7] *auf Literaten, Künstler und Feuilletonisten wie* CHRISTIAN MORGENSTERN *(1871–1914) und* GUSTAV SACK *(1865–1916),* AUGUST STRAMM *(1874–1915) und* HUGO BALL *(1886–1927) großen Einfluß ausübt.*[8]

Schenkt man MAUTHNERS *eigenen Aussagen über den Ursprung seines sprachkritischen Denkens Glauben, so ist dieses v.a. durch* NIETZSCHE *beeinflußt. Schon in Prag setzt er sich als Mitglied eines studentischen Lesezirkels intensiv mit ›Vom Nutzen und Nachteil der Historie für das Leben‹ auseinander, seit etwa 1890 versteht er* NIETZSCHE *v.a. als Erkenntniskritiker, dessen dort geäußerte Gedanken er weiterentwickeln will.*[9] *Ebenfalls bereits in Prag erhält* MAUTHNER *durch den Besuch der öffentlichen Vorträge* ERNST MACHS *(1838–1916) Einblicke in dessen empiriokritische, Aspekte der Psychophysik* GUSTAV THEODOR FECHNERS *(1801–1887) aufgreifende Theorie des menschlichen Erkennens,*[10] *deren Verdikt einer Diskontinuität des Ich der programmatischen Décadence in die Arme spielt und die* HER-

---

5 *Teilweise eingegangen in die Novellensammlung ›Die Sonntage der Baronin‹ (Zürich 1881).*

6 *Vgl. dazu generell Joachim Kühn: ›Gescheiterte Sprachkritik. Fritz Mauthners Leben und Werk.‹ Berlin u. New York 1975.*

7 *Gleichwohl aber scheint Hans Vaihinger (1852–1933) durch die ›Sprachkritik‹ zur Publikation seiner ›Philosophie des Als Ob‹ (1911) angeregt worden zu sein, vgl. Kühn: ›Gescheiterte Sprachkritik‹, S. 242; auch Ludwig Wittgenstein (1889–1951) nimmt, wenn auch eher ablehnend, in seinem ›Tractatus logico-philosophicus‹ Bezug auf Mauthner: »Alle Philosophie ist ›Sprachkritik‹. (Allerdings nicht im Sinne Mauthners.)« (Wittgenstein: ›Tractatus logico-philosophicus‹ [1921/22]. In: ders.: ›Schriften.‹ Bd. 1: ›Tractatus logico-philosophicus, Tagebücher 1914–1916, Philosophische Untersuchungen.‹ Hrsg. v. Gertrude E. M. Anscombe u. Georg H. von Wright. Frankfurt a.M. 1960, S. 7–85, hier S. 26 [4.0031]).*

8 *Vgl. hierzu generell Walter Eschenbacher: ›Fritz Mauthner und die deutsche Literatur um 1900. Eine Untersuchung zur Sprachkrise der Jahrhundertwende.‹ Frankfurt a.M. u.a. 1977.*

9 *Vgl. Elizabeth Bredeck: ›Fritz Mauthners Nachlese zu Nietzsches Sprachkritik.‹ In: ›Nietzsche-Studien‹ 13 (1984), S. 587–599; Nietzsches in diesem Kontext wohl einschlägigstes Werk, ›Über Wahrheit und Lüge im außermoralischen Sinne‹ (entstanden 1873, publiziert 1896), kannte Mauthner vmtl. auch während der Abfassung der ›Beiträge‹ nicht (vgl. Uwe Spoerl: ›Gottlose Mystik in der Literatur um die Jahrhundertwende.‹ Paderborn u.a. 1997, S. 42f.*

MANN BAHR (1863–1934) nachdrücklich für die Geisteshaltung und auch die literarische Praxis der Berliner und Wiener Moderne in Anspruch nimmt, da sie »unser Gefühl der Welt, die Lebensstimmung einer neuen Generation auf das größte« ausdrücke.[11]

Beschäftigte sich MAUTHNER wohl bereits seit etwa 1872/73 mit sprachskeptischen und erkenntniskritischen Fragen, so nimmt er die eigentliche Arbeit an den ›Beiträgen‹ jedoch erst etwa 1891 auf, seit 1892 schlägt sie sich auch in seinen schriftstellerischen Schaffen nieder. Forciert wird die Arbeit durch GUSTAV LANDAUER (1870–1919), einen Philosophiestudenten, den MAUTHNER 1889 kennenlernt und mit dem ihn eine lebenslange Freundschaft verbindet.[12] *LANDAUER ist es auch, der 1898 das Scheitern des Projekts – MAUTHNER erkrankt schwer, kann lange Zeit weder lesen noch schreiben – verhindert, Nachbesserungen einfordert, das Manuskript fertigstellt. »Worte, in Worte gefasst« seien »Anfang und Ende aller Philosophie«,*[13] *denn die »Kultursprachen« seien nicht fähig, »den Menschen über das Gröbste hinaus zur Verständigung zu dienen«, »Sprache ist tauglich für die Wortkunst, Sprache ist untauglich für die Welterkenntnis«*[14] *– es gelte daher »von der Sprache [...] wie von jedem andern Märtyrer der Philosophie das tapfere Wort: Qui potest mori, non potest cogi«,*[15] *es gelte zu verzichten auf den »Selbstbetrug« mit dem letzten Mittel, dem »ruhig verzweifelnden Freitode des Denkens oder Sprechens«.*[16]

Das Echo auf die ›Beiträge‹ aber bleibt verhalten. Ihr Erscheinen ist den (Fach-)Rezensenten nur wenige Seiten wert,[17] *selbst GUSTAV LANDAUER, der die drei Bände in mehreren Artikeln in der ›Zukunft‹ bespricht,*[18] *kann eine breite und disziplinenübergreifende Rezeption nicht forcieren; v.a. die*

---

10 *Vgl. Ernst Mach: ›Die Geschichte und die Wurzel des Satzes von der Erhaltung der Arbeit.‹ Prag 1872, v.a. aber ders.: ›Beiträge zur Analyse der Empfindungen.‹ Jena 1886, 2. Aufl. unter dem Titel ›Analyse der Empfindungen und das Verhältnis des Physischen zum Psychischen.‹ Jena 1900.*

11 *Hermann Bahr: ›Impressionismus.‹ In: ders.: ›Dialog vom Tragischen.‹ Berlin 1904, S. 102–114, hier S. 113; vgl. auch ders.: ›Das unrettbare Ich.‹ In: ebd., S. 79–102.*

12 *Vgl. Kühn: ›Gescheiterte Sprachkritik‹, S. 201–210; vgl. auch Hausdorffs ›Offenen Brief gegen Landauer‹, HGW VIII, S. ???–???.*

13 *Fritz Mauthner: ›Beiträge zu einer Kritik der Sprache.‹ 3 Bde. Stuttgart 1901/02, Bd. 3, S. 635.*

14 *Ebd., Bd. 1, S. 215f.*

15 *Ebd., S. 657.*

16 *Ebd., Bd. 3, S. 641.*

17 *Vgl. etwa Erwin Kirchner: ›[Rezension von] Beiträge zu einer Kritik der Sprache.‹ In: ›Zeitschrift für deutsche Wortforschung‹ 4 (1903), S. 332–342; Richard Eduard Ottmann: ›Fritz Mauthners Kritik der Sprache.‹ In: ›Zeitschrift für den deutschen Unterricht‹ 17 (1903), S. 1–19; Paul Barth: ›[Rezension von] Beiträge zu einer Kritik der Sprache.‹ In: ›Vierteljahresschrift für wissenschaftliche Philosophie und Soziologie‹ 28 (1904), S. 433–438.*

18 *Gustav Landauer: ›Kritik der Sprache.‹ In: ›Die Zukunft‹ 35 (1901), S. 220–224; ders.: ›Mauthners Sprachwissenschaft.‹ In: ebd., 37 (1901), S. 312–323; ders.: ›Mauthners Werk.‹ In: ebd., 42 (1903), S. 455–464.*

akademische Anerkennung bleibt den ›Beiträgen‹ verwehrt. Noch 1906 klagt MAUTHNER *in einem Brief an* MACH:

> *Die Philosophen schweigen nach wie vor, weil sie mein Buch für philologisch halten; und die Philologen schweigen, weil ich ihre Zirkel gestört habe.*[19]

Entstehung

Am 12. September 1901 schreibt HAUSDORFF *aus dem venetischen Cortina an* MAUTHNER, *er habe die* Sprachkritik in die Sommerfrische mitgenommen und spüre schon unterwegs, noch einige Schritte vor Seite 657 des ersten Bandes, ein unwissenschaftliches Bedürfniss zu danken, so wie man Jemandem, der Einem gute Gesellschaft geleistet hat, das vielleicht einige Stunden vor dem Abschied sagt. *Mehr als ein Jahr später, am 16. Dezember 1902, teilt* HAUSDORFF MAUTHNER *mit, er habe, noch bevor er den dritten Band überhaupt gelesen habe, die Besprechung des voluminösen Werkes für die ›Neue Deutsche Rundschau‹ übernommen (ob aus eigenem Antrieb oder auf Veranlassung des Verlegers* SAMUEL FISCHER *(1859–1934) ist aus den Quellen nicht ersichtlich). Am 25. August 1903 kann er dann* MAUTHNER *mitteilen, daß seine Frau und er* mit einer Flasche Schäumling den endlich, endlich fertig gewordenen Essai über Ihre Sprachkritik *feiern. Dieser sei* nicht frei von Widerspruch und, mit der Länge der Zeit, etwas nüchterner geworden als er sollte, *doch fand er bei* MAUTHNER *Gefallen, denn in einem Brief an* MAUTHNER *vom 17. Juni 1904 schreibt* HAUSDORFF: Mein Essai trug mir, ausser von Ihrer Seite, wunderbarer Weise noch andere gute Worte ein. *Man kann also vermuten, daß* HAUSDORFFS *Essay zu den »nur fünf oder sechs Aufsätzen« gezählt werden kann, die* MAUTHNER *im Vorwort zur zweiten Auflage der ›Kritik der Sprache‹ (3 Bde. Stuttgart 1906–1913) als diejenigen bezeichnet hat, die »eine Beziehung zu meinen Gedanken hergestellt haben« (vgl. Bd. 1 [1906], S. VIII).*

Zeugnisse zur Entstehung

12. September 1901, FELIX HAUSDORFF *an* FRITZ MAUTHNER

Sehr geehrter Herr,

Ich habe Ihre Sprachkritik in die Sommerfrische mitgenommen und spüre schon unterwegs, noch einige Schritte vor Seite 657, ein unwissenschaftliches Bedürfniss zu danken, so wie man Jemandem, der Einem gute Gesellschaft geleistet hat, das vielleicht einige Stunden vor dem Abschied sagt. Etwas sachlicher wäre es ja, wenn ich damit bis zur völligen Einverleibung Ihres Buches wartete; aber man kann das Eine thun und das Andre nicht

---

19 *An Mach, 14. Febr. 1906 (zit. nach Joachim Thiele: ›Zur »Kritik der Sprache«. Briefe Fritz Mauthners an Ernst Mach.‹ In: ›Muttersprache‹ 76 [1966], S. 78–86, hier S. 83).*

lassen. Vorläufig ist so etwas wie ein persönlicher Contact da, auf den hin telepathisch angeklingelt zu werden Ihnen vielleicht nicht unwillkommen ist, denn sehr oft wird Ihnen das ohnehin nicht passiren. Sie selber sprechen mit heiterer Resignation von Ihren drei Lesern. Wir ernsthaften Autoren (das unbescheidene Wir muss ich Ihnen ein ander Mal erklären, da Sie es aus meiner Namensunterschrift nicht errathen werden) haben auf keinen vielstimmigen Widerhall zu rechnen, und geradezu höllisch schwer haben es besonders Die, welche ein „Grenzgebiet" bearbeiten, d.h. zwischen den conventionell abgetheilten und eingezäunten Specialwissenschaften als niederreissende und neu zusamenfassende Geister thätig sind. Damit macht man es nicht nur den Bibliothekaren schwer, Einen unterzubringen. In der Leipziger Universitätsbibliothek sind Sie unter Linguistica placirt; sehr viel dümmer konnte man Sie nicht einfächern – oder doch: Sie hätten ja auf Ihre „Vergangenheit" hin sogar unter Bellettristik oder Humor gerathen können! Sie werden die Vermessenheit, als Publicist einen dilettantischen Eingriff in professorale Wissensbezirke gewagt zu haben, noch angekreidet bekommen – vorausgesetzt, dass die Zünftler Sie überhaupt einer Abfertigung für werth erachten. Denn dort ist das Princip der Inzucht in einem hohen Grade durchgeführt, und die Folgen lassen so wenig wie in Monarchenhäusern auf sich warten.

[2] Einiges zur Sache hätte ich Ihnen doch gern gesagt und wollte mich dabei auf Ihr Kleist'sches Motto „l'idée vient en parlant" verlassen; aber nun fällt mir gerade das Triftigste nicht ein. Vielleicht ist es ein embarras de richesse (Ihres Reichthums), der die Associationen so springen und gleiten macht, dass sie noch nicht in die befahrenen Wortgleise einbiegen wollen. Zum Theil liegt es wohl auch an der nicht scharf systematischen Art Ihres Buches, ~~dass~~ ⌜aus dem⌝ man sich die Hauptpunkte nicht ohne einige umordnende Mühe erst herauslesen oder besser noch herausschreiben muss. Sie missverstehen dies hoffentlich nicht als wohlfeilen Tadel eines bequemen Recensenten; ein Lebenswerk wie das Ihrige, aus ungleichartigen und ungleichalterigen Stücken langsam heraufwachsend, kann wohl kaum anders entstehen, und meine Kenntnisse in Kunst und Schriftthum reichen soweit zu wissen, dass die berühmtesten Dome, Epen, Tragödien und Musikdramen nicht anders entstanden sind. – Muss ich somit heute darauf verzichten, Ihnen etwas Eingehendes zu sagen, so will ich die Existenz dieses Briefes wenigstens mit dem allgemeinen Geständnisse rechtfertigen, dass mir Ihre Grundtendenz brillant „in den Kram passt". Ich habe, wohl im Anschluss an Nietzsches Versuche, über Wortfetischismus viel nachgedacht, speciell über die Beherrschung unseres naturwissenschaftlichen Denkens durch sprachliche Kategorien, so über das gegenseitige Entsprechen von Substantivismus und Substantialismus, denen ich eine verbalistisch-functionalistische Weltbetrachtung gegenüberstellte. Sie können Sich denken, wie mich verwandte Betrachtungen Ihres Buches, in dem Sie ja freilich viel weiter gehen, vergnüglich angelacht haben. Erfrischend aber wie ein kohlensaures Stahlbad wirkt auf mich die allgemeine skeptische Haltung Ihres

Buches, mit der Sie Sich als ein eminent freier, spielender, schwebender Geist über dem mühseligen Denkgeschäft der Fach- und Sachmenschen hinbewegen. Sie haben die gaya scienza, die in Worten das Schwere und Fesselnde der Worte überwindet; ich rathe wohl recht, wenn ich ~~dies als~~ ⌜daran⌝ die neueren Theile Ihres Werkes erkenne, während jene Stellen, wo Sie mit faustischer Verzweiflung und fast giftiger Rancune die Incongruenz zwischen Sprache und Wirklichkeit brandmarken, in jugendlichere Jahre hinaufreichen. Und dann, Sie haben das, was man die „iterative" Skepsis nenn kann, die Skepsis auf sich selbst angewandt, die Kritik der Kritik, besonders in der geradezu raffinirten Ausnützung des Gedankens, dass die Kritik der Sprache ja wieder mit den Mitteln der Sprache erfolgen muss; hier verstehen Sie wirklich über Ihren eigenen Schatten zu springen und mit unvollziehbaren Vorstellungen in die Höhe zu bauen.

Nun hätte ich grosse Lust, den Brief umzuschreiben; aber dann bliebe er wohl ewig unabgesandt. Wenn Sie Stimmung und Zeit fänden, mir zu antworten, würde ich mich ehrlich freuen. In aufrichtiger Dankbarkeit für I und starker Spannung auf II, III, IV begrüsst Sie
Ihr hochachtungsvoll ergebener

Dr. F. Hausdorff

Leipzig, Leibnizstr. 4

LBI, Nachlaß Mauthner

16. Dezember 1902, Felix Hausdorff an Fritz Mauthner

Sehr geehrter Herr, Die letzten Monate habe ich (durch die Krankheit und den Tod meiner Mutter) in einem Ausnahmezustande gelebt und die Beziehungen zur Aussenwelt sich etwas lockern lassen: auch von Ihnen liegt noch unbeantwortet ein freundlicher Brief vor mir, den ich unter anderen Verhältnissen sobald wie möglich dankbar erwidert hätte. Ich freue mich aufrichtig, mit Ihnen in einen Verkehr gerathen zu sein, der schon halb persönlich und insofern doch sachlich ist, als er durch Ihr sprachkritisches Werk inspirirt wurde. Übrigens ist, abgesehen vom Tonfall Ihres Briefes (dieses „abgesehen" ist übrigens ein prachtvolles Wippchen im Sinne von II, 514), schon die blosse Existenz dieses Briefes eine Schmeichelei für mich: denn wenn Sie meine gelegentliche Äusserung an Herrn Landauer über die unübersichtliche Composition Ihres Buches mit seiner Entstehungsgeschichte beantworten, so darf ich den unbescheidenen Schluss ziehen, dass mein Urtheil einen gewissen Werth für Sie hat.

Ihr dritter Band ist, Ihrem Versprechen gemäss, erschienen, und nach den skeptischen Worten, mit denen Sie die Möglichkeit eines vierten ankündigten, darf man wohl vorläufig eine Art Abschluss statuiren. Ich habe ihn noch nicht gelesen, wohl aber – ein Versprechen, das in jedem andern

Falle unverzeihlicher Leichtsinn wäre – für die Neue Deutsche Rundschau ein Referat über das ganze Werk übernommen. Aber seien Sie ganz sicher, dass ich Sie auch ohne dieses ad hoc mit dem Ernste und der Gewissenhaftigkeit gelesen hätte, die Sie beanspruchen dürfen. Und mit der Freude, die Ihre souveräne Waffenführung einem Zuschauer macht, der gleich Ihnen ein Zerstörungswerk als seinen intellectuellen Beruf erkannt hat!

Aber ehe ich noch Ihren dritten Band aufschlage, sage ich: Hut ab! Wenn ich denke, wie Sie mit phrasenloser Schlichtheit [2] nach jahrzehntelanger stiller Vorarbeit Ihr Lebenswerk in drei Jahren aufgerichtet haben – und mit welchem Korybantenlärm andererseits das Federvieh seine Wichtigkeiten in Scene setzt! Hut ab, und da Sie doch in gewisser Weise fertig geworden sind (immer jenen vierten historischen Band vorbehalten), so darf man Ihnen wohl so etwas wie einen Glückwunsch aussprechen. Ich stelle mir vor, dass Sie jetzt unter irgend einem griechischen, ägyptischen oder orientalischen Himmel Ihr otium summa cum dignitate feiern (im Sommer hat Sie einer meiner Bekannten in Norwegen gesehen) und also, wie Schopenhauer in seinem ähnlichen Falle bemerkt, da sind, wo Sie „das Nein, Nein, Nein aller Litteraturzeitungen nicht erreichen soll". Hoffentlich erreicht Sie aber mein theilnehmendes Ja, nebst den herzlichen Grüssen

Ihres sehr ergebenen Felix Hausdorff

LBI, Nachlaß Mauthner

25. August 1903, Felix Hausdorff an Fritz Mauthner

Sehr geehrter Herr Mauthner, Meine Frau und ich feiern mit einer Flasche Schäumling den endlich, endlich fertig gewordenen Essai über Ihre Sprachkritik. Er ist nicht frei von Widerspruch und, mit der Länge der Zeit, etwas nüchterner geworden als er sollte. Ich wünsche mir nichts weiter, als dass meine Arbeit Ihrem tapferen Werke noch mehr Freunde werbe.

In Dankbarkeit Ihr Felix Hausdorff

LBI, Nachlaß Mauthner

Überlieferung

H *nicht nachgewiesen.*

D *›Neue Deutsche Rundschau (Freie Bühne)‹ XIV (1903), H. 12 (Dez.), S. 1233–1258.*

Erläuterungen

1–130 Und im Anfang *bis* der Tag der Wirklichkeiten!] *Der Beginn des Essays persifliert zum einen MAUTHNERS ›Einleitung‹ zu den ›Beiträgen zu einer Kritik der Sprache‹ (vgl. MAUTHNER: ›Beiträge‹ I, S. 1–3), verfremdet zum anderen den biblischen Schöpfungsbericht (vgl. Gen 1ff.) und spart nicht mit Seitenhieben auf die sich in Wortgebilden äußernden Dogmen der jüdisch-christlichen Tradition, die in der Auslegung der Bibel als Wort Gottes ihren Ursprung haben.*

1 Und im Anfang war traumlose Tiefe] *vgl. dazu MAUTHNERS Eröffnungssequenz in den ›Beiträgen‹ I, S. 1: »Im Anfang war das Wort«, die den Beginn des Johannesevangeliums aufnimmt (vgl. Joh 1,1: »Im Anfang war das Wort, und das Wort war bei Gott, und Gott war das Wort«).*

24f. Es ist die Frucht *bis* D i n g e] *vgl. Gen 2,9: »Und Gott der Herr ließ aufwachsen aus der Erde allerlei Bäume, verlockend anzusehen und gut zu essen, und den Baum des Lebens mitten im Garten und den Baum der Erkenntnis des Guten und Bösen.«*

37 Flackerfeuer] *auch Fackelfeuer, ein weißes Licht spendendes Schiffssignalfeuer, das weder durch Wasser noch durch Wind gelöscht werden kann.*

41–45 Eines Tages kauern zwei Menschentiere *bis* Da! lallt ihm die Männin nach] *vgl. dazu MAUTHNER: ›Beiträge‹ III, S. 225f.: »[PHILIPP] Wegener (Untersuchungen [über die Grundfragen des Sprachlebens.‹ Halle 1885] S. 88) nennt das gern den Imperativ des Sprechenden, das heisst die Aufforderung an den Hörenden, seine Aufmerksamkeit einem bestimmten Punkte der gegenwärtigen Situation zuzuwenden. Er weist darauf hin (unwillkürlich nennen wir eine Belehrung gern eine ›Hinweisung‹), dass im französischen Demonstrativpronomen diese Aufforderung noch zu entdecken sei. Ce (livre u. s. w.) ist entstanden aus ecce oder ecce id. Sehr hübsch ist die Bemerkung, dass das s, mit dem in den indoeuropäischen Sprachen so unendlich häufig der Nominativ singularis, also die weitaus grösste Zahl der Dinge in der Wirklichkeitswelt, bezeichnet wird, ein altes Demonstrativum sei, unser ›da‹. Dieses ›da‹ mag in einer Urzeit der allgemeinste Begriff, das ewige psychologische Prädikat jeder Sprache gewesen sein. Wir können mit aller Phantasie nicht mehr die Wege des Laut- und des Bedeutungswandels rekonstruieren, auf welchem dann so ein ›da‹ zu hundertfältigen psychologischen Subjekten wurde, welche dann dem ›da‹ oder ›s‹ vorangestellt wurden. Verwandte Vorgänge aber lassen sich an der Sprachbildung der Kinder noch beobachten.«*

45 die Männin] *HAUSDORFF bedient sich hier der von MARTIN LUTHER (1483–1546) in seiner Übersetzung des Alten Testamentes (1532) benutzten Wendung zur Wiedergabe einer hebräischen Wortkonstruktion in Gen 2,23. Da hebr. tl. ›'adam‹ als Erdwesen ohne Geschlecht definiert ist, wird hebr. tl. ›'ish‹ als geschlechtliches männliches Wesen gebraucht und der Unterschied der Geschlechter durch die Femininendung hebr.*

tl. ›ah‹ hervorgehoben: hebr. tl. › 'ishah‹. So übersetzt LUTHER *die Worte des ›Mannes‹ nach dem ›Bau‹ des weiblichen Geschlechtswesens aus einer seiner Rippen: »Das ist doch Bein von meinem Bein und Fleisch von meinem Fleisch; man wird sie Männin nennen, weil sie vom Manne genommen ist.«*

80 Vom Bezeichneten löst sich das Zeichen] *Nach der auf* ARISTOTELES *(384/83 v. Chr. – 322 v. Chr.) zurückgehenden traditionellen Zeichentheorie sind Wörter Zeichen für Begriffe und Vorstellungen im Bewußtsein; diese ihrerseits werden als Abbildungen der Dinge der Wirklichkeit aufgefaßt (vgl. u.a. ›Perì hermeneías‹ / ›De interpretatione‹ 1). Bereits die Stoiker unterscheiden zwischen σημαῖνων (semainon) und σημαινομένων (semainoménon), wobei sie unter ersterem das Bezeichnende, also den sprachlichen Ausdruck, unter letzterem das Bezeichnete, also die Bedeutung verstehen (vgl.* DIOGENES LAERTIUS: *›De clarorum philosophorum vitis‹ VII, 43–48; vgl. ebenso* CICERO: *›Academica‹ I, 30–32). Der schweizer Sprachwissenschaftler* FERDINAND DE SAUSSURE *(1857–1913) entwickelte seit den 1880er Jahren und verstärkt seit seiner Berufung als Professor für Vergleichende Grammatik der indoeuropäischen Sprachen 1891 nach Genf die Vorstellung von Sprache als einem System von miteinander in Beziehung stehenden Zeichen (›signe‹). Die mentale Seite sprachlicher Zeichen, der Zeicheninhalt oder das Bezeichnete (›signifié‹), wird dabei von der lautlichen Seite, dem Bezeichnenden, der Bezeichnung oder äußeren Zeichenform (›signifiant‹) unterschieden. Die Beziehung zwischen Zeicheninhalt und Bezeichnung sei ›arbitraire‹, weshalb die Bedeutung eines Zeichens nicht an sich bestehe, sondern durch das innere, unbewußte Bezugssystem (›langue‹) dem Sprachgebrauch der Individuen (›parole‹) zugrunde liege. Daher müsse die Sprache als System erst durch ihre konkreten Äußerungsformen erschlossen werden (vgl. die unter dem Titel ›Cours de linguistique générale‹ von* ALBERT SECHEHAYE *und* CHARLES BALLY *bearbeiteten und herausgegebenen Mitschriften dreier zwischen 1907 und 1911 gehaltener Vorlesungen [Lausanne 1916; Édition critique par* RUDOLF ENGLER. *4 Bde. Wiesbaden 1967–1972; vgl. dazu auch* ROBERT GODEL: *›Les sources manuscrites du cours de linguistique générale de F. de Saussure.‹ Genf [2]1969]).*

82 Der Mensch schuf Gott sich zum Ebenbilde] *ironische Umkehr des grundlegenden Theorems aus Gen 1,27: »Und Gott schuf den Menschen zu seinem Bilde, zum Bilde Gottes schuf er ihn«.*

91 Um einen Buchstaben bluten Hunderttausende.] *vgl. dazu Erl. zu 78f. im Kommentarteil zu* Massenglück und Einzelglück, *HGW VIII, 296f.*

107 Geschrieben stand das Wort] *Formulierung in Anspielung auf* JESU *Dialog mit dem Satan im Matthäusevangelium: »Und er antwortete und sprach: es stehet geschrieben« (Mt 4,4 u.ö.).*

107f. alle Völker werden hören die Posaune des Gerichts] *vgl. die Offenbarung des* JOHANNES: *»Danach sah ich, und siehe, eine große Schar, die* *niemand zählen konnte, aus allen Nationen und Stämmen und Völkern und Sprachen; die standen vor dem Thron« (Off 7,9), »[u]nd ich sah die sieben Engel, die vor Gott stehen, und ihnen wurden sieben Posaunen gegeben« (ebd., 8,2), »[u]nd der siebente Engel blies seine Posaune; und es erhoben sich große Stimmen im Himmel, die sprachen: Es sind die Reiche der Welt unseres Herrn und seines Christus geworden, und er wird regieren von Ewigkeit zu Ewigkeit. Und die vierundzwanzig Ältesten [...] sprachen: [...] Und die Völker sind zornig geworden; und es ist gekommen dein Zorn und die Zeit, die Toten zu richten und den Lohn zu geben deinen Knechten« (ebd., 11,15–18).*

108–110 Und dieses Wortes wegen *bis* daß die Erde keine Scheibe ist.] *In der Antike hat bereits die Schule der Pythagoreer (vgl. Erl. zu 301f. im Kommentarteil zu* Tod und Wiederkunft, *HGW VIII, 438f.) die Lehre von der Kugelgestalt der Erde vertreten, ebenso* PARMENIDES VON ELEA *(um 515/540 v. Chr. – um 445/470 v. Chr.), der argumentierte, das Seiende gleiche einer wohlgerundeten Kugel, indem es in sich selbst begrenzt sei (vgl. DK 28 B 8).* ARISTOTELES *führte in seiner Schrift ›De coelo‹ (›Vom Himmel‹; entstanden 340 v. Chr.) drei überzeugende Argumente für die Kugelgestalt der Erde an und der alexandrinische Gelehrte* ERATOSTHENES VON KYRENE *(um 276 v. Chr. – 194 v. Chr.) bestimmte den Erdradius mit erstaunlicher Genauigkeit. Im 1. nachchristlichen Jahrhundert war die Lehre von der Kugelgestalt der Erde unter den Gelehrten der antiken Welt generell akzeptiert und fand auch zunehmend Verbreitung im Volk. Gegen diese Lehre polemisierte zu Beginn des 4. nachchristlichen Jahrhunderts der lateinische Kirchenvater* LAKTANZ *(sc.* LUCIUS CAECILIUS FIRMIANUS*; um 250 – nach 325) in seinen ›Divinae institutiones‹ mit der Frage, wer »denn so töricht« sei zu glauben, daß es »Antipoden« (›Gegenfüßler‹) gebe, »die uns die Füße zukehren? [...] Menschen, deren Füße über den Köpfen sind? Oder wo das, was bei uns herunter zeigt, nach oben hängt? Wo Pflanzen und Bäume nach unten wachsen? Wo Regen und Schnee und Hagel zur Erde nach oben fallen?« (›Divinae institutiones‹ 3, 24. – »Quid illi, qui esse contrarios vestigiis nostris Antipodas putant, num aliquid loquuntur? aut est quisquam tam ineptus, qui credat esse homines, quorum vestigia sint superiora quam capita? aut ibi, quae aput nos jacent, inversa pendere? fruges et arbores deorsum versus crescere? Pluvias, et nives, et grandines sursum versus cadere in terram?«). Der Kirchenvater* AURELIUS AUGUSTINUS *(354–430) wiederum lehnte zwar die Vorstellung von Antipoden ab, hielt die Erde aber für eine Kugel, die als »moles globosa« im Zentrum des Weltalls stehe (vgl. ›De civitate Dei‹ XVI, 9). Kein Geringerer als der polnische Domherr und Astronom* NIKOLAUS KOPERNIKUS *(eigentlich* NIKOLAUS KOPPERNIGK*; 1473–1543) leistete mit dem expliziten Bezug auf* LAKTANZ *in der Vorrede zu seinem das heliozentrische Weltbild begründenden Hauptwerk ›De revolutionibus orbium coelestium libri VI‹ (›Über die*

Kreisbewegungen der Himmelskörper.‹ Nürnberg 1543, ›Vorrede‹ [vgl. Nicolaus Copernicus: ›Das neue Weltbild.‹ Drei Texte. Lateinisch-deutsch. Übers., hrsg. u. mit einer Einl. u. Anm. vers. v. Hans Günther Zekl. Hamburg 1990, S. 76/77]) der irrigen Annahme Vorschub, in Antike und Mittelalter habe man die Erde als Scheibe betrachtet. Jean Bolland (Johannes Bollandus; 1596–1665) verwies im Vorwort der von ihm herausgegebenen ›Acta Sanctorum‹ (5 Bde. Antwerpen 1543ff.) darauf, daß die »meisten unter den Kirchenvätern und Philosophen bis zum 15. Jahrhundert« an eine scheibenförmige Erde geglaubt hätten; dieses irrige Urteil hielt sich, in der Aufklärung weiter nachhaltig propagiert (vgl. u.a. Thomas Paines ›The Age of Reason: Being an Investigation of True and Fabulous Theology.‹ 3 Bde. Paris 1794–1807), bis ins 20. Jahrhundert. – Eine klare Absage an die kirchliche Autorität in Fragen der Naturwissenschaften im Sinn, antwortete der deutsche Mathematiker und Astronom Johannes Kepler (1571 – 1630) in der Einleitung zu seiner ›Astronomia Nova seu Physica Coelestis‹ (Linz 1609) im Hinblick auf »die Meinungen der Heiligen [...] über diese natürlichen Dinge« »mit dem einzigen Wort: In der Theologie gilt das Gewicht der Autoritäten, in der Philosophie aber das der Vernunftgründe. Heilig ist nun zwar Laktanz, der die Kugelgestalt der Erde leugnete, heilig Augustinus, der die Kugelgestalt zugab, aber Antipoden leugnete, heilig das Offizium unserer Tage, das die Kleinheit der Erde zugibt, aber ihre Bewegung leugnet. Aber heiliger ist mir die Wahrheit, wenn ich, bei aller Ehrfurcht vor den Kirchenlehrern, aus der Philosophie beweise, daß die Erde rund, ringsum von Antipoden bewohnt, ganz unbedeutend und klein ist und auch durch die Gestirne hin eilt.« (›Neue Astronomie.‹ Übers. u. eingel. v. Max Caspar. Stuttgart 1928, S. 33). – Vgl. zum historischen Zusammenhang insbesondere Reinhard Krüger: ›Eine Welt ohne Amerika.‹ Bislang 2 Bde. (Spätantike und lateinisches Mittelalter). Berlin 2000, ferner Klaus Anselm Vogel: ›Sphaera terrae: Das mittelalterliche Bild der Erde und die kosmographische Revolution.‹ Diss. Göttingen 1995.

111–114 Geschrieben stand das Wort *bis* sich nicht in Kreisen bewegen.] *vgl. dazu* Sant' Ilario, *Aph. 384, S. 327:* Welchen seelischen Kampf mag Kepler gekämpft haben, ehe er sich zur Preisgebung der Epicyklen entschloss! »Die vollkommenste Bewegung ist die Kreisbewegung, der Himmel ist die Stätte der Vollkommenheit, folglich sind die himmlischen Bewegungen kreisförmig oder aus der Kreisbewegung zusammengesetzt« — diesem Aristotelischen »folglich« durfte keine Erfahrung widersprechen und widersprach doch! *(HGW VII, 421.) – Bereits in der Antike entwarf der griechische Astronomen Aristarchos von Samos (um 310 v. Chr. – um 230 v. Chr.) ein heliozentrisches Weltbild, nach welchem die Fixsterne und auch die Sonne ruhen, während Erde, Mond und die Planeten um die Sonne kreisen (vgl. Plutarch: ›De facie in orbe lunae‹ 6, 923a; ebenso Archimedes: ›Arenarius‹ I,4–*

7; vgl. auch ›Aristarch über die Größe und Entfernungen der Sonne und des Mondes.‹ Übers. u. erl. v. Anton Nokk. *Freiburg i.Br. 1854). Dem stand das von* Aristoteles *in der Schrift ›De coelo‹ propagierte Weltbild entgegen, welches den natürlichen Ort der Erde wegen ihrer Schwere in das Zentrum der Welt verlegte, während sich die Himmelskörper auf kreisförmigen Bahnen um dieses Zentrum bewegen (vgl. ›De coelo‹ 268 b 14ff.; vgl. auch ›Physica‹ IV 14, 223 b 12–33). Das geozentrische Weltbild verdrängte das heliozentrische vollkommen, insbesondere nachdem der griechisch-ägyptische Astronom, Mathematiker und Geograph* Klaudios Ptolemaios *(nach 83 – nach 161) es zur Grundlage seines großen astronomischen Werkes ›Megale syntaxis tes astronomias‹ (›Almagest‹, entstanden 140/150) gemacht hatte.* Ptolemaios *hielt auch an der Hypothese der als vollkommen angesehenen Kreisbahnen fest; es gelang ihm auf dieser Grundlage sogar, mittels seiner Epizyklentheorie die rückläufigen Bewegungen von Planeten zu erklären. Noch* Kopernikus *(vgl. Erl. zu 108–110) ging in seinem heliozentrischen Weltbild von der Annahme aus, daß die Planeten die Sonne auf Kreisbahnen umlaufen. Erst* Kepler *(vgl. Erl. zu 108–110) gelang der Nachweis, daß sich die Himmelskörper auf elliptischen Bahnen um die Sonne bewegen (*Kepler*sche Gesetze).*

131–135 Fritz Mauthners »Beiträge zu einer Kritik der Sprache« *bis* in unbestimmte Aussicht gestellt] *vgl.* Mauthner: *›Beiträge‹ I, S. VII: »Ich hoffe aber, den zweiten und dritten Teil binnen Jahresfrist vorlegen zu können. Ein vierter Teil, der die Geschichte des sprachkritischen Gedankens in einer Geschichte der Philosophie verfolgen sollte, wird wohl unvollendet bleiben.« – Ein vierter Band ist in der Tat nie erschienen.*

142 der Skeptiker] *Zur antiken Skepsis vgl. Erl. zu 7 im Kommentarteil zu* Massenglück und Einzelglück, *HGW VIII, 290. –* Immanuel Kant *(1724–1804) versteht unter »S c e p t i c i s m« »das ohne vorhergegangene Kritik gegen die reine Vernunft gefaßte allgemeine Mißtrauen, blos um des Mißlingens ihrer Behauptungen willen«, dem er »die Maxime eines allgemeinen Mißtrauens gegen alle synthetische Sätze« entgegen stellt, das solange währe, bis »ein allgemeiner Grund ihrer Möglichkeit in den wesentlichen Bedingungen unserer Erkenntnißvermögen eingesehen worden« sei (›Über eine Entdeckung, nach der alle neue Kritik der reinen Vernunft durch eine ältere entbehrlich gemacht werden soll‹ [1790; AA VIII, 226f.], vgl. auch KrV A XII).*

142–147 Und er spricht mit *bis* nach einem letzten Warum ausschaut.] *im letzten, ›Todessehnsucht‹ getitelten Kapitel des ersten Bandes, vgl.* Mauthner: *›Beiträge‹ I, S. 654–657.*

147 am Strande von Kareol] Kareol *ist in der 1865 uraufgeführten Oper ›Tristan und Isolde‹ des deutschen Komponisten* Richard Wagner *(1813–1883) der Name der väterlichen Burg des Titelhelden am Strand der Bretagne (3. Aufzug; GSD VII, 59). – In* Chrétiens de Troy-

ES (um 1140 – um 1190) zwischen 1170 und 1180 entstandenem ›Yvain ou Le Chevalier au lion‹ heißt die (walisische) Residenz König ARTURS »Carduel« (»Vaslez, fet il, dire vuel / Que li rois sejorne a Carduel« (vv. 335f.: ›... daß der König auf Carduel wohnt‹), wovon ausgehend der Name in verschiedenen Abwandlungen Eingang in die mittelalterliche deutschsprachige Artusepik findet. Das Vorbild für CHRÉTIENS »Carduel« ist vmtl. Carlisle im nordenglischen Cumberland, dessen Ursprünge auf eine Ende des 4. Jahrhunderts im Umfeld des römischen Lagers Luguvallium am Hadrianswall angelegte keltische Siedlung ›Caer-Luel‹ zurückgehen, die Ende des 11. Jahrhunderts von den Normannen besetzt und befestigt wurde.

150 »Stimmung«] *vgl. MAUTHNER: ›Beiträge‹ I, S. 382–385: »›Stimmung‹ ist ein vieldeutiges Wort. Zwischen der Stimmung einer Stimmgabel, die sich mathematisch auf 870 Schwingungen in der Sekunde für das eingestrichene a angeben lässt, und zwischen der sogenannten Stimmung einer Landschaft, die sich weder beschreiben noch erklären lässt, liegen zahlreiche Schattierungen des Begriffs. [...] Da für uns die Seele aber nichts weiter ist, als die Summe unserer bewussten und unbewussten Gedächtnisse, so kann ›Stimmung‹ für uns nichts bedeuten als den Zustand, in welchem unsere Gedächtnisse ausgezeichnet, gut oder schlecht erregbar sind. Achten wir genauer darauf, was wir meinen, wenn wir von unserer guten oder schlechten Stimmung sprechen, so werden wir sehen, dass wir bald den höheren oder tieferen Grad unserer allgemeinen Vergnügtheit meinen, was man sonst auch das Gemeingefühl genannt hat, bald den höhern oder tiefern Grad unserer geistigen Leistungsfähigkeit. [...] Ich bin sogar geneigt anzunehmen, dass eine jede Vorstellung schon mit einer noch so leisen Stimmung verbunden sei, dass diese in den meisten Fällen gar nicht wahrnehmbare Stimmung, dieses Begleitgefühl, unser Interesse an jeder Vorstellung ausmache, und dass so unser Interesse oder unser Wille unter dem Namen der Stimmung unser ganzes Leben beherrsche, sowohl unser tierisches Leben wie das sogenannte geistige. [...] Nun kann man, ohne den Worten irgend welche Gewalt anzuthun, sagen, dass unsere allgemeine Stimmung, unser Gemeingefühl davon abhängt, ob die physiologischen Arbeiten unseres Körpers (besonders Verdauung und Atmung samt dem Blutkreislauf) glatt und ohne Störung verlaufen, ob also die Gedächtnisse der sympathischen Nervenbahnen, ob unsere physiologischen Gedächtnisse in tadelloser Bereitschaft sind. Wir sind vergnügt, in guter Stimmung, wenn das Alles ganz unbewusst funktioniert, wenn keine Hemmung diese physiologischen Vorgänge zum Bewusstsein bringt. Wem also an hübschen, zusammenfassenden Definitionen etwas gelegen ist, der darf sagen: Unsere (körperliche oder geistige) Stimmung ist der Grad der Bereitschaft unserer (unbewussten oder bewussten) Gedächtnisse. Die allgemeine körperliche Stimmung verläuft darum, solange sie gut ist, wort-*

los und greift erst in bösen Stunden – oder aber in der schmerzlichen Wollust, wie in deren Heuchelei – zum Wort oder doch zur Interjektion, als zu den Zeichen der Gedächtnishemmung oder des Schmerzes oder des Bewusstseins.« – Hausdorff hingegen benutzt den Begriff ›Stimmung‹ hier im Sinne der bereits von Arthur Schopenhauer (1788–1860) in einen weltanschaulichen Kontext gestellten ›Stimmungen‹ bzw. ›Grundstimmungen‹ (vgl. ›Parerga und Paralipomena‹ I, ›Aphorismen zur Lebensweisheit‹, Kap. 2: ›Von dem, was einer ist‹ [ASW 3, 385–412]), als »Lebensstimmungen, die zahllosen Nuancen der Stellung zur Welt«, die nach Wilhelm Dilthey (1833–1911) »die untere Schicht für die Ausbildung der Weltanschauungen« bilden und in denen sich »auf Grund der Lebenserfahrungen, in denen die mannigfachen Lebensbezüge der Individuen zur Welt wirksam sind, die Versuche der Auflösung des Lebensrätsels« bilden (›Die Typen der Weltanschauung und ihre Ausbildung in den metaphysischen Systemen [1911]‹ I,4 [›Gesammelte Schriften.‹ Hrsg. v. Bernhard Groethuysen u.a. 26 Bde. Stuttgart u. Göttingen 1922–2006, Bd. 8, S. 82]). – Vgl. zu Stimmung *auch Erl. zu 394f. im Kommentarteil zu* Max Klingers Beethoven, *HGW VIII, 525f.*

152 Verwunderung, wie es Plato nennt] *Der griechische Philosoph Platon (427 v. Chr. – 374 v. Chr.) bezeichnet im Dialog ›Theaitetos‹ (entstanden zwischen 369 und 366/65 v. Chr.) die Verwunderung als »Anfang der Philosophie« (›Theaitetos‹ 155d, nach der Übersetzung von Schleiermacher).*

152 Zweifel bei Cartesius] *Der französische Philosoph, Mathematiker und Naturwissenschaftler René Descartes, latinisiert Renatus Cartesius (1596–1650) vertritt im ›Discours de la méthode pour bien conduire la raison et chercher la vérité dans les sciences‹ (EA Leiden 1637) wie auch in den ›Meditationes de prima philosophia‹ (EA Amsterdam 1641) den sogenannten ›cartesianischen Zweifel‹, den Zweifel als erkenntnistheoretische Methode: Es darf nichts für wahr gehalten werden, was nicht so klar und deutlich erkannt ist, daß es nicht in Zweifel gezogen werden kann. Man darf weder der sinnlichen Wahrnehmung noch dem Denken ungeprüft vertrauen. Es könnte ja sogar so sein, daß ein böser Dämon unser Denken absichtlich verfälscht. Deshalb ist zunächst an allem zu zweifeln (›de omnibus dubitandum‹). Sichere Erkenntnis muß von unbezweifelbaren Grundlagen ausgehen; solch ein unbezweifelbarer Satz ist etwa ›ego sum, ego existo‹ (meist nicht ganz korrekt als ›cogito ergo sum‹ zitiert).*

152f. amor dei bei Spinoza] *Nach der Lehre des niederländischen Philosophen und Hauptvertreters des neuzeitlichen Rationalismus Baruch de Spinoza (1632–1677) ist der »amor dei intellectualis« die dritte – und höchste – Erkenntnisart, die aus der Erkenntnis des Wesens der Dinge unter dem Gesichtspunkt der Ewigkeit (›sub specie aeternitatis‹) entspringt und der Seele Freiheit und Macht über die Affekte gibt (vgl.*

›Ethica ordine geometrico demonstranta‹ [EA 1677], pars V, prop. XXXIIff.).

158f. Ich »definierte« *bis* sagte Nietzsche einmal] *vgl. dazu* FRIEDRICH NIETZSCHES *(1844–1900) ›Der Fall Wagner‹ 1: »Der graue Himmel der Abstraktion wie von Blitzen durchzuckt; das Licht stark genug für alles Filigran der Dinge; die grossen Probleme nahe zum Greifen; die Welt wie von einem Berge aus überblickt. — Ich definirte eben das philosophische Pathos.« (KGW VI,3, 8.)*

162 Kausalität bei Lotze] *neulat. causalitas ›Ursächlichkeit‹; vgl. u.a. die ›Metaphysik‹ des* ARISTOTELES*: »Alles, was entsteht, entsteht durch etwas, aus etwas und als ein gewisses Etwas« (›Metaphysik‹ VII,7, 1032a). – Der deutsche Philosoph* RUDOLF HERRMANN LOTZE *(1817–1881) postulierte die Trennung der Philosophie von den (Natur-)Wissenschaften, da letztere ihre Aufgabe einzig in einer Kausalerklärung aus allgemeinen Naturgesetzen hätten: »Überall besteht das Wirken eines a auf ein b darin, daß nach einer allgemeinen Weltordnung [...] ein Zustand α des a für b die zwingende Veranlassung ist, auf welche dieses b aus seiner e i g e n e n Natur einen n e u e n Zustand β hervorbringt, der im allgemeinen mit dem Zustand α des a gar keine Ähnlichkeit zu haben braucht« (›Grundzüge der Psychologie. Dictate aus den Vorlesungen [1881].‹ Leipzig ³1884, § 67, S. 63). Diese Wechselwirkung ist jedoch nur zu erklären, wenn man die Dinge als ›Modificationen‹ oder ›Emanationen‹« eines Einheit herstellenden Urwesens (M) ansieht, so daß letztlich alle Kausalität auf Gott zurückzuführen ist: »Wenn nun in dem Einzelwesen a ein Zustand α entsteht, so ist dies α sofort auch ein Zustand des M [...]. Denn da a nichts anderes ist als ein Teil von M, so ist jeder Zustand des a zugleich einer des M. [...] So wie nun α in unserer Beobachtung sich als Zustand oder Prädikat eines Einzelwesens a darstellt, so können β und γ als Zustände anderer Einzelwesen b und c erscheinen; und dies giebt für uns den Anschein, als wirkte a unmittelbar auf ein von ihm unabhängiges b, während in der That nur M auf sich selbst wirkt, d. h. gewisse Vorzustände des M innerhalb der Wesenseinheit des M die Folgezustände hervorbringen, die um der Natur des M willen ihre konsequente Folge sind« (›Grundzüge der Metaphysik. Dictate aus den Vorlesungen [1883].‹ Leipzig ³1901, § 38, S. 46).*

162f. Gottesbeweise bei Averrhoes] *Der Philosoph, Theologe und Arzt arabischer Herkunft* AVERROES*, eigentlich* ABŪ'L WALĪD MUHAMMAD IBN-AHMAD IBN-RUŠD *(1126–1198) galt der europäischen Scholastik als* ARISTOTELES*-Kommentator schlechthin; hier vmtl. Verweis auf das 1192 oder 1194 entstandene, den Scholastikern bereits vor der Mitte des 13. Jahrhunderts bekannte Werk ›Tafsīr mā ba'd at-tabī'a‹ (arab. ›Großer Kommentar zur Metaphysik‹), dessen deutsche Übersetzung erst 1912 (Halle) erschien (um 1900 waren allein die lateinischen Ausgaben der Renaissance zugänglich).* AVERRHOES *gründet seinen*

Gottesbeweis auf die Übereinstimmung von geoffenbarter Wahrheit und philosophisch formulierter Erkenntnis, die sich nur aus der Existenz eines einzigen Verstandes, des göttlichen, erklären läßt (vgl. ›Averrhoes on the Harmony of Religion and Philosophy.‹ Übers. hrsg. v. G. F. Hourani. London 1961). – Zu weiteren Gottesbeweisen mittelalterlicher Theologen und zur Widerlegung der Gottesbeweise durch Kant vgl. Erl. zu 587f. im Kommentarteil zu Massenglück und Einzelglück, *HGW VIII, 337f.*

164 Kritik der reinen Vernunft] *Die ›Kritik der reinen Vernunft‹ ist eines der kritischen Hauptwerke Kants (EA 1781, 2. Aufl. 1787). Ihr Hauptziel sieht Kant in der »Kritik« (griech. κριτική [kritiké] ›Prüfung‹) »des Vernunftvermögens überhaupt, in Ansehung aller Erkenntnisse, zu denen sie, unabhängig von aller Erfahrung, streben mag, mithin die Entscheidung der Möglichkeit oder Unmöglichkeit einer Metaphysik überhaupt und die Bestimmung so wohl der Quellen, als des Umfanges und der Grenzen derselben, alles aber aus Prinzipien« (KrV A XII; vgl. B 27).*

168 Das sokratische Bekenntnis des Nichtwissens] *›ich weiß, daß ich nichts weiß‹; der griechische Philosoph Sokrates (470 v. Chr. – 399 v. Chr.) soll sich in Unterredungen mit anderen verstellt haben, um die Unsinnigkeit von Behauptungen seines Gesprächspartners aufzudecken, und zwar habe er sich vom Wissen seines Gegenübers überzeugt gezeigt, sich selbst aber als unwissend – ›er wußte dieses eine nämlich, daß er nichts wisse‹ – hingestellt. Diese Form der Verstellung bezeichneten die Griechen als ›Ironie‹ (»[Socrates] in omnibus fere sermonibus [...] ita disputat ut nihil adfirmet ipse, refellat alios, nihil se scire dicat nisi id ipsum, eoque praestare ceteris quod illi quae nesciant scire se putent, ipse se nihil scire«, »de se ipse detrahens in disputatione plus tribuebat iis quos volebat refellere; ita cum aliud diceret atque sentiret, libenter uti solitus est ea dissimulatione quam Graeci εἰρνεῖαν vocant«; Cicero: ›Academica‹ I,4, 16 u. II,5, 15; zur ›Sokratischen Ironie‹ vgl. auch Xenophon: ›Memorabilia‹ I,3, 8 sowie Platon: ›Theaitetos‹, 195b u. ›Phaidros‹, 234aff.).*

169f. ex animi fiducia und more professorio] *lat. ›aus Überzeugung‹ und ›nach Art eines Schulmeisters‹. Übernahme von Schlagworten aus der ›Praefatio‹ zum ›Novum Organum, sive indicia vera de interpretatione naturae‹ des englischen Philosophen und Staatsmanns Francis Bacon (1561–1626): »Qui de natura tanquam de re explorata pronuntiare ausi sunt, sive hoc ex animi fiducia fecerint sive ambitiose et more professorio, maximis illi philosophiam et scientias detrimentis affecere.« (›Neues Organon.‹ Lateinisch-Deutsch. Hrsg. u. mit einer Einl. v. Wolfgang Krohn. 2 Bde. Hamburg 1990, Bd. 1, S. 68/69: »Die über die Natur als eine bereits erforschte Angelegenheit zu sprechen gewagt haben, sei es aus Überzeugung oder aus Eitelkeit und schulmei-*

sterlicher Gewohnheit, haben auf die Philosophie und die Wissenschaften sehr schädlich gewirkt.«)

170f. »die tiefsten philosophischen Fragen zu Fragen des Sprachgebrauchs«] *vgl.* MAUTHNER: *›Beiträge‹ III, S. 282: »Darum gilt auch der Identitätssatz ›A gleich A‹ nur für die Idealwelt der mathematischen Wirklichkeit, die wir nicht kennen und nicht aussprechen können; in der Welt der Sprache, das heisst in der Welt der Seele ist A niemals ganz genau A. Wenn wir sprechen und das Wort ›Baum‹ gebrauchen oder das Wort ›Mensch‹, so ist das Wort immer da sofort unzuverlässig, wo wir etwas aus A gleich A schliessen wollen. [...] Nicht der Schluss folgt aus der Definition, nein die Definition folgt innerlich dem Schluss, den wir ziehen wollen. So kann im Denken recht gut der Satz möglich werden A = A – b, wobei b eine diskrete Grösse ist. Wenn ein Zwischenglied zwischen Mensch und Affe aufgefunden würde, der Anthropopithecus, so könnte er recht gut ein Mensch genannt werden, ein Mensch ohne Sprache, A – b. Alle diese uralten Streitigkeiten über das, was etwas ist, werden natürlich sinnlos, wenn man richtig fragt, wie etwas heisse. Und die tiefsten philosophischen Fragen würden herabsinken zu Fragen des Sprachgebrauches.«*

172f. »Lokalsitten der abendländischen Menschheit«] *vgl.* MAUTHNER: *›Beiträge‹ III, S. 186: »Erst wenn die Sprachwissenschaft so ihre eigenen Ergebnisse angewandt haben wird, erst wenn die Sprachwissenschaft die Denkgewohnheiten unserer Kultursprachen auch praktisch als Lokalsitten der abendländischen Menschheit auffassen gelernt haben wird, wenn sie die Denkgewohnheiten formenarmer Sprachen als ebenbürtig erkannt haben wird, so wie die neuere Ethnographie die Sitten wilder Völkerschaften zu bemoralisieren aufhört, erst dann wird die Revolution vollzogen sein, für welche die Sprachwissenschaft ahnungslos seit hundert Jahren gearbeitet hat.«*

175f. in den angeblich so hoch entwickelten indogermanischen Sprachen] *Der deutsche Orientalist* HEINRICH JULIUS KLAPROTH *(1783–1835) führte 1823 für die vom indischen Subkontinent bis nach Island verbreiteten, morphologisch und phonetisch verwandten Sprachen, die auf eine – erschlossene – Ursprache, die aber keineswegs als archaisch oder primitiv gedeutet wurde, zurückgeführt werden können (vgl. Erl. zu 186f. u. 189), die Bezeichnung ›indogermanisch‹ ein, vgl. ›Asia polyglotta.‹ 2 Bde. Paris 1823, Bd. 1, S. 42ff.; der Begriff als solcher geht auf den dänischen Geographen* CONRAD MALTE-BRUN *(eigentlich* MALTHE CONRAD BRUUN*; 1775–1826) zurück, der diejenigen Sprachen, »qui règnent depuis les bords du Gange jusqu'aux rivages de l'Islande« als »la famille des langues indo-germaniques« zusammenfaßte (vgl. ›Précis de la géographie universelle.‹ 8 Bde. Paris 1810–1829, Bd. 2 [1810], S. 577).*

179 Quadratmeilen] *im deutschen Kaiserreich war die Meile zu 7.500 m übliches Längenmaß, die Quadratmeile umfaßte also gut 56,25 km².*

186f. Paläontologie der Sprache] *von griech. παλαιός (palaiós) ›alt‹ sowie griech. τὸ ὄν (tò ón) ›das Seiende‹ und griech. λόγος (lógos) ›Lehre‹; die Wissenschaft von den ausgestorbenen Lebewesen, hier im Sinne der zeitgenössisch als ›linguistische Paläontologie‹ bezeichneten Methode der Wortforschung gebraucht, welche anhand eines erhaltenen Wortbestandes mehrerer Sprachen eine hypothetische Grund- bzw. Ursprache zu rekonstruieren und den Kulturzustand der diese Sprache Sprechenden zu erforschen suchte; vgl. in diesem Zusammenhang Erl. zu 191f. – Nach ersten, aber wenig rezipierten Studien über die Verwandtschaft von europäischen und asiatischen Sprachen u.a. durch den niederländischen Philologen* Marcus Zuërius van Boxhorn *(1612–1653; ›Antwoord [...] in welcke de ghemeine herkomste van der Griekken, Romeinen, ende Duytschen Tale uyt den Scythen duydelijck bewesen, ende verscheden Oudheden van dese Volckeren grondelijck ontdeckt ende verklaert worden.‹ Leiden 1647) postulierte der englische Philologe* William Jones *(1746–1794) am 2. Februar 1786 vor der ›Asiatick Society‹ in seiner Rede ›On the Hindus‹, daß »in the roots of verbs and in the forms of grammar« das Sanskrit, das Griechische und das Lateinische auf einen gemeinsamen Ursprung zurückzuführen seien, denn »no philologer could examine them all three, without believing them to have sprung from some common source, which, perhaps, no longer exists«, daß aber auch »both the Gothick and the Celtick [...] had the same origin with the Sanscrit; and the old Persian might be added to the same family« (›On the Hindus.‹ In: ›Asiatick Researches‹ 1 [1788], S. 415–431, hier S. 422f.). Die linguistische Paläontologie bzw. die eigentliche indogermanische Linguistik wurde zu Beginn des 19. Jahrhunderts maßgeblich begründet von dem deutschen Linguisten* Franz Bopp *(1791–1867), der 1816 den methodischen Beweis für die Verwandtschaft des Sanskrit sowohl mit dem Griechischen und dem Lateinischen als auch den persischen und germanischen Sprachen erbringen konnte (vgl. ›Ueber das Konjugationssystem der Sanskritsprache in Vergleichung mit jenem der griechischen, lateinischen, persischen und germanischen Sprache.‹ Frankfurt a.M. 1816), ferner von* Franz Felix Adalbert Kuhn *(1812–1881) und dem schweizerischen Sprachwissenschaftler* Adolphe Pictet *(1799–1875), der mit ›Les origines indoeuropéennes ou les Aryas primitifs. Essai de paléontologie linguistique.‹ 2 Bde. Paris 1859–1863 eines der grundlegenden Werke dieser Disziplin schuf. –* Mauthner *benutzt diesen Begriff in ›Beiträge‹ I, S. 14.*

187f. »wie ein Regenwurm vom Erdinnern weiß«] *vgl.* Mauthner: *›Beiträge‹ I, S. 19: »Nun ist aber alle Sprache Kenntniserinnerung oder Wissen, jedes Wort hat seine Geschichte, und zu einer intimen Kenntnis einer Sprache würde also Kenntnis ihrer gesamten Geschichte gehören. Die ist aber den allermeisten Menschen völlig unbekannt. Und* *was etwa die Philologen davon wissen, das ist oberflächlich, etwa soviel, wie ein Regenwurm vom Erdinnern weiss.«*

188f. vergleichenden Linguisten] *lat. lingua ›Zunge‹, ›Sprache‹. Eine Auseinandersetzung mit der Sprache läßt sich bis in die Antike zurückverfolgen (vgl. u. a. Platons Dialog ›Kratylos‹); v.a. aber seit dem 18. Jahrhundert wächst das Interesse an der Frage nach dem Ursprung der Sprache. Neben Johann Gottfried Herder (1744–1803; ›Abhandlung über den Ursprung der Sprache‹, 1772) und Franz Bopp (vgl. Erl. zu 186f.), der die Sprachwissenschaft als wissenschaftliche Disziplin im eigentlichen Sinn etablierte, ist als ›Begründer‹ einer vergleichenden Sprachwissenschaft insbesondere Wilhelm von Humboldt (1767–1835) zu nennen, der auf der Grundlage einer Vielzahl auch exotischer Sprachen sprachvergleichende Studien durchführte, so u.a. in seinen Schriften ›Über das vergleichende Sprachstudium in Beziehung auf die verschiedenen Epochen der Sprachentwicklung‹ (1820), ›Prüfung der Untersuchungen über die Urbewohner Hispaniens vermittelst der Vaskischen Sprache‹ (1820/21), ›Über den grammatischen Bau der chinesischen Sprache‹ (1826), ›Über die Sprachen der Südseeinseln‹ (1828) sowie ›Über die Kawi-Sprache auf der Insel Java, nebst einer Einleitung über die Verschiedenheit des menschlichen Sprachbaues und ihren Einfluss auf die geistige Entwickelung des Menschengeschlechts‹ (1836).*

189 Ursprache des Urvolkes] *vgl. Mauthner: ›Beiträge‹ II, S. 389: »Das Wort Ursprache bedeutet für die Gelehrten der indoeuropäischen Sprachwissenschaft ein Fabelwesen, die Sprache, welche das Urvolk der Arier, dessen Existenz nicht bewiesen ist, zu einer Zeit, die wir nicht kennen, gesprochen haben soll; jedenfalls musste die Zeit jener Ursprache vor der legendaren Wanderung oder Trennung jenes legendaren Urvolkes liegen. Ein schematischer Begriff ist das Urvolk, ein schematischer Begriff ist auch die Ursprache und wird es trotz aller Bemühungen der Linguisten bleiben müssen.« – Nachdem bereits William Jones (vgl. Erl. zu 186f.) auf eine – möglicherweise nicht mehr existierende –* Ursprache *hingewiesen hatte und Sprachwissenschaftler in der Nachfolge Franz Bopps (vgl. Erl. zu 186f.) detaillierte Vergleichsstudien unternommen hatten, rekonstruierte August Schleicher (1821–1868) seit den 1850er Jahren auf der Grundlage der allen indogermanischen Sprachen eigenen Wortstämme ein Protoindogermanisch (›Compendium der vergleichenden Grammatik der indogermanischen Sprachen. Kurzer Abriss der indogermanischen Ursprache, des Altindischen, Altiranischen, Altgriechischen, Altitalischen, Altkeltischen, Altslawischen, Litauischen und Altdeutschen.‹ 2 Bde. Weimar 1861/62), von welchem ausgehend man ein indogermanisches ›Urvolk‹ (vgl. Schleicher: ›Die ersten Spaltungen des indogermanischen Urvolkes.‹ In: ›Allgemeine Zeitung für Wissenschaft und Literatur‹ 3/1853, S. 786f.) postulierte und vermeinte, aufgrund sprachlicher Be-*

sonderheiten – etwa von Pflanzen- und Tierbezeichnungen, aber auch des Fehlens von Wörtern für die offene See bzw. das Meer – auf dessen Siedlungsgebiet und kulturelle Entwicklung schließen zu können.

190 Hindukusch] *asiatisches Hochgebirge, hauptsächlich im heutigen Afghanistan gelegen; der Fuß dieses Gebirges galt zeitgenössisch als das ursprüngliche Siedlungsgebiet der Arier (vgl. Erl. zu 192).*

190 Wolga] *v.a. der englischen Linguist und Ethnologe* ROBERT GORDON LATHAM *(1812–1888) vertrat die These, daß die Heimat des* Urvolkes *im südlichen Rußland, im Mündungsgebiet von Wolga und Dnjepr, zu finden sei.*

190f. Kulturzustand »vor der Trennung«] *vgl.* MAUTHNER: *›Beiträge‹ II, S. 647: »Wann aber soll jene Sprache, wenn sie existiert hat, gesprochen worden sein? [...] [Die Sprachforscher] reden am liebsten immer von der Zeit ›vor der Trennung‹.« – Zeitgenössisch wurde auf der Grundlage der in Sprachdenkmälern ab dem 2. vorchristlichen Jahrtausend nachgewiesenen Folgesprachen allgemein die »Zeit ›vor der Trennung‹« in die erste Hälfte des 3. vorchristlichen Jahrtausends verlegt.*

191f. Indoeuropäer oder Indogermanen] *Als Alternative zu der von* CONRAD MALTE-BRUN *und* HEINRICH JULIUS KLAPROTH *eingeführten Bezeichnung* Indogermanen *(vgl. Erl. zu 175f.) schlug der englische Mediziner und Physiker* THOMAS YOUNG *(1773–1829) die Bezeichnung* Indoeuropäer *vor, welche sich im nicht deutschsprachlichen Raum, v.a. aber in der französischen und englischen Sprachwissenschaft, im Laufe des 19. Jahrhunderts etablierte (vgl.* YOUNG: *›Mithridates, or a General History of Languages, with the Lord's Prayer as a Specimen, in nearly five hundred Languages and Dialects.‹ In: ›London Quarterly Review‹ X [1813], S. 250–292 [Besprechung der ersten beiden Abteilungen des 3. Teiles von* JOHANN CHRISTIOPH ADELUNG: *›Mithridates, oder allgemeine Sprachenkunde.‹ 4 Tle. Berlin 1806–1817]).*

192 der legendare Begriff des Ariers] *vgl. dazu* MAUTHNER: *›Beiträge‹ II, Kap. XIII, insbesondere S. 603–605 (›Die Legende‹); das Wort* legendar *wendet* MAUTHNER *jedoch nur auf das »Urvolk« an. Zur ›Urheimat der Arier‹ äußert sich* MAUTHNER *›Beiträge‹ II, S. 632. –* Arier *leitet sich ab von sanskr. tl. ârya ›der Vornehme‹; der Terminus ist historisch nachweisbar um die Mitte des 2. vorchristlichen Jahrtausends als Selbstbezeichnung der adeligen Führungsschicht im Churriterreich Mitani (Nordmesopotamien und Nordsyrien). Die anfangs rein sprachwissenschaftlich gebrauchte Bezeichnung ›arisch‹ als Synonym für ›indogermanisch‹, v.a. propagiert durch* PICTETS *(vgl. Erl. zu 186f.) irrige Annahme, die Völkerbezeichnungen ›Iren‹ und ›Arier‹ seien ethymologisch verbunden (vgl. ›De l'Affinité des langues celtiques avec le Sanscrit.‹ Paris 1837), fand im Laufe des 19. Jahrhunderts zusehens Eingang in die Anthropologie und Rassenkunde und wurde noch vor der Jahrhundertwende allgemein den Bedeutungen ›nor-*

disch‹, ›germanisch‹, ›deutschstämmig‹ und schließlich ›nichtjüdisch‹ gleichgesetzt – vgl. 192f.: bis zur Realität von Ohrfeigen in Berliner Nachtcafés –, *während sie in der zeitgenössischen Sprachwissenschaft bereits als Bezeichnung für Inder und Iraner eingeschränkt wurde.*

194 der biblischen Jahrtausende] *Unter den zahlreichen Versuchen, den Zeitpunkt der Schöpfung anhand der biblischen Überlieferung zu bestimmen, sticht der des irischen anglikanischen Theologen* James Ussher *(1581–1656) hervor, der in seinen ›Annales veteris testamenti, a prima mundi origine deducti‹ (London 1650) die Erschaffung der Welt auf die frühen Morgenstunden des 23. Oktober 4004 v. Chr. datierte, was von dem englischen Theologen* John Lightfoot *(1602–1675) im vierten Band seiner ›Harmony of the Four Evangelists among themselves, and with the Old Testament‹ (4 Bde. London 1644–1650) insofern präzisiert wurde, als er die genau Uhrzeit – 9.00 Uhr morgens – nannte. Der englische Mathematiker und Physiker* Isaac Newton *(1643–1727) versuchte in seiner ›Chronology of Ancient Kingdoms Amended‹ (posthum London 1728) diese Chronologie mit astronomischen Daten in Übereinstimmung zu bringen, wobei er zu dem Ergebnis kam, daß die Welt 534 Jahre jünger sei, als* Ussher *und* Lightfoot *angenommen hatten.*

195–199 Er erinnert an eine bekannte Eiszeithypothese *bis* Tag- und Nachtgleichen)] *vgl.* Mauthner: *›Beiträge‹ II, S. 653–662. Die hier genannte* bekannte Eiszeithypothese *geht auf den französischen Mathematiker* Alphonse-Joseph Adhémar *(1797–1862) zurück, der in den zuerst in Paris 1842 erschienenen ›Révolutions de la mer. Déluges périodiques‹ die Hypothese vertrat, die Eiszeiten wiederholten sich periodisch alle 21.000 Jahre und wanderten dabei von einer Erdhalbkugel zur anderen. Aufgenommen wurde diese Hypothese u.a. von dem englischen Philosophen* Herbert Spencer *(1820–1903), der in den ›First Principles‹ (2 Bde., London 1862) davon ausging, daß »[d]uring a certain long period [the earth] presents more of its northern than of its southern hemisphere to the Sun at the time of nearest approach to him; and then again, during a like period, presents more of its southern hemisphere than of its northern: a recurring coincidence which involves an epoch of 21,000 years, during which each hemisphere goes through a cycle of temperate seasons and seasons that are extreme in their heat and cold.« (›First Principles.‹ 2 Bände. 3. Popularausgabe London 1910, Bd. 1, S. 205.) – Zu einer mit der Bewegung des Erdperihels zusammenhängenden Theorie der Entstehung der Eiszeiten vgl. HGW V, 438.*

197 (26 000 ?)] *vgl. Erl. zu 198f.*

198f. Schwankung der Erdachse (Präzession der Tag- und Nachtgleichen)] *Als* Präzession *wird die Kreiselbewegung der Erdachse bezeichnet, die durch die Gravitationskräfte des Mondes und der Sonne verursacht wird (die sogenannte ›Lunisolarpräzession‹). Diese Gravitationskräfte wirken so, als ob sie die gegen die Ekliptik geneigte Erdachse aufzurichten suchten. Nach den Bewegungsgesetzen der Kreiseltheorie bewegt sich die Erdachse auf einer Kegelfläche um den Pol der Ekliptik mit einer Drehbewegung im Uhrzeigersinn, wobei die Kegelfläche innerhalb eines Zeitraumes von etwa 25.800 Jahren, dem sogenannten ›Platonischen Jahr‹, einmal umschrieben wird.*

206f. »Lärm um die letzten Neuigkeiten«] *Zitat aus* NIETZSCHES *mit ›Morgenröthe‹ überschriebenen ›Gedanken über die moralischen Vorurtheile‹: »[S]elbst in dieser sogenannten Weltgeschichte, welche im Grunde ein Lärm um die letzten Neuigkeiten ist, giebt es kein eigentlich wichtigeres Thema, als die uralte Tragödie von den Märtyrern« (1,18 [KGW V,1, 27]).*

208f. dieses Gestern und Vorgestern, mit seinen sechs Jahrtausenden] *vgl. Erl. zu 190f. u. 194.*

219f. das Definitivum in ein Interim aufzulösen] *lat. definitio ›Festlegung‹, lat. interim ›vorerst‹.* HAUSDORFF *verwendet hier Termini aus dem juristischen bzw. politisch-diplomatischen Sprachgebrauch, um* MAUTHNERS *Skepsis gegen das angeblich Gesicherte besonders zu betonen.*

221 der Spiegel wird selbst zum gespiegelten Schein] GOTTFRIED WILHELM LEIBNIZ *(1646–1716) vertrat im Zusammenhang mit seiner Idee der prästabilierten Harmonie und mit seiner Monadologie die These, daß »alle einfachen Substanzen lebende Spiegel eines und desselben Universums und ebenso beständig und umfassend wie dieses selbst« seien, die »Perzeptionen [Wahrnehmungen] der Geschöpfe« aber »durch die Stellungen oder, so zu sagen, durch die Gesichtspunkte der Spiegel verschieden gestaltet« seien, »sodaß ein und dasselbe Universum in unendlich mannigfacher Weise durch ebensoviele lebende Spiegel, derer jeder es nach seiner Art darstellt, vervielfältigt« werde (für* NICOLAS-FRANÇOIS RÉMOND *[*1676] bestimmter Briefentwurf [1714], vgl. ›Die philosophischen Schriften von Gottfried Wilhelm Leibniz.‹ Hrsg. v.* CARL IMMANUEL GERHARDT. *7 Bde. Berlin 1875–1890, Bd. III, S. 621–624, hier 623; Übersetzung nach ›Hauptschriften zur Grundlegung der Philosophie.‹ Übers. v.* ARTUR BUCHENAU *mit Einleitung u. Anm. hrsg. v.* ERNST CASSIRER. *2 Bde. Hamburg ³1966, Bd. 2, S. 471). Dagegen wandte* FRANCIS BACON *ein, daß »alle Wahrnehmungen der Sinne wie des Geistes [...] nach dem Maß der Natur des Menschen, nicht nach dem des Universums [geschehen]. Der menschliche Verstand gleicht ja einem Spiegel, der die strahlenden Dinge nicht aus ebener Fläche zurückwirft, sondern seine Natur mit der der Dinge vermischt, sie entstellt und schändet« (›Novum Organon‹ I, 41 [›Neues Organon‹, Bd. 1, S. 100]).* GOTTHOLD EPHRAIM LESSING *(1729–1781) fragt in seiner religionsphilosophischen ›Erziehung des Menschengeschlechts‹ (1777–1780) im Zusammenhang mit der Dreieinigkeit und damit ›Verdopplung‹ Gottes, ob, da »das Bild von mir im Spiegel nichts als eine leere Vorstellung von mir [ist], weil es nur das von mir hat, wovon*

Lichtstrahlen auf seine Fläche fallen«, dieses Bild »auch noch eine leere Vorstellung, oder nicht vielmehr eine wahre Verdopplung meines Selbst sein« könne, wenn es »a l l e s, alles ohne Ausnahme hätte, was ich selbst habe« (›Erziehung des Menschengeschlechts‹, § 73 [LW 8, S. 505]). NIETZSCHE distanzierte sich von dem Bedürfnis, »[a]lles Seiende« gemäß der Vernunft zu »fügen und [zu] biegen«, es »[g]latt« zu machen »und dem Geiste unterthan, als sein Spiegel und Widerbild« (›Also sprach Zarathustra‹ II, ›Von der Selbst-Ueberwindung‹ [KGW VI,1, 142]). – KANT betonte insbesondere den Unterschied des von ihm als philosophischen Terminus eingeführten Wortes ›Erscheinung‹ zum ›Schein‹: Im Gegensatz zur »Erscheinung«, die in empirischer Hinsicht das »Ding an sich selbst« ist (vgl. KrV B 45), ist »Erscheinung, im transscendentalen Sinn genommen, [...] ein Begriff von ganz anderer Bedeutung [...], als wenn ich sage, dieses Ding erscheint mir so oder so, welches die physische Erscheinung anzeigen soll, und A p p a r e n z, oder Schein, genannt werden kann« und »das Subjective in der Vorstellung eines Dinges« darstellt, »was eine Ursache seyn kann, es in einem Urtheil fälschlich für objectiv zu halten« (›Preisschrift über die Fortschritte der Metaphysik‹, 1. Abtheilung [AA XX, 269]). Für GEORG WILHELM FRIEDRICH HEGEL (1770–1831) besteht das »Sein des Scheins [...] allein in dem Aufgehobensein des Seins, in seiner Nichtigkeit; diese Nichtigkeit hat es im Wesen, und außer seiner Nichtigkeit, außer dem Wesen ist er nicht. [...] Der Schein ist der ganze Rest, der noch von der Sphäre des Seins übriggeblieben ist. Er scheint aber selbst noch eine vom Wesen unabhängige unmittelbare Seite zu haben und ein A n d e r e s desselben überhaupt zu sein. Das A n d e r e enthält überhaupt die zwei Momente des Daseins und des Nichtdaseins. Das Unwesentliche, indem es nicht mehr ein Sein hat, so bleibt ihm vom Anderssein nur das r e i n e M o m e n t d e s N i c h t d a s e i n s; der Schein ist dies u n m i t t e l b a r e Nichtdasein so in der Bestimmtheit des Seins, daß es nur in der Beziehung auf Anderes, in seinem Nichtdasein Dasein hat, das Unselbständige, das nur in seiner Negation ist. Es bleibt ihm also nur die reine Bestimmtheit der U n m i t t e l b a r k e i t; es ist als die r e f l e k t i e r t e Unmittelbarkeit, d. i. welche nur v e r m i t t e l s ihrer Negation ist und die ihrer V e r m i t t l u n g gegenüber nichts ist als die leere Bestimmung der Unmittelbarkeit des Nichtdaseins. So ist der S c h e i n das Phänomen des S k e p t i z i m u s [...]. ›Es i s t‹ erlaubte sich der Skeptizismus nicht zu sagen«, er »läßt sich den Inhalt seines Scheins g e b e n; es ist u n m i t t e l b a r für ihn, welchen Inhalt er haben soll« (›Wissenschaft der Logik‹ II,1 [HW 6, S. 19–21]). Für NIETZSCHE ist Schein »[w]ahrlich nicht der Gegensatz irgend eines Wesens, — was weiss ich von irgend welchem Wesen auszusagen, als eben nur die Prädicate seines Scheines! Wahrlich nicht eine todte Maske, die man einem unbekannten X aufsetzen und auch wohl abnehmen könnte! Schein ist für mich das Wir-

kende und Lebende selber, das soweit in seiner Selbstverspottung geht, mich fühlen zu lassen, dass hier Schein und Irrlicht und Geistertanz und nichts Mehr ist, — dass unter allen diesen Träumenden auch ich, der ›Erkennende‹, meinen Tanz tanze, dass der Erkennende ein Mittel ist, den irdischen Tanz in die Länge zu ziehen und insofern zu den Festordnern des Daseins gehört, und dass die erhabene Consequenz und Verbundenheit aller Erkenntnisse vielleicht das höchste Mittel ist und sein wird, die Allgemeinheit der Träumerei und die Allverständlichkeit aller dieser Träumenden unter einander und eben damit die Dauer des Traumes aufrecht zu erhalten« (›Die fröhliche Wissenschaft‹ I, 54 [KGW V,2, 91]), denn die »›Vernunft‹ ist die Ursache, dass wir das Zeugniss der Sinne fälschen«, die »›scheinbare‹ Welt ist die einzige: die ›wahre Welt‹ ist nur hinzugelogen« (›Götzen-Dämmerung‹, ›Die »Vernunft« in der Philosophie‹ 2 [KGW VI,3, 69]), doch die »wahre Welt haben wir abgeschafft: welche Welt blieb übrig? die scheinbare vielleicht? ... Aber nein! mit der wahren Welt haben wir auch die scheinbare abgeschafft!« (ebd., ›Wie die »wahre Welt« endlich zur Fabel wurde‹ [KGW VI,3, 75]); gleichwohl geht der »Glaube an die Wahrheit [...] in uns zu seiner letzten Consequenz — ihr wißt, wie sie lautet: — daß, wenn es überhaupt etwas anzubeten giebt, es der Schein ist, der angebetet werden muß, daß die Lüge — und nicht die Wahrheit — göttlich ist ...?« (Nachgelassenen Fragmente Sommer 1886 – Frühjahr 1887, 6[25] [KGW VIII,1, 249].)

221f. der archimedische Hebelpunkt, von dem aus die Erde gehoben werden soll] *vgl. dazu Erl. zu 460 im Kommentarteil zu* Massenglück und Einzelglück, *HGW VIII, 331.*

224–226 »Das Kind will *bis* beides ist Sprache!«] *Zitat aus Mauthner: ›Beiträge‹ I, S. 468.*

239f. der Gegner *bis* eine Windmühle übrig bleibt] *Anspielung auf Miguel de Cervantes Saavedras (1547–1616) den Konflikt zwischen Ideal und Realität thematisierenden Roman ›El ingenioso Hidalgo Don Quijote de la Mancha‹ (2 Bde. Madrid 1605–1615), dessen Windmühlenepisode seit der Übersetzung durch Ludwig Tieck (1773–1853; ›Leben und Thaten des scharfsinnigen Edlen Don Quixote von la Mancha.‹ 4 Tle. Berlin 1799–1801) als auswegloser Kampf des ›Alten‹ gegen das ›Neue‹ gedeutet wurde, wobei das ›Neue‹ oft für den wissenschaftlichen und technischen Fortschritt stand.*

264 Weltanschauung] *Zum Stichwort* Weltanschauung *vgl. den zweiten Teil von Erl. zu 81f. im Kommentarteil zu* Massenglück und Einzelglück, *HGW VIII, 299–301.*

264f. keine »brennende Frage« von heute und morgen] *Anspielung auf den Titel zahlreicher politischer, religiöser und pseudophilosophischer Publikationen der zweiten Hälfte des 19. Jahrhunderts. Hausdorff polemisiert gegen diese Mode, alles mögliche zu ›brennenden Fragen‹ zu erklären, in* Sant' Ilario*:* »Brennende Fragen«, welch ein Widersinn! Wenn sie wirklich brännten, würdet ihr schon die Antwort wissen! *(Aph. 352, S. 271 [HGW VII, 365].)*

269–274 wie Lichtenberg *bis* nach Hamburg rutschen würden!] *Verweis auf den Wunschtraum des deutschen Schriftstellers, Physikers und seit 1770 Professors für Mathematik in Göttingen* GEORG CHRISTOPH LICHTENBERG *(1742–1799) aus den ›Sudelbüchern‹ (sc. die seit 1764 geführten Tagebücher, II, K 56): »Wenn es ein Werk von zehn Folianten gäbe, worin in nicht allzu großen Kapiteln jedes etwas Neues, zumal von der spekulativen Art, enthielte; wovon jedes etwas zu denken gäbe, und immer neue Aufschlüsse und Erweiterungen darböte: so glaube ich, könnte ich nach einem solchen Werke auf den Knien nach Hamburg rutschen, wenn ich überzeugt wäre, daß mir nachher Gesundheit und Leben genug übrig bliebe, es mit Muße durchzulesen« (›Schriften und Briefe.‹ Hrsg. v.* WOLFGANG PROMIES*. 4 Bde. München 1967–1992, Bd. 2 [›Sudelbücher‹ II], S. 406).*

279f. drei Bände und 657 + 735 + 651 = 2043 Seiten] *Die drei Bände der ›Beiträge‹ umfassen insgesamt 2058 Seiten: Bd. 1 657 S., Bd. 2 735 S., Bd. 3 mit Register 666 S.*

280 Beim Barte des Polonius] *geflügeltes Wort; es bezieht sich auf* POLONIUS*, den Hofmeister des dänischen Königs und Vater* OPHELIAS*, in* WILLIAM SHAKESPEARES *(1564–1616) um 1600 entstandener Tragödie ›The Tragicall Historie of Hamlet, Prince of Denmarke‹ (UA London 1602, EA London 1603/05).*

281 Lichtenberg läßt etwa zehn Folianten zu] *vgl. Erl. zu 269–274.*

288 Cotta] *Die ›Cotta'sche Buchhandlung‹ wurde 1659 in Tübingen gegründet; 1787 von* JOHANN FRIEDRICH COTTA *(1764–1832) übernommen, wurde sie bald zum bedeutendsten Verlag der deutschen Klassik. 1810 verlegte* COTTA *das Unternehmen nach Stuttgart. 1889 wurde der Verlag von den Brüdern* ADOLF *(1836–1911) und* PAUL *(1839–1900)* KRÖNER *aufgekauft und unter dem Namen ›J. G. Cotta'sche Verlagsbuchhandlung‹ zu einem der um die Jahrhundertwende führenden Verlage für geisteswissenschaftliche und literarische Werke ausgebaut; vgl.* LISELOTTE LOHRER*: ›Cotta – Geschichte eines Verlages, 1659–1959.‹ Stuttgart 1959.*

290f. einer Jean Paul'schen Zettelkastenwirtschaft] *Die 1796 erschienene humoristische Erzählung ›Leben des Quintus Fixlein‹ des deutschen Dichters* JEAN PAUL *(sc.* JOHANN PAUL FRIEDRICH RICHTER*; 1763–1825) trägt den Titelzusatz »aus funfzehn Zettelkästen gezogen« (vgl.* JEAN PAUL*: ›Sämtliche Werke.‹ 9 Bde. in 2 Abt. Hrsg. v.* NORBERT MILLER*. Darmstadt 2000, Bd. I/4, S. 7ff.).*

292f. der »Dilettant« Mauthner] *ital. dilettare, zu lat. delectare ›erfreuen‹; zeitgenössisch ist der Begriff noch nicht negativ konnotiert.* MAUTHNER *schrieb nach dem – nicht abgeschlossenen – Jurastudium neben Parodien, Erzählungen und historischen Romanen Literaturkritiken für verschiedene Tageszeitungen (u.a. das ›Berliner Tageblatt‹, die ›Kölnische Zeitung‹ und die ›Allgemeine Zeitung‹) und Zeitschriften (u.a. das ›Deutsche Familienblatt‹, ›Das Magazin für Litteratur‹ und das ›Litterarische Echo‹), bevor er sich intensiv der Sprachphilosophie zuwandte.*

296f. πλεον ἥμισυ παντοσ, die Hälfte ist mehr als das Ganze!] *Zitat aus* HESIODS *(fl. um 700 v. Chr.) Lehrgedicht ›Werke und Tage‹ (v. 40), in dem die Sorgen und Mühen des Landlebens unter der gerechten Herrschaft der Götter dargestellt werden.*

308f. wenn ein Philosoph, um des Systems willen, neben Ethik und Logik eine Ästhetik schreibt] *Ein ›System‹ ist nach* KANT *»ein nach Principien geordnetes Ganze[s] der Erkenntniß«, und das »Ganze der Erkenntniß, was systematisch ist, kann [...] Wissenschaft heißen und, wenn die Verknüpfung der Erkenntniß in diesem System ein Zusammenhang von Gründen und Folgen ist, sogar rationale Wissenschaft« (›Metaphysische Anfangsgründe der Naturwissenschaft‹, Vorrede [AA IV, 467f.]). –* HEGEL *verweist darauf, daß der »freie und wahrhafte Gedanke [...] in sich konkret [ist], und so ist er Idee, und in seiner ganzen Allgemeinheit die Idee oder das Absolute. Die Wissenschaft desselben ist wesentlich System, weil das Wahre als konkret nur als sich in sich entfaltend und in Einheit zusammennehmend und -haltend, d. i. als Totalität ist und nur durch Unterscheidung und Bestimmung seiner Unterschiede die Notwendigkeit derselben und die Freiheit des Ganzen sein kann. Ein Philosophieren ohne System kann nichts Wissenschaftliches sein« (›Enzyklopädie der philosophischen Wissenschaften‹, § 14 [›Werke‹ 8, S. 59f.]).*

317 allerhand Kreuz- und Querzüge] *Anspielung auf* THEODOR GOTTLIEB HIPPELS *(1741–1796) humoristischen Roman ›Kreuz- und Querzüge des Ritters A bis Z‹ (2 Bde. Berlin 1793/94), der die Thematik von* CERVANTES *›Don Quijote‹ (vgl. Erl. zu 239f.) aufgreift.*

321f. Zweitausend Seiten sind gewiß keine Kleinigkeit] *vgl. Erl. zu 279f.*

328f. ein gefeierter Kritiker und »Journalist«] *vgl. Erl. zu 292f. – In der ›Kritik der Sprache‹ rechnet* MAUTHNER *vehement mit der journalistischen Sprache wie mit den Journalisten allgemein ab: »Nachrichten sind eine beliebte Ware, und der Handel mit ihnen nicht viel besser und nicht viel schlimmer als ein anderer Handel. Das journalistische Geplauder um diese Nachrichten herum jedoch ist oft nichts als eine Fälschung der Ware. [...] Unsere Zeitungslitteratur wird so zu ihrem grössten Teile gedrucktes Geschwätz, und da die meisten Menschen, Pfaffen und Bezirksredner etwa ausgenommen, beim wirklichen Schwätzen wenigstens interesselos sind, so kann man sagen, dass das gedruckte Geschwätz der geistreichen Leute noch unter dem gesprochenen Geschwätz der dummen Leute steht.« (›Beiträge‹ I, S. 139f.)*

330 Berlin W.] *Der bis 1920 außerhalb der eigentlichen Stadtgrenzen gelegene ›Neue Westen‹ Berlins um Kurfürstendamm, Kantstraße und*

Bayerisches Viertel galt um 1900 als bevorzugter Wohnsitz insbesondere der künstlerischen Avantgarde und der Bohème, aber auch des gehobenen Bürgertums.

332f. präsumptiven Leser] *aus lat. prae ›vor‹ und lat. sumere ›nehmen‹; hier bildungssprachlich für Menschen, die das Werk vermutlich lesen werden.*

335 neun Jahre einer Sache widmen] *vgl. Mauthner: ›Beiträge‹ I, S. VII: »Die letzten neun Jahre habe ich jede Stunde, die eine tägliche verantwortungsvolle Berufsarbeit übrig liess, nach meinen Fähigkeiten an das Werk gewandt.«*

354f. »Pöbel, der sein tägliches lauwarmes Wortbad zu nehmen liebt«] *vgl. dazu Mauthners Kritik am Journalismus in den ›Beiträgen‹ I, S. 139: »Namentlich, wenn der Dichter aus Not zum Journalisten wird, fälscht er am gröbsten. Was er nicht niederschreiben würde um der Sache willen, was er sich schämen würde auch nur auszusprechen, wenn er mit ebenbürtigen oder gleichgesinnten Gesellen hinter dem Bierglas sitzt, das schämt er sich nicht niederzuschreiben für den Pöbel, der sein tägliches, lauwarmes Wortbad zu nehmen liebt.«*

355–358 über den Massengebrauch *bis* solange man es aushält«] *vgl. hierzu Mauthner: ›Beiträge‹ I, S. 140: »Besonders scheint mir dieser Massengebrauch der Sprache als Schwatzvergnügen (sowohl mündlich als beim Lesen) viel Aehnlichkeit zu haben mit dem Dominospiel, wo doch auch die ganze Geistesarbeit darin besteht, an das Wertzeichen des Gegners sein Steinchen von gleichem Wert anzusetzen, solange man es aushält.«*

360f. »die große Lehrmeisterin zum Laster«] *vgl. Mauthner: ›Beiträge‹ I, S. 82: »Die Sprache ist die grosse Lehrmeisterin zum Laster. Die Sprache hat die Menschheit emporgeführt bis zu der Galgenhöhe von Babylon, Paris, London und Berlin, die Sprache ist die Teufelin, die der Menschheit das Herz genommen hat und Früchte vom Baum der Erkenntnis dafür versprochen. Das Herz hat die Sprache gefressen wie eine Krebskrankheit, aber statt der Erkenntnis hat sie dem Menschen nichts geschenkt als Worte zu den Dingen, Etiketten zu leeren Flaschen, schallende Backpfeifen als Antwort auf die ewige Klage, wie andere Lehrer andere Kinder durch Schlagen zum Schweigen bringen.«*

361 »wollüstigen Komfort«] *vgl. Mauthner: ›Beiträge‹ I, S. 215: »Abseits von der Sprache, steigert sich der wollüstige Komfort bis zum Blödsinn und glaubt darum an einen Höhepunkt der Menschheit. In der Sprache verrät sich ihr tiefer Stand. Und zum erstenmal, seitdem Menschen sprechen gelernt haben, wäre es gut, wenn die Sprachen der Gesellschaft vorangingen mit ihrem Schuldbekenntnis, mit dem Eingeständnis ihrer Selbstmordsehnsucht. Um sich zu verständigen, haben die Menschen sprechen gelernt. Die Kultursprachen haben die Fähig-*

keit verloren, den Menschen über das Gröbste hinaus zur Verständigung zu dienen. Es wäre Zeit, wieder schweigen zu lernen.«

362f. »Kinder und Dichter, Salondamen und Philosophieprofessoren«] *vgl.* *MAUTHNER: ›Beiträge‹ I, S. 215: »Kinder und Dichter, Salondamen und Philosophieprofessoren spielen mit den Sprachen, die wie alte Dirnen unfähig geworden sind zur Lust wie zum Widerstand.«*

368 dem Latein der Kaiserzeit vergleichbar] *vgl. dazu MAUTHNER: ›Beiträge‹ I, S. 214f.: »Das Latein der Kaiserzeit war eine todkranke Sprache, bevor es eine tote Sprache wurde.«*

377 mit pedalen Gemühtsausbrüchen] *lat. pedalis ›zum Fuß gehörig‹; Verweis auf die studentische Sitte, durch Trampeln mit den Füßen Beifall zu bekunden.*

381 zeitfremder Philosoph im Dachkämmerchen] *vgl. dazu HAUSDORFFS Sammlung von Geschichten, Gleichnissen und Allegorien* Der Schleier der Maja, *Z. 93–110, HGW VIII, 455.*

392f. »Könnten meine Augen *bis* an Bamberg] *Auszug aus einem Brief des deutschen Lyrikers, Erzählers und Dramatikers CHRISTIAN FRIEDRICH HEBBEL (1813–1863) an FELIX BAMBERG (vgl. Erl. zu 393) vom 27. Februar 1846 (›Briefwechsel 1829–1863.‹ Hrsg. v. OTFRIED EHRISMANN u.a. 5 Bde. München 1999, Bd. 1, Nr. 391, S. 768).*

393 Bamberg] *FELIX BAMBERG (1820–1893), deutscher Schriftsteller und Publizist; vgl. ›Friedrich Hebbels Briefwechsel mit Freunden und berühmten Zeitgenossen.‹ Mit einem Vorwort hrsg. v. FELIX BAMBERG. 2 Bde. Berlin 1890–1892 sowie ›Friedrich Hebbels Tagebücher.‹ 2 Bde. Hrsg. v. FELIX BAMBERG. Berlin 1885–1887.*

393–395 und eine Tagebuchstelle *bis* und sie oft ersetzt!«] *Tagebucheintrag HEBBELS vom 10. Januar 1849: »Dann im Auge die brennende Materie, die der Sprache zu Hülfe kommt und sie oft ersetzt!« (›Werke.‹ Hrsg. v. GERHARD FRICKE, WERNER KELLER u. KARL PÖRNBACHER. 5 Bde. München 1963–1967, Bd. 5, Nr. 4485, S. 32.)*

400 Herdenglück] *vgl. dazu NIETZSCHES nachgelassene Fragmente aus dem Frühjahr 1888: »Moral als décadence Reaktion der kleinen Leute: das höchste Gefühl der Macht giebt die Liebe Zu begreifen, in wiefern hier nicht der Mensch überhaupt, sondern eine Art Mensch redet. [...] ›wir sind göttlich in der Liebe, wir werden ›Kinder Gottes‹, Gott liebt uns und will gar nichts von uns, als Liebe‹ das heißt: alle Moral, alles Gehorchen und Thun, bringt nicht jenes Gefühl von Macht und Freiheit hervor, wie es die Liebe hervorbringt — aus Liebe thut man nichts Schlimmes, man thut viel mehr als man aus Gehorsam und Tugend thäte — hier ist das Heerdenglück, das Gemeinschafts-Gefühl im Großen und Kleinen, das lebendige Eins-Gefühl als Summe des Lebensgefühls empfunden — das Helfen und Sorgen und Nützen erregt fortwährend das Gefühl der Macht, der sichtbare Erfolg, der Ausdruck der Freude unterstreicht das Gefühl der Macht*

— der Stolz fehlt nicht, als Gemeinde, als Wohnstätte Gottes, als ›Auserwählte‹. —« (14[130]; KGW VIII,3, 104.)

404f. »Die Sprache setzt den Gegenstand der Mitteilung als bekannt voraus«] *abgewandeltes Zitat aus* MAUTHNER: *›Beiträge‹ III, S. 60: »Denn nicht nur die Poesie als die Wortkunst, sondern die Sprache überhaupt setzt, wie wir wissen, den Gegenstand der Mitteilung als bekannt voraus«.*

406–408 »der Hörer weiß immer *bis* mit dem Finger weisen könnten.«] *vgl.* MAUTHNER: *›Beiträge‹ II, S. 268f.: »Eines der Urworte ist gewiss der Stamm sta. Die psychologischen Etymologen erklären sehr schön, wie der Urmensch zum Wort und Begriff stehen gekommen sei. Sein Freund wollte an ihm vorüberlaufen, vielleicht mit seiner Frau oder mit seinem Brot oder vielleicht auch nur ohne die neueste Neuigkeit der Höhle erzählt zu haben. Da streckte der Urmensch die Hand nach ihm aus und erfand nach der inneren Sprachform den Ruf st. Wir sagen heute pst nach derselben inneren Sprachform oder Halt oder auch ein andres Wort, und der Kerl bleibt doch stehen. Immerhin: aus dem sta hat sich das Verbum stehen ›entwickelt‹. Ein paar Beispiele aber werden zeigen, wie vollkommen zufällig die innere Sprachform sich weiter entwickelt hat. Unser Wörterbuch kennt ein Wort Stabat für ein bestimmtes Kirchenlied, welches mit dem lateinischen Worte stabat, sie stand, anfängt. Wir sagen auch Stehbierhalle. Beidemal ist der alte Stamm unverändert erhalten. Nun hat aber das Französische das scheinbar unumgänglich nötige Wort so vollkommen verloren, dass es gar keinen Ausdruck für ›stehen‹ hat. Dagegen hat es auf dem Umweg übers Lateinische das Wort Station erhalten, ausserdem das Wort Statisch, Statue, Statut u. s. w. Alle diese Worte sind ja in ähnlicher Bedeutung auch deutsch. Wir wollen uns nur an ›station‹ halten. Es kann bedeuten: die aufrechte Haltung, den Rastort, die Eisenbahnstation, den Droschkenhalteplatz, den trigonometrischen Ort, die Grenzwache, den Stillstand eines Sternes, den Meeresstrich, in dem ein Schiff oder eine Flotte kreuzen soll, ferner eine der Kapellen an einem Wallfahrtsort und das Gebet bei einer dieser Kapellen. Dem Franzosen ist also das Stammwort mit seinen natürlichen Ableitungen verloren gegangen, dagegen besitzt er ein abgeleitetes Fremdwort in zwanzig verschiedenen Bedeutungen. Wenn er es aber in einer dieser Bedeutungen gebraucht, so weiss der Hörer immer, was gemeint ist, weil die Mitteilung zwischen den Menschen nur zum unwesentlichen Teil auf der Sprache beruht, weit mehr aber darauf, dass die Menschen überflüssig beschwatzen, was sie ohnehin wissen oder einander mit dem Finger weisen könnten.«*

409 à peu près] *frz. ›beinahe‹.*

415f. »im Anfang schuf Gott Himmel und Erde«] *Beginn des biblischen Schöpfungsberichtes, vgl. Gen 1,1.*

418f. nicht nur bei den Chinesen *bis* vieldeutig] *vgl. hierzu* MAUTHNER: *›Beiträge‹ II, S. 327f.: »Sie [die chinesische Schrift] ist vielmehr eine Art Silbenschrift, doch nur so, dass auch ein kompliziertes, aus mehreren Begriffszeichen zusammengesetztes Wortbild immer nur eine Silbe darstellt. Silbenschrift ist die chinesische darum, weil das Zeichen, einfach oder kompliziert, doch sehr häufig nur den Klang angibt und dieser Klang bis zu fünfzig verschiedene Begriffe bezeichnen kann. So kommt es, dass der Knabe nach angestrengter zehnjähriger Uebung wohl geläufig schreiben und lesen kann, ohne jedoch den Sinn des Gelesenen oder Geschriebenen klar zu verstehen. Es mag in ihren Gehirnen etwa so aussehen, wie wenn auf unseren oder noch mehr auf französischen Gymnasien eine Klasse von lauter dummen Jungen mit einem dummen Lehrer Philologie treibt«; weitere Ausführungen zum Chinesischen finden sich ebd., S. 330–341.*

424–427 »Descartes *bis* vom Tiere anderseits.«] *Zitat aus* MAUTHNER: *›Beiträge‹ I, S. 243.*

424 Descartes, welcher die Tiere für unbeseelte Maschinen erklärte] *Der französische Philosoph* RENÉ DESCARTES *sprach im ›Discours de la Méthode‹ (Leiden 1637) den Tieren trotz ihrer dem Menschen gleichkommenden ›mechanischen‹ Struktur eine vom Leib unabhängige, ›vernünftige‹ und unsterbliche Seele ab (vgl. ›Discours‹ V, 9–12; vgl. dazu auch* DESCARTES: *›De homine‹, Leiden 1662).*

425f. Haeckel, welcher zwischen Tier- und Menschenseelen keinen Unterschied sieht] *Der deutsche Biologe und Naturphilosoph* ERNST HAECKEL *(1834–1919) postulierte das Seelenleben als »eine Summe von Lebens-Erscheinungen, welche gleich allen anderen an ein bestimmtes materielles Substrat« gebunden sei, das »Psychoplasma«, aus welchem sich bei den höheren Tieren, »welche ein Nerven-System und Sinnes-Organe besitzen«, durch Differenzierung das »Neuroplasma« entwickele, woraus wiederum durch Differenzierung sich das menschliche Geistesleben entwickelt habe, so daß »nur der höhere Grad der Integration oder Centralisiation, der Association oder Vereinigung der früher getrennten Funktionen« den Menschen »zu dieser Höhe« erhebe (›Die Welträthsel. Gemeinverständliche Studien über Monistische Philosophie.‹ Bonn 1899, S. 105f.).*

433f. Ähnliche Gedanken *bis* längst ausgesprochen worden] *u.a. in* HUGO VON HOFMANNSTHALS *(1874–1929) am 18. Oktober 1902 in der Berliner Literaturzeitschrift ›Der Tag‹ publiziertem ›Brief des Lord Chandos an Francis Bacon‹ (auch ›Ein Brief‹), in welchem der fiktive Briefsteller beklagt, daß ihm »völlig die Fähigkeit abhanden gekommen [sei], über irgend etwas zusammenhängend zu denken oder zu sprechen«, die »abstrakten Worte, deren sich doch die Zunge naturgemäß bedienen muß, um irgendwelches Urteil an den Tag zu geben, zerfielen [ihm] im Munde wie modrige Pilze«, es »gelang [ihm] nicht mehr«, die »Dinge, die in einem [...] Gespräch vorkamen« »mit dem vereinfa-*

chenden Blick der Gewohnheit zu erfassen. Es zerfiel [ihm] alles in Teile, die Teile wieder in Teile, und nichts mehr ließ sich mit einem Begriff umspannen. Die einzelnen Worte schwammen um« ihn, wurden zu »Wirbeln«, in die »hinabzusehen [ihn] schwindelt, die sich unaufhaltsam drehen und durch die hindurch man ins Leere kommt« (›Gesammelte Werke.‹ Hrsg. v. Bernd Schoeller. 10 Bde. Frankfurt a.M. 1979, Bd. 7, S. 465f.); manchmal vergleiche er sich mit »jenem Crassus, dem Redner, von dem berichtet wird, daß er eine zahme Muräne [...] so über alle Maßen liebgewann, daß es zum Stadtgespräch wurde; und als ihm einmal im Senat Domitius vorwarf, er habe über den Tod dieses Fisches Tränen vergossen, und ihn dadurch als einen halben Narren hinstellen wollte, gab ihm Crassus zur Antwort: ›So habe ich beim Tode meines Fisches getan, was Ihr weder bei Eurer ersten noch Eurer zweiten Frau Tod getan habt.‹ [...] Und über diese Figur [...] zwingt mich ein unnennbares Etwas in einer Weise zu denken, die [ihm] vollkommen töricht erschein[e], im Augenblick, wo [er] versuche sie in Worten auszudrücken. Das Bild dieses Crassus [sei] zuweilen nachts in [s]einem Hirn, wie ein Splitter, um den herum alles schwärt, pulst und kocht. Es [sei ihm] dann, als geriete [er] selber in Gährung, würfe Blasen auf, wallte und funkelte. Und das Ganze [sei] eine Art fieberisches Denken, aber Denken in einem Material, das unmittelbarer, flüssiger, glühender [sei] als Worte. Es sind gleichfalls Wirbel, aber solche, die nicht wie die Wirbel der Sprache ins Bodenlose zu führen scheinen, sondern irgendwie in [ihn] selber und in den tiefsten Schoß des Friedens« (ebd., S. 471) – als Konsequenz gibt der Briefsteller das Schreiben auf, weil »die Sprache, in welcher nicht nur zu schreiben, sondern auch zu denken [ihm] vielleicht gegeben wäre, weder die lateinische noch die englische noch die italienische und spanische ist, sondern eine Sprache, von deren Worten [ihm] auch nicht eines bekannt [sei], eine Sprache, in welcher die stummen Dinge zu [ihm] sprechen, und in welcher [er] vielleicht einst im Grabe vor einem unbekannten Richter [s]ich verantworten werde« (ebd., S. 472). – Zur Sprachskepsis um 1900 vgl. – mit Bezug zu Hausdorff – auch Uwe Spoerl: ›Gottlose Mystik in der deutschen Literatur um die Jahrhundertwende.‹ Paderborn u.a. 1997, spez. S. 28–74.

435 Obskuranten] *von lat. obscurare ›verdunkeln‹; die Feinde jedweder Form der Aufklärung.*

435f. Priestern des Schweigens zugesellen. Maeterlinck] *vgl. Mauthner: ›Beiträge‹ I, S. 110–113: »Diese Untersuchung wäre auf der Stelle beendet und entschieden, wenn wir uns der theoretischen Führung von Maurice Maeterlinck anvertrauen wollten. Das heilige Schweigen ist sonst auch bei andern Völkern im Sprichwort und in den Versen einsamer Dichter gefeiert worden. [...] Bei einem feinfühligen Vollblutfranzosen wie Maupassant ist eine solche Andacht zum Schweigen nur vorübergehende Stimmung. Bei Maeterlinck wird diese Andacht zu ei-*

ner Religion, und weil er ein Dichter ist und dennoch das Schweigen höher stellt als die Worte, so entsteht die eigentümliche Poesie, die bald rührend, bald komisch ist wie das schlafende Schweigen oder wie das unfertige Lallen eines Kindes. Maeterlincks Poesie ist für mich ein Symptom dafür, dass die Ueberzeugung von der Wertlosigkeit der Sprache in der Luft liegt, wie man sagt, dass auch ganz unphilosophische Köpfe unabhängig voneinander zu ahnen anfangen, wie die Menschen einander mit all ihrem ungeheuren Wortschatz nicht mehr sagen können, als auch ein Blick, ein Seufzer oder eine Geste aussprechen könnte. Das Seltsame und in der That Komische dabei ist nur, dass die Poesie Wortkunst und nichts als Wortkunst ist und nun dennoch auf die geläufige Sprache erwachsener Menschen verzichten will. Bei einer echten Natur wie Maeterlinck ist diese verstummende Poesie immerhin beachtenswert; er empfindet eben mehr, als seine Sprache auszudrücken gestattet. Bei seinen armen Nachahmern, welche ein Gefühl über die Sprache hinaus nur heucheln, wird dieses kindische Lallen zu einer lächerlichen Verirrung der Mode.« Maeterlinck »predigt das Schweigen«.– Der belgischstämmige, in französischer Sprache schreibende Dramatiker und Essayist Maurice Maeterlinck (1862–1949) publizierte in seinem Prosaband ›Le Trésor des Humbles‹ (›Der Schatz der Armen‹; Paris 1896) den Essay ›Le Silence‹ (›Das Schweigen‹), aus welchem Mauthner: ›Beiträge‹ I, S. 111f. einige Passagen in eigener Übersetzung zitiert (eine dt. Übersetzung von Friedhelm von Oppeln-Bronikowski erschien jedoch bereits Leipzig 1898). – Vgl. zu Maeterlinck auch Erl. zu 477 im Kommentarteil zu Das unreinliche Jahrhundert, *HGW VIII, 372f.*

436 Meister Eckart] *vgl. Mauthner: ›Beiträge‹ I, S. 78f.: »Schöner und tiefer hat Meister Eckart über die Herrlichkeit des Schweigens gesprochen: ›Könntest du aller Dinge zumal unwissend werden, ja könntest du in ein Unwissen deines eigenen Lebens kommen . . . da hätte der Geist alle Kräfte so ganz in sich gezogen, dass er des Körpers vergessen hätte, da wirkte weder Gedächtnis noch Verstand, noch die Sinne, noch die Kräfte. . . . So sollte der Mensch allen Sinnen entweichen und all seine Kräfte nach innen kehren und in ein Vergessen aller Dinge und seiner selber kommen. . . . Alle Wahrheit, die die Meister je lehrten mit ihrer eigenen Vernunft und ihrem Verstande oder in Zukunft lehren bis an den jüngsten Tag, die verstanden nie das Mindeste von diesem Wissen und diesem Verborgenen. Wenn es schon ein Unwissen heisst und eine Unerkanntheit, so hat es doch mehr in sich drinnen als alles Wissen und Erkennen von aussen: denn dies äussere Unwissen reizt und zieht dich von allen Wissensdingen ab und auch von dir selbst. Das meinte Christus, als er sprach: Wer sich nicht selbst verleugnet und nicht Vater und Mutter lässt und alles, was äusserlich ist, der ist meiner nicht würdig. Als ob er spräche: Wer nicht alle Aeusserlichkeit der Kreaturen lässt, der kann in diese göttliche Geburt we-*

der empfangen noch geboren werden. Ja: wenn du dich deines Selbst beraubst und alles dessen, was äusserlich ist, dann findest du es in Wahrheit.‹« – MAUTHNER zitiert hier aus der vor 1323 entstandenen mittelhochdeutschen Predigt ›Dum medium silentium tenerent omnia‹ (›Vom Schweigen‹) des deutschen Philosophen, Theologen und Mystikers MEISTER ECKHART (um 1260 – 1328) in der neuhochdeutschen Übersetzung des deutschen Schriftstellers und Politikers GUSTAV LANDAUER (1870–1919; vgl. auch Erl. zu 439f.), vgl. ›Meister Eckharts mystische Schriften.‹ In unsere Sprache übertragen von GUSTAV LANDAUER. Berlin 1903 [2. Aufl. Frankfurt a.M. 1991], S. 17–25 (nach ›Meister Eckhart.‹ Hrsg. v. FRANZ PFEIFFER. Göttingen 1857, Pr. I, S. 3–10 [MEISTER ECKHART: ›Die deutschen Werke.‹ Hrsg. u. übers. v. JOSEF QUINT u. GEORG STEER. Bd. 1ff. Stuttgart 1958ff., Bd. V,1, Pr. 101, S. 279–367]; vgl. auch KARL ALBERT: ›Meister Eckhart über das Schweigen.‹ In: ›Festschrift für Lauri Seppänen zum 60. Geburtstag.‹ Tampere 1984 [›Acta Universitatis Tamperensis‹ A 138], S. 301–309); zu LANDAUERS Beschäftigung mit MEISTER ECKHART vgl. insbesondere THORSTEN HINZ: ›Mystik und Anarchismus. Meister Eckhart und seine Bedeutung im Denken Gustav Landauers.‹ Berlin 2000.

436f. der Schätzgräber, der keine Silbe sprechen darf] *vgl. zu der »Geschichte von dem Schatzgräber, dessen Schätze sich beim ersten ausgesprochenen Wort in dürres Laub oder Asche verwandelten, oder aber tausend Fuss tiefer in die Erde sanken«, MAUTHNER: ›Beiträge‹ I, S. 78. – Das Motiv des ›schweigenden‹ Schatzgrabens geht bis in das Mittelalter zurück, eng verquickt mit dem Aberglauben, man könne durch Beschwörung von Teufel und Dämonen vergrabene Reichtümer entdecken. So finden sich etwa in dem seit Anfang des 16. Jahrhunderts in zahlreichen Handschriften und Drucken verbreiteten, JOHANNES FAUST (um 1480 – um 1540) zugeschriebenen sogenannten ›Höllenzwang‹ Beschwörungsformeln für die Schatzsuche (zu FAUST, der durch GOETHES Drama bekannt wurde, vgl. GÜNTHER MAHAL: ›Faust. Die Spuren eines geheimnisvollen Lebens.‹ Reinbek bei Hamburg 1995). Da man dem Höllenfürsten und seiner Gefolgschaft trotz der Beschwörungen immer noch eine gewisse Macht über die Schätze zubilligte, glaubte man, verschiedene Regeln bei der Hebung einhalten zu müssen: So sollte man, wie der calvinistische Pfarrer BARTHOLOMÄUS ANHORN D. JG. (1616–1700) in seiner den Glauben an die Wirksamkeit von Hexerei und Zauberei gegen jedwede aufklärerische Tendenz verteidigenden ›Magiologia‹ mahnte, kein Brot bei sich tragen – es sei dem Teufel zuwider – und eben schweigen, denn sonst verrücke dieser den Schatz (vgl. ›Magiologia. Christliche Warnung für dem Aberglauben und Zauberey: Darinnen gehandelt wird: Von dem [...] Schaz graben [...]. Der fürwizigen Welt zum Ekel / Schewsal vnd Vnderweisung fürgestelt.‹ Basel 1674, S. 858).*

438 »qui potest mori non potest cogi«] *vgl.* MAUTHNERS *Aufruf zum »Selbstmord der Sprache« in den ›Beiträgen‹ I, S. 657: »Denn von der Sprache gilt wie von jedem andern Märtyrer der Philosophie das tapfere Wort: Qui potest mori, non potest cogi« (›Was schert mich, der ich sterben kann, Zwang‹); vgl. auch ebd., S. 85f. – In seinem bis in die Neuzeit wirkenden Drama ›Hercules furens‹ läßt der römische Philosoph* LUCIUS ANNÄUS SENECA *(um 3 – 65) die von dem Königsmörder* LYCUS *mit Heiratsabsichten und Drohungen bedrängte* MEGARA, *Tochter des ermordeten* KREON VON THEBEN *und Gattin des* HERCULES, *in Anlehnung an stoisches Gedankengut ausrufen: »cogi qui potest nescit mori« (v. 426; »wer sich zwingen läßt, weiß nicht zu sterben«); vgl. zu dieser Form des selbstbestimmten Sterbens bzw. des Selbstmordes auch* SENECAS *›Epistulae morales‹ VIII,70.*

438 der Selbstmord der Sprache] *Den* Selbstmord der Sprache *verkündet* MAUTHNER *in den ›Beiträgen‹ (vgl. I, S. 214–216), indem er den »Kultursprachen« die »Fähigkeit« abspricht, »den Menschen über das Gröbste hinaus zur Verständigung zu dienen.« (Ebd., S. 215f.; vgl. auch Erl. zu 444f.)*

439f. Gustav Landauer *bis* »Skepsis und Mystik«] *Zu* GUSTAV LANDAUERS *›Skepsis und Mystik. Versuch im Anschluß an Mauthners Sprachkritik‹ (Berlin 1903) vgl.* HAUSDORFFS *offenen ›Brief gegen Landauer‹ und die dazu gegebenen Erläuterungen zum entstehungsgeschichtlichen Kontext, HGW VIII, 534–537.*

440f. wie auf die Kritik der reinen Vernunft die der praktischen] KANTS *›Kritik der reinen Vernunft‹ (vgl. Erl. zu 164) erschien 1781 in Riga; sieben Jahre später folgte seine ›Kritik der praktischen Vernunft‹ (Königsberg 1788).*

442f. okkultistisches Tempelchen] *lat. occultus ›verborgen‹, ›verschlossen‹; vgl. zum Okkultismus Erl. zu 451 im Kommentarteil zu* Das unreinliche Jahrhundert, *HGW VIII, 369.*

444 Aphasie] *griech. ἀφασία (aphasía) ›Sprachlosigkeit‹; eine auf Schädigungen des Gehirns zurückzuführende Sprechstörung, die sich bei intakter Funktion der Sprechorgane und der Sinneswahrnehmungen in dem Unvermögen äußert, Gedanken zu artikulieren.*

444f. romantische und neuromantische Verstummen an den Grenzen des Unaussprechlichen] *vgl. dazu u.a.* MAUTHNER: *›Beiträge‹ I, S. 216: »Sprache ist tauglich für die Wortkunst, Sprache ist untauglich für die Welterkenntnis. Da wird wohl noch besser auf das letzte Denken passen, was der ehrlich mystische Justinus Kerner, darin ein Vorläufer Maeterlincks, ein bisschen sentimental und doch hübsch von der Poesie gesagt hat: ›Poesie ist tiefes Schmerzen / Und es kommt das echte Lied / Einzig aus dem Menschenherzen, / Das ein tiefes Leid durchglüht. // Doch die höchsten Poesien / Schweigen wie der tiefste Schmerz; / Nur wie Geisterschatten ziehen / Stumm sie durchs ge-*

brochne Herz‹ ...« – Zur um 1890 entstehenden ›Neuromantik‹ vgl. Erl. zu 345 im Kommentarteil zu Stirner, *HGW VIII, 408f.*

451 Tautologie] *vgl. Erl. zu 59 im Kommentarteil zu* Brief an Landauer, *HGW VIII, 541.*

456–458 Und Landauer hat ganz Recht *bis* in liebenden Zusammenhang bringen will] *vgl.* LANDAUER: *›Skepsis und Mystik‹, S. 150: »Mauthner zwar sagt mehrmals, der Naturalismus sei eine erfreuliche Bestätigung seiner Sprachkritik [...]. Ich dagegen finde – vielleicht zu Mauthners Entsetzen – tiefere Zusammenhänge zwischen der Sprachkritik und den Dichtern Stefan George, Hugo von Hofmannsthal, Richard Dehmel und Alfred Mombert.«*

458–460 denn Hofmannsthal *bis* Sitz poetischer Wirkung] *zu* HUGO VON HOFMANNSTHAL *vgl. Erl. zu 433f. –* STEFAN GEORGE *(1868–1933) propagierte »auf grund der neuen fühlweise und mache« die ästhetische Absolutsetzung der Kunst, eine »GEISTIGE KUNST [...] — eine kunst für die kunst —«, die »im gegensatz [stehe] zu jener verbrauchten und minderwertigen schule die einer falschen auffassung der wirklichkeit entsprang« und sich nicht »mit weltverbesserungen und allbeglückungsträumen« beschäftige, da diese in »ein andres gebiet gehören als das der dichtung« (›Blätter für die Kunst‹, 1. Folge, 1. Heft, 1892, S. 1); insbesondere das Gedicht sei »der höchste der endgültige ausdruck eines geschehens: nicht wiedergabe eines gedankens sondern einer stimmung. was in der malerei wirkt ist verteilung linie und farbe, in der dichtung: auswahl maass und klang« (ebd., 2. Folge, 2. Heft, 1894, S. 1f.). –* RICHARD DEHMELS *(1863–1920) dichterisches Werk ist v.a. gekennzeichnet durch das Postulat der Freiheit des Individuums zu erhöhender Selbstentäußerung, ermöglicht durch die Macht des Eros und hinführend zu einer die Menschheit erneuernden Weltfrömmigkeit; seine Gedichte seien »Seelenwandlungen«: »Selbe vollziehen sich aus Gefühlen, / die den ganzen Menschen aufwühlen. / [...] / weiß wohl wie, weiß nicht wozu, / ist eine planvoll zwecklose Geschichte, / kurz — ich erlebe meine Gedichte.« (›Denkzettel für den verehrten Leser.‹ In: ›Erlösungen. Eine Seelenwandlung in Gedichten und Sprüchen‹ [DeGW I, 1f.]; in der Erstausgabe Stuttgart 1891 der ›Erlösungen‹ fehlt der ›Denkzettel‹.) –* ALFRED MOMBERT *(1872–1942) suchte in seinen frühen lyrischen Dichtungen (u.a. ›Der Glühende‹, 1896; ›Die Schöpfung‹, 1897; ›Der Denker‹, 1901) die allgemein verständlichen Worte durch einen aus Bildlichkeit, Rhythmus und Klang bereiteten ›Sprachstoff‹ zu ersetzen und mittels dieser ›neuen‹ Qualität der Sprache eine individuelle Wirklichkeit zu gestalten; in einem Brief an* OTTO HAAS *(1882–1950) vom 22. November 1896 schreibt* MOMBERT, *das 20. Gedicht (später getitelt ›Die Frau‹) aus der Sammlung ›Der Glühende‹ drücke »die Stimmung eines Menschen« aus, »der umsonst nach Erkenntnis der tiefsten Rätsel seiner selbst und der Welt geforscht hat und den nun eine böse Trübung überschleicht. Das ist der*

Moment unheimlichsten Klarsehens und furchtbarster Melancholie. [...] Die Gestalt, die da am Fenster steht [...] gehört dem Reich der Seele, transzendental – meinetwegen auch der Vision oder Halluzination oder des Irrsinns an. Wissenschaftlich benamst ist sie vielleicht ›eine Projektion einer Stimmung in den Raum‹« (›Briefe 1893–1942.‹ Hrsg. v. B. J. Morse. Heidelberg u. Darmstadt 1961, Nr. 4, S. 10f.). In der ›Literarischen Welt‹ erklärt Mombert 1928 zu diesem Gedicht, das er als seine erste Dichtung bezeichnet, daß »[n]ur wer selbst einmal eine wirkliche Vision erlebt« habe, »ihren starren Bann, dann die Erschütterung, ja fast Zertrümmerung des Individuums, die nachfolgen: nur der kann ahnen, was das heißt: aus einem furchtbar heraufmachtenden Schöpfungswillen heraus, aus einem furchtbar heraufstrahlenden Durchleuchtungswillen heraus, den im Moment schier tödlichen Entschluß zu verwirklichen«, diese »gebirgsschwer gegenwärtige Überwältigung s o g l e i c h in das Reich der geistigen Sinnbilder, in den Äther der metaphysischen Wahrbilder, und in den Gesang zu erheben. Dämongriff an Bleistift und Papier (und Saiteninspiel), gelang er dem Dichter in einer solchen Stunde. Dann gibt es für ihn fürderhin keine Schrecknisse des Geistes mehr. Keine Hemmnisse der Formung mehr. Keine Poetik und keine Ästhetik mehr. Keine Leser und Kritiker mehr. INCIPIT CREATIO.« (›Incipit Creatio‹ [›Ein kleiner Frühlingszyklus: Wie wir unsere erste Dichtung schrieben.‹ In: ›Die literarische Welt‹, Nr. 14/15, April 1928; hier zitiert nach Alfred Mombert: ›Dichtungen‹. Hrsg. v. Elisabeth Herberg. 3 Bde. München 1963, Bd. 2, S. 607f.]; seit etwa 1905 findet sich diese Gestaltung vornehmlich in epischer und dramatischer Form als ein mythisches Selbst- und Weltverständnis (vgl. u.a. ›Aeon, der Weltgesuchte. Sinfonisches Drama‹, 1907).

464f. Lockes Satz *bis* in den Sinnen war] *lat. »nihil est in intellectu, quod non prius fuerit in sensu«; die fälschlich Aristoteles zugeschriebene Wendung findet sich in etwas anderer Form zuerst in Marcus Tulius Ciceros (106 v. Chr. – 43 v. Chr.) 45 v. Chr. entstandenem Dialog ›De finibus bonorum et malorum‹ (I 19,64) als Ausspruch des griechischen Philosophen Epikur (341 v. Chr. – 270 v. Chr.) und wird seit Thomas von Aquin (1225–1274) in der üblichen Form tradiert (vgl. ›Quaestiones dispitatae de veritate‹ [1256–1259], II,3). Der auch von dem englischen Philosophen John Locke (1632–1704) in seinem vierteiligen Werk ›An essay concerning human understanding‹ (London 1690) zitierten Wendung fügte Leibniz in seinen gegen Locke gerichteten ›Nouveaux essais sur l'entendement humain‹ (entst. zwischen 1603 und 1605, EA Amsterdam u. Halle 1765) hinzu: »excipe: nisi ipse intellectus« (II,2, § 2 – ›außer dem Verstand selbst‹ [›Philosophische Schriften‹ V, S. 100]).*

474 »Urphänomen«] *vgl. Mauthner: ›Beiträge‹ I, S. 514–516. – Hier wie dort Anspielung auf Goethes ›Urphänomen‹, das dieser als die »Mani-*

festation geheimer Naturgesetze« apostrophierte (›Maximen und Reflexionen‹ [WA I,48, 179]).

475 j'y suis j'y reste] *eigentlich frz. »j'y suis et j'y reste«, ›hier bin ich, und hier bleibe ich‹; sprichwörtliche Redensart, die auf den französischen General* MARIE-EDME-PATRICE-MAURICE DE MACMAHON *(1808–1893) zurückgeht, der während des Krimkrieges (1853/54–1856) nach der Erstürmung der Hauptbastion der Festung Sewastopol am 9. September 1855 trotz der Warnung, die Russen würden die Bastion sprengen, diese Worte an seinen befehlshabenden Feldmarschall* AMABLE-JEAN-JACQUES PÉLISSIER *(1794–1864) gerichtet haben soll.*

475 petitio principii] *lat. ›Fehler im Beweis‹, der darin besteht, daß das zu Beweisende selbst in versteckter Form als Voraussetzung des Beweises genutzt wird.*

476–495 wie für Mauthner das G e d ä c h t n i s zu weltverschlingender Größe anschwillt *bis* bei genauer Erblichkeit keine Entwicklung.] *vgl. hierzu* MAUTHNER: *›Beiträge‹ I, Kap. VII: ›Gedächtnis‹, S. 402–492.*

479f. Wortchicane gegen den Physiologen Hering *bis* Materie genannt hat] *vgl. dazu* MAUTHNER: *›Beiträge‹ I, S. 546f.; diese Ansicht vertrat der deutsche Physiologe* EWALD HERING *(1834–1918) in seiner am 30. Mai 1870 vor der Kaiserlichen Akademie der Wissenschaften in Wien gehaltenen Rede ›Ueber das Gedächtniss als eine allgemeine Function der organisirten Materie‹ (Druck Wien 1870).*

484 »Nadelöhr des Bewußtseins«] *vgl.* MAUTHNER: *›Beiträge‹ I, S. 570: »Das Leben, die Wirklichkeitswelt, das Interesse ist es dann, was unter den associierten Vorstellungen die brauchbarste auswählt und sie (nicht linear, sondern kreuz und quer) vor das Nadelöhr des Bewusstseins schleppt, auf den Block der Erinnerung wirft, unter das Fallbeil des Wortes oder des Begriffes.«*

491f. »Vielleicht sehen die Insekten *bis* keine Fortschritte machen.«] *vgl.* MAUTHNER: *›Beiträge‹ I, S. 394: »Würde unser Gehirn von Natur auch nur annähernd so genau arbeiten wie Mikroskope, Präzisionsthermometer, Chronometer und andere menschliche Werkzeuge, würden wir von jedem Einzelding ein so scharfes Bild auffassen und im Gedächtnis behalten, dann wäre die begriffliche Sprache vielleicht unmöglich. Es wäre uns dann einfach versagt, den Begriff Nelke zu bilden; die einzelnen Nelken wären einander zu unähnlich. Vielleicht sehen Insekten so scharf und können darum im Denken keine Fortschritte machen. Im Ernst, die ganze Begriffsbildung der Sprache wäre nicht möglich, wenn wir nicht unter lauter lückenhaften Bildern umhertappten, eben wegen der Lückenhaftigkeit die Aehnlichkeit überschätzten und so aus der Not eine Tugend machten.«*

495–497 Sehr verwandte Ideen *bis* »über Wahrheit und Lüge im außermoralischen Sinne«] *vgl. dazu insbesondere* NIETZSCHES *1873 entstandene Abhandlung ›Ueber Wahrheit und Lüge im aussermoralischen Sinne‹: »Der Intellekt, als ein Mittel zur Erhaltung des Individuums, entfaltet seine Hauptkräfte in der Verstellung; denn diese ist das Mittel, durch das die schwächeren, weniger robusten Individuen sich erhalten, als welchen einen Kampf um die Existenz mit Hörnern oder scharfem Raubthier-Gebiss zu führen versagt ist. Im Menschen kommt diese Verstellungskunst auf ihren Gipfel: hier ist die Täuschung, das Schmeicheln, Lügen und Trügen, das Hinter-dem-Rücken-Reden, das Repräsentiren, das im erborgten Glanze Leben, das Maskirtsein, die verhüllende Convention, das Bühnenspiel vor Anderen und vor sich selbst, kurz das fortwährende Herumflattern um die eine Flamme Eitelkeit so sehr die Regel und das Gesetz, dass fast nichts unbegreiflicher ist, als wie unter den Menschen ein ehrlicher und reiner Trieb zur Wahrheit aufkommen konnte« – »[n]ur durch Vergesslichkeit kann der Mensch je dazu kommen zu wähnen: er besitze eine Wahrheit« (Erstdruck in den von* Fritz Koegel *hrsg. ›Werken‹, II,2, Leipzig 1896 [KGW III,2, 367–384, hier 370 u. 372]).*

501 der Umwerter aller Werte] *Anspielung auf* Nietzsche *(vgl. dazu die Erläuterungen zu 196, 337f. und 339f. im Kommentarteil zu* Stirner, *HGW VIII, 401 und 406f.*

504f. die menschliche Moral ein armseliges Problem, gut genug für Tatsachensammler und Evolutionsschwätzer] *Der belgische Statistiker und Sozialwissenschaftler* Quételet *suchte seine quantitativen Methoden (vgl. dazu Erl. zu 2 im Kommentarteil zu* Massenglück und Einzelglück *[HGW VIII, 289] und Erl. zu 14f. im Kommentarteil zu* Das unreinliche Jahrhundert *[HGW VIII, 353]) auch auf die Erforschung und Beschreibung der moralischen Zustände anzuwenden (vgl. insbesondere ›Sur la statistique morale et les principes qui doivent en former la base.‹ Brüssel 1848). Darauf basierte u.a.* von Oettingens *›Socialethik auf empirischer Grundlage‹ (vgl. Erl. zu 13 im Kommentarteil zu* Massenglück und Einzelglück, *HGW VIII, 291).*

505f. daß ein Geist wie Nietzsche sich daran verschwendet hat, ist ebenso unbegreiflich] *vgl.* Nietzsche: *›Zur Genealogie der Moral‹, ›Vorrede‹ 2 [KGW VI,2, 260]).*

506–508 wie es begreiflich ist, daß ein im Denken geschwächtes Zeitalter die Ethik wieder in den Vordergrund der philosophischen Betrachtung schiebt] *vgl. Erl. zu 504f.; zur zeitgenössischen ›ethischen Bewegung‹ vgl. Erl. zu 346 im Kommentarteil zu* Stirner, *HGW VIII, 409.*

515 sous-entendu] *frz. ›unausgesprochen‹, ›andeutungsweise‹.*

515–519 Glaubt man wirklich noch an die Sanskritwurzeln *bis* unabhängigen Entwicklungsgesetzen?] August Schleicher *(vgl. Erl. zu 189) konzeptualisierte Sprache als einen evolutionären Momenten unterworfenen Organismus und apostrophierte als eine der »hauptaufgaben der glottik« – der »sprachwißenschaft« – die »ermittelung und beschreibung der sprachlichen sippen oder sprachstämme, d. h. der von einer und der selben ursprache ab stammenden sprachen und die anordnung diser sippen nach einem natürlichen systeme« (vgl. ›Compendi-*

um der vergleichenden Grammatik der indogermanischen Sprachen‹, S. 1).

529 qualitas occulta] *lat. ›verborgene Eigenschaft‹. Im Rahmen der aristotelischen Naturphilosophie unterschied man schon in der Scholastik wahrnehmbare Qualitäten wie Härte oder Farbe von okkulten Qualitäten wie Einflüssen der Sterne auf den Menschen (Astrologie) oder Magnetismus. Man meinte, okkulte Qualitäten könnten nicht wissenschaftlich erforscht werden. Mit dem Siegeszug der* NEWTON*schen Physik und dem Beginn der Erforschung des Magnetismus erhielt der Begriff eine abwertende Bedeutung; eine Beschäftigung mit okkulten Qualitäten galt unter Naturwissenschaftlern zunehmend als unwissenschaftliche Scharlatanerie.*

544–547 die Sanskritwurzeln *bis* Produkte grammatischer Analyse] *vgl. Erl. zu 186f., 189 und 515–519.*

555 die moderne Geologie über die Katastrophentheorie] *Die insbesondere von dem französischen Naturforscher und Begründer der Paläontologie* GEORGES DE CUVIER *(1769–1832) vertretene Lehre, die Unterschiede zwischen fossilen und rezenten Tieren seien auf eine periodische Vernichtung des Lebens durch Naturkatastrophen – wie die biblische Sintflut – und eine ebenso periodisch sich anschließende Neuerschaffung zurückzuführen (vgl. ›Discours sur les révolutions de la surface du globe.‹ Paris 1812), wurde in den frühen 1830er Jahren durch den englischen Geologen* CHARLES LYELL *(1797–1875) zurückgewiesen, der die anhand der Schichtungen der Erdkruste nachzuzeichnende Erdgeschichte als eine ununterbrochene Abfolge von geologisch zu beschreibenden Ereignissen betrachtete, welche Gesetzen unterliegen, die immer noch wirksam sind (vgl. ›Principles of Geology.‹ 3 Bde. London 1830–1833).*

556 die Biologie über die Schöpfungslehre] *Der Begriff* Biologie *(griech. βίος [bíos] ›Leben‹, griech. λόγος [lógos] ›Lehre‹) wurde erst um 1800 von* KARL FRIEDRICH BURDACH *(1776–1847) und* GOTTFRIED REINHOLD TREVIRANUS *(1776–1837) für eine Wissenschaft vom Lebendigen geprägt, die auf theoretisches Verständnis ausgerichtet war und die Ganzheit der Organismen im Blick hatte (vgl.* BURDACH*: ›Propädeutik zum Studium der gesammten Heilkunst.‹ Leipzig 1800, S. 62, sowie* TREVIRANUS*: ›Biologie, oder Philosophie der lebenden Natur für Naturforscher und Aerzte.‹ 6 Bde. Göttingen 1802–1822, Bd. 1, S. 4). – Bereits bei den Vorsokratikern findet sich der Gedanke an eine Entwicklung im Sinne einer Deszendenz – so entstanden nach* ANAXIMANDER VON MILET *(um 610 v. Chr. – 545 v. Chr.) die Landtiere aus den fischartigen Wasserlebewesen, der Mensch schließlich ging aus einer Tierart hervor (»ἐξ ἀλλοειδῶν ζώιων ὁ ἄνθρωπος ἐγεννήθη«, vgl. DK 12 B 10). Diese Ideen wurden durch die jüdisch-christliche* Schöpfungslehre, *die eine Konstanz der Arten postuliert, verdrängt. In der Neuzeit griffen* KANT *(vgl. KdU, § 80 [AA V, 417–421]) und* GOETHE *(vgl. u.a.*

den ›Versuch die Metamorphose der Pflanzen zu erklären‹ [1790]) die Deszendenztheorie wieder auf, ferner der englische Naturforscher Erasmus Darwin *(1731–1802), der eine Deszendenz auf der Grundlage einer Anpassung an die Umwelt annahm (vgl. ›Zoonomia, or the Laws of Organic Life.‹ 2 Bde. London 1794–1796, XXXIX, 4; ebenso ›Temple of Nature.‹ London 1803), und der französische Naturforscher* Jean-Baptiste de Lamarck *(1744–1829), der die Entwicklung der höheren Arten aus niederen durch die direkte Wirkung der äußeren Lebensbedingungen und Vererbung der dadurch veränderten und angepaßten Organe postulierte (vgl. ›Philosophie zoologique.‹ Paris 1809). Erst* Charles Darwin *(1809–1882) konnte mit der Evolutionstheorie die biologische Diversität auf der Erde ohne Rekurs auf metaphysische oder transzendente Instanzen erklären (›On the Origin of Species by Means of Natural Selection, or the Preservation of Favoured Races in the Struggle for Life‹. London 1859; dt. Übers. Stuttgart 1860).*

558f. für Jean Paul die Sprache ein »Wörterbuch vergilbter Metaphern«] Hausdorff *zitiert – nicht ganz wörtlich – nach* Mauthners *Verweis auf* Jean Pauls *Äußerungen »über die sprachliche Bedeutung der Metapher« in den ›Beiträgen‹ II, S. 472f.: »Daher ist jede Sprache in Rücksicht geistiger Beziehungen ein Wörterbuch erblasster Metaphern« (ebd., S. 473); vgl.* Jean Paul: *›Vorschule der Ästhetik‹ [1804, ²1813], IX. Programm, § 50 (›Sämtliche Werke‹ I/5 [²1813], S. 184).*

563 Onomatopöie] *griech. ὀνομαστι (onomasti) ›namentlich‹, ›Namens-‹ und griech. ποίησις (poiesis) ›Dichtung‹; ›Wort-, Lautmalerei‹, die Wiedergabe von Klängen oder Lauten mithilfe diese bezeichnender Worte, z.B. ›miauen‹, ›blöken‹ etc.; ein bereits in der Antike verbreitetes poetisches Stilmittel, z.B. in der Komödie ›Die Frösche‹ (entst. 405 v. Chr.) des* Aristophanes *(um 445 v. Chr. – um 385 v. Chr.); vgl. dazu* Mauthner: *›Beiträge‹ II, S. 534–536.*

577 Katachrese] *griech. κατάχρησις (katáchresis) ›Mißbrauch‹; in der Rhetorik der Verstoß eines Redners oder Dichters gegen die logische Einheit eines von ihm gebrauchten Begriffsbildes; vgl. dazu* Mauthner: *›Beiträge‹ II, S. 529f.*

578 preziös] *frz. précieux/précieuse ›kostbar‹, ›edel‹, übertragen aber auch ›geziert‹.*

578 Wippchen] *vgl. dazu* Mauthner: *›Beiträge‹ II, S. 513: »Das alte Wort Wippchen ist, seitdem der Kriegskorrespondent eines Witzblattes so genannt wurde, zur Bezeichnung geworden für die in seinen Berichten beliebten lächerlichen Zusammenstellungen widersprechender Sprachbilder.« – Das ›Wippchen‹, auch ›Wippchen aus Braunau‹ ist eine Erfindung des Journalisten und Satirikers* Julius Stettenheim *(1831–1916), der seit 1877 als eine Art fiktiver Reporter mit komischen Wortverdrehungen, heiteren Falschmeldungen und ähnlichem das Interesse der Leser gewann (vgl. ›Wippchens Sämtliche Berichte.‹*

16 Bde. Berlin 1878–1903; auch Einzeltitel wie ›Wippchen in Chicago.‹ Berlin 1893); unter dem Titel ›Wippchen‹ erschien darüber hinaus seit 1893 eine von STETTENHEIM *betreute Beilage zum ›Kleinen Journal‹.*

583f. »durch ungeheure Komik imstande ist, sich dem Gedächtnis einzuprägen.«] *vgl.* MAUTHNER: *›Beiträge‹ II, S. 530: »Eine allgemein belachte Katachrese ist in Frankreich die Phrase ›le char de l'état navigue sur un volcan‹. Und wieder frage ich: warum nicht? Ich werde das übermütige Gefühl nicht los, dass in der Sprache wie im Leben häufiger als man glaubt etwas Gesetz, Mode oder Brauch geworden ist, weil es bei seinem ersten Auftreten durch ungeheuere Komik im stande war, sich dem Gedächtnisse einzuprägen.«*

585f. »über Gelächter und Irrtümer hinweg«] *vgl.* MAUTHNER: *›Beiträge‹ II, S. 726f.: »Es hiesse ja wirklich den einzelnen Menschen viel zumuten, wenn sie z. B. von selbst ersonnen hätten, gewisse Merkmale der Eiche, der Palme und der Tanne abzuziehen und für diesen Abzug ein besonderes Wort zu erfinden. Es wäre viel glaubhafter und würde selbst noch für die historische Zeit von der Sprachwissenschaft unterstützt, wenn zwischen den Menschen über Gelächter und Irrtümer hinweg das Wort Baum dadurch entstanden wäre, dass es ursprünglich das Wort für einen bestimmten Baum war, im Sprachgebrauche eines Individuums, dass es dann zwischen Menschen allmählich für die Naturgebilde bedeutsam wurde, die man so leicht verwechselte, wie z. B. alle Laubbäume, und dass dann erst sehr spät der wissenschaftliche Begriff hinzukam, der auch die Palme und die Tanne mit umfasste, bis vielleicht einmal wieder ein Umschwung in der Botanik die Palmen nicht mehr unter die Gattung Baum begreift.«*

588 Shakespeare] *vgl. hierzu* MAUTHNER: *›Beiträge‹ II, S. 517–521.*

588 Goethe] *vgl. hierzu* MAUTHNER: *›Beiträge‹ II, S. 521–523.*

598f. despektierliche] *lat. despectus ›verächtlich‹; hier bildungssprachlich für geringschätzig.*

608f. zufälligerweise wird Luftschwingung als Tätigkeit, Ätherschwingung als Eigenschaft bezeichnet] *zur Entwicklung der Lehren vom Licht und vom Äther vgl. Erl. zu 307f. und zu 551 im Kommentarteil zu* Massenglück und Einzelglück, *HGW VIII, 319–321 u. 336f.*

621–623 die Eskimos *bis* und leblosen Dingen] *vgl.* MAUTHNER: *›Beiträge‹ III, S. 27: »Wenn wir nicht die besitzenden Sklaven einer solchen geschlechtsfrohen Kultursprache wären, wenn wir ausserhalb stünden und nun hören würden, dass unsere Geschlechtsklassifikation eine Ausnahme bilde unter den Sprachen der Erde, dass die meisten Sprachen das Geschlecht gar nicht kennen, dass z. B. die Eskimo die Dingwörter in belebte und unbelebte einteilen: so müssten wir wohl unbefangen die Sprachphantasie der Eskimo bewundern und unsere eigene Geschlechtsphantasie barbarisch finden.« – Obwohl Eskimos zeitgenössisch als durchaus geistig begabt galten (vgl. ›Meyer‹ VI [1906],*

107), haftete ihnen – ähnlich wie den Farbigen – die Charakteristik einer ›minderwertigen Rasse‹ an, was nicht zuletzt auf den US-amerikanischen Polarforscher ROBERT EDWIN PEARY *(1856–1920) zurückging, der die Eskimos als den Weißen nicht ebenbürtig, keinerlei Ehrgeiz entwickelnd und rein instinktmäßig handelnd ansah und der 1897 eine Gruppe Polar-Eskimos nach New York gebracht hatte, die lange Zeit im dortigen Museum für Naturgeschichte ›ausgestellt‹ wurden – ein während dieser Zeit verstorbener Eskimo noch als Skelett (vgl. hierzu u.a.* KENN HARPER: *›Die Seele meines Vaters. Minik – der Eskimo von New York [1986].‹ Übers. v.* FEE ENGELMANN, *mit einer Einf. v.* JUTTA STEFFEN-SCHRADE. *München 2001).*

623 transitiven und intransitiven Verben] *vgl. dazu* MAUTHNERS *Ausführungen in den ›Beiträgen‹ III, S. 19–22.*

626 Locke] *Nach* LOCKE *(vgl. Erl. zu 464f.) ist der Verstand anfangs einer ›tabula rasa‹ vergleichbar (›Essay concerning human understanding‹ II.1,2), erst durch sinnliche Wahrnehmung entwickeln sich einfache Vorstellungen (»simple ideas«, vgl. ebd., II.2,1–3), die im Gedächtnis gespeichert werden und in einem zweiten Schritt reflektiert und abstrahiert werden (»mixed ideas«, vgl. ebd., II.12,1f.); auf dieser Grundlage sind sprachliche Äußerungen Zeichen für die inneren, auf Erfahrung beruhenden Vorstellungen (ebd., III.2,2).*

626 Kant] *Nach* KANT *ist »[a]lle Sprache [...] Bezeichnung der Gedanken, und umgekehrt die vorzüglichste Art der Gedankenbezeichnung ist die durch die Sprache, dieses größte Mittel, sich selbst und andere zu verstehen« (›Anthropologie in pragmatischer Hinsicht‹ [1798], I, § 39 [AA VII, 192]).*

626 Helmholtz] *Nach der empirischen Sinnesphysiologie des deutschen Physiologen und Physikers* HERMANN VON HELMHOLTZ *(1821–1894) sind die Empfindungen durch Einwirkung äußerer Ursachen erzeugte Erregungen der Nerven, die zum Gehirn geleitet werden und dort zum Bewußtsein kommen. Im entsprechenden Bewußtseinsakt werden auf der Grundlage von Erfahrungen »Vorstellungen über die Existenz, die Form und die Lage äusserer Objecte«, die »Wahrnehmungen«, ausgebildet (›Handbuch der Physiologischen Optik.‹ Leipzig 1867, S. 427). Nur das »unverstandene Material« also rührt »von Empfindungen von den äusseren Einwirkungen« her, »alle Vorstellungen aber [werden] daraus nach den Gesetzen des Denkens gebildet« (›Die Thatsachen in der Wahrnehmung [1878].‹ In: ›Vorträge und Reden.‹ Hrsg. v.* ANNA VON HELMHOLTZ. *2 Bde. Braunschweig [5]1903, Bd. 2, S. 213–247, hier S. 236). Damit sind die »Sinnesempfindungen [...] für unser Bewusstsein Zeichen, deren Bedeutung verstehen zu lernen unserem Verstande« auf der Grundlage von Erfahrung »überlassen ist« (›Handbuch‹, S. 797). – Vgl. auch Erl. zu 503 im Kommentarteil zu* Das unreinliche Jahrhundert, *HGW VIII, 377.*

627–639 Bei den Zeitformen des Verbums *bis* stand im Begriff« u.s.w.] *vgl.* MAUTHNER: *›Beiträge‹ III, S. 67: »Es gilt als selbstverständlich, dass das Zeitverhältnis eines Satzes zunächst durch die Zeitformen des Verbums ausgedrückt wird; und zwar bezieht sich das Zeitverhältnis immer auf das Subjekt, entweder auf das Subjekt des Satzes oder auf das den Satz aussprechende Subjekt. Dieses Subjekt vertritt die Gegenwart. Der Sprecher ist immer gegenwärtig, das grammatikalische Subjekt wird entweder als gegenwärtig gedacht oder mit der Gegenwart des Sprechers verglichen. So hat jeder mögliche Satz einerseits eine zeitliche Mitbedeutung; anderseits wird immer nur eine Beziehung zur Gegenwart, also Vergangenheit oder Zukunft, direkt ausgedrückt. Für die eigentliche Gegenwart, abgesehen von der (III. 43) erwähnten Zeitlosigkeit, hat das Verbum so wenig einen unmittelbaren Ausdruck, wie das Substantiv für den Fall der Beziehungslosigkeit. Was wir Nominativ und Präsens nennen, das ist wahrscheinlich eine höhere und spätere Bildung als Dativ und Accusativ, als Perfektum und Futurum«; verschiedene Beispiele gibt* MAUTHNER *ebd., III, S. 37–45.*

646 »Ellipsen«] *griech. ἔλλειψις (élleipsis) ›Auslassung‹; das Auslassen von syntaktisch oder lexikalisch vorgeschriebenen, für das Verständnis aber nicht notwendigen sprachlichen Elementen. – Vgl.* MAUTHNER: *›Beiträge‹ III, S. 62: »Erkenntnistheoretische Untersuchungen haben uns zu der Einsicht geführt, dass die altberühmten Kategorien des Seins doch nur die aus unseren indoeuropäischen Sprachen abstrahierten Redeteile der Grammatik sind, und dass diese Redeteile weder der Wirklichkeitswelt noch unsern Sinneseindrücken von ihr kongruent sind. Wir haben gesehen, dass unsere Wahrnehmungen von den Dingen weit eher adjektivischer als substantivischer Natur sind, und dass das Verbum Beziehungen im Raum und in der Zeit auszudrücken versucht, etwa Veränderungen, also Vergleichungen, dass wir aber von Thätigkeiten und Zuständen unmittelbar gar nichts wissen. Nun führen uns psychologische Untersuchungen auf ganz anderem Wege dazu, das Verbum auch sprachlich überflüssig zu finden zur Auffassung oder Mitteilung einer Handlung. Bei elliptischen Formen wie ›Heraus!‹ ›Zu Pferde!‹ ›Schnell!‹ und dergleichen ist es ja bekannt, dass das Verbum aus der Situation ergänzt wird. Das ist aber nicht mit den Sprachpedanten so zu verstehen, als verschweige der Sprecher und ergänze der Hörer ein bestimmtes Verbum z. B. der Schauspieler solle heraus ›kommen‹, der lästige Besucher solle heraus ›gehen‹. Man könnte, wenn man schon einen ordentlichen Satz formulieren will, in jedem solchen Falle das Verbum ›machen‹ eintreten lassen, welches ja so häufig als allgemeinste Bezeichnung irgend einer Thätigkeit fast wie eine Flexionssilbe gebraucht wird.«*

647 deiktisch] *griech. δείκνυμι (deiknymi) ›zeigen‹. In der Sprachwissenschaft werden mit diesem aus der formalen Logik des US-amerikani-*

schen Philosophen Charles Sanders Peirce *(1839–1914) übernommenen Terminus solche sprachlichen Ausdrücke bezeichnet, die einen kontext- und situationsabhängigen hinweisenden Charakter haben, u.a. Personalpronomina, Adverbialausdrücke wie ›hier‹ und ›dort‹ oder Demonstrativpronomina.*

648–650 Der Matrose *bis* die Syntax dabei zu kurz kam.«] *vgl. dazu* Mauthner: *›Beiträge‹ III, S. 203f.*

654–656 jener Freund Kants *bis* die Satzanfänge nicht zu verlieren] Hausdorff *spielt hier vmtl. auf den deutschen Schriftsteller, Sprachphilosophen und Philologen* Johann Georg Hamann *(1730–1788) an, der nach der Lektüre der ersten 30 Bögen von* Kants *›Kritik der reinen Vernunft‹ meinte, daß das Werk dem »Ueberschlage nach [...] Aufsehen machen und zu neuen Untersuchungen, Revisionen p. Anlaß geben [werde]. Im Grunde aber möchten sehr w e n i g e L e s e r dem scholastischen Innhalt gewachsen seyn – Mit dem Fortgange wächst das Intereße – und es gib reitzende und blühende Ruheplätze, nachdem man lange im Sande gewatet« (an den Verleger* Johann Friedrich Hartknoch, *8. April 1781 [›Briefwechsel.‹ Hrsg. v.* Walter Ziesemer *u.* Arthur Henkel. *7 Bde. Wiesbaden u. Frankfurt a.M. 1955–1979, Bd. 4, S. 278]). In einem Brief an* Johann Gottfried Herder *(1744–1803) jedoch klagte er während der Lektüre, das »so korpulente[] Buch« sei »weder des Autors Statur noch dem Begrif der reinen Vernunft [...], welche er der f a u l e n und ä r s c h l i c h e n = [s]einer entgegensetzt«, angemessen (an* Herder, *10. Mai 1781 [ebd., S. 292f.]), und auch sei er bei seiner »dritten Lectur des Kantschen Werks im Stecken gerathen« und müsse »es wol zum 4ten mal durchgehen« (an* Herder, *10. Dezember 1781 [ebd., S. 355f.]) – indes konnte er auch dann mit der Lektüre »nicht fort. Danov in Jena [sc.* Ernst Jakob Danov(ius), *1741–1782] hat im Colleg gesagt: das Buch brauchte ein Jahr um es zu lesen: bei mir wirds wohl 2. oder 3. brauchen« (an* Johann Gottfried *und* Caroline Herder, *31. Dezember 1781 [ebd., S. 361]). Seine Rezension der ›Kritik‹ (datiert 1. Juli 1781 [sic!]), die den »Lesern, die solcher gewachsen und durch Musse so wol als Geschmack dazu beruffen« seien, eine »freye und öffentliche Prüfung« ermöglichen sollte, beendet er mit einer Passage aus* Jean Terrassons *(1670–1750) auch von* Kant *zitierter (vgl. KrV A XVIIIf.) ›Philosophie applicable a tous les objets de l'esprite et de la raison‹ (1754): Das Glück eines Schriftstellers bestehe darin, »von e i n i g e n gelobt und a l l e n bekannt« zu sein – »Recensent setzt noch als das M a x i m u m ächter Autorschaft und Kritik hinzu: ›von b l u t w e n i g e n gefasst zu werden‹«, sowie das ›Motto‹: »– O QVANTVM EST IN REBUS INANE! / SVNT LACRUMAE RERUM –« (›Sämtliche Werke.‹ Historisch-kritische Ausgabe. Hrsg. v.* Josef Nadler. *6 Bde. Wien 1949–1957, Bd. 3, S. 275–280, hier S. 277 u. S. 280). Das Motto (›Viel Nichtiges steckt in den Dingen! – Beweinenswerte Dinge sind es‹), eine Kompi-*

lation von Versen aus VERGILS *›Aeneis‹ (I, 462) und* PERSIUS FLACCUS' *›Satiren‹ (I, 1), stellte* HAMANN *auch seiner 1784 entstandenen, aber erst 1800 von* FRIEDRICH THEODOR RINK *herausgegebenen ›Metakritik über den Purismus der Vernunft‹ voran, in der er »um der schwachen Leser willen« das, was die »Transcendentalphilosophie metagrabolosirt«, »auf das Sacrament der Sprache, den Buchstaben ihrer Elemente, den Geist ihrer Einsetzung« bezieht und es »einem jeden« überläßt, »die geballte Faust in eine flache Hand zu entfalten« (›Sämtliche Werke‹, Bd. 3, S. 281–289, hier S. 289);* HAMANN *bedient sich hier mit leichter, aber treffender Veränderung des von* FRANÇOIS RABELAIS *(um 1494 – 1553) in ›La vie très horrifique du grand Gargantua, père de Pantagruel‹ (›Das sehr furchteinflößende Leben des großen Gargantua, des Vaters von Pantagruel‹, 1534/35) geschaffenen Neologismus ›matagraboliser‹ (griech. ματαιογραφοβολιζειν), der svw. ›schreibend Leeres ausloten‹ bedeutet (bei* RABELAIS *zusammengesetzt aus griech. μάταιος ›leer‹ und frz. graboliser, von frz. grabeler ›durchsuchen‹; vgl. ›Gargantua.‹ Première édition critique faite sur l'Editio princeps. Texte établi par* RUTH CALDER. *Genf 1970, S. 118; zur Etymologie vgl. auch* ELFRIEDE BÜCHSEL: *›Über den Ursprung der Sprache.‹ Gütersloh 1963 [›Johann Georg Hamanns Hauptschriften erklärt‹ 4], S. 200f. mit Anm. 1); zu* HAMANNS KANT*-Kritik vgl. generell* OSWALD BAYER: *›Vernunft ist Sprache. Hamanns Metakritik Kants.‹ Stuttgart-Bad Cannstatt 2002 [›Spekulation und Erfahrung‹, Abt. II: Untersuchungen 50]).*

660–662 Schopenhauers Meinung *bis* Tatsachen längst widerlegt.] *vgl. dazu* ARTHUR SCHOPENHAUERS *Hauptwerk ›Die Welt als Wille und Vorstellung‹ (›Erster Band. Vier Bücher, nebst einem Anhange der die Kritik der Kantischen Philosophie enthält.‹ Leipzig 1819 [sc. 1818], und ›Zweiter Band, welcher die Ergänzungen zu den vier Büchern des ersten Bandes enthält.‹ Leipzig 1844 [mit der 2. Aufl. des ersten Bandes]), Bd. 1, ›Anhang‹: »Zur Logik verhält sich die Grammatik wie das Kleid zum Leibe. Sollten daher nicht diese allerobersten Begriffe, dieser Grundbaß der Vernunft, welcher die Unterlage alles speziellern Denkens ist, ohne dessen Anwendung daher gar kein Denken vor sich gehn kann, am Ende in den Begriffen liegen, welche eben wegen ihrer überschwenglichen Allgemeinheit (Transzendentalität) nicht an einzelnen Wörtern, sondern an ganzen Klassen von Wörtern ihren Ausdruck haben, indem bei jedem Worte, welches es auch sei, einer von ihnen schon mitgedacht ist; demgemäß man ihre Bezeichnung nicht im Lexikon, sondern in der Grammatik zu suchen hätte? Sollten es also nicht zuletzt jene Unterschiede der Begriffe sein, vermöge welcher das sie ausdrückende Wort entweder ein Substantiv oder ein Adjektiv, ein Verbum oder ein Adverbium, ein Pronomen, eine Präposition oder sonstige Partikel sei, kurz: die partes orationis? Denn unstreitig bezeichnen diese die Formen, welche alles Denken zunächst annimmt und in denen es sich unmittelbar bewegt: deshalb eben sind sie die wesentlichen Sprachformen, die Grundbestandteile jeder Sprache, so daß wir uns keine Sprache denken können, die nicht wenigstens aus Substantiven, Adjektiven und Verben bestände.« (ASW 1, 642.)*

663 Bantusprachen] *Die Bantu, eine im südlichen und mittleren Afrika siedelnde Vielzahl von Völkern und Stämmen, zeichnen sich durch eine morphologisch besonders einheitliche Gruppe von Sprachen aus, die sie von den anderen afrikanischen Völkern und Stämmen unterscheidet; zeitgenössisch waren 168 Bantusprachen mit 55 Dialekten bekannt.*

666–669 aus den Zufällen *bis* die sogenannte L o g i k!] *Verweis auf* Aristoteles, *der in seinem ›Organon‹ (vgl. Erl. zu 713f.) die Prinzipien dem unmittelbaren Erfahrungsbereich entnahm, zu welchem neben der sinnlich wahrnehmbaren Welt auch die Sprache zu zählen sei.*

670 Hinrichtung der aristotelischen Logik] *vgl. dazu* Mauthner: *›Beiträge‹ III, v.a. Kap. V: ›Die Schlußfolgerung‹ (S. 379–457).*

670f. in corpore vili] *lat. ›an einem wertlosen Körper‹; insbesondere ist das ›experimentum in corpore vili‹ ein (medizinisches) Experiment an einem ›wertlosen Körper‹, vorzugsweise an einem zum Tode Verurteilten im ›Interesse der Wissenschaft‹. –* Kant *verweist im ›Streit der Facultäten‹ darauf, daß es die Aufgabe des von der Orbrigkeit eingesetzten Kollegiums sei, »nicht sowohl in dem, was die Ärzte thun [zu wachen], als was sie unterlassen sollen: nämlich e r s t l i c h, daß es fürs Publicum überhaupt Ärzte, z w e i t e n s, daß es keine Afterärzte gebe (kein ius impune occidendi [Recht auf ungestrafte Tötung] nach dem Grundsatz: fiat experimentum in corpore vili)« (›Streit der Facultäten‹ I,1 C [AA VII, 26]).*

671f. den köstlichen Spott über Molières *bis* Baralipton] *vgl.* Molières *(sc.* Jean-Baptiste Poquelin; *1622–1673) 1670 uraufgeführtes Lustspiel ›Le bourgeois gentilhomme‹ (›Der Bürger als Edelmann‹): »**Herr Jordan**. Die drey Wirkungen des Verstandes? Welche sind es denn? / **Der Philosoph**. Die erste, die zweyte und die dritte. Die erste lehret recht begreifen durch die Praedicabilia; die andere, recht urtheilen, durch Eintheilung in Geschlechter und Gattungen; und die dritte, recht schließen, durch die Figuren: Barbara, Celarent, Darii, Ferio, Baralipto, und so weiter. / **Herr Jordan**. O was sind das für fürchterliche Namen! Nein, die Logik gefällt mir nicht; lehren sie mich etwas, was artiger ist« (nach der Ausgabe ›Molières ausgewählte Werke in drei Bänden.‹ Übers. v.* Friedrich Samuel Bierling, *eingel. v.* Paul Lindau. *Stuttgart 1883, II,5). – Barbara, Celarent, Darii, Ferio, mit denen sich* Mauthner *in den ›Beiträgen‹ III, S. 437–451 auseinandersetzt, bezeichnen in der traditionellen Syllogistik in der Form eines von* Petrus Hispanus *(vor 1205 – 1277; seit September 1276 als* Johannes XXI. *Papst) eingeführten Merkverses die vier vollkommenen Syllogismen der ersten syllogistischen Schlußfigur (vgl. ›Tractatus‹ [auch ›Summu-*

lae logicales‹], entstanden vor 1245) – Barbara: ›alle M sind P‹, ›alle S sind M‹ impliziert ›alle S sind P‹; Celarent: ›kein M ist P‹, ›alle S sind M‹ impliziert ›kein S ist P‹; Darii: ›alle M sind P‹, ›einige S sind M‹ impliziert ›einige S sind P‹; Ferio: ›kein M ist P‹, ›einige S sind M‹ impliziert ›einige S sind nicht P‹.

673f. die neueren, besonders von englischen Logikern gelieferten Formalismen] *Hier Verweis u.a. auf John Stuart Mill (1806–1873), der mit dem Ziel der Anwendung der ›alten‹ Logik auf die Geisteswissenschaften auf der Grundlage einer induktiven Logik eine Methodologie der Wissenschaften in Anlehnung an Newton entworfen hatte (vgl. ›A System of Logic, Ratiocinative and Inductive.‹ London 1843), v.a. aber auf die Vertreter der formalen Logik in England George Boole (1815–1864; vgl. Erl. zu 674) und Augustus De Morgan (1806–1871; ›Formal Logic, or the Calculus of Inference, Necessary, and Probable.‹ London 1847), die die inhaltlich verstandenen Schlußregeln der aristotelischen Logik konsequent nach Art der Arithmetik formalisierten und mathematische Begriffsbildungen und Methoden auch in der Logik verwendeten.*

674 die logische Algebra] *auch algebraische Logik, Algebra der Logik (vgl. dazu Mauthner: ›Beiträge‹ III, S. 451–456). Die von Boole (vgl. Erl. zu 673f.) begründete ›Algebra der Logik‹ verwendet erstmals algebraische Methoden in der Klassen- und Aussagenlogik (vgl. ›Mathematical analysis of logic.‹ Cambridge 1847). – In der modernen Mathematik ist eine boolsche Algebra eine algebraische Struktur, deren Bedeutung weit über die Logik hinausreicht.*

675–691 Ich vermisse ein Wort *bis* dem Schlußresultat begierig ist.] *Ein solches logisches Klavier (logical piano) entwickelte der englische Philosoph und Nationalökonom William Stanley Jevons (1835–1882) im Jahre 1869.*

703f. ein tadelloser Syllogismus, ein Maschinenschluß] *griech. συλλογισμός (syllogismós) ›das Zusammenrechnen‹. Nach den ›Ersten Analytiken‹ des Aristoteles ist die Syllogistik, die Theorie der gültigen Schlüsse von zwei Vordersätzen auf einen Schlußsatz, das Kernstück der traditionellen Logik.*

712 deduktive Logik] *lat. deducere ›herabführen‹, ›ableiten‹. Gegenstand der deduktiven Logik ist das Ableiten von Aussagen aus anderen Aussagen mittels logischer Schlußregeln, vgl. Erl. zu 703f.*

713f. Organon stagiritischen Tiefsinns] *griech. ὄργανον (órganon) ›Werkzeug‹. Sammelbezeichnung für die logischen Schriften des Aristoteles, der nach seinem Geburtsort Stageira in Makedonien auch als der ›Stagirit‹ bezeichnet wurde, aber auch für logische Schriften zur Grundlegung der Erkenntnis überhaupt.*

724 für den mephistophelischen Professor im Collegium logicum] *Anspielung auf Goethes ›Faust‹ I, ›Studierzimmer [II]‹ (vv. 1530ff. [WA I,14, 75ff.]).*

731 die selbstregistrierenden Thermometer] *sogenannte ›Thermographen‹, Thermometer, die den Temperaturverlauf in einem gewissen Zeitraum mit Hilfe eines Schreibstiftes auf einer durch ein Uhrwerk betriebenen Papierwalze aufzeichnen.*

738, 742f. »Kein Hund ist ein Komet«] *vgl. dazu* MAUTHNER: *›Beiträge‹ III, S. 433f.: »Für uns liegt die Sache so, dass wir die Regel nicht brauchen, weil noch niemals, seitdem es Menschengehirne gibt, irgend eines auf den verzweifelten Einfall gekommen ist, blosse Negationen miteinander vergleichen zu wollen. ›Kein Komet ist ein Käse und ein Hund ist kein Komet‹, das associiert sich nicht in unserem Gehirn.«*

760 die Wahrscheinlichkeitsrechnung] *Zeitgenössisch sah man die Verbindung von Logik und Wahrscheinlichkeitsrechnung viel enger als heute; vgl etwa* JOHANNES VON KRIES: *›Die Principien der Wahrscheinlichkeitsrechnung. Eine logische Untersuchung.‹ Tübingen 1886, 2. Aufl. 1927. –* HAUSDORFF *kannte die einschlägige Literatur; er hat zeitweise auf dem Gebiet der Wahrscheinlichkeitsrechnung gearbeitet und bemerkenswerte eigene Beiträge geleistet (HGW V, 441–590).*

767 mechanische Materialismus] *Der Begriff ›mechanischer Materialismus‹ wurde von* FRIEDRICH ENGELS *(1820–1895) geprägt, um den historischen und dialektischen »moderne[n] Materialismus«, der »in der Geschichte den Entwicklungsprozeß der Menschheit« sieht, vom naturwissenschaftlichen – biologischen – Materialismus des 18. Jahrhunderts abzugrenzen.* ENGELS *wandte sich damit auch insbesondere gegen die ›vulgärmaterialistischen‹ Anschauungen* LUDWIG BÜCHNERS *(1824–1899.; ›Kraft und Stoff. Empirisch-naturphilosophische Studien in allgemein-verständlicher Darstellung.‹ Frankfurt a.M. 1855),* CARL VOGTS *(1817–1895; ›Physiologische Briefe für Gebildete aller Stände.‹ Gießen 1847) und* JAKOB MOLESCHOTTS *(1822–1893; ›Der Kreislauf des Lebens. Physiologische Antworten auf Liebig's Chemische Briefe.‹ Mainz 1852), die einen naiven, »bloß metaphysischen, ausschließlich mechanischen Materialismus« propagierten (vgl.* ENGELS: *›Herrn Eugen Dühring's Umwälzungen der Wissenschaft [›Anti-Dühring‹, 1878]‹, MEW 20, 24); zur marxistischen Deutung des ›vulgär-‹ bzw. ›kleinbürgerlichen Materialismus‹ vgl. ›Vogt, Moleschott, Büchner. Schriften zum kleinbürgerlichen Materialismus in Deutschland. Eine Auswahl in zwei Bänden.‹ Hrsg. u. eingel. v.* DIETER WITTICH. *Berlin 1971; zum naturwissenschaftlichen Materialismus vgl.* ANNETTE WITTKAU-HORGBY: *›Materialismus. Entstehung und Wirkung in den Wissenschaften des 19. Jahrhunderts.‹ Göttingen 1998, ebenso ›Weltanschauung, Philosophie und Naturwissenschaft im 19. Jahrhundert.‹ Hrsg. v.* KURT BAYERTZ, MYRIAM GERHARD *u.* WALTER JAESCHKE. *3 Bde. Hamburg 2007, Bd. 1: ›Der Materialismus-Streit‹; historisch übergreifend* FRIEDRICH ALBERT LANGE: *›Geschichte des Materialismus und Kritik seiner Bedeutung in der Gegenwart.‹ 2 Bde. Leipzig 1865 u.ö.*

774 Desperation] *lat. desperatio ›Verzweiflung‹.*

777f. der Hammer, mit dem er philosophiert] *Anspielung auf* NIETZSCHES *1889 erschienene philosophische Abhandlung ›Götzen-Dämmerung oder Wie man mit dem Hammer philosophirt‹.*

779 Pretiosen] *frz. préciosité eigentlich ›Geziertheit‹, ›Affektiertheit‹; hier svw. Kostbarkeiten, v.a. Edelsteine und Schmuck.*

779f. Götzendämmerung] *vgl. Erl. zu 777f.*

780–785 Es gab im frühen Mittelalter eine Denkrichtung *bis* Einzelerscheinungen glaubte.] *Gemeint ist die u.a. von* THOMAS VON AQUIN *und* JOHANNES DUNS SCOTUS *(um 1266 – 1308) vertretene erkenntnistheoretische Richtung der mittelalterlichen Philosophie, nach der den Universalien, den allgemeinen Begriffen des Denkens, eine vom Bewußtsein unabhängige, externe Realität zukommt.*

783 platonischer Idee] *vgl. dazu Erl. zu 212 im Kommentarteil zu* Massenglück und Einzelglück, *HGW VIII, 313.*

783f. aristotelischer Entelechie] *griech. ἐντελέχεια (entelécheia) ›Vollendung‹, ›Verwirklichung‹; von* ARISTOTELES *geprägter Begriff für die Verwirklichung der in einem Seienden angelegten Möglichkeiten (›De anima‹ 414a 16f.).*

786f. N o m i n a l i s t e n] *Die Nominalisten sind der Auffassung, daß den Universalien (vgl. Erl. zu 780–785) außerhalb ihres formalen Geltungsbereichs nichts Wirkliches entspricht, diese vielmehr nur Zeichen für etwas real Gemeintes sind; u.a. von* JOHANNES ROSCELIN VON COMPIÈGNE *(um 1045 – nach 1120) und seinem Schüler* PIERRE ABAILARD *(*PETRUS ABÆLARDUS*; 1079–1142) vertreten.*

788f. flatus vocis] *lat. ›Hauch der Stimme‹, auf* ROSCELIN VON COMPIÈGNE *(vgl. Erl. zu 786f.) zurückgehende Formel zur Kennzeichnung der Universalien; vgl. dazu* PIERRE ABAILARDS *›Liber divisionum et definitionum‹: »Fuit autem, memini, magistri nostri Roscellini tam insana sententia ut nullam rem partibus constare vellet, sed sicut solis vocibus species, ita et partes adscribebat« (›Ouvrages inédits d'Abélard pour servir à l'histoire de la philosophie scholastique en France.‹ Hrsg. v.* VICTOR COUSIN. *Paris 1836, S. 471) sowie das ›Metalogicon‹ des* JOHANNES VON SALISBURY *(um 1115/1120 – 1180): »Alius ergo consistit in uocibus, licet haec opinio cum Roscelino suo, fere omnino iam euanuerit« (II, 17c;* IOANNIS SARESBERIENSIS*: ›Metalogicon.‹ Hrsg. v.* JOHN BARRIE HALL. *Turnhout 1991 [›Corpus Christianorum. Contiunatio Mediaevalis‹, 98], S. 81).*

794 fable convenue] *frz. ›verabredete Fabel‹; bildungssprachliche Bezeichnung für etwas Erfundenes, das allgemein geglaubt wird.*

799f. Freilich »den eigenen Götzendienst *bis* eigene Brunst Liebe nennt.«] *Zitat aus* MAUTHNER*: ›Beiträge‹ I, S. 146.*

806f. die drei Worte der französischen Revolution] *›liberté, égalité, fraternité‹ (›Freiheit, Gleichheit, Brüderlichkeit‹); vgl. dazu* MAUTHNER*: ›Beiträge‹ I, S. 142f.*

807–814 Noch die beiden größten Tatsachenmenschen der Neuzeit *bis* ein Nichts wandelt die Welt.] *vgl. dazu* MAUTHNER: *›Beiträge‹ III, S. 622f.: »Man denke aber einmal an die beiden Riesen unter den handelnden Personen des 19. Jahrhunderts, an Napoleon und Bismarck, die beide mit Recht als Besieger der Ideologie gelten. Das allmählich wachsende Lebensziel beider Männer könnte man dahin zusammenfassen, dass sie beide den Namen Cäsar oder Kaiser wieder zu einer Macht machen wollten, Napoleon mehr für sich selbst, Bismarck mehr für seinen König und sein Land. Sehen wir dabei ab von all dem Unheil, welches der Wortaberglaube an die Staatsformen für Julius Cäsar selbst, der Wortaberglaube an den Titel Cäsar für die Kaiser des deutschen Mittelalters zur Folge hatte. Napoleon machte dieses Wort mit unerhörter Kraft zu einer Realität, ging aber am Ende daran zu Grunde, dass er wortabergläubisch an einem andern Begriffe hing, an dem geographischen Begriff ›Europa‹, dass er sich nicht Cäsar fühlte, solange jemand in ›Europa‹ ihm nicht gehorchte. Man kann in Napoleons Briefen Belege dafür finden, wie der Zufallsbegriff ›Europa‹ seine Entschlüsse lenkte, ihn in den Feldzug gegen Russland trieb. Selbstverständlich war Europa daneben auch eine Realität durch die höfischen und ökonomischen Beziehungen zwischen Russland und den Westmächten; aber darüber hinaus wurde Napoleon durch den Begriff beeinflusst. Und der noch grössere Nominalist Bismarck, der seine Erfolge sein ganzes Leben lang dem Wirklichkeitssinne verdankte, mit welchem er die wirklichen Knochen der deutschen Soldaten, den wirklichen Charakter seines Königs, die wirkliche Handlungsweise seiner innern und äussern Gegner in Rechnung zog, erfuhr seinen einzigen Misserfolg dadurch und fiel vielleicht indirekt darüber, dass er einen einzigen seiner Gegner, den Lenker der römischen Kirche, nicht als einen Menschen von Fleisch und Blut, sondern als einen Begriff bekämpft hatte.«*

808 Napoleon] *NAPOLÉON I. BONAPARTE (eigentlich NAPOLEONE BUONAPARTE; 1769–1821), seit 1800 Erster Konsul, seit 1804 Kaiser der Franzosen, kolportierte in seinen im Exil auf St. Helena nach 1815 entstandenen ›Mémoires‹ (dt. Übers. von HEINRICH CONRAD. 10 Bde. u. 3 Erg.-Bde. Stuttgart 1910–1913) die Legende, er habe als Sohn der Französischen Revolution alle Völker Europas an seinen Reformen teilhaben lassen wollen, sei aber durch die Monarchien daran gehindert worden; zeitgenössisch lag eine Fülle von französischsprachigen Briefausgaben vor, u.a. die ›Corrspondance de Napoléon Ier, publiée par ordre de l'empereur Napoléon III.‹ 32 Bde. Paris 1858–1870.*

810 Bismarck] *zu den Auseinandersetzungen des deutschen Kaiserreiches unter Reichskanzler* OTTO VON BISMARCK *(1815–1898) mit der katholischen Kirche (›Kulturkampf‹) vgl. Erl. zu 364 im Kommentarteil zu* Massenglück und Einzelglück, *HGW VIII, 326f.*

816f. Tristram Shandy's Vater weiß, wieviel der Name zum Kinde tut.] *Anspielung auf das 19. Kapitel des 1. Buches von* LAURENCE STERNES *(1713–1768) satirischem Roman ›Leben und Meinungen des Tristram Shandy‹ (›The Life and Opinions of Tristram Shandy, Gentleman.‹ 9 Bde. York 1759 [Bde. 1 u. 2] u. London 1760–1767 [Bde. 3–9]), in welchem* SHANDYS *Vater die Meinung vertritt, »gute oder böse Namen« übten »auf unsern Charakter und Lebenswandel unwillkürlich eine wunderbare Zauberkraft [aus], der man nicht widerstehen könne.« (›Leben und Meinungen des Tristram Shandy.‹ Nach der Übersetzung v. A.* SEUBERT *[Leipzig 1880] hrsg. und mit einem Nachwort versehen v.* PETER MICHELSEN. *Frankfurt a.M. 1962, S. 44.)*

817–842 Ich kann mir nicht versagen *bis* und die Schlacht verloren.«] *vgl.* MAUTHNER: *›Beiträge‹ I, S. 145f.*

818 im Markomannenkriege] *Als ›bellum Marcomannicum‹ werden die Einfälle germanischer Stämme, u.a. der Langobarden, Obier, Quaden und v.a. der im heutigen Böhmen siedelnden Markomannen in die Provinzen des Römischen Reiches zwischen 166 und 180 bezeichnet.*

820 Kaiser Marc Aurel] *Der römische Kaiser (161–180) und Philosoph* MARCUS AURELIUS ANTONIUS *(eigentlich* MARCUS ANNIUS VERUS; *121–180) leitete 172 und 174 im Markomannenkrieg die römischen Offensiven gegen die einfallenden germanischen Stämme, denen er 175 einen – nur zwei Jahre währenden – Frieden aufzwingen konnte; seit 178 wieder als Befehlshaber bei den die Germanen abwehrenden Legionen nördlich der Donau, starb er im heutigen Österreich wahrscheinlich an der unter seinen Soldaten grassierenden Pest. – Vmtl. zwischen 170 und 178 verfaßte* MARC AUREL, *von der Stoa und v.a. der Ethik* EPIKTETS *(um 50 – um 138) beeinflußt, unter dem Titel ›Bücher der Gedanken über sich selbst‹ in aphoristischer Form Gedanken und Reflexionen über den Lauf der Welt, der durch das Wirken der göttlichen Vernunft und Vorsehung notwendig und gesetzmäßig sei. In diesen Weltenlauf ist die menschliche Seele eingebunden als ein Ausfluß der alles durchdringenden Weltseele, in welche sie nach dem Tode wieder eingeht; der Weise ist mit dem so Gegebenen zufrieden und macht sich von allen Äußerlichkeiten unabhängig, ist innerlich frei, gerecht und menschenfreundlich (Druck Zürich 1558 [1559]; erste deutsche (Vers-) Übertragung durch P.* STOLTE *unter dem Titel ›Allgemeiner Tugendspiegel oder Kern moralischer Gedanken Marci Aurelii Antonini Philosophi von und an sich selbst.‹ Rostock 1701).*

843–845 Bei einigen wilden Völkern *bis* für immer verschwinden.] *vgl. dazu* MAUTHNER: *›Beiträge‹ I, S. 146 sowie II, S. 177f. – Bräuche dieser Art fanden (und finden) sich u.a. in Australien und Polynesien, aber auch in Südamerika, bei den Mongolen, den Ainu in Japan und anderen Völkern (vgl. dazu auch* RUDOLF KLEINPAUL: *›Die Lebendigen und die Toten in Volksglaube, Religion und Sage.‹ Leipzig 1898).*

845f. Ein anderer Gebrauch *bis* regierenden Königs anklingen.] *vgl. hierzu beinahe wörtlich* MAUTHNERS *›Beiträge‹ II, S. 178: »Von den Bewohnern der Insel Tahiti wird [...] berichtet, dass sie aus ihrer Sprache jedesmal diejenigen Worte oder Silben weglassen, welche an den Namen ihres regierenden Königs oder an die Namen seiner nächsten Anverwandten erinnern. Dieser Gebrauch wird dort Tepi genannt.«*

847 Fromme Juden *bis* Jehovah nicht nennen.] *vgl. hierzu* MAUTHNER: *›Beiträge‹ II, S. 178: »[D]ie orthodoxen Juden [dürfen] den Namen ihres Gottes nicht aussprechen«. – In den letzten vorchristlichen Jahrhunderten begannen die Juden, aus Ehrfurcht vor Gott die Nennung bzw. das Lesen seines Namens ›*JAHWE*‹ zu vermeiden und sich statt seiner der Umschreibung ›*ADONAI*‹ (hebr. tl. ădônay ›mein Herr‹) zu bedienen, deren Wiedergabe in der ›Septuaginta‹, der in den letzten drei vorchristlichen Jahrhunderten aus zahlreichen Einzelübersetzungen kompilierten griechischen Version des Alten Testaments, zu der falschen Namensform ›*JEHOVA*‹ führte.*

848 Hlonipa] *nach* MAUTHNER: *›Beiträge‹ II, S. 177f. ist dieses aus der Sprache der Zulu entlehnte Wort die Bezeichnung für den Brauch, »nach dem Tode eines Stammesgenossen de[n] Name[n] dieses Toten und alle zufällig ähnlich klingenden Worte aus dem Sprachgebrauch verschwinden« zu lassen (ebd., S. 177; vgl. auch Erl. zu 843–845).*

848 Tepi] *vgl. Erl. zu 845f.*

848 Tabu] *auch tapu; polynes. tl. ta ›kennzeichnen‹ und pu ›stark‹.* WILHELM WUNDT *(1832–1920) bezeichnet das Tabu als den ältesten Gesetzeskodex der Menschheit (vgl. ›Völkerpsychologie. Eine Untersuchung der Entwicklungsgesetze von Sprache, Mythus und Sitte.‹ 10 Bde. Leipzig 1900–1920, Bd. 2 [1906], S. 308), obwohl die Übersetzung des Wortes, wie* SIGMUND FREUD *(1856–1939) betont, »uns Schwierigkeiten bereitet, weil wir den damit bezeichneten Begriff nicht mehr besitzen« (›Totem und Tabu.‹ Leipzig u. Wien 1913 [›Studienausgabe.‹ Hrsg. v.* ALEXANDER MITSCHERLICH, ANGELA RICHARDS *u.* JAMES STRACHEY. *10 Bde. u. Erg.-Bd. Frankfurt a.M. 2000, Bd. 9, S. 311]).*

849 favete linguis] *lat. ›seid günstig mit euren Zungen‹; Aufruf der römischen Priester zur Ruhe bei Beginn von Opferzeremonien.*

850 Euphemismen] *griech. ευφεμειν (euphemein) ›gut zureden‹; beschönigende oder verharmlosende Umschreibung eines neutralen oder negativen Sachverhaltes.*

851 der Schlauch des Äolus] *Nach* HOMERS *›Odyssee‹ überreichte der Windgott* ÄOLUS *auf der Insel Äolia* ODYSSEUS *einen Schlauch, in welchem die widrigen Winde eingeschlossen waren, um eine sichere Heimfahrt zu gewährleisten (X,1–27).*

856 Atheismus] *griech. ἄθεος (átheos) ›gottlos‹; die Leugnung des Daseins Gottes oder einer Gottheit.*

856 Pantheismus] *aus griech. πᾶν (pan) ›alles‹ und griech. θεός (theós) ›Gott‹; diejenige religiöse oder philosophische Lehre, nach welcher Gott in allen Dingen existiert bzw. Gott und Welt identisch sind.*

859f. Spinoza sagt Natura und schreibt es mit großem Anfangsbuchstaben] *vgl. hierzu* MAUTHNER: *›Beiträge‹ III, S. 629: »Auch wenn er [sc.* SPINOZA*] den Deus nur als Maske gebraucht haben sollte, schrieb er doch seine Natura mit grossem N und machte sie so zu einem mythologischen Wesen«. –* SPINOZA *– der ›Natura‹ selten mit großem N schreibt – unterscheidet zwischen der ›natura naturans‹, Gott als Einheit, und der ›natura naturata‹, den Dingen als Modifikationen Gottes (›Ethica‹ I, prop. XXIX, schol.); Gott als ›natura naturans‹ ist ›Deus sive natura‹ (vgl. ebd., I, prop. XXI, schol.).*

860 Strauß sagt Universum und verrichtet vor ihm seine Andacht] *vgl. hierzu* MAUTHNER: *›Beiträge‹ I, S. 578: »Auch David Strauss noch nennt die ihm bekannte Welt das Universum, auch David Strauss noch hält sein subjektives Einheitsbedürfnis für eine objektive Welteinheit, macht sich aus seinem Universum einen Gott und lässt daraus die Welt hervorgehen.« – Der deutsche Theologe und Religionsphilosoph* DAVID FRIEDRICH STRAUSS *(1808–1874) verneint in seinem letzten großen Werk ›Der alte und der neue Glaube. Ein Bekenntniß‹ (Leipzig 1872) die Frage: »Sind wir noch Christen?« und behauptet, daß der zeitgenössische Mensch nicht mehr an einen jenseitigen Gott glaube, sondern an die Einheit von Gott und Welt, wobei er diese Einheit, das »Universum«, »nicht blos als den Inbegriff aller Erscheinungen, sondern zugleich aller Kräfte und Gesetze«, als »unendliche[n] Inbegriff von Welten in allen Stadien des Werdens und Vergehens« begreife, es sei »eben in diesem ewigen Kreislauf und Wechsel es selbst in ewig gleicher absoluter Lebensfülle sich erhaltend« (§ 45, S. 150–152); für »unser Universum« fordert Strauß »dieselbe Pietät, wie der Fromme alten Stils für seinen Gott«, denn »[u]nser Gefühl für das All reagirt, wenn es verletzt wird, geradezu religiös« (§ 44, S. 146). – Vgl. dazu* HAECKELS *monistische Programmschrift ›Die Welträthsel‹: »Diesen offenkundigen und unversöhnlichen Gegensatz zwischen der modernen wissenschaftlichen und der überlebten christlichen Weltanschauung hat Niemand klarer, muthiger und unwiderleglicher bewiesen als der größte Theologe des 19. Jahrhunderts, D a v i d F r i e d r i c h S t r a u ß. Sein letztes Bekenntniß: ›D e r a l t e u n d d e r n e u e G l a u b e‹ (1872, neunte Auflage 1877) ist der allgemein gültige Ausdruck der ehrlichen Ueberzeugung aller derjenigen Gebildeten der Gegenwart, welche den unvermeidlichen Konflikt zwischen den anerzogenen, herrschenden Glaubenslehren des Christenthums und den einleuchtenden, vernunftgemäßen Offenbarungen der modernen Naturwissenschaft einsehen; aller derjenigen, welche den Muth finden, das Recht der V e r n u n f t gegenüber den Ansprüchen des A b e r g l a u b e n s zu wahren, und welche das philosophische Bedürfniß nach einer einheitlichen Naturan-*

schauung empfinden. Strauß *hat als ehrlicher und muthiger Freidenker weit besser, als ich es vermag, die wichtigsten Gegensätze zwischen ›altem und neuem Glauben‹ klargelegt.« (›Welträthsel‹, S. 357f.) – NIETZSCHE hingegen nennt Strauß im ersten Stück seiner ›Unzeitgemässen Betrachtungen‹, ›David Strauss der Bekenner und der Schriftsteller‹ (EA Leipzig 1873) einen »rechte[n] satisfait [Zufriedenen] unsrer Bildungszustände und typische[n] Philister« (2; KGW III,1, 167), dessen »Lehre vom Universum, die Betrachtungsart der Dinge sub specie biennii« – die lateinische Wendung (frei übers.: unter dem Gesichtspunkt eines Zeitraumes von zwei Jahren) bezieht sich auf STRAUSS' »›schlechthinige[ ] Abhängigkeit‹« von »Hegel und Schleiermacher« – »und seine Rückenkrümmungen vor den deutschen Zuständen, vor allem aber sein schamloser Philister-Optimismus aus gewissen früheren Jugendeindrücken, Gewohnheiten und Krankheits-Phänomenen zu erklären sei. Wer einmal an der Hegelei und Schleiermacherei erkrankte, wird nie wieder ganz curirt.« (6; KGW III,1, 187.)*

861f. Das Unerforschliche, das sogar Goethe *[...]* stiller Verehrung würdigt] *vgl. dazu GOETHES ›Maximen und Reflexionen zur Naturwissenschaft‹: »Das schönste Glück des denkenden Menschen ist, das Erforschliche erforscht zu haben und das Unerforschliche ruhig zu verehren.« (WA II,11, 159.)*

861f. von Spencer und dem Philosophen des »Unbewußten« nicht zu reden] *vgl. hierzu MAUTHNER: ›Beiträge‹ III, S. 633–639. – HERBERT SPENCER entwickelte in seinen Werken (›First Principles‹ [1860–1862], ›Principles of Biology‹ [1864–1867], ›Principles of Psychology‹ [1870–1872], ›Principles of Ethics‹ [1875–1893]) die Idee, daß das gesamte Universum ein gigantischer Organismus sei, in dem ein Entwicklungsprozeß stattfinde, welcher durch immer höhere Spezialisierung und Differenzierung zu einem immer harmonischeren Ganzen, zu einer immer besseren Koordination aller Bestandteile führe. – Mit* dem Philosophen des »Unbewußten« *verweist HAUSDORFF auf EDUARD VON HARTMANN (1842–1906), der in seiner ›Philosophie des Unbewussten‹ (Berlin 1869) die »Anerkennung der Finalität« postulierte, »welche aber nicht nach Art bewusster menschlicher Zweckthätigkeit durch discursive Reflexion geschaffen wird, sondern als immanente unbewusste Teleologie von einer intuitiven unbewussten Intelligenz den Naturdingen und Individuen vermittelst derselben Thätigkeit eingepflanzt wird, welche [...] als stetige Schöpfung oder Erhaltung, oder als reale Erscheinung des All-Einen Wesens« bezeichnet wird (›Philosophie des Unbewussten.‹ Zehnte erweiterte Auflage in drei Theilen. Leipzig 1890, 2. Tl., S. 176); vgl. hierzu auch MAUTHNER: ›Beiträge‹ III, S. 632f.*

864 »Menschheitsdienst statt Gottesdienst«] *Zitat aus LUDWIG BÜCHNERS (vgl. Erl. zu 767) ›vulgärmaterialistischer‹ Studie ›Kraft und Stoff‹, in der ›Billigen, vollständig neubearbeiteten Volksausgabe‹ (18. Aufl. 1894) im Kapitel ›Der Mensch‹: »Menschheitsdienst statt Gottesdienst, Arbeit für das Wohl der Menschheit, statt nutzloser Anbetung einer leeren Begriffsdichtung, sollte das Losungswort der zukünftigen Menschheitsentwicklung sein. Die Verehrung Gottes oder der Götter muß ersetzt werden durch die Verehrung des Menschen, die Anthropolatrie muß an die Stelle der ehemaligen Theolatrie treten. Verbesserung des Einzelnen, wie der Gesellschaft, in materieller, geistiger und moralischer Beziehung heißt das große Ziel, welchem die zum Ersatz der alten bestimmte neue Religion oder die Religion der Zukunft zuzustreben hat« (›Kraft und Stoff oder: Grundzüge der natürlichen Weltordnung. Nebst einer darauf gebauten Sittenlehre.‹ Leipzig [18]1894, S. 160); variiert u.a. in der 19. Aufl. 1898: »Menschheitsdienst statt Gottesdienst oder Anthropolatrie statt Theolatrie, Arbeit für das Wohl der Menschheit statt nutzloser Anbetung einer leeren Begriffsdichtung, Religion der Menschenliebe statt Religion der Gottesliebe – dieses und so vieles Andre, das sich hieran anreiht, sind die Ziele, denen der Mensch der Zukunft nachzustreben hat« (›Kraft und Stoff oder Grundzüge der natürlichen Weltordnung. Nebst einer darauf gebauten Moral oder Sittenlehre.‹ Leipzig [19]1898, S. 252).*

865f. Eduard von Hartmann empfahl, sich der Vollendung des Weltprozesses zu weihen] *Nach Hartmann (vgl. Erl. zu 861f.) muß der »Weltprocess« »einen l e t z t e n oder E n d z w e c k haben«: Dieses »Ziel des Weltprocesses« ist »einzig und allein [in] der E n t w i c k e l u n g d e s B e w u s s t s e i n s, der bewussten Intelligenz« zu suchen, »hier aber auch in ununterbrochenem Aufsteigen von der Entstehung der Urzelle bis zum heutigen Standpunct der Menschheit, und mit höchster Wahrscheinlichkeit weiter, so lange die Welt steht« (vgl. ›Philosophie des Unbewussten‹ 1890, 2. Tl., S. 391–393), aber »[w]ie dem auch sei, von der uns bekannten Welt sind wir einmal die Erstlinge des Geistes und müssen redlich kämpfen; gelingt der Sieg nicht, so ist es nicht unsere Schuld; wären wir aber fähig zum Siege, und würden wir nur aus Trägheit verfehlen, ihn zu erringen, so würden wir, d. h. das Weltwesen, welches auch wir ist, als immanente Strafe um so viel länger die Qual des Daseins tragen müssen. Darum rüstig vorwärts im Weltprocess als Arbeiter im Weinberge des Herrn, denn der Process allein ist es, der zur Erlösung führen kann« (ebd., 2. Tl., S. 402). – Zum beißenden Spott, den Nietzsche über von Hartmann ausgießt, vgl. Erl. zu 124–130 im Kommentarteil zu* Massenglück und Einzelglück, *HGW VIII, 303–305.*

867f. »Diener am Wort«, wie sich die protestantischen Geistlichen nennen] *zu dieser Wendung vgl. Mauthner: ›Beiträge‹ I, S. 163f.: »Die protestantischen Geistlichen nennen sich mit überraschender Selbsterkenntnis Diener am Wort. Sie bilden sich etwas auf die veraltete Form des Ausdrucks ein. Diener des Wortes wäre ihnen nicht mystisch genug.*

Und wirklich liegt die Wahrheit in der ungewöhnlichen Präposition. Sie können gar nicht Diener des Wortes sein, denn dann müsste hinter dem Worte etwas stecken, was lebt und Herr ist. Sie sind Diener an etwas Leblosem.« – Nach dem Lukasevangelium sind diejenigen »Diener des Worts« gewesen, »die es [das Wirken JESU*] von Anfang selbst gesehen« und »überliefert« haben (Lk 1,2). Auf dieser Grundlage lehnt die protestantische Theologie die in der katholischen Lehre übliche Begründung eines Glaubenssatzes aus Heiliger Schrift und Tradition ab und nimmt allein die Bibel – ›sola scriptura‹ – als Quelle der Offenbarung an.*

868–872 Knechte an den Ruderbänken *bis* die künftigen Pfaffen.«] *vgl. hierzu* MAUTHNER: *›Beiträge‹ I, S. 164: »Diese Knechte an den Ruderbänken der Wortgaleeren sind nur noch den breiten Massen gefährlich. Ihre Waffen sind stumpf für unseren gebildeten Mittelstand. Er hat neue Worte gemünzt: das Recht, die Sitte, die Wohlfahrt, das Glück. Und unsere Minister, unsere Abgeordneten, unsere Journalisten sind die neuen Diener an diesen neuen Worten, sind die künftigen Pfaffen.«*

873 Stirner] *zu* STIRNER *und seiner ›Wiederentdeckung‹ vgl. den Kommentarteil zu* HAUSDORFFS *1898 publiziertem Essay* Stirner, *insbesondere den Abschnitt ›Entstehungsgeschichtlicher Kontext‹, HGW VIII, 391–394.*

876–878 »Daß, wenn gedacht wird *bis* sprachkritische Blitz Nietzsches] *vgl. dazu die unter der Nummer 260 in ›Der Wille zur Macht‹ (vgl. Erl. zu 196 im Kommentarteil zu* Stirner, *HGW VIII, 401), S. 265 aufgenommene Sequenz aus* NIETZSCHES *Notizen in Heft W II 2 aus dem Herbst 1887: »— daß, wenn gedacht wird, es etwas geben muß, ›das denkt‹, ist aber einfach eine Formulirung unserer grammatischen Gewöhnung, welche zu einem Thun einen Thäter setzt.« (KGW VIII,2, 215.)*

879 Stirner'sche Ich] *zu* STIRNERS *Hauptwerk ›Der Einzige und sein Eigenthum‹ vgl. den Abschnitt ›Entstehungsgeschichtlicher Kontext‹ im Kommentarteil zu* Stirner, *HGW VIII, 391–394.*

879f. Die »Verführung durch die Grammatik«] *vgl.* NIETZSCHES *Vorrede zum ›Vorspiel einer Philosophie der Zukunft‹, der Aphorismensammlung ›Jenseits von Gut und Böse‹: »Gewiss ist, dass sie [die Wahrheit] sich nicht hat [von den Dogmatikern] einnehmen lassen: — und jede Art Dogmatik steht heute mit betrübter und muthloser Haltung da. W e n n sie überhaupt noch steht! Denn es giebt Spötter, welche behaupten, sie sei gefallen, alle Dogmatik liege zu Boden, mehr noch, alle Dogmatik liege in den letzten Zügen. Ernstlich geredet, es giebt gute Gründe zu der Hoffnung, dass alles Dogmatisiren in der Philosophie, so feierlich, so end- und letztgültig es sich auch gebärdet hat, doch nur eine edle Kinderei und Anfängerei gewesen sein möge; und die Zeit ist vielleicht sehr nahe, wo man wieder und wieder begreifen wird,* w a s *eigentlich schon ausgereicht hat, um den Grundstein zu solchen erhabenen und unbedingten Philosophen-Bauwerken abzugeben, welche die Dogmatiker bisher aufbauten, — irgend ein Volks-Aberglaube aus unvordenklicher Zeit (wie der Seelen-Aberglaube, der als Subjekt- und Ich-Aberglaube auch heute noch nicht aufgehört hat, Unfug zu stiften), irgend ein Wortspiel vielleicht, eine Verführung von Seiten der Grammatik her oder eine verwegene Verallgemeinerung von sehr engen, sehr persönlichen, sehr menschlich-allzumenschlichen Thatsachen« (KGW VI,2, 3f.); vgl. auch das Kapitel ›Die »Vernunft« der Philosophie‹ in ›Götzen-Dämmerung oder Wie man mit dem Hammer philosophirt‹: »Die ›Vernunft‹ in der Sprache: oh was für eine alte betrügerische Weibsperson! Ich fürchte, wir werden Gott nicht los, weil wir noch an die Grammatik glauben ...« (›Die »Vernunft« der Philosophie‹ 5 [KGW VI,3, 72]).*

889 substantialistischer Weltanschauung] *eine Weltanschauung, welche die Seele als Substanz betrachtet und somit die Existenz materieller und immaterieller Substanzen annimmt. Zum Dualismus von Geist (Seele) und Materie vgl. Erl. zu 51 im Kommentarteil zu* Massenglück und Einzelglück, *HGW VIII, 295.*

895f. Cum grano salis] *lat. ›mit einem Körbchen Salz‹, bildungssprachlich svw. nicht ganz wörtlich zu nehmen.*

899 antropomorphe Analogie] *aus griech. ἄνθρωπος (ánthropos) ›Mensch‹ und griech. μορφή (morphé) ›Gestalt‹, ›Form‹; hier im Sinne des Anthropomorphismus im engeren Sinne, der das Außermenschliche als etwas dem spezifisch Menschlichen Analoges betrachtet. – Für* Nietzsche *ist alles Erkennen anthropomorphistisch, denn: »Was ist also Wahrheit? Ein bewegliches Heer von Metaphern, Metonymien, Anthropomorphismen kurz eine Summe von menschlichen Relationen, die, poetisch und rhetorisch gesteigert, übertragen, geschmückt wurden, und die nach langem Gebrauche einem Volke fest, canonisch und verbindlich dünken: die Wahrheiten sind Illusionen, von denen man vergessen hat, dass sie welche sind, Metaphern, die abgenutzt und sinnlich kraftlos geworden sind, Münzen, die ihr Bild verloren haben und nun als Metall, nicht mehr als Münzen in Betracht kommen. [...] Der Forscher nach solchen Wahrheiten sucht im Grunde nur die Metamorphose der Welt in den Menschen; er ringt nach einem Verstehen der Welt als eines menschenartigen Dinges und erkämpft sich besten Falls das Gefühl einer Assimilation. Aehnlich wie der Astrolog die Sterne im Dienste der Menschen und im Zusammenhange mit ihrem Glück und Leide betrachtet, so betrachtet ein solcher Forscher die ganze Welt als geknüpft an den Menschen, als den unendlich gebrochenen Wiederklang eines Urklanges, des Menschen, als das vervielfältigte Abbild des einen Urbildes, des Menschen. Sein Verfahren ist: den Menschen als Maass an alle Dinge zu halten, wobei er aber von dem Irrthume ausgeht, zu glauben, er habe diese Dinge unmittelbar als reine Objekte vor sich. Er vergisst also die originalen Anschauungsmetaphern als Metaphern und nimmt sie als die Dinge selbst.« (›Ueber Wahrheit und Lüge im aussermoralischen Sinne‹ 1 [KGW III,2, 374 u. 377].)*

906 animistischen Klang] *Bereits in der Antike findet sich die Ansicht, daß die Seele bzw. das Seelische das Prinzip des Lebens und Lebendigen sei (vgl. u.a. ARISTOTELES: ›De anima‹). Sie wird über die Scholastik in die Renaissancephilosophie und den Paracelsismus tradiert (vgl. u.a. AGRIPPA VON NETTESHEIM: ›De occulta philosophia‹ [1510]; BERNHARDINUS TELESIUS: ›De rerum natura iuxta propria principia‹ [1565]; JAN BAPTISTA VAN HELMONT: ›Archeus Faber‹ [1648]) und findet ihre systematische Ausarbeitung im Animismus GEORG ERNST STAHLS (1659–1734), der die Seele als Bildnerin des Leibes betrachtet (»quod corpus hoc, verum & immediatum sit animæ organon, non solum ad eius vsus, sed directe & absolute« [›Disquisitio de mechanismi et organismi diversitate.‹ Halle 1706, S. 43]). STAHLS Lehre fand ihren Niederschlag v.a. in der romantischen Naturphilosophie u.a. bei FRIEDRICH WILHELM JOSEPH SCHELLING (1775–1854). – Von den zeitgenössisch u.a. von EDUARD VON HARTMANN (vgl. Erl. zu 861f.) vertretenen Ansichten einer »in allen Organen und Zellen des Thieres gleichzeitig anwesend[en] und zweckthätig wirksam[en]« »unbewussten Seele« (›Philosophie des Unbewussten‹ 1890, 2. Tl., S. 158) zu unterscheiden ist der von EDWARD BURNETT TYLOR (1832–1917) seit Mitte der 1860er Jahre systematisierte und begründete Animismus, der als religionsethnologische Theorie von der Prämisse eines Glaubens an die Beseeltheit der Dinge bzw. das Innewohnen von Geistern in ihnen als ursprünglichste Manifestation eines religiösen Bewußtseins ausgeht (vgl. ›Primitive Culture.‹ 2 Bde. London 1871). Den Animismus in diesem Sinne hat WILHELM WUNDT als Inbegriff »aller jener Vorstellungen, bei denen theils die Geister Verstorbener theils Dämonen, die man sich an bestimmte Gegenstände, Orte oder den Zwecken des Lebens dienende Vorgänge (Vegetation, Ackerbau, Schifffahrt u. dergl.) gebunden denkt« (›Grundriss der Psychologie [1896].‹ Leipzig ³1898, § 21, S. 362) in seiner ›Völkerpsychologie‹ eingehend studiert und beschrieben (vgl. ›Völkerpsychologie‹, insbesondere Bd. 1, Kap. 5f.).*

912 Monaden] *zur ›Monadologie‹ (1714) von LEIBNIZ vgl. Erl. zu 193f. im Kommentarteil zu* Massenglück und Einzelglück, *HGW VIII, 309.*

912 Moleküle] *vgl. dazu Erl. zu 309f. im Kommentarteil zu* Massenglück und Einzelglück, *HGW VIII, 321f.*

912 Atome] *zur antiken Atomistik vgl. Erl. zu 283 im Kommentarteil zu* Stirner, *HGW VIII, 405.*

912 lauter ontologische Quidditäten] *zu ›Ontologie‹ vgl. Erl. zu 83f. im Kommentarteil zu* Massenglück und Einzelglück, *HGW VIII, 301. Zu ›Quiddität‹ vgl. Erl. zu 80 im Kommentarteil zu ›Offener Brief gegen Landauer‹, HGW VIII, 542.*

913 Accidentien] *lat. accidentia ›das Hinzukommen‹. Nach* ARISTOTELES *ist Akzidenz »dasjenige, was sich zwar an etwas findet und mit Wahrheit von ihm ausgesagt werden kann, aber weder notwendig noch in den meisten Fällen sich findet« bzw. »das, was einem Gegenstand an sich zukommt, ohne in seinem Wesen zu liegen«, also das Zufällige (›Metaphysik‹ V 30, 1025a). An diesem Begriff halten die Scholastiker fest – so ist Akzidenz nach* THOMAS VON AQUIN *»res, cuius naturae debetur esse in alio« (›Summa theologica‹ III, 77, 1 ad 2) – sie unterscheiden aber zwischen einem realen Akzidenz als ›Seiendes in einem anderen Seienden‹ (ens in alio) und einem logischen Akzidenz, einem Prädikat, das nicht notwendig von einem Gegenstand ausgesagt wird. – Nach* KANT *heißen die »Bestimmungen einer Substanz, die nichts* a n d r e s *sind, als besondere Arten derselben zu existieren, [...]* A k z i d e n z e n*« (KrV B 229).*

914f. Attributen und Prädikaten] *von lat. attribuere ›zuteilen‹. Ein* Attribut *ist nach* ARISTOTELES *im Unterschied zum Akzidenz die wesentliche, notwendige Eigenschaft eines Dinges, die von ihm nicht abgetrennt gedacht werden kann (vgl. ›Metaphysik‹ V 30, 1025a); die Scholastiker sprechen hierauf rekurrierend v.a. von den Attributen Gottes, etwa der Allwissenheit. –* SPINOZA *versteht demgegenüber unter Attribut das, was das Denken als die Wesenheit der Substanz auffaßt (vgl. ›Ethica‹ I, prop. IV); die Substanz oder Gott aber besteht in unendlichen Attributen (vgl. ebd., I, prop. XI), von denen wir jedoch nur zwei, »cogitatio« (Denken, Bewußtsein) und »extensio« (Ausdehnung) auffassen können (ebd., II, prop. If.).*

917–919 »Wenn die Indianer *bis* unsere Seinsmetaphysiken nicht.«] *vgl. hierzu* MAUTHNER: *›Beiträge‹ I, S. 583, wo es jedoch heißt: »Wenn die Indianer und die Chinesen für unser Hilfszeitwort ›sein‹ kein besonderes Wort haben, so können sie auch unsere Logik nicht haben, in welcher die Copula ›ist‹ und ›sind‹ eine so entscheidende Rolle spielt, so können sie noch weniger unsere metaphysischen Bücher über das Sein, die Substanz u. s. w. besitzen oder verstehen.«*

922 eine Art F u n k t i o n a l i s m u s] WILHELM WUNDT *vertrat seit den 1860er Jahren (vgl. u.a. ›Vorlesungen über die Menschen- und Thierseele.‹ 2 Bde. Leipzig 1863) und später in den ›Grundzügen der Physiologischen Psychologie‹ (Leipzig 1874) die Lehre, daß der menschliche Geist eine Konfiguration von verknüpften Elementen sei und auf der Basis der Introspektion Wahrnehmungen (Perzeptionen) in ihre Elemente (Sensationen) zerlegt werden könnten. Gegen diese Lehre wandte sich gegen Ende des 19. Jahrhunderts der US-amerikanische Psychologe* WILLIAM JAMES *(1842–1910), angeregt u.a. durch die Selektionstheorie* CHARLES DARWINS; *er forderte die Erforschung der Funktionen des Bewußtseins bei der Anpassung der Organismen an die Umwelt und wollte somit die geistige Entwicklung als einen kontinuierlichen Anpassungsprozeß aufgefaßt wissen (vgl. ›The Principles of Psy-*

chology.‹ 2 Bde. New York 1890). Der US-amerikanische Experimentalpsychologe Edward Bradford Titchener *(1867–1927), Schüler* Wundts *in Leipzig und 1892 von diesem promoviert, prägte 1898 den Begriff ›Strukturalismus‹ für seine eigene und die Position* Wundts *und den Begriff ›Funktionalismus‹ für die Position von* James, *vgl. ›The Postulates of a Structural Psychology.‹ In: ›Philosophical Revue‹ 7 (1898), S. 449–465.*

925f. den Vertretern energetischer und dynamischer Theorien] *griech. ἐνέργεια (enérgeia) ›Tätigkeit‹. Energetik ist die von dem deutschen Physikochemiker* Wilhelm Ostwald *(1853–1932) seit den frühen 1890er Jahren entwickelte monistische Lehre, nach welcher die Energie die Primärsubstanz und die Materie nur eine Erscheinungsform der Energie ist. Alles Geschehen kann folglich als Umwandlung verschiedener Formen von Energie ineinander darstellt werden; vgl. u.a.* Ostwald: *›Die Überwindung des wissenschaftlichen Materialismus [1895].‹ In: ders.: ›Abhandlungen und Vorträge allgemeinen Inhaltes (1887–1903).‹ Leipzig 1904, S. 220–240, sowie insbesondere ders.: ›Vorlesungen über Naturphilosophie.‹ Leipzig 1902, welche* Hausdorff *kurz nach Erscheinen rezensiert hatte ([Rezension zu]* W. Ostwald, Vorlesungen über Naturphilosophie. Leipzig, Veit & Comp. 1902. XIV u. 457 S. *In: ›Zeitschrift für mathematischen und naturwissenschaftlichen Unterricht‹, 33. Jg. [1902], S. 190–193; vgl. HGW VI). – Griech. δύναμις (dynamis) ›Kraft‹; nach* Aristoteles *das Vermögen eines Gegenstandes, eine Veränderung seiner selbst oder eines anderen Gegenstandes zu bewirken (konträr zu ἐνέργεια gebrauchter Begriff; ›Metaphysik‹ V 12,1 020a2–3). Zeitgenössisch vertritt insbesondere* Eduard von Hartmann *einen Dynamismus, wobei er unter einer »Dynamide« das »System aller gleichzeitigen aktuellen und potentiellen Kraftäusserungen mit gleichem Durchschnittspunkt« versteht und in ihr das »wahre Atom«, das ›bewegliche Reale‹ sieht, das erst Raum und Zeit setzt, indem es sie dynamisch (durch sein Wirken) erfüllt (vgl. ›Die Weltanschauung der modernen Physik.‹ Leipzig 1902, S. 206f.).*

940 Rebusraten] *als Rebus (lat. ›durch Sachen‹, abl. pl. von lat. res ›Sache‹) bezeichnet man ein Bilderrätsel; zum Rebus vgl.* Mauthner: *›Beiträge‹ I, S. 149f.*

944 Talmudistik] *vgl. Erl. zu 67f. im Kommentarteil zu* Tod und Wiederkunft, *HGW VIII, 431f.*

947f. Gibt es eine Embryoseele, eine Pflanzenseele, eine Weltseele?] *Der deutsche Mediziner und Naturphilosoph* Carl Gustav Carus *(1789–1869) postulierte in seinen ›Vorlesungen über Psychologie‹ parallel zur Metamorphose der »Idee menschlicher Bildung« die »Metamorphose oder Metempsychose« »der innern Idee dieses Lebens, d. i. der Seele«, die »auch in so unvollkommenen Entwickelungsstufen« wie der embryonalen zu finden sei (›Vorlesungen über Psychologie, gehalten im Winter 1829/30 zu Dresden.‹ Leipzig 1831, S. 87 u. S. 422). In der ›Vergleichenden Psychologie oder Geschichte der Seele in der Reihenfolge der Thierwelt.‹ Wien 1866 führte er die Theorie einer solchen Metempsychose weiter aus. Ansätze dieser Metempsychosenlehre finden sich auch bei* Lorenz Oken *(1779–1851), vgl. das ›Lehrbuch der Naturphilosophie.‹ 3 Tle. Jena 1809–1811, 3. Tl., Ax. 3439–3514, S. 356–369. – Die Beseelung der Pflanzen ist in gewisser Weise bereits in der ›anima vegetativa‹ bei* Aristoteles *(vgl. ›De anima‹ II 415a 2) und bei den Scholastikern (u.a.* Thomas von Aquin: *›Summa theologica‹ I, 78) greifbar; auch* Leibniz *schreibt als Konsequenz seiner Monadologie den Pflanzen ein gewisses Seelenleben zu (vgl. ›Nouveaux Essais sur l'entendement humain‹ [›Neuen Abhandlung über den menschlichen Verstand‹, 1701–1704, EA 1765] II, 27, § 5; vgl. ›Monalodogie‹, § 78f.). In ›Nanna oder über das Seelenleben der Pflanzen.‹ Leipzig 1848 postuliert der deutsche Physiker, Psychologe und Naturphilosoph* Gustav Theodor Fechner *(1801–1887) ganz dezidiert die Existenz einer Pflanzenseele, wobei diese nicht an ein dem tierischen Organismus adäquates Organ gebunden sein müsse, also auch ohne Nerven und Gehirn bestehen könne (vgl. dazu auch Erl. zu 949). Auch* Eduard von Hartmann *(vgl. Erl. zu 861f.) spricht sich für eine ›Pflanzenseele‹ aus (vgl. ›Philosophie des Unbewussten‹ 1890, 2. Tl., S. 65ff.: »Das Unbewusste und das Bewusstsein im Pflanzenreiche«); vgl. allgemein* Hans Werner Ingensiep: *›Geschichte der Pflanzenseele. Philosophische und biologische Entwürfe von der Antike bis zur Gegenwart.‹ Stuttgart 2001. – Nach* Platon *ist die vom Demiurgos geschaffene Weltseele die Bewegerin der Welt (vgl. ›Timaios‹ 34aff.). Die Stoiker erkennen die Weltseele in dem lebensspendenden göttlichen Pneuma, welches den Makrokosmos wie den Mikrokosmos durchdringt (vgl. u.a.* Cicero: *›De natura deorum‹ II,8). Diese Vorstellung findet sich auch im Neuplatonismus (vgl.* Plotin: *›Enneaden‹ I,11, v.a. aber III,2ff.) und in der christlichen Lehre (als ›Heiliger Geist‹).* Schelling *definiert die Weltseele als das allgemeine Prinzip, welches »zwischen anorgischer und organischer Natur fluktuirend die erste Ursache aller Veränderungen in jener und den letzten Grund aller Thätigkeit in dieser enthält, das, weil es* überall *gegenwärtig ist,* nirgends *ist, und weil es* Alles *ist, nichts* Bestimmtes *oder* Besonderes *seyn kann, für welches die Sprache eben deßwegen keine eigentliche Bezeichnung hat« (›Von der Weltseele, eine Hypothese der höheren Physik zur Erklärung des allgemeinen Organismus [1798]‹; SW I,2, 347); die Weltseele ist »die Idee eines* organisirenden, *die Welt zum* System *bildenden* Princips*« (ebd.; SW I,2, 435). Der Mediziner* Heinrich Czolbe *(1819–1873) charakterisiert die Weltseele im Sinne seiner ›extensionalen‹ Psychologie als den »die Körperwelt, mithin auch das Gehirn der Menschen und Thiere durchdringenden unbegrenzten Raum[ ]«, in welchem die einzelnen Empfindungen und Gefühle »als sein ruhender Inhalt, als todte, unsichtbare*

Spannkraft überall verborgen sind« und »durch ganz bestimmte Gehirnbewegungen als lebendige, zum Bewußtsein kommende Kräfte freigemacht oder ausgelöst« werden (vgl. ›Die Grenzen und der Ursprung der menschlichen Erkenntniss.‹ Jena u. Leipzig 1865, § 12, S. 200); die menschliche Seele ist also »die Summe der durch Gehirnthätigkeiten bedingten, aus Empfindungen und Gefühlen der Weltseele sich zusammenfügenden und in derselben wieder verschwindenden Mosaikbilder« (ebd., § 13, S. 210). Dieser Ansicht schließt sich auch VON HARTMANN *an, denn »wenn es der unbewussten Seele eines Thieres möglich ist, in allen Organen und Zellen des Thieres gleichzeitig anwesend und zweckthätig wirksam zu sein, warum soll nicht eine unbewusste Weltseele in allen Organismen und Atomen zugleich anwesend und zweckthätig wirksam sein können, da doch die eine wie die andere unräumlich gedacht werden muss?« (›Philosophie des Unbewussten‹ 1890, 2. Tl., S. 158.)*

949 wer den »Sitz der Seele« sucht] *Die sich in der Antike gegenüberstehenden Theorien der Seelenlokalisation, die zephalozentrische, den Sitz der Seele im Gehirn lokalisierende (vgl. u.a.* PLATON: *›Timaios‹ 69 c–70 b), und die kardiozentrische, die ihren Sitz im Herzen annimmt (vgl. u.a.* ARISTOTELES: *›De partibus animalium‹ 652 a–653 b) wandeln sich in Patristik (vgl. bereits* PLOTIN: *›Enneaden‹ IV, 8, 8;* GREGOR VON NYSSA: *›De opificio hominis‹ 12;* AUGUSTINUS: *›De spiritu et anima‹ 22) und Scholastik (vgl. u.a.* THOMAS VON AQUIN: *›Summa theologica‹ I, 8, 2 ad 3, auch I, 76, 8) zur Annahme einer über den ganzen Körper und in allen seinen Teilen verteilten Seele.* RENÉ DESCARTES *entwirft mit dem Konzept der Zirbeldrüse als Vermittlungsinstanz zwischen körperlichem und seelischem Leben ein neues Modell zur Lokalisation des Seele (vgl. ›De homine‹ [1648] I, § 1). Dem setzen* ERNST PLATNER *(1744–1818) eine Lokalisation der Seele in den Vierhügeln des Gehirns (›An ridiculum sit animi sedem inquirere‹, 1795/96),* SAMUEL THOMAS SOEMMERRING *(1755–1830) die Annahme eines »liquor cerebrospinalis« im Gehirn als ›Organ der Seele‹ (1796) und später* FRANZ JOSEPH GALL *(vgl. Erl. zu 964) das Konzept mehrerer in der Hirnrinde verteilter Seelenorgane entgegen. – Gegen die Versuche einer Lokalisation der Seele in bestimmten Teilen des Körpers spricht sich* KANT *aus, da die Seele sich »selbst schlechterdings keinen Ort bestimmen« könne, »weil sie sich zu diesem Behuf zum Gegenstand ihrer eigenen äußeren Anschauung machen und sich ausser sich selbst versetzen müßte; welches sich widerspricht« (Beilage zum Brief an* SOEMMERRING *v. 10. Aug. 1795, abgedruckt in* SOEMMERRING: *›Ueber das Organ der Seele.‹ Königsberg 1796, S. 81–86 [AA XII, 31–35, hier 35; vgl.* PETER MCLAUGHLIN: *›Soemmerring und Kant. Über das Organ der Seele und den Streit der Fakultäten.‹ In: ›Samuel Thomas Soemmerring und die Gelehrten der Goethezeit.‹ Hrsg. v.* GUNTER MANN *u.* FRANZ DUMONT. *Stuttgart u. New York 1985, S. 191–201). Ebenso erklärt der*

Mediziner CARL AUGUST ESCHENMAYER *(1768–1852), daß man »eigentlich nur nach dem geometrischen Ort fragen [könne], in welchem alle Gehirnthätigkeit zusammenfließt, und in welchem die geistigen Aeusserungen zunächst rege werden. Denn an sich hat die Seele keinen Sitz, sie ist überall und zu jeder Zeit« (›Psychologie.‹ Tübingen 1817, § 243, S. 213). – Vgl. Erl. zu 964.*

952 Darwinismus] *vgl. Erl. zu 556.*

953 façon de parler] *frz. ›die Art zu sprechen‹; bildungssprachlich svw. Redensart.*

955–958 daß wir z.B. aus Säugetieren *bis* nach der Farbe einteilen] *Mit der binominalen Nomenklatur schuf der schwedische Naturforscher* CARL VON LINNÉ *(1707–1778) die Grundlage der auch heute noch weitgehend gebräuchlichen botanischen und zoologischen Taxonomie (Taxonomie der Pflanzen in ›Species Plantarum‹ [1753] und Taxonomie der Tiere in der 10. Auflage von ›Systema Naturae‹ [1735]); zu* LINNÉ *vgl. auch* STAFAN MÜLLER-WILLE: *›Botanik und weltweiter Handel. Zur Begründung eines natürlichen Systems der Pfanzen durch Carl von Linné (1707–1778).‹ Berlin 1999.*

960 Äther] *vgl. Erl. zu 551 im Kommentarteil zu* Massenglück und Einzelglück, *HGW VIII, 336f.*

960 Lebenskraft] *Die Existenz einer ›Lebenskraft‹ ist das zentrale Theorem aller naturphilosophischen Richtungen, die die Erscheinungen des Lebens nicht auf physikalisch-chemische Prozesse allein zurückführen, sondern ein immaterielles Prinzip postulieren, das allem Organischen innewohne und von welchem alle Lebenserscheinung ausgehe, die ›Lebenskraft‹ (lat. vis vitalis). Im 18. Jahrhundert propagierten v.a.* STAHL *(vgl. Erl. zu 906; ›Theoria medica vera‹, 1707),* ALBRECHT VON HALLER *(1708–1777; ›Elementa psychologiae corporis humani‹, 8 Bde., 1757–1766, spez. Bd. 1, ›Praefatio‹) und* JOHANN FRIEDRICH BLUMENBACH *(1752–1822; ›Ueber den Bildungstrieb‹, 1781) eine lebendige Kraft, die den Organismus ›baut‹, ebenso nehmen* TREVIRANUS *(vgl. Erl. zu 556; ›Biologie, oder Philosophie der lebenden Natur‹) und* ESCHENMAYER *(vgl. Erl. zu 949; ›Psychologie‹, § 189ff.) eine spezifische Lebenskraft an. Für* SCHOPENHAUER *ist die Lebenskraft das, was die im »tierischen Organismus [wirkenden] physikalische[n] und chemische[n] Kräfte [...] zusammenhält und lenkt, so daß ein zweckmäßiger Organismus daraus wird und besteht« – diese aber ist »[a]n sich [...] der Wille« (›Parerga und Paralipomena II, § 94 [ASW 5, 192]). – Trotz scharfer Kritik am Konzept einer ›Lebenskraft‹ in der zweiten Hälfte des 19. Jahrhunderts u.a. durch* LOTZE *(vgl. Erl. zu 162; Artikel ›Leben. Lebenskraft‹ im ›Handwörterbuch der Physiologie‹, Bd. 1 [1842], S. IX–LVIII) und* OSTWALD *(vgl. Erl. zu 925f.; ›Vorlesungen über Naturphilosophie.‹ Leipzig ²1902, S. 317f.) sieht* VON HARTMANN *(vgl. Erl. zu 861f.) den Siegeszug des Vitalismus voraus (vgl. u.a. ›Philosophie des Unbewussten‹ 1890, 1. Tl, S. 10 u.ö.), der nach den Experimenten* HANS DRIESCHS *(1867–1941) mit dem ›Neo-Vitalismus‹ tatsächlich einsetzt (vgl. ›Die organischen Regulationen.‹ Leipzig 1901; ebenso ›Der Vitalismus als Geschichte und als Lehre.‹ Leipzig 1905) und zu dessen Vertretern u.a. der Materialismusgegner und Botaniker* JOHANNES REINKE *(1849–1931) zählt (›Einleitung in die theoretische Biologie.‹ Berlin 1901, S. 53ff.).*

963f. der virtus dormitiva des Opiums in Molières unsterblicher Promotionsszene] *vgl.* MAUTHNER: *›Beiträge‹ II, S. 41, der hier aus* MOLIÈRES *(vgl. Erl. zu 671f.) 1673 uraufgeführter Komödie ›La Maladie imaginaire‹ (›Der eingebildete Kranke‹) zitiert: »**Argan**. / [...] Opium facit dormitare? / [...] Quia est in eo / Virtus dormitiva« (»Uns schlafen macht das Opium? / [...] Es steckt eine Schlaf-Kraft darinn« – 3. Zwischenspiel, 2. Auftritt, nach ›Molières ausgewählte Werke‹, Bd. 3, S. 276, S. 282).*

964 Galls Schädellehre] *vgl. dazu* MAUTHNER: *›Beiträge‹ I, S. 275–282. – Der deutsche Mediziner* FRANZ JOSEPH GALL *(1758–1828) entwickelte zwischen 1785 und 1807 die von ihm so genannte ›Organologie‹ des menschlichen Gehirns; er glaubte empirisch 27 ›Organe‹ nachgewiesen zu haben, die die Grundeigenschaften und -fähigkeiten des Menschen verkörpern sollten. Anhand der Schädelform meinte er auf die Entwicklung dieser ›Organe‹ und damit auf den Charakter bzw. die Veranlagung eines Menschen schließen zu können (vgl. ›Anatomie et physiologie du système nerveux en générale, et du cerveaux en particulier.‹ 4 Bde. Paris 1810–1819). Die 1815 von* GALLS *langjährigem Assistenten* JOHANN CHRISTOPH SPURZHEIM *(1776–1832) in ›Phrenologie‹ (aus griech. φρήν [phrén] ›Geist‹ und griech. λόγος [lógos] ›Lehre‹) umbenannte Lehre fand schnell Nachfolger und Kritiker und verbreitete sich über den gesamten europäischen, aber auch den angloamerikanischen Raum (vgl. hierzu u.a.* SIGRID OEHLER-KLEIN: *›Die Schädellehre Franz Joseph Galls in Literatur und Kritik des 19. Jahrhunderts. Zur Rezeptionsgeschichte einer medizinisch-biologisch begründeten Theorie der Physiognomik und Psychologie.‹ Stuttgart 1990 [›Soemmerring-Forschungen‹ 8]).*

965f. die neuere Physiologie wieder die geistigen Vorgänge in bestimmten Gehirnzentren lokalisiert] LOTZE *(vgl. Erl. zu 162) etwa lokalisierte die Seele, die als »immaterielles Wesen [...] im Raume keine Ausdehnung, wohl aber einen Ort haben« könne, »bis zu welchem alle Einwirkungen von außen sich fortpflanzen müssen, um Eindruck auf dies Wesen zu machen, und von welchem aus dies Wesen ganz allein unmittelbare Wirkungen auf seine Umgebung ausübt« (›Grundzüge der Psychologie‹, § 70, S. 65f.), an denjenigen »Partien des Gehirns«, »in denen alle die Kombinationen, Ausgleichungen und Verarbeitungen der physischen Erregungen ausgeführt sind, nach deren Vollendung diese überhaupt erst zur Cognition der Seele kommen« (ebd., § 75, S. 69).*

966f. die alten »Seelenvermögen«] *Die Annahme, bei den intellektuellen, emotionalen und willentlichen Vorgängen seien selbständige Teile oder Potenzen der Seele wirksam, geht auf die Antike zurück. So unterscheidet* PLATON *drei Teile oder Vermögen der Seele, den Intellekt, den Affekt und das Begehren nebst der Willensenergie (vgl. u.a. ›Timaios‹ 69 e u. 77 b),* ARISTOTELES *derer fünf, nämlich Denken, Bewegen, Empfinden, Begehren sowie die vegetativen Funktionen (vgl. u.a. ›De anima‹ II 2, 413a 30f.), die Stoiker gar acht, neben den fünf Sinnen die ›Denkseele‹ (λογιστικόν), die Sprache und die Zeugung (vgl.* DIOGENES LAERTIUS: *›De clarorum philosophorum vitis‹ VII, 157). Nach* KANT *können »alle Seelenvermögen oder Fähigkeiten [...] auf die drei zurück geführt werden, welche sich nicht ferner aus einem gemeinschaftlichen Grunde ableiten lassen: das Erkenntnißvermögen, das Gefühl der Lust und Unlust und das Begehrungsvermögen« (KdU, Einl. [AA V, 177]).*

983 post festum] *lat. ›nach dem Fest‹; bildungssprachlich svw. im nachhinein, hinterher.*

990f. Immoralisten] NIETZSCHE *spricht von »Moral als Widernatur« und bezeichnet sich gern und häufig als* Immoralisten; *in ›Götzen-Dämmerung‹ heißt es: »Der Immoralist redet. — Einem Philosophen geht Nichts mehr wider den Geschmack als der Mensch, sofern er wünscht. . . Sieht er den Menschen nur in seinem Thun, sieht er dieses tapferste, listigste, ausdauerndste Thier verirrt selbst in labyrinthische Nothlagen, wie bewunderungswürdig erscheint ihm der Mensch! Er spricht ihm noch zu . . . Aber der Philosoph verachtet den wünschenden Menschen, auch den ›wünschbaren‹ Menschen — und überhaupt alle Wünschbarkeiten, alle Ideale des Menschen. Wenn ein Philosoph Nihilist sein könnte, so würde er es sein, weil er das Nichts hinter allen Idealen des Menschen findet. Oder noch nicht einmal das Nichts, — sondern nur das Nichtswürdige, das Absurde, das Kranke, das Feige, das Müde, alle Art Hefen aus dem ausgetrunkenen Becher seines Lebens . . . Der Mensch, der als Realität so verehrungswürdig ist, wie kommt es, dass er keine Achtung verdient, sofern er wünscht? Muss er es büssen, so tüchtig als Realität zu sein? Muss er sein Thun, die Kopf- und Willensanspannung in allem Thun, mit einem Gliederstrecken im Imaginären und Absurden ausgleichen? — Die Geschichte seiner Wünschbarkeiten war bisher die partie honteuse des Menschen: man soll sich hüten, zu lange in ihr zu lesen. Was den Menschen rechtfertigt, ist seine Realität, — sie wird ihn ewig rechtfertigen. Um wie viel mehr werth ist der wirkliche Mensch, verglichen mit irgend einem bloss gewünschten, erträumten, erstunkenen und erlogenen Menschen? mit irgend einem idealen Menschen? . . . Und nur der ideale Mensch geht dem Philosophen wider den Geschmack« (›Streifzüge eines Unzeitgemäßen‹ 32 [KGW VI,3, 124f.]).*

998f. Die Seelenvermögen sind *bis* Herbart] *Für den deutschen Philosophen und Pädagogen* JOHANN FRIEDRICH HERBART *(1776–1841) war Psychologie die »Lehre von den inneren Zuständen einfacher Wesen«, die nicht nur Tatsachen sammeln, sondern diese mittels mathematischer Methoden auch begreiflich machen sollte. Auf dieser Grundlage lehnte er die Annahme von* Seelenvermögen *(vgl. Erl. zu 966f.) vehement ab, durch deren Postulierung »sich die Psychologie völlig in eine* M y t h o l o g i e« *verwandele (›Lehrbuch zur Psychologie [1816].‹ In: ders.: ›Sämtliche Werke‹. Hrsg. v.* KARL KEHRBACH *u.* OTTO FLÜGEL. *19 Bde. Langensalza 1887–1912 [Repr. Aalen 1989], Bd. 4, S. 303); Seelenvermögen seien nichts weiter als »Klassenbegriffe«, »v e r ä n d e r l i c h e Z u s t ä n d e d e r j e n i g e n V o r s t e l l u n g e n i n d e n e n s i e i h r e n S i t z h a b e n« (›Lehrbuch zur Einleitung in die Philosophie [1813]‹, § 136 [›Sämtliche Werke‹, Bd. 4, S. 242f.]).*

1012 Kautelen] *spätlat. cautela ›Schutz‹; hier svw. Vorbehalt.*

1013–1015 »Die neueren Psychologen *bis* Vorbehalt vergessen haben.«] *leicht gekürztes Zitat aus* MAUTHNER: *›Beiträge‹ I, S. 288f.*

1027f. auch ich habe mich mit einem Zerstörungswerk an die Grenzen der Menschheit vorgewagt] *Anspielung* HAUSDORFFS *auf sein Buch* Das Chaos in kosmischer Auslese, *in dem er die endgültige Destruktion aller Metaphysik anstrebte (vgl. HGW VII, 49–61 u. 587–886).*

1030 kein Jota] *sprichwörtlich für ›nicht das geringste‹; die Wendung geht zurück auf das Matthäusevangelium, wo es heißt: »Denn wahrlich, ich sage euch: Bis Himmel und Erde vergehen, wird nicht vergehen der kleinste Buchstabe noch ein Tüpfelchen vom Gesetze, bis es alles geschieht« (Mt 5,18), wobei im griechischen Urtext statt »kleinste[r] Buchstabe« der Ausdruck ›iota‹ steht. Das ›iota‹ gilt im griechischen Alphabet – wie auch im hebräischen das ›jot‹ – als ›kleinster‹ Buchstabe. – Zu den Folgen, die das iota im Streit um die Trinitätslehre hatte, vgl. Erl. zu 78f. im Kommentarteil zu* Massenglück und Einzelglück, *HGW VIII, 296f.*

1034 Phagocyten] *griech. φαγεῖν (phagein) ›fressen‹ und griech. κύτος (kýtos) ›Zelle‹, die ›Freßzellen‹ im Blut, die Gewebstrümmer, Fremdkörper, Mikroben und Zellen aufnehmen und verdauen.*

1035–1037 »Verachte nur Vernunft und Wissenschaft, *bis* So triumphiert der Geist, der stets verneint.] *Anspielung auf die Selbstcharakterisierung des* MEPHISTOPHELES *in* GOETHES *›Faust‹ I, ›Studierzimmer‹, v. 1338: »M e p h i s t o p h e l e s. / Ich bin der Geist der stets verneint!« (WA I,14, 67) und ebd., v. 1851–1855: »M e p h i s t o p h e l e s in Fausts langem Kleide. / Verachte nur Vernunft und Wissenschaft, / Des Menschen allerhöchste Kraft, / Laß nur in Blend- und Zauberwerken / Dich von dem Lügengeist bestärken, / So hab' ich dich schon unbedingt –« (WA I,14, 88).*

1047 Solipsist] *vgl. dazu die Erl. zu 544f. im Kommentarteil zu* Massenglück und Einzelglück, *HGW VIII, 336f. – Der konsequenteste Vertre-*

ter des Solipsismus ist MAX STIRNER; *vgl. dazu* HAUSDORFFS *Essay* Stirner *und die zugehörigen Erläuterungen, HGW VIII, 381–412.*

1053 »in der Wirklichkeitswelt«] *vgl. dazu insbesondere* MAUTHNER: *›Beiträge‹ III, S. 225: »Es ist einer der wichtigsten Punkte in der Sprachkritik, dass wir den Zusammenhang oder vielmehr die Zusammenhanglosigkeit zwischen der Wirklichkeitswelt und den Sprachlauten erkennen. Nie und nimmer hat ursprünglich im Sprachlaute etwas gelegen, was zu einem Ding in der Wirklichkeitswelt direkte oder indirekte Beziehung hatte. Alle Bemühungen, die Sprache aus einer Nachahmung der Wirklichkeit zu erklären, müssen daran scheitern.«*

1107 Lithopädion] *aus griech. λίθος (líthos) ›Stein‹ und griech. παιδίον (paidíon) ›Kind‹; ›Steinkind‹, eine außerhalb der Gebärmutter gelegene, abgestorbene Leibesfrucht bei Mensch und Tier, die vom Körper durch Kalkablagerungen eingekapselt wird.*

1107f. Hätte die Mathematik mit dem strengen Zahl- und Funktionsbegriff angefangen] *Bereits in der Schule der Pythagoreer wurde die Tatsache entdeckt, daß es geometrische Größen gibt, wie etwa Diagonale und Seite im Quadrat, die kein rationales Verhältnis zueinander haben. In moderner Sprechweise kann man dies als die Entdeckung der irrationalen Zahlen bezeichnen. Die rationalen und die irrationalen Zahlen zusammen bilden den Bereich der reellen Zahlen. Mehr als 2.000 Jahre wurde mit den reellen Zahlen anschaulich-geometrisch operiert; das Problem, die Theorie dieser Zahlen rein arithmetisch streng zu begründen, war bis zum zweiten Drittel des 19. Jahrhunderts offen. Es wurde von* RICHARD DEDEKIND *(1831–1916),* GEORG CANTOR *(1845–1918) und* KARL WEIERSTRASS *(1815–1897) auf ganz verschiedenen Wegen und unabhängig voneinander gelöst. Diese Theorien hat* HAUSDORFF *im Auge, wenn er vom strengen Zahlbegriff spricht. – Der Funktionsbegriff geht auf* LEIBNIZ *zurück.* LEONHARD EULER *(1707–1783), der zunächst seinem Lehrer* JOHANN BERNOULLI *(1667–1748) folgend, ›Funktion‹ als algebraischen Ausdruck definierte, schuf später, angeregt durch die Theorie der schwingenden Saite, einen Funktionsbegriff, der bereits geknickte Graphen mit umfaßte. Der Begriff ›Funktion‹ als beliebige eindeutige Zuordnung reeller Zahlen, der Funktionswerte, zu den reellen Zahlen eines gewissen Definitionsbereiches geht auf* PETER GUSTAV LEJEUNE-DIRICHLET *(1805–1859) zurück. Diesen Begriff hat* HAUSDORFF *hier im Auge. Der moderne, mengentheoretisch gefaßte Abbildungs- und Funktionsbegriff geht übrigens auf* HAUSDORFF *selbst zurück (*Grundzüge der Mengenlehre *[1914], S. 32f.; HGW II, 132f.; zur Entwicklung des Funktionsbegriffs vgl. HGW II, 621–633). – Mit der Passage im Text spielt* HAUSDORFF *auf die Tatsache an, daß die Mathematik im 17. und 18. Jahrhundert einen gewaltigen Aufschwung genommen hat, obwohl die fundamentalen Begriffe Zahl und Funktion noch nicht streng definiert waren. Solche strengen Theorien waren mit den Mitteln des 17. Jahrhunderts kaum möglich, und wenn* *sich die Mathematiker – HAUSDORFFS Überlegung ist hier natürlich rein hypothetisch – auf dieses Problem konzentriert hätten, hätten sie vermutlich gar nichts Produktives hervorgebracht.*

1109 Logarithmentafeln] *In der Gleichung $a^b = c$ heißt die Zahl b der Logarithmus (griech. λόγος [lógos] ›Lehre‹, griech. αριθμός [arithmós] ›Zahl‹) von c zur Basis a. Die Logarithmen zur Basis 10 wurden bereits Anfang des 17. Jahrhunderts vertafelt.* Logarithmentafeln *waren jahrhundertelang die wichtigsten Rechenhilfsmittel; mit dem Aufkommen der Taschenrechner ging ihre Bedeutung stark zurück.*

1111f. Herakles in der Wiege *bis* wenn er Mann werden will] *Der griechischen Mythologie zufolge sandte HERA aus Eifersucht HERAKLES, dem Sohn des ZEUS und der ALKMENE, zwei Schlangen in die Wiege, die dieser jedoch töten konnte.*

1116 Aperçus] *frz. (nur Plural) ›Einfälle‹; hier bildungssprachlich svw. geistreiche Bemerkung.*

1118f. Nicht der kluge Frager und Kritiker Sokrates hat die antike Wissenschaft getötet] *Im Mittelpunkt der Philosophie des SOKRATES (vgl. Erl. zu 168) stand der Mensch, seine Ziele und Wertvorstellungen, sein Leben in der Gemeinschaft und seine sittliche Erziehung. Von der ionischen Naturphilosophie, die durch ANAXAGORAS (um 500 v. Chr. – 428 v. Chr.) in Athen vertreten war, hatte sich SOKRATES abgewandt. Besonders scharf wandte er sich gegen die Sophisten, die bezüglich aller Erkenntnis skeptisch waren und meinten, jeder Mensch habe seine eigene besondere Wahrheit. SOKRATES warf ihnen vor, daß sie nur mit Worten jonglieren und ihre Gesprächspartner nur zu überreden suchen. SOKRATES' Methode war der Dialog, in dem er sein Gegenüber durch kluges Fragen (und nicht durch Belehrung, wie es die Sophisten praktizierten) zunächst zur Einsicht der eigenen Unzulänglichkeiten im Wissen um die betrachtete Sache und dann zu einem tieferen Durchdenken des Sachverhalts führte (vgl. GÜNTER FIGAL: ›Sokrates.‹ München 2006).*

1119f. sondern Archimedes der Beobachter und Erfinder] *Die mathematischen Ideen des ARCHIMEDES (vgl. Erl. zu 460 im Kommentarteil zu* Massenglück und Einzelglück, *HGW VIII, 331) waren ihrer Zeit so weit voraus, daß sie in der Antike von keinem einzigen Mathematiker weiterentwickelt werden konnten. Erst die Mathematiker der Renaissance begannen damit, wieder an ARCHIMEDES anzuknüpfen. Die im 17. Jahrhundert entstandene Infinitesimalmathematik ging dann inhaltlich und methodisch erstmals deutlich über ARCHIMEDES hinaus. Über seine Tätigkeit als Ingenieur und über seine Erfindungen hat ARCHIMEDES selbst nichts hinterlassen; es handelt sich dabei um mehr oder weniger glaubhafte Zuschreibungen (vgl. dazu IVO SCHNEIDER: ›Archimedes. Ingenieur, Naturwissenschaftler und Mathematiker.‹ Darmstadt 1979).*

1120f. der eleatischen Zersetzung des Bewegungsbegriffs] *Die von dem griechischen Philosophen XENOPHANES VON KOLOPHON (um 570 v. Chr. –*

um 470 v. Chr.) im süditalienischen Elea gegründete Schule der Eleaten, die im 6. und 5. vorchristlichen Jahrhundert zur Blüte aufstieg und der u.a. Parmenides von Elea (vgl. Erl zu 108–110), Zenon von Elea (um 490 v. Chr. – um 430 v. Chr.) und Melissos von Samos (fl. um 444/441 v. Chr.) angehörten, postulierte ein unveränderliches, ungeschaffenes und unzerstörbares Sein, welches nur durch Denken zu erfassen sei; die Eleaten setzten Denken und Sein geradezu einander gleich. Die Alltagswahrnehmung sei nur Schein. Da das wahre Sein unbeweglich sei und das Denken mit ihm übereinstimme, könne Bewegung nicht widerspruchsfrei gedacht werden. Um dies zu zeigen, führte Zenon seine Paradoxien der Bewegung ins Feld (›Achilles und die Schidkröte‹, ›fliegender Pfeil‹ u.a.).

1121f. von Galileis Fallversuchen datiert die moderne Mechanik] *Aristoteles hatte behauptet, daß die Geschwindigkeit eines fallenden Körpers dessen Gewicht proportional ist. Eine experimentelle Widerlegung dieser Behauptung lieferte der italienische Gelehrte Giovanni Battista Benedetti (1530–1590), indem er vom schiefen Turm zu Pisa eine Eisenkugel und eine gleichgroße Holzkugel fallen ließ, die beide fast gleichzeitig aufschlugen. Der italienische Mathematiker, Physiker und Philosoph Galileo Galilei (1564–1642) fand durch Experimente an einer Fallrinne das Fallgesetz (der Fallweg ist proportional dem Quadrat der Fallzeit). Galilei hat die Ergebnisse seiner Forschungen auf dem Gebiet der Mechanik in den ›Discorsi e dimostrazioni matematiche intorno a due nuove scienze‹ (Leiden 1638) zusammenfassend dargestellt. Dort findet sich auch das Trägheitsgesetz, welches Newton als erstes Axiom seiner Darstellung der Mechanik voranstellte. – Vgl. dazu Mauthner: ›Beiträge‹ II, S. 207f.: »Die Negation des Unsinns, dass eine Bewegung ohne jeden Grund sich ändern könne, ist unter dem Namen des Trägheitsgesetzes der Ruhm Galileis geworden.«*

1128f. Auf der einen Seite Hegels Logik, die aus sich heraus die Welt gebiert und entwickelt] *Hegel entwickelt in seiner 1812/13 und 1816 in zwei Bänden publizierten ›Wissenschaft der Logik‹ die Logik als ein »System der reinen Vernunft, als das Reich des reinen Gedankens [...]. Dieses Reich ist die Wahrheit, wie sie ohne Hülle an und für sich selbst ist. Man kann sich deswegen ausdrücken, daß dieser Inhalt die Darstellung Gottes ist, wie er in seinem ewigen Wesen vor der Erschaffung der Natur und eines endlichen Geistes ist.« (HW 5, S. 44.)*

1137 Bacon] *Der englische Philosoph Francis Bacon (vgl. Erl. zu 169f.) stellt im ›Novum Organon‹ seine Methodenlehre, seine Logik der Induktion, der syllogistischen Logik entgegen, da letztere »nutzlos für die Entdeckung wahrer Wissenschaft« sei und mehr dazu diene, »die Irrtümer (welche auf den alltäglichen Begriffen fußen) zu verankern und zu festigen, als die Wahrheit zu erforschen« und daher »mehr schädlich als nützlich« wirke (ebd., I, 11f.); in ihren Begriffen stecke*

»nichts Gesundes«, sie alle seien »phantastisch und schlecht bestimmt« (ebd., I, 15; nach der Übersetzung von KROHN, S. 85 u. S. 87).

1144 »die tauben Nüsse der Tautologie trägt«] *leicht abgewandeltes Zitat aus MAUTHNERS ›Beiträgen‹ I, S. 28: »Die Sprache aber ist unfruchtbar. Sie trägt nur die tauben Nüsse der Tautologie.«*

1146f. »Lokalangelegenheit der sogenannten indoeuropäischen Menschheit«] *vgl. MAUTHNER: ›Beiträge‹ III, S. 433: »Es ist ja richtig, dass die Begriffsvergleichung nach unserem Sprachgebrauch am bequemsten vor sich geht, wenn sie sich in substantivische Sätze kleiden lässt. ›Alle Metalle sind Körper; Eisen ist ein Metall; also ist Eisen ein Körper.‹ Das ist dumm und bequem wie eine Rechenmaschine für Kinder. Sobald das Prädikat einer oder beider Prämissen ein Adjektiv oder ein Verbum wird (z. B. alle Metalle sind schwer, oder alle Metalle wirken so und so), leidet der Beweis des Schliessens durch Sphärenvergleichung an bedenklichen Unklarheiten. [...] Da wir aber Sprachen kennen, die von einem Unterschiede zwischen Nomen, Verbum und Adjektiv nicht viel wissen, und da die Chinesen z. B. trotzdem nicht unlogischer denken als wir, so können wir diese Lokalangelegenheit der sogenannten indo-europäischen Menschheit auf sich beruhen lassen.«*

1148–1151 jener Wissenschaft *bis* nicht analytische Urteile nannte] *vgl. dazu KANTS ›Kritik der reinen Vernunft‹: »In allen Urteilen, worinnen das Verhältnis eines Subjekts zum Prädikat gedacht wird, (wenn ich nur die bejahende erwäge, denn auf die verneinende ist nachher die Anwendung leicht,) ist dieses Verhältnis auf zweierlei Art möglich. Entweder das Prädikat B gehört zum Subjekt A als etwas, was in diesem Begriffe A (versteckter Weise) enthalten ist; oder B liegt ganz außer dem Begriff A, ob es zwar mit demselben in Verknüpfung steht. Im ersten Fall nenne ich das Urteil analytisch, in dem andern synthetisch. Analytische Urteile (die bejahende) sind also diejenige, in welchen die Verknüpfung des Prädikats mit dem Subjekt durch Identität, diejenige aber, in denen diese Verknüpfung ohne Identität gedacht wird, sollen synthetische Urteile heißen« (KrV B 10f.). KANT verweist darauf, daß in »allen theoretischen Wissenschaften der Vernunft [...] synthetische Urteile a priori als Prinzipien enthalten« seien, insbesondere »[m]athematische Urteile [...] insgesamt synthetisch«, »eigentliche mathematische Sätze jederzeit Urteile a priori und nicht empirisch« seien, »weil sie Notwendigkeit bei sich führen, welche aus Erfahrung nicht abgenommen werden kann« (ebd., B 14).*

1153f. auf der kläglichen Stufe *bis* alle Menschen sterblich sind!] *vgl. zu dieser Kritik an der Syllogistik als Kernstück der traditionellen Logik KANTS ›Kritik der reinen Vernunft‹: »Die Funktion der Vernunft bei ihren Schlüssen bestand in der Allgemeinheit der Erkenntnis nach Begriffen, und der Vernunftschluß selbst ist ein Urteil, welches a priori in dem ganzen Umfange seiner Bedingung bestimmt wird. Den Satz:*

Cajus ist sterblich, könnte ich auch bloß durch den Verstand aus der Erfahrung schöpfen. Allein ich suche einen Begriff, der die Bedingung enthält, unter welcher das Prädikat (Assertion überhaupt) dieses Urteils gegeben wird (d.i. hier, den Begriff des Menschen;) und nachdem ich unter diese Bedingung, in ihrem ganzen Umfange genommen, (alle Menschen sind sterblich), subsumiert habe: so bestimme ich darnach die Erkenntnis meines Gegenstandes (Cajus ist sterblich). Demnach restringieren wir in der Konklusion eines Vernunftschlusses ein Prädikat auf einen gewissen Gegenstand, nachdem wir es vorher in dem Obersatz in seinem ganzen Umfange unter einer gewissen Bedingung gedacht haben.« (KrV B 378f.)

1154–1156 Das Problem der Quadratur des Kreises *bis* unseres 19. Jahrhunderts erledigt worden] *Unter der Quadratur einer Figur verstanden die antiken Geometer die Konstruktion eines der gegebenen Figur flächengleichen Quadrates mit Zirkel und Lineal (in endlich vielen Schritten). Die* Quadratur des Kreises *ist eine der drei berühmten Aufgaben der klassischen griechischen Geometrie, deren Lösung in der Antike nicht gelang (Dreiteilung des Winkels, Verdopplung des Würfels, Quadratur des Kreises). Alle drei Probleme sind im Sinne der antiken Vorgabe (Konstruktion mit Zirkel und Lineal) unlösbar. Für die ersten beiden Probleme wurde dies Anfang des 19. Jahrhunderts gezeigt. Die Unmöglichkeit der Quadratur des Kreises folgt aus der 1882 bewiesenen* Transcendenz der Kreiszahl π *(vgl. die folgende Erl.).*

1158 die Transcendenz der Kreiszahl] *lat. transcendere ›hinübersteigen‹. Eine Zahl heißt transzendent, wenn sie nicht algebraisch ist, d.h. wenn sie keiner algebraischen Gleichung mit rationalen Koeffizienten genügt. Für eine transzendente Zahl z gibt es also kein Polynom f mit rationalen Koeffizienten, so daß f(z) = 0 gilt. Nachdem der deutsche Universalgelehrte Johann Heinrich Lambert (1728–1777) bereits 1767 den Nachweis für die Irrationalität der Zahl* π *erbracht hatte (sie kann also nicht als Quotient zweier ganzer Zahlen geschrieben werden; vgl. ›Beyträge zum Gebrauche der Mathematik und deren Anwendung.‹ 4 Bde. Berlin 1765–1772), gelang erst 1882 dem deutschen Mathematiker Carl Louis Ferdinand von (seit 1918) Lindemann (1852–1939) der Nachweis, daß* π *eine transzendente Zahl ist (vgl. ›Die Zahl* π*.‹ In: ›Mathematische Annalen‹ 20 [1882], S. 213–225).*

1167 Der Streit, ob die Geometrie eine empirische Wissenschaft sei] *Nach Kant hat die Mathematik und damit auch die Geometrie synthetischen und apriorischen Charakter. Im 19. Jahrhundert entwickelte sich ein lebhafter Streit darüber, ob die Geometrie eine empirische Wissenschaft ist, besonders unter englischen Gelehrten (William Whewell [1794–1866; ›Mechanical Euclid‹, Cambridge 1837], Dugald Stewart [1753–1828; ›Elements of the Philosophy of the Human Mind.‹ 3 Bde. Edinburgh 1792–1827, spez. Bd. 2], John Frederick William Herschel*

[1792–1871] und John Stuart Mill*). Zur Kontroverse vgl. zeitgenössisch u.a.* Friedrich Albert Lange*: ›Geschichte des Materialismus und Kritik seiner Bedeutung in der Gegenwart.‹ 2 Bde. Iserlohn 1866 [2., veränderte Ausgabe Leipzig 1873/75], Bd. 2: ›Geschichte des Materialismus seit Kant‹, 1. Abschn.: ›Neuere Philosophie‹ I: ›Kant und der Materialismus‹. – Für die Mathematiker war die Frage mit der Entwicklung nichteuklidischer Geometrien entschieden; vgl. insbesondere Band VI ›Geometrie, Raum und Zeit‹ in dieser Edition.*

1169–1171 wir haben rein arithmetische Fragen *bis* keine Erfahrungswissenschaft?] *Arithmetik (von griech. αριθμός [arithmós] ›Zahl‹) verwendet* Hausdorff *hier wohl im Sinne von ›Zahlentheorie‹. Offene Fragen waren z.B. die Gültigkeit des großen* Fermat*sche Satzes, die* Goldbach*sche Vermutung oder die Frage, ob es unendlich viele Primzahlzwillinge gibt (die beiden letzteren sind auch heute noch offen). Eine axiomatische Begründung der Theorie der natürlichen Zahlen gaben unabhängig voneinander* Guiseppe Peano *(1858–1932, ›Arithmetices principia nova methodo exposita‹, 1889) und* Richard Dedekind *(›Was sind und was sollen die Zahlen?‹, 1888).*

1172f. seiner »taufrischen Amme Walburga« *bis* Ob auch wo anders?«] *vgl. dazu* Mauthners *›Walpurga, die taufrische Amme‹, eine Parodie auf die Dorfgeschichten des deutschen Schriftstellers* Berthold Auerbach *(eigentlich* Moses Baruch Auerbacher*; 1812–1882), entstanden 1878: »Zweimal zwei ist vier. Bei uns! Ob auch anderswo?« (Zitiert nach* Mauthner*: ›Nach berühmten Mustern. Parodistische Studien.‹ Gesamtausgabe. Stuttgart u.a. 1897, S. 22.)*

1191 Kant, der »Alleszermalmer«] *vgl. dazu den Vorbericht des deutschen Philosophen und Literaturkritikers* Moses Mendelssohn *(1729–1786) in ›Morgenstunden oder Vorlesungen über das Daseyn Gottes‹. Erster Theil. Berlin 1785, in welchem er sich dafür entschuldigt, aufgrund einer ihn seit mehreren Jahren plagenden »sogenannte[n] Nervenschwäche«, die ihm »jede Anstrengung des Geistes« verbiete, »die Schriften der großen Männer, die sich unterdessen in der Metaphysik hervorgethan, [...] selbst [die] des alles zermalmenden K a n t s, nur aus unzulänglichen Berichten [s]einer Freunde oder aus gelehrten Anzeigen« zu kennen (›Gesammelte Schriften. Jubiläumsausgabe.‹ Begonnen v.* Ismar Elbogen, Julius Guttmann *u.* Eugen Mittwoch*, fortgeführt v.* Alexander Altmann *u.* Eva J. Engel*. Bd. 1ff. Stuttgart-Bad Cannstadt 1971ff., Bd. 3,2, S. 3).*

1194–1196 dieser Nilgott *bis* ein Allesbefruchter sein wird?] *In der ägyptischen Mythologie war es der Nilgott* Hapi*, der die Fruchtbarkeit des Ackerlandes durch die regelmäßige Überschwemmung des Nils bewirkte; er wurde als korpulenter Mann mit weiblichen Brüsten und Papyruskrone dargestellt.*

1204 Kopula] *lat. ›Verknüpfendes‹.*

1213 neologischen] *griech. νέος (néos) ›neu‹, griech. λόγος (lógos) ›Wort‹, ›Begriff‹, ›Lehre‹; Neologismus svw. Neuerung besonders auf religiösem oder sprachlichem Gebiet, meist mit der Nebenbedeutung von unnütz oder verderblich; hier ist ›neologisches Denken‹ als Denken, welches etwas wirklich neues hervorbringt, gebraucht.*

1230 »einfachsten Negationen des Unsinns«] *vgl. MAUTHNER: ›Beiträge‹ II, S. 207: »Die Etymologie lehrt einerseits die Geschichte des Wortstammes, anderseits die Geschichte der Wortzusammensetzungen, die zu Wortformen verblasst sind. Dieses letzte Ergebnis sieht sicherlich nach etwas Rechtem aus. Aber es ist erstaunlich und bezeichnend für den Schneckengang der wissenschaftlichen Errungenschaften, dass diese Einsicht erst durch eine Unfülle von einzelnen Beobachtungen erreicht wurde. Diese armselige Langsamkeit, diese Abhängigkeit von zufälligen Beobachtungen wird gelehrterweise auch die Herrschaft der Induktion genannt. Die einfachsten Negationen des Unsinns, also die einfachsten Wahrheiten, die noch nichts Positives geben, müssen immer induktiv erkannt werden.«*

1231f. »sobald man den Betrag in Gold vorher hineingeworfen hat«] *vgl. MAUTHNER: ›Beiträge‹ III, S. 296f: »Das einzige Ergebnis der schönen und kühnen Hypothese Darwins ist die Bestätigung unserer Lehre, dass Begriffe (welche in der Naturgeschichte Arten heissen) oder Worte nebelhaft, schwebend, undefinierbar sind. Und fassen wir selbst Darwin als den blossen Beobachter, dessen ›Gesetze‹ erst noch von einem Denker einheitlich erklärt werden müssen und dadurch langsam dem Prozesse der Selbstzersetzung verfallen, fassen wir selbst Darwin als den Kepler, der auf seinen Newton wartet, so kann und wird der neuen Weisheit letzter Schluss nur ein neues Wort sein, ein neuer Begriff, der wiedergibt, was er geborgt bekommen hat, bestenfalls ein bequemer Automat, der eine Banknote hergibt, sobald man den Betrag in Gold vorher hineingeworfen hat. So eine Banknote war die ›Gravitation‹, so eine Note wird vielleicht einst ›Entwickelung‹ heissen.«*

1232f. der Stolz *bis* die Erhaltung der Energie] *vgl. MAUTHNER: ›Beiträge‹ II, S. 208: »Die Negation des Unsinns, dass Kraft oder Stoff aus nichts entstehen könne, ist unter dem Namen der Erhaltung der Energie der Ruhm des 19. Jahrhunderts.« – Der deutsche Naturforscher und Mediziner JULIUS ROBERT VON (seit 1867) MAYER (1814–1878) formulierte 1842 in seinen ›Bemerkungen über die Kraft der unbelebten Natur‹ (in: ›Liebig's Annalen‹ 42 [1842], S. 233–240) in Ansätzen, präziser und auf andere Energieformen ausgeweitet drei Jahre später in ›Die organische Bewegung in ihrem Zusammenhang mit dem Stoffwechsel‹ (Heilbronn 1845) auf der Grundlage der Annahme eines Äquivalentes von mechanischer Arbeit und Wärme das Prinzip von der Erhaltung der Energie, d.h. den allgemeinen Satz, daß sich Energie nur in verschiedene äußere Formen umwandeln läßt, aber weder aus nichts er-*

schaffen noch zerstört werden kann (1. Hauptsatz der Thermodynamik).

1233–1235 »etwas Selbstverständliches *bis* keinen Unsinn zu denken.«] *vgl.* MAUTHNER: *›Beiträge‹ II, S. 207: »Wenn er [*HERBERT SPENCER*] auch nicht erkannt hat, dass die Erhaltung der Energie, was er ›Fortbestehen der Kraft‹ nennt, etwas Selbstverständliches ist, noch weniger als eine Tautologie, nämlich nichts als die Weisheit: ›Wir brauchen keinen Unsinn zu denken,‹ — so stellt er doch das Fortbestehen der Kraft sehr gut als unsere äusserste und allgemeinste Kenntnis von der Wirklichkeit hin und formt den Satz noch besser um, wenn er von dem Fortbestehen der Beziehungen zwischen den Kräften spricht.«*

1240–1243 diese metaphysischen Scheinbeweise *bis* seiner Leistungen erscheinen] *»Kräfte«, so* MAYER *(vgl. Erl. zu 1232f.) zu Beginn der 1842 publizierten ›Bemerkungen über die Kraft der unbelebten Natur‹, »sind Ursachen; mithin findet auf dieselben volle Anwendung der Grundsatz: causa aequat effectum. Hat die Ursache c die Wirkung e, so ist c = e; ist e wieder die Ursache einer anderen Wirkung f, so ist e = f, u. s. f. [...]. In einer Kette von Ursachen und Wirkungen kann, wie aus der Natur einer Gleichung erhellt, nie ein Glied oder ein Theil eines Gliedes zu Null werden. Diese erste Eigenschaft aller Ursachen nennen wir ihre Unzerstörlichkeit. [...] Die Fähigkeit, verschiedene Formen annehmen zu können, ist die zweite wesentliche Eigenschaft aller Ursachen. Beide Eigenschaften zusammengefasst sagen wir: Ursachen sind (quantitativ) unzerstörliche und (qualitativ) wandelbare Objecte. Zwei Abtheilungen von Ursachen finden sich in der Natur vor, zwischen denen erfahrungsmässig keine Uebergänge stattfinden. Die eine Abtheilung bilden die Ursachen, denen die Eigenschaft der Ponderabilität und Impenetrabilität zukommt, — Materien; die andere die Ursachen, denen letztere Eigenschaften fehlen, — Kräfte, von der bezeichnenden negativen Eigenschaft, auch Imponderabilien genannt. Kräfte sind also: unzerstörliche, wandelbare, imponderable Objecte« (›Bemerkungen‹, in: ›Die Mechanik der Wärme in gesammelten Schriften.‹ Stuttgart [2]1874, S. 1–12, hier S. 3f.). Drei Jahre später apostrophiert* MAYER *in seiner zweiten Abhandlung, ›Die organische Bewegung in ihrem Zusammenhange mit dem Stoffwechsel‹, daß eine »Bewegung [...] nicht von selbst [entstehe]; sie entsteht aus ihrer Ursache, aus der Kraft. Ex nihilo nil fit. Ein Object, das, indem es aufgewendet wird, Bewegung hervorbringt, nennen wir Kraft. Die Kraft, als Bewegungsursache, ist ein unzerstörliches Object. Es entsteht keine Wirkung ohne Ursache; keine Ursache vergeht ohne entsprechende Wirkung. Ex nihilo nil fit. Nil fit ad nihilum. Die Wirkung ist gleich der Ursache. Die Wirkung der Kraft ist wiederum Kraft« (in ebd., S. 12–126, hier S. 19). – Gegen* MAYERS *– lange Zeit unbeachteten – Darstellungen und Folgerungen wendet* HELMHOLTZ *(vgl. Erl. zu 626) u.a. im Zusatz*

(1883) zu seinem Vortrag ›Ueber die Wechselwirkungen der Naturkräfte und die darauf bezüglichen neuesten Ermittlungen der Physik‹ (1854) ein, daß »die Darstellungsweise, welche er in den Einleitungen seiner ersten beiden Aufsätze gewählt hat«, eine »Missdeutung seiner Leistungen« erleichtert und Anlaß gegeben habe, »das Gesetz von der Erhaltung der Kraft als eine Erkenntniss a priori, und [ihn] als den Heros des reinen Denkens [zu] feiern«. Er, Helmholtz, habe sich in der Auseinandersetzung um die ›Kraft‹ bemüht, »Alles was [er] noch von Nebeln eines falschen scholastischen Rationalismus vorfand, zu zerstreuen«, was ihn bei den »stillen und offenen Anhängern metaphysischer Speculation nicht beliebt gemacht habe«. Er habe dies getan, ohne Mayer, mit Rücksicht auf seine labile Gesundheit, direkt anzugreifen, doch nun werde dessen Name »gebraucht, um wissenschaftliche Principien zu empfehlen, die [er] für radical falsch halte, und die leider für die gebildeten Klassen Deutschlands ihre verführende Kraft noch immer nicht ganz verloren haben« (vgl. ›Vorträge und Reden‹ 1903, Bd. 1, S. 401–414, hier S. 401–403): »Eingeleitet ist das Ganze [die ›Bemerkungen‹ Mayers] durch Folgerungen aus dem Satze: ›causa aequat effectum‹, die Ursache ist der Wirkung an Grösse gleich, aus welchem mittelst einer sehr bedenklichen Interpretation herausgelesen wird, dass, was als Ursache wirke, unzerstörbar sei. Diese Einleitung erscheint als das Einzige, was nach dem Sinne des Autors einen Beweis vertreten sollte. Es war eine Art des Beweises, die, an sich vollkommen ungenügend, in jener Zeit kräftiger Reaction gegen die speculativen Ueberschwenglichkeiten der Hegel'schen Philosophie, jeden aufgeklärten Naturforscher gleich von vornherein vom Weiterlesen abschrecken mochte, noch ehe er auf der zweiten Seite die Kräfte kurzweg mit den Imponderabilien identificirt fand«. Daß diese Abhandlung »nicht in die breite Literatur von unklaren Einfällen gehörte, welche alljährlich von schlecht unterrichteten Dilettanten aufgetischt werden, konnte höchstens ein Leser merken, der schon ähnliche Gedanken in sich herumgewälzt hatte, und diese unter dem etwas fremdartigen Wortgebrauch des Autors wieder zu erkennen wusste«; Mayers »Liebäugeln mit der Metaphysik« erkläre sich jedoch »aus der damaligen Unzulänglichkeit seines empirischen Materials«, denn wenn er Beweise vorzubringen suche, komme er »leicht dazu, sich mit unbestimmt allgemeinen Betrachtungen von zweifelhaftem Werthe helfen zu wollen«, so wie er etwa aus »dem ›aequat‹, d. h. ›ist gleich‹, [...] ein ›bleibt gleich‹« mache und so die Unzerstörbarkeit der »in der Natur sich vorfindenden Arbeitsäquivalente« als »causa und effectus« voraussetze, ohne daß dies bewiesen sei. Auch »mit den Sätzen, die er an die Spitze der zweiten Abhandlung des Jahres 1845 stellt: Ex nihilo nil fit. Nil fit at nihilum« verhalte es sich so, denn zu dieser Folgerung war »doch aber kein Recht da, ehe ihre [der Arbeitsäquivalente] Beständigkeit erfahrungsmässig nachgewiesen war« (vgl. ebd.,

Bd. 1, S. 408–410; ›Ueber die Wechselwirkungen der Naturkräfte‹ abgedruckt in ebd., Bd. 1, S. 48–83). – Daß sich aus Mayers *›Bemerkungen‹ »in der Tat« der Vorwurf »›metaphysische[r] Scheinbeweise‹« herauslesen »oder doch die Begründung seiner Lehre ›metaphysisch gefärbt‹ finde[n]« lasse, apostrophiert noch 1900 der Neukantianer* Alois Riehl *(1844 – 1924), vgl. ›Robert Mayers Entdeckung und Beweis des Energieprincipes.‹ In: ›Philosophische Abhandlungen Christoph Sigwart zu seinem siebzigsten Geburtstag 28. März 1900 gewidmet.‹ Tübingen u.a. 1900, S. 159–184, hier S. 161.*

1251–1255 Vor Galileo *bis* sagen »aus Nichts wird Etwas.«] *vgl. Erl. zu 1121f.; hier Anspielung auf das Trägheitsgesetz, welches* Newton *als das 1. Gesetz der Bewegung (lex prima) folgendermaßen formulierte: »Jeder Körper beharrt in seinem Zustande der Ruhe oder der gleichförmigen geradlinigen Bewegung, wenn er nicht durch einwirkende Kräfte gezwungen wird, seinen Zustand zu ändern« (›Naturalis philosophiae principia mathematica.‹ London 1687 [›Mathematische Principien der Naturlehre.‹ Mit Anm. u. Erl. hrsg. v.* Jakob Philipp Wolfers. *Berlin 1872, S. 32]).*

1251f. ex nihilo nihil fit] *lat. ›aus nichts wird nichts‹; nach* Aristoteles *auf die frühen griechischen Naturphilosophen zurückgehende Annahme, daß aus Nichtseiendem nichts werden kann (*Aristoteles*: ›Physik‹ I,4, 187a; vgl. auch* Lukrez*: ›De rerum natura‹ I, 150) Nach* Hegel *ist »›Ex nihilo nihil fit‹ [...] einer der Sätze, denen in der Metaphysik große Bedeutung zugeschrieben wurde. Es ist darin entweder nur die gehaltlose Tautologie zu sehen: Nichts ist Nichts; oder wenn das Werden wirkliche Bedeutung darin haben sollte, so ist vielmehr, indem nur Nichts aus Nichts wird, in der Tat kein Werden darin vorhanden, denn Nichts bleibt darin Nichts. Das Werden enthält, daß Nichts nicht Nichts bleibe, sondern in sein Anderes, in das Sein übergehe« (›Wissenschaft der Logik‹ I,1 [HW 5, S. 85]). – Vgl. dagegen aber 2. Makk 7,28: »Ich bitte dich, mein Kind, sieh Himmel und Erde an und alles, was darin ist, und bedenke: dies hat Gott alles aus nichts gemacht, und wir Menschen sind auch so gemacht.«*

1255f. Cartesius behauptete *bis* unveränderlich sei] *Nach* Descartes *ist die »Ursache« der Bewegung »zweifach, nämlich zunächst eine universale und oberste, die die allgemeine Ursache aller in der Welt stattfindender Bewegung ist, und sodann eine besondere, aufgrund derer es geschieht, daß einzelne Abteilungen der Materie, die sich zuvor nicht bewegt haben, Bewegung erlangen. Was nun die allgemeine Ursache anbelangt, so erscheint es mir als offensichtlich, daß sie nichts anderes ist als Gott selbst, der die Materie zugleich mit der Bewegung und der Ruhe am Anfang erschaffen hat, und außerdem allein durch seinen gewöhnlichen Eingriff ebendieselbe Quantität der Bewegung und Ruhe, die er damals in die Welt hineingesetzt hat, aufrecht erhält.*

Denn obwohl die Bewegung an der bewegten Materie nichts anderes als ein Zustand ist, so besitzt sie gleichwohl eine festgelegte und bestimmte Quantität, von der wir leicht einsehen, daß sie auch dann immer ebendieselbe in der Gesamtheit der Dinge sein kann, wenn sie sich an einzelnen Stücken dieser gesamten Materie verändert. Und so widerspricht es dem eben Gesagten keineswegs, wenn wir annehmen, daß, wenn ein Stück der Materie sich zweimal schneller als ein anderes bewegt, und dieses andere doppelt so groß ist wie das erste, ebendieselbe Bewegung in dem kleineren wie in dem größeren vorhanden ist, und daß, je langsamer die Bewegung eines Materiestückes ist, sich die Bewegung irgendeines anderen ebenso großen desto schneller vollzieht« (›Principia philosophia‹ II,36 [›Die Prinzipien der Philosophie.‹ Lateinisch-Deutsch. Übers. u. hrsg. v. Christian Wohlers. Hamburg 2005, S. 137]).

1260f. in der einen *bis* Quadrate der Geschwindigkeit] *Descartes bestimmt also (vgl. die vorhergehende Erl.) die Bewegungsgröße als m • v (mit m für Masse und v für Geschwindigkeit, wobei jedoch ein klarer Massebegriff noch fehlt) und behauptet die Erhaltung dieser Bewegungsgröße. In ›Principia philosophiae‹ II,43 bezeichnet er das Produkt aus Masse und Geschwindigkeit als die dem Körper innewohnende ›Kraft‹. Leibniz veröffentlichte 1686 eine Streitschrift ›Brevis demonstratio erroris memorabilis Cartesii et alienorum circa legem naturae, secundum quam a Deo eandem semper quantitatem motus conservari; qua et in re mechanica abutuntur‹ (›Kurze Darlegung eines bemerkenswerten Irrtums des Cartesius und anderer um ein Naturgesetz, demgemäß sie behaupten, daß von Gott immer dieselbe Bewegungsmenge bewahrt wird; und wie sie es in der Mechanik mißbrauchen‹), in der er zu zeigen sucht, daß nicht die Descartessche Bewegungsgröße das wahre Kraftmaß sei und für bewegte Massen erhalten bleibe, sondern die von ihm als ›vis viva‹ oder ›vis activa‹ bezeichnete Größe* $m \cdot v^2$ *(vgl. auch ›Specimen dynamicum‹, 1695). In der Folgezeit entspann sich ein jahrzehntelanger erbitterter Streit zwischen ›Cartesianern‹ und ›Leibnizianern‹ um das ›wahre Kraftmaß‹ (vgl. dazu das Kapitel ›Der philosophische Streit um ›das wahre Kraftmaß‹ im 17. und 18. Jahrhundert‹ in: István Szabó u. Peter Zimmermann: ›Geschichte der mechanischen Prinzipien.‹ Basel 1996, S. 47ff.). Klarheit schuf erst Daniel Bernoulli (1700–1782) in seinem ›Examen principiorum mechanicae‹ von 1726. Er zeigte dort, daß der doppelten Kraft in derselben Zeit die doppelte Geschwindigkeit entspricht, während die vierfache Kraft nötig ist, um auf der gleichen Wegstrecke eine Verdopplung der Geschwindigkeit zu erreichen. Damit war die Kontroverse auf einen bloßen Streit um Worte, eine »logomachia« herabgesunken (vgl. ›Commentarii Academiae scientiarum imperialis Petropolitanae‹ 1 [1726], S. 126ff.). – Die Descartessche Bewegungsgröße ist der Keim für den modernen Impulsbegriff, die Leibnizsche ›vis viva‹ für den Begriff der kinetischen Energie. Für beide Größen gelten in der Mechanik unter genau definierten Bedingungen Erhaltungssätze. Es gilt jedoch ein allgemeiner Erhaltungssatz der Energie (und das hat* HAUSDORFF *hier im Auge). So bleibt im Rahmen der Mechanik die kinetische Energie beim unelastischen Stoß nicht erhalten; sie geht jedoch nicht verloren, sondern wird zum Teil in Wärmeenergie umgewandelt.*

1269f. vom großen dummen Tolstoi] *Der russische Schriftsteller* LEW NIKOLAJEWITSCH TOLSTOI *(1828–1910) wandte sich seit Anfang der 1880er Jahren intensiv religiösen Fragen zu, wobei er die rituellen Praktiken der Kirche scharf verurteilte und bedingungslose Nächstenliebe und radikale Gewaltlosigkeit forderte. Weil er in seinem Roman ›Auferstehung‹ (1899) religiöse Dogmen wie die Auferstehung* CHRISTI *und die Jungfräulichkeit* MARIAS *vor und nach der Geburt leugnete, wurde* TOLSTOI *1901 exkommuniziert und mußte auch zahlreiche staatliche Repressalien über sich ergehen lassen; vgl. u.a.* GUSTAV GLOGAU: *›Leo Graf Tolstoi, ein russischer Reformator. Ein Beitrag zur Religionsphilosophie.‹ Schutterwald/Baden 1998. –* TOLSTOI *hatte ein kritisches Verhältnis zur wissenschaftlichen Medizin und zur modernen Wissenschaft insgesamt; er ging sogar soweit, den Wert von Wissenschaft generell zu leugnen (zur zeitgenössischen Wahrnehmung* TOLSTOIS *in Deutschland vgl.* WOLFGANG SANDFUCHS: *›Dichter – Moralist – Anarchist. Die deutsche Tolstojkritik 1880–1900.‹ Stuttgart 1995).*

1270 zum kleinen schlauen Brunetière] *Der französische Literaturkritiker* FERDINAND BRUNETIÈRE *(1849–1906) vertrat in seinen literaturhistorischen Werken einen gemäßigten Klassizismus und kultivierte eine Gegnerschaft zum modernen Naturalismus und Symbolismus; in den 1890er Jahren konvertierte* BRUNETIÈRE *nach intensiver Lektüre der Predigten des deutschen protestantischen Theologen* WILHELM BOUSSET *(1865–1920) zum Katholizismus und griff in der Folge in zahlreichen Publikationen und Vorträgen die materialistische und positivistische Wissenschaftsauffassung scharf an, da sie nicht in der Lage sei, dem Menschen zur Glückseligkeit zu verhelfen – das könne allein der (katholische) Glaube (vgl. u.a. ›Le besoin de croire‹ [›Das Bedürfnis des Glaubens‹, 1898], ›L'action catholique‹ [1901], ›Les motifs d'esperer‹ [›Die Motive des Hoffens‹, 1901]); zu* BRUNETIÈRE *vgl., jedoch ohne direkten Bezug zur religiösen Agitation,* DIRK HOEGES: *›Studien zur französischen Literaturkritik im 19. Jahrhundert. Taine – Brunetière – Hennequin – Guyau.‹ Heidelberg 1980.*

1276 die pittoresken Unwahrheiten] *frz. pittoresque, aus ital. pittoresco (zu lat. pictus, Part. Perf. von pingere ›malen‹); hier svw. malerisch.*

1290f. dem herostratischen Ehrgeiz, den Tempel menschlicher Sprache und Vernunft niederzubrennen] *›herostratisch‹ svw. verbrecherisch aus Ruhmsucht; nach* HEROSTRATOS, *der 356 v. Chr. den Artemistempel zu Ephesus in Brand gesteckt haben soll, um dadurch berühmt zu werden.*

27. November 1903, Hermann Bahr

Lese in der Rundschau einen klugen Aufsatz von Paul Mongré über Mauthners »Sprachkritik«. Für Mauthner sind »die tiefsten philosophischen Fragen Fragen des Sprachgebrauchs« und die Denkgewohnheiten unserer Kultursprachen »Lokalsitten der abendländischen Menschheit«. Grundgedanke, daß »die Sprache, für sich allein, als Mittel der Verständigung nicht viel wert ist« – »nur durch begleitende Umstände, gemeinsame Situation zwischen Sprechen und Hören, durch Tonfall, Geberde, Fingerzeig wird das Wort verständlich«. »Und Landauer hat ganz recht, wenn er die Sprachkritik mit der modernsten Lyrik in liebenden Zusammenhang bringt: denn Hofmannsthal und George, Dehmel und Mombert lokalisieren ja auch in der assoziativen Dunsthülle, nicht im deskriptiven Kern des Wortes den Sitz poetischer Wirkung.« – Mongré verweist auf Nietzsches Fragment »über Wahrheit und Lüge im außermoralischen Sinne«, »das sich wie ein Programm und glänzendes Resumé der gesammten Sprachkritik liest«. Mongré erwähnt dann »die von Stanley Jevons erfundene Denkmaschine, das logische Clavier«, über die ich Näheres erfahren möchte.

»Wir leiden an der geistigen Schwäche zu glauben, weil ein Wort da sei, müsse dem Worte etwas Wirkliches entsprechen; weil man Gott, Seele, Entwicklung sagt, ließen sich zugehörige Begriffe definieren.«

»Wortfetischismus«

Hermann Bahr: ›Skizzenbuch‹ 3.
In: Ders.: ›Tagebücher – Skizzenbücher – Notizhefte.‹
Hrsg. v. Moritz Csáky, bearb. v. Helene Zand u.
Lukas Mayerhofer. Bd. 3: 1901–1903, S. 409.)

29. November 1903, Hermann Bahr

Lese, jene von Mongré citierte Stelle [vgl. Erl. zu 158f.] suchend, Nietzsche.

Hermann Bahr: ›Skizzenbuch‹ 3, S. 412.

17. Juni 1904, Felix Hausdorff an Fritz Mauthner

Sehr geehrter Herr, vor ungefähr einem halben Jahre schrieben Sie mir einige Zeilen, kurz nach Erscheinen meines Aufsatzes über Ihre Sprachkritik. *[...]*

Mein Essai trug mir, ausser von Ihrer Seite, wunderbarer Weise noch andere gute Worte ein: im Ganzen hatte ich doch das Bewusstsein, mehr eine Last niedergestellt als etwas Vollendetes aufgerichtet zu haben, und eine Zeitlang hasste ich Ihr Buch, in dessen Vielfachheit und Maschenwerk ich so mikrologisch hängen geblieben war. Ich hatte es auch technisch nicht geschickt angefangen, mit dem Koloss fertig zu werden. Meine Unbehülflichkeit war es, die Ihnen die 2000 Seiten nicht verzeihen konnte. *[...]*

LBI, Nachlaß Mauthner

Gottes Schatten.

›Die neue Rundschau (Freie Bühne)‹ XV (1904), H. 1 (Jan.), S. 122–124.

[H 1904c]

Gottes Schatten.

Todesfälle bei Göttern sind schwer zu konstatieren. Es liegt nicht in der Art dieser Wesen, richtig und unwiderruflich zu sterben. Um die Mitte des vorigen Jahrhunderts, zur Zeit der Hegel, Feuerbach, Schopenhauer, Darwin, Marx, Helmholtz, war Gott schon einmal sehr tot, jedenfalls viel gründlicher tot als heute, nach fünfzig Jahren. Und doch, er muß wohl nur scheintot gewesen sein, da er wieder sehr lebendig ist. Wenn der alte Gott Heerschau hält, wird ihn die Zahl seiner Getreuen in Erstaunen setzen, vielleicht gegen sich selbst mißtrauisch stimmen. Da sind die Künstler, Menschen, die sich allerdings nie auf besonders reinliches Denken einließen, die heute scharenweise an der Kirche hängen bleiben wie Fliegen am süßen Leime: mehr von Weihrauch, bunten Glasfenstern und den Rückenmarkserschütterungen suggestiven Orgelklanges als von Gründen überzeugt. Da sind die von der Naturwissenschaft Enttäuschten, die einst mit fröhlichem Zutrauen auf eine glatte geschwinde Lösung aller sieben Welträtsel rechneten und im heutigen Schwanken der Meinungen, im Skeptizismus und Agnostizismus der gelehrten Köpfe schmerzlich die führende Hand und den Brustton zweifelloser Überzeugung vermissen. Da sind die Ethiker mit ihren Forderungen des Gemütes, empfindsame Herzen, die sich ihre »harmonische Weltanschauung« nicht nehmen lassen und überall, wo die Wirklichkeit grausame und verletzende Widersprüche zeigt, sie durch überweltliche Ergänzung zum sinnvollen und einheitlichen Plane abrunden. Das sind noch die Besten, die wenigstens nach allgemeinen Gesichts- oder Gefühlspunkten sich entscheiden. Dann aber kommt der un*[122b]*geheure Train persönlich befangener, gebundener Naturen, die von Berufs wegen, von der Schulbank her, seit dem letzten Hagelwetter oder Lotteriegewinn die Vorstellung Gott in ihrem Schädelkasten dulden, ohne sie aber mit dem übrigen Schädelinhalt in irgendwelche Beziehung zu setzen; es kommt die dunkle Schicht der Mühseligen und Beladenen, in die das Gotteslicht nur aus der priesterlichen Laterne hineinflimmert, jene strukturlose Schicht der eben gerade noch Lebenden, die zu allen Zeiten den unveränderlichen Nährboden, die unzerstörbare Gelatine für den Erreger des Gottesgedankens abgibt. Von diesen ist nicht zu reden, auch nicht vom Gotte der Machthabenden und von der immerwährenden, bald mehr bald minder schamlosen Allianz zwischen Kirche und Staat. Aber die Anständigen, die Unabhängigen, die dafür nicht bezahlt und befördert werden: auch sie sind wieder zaghafte oder entschiedene Theisten, Gott ist lebendiger denn je, es riecht bedenklich nach Theoform im europäischen Seelenlazarett!

Und die Nachfrage ist so gewaltig, daß der alte Gott allein ihr nicht genügen kann. Einen Gott! ein Königreich für einen n e u e n Gott! mit solch einem verschluckten Hilferuf, einer uneingestandenen und erstickten Sehnsucht gehen heute auch geistige Menschen herum und leuchten in jede Rumpelkammer, ob sich da nicht etwas Gottähnliches finde. Überall sind die Herrgottsschnitzer am Werk; von den Vororten der Reichshauptstadt bis zu stillen Plätzen am Bodensee, von Paris bis Stockholm, überall werden neue Religionen und restaurierte alte Religionen angeboten. Daß viele dieser neuen Gottsucher den alten kirchlichen Gott hassen und sich Antichristen oder Atheisten nennen, ist ziemlich belanglos und darf uns *[123a]* nicht täuschen. Es ist ihnen ja nicht zu verdenken, daß sie lieber alles Mögliche und Unmögliche anbeten — Menschheit, Freiheit, Natur, Evolution, Gewalt, blonde Bestie, Wiederkunft, Zufall, Chaos, Nirwana — als jenes »gasförmige Wirbeltier«, das zwei Jahrtausende durch ihre Anbetung diskreditiert haben, in das zwei Jahrtausende den Unsinn ihrer Köpfe und Unflat ihrer Herzen ergossen haben. Von solchen Schlammströmen mußte selbst ein Ozean schließlich trüb und giftig werden, und kein reinlicher Mensch wird in diesem Sammelbecken occidentalischen Wahnsinns sich gesund baden wollen. Nur ändert dies keinen Deut an der Tatsache, daß auch die neuen Gläubigen mit all ihrer Abneigung gegen den kirchlichen Gott trotzdem religiöse Menschen, gottbefangene Seelen sind. Sie lassen sich Gott nicht mehr bieten, bewilligen aber Gottes Schatten, Masken und Verkleidungen; sie haben, wenn das Wort erlaubt ist, für den Theismus einen Theomorphismus eingetauscht; sie verweigern Gott in fester Gestalt, nehmen aber große Mengen gotthaltiger Lösung, die viel gefährlicher berauscht, mit Entzücken zu sich. Zwei Erscheinungen gehören noch hierher. Auch die religiöse Erregung hat sich bei feineren modernen Menschen individuell gefärbt, darum greift man heute so gern zu den christlichen Mystikern, zu den manchmal sehr intimen Bekenntnissen heiliger Männer und Frauen. Der kirchliche Gott wird, wie alles Öffentliche, abgelehnt; man hat lieber mit Gott seine Heimlichkeiten im Kämmerlein. Die Seele, die, nicht zufällig, weiblichen Geschlechtes ist, will in verschwiegener Wonne Gott empfangen, Gott »leiden« (dieser Ausdruck häufig bei Meister Eckhart: Deum pati nicht viel anders als virum pati), sich ihrem Gotte hingeben. Alle Mystiker sprechen mit verliebter Schwüle von diesem Sichausstrecken, Sichöffnen, Gott-einströmen-lassen; Madame Guyon mit so nymphomaner Deutlichkeit, daß man immerhin das von Bossuet genommene Ärgernis begreift. Und diese Frau hatte fünf Kinder geboren; andere Heilige trugen in einem lilienhaften Körper eine sehr wissende Seele. Diese Gottesliebe ist also nicht gerade intellektual, im Sinne Spinozas, zu nennen. Wenn solche aufregenden Rendezvous und ekstatischen Be*[123b]*rührungen mit Gott wieder Mode werden sollten, so wird die Sprache, in der davon geredet wird, vielleicht gar nicht theistisch klingen, man wird statt Gott Allseele, Weltatem, Zentralfeuer oder sonstwie sagen — ohne den Kundigen darüber zu täuschen, daß auch in diesen letzten Verwandlungen der alte unermüdliche Proteus sein Wesen treibt. Mit demselben Mißtrauen stehe ich dem erklärten Atheismus der Naturwissenschaften gegenüber: da ist ein primitiver Gottesbegriff gegen einen späten, raffinierten, verhüllten umgetauscht — mehr kann ich beim besten Willen nicht gelten lassen. Darwin entfernte die bewußte Zweckmäßigkeit aus dem Naturverlauf; aber was er stehen ließ, ist immer noch eine mit göttlichen Zügen überladene Natur, ein längs der Zeitlinie ausgegossner, in der Form des Werdens zur Sichtbarkeit reifender Gott: ein starker

Theomorphismus, der keine Ursache hat, gegen den Theismus vornehm zu tun. Entwicklung, Naturgesetzlichkeit, Kosmos sind die letzten Masken Gottes; bis zur leblosesten Kraft- und Stofftheorie hinunter werden dem Weltgeschehen intelligente Leistungen zugemutet, die schlechterdings in die Mythologie oder Theologie gehören.

Ja, liebe Zeitgenossen, »Gefühl habt ihr alle, aber keinen Geist«, würde Goethe sagen, und in dieser Luft ist für Götter gut leben. Mit aller Behutsamkeit, die solche vogelperspektivischen Gesamtüberblicke verlangen, sei es gesagt: die Zeit ist wieder einmal alogisch, antilogisch, sie kokettiert mit Gedankenmüdigkeit und Gedankenfeindschaft. Rationalismus ist ein Schimpfwort, das nur in erstarrten Verbindungen vorkommt: seichter Rationalismus, flacher Rationalismus. Der Kopf ist abgetan, man hypnotisiert sich lieber am Nabel, diesem Symbol und runden Siegel der Wahrheit: omphalozentrische Weltanschauung, der phallozentrischen näher als der kephalozentrischen! Das Gehirn gibt man billig, hält aber große Stücke auf Nerven und Ganglien, und mit sonderlicher Ergriffenheit lauscht man den Offenbarungen im feurigen Busche, jenen Geisterstimmen und Zuflüsterungen des vom Begattungsfieber zerwühlten Organismus. Alle weihevollen Obskuranten, alle Pfaffen irgend einer Unsäglichkeit, alle Mystagogen irgend eines Eleusis sind *[124a]* wieder obenauf, und wer die Augen verdrehen kann, bis man nur noch das Weiße sieht, nach oben oder nach innen, suspektiv oder introspektiv, der trete vor, ein Seher des Unsichtbaren, und unterhalte uns von seinen fliegenden Mücken- und Blutgefäßschatten — denn Fernrohr und Mikroskop haben uns nichts mehr zu sagen, uns Überwindern der Wissenschaft! Die Wissenschaft — : jeder wahrhaft innerliche Mensch ist über sie hinaus. Intellektuelles Gewissen, was ist das? Legen Sie diese Bestie an die Kette! Es ist lange her, daß sich die Wissenschaft ähnliche Sottisen hat sagen lassen müssen wie heute: Sottisen, meine ich, nicht von Landpfarrern und Wiener Gemeinderäten, sondern von klugen und zurechnungsfähigen Europäern. Kein Opfer wird so leicht gebracht wie das des Intellektes, und selbst dort, wo es kein kleines Opfer ist. In einer solchen Luft ist für Götter gut leben. Man lasse sie einmal der Reihe nach vorbeiziehen, die Lieblingsworte dieses Zeitalters, wie sie alle den irrationalistischen Stempel tragen, alle ein herausforderndes Nichtwissen und Nichtwissenwollen zur Schau stellen, alle den antilogischen Hochmut des Unzulänglichen, das Ereignis geworden ist, austrompeten! An ihrer Spitze das Unbewußte, das die einer Negation gebührende Bescheidenheit abgestreift und sich zum wahrhaften Weltkern aufgeschwellt hat; in seinem Gefolge der Instinkt, unbotmäßig gegen höhere Bewußtseinsinstanzen, das Animalische mit seiner angeblichen Triebsicherheit, die Vitalität als neueste Form der Moralität. In diese Gruppe gehört auch die Mystik des reinen Blutes, der Rasse, der Vererbung; »alles ist nach seiner Art, an ihr wirst du nichts ändern«, sagt Wotan sehr weihevoll zu Alberich. Heimatgefühl, Erdgeruch nicht zu vergessen, und jene Mystik des Bestehenden, die sich in der historischen Würdigung der

Dinge feierlich hütet, von irgend etwas »geschichtlich Gegebenem« kraft vernünftiger Richtergewalt Rechenschaft und Legitimation zu fordern. Nun die Modeworte des Kunstgeschwätzes: Stimmung, die nachgerade unerträglich gewordene Etikette alles Unbeschreiblichen; wo nichts ist, nicht Gedanke noch Leidenschaft, nicht Charakter noch Entwicklung, nicht Farbe noch Zeichnung, da ist *[124b]* jedenfalls Stimmung, diese unvermeidliche zehnte Muse, Stimmung, die man immer noch kann, auch wenn man sonst gar nichts kann. Und wollen wir denn nichts von der Sensation sagen, deren Liebhaber mit lobenswerter Aufrichtigkeit nur noch den Reiz im physiologischen Sinne, den ungeformten, geistig unverwandelten Hautreiz sucht und das Berliozsche Requiem in der Art einer Rückenmarksdouche genießt? Nichts von der Persönlichkeit, dieser mythologischen Einheit, die alles logisch Unzusammenhängende eines zufälligen Menschen mit dem Mantel ihrer Epidermis umhüllen und singularisieren soll, von der Persönlichkeit, die jeder als Schild aushängt, als wäre sie schon da und müßte nicht erst durch bewußte Kultur geschaffen werden? Von der Weltanschauung, dem imaginären Kreis um einen imaginären Mittelpunkt, jener geheimnisvollen Ermächtigung, Erwünschtes zu »postulieren« und unerwünschte Konsequenzen abzulehnen —— o sie drängen sich in Scharen, die Wahl- und Wappensprüche der denkfeindlichen Zeit, aber ein Wort darf nicht ungenannt bleiben, unser drittes Wort, das Leben! dieser Abgrund des Irrationalen, in den hinein Zarathustras Ekstase verflatterte. Wie entzückt uns das, wenn nach jedem Schwerthieb des Geistes die Köpfe dieser Hydra nachwachsen, wie berauscht uns die unerschöpfliche, unaussprechliche, unergründliche Dummheit des Lebens! »So ist das Leben«, sagt jedes Infusorium im Wassertropfen, das seine Sprünge und Zuckungen für Weltwirbel ansieht, und mit dem antilogischen Weltprinzip ist auch die kleinste persönliche Unvernunft gewissermaßen metaphysisch geadelt. Selig die Armen im Geiste!

In solcher Luft ist für Götter gut leben.

»Nachdem Buddha tot war, zeigte man noch Jahrhunderte lang seinen Schatten in einer Höhle — einen ungeheuren schauerlichen Schatten. Gott ist tot: aber so wie die Art der Menschen ist, wird es vielleicht noch Jahrtausende lang Höhlen geben, in denen man seinen Schatten zeigt. Und wir — wir müssen auch noch seinen Schatten besiegen!«

P. M.

Gottes Schatten

Entstehung

Zur Entstehung dieser polemischen Abrechnung mit den neuen Formen von Religiosität und ›Idolatrie‹, den neuen Götzen Rasse, Vererbung, Heimatgefühl und Vitalität sind keine Zeugnisse überliefert.

Überlieferung

H *nicht nachgewiesen.*
D *›Die neue Rundschau (Freie Bühne)‹, XV (1904), H. 1 (Jan.), S. 122–124.*

Erläuterungen

3 Hegel] *Der deutsche Philosoph* Georg Wilhelm Friedrich Hegel *(1770–1831) hatte bereits 1802 in ›Glauben und Wissen, oder die Reflexionsphilosophie der Subjektivität in der Vollständigkeit ihrer Formen als Kantische, Jacobische und Fichtesche Philosophie‹ hervorgehoben, daß »[d]er reine Begriff aber oder die Unendlichkeit als der Abgrund des Nichts, worin alles Sein versinkt, [...] den unendlichen Schmerz, der vorher nur in der Bildung geschichtlich und als das Gefühl war, worauf die Religion der neuen Zeit beruht – das Gefühl: Gott selbst ist tot (dasjenige, was gleichsam nur empirisch ausgesprochen war mit Pascals Ausdrücken: ›la nature est telle qu'elle marque partout un Dieu perdu et dans l'homme et hors de l'homme‹) –, rein als Moment, aber auch nicht als mehr denn als Moment der höchsten Idee bezeichnen [muß] und so dem, was etwa auch entweder moralische Vorschrift einer Aufopferung des empirischen Wesens oder der Begriff formeller Abstraktion war, eine philosophische Existenz geben und also der Philosophie die Idee der absoluten Freiheit und damit das absolute Leiden oder den spekulativen Karfreitag, der sonst historisch war, und ihn selbst in der ganzen Wahrheit und Härte seiner Gottlosigkeit wiederherstellen, aus welcher Härte allein – weil das Heitere, Ungründlichere und Einzelnere der dogmatischen Philosophien sowie der Naturreligionen verschwinden muß – die höchste Totalität in ihrem ganzen Ernst und aus ihrem tiefsten Grunde, zugleich allumfassend und in die heiterste Freiheit ihrer Gestalt auferstehen kann und muß« (HW 2, S. 432f.); vgl. dazu auch* Roger Garaudy: *›Gott ist tot. Das System und die Methode Hegels.‹ Berlin 1965. – Seit den 1840er Jahren wurde »Gott ist todt« als der »Kern« des* Hegel*schen Systems aufgefaßt (vgl. u.a.* Bruno Bauer: *›Die Posaune des jüngsten Gerichts über Hegel, den Atheisten und Antichristen. Ein Ultimatum.‹ Leipzig 1841, S. 48).*

3 Feuerbach] *Der deutsche Philosoph und Religionskritiker* Ludwig Andreas Feuerbach *(1804–1872) propagierte bereits 1830 in den anonym publizierten ›Gedanken über Tod und Unsterblichkeit aus den Papieren eines Denkers nebst einem Anhang theologisch-satyrischer Xenien herausgegeben von ei-*

nem Freunde‹ eine Diesseitstheologie, wobei die Entstehung der Religion auf eine Projektion des menschlichen Individuums zurückgeführt wird; letztere These vertiefend apostrophiert Feuerbach *1841 in seinem Hauptwerk ›Das Wesen des Christenthums‹ die Entstehung der Religion als einen Projektionsvorgang »seine[s – des Menschen –], und zwar nicht endlichen, beschränkten, sondern unendlichen, Wesen[s]« auf den Gegenstand der Religion, auf ein unendliches, in Gedanken produziertes und der Verfügung entzogenes Wesen – Gott –, was bedeutet, daß der »Zwiespalt von Gott und Mensch, womit die Religion anhebt« nichts weiter ist als »ein Zwiespalt des Menschen mit seinem eignen Wesen« (›Gesammelte Werke.‹ Hrsg. v.* Werner Schuffenhauer, *Bd. 1ff. Berlin 1967ff., Bd. 5, S. 29 u. S. 75).*

3 Schopenhauer] *Der deutsche Philosoph* Arthur Schopenhauer *(1788–1860) schrieb in ›Parerga und Paralipomena‹: »Wenn ich aber suche mir vorstellig zu machen, daß ich vor einem individuellen Wesen stände, zu dem ich sagte: ›Mein Schöpfer! Ich bin einst nichts gewesen: du aber hast mich hervorgebracht, so daß ich jetzt etwas, und zwar ich bin‹ – und dazu noch: ›Ich danke dir für diese Wohlthat‹ – und am Ende gar: ›Wenn ich nichts getaugt habe, so ist das meine Schuld‹ – so muß ich gestehn, daß infolge philosophischer und indischer Studien mein Kopf unfähig geworden ist, einen solchen Gedanken auszuhalten.« (›Parerga und Paralipomena‹ II, § 178: ›Über Theismus‹ [ASW 5, 446]). –* Fritz Mauthner *(vgl. dazu* Hausdorffs *Essay* Sprachkritik *und die zugehörigen Erläuterungen, HGW VIII, 551–660) schrieb über* Schopenhauer: *»Schopenhauer, dessen Atheismus fest und unverschleiert erscheint und in dessen System der Deus des Spinoza kein Obdach mehr findet, macht dennoch seinen Unterschied zwischen Kirche und Religion [...]. Die Kirche sei verabscheuungswürdig, weil sie Handel treibt mit dem metaphysischen Bedürfnis des Menschen; aber das metaphysische Bedürfnis selbst sei da und habe die Menschen zu allem Guten und Schönen getrieben, z. B. zur Philosophie.« (›Kritik der Sprache‹, Bd. 3, S. 630.)*

3 Darwin] *Mit den evolutionstheoretischen Prämissen seines Grundlagenwerkes ›On the Origin of Species by Means of Natural Selection, or the Preservation of Favoured Races in the Struggle for Life.‹ London 1859 (dt. Übers. Stuttgart 1860 v. H. G.* Bronn *u. d. T. ›Ueber die Entstehung der Arten im Thier- und Pflanzen-Reich durch natürliche Züchtung, oder Erhaltung der vervollkommneten Rassen im Kampfe um's Daseyn‹), daß nämlich Vielfalt und Variationen der Lebewesen auf einen Selektionsprozeß zurückzuführen seien, negierte der englische Naturforscher* Charles Robert Darwin *(1809–1882) den biblischen Schöpfungsbericht und folglich die Autorität der Bibel, was sofort auf heftige Ablehnung aus dem religiösen Lager stieß (vgl. übergreifend u.a.* Gustav Jäger: *›Die Darwin'sche Theorie und ihre Stellung zu Moral und Religion.‹ Stuttgart 1869); vgl. dazu auch Erl. zu 80f.*

4 Marx] *Der deutsche Philosoph und Journalist* Karl Marx *(1818–1883) konfrontierte die Öffentlichkeit in der Einleitung seiner ›Kritik der Hegelschen Rechtsphilosphie‹ (entstanden zwischen Ende 1843 und Januar 1844) im Anschluß an* Feuerbach *mit der Tatsache, daß »[f]ür Deutschland [...] die Kritik der Religion im wesentlichen beendigt« sei – die »Kritik der Religion«*

aber sei »die Voraussetzung aller Kritik«: »Die profane Existenz des Irrtums ist kompromittiert, nachdem seine himmlische oratio pro aris et focis [Gebet für Altar und Herd] widerlegt ist. Der Mensch, der in der phantastischen Wirklichkeit des Himmels, wo er einen Übermenschen suchte, nur den Widerschein seiner selbst gefunden hat, wird nicht mehr geneigt sein, nur den Schein seiner selbst, nur den Unmenschen zu finden, wo er seine wahre Wirklichkeit sucht und suchen muß. Das Fundament der irreligiösen Kritik ist: Der Mensch macht die Religion, die Religion macht nicht den Menschen. Und zwar ist die Religion das Selbstbewußtsein und das Selbstgefühl des Menschen, der sich selbst entweder noch nicht erworben oder schon wieder verloren hat. Aber der Mensch, das ist kein abstraktes, außer der Welt hockendes Wesen. Der Mensch, das ist die Welt des Menschen, Staat, Sozietät. Dieser Staat, diese Sozietät produzieren die Religion, ein verkehrtes Weltbewußtsein, weil sie eine verkehrte Welt sind. Die Religion ist die allgemeine Theorie dieser Welt, ihr enzyklopädisches Kompendium, ihre Logik in populärer Form, ihr spiritualistischer Point-d'honneur [Ehrenpunkt], ihr Enthusiasmus, ihre moralische Sanktion, ihre feierliche Ergänzung, ihr allgemeiner Trost- und Rechtfertigungsgrund. Sie ist die phantastische Verwirklichung des menschlichen Wesens, weil das menschliche Wesen keine wahre Wirklichkeit besitzt. Der Kampf gegen die Religion ist also mittelbar der Kampf gegen jene Welt, deren geistiges Aroma die Religion ist. Das religiöse Elend ist in einem der Ausdruck des wirklichen Elendes und in einem die Protestation gegen das wirkliche Elend. Die Religion ist der Seufzer der bedrängten Kreatur, das Gemüt einer herzlosen Welt, wie sie der Geist geistloser Zustände ist. Sie ist das Opium des Volks.« (›Zur Kritik der Hegelschen Rechtsphilosophie. Einleitung.‹ MEW I, S. 378–391, hier S. 378; der Aufsatz erschien zuerst in den von Marx redigierten ›Deutsch-Französischen Jahrbüchern‹, Paris 1844).

4 Helmholtz] *Zu Helmholtz siehe zunächst Erl. zu 503 im Kommentarteil zu* Das unreinliche Jahrhundert, *HGW VIII, 377. – Bereits in seiner Abhandlung ›Über die Erhaltung der Kraft‹ apostrophierte Helmholtz die Zurückführung der Naturerscheinungen auf »der Zeit nach unveränderliche«, »nur von den räumlichen Verhältnisses abhängig[e]« Bewegungskräfte als »letzte Ursachen«, womit eine transzendente Gottesinstanz überflüssig wurde (vgl. ›Über die Erhaltung der Kraft, eine physikalische Abhandlung.‹ Berlin 1847, S. 4f.). In seinem »populär-wissenschaftliche[n] Vortrag« ›Ueber die Wechselwirkung der Naturkräfte‹ wies er wenig später auf einen seltenen Fall hin, bei dem sich die »Wissenschaft einmal« in ganz »enger Uebereinstimmung« »mit den alten Sagen der Menschheit und den Ahnungen dichterischer Phantasie befindet«: die Kant-Laplacesche Nebulartheorie, nach der sich aus einer ausgedehnten, rotierenden Gasmasse – der ›Ursonne‹ – während ihrer Kontraktion zunächst mehrere Gasringe abgeschnürt und aus diesen sich dann durch Verdichtung die einzelnen Planeten gebildet haben. »Die Kosmogonien der alten Völker«, so Helmholtz, »beginnen meist alle mit dem Chaos und der Finsterniss«, und »[a]uch die mosaische Sage weicht nicht sehr ab«, aus dem »Dunkel hypothetischer Vorstellungen« gehe man in der »jetzige[n] Zeit« »in die Helle des Wissens über[]« (›Ueber die Wechselwirkung der Naturkräfte und die darauf bezüglichen neuesten Ermittlungen der Physik.‹ Königsberg 1854, S. 30f.). In den 1868, kurz nach der Publikation seines ›Handbuches der physiologischen Optik‹ (1865–1867) in Heidelberg gehaltenen Vorlesungen über ›Die neueren Fortschritte in der Theorie des Sehens‹ stellt* HELMHOLTZ *ein »Sündenregister für das Auge« auf und kommt, rekurrierend auf die auch bei* DARWIN *als Argument für die Evolutionstheorie dienenden Einwände gegen die Vollkommenheit des Sehorgans (vgl. ›Ueber die Entstehung der Arten durch natürliche Zuchtwahl oder die Erhaltung der begünstigten Rassen im Kampfe um's Daseyn.‹ Nach der letzten englischen Ausgabe wiederholt durchgesehen von J.* VICTOR CARUS. *Stuttgart 1899, S. 202–206), zu dem Schluß, daß, wenn ihm »nun ein Optiker ein Instrument verkaufen wollte, welches die letztgenannten Fehler hätte«, er sich »vollkommen berechtigt glauben würde, die härtesten Ausdrücke über die Nachlässigkeit seiner Arbeit zu gebrauchen, und ihm sein Instrument mit Protest zurückzugeben« – der Umstand, daß ihm die Augen »trotz ihrer Fehler unersetzlich« seien, »verringert doch, wenn wir uns einmal auf den zwar einseitigen, aber berechtigten Standpunkt des Optikers stellen, die Grösse dieser Fehler nicht« (›Die neueren Fortschritte in der Theorie des Sehens‹ [zuerst in: ›Preußische Jahrbücher‹ XXI (1868), S. 149–170 u. S. 261–289] I: ›Der optische Apparat des Sehens‹ [›Vorträge und Reden.‹ Hrsg. v.* ANNA VON HELMHOLTZ. *2 Bde. Braunschweig [5]1903, Bd. 1, S. 271–294, hier S. 286]).*

4f. war Gott schon einmal sehr tot, jedenfalls viel gründlicher tot als heute, nach fünfzig Jahren] *Anspielung auf* FRIEDRICH NIETZSCHES *(1844–1900) ›Also sprach Zarathustra‹ IV, ›Ausser Dienst‹: »Dieser alte Gott nämlich lebt nicht mehr: der ist gründlich todt. —« (KGW VI,1, 322.)*

14 Lösung aller sieben Welträtsel] *Mit den sieben Welträtseln meinte der deutsche Physiologe* EMIL DU BOIS-REYMOND *(1818–1896) die für den Menschen seiner Meinung nach nicht lösbaren existentiellen Fragen nach dem Wesen der Materie und der Energie, dem Ursprung der Bewegung, der Entstehung allen Lebens, der Naturzweckmäßigkeit, der Erklärung der Sinnesempfindungen, der Herkunft des vernünftigen Denkens und der Sprache sowie der Wirklichkeit der Willensfreiheit (vgl. ›Die sieben Welträtsel.‹ Leipzig 1882). 1899 versuchte der deutsche Naturphilosoph* ERNST HAECKEL *(1834–1919) auf der Grundlage eines auf der darwinistischen Evolutionstheorie fußenden Materialismus vergeblich, alle diese Fragen zu beantworten (vgl. ›Die Welträthsel. Gemeinverständliche Studien über monistische Philosophie.‹ Bonn 1899).*

15 Skeptizismus] *vgl. dazu Erl. zu 7 im Kommentarteil zu* Massenglück und Einzelglück, *HGW VIII, 290.*

15 Agnostizismus] *griech. ἀγνοεῖν (agnoein) ›nicht wissen‹. Der Begriff wurde 1869 von dem englischen Zoologen* THOMAS HENRY HUXLEY *(1825–1895) geprägt; die damit bezeichnete Auffassung findet sich jedoch bereits in der Antike bei einigen Vorsokratikern und Sophisten. Ein Agnostiker lehnt zwar das metaphysische Wahrheitsproblem, insbesondere die Frage nach der Existenz*

Gottes, nicht als sinnlos ab, bestreitet aber die Möglichkeit einer Lösung bzw. Antwort. Auf die Frage, ob Gott existiert, kann demnach nicht mit ›Ja‹ oder ›Nein‹, sondern nur mit ›Ich weiß es nicht und niemand wird es je wissen‹ geantwortet werden.

17 Ethiker] *vgl. dazu Erl. zu 207f. und 346 im Kommentarteil zu* Stirner, *HGW VIII, 402 u. 409f.*

23 Train] *zeitgenössisch übliche, aus dem Französischen übernommene Bezeichnung für den Troß (im Mittelalter entlehnt aus dem frz. trousse ›Bündel‹), den im Sprachgebrauch des Militärs dem Heer nachfolgenden bespannten Fuhrpark mit Verpflegung, Munition und Gepäck.*

36f. Theoform] *aus griech. θεός (theós) ›Gott‹ und der zur Kennzeichnung chemischer Verbindungen mit Anteilen von Ameisensäure (›acidum formicicum‹) verwendeten Silbe ›form‹, hier mit Blick auf das Narkotikum ›Chloroform‹ gebildeter Neologismus Hausdorffs.*

43 Herrgottschnitzer] *(Holz-)Bildschnitzer in den bayrischen und tiroler Gebirgsgegenden, die vornehmlich Kruzifixe herstellen.*

46f. Antichristen] *griech. ἀντίχριστος (antíchristos) ›Antichrist‹. Nach christlicher Lehre ist der Antichrist der vom Satan gesandte gewaltige Gegner des Christentums, der kurz vor der Wiederkunft Christi die gesamte Macht des Bösen in der Welt zum letzten Kampf gegen die christliche Kirche vereinigen, aber schließlich durch Christus überwunden werden wird. – Nietzsche erklärte, er habe eine »grundsätzliche Gegenlehre und Gegenwerthung des Lebens, eine rein artistische, eine antichristliche« begründet (vgl. ›Die Geburt der Tragödie‹, ›Versuch einer Selbstkritik‹ 5 [KGW III,1, 13]); vgl. insbesondere Nietzsche: ›Der Antichrist. Fluch auf das Christenthum‹ (dazu Andreas Urs Sommer: ›Friedrich Nietzsches »Der Antichrist«. Ein philosophisch-historischer Kommentar.‹ Basel 2000).*

50 blonde Bestie] *auf Nietzsche zurückgehendes, negativ konnotiertes Schlagwort, dessen eigentlich moralphilosophisches Fundament in einen rassistischen Kontext verkehrt wurde, vgl. Nietzsche: ›Zur Genealogie der Moral‹ 1, Nr. 11: »Auf dem Grunde aller dieser vornehmen Rassen ist das Raubthier, die prachtvolle nach Beute und Sieg lüstern schweifende blonde Bestie nicht zu verkennen [...]. Das tiefe, eisige Misstrauen, das der Deutsche erregt, sobald er zur Macht kommt, auch jetzt wieder — ist immer noch ein Nachschlag jenes unauslöschlichen Entsetzens, mit dem Jahrhunderte lang Europa dem Wüthen der blonden germanischen Bestie zugesehn hat (obwohl zwischen alten Germanen und uns Deutschen kaum eine Begriffs-, geschweige eine Blutverwandtschaft besteht)« (KGW VI,2, 289f.); vgl. dazu Detlef Brennecke: ›Die blonde Bestie. Vom Mißverständnis eines Schlagworts.‹ In: ›Nietzsche-Studien‹ 5 (1976), S. 113–145.*

50 Wiederkunft] *vgl. Hausdorffs Essays zu Nietzsches Wiederkunftslehre in HGW VII, 887–902; vgl. auch HGW VII, 37–49.*

50 Nirwana] *vgl. dazu Erl. zu 527 im Kommentarteil zu* Tod und Wiederkunft, *HGW VIII, 448.*

50f. jenes »gasförmige Wirbeltier«] *vgl. dazu die von Haeckel (vgl. Erl. zu 14) in den ›Welträthseln‹ angeprangerten »anthropistische[n]«, d.h. auf einer*

Vermenschlichung beruhenden, »Irrthümer«: »Das anthropomorphische Dogma knüpft ebenfalls [wie das ›anthropocentrische‹] an die Schöpfungs-Mythen der drei genannten [mosaische, christliche und mohammedanische], sowie vieler anderer Religionen an. Es vergleicht die Weltschöpfung und Weltregierung Gottes mit den Kunstschöpfungen eines sinnreichen Technikers oder ›Maschinen-Ingenieurs‹ und mit der Staatsregierung eines weisen Herrschers. ›Gott der Herr‹ als Schöpfer, Erhalter und Regierer der Welt wird dabei in seinem Denken und Handeln durchaus menschenähnlich vorgestellt. Daraus folgt dann wieder umgekehrt, daß der Mensch gottähnlich ist. ›Gott schuf den Menschen nach seinem Bilde.‹ Die ältere naive Mythologie ist reiner Homotheismus und verleiht ihren Göttern Menschengestalt, Fleisch und Blut. Weniger vorstellbar ist die neuere mystische Theosophie, welche den persönlichen Gott als ›unsichtbares‹ – eigentlich gasförmiges! – Wesen verehrt und ihn doch gleichzeitig nach Menschenart denken, sprechen und handeln läßt; sie gelangt dadurch zu dem paradoxen Begriff eines ›gasförmigen Wirbelthieres‹.« (›Welträthsel‹, S. 14f.)

55 occidentalischen Wahnsinns] *lat. occidens ›Westen‹, im übertragen Sinne ›Abendland‹.*

60 Theismus] *griech. θεός (theós) ›Gott‹; die Lehre eines persönlichen, überweltlichen Gottes, der als eine die Welt erhaltende und lenkende, mit dem Menschen und der Schöpfung in Verbindung stehende Macht gedacht wird.*

60f. Theomorphismus] *aus griech. θεός (theós) ›Gott‹ und griech. μορφή (morphé) ›Gestalt‹; das Auftreten in göttlicher Gestalt.*

70 Meister Eckhart] *Nach der Lehre des deutschen Philosophen, Theologen und Mystikers Meister Eckhart (um 1260 – 1328) ist Gott das reine Sein, das zugleich absolutes Erkennen ist. Aus Gott empfängt die Kreatur ihr Sein. Der Anteil Gottes in der menschlichen Seele, die Gottesgeburt im Menschen, ist das ›Seelenfünklein‹ (›scintilla animae‹). Dieses verlangt das Freiwerden des Menschen von allem Irdischen, die Lösung von den sinnlich-kreativen Bindungen, Abgeschiedenheit, völlige Gelassenheit; dadurch erlangt der Mensch die Teilhabe am göttlichen Leben, die mystische Vereinigung mit Gott (›unio mystica‹); zu Meister Eckhart* vgl. *den Abschnitt ›Entstehungsgeschichtlicher Kontext‹ im Kommentarteil zu ›Offener Brief gegen Landauer‹, HGW VIII, 534–537, und Erl. zu 436 im Kommentarteil zu* Sprachkritik, *HGW VIII, 612f.*

70f. Deum pati *[...]* virum pati] *lat. ›Gott erleiden‹, ›den Mann erleiden‹. In der christlichen Mystik kann das ›Schauen Gottes mit reinem geistigem Auge‹ bzw. die ›unio mystica‹, die als Vereinigung erlebte Nähe Gottes nicht durch ein wie auch immer geartetes menschliches Bemühen erzwungen werden, das mystische Erleben ist vielmehr ein ›persönliches‹ Eingreifen, ein Gnadenakt Gottes (vgl. schon Apg 17,28). Der Mensch ›erduldet‹ Gott, wie u.a. Meister Eckhart in seiner Predigt ›In his, quae patris mei sunt, oportet me esse‹ hervorhebt: »Sô sich aber der geist üebet nâch sîner maht in rehten triuwen, sô underwindet sich sîn gotes geist und des werkes und denne sô schouwet und lîdet der geist got« (›Die deutschen Werke.‹ Hrsg. u. übers. v. Josef Quint u. Georg Steer. Bd. 1ff. Stuttgart 1958ff., Bd. V,1, Pr. 104, S. 572). Friedrich*

Wilhelm Joseph Schelling (1775–1854) überträgt dieses ›Erleben‹ auf das künstlerische Schaffen, wenn er in seinem ›System des transzendenten Idealismus‹ (1800) darauf verweist, daß »[s]o wie die ästhetische Produktion ausgeht vom Gefühl eines scheinbar unauflöslichen Widerspruchs, [...] sie nach dem Bekenntniß aller Künstler, und aller, die ihre Begeisterung theilen«, ebenso endet, »im Gefühl einer unendlichen Harmonie, und daß dieses Gefühl, was die Vollendung begleitet, zugleich eine Rührung ist, beweist schon, daß der Künstler die vollständige Auflösung des Widerspruchs, die er in seinem Kunstwerk erblickt, nicht [allein] sich selbst, sondern einer freiwilligen Gunst seiner Natur zuschreibt, die, so unerbittlich sie ihn in Widerspruch mit sich selbst setzte, ebenso gnädig den Schmerz dieses Widerspruchs von ihm hinwegnimmt; denn so wie der Künstler unwillkürlich, und selbst mit innerem Widerstreben zur Produktion getrieben wird (daher bei den Alten die Aussprüche: pati Deum u. s. w., daher überhaupt die Vorstellung von Begeisterung durch fremden Anhauch), ebenso kommt auch das Objektive zu seiner Produktion gleichsam ohne sein Zuthun, d. h. selbst bloß objektiv, hinzu« (Sechster Hauptabschnitt, § 1 [SW I,3, 617]). – Das ›Erleiden des Mannes‹ setzt der römische Philosoph Lucius Annaeus Seneca d. Jg. (4. v. Chr. – 65 n. Chr.) in den Zusammenhang der widernatürlichen Päderastie, wenn er in den ›Briefen an Lucilius‹ fragt: »Non uinunt contra naturam qui spectant ut pueritia splendeat tempore alieno? Quid fieri crudelius uel miserius potest? numquam uir erit ut diu uirum pati posit? et cum illum contumeliae sexus eripuisse dubuerat, non ne aetas quidem eripit?« (122,7; »Leben nicht gegen die Natur, die darauf sehen, das Knabenalter glänze zu einer dafür nicht vorgesehenen Zeit? Was kann Grausameres geschehen oder Elenderes? Niemals wird der Knabe ein Mann sein, um den Mann lange erdulden zu können? Und wenn ihn das Geschlecht der Schmach hätte entreißen müssen, bewahrt ihn nicht einmal das Alter davor?« [Übersetzung von Manfred Rosenbach].)

71 Mystiker] *vgl. dazu Erl. zu 51 im Kommentarteil zu ›Offener Brief gegen Landauer‹, HGW VIII, 541.*

73 Madame Guyon] *Die französische Mystikerin Jeanne Marie Bouvier de la Motte-Guyon (1648–1717) wurde, obwohl sie sich zur Nonne berufen sah, im Alter von 16 Jahren gegen ihren Willen mit Jacques Guyon, seigneur du Chesnoy († 1676) verheiratet. Nach dessen Tod siedelte sie nach Thonon bei Genf über, wo sie in engem Kontakt zu dem französischen Mystiker François La Combe (1640–1715) stand und ihre mannigfachen Visionen und Verzückungen in zahlreichen Schriften dokumentierte. Wegen ihrer quietistischen Mystik seit 1690 verfolgt, widerrief sie, nachdem 1695 eine zur Prüfung ihrer Publikationen eingesetzte Kommission 30 ihrer Sätze verurteilt hatte, ihre spiritistischen Anschauungen, wurde jedoch aufgrund der engen Bekanntschaft mit dem französischen Theologen und Erzbischof von Cambrai (seit 1695) François de Salignac de la Mothe-Fénelon (1651–1715), der sie in der ›Explication des maximes des Saints sur la vie intérieure‹ (1697) zu verteidigen suchte, in den seit 1694 schwelenden Quietismusstreit zwi-*

schen Fénelon *und* Jacques-Bénigne Bossuet *(vgl. die folgende Erläuterung) hineingezogen und mehrfach inhaftiert.*

74 Bossuet] *Jacques-Bénigne Bossuet (1627–1704), französischer Theologe und Erzieher des Dauphin, suchte als Mitglied des ›Grand conseil de l'Eglise de France‹ die Rechte des Papstes in Frankreich einzuschränken, wobei er konsequent gegen die reformkatholische Bewegung des Jansenismus, gegen den Protestantismus (vgl. u.a. ›Avertissements aux Protestants‹, 1689–1691) und den mystisch frommen Quietismus (vgl. u.a. die gegen* Madame Guyon *gerichtete ›Instruction sur les états d'oraison, où sont exposées les erreurs des faux mystiques de nos jours‹, 1697) vorging. Seine theaterkritischen ›Maximes et réflexions sur la comédie‹ (1694) trugen maßgeblich zum Verblassen des schöngeistigen Lebens im Frankreich an der Wende zum 18. Jahrhundert bei.*

74f. Und diese Frau hatte fünf Kinder geboren] *Aus* Madame Guyons *erster, am 18. Januar 1664 geschlossener Ehe mit dem wesentlich älteren* Jacques Guyon *(vgl. Erl. zu 73) gingen, obwohl sie sich ganz der asketischen Mystik hingab, aller weltlichen Freude entsagte, ja mit Brief und Siegel sich* Jesu Christi *verlobte, fünf Kinder hervor, von denen jedoch drei noch im Kindesalter starben.*

75f. in einem lilienhaften Körper] *In der christlichen Ikonographie ist die Lilie Sinnbild* Marias *und der Kirche, aber auch der Seelenreinheit. – Der deutsche Theosoph und Mystiker* Jakob Böhme *(1575–1624) wählte die Lilie als Symbol einer inneren, seelischen Umkehr: »Dann eine Lilie blühet über Berg und Thal, in allen Enden der Erden: Wer da suchet, der findet, Amen.« (›De signatura rerum oder Von der Geburt und Bezeichnung der Wesen‹ [EA 1622], XVI, 48.)*

76f. Diese Gottesliebe *bis* intellektual, im Sinne Spinozas] *Nach der Lehre des niederländischen Philosophen und Hauptvertreters des neuzeitlichen Rationalismus* Baruch de Spinoza *(1632–1677) ist der ›amor Dei intellectualis‹ (›geistige Liebe zu Gott‹) die dritte – und höchste – Erkenntnisart, die aus der Erkenntnis des Wesens der Dinge ›sub specie aeternitatis‹ (unter dem Gesichtspunkt der Ewigkeit, d.h. losgelöst von der Zeitlichkeit) entspringt. Diese Einheit des Geistes mit der ganzen Natur (›Deus sive natura‹) gibt der Seele Freiheit und Macht über die Affekte und ist das höchste Gut und die höchste Tugend (vgl. ›Ethica ordine geometrico demonstranta‹ [EA 1677], pars V, prop. XXXIIff.).*

80 Allseele] *Der bis auf die Antike zurückgehende Panpsychismus (aus griech. πᾶν [pan] ›alles‹ und griech. ψυχή [psyché] ›Seele‹) besteht in der Vorstellung, daß die Welt als Ganzes, der gesamte Kosmos, analog zum einzelnen Lebewesen auf der Erde, speziell zum Menschen, ein lebendiger Organismus ist; die dieses globale Leben bedingende und erhaltende Kraft ist die* Allseele *oder ›Weltseele‹. – Die Vorstellung einer ›Weltseele‹ geht insbesondere auf* Platon *(427 v. Chr. – 347 v. Chr.) zurück (›Timaios‹, 29e–37f). Sie wurde von der philosophischen Schule der Stoa und den Neuplatonikern tradiert, in der Renaissance u.a. von dem italienischen Naturphilosophen* Giordano Bruno *(1548–1600) aufgenommen und, an diesen anschließend, im frühen*

19. Jahrhundert von SCHELLING *zur Grundlage seines naturphilosophischen Systems erhoben. Zeitgenössisch findet sich u.a. in den Werken des deutschen Physikers und Philosophen* GUSTAV THEODOR FECHNER *(1801–1887) und bei dem Philosophen und Schriftsteller* BRUNO WILLE *(1860–1928) die Vorstellung einer ›Allseele‹ (vgl.* WILLE: *›Offenbarungen des Wacholderbaums. Roman eines Allsehers.‹ 2 Bde. Leipzig 1901, insbesondere Bd. 1, S. 129–216).*

80 Weltatem] *Die um 300 v. Chr. von dem griechischen Philosophen* ZENON VON KITION *(um 335 v. Chr. – 263 v. Chr.) gegründete Philosophenschule der Stoa wandelte das platonische Prinzip einer alles durchdringenden und belebenden ›All-‹ bzw. ›Weltseele‹ insofern ab, als sie den Kosmos als einen lebendigen Organismus ansah, der von einem materiellen feuerartigen, göttlichen Pneuma (griech. πνεῦμα [pneuma] ›[Luft-]Hauch‹, ›Atem‹) durchdrungen und in seinen Geschehnissen gänzlich durch göttliche Fügung vorherbestimmt sei (vgl. ›Stoicorum Veterum Fragmenta.‹ Hrsg. v.* HANS VON ARNIM. *4 Bde. Leipzig 1903–1924, Bd. 1, 111–114).*

80 Zentralfeuer] *Die Idee des Zentralfeuers geht auf die Pythagoreer zurück (zu* PYTHAGORAS *und den Pythagoreern vgl. Erl. zu 301f. im Kommentarteil zu* Tod und Wiederkunft, *HGW VIII, 438f.). Nach der Lehre der Pythagoreer umkreisen alle Himmelskörper ein Zentralfeuer, »das der weltbildende Gott wie einen Kiel der Kugel des Weltganzen als feste Grundlage gab« und in dem sich die »Leitung der Welt« befinde (*AETIUS *II 4,15); der späte Pythagoreer* PHILOLAOS VON KROTON *(um 470 v. Chr. – um 390 v. Chr.) charakterisierte das »in der Mitte um das Zentrum« lodernde Zentralfeuer als »Herd des Weltalls [...] und Haus des Zeus und Mutter der Götter und Altar und Zusammenhalt und Maß der Natur. Das Firmament sei ein zweites Feuer, es liege am höchsten. Nach der Natur sei die Mitte das erste und es kreisten zehn göttliche Körper um sie herum: der Himmel, die fünf Planeten, nach diesen die Sonne, nach ihr der Mond, unter diesem die Erde, unter ihr die Gegen-Erde. Nach all diesen das Feuer, welches um das Zentrum die Stelle des Herdes innehat« (DK 44 A 16). Die hier postulierte ›Gegenerde‹ ist der Zahlenmystik der Pythagoreer geschuldet, die die Zehn als perfekte Zahl erachteten – da aber nur neun Himmelskörper (Sonne, Mond, Erde, fünf Planeten und die Fixsternsphäre) zu beobachten waren, sann man auf einen der Erde exakt gegenüberstehenden und wie diese die Sonne umkreisenden Körper, der aber von der Erde aus nicht zu beobachten sei, da ihn die Sonne immer verdecke (vgl. auch* ARISTOTELES: *›Metaphysik‹ I,5, 986a); ebenso sei das Zentralfeuer von der Erde aus nicht zu sehen, da diese rotiere und die bewohnbare Erdseite stets vom Zentralfeuer abgewandt sei. – Der griechische Astronom* ARISTARCHOS VON SAMOS *(um 310 v. Chr. – um 230 v. Chr.), der erstmals geometrische Methoden zur Bestimmung astronomischer Entfernungen anwandte (vgl. ›Aristarch über die Größe und Entfernungen der Sonne und des Mondes.‹ Übers. u. erl. v.* ANTON NOKK. *Freiburg i.Br. 1854), soll der Überlieferung des* PLUTARCH *(um 46 – um 125) zufolge die Sonne als das Zentralfeuer identifiziert haben, woraufhin ihn der Stoiker* KLEANTHES AUS ASSOS *(um 331 v. Chr. – 233 v. Chr.) des Gottesfrevels bezichtigt habe (vgl.*

Plutarch: ›De facie in orbe lunae‹ c.6 [›Stoicorum Veterum Fragmenta‹ I, frg. 500]). In seinem epochemachenden, das heliozentrische Weltbild der Neuzeit begründenden Hauptwerk ›De revolutionibus orbium coelestium libri VI‹ (Nürnberg 1543; ›Über die Kreisbewegungen der Weltkörper.‹ Übers. u. mit Anm. versehen v. Carl Ludolf Mezzer. Thorn 1879) verweist der polnische Astronom und Mathematiker Nikolaus Kopernikus (eigentlich Nikolaus Koppernigk; 1473–1543) eindringlich auf die heliozentrische Lehre des Aristarchos, die er vmtl. durch Plutarchs Überlieferung kannte (vgl. ›De revolutionibus‹ I, 11 [Nicolaus Copernicus: ›Das neue Weltbild.‹ Drei Texte. Lateinisch-deutsch. Übers., hrsg. u. mit einer Einl. u. Anm. versehen v. Hans Günther Zekl. Hamburg 1990, S. 148]).

82 Proteus] *in der griechischen Mythologie ein weissagender Meergreis (nach Homer auf der Insel Pharos an der Nilmündung [vgl. ›Odyssee‹ IV, 364–570]), der sich in verschiedene Gestalten verwandeln konnte; einzig der, der ihn festhielt, erzwang von ihm eine Wahrsagung.*

86f. Darwin entfernte die bewußte Zweckmäßigkeit aus dem Naturverlauf] *vgl. Erl. zu 3 und Erl. zu 137 im Kommentarteil zu* Massenglück und Einzelglück, *HGW VIII, 306.*

92 Kraft- und Stofftheorie] *Verweis auf die v.a. in Ludwig Büchners (1824–1899) popularwissenschaftlichem Bestseller ›Kraft und Stoff, oder Grundzüge der natürlichen Weltordnung.‹ Frankfurt a.M. 1855 verbreitete vulgärmaterialistische Weltanschauung, nach welcher »Kraft und Stoff […] im Grunde dieselbe Sache [sind], nur unter verschiedenen Gesichtspunkten betrachtet« (zitiert nach der 16., verm. u. verb. Aufl. 1888, S. 3). Denn während der ›Stoff‹ bzw. die Materie »unendlich in der Zeit oder unsterblich« und »ohne Anfang und Ende im Raum« ist (ebd., S. 39), so ist die ›Kraft‹ ein »Thätigkeitszustand oder […] eine Bewegung des Stoffs oder der kleinsten Stofftheilchen oder auch […] eine Fähigkeit hierzu, oder noch genauer [ein] Ausdruck für die Ursache einer möglichen oder wirklichen Bewegung« (ebd., S. 9), eine bloße Eigenschaft, auf deren – gleichfalls ewige – »wirkliche Existenz« anhand der »Eigenschaften, Veränderungen oder Bewegungen, welche wir an der Materie sinnlich wahrnehmen« zu schließen ist (ebd., S. 5). Der Vulgärmaterialismus negierte den christlichen Schöpfungsglauben – denn »die Anwendung des endlichen Zeitbegriffs auf die Schöpferkraft enthält eine Ungereimtheit; eine noch größere ihre Entstehung aus dem Nichts. […] [E]in Bestehen der Welt mit allen ihren Vollkommenheiten und Unvollkommenheiten, mit ihren ewig einander ablösenden Processen von Entwicklung und Rückbildung von Ewigkeit her [ist] leichter möglich oder begreiflich, als die ursachlose Entstehung einer als vollkommen gedachten Schöpferkraft aus dem ursachlosen Nichts. Wenn nun also die Schöpferkraft nicht vor Entstehung der Dinge da sein konnte, wenn sie nicht nach derselben sein kann, wenn es endlich nicht denkbar ist, daß sie nur eine momentane Existenz besaß; wenn Stoff und Kraft […] unsterblich sind, und wenn es keinen Stoff ohne Kraft, keine Kraft ohne Stoff gibt – dann kann uns wohl kein Zweifel darüber bleiben, daß die Welt als solche nicht geschaffen oder durch einen außer ihr stehenden Willen in das Leben gerufen sein kann, sondern daß sie ewig ist. Was keinen Anfang oder kein Ende in der Zeit oder im Raum hat, kann auch keinen in der Existenz haben. Was nicht vernichtet werden kann, konnte auch nicht geschaffen werden!« (Ebd., S. 12f.)*

95f. »Gefühl habt ihr alle, aber keinen Geist«, würde Goethe sagen] *Zitat aus Johann Wolfgang von Goethes (1749–1832) Spruch ›Der Pantheist‹ aus den ›Zahmen Xenien‹ VII (WA I,5, 88).*

98 alogisch, antilogisch] *griech. ἄλογος (álogos) ›unvernünftig‹, den Regeln der Vernunft nicht unterworfen; griech. ἀντίλογος (antilogos) ›gegen die Vernunft‹, den Regeln der Vernunft widersprechend.*

101f. man hypnotisiert sich lieber am Nabel] *zu ›Nabelschau‹, ›Herzgebet‹, ›Mesmerismus‹, ›Somnambulismus‹ und ›Hypnose‹ vgl. Erl. zu 489 im Kommentarteil zu* Massenglück und Einzelglück, *HGW VIII, 331f., und Erl. zu 94 im Kommentarteil zu* Der Schleier der Maja, *HGW VIII, 470f.*

102 Nabel, diesem Symbol und runden Siegel der Wahrheit] *Der Nabel ist in vielen antiken Kulturen Symbol für die Geburtsstätte des Kosmos bzw. der Schöpfung. Bei den Griechen galt das zunächst der Muttergöttin Gaia (›Erde‹; vgl. Hesiod: ›Theogonie‹ 20 u. 116ff.), seit dem 9. vorchristlichen Jahrhundert dem Apoll geweihte Heiligtum von Delphi als ›Nabel der Welt‹ – symbolisiert durch einen bienenkorbförmigen Marmorblock im Inneren. Hier wahrsagte ein weibliches Orakel, die Pythia, berauscht durch die Dämpfe, welche aus einer als Verbindungsstelle zwischen Götter-, Menschen- und Unterwelt geltenden Spalte hervordrangen. Ihre Prophetien wurden als direkter Zugriff auf die ›Wahrheit‹ verstanden und von Priestern in Form von metrischen, meist mehrdeutigen Sprüchen verkündet. Neben dem Heiligtum von Delphi galten auch der im Alten Testament erwähnte Berg Garizim (vgl. Ri 9,37) bzw. die Stadt Jerusalem (vgl. Hes 5,5) und auch der den ›Nabel der Stadt Rom‹ (›umbilicus urbis Romae‹) symbolisierende Stein auf dem Forum Romanum als ›Nabel der Welt‹.*

102–104 omphalozentrische Weltanschauung, der phallozentrischen näher als der kephalozentrischen] *ironisches Wortspiel mit den griechischen Begriffen ὀμφαλός (omphalós) ›Nabel‹, φαλλός (phallós) ›männliches erigiertes Glied‹ und κεφαλή (kephalé) ›Kopf‹; es rückt, mit Hinblick auf die anatomische Lage des Nabels am menschlichen Körper, die irrationalistischen Praktiken (vgl. vorhergehende Erl.) mehr in die Nähe der menschlichen Triebe als in die Nähe von Vernunft und Verstand.*

105 Ganglien] *griech. γαγγλίον (gagglíon) ›Nervenknoten‹.*

105f. den Offenbarungen im feurigen Busche] *Nach Gen 3,4 offenbarte sich Gott Moses in Gestalt eines brennenden Dornbusches; hier vmtl. mit Anspielung auf Willes ›Offenbarungen des Wacholderbaums‹ (vgl. Erl. zu 80, ›Allseele‹), in denen ein Wacholderbaum »aus den Tiefen der Natur« dem Protagonisten »Offenbarungen« über die ›Allseele‹ »spende[t]« (vgl. ›Offenbarungen‹, Bd. 1, S. 72–78).*

108 Obskuranten] *lat. obscurus ›bedeckt‹, ›finster‹.*

108 Mystagogen] *im griechischen Kultus die in die Mysterien, geheime religiöse Fruchtbarkeitsriten, einführenden Priester; bildungssprachlich svw. eine Geheimlehre Verbreitender, Geheimniskrämer.*

109 Eleusis] *antike Kultstätte in Attica, an der Nordküste des gleichnamigen Golfes gelegen, in welcher die sogenannten Eleusinischen Mysterien, Fruchtbarkeitsriten zu Ehren der Demeter, der Kore und des Dyonisos, gefeiert wurden; die hierbei erfolgten Offenbarungen sollten Trost in den Leiden des Lebens und Hoffnung für das Jenseits gewähren.*

111 suspektiv] *lat. suspicere ›emporblicken‹.*

111 introspektiv] *lat. introspicere ›(in etwas) hineinsehen‹; in der empirischen Psychologie bezeichnet man als Introspektion die nach innen, d.h. auf das eigene Bewußtsein hin gerichtete Beobachtung.*

117 Sottisen] *frz. sot ›Narr‹; bildungssprachlich svw. Albernheit, Narretei.*

130f. Mystik des reinen Blutes, der Rasse, der Vererbung] *In Deutschland war der schon immer latent vorhandene Antisemitismus seit Mitte der 1870er Jahre, seit dem sogenannten Gründerkrach, immer stärker und agressiver hervorgetreten (vgl. dazu im Band I dieser Edition die Biographie Hausdorffs, Kap. 2, Abschnitt ›Antisemitismus‹). Seit Mitte des Jahrhunderts lag andererseits eines der einflußreichsten Pamphlete des Rassismus vor, Joseph Arthur de Gobineaus (1816–1882) ›Essai sur l'inégalité de races humaines.‹ 4 Bde. Paris 1853–1855, das auch in deutscher Übersetzung als ›Essay über die Ungleichheit der Menschenrassen‹ zugänglich war. In diesem Buch versuchte Gobineau, die Überlegenheit der ›arischen Rasse‹ zu begründen. Antisemitisches Gedankengut vermengte sich nun zunehmend mit der rassistischen Ideologie; der entstehende Rassenantisemitismus behauptete insbesondere die Überlegenheit der ›arischen Rasse‹ über die ›semitische Rasse‹ und betonte die Bedeutung der ›Reinhaltung‹ des ›deutschen Blutes‹. Das einflußreichste Machwerk der antisemitischen Bewegung war der ›Antisemiten-Katechismus‹ von Thomas Frey (Pseudonym von Theodor Fritsch [1852–1933]). Die erste Auflage erschien 1887; ab der 26. Auflage 1907 war der Titel ›Handbuch der Judenfrage‹, die letzte (49.) Auflage erschien 1944. – Auch Nietzsche hat gelegentlich die Idee der Züchtung einer ›höheren Rasse‹ geäußert; dies hat aber nichts mit Antisemitismus zu tun. Die ›antisemitische Bewegung‹ hat Nietzsche verabscheut; im Nachlaß notiert er z.B.: »Neulich hat ein Herr Theodor Fritsch aus Leipzig an mich geschrieben. Es giebt gar keine unverschämtere und stupidere Bande in Deutschland als diese Antisemiten. Ich habe ihm brieflich zum Danke einen ordentlichen Fußtritt versetzt. Dies Gesindel wagt es, den Namen Z[arathustra] in den Mund zu nehmen! Ekel! Ekel! Ekel!« (Ende 1886 – Frühjahr 1887, 7 [67]; KGW VIII,1, 329.) Nietzsche verweist in der ›Götzen-Dämmerung‹ auf »den andern Fall der sogenannten Moral, den Fall der Züchtung einer bestimmten Rasse und Art. Das grossartigste Beispiel dafür giebt die indische Moral, als ›Gesetz des Manu‹ zur Religion sanktionirt. Hier ist die Aufgabe gestellt, nicht weniger als vier Rassen auf einmal zu züchten: eine priesterliche, eine kriegerische, eine händler- und ackerbauerische, endlich eine Dienstboten-Rasse, die Sudras. [...] Wie armselig ist das ›neue Testament‹ gegen Manu, wie schlecht riecht es! — Aber auch diese Organisation hatte nöthig, furchtbar zu sein, — nicht dies Mal im Kampf mit der Bestie, sondern mit ihrem Gegensatz-Begriff, dem Nicht-Zucht-Menschen, dem*

Mischmasch-Menschen, dem Tschandala. Und wieder hatte sie kein andres Mittel, ihn ungefährlich, ihn schwach zu machen, als ihn krank zu machen, — es war der Kampf mit der ›grossen Zahl‹. [...] — Manu selbst sagt: ›die Tschandala sind die Frucht von Ehebruch, Incest und Verbrechen (— dies die nothwendige Consequenz des Begriffs Züchtung). Sie sollen zu Kleidern nur die Lumpen von Leichnamen haben, zum Geschirr zerbrochne Töpfe, zum Schmuck altes Eisen, zum Gottesdienst nur die bösen Geister; sie sollen ohne Ruhe von einem Ort zum andern schweifen. Es ist ihnen verboten, von links nach rechts zu schreiben und sich der rechten Hand zum Schreiben zu bedienen: der Gebrauch der rechten Hand und des von Links nach Rechts ist bloss den Tugendhaften vorbehalten, den Leuten von Rasse.‹ — [...] Das Christenthum, aus jüdischer Wurzel und nur verständlich als Gewächs dieses Bodens, stellt die Gegenbewegung gegen jede Moral der Züchtung, der Rasse, des Privilegiums dar: — es ist die antiarische Religion par excellence: das Christenthum die Umwerthung aller arischen Werthe, der Sieg der Tschandala-Werthe, das Evangelium den Armen, den Niedrigen gepredigt, der Gesammt-Aufstand alles Niedergetretenen, Elenden, Missrathenen, Schlechtweggekommenen gegen die ›Rasse‹, — die unsterbliche Tschandala-Rache als Religion der Liebe ...« (›Die »Verbesserer« der Menschheit‹ 3f. [KGW VI,3, 94–96]). Gegen Gedanken dieser Art bei Nietzsche äußerte sich Hausdorff sehr kritisch in seiner Rezension von ›Der Wille zur Macht‹, HGW VII, 905–909. Nietzsche zog die Kenntnisse um den ›Tschandala‹, die Verballhornung der in Indien für ›Gemischt-rassige‹ üblichen Bezeichnung ›Candala‹, aus der in Paris 1876 publizierten Abhandlung ›Les législateurs religieux. Manou, Moïse, Mahomet‹ des französischen Indologen Louis Jacolliot (1837–1890), der in einem längeren Exkurs die wissenschaftlich unhaltbare Theorie vertritt, alle semitischen Völker seien Nachkommen ausgewanderter Tschandala-Stämme (vgl. Annemarie Etter: ›Nietzsche und das Gesetzbuch des Manu.‹ In: ›Nietzsche-Studien‹ 16 [1987], S. 340–352). – Auf Nietzsche rekurrierend verfaßte August Strindberg (1849–1912) im Winter 1888/89 auf dem dänischen Schloß Skovlyst, angeregt durch die inzestuöse Beziehung der Besitzerin zu ihrem Verwalter und Halbbruder, die historische Erzählung ›Tschandala‹ (Kopenhagen 1889), die den tödlich endenden Konflikt zwischen dem geistig überlegenen »Magister Törner« und einem seinen Instinkten ausgelieferten, unterlegenen »Zigeuner«, dem Verwalter eines verwahrlosten Gutes, schildert und mit den Worten endet: »Der Paria war tot, und der Arier hatte gesiegt; gesiegt dank seinem Wissen und seiner geistigen Überlegenheit, gesiegt über die niedrigere Rasse. [...] [U]nd als er später in der Bücherei der Universität sass und die Gesetze des weisen Manu las, begriff er den Hass, dessen Gegenstand er gewesen war [...]. Jetzt verstand er diese Liebe zu Schmutz und Verbrechen, diese Neigung zu allem Verfaulten, diese Sympathie für unreine Tiere. So schrieb der weise Manu, um durch Erniedrigung eine Rasse von Erniedrigten zu schaffen, die unten liegen sollten als wärmender und nährender Dung, damit der Adelstamm des Aria aufschiessen und alle hundert Jahre eine Blüte ansetzen könne wie die Aloë. Tschandala, die Frucht des Ehebruchs, der

Blutschande und des Verbrechens [...]. So schrieb der weise Manu.« (StW IVb,2, 161f.); vgl. dazu Strindbergs Blaubuch, *Z. 70f. (HGW VIII, 692) mit Erl.*

131f. »alles ist nach seiner Art *bis* weihevoll zu Alberich] *vgl. das ›Bühnenfestspiel‹ ›Der Ring des Nibelungen‹, 2. Tag: ›Siegfried‹ des deutschen Komponisten Richard Wagner (1813–1883), in dessen 2. Aufzug der als »**Wanderer**« verkleidete Wotan dem Schmiedezwerg Alberich erklärt: »Alles ist nach seiner Art; / an ihr wirst du nichts ändern. –« (GSD VI, 128.)*

137 Stimmung] *vgl. dazu Hausdorffs Essay* Max Klingers Beethoven, *Z. 394f. und die zugehörige Erläuterung, HGW VIII, 498 u. 525f.*

141 zehnte Muse] *Die* Stimmung *wird hier von Hausdorff den Musen, den nach der griechischen Mythologie neun Göttinnen der Wissenschaften und Künste, zur Seite gestellt. – Die Musen, nach Hesiods ›Theogonie‹ (77–79) Kleio, Euterpe, Thaleia, Melpomene, Terpsichore, Erato, Polykymmia, Krania und Kalliope, sind Töchter des Göttervaters Zeus und der Titanin Mnemosyne (›Erinnerung‹). Sie werden zunächst nur als die Götter unterhaltende Sängerinnen dargestellt (vgl. Homer: ›Ilias‹ I, 601–604); erst in späthellenistischer Zeit teilte man ihnen die auch heute noch gängigen wissenschaftlichen und künstlerischen Disziplinen zu (Kleio etwa die Geschichtsschreibung, Thaleia die Komödiendichtung, Erato die Liebesdichtung).*

142 Sensation] *lat. sensus ›Empfindung‹.*

145 Berliozsche Requiem] *Der französische Komponist Louis-Hector Berlioz (1803–1869) war einer der führenden Vertreter der ›Programmusik‹, welche literarischen Vorlagen folgt und die Instrumentalmusik mit Erläuterungen über den außermusikalischen Inhalt ergänzte. Er sah sie als die einzig legitime Gattung der avantgardistischen Instrumentalmusik an und setzte zu ihrer Realisierung weit über den üblichen Rahmen hinausgehende Orchester- und Chormassen ein. Das* Requiem *zum Gedenken an die im französischen Kolonialkrieg in Nordafrika Gefallenen, die 1837 entstandene und im selben Jahr im Pariser Invalidendom uraufgeführte ›Grande messe des morts‹, feiert in berauschenden instrumentalen Klangfarben das ›Weltgericht‹, ohne indes in die Liturgie abzurutschen (an der Uraufführung wirkten mehr als 600 Instrumentalisten und Choristen mit).*

148 Epidermis] *griech. δέρμα (dérma) ›Haut‹; eigentlich die anatomische Bezeichnung für die Oberhaut.*

151 Weltanschauung] *zum Begriff ›Weltanschauung‹ vgl. den zweiten Teil der Erl. zu 81f. im Kommentarteil zu* Massenglück und Einzelglück, *HGW VIII, 299–301.*

151f. dem imaginären Kreis um einen imaginären Mittelpunkt] *anschaulich nicht greifbares geometrisches Gebilde, welches entsteht, indem man in der Kreisgleichung für den Mittelpunkt einen Punkt auf der imaginären Geraden und für den Radius eine komplexe Zahl mit Imaginärteil ungleich Null setzt. Hausdorff benutzt dies hier als Metapher für etwas nicht greifbares.*

158 Hydra] *In der griechischen Mythologie ist die* Hydra *eine riesige Wasserschlange; insbesondere ist die lernäische Hydra ein vielköpfiges Ungeheuer im Sumpf von Lerna, das von* HERAKLES *getötet wurde (vgl.* HESIOD: *›Theogonie‹ 313–318).*

160 Infusorium] *vgl. dazu Erl. zu 136 im Kommentarteil zu* Tod und Wiederkunft, *HGW VIII, 434.*

162f. Selig die Armen im Geiste!] *gängige Variation einer Sequenz aus der Bergpredigt: »Selig sind, die da geistlich arm sind; denn ihrer ist das Himmelreich« (vgl. Mt 5,3).*

165–169 »Nachdem Buddha tot war *bis* wir müssen auch noch seinen Schatten besiegen!«] *Zitat aus* NIETZSCHES *›Die fröhliche Wissenschaft‹, 3. Buch, 108 (KGW V,2, 145).*

Max Klinger: Beethoven.

›Meister der Farbe. Beispiele der gegenwärtigen Kunst in Europa. Mit begleitenden Texten‹, 1. Jg. (1904), Nr. 4 (unpag.).

[H 1904e]

Max Klinger

(geboren 18. Februar 1857 in Leipzig)

Beethoven

(Farbiges Marmordenkmal im Museum zu Leipzig)

Die Beethovenstatue ist Klingers »Gesamtkunstwerk«, ein allseitiges und umfassendes Dokument seiner Persönlichkeit. Schon zeitlich genommen verkörpert sie eine gewaltige Periode seines Schaffens: im Gipsmodell des Beethoven gab Klinger 1886 sein erstes plastisches Versprechen, im vollendeten Werk Ostern 1902 seine stärkste plastische Offenbarung. Alle einzeln entwickelten Elemente seiner vielgestaltigen Kunst sind hier verschmolzen und einheitlich konzentriert: philosophischer Grübelsinn und ausdrucksvolle Seelensprache, der Formenzauber des nackten Menschenleibs und der Farbenzauber kostbaren Materials, die Lust am künstlerischen Experiment und das Spiel mit technischen Schwierigkeiten. Nur ein intensiv malerisch empfindender Plastiker konnte Körper und Gewand, Adler und Fels so zusammensehen, nur ein Radierer diese fein abgestuften Thronreliefs ersinnen; nur ein Dekorateur ersten Ranges durfte Marmor, Elfenbein, Bronze so aufeinander, so gegeneinander stimmen, ohne seine Schöpfung der Gefahr des Zerfallens, der unvollziehbaren Synthese auszusetzen. Das Postament, halb Fels, halb Wolke, das den Thron des Olympiers trägt, ist aus dunkelbraun-violettem Pyrenäenmarmor, der Adler aus schwarzem, weißgeäderten Marmor, mit Bernsteinaugen. Der nackte Oberkörper aus schneeweißem, leise gelblich schimmernden Syramarmor, das Gewandstück mit den weichfließenden Falten aus gelbbraun gebändertem Tiroler Onyx. Der Thron ist in dumpfbraunem Bronzeton gehalten, nur die geschwungenen Armlehnen glänzen in glattem Goldschliff. Eine Reihe von fünf elfenbeinernen Engelsköpfchen kränzt die Innenseite der Rückenlehne; die Engelsflügel sind mit bunten Halbedelsteinen und antiken Glasflüssen auf Goldfolie, der Grund mit blauen ungarischen Opalen inkrustiert. Gerade an dieser Pracht und Vielfachheit des Materials ist Anstoß genommen und von »spätrömischer Verfallkunst« gesprochen worden. Abgesehen davon, daß unser Ideal der farblosen, rein formalen Plastik ein Mißverständnis der Antike zu sein scheint und eben durch Klingers polychrome Versuche abgelehnt wird, also die Stilfrage für solche neuen Versuche nicht mit Berufung auf die Antike zu entscheiden ist, abgesehen davon ist gewiß zuzugeben, daß ein ungezügeltes Schwelgen in sinnlich divergenten Wirkungen zu einem anorganischen Barockstil führen und die Einheit des Kunstwerks gefährden *kann*. Es ist aber Klingers strenge Stilsicherheit, die das Auseinanderstrebende zusammenhält und jenes verwirrende Aggregat von Steinen, Metallen, Gläsern, stumpfen und leuchtenden Farben mit der Kraft gegenseitiger Verbundenheit bezwingt. Und über dieses dekorative Zusammenstimmen hinaus wirkt als Schlußring der Kette ein geistiges Prinzip, die Einheit von Gedanke, Leidenschaft, Gebärde, die das Ganze mit beherrschender Notwendigkeit durchglüht und jeden Zufall, jedes allzu selbständige Hervortreten raffinierter Einzelheiten ausschließt. Die kühne Metapher Zeus-Beethoven gibt den Mittelpunkt, von dem bedeutungsvolle Assoziationen ausstrahlen, aber lebendig geschaute, nicht gedachte oder geredete Assoziationen, gefühlsstarke Symbolik und nicht ausgerechnete Allegorie. Beethoven in der Spannung und schmerzvollen Innerlichkeit musikalischer Konzeption; die angesammelte, verdichtete, zu blitzender Entladung drängende Machtfülle des olympischen Gottes; der Adler, gewärtig und flugbereit, wie der sichtbar gewordene Zeusgedanke, dem eine Welt oder ihr tönendes Abbild entsteigen soll; so bedingt und durchdringt sich dies in untrennbarem Wechselspiel von Idee und Erscheinung. Und die von solchen Symbolen erregte Stimmung, die Schranken des Individuums überflutend, bemächtigt sich des Schicksales der Menschheit. Die gegensätzlichen Triebkräfte, deren ungeschlichteter Kampf die Stirne des gigantischen Künstlers furcht, zeigen sich auf den Thronreliefs in ihrer mythischen und weltgeschichtlichen Gestalt: Sündenfall und ungestilltes Glückverlangen, nazarenische Weltflucht und heidnische Sinnenfreude, Jesus und Aphrodite, Kypros und Golgatha. So umspielen diese äußeren Bilder in freier Paraphrase das Thema des schaffenden Genius, der das Loos der Menschheit als sein eigenes trägt und sich von der tragischen Erkenntnis im Kunstwerk zu göttlichem Kraftgefühl entlastet.

Paul Mongré (Leipzig)

Max Klinger

Entstehungsgeschichtlicher Kontext

Zum entstehungsgeschichtlichen Kontext vgl. die Ausführungen zu Max Klingers Beethoven *(HGW VIII, 501–508).*

Entstehung

Auf Initiative des Publizisten GUSTAV KIRSTEIN *(1870–1934), dem seit 1900 mehr und mehr die eigentliche Geschäftsführung des renommierten Kunstverlages ›E. A. Seemann‹ von den Erben des Gründers* ERNST ARTHUR SEEMANN *(1829–1904) überlassen wurde, erschien seit 1904 das auch für den ›anschaulichen Unterricht‹ gedachte Periodikum ›Meister der Farbe‹. Es wollte ›Beispiele der gegenwärtigen Kunst in Europa‹ mit ›begleitenden Texten‹ vorstellen. Vermutlich durch die Vermittlung* KIRSTEINS, *mit dem ihn eine jahrelange Freundschaft verband, hatte* HAUSDORFF *bereits 1902 in der ebenfalls von* SEEMANN *in Leipzig verlegten ›Zeitschrift für bildende Kunst‹, dem renommiertesten Fachorgan der bildenden Künstler und Kunstkritiker, einen Essay über das Beethovendenkmal* MAX KLINGERS *(1857–1920) publiziert. Dieser scheint, sicher auch durch die Detailstudien des Thrones, allgemeine Zustimmung erfahren zu haben, denn noch im selben Jahr erschien der Essay auch separat als Sonderheft zur ›Zeitschrift für bildende Kunst‹. In stark gekürzter Form, die Quintessenz des Essays dennoch wieder aufgreifend, erschien der Text im ersten Heft der ›Meister der Farbe‹. Zur Entstehung selbst sind jedoch keinerlei Zeugnisse nachgewiesen.*

Überlieferung

H *nicht nachgewiesen.*
D *›Meister der Farbe. Beispiele der gegenwärtigen Kunst in Europa. Mit begleitenden Texten‹, 1. Jg. (1904), Nr. 4 (unpag.).*

Erläuterungen

Überschr. Farbiges Marmordenkmal im Museum zu Leipzig] *Der ›Beethoven‹ wurde im Juli 1902 von einem eigens hierfür gegründeten Komitee angekauft und im Leipziger Museum ausgestellt, ab 1906 in einem von* KLINGER *entworfenen Anbau des Museums.*

1 »Gesamtkunstwerk«] *vgl. dazu Erl. zu 272 im Kommentarteil zu* Max Klingers Beethoven, *HGW VIII, 520.*

3f. im Gipsmodell des Beethoven gab Klinger 1886] *vgl. dazu Erl. zu 48f. im Kommentarteil zu* Max Klingers Beethoven, *HGW VIII, 511f.*

5 Ostern 1902] *vgl. dazu Erl. zu 6 im Kommentarteil zu* Max Klingers Beethoven, *HGW VIII, 510.*

16–25 Das Postament *bis* Opalen inkrustiert.] *vgl. dazu Erl. zu 126 im Kommentarteil zu* Max Klingers Beethoven, *HGW VIII, 515.*

25 inkrustiert] *vgl. dazu Erl. zu 205 im Kommentarteil zu* Max Klingers Beethoven, *HGW VIII, 518.*

28–31 Ideal der farblosen *bis* zu entscheiden ist] *Zur Bemalung von Statuen vgl. Erl. zu 110–113 im Kommentarteil zu* Max Klingers Beethoven, *HGW VIII, 514f.*

42 Zeus-Beethoven] *vgl. dazu Erl. zu 119f. im Kommentarteil zu* Max Klingers Beethoven, *HGW VIII, 515.*

56 nazarenische Weltflucht] *Nach Mt 2,22f. empfing Josef im Traum den »Befehl von Gott«, nach Nazareth zu gehen, »damit erfüllt würde, was gesagt ist durch die Propheten: Er [sc. Jesus Christus] soll Nazoräer heißen« (vgl. Lk 2,39 u. Joh 1,46); zur* Weltflucht *vgl. Mt 4,1: »Da wurde Jesus vom Geist in die Wüste geführt, damit er von dem Teufel versucht würde«.*

57 Kypros] *vgl. dazu Erl. zu 270 im Kommentarteil zu* Max Klingers Beethoven, *HGW VIII, 520.*

57 Golgatha] *vgl. dazu Erl. zu 107 im Kommentarteil zu* Stirner, *HGW VIII, 397.*

Strindbergs Blaubuch.

›Die neue Rundschau (Freie Bühne)‹ XX (1909), H. 6 (Juni), S. 891–896.

[H 1909c]

Strindbergs Blaubuch / von Paul Mongré

Mit feuerspeienden Bergen muß man Glück haben. Einmal, ein einziges Mal kommt die prachtvolle Eruption, das Rütteln der Giganten, Plutos Götterzorn, die meilenhohe Dampfsäule, in klassischer Pinienform den Golf schrecklich überschattend. Das nächste Jahr spaziert man mit uneingestandenen Hoffnungen die Villa Nazionale auf und nieder, lüstern — nach ganz andern Dingen lüstern als nach lebenden pompeja*[892]*nischen Bildern und zwölfjährigen Knaben, deren Impresarien sich bis hier ans Meer hinaus verirren. Nichts regt sich, der Riese schläft, nachdem er sich selbst die berühmte Kegelspitze abgestumpft und seine Linie den Vedutenmalern entwertet hat. Nein, er schläft leider nicht einmal völlig, er parodiert seine große Katastrophe mit etwas nachträglichem Spucken und Qualmen. Lauter kleine Fumarolen, überall Schwefelgeruch, verschüttete Weinberge und Ölgärten, aber nichts im mächtigen infernalen Stil. Wir sind enttäuscht und gehen ins Café, zur hundertundersten Tarantella dieses gesegneten Frühlings. Mit feuerspeienden Bergen muß man Glück haben. Empedokles, der sogar in einen dieser unzuverlässigen Schlünde hineinsprang, hat Unrecht: das Schöne kommt immer nur einmal.

Vor zwanzig Jahren sahen wir furchtsam staunend den Widerschein einer Götterdämmerung am nördlichen Himmel. Der Vater, Fräulein Julie, An offener See ... ein vulkanischer Ausbruch ohnegleichen. Strindberg, herrlichster der Hasser! Seitdem —

Das Genie des Hasses vergabte sich in kleiner Münze, kam immer wieder auf dieselben Personalia zurück, ließ Verfolgungsdelirien drucken, riß sich aber auch immer wieder mit unbesiegbarer Gehirnkraft aus diesem Inferno los, objektivierte sich zu historischen Dramen und naturwissenschaftlichen Versuchen, geriet in die Wirbel der Mystik, lebte, litt, fand den Weg nach Damaskus. Ein Romantikerschicksal. Und der Sechzigjährige faßt noch einmal alles zu einem Buche von neunhundert Seiten zusammen, das innen »die Synthese meines Lebens«, auf dem Umschlag Strindbergs Testament an die Menschen genannt wird. Sollte dies endlich wieder eine große Eruption sein? Plutonisches Feuer aus dem tiefsten Erdinnern, Rütteln und Schütteln des alten Seismos, der eine neue Welt ans Licht emporschieben will und zuvor die bestehende stürzen muß? Enttäuschung! Die längstbekannten Risse und Spalten, aus denen Schwefel, nichts als Schwefel quillt; machtlose Steinwürfe und Schlammergüsse, die unnützerweise ein paar Obstgärten verwüsten. Ein Schauspiel ohne jede Großartigkeit. Hier ist das Fürchten nicht zu lernen.

Aber wie? es soll ein unbedeutendes Schauspiel sein, wenn die Wissenschaft unserer Tage von einem zornmütigen Propheten vernichtet wird! Wenn die Feigheit und Feilheit in der Philosophie, die Verlogenheit in der Mathematik, die Korruption in der Astronomie, die Absurdität in den Naturwissenschaften, der Bankrott in der Keilschriftforschung und so weiter und so weiter, wenn alle diese verrotteten und verjährten Lügen einer heidnischen, käuflichen, fälschenden, die Jugend verderbenden Sophistik aufgedeckt werden von dem Genie des Hasses, das hier für die Religion der Liebe streitet?

Ja, solche Worte stehen in dem Buche. Und da sie zwar nicht bewiesen, aber so oft wiederholt werden, daß ein Unbefangener sie schließlich glauben könnte *[893]* (Strindbergs Übersetzer eröffnet den Reigen), so ist es vielleicht nötig, irgendwann und irgendwo einmal zu widersprechen, sozusagen im Namen der Wissenschaft, über die heute jeder Beliebige, vom letzten Zentrumsstimmvieh bis hinauf zu einem Strindberg, seine Bêtisen zu Markte bringt mit einem Grade von Kühnheit, der proportional zum Quadrat der Entfernung von der Wissenschaft wächst.

Das ist vielleicht nicht literarisch, aber zum Teufel! muß man denn alles literarisch nehmen? noch dazu ein Buch, das von Assyriologie und Trimethylamin, von $C_6H_8O_3$ und Fixsternparallaxen redet? und dies alles in einem formlosen Durcheinander, das den Begriff Kunstwerk, wenn nicht ausschließt, zum mindesten nicht mit Notwendigkeit suggeriert. Oder, wenn schon nicht das Werk, doch den Verfasser literarisch nehmen? Feststellen, daß er einige seiner alten bezaubernden Qualitäten noch nicht verloren hat, daß er entscheidende Augenblicke in der Seele des Kindes mit schmerzlicher Schärfe festzuhalten weiß — wahrhaftig, es sind ein paar rührende Zartheiten mitten im pfäffischen Zetergeschrei! —; daß er für seine Erlebnisse mit Frauen und Feinden unheimliche, halbsymbolische Signaturen findet; daß der Hand, die leidenschaftliche Zerrbilder entwirft, doch das Auge eines guten Beobachters vorleuchtet; daß er die Natur liebt, wenn er sie auch mit Bibelautorität, plumper Zahlenmystik und Swedenborgschen »Korrespondenzen« erbarmungswürdig vergewaltigt? Kurz, daß der Dichter Strindberg, der das Drama der *sinistren* Erotik und die Psychologie des Rassenverfalls, der den Idiotismus gebrochener Seelen und ihr Heimweh nach primitiven Lebensformen, der das Pathos der Reformation und die Symphonie nordischer Meere gedichtet hat, daß dieser Dichter, leider von einem zelotischen Kanzelredner überschrieen, immer noch hörbar ist? Gut, aber darum handelt es sich nicht. Es handelt sich darum, — mit den Worten des Kopernikus zu reden, — »daß Lactantius, übrigens ein berühmter Schriftsteller, aber ein schwacher Mathematiker, sehr kindisch über die Form der Erde spricht«.

Einigen wir uns zunächst, worüber wir nicht einig werden können. Hoffnungslos wäre es natürlich, dem sechzigjährigen Bußprediger die intellektuelle Leidenschaft des Vierzigjährigen zu einem nachdenklich stimmenden Vergleiche vorzuhalten: Renegaten und »Erweckte« haben immer im gegenwärtigen Augenblick Recht. Ebenso hoffnungslos erscheint es, eine mit dem Verfasser des Blaubuchs gemeinsame Norm für den *Wert* der Wissenschaft zu suchen. Wem die Wissenschaft eine unbefugte Neugier nach verborgenen Dingen ist, die wir nicht wissen können, nicht wissen *dürfen*, wer die Wertlosigkeit der Wissenschaft damit beweist, daß andernfalls Christus wohl nicht unterlassen hätte, die Geheimnisse der Astronomie und

Physik zu deuten, der kann sich mit Menschen andern Geschmacks nicht verständigen. Auch den hübschen Spielzeugen wie Eisenbahn, Telephon, Luftschiff, die bisweilen als Zeugnisse für eine gewisse — sagen wir — *[894]* Brauchbarkeit der Naturwissenschaften aufgeführt werden, wird er in dieser Hinsicht keine Beweiskraft zuerkennen, da ihm freisteht, die Spielzeuge selbst unnütz zu finden. Gut. Aber nun kommt eine Grenze, über die hinaus die Toleranz gegen die Intoleranten aufhört. Niemand ist verpflichtet, Geigenspiel gern zu haben. Aber niemand ist berechtigt, zu erklären: ich mag Geige nicht, *und alle Geiger spielen falsch.*

Zumal wenn dieser Kritiker vom Geigenspiel so viel versteht wie Strindberg von der Wissenschaft.

Naive Gemüter werden im Blaubuch an einer reichbesetzten Tafel zu schwelgen glauben und die Polyhistorie ihres Gastgebers ehrlich bewundern, der sie mit Mathematik, Astronomie, Meteorologie, mit Physik, Chemie, Kristallographie, mit Pharmazie, Botanik, Bakteriologie, mit Sanskrit, Assyrisch, Chinesisch, Hebräisch, Finnisch, Ungarisch, Mandschurisch, Japanisch bewirtet, dieses unheimlichen Alten, der alles weiß und alles besser weiß. Weniger naive Seelen werden sich erstaunt fragen, ob auch nur die physische Möglichkeit besteht, daß ein einziges Gehirn diese stupende Stoffmenge assimiliert habe. Endlich wird einer oder der andre Stichproben herausnehmen, aus einem einzelnen Wissensgebiet, wo er zufällig eine gewisse Kontrolle hat. Und dann — ja, *wir* wollen ja wissenschaftlich sein und müssen demnach bekennen, daß wir zwar eine Idee, aber eben nur eine Idee von dem Votum haben, das eine aus allen vier Fakultäten und deren Abteilungen zusammengesetzte Prüfungskommission über dieses panhistorische Blaubuch fällen würde. Nur eine Idee haben wir, wie sich die moderne Chemie, trotz, nein gerade wegen ihrer eignen Einheitsbestrebungen, über diesen verspäteten Alchymisten Strindberg äußern würde, der auf dem geduldigen Papier Chlor aus Wasserstoff und Sauerstoff, Eisen aus Wasserstoff und Kohlenstoff aufbaut; nur eine Idee über den Wert dieser eminent wahrscheinlichen Hypothese, daß ein Teil der assyrischen Inschriften — gehacktes Stroh sei, das die Mesopotamier in den Ton ihrer Ziegel mischten, und daß die Keilschrift den Zeichnungen auf einer Schnecke des Indischen Ozeans zum Verwechseln gleiche; nur eine Idee, inwiefern etwa Strindbergs Begriffe von Infektionskrankheiten einen Mephisto zu dem Nachtrag inspirieren könnten: der Geist der Medizin ist leicht zu fassen, aber es gibt Leute, die ihn trotzdem nicht fassen. Eine einzige Stimme aus jenem Prüfungskollegium kam uns in der Weise zu Gehör, daß wir sie mit etwas stärkerer Sicherheit als die unserige abgeben können. Durch den Fürsten Amazeroth, den wir mit Hilfe von Herpentils schwarzer Magie zitierten, gelang es uns nämlich, uns mit dem verstorbenen Mathematiklehrer Strindbergs in Rapport zu setzen, der sich im Grabe herumgedreht und dadurch, daß er nun dem Himmel seine unreine Seite zukehrte, unvorsichtigerweise in die Gewalt der unteren Mächte begeben hatte. Dieser in Ehren verkalkte Greis, noch immer etwas cholerisch trotz langer Ablagerung auf der Astralebene, warf *[895]* einen Blick auf gewisse Stellen des Blaubuchs, die wir ihm mit vorwurfsvollem Finger bezeichneten, riß uns das Buch aus der Hand, stürzte sich auf einen aus dem Milieu herausragenden Rotstift, schwang ihn wie einen nassen Pinsel, schleuderte pastose Striche, flammende Kreuze und Doppelkreuze auf den Rand des Papiers, malte eine Fünf, gellend wie eine Fanfare, unter das Ganze und brach in ein erschütterndes Wehgeschrei aus.

»Es ist zum Verzweifeln! Sprechen Sie mir die facultas docendi ab, ich verdiene es! Nein, ich verdiene es nicht! Die Lunge habe ich mir aus dem Brustkasten geredet, und er hat's immer noch nicht verstanden, dieser ewige Quartaner! Nie hat er begriffen, daß $\frac{1}{2}$ x $\frac{1}{2}$ = $\frac{1}{4}$ ist; er behauptete, darin liege ein Widerspruch, denn Vervielfältigen könne ja keine Verminderung ergeben; er behauptet's heute noch — ! Eine geschlagene Stunde versuchte ich ihm den Unterschied zwischen Winkelmaß und Längenmaß klar zu machen; heute schreibt er immer noch: ein Grad ist ungefähr ein Millimeter — ! In Quarta wollte er den Winkel dreiteilen, indem er den Sinus dreiteilte; er will's heute noch, dieser Äffling mit Bohnenverstand! Noch heute kapiert er nicht, daß man mit Zirkel und Lineal den Kreis nicht quadrieren und einen beliebigen Winkel nicht dreiteilen kann; er zitiert das Handbuch für Ingenieure und mißt die Winkel mit dem Transporteur, dieser kundige Thebaner! Und so was will die Wissenschaft umstürzen, deren ABC er nicht verstanden hat! Wochenlang — ich Unglücklicher hatte die ehrenvolle Mission, auch die Anfangsgründe von mathematischer Geographie, Astronomie, Physik in diese Bauernschädel hineinzuhämmern – wochenlang habe ich sein Gehirn damit massiert, daß Oben und Unten nur eine Relation zum Erdmittelpunkte sei; noch heute fragt dieser Botokude, worauf bei Kopernikus die Sonne steht, und wundert sich, daß sie nicht fällt! Noch heute bestreitet dieser talentvolle Knabe, daß zuerst der Rumpf, zuletzt die Mastspitzen eines fortsegelnden Schiffes unter dem Horizont verschwänden, und stellt sich die Erde konkav oder Gott weiß wie vor. Nie war ihm beizubringen, was Brennweite ist, warum die Bilder von Sonne und Mond in nahezu derselben Entfernung von der Linse erscheinen; nun faselt er tiefsinnig, Sonne und Mond hätten das nicht, was man ›Entfernung‹ nennt, und die Sterne scheint er für Löcher in einer Wand zu halten, durch die das Kerzenlicht eines himmlischen Weihnachtsbaumes in unser dunkles Zimmer hineinblinzelt. Sonnenparallaxe, Fixsternparallaxe, Bewegung der Sonne unter den Fixsternen, das liegt alles wie Kraut und Rüben durcheinander in diesem Eskimogehirn. Die Erde müßte durch Reibung heiß werden, bei der 75 fachen Geschwindigkeit einer Kanonenkugel — das wendet dieser Schlaukopf gegen Kopernikus ein. Die Erhaltung der Energie — nein, es ist einfach eine persönliche Beleidigung: stunden-, tage-, monatelang habe ich gepredigt, daß Hebel, Schrauben, Flaschenzüge die Arbeit nur anders verteilen, keine Arbeit *[896]* ersparen; heute noch, zum tausendundersten Male, kommt er mit den alten quartanerhaften Mißverständnissen und erfindet das perpetuum mobile, dieser Pithecanthropus erectus, dieser Denker mit Rükkenmark und Ganglien, diese Larve der Trauermücke, dieser Sohn Beelzebubs des Dungherrn, dieser — dieser — «

Ich entließ den schnaufenden Greis aus dem magischen Zirkel. Nun weiß ich doch, sagte ich beim Verdunsten des Astralleibes, von wem Strindberg Mathematik nicht gelernt hat. Aber ich weiß auch, von wem er das Schimpfen gelernt hat. Ich glaubte schon, er hätte Eugen Dühring gelesen.

Euch aber, ihr Mitmenschen, die ihr leidet an euren Nerven und euren Büchern, euch empfehle ich dieses Blaubuch als heilsames Fangobad und schwedische Gymnastik. Wir sind alle so sensitiv geworden, so andächtig zum Leben, so spinozistisch begreifend, so spinnewebig behutsam im Denken, so abgeneigt allem lauten Ja und Nein. Hier habt ihr von alledem das Gegenteil: fossile Logik, vorsintflutliche Schlüsse, brutale Fäuste, dröhnendes Kampfgeschrei: hie Welf, hie Waiblingen! hie christliche Wahrheit, hie gottlose Fälschung! Von der tausendjährigen Arbeit der Menschheit, von eurer eignen, jahrzehntelangen Arbeit an euch selbst erholt euch hier ein Sprung ins Primitivste des Primitiven; hier lernt ihr schlußfolgern wie ein Australneger, schimpfen wie ein Mönch, fromm sein und die Rute küssen wie ein Kind. Eine Stunde unter Troglodyten! und mit einer neuen Begierde, einer neuen Dankbarkeit werdet ihr ins alluviale Europa zurückkehren, zu den feinverzweigten Geweben eurer Wissenschaft, zu dem verstehenden Lächeln eurer Dichtung, zu den guten Manieren eures unbekehrten Heidentums.

Strindbergs Blaubuch

Entstehungsgeschichtlicher Kontext

Zu Beginn der 1890er Jahre war der schwedische Schriftsteller August Strindberg (1849–1912) in Kontakt mit den monistischen Lehren des deutschen Naturphilosophen Ernst Haeckel (1834–1919) gekommen, insbesondere aber hatte es ihm Haeckels »Glaubensbekenntniß« angetan, das dieser am 9. Oktober 1892 bei der Jubiläumsversammlung der ›Naturforschenden Gesellschaft des Osterlandes‹ verkündet hatte. In diesem behauptete Haeckel, daß die Elemente nicht die einfachsten ›Naturkörper‹ seien, sondern Verbindungen der ›Uratome‹ des ›Urstoffs‹ oder ›Prothyls‹, die in unterschiedlicher Anzahl und Lagerung die Elemente bildeten.[1] Auf der Grundlage eines solchen Prinzips sei es durchaus möglich, so Haeckels Credo, daß der ›Stein der Weisen‹, jener uralte Traum der Alchemisten von einer Umwandlung der Stoffe, Wirklichkeit werde. Strindberg, der sich seit Anfang Oktober 1892 in Deutschland aufhielt, führte unter dem Einfluß der Haeckelschen Hypothesen chemische Experimente durch, suchte im Schwefel Kohlenstoff nachzuweisen und so den Urstoff zu entdecken, ja er glaubte sogar, Gold machen zu können.[2] Die Untersuchungen und ›Ergebnisse‹ legte er nieder in seinem ›Antibarbarus‹ (1893),[3] einem Werk, welches den Anspruch erhob, die Chemie zu revolutionieren, in Deutschland aber kaum Beachtung fand. In Schweden wurde es aufgrund der niederschmetternden Besprechungen durch den schwedischen Botaniker und Vertrauten Strindbergs Bengt Lidforss (1868–1913)[4] und den schwedischen Mineralogen Helge Bäckström (1865–1932)[5] sogar als Nachweis dafür herangezogen, daß sein Autor verrückt geworden sei. Strindberg experimentierte trotz des Mißerfolges weiter, widmete sich intensiven alchemistischen und naturwissenschaftlichen Studien, die er in Paris, wohin er im Sommer 1894 übersiedelte, in Schriften wie ›Introduction à une Chémie unitaire‹ (Paris 1895), ›Sylva Sylvarum‹ (Paris 1896) und ›Jardin des plantes‹ (Göteborg 1896), als ›Poet-Chemiker‹ aber auch literarisch in ›chemischen Sonetten‹ zu verarbeiteten begann.[6]

---

1 *Vgl. Haeckel: ›Der Monismus als Band zwischen Religion und Wissenschaft. Glaubensbekenntniß eines Naturforschers, vorgetragen am 9. Oktober 1892 in Altenburg beim 75jährigen Jubiläum der naturforschenden Gesellschaft des Osterlandes.‹ Bonn 1892; wiederabgedruckt u.a. in: ders.: ›Gemeinverständliche Vorträge und Abhandlungen aus dem Gebiete der Entwicklungslehre.‹ 2 Bde. Leipzig 1902, Bd. 1, S. 281–344.*

2 *Vgl. die Erinnerungen des Mediziners Carl Ludwig Schleich in ›Strindberg im Zeugnis der Zeitgenossen.‹ Mit einer Einl. v. Willy Haas. Bremen 1963, S. 204f.*

3 *Strindbergs ›Antibarbarus‹ erschien zuerst in deutscher Übersetzung von Bengt Lidforss unter dem Titel ›Antibarbarus I oder: Die Welt für sich und die Welt für mich.‹ Berlin 1894; unter dem Titel ›Hortus Merlini, lettres sur la chimie‹ erschien der ›Antibarbarus‹ im Feuilleton von ›L'Hyperchimie‹ 1896/97 in französischer Sprache, das schwedische Original, ›Antibarbarus, det är En vidlyftig undersökning on grundämnenas natur och en nytt betraktelselätt af de kemiska operationernas‹, wurde erst 1906 in Stockholm publiziert.*

4 *Vgl. die Rezension in den ›Dagens Nyheten‹ vom 13. April 1894.*

5 *Vgl. die Besprechung im ›Aftonbladet‹ vom 28. April 1894.*

Die Pariser Jahre endeten 1896 im totalen psychischen Zusammenbruch; von Wahnvorstellungen getrieben dachte er an Selbstmord (vgl. dazu auch das im Frühjahr 1896 begonnene ›Okkulte Tagebuch‹[7]). Die sogenannte ›Inferno-Krise‹, von der STRINDBERG in den autobiographischen Romanen ›Inferno‹[8] und ›Legenden‹[9] Zeugnis ablegt, überwindet er unter dem Einfluß der Lektüre der Schriften des schwedischen Naturforschers und Theosophen EMANUEL SWEDENBORG (1688–1772), die ihn in mystisch-magischer ›Läuterung‹ eine Bekehrung zum Religiösen erfahren läßt (vgl. dazu die noch in Paris begonnene Dramentriologie ›Nach Damaskus‹[10]). Die nun verstärkt der Mystik und dem Okkultismus zugewandte Suche nach geistigem Halt schlug sich – neben den Dramen – nieder in den ›Schwarzen Fahnen‹,[11] vor allem aber in den vier Bänden des ›Blaubuchs‹, die unter den Originaltiteln ›En blå bok‹ (Stockholm 1907) und ›En ny blå bok‹ (Stockholm 1908), ›En blå bok, Avdelning III‹ (Stockholm 1908) und ›En extra blå bok‹ (Stockholm 1912) erschienen; die ersten beiden Bände wurden 1908 von EMIL SCHERING (1873–1951) als ›Ein Blaubuch. Die Synthese meines Lebens. Erster Band‹ und ›Ein Blaubuch. Die Synthese meines Lebens. Zweiter Band. (Mit dem Buch der Liebe)‹ übersetzt und als fünfter und sechster Band der sechsten Abteilung (Wissenschaft, Philosophie) in die ›Deutsche Gesamtausgabe, unter Mitwirkung von Emil Schering als Übersetzer vom Dichter selbst veranstaltet‹ aufgenommen – die Einbände tragen jedoch nur die Titel ›Ein Blaubuch‹ sowie ›Ein neues Blaubuch‹. ›En blå bok, Avdelning III‹ und ›En extra blå bok‹ erschienen in Übersetzung erst 1921 in einem Band (StW VI,6, 7); zu STRINDBERG vgl. generell OLOF LAGERCRANTZ: ›Strindberg.‹ Aus dem Schwedischen v. ANGELIKA GUNDLACH. Frankfurt a.M. 1984. Eine kommentierte Ausgabe der von HAUSDORFF besprochenen beiden ersten Bände des ›Blaubuchs‹ liegt seit 1997 vor (vgl. AUGUST STRINDBERG: ›En blå bok.‹ Texten redigerad och kommenterad av GUNNAR OLLÉN. Stockholm 1997 [= ›August Strindbergs Samlade Verk‹, Bd. 65] sowie ders.: ›En ny blå bok.‹ Texten redigerad och kommenterad av GUNNAR OLLÉN. Stockholm 1999 [= ›August Strindbergs Samlade Verk‹, Bd. 66]).

---

6 *Vgl. Christa Vera Grewe: ›Strindberg und die Chemie.‹ In: ›Sudhoffs Archiv 68 (1984), S. 21–42.*

7 *Strindberg: ›Ur ockulta dagbocken.‹ Hrsg. v. Torsten Eklund. Stockholm 1963; dt. Übers. v. Tabitha van Bonin. Hamburg 1964; Strindberg hatte 1908 auf dem Titelblatt des ›Tagebuchs‹ vermerkt, daß diese Schrift niemals veröffentlicht werden dürfe.*

8 *Strindberg: ›Inferno.‹ Stockholm 1897 (aus dem Frz. übers. v. Eugène Fahlstedt); das französische Original erschien Paris 1898.*

9 *Strindberg: ›Legender.‹ Stockholm 1898 (aus dem französischen Original übers. v. Eugène Fahlstedt).*

10 *Strindberg: ›Till Damaskus.‹ 1. u. 2. Tl. Stockholm 1898, 3. Tl. ebd. 1904, deren erste beiden Teile 1899 von Emil Schering in Übersetzung vorgelegt wurden; die gesamte Trilogie erschien erst 1912 (vgl. Strindberg: ›Werke. Deutsche Gesamtausgabe, unter Mitwirkung von Emil Schering als Übersetzer vom Dichter selbst veranstaltet‹ [StW], Abt. 1, Bd. 5).*

11 *Strindberg: ›Svarta Fanor. Sedeskildringar från sekelskiftet.‹ Stockholm 1907; dt. Übers. v. Emil Schering München 1908 (= StW, Abt. 2, Bd. 5).*

Entstehung

Hausdorffs kritischer Essay, zu dessen Entstehung keine Zeugnisse nachgewiesen sind, dessen Entstehungszeitraum aber – aufgrund der Publikationsdaten – auf die Zeit zwischen dem letzten Jahresdrittel 1908 und dem ersten Jahresdrittel 1909 einzuschränken ist, ist die erste ausführliche Rezension dieser ersten beiden Bände des ›Blaubuchs‹. In deutlicher zeitlicher Distanz erschien mit Verner von Heidenstams ›Strindberg, durch das Fernglas gesehen.‹ In: ›Die Zeitschrift‹ (Hamburg) 1,2 (1910/11), S. 617–626 eine weitere Besprechung; erwähnt sei an dieser Stelle auch Werner Blochs Beitrag ›»Ein Blaubuch«; »Ein neues Blaubuch«‹ in der ›Kritischen Rundschau‹ 1 (1913/14), S. 22 (vgl. auch Robert Fallenstein u. Christian Hennig: ›Rezeption skandinavischer Literatur in Deutschland 1870–1914.‹ Teil 1: Quellenbibliographie. Neumünster 1977, Nr. 7927, S. 411; Nr. 7706, S. 400; Nr. 7512, S. 391).

1897, in Sant' Ilario, *hatte Hausdorff noch solchen* Trotzköpfen und hartnäckigen Querulanten *wie Strindberg eine gewisse Sympathie entgegengebracht; im Aphorismus Nr. 8 heißt es:* Es ist allen verfeinerten Culturen gesund, wenn von Zeit zu Zeit naive Barbaren an sie herantreten, grosse Kinder und Tölpel, die nichts von ihren Voraussetzungen wissen und schlankweg nur die Folgerungen anfeinden. So muss unsere europäische Bildung ihrem Tolstoj, unsere Naturwissenschaft ihrem Strindberg dankbar sein, so muss das ›veraberte und verwennte‹ Recht gelegentlich von Trotzköpfen und hartnäckigen Querulanten aufgerüttelt werden; jedesmal erhält da eine Stupidität, die in ausgefahrenen Geleisen rollt, einen kräftigen Seitenstoss, und der gedanklichen Inzucht vieler Einerleiköpfe wird wieder einmal frisches Blut zugeführt. *(*Sant' Ilario, *Aph. 8, S. 8f. [HGW VII, 102f.]).*

Überlieferung

H *nicht nachgewiesen.*

D *›Die Neue Rundschau (Freie Bühne)‹ XX (1909), 6. H. (Juni), S. 891–896.*

Erläuterungen

2 Giganten] *vgl. dazu Erl. zu 294 im Kommentarteil zu* Max Klingers Beethoven, *HGW VIII, 521. Die Giganten wurden von ihrer Mutter Gaia gegen die Götter aufgehetzt und türmten Gebirge aufeinander, um den Olymp zu stürmen; sie konnten aber mit Hilfe des Herakles besiegt werden (Apollodor I, 34–38).*

2f. Plutos Götterzorn] *Pluto ist in der griechischen Mythologie der Beiname des Hades, Sohn des Titanen Kronos und seiner Schwester Rheia, ein Bruder des Zeus und des Poseidon, dem bei der Teilung der Macht über die Welt die Unterwelt zufiel; Hades wird als auslösende Kraft von Erdbeben beschrieben, vgl. Hesiod: ›Theogonie‹ 455f.*

3f. in klassischer Pinienform den Golf schrecklich überschattend] *gemeint ist der Vesuv am Golf von Neapel.*

5 Villa Nazionale] *der öffentliche ›Lustgarten‹ von Neapel.*

6 lebenden pompejanischen Bildern] *Als ›lebende Bilder‹ (frz. tableaux vivants) werden stumme, unbewegte, oft aber mit Musik untermalte Darstellungen von mythologischen, christlichen oder nationalgeschichtlichen Szenen durch lebende Personen auf einer Bühne bezeichnet, häufig auf bekannte Motive aus der bildenden Kunst rekurrierend. Die seit der Antike bekannten, im Spätmittelalter v.a. der szenischen Darstellung der Heilsgeschichte dienenden ›lebenden Bilder‹ fanden seit der Renaissance und dem Barock vielfältigen Einsatz bei festlichen Anlässen, aber auch als sogenanntes Schlußtableau in Opern und Dramen (vgl. ›Faust‹ II) oder in der aristokratischen Erziehung. Im 19. Jahrhundert wurden ›lebende Bilder‹ insbesondere im Rahmen bürgerlicher Vereinsfeierlichkeiten zur Darstellung historischer ›vaterländischer‹ Ereignisse eingesetzt. – Möglicherweise spielt* HAUSDORFF *hier auch auf die westlich des heutigen Pompeji am Fuße des Vesuv gelegenen Ausgrabungsstätten des antiken, am 24. August 79 durch einen Vesuvausbruch verschütteten Pompeji an, in dessen seit 1860 systematisch ausgegrabenen Ruinen neben reichen Wanddekorationen auch Hohlräume entdeckt wurden, die von den von Asche eingeschlossenen Leichen der Einwohner stammen und die ausgegossen ein Bild der Verschütteten unmittelbar vor ihrem Tode wiedergeben.*

7 Impresarien] *Unternehmungen, von ital. imprendere ›unternehmen‹.*

8f. nachdem er sich selbst die berühmte Kegelspitze abgestumpft] *Beim Ausbruch im April 1872 barst die Spitze des Vesuv.*

9 Vedutenmalern] *Als Veduten werden Bilder einer Stadt oder einer Landschaft bezeichnet, welche die topographischen Gegebenheiten genau wiedergeben.*

12 Fumarolen] *Ausströmungen von reinem oder mit Gasen vermischtem Wasserdampf in vulkanischen Gegenden.*

14 Tarantella] *vgl. dazu Erl. zu 319f. im Kommentarteil zu* Der Schleier der Maja, *HGW VIII, 480.*

15f. Empedokles, der sogar in einen dieser unzuverlässigen Schlünde hineinsprang] *Der griechische Philosoph* EMPEDOKLES VON AKRAGAS *(483/482 v. Chr. – zwischen 430 und 420 v. Chr.) soll nach einer – philosophenfeindlichen – Anekdote des* DIOGENES LAERTIOS *(fl. 2./3. Jhd. v. Chr.; ›De clarorum philosophorum vitis‹ VIII, 69) in den Aetna gesprungen sein, um seine Himmelfahrt vorzutäuschen.* EMPEDOKLES *wurde jedoch als Schwindler entlarvt, weil der Vulkan seine Sandalen unverbrannt wieder ausspie.*

15–17 Empedokles *[...]* hat Unrecht: das Schöne kommt immer nur einmal] *Nach* EMPEDOKLES *ist »auch zweimal [...], was nottut, schön zu verkünden« (DK 31 B 25); den sprichwörtlich gewordenen Ausspruch (vgl. u.a. ›Proverbia Zenobii‹ 3,33) greift auch* FRIEDRICH NIETZSCHE *(1844–1900) in der ›Fröhlichen Wissenschaft‹ auf: »Die letzten Schönheiten eines Werkes zu sehen — dazu reicht alles Wissen und aller guter Wille nicht aus; es bedarf der seltensten glücklichen Zufälle, damit einmal der Wolkenschleier von diesen Gipfeln für uns weiche und die Sonne auf ihnen glühe. [...] Diess Alles aber kommt so selten gleichzeitig zusammen, dass ich glauben möchte, die höchsten Höhen alles Guten, sei es Werk, That, Mensch, Natur, seien bisher für die Meisten und selbst für die Besten etwas Verborgenes und Verhülltes gewesen: — was sich aber uns enthüllt, d a s e n t h ü l l t s i c h u n s E i n M a l! — Die Griechen beteten wohl: ›Zwei und drei Mal alles Schöne!‹ Ach, sie hatten da einen guten Grund, Götter anzurufen, denn die ungöttliche Wirklichkeit giebt uns das Schöne gar nicht oder Ein Mal! Ich will sagen, dass die Welt übervoll von schönen Dingen ist, aber trotzdem arm, sehr arm an schönen Augenblicken und Enthüllungen dieser Dinge.« (339 [KGW V,2, 248f.].)*

19 Der Vater] *›Fadren‹, Trauerspiel in drei Aufzügen von* AUGUST STRINDBERG, *erschienen Helsingborg 1887, in welchem* STRINDBERG *– auch unter dem Einfluß der zerbrechenden Ehe mit* SIGRID SOFIA MATHILDA ELISABETH (SIRI) VON ESSEN *(1850–1912) – einen Angriff gegen die Emanzipation der Frau startet und einen ›Rittmeister‹ durch die Intrigen seiner herrschsüchtigen, männerhassenden Frau dem Wahnsinn verfallen läßt (vgl. dazu auch den im Januar 1895 in der Pariser ›Revue Blanche‹ publizierten Haßartikel ›Die Unterlegenheit der Frau gegenüber dem Mann‹ [›Kvinnans underlägsenhet under mannen‹]). Eine erste deutsche Übersetzung von ›Fadren‹ legte* ERNST BRAUSEWETTER *unter dem Titel ›Der Vater‹ (Leipzig 1888) vor (vgl. StW I,3).*

19 Fräulein Julie] *›Förken Julie. Ett naturalistiskt sorgespel‹, einaktiges Trauerspiel von* AUGUST STRINDBERG, *erschienen Stockholm 1888; noch im selben Jahr erschien bei Reclam in Leipzig die Übersetzung von* ERNST BRAUSEWETTER *unter dem Titel: ›Fräulein Julie. Ein naturalistisches Trauerspiel‹ (vgl. StW I,4). – Am Beispiel der sexuell stark aufgeladenen, letztendlich im Selbstmord der Titelheldin endenden Liaison der adligen* JULIE *mit dem Dienstboten* JEAN *legt* STRINDBERG *die, der naturalistischen Theorie entsprechende, Konzeption einer Prägung von Charakter und Verhalten durch Vererbung (›schlechte‹ Erbanlagen der Mutter, allgemeine Degeneration der adligen Familie) und Umwelt (falsche Erziehung) an den Tag, ohne dabei jedoch – wie er in der Vorrede verlauten läßt – eine moralische Beurteilung anzustrengen.*

20 An offener See] *›I hafsbandet‹, Roman von* AUGUST STRINDBERG, *erschienen Stockholm 1890, unter dem – nicht ganz korrekten – Titel ›An offener See‹ 1893 in deutscher Übersetzung von* MARIE VON BORCH *publiziert (vgl. StW II,3). –* STRINDBERG *schildert am Schicksal des Inspektors* BORG, *der zwecks moderner Neuorganisation der Fischerei in eine abgelegene Schäre gleichsam verbannt wird, den psychischen – und letztlich auch physischen – Untergang eines Menschen, der sich in einer ›feindlichen‹ Umwelt, die man sich nicht mit wissenschaftlichen Mitteln untertan machen kann, mehr und mehr isoliert.*

20f. Strindberg, herrlichster der Hasser!] *Zitat einer Zeile aus* RICHARD DEHMELS *(1863–1920) Gedicht ›Venus Idealis‹ aus den ›Verwandlungen der Venus. Erotische Rhapsodie mit einer moralischen Ouvertüre.‹ Berlin 1907 (= ›Gesammelte Werke‹, Bd. 7), S. 86. –* HAUSDORFF *erhielt Ende 1907 eines der 150 für den eigenen Bedarf des Verfassers bei Drugulin in Leipzig gedruckten ›unverstümmelten‹ Exemplare der ›Verwandlungen der Venus‹, das die unzensierte Fassung der wegen des Verstoßes gegen § 166 (›Gotteslästerung‹)*

und § 184 (›Verbreitung unzüchtiger Schriften‹) des ›Reichsstrafgesetzbuches‹ am 30. August 1897 für unsittlich erklärten ›Venus Consolatrix‹ enthielt, vgl. den Brief HAUSDORFFS *an* DEHMEL *vom 3. Dezember 1907 (StUB Hamburg, DA: Br.: 1907: 74) im Band IX dieser Edition.*

26f. den Weg nach Damaskus] *Anspielung auf die Bekehrung des* SAULUS *(vgl. Apg 9,1–9), aber auch auf* STRINDBERGS*, seine Suche nach mystisch-religiösem Halt dokumentierende Dramentriologie ›Till Damaskus‹ (vgl. dazu im Abschnitt ›Entstehungsgeschichtlicher Kontext‹ Fn. 10).*

28 einem Buche von neunhundert Seiten] *Die durchgängige Paginierung der beiden 1908 in deutscher Übersetzung erschienenen Teile des ›Blaubuchs‹ endet trotz zahlreicher unpaginierter Seiten der Textteile bei ›900‹.*

29 innen »die Synthese meines Lebens«] *so der Untertitel zu* STRINDBERGS *›Blaubuch‹ (vgl. Abschnitt ›Entstehungsgeschichtlicher Kontext‹).*

31 Plutonisches Feuer] *Unter der Bezeichnung Plutonismus (von dem griechischen Unterweltsgott* HADES *bzw.* PLUTO*; vgl. Erl. zu 2f.) begründete 1785 der schottische Geologe* JAMES HUTTON *(1726–1797) die Lehre, nach welcher die Bildung und Umbildung von Gesteinen sowie der Erdoberfläche generell auf Ausbrüche aus dem feurig-flüssigen Erdinneren zurückzuführen seien; allgemein versteht man hierunter die gesamte magmatische Tätigkeit innerhalb der Erdkruste, insbesondere die Gesteinsschmelze.*

32 Seismos] *griech. σεισμός ›Erdbeben‹; hier Bezeichnung des* POSEIDON *(vgl. Erl. zu 2f.) als Erderschütterer (vgl.* HESIOD*: ›Theogonie‹ 441 sowie* HERODOT*: ›Historien‹ VII, 129 u.ö.).*

40 die Feigheit und Feilheit in der Philosophie] *vgl. u.a. das Stück ›Kann die Philosophie der Menschheit irgend einen Segen bringen‹ (StW VI,6, 725–727): »So hiess in den sechziger Jahren eine Broschüre des Dozenten der Philosophie Pontus Wikner. Die Frage war berechtigt; wie sie aber beantwortet wurde, daran erinnere ich mich nicht recht; doch die Antwort muss ausweichend gewesen sein, da der Mann Professor wurde. Hätte er gesagt, alle Philosophie, besonders die Systeme, sei Quark, wäre ihm natürlich seine Laufbahn gesperrt worden. [...] Wer eine kurze Geschichte der Philosophie liest und sieht, wie das eine System das andere ablöst und ihm widerspricht, muss wohl bald auf den Gedanken kommen: ›Jetzt machen wir ein Ende mit diesem Gefasel!‹« (Ebd., 725f.) – Der zutiefst religiöse schwedische Philosoph und Schriftsteller* KARL PONTUS WIKNER *(1837–1888) lehrte seit 1864 als Dozent an der Universität Upsala und wechselte 1884 an die Universität Oslo;* STRINDBERG *verweist auf* WIKNERS *1864 publizierten Vortrag ›Kan philosophien bringa någon välsignelse åt menskligheten? Populär föreläsning hållen i Upsala den 21 mars 1864.‹*

40f. die Verlogenheit in der Mathematik] *vgl. u.a. das Stück ›Mathematische Gewissheit‹ (StW VI,6, 480): »Auf dem Gymnasium bekamen wir einmal einen neuen Lehrer in Mathematik. [...] Der Lehrer stellte die Aufgabe. Es handelte sich [...] um einige Sorten Zeug von verschiedener Breite, bei denen das schmalere länger sein sollte, um das breitere auszugleichen. Wir rechneten nach der Aufstellung des Lehrers. Er hiess das Ergebnis gut. Aber siehe, das Facitbuch gab ein anderes Resultat. [...] Schliesslich ging uns ein Licht auf.*

Die Ursachen standen im umgekehrten Verhältnis zu den Wirkungen, da ja das Zeug von geringerer Breite grössere Länge besitzen musste, um das breitere Stück auszugleichen. Die Sache war die, dass der Lehrer Zweigbergks Rechenbuch studiert hatte, in dem die umgekehrte Regula de tri nicht stand (nur in einer Anmerkung, die man übersprang). Der Lehrer hatte also nur die Formel gelernt; er glaubte zu begreifen, was er nur im Gedächtnis hatte. Das ist gewöhnlich der Fall bei Mathematikern.« – Strindberg verweist hier auf das ›Lärobok i räknekonsten, med talrika öfningsexempel‹ (1839; ›Lehrbuch der Rechenkunst, mit zahlreichen Lösungsbeispielen‹) des schwedischen Mathematikers Per Anton von Zweigbergk (1811–1862), das mehr als 27 Auflagen erfuhr und mit mehr als 200.000 verkauften Exemplaren eines der weitverbreitetsten Lehrbücher in Schweden war. – Als »Regula de tri« (lat. regula de tribus) bezeichnet man den Dreisatz, mit dem anhand von drei bekannten Größen eine vierte, unbekannte Größe bestimmt werden kann.

41 die Korruption in der Astronomie] *vgl. u.a. das Stück ›Die Furcht vorm Himmel‹ (StW VI,5, 252): »Der Schüler: Die Astronomie oder Himmelslehre der Astronomen hat keinen einzigen Fortschritt gemacht, seitdem sie gottlos geworden ist. Sie haben aufgehört, den Himmel zu beobachten. Sitzen nur da und rechnen, mit der bestimmten Absicht, Gott fortzurechnen. Ich traf vor sieben Jahren einen Dozenten der Astronomie. Der wusste nicht, dass der Himmelsäquator durch den Gürtel des Orions geht, und konnte nicht die Sonnenbahn zeigen. Er prahlte damit, dass er die Sternbilder nicht kenne. Es sei keine Wissenschaft, die zu kennen«, sowie das Stück ›Neue Bahnen‹ (ebd., 253): »Der Lehrer sprach: [...] Die herrschende Astronomie, die nur eine Betrachtungsart ist, stimmt nicht mit der herrschenden Naturanschauung; sie muss daher umredigiert werden, ehe die Wissenschaft weiter gegangen ist und neue Bahnen eingeschlagen hat.« – Mit dem »Dozenten der Astronomie« ist der spätere Kopenhagener Ordinarius für Astronomie Elis Strömgen (1870–1947) gemeint, den Strindberg 1899 in Lund getroffen hatte (vgl. Strindberg: ›En blå bok.‹ Texten redigerad och kommenterad av Gunnar Ollén. Stockholm 1997, S. 596).*

41f. die Absurdität in den Naturwissenschaften] *Im Stück ›Zusammenbruch der Wissenschaft‹ plädiert Strindberg dafür, daß »[j]eder Unterricht in den Wissenschaften [sc. Naturwissenschaften] darauf ausgehen [sollte], zu zeigen, dass die Irrtümer beständig sind. Jetzt aber lernt man statt dessen die Irrtümer auswendig, oder den augenblicklichen Irrtum als Wahrheit (= wie es sich wirklich verhält).« (StW VI,6, 720–723, hier 721.)*

42 der Bankrott in der Keilschriftforschung] *vgl. dazu das ›Neue Blaubuch‹ (StW VI,6, 518–559), insbesondere Strindbergs Ausführungen im Stück ›Mesopotamischer Häcksel‹ (ebd., 536–539): »Wir haben gelernt, dass die Mesopotamier Häcksel in den Ton mengten, wenn sie Ziegel strichen. Dieser Häcksel scheint eine Wissenschaft hervorgerufen zu haben, genannt Assyriologie, und eine Literatur, deren Wert man nach diesen Skripta beurteilen kann. [...] Wenn man sich nun fragt, woher diese Krähenfüsse kamen (ich spreche nicht von den Keilen), so hat man viele Vermutungen. Die Babylonier mischten ihre Ziegel mit gehacktem Stroh; mit Stroh kommt Streu; Streu besteht aus mikroskopischer Spreu, Kleie, aus Schuppen, Blumenscheiden, Samenschalen. Der Ziegel wurde wohl gestrichen, gerollt, in Formen geschnitten, deren Holzrahmen Eindrücke hinterliessen. Die Ziegel trockneten in der Sonne, waren Sonne und Regen ausgesetzt, wurden von Insekten besucht, waren empfänglich für Staub. ... Was die Keilschrift angeht, so scheint sie kein Bestandteil einer Sprache zu sein [...]. Sollten die Keile jedoch eine Sprache sein, so ist diese Schrift noch nicht gelesen.« – Die seit dem 3. vorchristlichen Jahrtausend im vorderasiatischen Raum genutzte Keilschrift – benannt nach den charakteristischen keilförmigen Eindrücken schräg gehaltener Rohrgriffel in den noch weichen Ton später gebrannter oder getrockneter Schreibtafeln – trat erst im letzten Viertel des 18. Jahrhunderts in das Blickfeld einer philologisch-wissenschaftlichen Auseinandersetzung, nachdem der deutsche Forschungsreisende Carsten Niebuhr (1733–1815) genaue Kopien der Inschriften von Persepolis publiziert hatte (vgl. ›Reisebeschreibung von Arabien und den umliegenden Ländern.‹ 2 Bde. Kopenhagen 1774–1778). Am 4. September 1802 legte der Gymnasiallehrer Georg Friedrich Grotefend (1775–1853) der Göttinger Gesellschaft der Wissenschaften – aufgrund einer Wette, daß es möglich sei, eine Inschrift zu entziffern, von der weder Schrift noch Sprache noch Inhalt bekannt seien – erste Entzifferungen der altpersischen Inschriften aus Persepolis vor (›Praevia de cuneatis quas vocant inscriptionibus persepolitanis legendis et explicandis relatio‹, gedruckt 1805), die nicht nur die Grundlage bildeten für die vollständige Entzifferung der altpersischen Keilschrift (vgl. Friedrich von Spiegel: ›Die altpersischen Keilinschriften, mit Übersetzung, Grammatik und Glossar.‹ Leipzig 1862, 2. Aufl. ebd. 1881), sondern nach Entdeckung einer dreisprachigen Inschrift in Behistan (1836) zur Entzifferung der komplexeren elamischen und babylonischen Keilschriften durch Henry Creswick Rawlinson (1811–1895) und Julius Oppert (1825–1905) führten. Die Kenntnis dieser Keilschriften hat maßgeblich zum Verständnis der assyrisch-babylonischen Kultur und zur Begründung der Assyrologie als wissenschaftlicher Disziplin beigetragen. – Die ›Assyrische Grammatik mit Paradigmen, Übungsstücken, Glossar und Litteratur‹ (Berlin 1889) des deutschen Altorientalisten Friedrich Delitzsch (1850–1922) hatte Strindberg in seiner vernichtenden Kritik der Assyrologie ironisch empfohlen, wenn man »lernen will, nicht die mesopotamische Sprache, denn die kann nicht gelernt werden, sondern wie unbegreiflich der menschliche Verstand bei den herrschsüchtigen, ehrgeizigen Gelehrten vorgehen kann«, welche die »Krähenfüsse« als Schriftzeichen ansehen (vgl. StW VI,6, 522). Delitzsch löste 1902 den sogenannten ›Babel-Bibel-Streit‹ aus, als er in einem Vortrag die These vertrat, das babylonische Weltbild habe alle späteren Kulturen, insbesondere die des Alten Testaments, maßgeblich geprägt (vgl. dazu auch das Stück ›Entlarvung des Jehova-Zylinders‹, StW VI,6, 553f.).*

44 Sophistik] *vgl. dazu Erl. zu 243 im Kommentarteil zu* Stirner, *HGW VIII, 403f.*

49 Strindbergs Übersetzer eröffnet den Reigen] *Nach dem »Vorwort des Übersetzers« – im ›Neuen Blaubuch‹ – schrieb dieser [sc. Emil Schering] »am 16. September 1907« an Strindberg: »Ihr Blaubuch! Erster Eindruck: uner-*

schöpflich! Zweiter Eindruck: überwältigend! Schliesslicher Eindruck: erhebend! Dieses Brevarium Universale erhebt mich, kräftigt mich, stählt mich. Gibt mir Schwungkraft. Steigert meine Energie. Erhöht meine Sittlichkeit. Waffnet mich für den Kampf gegen alles Niedrige. In diesem Akkumulator haben Sie eine geistige Kraft aufgespeichert, die nie erschöpft werden wird; aus diesem Akkumulator werden Generationen von Menschen Kraft holen. Ich habe das Gefühl, durch dieses ›Blaubuch‹ mit dem Weltgeist selber in Verbindung zu treten.« (StW VI,6, [1].)

52 Zentrumsstimmvieh] *abwertende Bezeichnung für die Wähler der 1870 als Reaktion auf die protestantisch geprägte Vorherrschaft Preußens im Kaiserreich gegründeten Zentrums-Partei, in welcher sich der politische Katholizismus vereinigte.*

52 Bêtisen] *frz. bêtise ›Dummheit‹.*

56 Assyriologie] *vgl. Erl. zu 42;* STRINDBERG *überschreibt ein Stück seiner vehementen Kritik an dieser Disziplin mit ›Assyriologie‹ (StW VI,6, 540–550).*

56f. Trimethylamin] Trimethylamin, *auch Propylamin, ist ein farbloses brennbares Gas ($N[CH_3]_3$) auf der Grundlage von Ammoniak (NH_3), wobei die Wasserstoffatome durch Methylgruppen (CH_3) ersetzt sind. In Wasser gelöst reagiert es stark basisch. Es findet sich in vielen Pflanzen, z.B. in Bucheckern, entsteht aber auch in beträchtlichen Konzentrationen beim mikrobiellen Abbau von Fischeiweiß (es riecht wie Heringslake). Zeitgenössisch diente es u.a. als Präparat gegen Gelenkrheumatismus; vgl. dazu das Stück ›Lues = Kadaverin = $C^5H^{14}N^2$‹ (StW VI,5, 413; vgl. Erl. zu 102f.).*

57 $C_6H_8O_3$] *vgl. dazu das Stück ›Die Durchdringbarkeit der Atome‹ (StW VI,5, 301): »Nehmen wir wieder an, Schwefel sei das Superoxyd eines Kohlenwasserstoffs mit der dreiwertigen Formel $(C^3H^4)^2 = C^6H^8O^3$, die Professor Fittica in Marburg gegeben hat«. –* STRINDBERG *verweist auf den niederländischstämmigen Chemiker* FRIEDRICH BERNHARD FITTICA *(1850–1912), der ab 1875 als Assistent, ab 1884 als außerordentlicher Professor am Chemischen Institut der Universität Marburg tätig war und sich darum bemühte, das hypothetische ›Urelement‹ mit Hilfe einer Zerlegung der bekannten Elemente aufzufinden – so glaubte er neben der oben genannten Zerlegung des Schwefels in Sauerstoff und Kohlenstoff etwa die Umwandlung von Phosphor in Arsen und Antimon nachweisen zu können.* FITTICA, *der auch als Dramatiker und Lyriker hervortrat (u.a. ›Ingenutes. Ein Drama.‹ Stuttgart 1876, ›Liebesscherz. Lustspiel in 3 Aufzügen.‹ Marburg 1877, ›Gedichte.‹ Gießen 1883), zog sich, obwohl er in Marburg ein geachteter Bürger war, wegen seiner abstrusen chemischen ›Forschungen‹ den Spott, v.a. aber das Mitleid seiner Kollegen und der Studierenden zu (vgl. dazu* RUDOLF SCHMITZ: *›Die Naturwissenschaften an der Philipps-Universität Marburg 1527–1977.‹ Marburg 1978, S. 279–282; vgl. auch* CHRISTOPH MEINEL: *›Vom Handwerk des Chemiehistorikers.‹ In: ›Chemie in unserer Zeit‹, Bd. 18, S. 62–67). – Zur Summenformel* $C_6H_8O_3$ *gehören mehr als 20 organische Verbindungen mit verschiedenen Strukturformeln, darunter organische Säuren, Ester und Anhydride.*

57 Fixsternparallaxen] *Als Parallaxe (griech. παράλλαξις [parállaxis] ›Vertauschung‹) wird der Winkel zwischen den Sehstrahlen von zwei Beobachtern aus zum selben Objekt bezeichnet, der als scheinbare Verschiebung des Objekts vor einem weiter entfernten Hintergrund beobachtbar ist. Der experimentelle Nachweis einer Fixsternparallaxe war die endgültige Entscheidung gegen das geozentrische und für das heliozentrische Weltbild (zu den Weltbildern vgl. Erl. zu 111–114 im Kommentarteil zu* Sprachkritik, *HGW VIII, 591f.). – Das ›Fehlen‹ einer Parallaxe bei den Fixsternen war im Altertum und Mittelalter als Argument gegen das heliozentrische Weltbild verwendet worden. Da die Fixsternparallaxen überaus klein sind, gelang erst 1837/38 dem deutschen Astronomen* FRIEDRICH WILHELM BESSEL *(1784–1846) der Nachweis einer solchen (für den Stern 61 Cygni im Sternbild Schwan). –* STRINDBERG *behauptet im ›Neuen Blaubuch‹, der »Himmel« habe »vier oder fünf Pole, an die man genau denken muss, wenn man Sternparallaxen und Planetenbahnen zu berechnen glaubt. Der* e r s t e *Pol ist ja der Himmelspol, der in der Verlängerung der Erdachse liegt: der Polarstern im kleinen Bären, um den das Gewölbe sich zu drehen scheint, obwohl es die Erde sein soll. [...] Der* z w e i t e *Pol ist ja der Pol der Sonnenbahn, der im Drachen liegt. Der befindet sich 23 Grad unterhalb des Pols; entspricht also unserm Polarkreis. Dieser Pol ist sehr wichtig. Um seine Achse drehen sich Sonne, Mond und Planeten. [...] Der* d r i t t e *Pol ist der der Milchstrasse. [...] Dieser Pol liegt im Haar der Berenice, das über dem Kopf der Jungfrau liegt. [...] Der* v i e r t e *Pol ist der Weltpol, dahin die Sonne sich bewegen soll. Der liegt in einem Punkt im Herkules [...]. [...] Der* f ü n f t e *könnte Kants Zentralsonne sein. [...] Jedenfalls, wer mit diesen fünf Faktoren eine Sternparallaxe oder eine Planetenbahn berechnen kann, der kann auch das Fünfkörperproblem lösen. Das kann man aber nicht aufstellen, geschweige denn lösen. Man ist ja an drei Körpern gescheitert, einmal für alle. Wie wir uns erinnern, haben die kopernikanischen Astronomen, die auf das System schworen, falsch geschworen. Als sie die Richtigkeit des Systems beweisen wollten, fiel ihnen das etwas schwer. Da die Erde im Weltraum dahineilt, muss sich ja eine Verschiebung oder Ortsveränderung der Sterne zeigen (Parallaxe). Es kam darauf an, den Winkel zu messen, unter dem der Erdradius vom Stern gesehen wird. Da man nicht auf den Stern gelangen und den Erdradius begucken konnte, drehte man das Problem um: der eine Astronom fuhr zum Kap, der andere nach Berlin, und dann guckten sie nach einem und demselben Stern. Der Winkel aber wurde so klein, das er nicht der Rede wert war [...]. Denkt man jetzt an die fünf Achsen mit entsprechenden Bewegungen; legt man dazu die Nutation und Präzession, so wird die ganze Berechnung Unsinn.« (›Das Fünfkörperproblem‹, StW VI,6, 475–479, hier 475–477). Die zitierte Passage zeigt besonders eindrucksvoll, wie im* STRINDBERG*schen Text einige richtige Brocken mit haarsträubendem Unsinn vermengt sind. – Das Mehrkörperproblem (»Fünfkörperproblem«; »an drei Körpern gescheitert«) ist das für die Himmelsmechanik grundlegende Problem, die Bewegungen mehrerer Körper, die der gegenseitigen Massenanziehung unterliegen, zu berechnen. Für drei und mehr Körper ist es nicht exakt, sondern nur angenähert lösbar. Zur Präzession der Erdachse vgl. Erl. zu 198f. im Kommentarteil zu* Sprachkritik, *HGW VIII, 601f.*

68 Zahlenmystik] *Eine ausgeprägte* Zahlenmystik *findet man bereits bei den Pythagoreern (zu* PYTHAGORAS *und den Pythagoreern vgl. Erl. zu 301f. im Kommentarteil zu* Tod und Wiederkunft, *HGW VIII, 438f.). Nach* PLATON *(427 v. Chr. – 347 v. Chr.) benutzte der weltenschöpfende Demiurg Zahlenverhältnisse, um die Körper in Einklang zu bringen mit den vier Elementen Feuer, Erde, Wasser und Luft (vgl. ›Timaios‹ 31aff.). In der jüdischen und christlichen Apologetik dient die Zahlenmystik der Auslegung der heiligen Schriften. –* STRINDBERG *glaubt u.a. in den Stücken ›Swedenborgs Gegenstücke‹, ›Kabbala‹, ›Himmlische Zahlenlehre‹, ›Die Zahlen des Himmels‹ und ›Die Zahlen der Materie‹ (StW VI,5, 302–307) aufgrund eines Vergleiches der »Zahlenverhältnisse[] in der materiellen Welt« (ebd., 302) den »Rechenmeister so deutlich zu sehen« (ebd., 304), denn »die ganze Schöpfung ist ausgerechnet; zuweilen in einer Art Chiffer ausgedrückt, indem die Zahlen umgestellt sind«: so bestehe die Erde aus »26 % [aus] Land und 73 % Wasser« [sic!], die Luft aus »76 % Stickstoff und 23 % Sauerstoff« (ebd., 302), Zahlen, in denen »ein grosses Geheimnis verborgen« liegt, denn auch die »beiden Achsen, die von der Pupille durch (den gelben) Sehfleck und den Sehnerv gehen, schneiden sich unter 23° und 67°, ganz wie die Achse der Erde die Sonnenbahn unter 23° und 67° schneidet« (ebd., 303).*

68f. Swedenborgschen »Korrespondenzen«] *vgl. dazu u.a. das Stück ›Swedenborgs Gegenstücke‹ (StW VI,5, 302), in dem »Swedenborgs Lehre von den Korrespondenzen« die »Anregung zu einigen Vergleichen von Zahlenverhältnissen in der materiellen Welt« gibt und »eine wunderbare Übereinstimmung« festgestellt werden kann, sowie das Stück ›Aus Swedenborgs Korrespondenzenlehre‹ (StW VI,6, 571–573), nach dem das Skelett mit dem Bösen, der Esel mit dem »Natürliche[n] mit Rücksicht auf das Wahre« und die Nieren mit »Wahrheiten der Weisheit und des Glaubens« korrespondieren. – Der Naturforscher und Theosoph* EMANUEL SWEDENBORG *(vgl. auch den Abschnitt ›Entstehungsgeschichtlicher Kontext‹) entwickelte seit 1744/45 in umfangreichen Bibelkommentaren die visionäre Theorie der Abbildhaftigkeit aller materiellen Erscheinungen in einer geistigen Überwelt, welche die eigentliche, die wirkliche Welt sei; in dieser rein spirituellen Welt ist alles Sein von Gott an abwärts in drei Reichen, dem himmlischen, dem geistigen und dem natürlichen, abgestuft und untereinander verbunden. Gott, begriffen als Liebe und Weisheit, hat abgestuft Anteil an ihnen; so fließen etwa Gottes Liebe und Weisheit in unsere natürliche Welt ein. Der Mensch stehe in der Mitte und trage Elemente aller Reiche in sich, womit der ganze Kosmos einem Menschen gleiche.* SWEDENBORG *versteht den wörtlichen und historischen Sinn der Bibel als zur natürlichen Welt gehörig, der eigentliche, der spirituelle Sinn, sei dahinter verborgen – ihm selbst sei, so* SWEDENBORG, *aufgetragen, diesen inneren Sinn der Heiligen Schrift in einer Art symbolischen Auslegung aufzudecken, so v.a. in den umfangreichen ›Arcana coelestia, quae in Scriptura Sacra, seu Verbo Domini sunt‹ (›Himmlische Geheimnisse, welche in der Heiligen Schrift oder in dem Worte des Herrn enthalten sind‹; 8 Bde. London 1749–1756; dt. Übers. in 16 Bden. Tübingen 1837–1869).*

70 das Drama der s i n i s t r e n Erotik] *lat. sinister ›links‹; bildungssprachlich svw. unheilvoll, zwielichtig. – Anspielung auf* STRINDBERGS *›Fräulein Julie‹ (vgl. Erl. zu 19) um die Affäre der adligen* JULIE *mit einem Bediensteten in der erregenden Atmosphäre einer Mittsommernacht. Im Drama verkehrt sich die Liebesgeschichte in* JULIES *Demütigung und endet mit dem Selbstmord der Protagonistin.*

70f. die Psychologie des Rassenverfalls] HAUSDORFF *spielt hier auf* STRINDBERGS *historische Erzählung ›Tschandala‹ an, deren Schluß unmittelbar an Gedanken von* NIETZSCHE *in der ›Götzen-Dämmerung‹ anknüpft (vgl. dazu Erl. zu 130f. im Kommentarteil zu* Gottes Schatten, *HGW VIII, 678–680; vgl. auch* ANNEMARIE ETTER: *›Nietzsche und das Gesetzbuch des Manu.‹ In: ›Nietzsche-Studien‹ 16 [1987], S. 340–352).*

71f. den Idiotismus gebrochener Seelen und ihr Heimweh nach primitiven Lebensformen] *vgl. dazu* STRINDBERGS *Roman ›An offener See‹ (vgl. Erl. zu 20).*

72 das Pathos der Reformation] *Anspielung auf* STRINDBERGS *fünfaktiges historisches Trauerspiel ›Mäster Olof‹ (Versfassung Stockholm 1878, Prosafassung ebd. 1881), dessen Prosafassung 1890 von* ERNST BRAUSEWETTER *(bei Reclam in Leipzig) und dessen Versfassung 1895 von O. A.* PALME *(Berlin), beide Male unter dem Titel ›Meister Olaf‹, in Übersetzung vorgelegt wurden (vgl. StW I,1).*

73 die Symphonie nordischer Meere] *Anspielung u.a. auf* STRINDBERGS *Roman ›An offener See‹ (vgl. Erl. zu 20), in dem aus der Perspektive des Protagonisten* AXEL BORG *die Natur der skandinavischen Schären in jedwedem Detail geschildert, aber auch die Mentalität der Inselbewohner beleuchtet wird; vgl. ebenso* STRINDBERGS *ähnlich motivierten Roman ›Hemsöborna‹ (1887; ›Die Leute auf Hemsö‹) sowie die Prosa-Sammlung ›Skärkarlslif‹ (1888; ›Das Leben der Schärenleute‹).*

74 zelotischen Kanzelredner] *Zeloten nannten sich nach* JOSEPHUS FLAVIUS *(eigentlich* JOSEPH BEN MATHITJAHN; *37/38 – um 100) die Mitglieder einer im Jahre 6 gegründeten national-jüdischen Partei, die 66 den Krieg gegen die römische Fremdherrschaft forcierte (vgl. ›De bellum Judaicum‹); allgemein wird hierunter ein blinder Eiferer (besonders in Glaubensfragen) verstanden.*

75–78 mit den Worten des Kopernikus *bis* die Form der Erde spricht«] *In der Vorrede seines Hauptwerkes ›De revolutionibus‹ verweist* NIKOLAUS KOPERNIKUS *(eigentlich* NIKOLAUS KOPPERNIGK; *1473–1543) auf das 24. Kapitel des 3. Buches der ›Divinae Institutiones libri VII‹ (entstanden zwischen 304 und 313) des lateinischen Schriftstellers und Rhetors* LUCIUS CAECILIUS FIRMIANUS LACTANTIUS *(zwischen 250 und 260 – nach 317), in welchem dieser sich abfällig über jene äußert, die die Erde als Kugel ansehen: »Non enim obscurum est Lactantium, celebrem alioqui scriptorem, sed mathematicum parum, admodum pueriliter de forma terrae loqui, cum deridet eos qui terram globi formam habere prodiderunt.« (›De revolutionibus‹ I, ›Praefatio‹ [*NICOLAUS COPERNICUS: *›Das neue Weltbild.‹ Drei Texte. Lateinisch-deutsch. Übers., hrsg. u. mit einer Einl. u. Anm. versehen v.* HANS GÜNTHER ZEKL. *Hamburg 1990, S. 76]. – »Es ist ja nur allzu bekannt, daß etwa Lactantius, ein sonst namhafter Schriftsteller, aber mit ganz wenig mathematischen Kennt-*

nissen, einigermaßen kindlich über die Gestalt der Erde redet, wenn er sich über die lustigmacht, die behauptet haben, die Erde habe Kugelgestalt.«) – *Vgl. zu dieser Thematik auch Erl. zu 108–110 im Kommentarteil zu* Sprachkritik, *HGW VIII, 590f.*

82 Renegaten] *frz. renégat, zu lat. negare ›verneinen‹; (Glaubens-)Abtrünnige, Abweichler.*

82 »Erweckte«] *Bezeichnung konservativer christlicher – meist protestantischer – Strömungen, die die Bekehrung des Einzelnen und praktische christliche Lebensweise stärker betonen als konfessionelle Dogmen. Sie fordern ein lebendiges Christentum, welches mit der Antwort des Menschen auf den Ruf des Evangeliums zu Umkehr und geistiger Wiedergeburt beginnt. Als erste Erweckungsbewegungen im eigentlichen Sinne konstituierten sich das um 1734 in den Neuenglandstaaten einsetzende ›Great Awakening‹ (›Große Erweckung‹) unter der theologischen Führung von* Jonathan Edwards *(1703–1758) und der 1738 von* John Wesley *(1703–1791) im anglikanischen Großbritannien initiierte Methodismus. Beide Bewegungen haben in öffentlichen Predigten, oft unter freiem Himmel, die persönliche Bekehrung des Einzelnen gefordert (Integration der Bekehrten in übersichtliche Gruppen) sowie eine Reform des persönlichen und sozialen Lebens angestrebt. Die Erweckungsbewegung im deutschsprachigen Raum wurzelt einerseits im Pietismus des 17. und 18. Jahrhunderts, andererseits in der 1826 gegründeten, seit 1830 von* John Nelson Darby *(1800–1882) geführten südenglischen Brüderbewegung (›Brethren‹, ›Plymouth-Brüder‹ oder ›Darbysten‹) – und, seit 1845, deren Splittergruppen –, die bei ihrer Missionstätigkeit in Deutschland und der Schweiz unter anderem durch den Elberfelder Verlag Carl Brockhaus unterstützt wurde, der eine wortgetreue Bibelübersetzung, die ›Elberfelder Bibel‹, vorlegte.*

90–94 Auch den hübschen Spielzeugen wie Eisenbahn, Telephon, Luftschiff *bis* die Spielzeuge selbst unnütz zu finden.] *So berichtet* Strindberg *in dem Stück ›Wenn Völker verrückt werden‹, daß er »ein Land« kenne, dessen Volk »vom Wahn des Selbstmords ergriffen« sei, denn »der Staat« unterhalte »eine Eisenbahn von einer Länge von einhundert Meilen; jüngst kam der Zug mit e i n e m Passagier an, dessen Reise dem Staat über tausend Kronen gekostet hatte«, was eben »Selbstmord« sei (StW VI,5, 179), in ›Zusammenbruch der Wissenschaften‹ weist er darauf hin, daß »Irrtümer [...] allerdings [auch] Anlass zu angenehmen Erfindungen geben« können, denn das »Telephon wird benutzt, ohne dass man weiss, wie es zugeht. Einige Elektriker meinen, die Lautwelle pflanzt sich fort, verstärkt vom elektrischen Strom; andere meinen, der Strom allein gibt die Vibrationen der Membran wieder« (StW VI,6, 720–723, hier 721). In den beiden Stücken ›Peilungen im Luftmeer‹ gibt er Auskunft über die Flüge des französischen Amateurastronomen* Nicolas-Camille Flammarion *(1842–1925), der zwischen 1867 und 1880 zahlreiche Ballonfahrten zur Untersuchung der Atmosphäre unternahm und hierbei »zwischen 800 und 1500 Metern« auf ein »Marienkäferchen«, in »der höchsten Höhe von 1800 Metern« auf »weisse Schmetterlinge« traf (StW VI,5, 425; vgl. u.a.* Flammarion: *›Études météorologiques faites en ballon.‹ In: ›Comptes* *rendus de l'Académie des Sciences de Paris‹, Bd. LXVI [1868], S. 1051–1055, S. 1113–1117, S. 1207–1211 und Bd. LXVII [1868], S. 86–90) sowie über die Ballonfahrten der englischen Meteorologen JAMES GLAISHER (1809–1903) und TRACY COXWELL (1819–1900), die »1862 im Ballon 9000 Meter hoch« stiegen und »beinahe ihr Leben eingebüsst« hätten, während »[d]ie Tauben im Ballon [...] unter 9000 Metern [starben], bei sechs- bis siebentausend. Wenn die Dichtigkeit der Luft regelmässig abnimmt, befindet sich das Vakuum auf einer Höhe von acht Kilometern [...]. Sagen wir zehntausend Meter oder eine neue Meile, als obere Grenze, dahin können wir ohne Schaden steigen! Mehr wissen wir nicht!« (Ebd., 426; vgl. GLAISHER: ›An account of meteorological and physical observations in eight Balloon Ascents.‹ In: ›Reports of the British Association for the Advancement of Science‹ 1862, S. 376–503.)*

101 Polyhistorie] *aus griech. πολύς (polýs) ›viel‹ und griech. ιστορία (historía) bzw. lat. historia ›Geschichte‹. ›Polyhistor‹ ist seit der Frühen Neuzeit Bezeichnung für einen Universalgelehrten mit ungewöhnlich vielseitigen Kenntnissen in den verschiedensten Gebieten der Wissenschaft. Auch wenn sich* Polyhistorie *bzw. Polyhistor bis heute bildungssprachlich gehalten hat, so werden beide Termini schon im 18. Jahrhundert bezeichnend für ein eitles Streben nach möglichst breiten – und damit oberflächlichen – Kenntnissen, vgl. etwa CHRISTIAN FÜRCHTEGOTT GELLERTS (1715–1769) satirisches Gedicht ›Der Polyhistor‹:*

An jenem Fluß, zu dem wir alle müssen,
Es mag uns noch so sehr verdrießen,
An jenem Fluß kam einst ein hochgelehrter Mann,
Bestäubt von seinen Büchern, an
Und eilte zu des Charons Kahn.

»Willkommen!« fing der Fährmann an
Indem er sich aufs Ruder lehnte,
Und bei dem Wort »Willkommen!« herzlich gähnte.
»Wer seid Ihr denn, mein lieber Mann?« –
»Ein Polyhistor«, sprach der Schatten,
»Für den die Schulen Ehrfurcht hatten.« –
Indem er noch vor Charons Kahn
Von seinen Sprachen sprach, von nichts als Stümpern red'te
Und von Quartanten schrie, die er geschrieben hätte,
Kam noch ein andrer Schatten an,
Mit einer demutsvollen Miene.
»Und wer seid Ihr, auch ein gelehrter Mann?« –
»Ich zweifle sehr«, sprach er, »ob ich den Ruhm verdiene?
Ich habe nichts als mich studiert,
Nichts als mein Herz, das mich so oft verführt,
Des Tiefe sucht' ich zu ergründen,
Um meine Ruh' und andrer Ruh' zu finden;
Allein so viel ich immer nachgedacht,
Und so bekannt ich mich mit der Vernunft gemacht,
So hab' ich's doch nicht weit gebracht,
Wie mich viel Fehler überzeugen!«
Der Polyhistor hört's und lacht

Und eilt, um in den Kahn zu allererst zu steigen.
»Zurück!« rief Charon ziemlich hart,
»Ich muß zuerst den Klugen überfahren,
Kaum einer kömmt in hundert Jahren;
Allein an Leuten Eurer Art,
Die stolze Polyhistors waren,
Hab' ich mich schon bald lahm gefahren.«

(›Werke.‹ Hrsg. v. Gottfried Honnefelder. 2 Bde. Frankfurt a.M. 1979, Bd. 1, S. 165f.)

102 mit Mathematik] *vgl. dazu u.a. die Stücke ›Das kann man auch tun‹ (StW VI,5,296; vgl. Erl. zu 149f.) sowie ›Mathematische Lügen‹ (StW VI,5, 260; vgl. Erl. zu 160–162 u. 163), ferner Erl. zu 151 u. 152.*

102 Astronomie] *Im Stück ›Sinnlose Astronomie‹ apostrophiert Strindberg, daß die »Astronomie, die heute auf der Universität verhökert wird, [...] eine einzige grosse Symphonie von Unsinn« sei (StW VI,6, 450–462, hier 450).*

102 Meteorologie] *Insbesondere im Stück ›Wetterkunde‹ (StW VI,6, 614–620) setzt sich Strindberg eingehend mit der Meteorologie auseinander; vgl. aber auch ›Konstante Wolkenformen‹ (StW VI,5, 335–337).*

102 mit Physik] *vgl. dazu etwa das Stück ›Neue Lautwellen‹, in welchem Strindberg das physikalische Gesetz, nach dem »der Laut [...] sich besser in festen Körpern fortpflanzen [solle] als in Flüssigkeiten und Luft« (gemeint ist, daß die Schallgeschwindigkeit in Festkörpern wesentlich höher ist als in Luft) mit dem Einwand als »nicht genau« abtut, daß, »[w]enn man die Tür zum Musikzimmer schliesst, [...] man schlechter [höre], als wenn die Tür offen ist.« (StW VI,5, 197.)*

102f. Chemie] *In dem Stück ›Ermittlung des chemischen Baues‹ (StW VI,5, 266) führt Strindberg aus, daß der Wasserstoff – als Ur- bzw. Grundstoff – »eins ist«, was bedeuten kann, »dass der Wasserstoff der Gewichtsfuss ist; kann aber auch bedeuten, dass die andern Stoffe so und so viele Wasserstoffe äquivalieren oder vielleicht bestehen aus Wasserstoffgruppen«, auf welcher Basis er im folgenden die »ganze herrschende Chemie‹, die nichts als »ein exoterischer [...] Kompromiss« ist (›Konstitutionsformel des Stickstoffs‹ [ebd., 287]), zu »erneuer[n]« sucht, was »nur dadurch geschehen [kann], dass man volle Übereinstimmung zwischen organischer und anorganischer Chemie einführt; das heisst die Elemente in Konstitutionsformeln auflösen und die alle auf CHON [die ›Urstoffe‹ Kohlenstoff, Wasserstoff, Sauerstoff und Stickstoff] zurückführen« (›Reduktion der Elemente auf CHON‹ [ebd., 329]); vgl. auch ebd., 288–301 sowie ebd., 319–333. – Strindberg bezieht sich auf den schwedischen Chemiker Jöns Jakob Berzelius (1779–1848), dessen System der chemischen Verbindungen und dessen Berechnung der Atommassen der verschiedenen Elemente, die die Masse des Wasserstoffatoms als Bezugsgröße nahm, er gründlich mißverstanden hatte (Berzelius: ›Lärbok i kemien.‹ [›Lehrbuch der Chemie.‹] 6 Bde. Stockholm 1808–1830. Dt. Übers. v. Friedrich Wöhler in 4 Bden. Dresden 1825–1831).*

103 Kristallographie] *vgl. u.a. das Stück ›Schneeblüten‹ im ›Neuen Blaubuch‹, in dem Strindberg sich auf den Artikel ›Preliminärt meddelande rörande en un-*

dersökning af snökristaller.‹ In: ›Geologiska föreningens i Stockholm förhandlingar‹ (›Verhandlungen des Geologischen Vereins zu Stockholm‹), Bd. 15 (1893), S. 146–158, des schwedischen Geologen Gustav Erik Adolph Nordenskiöld (1868–1895) bezieht. Nordenskiöld hatte sich dort zur Analogie der kristallinen Struktur des Schnees mit organischen Bildungen, etwa Blüten, geäußert. Auf die Frage, »[w]ie ein Kristallograph die staubfädenähnlichen Auswüchse aus den Kristallgesetzen erklären will« antwortet Strindberg lapidar: »[A]ber alles ist ja für die Wissenschaft möglich zu erklären.« (Vgl. StW VI,6, 791–793, hier 792.)

103 mit Pharmazie] *Im ›Blaubuch‹ diskutiert Strindberg u.a. die Therapie der Syphilis, wobei er eine eigene, alchemistisch orientierte Heilmittellehre aufstellt: »Wenn sich Mars und Venus in Konjunktion befinden, entsteht Leben; aber aus dem Brunnen des Lebens kann Tod entstehen, wenn die Quelle fault. Übersetzung: Spermin $C^5H^{14}N^2$ hat sich in frischem Zustand als kräftiges Mittel gegen Selbstvergiftung und Ansteckung erwiesen. Aber in krankem Zustand, wenn es Zersetzungsprodukte von Muscus [sc. Schleim] getroffen hat, wie [...] Trimethylamin (in Heringslake usw.), so kann es in ein Leichengift verwandelt werden, ein Ptomain [Leichengift] genannt Kadaverin, mit denselben fatalen Zahlen wie Spermin $C^5H^{14}N^2$ = Pentamethyldiamin. Lues wird aus ›Kadaver‹ wie Kadaverin erhalten. Aber der Antagonist des Kadaverins ist Atropin; wohlgemerkt aus der Schmutzpflanze Atropa Belladonna, die schöne Donnas benutzen, um die Augen zu verschönern und Männer anzulocken. Das Heilmittel lag neben dem Gift und beide auf dem Schmutzhaufen. [...] Eigentümlich ist, dass Lues in seinen Symptomen dem Typhus [...] gleicht, und im Typhus wird ein Leichengift erzeugt, das Typhotoxin $C^7H^{17}NO^2$ heisst. Dieses Gift hat der Barmherzige zu einem Schlafmittel gemacht, das die Leiden lindert. Sieht man dieses Typhotoxin = $C^7H^{17}NO^2$ an und vergleicht es mit des Morphins $C^{17}H^{19}NO^3$, so scheint es, als habe der Fieberpatient sein Morphin selber verordnet und dargestellt.« (StW VI,5, 413; vgl. auch ebd., 414–420.)*

103 Botanik] *vgl. u.a. das ›Blaubuch‹, wo im gleichnamigen Stück über die »Psyche der Pflanze« schwadroniert wird (StW VI,5, 344), sowie ebd. eine Reihe von Stücken, in denen von »Muskeln und Bindegewebe«, »Nerven«, »Ganglien«, »Haut«, »Arterien und Venen der Pflanzen« die Rede ist (vgl. ebd., 373–378).*

103 Bakteriologie] *Diese kommt u.a. in den Stücken ›Wissenschaftliche Schurkenstreiche‹ (StW VI,5, 392–395), aber auch in dem Stück ›Chemie der Cholerakrankheit‹ (StW VI,6, 621–626) vor, in dem Strindberg die Geschichte der Entdeckung des Choleraerregers (1884) durch den deutschen Mediziner Robert Koch (1843–1910) nachzeichnet und die Bakteriologie eine »schreckliche[] Wissenschaft« nennt (ebd., 626).*

103 mit Sanskrit] *»Wer sich«, so Strindberg im Stück ›Von der Ursprache und Babels Verwirrung‹ des ›Neuen Blaubuchs‹, »damit ergötzen will, Sanskrit zu stilisieren, indem er die langweiligen Winkelhaken fortputzt, wird sehen, wie leicht es Syrisch [...] wird. Das ist um so interessanter, als die heutigen Gelehrten wirklich zugeben, dass sie nicht wissen, woher das Sanskrit seine*

Buchstaben (Silben) genommen hat. [...] Und ich frage mich, woher haben [...] Hindus [...] ihre Schrift, nicht Sprache, genommen!« (StW VI,6, 574–579, hier 578.)

104 Assyrisch] *vgl. Erl. zu 42.*

104 Chinesisch] *vgl. hierzu insbesondere das Stück ›Die chinesische Sprache‹ in ›Ein neues Blaubuch‹ (StW VI,6, 611–613), in dem* STRINDBERG *in der chinesischen Sprache große Gemeinsamkeiten mit dem Griechischen zu erkennen glaubt.*

104 Hebräisch] *vgl. hierzu insbesondere die ›Hebräische[n] Studien‹ des ›Neuen Blaubuchs‹ (StW VI,6, 608–610), in welchen* STRINDBERG *im Hebräischen »alle Sprachen der Welt, ehe die Verwirrung von Babel geschah« zu hören vermeint (vgl. ebd., 609).*

104f. Finnisch, Ungarisch, Mandschurisch, Japanisch] *vgl. dazu das philologisch-vergleichende Stück ›Finisch – Ungarisch – Mandschurisch – Japanisch‹ in ›Ein neues Blaubuch‹ (StW VI,6, 639–646), in dem* STRINDBERG *anhand einiger Beispiele einen Vergleich der genannten Sprachen mit europäischen Sprachen anstrengt und behauptet, vielfältige Verwandtschaften nachgewiesen zu haben.*

112 aus allen vier Fakultäten] *Anspielung auf das Lamento* FAUSTENS *in* JOHANN WOLFGANG VON GOETHES *(1749–1832) gleichnamiger Tragödie: »Habe nun, ach! Philosophie, / Juristerei und Medicin, / Und leider auch Theologie! / Durchaus studirt, mit heißem Bemühn. / Da steh' ich nun, ich armer Thor! / Und bin so klug als wie zuvor« (›Faust‹ I, vv. 354–359 [WA I,14, 27]). – Die mittelalterlichen Universitäten hatten vier Fakultäten, die (niedere) Artistenfakultät und die (höheren) Fakultäten Theologie, Jurisprudenz und Medizin.*

113f. dieses panhistorische Blaubuch] *aus griech. πᾶν (pan) ›alles‹ und griech. ἱστορία (historía) bzw. lat. historia ›Geschichte‹.*

117f. Chlor aus Wasserstoff und Sauerstoff, Eisen aus Wasserstoff und Kohlenstoff aufbaut] STRINDBERG *weist im Stück ›Chlor‹ darauf hin, daß man »Chlor« als »ein ungesättigtes Wasserstoffoxyd« ansehen könne und »der Bequemlichkeit wegen« als Element bezeichne, obwohl es – wie* BERZELIUS *(vgl. Erl. zu 102f.) nachgewiesen habe – Sauerstoff enthalte. Chlor bilde sich, wie man nach* STRINDBERG *bei* BERZELIUS *angeblich nachlesen könne, »durch Oxydation des Wasserstoffs des Chlorwasserstoffs; dabei bildet sich Wasser und freies Chlor«, was bedeute, daß die »Konstitutionsformel des Chlors sein [könne]: $OH . OH^2 = O^2H^3 = 35$« (StW VI,5, 291); »[u]m Eisen zu bekommen«, so* STRINDBERG *in den Stücken ›Metallurgie des Eisens. Synthese des Eisens‹ und ›Reduktion als Synthese‹, »muss ich Kohle, Kiesel und Kalk haben. Aber Silizium ist 28, das ist das Äquivalent des Eisens, und CaO ist 56, das ist das Atom des Eisens. In der Grube scheint also das Eisen aus dem Kiesel oder Kalk entstanden zu sein, oder aus beiden. Liegt Quarz in Sonne und Regen, so rostet er. Jeder Kalk ebenfalls. Das sind Verwandlungen. Die ganze Eisenherstellung ist eine grosse Synthese. Wird Eisen auf CH reduziert, so bekommt es diese Konstitutionsformel: $(C^2H^4)^2 = C^4H^8$«; da man aber »[g]asförmiges Eisen bei gewöhnlicher Temperatur« nicht kenne, habe* *sich »der Kohlenwasserstoff* C^4H^8 *[...] als* H^8C^4 *= Fe konstituiert« (StW VI,5, 321f.).*

119–121 ein Teil der assyrischen Inschriften *bis* den Ton ihrer Ziegel mischten] *vgl. Erl. zu 42.*

121f. die Keilschrift *bis* zum Verwechseln gleiche] *Strindberg weist im Stück ›Lusus naturae‹ (lat. ›Spiele der Natur‹) des ›Neuen Blaubuchs‹ (StW VI,6, 555–557) darauf hin, daß zu »den merkwürdigsten Lusus naturae [...] die Zeichnungen auf der Schnecke Conus marmoratus vom Indischen Ozean [gehören]. Diese Figur zeigt eine deutliche Ähnlichkeit mit der Keilschrift; man könnte glauben, die Assyrer hätten die Idee zu ihren Buchstaben von diesen Zeichen erhalten. [...] Wer vergleichende Philologie treiben will, kann die Schnecke für eine Mark fünfzig kaufen.«*

123 Strindbergs Begriffe von Infektionskrankheiten] *vgl. dazu die Ausführungen in den fünf Stücken ›Wissenschaftliche Schurkenstreiche‹ (StW VI,5, 391–395) sowie in den vier Stücken ›Krankheit und Heilmittel‹ (ebd., 396–401), in welchen in erster Linie durch Bakterien verursachte Krankheiten darauf zurückgeführt werden, daß im Körper des Kranken Gewebe oder Flüssigkeiten ›absterben‹, in Fäulnis übergehen und sich aus den Fäulnisprodukten – einer Urzeugung gleich – Krankheitserreger entwickeln.*

123–125 einen Mephisto zu dem Nachtrag *bis* ihn trotzdem nicht fassen] *Anspielung auf Goethes ›Faust‹ I, ›Studierzimmer‹ [II]: »Mephistopheles [...] Der Geist der Medicin ist leicht zu fassen; / Ihr studirt die groß' und kleine Welt / Um es am Ende gehn zu lassen, / Wie's Gott gefällt. / Vergebens daß ihr ringsum wissenschaftlich schweift, / Ein jeder lernt nur was er lernen kann; / Doch der den Augenblick ergreift, / Das ist der rechte Mann« (vv. 2008–2018 [WA I,14, 94]).*

127f. den Fürsten Amazeroth mit Hilfe von Herpentils schwarzer Magie] *Zu Herpentil und zur Beschwörung des Fürsten der Geister* Amazeroth *vgl. Erl. zu 331 im Kommentarteil zu* Der Schleier der Maja, *HGW VIII, 480–482.*

130 in Rapport zu setzen] *frz. rapport ›Zusammenhang‹, ›Beziehung‹. – Mesmerismus und Somnambulismus (vgl. dazu Erl. zu 489 im Kommentarteil zu* Massenglück und Einzelglück, *HGW VIII, 331f., und Erl. zu 94 im Kommentarteil zu* Der Schleier der Maja, *HGW VIII, 470f.) erlebten zu Beginn des 19. Jahrhunderts vor dem Hintergrund der romantischen Naturphilosophie eine Renaissance; die romantischen Deutungsparadigmen wurden mehr und mehr zu Systementwürfen ausgebaut. Oftmals wurde die pseudowissenschaftliche Erörterung des animalischen Magnetismus zu einer ›Offenbarungswissenschaft‹ erhoben, die das durch den Sündenfall zerrissene Band zeischen Natur und Mensch wiederherzustellen vermöge und die den Menschen wie in vorgeschichtlichen Zeiten die Natur in allen ihren Geheimnissen direkt erfahren lasse (vgl. etwa Gotthilf Heinrich Schuberts [1780–1860] ›Ansichten von der Nachtseite der Naturwissenschaft.‹ Dresden 1808 sowie dessen ›Symbolik des Traumes.‹ Bamberg 1814). In Johann Heinrich Jung, genannt Stillings (1740–1817) ›Theorie der Geister-Kunde‹ (Nürnberg 1808) dient der animalische Magnetismus als Beweis für die Existenz des – apodiktisch vorausgesetzten – Geisterreiches, und in den Schriften Justinus Kerners*

(1786–1862), v.a. in der ›Seherin von Prevorst‹ (2 Tle. Stuttgart u. Tübingen 1829, mit dem Untertitel: ›Eröffnungen über das innere Leben des Menschen und über das Hereinragen einer Geisterwelt in die unsere‹) wird die Existenz einer Geisterwelt sowie die Kommunikation mit ihr zwingend vorausgesetzt.

134 Astralebene] *Nach den esoterischen Lehren u.a.* SWEDENBORGS *(vgl. Erl. zu 68f.) muß es etwas geben, das als Bindeglied zwischen dem niederen, dem Irdischen zugeordneten Leib, und den höheren, den Sternen korrespondierenden menschlichen Bereichen fungiert. Dementsprechend wird dem physischen Körper des Menschen in irgendeiner Weise ein hypothetischer feinstofflicher Körper zugeordnet, der das Belebende und Seelische, auch die Wünsche, Gefühle und das Gedächtnis umfaßt; in bestimmten Situationen, etwa bei Hypnose, kann sich dieser ›Astralkörper‹ vom physischen Körper trennen und zeitweilig eine eigene Existenz führen und eigene Sinneswahrnehmungen haben. Nach dem Tode löst sich der ›Astralkörper‹ vom physischen Körper und wandert in die ›Astralwelt‹ bzw. auf die ›Astralebene‹, wo er mit den niederen Engeln umherwandelt. Die geisterhaften ›Astralkörper‹ der Verstorbenen durch Medien herbeirufen zu können und mit ihnen in unmittelbaren Kontakt treten zu können, behauptete zeitgenössisch v.a. die Bewegung des Spiritismus (vgl. dazu Erl. zu 446 im Kommentarteil zu* Das unreinliche Jahrhundert, *HGW VIII, 369).*

137 pastose Striche] *ital. patoso ›teigartig‹; das fette Auftragen von Farben übereinander, um eine plastische Wirkung und eine größere Leuchtkraft zu erzielen.*

141 facultas docendi] *lat. die ›Berechtigung zu lehren‹.*

144 Quartaner] *Schüler der vierten Klasse einer weiterführenden Schule.*

147 Unterschied zwischen Winkelmaß und Längenmaß] *Ebene Winkel werden im Gradmaß oder im Bogenmaß gemessen. Beim Gradmaß wird dem Vollwinkel die Maßzahl 360 Grad zugeordnet; der 360. Teil davon wird als ein (Winkel-) Grad bezeichnet. Das Maß des rechten Winkels beträgt dann gerade 90 Grad. Schlägt man um den Scheitel eines ebenen Winkels einen Kreis mit dem Radius 1, so bestimmen die Schenkel des Winkels ein Bogenstück auf der Kreisperipherie. Die Länge dieses Bogenstücks ist das Bogenmaß, seine Einheit ist das Radiant. Der Vollwinkel von 360 Grad beträgt also im Bogenmaß 2π Radiant. Ein Grad sind demnach ungefähr 0,01745 Radiant. – Die internationale Längeneinheit ist seit 1889 das Meter.*

148 ein Grad ist ungefähr ein Millimeter] *vgl. dazu das Stück ›Sinnlose Astronomie‹ (StW VI,5, 450): »Wenn man nun einen Schulknaben bittet, seine Gradscheibe zu betrachten, sieht er, dass ein Grad ungefähr ein Millimeter oder die Stärke des Nagels vom kleinen Finger ist.«*

149f. In Quarta *bis* er will's heute noch] *vgl. dazu das Stück ›Das kann man auch tun‹ (StW VI,5,296): »Sonst habe ich daran gedacht: da der Sinus eines Winkels im bestimmten Verhältnis zum Winkel steht, könnte man den Winkel dreiteilen, indem man den Sinus dreiteilt.« – Vgl. dazu Erl. zu 152.*

150 Äffling] *Die Bezeichnung* Affling *geht auf die 1904 in Wien erschienene ›Theozoologie oder die Kunde von den Sodoms-Äfflingen und dem Götter-Elektron: eine Einführung in die älteste und neueste Weltanschauung und eine Rechtfertigung des Fürstentums und des Adels‹ des österreichischen Rassenideologen* Jörg Lanz von Liebenfels *(eigentlich* Josef Adolf Lanz*; 1874–1954) zurück. Diesen abwertenden Begriff benutzt* Strindberg *des öfteren im Zusammenhang mit seiner negativen Kritik am Christentum, vgl. u.a. das Stück ›Die Bekehrung des frohen Heiden Horaz‹ (StW VI,5, 33); er rekurriert darüber hinaus auch vielfach auf die von* Lanz von Liebenfels *vertretene Ideologie und zitiert mehrfach aus der ›Theozoologie‹, so etwa im Stück ›Lanz-Liebenfels: Theozoologie‹: »Der Lehrer sprach: Ich will mit einigen Zitaten aus Lanz-Liebenfels' Theozoologie schliessen: ›Die nur der Lüsternheit wegen die Begattung suchen, die nimmersatten Pavianweibchen, die sich vor den Wehen fürchten, sie werden sich selbst ausroden und mit dem Kautschuk [sc. Kondome] erdrosseln ... [...] Gar niemand anders als das buhlaffenlüsterne Weib hat die alten Kulturen umgebracht und es wird auch unsere Kultur zertrümmern, wenn wir Männer uns nicht bald besinnen. [...] Der Mann hat das Weib den Sodomsaffen abgerungen; dafür ist es sein Eigentum ... [...] Die Hure im Hurenhaus ist keine Sünde, sie erfüllt dort ihren Zweck. Aber die Hure im Ehebett ist der Untergang der Völker und Staaten.‹« (StW VI,5, 273.) – Nach* Lanz von Liebenfels *besteht ein ursprünglicher Gegensatz zwischen den tiergleichen Dämonen oder Dämonozoen und den Göttern, die eine ältere Stammform der Menschen darstellen; die Götter suchten im Konflikt mit den Dämonozoen ihre ›Rasse‹ durch ›Zucht‹ ›rein‹ zu halten, die Frau Eva jedoch zeugte mit Satan, einem Dämonozoen, im sodomitischen Akt Mischwesen aus Mensch und Tier, die ›Äfflinge‹, womit die Sodomie als die Erbsünde interpretiert wird. Um den Kampf gegen die Nachfahren der ›Äfflinge‹, den die katholische Kirche nicht für sich entscheiden konnte, wieder aufzunehmen, gründete* Lanz von Liebenfels *bereits 1899 den klerikalfaschistischen ›Ordo Novi Templi‹ (ONT), den Neutemplerorden, dessen Mitglieder (es sollen rund 300 gewesen sein) einen weißen Mönchhabit mit einem Krukenkreuz, teilweise auch einem Hakenkreuz trugen, auf der eigens angekauften ›Ordensburg‹ Werfenstein an der Donau zusammenkamen und ihre radikalrassistische Ideologie mit Hilfe der von* Lanz von Liebenfels *zwischen 1905 und 1918 herausgegebenen Zeitschrift ›Ostara‹ verbreiteten (vgl.* Wilfried Daim*: ›Der Mann, der Hitler die Ideen gab.‹ Wien u.a. [3]1994).* Strindberg *soll einem 1929 publizierten Artikel zufolge* Lanz von Liebenfels *während eines Österreichaufenthaltes 1896 persönlich kennengelernt haben; nach Aussage* Lanz von Liebenfels' *soll er sogar kurz nach der Gründung unter dem Namen ›Fra August ad Werfenstein FONT‹ als ›Familiar‹, als ›außerordentliches‹ Mitglied, dem Neutemplerorden beigetreten sein, doch darf dies als unzutreffend gewertet werden (vgl.* Friedrich Buchmayer*: ›August Strindberg und »Der Mann, der Hitler die Ideen gab«.‹ In: ›Jahrbuch des Wiener Goethe-Vereins‹ 97/98 [1993/94], S. 151–157, hier S. 152–155); gleichwohl existierte nach 1904 ein reger Briefwechsel zwischen* Strindberg *und* Lanz von Liebenfels *(vgl. ebd., S. 156), der bis 1911 anhielt (vgl.* Friedrich Buchmayer*: ›Unbekannte Briefe und Photos rund um August Strindberg und seine österreichischen Verwandten.‹ In: ›Jahrbuch des Adalbert Stifter-Institutes des Landes Oberösterreich‹ NF 2 [1995], S. 84–113, hier S. 104).*

150 Bohnenverstand] *Im Stück ›Der Bohnen Bauernverstand‹ (StW VI,5, 2) führt* STRINDBERG *aus, daß der »Verstand (ratio) oder Bauernverstand [...] eine ausgezeichnete Gabe [ist], das Sinnliche zu begreifen auch wenn es unsichtbar ist. Die Vernunft (Intellekt) ist eine feinere Gabe, mit der man das Unsinnliche begreifen kann. Wenn aber die Rationalisten die höchsten Dinge mit ihrem Bauernverstand begreifen wollen, dann sehen sie das Licht als dunkel, das Gute als böse, das Ewige als zeitlich. Mit einem Wort, sie sehen verkehrt, denn sie sehen natürlich. [...] Voltaire und Heine werden zu den grössten Rationalisten gerechnet, weil sie in geistigen Dingen mit dem Bauernverstand urteilten. Ihre Philosopheme sind deshalb interessant, aber wertlos. Und das Interessanteste bei diesen Männern ist, dass sie ihre Irrtümer entdeckten, sich bankerott erklärten und schliesslich ihre Vernunft benutzten. Da aber konnten die Bohnen ihnen nicht mehr folgen. Die Bohnen sind ein klassischer Name für die Philister, die Dagon oder den Fischgott [nach 1. Sam 5,1–7 Hauptgott der Philister] und Beelzebub oder den Dungherrn [vgl. Erl. zu 179f.] verehrten.« – Zum Stichwort ›Philister‹ vgl. Erl. zu 109 im Kommentarteil zu* Stirner, *HGW VIII, 397.*

151 daß man mit Zirkel und Lineal den Kreis nicht quadrieren] *Zur ›Quadratur des Kreises‹ vgl. Erl. zu 1154–1156 im Kommentarteil zu* Sprachkritik, *HGW VIII, 651.*

152 und einen beliebigen Winkel nicht dreiteilen kann] *vgl. Erl. zu 149f. – Die Dreiteilung eines beliebigen Winkels mit Zirkel und Lineal (in endlich vielen Schritten) ist eines der drei antiken Probleme (neben der Quadratur des Kreises und der Verdopplung des Würfels), das mehr als 2.000 Jahre allen Lösungsversuchen widerstand. Erst als durch Vorarbeiten von* NIELS HENRIK ABEL *(1802–1829) und* EVARISTE GALOIS *(1811–1832) das geometrische Problem auf ein algebraisches Problem zurückgeführt war, konnte* PIERRE LAURANT WANTZEL *(1814–1848) 1837 zeigen, daß das Problem im Sinne der antiken Geometer unlösbar ist.*

152f. Handbuch für Ingenieure] *vgl. das Stück ›Das kann man auch tun‹ (StW VI,5, 296) mit Verweis auf das ›Handbok för ingeniörer och mekanici‹ (Stockholm ²1877) des schwedischen Offiziers* LARS GUSTAV BARON VON PAYKULL *(1835–1899), der dort auf S. 67 eine ›Formel‹ zur Quadratur des Kreises angibt.*

153 Transporteur] *mit einer Gradeinteilung versehener Viertel-, Halb- oder auch Vollkreis aus Metall oder anderen Materialien zum Nachmessen, Ablesen oder Auftragen von Winkelgraden (v.a. bei geometrischen Zeichnungen), oft mit einem Lineal verbunden. Es ist absurd, dem Problem der Dreiteilung des Winkels mit einem* Transporteur *beikommen zu wollen; für praktische Zwecke kann ein gegebener Winkel mit dem* Transporteur *mit ausreichender Genauigkeit in drei gleiche Teile geteilt werden.*

153f. kundige Thebaner] *geflügeltes Wort, das auf* WILLIAM SHAKESPEARES *(1564–1616) Tragödie ›King Lear‹ (III,4) zurückgeht: »**Kent**. Mein guter König, folgt dem Anerbieten: / Geht in das Haus. / **Lear.** Ein Wort mit diesem kundigen Thebaner.« (Nach der Übersetzung von* VOSS.*)*

159 Botokude] *Die ›Botokuden‹ sind ein u.a. von dem deutschen Naturforscher und Ethnologen* MAXIMILIAN PRINZ ZU WIED *(1782–1867) in seiner ›Reise nach Brasilien in den Jahren 1815–1817‹ (2 Bde. Frankfurt a.M. 1820/21, mit Atlas) erwähnter Indianerstamm im südöstlichen Brasilien, dessen Namen auf die von ihnen getragenen Lippen- und Ohrpflöcke (portug. botoque ›Faßspund‹) zurückgeht; seit dem 18. Jahrhundert auch generell Bezeichnung für die nicht zivilisierten Indianerstämme Brasiliens.*

159f. worauf bei Kopernikus die Sonne steht, und wundert sich, daß sie nicht fällt!] *vgl. das Stück ›Uhr und Planetensystem‹ (StW VI,6, 638): »Tychos Kompromisssystem wurde nicht angenommen, aber das Kopernikanische siegte. In diesem* s t e h t *die Sonne bekanntlich still im Mittelpunkt einer Ellipse, die ein Kreis ist. Worauf die Sonne steht, wird nicht gesagt; dass sie aber nicht fällt, ist ein Wunder, das Gyldéns freisinnige Astronomie nicht erklärt, denn Wunder können nicht im Handumdrehen erklärt werden.« – Der dänische Astronom* TYCHO BRAHE *(1546–1601) entwickelte als Kompromiß zwischen dem geozentrischen Weltbild des* KLAUDIOS PTOLEMAIOS *(nach 83 – nach 161) und dem heliozentrischen des* KOPERNIKUS *(vgl. Erl. zu 75–78) ein System, in welchem sich um die im Mittelpunkt (fest-)stehende Erde nur Mond und Sonne bewegen, um letztere hingegen die restlichen Planeten kreisen (›De mundi aetherei recentioribus phaenomenis.‹ Oranienborg 1588). Der schwedische Astronom* JOHAN AUGUST HUGO GYLDÉN *(1841–1896) publizierte 1874 die ›Framställning af astronomin i dess historiska utveckling och på dess nuvarande ståndpunkt‹ (›Die Grundlehren der Astronomie: Nach ihrer geschichtlichen Entwickelung dargestellt.‹ Dt., vom Verfasser besorgte u. erw. Ausg. Leipzig 1877).*

160–162 Noch heute *bis* unter dem Horizont verschwänden] *Im Stück ›Mathematische Lügen‹ (StW VI,5, 260) legt* STRINDBERG *dar, daß »[e]in Schiff [...] sich nicht unter dem Horizont verbergen [kann]. Von Helgoland habe ich mit Uhr und Fernglas in der Hand das Kommen und gehen von Fahrzeugen beobachtet. Das Fahrzeug, das fortfährt, verkleinert sich und wird undeutlich, sinkt aber nicht unter den Horizont.«*

163 stellt sich die Erde konkav oder Gott weiß wie vor] STRINDBERG *erläutert anhand verschiedener Beispiele im Stück ›Mathematische Lügen‹ (StW VI,5, 260), »[d]ass die Erde konkav sein könnte«, also deren Oberfläche nach innen gewölbt sein könnte.*

165f. nun faselt er tiefsinnig, Sonne und Mond hätten das nicht, was man »Entfernung« nennt] *In dem Stück ›Sinnlose Astronomie‹ beschreibt* STRINDBERG *folgendes Experiment: »Sonne und Mond erscheinen uns gleich gross und werden unter einem Winkel von 32 Minuten gesehen. Ich besass eine Linse, die das Bild einer Lichtflamme in einer Entfernung von 60 Zentimetern wiedergab. In der halben Entfernung von 30 Zentimetern gab dieselbe Linse ein kleines brennendes Bild von der Sonne; aber auch auf 30 Zentimeter ein kleines Bild vom Mond. Nach den Gesetzen der Physik sollten sich einmal Sonne und Mond in ›unendlicher‹ Entfernung befinden, weil sie auf dem halben Radius ausschlugen. Nun sind sie aber nicht unendlich entfernt, da ihre Lichtstrahlen das Auge erreichen. Zweitens sollten Sonne und Mond gleich gross sein. Hiernach scheinen Sonne und Mond nicht zu besitzen, was wir ›Entfernung‹ nennen!« (StW VI,6, 450–462, hier 453.)*

166–169 und die Sterne bis in unser dunkles Zimmer hineinblinzelt] *vgl. dazu u.a. die Stücke ›Die Sterne am Tage‹ (StW VI,5, 259), ›Über astronomische Beobachtungen‹ ebd., 262) sowie ›Projektionen‹ (ebd., 263).*

169f. Sonnenparallaxe, Fixsternparallaxe, Bewegung der Sonne unter den Fixsternen] *vgl. Erl. zu 57; unter der Sonnenparallaxe versteht man den Winkel, unter dem der (äquatoriale) Erdradius von der Sonne aus erscheinen würde.*

171 Eskimogehirn] *Obwohl Eskimos zeitgenössisch durchaus als begabt galten (vgl. ›Meyer‹ VI [1906], 107), wurden sie – ähnlich wie die Farbigen – als eine ›minderwertige Rasse‹ betrachtet. Dies ging nicht zuletzt auf den US-amerikanischen Polarforscher Robert Edwin Peary (1856–1920) zurück, der die Eskimos als den Weißen nicht ebenbürtig, keinerlei Ehrgeiz entwickelnd und rein instinktmäßig handelnd ansah und der 1897 eine Gruppe Polar-Eskimos nach New York gebracht hatte, die lange Zeit im dortigen Museum für Naturgeschichte ›ausgestellt‹ wurden – ein während dieser Zeit verstorbener Eskimo noch als Skelett (vgl. hierzu u.a. Kenn Harper: ›Die Seele meines Vaters. Minik – der Eskimo von New York [1986].‹ Übers. v. Fee Engelmann, mit einer Einf. v. Jutta Steffen-Schrade. München 2001).*

171–173 Die Erde *bis* gegen Kopernikus ein.] *vgl. das Stück ›Und sie bewegt sich doch‹ (StW VI,5, 309): »Es gibt einen furchtbaren Haken beim Kopernikanischen System. Die Erde soll nämlich eine Geschwindigkeit haben, die 75 mal schneller ist als die einer Kanonenkugel. Das scheint Torheit zu sein. [...] Eine Kanonenkugel von gewöhnlicher Geschwindigkeit bildet zuerst einen leeren Raum hinter sich; dann wird sie heiss von der Reibung der Luft [...]. Welch leeren Raum würde nicht die Erde erzeugen, welche Temperatur würde sie nicht bei einer 75 Male grössern Geschwindigkeit haben?«*

173 Erhaltung der Energie] *Zum Satz von der* Erhaltung der Energie *vgl. die Erläuterungen zu 1232f. und 1240–1243 im Kommentarteil zu* Sprachkritik, *HGW VIII, 653–656.*

178 perpetuum mobile] *lat. ›das sich ständig Bewegende‹; trotz seit Jahrhunderten angestellter Versuche ist die Konstruktion einer solchen ohne Energiezufuhr unaufhörlich arbeitenden Maschine aufgrund des 1. Hauptsatzes der Thermodynamik (Energie kann weder erzeugt noch vernichtet, sondern nur von einer in eine andere Form überführt werden) unmöglich.*

178 Pithecanthropus erectus] *ursprüngliche Bezeichnung des Homo erectus; erste fossile Reste dieses frühen Hominiden wurden 1890/91 von dem niederländischen Anatomen und Militärarzt Eugène Dubois (1858–1940) auf Java entdeckt und in Anlehnung an Ernst Haeckels Annahme, daß es ein Bindeglied zwischen Affe und Mensch geben müsse, als ›Pithecanthropus erectus Haeckel‹ (griech. πίθηκος [píthekos] ›Affe‹, griech. ἄνθρωπος [anthropos] ›Mensch‹) bezeichnet; vgl. Haeckel: ›Ueber unsere gegenwärtige Kenntniß vom Usprung des Menschen‹, Vortrag gehalten auf dem 4. Internationalen Zoologenkongreß in Cambridge, 26. Aug. 1898, sowie ders.: ›Die Welträtsel. Gemeinverständliche Studien über monistische Philosophie.‹ Bonn 1899, S. 99f., wonach der Pithecanthropus erectus »in der That das vielge-*

suchte ›Missing link‹, das angeblich ›fehlende Glied‹ in der Primaten-Kette [sei], welche sich ununterbrochen vom niedersten katarrhinen [sc. 5–25 Mio. Jahre alten] Affen bis zum höchst entwickelten Menschen hinaufzieht«.

179 Larve der Trauermücke] *HAUSDORFF spielt hier an auf das Stück ›Der Läusekönig‹ (StW VI,5, 38), wonach die »Larven der Trauermücke [...] gezwungen sind, wie Lehm und Langstroh zusammen zu halten, um nicht zu vergehen. [...] Die Larven lieben giftige Pilze und vertragen das Licht nicht. Sie unterhalten ihr Dasein, indem sie gegenseitig Schleim austauschen, ohne den sie trocknen würden. Aber sie nennen das Dunkel Licht, weil die Sonne sie töten würde. Die giftigen Pilze sind ihr Brot. Sie hassen einander, aber müssen zusammenhalten«, eine »Menge von Raupen, die sich zusammengerottet« hat, aber heißt »Heerwurm oder Läusekönig, tritt einmal in jedem Menschenalter auf, und soll dann schlimme Zeiten verkünden«, was »Menschen [bedeutet], die mit dem Gesicht auf dem Rücken gehen und darum alles verkehrt sehen«.*

179f. Beelzebubs des Dungherrn] *Anspielung auf die im Alten Testament (Kg 1,2f.) greifbare Verballhornung BAAL ZEBULS (›großer Gott‹), des Gottes der Stadt Ekron, in BAAL ZEBUB (›Gott der Fliegen‹); erst im Neuen Testament wird BEELZEBUL bzw. BEELZEBUB allgemein Bezeichnung für den Teufel (vgl. Mt 10,25). STRINDBERG selbst benutzt die Bezeichnung ›Dungherr‹ für den Teufel u.a. im Stück ›Der Bohnen Bauernverstand‹ (StW VI,5, 2): »Die Bohnen sind ein klassischer Name für die Philister, die [...] Beelzebub oder den Dungherrn verehrten.«*

182 Verdunsten des Astralleibes] *vgl. Erl. zu 134.*

184 Eugen Dühring] *Der deutsche Philosoph und Nationalökonom KARL EUGEN DÜHRING (1833–1921) habilitierte sich, durch ein Augenleiden zur Aufgabe seiner Anwaltstätigkeit gezwungen, 1863 für Philosophie – später auch für Nationalökonomie – und lehrte an der Universität Berlin. Er verlor jedoch 1877 wegen heftiger persönlicher Ausfälle gegen HERMANN VON HELMHOLTZ (1821–1894) und andere Berliner Professoren seine venia legeni. DÜHRING zog sich daraufhin zurück und widmete sich der freien Schriftstellerei, insbesondere auf dem Gebiet der Mathematik- und Physikgeschichte, aber auch der Kultur- und Literaturgeschichte. Spätestens mit seiner Kampfschrift ›Die Judenfrage als Racen-, Sitten- und Culturfrage. Mit einer weltgeschichtlichen Antwort‹ (Karlsruhe u. Leipzig 1881) hat er die Geschichte der Kultur rassistisch und antisemitisch interpretiert; er suchte diese Interpretation auch biologisch, historisch und philosophisch zu fundieren (vgl. u.a. ›Die Ueberschätzung Lessings und dessen Anwaltschaft für die Juden.‹ Karlsruhe u. Leipzig 1881). DÜHRING gehört zu den Begründern des Rassenantisemitismus.*

187 Fangobad] *ital. fango ›Schlamm‹; Heilbäder (gegen Rheumatismus, Neuralgien, Frauenleiden u.a.) in Mineralschlamm vulkanischen Ursprungs; der Schlamm wurde zeitgenössisch v.a. aus den thermischen Quellen des venetischen Battaglia gewonnen.*

188 schwedische Gymnastik] *von dem schwedischen Dichter PEHR HENRIK LING (1776–1839) entwickelte Form der Heilgymnastik, bei der zur Therapie von Wirbelsäulenerkrankungen Muskelübungen gegen den Widerstand eines Be-*

wegungsgebers (meist ein Arzt) erfolgen; der schwedische Mediziner GUSTAF JONAS WILHELM ZANDER *(1835–1920) konstruierte in der zweiten Hälfte des 19. Jahrhunderts spezielle hebelartige – sogenannte mediomechanische – Apparate zur Unterstützung der Therapie.*

192 hie Welf, hie Waiblingen] *der Überlieferung nach Feldgeschrei der Anhänger des die päpstlichen Interessen vertretenden Herzogs* WELF *VI. (1115–1191) einerseits und der des – siegreichen – staufischen Königs (seit 1138)* KONRAD *III. (1093–1152) andererseits in der Schlacht bei Weinsberg am 21. Dezember 1140. – Das seit Mitte des 8. Jahrhunderts nachweisbare fränkischen Adelsgeschlecht der Welfen (Herzöge von Bayern, später auch von Sachsen) stand in Opposition zu dem zu Beginn des 12. Jahrhunderts das Erbe der salischen Könige und Kaiser antretenden schwäbischen Adelsgeschlecht der Staufer, dessen Machtzentrum der Ort Waiblingen (heute Baden-Württemberg) war.*

197 Troglodyten] *griech. τρωγλοδύτης (troglodýtes) ›Höhlenbewohner‹; nach den ›Historien‹ des griechischen Geschichtsschreibers* HERODOT *(nach 490 v. Chr.– nach 430 v. Chr.) ein Volk im Süden Lybiens, das sich von »Schlangen und Eidechsen und ähnliche[n] Kriechtiere[n]« ernährte, »von allen bekannten Nationen die schnellsten Renner« waren und deren Sprache »wie das Kreischen der Fledermäuse« klang (›Historien‹ IV, 183). Der griechische Geograph* STRABON *(um 63 v. Chr. – um 26) berichtet, daß die »Troglodyten oder Höhlenwohner« südlich des Roten Meeres wohnen (›Erdbeschreibung‹ XVII). Laut* ARISTOTELES *(384/83 v. Chr. – 322 v. Chr.) sind die Troglodyten die Pygmäen (›Historia‹ 597a 9). – Der später allgemein als Bezeichnung für in Höhlen lebende Völker verwendete Terminus wurde gegen Ende des 19. Jahrhunderts populär durch die Novelle ›Die Troglodytin‹ des österreichischen Erzählers* FERDINAND VON SAAR *(1833–1906), erschienen Heidelberg 1889 in ›Schicksale. Drei Novellen‹, in welcher die letztlich tödlich endende Liebe zwischen einem Förster und einem gemeinsam mit seiner Familie weltabgeschieden in einer Höhle hausenden Mädchen geschildert wird.*

Dokumente

1. Juli 1909, ›Das literarische Echo‹

Die neue Rundschau. *[...] Im selben Heft [sc. Heft 6] bespricht Paul Mongré Strindbergs »Blaubuch« genannte Eruption und findet darin nur »die längst bekannten Risse und Spalten, aus denen Schwefel, nichts als Schwefel quillt; machtlose Steinwürfe und Schlammergüsse, die unnützerweise ein paar Obstgärten verwüsten; ein Schauspiel ohne jede Großartigkeit«.*

Anonymus: ›[Echo der Zeitschriften] Die neue Rundschau.‹
In: ›Das literarische Echo‹, 11. Jg. (1908/09),
Heft 19 (1. Juli 1909), Sp. 1379f.

Der Komet.

›Die neue Rundschau (Freie Bühne)‹ XXI (1910), H. 5 (Mai), S. 708–712.

[H 1910a]

Der Komet/ von Paul Mongré

Der Verleger und der Chefredakteur der Monatsschrift »Spleen« sitzen einander gegenüber an einem Diplomatenschreibtisch (220x132 cm^2). Fanatisch individuelle Wohnungseinrichtung. Der Verleger raucht Liberty mit Goldmundstück, der Redakteur eine seinem Gehalt entsprechende Zigarre.

Verleger: Haben Sie Ihren Essai über den Kometen fertig für das Maiheft? Etwas noch nicht Dagewesenes, ekstatisch Auf- und Abschwebendes, um die höchsten Gipfel Kreisendes, Sie verstehn, so etwas ultraviolett Transzendentales, eine Projektion auf die nichteuklidische Bewußtseinsebene? Haben Sie es? Geben Sie es.

Redakteur: Ich habe nichts, verehrter Meister.

Verleger: Kind Gottes! Es ist für den »Spleen« weder ethisch noch geschäftlich angemessen, einen mit bloßem Auge sichtbaren Kometen zu ignorieren. Aber Sie haben etwas und verbergen es. Was sehe ich? Hier haben Sie ja ein ganzes Fach mit der Aufschrift Komet, und was haben Sie da alles aufgespeichert? Darf man indiskret sein? (Er holt ein Bündel von Manuskripten heraus.)

Redakteur: Ich habe ein Dutzend unserer Mitarbeiter um einen Beitrag über den Halleyschen Kometen begrüßt. Aber es ist nichts, Meister.

Verleger: Wieso nichts? Haben die Leute nicht geliefert?

Redakteur: Sie haben geliefert.

Verleger: Und es ist gar nichts Brauchbares dabei?

Redakteur: Ich habe die Manuskripte nicht gelesen.

Verleger: Mann, Sie sind mir über. (Er bietet dem Redakteur eine Liberty mit Goldmundstück an. Schweigen der Ergriffenheit.)

Redakteur: Etwas noch nicht Dagewesenes wollten Sie —. Meister, ich liebe Sie. Unsere beiden Seelen haben eine Provinz gemeinsam. Was treibt uns zum Spleen, mit oder ohne Gänsefüßchen? Das ewig schon einmal Dagewesene, das ewige Klischee, das Vorausberechenbare. Alle Assoziationen laufen in ausgefahrenen Geleisen ab, und der Vergleich mit ausgefahrenen Geleisen ist selber ein ausgefahrenes Geleis. In sieben Jahren wird der »Spleen« einen Essai bringen –

[709] Verleger: Danke für das geschäftliche Zutrauen. In sieben Jahren, t' t' t'!

Redakteur: einen Essai bringen zu Storms hundertstem Geburtstag. Wissen Sie diesen Essai nicht schon jetzt auswendig?

Verleger: »Weit draußen hinter den flachen Dünen ...«

Redakteur: Wattenmeer, Zwergkiefern, Ebereschen, Heidekraut, Heimatkunst. Das sind die Klingelknöpfe auf dem Schaltbrett. Es geht einfach nicht anders.

Verleger: Nein, es geht nicht anders. Sie können doch nicht schreiben: ein Fandango südlicher Leidenschaft, der bizarre Duft schamloser Orchideen ...

Redakteur: Nein, das wäre Entgleisung, falsche Weichenstellung. Der Schienenweg ist gegeben, und der Fahrplan ist gegeben. Literatur ist Automatismus. Wenn Sie in der Oper sind: eine Verschwörerbande schleicht sich an — wissen Sie nicht voraus, daß das mit Kontrabaß-Pizzikato und Bratschentremoli gemacht wird? So sicher, wie der Sturm eine chromatische Tonleiter in den Geigen, die Liebeserklärung des Mannes eine hochliegende Cellokantilene mit Hörnern und die schnippische Antwort des Mädchens ein Stakkato hüpfender Oboen und Klarinetten ist? Sieht man das nicht alles von weitem kommen? Hat man das nicht zum Sterben satt? Ertappt man sich da nicht auf dem frevelhaften Wunsche, irgendeine Gralsenthüllung oder dergleichen Feierlichkeit möchte einmal, nur einmal mit einem frechen Offenbachschen Walzer illustriert werden — bloß um sagen zu können: das war nicht vorauszusehen!?

Verleger: Lassen Sie Ihre Zigarrette nicht ausgehn.

Redakteur (melancholisch): Warum ist die Jungfrau immer eine Oboe und die Oboe immer eine Jungfrau? Warum liegt die Sexualspannung des Mannes in der eingestrichenen Oktave des Violoncell? Welche Synthesis *a priori* besteht zwischen Königen und Trompeten, zwischen Priestern und Posaunen, zwischen Zwergen und gestopften Hörnern? Ach diese fixierten Zuordnungen, diese Zwangläufigkeiten unseres Organismus, diese erstarrten Verabredungen des Abendlandes, diese europäischen Konstanten, dieses Lexikon vereinbarter Reaktionen auf vereinbarte Reize! Sogar unsere Träume kann man vorausberechnen —

Verleger: Summa, die Literatur ist überflüssig, unsere eigene nicht ausgenommen. Aber das Maiheft muß etwas über den Kometen bringen. Fassen wir Mut! Schlachten wir diese Manuskripte!

Redakteur: Gestatten Sie, Meister. Der Komet ist schon dagewesen; alles, was man über den Kometen sagen kann, ist schon dagewesen. Am Himmel soll es parabolische oder hyperbolische Kometen geben, die ein einzigesmal und nie wieder erschienen; in der Literatur gibt es nur Ellipsen mit kurzer, ach so kurzer Umlaufszeit. Der Komet entwickelt einen Schweif von Millionen Meilen Länge aus einem winzigen Körnchen wägbarer Materie: wissen Sie ein *[710]* erhabeneres Symbol dessen, was man ein Feuilleton nennt? Von den Kometen erwartete man Weltuntergang, Zertrümmerung der Erde, und siehe, es war nichts; bei den schweifbildenden Meteoren der Kunst und Literatur rechnet man auf Weltbeginn, Aufgang einer neuen Ära, und siehe, es ist nichts.

Verleger: Herr, Sie werden allegorisch. Wollen wir nicht lieber diese Manuskripte aufschlitzen?

Redakteur: Tun wir das. Aber zuvor will ich Ihnen *a priori deduzieren*, was darin steht. Entwerfen wir eine Kategorientafel. Da haben wir zunächst die drei Haupttribünen, von denen aus man das Phänomen besichtigen kann: I. Wissenschaft, II. Philosophie, III. Stimmung.

Verleger: Stimmung? Ich verstehe immer: Stimmung? (Beide sehen einander mit Augurenlächeln an.)

Redakteur: Erstens die Wissenschaft. Themata: Halley, der Halleysche Komet, die Kometen überhaupt. Nun lesen Sie. (Die Manuskripte werden geöffnet.)

Verleger: »Edmund Halley (1656 – 1742) war der Sohn eines wohlhabenden Seifensieders zu Haggerston bei London ... Er zuerst berechnete nach Newtons Methode die Bahnen von über 20 Kometen, unter denen der nach ihm benannte periodische Komet am bekanntesten ist. Im August 1682 erschien am nördlichen Himmel ein auffallender Komet, dessen Bahn, wie Halley nachwies, mit der eines 1607 von Kepler beobachteten Kometen so große Übereinstimmung zeigte, daß an der Identität beider nicht zu zweifeln war. Danach lief der Komet auf einer langgestreckten Ellipse in etwa 75 Jahren um die Sonne, und dieser Umlaufszeit entsprachen weitere Erscheinungen in den Jahren 1531, 1456 und noch früher; die des Jahres 1456 verbreitete solchen Schrecken in der Christenheit, daß Papst Calixtus III. gleichzeitig Kirchengebete um Schutz vor den Türken wie vor dem Kometen anordnete.«

Redakteur: Halt! Das ist dritte Kategorie: Stimmung!

Verleger: »Demgemäß sagte Halley die Wiederkehr des Kometen für das Jahr 1758 voraus, und Clairaut fand durch mühsame Rechnung, daß die Anziehung von Jupiter und Saturn den Termin verzögern würde; in der Tat erschien er erst Ende 1758 und erreichte sein Perihel am 12. März 1759.«

Redakteur: Wollen wir das drucken? Das klingt alles so abgeschrieben.

Verleger: Wir werden dem Manne einen Honorarabstrich bewilligen. »Die nächste Wiederkehr zur Sonnennähe, von Pontécoulant für den 13. November 1835 vorausberechnet, fand am 16. November dieses Jahres statt« — übrigens, was sagen Sie dazu? Das scheint doch ein etwas zuverlässigeres Handwerk zu sein als die Attribution einer Florabüste.

Redakteur: Floras Busenlinie ist auch keine langgestreckte Ellipse.

Verleger: Geben Sie zu, auch das Vorausberechenbare hat seine Sensationen. Nun lesen Sie mal weiter: Kometen überhaupt.

[711] Redakteur: »Alle Kometen ... die Mehrzahl der Kometen ... parabolische Bahnen ... periodische Kometen ... Spaltung des Bielaschen Kometen ... Verzögerung des Enckeschen Kometen ... Kern, Dunsthülle, Schweif ... Kohlenwasserstoff-Spektrum ... Abstoßung der Schweifteilchen von der Sonne und vom Kern ...« ha, ist das alles? Wo bleibt der Strahlungsdruck? Wo bleiben die α-Teilchen, die β-Teilchen, die γ-Strahlen, Ionen, Elektronen, Korpuskeln? Mann, dich haben wir geklappt! Du besitzest noch die vorletzte Auflage von Meyers Konversationslexikon!

Verleger (unterdrückt eine Bemerkung).

Redakteur (überhört die unterdrückte Bemerkung): Zweite Kategorie: der philosophische Standpunkt. Worüber kann man sich philosophisch aufregen? Sagen wir: über die Macht der Mathematik, über die Gesetzmäßigkeit in der Natur, über die großen Räume und die großen Zeiten. Blättern wir: »Das geistige Auge des Astronomen sieht in Fernen, wohin die mächtigsten Teleskope nicht folgen können. Wir wissen, daß der Halleysche Komet 1873 sein Aphel, noch außerhalb der Neptunsbahn, erreicht hat und sich seitdem auf dem Rückwege zur Sonne befindet; wir haben für den großen Kometen von 1811 eine entschieden elliptische Bahn mit einer Umlaufzeit von etwa 3000 Jahren berechnet. Man denke sich einen Bewohner dieses Kometen, der bei jeder Sonnennähe den Zustand unserer Erde beobachtet: welchen Eindruck mögen ihm unsere großen Haupt- und Staatsaktionen, die wir mit erhabener Anmaßung Weltgeschichte nennen ...«

Verleger: Schon wieder Stimmung, dritte Kategorie.

Redakteur: Gehen wir über zur Stimmung, dritte Kategorie. Einteilung: Depression und Exaltation. Exaltation, wie wir's so herrlich weit gebracht. Lesen Sie dies.

Verleger: »Bei seiner vorletzten Wiederkehr 1759 beschien der Halleysche Komet auch den Grèveplatz, wo genau zwei Jahre zuvor der Attentäter Damiens nach stundenlangen Martern gevierteilt worden war; damals war Goethe ein Knabe. Den letzten Besuch des Kometen hat Goethe nicht erlebt. Wiederum zwei Jahre zuvor war der spanische König Ferdinand VII. gestorben, dessen weltgeschichtliche Leistung darin bestand, die von Napoleon aufgehobene Inquisition in Spanien wieder einzuführen. Heute ...«

Redakteur: Heute? Es gibt auch heute noch »Kultur-Kuriosa«! Lesen Sie lieber etwas Depressives. Sollte Niemand von den Herren eine Weltuntergangs-Phantasie geharft haben?

Verleger: »In Lubienitzkys Geschichte der Kometen ...«

Redakteur: Lubienitzky? Endlich einmal ein unbekannter Name. Lubienitzky war nicht vorauszusehen.

Verleger: »In Lubienitzkys Geschichte der Kometen wird erzählt, im Jahre *[712]* 1000 unserer Zeitrechnung sei aus einer Öffnung des Himmels eine brennende Fackel mit langem blitzendem Schweife herabgefallen, und als sich die Spalte des Himmels allmählich verlor, sei eine Figur mit einem Schlangenkopfe und mit blauen Füßen gesehen worden; dieses erdichtete Tier ist sogar dort abgebildet, und man findet dort viele ähnliche Nachrichten, die ganz unglaublich sind, gesammelt.« (Er versinkt in Nachdenken.)

Redakteur (weiterlesend): »Weltuntergang ... sie drängen sich in die Kirchen, vor Angst irrsinnig, zitternde Tiere mit verglasten Augen ... das tausendjährige Reich ... wie aber der Tag näher kommt, geht eine ungeheure Flutwelle über die Seelen hin ... der Rausch des gemeinsamen Sterbens ... zum ersten Male fühlt sich die Menschheit als tellurische Brüderschaft ... sie schleppen Gold und Silber ins Freie, sie schwelgen an vollen Tafeln, sie springen über lodernde Feuer, vor den Augen Aller vermischen sich Liebende ... Die Wahrscheinlichkeit, daß die Erde mit einem Komentenkern zusammenstoße, ist nahezu Null ... Durchgang durch den Schweif gefahrlos ... magnetische Gewitter ...«

Verleger (vor sich hinmurmelnd): Lubienitzky, Lubienitzky.

Redakteur: Sind wir fertig? Aha, noch einige Marodeure: »1811er Kometenwein ... Straßburger Kometentaler von 1681, mit dem Bilde des vorjährigen Kometen, bei der Übergabe an Frankreich geprägt ... der Sonnenkönig vollzieht das göttliche Strafgericht ...« Was haben wir da noch? »Unter den Planeten, die gleich ernsthaften Staatsbürgern ihre geregelten Bahnen ziehen, umringt von den Familien ihrer Monde und Satelliten, tummelt sich zigeunerhaft vagabundierend das lockere Völkchen der Kometen ...« Hören Sie doch zu, Meister! Wie denken Sie über das lockere Völkchen? Wir wollen der Gartenlaube Konkurrenz machen!

Verleger (begeistert aufspringend): Lubienitzky! Wir sind gerettet. Was schiert uns Halley, der Sohn des wohlhabenden Seifensieders, was kümmern uns Perihel und Aphel, Parabeln und Hyperbeln, 75 Jahre Umlaufszeit, Kern, Koma und Schweif, gespaltener Schweif, sechsfacher Schweif, ein ganzer Wald von Schweifen! Ein Erlebnis der Seele brauchen wir, eine Sache mit Schlangenkopf und blauen Füßen ... Telephonieren Sie an die Abteilung für Buchschmuck! Wir machen einen Bibliophilen-Neudruck von Lubienitzky!!!

Der Komet

Entstehungsgeschichtlicher Kontext

Auf der Rückkehr von einer Kontinentalreise, die ihn, als Mitglied und im Auftrage der hochangesehenen ›Royal Society‹, 1680/81 zwecks Koordinierung der Arbeit der kontinentalen Sternwarten mit der der englischen Astronomen u.a. nach Frankreich und Italien geführt hatte, beobachtete der englische Astronom EDMOND HALLEY *(1656–1743) zwischen Paris und Calais jenen großen Kometen, der später nach ihm benannt werden sollte. Erst Jahre später aber, als Nachfolger des renommierten Mathematikers und Ordinarius für Geometrie in Oxford,* JOHN WALLIS *(1616–1703), bestimmte er auf der Grundlage der ›Philosophiae naturalis principia mathematica‹ (1687) des englischen Mathematikers und Physikers* ISAAC NEWTON *(1643–1727), deren Ausarbeitung und Druck er in vielfacher Weise förderte, die Bahnelemente von 24 Kometen, die in den Jahren zwischen 1337 und 1696 gesichtet worden waren und von denen genauere Beobachtungen vorlagen. Drei dieser Kometenerscheinungen, aus den Jahren 1531, 1607 und 1682, wiesen hierbei hinsichtlich der Bahnelemente so viele Gemeinsamkeiten auf, daß* HALLEY *vermutete, es handele sich um ein und denselben Himmelskörper, der auf einer großen elliptischen Bahn alle 75 bis 76 Jahre die Sonne umrunde.*[1] *Nicht nur die hiermit ausgesprochene Annahme, Kometen seien Himmelskörper des Sonnensystems revolutionierte die zeitgenössische Astronomie, auch die Vorhersage der Wiederkehr des Kometen für das Jahr 1758 – die tatsächlich, wenn auch etwas später als erwartet (1759) eintrat – tat das ihrige.*

Wie in den Jahrhunderten zuvor, so verbreitete auch die vorhergesagte Wiederkehr des Halleyschen Kometen im Jahre 1910 rund um die Erde eine Stimmung des bevorstehenden Weltuntergangs. Dies war jedoch weniger auf die allgemein verwurzelte Furcht vor solchen Himmelserscheinungen zurückzuführen, vielmehr waren es neue Erkenntnisse der Astronomie, die solche Befürchtungen nährten. 1908 hatten die französischen Astronomen FERNAND BALDET *(1885– 1964) und* AYMAR DE LA BAUME PLUVINEL *(1860–1938) mittels der Spektralanalyse Cyan im Kometen Morehouse nachweisen können. Diese Entdeckung veranlaßte den Amateurastronomen* NICOLAS-CAMILLE FLAMMARION *(1842–1925) am 24. Oktober 1908 in der Wochenzeitschrift ›L'Illustration‹ zu der Spekulation, daß dieser Komet hauptsächlich aus Cyan aufgebaut sei und daß, wenn der Komet in die Nähe der Erde gelange, die Atmosphäre mit Millionen Kubikmetern tödlichem Blausäure-Gas angereichert werde.*

Als Ende 1909 der französische Astronom HENRI-ALEXANDRE DESLANDRES *(1853–1948) und kurz darauf die Amerikaner* EDWIN BRANT FROST *(1868–1935) und* J. A. PARKHURST *(1861–1925) im Kometen Halley ebenfalls Cyan nachweisen konnten, waren, obwohl* FLAMMARION *im Januar 1910 im ›Bulletin de la Société astronomique de France‹ aufgrund der Verdünnung des Gases keine wirkliche Gefahr sah, die Zeitungen kurze Zeit später voll von Artikeln, die den Weltuntergang für den*

[1] *Vgl. Halley: ›Astronomiae Cometicae Synopsis.‹ In: ›Philosophical Transactions of the Royal Society‹ XXIV [1705], S. 1882–1899; vgl. auch allgemein Halley: ›Correspondence and Papers.‹ Hrsg. v. E. F. MacPike. Oxford 1932.*

18. Mai 1910, dem vorausberechneten Datum des Durchtritts der Erde durch den Kometenschweif, vorhersagten. So erschien etwa im ›Berliner Tageblatt‹ am 5. Januar 1910 ein Artikel, der konstatierte, daß sich an diesem Tage »unsere gute Mutter Erde, die im Laufe der Jahre schon so manchen Stoß gekriegt hat, ohne darüber aus dem Leim zu gehen, sich endgültig in Atome auflösen« werde. Der Leiter der Treptower Volkssternwarte in Berlin, Friedrich Simon Archenhold (1861–1939), publizierte gar eine programmatische Schrift mit dem Titel: ›Kometen, Weltuntergangsprophezeiungen und der Halleysche Komet‹ (Berlin 1910), in der er sich u.a. ausführlich mit den zu erwartenden bzw. zu befürchtenden Phänomenen beim Durchgang der Erde durch den Kometenschweif auseinandersetzte.

Am 31. Mai 1910 notierte Karl Kraus (1874–1936) rückblickend in der ›Fakkel‹:

> *Der Wiener und die Unendlichkeit – das unwahrscheinliche Schauspiel wäre glücklich überstanden. Wenn der Komet gefährlich ist, so ist er es nicht so sehr vermöge der ihm innewohnenden Blausäure als wegen der nicht auszudenkenden Möglichkeit, daß sich bei seiner Annäherung jeder Trottel kosmisch gestimmt fühlt.*[2]

Kraus spielt hier auf ein Phänomen an, das im Vorfeld der Kometenerscheinung aller Orten zu beobachten war. Die Wiederkehr des Kometen bzw. die von diesem vermeintlich ausgehende Gefahr wurde zum Anlaß genommen, ausgelassene Kometenparties – vornehmlich im Freien und auf Hochhausdächern – zu veranstalten, auf denen »Kometenbowle« – ein »deformierter Eisklumpen, aus dem ein paar Ruinen herausragten« – gereicht und »Weltuntergangsweisen« intoniert wurden.[3] *Darüber hinaus erschienen eine Fülle von satirischen Zeitungs- und Zeitschriftenartikeln, Karikaturen, Postkarten, Gedichten, Musikkompositionen, die die Gefahr mehrenteils parodierten. Allseits beliebt waren auch Modeaccessoires wie mit dem Bild des Kometen bestickte Krawatten, Westen, Socken und Handtaschen.*

An dieser Stelle sei nur kurz auf eine immer wieder in Literaturgeschichte und -wissenschaft kolportierte ›Legende‹ verwiesen, nach welcher Jakob van Hoddis' (sc. Hans Davidsohn; 1887 – nach dem 30. April 1942) Gedicht ›Weltende‹ in direktem Zusammenhang mit dem Halleyschen Kometen von 1910 stehe:

> *Dem Bürger fliegt vom spitzen Kopf der Hut,*
> *In allen Lüften hallt es wie Geschrei.*
> *Dachdecker stürzen ab und gehen entzwei,*
> *Und an den Küsten – liest man – steigt die Flut.*
>
> *Der Sturm ist da, die wilden Meere hupfen*
> *An Land, um dicke Dämme zu erdrücken.*
> *Die meisten Menschen haben einen Schnupfen.*
> *Die Eisenbahnen fallen von den Brücken.*[4]

---

2 *Kraus: ›Der Komet von Wien.‹ In: ›Die Fackel‹, Nr. 303/304 vom 31. Mai 1910, S. 1–3, hier S. 1.*

3 *›Berliner Tageblatt‹ vom 19. Mai 1910.*

4 *Zuerst erschienen am 11. Januar 1911 in ›Der Demokrat‹ 3 (1911), Sp. 43, maßgebliche Publikation van Hoddis: ›Weltende. 16 Gedichte.‹ Berlin 1918, S. 5.*

ARMIN ARNOLD sah Ende des Jahres 1970 in einem Artikel in der ›Neuen Zürcher Zeitung‹ einen Zusammenhang zwischen der Erscheinung des Halleyschen Kometen im Jahre 1910 und dem aufkommenden literarischen Expressionismus als Ausdrucksmedium einer ›Menschheitsdämmerung‹.[5] *ARNOLD verkennt die literatur- wie mentalitätsgeschichtlichen Zusammenhänge der expressionistischen Dichtung ebenso wie HELMUT G. DENKLER, der 1971 detailliert Ereignisse nachwies, die mögliche Anregungen für VAN HODDIS gewesen seien, nämlich Meldungen über Sturmschäden und Eisenbahnunglücke aus der »Morgenzeitung«, die die »Grundlage dieser skurrilen Bildmontage« zu sein scheinen.*[6] *Gleichwohl weist noch die 2007 erschienene kommentierte Ausgabe der ›Dichtungen und Briefe‹ VAN HODDIS' – übrigens ohne jedweden Verweis auf DENKLER – darauf hin, daß VAN HODDIS die »Gleichzeitigkeit [von Geschehen und Gedicht] nicht nur durch einfache Aneinanderreihung divergenter Einzelheiten« erreiche, »sondern indem er Zusammenhänge herstellt, die nicht ausgesprochen zu werden brauchen, da sie sich implizit aus der Stellung der Collagenelemente zueinander ergeben« – eben die »apokalyptische Stimmung aufgrund des im Mai 1910 zu erwartenden Halleyschen Kometen«.*[7]

Bilden der Halleysche Komet und die mit seiner Wiederkehr verbundene Weltuntergangsstimmung den äußeren Rahmen, so darf der Essay vielleicht auch wegen des am Ende euphorisch beschlossenen ›Bibliophilen-Neudrucks‹ des von STANISLAUS LUBIENIETZKI (1623–1675)[8] *1667 in Amsterdam publizierten ›Theatrum Cometicum‹*[9] *als Satire auf die Praxis der ›Bibliophilen‹ gewertet werden. HAUSDORFF hatte hier wohl den Leipziger ›Bibliophilen-Abend‹ und vielleicht auch die Herausgeber und Rezipienten des ›Zwiebelfisch‹ im Sinn (zu LUBIENIETZKI und seinem Werk vgl. die Erl. zu 157).*

Entstehung

Zur Entstehung sind keinerlei Zeugnisse überliefert, doch darf diese im ersten Jahresviertel 1910, während der allgemeinen ›Kometenhysterie‹, mit einem terminus ante quem im April angesetzt werden.

Überlieferung

H *nicht nachgewiesen.*

---

[5] *Arnold: ›Ist der Halleysche Komet am Expressionismus schuld?‹ In: ›Neue Zürcher Zeitung‹ v. 29. Nov. 1970.*

[6] *Denkler: ›Jakob van Hoddis. Weltende.‹ In: ›Gedichte der »Menschheitsdämmerung«.‹ Hrsg. v. Helmut G. Denkler. München 1971, S. 56–69, hier S. 60.*

[7] *Jakob van Hoddis: ›Dichtungen und Briefe.‹ Hrsg. u. komment. v. Regina Nörtemann. Göttingen 2007, S. 312 mit Anm. 21.*

[8] *Zu Lubienietzki vgl. Kai Eduard Jordt-Jørgensen: ›Stanislaw Lubieniecki. Zum Weg des Unitarismus von Ost nach West im 17. Jahrhundert.‹ Göttingen 1968.*

[9] *Vgl. Lubienietzki: ›Theatrum Cometicum, II constans partibus, quarum prima cometas ann. 1664 et 1665, altera historiam cometarum 415 a temporibus diluvii usque ad nostra tempora.‹ Amsterdam 1668 [recte 1667].*

D *›Die neue Rundschau (Freie Bühne)‹ XXI (1910), H. 5 (Mai), S. 708–712.*

Erläuterungen

3 Monatszeitschrift »Spleen«] *»Spleen« – eigentlich engl. ›Milz‹ (griech. σπλήν [splén] ›Milz‹) – wird zeitgenössisch lexikalisch erfaßt als gleichbedeutend mit »halb ironischer Bezeichnung für das in irgend einer Weise auffällige Benehmen eines Sonderlings« (›Meyer‹ XVIII [1907], 771), aber auch als »eine der Hypochondrie verwandte Geisteskrankheit, welche oft zum Selbstmord führt. Diese, gewöhnlich als englische Nationalkrankheit angesehene Störung entspringt zur Zeit der Pubertät dem unbefriedigten Geschlechtstriebe, bei reiferem Alter dem Aufgeben geregelter Tätigkeit, der Übersättigung u.a. Am besten wird sie durch strenge Diät und regelmäßige Tätigkeit bekämpft« (Friedrich Kirchner u. Carl Michaëlis: ›Wörterbuch der Philosophischen Grundbegriffe.‹ 5., neubearb. Auflage Leipzig 1907, S. 591). Im geistig-kulturellen Bereich stand ›Spleen‹ indes auch für einen Zustand geistiger Ohnmacht und Passivität, den Charles Baudelaire (1821–1867) 1857 folgendermaßen beschrieb: »[C]e que je sens, c'est un immense découragement, une sensation d'isolement insupportable, une peur perpétuelle d'un malheur vague, une défiance complète de mes forces, une absence totale de désirs, une impossibilité de trouver un amusement quelconque. [...]. Je me demande sans cesse: à quoi bon ceci? À quoi bon cela? C'est là le véritable esprit de spleen« (Brief an die Mutter vom 30. Dez. 1857 [›Correspondance.‹ Texte établi, présenté et annoté par Claude Pichois. 2 Bde. Paris 1973, Bd. 1, S. 437f.]). – »Was ich empfinde, ist eine ungeheure Entmutigung, ein Gefühl unerträglicher Einsamkeit, eine ständige Furcht unbestimmten Unglücks, ein vollkommenes Mißtrauen aller meiner Kräfte, ein vollkommenes Fehlen aller Begierden, eine Unfähigkeit, irgendein Vergnügen zu finden [...]. Wozu ist dieses gut? Wozu jenes? Das ist der echte Geist des Spleen«). – Vgl. dazu auch Albert Girauds (sc. Albert Kayenbergh [1860–1929]) Gedicht ›Spleen‹ aus dem 1884 publizierten ›Pierrot Lunaire‹:*

Pierrot de Bergame s'ennuie:
Il renonce aux charmes du vol;
Son étrange gaîté de fol
Comme un oiseau blanc s'est enfuie.

Le spleen, à l'horizon de suie,
Fermente ainsi qu'un noir alcool.
Pierrot de Bergame s'ennuie:
Il renonce aux charmes du vol.

La Lune sympathique essuie
Ses larmes de lumière au vol
Des nuages, et sur le sol
Claque la chanson de la pluie:
Pierrot de Bergame s'ennuie.

(Zitiert nach Albert Giraud: ›Pierrot Lunaire.‹ Berlin 1991, S. 36.)

7f. Kometen fertig für das Maiheft] *vgl. die Ausführungen zum entstehungsgeschichtlichen Kontext.*

9f. etwas ultraviolett Transzendentales] *hier eigentlich ein Pleonasmus: Als* ultraviolett *bezeichnet man solche elektromagnetischen Wellen – 1887 von dem deutschen Physiker* Heinrich Hertz *(1857–1894) entdeckt –, deren Frequenzen oberhalb des Frequenzbereichs des sichtbaren Lichts liegen; nach* Immanuel Kant *(1724–1804) ist dasjenige als transzendental anzusehen, was die Grenzen jeglicher möglicher Erfahrung (auch der zukünftigen) und des menschlichen Bewußtseins übersteigt (vgl. KrV B 352f.).*

10f. nichteuklidische Bewußtseinsebene] *zur nichteuklidischen Geometrie vgl. die Erläuterungen zu 16 und 19 im Kommentarteil zu* Massenglück und Einzelglück, *HGW VIII, 291f.*

20 Halleyschen Kometen] *vgl. die Ausführungen zum entstehungsgeschichtlichen Kontext.*

28f. Was treibt uns zum Spleen, mit oder ohne Gänsefüßchen?] *vgl. Erl. zu 3.*

36 Storms hundertstem Geburtstag] *Der deutsche Schriftsteller* Hans Theodor Woldsen Storm *wurde am 14. September 1817 in Husum geboren.*

38–41 »Weit draußen *bis* nicht anders.] *der Vers stammt nicht von* Storm; *sein literarisches Werk war aber bereits zu seinen Lebzeiten als »deutsch gemüthlich« und als »Poesie des Hauses« abgetan worden (vgl.* Erich Schmidt: *›Theodor Strom.‹ In: ›Deutsche Rundschau‹, Bd. 24 [1880], S. 31–56). Nach seinem Tod am 4. Juli 1888 in Hademarschen mehrten sich die Stimmen, die* Storm *als »friesischen Strand- und Seedichter[]« charakterisierten (vgl.* Erich Schmidt: *›Hans Theodor Woldsen Storm.‹ In: ADB 36 [1893], 448–456, hier 455), dessen Ideale der »Husumer Deich« und die »schleswigsche Heide mit den roten Erikabüscheln« gewesen seien (vgl.* Theodor Fontane: *›Von Zwanzig bis Dreißig [1898].‹ Autobiographisches nebst anderen selbstbiographischen Zeugnissen. München 1967 [= ders.: ›Sämtliche Werke.‹ Nymphenburger Ausgabe. Bd. 15, hrsg. v.* Kurt Schreinert *u.* Jutta Neuendorff-Fürstenau*], S. 210; vgl. auch ders.: ›Theodor Storm.‹ In: ›Deutsche Rundschau‹, Bd. 87 [1896], S. 214–229). Mit dem Aufleben der gegen den Naturalismus gerichteten konservativen kulturpolitisch-literarischen Heimatkunstbewegung, die eine Erneuerung des ›Volksgeistes‹ auf der Grundlage einer Rückbesinnung auf die Kräfte des Volkes und der heimatlichen Natur anstrebte, die sie im Bauerntum verwirklicht und gewahrt sah, wuchs um die Jahrhundertwende das Interesse an den Novellen und Gedichten* Storms, *woran auch die liebevoll mit Heidemotiven geschmückten Neuausgaben seiner Werke beitrugen, die zwischen 1904 und 1912 im Braunschweiger Westermann-Verlag erschienen (vgl. hierzu generell* Regina Fasold: *›Die Rezeption der Dichtung Theodor Storms in Zeitungen, Zeitschriften und buchmonographischen Veröffentlichungen zwischen 1850 und 1890.‹ Diss. Leipzig 1983).*

43 Fandango südlicher Leidenschaft] *seit dem 17. Jahrhundert bekanntes südspanisches Tanzlied im $^{6}/_{8}$- oder ¾-Takt mit Begleitung von Kastagnetten, Gitarre und Tamburin.*

43f. der bizarre Duft schamloser Orchideen] *Orchideen (von griech. ὄρχις [órchis] ›Hoden‹) galten bis in die Frühe Neuzeit aufgrund der hodenförmigen Gestalt der Knollen und ihres an Gerüche der Geschlechtsorgane erinnernden Duftes als Aphrodisiakum.*

48 Kontrabaß-Pizzikato] *ital. pizzicato ›gekniffen‹, ›gezwickt‹; Anweisung für den Streicher, die Saiten mit dem Finger anzuzupfen statt mit dem Bogen zu streichen.*

49 Bratschentremoli] *ital. tremolare ›zittern‹. Ein Tremolo ist eine leichte periodische Lautstärkenschwankung eines Tones, ohne daß sich die Tonhöhe ändert, auch die schnelle mehrfache Wiederholung eines Tones.*

49f. chromatische Tonleiter] *griech. χρῶμα (chroma) ›Farbe‹; Tonleiter, die sich aus der Unterteilung der Oktave in zwölf mathematisch gleich große Halbtonschritte (temperiert Stimmung) ergibt*

51 Cellokantilene] *lat. cantilena ›Gesang‹; Instrumentalkompositionen oder einzelne Sätze mit einer gesanglichen Hauptstimme.*

52 Stakkato] *ital. staccato ›abgerissen‹; Anweisung, die einzelnen Töne deutlich getrennt erklingen zu lassen.*

54f. irgendeine Gralsenthüllung] *In RICHARD WAGNERS (1813–1883) 1882 uraufgeführten ›Bühnenweihfestspiel‹ PARSIFAL enthüllt der Titelheld nach der Heilung des Gralskönigs AMFORTAS, dem der sündige und lasterhafte KLINGSOR mit der von ihm geraubten heiligen Lanze, die einst in die Seite JESU CHRISTI gestoßen worden war, eine unheilbare Wunde zugefügt hatte, den Heiligen Gral, woraufhin die Gralsritter ihm als neuen König huldigen (III,2).*

55f. mit einem frechen Offenbachschen Walzer] *Der deutsch-französische Komponist JACQUES OFFENBACH (eigentlich JACOB O.; 1819–1880) setzte den seit dem 18. Jahrhundert im österreichisch-süddeutschen Raum bekannten, sich seit dem Wiener Kongreß 1815 auch international durchsetzenden Paartanz im ¾-Takt gezielt in seinen unterhaltsamen Operetten als Tanzeinlagen ein.*

58 Zigarre*[]*] *im Original* Zigarette, *doch muß, um nach Z. 6 inhaltlich korrekt zu bleiben, hier ›Zigarre‹ stehen.*

61f. Synthesis a priori] *griech. σύνθεσις (sýnthesis) ›Zusammenstellung‹; unter* Synthesis *versteht IMMANUEL KANT (1724–1804) »die Handlung, verschiedene Vorstellungen zu einander hinzuzutun, und ihre Mannigfaltigkeit in einer Erkenntnis zu begreifen. Eine solche Synthesis ist rein, wenn das Mannigfaltige nicht empirisch, sondern a priori gegeben ist (wie das im Raum und der Zeit). Vor aller Analysis unserer Vorstellungen müssen diese zuvor gegeben sein, und es können keine Begriffe dem Inhalte nach analytisch entspringen. Die Synthesis eines Mannigfaltigen aber (es sei empirisch oder a priori gegeben), bringt zuerst eine Erkenntnis hervor, die zwar anfänglich noch roh und verworren sein kann, und also der Analysis bedarf; allein die Synthesis ist doch dasjenige, was eigentlich die Elemente zu Erkenntnissen sammlet, und zu einem gewissen Inhalte vereinigt; sie ist also das erste, worauf wir Acht zu geben haben, wenn wir über den ersten Ursprung unserer Erkenntnis urteilen wollen. Die Synthesis überhaupt ist [...] die bloße Wirkung der Einbildungskraft, einer blinden, obgleich unentbehrlichen Funktion der Seele, ohne die wir überall keine Erkenntnis haben würden, der wir uns aber selten* nur einmal bewußt sind. Allein, diese Synthesis auf Begriffe zu bringen, das ist eine Funktion, die dem Verstande zukommt, und wodurch er uns allererst die Erkenntnis in eigentlicher Bedeutung verschaffet. Die reine Synthesis [...] gibt nun den reinen Verstandesbegriff. Ich verstehe aber unter dieser Synthesis diejenige, welche auf einem Grunde der synthetischen Einheit a priori beruht: so ist unser Zählen (vornehmlich ist es in größeren Zahlen merklicher) eine Synthesis nach Begriffen, weil sie nach einem gemeinschaftlichen Grunde der Einheit geschieht (z. E. der Dekadik)« (KrV B 103f.). In den kritischen Schriften modifiziert KANT das in der Scholastik als Definition eines von den Ursachen zur Wirkung fortschreitenden Beweises gebrauchte a priori – eigentlich lat. ›vom Früheren her‹ – dahingehend, als er a priori auffaßt als die Möglichkeit der Erfahrung, d.h. »ein jeder Gegenstand steht unter den notwendigen Bedingungen der synthetischen Einheit des Mannigfaltigen der Anschauung in einer möglichen Erfahrung. Auf solche Weise sind synthetische Urteile a priori möglich, wenn wir die formalen Bedingungen der Anschauung a priori, die Synthesis der Einbildungskraft, und die notwendige Einheit derselben in einer transzendentalen Apperzeption, auf ein mögliches Erfahrungserkenntnis überhaupt beziehen, und sagen: die Bedingungen der Möglichkeit der Erfahrung überhaupt sind zugleich Bedingungen der Möglichkeit der Gegenstände der Erfahrung, und haben darum objektive Gültigkeit in einem synthetischen Urteile a priori« (KrV B 197).

63 gestopften Hörnern] *Bezeichnung für durch das Einführen der Faust in den Schalltrichter in ihrer Tonhöhe oder ihrem Klang veränderte Hörner und andere Blechblasinstrumente.*

73 parabolische oder hyperbolische Kometen] *Die Bahnkurven dieser Kometen sind Parabeln oder Hyperbeln, d.h. offene, ins Unendliche verlaufende Kurven. Im Gegensatz zu den auf elliptischen oder kreisförmigen Bahnen laufenden periodischen Kometen (vgl. Erl. zu 122) sind sie nur einmal zu beobachten und kehren nie wieder.*

79 den schweifbildenden Meteoren] *Im Gegensatz zu Kometen, die außerhalb der Erdatmosphäre auf ihrer Bahn bei der Annäherung an die Sonne einen Schweif ausbilden, rufen Körper extraterrestrischen Ursprungs, die in die irdische Lufthülle eindringen, in der Atmosphäre eine Leuchterscheinung, einen Meteor, hervor. Diese entsteht nach der teilweisen oder vollständigen Verdampfung des Körpers durch die Ionisierung der Dampfwolke, die dadurch zum Leuchten angeregt wird. Meist wird der Meteor von einem nachleuchtenden Schweif begleitet, der von der Wiedervereinigung (Rekombination) von positiven Ionen und Elektronen zu neutralen Teilchen in der ionisierten Dampfwolke herrührt und mitunter minutenlang zu beobachten ist.*

85 Kategorientafel] *griech. κατηγορία (kategoría) ›Anklage‹, aber auch ›Aussage‹, ›Prädikat‹; Kategorien – begrifflich auf* ARISTOTELES *(384/383 v. Chr. – 322 v. Chr.) zurückgehend (vgl. die ›Kategoriai‹ und die ›Topika‹ im ›Organon‹, der vmtl. im 1. vorchristlichen Jahrhundert aus verschiedenen, zwischen 367 und 344 v. Chr. entstandenen Schriften kompilierten Logik des* ARISTOTELES*) – werden in der Philosophie ontologisch als Seinsbereiche, lo-*

gisch als die letzten Bedeutungsfelder verstanden, die den zur Unterscheidung und Bestimmung der Gegenstände dienenden Prädikatoren übergeordnet sind. Zur KANT*schen Kategorientafel vgl. Erl. zu 144f. im Kommentarteil zu* Das unreinliche Jahrhundert, *HGW VIII, 358.*

95 Newtons Methode] *ISAAC NEWTON formulierte in den ›Philosophiae naturalis principia mathematica‹ (1687) das Gravitationsgesetz, welches besagt, daß die Anziehungskraft zweier Massen aufeinander dem Quadrat ihres Abstandes umgekehrt proportional ist. NEWTON wandte das Gesetz an, um die Bahnkurven von Himmelskörpern zu berechnen.*

98 Kepler] *Der deutsche Astronom und Mathematiker JOHANNES KEPLER (1571–1630), seit 1601 Hofastronom Kaiser RUDOLFS II. (1552–1612) in Prag, entdeckte auf der Grundlage der von seinem Vorgänger TYCHO BRAHE (1546–1601) hinterlassenen Aufzeichnungen über jahrelange genaue Beobachtungen des Planeten Mars das erste der drei ›Keplerschen Gesetze‹ zur Planetenbewegung – die Planeten bewegen sich auf Ellipsen um die Sonne, in deren einem Brennpunkt die Sonne steht –, welches er 1609 in der ›Astronomia nova‹ (›Neue Astronomie‹) zusammen mit dem zweiten ›Keplerschen Gesetz‹ – die von der Sonne zu einem Planeten gezogene Linie überstreicht in gleichen Zeiten gleiche Flächen – publizierte und 1619 in der ›Harmonice mundi‹ (›Weltharmonik‹) um ein drittes – die Quadrate der Umlaufzeiten der Planeten verhalten sich wie die dritten Potenzen der großen Halbachsen ihrer Bahnellipsen – ergänzte.*

102–105 die des Jahres 1456 *bis* vor dem Kometen anordnete] *Der volkstümlichen Überlieferung zufolge soll Papst CALIXTUS III. (eigentlich ALONSO DE BORGIA; 1378–1458; Papst seit 1455) in der Bulle ›Missa contra paganos‹ (Juni 1456) den Kometen Halley exkommuniziert und Gebete um Schutz vor dem Kometen und den Osmanen, die 1453 Konstantinopel erobert hatten und im Sommer 1456 vor Belgrad standen, angeordnet haben. Tatsächlich wird der Komet in der Bulle nicht erwähnt; die Gebetsanordnung bezieht sich nur auf die Osmanen (vgl. J. STEIN: ›Calixte III et la comète de Halley.‹ Rom 1909 [›Specola Astronomica Vaticana‹ II]).*

108 Clairaut] *Der französische Mathematiker und Astronom ALEXIS-CLAUDE CLAIRAUT (1713–1765) berechnete die Wiederkehr des Halleyschen Kometen, die HALLEY selbst für das Jahr 1758 vorhergesagt hatte, für das Jahr 1759 und schloß aus der Differenz von einem Monat zwischen dem vorhergesagten und dem beobachteten sonnennächsten Punkt des Kometen auf Störungen durch einen jenseits des Saturn kreisenden unbekannten Himmelskörper (vgl. CLAIRAUT: ›Recherches sur les comètes des années 1531, 1607, 1682 et 1759.‹ St. Petersburg 1762). Diesen entdeckte schließlich der deutsch-englische Astronom FRIEDRICH WILHELM HERSCHEL (1738–1822) am 13. März 1781. Nach der Identifizierung als Planeten durch den französischen Astronomen und Physiker PIERRE-SIMON MARQUIS DE LAPLACE (1749–1827) erhielt er den Namen Uranus.*

110 Perihel] *greich. περί (perí) ›um etwas herum‹ und griech. ἥλιος (helios) ›Sonne‹, der sonnennächste Punkt auf der Bahn eines Planeten, Asteroiden oder Kometen.*

114 Pontécoulant] *Der französische Astronom* Philippe-Gustave Doulcet de Pontécoulant *(1795[?]–1874) berechnete die Wiederkehr des Halleyschen Kometen so genau, daß dessen beobachtetes Perihel nur um zwei Tage vom berechneten Wert abwich, vgl. ›Notice sur la comète de Halley et son retour en 1835 suivie d'un ephimeride calcule.‹ Paris 1835; vgl. dazu auch* Pontécoulants *›Notice sur la comète de Halley et ses apparitions successives de 1531 à 1910.‹ In: ›Comptes rendus hebdomadaires des séances de l'Académie des sciences‹ 58 (1864), S. 706–709.*

117 Attribution] *lat. attribuere ›beigeben‹; im kunsthistorischen und -gewerblichen Kontext versteht man unter einer* Attribution *den Versuch, mittels Stilanalyse und Vergleichen mit gesicherten Werken die Entstehungszeit und, gegebenenfalls, den Schöpfer von Werken unbekannter Herkunft zu ermitteln.*

117 Florabüste] *Der römischen Mythologie zufolge ist* Flora *die Göttin des Frühlings, des blühenden Getreides und der Blumen, vgl.* Ovid: *›Fasti‹ V, 183. – Hier Verweis auf eine 67,5 cm hohe Wachsbüste der Flora mit entblößtem Oberkörper (vgl. Z. 118), die der Generaldirektor der Berliner Museen,* Wilhelm von Bode *(1845–1929), in dem Glauben, es handele sich um ein Werk* Leonardo da Vincis *(1452–1519), 1909 für die ungeheure Summe von 185.000 Goldmark (umgerechnet etwa 1,7 Mio. €) erworben hatte. Bereits kurz nach Bekanntwerden des Erwerbs meldete die englische Presse, bei der Büste handele es sich um eine 1846 von dem englischen Bildhauer* Richard Cockle Lucas *(1800–1888) geschaffene Fälschung, was eine vehement über Jahre hinweg geführte Kampagne der deutschen Presse zur Frage nach der Echtheit der Skulptur zur Folge hatte (die Herkunft der Büste ist bis heute nicht eindeutig geklärt, vgl. u.a.* Ulrike Wolff-Thomsen: *›Die Wachsbüste einer Flora in der Berliner Skulpturensammlung und das System Wilhelm Bode. Leonardo da Vinci oder Richard Cockle Lucas?‹ Kiel 2006).*

121–125 Alle Kometen *bis* und vom Kern] *Kompilation der in den zeitgenössischen Lexika greifbaren Daten über Kometen, vgl. Erl. zu 128.*

122 periodische Kometen] *sich auf einer kreisförmigen oder elliptischen Bahn um die Sonne bewegende und somit wiederkehrende Kometen; man unterscheidet kurzperiodische (mit einer Umlaufzeit von weniger als 200 Jahren) und langperiodische Kometen (mit mehr als 200 Jahre Umlaufzeit).*

122f. Spaltung des Bielaschen Kometen] *Der von dem österreichischen Offizier und Astronomen* Wilhelm von Biela *(1782–1856) am 27. Februar 1826 entdeckte und nach ihm benannte kurzperiodische Komet (Umlaufzeit 6,62 Jahre) teilte sich bei seiner Wiederkehr 1845/46 im Januar 1846 in zwei selbständige Kometen von unterschiedlicher Größe, die sich voneinander weg bewegten, seit ihrer Wiederkehr 1852 aber nicht mehr beobachtet werden konnten (vmtl. sind die ›Bieliden‹ oder ›Andromediden‹, die gleiche Bahnelemente aufweisen, deren Überreste).*

123 Verzögerung des Enckeschen Kometen] *Es handelt sich um einen nach* Johann Franz Encke *(1791–1865) benannten Kometen, dessen Umlaufzeit (ca. 3,3 Jahre) sich bei jeder Wiederkehr um drei Stunden verlängert.* Encke *hatte dessen genaue Bahn berechnet; entdeckt wurde der Komet 1818 von* JEAN-LOUIS PONS *(1761–1831).*

123f. Kern, Dunsthülle, Schweif] *In großer Entfernung von der Sonne bestehen die Kometen nur aus dem Kern; dieser besteht hauptsächlich aus Wassereis, CO-Eis, Silikaten und Eisenverbindungen. Die Oberfläche des Kerns ist eine tiefschwarze Kruste aus einer Art Gesteinsschutt. Bei Annäherung des Kometen an die Sonne gasen durch Wechselwirkung mit dem Sonnenwind Bestandteile des Kerns aus und bilden eine Gashülle, die sogenannte Koma, die durch photochemische Prozesse aufgrund der Sonnenstrahlung zum Leuchten gebracht wird. Durch die von der Sonne ausgehende Photonenstrahlung werden die Bestandteile der Koma nach ›hinten‹ fortgeschleudert (*Strahlungsdruck, *vgl. Z. 125f.); so entsteht der – ebenfalls leuchtende – Kometenschweif.*

124 Kohlenwasserstoff-Spektrum] *Im Jahre 1864 führte der italienische Astronom* GIOVANNI BATTISTA DONATI *(1826–1873) die erste Spektralanalyse eines Kometen an dem Objekt ›1864 II‹ durch, vgl. dazu ›Meyer‹ X (1895), 402: »Donati beobachtete zuerst das Spektrum des K.[ometen] von 1864 und fand es bestehend aus drei hellen, im Gelbgrün, Grün und Violett gelegenen Bändern, die nach dem Rot scharf begrenzt sind, nach dem Violett dagegen verwaschen erscheinen, und von denen das mittelste am hellsten ist. Später haben Huggins, Secchi, Vogel und d'Arrest an andern K.[ometen] dieselben Bänder beobachtet und deren Lage bestimmt, und Secchi hat zuerst an dem Spektrum des K.[ometen] 1868 II die Übereinstimmung dieser Bänder mit denjenigen erkannt, die man im Spektrum von Kohlenwasserstoffgas beobachtet, wenn ein elektrischer Funkenstrom durchgeleitet wird.«*

124f. Abstoßung der Schweifteilchen von der Sonne und vom Kern] *Laut zeitgenössischem Lexikoneintrag fand der deutsche Astronom* HEINRICH WILHELM MATTHIAS OLBERS *(1758–1840) »daß der Kern des [großen Kometen von 1811] mit der ihn einhüllenden eigentümlichen Atmosphäre in einen hohlen, fast leeren parabolischen Dunstkegel eingeschlossen war, dessen Wände keine beträchtliche Dicke hatten und allenthalben weit von ihm abstanden, und folgerte, daß die von dem K.[ometen] und seiner eigentümlichen Atmosphäre entwickelten Dämpfe infolge einer R e p u l s i v k r a f t sowohl von diesem als von der Sonne abgestoßen würden. Woher diese Repulsivkraft stammt, ist unbekannt, doch dachte schon Olbers an elektrische Kräfte.« (›Meyer‹ X [1895], 402.) – Zur Schweifbildung vgl. Erl. zu 123f. Die Kometen verlieren bei jedem Umlauf um die Sonne in Sonnennähe einen kleinen Teil ihrer Masse.*

125f. Strahlungsdruck] *der von den Photonen einer elektromagnetischen Strahlung beim Auftreffen auf eine Fläche ausgeübte Druck, hier der der Sonne.*

126 α-Teilchen] α-Teilchen *sind Helium-4-Atomkerne; sie bestehen aus zwei Protonen und zwei Neutronen und entstehen beim radioaktiven Zerfall bestimmter radioaktiver Nuklide, der Alphastrahler. Die Alphastrahlung ist eine ionisierende Strahlung.*

126 β-Teilchen] *Die Betastrahlung ist eine ionisierende Strahlung, die meist aus Elektronen, seltener aus Positronen besteht. Sie entsteht beim sogenannten β-Zerfall, dem radioaktiven Zerfall gewisser Nuklide, der Betastrahler.*

126 γ-Strahlen] *Die γ-Strahlung ist eine sehr kurzwellige und durchdringende elektromagnetische Strahlung, die beim radioaktiven Zerfall natürlich vorkommender oder künstlicher radioaktiver Nuklide entsteht. Sie ist ebenfalls eine ionisierende Strahlung. γ-Strahlung wird dann emittiert, wenn ein Atomkern, der sich in einem energetisch angeregten Zustand befindet, in einen weniger angeregten oder in den Grundzustand übergeht. Der angeregte Zustand kann auch statt durch radioaktiven Zerfall durch Absorption von Strahlung (hier der Sonne) entstanden sein.*

126f. Ionen] *griech. ἰών (ión) ›wanderndes Teilchen‹, atomare, molekulare oder größere Teilchen bzw. Teilchensysteme, die elektrisch nicht neutral, sondern aufgrund eines Elektronenüberschusses negativ oder aufgrund eines Elektronenmangels positiv geladen sind.*

127 Elektronen] *negativ geladene stabile Elementarteilchen, neben den positiv geladenen Protonen und den elektrisch neutralen Neutronen die Bausteine der Atome und mithin der Materie.*

127 Korpuskeln] *lat. corpusculum ›Teilchen‹, allgemein Bezeichnung für kleine materielle Körper, etwa Elementarteilchen, Atome, Moleküle, Ionen etc.*

128 vorletzte Auflage von Meyers Konversationslexikon] *also die »Fünfte, gänzlich neubearbeitete Auflage« von ›Meyers Konversations-Lexikon. Ein Nachschlagewerk des allgemeinen Wissens.‹ 17 Bde. Leipzig u. Wien 1894–1897, die in Bd. 10 (1895), S. 401–405 eine Beschreibung der Kometen bietet. Erst die seit 1897 auf die 1896 erfolgte Entdeckung der Radioaktivität durch Antoine-Henri Becquerel (1852–1908) folgenden Arbeiten Ernest Rutherfords (1871–1937) unterscheiden zwischen α-, β- und γ-Strahlen.*

136 Aphel] *griech. ἀπὸ (apò) ›fern‹ und griech. ἥλιος (helios) ›Sonne‹, der sonnenfernste Punkt auf der Bahn eines Planeten, Asteroiden oder Kometen.*

145 Exaltation] *lat. exaltio ›Erhöhung‹, hier Übersteigerung, Aufgeregtheit.*

148f. Attentäter Damiens] *Robert-François Damiens (1715–1757) wurde nach seinem gescheiterten Attentat auf König Ludwig XV. (1710–1774) von Frankreich in Paris auf dem ›Place de la Grève‹ nach grausamer Folter gevierteilt.*

151–153 spanische König Ferdinand VII. *bis* wieder einzuführen] *Ferdinand VII. (1784–1833) wurde im Mai 1808 durch Napoleon zum Verzicht auf den Thron gezwungen; die spanische Verfassung von 1812, die auch die Aufhebung der Inquisition festschrieb, wurde nach der Niederlage Napoleons (1769–1821) und der Rückkehr Ferdinands VII. nach Spanien am 4. Mai 1814 außer Kraft gesetzt und die Inquisition wieder eingesetzt.*

157 Lubienitzkys Geschichte der Kometen] *Der polnische Theologe und Socinianer Stanislaus Lubienietzki (1623–1675), auch Lubieniecki, Lubieniczki (latinisiert Lubienicius) faßte, nachdem im Januar 1664 eine Kometenerscheinung die Stadt Hamburg in Angst und Schrecken versetzt hatte, nach eingehender die Kometen betreffender Korrespondenz u.a. mit dem französischen Theologen und Astronomen Ismael Boulliau (latinisiert Bullialdus; 1605–1694) den*

Entschluß, Erfahrungen, Beobachtungen und Überlegungen zu Kometen in einem Buch, dem ›Theatrum Cometicum‹, zusammenzufassen. In einem ersten Teil seines Werkes berichtete er zunächst über seine die Kometenerscheinung von 1664/65 betreffende umfangreiche Korrespondenz u.a. mit Boulliau. Illustriert werden die Beschreibungen der genannten Himmelserscheinung in insgesamt 59 Abbildungen – die vom Verfasser zunächst nicht vorgesehen waren. Auf Drängen von Freunden ließ Lubienietzki schließlich von einem eigens eingestellten Mathematiker den Lauf des Kometen in die jeweiligen Sternkarten einarbeiten. Die Sternkarten ließ er von ebenfalls eigens eingestellten Zeichnern im Stile der Zeit überschwenglich und phantasievoll ausgeschmücken – mit einem Schlangenkopfe und mit blauen Füßen *(Z. 163f.). Ein zweiter Teil stellt die bekannten Informationen zu 415 früher gesichteten Kometen – davon 50, die vor der christlichen Zeitrechnung am Himmel erschienen waren – zusammen und bildet teilweise auch diese detailverliebt in 25 Tafeln ab. Ein dritter Teil schließlich setzte sich mit der astrologischen Bedeutung der Kometen für das Leben der Menschen auseinander. – Lubienietzki hatte Hamburg als einstweiliges Exil auf der Flucht vor der gegenreformatorischen Bewegung in Polen gewählt. Im Erscheinungsjahr des ›Theatrum‹ wurde er aufgrund seines Glaubens – als Socinianer lehnte er die christliche Dreifaltigkeit (Vater, Sohn, Heiliger Geist) ab und verehrte einen einzigen Gott (Unitarismus) – auf Veranlassung des polnischen Hofes im lutherischen Hamburg der Gotteslästerung, Ketzerei sowie der Verführung von Menschen angeklagt, wobei das ›Theatrum‹ als Beweis für die auch schriftliche Verbreitung der ›Irrlehre‹ herangezogen wurde. 1668 ins dänische Altona geflohen, kehrte Lubienietzki 1674 nach Hamburg zurück, wo er, von seinen lutherischen Gegnern erneut der Verbreitung von ›Irrlehren‹ angeklagt, im Mai 1675 gemeinsam mit zweien seiner Kinder von einer gedungenen Dienstmagd vergiftet worden sein soll (vgl. zu Lubienietzki allgemein Kai Eduard Jordt-Jørgensen: ›Stanislaw Lubieniecki. Zum Weg des Unitarismus von Ost nach West im 17. Jahrhundert.‹* Göttingen *1968).*

171 tellurische Brüderschaft] *lat. tellus ›Erde‹; Hausdorff verwendet diese Bezeichnung für die Erdenbewohner bereits in* Max Klingers Beethoven, *Z. 43f. (HGW VIII, 489f.).*

176 magnetische Gewitter] *auch ›magnetische Stürme‹, starke Schwankungen des erdmagnetischen Feldes, die v.a. durch eine verstärkte Partikelstrahlung der Sonne (›Sonnenwind‹) ausgelöst werden und vielfältige sogenannte solarterrestrische Erscheinungen wie das Polarlicht hervorrufen, hier auf die Partikelstrahlung des Kometenschweifes bezogen.*

178 Marodeure] *frz. maraud ›Lump‹; in der Sprache des Militärs ursprünglich abschätzige Bezeichnung für einen marschunfähigen Soldaten, versteht man zeitgenössisch unter einem* Marodeur *einen – auch im zivilen Bereich – Plündernden.*

178f. 1811er Kometenwein] *Das Jahr 1811 brachte v.a. in den Weinanbaugebieten Deutschlands, aber auch in denen anderer europäischer Ländern einen besonders guten Jahrgang hervor. Dies wurde mit einem von Honoré Flaugergues (1755–1835) entdeckten riesigen Kometen in Verbindung gebracht, der zu den größten jemals gesichteten Kometen gehörte. Dessen Schweif soll sich über rund 160 Mio. Kilometer erstreckt haben und ihm soll ein Lichtbogen vorausgegangen sein; vgl. dazu u.a. auch* ADOLPH: *›Kometenwein. 1811.‹ In: ›Die Harfe.‹ Hrsg. v.* FRIEDRICH KIND. *Bd. 5 (1816), S. 301. – Als* Kometenwein *werden mehrere Weine dieses Jahrgangs bezeichnet, u.a. der Lieblingswein* GOETHES *aus dem Rheingau.*

179 Straßburger Kometentaler von 1681] *1681 von der ehemals Freien Reichsstadt Straßburg anläßlich ihrer (Rück-)Eroberung durch den französischen (›Sonnen‹-)König* LUDWIG *XIV. (1638–1715) geprägte Münze, die auf der Schauseite die Abbildung eines Kometen trägt, der 1680 erschien und der als astrologisches Zeichen für die französische Eroberung ein Jahr später gedeutet wurde, vgl. Z. 180f.:* der Sonnenkönig vollzieht das göttliche Strafgericht.

186 Gartenlaube] *›Die Gartenlaube‹, 1853 von* ERNST KEIL *(1816–1878) in Leipzig gegründete illustrierte, wöchentlich erscheinende Familienzeitschrift meist belehrenden, leicht sentimentalen Inhalts, der Prototyp der mehr seichteren unterhaltenden bürgerlichen Familienblätter.*

189 Parabeln und Hyperbeln] *vgl. Erl. zu 73.*

189f. 75 Jahre Umlaufszeit] *Das Zeitintervall der größten Sonnennähe schwankt beim Halleyschen Kometen zwischen 74,9 und 79,2 Jahren mit einem Mittel von 76 Jahren.*

190 Kern, Koma und Schweif] *vgl. Erl. zu 123f..*

190 gespaltener Schweif] *ein öfters bei Kometen zu beobachtendes Phänomen; der Komet ›Brooks 1893 IV‹ (nach* WILLIAM ROBERT BROOKS *[1844–1921]) etwa verfügte über zwei vom Kometenkopf ausgehende Schweife.*

190f. sechsfacher Schweif] *Der 1743/44 erschienene, nach dem schweizerischen Astronomen* JEAN-PHILIPPE DE LOYS DE CHÉSEAUX *(1718–1751) benannte Chéseauxsche Komet hatte der Beschreibung* CHÉSEAUXS *zufolge sechs Schweife, vgl.* CHÉSEAUX: *›Traité de la Comète, qui a paru en Décembre 1743 jusqu'à Mars 1744.‹ Lausanne 1744, spez. Tab. V.*

193f. Bibliophilen-Neudruck] *Zur möglichen ironischen Anspielung auf die bibliophilen Zirkel vgl. den Abschnitt ›Entstehungsgeschichtlicher Kontext‹. – Zum ›Kometenjahr‹ 1910 erschien in der bibliophilen ›Zeitschrift für Bücherfreunde‹ ein mit zahlreichen hochwertig reproduzierten Abbildungen versehener Beitrag von* WILHELM HESS *mit dem Titel ›Himmels- und Naturerscheinungen in Einblattdrucken des XV. bis XVIII. Jahrhunderts‹ (›Zeitschrift für Bücherfreunde‹ NF 2,1 [1910], S. 1–20 u. S. 75–104 sowie NF 2,2 [1911], S. 301–320, S. 341–368 u. S. 388–404; als Monographie erschienen Leipzig 1911).*

Andacht zum Leben.

›Die neue Rundschau (Freie Bühne)‹ XXI (1910), H. 12 (Dez.), S. 1737–1741.

[H 1910b]

Andacht zum Leben / von Paul Mongré

Das Sein gönnt dem Denken keine behagliche Minute. Unbequeme Tatsachen zerstören die wünschenswerte Einfachheit. In der Mathematik ist die Existenz der Zahl Null außerordentlich zeitraubend. Für die Moral bedeuten die Triebe des Menschen eine Erschwerung, jene »Neigungen, von denen gänzlich frei zu sein der Wunsch jedes vernünftigen Wesens sein muß«. Aber die unangenehmste aller Komplikationen ist und bleibt das Leben. Wie wird man mit dem Leben fertig? Das Ratsamste wäre, zu beweisen, daß es das Leben nicht gibt. In Ermanglung dieses eleatischen Ausweges verrenkt sich der Gedanke zu verzweifelten Posen. Spiritualismus und Materialismus, Vitalismus und Mechanismus, Dualismus und Monismus geben ihre Lösungen des Rätsels, deren manche nicht mehr ist als die Weigerung, eine Lösung zu suchen. Nur die Dichter, diese andächtigen Seelen, helfen sich mit verhältnismäßig einfachen Mitteln: mit Anbetung! Sie beten das Leben an, das Weltgeheimnis, das Unerforschliche, das Mysterium der Zeugung, sie, die Erben tausendjähriger Frömmigkeit, die nur den Fetisch wechselt und auf die Altäre der alten Götter neue Symbole stellt, die nicht ganz so kompromittierend göttlich sind. Hier wird das Ignoramus zur Geste der Verehrung, zu hochgezogenen Augenbrauen und öligen Blicken, zu weichen, feuchten, von Tiefsinn dampfenden Worten priesterlicher Lyrik, und kein Peitschenknallen Zarathustras kann das Girren dieser pathologischen Liebhaber übertönen, die sich gerade am Irrationalen, Grausamen, Dämonischen der vita femina berauschen.

Ein Mann der Wissenschaft, theoretischer Physiker seines Zeichens, versucht den Abgrund des Lebens mit einem Gedanken von überraschender Einfachheit und Leuchtkraft zu erhellen. (Felix Auerbach, Ektropismus oder die physikalische *[1738]* Theorie des Lebens. Leipzig 1910, Verlag von Wilhelm Engelmann.) Er wirft sich nicht in agnostischer Demut vor der Sphinx nieder, aber ohne einige dichterische Aufregung und Andacht zum Leben ist es doch nicht abgegangen.

Energie kann weder geschaffen noch zerstört werden, sondern sich nur verwandeln, bei gleichbleibendem Betrage. Das ist der Artikel Eins der Weltverfassung, das Gesetz von der Erhaltung der Energie, das die Bilanz des Weltgeschehens regelt, aber keinen Aufschluß über die Richtung der tatsächlich stattfindenden Transaktionen gibt; es würde unverletzt bleiben, wenn sich, wie in jener Ballade vom großen Krebs, die Weltgeschichte rückwärts abspielte und in der Mühle das Mehl zu Getreidekörnern zusammenwüchse. Im wirklichen Weltverlauf herrscht eine gemeinsame Tendenz, die man als Entwertung, Zerstreuung, Vergeudung der Energie bezeichnet und zum zweiten Hauptsatz der energetischen Physik erhoben hat. Die Körner werden zu Mehl, Gebirge verwittern und werden von Flüssen ins Meer gespült, Niveau- und Temperaturunterschiede gleichen sich aus, die Sonne strahlt ihre Wärme in den ungeheuren Weltraum, Dinge und Menschen altern. Alle diese und hundert ähnliche Erscheinungen lassen sich auf die Formel bringen, daß die Energie, obwohl sie konstant bleibt, an Wirkungsfähigkeit, an Arbeitswert, an Konzentration immer mehr einbüßt; sie wird nicht weniger, aber sie wird weniger zugänglich, weniger nutzbar, weniger praktikabel. Man kann auch sagen: die Energie *entordnet* sich, verwirrt sich, wird chaotisch. Das typische Bild dafür ist die Temperaturmischung. Heiß und Kalt gibt Lau, während von selber, ohne äußeren Eingriff, das Laue sich nicht in Kaltes und Heißes spaltet. Die durchschnittlich langsam fliegenden Molekeln des kalten Gases und die schnell fliegenden des heißen, in gemeinsamem Gefäß sich überlassen, geraten durcheinander und geben einen Molekelschwarm von mittlerer Geschwindigkeit, den wir nicht wieder zu zwei getrennten Schwärmen verschiedener Geschwindigkeit entwirren können (es sei denn unter Zuführung neuer Energie, die sich immer wieder mit Vergeudung bezahlt macht). — Also: mit jedem Energieumsatz wächst die Unordnung, das Chaos, die Gebundenheit der Energie, ihre Unlust zu weiterer Verwandlung, es wächst die *Entropie*, worunter man eben ein Maß für die entwertete, außer Kurs gesetzte Energie zu verstehen hat. Eine berühmte Abhandlung von Clausius schließt mit den emphatischen Sätzen: *Die Energie der Welt ist konstant. Die Entropie der Welt strebt einem Maximum zu.* Nach der üblichen Auffassung strebt damit das Weltgeschehen der Ruhe vollkommenen Gleichgewichts zu: wenn alle Intensitätsunterschiede sich ausgeglichen haben und alle Energie in Form lauer Wärme gleichmäßig im Weltraum zerstreut ist, so kann nichts mehr geschehen. Und entsprechend scheint die Welt einen Anfang gehabt zu haben, indem sie mit der Entropie Null, das heißt mit einem Maximum von Ordnung, Verdichtung, Spannung der Energie ins Dasein trat, als vollständig auf *[1739]* gezogenes Uhrwerk, das seitdem nur abläuft und unerbittlich dem Stillstande entgegenläuft. Hierfür das gute deutsche Wort Schöpfung zu verschmähen wäre allerdings ein Vorurteil.

Welche Rolle spielt in diesem Weltverlauf das Leben? Die Biologen entwerfen ja ein ganz anderes Weltbild als das eben gezeichnete mit seiner einsinnigen Tendenz zu Verwüstung und Versandung, zu Schwächung und Ausgleichung: bei ihnen herrscht Entwicklung, Differenzierung, Wertsteigerung, und ihre Prognosen, die das allgemein naturwissenschaftliche Entwertungsprinzip in der Regel vollständig ignorieren, sind ebenso triumphierend optimistisch wie jenes trostlos und verzichtend. Wie verträgt sich das physikalische Abwärts mit dem organischen Exzelsior? Unser Verfasser bringt beides in Zusammenhang, indem er eben der organisierten Materie die Fähigkeit zuschreibt, *ektropisch*, das heißt entropievermindernd zu wirken, also das Monopol des Entwertungsprinzipes zu durchbrechen. Wie sie das anfängt, kann man wenigstens schematisch begreifen, wenn man an die höchste Form des Organischen, an den menschlichen Intellekt denkt, der vermöge seiner ordnenden und auslesenden Tätigkeit die Verwirrung der Energie hemmen, aufhalten, sogar rückgängig machen kann. In jenem Molekelschwarm, der ein laues Gas darstellt, müßte etwa eine Scheidewand mit verschließbarer Öffnung und an dieser Öffnung ein intelligenter Wächter, ein Maxwell'scher »Dämon« aufgestellt werden, (beide freilich, Tür und Wächter, von molekularer Kleinheit), der die rascher schwirrenden Molekeln nur von rechts nach links, die langsameren nur von links nach rechts passieren ließe: dann würde ohne Zufuhr äußerer Energie eine Spaltung des Lauen in Heiß und Kalt, eine Entmischung, Entwirrung, Differenzierung, kurz eine Entropieverminderung eintreten. Das ist nur ein Bild, ein Gleichnis; aber die hohe Komplikation der organischen Molekeln, der Zellenbau, die Eigenwärme der Organismen sind Tatsachen, die wirklich auf eine ektropische Fähigkeit des Lebens schließen lassen. »Das Leben ist die Organisation, die sich die Welt geschaffen hat zum Kampfe gegen die Entwertung der Energie.« »Der ordnende, auslesende, befreiende Sinn fängt an, dem verwirrenden und bindenden Sinne ebenbürtig zu werden. Die Hoffnung aber spricht: dermaleinst wird er den Sieg davontragen, und die Welt wird ektropisch werden.«

Mündet auch die Physik in eine Religion des Lebens, die Biologie in eine Biolatrie? Das Pathos der Andächtigen reizt zum Widerspruch. Ich kann eine blasphemische Anwandlung, einen Verdacht nicht unterdrücken: wenn wirklich das Leben die Welt vor dem Entwertungsprinzip schützt, so fürchte ich, daß das Heilmittel schlimmer ist als die Krankheit.

Was ist das Schreckliche einer Welt, die unter ausnahmeloser Herrschaft des Entwertungsprinzips steht? Das drohende Weltfinale? Dieser Konsequenz entgeht man mit Leichtigkeit, wenn man den Energievorrat des Universums als *[1740]* u n e n d l i c h betrachtet, eine Annahme, gegen die schlechthin kein vernünftiger Gegengrund spricht. Jene rhetorischen Sätze von Clausius verlieren dann zunächst ihren Sinn und müssen vorsichtiger formuliert werden, jedenfalls aber – um es handgreiflich auszudrücken – kann man eine unendliche Energiemenge unendlich lange verwüsten, ohne sie zu erschöpfen. Aber selbst bei endlicher Weltenergie ist der Schluß auf ein Weltende, nebst dem weniger bedrohlichen, aber philosophisch ebenso fatalen Schluß auf einen Weltanfang, noch vollkommen unberechtigt. Die Entropie kommt von einem Minimum Null her und strebt einem Maximum, sagen wir Hundert, zu; daraus folgt nicht im mindesten, daß sie das Minimum je erreicht haben noch das Maximum je erreichen müsse, sie ist nur der unteren Grenze einstmals beliebig nahe gekommen und wird einstmals der oberen Grenze beliebig nahe kommen. Das Uhrwerk war nie vollständig aufgezogen und wird nie vollständig ablaufen. Damit ist sogar die Möglichkeit gegeben, daß das Weltgeschehen, dessen Intensität äußerlich betrachtet unter jede Grenze sinkt (ohne aber völlig zu erlöschen), den hinein verflochtenen Bewußtseinsträgern mit ungeschwächter Spannung weiterzuarbeiten scheint; die gedämpfte Objektswelt kann, von Subjekten mit gedämpftem Gehirnprozeß betrachtet, ihr Zeit- und Kraftmaß unvermindert beibehalten. (Diese relativistische Auffassung hat der Psychologe W. Stern eingehend begründet.)

Aber geben wir auch dieses Benefizium preis: in der anorganischen Welt herrsche die Energiezerstreuung, das Wachstum der Entropie, das zugestandenermaßen in endlicher Zeit zum Welttode führe. Nun bilden sich ektropische Inseln, Teilsysteme, die ihre Entropie vermindern (und zwar hoffentlich nicht auf Kosten fremder Energie, die sich dabei entwertet). Das gibt dann wirklich ein verringertes Wachstum der Gesamt-Entropie, eine Verzögerung der Katastrophe. Aber wie winzig sind diese Inseln verglichen mit dem Ozeane! Wie sparsam ist das Leben inmitten der energieverwüstenden anorganischen Welt verteilt! Während auf der Erdoberfläche die Organismenwelt einen Pfennig nutzbarer Energie rettet, strahlen Millionen in Form irdischer Wärme, Billionen in Form von Sonnenwärme in den uferlosen Weltraum hinaus. Nein, das ist kein Profit, der den allgemeinen Bankrott aufhalten könnte. Zu diesem Zwecke wäre ein sphärischer Raum, eine strahlenreflektierende Begrenzung des Weltäthers oder was man sonst in dieser Art an Sammel- und Sparvorrichtungen gegen Energiezerstreuung ersonnen hat, bei weitem vorzuziehen.

Und zum Schluß: was veranlaßt denn die Natur, sich der Energiezerstreuung entgegenzustemmen? Daß Zerstreuung Entwertung ist? Aber Entwertung ist sie erst, wenn man die Wertkategorie hinzubringt, wenn ein Intellekt mit Werten und Zwecken, wenn ein organisches Wesen mit Lust- und Unlustgefühlen da ist. Der anorganischen Natur könnte es recht gleichgültig sein, ob geordnete oder ungeordnete, verdichtete oder zerstreute Molekelschwärme im Raume tanzen; dem *[1741]* mit Hautnerven ausgestatteten Menschen ist es nicht gleichgültig, ob er mit dem linken Bein in heißem und mit dem rechten in kaltem Wasser, oder ob er mit beiden Beinen in lauem Wasser steht. Wenn das Leben wirklich eine Abhilfe gegen den Übelstand des Entropiewachstums sein soll, so ist leider zu sagen: der Übelstand ist erst da, seitdem die Abhilfe da ist! Die Arznei hat erst die Krankheit erzeugt, das Pflaster die harmlose Wunde vergiftet. Nun ist das Leben da, diese kostspieligste Daseinsform, nun ist der Schmerz da, diese unsinnigste aller Verschwendungen, die jedes Ding tausendfach zu teuer bezahlt – und die grandiose Selbstübertölpelung der Natur hat es zuwege gebracht, daß der Schmerz als Reaktion nicht nur auf Energieentwertung, sondern auch auf ihr Gegenteil erscheint, und daß der ektropischste aller möglichen irdischen Vorgänge, die Aufspeicherung der gesamten ausgestrahlten Sonnenenergie auf der Erde, die irdische Organismenwelt mit einem Schlage vernichten würde. Nein, ihr Anbeter des Lebens: das Leben ist eine heillose und rätselhafte Sache, auf die man keinen dithyrambischen Toast ausbringen soll! und der Ektropismus mag eine physikalische Theorie des Lebens, ein wertvoller Beitrag zum Verständnis des Lebens sein, aber eine Biodizee, eine Rechtfertigung des Lebens ist er nicht.

Andacht zum Leben

Entstehungsgeschichtlicher Kontext

Am 12. November 1856 in Breslau geboren, nahm FELIX AUERBACH *nach einer humanistischen Schulbildung 1873 im Alter von 16 Jahren das Studium der Physik in Breslau auf, wechselte nach Heidelberg, wo er u.a. bei* GUSTAV ROBERT KIRCHHOFF *(1824–1887) hörte, und schließlich nach Berlin, wo er 1875 bei* HERMANN VON HELMHOLTZ *(1821–1894) promovierte. 1879 trat er eine Assistenz bei* OTTO EMIL MEYER *(1834–1909) in Breslau an, wo er sich ein Jahr später habilitierte und dann als Privatdozent lehrte. An der Universität Jena übernahm* AUERBACH *1889 eine außerordentliche Professur für theoretische Physik – ein Ordinariat wurde ihm aufgrund seiner jüdischen Herkunft über Jahre hinweg verweigert, erst Ende 1923 erhielt er ein Ordinariat in Jena. Der als Wissenschaftler und Hochschullehrer geschätzte* AUERBACH *beschäftigte sich intensiv mit einer ›Physik der Künste‹ und stand mit zahlreichen namhaften Künstlern und Intellektuellen in engem Kontakt, u.a. mit den Protagonisten des ›Bauhauses‹ in Weimar,* WALTER GROPIUS *(1883–1969) und* ADOLF MEYER *(1881–1929), die er mit dem Bau eines – damals provokanten, flachdachigen – Wohnhauses in Jena beauftragte.*[1] *Das ›Haus Auerbach‹ war ein kulturelles Zentrum für Wissenschaftler und Künstler, in dem u.a.* RICHARD DEHMEL *(1863–1920) häufig zu Gast war. Nach der Machtübernahme durch die Nationalsozialisten nahm sich* AUERBACH *gemeinsam mit seiner Frau in der Nacht zum 26. Februar 1933 das Leben.*

AUERBACH *trat v.a. mit Publikationen zur Akustik hervor – er promovierte mit ›Untersuchungen über die Natur des Vocalklanges‹*[2] *–, beschäftigte sich aber auch mit der Darstellung physikalischer Phänomene mittels Graphiken und Diagrammen, z.B. der Darstellung der für das menschliche Auge nicht sichtbaren Schall- und anderen Wellen.*[3] *In seinem Buch über den ›Ektropismus‹*[4] *stellt* AUERBACH *»de[m] bösen Dämon* E n t r o p i e*«,*[5] *jener von dem deutschen Physiker* RUDOLF CLAUSIUS *(1822–1888) 1865 eingeführten thermodynamischen Zustandsvariablen, die den Grad der Unordnung in einem System angibt und damit ein Maß*

---

1 *Vgl. zu den Beziehungen zwischen Auerbach und dem ›Bauhaus‹ insbesondere Ulrich Müller: ›Fläche, Raum, Zeit: Felix Auerbach und Paul Klee.‹ In: ›Oberflächen der Theorie.‹ Berlin 2003 (›Bildwelten des Wissens. Kunsthistorisches Jahrbuch für Bildkritik‹ 1,2), S. 44–53 sowie ders.: ›Raum, Bewegung und Zeit im Werk von Walter Gropius und Ludwig Mies van der Rohe.‹ Berlin 2002.*

2 *Auerbach: ›Untersuchungen über die Natur des Vocalklanges.‹ In: ›Annalen der Physik und Chemie‹, Erg.-Bd. 8 (1877), S. 177–225; vgl. u.a. auch ders.: ›Die Grundlagen der Musik.‹ Leipzig 1911.*

3 *Vgl. Karin Leonhardt: ›Bild und Zahl. Das Diagramm in Kunst und Naturwissenschaft am Beispiel Wassily Kandinskys und Felix Auerbachs.‹ In: ›Sichtbarkeit und Medium. Austausch, Verknüpfung und Differenz naturwissenschaftlicher und ästhetischer Bildstrategien.‹ Hrsg. v. Anja Zimmermann. Hamburg 2005, S. 231–254.*

4 *Auerbach: ›Ektropismus oder die physikalische Theorie des Lebens.‹ Leipzig 1910.*

5 *Auerbach: ›Die Weltherrin und ihr Schatten.‹ In: ›Himmel und Erde. Illustrierte naturwissenschaftliche Monatsschrift‹, XIV. Jg. (1902), S. 433–448 u. S. 507–520, hier S. 434; mit dem Titel ›Die Weltherrin und ihr Schatten. Ein Vortrag über Energie und Entropie‹ auch in Buchform Jena 1902, in 2., erw. u. erg. Aufl. Jena 1913 erschienen.*

für den nicht in mechanische Energie umsetzbaren Energieinhalt eines Objektes darstellt,[6] *die begrifflich von dem Münchener Verleger* Georg Hirth *(1841–1916) eingeführte ›Ektropie‹ gegenüber – als jene Energie, »welche bei den Schlussprozessen für die äusseren Arbeiten (speziellen Funktionen) des Systems potentiell verfügbar oder durch funktionelle Abgabe frei wird«.*[7] *Wie alle Lebewesen kehre auch der Mensch die Tendenz physikalisch-energetischer Systeme zur Nivellierung interner Energieniveauunterschiede um und baue durch die Bindung von Energie Niveauunterschiede auf, statt sie tendenziell abzubauen, doch komme dem Menschen das zweifelhafte Verdienst zu, »die ektropische Fähigkeit auf den bisher höchsten Punkt« gesteigert zu haben,*[8] *womit er sich eine »so unverhältnismäßig wirksamere Waffe im Kampfe ums Dasein« erworben habe, »daß er den Wettbewerb jeder anderen Spezies leicht ausschließen konnte«.*[9]

Zunächst begegnet Hausdorff *der Ansicht, der Ektropismus der Lebewesen könne die Zunahme der Entropie stoppen oder umkehren, mit einem physikalischen Argument: Verglichen mit der Energie, die allein die Sonne in den Weltraum ›verschwendet‹, ist das ›organisierende‹ Wirken der Lebewesen auf der Erde vollkommen zu vernachlässigen.* Hausdorff *geht es aber insbesondere – wie schon in früheren Essays – um die Zurückweisung irrationalistischer Tendenzen, hier im Hinblick auf das organische Leben:*

> Mündet auch die Physik in eine Religion des Lebens, die Biologie in eine Biolatrie? Das Pathos der Andächtigen reizt zum Widerspruch.[10]

Dies Pathos hat Hausdorff *schon eingangs seines Essays gegeißelt; das ›Leben‹ soll kein neuer Schatten Gottes werden (vgl. den Essay* Gottes Schatten, *HGW VIII, 663–666):*

> Hier wird das Ignoramus zur Geste der Verehrung, zu hochgezogenen Augenbrauen und öligen Blicken, zu weichen, feuchten, von Tiefsinn dampfenden Worten priesterlicher Lyrik, und kein Peitschenknallen Zarathustras kann das Girren dieser pathologischen Liebhaber übertönen, die sich gerade am Irrationalen, Grausamen, Dämonischen der vita femina berauschen.[11]

Der verehrenden Anbetung begegnet Hausdorff *auch mit dem Hinweis, daß mit dem Leben,* diese*[r]* kostspieligste*[n]* Daseinsform, *auch* der Schmerz *verbunden sei,*

> diese unsinnigste aller Verschwendungen, die jedes Ding tausendfach zu teuer bezahlt – und die grandiose Selbstübertölpelung der Natur hat es zuwege gebracht, daß der Schmerz als Reaktion nicht nur auf Energieentwertung, sondern auch auf ihr Gegenteil

---

[6] *Vgl. Clausius: ›Ueber verschiedene für die Anwendung bequeme Formen der Hauptgleichungen der mechanischen Wärmelehre.‹ In: ›Annalen der Physik und Chemie‹ CXXV (1865), S. 353–400.*

[7] *Hirth: ›Entropie der Keimsysteme und erbliche Entlastung.‹ München 1900, S. 66.*

[8] *Auerbach: ›Ektropismus‹, S. 48.*

[9] *Ebd., S. 52; vgl. zum wissenschafts- und kulturhistorischen Kontext generell Elizabeth R. Neswald: ›Thermodynamik als kultureller Kampfplatz. Zur Faszinationsgeschichte der Entropie 1850–1915.‹ Freiburg 2006 (›Berliner Kulturwissenschaft‹ 2).*

[10] *Mongré:* Andacht zum Leben, *S. 1739.*

[11] Ebd., *S. 1737.*

erscheint, und daß der ektropischste aller möglichen irdischen Vorgänge, die Aufspeicherung der gesamten ausgestrahlten Sonnenenergie auf der Erde, die irdische Organismenwelt mit einem Schlage vernichten würde. Nein, ihr Anbeter des Lebens: das Leben ist eine heillose und rätselhafte Sache, auf die man keinen dithyrambischen Toast ausbringen soll! und der Ektropismus mag eine physikalische Theorie des Lebens, ein wertvoller Beitrag zum Verständnis des Lebens sein, aber eine Biodizee, eine Rechtfertigung des Lebens ist er nicht.[12]

Der gemeine*[]* körperliche*[]* Schmerz, *die* Qual durch Eisen und Feuer, Seuche und Gift *lassen – wie* H*AUSDORFF in seinem letzten publizierten Essay* Biologisches *feststellt – eine Rechtfertigung der organischen Natur oder gar ihre Anbetung nicht zu.*[13] *Die Zurückweisung des Versuchs einer pseudo-pantheistischen Weltdeutung bzw. einer* Biodizee *erinnert an die Reflexionen* T*HOMAS* P*AYNES im sogenannten ›Philosophengespräch‹ in* G*EORG* B*ÜCHNERS (1813–1837) ›Danton's Tod‹ (1835; III,1). Die Philosophen kommen zu dem Schluß, daß der »Schmerz der Fels des Atheismus« sei.*[14] *Doch ist laut* H*AUSDORFF der Schmerz in zeitgenössischer Sicht augenscheinlich* ein Kulturfaktor! *der* Vater der Entwicklung – *wenn aber* die Weltgeschichte ohne vorausgegangene Kreuzigungen, Pfählungen, Scheiterhaufen nicht zu Goethes Faust kommen kann, so ist es anständiger auf Goethes Faust zu verzichten.[15] *Mit dem kulturpessimistischen Essay* Biologisches *stellte* H*AUSDORFF seine literarischen Äußerungen ein.*

Entstehung

Zur Entstehung dieses Essays zu F*ELIX* A*UERBACHS ›Ektropismus oder die physikalische Theorie des Lebens‹ sind – sieht man von der Publikation des ›Ektropismus‹ Anfang 1910 als terminus post quem (vgl. dazu die Besprechung von* H*ANS* D*RIESCH [1867–1941] im ›Zentralblatt für allgemeine und experimentelle Biologie‹, Bd. 1 [1910], Nr. 11/12, S. 369f.) und dem Erscheinen des Essays in der ›Neuen Rundschau‹ im Dezember desselben Jahre als terminus ante quem ab – keinerlei Zeugnisse überliefert.*

Überlieferung

H *nicht nachgewiesen.*
D *›Die neue Rundschau (Freie Bühne)‹ XXI (1910), H. 12 (Dez.), S. 1737–1741.*

[12] Ebd., *S. 1739.*

[13] *Paul Mongré:* Biologisches. *In: ›Licht und Schatten. Wochenschrift für Schwarzweißkunst und Dichtung‹, 3. Jg. (1912/13), H. 35 (›Schlesien-Nummer‹), Sp. [20a]–[20b], hier Sp. [20b] (HGW VIII, 758).*

[14] *Büchner: ›Danton's Tod.‹ Hist.-krit. Ausgabe. Hrsg. v. Burghard Dedner u. Thomas Michael Mayer. Darmstadt 2000 (›Marburger Ausgabe‹), Bd. 3,1, S. 202.*

[15] *Mongré:* Biologisches, *Sp. [20b] (HGW VIII, 758).*

2f. In der Mathematik ist die Existenz der Zahl Null außerordentlich zeitraubend] *Vielleicht meint* Hausdorff *hier, daß man oft, z.B. bei Divisionen, extra anmerken muß, daß gewisse Größen von Null verschieden sind.*

4f. »Neigungen, von denen gänzlich frei zu sein der Wunsch jedes vernünftigen Wesens sein muß«] *leicht abgewandeltes Zitat aus der ›Grundlegung zur Metaphysik der Sitten‹ (1785)* Immanuel Kants *(1724–1804): »Die Neigungen selber aber als Quellen des Bedürfnisses haben so wenig einen absoluten Werth, um sie selbst zu wünschen, daß vielmehr, gänzlich davon frei zu sein, der allgemeine Wunsch eines jeden vernünftigen Wesens sein muß« (AA IV, 428).*

8 dieses eleatischen Ausweges] *zur Schule der Eleaten vgl. Erl. zu 1120f. im Kommentarteil zu* Sprachkritik, *HGW VIII, 648f.*

9 Spiritualismus] *vgl. Erl. zu 85 im Kommentarteil zu* Massenglück und Einzelglück, *HGW VIII, 301.*

9f. Materialismus] *von lat. materia ›Stoff‹.* Hausdorff *meint hier den ontologischen Materialismus, eine philosophische Auffassung, für die nur die Materie existiert und die alle Vorgänge und Phänomene der Welt auf materielle Ursachen zurückführt. Der menschliche Geist ist Produkt der Materie; immaterielle geistige Wesen (Gott) gibt es nicht (vgl. auch Erl. zu 767 im Kommentarteil zu* Sprachkritik, *HGW VIII, 628, und Erl. zu 82f. im Kommentarteil zu* Massenglück und Einzelglück, *HGW VIII, 301).*

10 Vitalismus] *vgl. Erl. zu 960 im Kommentarteil zu* Sprachkritik, *HGW VIII, 643f..*

10 Mechanismus] *philosophische Auffassung, die die Lebensprozesse aus den Gesetzen der Bewegung der Materie kausal-mechanisch zu erklären sucht (vgl. auch Erl. zu 767 im Kommentarteil zu* Sprachkritik, *HGW VIII, 628).*

10 Dualismus] *vgl. Erl. zu 51 im Kommentarteil zu* Massenglück und Einzelglück, *HGW VIII, 295f.*

10 Monismus] *vgl. Erl. zu 171f. im Kommentarteil zu* Das unreinliche Jahrhundert, *HGW VIII, 359 und Erl. zu 221 im Kommentarteil zu* Der Schleier der Maja, *HGW VIII, 476f.*

17 Ignoramus] *lat ›wir wissen [es] nicht‹; 1872 bekannte sich der deutsche Physiologe* Emil du Bois-Reymond *(1818–1896) auf der ›Versammlung deutscher Naturforscher und Aerzte‹ in Leipzig in einem aufsehenerregenden Vortrag mit dem Titel ›Über die Grenzen des Naturerkennens‹ (gedruckt Leipzig 1872) zum Prinzip des ›ignoramus et ignorabimus‹ (›wir wissen es nicht und wir werden es nie wissen‹), d.h. zur letztendlichen Unerkennbarkeit der Welt. Diesen Standpunkt begründete er mit der Unlösbarkeit der Frage nach dem »Wesen von Materie und Kraft« sowie mit dem ihm gleichfalls unlösbar erscheinenden Problem, wie sich Geistestätigkeit aus materiellen Bedingungen erklären lasse bzw. wie »Substanz unter bestimmten Bedingungen empfindet, begehrt und denkt« (zitiert nach ›Reden.‹ Hrsg. v.* Estelle du Bois-Reymond. *2 Bde. Leipzig [2]1912, Bd. 1, S. 441–473, hier S. 464). – Vgl. dazu ferner Erl. zu 14 im Kommentarteil zu* Gottes Schatten, *HGW VIII, 670.*

20 kein Peitschenknallen Zarathustras] *vgl. dazu* FRIEDRICH NIETZSCHES *(1844–1900) ›Also sprach Zarathustra‹ III: ›Das andere Tanzlied‹ 1: »Nach dem Takt meiner Peitsche sollst du mir tanzen und schrein! Ich vergass doch die Peitsche nicht? — Nein!« (KGW VI,1, 280.)*

22 vita femina] *vgl.* NIETZSCHE: *›Die fröhliche Wissenschaft‹ IV, 339: »Vita femina. — Die letzten Schönheiten eines Werkes zu sehen — dazu reicht alles Wissen und aller guter Wille nicht aus; es bedarf der seltensten glücklichen Zufälle, damit einmal der Wolkenschleier von diesen Gipfeln für uns weiche und die Sonne auf ihnen glühe. [...] Ich will sagen, dass die Welt übervoll von schönen Dingen ist, aber trotzdem arm, sehr arm an schönen Augenblikken und Enthüllungen dieser Dinge. Aber vielleicht ist diess der stärkste Zauber des Lebens: es liegt ein golddurchwirkter Schleier von schönen Möglichkeiten über ihm, verheissend, widerstrebend, schamhaft, spöttisch, mitleidig, verführerisch. Ja, das Leben ist ein Weib!« (KGW V,2, 248f.)*

27 in agnostischer Demut] *zum Begriff ›Agnostizismus‹ vgl. Erl. zu 15 im Kommentarteil zu* Gottes Schatten, *HGW VIII, 670f.*

28 Sphinx] *der griechischen Mythologie zufolge war die* PHIX *oder* SPHINX *ein Wesen mit Kopf und Brust einer Frau und dem Körper eines geflügelten Löwen. Die Tochter des Wächterhundes* ORTHOS *– Bruder des* KERBEROS *– und seiner Mutter* ECHIDNA, *einem halb menschlichen, halb schlangenartigen Ungeheuer (vgl.* HESIOD: *›Theogonie‹ 297–299 u. 326f.) hauste in oder nahe Theben und tötete jeden, der das von ihr gestellte Rätsel: »Zweifüßig, dreifüßig, vierfüßig lebt es auf Erden, und eine Stimme nur hat es« nicht lösen konnte; erst der thebanische König* ÖDIPUS *gab die richtige Antwort – ›der Mensch‹ –, woraufhin das Ungeheuer sich in einen Abgrund stürzte (vgl.* SOPHOKLES: *›König Ödipus‹, Einführung [*SOPHOKLES: *›Dramen.‹ Griech.-dt. Hrsg. u. übers. v.* WILHELM WILLIGE, *überarb. v.* KARL BAYER. *Zürich [3]1995, S. 279–283]).*

32 das Gesetz von der Erhaltung der Energie] *vgl. dazu die Erläuterungen zu 1232f. und 1240–1243 im Kommentarteil zu* Sprachkritik, *HGW VIII, 653–656.*

35–37 wie in jener Ballade vom großen Krebs, die Weltgeschichte rückwärts abspielte und in der Mühle das Mehl zu Getreidekörnern zusammenwüchse] *Anspielung auf die Ballade ›Der große Krebs im Mohriner See (Volkssage)‹ des v.a. durch die ›Mainzelmännchen‹ bekannt gewordenen deutschen Lyrikers, Dramatikers und Erzählers* AUGUST KOPISCH *(1799–1853), in welcher von einem »viel Meilen groß[en]«, »im See mit Ketten geschlossen[en]« Krebs berichtet wird, der, kommt er einmal an Land, das Naturgeschehen und die Geschichte rückwärts laufen läßt, da »das Rückwärtsgehen bei Krebsen alter Brauch« ist – auch das »Brod wird wieder zu Mehle, das Mehl wird wieder Korn –« (›Gesammelte Werke in 5 Bänden.‹ Hrsg. v.* CARL BOETTICHER. *Berlin 1856, Bd. 1, S. 101–103, hier S. 101).*

39f. zum zweiten Hauptsatz der energetischen Physik] *gemeint ist der bereits 1824 von dem französische Physiker* NICOLAS-LÉONARD-SADI CARNOT *(1796–1832) in den wesentlichen Zügen formulierte 2. Hauptsatz der Thermodynamik, nach dem es keine zyklische thermodynamische Zustandsänderung geben kann, deren einzige Wirkung darin besteht, daß Wärmemenge einem käl-*

teren Wärmespeicher entzogen und an einen wärmeren abgegeben wird. – Zum ›energetischen Monismus‹ vgl. Erl. zu 925f. im Kommentarteil zu Sprachkritik, *HGW VIII, 640.*

51 Molekeln] *vgl. dazu Erl. zu 309f. im Kommentarteil zu* Massenglück und Einzelglück, *HGW VIII, 321f.*

59 Entropie] *vgl. Erl. zu 334 im Kommentarteil zu* Tod und Wiederkunft, *HGW VIII, 442.*

60–63 Eine berühmte Abhandlung von Clausius *bis* einem Maximum zu.] *vgl. Clausius: ›Ueber verschiedene für die Anwendung bequeme Formen der Hauptgleichungen der mechanischen Wärmelehre.‹ In: ›Poggendorffs Annalen der Physik und Chemie‹ CXXV (1865), S. 353–400, hier S. 400. – Zum sogenannten Wärmetod des Weltalls vgl. Erl. zu 335f. im Kommentarteil zu* Tod und Wiederkunft, *HGW VIII, 442.*

80 Exzelsior] *lat. excelsitas ›Erhabenheit‹.*

90 ein Maxwell'scher »Dämon«] *vgl. dazu Erl. zu 138–151 im Kommentarteil zu* Der Schleier der Maja, *HGW VIII, 473f.*

98–100 »Das Leben ist die Organisation, die sich die Welt geschaffen hat zum Kampfe gegen die Entwertung der Energie.«] *Zitat aus Auerbach: ›Ektropismus‹, S. 38 (im Original gesperrt).*

100–103 »Der ordnende, auslesende, befreiende Sinn fängt an *bis* die Welt wird ektropisch werden.«] *Zitat aus Auerbach: ›Ektropismus‹, S. 70.*

105 Biolatrie] *aus griech. βίος (bíos) ›Leben‹ und lat. latria ›Verehrung‹; Anspielung auf den Titel des Essays,* Andacht zum Leben.

113f. Jene rhetorischen Sätze von Clausius] *vgl. Z. 60–63 mit Erl.*

131f. (Diese relativistische Auffassung hat der Psychologe W. Stern eingehend begründet.)] *Der deutsche Psychologe und Philosoph William Louis Stern (1871–1938) vertrat in seiner ›Individual-‹ oder ›Differentialpsychologie‹ die Auffassung einer ›differenzierten Menschenseele‹, d.h. von Variationsformen der seelischen Funktionen bei verschiedenen Individuen, wobei sich die psychischen Besonderheiten in einfache Typen ordnen lassen, aus denen komplexere Typen entstehen können; nach Stern ist die menschliche Welt eine Welt von Personen, die miteinander aufnehmend und wirkend in Beziehung stehen, wobei die ›Person‹ zwei Daseinsstufen hat, als ›Person an sich‹ (die Stufe der bloßen Selbsterhaltung) und als ›Person an und für sich‹ (die Stufe der Selbstentfaltung), deren Teile wiederum Personen sind. Die Welt ist also ein Stufenbau von Personen, die alle umschlossen werden von der göttlichen ›All-Person‹; vgl. ›Person und Sache. System der philosophischen Weltanschauung.‹ 3 Bde. Leipzig 1906–1924.*

133 Benefizium] *lat. beneficium ›Wohltat‹.*

146 Weltäthers] *vgl. dazu Erl zu 551 im Kommentarteil zu* Massenglück und Einzelglück, *HGW VIII, 336f.*

170 keinen dithyrambischen Toast] *Der Dithyrambus, um die Mitte des 7. vorchristlichen Jahrhunderts aus dem vorliterarischen Kultlied zu Ehren des Dionysos hervorgegangen, verliert bereits seit dem 4. vorchristlichen Jahrhundert jedwede kultische und soziale Funktion; als eine in Stil, Syntax und Wortbildung extreme, metrisch ungebundene polyrhythmische und astrophi-*

sche Lyrik wird der Dithyrambus im 16. Jahrhundert ohne kultische, szenische oder chorische Momente wiederbelebt und zur höchsten Form der monologischen Lyrik ausgeformt, um gegen Ende des 18. Jahrhunderts wieder aus der dichterischen Praxis zu verschwinden. – Von der hier skizzierten Tradition unabhängig sind indes die ›Dionysos-Dithyramben‹ FRIEDRICH NIETZSCHES, der sich selbst als den »Erfinder des Dithyrambus« bezeichnet (›Ecce homo‹, ›Also sprach Zarathustra‹ 7 [KGW VI,3, 343]): Im Dithyrambus drücken sich für NIETZSCHE keineswegs bacchantisch unbeschwerter Rausch und ekstatisch-hymnische Begeisterung aus, er ist vielmehr Ausdrucksform dessen, »welcher die härteste, die furchtbarste Einsicht in die Realität hat, welcher den ›abgründlichsten Gedanken‹ gedacht hat, trotzdem darin keinen Einwand gegen das Dasein, selbst nicht gegen dessen ewige Wiederkunft findet« (ebd., 6 [KGW VI,3, 343]). NIETZSCHE, »wenn er mit sich allein redet«, bediene sich der »Sprache des Dithyrambus«, in welchem auch »die tiefste Schwermuth« zum Ausdruck komme (ebd., 7 [KGW VI,3, 343]), in einer Form, die »nie gedichtet, nie gefühlt, nie gelitten worden: so leidet ein Gott, ein Dionysos« (ebd., 8 [KGW VI,3, 346]).

172 Biodizee] *aus griech. βίος (bíos) ›Leben‹ und griech. δίκη (díke) ›Rechtfertigung‹; svw. ›Rechtfertigung des Lebens‹ in Anspielung auf die ›Rechtfertigung Gottes‹ in dem Werk ›Essais de théodicée sur la bonté de dieu, la liberté de l'homme et l'origine du mal‹ (›Theodizee‹, Amsterdam 1710, dt. Übers. Hannover 1720) des deutschen Mathematikers und Philosophen GOTTFRIED WILHELM LEIBNIZ (1646–1716). Nach LEIBNIZ sind die scheinbar in Widerspruch zur Weltregierung Gottes stehenden Übel der Welt – die Unvollkommenheit der Kreaturen (metaphysisch), das Leiden der Kreaturen (physisch) und die Sünde (moralisch) – nicht nur möglich, sondern, da die beste aller Welten sie in sich schließt, auch notwendig. Denn das metaphysische Übel liegt in der Endlichkeit der Schöpfung begründet und ist somit unvermeidlich, das physische dient als Strafe bzw. als Mittel zur Verhinderung größerer Übel, zur Besserung und zur Vervollkommnung; das von Gott zwar nicht gewollte, aber vorhandene moralische Übel schließlich kann nur als Bedingung, ohne welche das Gute nicht erreicht werden könnte, angesehen werden.*

Biologisches.

›Licht und Schatten. Wochenschrift für Schwarzweißkunst und Dichtung‹, 3. Jg. (1912/13), H. 35 (›Schlesien-Nummer‹), S. [20].

[H 1913]

Biologisches / Von Paul Mongré

Die Natur ist, mit menschlichem Maße gemessen, idiotisch. Das Vergnügen, das ich an dieser Feststellung empfinde, ist wahrscheinlich selbst eine Art von Idiotismus — suggeriert von der großen Idiotin, die ja, wie Schopenhauer wissen will, nach Selbsterkenntnis schmachtet. Um so idiotisch zu sein, muß die Welt eine Seele haben. Reine Materie brächte das nicht fertig.

Ein verstimmtes Klavier ist gegeben. Das Klavier könnte Zufall sein, aber die Verstimmung, die prästabilierte Disharmonie, beweist einen Urheber.

Zweck der Individuen: die Gattung zu erhalten. Zweck der Gattung: durch Individuen vertreten zu sein. Ich lebe, um mich fortzupflanzen; ich pflanze mich fort, um ein Wesen zu erzeugen, das sich fortpflanzt, um ein Wesen zu erzeugen, das sich fortpflanzt und so weiter. Das ist etwas aktual Unendliches, das über unsern endlichen Verstand geht. Jemand hat sich den Zweck gesetzt, sich einen Zweck setzen zu wollen; dieser Jemand dürfte ein Idiot sein. Jemand zahlt mit Wechseln, die am Verfallstage immer wieder prolongiert werden; dieser Jemand dürfte insolvent sein.

Aber die Biologen sind die letzten Priester der Teleologie auf Erden.

Leben kann nur mit einem circulus vitiosus definiert werden: Leben ist die Fähigkeit, Leben zu erhalten oder Leben zu erzeugen.

Aber wir sollen die hohe Komplikation des Lebens bestaunen, den wunderbaren Bau von $C_{56}H_{87}JN_{10}S_3O_{23}$. Wenn das organische Leben solcher Kunststücke bedarf, so ist es kein Wunder, daß sie zustande kommen. Andernfalls wäre nämlich niemand da, der ihr Nichtvorhandensein konstatieren könnte. Das Leben kann dabei immer noch, ja erst recht, der zufälligste aller Zufälle sein.

Die Physiologie rechtfertigt den Schmerz teleologisch, als Warnungssignal, Sturmflagge, Verbotstafel. »Hier ist Schädliches,« sagt der Schmerz, »entferne es oder entferne dich.« Sehr weise: wenn ich aber *[20b]* mich oder es nicht entfernen kann? Dann ist der Schmerz überflüssig, aber — er dauert fort. Das Warnungssignal tönt in unermüdlicher Stupidität weiter, nachdem die Schiffe längst gescheitert sind. Der Mann am Marterpfahl wird durch den Schmerz darüber belehrt, daß es ihm gesünder wäre, nicht am Marterpfahl zu stehen.

Bei gewissen Graden des Schmerzes tritt Shock und Ohnmacht ein. Jemand verbrennt sich, wird bewußtlos und läßt dem Feuer nun erst recht Zeit, sein Werk zu vollenden. Der Gewarnte verträgt das Signal nicht, die Natur — mitleidig an falscher Stelle — schützt ihn vor dem Signal und vergißt völlig, daß sie ihn durch das Signal vor etwas anderem schützen wollte.

Der Schmerz warnt vor dem Übel, das aber erst durch den Schmerz zum Übel wird! Wenn der Schmerz nicht wäre, könnte man sich ja getrost verbrennen lassen und hätte keine Warnung vor dem Feuer nötig. Das Signal warnt also vor sich selbst, die Sturmglocke erregt erst den Sturm, die schwarze Aufschrift auf dem Giftschrank ist das einzig Giftige.

Selbst vor Tod und Geburt »warnt« die Natur noch — diese Idiotin!

Aber der Schmerz als Kulturfaktor! als Vater der Entwicklung, als Not, die Eisen bricht oder Flügel schmiedet oder beten lehrt! Ein schönes Thema für Festredner. Es gibt aber noch einen andern Standpunkt: Wenn die Weltgeschichte ohne vorausgegangene Kreuzigungen, Pfählungen, Scheiterhaufen nicht zu Goethes Faust kommen kann, so ist es anständiger auf Goethes Faust zu verzichten. Kein Glockengeläut ist stark und harmonisch genug, das Gewimmer des lebenden Kindes zu übertönen, das in die Fundamente des Domes eingemauert werden mußte. Schmerz ist Unsinn, und wenn Kultur ohne Schmerz nicht möglich ist, so ist Kultur Unsinn.

Hier ist die Rede vom gemeinen körperlichen Schmerz, von der Qual durch Eisen und Feuer, Seuche und Gift. Gegen Schmerzen der Seele, gegen alle Hamlet- und Othelloprobleme gibt es einen einfachen Spruch: Halb so schlimm! Das Geschrei der Poeten beweist nichts. Aber der brüllende Stier des Phalaris beweist etwas.

Biologisches

Entstehungsgeschichtlicher Kontext

Im Sommer 1909 erhielt Hanns von Gumppenberg *(1866–1928) eine Anfrage* Josef Mollings *(1877–1931[?]), seines Zeichens Besitzer einer Kunstdruckerei in Hannover, ob er gemeinsam mit* Alfred Auscher *(† 1939) die Herausgabe und redaktionelle Leitung »eines in München neu zu schaffenden künstlerisch-literarischen Witzblattes übernehmen wolle.«[1] Zwar war das Konzept der als Wochenblatt gedachten Zeitschrift – ›schwarz-weiß-kunst‹, also der Verzicht auf die in allen Zeitschriften üblichen farbigen Illustrationen und Karikaturen –* Gumppenberg *zunächst suspekt, doch freundete er sich bald damit an, mit dem Hintergedanken, daß einer solchen Zeitschrift*

> *sehr gut und harmonisch die Pflege einer erlesenen literarischen Kleinkunst einzufügen wäre, die Kunst der feingeschliffenen Novellette und des lyrischen Gedichts, in einer strengeren Auswahl, als sie in den bestehenden Zeitschriften üblich war, und in einem gewissen ungezwungenen und doch fühlbaren Stimmungszusammenhang mit den jeweiligen graphischen Gaben, sodass jede Nummer eine Art künstlerische Einheit erhielte.*[2]

Seit Oktober 1909 suchte Gumppenberg *Beiträger einzuwerben, Zusagen kamen von allen namhaften zeitgenössischen Literaten, und im Oktober 1910 erschien das erste Heft von ›Licht und Schatten‹, ein Titel, den* Gumppenberg *gewählt hatte, um die »symbolische Deutung auf die heitere und ernste Lebenspiegelung der Novelletten und lyrischen Verse« hervorzuheben.[3] Die kostspielige Gestaltung der Zeitschrift, der darauf beruhende hohe Verkaufspreis und die wiederum aus diesem resultierende geringe Abonnentenzahl führten aber schon von Beginn an zu Differenzen zwischen den Mitarbeitern und* Molling, *nicht einmal der Verzicht aller Mitarbeiter auf die Hälfte der Bezüge, wenn* Molling *ihnen bloß »die Weiterführung der Zeitschrift in der bisherigen, künstlerisch-würdigen und allein aussichtsvollen Weise zugestände«,[4] konnte die Situation entschärfen. Im Frühjahr 1913 kam es endgültig zum Bruch,* Gumppenberg, Auscher, *sogar die Sekretärin gaben ihre Stellungen auf, »der von Molling zu [deren] Nachfolger ersehene Berliner Redakteur kam nach München«[5] und übernahm die Leitung des Blattes.*

> *»Licht und Schatten« selbst erhielt unter der neuen Berliner Redaktion sofort das von Molling gewünschte andere Gesicht, doch verhalf das der Zeitschrift nicht zu dem erwarteten materiellen Aufschwung, es hatte, wie vorauszusehen war, nur ihren jähen Niedergang zur Folge. In Süddeutschland wusste man schon nach kurzer Zeit nichts mehr von ihr; in Berlin rang sie in ihrer »amüsanteren« Aufmachung noch eine Weile vergeblich um den Massenabsatz und verschwand dann sang- und klanglos in der grossen Versenkung.*[6]

---

1 *Hanns von Gumppenberg: ›Lebenserinnerungen. Aus dem Nachlaß des Dichters.‹ Berlin u. Zürich 1930, S. 369.*

2 *Ebd., S. 370f.*

3 *Ebd., S. 374.*

4 *Ebd., S. 399.*

5 *Ebd.*

6 *Ebd., S. 400.*

Jener »Berliner Redakteur«, der mit Heft 27 des 3. Jahrganges im April 1913 die Leitung von ›Licht und Schatten‹ übernahm, war HANS HEILMANN *(1859–1930), der ›*PAPA HEILMANN*‹, wie er auch von* HAUSDORFF *genannt wurde. Gut zwei Monate später, im Juni, erschien* Biologisches, *HAUSDORFFS letzter mit Pseudonym gezeichneter Essay, der anfangs launig-ironisch daherkommt, aber mit tief-ernsten philosophischen Bemerkungen zur ›Natur‹ und zum ›Leben‹ schließt. Er greift Aspekte auf, die* HAUSDORFF *bereits in seiner Besprechung der ›Ektropismus‹-Theorie* FELIX AUERBACHS *(1856–1933) angesprochen hatte, insbesondere die Rolle des Schmerzes (vgl. dazu den Abschnitt ›Entstehungsgeschichtlicher Kontext‹ im Kommentarteil zu* Andacht zum Leben, *HGW VIII, 747–749).*

Entstehung

Zur Entstehung von Biologisches *liegen keine eigenhändigen oder fremden Zeugnisse vor. Da der kurze Essay vermutlich von* HEILMANN *angeregt war, ist seine Entstehung in den Zeitraum April bis Juni 1913 einzuordnen.*

Überlieferung

H *nicht nachgewiesen.*
D *›Licht und Schatten. Wochenschrift für Schwarzweißkunst und Dichtung‹, 3. Jg. (1912/13), H. 35 (›Schlesien-Nummer‹), Sp. [20a]–[20b].*

Erläuterungen

7 prästabilierte Disharmonie] *ironische Anspielung auf die zentrale These von der ›prästabilierten Harmonie‹ in* GOTTFRIED WILHELM LEIBNIZ' *(1646–1716) Monadologie; die prästabilierte Harmonie gewährleistet den Zusammenhang der Monaden (zur Monadologie vgl. Erl. zu 193f. im Kommentarteil zu* Massenglück und Einzelglück, *HGW VIII, 309).*

17 Teleologie] *griech. τέλος (télos) ›Ziel‹ und griech. λόγος (lógos) ›Lehre‹; die Lehre von den Zwecken, die Annahme, daß nicht nur die bewußten Handlungen des Menschen, sondern auch die von menschlicher Willkür unabhängigen Vorgänge des Naturlebens (und der Geschichte) auf ein Ziel hin ausgerichtet sind, d.h. durch Zwecke bestimmt werden.*

18 circulus vitiosus] *lat. eigentlich ›fehlerhafter Kreis‹; ein Beweis, der das zu Beweisende bereits in seinen Voraussetzungen enthält.*

21 $C_{56}H_{87}JN_{10}S_3O_{23}$] *Phantasieformel; eine organische Verbindung mit dieser Summenformel existiert nicht (für den Hinweis danken wir Frau Apothekerin* DORIS MITZE, *Usseln).*

34 Shock] *aus dem Englischen übernommenes Lehnwort für einen heftigen Schlag oder Stoß, ebenso für die nach schweren Verletzungen einsetzende, oft tödlich endende Ohnmacht (»Wundschreck«); zeitgenössisch lexikalisch nur in dieser Schreibweise nachgewiesen.*

49 Goethes Faust] *Johann Wolfgang von Goethe (1749–1832) begann um 1770, angeregt vom Prozeß gegen die Kindesmörderin Susanna Margaretha Brandt (1746–1772), eine Liebestragödie um ein ›Gretchen‹ zu verfassen, den sogenannten ›Urfaust‹ (Druck 1887), aus dem er bis 1788 den ›Faust, ein Fragment‹ entwickelte (Druck 1790); seit 1797 überarbeitete Goethe die bereits im ›Urfaust‹ und im ›Fragment‹ enthaltenen Szenen und fügte einleitende Szenen (›Zueignung‹, ›Vorspiel auf dem Theater‹ sowie den ›Prolog im Himmel‹) und den bisher unausgesprochenen Teufelspakt hinzu. Diese endgültige Fassung wurde 1808 unter dem Titel ›Faust. Eine Tragödie‹ gedruckt. Die Fortsetzung ›Faust. Der Tragödie zweiter Teil‹ entstand in den Jahren 1825 bis 1831 und wurde 1832, kurz nach Goethes Tod, veröffentlicht.*

51f. das Gewimmer *bis* werden mußte] *›Bauopfer‹, die in allen Kulturbereichen nachweisbare Sitte, bei der Errichtung eines Gebäudes in den Fundamenten ein lebendes Wesen einzumauern, um dem Bau durch einen ›Schutzgeist‹ Bestand zu geben. Im Altertum und im Mittelalter wurden vielfach Menschen (meist Kinder, da sie als ›unschuldig‹ galten) als Bauopfer gewählt; diese wurden aber mehr und mehr durch Tiere oder Naturalien ersetzt (vgl. zeitgenössisch dazu v.a. Paul Sartori: ›Über das Bauopfer.‹ In: ›Zeitschrift für Ethnologie‹ 30 [1898], S. 1–54).*

56f. Hamlet- und Othelloprobleme] *In William Shakespeares (1564–1616) um 1600 entstandener Tragödie ›The Tragicall Historie of Hamlet, Prince of Denmarke‹ (UA London 1602; EA London 1603/05) ist die Titelfigur von einer inneren Zerrissenheit gekennzeichnet, die am Zwiespalt zwischen dem Glauben an eine transzendente Gerechtigkeit einerseits und der individuellen Verantwortung für den Zustand der – in höchstem Maße verrotteten – Welt andererseits leidet. Die ›Tragœdy of Othello, the Moore of Venice‹ (um 1603; erste bezeugte Aufführung Whitehall 1604; EA 1622) gilt als Musterbeispiel eines Eifersuchtsdramas, doch wirft Shakespeare durch die Konfrontation des maßlos ichbezogenen und seine Mitmenschen nur als Objekte wahrnehmenden Jago und des sich in die Objekt- und Opferrolle ergebenden Othello die Frage auf, welche Art von Bewußtsein die wirkliche Menschlichkeit voraussetzt.*

57f. der brüllende Stier des Phalaris] *vgl. Erl. zu 604 im Kommentarteil zu* Tod und Wiederkunft, *HGW VIII, 449f.*

Teil III: ›Das Werk für die Bühne‹

Der Arzt seiner Ehre.

›Die neue Rundschau (Freie Bühne)‹ XV (1904), H. 8 (Aug.), S. 989–1013.

[H 1904d]

Der Arzt seiner Ehre/ von Paul Mongré

(Den Bühnen gegenüber als Manuskript gedruckt.)

Personen:
Architekt Adelung / Regierungsrat von Granitz / Dr. jur. Wangerow, Rechtsanwalt / Oberst a. D. Oldefähr / Brauereibesitzer Lohm / Dr. med. Leue.
Weinstube eines Hotels, in der Nähe einer Provinzstadt.

Erste Szene:

Adelung und Wangerow beim Abendessen.

Wangerow: Na, lieber Freund, keinen Appetit? Das geht nicht, du mußt Zellen bilden, sonst hast du morgen keine sichere Hand.

Adelung: Ist mir auch egal. Ich mache mir nichts draus, bei dieser Gelegenheit zum Teufel zu gehn.

Wangerow: Du hör mal, das ist ein mäßiges Kompliment für deine Herrin und Gebieterin. Was soll denn das heißen? Ein bezauberndes Weib kompromittiert sich für dich in jeder erdenklichen Weise, die Bahn zur Vereinigung mit der Geliebten ist frei: und du willst auf der Strecke liegen bleiben? Nein, mein Lieber! bitte keine Lebensmüdigkeit vorschützen, du bist zur Polonaise engagiert. Entschuldige das harte Wort, ich betrachte dich nämlich als verlobt.

Adelung: Ach lieber Alfred, die Sache ist mir zu ernst; bitte verdirb mir diese Stunde nicht mit Frivolitäten.

Wangerow: O, o! Nimm etwas von dem Filet, es wird in dieser Kneipe nicht viel Andres zu haben sein.

Adelung: Danke. —— Es ist doch etwas.

Wangerow: Was ist etwas?

Adelung: Das was morgen sein wird. Abrechnung! immer eine Art Gottesurteil, wenn wir auch nicht an Gott glauben. Es entscheidet sich. Zwischen Satzung und Naturgebot — ja lächle nur! Ob der verständnislose Mann sie behalten soll, mit dem ein liebloses konventionelles Band sie verkuppelt, oder — oder — der Einzige, dem sie nach tiefinnerster Notwendigkeit gehört, dem ihre Seele zufliegt, der ihre arme verschüchterte Seele lieb hat und versteht, ob Der sie haben soll.

Wangerow: Bruno, es gibt noch Romantiker. Es gibt noch schöne Herzen, die für das Hohe, Herrliche entglühn. Na ja, aber erstens will der verständnislose Mann sie ja gar nicht behalten. Zweitens, wenn du sie haben willst, dann muß *[990]* dir doch daran liegen, morgen keinen Leibesschaden zu nehmen. Und drittens hast du sie wohl schon gehabt!

Adelung: Was heißt *haben*? Ihr denkt so medizinisch von diesen Dingen, so — als ob es nur *darauf* ankäme. Das ist doch so untergeordnet, ein bloßes Symbol, wenn erst einmal die Seelen zu einander wollen.

Wangerow: Ein bloßes Symbol, brillant gesagt! Dann ist die Welt voll von Symbolisten. Du, Bruno, was trinken wir noch?

Adelung: Vielleicht einen Burgunder. Alfred, du bist im Grunde doch Künstlerseele.

Wangerow: Das ist die Einleitung zu einer Konfession.

Adelung: Nein, gar nicht. Aber du glaubst nicht an Seele, und bist selber eine. Du lieber Freund. Gib mir die Hand.

Wangerow: Na na, du mimst ja so was wie Abschiedsstimmung. Lieber Bruno, mach keinen Unsinn, dieses Duell ist doch eigentlich nur Formensache, um der öffentlichen Meinung ihren Fraß hinzuwerfen — Fütterung der Bestie! Auf Ehebruch reimt sich Duell, aber ihr werdet euch doch nicht ernstlich —?

Adelung: Meinst du es so? O nein, ich nicht! Ich spiele um Tod und Leben, um den Besitz dieses Weibes; für mich und — Ihn ist nicht Platz auf dieser Erde. Er oder ich.

Wangerow: Aber laß ihn doch laufen, was hat er dir denn getan?

Adelung: Ich habe ihm etwas getan, und er mir. Ich habe sein geschriebenes und verbrieftes Recht verletzt, er hat die Gefährtin meiner Seele mit Füßen getreten und seelisch zu Grunde gerichtet, sie wäre verblutet wenn ich nicht gekommen wäre. Er kann mich nicht laufen lassen, ich ihn nicht — es muß um Tod und Leben gehn.

Wangerow: Himmel, was hast du für Mittelalter im Leibe! Prosit!

Adelung: Unser Wohl! Unser wahres Wohl!

Wangerow: *Seele, wahres* Wohl — mein guter Bruno, Baumeister Adelung, bau eine Kirche, wie dein Kollege Solneß, und eine schöne gotische Kanzel drin und dann stell dich darauf und verdrehe die Augen! Ich habe noch nie soviel mystische Rumpelkammer zusammengesehen wie heute abend an dir. Da steckt was dahinter. Du warst doch sonst nicht so. Also gib deine Konfession zum Besten.

Adelung: Du bist auf dem Holzwege.

Wangerow: Du genierst dich wohl? Also nachher beim Sekt.

Adelung: Nein, wir wollen doch die Sitzung nicht so ausdehnen. Ich möchte lieber, daß wir aufs Zimmer gingen, ich habe auch noch Briefe zu schreiben.

Wangerow: Wie du willst, aber es wird dort unbehaglich sein; vor dem 1. November wird prinzipiell nicht geheizt. Lassen wir uns wenigstens einen Grog hinaufbringen.

Adelung: Was wird dann aus der sichern Hand?

Wangerow: Und wenn du frierst und die Finger klamm werden, was wird dann aus der sichern Hand?

[991] Adelung: Man kann sich ja zu Bett legen.

Wangerow: Und vielleicht schlafen? Nein, so stumpfe Nerven — ich wollte sagen, so viel Mannesmut haben wir doch beide nicht, wenn es wirklich morgen Ernst werden soll. Aber schau, die Sache wäre doch viel einfacher: ihr schießt einander am Ohrläppchen vorbei und du heiratest!

Adelung: Du machst dir das Leben leicht, mein guter Wangerow. So glatten Kaufs will ich gar nicht meine Liebe einhandeln. Ich muß mir beweisen, daß ich ein heiliges Recht auf so viel Glück habe.

Wangerow: Und das beweist man mit Stechen, Schlagen, Schießen.

Adelung: Sieh, Alfred, das verstehst du nicht. Du bist reiner Verstandesmensch. Du hast kein Auge für die Tiefendimension der Dinge. Es ist doch was mit dem Duell. So, ich möchte sagen, wenn kein Apothekenmittel mehr hilft, dann geht man zu einer weisen Kräuterhexe, die weiß sicher noch einen Rat, die kennt geheime Kräfte der Natur und versteht sich auf Heilung unheilbarer Schäden.

Wangerow: Gut, daß unser Medizinmann Leue nicht hier ist und hört, wie du für die Kurpfuscher bist.

Adelung: Oder, das mußt du noch wissen, so ein alter germanischer Rechtsspruch, in Stabreimen und dunklen verschollnen Worten, denkst du nicht, daß der eine mystische Kraft hat, Wahr und Falsch zu scheiden?

Wangerow: Nein, das denke ich nicht.

Adelung: Du schwärmst natürlich fürs römische Recht mit seiner oberflächlichen Dialektik.

Wangerow: Und du bist Romantiker wie alle, die was mit der Kunst zu tun haben. Ihr Artisten seid doch ein unreinliches Jahrhundert!

Adelung: Ja, beim Duell, da fühle ich so einen mystischen Schauer, wie wenn man den Kölner Dom betritt — es ist doch was Unbegreifliches dahinter, das höher ist, als unsere flache Allerweltsvernunft. Sieh, wenn das Leben Einen mal dahin gebracht hat, daß man mit all seiner Weisheit keinen Ausweg mehr sieht, dann muß man eben den klugen Dünkel fahren lassen und wirft sich ins Dunkle, Unberechenbare — da entscheiden innere Mächte, und wie sie entscheiden, so ists gut und hat so sein müssen.

Wangerow: O Mütter, Mütter! laßt nur Fausten los! Fromme Leute werfen alles auf den Herrn, und du wirfst alles auf den Zufall. Du, laß doch diese Duellmythologie als Leitartikel in der Adelszeitung drucken — feudaler Unsinn, der aber nach was klingt. Anrufung der dunklen Mächte! Großartig! Dann zähls doch schon gleich an den Knöpfen ab! Und nun möchte ich wissen, Du wüster Hazardspieler, was an deiner Situation so verwickelt ist: der Ausweg ist doch hier ungeheuer einfach, ich habe dir ihn schon genannt.

Adelung: Das ist kein Ausweg, das heißt die unmögliche Situation verewigen. Ich muß diesen Menschen, der mein Weib zerstört hat, aus der Welt schaffen — oder kann selbst nicht darin bleiben.

[992] Wangerow: Das klingt ja fast, als ob du der Gatte und Granitz der Ehebrecher wäre.

Adelung: Vor dem Naturgesetz steht es so, nur nach der blöden Menschenmoral ist es umgekehrt. Daisy gehört mir, hätte von jeher mir gehören sollen und wird ewig — hm; Granitz, dieser Mensch ohne Verständnis, durfte seine plumpe Hand nicht nach diesem Kleinod ausstrecken, er hätte vor dieser leuchtenden Natur in den Staub sinken und sie nicht mit seiner brutalen Sinnlichkeit beflecken sollen. Das verzeihe ich ihm nicht und darum — Er oder ich. Im übrigen, was willst du von mir? Schließlich hat er von seinem Standpunkt aus auch Recht, da habe ich ihn beraubt, genau so wie er mich, und er muß mein Blut ebenso wollen wie ich seins.

Wangerow: Hm. In dieser Beziehung bin ich — hm — anderer Ansicht.

Adelung: Was soll das heißen?

Wangerow: Nun ich weiß nicht, ob ich dir Mitteilung machen soll — nachdem ich deine Auffassung von der Sache kenne.

Adelung: Was für eine Mitteilung?

Wangerow: Von Oberst Oldefähr, dem Sekundanten deines Gegners. Der alte Herr, Du weißt wohl, er bekam den blauen Brief, weil er einen Ehrenhandel in seinem Regiment nicht schneidig genug, nicht blutrünstig genug aufgefaßt hatte, — denke wie schrecklich, er hatte sogar seinem Leutnant eine Art Revokation zur Pflicht gemacht; es war eine einfache Dumme-Jungenaffäre im Nachtcafé — na also, der alte gute Oberst wollte nicht recht mit der Sprache heraus: es sei eine kitzlige Sache, könne leicht mißdeutet werden, aber er möchte mich veranlassen, dir den Wahn zu nehmen, als ob etwa aus der Schwere der Bedingungen auf eine ganz besonders unversöhnliche Haltung des Herrn von Granitz zu schließen wäre — eine eigentliche Versöhnung sei ja in diesem Falle ausgeschlossen, ... aber ... aber ... zum Teufel, laß mich nicht all die gewundenen Phrasen wiederholen, sondern sag, ob du mich verstanden hast.

Adelung: Was soll ich verstanden haben?

Wangerow: Heiliger Himmel! Also ich habs so verstanden, Herr von Granitz hat durchaus nicht Lust, außer seiner Frau auch noch das Leben zu verlieren und ebensowenig lechzt er nach dem Blute des Verführers.

Adelung: Das ist seine Sache. Mir ist dieser Zweikampf nicht nur Form.

Wangerow: Blödsinn. Na, wenn du davon nicht abgehst, muß ich dem Obersten ein Wort der Erwiderung zukommen lassen, damit sich sein Klient danach richtet — weil der doch die erste Kugel hat. Zu dumm.

Adelung: Er hat mein Weib in den Staub gezogen, das bricht ihm den Hals.

Wangerow: Oder dir! Aber dieser Groll, diese Rachsucht — du warst doch sonst nicht so. Sag einmal offen, du siehst jetzt wohl mit den Augen des Hasses, nämlich mit Frauenaugen, das hat dir Daisy — pardon, Frau von Granitz, in den Kopf gesetzt. Unser guter Granitz, du kennst ihn ja selber — nun ein Roman*[993]*tiker wie du mit überfeinen Nerven ist er ja grade nicht, aber etwas so Brutales und Rücksichtsloses habe ich nun auch nicht an ihm bemerkt.

A d e l u n g: Ja und Nein! So für sich betrachtet ist er ein ganz vernünftiger und umgänglicher Mensch, aber gerade solche indifferenten Naturen können ein sensibles Wesen, das an sie gefesselt ist, zugrunde richten.

W a n g e r o w: Gefesselt! man hat doch immer was bei sich, um die Fessel zu durchfeilen, wenns zu arg wird. Na, und bist du sicher, daß Granitz seine Frau zu Grunde gerichtet hat?

A d e l u n g: Sie selbst sagt es.

W a n g e r o w: Dann muß es wahr sein. Mein Lieber, du stehst noch auf dem naiven Standpunkt, daß sich Recht und Unrecht glatt und scharf trennen lassen; X ist der Schuldige und Y das Opferlamm. So melodramatisch geht es im Leben nicht zu. Ich versichere dich, wenn der Bücherrevisor nachrechnet, da kommen Posten und Gegenposten, und das Guthaben, das schließlich auf der einen Seite bleibt, ist erbärmlich klein. Was gehts dich an, ob sich Herr und Frau von Granitz einseitig oder gegenseitig »zugrunde gerichtet« haben? Beide werden froh sein, von einander loszukommen, und du bist nicht Richter in dieser Sache.

A d e l u n g: Nein, sondern Vertreter der einen Partei, oder selbst Partei. Und darum stelle ichs ja einem höheren Gericht anheim.

W a n g e r o w: Schluß! Wirf die Katze wie du willst ...! Aber mir machst du nichts vor. Du tust, als wolltest du eine Vergangenheit aus der Welt schaffen, und im Grunde zitterst du vor der Zukunft. Wer sich glücklich und sicher fühlt, spielt nicht va banque wie du.

A d e l u n g: Wer sich sicher fühlt ... Und wenn nicht, wäre das so wunderbar? Es ist doch immer die alte Geschichte: heute betrügt sie den Herrn von Granitz mit dem Herrn Adelung; wer steht mir dafür, daß sie nicht auch — nein ich kann das gar nicht ausdenken, geschweige aussprechen.

W a n g e r o w: Nun, da ist doch ein Unterschied. Herr von Granitz hat sie zu Grunde gerichtet, und Herr Adelung hat sie erlöst.

A d e l u n g: Ach ja, wenn dus so gegenüberstellst, kommt es mir selber anmaßend und dumm vor. Und nun, siehst du, wenn ich jetzt das Duell als bloße konventionelle Form behandle, was sagt sich meine Frau? Dieser Männerwechsel ist ja ganz glatt und bequem, die Betreffenden schießen ein paar Revolverkugeln in die Luft, und damit basta, der Eine gibt her und der Andere greift zu. Und dann wärs ja keine Tragödie weiter, wenn ich auch einmal der Hergebende sein müßte — Nein, Alfred, sie muß fühlen, daß das eine furchtbare Verantwortung, ein Hinwegschreiten über Leichen ist. So allein kann unser Bund gefestigt werden, ich leime sie mit Blut an mich, oder vergieße meins mit Freuden.

W a n g e r o w: Also Blut in jedem Falle! Mein armer Bruno, die Sache ist einfach die, daß du schmählich verliebt bist und dich dem geliebten Objekt gar nicht, aber auch gar nicht gewachsen fühlst — und das verstehe ich, denn im Vertrauen *[994]* gesagt, Daisy von Granitz ist ein Problem! ein dämonisches Weib! aber bitte, duelliere dich nicht auch mit mir. Ein unheimliches Weib! Die kann einen Mann schon auf ihre Nadel spießen. Und ich weiß nicht, auf wie viele Nummern sie ihre Käfer- und Schmetterlingssammlung zu bringen beabsichtigt, aber ich zweifle, ob du der Letzte sein wirst.

Adelung: Mensch, mach mich nicht elend! Ich muß der Letzte sein, wie ich auch der Erste war — nicht der Erste, dem ihr Leib gehörte, aber der Erste, dem ihre ganze Seele sich hingibt.

Wangerow: Versuchs doch, ob du der Letzte sein wirst! Aber nun ist die Frage, was der Vorletzte noch mit der weiteren Entwicklung dieser Affäre zu schaffen hat. Du bist in verliebter Krisis, in Zweifel und Selbstquälerei, und pfeifst auf das Leben, und darum soll der gute Menelaus sich vor deine Pistole stellen? Nein, das ist zuviel verlangt; soviel Freundschaft ist er dir doch nicht schuldig, dich in geweihte Erde hinunterzubefördern. Wenn du nicht mehr leben magst, so bring dich eigenhändig um.

Adelung: Alfred, du bist so brutal, bei dir wird aus der flüchtigsten Empfindung gleich ein steifer, regelrechter Gedanke. So meine ichs doch nicht; das liegt mehr in den Nerven, nicht so im bewußten Willen ...

Wangerow: Was meinst du denn? Aber komm jetzt, wenn du deine Briefe schreiben willst, und dann suche zu schlafen.

Adelung: Wer das könnte?

Wangerow: Dann mache ich dir einen Vorschlag. Wir gehen aufs Zimmer und erledigen die Korrespondenz, dann kommen wir wieder und nehmen noch einen zweiten Burgunder — denn da oben wirds verteufelt kalt sein. Und nun noch Eins: wenn du wirklich Ernst machen willst, während die Gegenpartei voraussetzt ...

Adelung: Was voraussetzt?

Wangerow: Zu blöde, zu blöde! Also ich werde Oberst Oldefähr antworten, daß du mich, oder ich ihn, oder er den Herrn von Granitz wohl falsch verstanden haben müßte.

Adelung: Laß uns noch darüber sprechen. Du hast mich mit deinem Hohn ganz kalt und skeptisch gemacht. Vielleicht lohnt es sich wirklich nicht, diese Sache so tragisch zu nehmen.

Wangerow: Nein, du, dessen kannst du wohl sicher sein; es lohnt sich keine Sache tragisch zu nehmen. Schieße daneben, auf daß einst auf dich daneben geschossen werde, und sei inzwischen glücklich, als Zweiter vor dem Dritten!

Adelung: Wangerow, du bist ein Hallunke, weißt du das? Glaubst du denn gar nicht an weibliche Reinheit?

Wangerow: Komm! — Kellner, bitte den Tisch zu reservieren. Rechnung auf Nummer 8 und 9!

Ab. Einige Minuten später erscheinen:

[995] Zweite Szene:

Granitz, Oldefähr, Lohm.

Granitz: Ja, meine Herren, wie Sie denken; meinetwegen brauchen wir keine Zimmer zum Übernachten, denn ich fühle mich vollkommen frisch. Und Sie sind doch sozusagen erst in zweiter Linie beteiligt. Also kneipen wir durch, was?

Lohm: Aber Herr von Granitz, dieser Ausdruck — ä — durchkneipen. Wir — besprechen einfach das Nötige —

Oldefähr: und feuchten die Kehle an, das versteht sich.

Lohm: Wollen Sie mich — pardon! zehn Minuten entschuldigen, ich möchte die Gelegenheit benutzen, mit dem Küfer — meinen Monatsabschluß zu machen.

Granitz: Wie geht denn Ihr Sedanbräu, dieser gottlose Stoff, der vom Bier nichts hat, außer Nässe, Dünne und Bitterkeit?

Lohm: O bitte — pardon. Allerdings ist der Konsum wieder zurückgegangen.

Oldefähr: Stecken Sie sich hinter den Landrat — haha! — daß er ein bißchen mehr Patriotismus in die rote Bande bringt — haha! Ihr Sedanbräu *muß* jedem deutschen Gaumen schmecken!

Granitz: Aber nicht jedes deutsche Gedärm verträgt es!

Lohm: Bitte! (Ab.)

Granitz: Wissen Sie, dieser Lohm — er nimmt mir die Sache viel zu feierlich.

Oldefähr: Borniert feierlich! er hat den Reserveleutnants-Klaps!

Granitz: Sekundiert wohl das erste Mal?

Oldefähr: Wahrscheinlich.

Granitz: Also sein maiden speech. Drum klingt bei ihm alles so auswendig gelernt.

Oldefähr: So kommentmäßig. Dabei ein gerissener Kerl als Geschäftsmann und Bierbrauer, wissen Sie!

Granitz: Ein spaßiger Kerl, aber an dieser Stelle ist ihm die Welt mit Brettern vernagelt.

Oldefähr: Er ist Parvenü, drum schmeißt er mit dem Ehrenpunkt so um sich. Hat's nicht in sich, wie wir.

Granitz: Ja, nicht wahr, lieber Oberst! Wir wissen doch auch, was Ehre ist, aber gerade darum — verstehen wir auch sozusagen Spaß.

Oldefähr: Wir haben Ehre, nicht die Ehre hat uns.

Granitz: Ja, und wir stellen uns nicht hin als der unglückselige Atlas und stemmen die Ehre wie ein Zentnergewicht, —

Oldefähr: Denn wir wissen ja doch, die Gewichte sind von Pappe!

Granitz: Na hören Sie mal, Sie gehen sogar mir zu weit, Sie alter Spötter.

Oldefähr: Ich habe die Sache durch und durch geschaut. Sie hat mich meine Karriere gekostet, das wissen Sie ja (Granitz nickt wiederholt, als wolle er einer häufig erzählten Geschichte vorbeugen) und dabei lernt man auf die Sache pfeifen. O, ich vergesse das nicht, wie die Mutter meines armen Leutnants zu mir kam, *[996]* als alles längst vorbei war und sie den guten Jungen eingescharrt hatten. »Herr Oberst,« sagte die alte Dame und wollte mir beinah die Hand küssen, »Herr Oberst, Sie sind ein Mensch, die andern sind Gespenster. ... es mußte sein, sagte mir der General, die Ehre verlangt es! Nein, es mußte nicht sein, Exzellenz, sagte ich.« Es mußte nicht sein, liebe arme Frau, das hab ich zu ihr gesagt. Wirklich Granitz, es mußte nicht sein. Die Ehre ist ein Gespenst.

Granitz: Teufel auch, aber eines mit leibhaften Krallen! Und ich muß mich ja auch dem Untier in den Rachen legen. Haben Sie mit der Gegenpartei gesprochen?

Oldefähr: Mit Dr. Wangerow; ich habe noch keine Antwort.

Granitz: Ich muß welche haben, denn wenn der Herr Architekt etwa Ernst machen will, dann ziehe ich vor, meinerseits in der Vorhand Ernst zu machen.

Oldefähr: Er wird froh sein, ungeschlagen davon zu kommen.

Granitz: Nicht froher als ich! Ach, Oldefähr, alter Knabe: er hat's ja noch vor sich, was ich Gott sei Dank hinter mir habe. Jetzt will ich leben — caramba, ich habe gar keine Lust ins Gras zu beißen oder ein gesundes Glied zuzusetzen.

Oldefähr: Meine Frau würde sagen: wenn Gottes unerforschlicher Ratschluß ...

Granitz: Oberst, Sie wissen gar nicht, was Sie an Ihrer Frau besitzen. Ich sage Ihnen, es lohnt sich zu heiraten, um den Genuß der Trennung zu haben. Kennen Sie Carmen?

Oldefähr: Freilich! (singt) Auf in den Kampf, Torero.

Granitz: Nein, die Novelle von Mérimée. Da steht ein herrliches Motto, aus dem Griechischen.

Oldefähr: Erbarmen Sie sich! Ich habe keine Gymnasialbildung!

Granitz: Ich wills Ihnen sogar gereimt übersetzen. Sie wissen ja, ich mache Verse in meinen niederträchtigen Augenblicken.

Oldefähr: Da machen Sie jedenfalls permanent Verse, haha! Also?

Granitz: Zweimal Lust hat Mann am Weib —
Gallebitter ist der Rest: —
Wenn es liebend ihm den Leib,
Sterbend ihm die Freiheit läßt!

Oldefähr: O Gott, das muß ich meiner Frau deklamieren! Aber hören Sie, ein Kgl. Regierungsrat, der griechisch kann und Verse macht, — hüten Sie sich, daß Sie mir nicht in der verspielten Karriere nachfolgen! So was kompromittiert, mein Lieber. Als gesinnungstüchtiger Beamter verfügen Sie über ein viel zu geringes Maß von Dummheit!

Granitz: Um Gottes willen, wenn Lohm das hört! Nein, aber finden Sie nicht eine unnütze Grausamkeit darin, daß das Weib sterben muß, um dem Manne das zweite Vergnügen zu bereiten? Das hat man einfacher; man läßt sich scheiden, im Effekt vollkommen dasselbe!

Oldefähr: Also das brave Weib hat nicht nötig zu sterben, es muß nur einen Scheidungsgrund zur Stelle schaffen.

[997] Granitz: Vollkommen genügend. Es geht nicht mit Tod ab, sondern mit einem Andern durch — ach Oberst, wenn Sie wüßten!

Oldefähr: Wenn ich was wüßte? Sie werden sich doch nicht vor mir genieren?

Granitz: Wie dankbar ich dem Andern bin, meinem morgigen Gegner!

Oldefähr: Dann wäre es freilich schnöde, ihm etwas entzwei zu schießen.

Granitz: Wenn er mir nur nicht was entzwei schießt. Er ist, glaube ich, höllisch verliebt in meine Frau und will sie an mir rächen.

Oldefähr: Haha! er entführt die Sklavin und schießt den Sklavenhalter tot, den Pascha, den Ehetyrannen.

Granitz: Nein, dann ziehe ich doch vor, trotz meinen dankbaren Gefühlen, ihn tot zu schießen. Ich, der Beleidigte! nicht wahr?

Oldefähr: Der unheilbar Gekränkte!

Granitz: Der zu Tod Verwundete! Der Arzt seiner Ehre, kennen Sie das?

Oldefähr: Ist das wieder was Griechisches?

Granitz: Nein, was Spanisches, von Calderon.

Oldefähr: Granitz, Sie werden noch geschwenkt, verlassen Sie sich darauf. Jetzt können Sie gar Spanisch.

Granitz: Nein, ich habs bei Reclam gelesen. Das ist doch ein mildernder Umstand.

Oldefähr: Also, Sie sind der Arzt Ihrer Ehre.

Granitz: Ja, die Ehre ist krank, aber sonst bin ich gesund, ach so gesund, lieber Oberst, so unbändig gesund!

Oldefähr: Und nun wird die Ehre gesund, und Sie vielleicht krank.

Granitz: Das wäre ein grimmiger Reinfall.

Oldefähr: Vielleicht sterben Sie, aber die Ehre lebt!

Granitz: Teufel auch, ich hätt's lieber umgekehrt.

Oldefähr: Pst! wenn Lohm das hört? Dann haben Sie den blauen Brief schon in der Tasche. Na, trösten Sie sich, Sie sind der Arzt seiner Ehre, und ich bin Ihr erster Assistent. Ich werde bei der Operation aufpassen, daß nicht daneben geschnitten wird.

Granitz: Sondern daneben geschossen! Oldefähr, Sie sind ein Mensch, die andern sind Gespenster.

Oldefähr: Nein, Granitz, damit dürfen Sie keinen Scherz treiben. Mit den Worten einer Mutter. Das vergesse ich nicht, diese Szene, die alte Dame ganz aufgelöst, und will mir die Hand küssen ... Was Granitz, denken Sie nicht auch, ich kann sagen: Ich habe nicht umsonst gelebt!

G r a n i t z: Ich meins ganz ernst, Sie sind wirklich ein guter alter Knabe. Und Sie werden das Ihrige dazu tun, mich der Mitwelt zu erhalten. Denn das Leben ist doch so wahnsinnig schön! und es ist noch so viel Pommery & Gréno auszutrinken! und die Weiber sind so süß!

O l d e f ä h r: Aber nur zweimal! Gallebitter ist der Rest!

[998] G r a n i t z: Ich habe ja die nächste Aussicht auf den zweiten süßen Moment. Und die bittre Galle, damit ist der Andre an der Reihe. O, ich bin gerächt, ich will gar keine weitere Rache.

O l d e f ä h r: Liebet eure Feinde! Sie sind der leibhaftige Edelmut.

G r a n i t z: Was? soll ich meinem Nachfolger das Fegefeuer ersparen? Er dulde! und läutere sich, duldend, wie ich!

O l d e f ä h r: Ich denke, Sie sind ihm dankbar?

G r a n i t z: Und wie! darum sorge ich ja für sein Seelenheil. Prost Oldefähr!

O l d e f ä h r: Es lebe die Ehre.

G r a n i t z: Aber nicht auf meine Kosten.

O l d e f ä h r: Es lebe Ihre Frau!

G r a n i t z: Aber nicht mit mir!

O l d e f ä h r: Es lebe Ihr Feind!

G r a n i t z: Und lasse mich leben! O es ist so himmlisch süß zu verzeihen!

O l d e f ä h r: Und Verzeihung zu erlangen? Sie müssen doch ein schlechtes Gewissen haben, als Pascha und Sklavenhalter. Gestehen Sie mal!

G r a n i t z: Ich habe mein Weib zugrunde gerichtet.

O l d e f ä h r: Brr.

G r a n i t z: Zu Boden getreten.

O l d e f ä h r: Brrrr. Wie haben Sie das gemacht?

G r a n i t z: Ich habe sie nicht verstanden.

O l d e f ä h r: Können Sie das beschwören?

G r a n i t z: Urkundlich beweisen. Ach, Oberst, Sie haben ja Sinn für Humor. Ich muß Ihnen — aber um Gottes willen, unter uns! den blauen Brief zeigen, den meine Frau mir geschrieben.

O l d e f ä h r: Also einen haben Sie schon?

G r a n i t z: Ja, blau als Farbe der Untreue. Eine richtige Aufkündigung der Ehe per ersten Oktober.

O l d e f ä h r: Das ist doch aber eigentlich anständig, so offen und ehrlich abzusagen. Hören Sie, Ihre Frau steigt kolossal in meiner Achtung. Statt zu betrügen, lieber geradezu erklärt: es ist aus! Das gefällt mir! das ist brav! das ist Kourage!

G r a n i t z: Oldefähr, Sie werden romantisch. Es ist eine Zeitfrage, wie bei der Mobilmachung. Kriegserklärung und schon die Grenze überschritten, binnen drei Tagen. Geschwindigkeit ist keine Hexerei. Sie alter Stratege wissen doch, wie's gemacht wird.

Oldefähr: Und Sie alter Diplomat wissens sicher noch besser. Na, zeigen Sie mal die »gefälschte Depesche«.

Granitz: Das erste interessiert Sie nicht — das ist Abrechnung, im Ibsenstil. »Wahre Ehe«.... »Unterdrückung meiner Eigenart«.... »Tiefstes Verlangen unerfüllt«.... »Die Frau ist Mensch, nicht Spielzeug«.... Hören Sie, Oldefähr? sagen Sie's Ihrer Frau wieder: Mensch, nicht Spielzeug!

Oldefähr: O weh, meine Frau möchte gerne Spielzeug sein!

[999] Granitz: Aber Sie sind zu alt, um nur zu spielen, nicht wahr? Nun kommts! »Du hast mich nie verstanden, verstehe mich wenigstens jetzt. Du kannst mir nichts mehr sein, und ich dir nicht. Meine Seele fliegt dem Manne zu, dem sie wahrhaft gehört. Ich muß dir wehetun« ...

Oldefähr: Na, na!

Granitz: »Ich muß dir wehetun, aber du wirst mir verzeihen, wenn deine Liebe groß genug ist, sich zur entsagenden Freundschaft zu veredeln. Ich habe keine Wahl. Vergiß mich! Daisy.«

Oldefähr: Das ist schön! poetisch! Granitz, das ist ergreifend!

Granitz: Wie aus der Gartenlaube. Die Seele fliegt ihm zu ... Die Seele schwinget sich wohl in die Höh, juchhe!

Oldefähr: Allein der Leib bleibt auf dem Kanapee!

Granitz: Nicht allein! (Lohm kommt zurück.)

Lohm: Na, meine Herren, hier entwickelt sich — ä — ja eine fast auffallende Lustigkeit.

Oldefähr: Wir lassen die Ehre leben!

Granitz: Na, wie stehts? Wieviele Hektoliter haben Sie umgesetzt?

Oldefähr: Wie hoch beläuft sich der Patriotismus in dieser Gegend?

Lohm: Meine Herren — pardon, ich muß Ihnen eine sehr peinliche Mitteilung machen.

Granitz: Nun, was gibt's! Sie sehen ja aus, als weinten Sie um Ihre heiligsten Güter!

Lohm: Ihr Gegner ist mit Ihnen unter einem Dache.

Granitz: Architekt Adelung?

Lohm: Und ein Herr Dr. Wangerloh oder Wangerow.

Oldefähr: Kenne ich. Sein Sekundant.

Lohm: Der Kellner sagte, sie hätten Nummer 8 und 9. Sie haben vor einer Stunde hier soupiert und — ä — wollen sogar noch einmal herunterkommen.

Oldefähr: Sakrament, das wäre ein Gaudium.

Lohm: Das wäre — einfach unmöglich.

Granitz: Ja, ich bitte Sie, die Herren werden genau in demselben Falle sein wie wir: sie wollen die Nacht möglichst nahe am Ort verbringen, und da das hier das einzige Hotel ist in der Wüste Sahara ...

Lohm: Ja, aber das — ä — das ist doch vollkommen undenkbar.

Granitz: Hat das Hotel keine anderen Räumlichkeiten?

Lohm: Ja, aber es ist nirgends geheizt.

Oldefähr: Dann können wir die Herren nicht 'nausschmeißen, wenn sie hier noch einen Schoppen trinken wollen.

Lohm: Oder wir müssen ein Privatzimmer nehmen.

Oldefähr: Ungeheizt? Ich danke.

Granitz: Lohm, nehmen Sie die Sache nicht so tragisch. Ganz kommentmäßig wär's ja grade nicht, was meinen Sie, Herr Oberst?

[1000] Oldefähr: Ausnahmezustand!

Granitz: Vis major! Die Hand des Verhängnisses!

Lohm: Ja, lieber Herr von Granitz, wenn es Ihren Gefühlen nicht widerspricht ...

Granitz: Mein Bester, auf unsere Gefühle kommt es ja sehr wenig an, solange wir die Ehre haben, Offiziere des Beurlaubtenstandes zu sein.

Oldefähr: So lange wir die Ehre haben, die Ehre zu haben — haha!

Lohm: Ich bin erstaunt, einen ehemaligen aktiven Stabsoffizier in diesem Tone — ä— von diesen Dingen reden zu hören.

Granitz: Sind Sie nicht erstaunt, Lohm, sondern soupieren Sie friedlich.

Dritte Szene:

Adelung und Wangerow zu den Vorigen. Adelung geht voran, will verblüfft stehen bleiben, zurücktreten, wird aber durch den von hinten kommenden Wangerow ins Zimmer gedrängt.

Oldefähr: Lassen Sie sich nicht stören, meine Herren. Betrachten Sie uns als nicht vorhanden!

Wangerow: Wir sind allerdings in Verlegenheit.

Oldefähr: Aber bitte!

Wangerow: Unsere Zimmer sind ungeheizt, und wir dachten ...

Oldefähr: Wir sind in demselben Fall.

Wangerow: Wir hatten nicht vorausgesetzt ...

Oldefähr: Unsre Schuld. Wir sind später als Sie gekommen ...

Wangerow: Aber bitte!

Oldefähr: Wir hätten Sie informieren sollen ... Wenn Sie wünschen, daß wir das Feld räumen ...

Wangerow: Aber nein, lassen auch Sie sich nicht stören ...

Oldefähr: Die beschränkten Räumlichkeiten in diesem Hôtel ...

Lohm: Man kann ja — ä — vielleicht eine spanische Wand dazwischen stellen.

Wangerow: Aber bitte, bemühen Sie sich nicht, wir werden nicht lange bleiben. (Setzen sich an ihren vorigen Tisch.)

Oldefähr: Darf ich Herrn Brauereibesitzer Lohm vorstellen?

Lohm: (mißvergnügt aufstehend): Lohm.

Wangerow: Dr. Wangerow.

Adelung: Adelung.

Wangerow (nach einer Pause): Auch wir erwarten noch einen Herrn, Baron Freisleben.

Oldefähr: Ah, kenne ich sehr gut. (Wieder Schweigen. Oldefähr flüstert mit Granitz, Wangerow und Adelung.)

Lohm: Herr Oberst, darf ich mir gestatten?

Oldefähr: Prost, Lohm!

(Pause. Auf einen Wink Oldefährs tritt Wangerow mit ihm einige Schritte *[1001]* zurück, beide flüstern, zucken mit den Achseln, sehen Adelung dabei an. Nach einer weiteren Pause erhebt sich Granitz, geht festen Schrittes an den Tisch von Adelung heran, der sich ebenfalls erhebt. Lohm ist starr!)

Granitz: Herr Architekt — dieses eigentümliche Zusammentreffen ... darf ich mir, gegen den Usus, eine persönliche Bemerkung erlauben ...? (Da Adelung stumm bejaht). Ich möchte, ehe wir — hm — einander gegenübertreten, Ihnen sagen, daß ich — hm — als moderner Mensch nicht an Schuld und Sühne glaube, daß es Verflechtungen im Leben gibt, Situationen, wo man in die Sphäre eines anderen eingreift, ohne eigentlich — hm — ich meine, die Dinge entwickeln sich so, — zu unsrer eignen Überraschung, und — —

Adelung (noch sehr ernst, aber nicht steif): Ich danke Ihnen, Herr Regierungsrat, und wünschte, auch ich könnte sachlich so frei über Dinge urteilen, die — Einem persönlich — so nahe gehen. (Granitz, da nichts nachkommt, verbeugt sich und geht wieder auf seinen Platz. Wangerow geht an den Tisch zu Adelung und sieht ihn mit einem vorwurfsvollen Blick und leisem Kopfschütteln an. Nach einer Weile steht Adelung auf und geht zu Granitz hinüber, der sich erhebt. Lohm wird immer verblüffter.)

Adelung: Lassen Sie mich, Herr Regierungsrat, noch ein Wort hinzufügen. Auch ich bin moderner Mensch, das heißt, ich verwerfe die herkömmliche Moral, wo sie den Anforderungen der höheren Menschlichkeit widerspricht. Und in diesem Sinne bitte ich es aufzunehmen, wenn ich Ihnen nach reiflicher Selbstprüfung sage: ich habe Ihnen Schaden, aber kein Unrecht getan.

Granitz: Ich verstehe Sie vollkommen, Herr Architekt, und habe meinerseits keinen Grund, die Ruhe Ihres Gewissens zu stören. (Da Adelung verletzt zurücktreten will.) Nicht doch, Herr Architekt, ich bitte Sie, nicht die leiseste Ironie in meinen Worten zu suchen.

Lohm (leise zu Oldefähr): Ich begreife nicht — ä! sind wir hier, um Artigkeiten auszutauschen?

Adelung: In diesem Falle ist allerdings Ihre Auffassung überraschend milde.

Granitz: Ein Mann, der sein eignes Leben prüft, kann zu keiner anderen gelangen. Ich hätte nicht anders als Sie gehandelt, Herr Architekt, glauben Sie mir.

Adelung: Ich glaube Ihnen und bin sicher, daß Sie mit derselben Bereitwilligkeit die Konsequenzen getragen hätten. (Verbeugt sich, geht auf seinen Platz.)

Granitz (leise zu Oldefähr): Er läßt nicht locker, der verdammte Kerl!

Lohm (leise): Herr Regierungsrat von Granitz, ich begreife Sie nicht.

Wangerow: (leise zu Adelung): Du bist ein steifleinener Gesell.

Adelung (leise): Ich muß meinen Standpunkt wahren.

Wangerow: Hol der Teufel Deinen Standpunkt! Benimm Dich jetzt vernünftig, oder ich lege mein Mandat nieder! (Pause.)

Oldefähr (laut): Meine Herren, da sich die Nächstbeteiligten überzeugt haben, daß keiner den andren für persönlich minderwertig hält, und da wir einmal für *[1002]* heute Nacht auf diesen engen Raum angewiesen sind, so schlage ich vor, einen Tisch zu formieren. Ich darf Sie an die Sitte der alten Germanen erinnern, die einander vor dem Zweikampf mit Speise und Trank labten, auch wohl küßten und umarmten. Wenn's nun auch dazu nicht kommen wird, so sind wir doch freie Menschen und können einander in die Augen sehen, auch wenn eine Schicksalsverflechtung — wie mein Freund Granitz sich ausdrückte — uns zu Gegnern macht. Einverstanden?

Wangerow: Wohl gesprochen, Herr Oberst. (Leise zu Adelung.) Du mußt!

Lohm: Unerhört —! (Klingelt nach dem Kellner.)

Oldefähr: Herr Architekt, ich bitte Sie! Sonst setzen Sie mich dem Vorwurf einer Inkorrektheit ersten Ranges aus.

Adelung: Es sei, falls Herr Regierungsrat —

Granitz: O ganz gewiß, ich danke Ihnen!

Lohm (während die Runde gebildet wird): Ich muß bedauern — ä — meine Herren — bei einem Ehrenhandel — ä — der mit dieser Auffassung — ä — in dieser Weise — ä — aufgefaßt wird, meine Mitwirkung versagen zu müssen. (Zu Adelung und Wangerow:) Natürlich — liegt es mir vollkommen fern — Ihre Gesellschaft als solche — ä — nur, in diesem Falle, vereint es sich nicht mit dem Ernst der Sachlage, einen andren als rein geschäftlichen Verkehr — ä — mit der Gegenpartei — ä — pardon! (Zu Oldefähr und Granitz:) Und von Ihrer freien, um nicht zu sagen — ä — frivolen Auffassung halte ich es — ä — für meine Pflicht, den Ehrenrat — zu verständigen. Adieu. (Ab.)

Oldefähr: Granitz, nun winkt der blaue Brief! Ich hab's Gott sei Dank hinter mir!

Granitz: Denunziant! Am Ende kommt noch heraus, daß unser Duell gar nicht gilt!

Adelung: Im Prinzip, wenn auch nicht in der Form —

Wangerow: Na, laß gut sein, du wirst doch nicht mit dem um die Palme der Korrektheit ringen! Wer war eigentlich der Herr?

Granitz: Brauereibesitzer und Reserveleutnant im Xten Infanterieregiment, »Prinz Y« Nummer Z. Eine kompromittierende Bekanntschaft, für die ich um Verzeihung bitten muß, aber es war kein andrer Zeuge aufzutreiben.

Oldefähr: Sie müssen halt mit mir vorlieb nehmen.

Adelung: Auch unser Zeuge, Baron Freisleben, scheint uns im Stich zu lassen. Er wollte bereits am Abend hier sein.

Wangerow: Dies Hotel ist ja wohl das einzige hier am Ort?

Granitz: Hier können schöne Seelen einander nicht verfehlen.

Oldefähr: Donnerwetter, das reimt sich ja!

Wangerow: Herr Regierungsrat sind mir längst als brillanter Versifex bekannt.

Granitz: Sehr verbunden. Ein Pfund, mit dem ich leider nur im Nebenamte wuchern kann.

[1003] Oldefähr: Granitz, sagen Sie doch den griechischen Vers noch mal!

Granitz: Aber nicht doch, diese Bagatelle! ...

Wangerow: Würde auch uns interessieren, Herr von Granitz.

Oldefähr: Warten Sie, ich bringe es noch selbst zusammen: »Zweimal labt sich Mann am Weib — Gallebitter ist der Rest —, Wenn es liebend ihm den Leib, Sterbend ihm die Freiheit läßt.«

Wangerow: Exquisit! Was sagst du, Adelung?

Adelung: Ich hoffe Niemandem zu nahe zu treten, wenn ich den Vers vorzüglich, den Inhalt frivol finde.

Wangerow: Ja du, du bist eben Romantiker! Du glaubst noch, daß man mit einem Weibe auf die Länge leben kann.

Adelung: Ich glaube, daß zwei, die zusammengehören, auch zusammenbleiben können.

Granitz: Da gebe ich Ihnen unbedingt Recht, Herr Architekt.

Oldefähr: Und woran sieht man, daß Zwei zusammengehören?

Wangerow: Nun, halt daran, daß sie — zusammenbleiben.

Oldefähr: Da müssen sie also sich erst zusammentun.

Granitz: Müssens ausprobieren! Ist alles nur ein Experiment!

Adelung: Denken Sie nicht, daß einem das Gefühl, die innere Stimme sagt, ob man mit einem anderen Wesen zusammengehört?

Granitz: O Gott, die innere Stimme sagt so vieles.

Adelung: Die innere Stimme irrt nie!

Granitz: Und woran erkennt man, wenn ich fragen darf, die innere Stimme?

Wangerow: Daran, daß — sie sich nicht irrt!

Adelung: Alfred, du drehst einem die Worte im Munde herum.

Wangerow: Dafür bin ich Rechtsanwalt.

Granitz: Also es bleibt dabei, man muß es ausprobieren.

Wangerow: Das Experiment ist die Mutter der Naturwissenschaften, würde unser Medizinmann Leue sagen.

O l d e f ä h r: Gott ja, wo bleibt denn Leue? Der Arzt ist schließlich (mit Seitenblick auf Adelung) sozusagen doch gewissermaßen auch unentbehrlich!

W a n g e r o w: Und wo bleibt Freisleben?

O l d e f ä h r: Er wird wieder mal das Weib seiner Seele gefunden haben, und früh um sechs, in der letzten Minute anrücken, mit gläsernem Blick und bleicher Stirn.

A d e l u n g: Diese Menschen sind glücklich; stumpf im Genießen, nichts haftet bei ihnen, nichts macht ihnen Zweifel und Unruhe.

G r a n i t z: Sie nehmen vielleicht das Leben zu schwer, Herr Architekt.

A d e l u n g: Vielleicht.

W a n g e r o w: Nein gewiß, ganz gewiß! Darf ich — in Anbetracht der seltsamen Umstände — auf Ihr Wohl trinken, Herr von Granitz?

G r a n i t z: Das Ihre!

[1004] O l d e f ä h r: Prost! Auch Ihr Wohl, Herr Architekt!

W a n g e r o w (flüsternd): Dein »wahres Wohl!«, Bruno!? (Allgemeines Anstoßen, nur Granitz und Adelung beschränken sich auf flüchtiges Anblicken.) Sicher nimmt mein Freund Adelung das Leben zu schwer.

G r a n i t z: Sehen Sie, das Ganze ist ein Handel mit Rechenpfennigen, sagt Schopenhauer irgendwo. Und da muß man nicht der gute Kerl sein, und mit echtem Golde zahlen wollen.

O l d e f ä h r: Wo alle mogeln, muß man mitmogeln.

W a n g e r o w: Ganz meine Philosophie, Herr Regierungsrat!

G r a n i t z: Nicht wahr, Herr Rechtsanwalt? Zum Beispiel mit den Weibern. Gott ja, man muß wohl tun, als würde man neugeboren, wenn man eine erobert, und stürbe tausend Tode, wenn man sie wegschickt — das gehört mit zum Drum und Dran der Liebe, aber man muß es sich doch nicht in Wahrheit so nahe gehn lassen.

A d e l u n g: Ja, das ist der männliche Standpunkt. Aber die armen Weiber!

G r a n i t z: Die Ärmsten! Allerärmsten!

A d e l u n g: Des Weibes Liebe ist ewig.

W a n g e r o w: Wenn sie nämlich nicht ewig sein sollte, so war es nicht die richtige Liebe.

G r a n i t z: Wissen Sie, in welchem Lande die weibliche Liebe ewig ist?

W a n g e r o w: Wo es obligatorische Schutzimpfung gegen Wechselfieber gibt.

G r a n i t z: Und wo man viereckige Räder aus hölzernem Eisen macht.

O l d e f ä h r (singt): Ach wie so trügerisch sind Weiberherzen!

A d e l u n g: Sie müssen schlimme Erfahrungen gemacht haben.

G r a n i t z: Das fragen Sie mich!

W a n g e r o w: Bruno, das hast du brillant gesagt!

A d e l u n g: Ich meine natürlich ...

Granitz: Ich habe Erfahrungen gemacht, die zweifellos sehr verlokkend sein müssen, da Andere sie mir nachmachen wollen! Ihr Wohl, Dr. Wangerow.

Wangerow: Prosit, Herr von Granitz.

Oldefähr: Prost, meine Herren. (Wieder allgemeines Anstoßen.)

Granitz: Sie sehen so ernst aus, Herr Architekt!

Oldefähr: Gallebitter ist der Rest!

Wangerow: Mein Freund leidet an Hyperästhesie, Lebensscheu — er mißtraut der Zukunft.

Granitz: Zukunft! wissen wir denn, ob wir noch Zukunft haben?

Oldefähr: Aber eine Zukünftige!

Granitz: Da allerdings ist das Mißtrauen eher berechtigt.

Wangerow: Nur das Vergangene hat man sicher.

Adelung: »Wirf weg, damit du nicht verlierst.«

Granitz (verbindlich): Das ist von Hebbel, nicht wahr, Herr Architekt?

Oldefähr: Finden Sie nicht, Herr Adelung, daß mein Freund Granitz für einen kgl. Regierungsrat eine vorschriftswidrige Bildung hat?

[1005] Granitz: Es ist eine fixe Idee des guten Obersten, daß ich noch einmal wegen verdächtigen Übermaßes von Geist geschwenkt werde.

Oldefähr: Nun schon sicher, mit oder ohne Geist! Frivole Auffassung — ä — Ehrenrat benachrichtigen — ä!

Granitz: Lohm vertritt den formellen Standpunkt mit Biederkeit und Begeisterung.

Oldefähr: Gott, wofür soll sich ein Bierbrauer denn sonst begeistern?

Wangerow (ironisch): Während es für uns keine Formensache, sondern Herzenssache ist.

Granitz: Herzenssache, o weh!

Adelung: Ist es Ihnen das nicht, Herr Regierungsrat?

Granitz: Würden Sie mich sehr verachten, wenn ich nein sage?

Oldefähr: Hier wird nicht verachtet, zum Donnerwetter! Hier wird hochgeschätzt, allseitig und übers Kreuz! (Anstoßen.)

Adelung: Man verachtet den Mann nicht, mit dem man die Kugel wechselt.

Granitz: Sehr wahr.

Adelung: Sonst müßte man sich ja schämen, diesen Liebesdienst von ihm anzunehmen.

Oldefähr: Liebesdienst — hm! hm!

Adelung: Ich nenne es einen Liebesdienst, wenn mir Jemand die Möglichkeit eines ehrenvollen Sterbens gibt.

Granitz: Ich für meinen Teil ziehe das Leben — hm — ein ehrenvolles Leben vor.

Oldefähr: Wer wird so traurige Gedanken hegen, Herr Adelung! Sterben! in Ihren Jahren! Mit so viel Zukunft! Wieviel Quadersteine müssen Sie noch verbauen!

Adelung: Vielleicht ist schon alles verbaut!

Granitz: Dann reißen Sies nieder und bauen um! Man findet sich aus allem wieder einmal zurecht!

Adelung: Aus allem?

Granitz: Aus allem! Glauben Sie etwa an die Romanphrasen: unheilbar! unsühnbar! unwiederbringlich!?

Wangerow: Tout passe! tout lasse! tout s'efface!

Oldefähr: Denn alles, was entsteht — ne das stimmt nicht.

Adelung: Sie haben viel Vertrauen zu der menschlichen Anpassungsfähigkeit, meine Herren. Und Sie besonders, Herr Regierungsrat, scheinen nicht zu denen zu gehören, in denen ein Erlebnis tief haftet.

Granitz: Nein, weiß Gott nicht! Ich habe ein dickes Fell; mir weh zu tun, so weh zu tun, daß ich gleich am Leben verzweifelte, — das hat noch niemand und noch nichts fertig gebracht.

Adelung: Noch niemand!

Granitz: Nein, noch niemand, tatsächlich noch niemand, Herr Architekt. Und sehen Sie, darum ist es mir so leicht, etwas wie eine schöne Seele zu haben — ich grolle nicht, ich begreife, verzeihe, und bin getröstet und sanft wie ein Engel!

[1006] Oldefähr: Granitz, Sie ein Engel! Das ist sogar mir noch nie aufgefallen!

Granitz: Weil meine Flügel unsichtbar sind. Aber morgen werden Sie sehn — für den Fall daß ... wie da die lieben Englein meine Seele in einer rosenroten Wolke gen Himmel tragen werden. Denken Sie an mich!

Adelung: Und um meine dürften sich dann wohl die Teufel katzbalgen.

Wangerow: Darf ich mir die diskrete Frage erlauben, auf welche Seite sich dann die in Betracht kommende Dame wohl stellen würde, Himmel oder Hölle?

Granitz: Weder noch, sondern — in die Mitte. Die Welt ist doch so schön!

Oldefähr: Wie wunderschön ist Gottes Erde, und wert darauf vergnügt zu sein!

Adelung: Wangerow, ich sage dir zum zweiten Male, daß du ein Hallunke bist.

Wangerow: Tusch! die Herren sind Zeugen!

Oldefähr: Wir können das vielleicht in Einem abmachen, wenn etwas Munition übrig bleibt.

Granitz (zu Wangerow): Ich bin gerne bereit, Ihnen den Vortritt zu lassen.

Wangerow: Nach Ihnen, Herr Regierungsrat.

Vierte Szene:

Dr. Leue erscheint.

Oldefähr: Ah, guten Abend.

Leue: Guten Morgen wollen Sie sagen! Mitternacht ist längst vorbei.

Granitz: Wir dachten schon, Sie kämen gar nicht.

Leue: Was hätten Sie denn ohne mich angefangen?

Wangerow: Sind Sie gar nicht ein bißchen erstaunt, Doktor?

Leue: Über den Waffenstillstand bei Burgunder und Schloßberg-Auslese? O, nicht im mindesten. Das Moralische versteht sich doch von selbst.

Adelung: Und der Arzt steht ja ohnehin zwischen den Parteien.

Leue: Er »verbindet« beide Parteien.

Wangerow: Leue, das durfte nicht kommen. Bedenken Sie den Ernst der Situation.

Leue: Wo sind die übrigen Herren?

Oldefähr: Freisleben wird noch erwartet, und Lohm hat das Lokal in Entrüstung verlassen, weil wir nach Germanensitte ...

Leue: Das Schaf. Diese Brauerseele ist steif wie ein Weichselzopf.

Oldefähr: So steif, wie mein linkes Knie.

Leue: Ist das eine Konsultation? Aber 's kostet Nachttaxe.

Granitz: Dafür dürfen Sie gratis mittrinken.

Leue: Was verzapft Ihr denn, Herrschaften? Ich bin für Pommery & Gréno.

Granitz: Mein Fall.

Adelung: Ich für »Monopol«.

Granitz: Baumeister, das ist Ihr Verhängnis! Geben Sie jeden Monopolgedanken auf, ich rate Ihnen!

[1007] Wangerow: Haha, der kennt sich aus. (Sekt bestellt; die Runde ist nach Leues Zutritt jetzt so gebildet, daß Adelung und Granitz nebeneinander sitzen.)

Adelung: Haben Sie nie Monopolgedanken gehegt, Herr von Granitz?

Granitz: Ich? nie! Und Sie sehen doch, es war gut so: sonst wär' ich der Blamierte.

Adelung: Und nun bin ichs vielleicht?

Granitz: Das müssen Sie halt abwarten! Vielleicht haben Sie mehr Glück als ich.

Adelung: Wenn ich den Gedanken aufgeben soll, den Sie meinen, Herr Regierungsrat, dann — gebe ich lieber alles auf!

Wangerow: Was willst du aufgeben? Den Geist?

Granitz: Und dazu soll ich Ihnen behilflich sein? Dann müssen Sie aber auch stille halten.

Oldefähr: Wie Gott will, ich halte still!

Leue: — sagte die Bäckerstochter.

Granitz: Sie meinen die Fornarina von Raffael.

Wangerow: Raffael — ä — Raffael? Natürlich Jude?

Leue: Lassen Sie doch das Schaf Lohm ruhn, Wangerow. Das schläft jetzt den Schlaf des Gerechten.

Oldefähr: Und denunziert uns morgen beim Ehrenrat.

Granitz: Und wenn wir einander totgeschossen haben, so gilts gar nicht.

Leue: Dann müßt Ihr Euch eben noch mal totschießen.

Wangerow: Damit Sie doppelte Totenscheine ausstellen können, Sie Gierschlund.

Leue: Herrschaften, davon wird die Suppe auch nicht fett, wenn man elf lebendige Kinder hat!

Oldefähr: Mensch, Sie lügen ja wie die Kreuzzeitung! Elf Kinder?

Wangerow: Wie lange sind Sie verheiratet?

Leue: Vierzehn Jahr.

Oldefähr: Dann stimmts ja nicht!

Leue: Drei sind gestorben.

Wangerow: Wie konnte Ihnen als Arzt das passieren?

Leue: Das mit den Dreien?

Wangerow: Nee, das mit den Elfen.

Leue: Mein Schwiegervater ist Pastor!

Wangerow: Dann allerdings!

Granitz: Sehen Sie, Baumeister, der hat das Monopol.

Oldefähr: Ich habs auch! aber ich verzichte gern!

Wangerow: So geht's zu auf der Welt. Wers haben kann, der mags nicht, und —

Granitz: Und wo es nach Lage der Sache völlig ausgeschlossen ist, aber völlig —

[1008] Adelung: Wovon sprechen Sie denn?

Oldefähr: Vom Monopol, Baumeister.

Adelung: Ihr alle lästert das Weib, weil Ihr — es nicht kennt.

Granitz: Na hören Sie, das können Sie beim besten Willen nicht behaupten! Ich bin fünf Jahre verheiratet!

Adelung: Dem, der es versteht, erschließt sich das Weib in einem Augenblick und andre tappen ewig im Dunklen.

Oldefähr: Es lebe das Weib!

Granitz: Das unverstandene!

Leue: Das allzu gut verstandene — kennen Sie Virchows Definition vom Weibe? Nein, ich sage sie nicht, sonst bringt mich der Herr Architekt um!

Granitz: Erst komm ich, Doktor!

Adelung (auflachend): Nein Herr von Granitz, Sie bringe ich nicht um!

Granitz: Aber warum denn nicht?

Adelung: Lieber bringen Sie mich um, denn es lohnt sich ja nicht, den verdammten Quark auszulöffeln.

Granitz: Wer verlangt denn das von Ihnen? Sie nehmen auf Ihren Teller, soviel Sie wollen, und reichen dann die Schüssel weiter. Sehen Sie, das Leben ist eine Table d'hôte, jeder hat seinen Vorgänger und seinen Nachfolger, und wenn alle gesittet sind, bekommt jeder sein Teil. Mancher gibt ein Trinkgeld, damit ihm zuerst serviert wird, und Sie kaprizieren sich darauf, der letzte zu sein; alles nur Vorurteil! Der Anschnitt taugt nichts, und der Rest taugt auch nichts; die Kenner setzen sich in die Mitte! Sie sind wahrscheinlich entsetzt über meine Frivolität ...?

Adelung: Ach Gott, Sie haben vielleicht Recht.

Granitz: Im Einzelfall gewiß. Denken Sie an mich! und wenn ich Ihnen einen freundschaftlichen Rat geben darf: reichen Sie die Schüssel bald weiter! Darf ich auf Ihr Wohl trinken, Herr Adelung? Nach Germanensitte, wie unser trefflicher Oberst sagte!

Adelung: Ihr Wohl, Herr von Granitz! Und ich will Ihnen auch gestehen, daß Ihr Zuspruch — ich bin in einer nervösen Krisis, wie Sie wohl bemerkt haben, Übergangsstimmung, Häutungsfieber ...

Granitz: O ich verstehe Sie, lieber Baumeister.

Adelung: Das deprimiert so, diese Zweifel ... man weiß so wenig vom Charakter, von der Vergangenheit ...

Granitz: Tant mieux pour vous!

Adelung: Wenn man doch aber an die Zukunft denkt, an die grenzenlose Zukunft?

Granitz: Ihr Fehler!

Adelung: An Lebensgemeinschaft! an Verschmelzung! an tiefes unzerstörbares Einssein!

Granitz: Sie Romantiker von der blauesten Blume! Wie verliebt müssen Sie sein!

[1009] Adelung: Wie meinen Sie das?

Granitz: Um so blind zu sein. Haben Sie denn meine — hm — Ihre Geliebte schon darauf hin geprüft, ob sie sich zur Verschmelzung mit Ihnen eignet? — Sie wollen sie heiraten?

Adelung: Ja, das heißt — ach ich weiß selber nicht, ich will, ich will nicht — ich will gar nichts mehr.

Granitz: Heiraten Sie, — wenns dazu kommt. Aber ich will Ihnen etwas voraussagen, denken Sie an mich. In spätestens — sagen wir, drei Jahren sind Sie da, wo ich heute bin.

Adelung: Seltsamer Kalkül.

Granitz: Beruht auf den allereinfachsten Grundlagen. Erstens, der Charakter ist unveränderlich, man tut morgen das, was man heute tut, nur den Umständen angepaßt. Zweitens, je älter eine Frau wird, desto rascher muß sie ihre Erlebnisse hinter sich werfen, um das Dutzend vollzubekommen. Mit mir hat sie fünf Jahre ausgehalten — wenn ich Ihnen drei gebe, ists reichlich gerechnet.

Adelung: Nun, dieses Weh möchte ich nicht erleben.

Granitz: Ich versichere Sie, man stirbt nicht daran. Sehen Sie mich an, sehe ich besonders zugrunde gerichtet aus?

Adelung: Ncin, Sie allerdings —

Granitz: Ich weiß, was Sie sagen wollen. Ich bin nicht, sondern ich habe zugrunde gerichtet. Wen? wenn ich bitten darf? Sieht Daisy — pardon — besonders zugrunde gerichtet aus?

Adelung: So was sieht man doch einer Frau nicht von außen an. Das sitzt innerlich, in der Seele ...

Granitz: Nein, mein Bester, sondern auf den Lippen. Meine Frau hat Ihnen gegenüber das mißhandelte Weib gemimt, weil das auf Sie wirkte — erst romantisches Mitgefühl, dann Liebe. Ach, Baumeister, ich kenne die Weiber — ich kenne wenigstens dieses Weib. Und Sie werden es kennen lernen!

Adelung: Wenn ich Ihnen doch wenigstens widersprechen könnte! Aber ich bin so nervös —

Granitz: Haben Sie Nerven? Vor fünf Jahren hatte ich auch welche, und nach drei Jahren werden Sie keine mehr haben!

Leue: Nerven? wer hat Nerven? Es gibt keine Nerven!

Oldefähr: Prosit, Baumeister!

Adelung: Zum Wohl (leise zu Wangerow). Alfred, mir ist kläglich zu Mute! Dieser Granitz ist ein Satan.

Wangerow: Aber er kennt sich aus! Sauf Sekt, das dir besser wird!

Oldefähr: Prost, Leue! Ihre elf lebendigen Kinder sollen leben!

Leue: Meinetwegen! Sie geben mir doch nichts dazu.

Oldefähr: Was, wollen Sie mir Alimente für Ihre legitimen Sprößlinge aufbürden? Wangerow, Sie sind mein Verteidiger!

Wangerow: Darf ich um Vorschuß bitten? Aber schleunigst!

[1010] Adelung: Alfred, du kompromittierst mich ja!

Oldefähr: Sehen Sie, mit einem solchen Menschen haben Sie Brüderschaft getrunken!

Adelung: Der Wein entblößt seine schöne Seele!

Granitz: Und die Bestie triumphiert.

Oldefähr: Blutsbrüderschaft haben Sie mit ihm getrunken!

Leue: Es ist leichter eine Sau am eingeseiften Schwanz festzuhalten als einen Advokaten am Recht!

Oldefähr: Blutsbrüderschaft! Sie haben Blutsbrüderschaft getrunken!

Wangerow: Wir wollen alle Blutsbrüderschaft trinken.

Granitz: Bluts ... Oldefähr, hol Sie der Teufel! wie können Sie ein so langes und schweres Wort aufbringen, wenn wir schon so betrunken sind!

Oldefähr: Blutsbrüderschaft. Ich kanns noch!

Adelung: Bruderbrünstig mutig gemischt blühe im Trank unser Blut!

Granitz: Bravo, — Oldefähr, sagen Sies nach!

Oldefähr: Brüderbrunstig — bruderbrünstig.

Granitz: Schneller, schneller, wir haben nicht mehr so viel Zeit.

Wangerow: Der Doktor tunkt schon die Lappen in Karbol.

Leue: Karbol, pfui Teufel! Der Sekt schmeckt auch nach Karbol. (Gießt eine Flasche auf den Fußboden).

Granitz: Lasset uns Kognak trinken, dieweil es gen Morgen geht.

Adelung: Die rotbrünstige Morgenröt ...

Oldefähr: Rotbrünstig — brüderrotbrünstig, rotbrüderbrünstig.

Wangerow: Machen Sie Sprachübungen, Oberst?

Leue: O meine elf lebendigen Kinder, ich will euch mit meinem Herzblut ernähren!

Oldefähr: Herzblutsbrüder, ich will eine Rede halten ...

Adelung: Silentium für Herrn Oberst Oldefähr.

Oldefähr: Obwohl wir hier bruderbrünstig ...

Granitz: Herzblutbruderbrünstig ...

Oldefähr: Zusammensitzen, hat noch niemand derer zu gedenken sich berufen und gedrungen gefühlt ...

Wangerow: Die ein hartes Schicksal diesem Kreise ferne hält: ...

Oldefähr: Die doch die eigentliche Ursache ...

Wangerow: Der zureichende Grund ...

Granitz: Die vierfache Wurzel des Satzes vom zureichenden Grunde.

Oldefähr: Silentium! Der wir es verdanken, daß wir hier so bruderbrünstig,

Adelung: Blutig gemischt ...

Leue: Uns an Karbolwasser erquicken ...

Oldefähr: Und darum stimme ich ein in den Ruf!

Adelung: Sie lebe hoch!

Oldefähr: Sie, der wir diesen brünstigen Bruderseelenaustausch verdanken, Frau Daisy von Granitz ...

[1011] Granitz: Baldige Daisy Adelung ...

Oldefähr: Sie lebe hoch! hoch! dreimal hoch!

Granitz (Adelung um den Hals fallend): Mein Freund und Nachfolger ...

Adelung: Bruder! Herzbruder!

Granitz: Blutsbruder! brünstiger Herzblutsbruder! ... Wie kann ich dir danken?

Oldefähr (zu Wangerow): Vorschuß wollen Sie haben, Sie Kanaille?

Wangerow: Herzbruder, gib mir Vorschuß, und ich will dich um die Ecke bringen, um die Majorsecke ...

Leue: Elf lebendige Kinder in Karbolwasser ...

Granitz: Du hast mich erlöst von diesem Weibe ... ich will dir danken mit Pauken und Schalmeien ...

Adelung: Du hast sie zugrunde gerichtet ...

Granitz: Ich habe ihre Seele con-col-corrumpiert ...

Adelung: Du hast sie nicht verstanden — Herr Sie sind — Sie sind mein Freund nicht mehr.

Granitz: Danken will ich dir, lobsinget ihm mit großem Schalle. Dafür schieße ich dich tot, Herzbruder.

Oldefähr: Nichts wird totgeschossen — Blutsbrüderschaft — alte Germanensitte ...

Wangerow: Das Duell, meine Herren, vom Standpunkte des Strafgesetzbuches — des deutschen Reichsstraf — — — wer gibt mir Vorschuß.

Granitz: Ich schieße dich tot, du hast mir die Frau verführt, Herzbruder, Brüderlein, wie kann ich dir je danken?

Adelung: Du hast sie nicht verstanden — ihre Seele gehört jetzt mir!

Granitz: Bitte, bitte, bedienen Sie sich, Seele und Leib, tout compris.

Leue: Seele! wer spricht von Seele! es gibt keine Seele!

Granitz: Du hast meine Frau verführt, du mußt sie heiraten ...

Wangerow: Ehebruch, Paragraph 172 ...

Granitz: Heiraten mußt du sie, oder ich schieße dich nieder ...

Adelung: Ich will sie heiraten, Herzbruder und du mußt mit uns ziehen ...

Granitz: Ich danke!

Oldefähr: Wer will wen heiraten?

Granitz: Er will nicht, er muß!

Adelung: Ich muß nicht! Ich will nicht! Wer wagt meine Verlobte zu beschimpfen! den schieße ich nieder! Das reinste, süßeste goldenste Geschöpf ... nicht wert ... nicht wert ... seid Ihr, ihren Rocksaum zu küssen! ...

Granitz: Rocksaum ... haha ... brillante Beine ... durchbrochene Strümpfe ... und wenn ihre Röcke so rauschen ...

Adelung: Wer wagt eine Jungfrau zu beschimpfen?

Granitz: Röcke so rauschen, knisternde Seide — Herzbruder, ich sage dir, du hast Geschmack! ...

[1012] Leue: Jungfrau! es gibt keine Jungfrau!

Adelung: Du Hallunke! Ehebrecher! für uns beide ist nicht Platz auf der Welt! Du oder ich! (Draußen ist es dämmerhell geworden. Der Wirt erscheint an der Tür.)

Wangerow: Es ist sechs Uhr!

Oldefähr: Wirtschaft! zum Donnerwetter! Wirtschaft!

Leue: Anspannen! Schleunigst! zwei Landauer! (Wirt flüstert mit Wangerow.)

Wangerow: Meine Herren, es ist nur ein Wagen da — den andern hat Lohm — —

Granitz: Ah brillant! Lohm wollte uns zum Richtplatz kutschieren!

Oldefähr: Ehrenrat — ä — frivole Auffassung —

Adelung: Wo bleibt Freisleben? (Hausdiener bringt zwei Briefe, für Wangerow und Adelung.)

Granitz: Müssen wir eben alle in einen Wagen — komm Herzbrüderlein.

Adelung: Du oder ich! für beide ist nicht Platz in dieser Welt!

Oldefähr: Aber in einem Fiaker!

Leue: Wir sind aber fünf!

Oldefähr: Sie müssen auf den Bock, Doktor, Sie sind hier der Überflüssigste!

Granitz: Los! worauf warten wir noch?

Leue: Auf Freisleben!

Wangerow: Freisleben kommt nicht. Hier eine Karte von ihm, er schreibt: »Lieber Wangerow! Bin leider verhindert — dienstlich verhindert — wenn Sie diese Zeilen lesen, bin ich auf dem Wege nach Nizza. Natürlich nicht allein. Aufklärung später. Wunderbares Weib, auf Seide gearbeitet; ihr kennt sie alle. Noch eins: wirken Sie dahin, daß das Duell unblutig verläuft; ich habe bestimmte Gründe zu diesem Wink mit dem Zaunspfahl. Sie verstehen mich hoffentlich. Ihr Freisleben.«

Adelung (hat seinen Brief gelesen, bricht plötzlich in dröhnendes Gelächter aus).

Granitz: Herzbruder, bist du guten Mutes?

Leue: Karbol! ich muß mein Karbol haben! (Steckt eine Flasche Sekt in den Rock.)

Adelung: Sie hat mir die Ehe gebrochen!

Granitz: Nein mir!

Adelung: Nein mir! Herzbruder, wo sind die drei Jahre, die du mir versprochen hast? Höre: (liest) »Es war ein Irrtum, eine Herzenstäuschung — das fühle ich jetzt, da ich zum erstenmal wahrhaft liebe!«

Leue: Die Jungfrau! es gibt doch noch Jungfrauen!

Adelung: »Du kannst mir nichts mehr sein, und ich dir nicht. Meine Seele fliegt dem Manne zu, dem sie von Ewigkeit gehört.«

Granitz: Oldefähr, die Seele fliegt schon wieder!

Adelung: »Vergib mir, daß ich dir dieses Weh bereiten muß! Möge deine *[1013]* Liebe stark genug sein, sich zur entsagenden Freundschaft zu veredeln. Ich kann nicht anders. Vergiß auf ewig Deine Daisy.«

Oldefähr: Granitz, das kommt mir so — so bekannt vor!

Granitz: Das muß sie hektographiert haben ... Herzbruder, mein innigstes Beileid! Auch du hast sie nicht verstanden!

Adelung: Dieser Freisleben! Dieser — dieser Herzbruder Freisleben!

Granitz: Nun mein Brüderlein, soll ich dich totschießen?

Adelung: Nein, ich muß ja leben!

Granitz: Wozu, wenn ich fragen darf?

Adelung: Ich muß mich rächen an dem Ehebrecher!

Granitz: Das muß *ich* doch! Ich bin ja mit ihr verheiratet! Erst schieße ich dich tot und dann den Dritten ...

Oldefähr (singend): Aber der Dritte, ach der Dritte!

Wangerow: Duobus duellantibus tertius gaudet!

Leue: Wem soll ich nun den Totenschein ausstellen?

Adelung: Du hast sie nicht verstanden, ich habe sie nicht verstanden, wer hat sie nun eigentlich verstanden?

Wangerow: Freisleben hat sie nun eigentlich verstanden.

Leue: Virchow hat sie nun eigentlich verstanden. Aber ich sags nicht, mich dauern meine elf lebendigen Kinder.

Adelung: Sic transit gloria mundi!

Wangerow: Es war eben ein Transitgut.

Granitz: Aber leider nicht plombiert.

Wangerow: Leider unterwegs geöffnet.

Oldefähr: Vorwärts, Herzbrüderlein — blutrünstige Brut — Brüderlein, wir müssen ... Kinder, kann man Euch denn Schießgewehr in die Hand geben? Ihr werdet doch kein Unglück anrichten? Kutscher, los!

Leue: Auf nach Kreta!

Granitz (nach der Melodie: ich bin Menelaus der Gute): Auf zum Felde der Ehre, Felde der Ehre, Felde der Ehre!

(Abfahrt unter schrecklichem Lärm. Einen Augenblick später kommt der Hausknecht mit einem Kasten auf die Bühne gelaufen. Der Wirt schreit dem Wagen nach): Meine Herren, die Pistolen!!

Vorhang.

EPILOG

ZWEI JAHRE SPÄTER

(Terrasse des Hotels Riffelalp. Heiterer, kontemplativ stimmender Septembermorgen. Das Matterhorn sieht aus, als ob sich heute noch etwas Merkwürdiges ereignen sollte. Eine Dame liegt in einem Korbsessel und liest einen broschierten französischen Roman, den sie mit einem Haarpfeil aufschneidet. Ein Herr, der sie beobachtend seit einer Minute auf und ab geschritten ist, bleibt vor ihr stehen. Die Dame blickt auf.)

[59] Die Dame (unwillkürlich): Max!

Der Herr: Daisy!

Die Dame (nachdem sie sich gefaßt hat): Herr von Granitz!

Der Herr: Daisy!

Die Dame: Ich heiße Gräfin Nazzaro.

Der Herr: Daisy!! Wie kommst du hierher?

Die Dame: Durch den Simplon. Ich bin für Sie nicht Daisy.

Granitz: Wie Sie vollen. Ich wußte nicht, daß wir Feinde sind.

Daisy: Ich wüßte nicht, daß wir Freunde wären.

Granitz: Habe ich Ihnen nicht die Tür geöffnet, Daisy?

Daisy: Ich heiße Gräfin Nazzaro.

Granitz: Sie betonen ein Faktum, an dem mitgewirkt zu haben ich mir schmeicheln darf. Wenigstens teilweise. (Er setzt sich neben sie.)

Daisy: Sehr teilweise. Kommen Sie heute von Visp?

Granitz: Ich bin gestern Abend mit dem letzten Zug heraufgekommen. Und Sie, Gräfin?

Daisy: Ich bin schon acht Tage hier.

Granitz: Hatten Sie gutes Wetter?

Daisy: Sehr gutes. Wollen Sie heute noch auf den Gornergrat?

Granitz: Vielleicht mit dem nächsten Zuge. — Ich finde, daß wir eine glänzende Konversation machen.

Daisy: Ich hätte gar nicht gedacht, daß das Matterhorn so hoch ist.

[60] Granitz: Doch, es ist so hoch. Sie wollen mich los sein, das schmeichelt meiner Eitelkeit.

Daisy: In diesem Falle — bleiben Sie! bis zum nächsten Zuge.

Granitz: Ihre Freigebigkeit wird Sie gereuen. 10 Uhr 40, wir haben also dreiviertel Stunden Zeit. Eine Viertelstunde für die Gegenwart, eine für die Zukunft, eine für die Vergangenheit!

Daisy: Dreiviertel für die Gegenwart, wenn ich bitten darf! Sind Sie noch bei der Regierung?

Granitz: Wo denken Sie hin! Ich privatisiere. Zum Weinreisenden hatte ich kein Talent.

Daisy: Eher zum Konsumenten.

Granitz: Ja, mein Weinkeller war nie ganz verächtlich. Ein Ideal muß der Mensch doch mindestens haben.

Daisy: Haben Sie den 88er Burgunder noch, den gezehrten?

Granitz: Der keine Flecke aufs Tischtuch macht? Nein, der ist alle geworden.

Daisy: Sie haben wohl inzwischen manche Orgie gefeiert!

Granitz: Ich denke, wir wollten von der Gegenwart sprechen! Wo ist eigentlich ihr Herr Gemahl?

Daisy: In Neapel.

Granitz: Wie seltsam, daß Sie jetzt eine italienische Gräfin sind. Haben Sie denn unterdessen Italienisch gelernt?

Daisy: Das Notwendigste.

[61] Granitz: Denn damals konnten Sie nicht viel. Wissen Sie noch, wie wir zusammen studierten, auf der Hochzeitsreise? »Datemi una camera a due letti ...«

Daisy: Viel mehr kann ich heute auch noch nicht.

Granitz: Dann muß die Unterhaltung mit Ihrem Herrn Gemahl doch sehr anstrengend sein. Mit vielen Pausen, wie ich mir denken kann.

Daisy: Mit vielen Pausen.

Granitz: Nun, man versteht sich ja auch ohne Worte.

Daisy: Wir haben uns ja auch ohne Worte verstanden.

Granitz: Ich war immer der Meinung, ich hätte Sie nicht verstanden. Wenigstens haben Sie mir das urkundlich bezeugt.

Daisy: Sie wollen Ihre Viertelstunde Vergangenheit durchsetzen. Nehmen Sie einmal an, ich hätte ein drittes Ohr dafür.

Granitz: Ich nehme an, daß das dritte Ohr so reizend modelliert ist wie die beiden andern.

Daisy: Seit wann sagen Sie auch Banalitäten?

Granitz: Nur, wenn man mich verlegen macht

Daisy: Herr von Granitz! Sie und verlegen? Gibt es irgendwen oder irgendwas in der Welt, das Sie verlegen machen könnte?

Granitz: Haben Sie mich nie verlegen gesehen? mit Hemmungen, wie die Physiologen sagen?

Daisy: Niemals. Vielleicht in der ersten Zeit, allenfalls.

[62] Granitz: Als ich Sie liebte.

Daisy: Als Sie die Rolle spielten, mich zu lieben.

Granitz: Im Anfang war es keine Rolle. Ich habe Sie wirklich eine Zeit lang geliebt, Daisy — sehen Sie mich nicht so infam an!

Daisy: Eine Zeit lang. Wie lange etwa, wenn ich fragen darf?

Granitz: Ich habe meinen Kalender nicht bei mir.

Daisy: Und warum hörte das so bald auf?

Granitz: Du lieber Himmel! Der Gläubige ist mit seinem Gotte fertig, wenn er beweisbar wird, der Liebende mit der Geliebten, wenn er sie zu begreifen beginnt.

Daisy: Sehr schmeichelhaft.

Granitz: Liebe ist immer ein credo quia absurdum, Wille zur Selbsttäuschung, Abblendung des Bewußtseins, Idiosynkrasie. Ein Verliebter weiß gar nicht, wie die Geliebte aussieht, er hat kein detailliertes Bild von ihr, er empfindet nur einen dumpfen Druck, etwas Gestaltloses, Ungeformtes, das ihn beherrscht. Eines schönen Tages läßt der Druck nach, das Bewußtsein tritt über die Schwelle, man tut die Augen auf —

Daisy: Und dann?

Granitz: Dann liebt man nicht mehr. Dann kann man liebhaben, befreundet sein, hochschätzen, oder auch — je nach dem.

Daisy: Und wie war es dann zwischen uns?

[63] Granitz: Wo haben Sie eigentlich den Grafen Nazzaro kennen gelernt? In Nizza?

Daisy: Ich hatte mir erlaubt, eine Frage an Sie zu richten.

Granitz: Sie sind grausam, Daisy. Muß ich auch noch meine Karten aufdecken, nachdem ich das Spiel verloren habe?

Daisy: Sie haben wahrscheinlich zu klug gespielt.

Granitz: Als ich Sie nicht mehr liebte, fand ich Geschmack an Ihnen. Ich versuchte unsere Ehe als intelligentes Verhältnis zu stilisieren. Wir ließen das Herz auf sich beruhen und liebten mit den Nerven.

Daisy: Damit glaubten Sie mich zu verstehen. Ich war Ihr Spielzeug!

Granitz: Das reizendste Spielzeug von der Welt. Was hatten wir für illegitime Überraschungen für einander! Welche spannenden Rätsel, und wie unwahrscheinliche Lösungen! Welche seltsame Harmonik in Viertel- und Achteltönen, welche Übergänge mit unfaßbaren Nuancen, welche verzögernden Umwege zu unerwarteten Zielen! O wir waren Entdecker im Reiche des Möglichen ...

Daisy: Ich werde mir die Ohren zuhalten.

Granitz: Alle drei? Ach, Frau Gräfin, wenn ich Lehrer wäre, würde ich nie wieder in der Elementarklasse unterrichten.

Daisy: Ihre Schüler, oder Schülerinnen, sollen das ABC schon kennen.

[64] Granitz: Das ABC, ja! Das soll ihnen ein anderer beigebracht haben.

Daisy: Nur das ABC? Vielleicht auch das kleine und große Einmaleins?

Granitz: Nein, nicht zuviel. Nichts vom Einmaleins. Sie sollen nur bis drei zählen können, ich lehre sie dann bis vierzig zählen.

Daisy: Sie wollen also in der zweiten Klasse von unten Lehrer sein. Ich finde, Sie machen sich Ihre Lehrtätigkeit zu bequem.

Granitz: Ich bin nicht dazu geschaffen, den ersten Funken anzuzünden.

Daisy: Es scheint so. Aber warum übernehmen Sie nicht die dritte oder vierte Klasse?

Granitz: Dort hätte ich ja zu lernen und nichts zu lehren.

Daisy: Dann sind Sie allerdings im höchsten Grade Spezialist. Nur zweite Klasse, nicht erste und nicht dritte. Und in welcher Klasse taxieren Sie mich?

Granitz: Hoffentlich Selekta.

Daisy: Ach nein, ich bin sitzen geblieben.

Granitz: Oder gar zurückversetzt worden, in die erste Klasse? Klippschülerin mit geflochtenen Zöpfen und einer bunt lackierten Schiefertafel. Da lernen Sie nur fleißig beim Elementarlehrer. Prügelt er manchmal?

Daisy: Prügeln Sie Ihre Schülerinnen?

Granitz: Das müssen Sie ja wissen. Ach, Daisy, wir haben uns ja doch so gut verstanden!

[65] Daisy: Ohne Worte!

Granitz: In den Pausen der Konversation. Als wir die Seele auf sich beruhen ließen und mit den Nerven musizierten. Und wir waren so gut eingespielt, bis — bis der dumme Adelung kam.

Daisy: (auflachend): Ja Max! Der war wahrhaftig dumm!

Granitz (ihre Hand küssend): Daisy! er war unergründlich dumm. Er entdeckte deine Seele!

Daisy: Er entdeckte meine Seele.

Granitz: Oder sagen wir, er erfand sie. Er konstatierte, daß ich dich zugrunde gerichtet habe. Er führte dich in Versuchung und erlöste dich von dem Übel.

Daisy: Er hatte etwas Mystisches.

Granitz: Er entdeckte deine Ruinen und restaurierte sie im gotischen Stile. Es war aber ein Rokokopavillon gewesen. Ach, Daisy, meine Lebtage habe ich nicht wieder so gelacht wie damals, als du ihm den Laufpaß gabst. Nicht aus Rancune, versteht sich. Sondern weil die Psychologie dieses Menschenkenners so pünktlich versagte. Ich dachte mir: das Weib hat Geschmack! Donnerwetter, für einen Architekten war das schon ein unerlaubter Konstruktionsfehler.

Daisy: Ja, die Mystiker verrechnen sich immer.

Granitz: Und dann warst du in Nizza, mit Herrn von Freisleben. Und dann lerntest du den Conte Nazzaro kennen.

[66] Daisy: Ja — das heißt, da war noch etwas dazwischen.

Granitz: Also doch Selekta! Was war denn noch dazwischen?

Daisy: Ich erzähle dir das ein andermal. Schau, es ist wirklich so hübsch, mit dir zu plaudern.

Granitz: Konversiert man nicht besser, wenn man sich Sie nennt?

Daisy: Das war dumm von mir.

Granitz: Schadet nichts. Wir mußten eben einen Anlauf nehmen.

Daisy: Ich hatte eigentlich einen Groll auf dich.

Granitz: Du auf mich?

Dalsy: Ja, weil du keinen auf mich hattest.

Granitz: Eitler Fratz! Du hast mir also übel genommen, daß ich dir nichts übel nahm. Man sticht und will auch Blut sehen. Ist man denn grausam, kleine Wespe?

Daisy: Ja, für dich war es eben nur ein Wespenstich.

Granitz: Ich habe ein dickes Fell. Und was war es denn für dich, wenn ich fragen darf? Eine echte Wespe läßt ihren Stachel sitzen, reißt sich los und geht zugrunde.

Daisy: Ich glaube, das stimmt nicht. Du meinst vielleicht Bienen.

Granitz: Jedenfalls hast du deinen Stachel noch und könntest ein zweites Mal weh tun.

Daisy: Könnte ich?

[67] Granitz: Ja, süßes Daisychen, du könntest. Und du täuschest dich, wenn du glaubst, du hättest mir nicht wehe getan.

Daisy: Aber du hast dir nichts anmerken lassen.

Granitz: Wie der Indianer am Marterpfahl. Ein Mann von Welt kann doch kein Melodrama aufführen. Als verwundeter Philoktet durch die Wälder laufen und heulen — unmöglich. Nein, die Sache runterschlucken, lächeln, ein hübsches Epigramm darauf machen: das ist mein Geschmack!

Daisy: Also ist es dir doch etwas nahegegangen.

Granitz: Es gab einen Tag, Daisy, da hätte ich darüber beinahe — das Essen versäumt.

Daisy: Das will viel sagen.

Granitz: Es war nicht hübsch von der kleinen Schülerin, dem Lehrer davonzulaufen.

Daisy: Aus der zweiten Klasse.

Granitz: Und mir so unnütze Beschäftigung zu verursachen. Heiraten ist umständlich und Scheiden kostet Geld.

Daisy: Du warst darin so gentlemanlike, Max, ich bin dir wirklich dankbar.

Granitz: Und meine Ehre bloßzustellen — lache nicht, Daisy.

Daisy: Ich muß aber lachen. Seit wann glaubst du an Ehre?

Granitz: Ich glaube nicht daran, aber muß mit der Tatsache rechnen, daß Andere daran glau*[68]*ben. Es gilt für eine Verletzung, folglich ist es eine. Wenn in einer Gesellschaft verabredet wird, daß Herr Geheimrat ein Schimpfwort sein soll, so muß ich denjenigen, der die Verabredung kennt und mich Herr Geheimrat nennt, als meinen Beleidiger behandeln.

Daisy: Das ist allerdings logisch. Nun und —?

Granitz: Nun und —? Warst du jemals imstande, Herrn Adelung etwas klar zu machen?

Daisy: Er ist ein solcher Mystiker.

Granitz: Er ist der humorloseste Mensch, mit dem ich je Brüderschaft geschlossen habe. Er begriff die Situation nicht eher, als bis er total betrunken war. Das Schlimme war nur, daß ich mich zu diesem Zweck mit betrinken mußte. Daisy, konntest du mir nicht das Alles ersparen?

Daisy: Und sonst hattest du keine Schmerzen?

Granitz: Vielleicht doch. Der Lehrer sehnte sich zuweilen nach seiner intelligenten Schülerin.

Daisy: Waren die späteren weniger intelligent?

Granitz: Sie waren aus der Elementarklasse.

Daisy: Du mußte*[s]*t ihnen das ABC beibringen.

Granitz: Ich mußte ihnen das ABC beibringen. Ach Daisy, dieser Nervenverbrauch! Immer wieder das große Feuerwerk abbrennen, immer wieder Metaphysik reden, immer wieder der Hohepriester sein und das Opfer schlachten! Das arme Opfer, das zappelt, als würde die Welt aus den Angeln gehoben, und dann hysterisch flüstert: *[69]* sag, daß du mich noch liebst! sag, daß du mich noch liebst!

Daisy: Warum machst du dir eigentlich diese — Unbequemlichkeit?

Granitz: Gott, man muß doch schöne Erinnerungen sammeln für seine alten Tage. Daß man später einmal seinen gezehrten Burgunder hat, der keine Flecke aufs Tischtuch macht. Aber bis die Sache flaschenreif wird, dauert es verdammt lange. Inzwischen hat man die Vorfreude auf die Nachfreude.

Daisy: Also eigentlich mehr Anstrengung als Vergnügen?

Granitz: Entschieden! Wenn man so an Ruhe gewöhnt war, an Verständnis —

Daisy: Ohne Worte!

Granitz: An Zwischentöne und Nuancen, an eine gewisse intime Tradition zwischen Lehrer und Schülerin, an das Zusammenspiel der Nerven!

Daisy: Max, wenn du so redest — haben wir denn wirklich so harmonisch miteinander gelebt?

Granitz: Sicher, Daisykind. Das heißt, eine dominierende Persönlichkeit wie du kann sich natürlich nicht bedingungslos anpassen, das sehe ich ja jetzt ein.

Daisy: Habe ich dich nicht sehr gequält?

Granitz: Nicht mehr als nötig! Der Pfeffer im Salat, weißt du.

[70] Daisy: Sagtest du nicht immer, ich sei polygamisch veranlagt?

Granitz: Das bist du, aber deine Polygamie ist sympathisch, du bist für das Nacheinander, nicht Durcheinander. Du hättest Talent zur Treue, aber das Schicksal vergönnt dir nicht, immer Demselben treu zu sein.

Daisy: Max, ich fürchte, du —

Granitz: Sicher nicht, Daisychen. Ich versuche nur, gerecht gegen dich zu sein.

Daisy: Und ich habe so schlecht gegen dich gehandelt, Max.

Granitz: Nicht doch, Kindchen. Du hattest ja keine Wahl. Ich solle dich vergessen, schriebst du. Was tat ich nicht alles, um dich zu vergessen. Aber ich konnte nicht, Daisy.

Daisy: Ich hab' auch so oft an dich gedacht, Max.

G r a n i t z : Immer tiefer branntest du dich in mich hinein. Hast du's nicht in den Nächten gefühlt, daß da in der Ferne noch ein Schmachten nach dir war ...

D a i s y: Sprich nicht so zu mir — sprich nicht so —

G r a n i t z : Wenn du dich entschließen könntest, deine angeborne Begabung zu bekämpfen —

D a i s y: Wie meinst du, Max?

G r a n i t z : Ein bischen Durcheinander, Daisy ...

D a i s y: Nein, Liebster, nein ...

G r a n i t z : Eine kleine Reminiscenz, Daisy — ein *[71]* Traum von vergangenem Glück — ein Nachklang des Unwiederbringlichen —

D a i s y: Soll ich wieder zu dir kommen, Geliebter?

G r a n i t z : Keine neue Katastrophe, Kindchen, nichts zerstören — die menschlichen Dinge sind so einfach, Daisy, könnten so einfach sein — keine Gewaltsamkeit, nur ein Spiel, ein Hauch, eine Berührung, Daisylein ...

D a i s y: Wolltest du nicht erst noch auf den Gornergrat?

G r a n i t z : Ein andermal, mein Süßes — wir fahren durch den Simplon, nach Pallanza, da ist jetzt kein Mensch —»Datemi« ... wie war es?

D a i s y: »Datemi una camera a due letti ...«

Der Arzt seiner Ehre

Entstehungsgeschichtlicher Kontext

Kein Geringerer als ARTHUR SCHNITZLER *(1862–1931) hatte zwischen dem 8. April und dem 21. Mai 1904 intensiv an einer 134 Maschinenseiten umfassenden Dramenskizze gearbeitet, die unter dem Titel ›Ritterlichkeit‹ das zeitgenössische Duellwesen ironisch reflektieren sollte. Wegen anderer Arbeiten trat die »Taorminenser Sache [sc. ›Ritterlichkeit‹]« jedoch im Sommer desselben Jahres »ziemlich in den Hintergrund«.*[1] *Als* SCHNITZLER *am 7. April 1906 die Skizzen erneut durchsah, notierte er in sein Tagebuch:*

> *[G]ute Lustspielelemente – aber die Sache als ganzes scheint mir nicht interessant genug, es ernsthaft vorzunehmen. Auch würde man mir den »Arzt der [sic!] Ehre« von Mongré unter die Nase reiben.*[2]

Das Interesse an dem Thema hatte SCHNITZLER *nicht verloren – er verfolgte es bis ins Jahr 1912 hinein weiter.*[3] *Die Zeilen spiegeln vielleicht eine gewisse Skepsis* SCHNITZLERS *wider, angesichts der Erfolge des* HAUSDORFF*schen Stückes in München, Wien und Prag die Erwartungen des Publikums befriedigen zu können. Mehrmals bereits hatte er sich vor 1904 in Novellen und Dramen der Duellproblematik in polemischer Form angenommen,*[4] *und immer hatten seine Bearbeitungen des Themas aus der Masse der ›Tendenzstücke‹, die seit 1896 den Markt überschwemmten, herausgeragt. Im Herbst jenen Jahres nämlich hatte »in Karlsruhe ein Offizier namens Brüsewitz einen Zivilisten« aufgrund einer Beleidigung im Duell getötet.*

> *Der Fall erregte öffentliche Aufmerksamkeit und führte im Reichstag zu einer Debatte über die Duellkonvention. In Ausnutzung der günstigen Marktlage [sic!] kamen in der Folge eine ganze Reihe von Duell-Stücken auf die Berliner Bühnen.*[5]

---

[1] *Vgl. den Brief Schnitzlers an Otto Brahm vom 31. Oktober 1904; ›Der Briefwechsel Arthur Schnitzler – Otto Brahm.‹ Hrsg. u. eingel. v. Oskar Seidlin. Berlin 1953 [= ›Schriften der Gesellschaft für Theatergeschichte‹, Bd. 57], S. 144f., hier S. 145.*

[2] *Schnitzler: ›Tagebuch 1903–1908.‹ Hrsg. v. der Kommission für literarische Gebrauchsformen der Österreichischen Akademie der Wissenschaften. Wien 1991, S. 195.*

[3] *Schnitzler begann 1891 mit der Skizzierung des Stückes, Szenarien und Entwürfe sind aus den Jahren 1894, 1895, 1901, 1903, 1904, 1908 und 1912 überliefert, doch blieb das Drama Fragment; vgl. Gerhard Neumann u. Jutta Müller: ›Der Nachlaß Arthur Schnitzlers.‹ München 1969, S. 79; vgl. ebenso Arthur Schnitzler: ›Ritterlichkeit.‹ Fragment, aus dem Nachlaß hrsg. v. Rena S. Schlein. Bonn 1975 (›Abhandlungen zur Kunst-, Musik- und Literaturwissenschaft‹, Bd. 176) sowie ders.: ›Entworfenes und Verworfenes. Aus dem Nachlaß.‹ Hrsg. v. Reinhard Urbach. Frankfurt am Main 1977, S. 307–317; zum Duellmotiv vgl. u.a. Rena R. Schlein: ›Das Duellmotiv in Schnitzlers Dramen ›Ritterlichkeit‹, ›Das weite Land‹ und ›Das Wort‹.‹ In: ›Modern Austrian Literature‹, Vol. 8, No. 3/4 (1975), S. 222–235.*

[4] *Vgl. Schnitzler: ›Leutenant Gustl.‹ Novelle. Berlin 1900; ders.: ›Liebelei.‹ Schauspiel in 3 Akten. Berlin 1894; ders.: ›Freiwild.‹ Schauspiel in 3 Akten. Berlin 1898.*

[5] *Vgl. Norbert Jaron, Renate Möhrmann u. Hedwig Müller: ›Berlin – Theater der Jahrhundertwende. Bühnengeschichte der Reichshauptstadt im Spiegel der Kritik (1889–1914).‹ Tübingen 1986, S. 321.*

Aber nicht nur in Berlin, im ganzen Kaiserreich lösten in der Folge neben einer ausufernden Trivialliteratur[6] *unter anderem die Dramen* HERMANN SUDERMANNS,[7] HERMANN BAHRS[8] *und* CARL STERNHEIMS,[9] *aber auch* SCHNITZLERS *eigene Stücke einen wahren Kassensturm aus.*

1. Das Duell als gesellschaftliches Phänomen

Der ›Begeisterung‹ für das Duell,

> *das im 19. Jahrhundert die Spalten der Tagespresse füllte, Richtern und Totengräbern Arbeit verschaffte, die Gemüter protestantischer Synodalen und katholischer Theologen erhitzte und die Phantasie von Schriftstellern beflügelte,*[10]

spielte die kaiserzeitliche Strafgerichtsbarkeit in die Hände. Nach den §§ 201–210 des Reichsstrafgesetzbuchs in der Fassung von 1876 war die Herausforderung zum Zweikampf, die Annahme einer solchen sowie die Austragung eines Duells zwar generell strafbar, wurde aber – wenn überhaupt – ›nur‹ mit Festungshaft geahndet, was im Gegensatz zu Zuchthaus- oder Gefängnisstrafen eine minder schwere und nicht entehrende Form der Freiheitsstrafe darstellte. Fiel einer der Duellanten, so wurde der ›Sieger‹ zwar mit Festungshaft nicht unter zwei bzw. drei Jahren (§ 206 RStGB) bestraft, doch blieb das Strafmaß meist unter fünf Jahren, womit die Tat nach § 1, Abs. 2 RStGB keinem Verbrechen, sondern lediglich einem ›Vergehen‹ gleichkam. Sekundanten, Zeugen und Ärzte blieben grundsätzlich straflos, ebenso solche Kartellträger, die ernsthaft bemüht waren, das Duell zu verhindern (§ 209 RStGB) – andernfalls drohte diesen Festungshaft bis zu sechs Monaten (vgl. § 203 RStGB).

Insbesondere das kaiserliche Reserveoffizierskorps war es indes, welches dem Duell über den relativ kleinen Kreis des aktiven Offizierskorps hinaus eine breite gesellschaftliche Bedeutung verlieh. Seit den Heeresreformen von 1887/88, die den Aufbau einer überaus starken Reservetruppe für den Fall der Mobilmachung vorsahen, erwies sich das bisher fast ausschließlich aus dem Adel rekrutierte Offizierskorps für die Führungsaufgaben als personell zu schwach. Diesem Defizit suchte man abzuhelfen, indem einerseits auch die Führungspositionen in Heer und Marine dem Bürgertum geöffnet wurden, andererseits wurde das Bürgertum durch die Aufstellung eines Reserveoffizierskorps an die Armee gebunden und diesem Personenkreis ein hervorgehobener Status, ein sozusagen quasiaristokra-

---

[6] *Vgl. hierzu Ute Frevert: ›Ehrenmänner. Das Duell in der bürgerlichen Gesellschaft.‹ München 1991, S. 10.*

[7] *Vgl. Sudermann: ›Die Ehre.‹ Schauspiel in 4 Akten. Stuttgart 1889 sowie ders.: ›Fritzchen.‹ Drama in 1 Akt. In: ders.: ›Morituri.‹ Stuttgart u. Berlin 1896.*

[8] *Bahr: ›Der Meister.‹ Komödie in 3 Akten. Berlin 1903.*

[9] *Sternheim: ›Bürger Schippel.‹ Komödie in 5 Aufzügen. Leipzig 1913.*

[10] *Frevert: ›Ehrenmänner. Das Duell in der bürgerlichen Gesellschaft‹, S. 10; vgl. zum zeitgenössischen Duell in der wilhelminischen Ära Christoph Fürbringer: ›‹Metamorphosen der Ehre. Duell und Ehrenrettung im Jahrhundert des Bürgers.‹ In: ›Armut, Liebe, Ehre. Studien zur historischen Kulturforschung.‹ Hrsg. v. Richard van Dülmen. Frankfurt a.M. 1988, S. 186–224, sowie Kevin MacAleer: ›Duelling: the cult of honour in fin-de-siècle Germany.‹ Princeton, NJ 1994.*

tischer Nimbus verliehen.[11] *Basis hierfür bot das Kontingent der ›Einjährig-Freiwilligen‹. Die nach den Befreiungskriegen zunächst von Preußen, später von allen deutschen Staaten und Österreich-Ungarn eingeführte Einrichtung offerierte Wehrpflichtigen mit einer bestimmten Schulbildung – in der Regel der erfolgreiche Besuch von sechs Klassen an einer mittleren oder höheren Schule – die Möglichkeit, statt der üblichen dreijährigen Dienstzeit nur ein Jahr abzuleisten, wenn sie sich auf eigene Kosten einkleideten, ausrüsteten, verpflegten und unterbrachten. Nach ihrer Abmusterung stand diesen Wehrpflichtigen quasi als Gegenleistung die Möglichkeit offen, nach mehreren Übungen und Prüfungen das Reserveoffizierspatent zu erwerben. Diese Laufbahn blieb sowohl aufgrund der schulischen Qualifikation als auch aufgrund der Kosten – es war »einem Einjährigen kaum möglich, mit weniger als 2000 Mark während seines Dienstjahres auszukommen [...] bei der Artillerie und Kavallerie meist viel mehr«*[12] *– dem Bildungs- und Besitzbürgertum vorbehalten, das die Offerte auch gern annahm, gehörte der »Reserveoffizier« doch »der ersten Klasse unserer Gesellschaft an, mag ihm sein Zivilberuf einen Platz anweisen, welcher er sei.«*[13]

Wer es in dieser Gesellschaft nicht zum Reserveoffizier gebracht hatte, dem fehlte ein Stück sozialen Ansehens; der einjährige Reserveunteroffizier etwa, der nach Übungen befördert worden war, galt im bürgerlichen Leben nur als Soldat zweiter Klasse. Aber auch dieser pochte auf seine erdiente, gegenüber dem normalen Soldaten ›ehrenvolle‹ Position. Standesdünkel und Hochmut bestimmten so das Selbstverständnis der Reserveoffiziers- und Reserveunteroffizierskaste im wilhelminischen Zeitalter. Doch nicht nur dies, dieses Selbstverständnis forcierte in hohem Maße die Ausweitung der Duellpraxis von den vormals in sich abgeschlossenen Adels- und Militärkreisen auf die breite Schicht des Bürgertums. Seit einer ›Allerhöchsten Verordnung‹ Wilhelms I. aus dem Jahre 1874 herrschte im deutschen Offizierskorps praktisch der Duellzwang, hatte der Kaiser doch verlauten lassen, daß er

> *[e]inen Offizier, welcher im Stande ist, die Ehre eines Kameraden in frevelhafter Weise zu verletzen, [...] ebensowenig in Meinem Heere dulden [werde], wie einen Offizier, welcher seine Ehre nicht zu wahren weiß.*[14]

Der militärische Ehrenkodex galt auch für die Reserveoffiziere, die ihn – ebenso wie natürlich die Reserveunteroffiziere – weidlich auslebten.

---

[11] *Vgl. allgemein Eckart Kehr: ›Zur Genesis des Königlich Preußischen Reserveoffiziers.‹ In: ders.: ›Der Primat der Innenpolitik. Gesammelte Aufsätze zur preußisch-deutschen Sozialgeschichte im 19. u. 20. Jahrhundert.‹ Hrsg. v. Hans-Ulrich Wehler. Berlin 1965, S. 53–63.*

[12] *Anonymus: ›Noch einmal unsere Einjährig-Freiwilligen.‹ In: ›Der Reichsbote‹, 1. Beilage zu Nr. 169 vom 22. Juli 1910 (nach ›Untertan in Uniform. Militär und Militarismus im Kaiserreich 1871–1914.‹ Quellen und Dokumente. Hrsg. v. Bernd Ulrich, Jakob Vogel u. Benjamin Ziemann. Frankfurt a.M. 2001, S. 132f.); der Verfasser gibt als Verdeutlichung der Relationen das Jahresgehalt eines Pfarrers an, 5.500 Mark.*

[13] *Gustav O. Hilder: ›Der Reserveoffizier als Kaufmann, Studierter, Staatsbürger.‹ Berlin 1887, S. 15 (nach ›Untertan in Uniform‹, S. 137).*

[14] *So die Schlußworte der einleitenden Passagen zu dieser Verordnung, zitiert nach Karl Demeter: ›Das deutsche Offizierkorps in Gesellschaft und Staat 1650–1945.‹ Frankfurt a.M. ⁴1965, S. 290; dort S. 287–290 auch die Einleitung in Gänze.*

Hinzu gesellte sich ein unverhohlener Antisemitismus. Ein Artikel der ›Zeitschrift des Centralvereins deutscher Staatsbürger jüdischen Glaubens‹ aus dem Jahre 1909 nimmt zu einer wahren ›Flucht‹ norddeutscher Einjähriger jüdischen Glaubens in das im Gegensatz zu Preußen liberale Bayern folgendermaßen Stellung:

> *[D]ie Annahme, daß in Bayern die Beförderung jüdischer Offiziers-Aspiranten leichter vor sich ginge, [ist] irrig [...]. Auch bei uns gelingt es nur wenigen, bei tadelloser Führung, ernster Arbeit und tüchtigen Leistungen die zahllosen Klippen bis zum Reserveoffizier zu umschiffen. Ein Kaufmann jüdischen Glaubens wird in Bayern schon gar nicht in den Vorbereitungsdienst aufgenommen; es wird fast immer akademische Bildung zur Vorbedingung gemacht, und bei vielen Regimentern zieht auch dies nicht. In den letzten drei Jahren sind nur vereinzelte Beförderungen vorgekommen, und in ganz Bayern sind in diesen drei Jahren vielleicht ganze zehn Herren zu Reserveunteroffizieren befördert worden [...], wovon vielleicht die Hälfte auf den Train fällt. [Nach erfolgreich bestandenen Übungen und Prüfungen] kommt erst die Offizierswahl, bei der gar nicht die aktiven Offiziere, sondern das Reserveoffizierskorps des Bezirkskommandos nach Einziehung ausgiebiger Auskünfte und meist erst nach persönlicher Vorstellung vor dem Wahlakt über die Wahl entscheidet. Das Resultat muß ein einstimmiges sein.*[15]

Solche Ressentiments wurden aber bereits in den 1880er Jahren öffentlich angeprangert. Der Major a.D. Gustav Hilder schrieb 1887:

> *Es wäre nicht nur ungerecht, es wäre auch ungesetzlich, dem jüdischen Einjährig-Freiwilligen, bei sonst guter Führung, die Ablegung des Reserve-Offiziers-Examen zu verweigern. [...] Besitzt der jüdische Aspirant gewisse Eigenschaften, durch die er sich in Offizierskreisen unbeliebt machen muß, – beispielsweise taktloses, wechselnd halb kriechendes bald herrisches Wesen, Sucht nach Verdienst und Gewinn, ein sich Vordrängen [...] usw. usw. – ja dann liegen Gründe genug vor, seine Wahl gesetzlich zu verhindern; aber die Religion oder die Herkunft von einem nicht deutschen Stamm allein darf gar nicht in Betracht gezogen werden.*[16]

Die um sich greifende Praxis, entgegen geltendem Recht Einjährigen jüdischer Herkunft das Patent des Reserveoffiziers zu verweigern, erfuhr Hausdorff am eigenen Leib. 1891/92 hatte er als Einjährig-Freiwilliger im Infanterieregiment 106 in Leipzig gedient – ihm stand also theoretisch die Laufbahn des Reserveoffiziers offen. Nach mehreren Übungen zum Vizefeldwebel befördert, ließ er sich in Kenntnis dieser antisemitischen Praxis im Jahre 1894 von der Liste der Aspiranten streichen,[17] *um einer Ablehnung wegen seiner jüdischen Herkunft zuvorzukommen.*

Jenes Jahr 1896 zeitigte aber für die deutschen Bürger jüdischer Herkunft auch ein über den militärischen Ehrenkodex hinausgehendes Ereignis: den Beschluß des ›Waidhofener Verbandes der Wehrhaften Vereine Deutscher Studenten in der Ostmark‹, der jüdischen Studenten jedwede Satisfaktionsfähigkeit absprach:

---

[15] *Anonymus: ›Jüdische Einjährige in Bayern.‹ In: ›Im deutschen Reich. Zeitschrift des Centralvereins deutscher Staatsbürger jüdischen Glaubens‹ 15 (1909), Nr. 5, S. 279–281, hier S. 280f. (nach ›Untertan in Uniform‹, S. 133).*

[16] *Hilder: ›Der Reserveoffizier‹, S. 33 u. S. 35f. (nach ebd., S. 134).*

[17] *Vgl. dazu Egbert Brieskorn: ›Felix Hausdorff – Elemente einer Biographie.‹ In: Katalog der Ausstellung ›Felix Hausdorff – Paul Mongré‹ vom 24. Januar bis 28. Februar 1992 im Mathematischen Institut der Universität Bonn, S. 78.*

Einen Juden kann man nicht beleidigen, ein Jude kann daher keine Genugtuung für erlittene Beleidigungen verlangen.[18]

Die korporierte Studentenschaft, neben dem Militär die tragende Schicht der Duellpraxis, nahm diesen Beschluß mit breiter Zustimmung auf. Die antisemitischen Ressentiments wurden damit noch tiefer in den national-konservativen Kreisen des wilhelminischen Deutschlands verankert und weiteten sich auf beinahe alle Bereiche des gesellschaftlichen Lebens aus.

2. Das Duell als literarisches Motiv

Nicht nur in Kolportage und auf dem Theater gab es zahlreiche Auseinandersetzungen um das Duell, auch in der Zeitschriftenliteratur wurden heftige Kontroversen ausgetragen. Nachhaltig beeinflußt wurden diese Debatten von einem Ereignis im Jahre 1902: der Gründung der deutschen Antiduell-Liga. Initiiert vom europäischen Hochadel, polemisierte die Liga gegen die Duellpraxis, die sich einerseits mit der stetig wachsenden Zahl der Universitätsabsolventen, mehr aber noch mit der außerordentlichen Zunahme der Zahl von Reserveoffizieren in Kreisen eingebürgert habe, die »noch vor einigen Jahrzehnten von ihrer ›Satisfaktionsfähigkeit‹ keine blasse Ahnung hatten.«[19] *Während aber an den Universitäten mehr und mehr Gegner des Duells gewonnen werden konnten, verhielt sich das Gros der Offiziere und Reserveoffiziere der Kritik am Duellwesen gegenüber äußerst reserviert.*

Mag die erneute öffentliche Debatte um das kaiserzeitliche Duell(un)wesen HAUSDORFF *letztendlich zu seiner bühnenreifen Attacke auf den konventionellen Ehrbegriff bewogen haben, so findet sich bei ihm eine Auseinandersetzung mit der Thematik indes weit früher. 1898, in seinem Essay* Das unreinliche Jahrhundert,[20] *hatte er dem scheidenden 19. Jahrhundert den Spiegel vorgehalten. Politik, Wissenschaft, Religion, all diese Bereiche werden zu Zielscheiben einer harschen Kritik. Und auch das Duell, jene* Vorsinthflutlichkeit,[21] *treffen die Pfeile des Spotts. Der bereits von* SCHOPENHAUER *als »Unteroffizierstugend« verspottete »persönliche Mut«,*[22] *dessen es zum Duell bedürfe, gehe, so* HAUSDORFF, *dem* Gegenwärtigen *ab, er sei*

---

[18] *Zitiert nach Arthur Schnitzler: ›Jugend in Wien. Eine Autobiographie.‹ Hrsg. v. Therese Nickl u. Heinrich Schnitzler. Wien, München u. Zürich 1968, S. 156; Schnitzlers Quelle ist nicht nachgewiesen, die endgültige Formulierung dieser Passage in der Fassung vom 11. März 1896 lautet folgendermaßen: »[...] faßt die heutige Versammlung deutscher wehrhafter Studentenverbindungen den Beschluß: ›Dem Juden auf keine Waffe mehr Genugtuung zu geben, da er deren unwürdig ist!‹« (Vgl. die Erläuterungen ebd., S. 360.)*

[19] *›Vorentwurf zu einem Deutschen Strafgesetzbuch und der Zweikampf. Eine kritische Untersuchung‹, veröffentlicht vom Vorstand der Ortsgruppe Köln der Deutschen Antiduell-Liga (o.J., ca. 1905), nach Frevert: ›Ehrenmänner‹, S. 238.*

[20] *Paul Mongré:* Das unreinliche Jahrhundert. *In: ›Neue Deutsche Rundschau (Freie Bühne)‹ IX (1898), H. 5, S. 443–452 (HGW VIII, 341–352).*

[21] *Mongré:* Das unreinliche Jahrhundert, *S. 449 (HGW VIII, 348).*

[22] *Vgl. ebd.; vgl. dazu Arthur Schopenhauer: ›Aphorismen zur Lebensweisheit‹, Kap. 4: ›Von dem, was einer vorstellt‹ (ASW 4, 455).*

zu neurasthenisch, zu zart, zu sensibel – *[...]* zu f e i g zum Duell *[...]*, der moderne Mensch [werde] nicht anders als mit eiskalten Händen und schlotternden Knieen sich dieser »gesellschaftlichen Pflicht« unterziehen.[23]

Wann sich Hausdorff entschloß, die Thematik für die Bühne zu bearbeiten, läßt sich aufgrund fehlender Zeugnisse nicht beantworten. Die Tagebuchnotiz Schnitzlers weist jedoch darauf hin, daß der Arzt seiner Ehre *aus eben jenen ›Tendenzstücken‹ der Jahrhundertwende weit herausragte.*[24]

3. Der Einakter um 1900

Bleibt Hausdorff hinsichtlich der inhaltlichen Komponenten den Strömungen der Zeit verhaftet, so gilt dies auch für die von ihm genutzte Form der dramatischen Umsetzung, den Einakter.[25] *Vorformen des Einakters, der sich aufgrund seiner ›Einheit der Situation‹ streng von der seit der ›Poetik‹ des Aristoteles normativen ›Einheit der Handlung‹ abgrenzt, sind bereits in der Antike präsent, doch bewegen sich die einaktigen Dramen des Mittelalters und der Neuzeit bis weit ins 19. Jahrhundert hinein beinahe ausschließlich*[26] *im Bereich des Burlesk-Komischen, Trivialen, Volkstümlichen. Zum Ende des Jahrhunderts hin avanciert der Einakter jedoch zu einem der wichtigsten Gattungsmuster des Avantgarde-Theaters. Die Formen sind indes vielfältig: Begründet Stéphane Mallarmé (1842–1898) mit seiner lyrischen ›étude scénique‹ ›Hérodiade‹ (1869) ein Theater der Innerlichkeit, so zeichnen die einaktigen Stücke August Strindbergs (u.a. ›Fräulein Julie‹ [1888]) und Maurice Maeterlincks (u.a. ›Der Eindringling‹ [›L'Intruse‹, 1890]) beklemmende Psychogramme zerrissener Individuen. Nach der Jahrhundertwende bilden sich mit den szenischen Dramen Karl Valentins (1882–1948) in radikaler Zuspitzung Formen des absurden Theaters heraus, während Oskar Kokoschka (1886–1980; ›Mörder, Hoffnung der Frauen‹, 1907) und Wassily Kandinsky (1866–1944; ›Der gelbe Klang‹, 1909/10) in Formexperimenten eine Kombination von Texten und modernen Medien wie Film und Hörspiel, aber auch der Pantomime und der bildenden Kunst anstreben.*

---

[23] *Mongré:* Das unreinliche Jahrhundert, *S. 449 (HGW VIII, 348).*

[24] *Vgl. hierzu auch Udo Roth: ››Ein dröhnendes Gelächter«. Paul Mongrés Lachen über das gar nicht lächerliche Duell(un)wesen der Kaiserzeit.‹ In: ›LachArten. Zur ästhetischen Repräsemtation des Lachens vom späten 17. Jahrhundert bis zur Gegenwart.‹ Hrsg. v. Arnd Beise, Ariane Martin u. Udo Roth. Bielefeld 2003 [›Kulturen des Komischen‹ 1], S. 187–202.*

[25] *Zum Einakter vgl. immer noch generell Diemut Schnetz: ›Der moderne Einakter. Eine poetologische Untersuchung.‹ Bern u. München 1967, ebenso Hans-Peter Bayersdörfer: ›Einakter mit Hilfe des Würfels? Zur Theatergeschichte der ›Kleinen Formen‹ seit dem 18. Jahrhundert.‹ In: ›Kurzformen des Dramas. Gattungspoetische, epochenspezifische und funktionale Horizonte.‹ Hrsg. v. Winfried Herget u. Brigitte Schultze. Tübingen und Basel 1996 (›Mainzer Forschungen zu Drama und Theater‹ 16), S. 31–57; zum Einakter um 1900 vgl. v.a. Hartmut Vinçon: ›Einakter und kleine Dramen.‹ In: ›Naturalismus, Fin de siècle, Expressionismus. 1890–1918.‹ Hrsg. v. York Gothart Mix. München 2000 (›Hansers Sozialgeschichte der deutschen Literatur vom 16. Jahrhundert bis zur Gegenart‹ 7), S. 367–380 u. S. 637–639.*

[26] *Als eine Ausnahme sei hier Gotthold Ephraim Lessings Tragödie ›Philotas‹ (1759) genannt.*

Um 1900 ist der Einakter vor allem Symptom einer allgemeinen Sinn- und Wahrnehmungskrise. Als programmatisch für die Bewältigung dieser Krise darf STRINDBERGS Essay ›Vom modernen Drama und modernen Theater‹ (1889) gelten,[27] der ein experimentelles, gegen die konventionelle Dramaturgie gerichtetes Theater propagiert. Vorbildcharakter kommt hierbei dem Pariser ›Théâtre libre‹ ANDRÉ ANTOINES (1858–1943) zu, das seit 1887 gegen die Konvention der ›Comédie Française‹ ebenso anzutreten suchte wie gegen die zeitgenössische dramatische Konfektionsware und das ausschließliche Diktat des Publikumsgeschmacks.[28] STRINDBERG verweist, ganz im Sinne des naturalistischen Dramas, auf ein bedeutungsvolles Motiv, das es aufzusuchen gelte, um die »neue Weltanschauung vom Leben als Kampf« zu veranschaulichen,[29] wie etwa HENRI LAVEDAN (1859–1940) den »Schmerz sich ausrasen lasse« in »einem Akt, bisweilen in einer einzigen Scene«, »in fünfzehn Minuten«.[30] Gleichzeitig favorisiert STRINDBERG aber auch, und hiermit über den Naturalismus hinausweisend, die ›proverbes dramatiques‹ in der Tradition CARMONTELLES (sc. LOUIS CARROGIS; 1717–1806) und ALFRED DE MUSSETS (1810–1857), die geeignet seien, alle »Entdeckungen der modernen Psychologie«, den »Kampf der Seelen« auszudrücken und die einen möglichen Übergang zum Einakter bilden.[31] Denn, so STRINDBERG 1895 in einem ›Die Modernen?‹ getitelten Zeitschriftenbeitrag,

> [u]ns genügt e i n Akt – d e r Akt – von einer Viertelstunde, oder von einer ganzen Stunde für die widerstandsfähigeren Nerven. Und weg mit allen Nebenpersonen: den Vertrauten, den Raissoneurs, den sympathischen Gegenspielern. [...] Kurz und gut, ist die Devise der Moderne.[32]

Die naturalistische Freie Bühne-Bewegung greift die insbesondere durch STRINDBERG vermittelte unkonventionelle Dramatik bzw. Dramaturgie in der Nachfolge ANTOINES ebenso auf wie das ›Intime Theater‹. Dieses sieht sich jedoch in Opposition zum Programm der Freie Bühne-Bewegung, welches fast ausschließlich das ›Milieu‹, die ›soziale Frage‹ und das von großstädtischer Massenexistenz geprägte ›moderne Leben‹ thematisierte, und entwickelt seinerseits ein neues, differenziertes Interesse für Themen und Probleme des individuellen Erlebens, für seelische Regungen, Gefühls- und Gedankenimpressionen, für das ›Unaussprechliche‹.

Während zu Anfang der 1890er Jahre »Einakter naturalistischer Färbung« in »beträchtlicher Zahl« auf die Bühnen kommen,[33] macht sich zeitgleich eine immer

---

27 Vgl. August Strindberg: ›Vom modernen Drama und modernen Theater.‹ In: ders.: ›Elf Einakter.‹ München u. Leipzig 1908 (›Werke. Deutsche Gesamtausgabe, unter Mitwirkung von Emil Schering als Übersetzer vom Dichter selbst veranstaltet.‹ Abt. IIIa, Bd. 4), S. 321–341; der Essay, zuerst auf Schwedisch publiziert (›Om modernt drama och modernt teater‹, in ›Tryckt och otryckt‹ I [Stockholm 1890]), erhielt nachträglich den Titel ›Der Einakter‹.

28 Vgl. Strindberg: ›Vom modernen Drama‹, S. 331ff.

29 Vgl. ebd., S. 338.

30 Vgl. ebd., S. 337.

31 Vgl. ebd., S. 339.

32 August Strindberg: ›Die Modernen?‹ In: ›Das Magazin für Litteratur‹ 64 (1895), Sp. 5–8, hier Sp. 6.

33 Vgl. Georg Witkowski: ›Dramen in einem Akt.‹ In: ›Bühne und Welt‹ 4 (1901/02), S. 857–866, hier S. 861.

stärker werdende Ablehnung der naturalistischen Dichtung bemerkbar, deren Programm einer »wahren mathematischen Durchdringung der ganzen Handlungsweise eines Menschen« WILHELM BÖLSCHE (1861–1939) 1887 in den ›Naturwissenschaftlichen Grundlagen der Poesie‹ formuliert hatte.[34] *Die Erkenntniskrise der Zeit, gründend vor allem auf ERNST MACHS (1838–1916) empiriokritizistischem Verdikt einer Diskontinuität des Ich,*[35] *fordert geradezu neue Formen der Dichtung heraus. HUGO VON HOFMANNSTHAL (1874–1929) spricht 1893 in einem Artikel über den italienischen Décadence-Dichter GABRIELE D'ANNUNZIO (1863–1938) von einem »psychologische[n] Graswachsenhören«, davon, daß »[h]eute [...] zwei Dinge modern zu sein [scheinen]: die Analyse des Lebens und die Flucht aus dem Leben. [...] Man treibt Anatomie des eigenen Seelenlebens, oder man träumt.«*[36]

Bereits 1891 forderte der Essayist und Kulturkritiker HERMANN BAHR (1863–1934) eine rigorose »Abkehr von der litterarischen Physik«, die einzig auf die »é t a t s d e c h o s e s, d[ie] Sachenstände« abstelle und die »è t a t s d ' a m e s«, die »Seelenstände« vermissen lasse.[37] *Der »Knechtschaft unter die Wirklichkeit« müsse »durch eine nervöse Romantik«, »durch eine Mystik der Nerven« entgegengewirkt werden, denn wenn die Moderne ›Mensch‹ sage, so meine sie*

> *Nerven; das andere ist abgestorben, welk und dürr. Sie erleben nur mehr mit den Nerven, sie reagieren nur mehr von den Nerven aus. Auf den Nerven geschehen ihre Ereignisse, und ihre Wirkungen kommen von den Nerven. Aber das Wort ist vernünftig oder sinnlich; darum können sie es bloß als eine Blumensprache gebrauchen: ihre Rede ist immer Gleichnis und Sinnbild, [...] bleibt am Ende Verkleidung. Der Inhalt des neuen Idealismus ist Nerven, Nerven, Nerven und – Kostüm: die Dekadence löst das Rokoko und die gotische Maskerade ab.*[38]

---

[34] *Vgl. Wilhelm Bölsche: ›Die Naturwissenschaftlichen Grundlagen der Poesie. Prolegomena einer realistischen Ästhetik.‹ Leipzig 1887, S. 34.*

[35] *Vgl. Ernst Mach: ›Beiträge zur Analyse der Empfindungen.‹ Jena 1886; mit der zweiten Auflage, unter dem Titel ›Analyse der Empfindungen und das Verhältnis des Physischen zum Psychischen.‹ Jena ²1900 findet Machs Lehre über den engen philosophisch-naturwissenschaftlichen Kreis und auch über die Grenzen der k.u.k.-Monarchie hinaus weithin Verbreitung, insbesondere sein Diktum: »Das Ich ist unrettbar« (ebd., S. 17).*

[36] *Hugo von Hofmannsthal: ›Gabriele d'Annunzio.‹ In: ders.: ›Gesammelte Werke.‹ Hrsg. v. Bernd Schoeller. 10 Bde. Frankfurt a.M. 1979, Bd. 8, S. 174–184, hier S. 176.*

[37] *Vgl. Hermann Bahr: ›Die Krisis des Naturalismus.‹ In: ders.: ›Die Überwindung des Naturalismus. Als zweite Reihe von »Zur Kritik der Moderne«.‹ Dresden u. Leipzig 1891, S. 65–72, hier S. 66; Bahr selbst rezipiert die ›Analyse der Empfindungen‹ jedoch erst Anfang 1903 (vgl. Hermann Bahr: ›Tagebücher, Skizzenbücher, Notizhefte.‹ Hrsg. v. Moritz Csáky. 5 Bde. Wien, Köln u. Weimar 1994–2003, Bd. 3, S. 275), gleichwohl ist sie ihm »das Buch, das unser Gefühl der Welt, die Lebensstimmung einer neuen Generation auf das größte ausspricht« (Bahr: ›Impressionismus.‹ In: ders.: Dialog vom Tragischen. Berlin 1904, S. 102–114, hier S. 113), auch wenn Bahr im Grunde der Erkenntnistheorie dieses »P h i l o s o p h [en] der Zeit« nichts wirklich Originelles abgewinnen kann, denn daß das Ich »unrettbar«, »nur ein Name«, »nur eine Illusion« sei, habe Nietzsche bereits früher, in ›Ueber Wahrheit und Lüge im aussermoralischen Sinne‹ (entstanden 1873) formuliert (vgl. Bahr: ›Das unrettbare Ich.‹ In: ders.: ›Dialog vom Tragischen.‹ Berlin 1904, S. 79–102, hier S. 97).*

[38] *Vgl. Hermann Bahr: ›Die Überwindung des Naturalismus.‹ In: ders.: ›Die Überwindung des Naturalismus. Als zweite Reihe von »Zur Kritik der Moderne«.‹ Dresden u. Leipzig 1891, S. 152–167, hier S. 156–158.*

Mit ebendieser Diagnose einer dekadenten, auf den Augenblick gerichteten Kunst, deren Inhalte sich im Symbolhaften artikulierten, wird BAHR *zu einem der frühesten Programmatiker des Symbolismus, des Impressionismus, aber auch des Jugendstil im deutschsprachigen Raum. Diese »neue[] Kunst«, die auch* CURT GROTTEWITZ *(sc.* CURT PFÜTZE, *1866–1905) seit 1890 als ›Neu-Idealismus‹ propagierte, soll »wieder befriedig[en], wieder begeister[n]« und »eine auf modern-wissenschaftlicher Grundlage auferbaute Schönheit« schaffen,*[39] *in einer Ausdrucksweise »bloß ungefähr und ohne Zwang«, der »etwas Lachendes, Eilendes, Leichfüßiges« inhäriere, befreit von der »logischen Last«, »ein geflügeltes, erdenbefreites Steigen und Schweben in azurne Wollust, wenn die entzügelten Nerven träumen.«*[40] *Erreicht werden kann laut* BAHR *diese ›Nervenkunst‹ aber nur durch eine »dekompositive« Darstellung, die alle »Zusätze, Nachschriften und alle Umarbeitungen des Bewußtseins« ausscheidet und die »Gefühle auf ihre ursprüngliche Erscheinung vor dem Bewußtsein« zurückführt,*[41] *um damit die »Objektivierung der inneren Seelenstände« zu gewährleisten, die »Ereignisse in den Seelen zu zeigen, nicht von ihnen zu berichten.«*[42]

Wird in der Folge der Einakter zur »Konzentrierung des tragischen Verlaufs auf einen Vorgang«, zur »Erfassung des Lebens in eng umrissenen Bildern«,[43] *so trägt ein momentaner »Stimmungskomplex« die Figuren,*[44] *wobei die Pointe mehr zählt als die Handlung selbst bzw. diese ad absurdum führt. Insbesondere ist es* ARTHUR SCHNITZLER, *der sich diesen ›Absturz‹ zu eigen macht, und dies nicht nur in seiner skandalumwitterten Novelle ›Lieutenant Gustl‹ (1900), die in wohl beeindruckendster Ausprägung dem Diktum* BAHRS *gerecht wird, die ›intérieurs d'âme‹ zu schildern. Den scheinbar unwillkürlichen Reflexionsstrom des seiner Ehre verlustig gehenden k.u.k.-Leutnants läßt er bei völligem Verzicht auf die Erzählerinstanz durchgehend in Wahrnehmungen, Erinnerungsfetzen, Assoziationen des Ich fragmentarisch ›ineinander, durcheinander, gegeneinander‹ gehen, was in der hier erstmals in der deutschen Literatur verwendeten epischen Form monologischen Erzählens den direkten Zugang zu Gustls Psyche zu ermöglichen sucht, woraus sich der satirische Gehalt der Novelle schöpft, die scheinbar ohne kommentierendes Eingreifen von außen den Leutnant und seine Welt der Lächerlichkeit preisgibt. In seinen Einaktern radikalisiert* SCHNITZLER, *etwa im Zyklus ›Anatol‹ (1893)*[45] *das Problem der Figurengestaltung ›von außen‹ und damit des traditionellen Illusionstheaters, das Ich ist aus Ausschnitten zusammengesetzt, die ein souveränes Ich ›unrettbar‹ scheinen lassen.*

---

39 *Curt Grottewitz: ›Die zehn Artikel des Neu-Idealismus.‹ In: ›Der Zeitgenosse. Berliner Monatshefte für Leben, Kritik und Dichtung der Gegenwart‹, 1. Jg. (1890/91), S. 152–157, hier S. 152f.*

40 *Vgl. Bahr: ›Die Überwindung des Naturalismus‹, S. 158.*

41 *Hermann Bahr: ›Die neue Psychologie.‹ In: ders.: ›Die Überwindung des Naturalismus. Als zweite Reihe von »Zur Kritik der Moderne«.‹ Dresden u. Leipzig 1891, S. 101–117, hier S. 106.*

42 *Ebd., S. 111;*

43 *Witkowski: ›Dramen‹, S. 861.*

44 *Ebd., S. 863.*

45 *Arthur Schnitzler: ›Anatol.‹ Leipzig 1893; einzelne der insgesamt sieben szenischen Dramen erschienen seit 1889 in verschiedenen Zeitschriften und Zeitungen.*

Das sich aufspaltende und auflösende Ich, die in Reihen, Reigen und Kreisen geordneten Figurenkonstellationen, die von Milieus, Ideen und Ideologien bestimmte Figurengestaltung stellen ein Netzwerk dar, dem zu entkommen aussichtslos scheint. Kein Weg führt aus diesen Interieurs, aus diesen Arrangements, aus ihren Gehäusen, Türen und Gärten letztlich nach außen.[46]

Dieser Deformation und Dekomposition inhäriert ein konventionelle Dramenformen parodierendes Moment, das sich zunehmend auch auf der inhaltlichen Ebene wiederfindet und die »Wiederentdeckung des Grotesken um die Jahrhundertwende« forciert.[47]

Die Groteske wird zur »Lieblingsform« der wilhelminischen Zeit, zu der »alle verneinenden Kräfte ebenso hindrängen, wie alle bejahenden zur Hymne«,[48] *zu deren Popularität insbesondere das Kabarett beiträgt wie das Berliner ›Schall und Rauch‹ (1901)*[49] *oder die Münchener Brettlbühnen ›Die elf Scharfrichter‹ (1901) und ›Simplicissimus‹ (1903). Obwohl die Inkonsistenz des Gattungsbegriffes den Fachleuten bewußt war,*[50] *wird zeitgenössisch zwischen zwei Formen von Grotesken unterschieden, solchen »aus innerem Erlebnis« und den »bewußten Grotesken«, die den Humor in den Vordergrund stellen – wobei aber niemals die Situation, sondern immer nur die Handlung humoristisch sei, auf die Pointe hin schrittweise gesteigert durch Phrasen, Wortspiele und hohle Deklamationen in grotesker Wortkunst.*[51] *Für das Drama inspirierend wirkt* ALFRED JARRYS *(1873–1907) ›Ubu Roi‹ (1896) – seit der zweiten Hälfte der 1890er Jahre gelangt ein breites Spektrum von vornehmlich einaktigen Grotesken an die Öffentlichkeit, von* PAUL SCHEERBARTS *»sozialem« Drama in einem Akt ›Die Puppe und die Dauerwurst‹ (1897), das die traditionelle Dramaturgie ad absurdum führt,*[52] *über* ARTHUR SCHNITZLERS *›Der grüne Kakadu‹, der den Untertitel ›Groteske in einem Akt‹ trägt,*[53] *bis hin zu* HERMANN BAHRS *Einaktersammlung ›Grotesken‹.*[54]

Die renommierten und anspruchsvollen Theater mit ihrem bürgerlichen Publikum stellte der Einakter indes hinsichtlich seiner Repertoirefähigkeit vor einige Schwierigkeiten. Aufführungen von Einakterzyklen wie SCHNITZLERS *›Anatol‹ und*

---

46 *Vinçon: ›Einakter und kleine Dramen‹, S. 378.*

47 *Vgl. Holger Sandig: Deutsche Dramaturgie des Grotesken um die Jahrhundertwende.‹ München 1980, S. 131.*

48 *Albert Soergel: Dichtung und Dichter der Zeit: Im Banne des Expressionismus.‹ Leipzig 1925, S. 859f.*

49 *Hervorgegangen aus einer Stammtischgesellschaft junger Künstler des ›Deutschen Theaters‹ (›Die Brille‹) um Max Reinhard (1873–1943) bot ›Schall und Rauch‹ regelmäßige Vorstellungen mit vornehmlich Parodien auf Produktionen des ›großen‹ Theaters an, kehrte aber seit 1902/03 unter der Leitung Reinhardts zur zeitgenössischen konventionellen Dramatik zurück.*

50 *Vgl. etwa ›Das Buch der Grotesken.‹ Hrsg. v. Felix Lorenz. München ⁴1914, S. 2: »Eine klare Definition dieses Begriffes gibt es nicht«.*

51 *Vgl. Karl Scheffler: ›Vom Wesen der Grotesken.‹ In: ›Die neue Rundschau (Freie Bühne)‹ XVII (1906), S. 771–785.*

52 *Paul Scheerbart: ›Zwei Dramen [›Regierungswechsel. Ein politisches Drama‹ und ›Die Puppe und die Dauerwurst. Ein soziales Drama‹].‹ In: ›Neue deutsche Rundschau (Freie Bühne)‹ VIII (1897), S. 1292–1298.*

53 *Arthur Schnitzler: ›Der grüne Kakadu. Groteske in einem Akt.‹ Berlin 1899 (zuerst veröffentlicht im März 1899 in der ›Neuen deutschen Rundschau [Freie Bühne]‹ X [1899]).*

54 *Hermann Bahr: ›Grotesken.‹ Wien 1907.*

›Marionetten‹[55] *oder* Hermann Sudermanns *(1857–1929) ›Morituri‹ boten sich zwar an, doch war die Mehrzahl der Zyklen ohne verbindende Thematik, und solche Abende blieben meist ebenso erfolglos wie die in häufig willkürlicher, mehr oder weniger erzwungener Kombination unter einem Thementitel firmierenden Einakterserien eines einzelnen Autors. Weitaus publikumswirksamer zeigten sich in der Praxis Aufführungen, die Einakter verschiedener Autoren, etwa* Oscar Wildes *(1854–1900) ›Salome‹*[56] *und* Frank Wedekinds *(1864–1918) ›Kammersänger‹,*[57] *an einem Abend präsentierten. Auch die Uraufführung von* Hausdorffs Arzt seiner Ehre *war im Rahmen eines solchen Einakterabends geplant.*

4. Der Arzt *kommt auf die Bühne*

Am 11. August 1904 fragte Otto Brahm *(1856–1912), Intendant des Berliner Lessing-Theaters, bei* Arthur Schnitzler *brieflich um »einen schönen Einakter« nach, er beabsichtige nämlich, die »Komödie von Paul Mongré ›Der Arzt seiner Ehre‹, die in der ›Neuen Rundschau‹ steht«, aufzuführen und diese mit zwei anderen kurzen Stücken »in Verbindung zu setzen, so zwar, daß der Abend ganz nach der heiteren Seite geht oder aber gemischte Gefühle erweckt.«*[58] *Aspiranten für den heiteren Abend waren neben* Schnitzler Ludwig Thomas *›Medaille‹,*[59] *für den ›gemischten‹* Maeterlincks *›Eindringling‹,*[60] *doch* Brahm *verwies darauf, daß, gesetzt den Fall,* Schnitzler *liefere sogar zwei Einakter, diese Möglichkeit fallengelassen werde; liefere der Wiener indes gar nichts, könne man, so* Brahm, *auf* Schnitzlers *›Literatur‹*[61] *für ersteren Abend, auf den ›Puppenspieler‹*[62] *für den letzteren zurückgreifen.*[63]

Schnitzler *zeigte sich ob dieses Vorschlages ein wenig pikiert, nicht, weil eine Aufführung mit* Mongré *außerhalb seines Vorstellungsvermögens lag – den ›Puppenspieler‹ könne* Brahm *»zu dem gedachten Zwecke« gerne haben –, sondern weil ihm aufgrund der Nennung der ›Literatur‹ der von* Brahm *»vor wenigen Wochen nicht ohne Sympathie aufgenommene[] Vorschlag« einer »Wiederaufnahme*

---

[55] *Arthur Schnitzler: ›Marionetten.‹ Berlin 1906.*

[56] *Oscar Wilde: ›Salomé.‹ Paris 1893; dt. Übers. ›Salome‹ Leipzig 1903.*

[57] *Frank Wedekind: ›Der Kammersänger.‹ München 1899.*

[58] *Brahm an Schnitzler, 11. Aug. 1904, in: ›Der Briefwechsel Arthur Schnitzler – Otto Brahm.‹, S. 141f., hier S. 141; vgl. dazu auch den ›Bericht Nr. 3‹ der Theaterabteilung des Fischer-Verlages über ›Neuerwerbungen‹ aus dem August 1904: »Paul Mongré: Der Arzt seiner Ehre. Komödie in einem Akt. Angenommen: Lessing-Theater, Berlin.«*

[59] *Ludwig Thoma: ›Die Medaille.‹ Komödie in einem Akt. München 1901.*

[60] *Maurice Maeterlinck: ›Der Eindringling [L'intruse].‹ Schauspiel in einem Akt. Wien 1892 [EA Brüssel 1890].*

[61] *Das ›Lustspiel in einem Akt‹ erschien neben ›Lebendige Stunden‹, ›Die Frau mit dem Dolche‹ und ›Die letzten Masken‹ in Arthur Schnitzler: ›Lebendige Stunden.‹ Vier Einakter. Berlin 1902.*

[62] *Arthur Schnitzler: ›Der Puppenspieler.‹ In: ›Neue Freie Presse‹ (Wien) vom 31. Mai 1903; vgl. auch den Wiederabdruck neben ›Der tapfere Cassian‹ und ›Zum großen Wurstel‹ in Schnitzlers Zyklus ›Marionetten.‹ Berlin 1906.*

[63] *Brahm an Schnitzler, 11. August 1904, in: ›Der Briefwechsel Arthur Schnitzler – Otto Brahm‹, S. 141f., hier S. 141.*

des ganzen Lebendige Stunden-Zyklus ins Repertoire« abgelehnt erschien.[64] *Gleichwohl überschnitt sich die Thematik des »Mongréschen ›Ehrenarzt[es]‹«, im August 1904 publiziert, wohl nur zu deutlich mit jener Dramenskizze, an der* SCHNITZLER *kurz zuvor noch intensiv gearbeitet hatte. Letztendlich scheiterte* BRAHMS *Vorhaben, den ›Ehrenarzt‹ zu geben,* MONGRÉS *»höchst eigenartige Verspottung des Duells«*[65] *wurde aber dennoch 1904 uraufgeführt, wenn auch nicht in Berlin.*

Am 11. November 1904 kündigten die ›Hamburger Nachrichten‹ und das ›Hamburger Echo‹ für »Sonnabend, den 12. November« im Deutschen Schauspielhaus gemeinsam mit RAOUL AUERNHEIMERS *(1876–1948) dreiaktigem Lustspiel ›Die große Leidenschaft‹*[66] *»[z]um ersten Male: Der Arzt seiner Ehre, Komödie in einem Akt, von Paul Mongré« an.*[67] *Unter der Regie von* CARL HEINE *– und unter Mitwirkung von* OTTO BRAHMS *Bruder* LUDWIG *(1862–1926)*[68] *– rief die Uraufführung des ›Ehrenarztes‹ stark unterschiedliche Publikumsmeinungen hervor. Lobte der Kritiker des ›Hamburger Echos‹ die Darstellung des »Duellwahnsinn[s] [...] in dem Lichte [...], das ihm gebührt«, nämlich als »Komödie« um den »Modedämon Ehre«,*[69] *und erblickte* PAUL RACHÉ *in seiner Kritik für* Bühne und Welt *in der »derbe[n] Satire auf den Duellunfug und die gesellschaftliche Ehre [...] mit Recht eine entschieden höchst eigenartige, geistreiche [...] Arbeit eines talentvollen Autors«,*[70] *so wurde das Stück vom Publikum mit »Unbehagen«*[71] *und »wenig Verständnis«*[72] *aufgenommen. Dieser Haltung schlossen sich auch Teile der lokalen Kritik an: Obwohl dem Stück eine gewisse Komik und Satire nicht abgesprochen werden könne, sei der »Grundgedanke« der »stark gepfefferte[n] einaktige[n] Komödie« jedoch »nicht anders als brutal« zu nennen und fordere »strenge Kritik geradezu heraus«,*[73] *das Duell werde durch »gar zu brutale Meinungsäußerungen [...] lächerlich gemacht, und die Heiligkeit der Ehe durch cynische Reden angetastet« – die »Ablehnung« des – konservativen – Publikums sei daher eine nur zu »verdiente«.*[74] *Die Leitung des Deutschen Schauspielhauses sah sich ob dieser ve-*

---

64 *Schnitzler an Brahm, 13. August 1904, in: ebd., S 39, S. 142–144, hier S. 143.*

65 *So die Beschreibung im Bericht Nr. 3 der Theaterabteilung des Fischer-Verlages (wie Anm. 25).*

66 *Raoul Auernheimer: ›Die große Leidenschaft.‹ Lustspiel in drei Akten. Wien u. Leipzig 1905.*

67 *Vgl. ›Hamburger Echo‹ v. 11. Nov. 1904, S. [4] sowie ›Hamburger Nachrichten‹, ›Zweite Morgen-Ausgabe‹ v. 11. Nov. 1904, S. [4]; vgl. auch ebd., ›Erste Morgen-Ausgabe‹ v. 11. Nov. 1904, S. [3].*

68 *Vgl. zur Besetzung ›Deutsches Schauspielhaus Hamburg. Uebersicht der während der Spielzeit 1904–1905 gegebenen Vorstellungen.‹ Hamburg 1905, S. 10.*

69 *Anonymus: ›Deutsches Schauspielhaus.‹ In: ›Hamburger Echo‹ v. 15. Nov. 1904, Beilage, S. [1].*

70 *Paul Raché: ›Von den Hamburger Theatern.‹ In: ›Bühne und Welt. Zeitschrift für Theaterwesen, Literatur und Musik. Amtliches Blatt des »Deutschen Bühnen-Vereins«.‹ Hrsg. v. E. u. G. Elsner, geleitet v. Heinrich Stümcke. VII. Jg., 1. Halbjahr (Okt. 1904–März 1905), H. 6 (Dez. 1904), S. 249f., hier S. 250*

71 *Ebd.*

72 *Anonymus: ›Deutsches Schauspielhaus‹ 15. Nov., S. [1].*

73 *Vgl. Anonymus: ›Deutsches Schauspielhaus.‹ In: ›Hamburger Nachrichten‹, ›Zweite Morgen-Ausgabe‹ v. 13. Nov. 1904, 4. Beilage, S. [1].*

hementen Reaktionen genötigt zu handeln: Der Arzt seiner Ehre *wurde sofort nach der Uraufführung*[75] *abgesetzt!*[76]

Auch in Berlin, wo der ›Ehrenarzt‹ knapp sechs Wochen später, am Silvesterabend 1904, im Lessing-Theater unter der Regie von VICTOR BARNOWSKY *(1875–1952) und im Beisein* HAUSDORFFS, *der* der dramatopoetischen Eitelkeit den Zoll *entrichten wollte,*[77] *Premiere hatte, wurde die »Groteske« »mit starkem Beifall aufgenommen« – dem »zahlreich erschienenen Publikum war es in seiner Silvesterstimmung augenscheinlich recht«, daß die »an sich schon frivolen Gespräche« unter der Einwirkung hochprozentiger Getränke »leider zur Zote« ausarteten.*[78] *Es überwogen die ablehnenden Stimmen.* HEINRICH STÜMCKE *etwa, Kritiker der führenden Theaterzeitschrift ›Bühne und Welt‹, urteilte:*

> *Wenn der Leipziger Mathematikprofessor, der sich hinter dem Pseudonym Mongré verbirgt, uns zeigen wollte, daß es auch Dirnen mit dem Ehereif am Finger gibt, die es nicht wert sind, daß zwei ehrliche Kerle ihretwegen die Pistolenkugeln oder Degenklingen kreuzen, so stimmt die Geschichte. Für den Ehrbegriff im allgemeinen ist mit dieser Farce nichts bewiesen und eine etwaige Deduktion, daß jeder Zweikampf wegen verletzter Gattenehre nur eine Spiegelfechterei ist, wäre mehr als leichtfertig. Auch wenn wir uns vergegenwärtigen, daß wir es mit einer Groteske zu tun haben, berührt manche Einzelheit bei diesem nächtlichen Kneipgelage infolge der Situation den feinfühligen Zuschauer geradezu unangenehm. Mongré wollte wohl Mirbeau oder Courteline nacheifern, aber hinter der wundervollen ironischen Ueberlegenheit, mit der beispielsweise Mirbeau in seiner Groteske vom »Dieb« die Ehrbegriffe auf den Kopf stellt, ist er weit zurückgeblieben.*[79]

Die ›unangenehme Berührung‹ des ›feinfühligen‹ Publikums durch die Thematisierung von Ehre und Duell scheint ihre Wirkung nicht verfehlt zu haben, nach

---

74 *Vgl. Paul Alexander Kleimann: ›Deutsches Schauspielhaus.‹ In: ›Hamburger Nachrichten‹, ›Abend-Ausgabe‹ v. 13. Nov. 1904, S. [2].*

75 *Vgl. dazu ›Deutsches Schauspielhaus Hamburg‹, S. 24; vgl. ebenso Ernst Koehne: ›Das erste Jahrzehnt des Deutschen Schauspielhauses Hamburg. Statistischer Rückblick [...] vom 15. Sept. 1900 bis 31. Mai 1910.‹ Hamburg 1910, S. 97.*

76 *Es sei vermerkt, daß das Stück, welches zunächst als Ersatz für Mongrés Komödie in den Spielplan aufgenommen wurde – ›Der Ehrenmann‹ –, aus der Feder eben jenes Rezensenten der ›Hamburger Nachrichten‹ stammte, der den ›Ehrenarzt‹ verrissen hatte, aus der Paul Alexander Kleimanns nämlich. Ab dem 18. November wurde neben der ›großen Leidenschaft‹ Marx Möllers (1868–1921) »norddeutsches Kleinstadt-Idyll« ›Jubilate‹ gegeben.*

77 *Postkarte an Mauthner, 29. Dez. 1904 (Leo-Baeck-Institut, New York; Abdruck in HGW IX).*

78 *Anonymus: ›Lessingtheater.‹ In: ›Deutscher Reichsanzeiger und Königlich Preußischer Staatsanzeiger‹ (Berlin) v. 2. Jan. 1905, »abends«, S. 3; auch ein anderer Berliner Kritiker verweist ob des Beifalls auf die ›unkritische‹ Reaktion des Publikums, vgl. ›Silvester-Premièren.‹ In: ›Unterhaltungs-Beilage zur Norddeutschen Allgemeinen Zeitung‹ (Berlin) v. 3. Jan. 1905, S. 1: »[E]in gewisser Teil unseres Premièrenpublikums [ist] offenbar schon durch die bloße Lektüre des Programms seine Grundsätze mit schöner Sicherheit zu bilden im stande«.*

79 *Heinrich Stümcke: ›Von den Berliner Theatern. VIII.‹ In: ›Bühne und Welt. Zeitschrift für Theaterwesen, Literatur und Musik. Amtliches Blatt des »Deutschen Bühnen-Vereins«.‹ Hrsg. v. E. u. G. Elsner, geleitet v. Heinrich Stümcke. VII. Jg., 1. Halbjahr (Okt. 1904–März 1905), H. 8 (Jan. 1905), S.340–345, hier S. 344. Stümcke war übrigens der erste Kritiker, der hinsichtlich des Stückes das Pseudonym Mongré – zumindest ansatzweise – lüftete.*

nur fünf Aufführungen wurde das Stück auch in Berlin abgesetzt.[80] *In anderen Spielstätten aber zeitigte der* Arzt *Erfolg auf Erfolg: In München (Premiere 8. März 1905) gehörte er bald zum Repertoire des Schauspielhauses,*[81] *in Wien (Premiere 17. November 1905, Lustspieltheater) etwa gab man ihn in der Spielzeit 1905/06 fünfzehn, in Prag (Premiere 4. Februar 1905, Neues Deutsches Theater) elf Mal.*[82]

Mit dem Erfolg des Einakters war aber auch endgültig das Pseudonym ›Paul Mongré‹ mit HAUSDORFF *in Verbindung gebracht worden. Dieser hatte sich nach der Silvesteraufführung in Berlin zwar »dem Publikum [ge]zeigt[]«, sein Pseudonym indes »nicht lüften« lassen, gleichwohl ›gelang‹ es einem Kritiker, den Mathematiker hinter ›Paul Mongré‹ aufzuspüren.* HAUSDORFF *echauffiert sich in einem Brief an* MAUTHNER *vom 2. Januar 1905 jedoch nicht so sehr darüber, daß das Pseudonym gelüftet sei, es sei* die wichtigthuerische Art, mit der Herr F. E. *es getan habe:*

> Wenn solche Leute den Orientierten spielen wollen, so sollten sie was von meinen sonstigen Sachen sagen, statt die Kürschner-Notiz in alle Welt zu trompeten.[83]

Für die Leipziger Bibliophilen-Abend überarbeitete HAUSDORFF *1910 den* Arzt seiner Ehre *und fügte einen Epilog hinzu, 1912 erschien im Berliner Fischer-Verlag eine leicht überarbeitete Buchpublikation. Auf deren Grundlage wird das Stück ein ›Renner‹: Während der Spielzeiten 1911/12 und 1912/13 erfährt es im Kleinen Theater Berlin unter der Regie von* LESSING *(Premiere 29. Mai 1912) insgesamt 106 Aufführungen*[84] *– ein Kritiker jubelte:*

> *Innerhalb der Einakter-Serie, mit der das [Berliner] »Kleine Theater« seine Novitätensaison zu Ende führte, und die durchweg auf den Stil der Groteske gestellt war, [...] obsiegte mühelos eine ältere: Paul Mongrés Duellsatire »Der Arzt seiner Ehre«. Erschöpfender als in dieser gewiß etwas geräuschvollen und gedehnten und doch von starkem geistigen Leben vibrierenden, mit eleganten Dialogpointen gespickten Farce ist dem Duellunfug der Zerrspiegel noch niemals vorgehalten worden. Das Publikum leistete denn auch hier am lebhaftesten Gefolgschaft.*[85]

---

80 *Vgl. Buth: ›Das Lessingtheater in Berlin unter der Direktion von Otto Brahm‹, S. 92.*

81 *Der anonyme Rezensent der ›Münchener Allgemeinen Zeitung‹ schrieb nach der Premiere: »Man lachte, applaudierte, zischte ein wenig, entrüstete sich, war moralisch verletzt: so sieht Erfolg aus. Bei der fünfzigsten Vorstellung wollen wir wieder davon reden.« (Δ: ›Schauspielhaus.‹ In: ›Allgemeine Zeitung‹ (München), ›Vorabendblatt‹ v. 10. März 1905, S. 1f.) Fünfzig Aufführungen wurden indes nicht gegeben, doch beinahe vierzig lassen sich nachweisen.*

82 *Vgl. zu den Aufführungen die Dokumentation im Anschluß an diese Erläuterungen.*

83 *An Mauthner, 2. Jan. 1905 (Leo-Baeck-Institut, New York; Abdruck in HGW IX); Hausdorff bezieht sich mit ›Notiz‹ auf den Eintrag in ›Kürschners Deutschem Literatur-Kalender auf das Jahr 1904.‹ Leipzig 1904, Sp. 498: »**Hausdorff**, Felix (Ps. Paul Mongré), Dr. Phil., UProf. Leipzig, Lortzingstr. 13. (Breslau 8/11 1868.) B: Sant' Ilario 97; D. Chaos in kosmischer Auslese 98; Ekstasen 00.«*

84 *Vgl. Sandor Gulyás: ›Das Kleine Theater Berlin unter der Direktion Victor Barnowskys mit besonderer Berücksichtigung seiner Tätigkeit als Regisseur.‹ Diss. Berlin 1961, S. 54. Der Arzt gelangte zwischen 1904 und 1913 in mehr als dreißig Städten (darunter u.a. auch Budapest, Graz, Straßburg und Zürich) knapp dreihundert Mal zur Aufführung.*

85 *Walter Turszinsky: ›Von den Berliner Theatern 1911/12. XVII.‹ In: ›Bühne und Welt. Zeitschrift für Theaterwesen, Literatur und Musik. Amtliches Blatt des »Deutschen Bühnen-Vereins«.‹ Hrsg. v. E. u. G. Elsner, geleitet v. Heinrich Stümcke. XIV. Jg., 2. Halbjahr (April*

Und auch am Berliner Lessing-Theater feierte der ›Ehrenarzt‹ nun Erfolge (Premiere 6. April 1914).[86]

Noch Ende 1918 wird die Duellsatire in Wien erfolgreich aufgeführt,[87] *ist aber nach der Wiederaufnahme des aufgrund der Brennstoffknappheit Anfang Dezember eingestellten Theaterbetriebes in der Weihnachtszeit 1918 aus dem Repertoire verschwunden.*

Die Uraufführung des Epilogs erfolgte erst 96 Jahre nach seinem Erscheinen in einer Aufführung des Arzt seiner Ehre *durch die Bonner Studentenbühne* AKademy of Acting Arts *anläßlich der Jahrestagung der Deutschen Mathematiker-Vereinigung im September 2006 in Bonn.*

Entstehung

Zur Entstehung des Einakters sind keinerlei Aussagen oder Zeugnisse überliefert, ebenso fehlen entstehungsgeschichtliche Hinweise zu den Variationen.

Überlieferung

H *nicht nachgewiesen.*

D[1] Der Arzt seiner Ehre/ *von Paul Mongré. (Den Bühnen gegenüber als Manuskript gedruckt.) In: ›Die neue Rundschau (Freie Bühne)‹ XV (1904), H. 8 (Aug.), S. 989–1013.*

D[2] Der Arzt seiner Ehre. *Komödie in einem Akt mit einem Epilog. Mit 7 Bildnissen, Holzschnitte von Hans Alexander Müller nach Zeichnungen von Walter Tiemann. Fünfte ordentliche Veröffentlichung des Leipziger Bibliophilen-Abends. Leipzig 1910.*

D[3] Der Arzt seiner Ehre. *Groteske von Paul Mongré. Berlin: S. Fischer 1912.*

Der Abdruck folgt D[1] *mit Ergänzung des Epilogs aus D*[2] *(S. 58–71).*

Die Holzschnitte aus dem Abdruck D[2]

Der erste dieser Holzschnitte zeigt Felix Hausdorff *als Poeta laureatus; er ist eingangs dieses Bandes auf S. II wiedergegeben. Die übrigen sechs Holzschnitte zeigen, in der Reihenfolge, wie sie auf den folgenden Seiten wiedergegeben sind, die Figuren des Stückes: Adelung, von Granitz, Dr. Wangerow, Oberst a.D. Oldefähr, Lohm, Dr. Leue.*

1912–Sept. 1912), H. 18 (Juli 1912), S. 246–247, hier S. 246f.

86 *Vgl. Max Epstein: ›Max Reinhardt.‹ Berlin 1918, S. 236.*

87 *Kammerspiele des Deutschen Volkstheaters, vgl. die ›Wiener Zeitung‹ in Wien mehrmals wöchentlich aufgeführt*

Architekt Adelung

Regierungsrat von Granitz

Rechtsanwalt Wangerow

Oberst Oldefähr

Brauereibesitzer Lohm

Dr. Leue

Uraufführung

12. September 1904 im Hamburger Schauspielhaus unter der Regie von Carl Heine. Darsteller: Architekt Adelung: Heinz Schmidt-Lorenz; Regierungsrat von Granitz: Paul Biensfeld; Dr. jur. Wangerow, Rechtsanwalt: Julius Brandt; Oberst a.D. Oldefähr: Alexander Otto; Brauereibesitzer Lohm: Max Wieske; Dr. med. Leue; Ludwig Brahm; Wirt: Ludwig Heil; Kellner: Gerhard Plischkowski; Hausknecht: Ludwig Kneiss.

Varianten

5 Weinstube eines Hotels, in der Nähe] Weinstube eines Hotels in der Nähe *D^2*

9 sichere Hand] sichre Hand *D^2*

21–23 Wangerow: O, o! Nimm etwas von dem Filet, es wird in dieser Kneipe nicht viel Andres zu haben sein. // Adelung: Danke.] *fehlt D^3*

37 haben] *nicht gesperrt D^2*

38 darauf] *nicht gesperrt D^2*

58f. verblutet wenn] verblutet, wenn *D^2*

63 Seele, wahres] *nicht gesperrt D^2*

66f. wie heute abend an dir] wie heute an dir *D^3*

71 Nein, wir wollen doch die Sitzung nicht so ausdehnen.] Nein, wir wollen die Sitzung nicht so ausdehnen. *D^3*

91 So, ich möchte sagen] Sieh, ich möchte sagen *D^3*

92 zu einer weisen Kräuterhexe] zu einer alten weisen Kräuterhexe *D^3*

107 unsere flache] unsre flache *D^2*

118f. ich habe dir ihn schon genannt] ich habe dir schon — — *D^3*

146 kitzlige] kitzliche *D^2*

151 gewundenen] gewundnen *D^2*

162 Er hat mein Weib in den Staub gezogen] Er hat mein Weib zugrunde gerichtet *D^3*

169 etwas so Brutales und Rücksichtsloses habe ich] etwas so Brutales habe ich *D^3*

175 Na, und bist du sicher, daß] Na, und woraus schließest du, daß *D^2;* Na, und woher weißt du, daß *D^3*

197 Unterschied.] Unterschied; *D^2*

199 wenn dus] wenn du's *D^2*

202f. ein paar Revolverkugeln] ein paar Pistolenkugeln *D^2 und D^3*

229f. So meine ichs doch nicht] So meine ich's doch nicht *D^3*

247f. Schieße daneben, daß einst auf dich daneben geschossen werde] Schieße vorbei, auf daß einst neben dir vorbeigeschossen werde *D^2;* Schieße so, wie du einst wünschen wirst, daß auf dich geschossen werde *D^3*

271f. Stecken Sie sich hinter den Landrat — haha! — daß er ein bißchen mehr Patriotismus in die rote Bande bringt — haha!] Stecken Sie sich hinter den Landrat, daß er ein bißchen mehr Patriotismus in die rote Bande bringt! *D^2 und D^3*

275 (Ab.)] <Ab.> *D^2; Regieanweisungen im Text in D^2 generell in < >, in D^1 und D^3 generell in* ( )

283–286 O l d e f ä h r: So kommentmäßig. Dabei ein gerissener Kerl als Geschäftsmann und Bierbrauer, wissen Sie! // G r a n i t z: Ein spaßiger Kerl, aber an dieser Stelle ist ihm die Welt mit Brettern vernagelt.] *fehlt D^2 und D^3*

290 verstehen wir auch sozusagen Spaß] man muß doch sehen, wo und wie *D^3*

295 Sie gehen sogar mir zu weit] Sie sind mir noch über *D^3*

298f. (Granitz nickt wiederholt, als wolle er einer häufig erzählten Geschichte vorbeugen)] *fehlt D^2 und D^3*

304–306 es mußte sein, sagte mir der General, die Ehre verlangt es! Nein, es mußte nicht sein, Exzellenz, sagte ich.« Es mußte nicht sein, liebe arme Frau, das hab ich zu ihr gesagt.] *fehlt D^2 und D^3*

306f. Wirklich Granitz, es mußte nicht sein. Die Ehre ist ein Gespenst] Wirklich, Granitz, sie hatte Recht! Die Ehre ist ein Gespens*t D^2;* Wirklich Granitz, die Ehre ist ein Gespenst *D^3*

312–314 wenn der Herr Architekt etwa Ernst machen will, dann ziehe ich vor, meinerseits in der Vorhand Ernst zu machen] wenn der Herr Architekt etwa Trumph spielen will, dann gedenke ich meinerseits in der Vorhand Trumph zu spielen *D^2 und D^3*

331 permanent Verse, haha!] permanent Verse! *D^2 und D^3*

337 ein Kgl. Regierungsrat] ein königlicher Regierungsrat *D^2 und D^3*

349f. v o r m i r] *nicht gesperrt D^2*

470 möglichst nahe am Ort] möglichst nahe am Schlachtfeld *D^2 und D^3*

471 Hotel] Hôtel *D^2*

473 Hotel] Hôtel *D^2*

478 Ungeheizt? Ich] Ungeheizt? ich *D^2*

480 wär's ja grade] wär's ja gerade *D^2*

487 die Ehre zu haben — haha!] Ehre zu haben! *D^2;* Ehre zu haben —! *D^3*

490f. sondern soupieren Sie friedlich.] sondern schlemmen Sie friedlich. *D^3*

508 Hôtel] Hotel *D^3*

530 daß ich — hm — als moderner Mensch] daß ich — daß ich als moderner Mensch *D^3*

532 eines anderen] eines anderen, *D^2*

532f. ohne eigentlich — hm — ich meine] ohne eigentlich — ich meine *D^3*

535 ernst, aber] ernst aber *D^2*

552f. um Artigkeiten auszutauschen] um Komplimente auszutauschen *D^2 und D^3*

579 zu Adelung.] zu Adelung: *D^2*

589 und Wangerow:] und Wangerow. *D^2 und D^3*

593 und Granitz:] und Granitz. *D^2 und D^3*

598f. G r a n i t z: Denunziant! Am Ende kommt noch heraus, daß unser Duell gar nicht gilt!] *fehlt D^3*

610 Hotel] Hôtel *D^2*

672 neugeboren] neu geboren *D^2*

674f. aber man muß es sich doch nicht in Wahrheit so nahe gehen lassen] aber das nimmt man doch bloß bildlich *D^3*

682–686 Granitz: Wissen Sie, in welchem Lande die weibliche Liebe ewig ist? // Wangerow: Wo es obligatorische Schutzimpfung gegen Wechselfieber gibt. // Granitz: Und wo man viereckige Räder aus hölzernem Eisen macht.] Granitz: Oder es war nicht das richtige Weib. *D^2 und D^3*

689 Das fragen Sie mich!] Das fragen Sie mich! (Allgemeine Heiterkeit.) *D^3*

709 kgl. Regierungsrat] königlichen Regierungsrat *D^2 und D^3*

717 (ironisch):] <ironisch> *D^2;* (ironisch) *D^3*

724 die Kugel] eine Kugel *D^2 und D^3*

730 Jemand] jemand *D^2 und D^3*

738 Sies] Sie's *D^2 und D^3*

744 ne das] ne, das *D^2*

753f. etwas wie eine schöne Seele zu haben] so etwas wie eine schöne Seele zu haben *D^3*

772 Tusch! die] Tusch! Die *D^2*

804 Sekt bestellt] *fehlt D^2 und D^3*

817f. Dann müssen Sie aber auch stille halten. // Oldefähr: Wie Gott will, ich halte still!] Dann müssen Sie aber auch still halten. // Adelung: Ich werde still halten. // Wangerow: Verabredung — ä — wegen Duell — ä — ist nicht statthaft. // Oldefähr: Wie Gott will, ich halte still! *D^3*

840 Elfen] elfen *D^3*

844 aber] Aber *D^3*

845 mags] mag's *D^3*

855 Augenblick und] Augenblick, und *D^2 und D^3*

855 Dunklen] Dunkeln *D^2 und D^3*

870 sein Teil] seinen Teil *D^3*

876 mich! und] mich! Und *D^3*

889 Granitz: Ihr Fehler!] Granitz: Tant pis pour vous! *D^2*

892f. Wie verliebt müssen Sie sein!] *fehlt D^3*

894 Adelung: Wie meinen Sie das?] *fehlt D^2 und D^3*

895 Granitz: Um so blind zu sein.] *fehlt D^2 und D^3*

900 wenns] wenn's *D^3*

909 ists] ist's *D^3*

930 leise] Leise *D^3*

953 Sies] Sie's *D^2 und D^3*

958 eine Flasche] ein Glas *D^3*

966 Oldefähr.] Oldefähr! *D^2*

971 ferne hält: ...] ferne hält ... *D^2 und D^3*

991 Kanaille] Canaille *D^3*

992f. Wangerow: Herzbruder, gib mir Vorschuß, und ich will dich um die Ecke bringen, um die Majorsecke ...] Wangerow: Herzbruder, gib mir Vorschuß, vergleiche Gebührenordnung Paragraph ... *D^3*

1021 süßeste goldenste] süßeste, goldenste *D^3*

1023f. Granitz: Rocksaum ... haha ... brillante Beine ... durchbrochene Strümpfe] Granitz: Rocksaum ... haha ... durchbrochene Strümpfe *D^3*

1040 Hausdiener bringt zwei Briefe] Der Hausdiener bringt zwei Briefe *D^2 und D^3*

1044 Du oder ich! für beide] Du oder ich! Für beide *D^3*
1049 Los! worauf] Los! Worauf *D^3*
1066 (liest)] (Liest) *D^3*
1068 es gibt] Es gibt *D^3*
1084 i c h] *nicht gesperrt D^2*
1085 den Dritten] den dritten *D^3*
1086 (singend)] *fehlt D^3*
1108–1387 **EPILOG** *bis* D a i s y: »Datemi una camera a due letti ...«] *fehlt D^1 und D^3*

Erläuterungen

17 Polonaise] *ein in seinen Ursprüngen auf das Defilée des polnischen Adels bei der 1574 in Krakau erfolgten Thronbesteigung des späteren französischen Königs Heinrich III. von Anjou (1551–1589; als Heinrich II. polnischer König 1573–1574) zurückreichender gegangener Tanz im ¾-Takt, welcher seither der Eröffnung eines Balles dient.*

44 Konfession] *lat. confessio ›Zugeständnis‹, ›Geständnis‹, übertragen auch ›Bekenntnis‹; hier i. S. eines gedruckten Bekenntnisses einer Glaubensgemeinschaft.*

64 Kollege Solneß] *Anspielung auf den Architekten Halvard Solness, Titelfigur aus Henrik Ibsens (1828–1906) Schauspiel ›Bygmester Solness‹ (›Baumeister Solness‹; EA Kopenhagen 1892, dt. Übers. Leipzig 1893; dt. Erstaufführung Berlin, Lessingtheater 19. Jan. 1893).*

97f. ein alter germanischer Rechtsspruch *bis* verschollnen Worten] *Bis zur Aufzeichnung der germanischen Stammesrechte in lateinischer Sprache (›leges barbarorum‹) seit dem Ende des 5. Jahrhunderts (›Codex Euricianus‹, um 475) fehlen unmittelbare Rechtsquellen; das ungeschriebene Recht wurde mündlich in einfacher, formelhafter Fassung tradiert. Erstmals in deutscher Sprache liegt ein (territorial eingeschränkter) Rechtekodex mit dem um 1224 entstandenen ›Sachsenspiegel‹ Eikes von Repchow (1180/90 – nach 1233) vor (um 1275 folgen ›Schwabenspiegel‹ und ›Deutschenspiegel‹).*

101 fürs römische Recht] *Das römische Recht ist eine Sammlung der im antiken römischen Reich gültigen Gesetze, von dem oströmischen Kaiser Justinian I. (seit 527; eigentlich Flavius Petrus Sabbatius, 482–565) zwischen 528 und 542 kodifiziert. Das Römische Recht wurde seit dem Hochmittelalter in den europäischen Ländern geltendes Recht (in Deutschland blieben Teile bis 1900 [Verabschiedung des ›Bürgerlichen Gesetzbuchs‹] in Kraft); eine erste Druckausgabe, herausgegeben von dem französischen Juristen Dionysius Gothofredus (sc. Denis Godefroy, 1549–1622) erschien 1583 u. d. T. ›Corpus Juris Civilis: Jn quo, vice interpretationis, variae lectiones, si non omnes, praecipuae tamen & magis necessariae adiectae‹ in Lyon.*

104 ein unreinliches Jahrhundert] *vgl. dazu Hausdorffs Ausführungen in dem Essay* Das unreinliche Jahrhundert *(HGW VIII, 341–352).*

114 Adelszeitung] *Gemeint ist das ›Deutsche Adelsblatt. Zeitschrift der Deutschen Adelsgenossenschaft für die Aufgaben des christlichen Adels.‹ Berlin, Bd. 1 (1883) bis Bd. 62 (1944).*

117 Hazardspieler] *frz. hasard (von arab. tl. āssar) ›Würfel‹; hier im Sinne von Glücksspieler.*

141 den blauen Brief] *Die preußische Regierung versandte die Aufforderung an Offiziere, ihren Abschied aus dem aktiven Militärdienst zu nehmen, in blauen Umschlägen.*

144 Revokation] *lat. revocare ›zurückrufen‹; Widerruf.*

161 weil er doch die erste Kugel hat] *Beim Duell ›auf Ziel‹, einer der zeitgenössisch üblichen Formen des Pistolenduells, darf der Herausgeforderte (Provokat) zuerst schießen, muß dann aber solange stehenbleiben, bis auch der Herausforderer (Provokant) geschossen hat; im Gegensatz dazu findet beim Duell ›a tempo‹ ein gleichzeitiger Schußwechsel auf das Zeichen eines der Sekundanten hin statt.*

189 Wirf die Katze wie du willst ...!] *sprichwörtlich: ›Wirf die Katze, wie du willst, sie kommt immer auf die Beine‹.*

192 spielt nicht va banque] *va banque (frz. ›geht an die [Spiel-]Bank‹) spielen bedeutet svw. alles aufs Spiel setzen.*

224 der gute Menelaus] *Nach der griechischen Mythologie war Menelaos König von Sparta und Gemahl der Helena, deren Entführung den Trojanischen Krieg auslöste; hier Figur aus Jacques Offenbachs (1819–1880) 1864 uraufgeführter Opéra-bouffe ›La belle Hélène‹ (Libretto von Henri Meilhac [1831–1897] und Ludovic Halévy [1834–1908]); vgl. auch Erl. zu 1102.*

260 kneipen] *(korps-)studentensprachlich für das Zechen nach bestimmten Ritualen.*

281 maiden speech] *engl. ›Jungfernrede‹, die erste Rede eines neuen Parlamentsmitgliedes.*

287 Parvenü] *frz. parvenue (von frz. parvenir à quelqu'un, à quelque chose ›ankommen bei‹, ›gelangen zu‹) ›Emporkömmling‹, ›Neureicher‹; zeitgenössisch v.a. bildungssprachlich gebraucht.*

318 caramba] *span. ›zum Donnerwetter!‹*

324–335 Kennen Sie Carmen? *bis* Sterbend ihm die Freiheit läßt!] *Georges Bizets (eigentlich Alexandre-César-Léopold B.; 1838–1875) im März 1875 uraufgeführter Oper ›Carmen‹ diente als Vorlage Prosper Mérimées (1803–1870) Novelle ›Carmen‹ (1845, Buchausgabe Paris 1846), der als Motto ein Epigramm des griechischen Dichters Palladas (fl. 4./5. Jhd. v. Chr.) mit dem Titel ›ΠΑΛΛΑΛΑ‹ (›Das Weib‹) vorangeht: »Πασα γυνὴ χόλος ἐστίν ἔχει δ' ἀγαθας ὥρας, / Τήν μίαν ἐν θαλάμω, τήν μίαν ἐν δανάτω« (vgl. ›Anthologia Gracae‹, Lib. XI, 381; »Jede Frau ist wie Galle; sie hat nur zwei gute Seiten: Die eine im Bett, die andere im Tod«); die hier gebrauchte Übersetzung ist nicht nachgewiesen.*

362–369 Der Arzt seiner Ehre *bis* ein mildernder Umstand.] *Verweis auf Pedro Calderón de la Barcas (1600–1681) Lustspiel ›El médico de su honra‹ (EA Madrid 1637). Eine deutsche Übersetzung wurde von Andreas Schumacher vorgelegt (Wien 1828); 1840 erschien die wegweisende Übersetzung von*

JOHANN DIEDERICH GRIES (in: CALDERÓN: ›Schauspiele.‹ Dt. Übers. hrsg. v. JOHANN DIEDERICH GRIES. 8 Bde. Berlin 1815–1842, Bd. 8). Die hier genannte Ausgabe: ›Der Arzt seiner Ehre.‹ Schauspiel in 3 Aufzügen von CALDERÓN DE LA BARCA. Übers. v. JOHANN DIEDERICH GRIES erschien erstmals 1874 bei Reclam in Leipzig; vgl. dazu auch ARTHUR SCHOPENHAUERS (1788–1860) ›Aphorismen zur Lebensweisheit‹, Kap. IV: ›Von dem, was einer vorstellt‹: »Die zwei großen dramatischen Dichter der neuern Zeit haben, jeder zwei Mal, diese Männerehre zu ihrem Thema genommen: Shakespeare, im Othello und im Wintermärchen, und Calderon, in el medico de su honra (der Arzt seiner Ehre) und a secreto agravio secreta venganza (für geheime Schmach geheime Rache).« (ASW IV, 366.)

389f. Pommery & Gréno] *1836 wurde die Champagnerkelterei ›Dubois-Gosset‹ durch das von NARCISSE GRENO (1810–1892) geleitete Konkurrenzunternehmen ›Narcisse Greno‹ aufgekauft, wobei der Name in ›Greno & Cie‹ umgewandelt wurde. 1856 kaufte sich LOUIS ALEXANDRE POMMERY (1811–1858) als Partner in das Unternehmen ein, der Name wurde abermals geändert, in ›Pommery & Gréno‹. Nach dem Tode POMMERYS baute seine Witwe JEANNE-LOUISE-ALEXANDRINE (1819–1890) das in Reims ansässige Unternehmen weiter aus, zunächst gemeinsam mit GRENO, nach dessen Ausscheiden 1860 leitete sie es unter dem bis heute beibehaltenen Namen ›Pommery‹ allein.*

432 »gefälschte Depesche«] *Anspielung auf die sogenannte ›Emser Depesche‹ vom 13. Juli 1870, ein von dem Mitarbeiter OTTO VON BISMARCKS im Auswärtigen Amt, HEINRICH ABEKEN (1809–1872), genannt die ›Feder Bismarcks‹, verfaßter Telegrammbericht zur Unterrichtung BISMARCKS über eine in Bad Ems stattgefundene Unterredung zwischen WILHELM I. und dem französischen Gesandten in Berlin, VICENT COMTE DE BENEDETTI (1817–1900). Gegenstand war die Forderung Frankreichs nach Verzicht hohenzollerscher Ansprüche auf den nach der Revolution von 1868 vakanten spanischen Thron. BISMARCK kürzte, redigierte und publizierte danach die Depesche und stellte damit die französische Diplomatie bloß. Sein Vorgehen zog die Kriegserklärung Frankreichs am 19. Juli 1870 nach sich.*

447 Gartenlaube] *Die von ERNST KEIL (1816–1878) 1853 in Leipzig gegründete Zeitschrift ›Die Gartenlaube. Illustrirtes Familienblatt‹ publizierte v.a. leichte Unterhaltung, aber auch belehrende Beiträge; sie erschien bis 1944, seit 1938 jedoch unter dem Titel ›Die neue Gartenlaube‹.*

467 Sakrament] *hier sprichwörtlicher Ausruf des Unwillens.*

482 Vis major!] *lat. ›höhere Gewalt‹.*

509 eine spanische Wand] *Wandschirm aus mehreren, durch Scharniere verbundenen und mit Stoff, Leder o.ä. bezogenen Holz- oder Metallrahmen, als Sicht- oder Windschutz eingesetzt.*

565 ein steifleinener Gesell] *Steifleinen, aus grobem Garn sehr locker gewebtes und stark mit Leim appretiertes Leinen, diente als Futterstoff z.B. in Koffern.*

594 Ehrenrat] *aus der Gesamtheit der Mitglieder des Offiziers- bzw. Unteroffizierskorps, dem ›Ehrengericht‹, gewählte Vertreter, die darüber zu wachen hatten, daß die Ehre des Einzelnen und damit die der Korps unangetastet blieb; vor allem hinsichtlich des Zweikampfes von Bedeutung, da der Ehren-*

rat, der ein Duell nicht verhindern durfte, gegen Mitglieder des Korps, die hierbei gegen die Standesehre (etwa die Weigerung zum Waffengang) verstießen, einzuschreiten und Sanktionen zu verhängen hatte.

611 Hier können schöne Seelen einander nicht verfehlen] *›Schöne Seele‹ nennt* FRIEDRICH SCHILLER *den Sittlichkeit und Sinnlichkeit verbindenden Charakter, in dem Vernunft und Sinnlichkeit, Pflicht und Neigung harmonieren: »Eine schöne Seele nennt man es, wenn sich das sittliche Gefühl aller Empfindungen des Menschen endlich bis zu dem Charakter versichert hat, daß es dem Affekt die Leitung des Willens ohne Scheu überlassen darf und nie Gefahr läuft, mit den Entscheidungen desselben im Widerspruch zu stehen. Daher sind bei einer schönen Seele die einzelnen Handlungen eigentlich nicht sittlich, sondern der ganze Charakter ist es. [...] Die schöne Seele hat kein andres Verdienst, als daß sie ist.« (›Über Anmut und Würde.‹ SchW 5, 468.)*

613f. Versifex] *›fex‹ oder ›feix‹ eigentlich in der Bedeutung von ›Spaßvogel‹, ›Narr‹, später Anhangssilbe in Nachahmung von lateinischen Wortbildungen mit lat. facere (›machen‹); hier Versemacher, Reimschmied.*

666f. Sehen Sie, das Ganze ist ein Handel mit Rechenpfennigen, sagt Schopenhauer irgendwo.] *vgl. dazu* SCHOPENHAUER: *›Die Welt als Wille und Vorstellung‹ II, Kap. 16: ›Über den praktischen Gebrauch der Vernunft und den Stoizismus‹: »Doch bleibt wahr, daß alle Güter des Lebens in der Macht des Zufalls stehen, mithin, sobald er, diese Macht übend, sie uns entreißt, wir unglücklich sind, wenn wir unser Glück darin gesetzt haben. Diesem unwürdigen Schicksal soll uns der richtige Gebrauch der Vernunft entziehn, vermöge dessen wir alle jene Güter nie als die unserigen betrachten, sondern nur als auf unbestimmte Zeit uns geliehen: nur so können wir sie eigentlich nie verlieren. [...] Die Meinung der Stoiker geht im ganzen dahin, daß, wenn der Mensch dem Gaukelspiel des Glückes eine Weile zugesehn hat und nun seine Vernunft gebraucht, er sowohl den schnellen Wechsel der Würfel als die innere Wertlosigkeit der Rechenpfennige erkennen und daher fortan unbewegt bleiben müsse.« (ASW II, 202f.)*

684f. Wechselfieber] *die Malaria, für die bis heute kein Impfstoff vorhanden ist, aber auch alle anderen fiebrigen Krankheiten, in welchen Fieberschübe und fieberlose Zustände einander abwechseln (u.a. Typhus).*

686 viereckige Räder aus hölzernem Eisen] *contradictio in adjecto (lat. ›Widerspruch im Beiwort‹).*

687 Ach wie so trügerisch sind Weiberherzen!] *»La donna è mobile / Qual piuma al vento« (›Leicht beweglich ist die Frau / wie eine Feder im Wind‹), Eingangszeile der Kanzone des Herzogs aus* GUISEPPE VERDIS *(1813–1901) 1851 in Venedig uraufgeführter melodramatischer Oper ›Rigoletto‹ (III,2; Libretto von* FRANCESCO MARIA PIAVE *[1810–1876] nach* VICTOR HUGOS *[1802–1885] Drama ›Le roi s'amuse‹ [Paris 1832]);* Oldefähr *rezitiert hier nach der wohl populärsten deutschen Übersetzung von* JOHANN CHRISTOPH GRÜNBAUM *(1787–1870).*

699 Hyperästhesie] *griech. ὑπέρ (hypér) ›über (etwas hinaus)‹, griech. αἴσθησις (aisthesis) ›Sinn‹, ›sinnliche Vorstellung‹, hier svw. ›übermäßige Empfind-*

lichkeit‹; zeitgenössisch in der Bedeutung einer gesteigerten Empfindlichkeit des Gefühlssinnes, aber auch anderer Sinne.

705 »Wirf weg, damit du nicht verlierst.«] *so der in einem Tagebucheintrag* FRIEDRICH HEBBELS *(s. Erl. zu 706) aus dem Jahr 1836 – »›Wirf weg, damit du nicht verlierst!‹ ist die beste Lebensregel« (*HEBBEL*: ›Werke‹ IV, Nr. 442, S. 79) – festgehaltene Grundgedanke für das 1837 fertiggestellte Märchen ›Der Rubin‹ (EA 1843 in der von* THEODOR MUNDT *[1808–1861] 1838 bis 1844 herausgegebenen Zeitschrift ›Der Freihafen. Galerie von Unterhaltungsbildern aus den Kreisen der Literatur, Gesellschaft und Wissenschaft‹; eine veränderte Dramatisierung [›Der Rubin.‹ Ein Märchenlustspiel in drei Akten] wurde 1849 in Wien uraufgeführt [EA Leipzig 1851]).*

706 Hebbel] *Der deutsche Schriftsteller* CHRISTIAN FRIEDRICH HEBBEL *(1813–1863) wurde, obwohl er auch ein großes lyrisches und erzählerisches Werk hinterließ, vor allem als Dramatiker berühmt.*

741f. die Romanphrasen: unheilbar! unsühnbar! unwiederbringlich!] *Anspielung auf zeitgenössisch übliche Titel wie etwa* DORA DUNCKERS *(1855–1916) Roman ›Unheilbar‹ (Stuttgart 1893),* MARIE VON EBNER-ESCHENBACHS *(1830–1916) Erzählung ›Unsühnbar‹ (Berlin 1890) sowie* THEODOR FONTANES *(1819–1898) zwischen 1887 und 1890 entstandenen, die tödlich endende Zerrüttung einer Ehe schildernden Roman ›Unwiederbringlich‹ (Berlin 1891 [recte 1892]); vgl. dazu auch* Tod und Wiederkunft, *Z. 85 (HGW VIII, 416).*

743 Tout passe! tout lasse! tout s'efface!] *frz.* tout s'efface! *›nichts ist beständig‹, leicht abgewandelte Form der frz. Redewendung ›tout passe, tout lasse, tout casse!‹ (frz. passer ›gehen‹, frz. lasser ›ermüden, mit Überdruß erfüllen‹, frz. casser ›zerbrechen‹, frz. s'effacer ›vergehen‹).*

761f. katzbalgen] *sich zanken, sich streiten; das Verb leitet sich von dem Wortspiel ›Katzbalg‹ im Sinne von ›Rauferei unter Katzen‹ her.*

766f. Die Welt ist doch so schön] *vmtl. Anspielung auf die von* OTTO ERICH HARTLEBEN *(1864–1905) um die Jahrhundertwende vielfach variierten Verse »O Gott, wie ist die Welt so schön, / Wenn man gesunde Glieder hat, / Wenn man gut hören kann und sehn – / So schön ist es in keiner Stadt. / Die Häslein springen in den Klee / Und dienen der Natur zum Schmuck, / Die Fischlein schwimmen in dem See / Und dienen so als Gegenstuck.« (›Briefe von Otto Erich Hartleben an Freunde.‹ Berlin 1912, S. 333), vgl. u.a.* HARTLEBENS *Postkarte an den Maler* FRITZ RUMPF *(1856–1927) vom 31. Juli 1894 (ebd., S. 212): »O Gott, wie ist die Welt so schön. / Wenn man 'ne Maß mit Hofbräu hat, / nur muß man nicht zur Erde sehn, / sonst kriegt man leicht das Leben satt. / Die Stullen liegen dort im Schmeer / und dienen dem Local zum Schmuck, / die Käserinden duften sehr / und dienen so als Gegenstuck!«*

768f. Wie wunderschön ist Gottes Erde, und wert darauf vergnügt zu sein] *leichte Variation zweier Verse aus der Schlußstrophe der ›Aufmunterung zur Freude‹ des deutschen Dichters* LUDWIG CHRISTOPH HEINRICH HÖLTY *(1748–1776): »O wunderschön ist Gottes Erde, / Und werth darauf vergnügt zu seyn« (*HÖLTY*: ›Gesammelte Werke und Briefe.‹ Hrsg. v.* WALTER HETTCHE. *Göttingen 1998, S. 235); vgl. aber auch* JEAN PAULS *(sc.* JOHANN PAUL FRIEDRICH RICHTER; *1763–1825) Variation der letzten Strophe von* HÖLTYS *Gedicht in der Erzäh-*

lung ›Leben des vergnügten Schulmeisterlein Maria Wutz in Auenthal. Eine Art Idyll‹ (EA 1793): »O wie schön ist Gottes Erde / Und werth darauf vergnügt zu sein!« (Jean Paul: ›Sämtliche Werke.‹ Hrsg. v. Norbert Miller. 10 Bde. in 2 Abt. München 1981, Bd. I,1, S. 445.)

794 steif wie ein Weichselzopf] *auch Wichtel-, Wechsel- oder Judenzopf genannte, durch Unreinlichkeit und mangelnde Haarpflege hervorgerufene starke Verfilzung der Kopfhaare zu einem steifen Knäuel, v.a. in Polen verbreitet; aus poln. wieszczyce (zu poln. wieszczyca ›Nachtgespenst‹), in poln. Mundart ›wickselsupp‹, eingedeutscht.*

801 »Monopol«] *Die 1785 von Florenz-Ludwig Hiedsieck (1749–1828) in Reims gegründete Champagnerkelterei ›Hiedsieck‹ (seit 1794 ›Hiedsieck & Co.‹) wurde 1832 aufgrund von Erbstreitigkeiten in drei eigenständige Unternehmen geteilt; die von Henri-Louis Walbaum (biographisch nicht nachgewiesen), einem Neffen Hiedsiecks, geführte Kelterei ließ sich 1860 den Markennamen ›Monopol‹ schützen und führte nach mehrjährigem, erfolgreichem Rechtsstreit mit den anderen Häusern den Namen ›Hiedsieck & Co. Monopol‹.*

819 Wie Gott will, ich halte still!] *vmtl. freie Zitation einer Passage aus Johann Sebastian Bachs (1685–1750) geistlicher Kantate ›Ich halte treulich still‹: »Drum dank ich meinem Gott / und halte treulich still, / es gehe in der Welt, / wie mein Gott selber will« (Wolfgang Schmieder: ›Bach-Werke-Verzeichnis [BWV]. Thematisch-systematisches Verzeichnis der musikalischen Werke von Johann Sebastian Bach.‹ Wiesbaden 1990, 466); mit Text von dem deutschen Organisten Johann Hermann Till (fl. 1613–1630) erschienen Leipzig 1736 in dem von Georg Christian Schemelli herausgegebenen ›Musicalischen Gesang-Buch‹.*

821 Sie meinen die Fornarina von Raffael.] *Im 17. Jahrhundert verbreitete sich v.a. in Rom das Gerücht, Fornarina, eine schöne römische Bäckerstochter, sei die Geliebte des Renaissancemalers Raffael Santi (1483–1520) gewesen, und man glaubte diese in einem Gemälde im Palazzo Barberini, welches die Halbfigur einer Frau mit entblößtem Oberkörper zeigt und Raffael zugeschrieben wurde, zu erkennen. Um die Wende des 19. zum 20. Jahrhundert wurde Raffael dieses Gemälde abgesprochen und vermutet, es stamme von seinem Schüler Guilio Pippi, genannt Romano (1492–1546), der eine Aktzeichnung des Lehrers als Vorlage benutzt habe.*

833 Kreuzzeitung] *die ›Neue Preußische Zeitung‹, in Berlin zwölf Mal wöchentlich (Morgen- und Abendausgabe) erscheinendes Organ der evangelischen Hochkonservativen (1848–1938), vertrat den altpreußischen Adel und die kirchliche Orthodoxie; der Name rührt von dem Eisernen Kreuz im Titelkopf her.*

858f. Virchows Definition vom Weibe] *vgl. dazu den deutschen Mediziner, Anthropologen und Ethnologen Rudolf Ludwig Carl Virchow (1821–1901): »Das Weib ist eben nur Weib durch seine Generationsdrüse; alle Eigenthümlichkeiten seines Körpers und Geistes oder seiner Ernährung und Nerventhätigkeit: die süsse Zartheit und Rundung der Glieder bei der eigenthümlichen Ausbildung des Beckens, die Entwickelung der Brüste bei dem Stehenbleiben der Stimmorgane, jener schöne Schmuck des*

Kopfhaares bei dem kaum merklichen, weichen Flaum der übrigen Haut, und dann wiederum diese Tiefe des Gefühls, diese Wahrheit der unmittelbaren Anschauung, diese Sanftmuth, Hingebung und Treue – kurz, Alles, was wir an dem wahren Weibe Weibliches bewundern und verehren, ist nur eine Dependenz des Eierstocks« (›Der puerperale Zustand. Das Weib und die Zelle [1848].‹ In: ders.: ›Gesammelte Abhandlungen zur wissenschaftlichen Medicin.‹ Frankfurt a.M. 1856, S. 735–779, hier S. 747).

869 Table d'hôte] *›Wirtstafel‹, Speisetafel in einem Gasthaus oder Hotel mit gleicher Speisenfolge für alle Gäste, ohne die Möglichkeit gesonderter Bestellung.*

881 in einer nervösen Krisis] *Anspielung auf die Neurasthenie (vgl. dazu Erl. zu 261 im Kommentarteil zu* Das unreinliche Jahrhundert, *HGW VIII, 362f.).*

886 Tant mieux pour vous!] *frz. ›um so besser für Sie‹.*

892 Ein Romantiker von der blauesten Blume!] *vgl. dazu Erl. zu 345 im Kommentarteil zu* Stirner, *HGW VIII, 408f.*

944f. Es ist leichter eine Sau am eingeseiften Schwanz festzuhalten als einen Advokaten am Recht!] *sprichwörtlich.*

956 Karbol] *eigentlich Karbolsäure, zeitgenössisch gebräuchliche Bezeichnung für Phenol, welches als Antiseptikum (flüssig oder in Puderform), aber auch als Holzschutzmittel Einsatz fand.*

973 Der zureichende Grund ...] *principium rationis sufficientis (›Satz vom zureichenden Grunde‹), zentrales methodisches Prinzip der Philosophie des deutschen Mathematikers und Philosophen Gottfried Wilhelm Leibniz (1646–1716), nach welchem jeder wahre Gedanke durch einen anderen Gedanken begründet werden muß, dessen Wahrheit bewiesen ist, vgl. Leibniz: ›Monadologie‹, § 31f.: »Nos raisonnemens sont fondés sur deux grandes Principes, celuy de la Contradiction [...]. Et celuy de la Raison suffisante, en vertu duquel nous considerons qu'aucun fait ne sauroit se trouver vray, ou existant, aucune Enontiation veritable, sans qu'il y ait une raison suffisante, pourquoy il en soit ainsi et non pas autrement« (›Philosophische Schriften‹ VI, S. 612. – »Unsere Vernunfterkenntnis beruht auf zwei großen Prinzipien,: dem des Widerspruchs [...]. Und dem des zureichenden Grundes, kraft dessen wir annehmen, daß sich keine Tatsache als wahr oder existierend, keine Aussage als richtig erweisen kann, ohne daß es einen zureichenden Grund dafür gäbe, weshalb es eben so und nicht anders ist«).*

974 Die vierfache Wurzel des Satzes vom zureichenden Grunde.] *Titel der Dissertation Arthur Schopenhauers: ›Über die vierfache Wurzel des Satzes vom zureichenden Grunde. Eine philosophische Abhandlung.‹ Rudolstadt 1813; Schopenhauer deutet die Wurzel des Satzes vom zureichenden Grunde insofern vierfach, als er vier verschiedene Verhältnisse von Objektklassen ausdrückt, die einem Subjekt gegeben sein können: 1. der Satz vom zureichenden Grunde des Werdens, 2. dem des Erkennens, 3. dem des Seins und 4. dem des Handelns.*

978 Karbolwasser] *aqua carbolisata, eine 3%ige Lösung von Karbolsäure (vgl. Erl. zu 956) in Wasser.*

991 Kanaille] *frz. canaille ›Lump‹, auch im Plural gebraucht für ›Hunde-, Lumpenpack‹.*

995f. ich will dir danken mit Pauken und Schalmeien] *Dankesformel in Anspielung auf Ps 150,1–6: »Halleluja! Lobet Gott in seinem Heiligtum, / lobet ihn in der Feste seiner Macht! / Lobet ihn für seine Taten, / lobet ihn in seiner großen Herrlichkeit! / Lobet ihn mit Posaunen, / lobet ihn mit Psalter und Harfen! / Lobet ihn mit Pauken und Reigen, / lobet ihn mit Saiten und Pfeifen! / Lobet ihn mit hellen Zimbeln, / lobt ihn mit klingenden Zimbeln! / Alles, was Odem hat, lobe den Herrn! / Halleluja!«*

1001 Danken will ich dir, lobsinget ihm mit großem Schalle] *Dankesformel in Anspielung auf Ps 33,1–3: »Freuet euch des Herrn, ihr Gerechten; / die Frommen sollen ihn recht preisen. / Danket dem Herrn mit Harfen; / lobsinget ihm zum Psalter von zehn Saiten. / Singet ihm ein neues Lied; / spielt schön auf den Saiten mit fröhlichem Schall!«*

1005f. Das Duell *bis* des deutschen Reichsstraf –] *vgl. dazu die Ausführungen unter Punkt 1 ›Das Duell als gesellschaftliches Phänomen‹ im Abschnitt ›Entstehungsgeschichtlicher Kontext‹.*

1013 Ehebruch, Paragraph 172] *Nach § 172 des deutschen Reichsstrafgesetzbuchs in der Fassung von 1876 konnte Ehebruch, wenn die Ehe daraufhin geschieden wurde, mit einer Gefängnisstrafe zwischen einem Tag und sechs Monaten für den Ehebrecher sowie dessen Mitschuldigen geahndet werden.*

1034 Landauer] *vierräderiger viersitziger Wagen mit rückschlagbarem Verdeck, benannt nach dem ersten Herstellungsort Landau in der Pfalz.*

1045 Fiaker] *Mietkutsche, nach dem Patron der Mietkutscher, dem Hl. Fiacrius († 670) benannt, dessen Bildnis im 17. Jahrhundert das erste Vermietungsbüro für Kutschen in Paris zierte.*

1076 hektographiert] *griech. ἑκατόν (hekatón) ›hundert‹, griech. γράφειν (gráphein) ›schreiben‹; mittels einer Maschine vervielfältigen.*

1087 Duobus duellantibus tertius gaudet!] *lat. ›der Dritte freut sich über zwei Duellanten‹, die eingetretene Wende ironisierende Variante des Sprichwortes »Wenn zwei sich streiten, freut sich der Dritte«.*

1094 Sic transit gloria mundi!] *›So vergeht die Herrlichkeit der Welt‹, lateinisches Sprichwort. – Seit 1409 ist es Brauch, bei der Inthronisierung des Papstes diese Formel dreimal auszusprechen, während Werg verbrannt wird.*

1102 (nach der Melodie: ich bin Menelaus der Gute)] *Motiv aus Offenbachs ›La belle Hélène‹ (vgl. Erl. zu 224).*

1110 Terrasse des Hotels Riffelalp] *südlich Zermatts im schweizerischen Kanton Wallis gelegenes Hotel am Riffelberg (2213 m; vgl. Erl. zu 1134).*

1110 kontemplativ] *lat. contemplativus ›beschaulich‹; in die innere Schau vertieft, aber auch besinnlich.*

1113 Haarpfeil] *lange Nadel aus Horn oder Metall zum Zusammenstecken des Hinterhaupthaares.*

1122 Durch den Simplon] *Der Simplonpaß, zwischen Penninischen und Lepontischen Alpen im Wallis gelegen und die Schweiz mit Italien verbindend, konnte bis zur Untertunnelung 1906 (Eisenbahntrasse) nur im Sommer benutzt werden.*

1129 Visp] *Ortschaft im Kanton Wallis, am gleichnamigen, aus dem Gornergletscher (vgl. Erl. zu 1134) entspringenden Fluß; von Zermatt aus mit einer Schmalspurbahn zu erreichen.*

1134 Gornergrat] *am östlichen Rand des Gornergletschers, der sich im Kanton Wallis oberhalb Zermatts vom Monte-Rosa-Massiv etwa 10 km ins Tal zieht, gelegener, über den Riffelberg sich in 3136 Metern Höhe erhebender Grat, seit 1898 von Zermatt aus mit einer elektrischen Zahnradbahn zu erreichen (vgl. 1135:* Vielleicht mit dem nächsten Zuge*).*

1146 Ich privatisiere] *ohne Amt oder Beruf leben.*

1151 den gezehrten] *durch Alterung sich qualitativ verschlechternder Wein.*

1162f. »Datemi una camera a due letti ...«] *ital. ›geben Sie mir ein Zimmer mit zwei Betten‹.*

1186 infam] *lat. infamis ›berüchtigt‹, ›verrufen‹; hier böse.*

1194 credo quia absurdum] *vgl. dazu Erl. zu 124f. im Kommentarteil zu* Das unreinliche Jahrhundert, *HGW VIII, 357.*

1195 Idiosynkrasie] *vgl. Erl. zu 368 im Kommentarteil zu* Massenglück und Einzelglück, *HGW VIII, 327f.*

1222 Elementarklasse] *die unterste Klasse einer allgemeinbildenden Volksschule.*

1241 Selekta] *lat. selectare ›auswählen‹; zeitgenössisch an manchen höheren Schulen eingerichtete Klasse mit ausgezeichneten Schülern des obersten Jahrgangs.*

1243f. Klippschülerin] *als ›Klippschulen‹ werden seit dem 16. Jahrhundert verächtlich private Volksschulen bezeichnet.*

1264 Rancune] *frz. rancune ›Rachsucht‹; vgl. auch Hausdorffs gleichgetiteltes Gedicht in den* Ekstasen *(HGW VIII, 119).*

1296 verwundeter Philoktet] *Der griechischen Mythologie zufolge war Philoktetes ein berühmter thessalischer Bogenschütze, der mit zehn Schiffen in den Trojanischen Krieg zog, unterwegs aber, nachdem er von einer Schlange gebissen worden war, des üblen Geruches der eiternden Wunde wegen von seinen Kameraden auf Lemnos ausgesetzt wurde. Erst nach zehn Jahren wurde er von Odysseus nach Troja geholt, weil nach einem Orakel die Stadt ohne Philoktets Waffen (ein von Herakles geschenkter Bogen mit Giftpfeilen) nicht einzunehmen war. Philoktet verwundete im Kampf Paris tödlich und leitete damit den Fall Trojas ein. Der Mythos um Philoktet soll sowohl von Aischylos (525/24 v. Chr. – 456/55 v. Chr.) als auch von Euripides (485/84 oder 480 v. Chr. – 407/06 v. Chr.) dramatisiert worden sein, einzig die 409 v. Chr. uraufgeführte Tragödie des Sophokles (um 496 v. Chr. – um 406 v. Chr.) ist aus der Frühzeit erhalten.*

1298 Epigramm] *griech. ἐπίγραμμα (epigramma), ›Aufschrift‹.*

1308 gentlemanlike] *nach Art eines Gentleman, eines Mannes von ehrhaftem Charakter.*

1356 Der Pfeffer im Salat] *sprichwörtlich svw. ›das ist der Reiz‹.*

1357 polygamisch] *im Gegensatz zu ›polygam‹ (griech. πολύς [polús] ›viel‹, griech. γαμέτης [gametes] ›Gatte‹) zeitgenössisch eigentlich Bezeichnung für Pflanzen, welche sowohl eingeschlechtliche als auch zwittrige Blüten tragen;*

hier in der weiteren Bedeutung der Unterhaltung von sexuellen Beziehungen eines Individuums zu mehreren Partnern.

1386 Pallanza] *Stadt am Westufer des Lago Maggiore.*

Dokumente und Rezeptionszeugnisse

(in Auswahl)

11. August [19]04, Otto Brahm an Arthur Schnitzler

Lieber Freund,
ich wollte Ihnen gerade die Frage vorlegen, ob Sie nicht einen schönen Einakter für mich haben, als Ihr Brief vom 8. eintraf. Ich habe nämlich die Absicht, die Komödie von Paul Mongré Der Arzt seiner Ehre, die in der Neuen Rundschau steht, aufzuführen, und möchte damit zwei andere kurze Stücke in Verbindung setzen, so zwar, daß der ganz ganz nach der heiteren Seite geht oder aber gemischte Gefühle erweckt. Im zweiten Fall dachte ich an [Maeterlincks] L'Intruse, im ersten an die Medaille von Thoma, beides in der Voraussetzung, daß Sie mir einen funkelnagelneuen Einakter dazu geben. Sollten Sie gar deren zwei stiften, so fielen wohl die »Eindringlinge« Maeterlinck und Thoma. Sollten Sie gar keinen geben, so blieben noch Puppenspieler für den gemischten, Literatur für den ungemischten Abend, den ich evtl. schon im September veranstalten wollte. [...]

›Der Briefwechsel Arthur Schnitzler – Otto Brahm.‹
Hrsg. u. eingel. v. Oskar Seidlin. Berlin 1953
[›Schriften der Gesellschaft für Theatergeschichte‹ 57], S. 141.

13. August [19]04, Arthur Schnitzler an Otto Brahm

[...] Ein ganzer Abend für mich allein ist mir natürlich a priori lieber als ein mitgefangen-mitgehangener, und meine Ansicht, daß speziell dieser Abend in seiner ganzen Zusammenstellung sich für ein kleines, ja für das Kleine, eher eignet als für ein großes Theater, dürfte auch bei Ihnen kaum auf Widerspruch stoßen. Hingegen bin ich wenig mit Ihrem freundlichen Einfall einverstanden, die Literatur zum Mongréschen »Ehrenarzt« und zu Medaille oder Eindringling dazuzugeben, hauptsächlich deshalb, weil damit ein von Ihnen vor wenigen Wochen nicht ohne Sympathie aufgenommener Vorschlag meinerseits – die Wiederaufnahme des ganzen Lebendige Stunden-Zyklus ins Repertoire – abgelehnt erschiene. Der Puppenspieler steht Ihnen zu dem gedachten Zweck lieber zur Verfügung. [...]

›Der Briefwechsel Arthur Schnitzler – Otto Brahm.‹
Hrsg. u. eingel. v. Oskar Seidlin. Berlin 1953
[›Schriften der Gesellschaft für Theatergeschichte‹ 57], S. 143.

11. November 1904, ›Hamburger Echo‹

Deutsches Schauspielhaus *[...] Sonnabend [...] [z]um ersten Male:* ***Der Arzt seiner Ehre****, Komödie in einem Akt, von Paul Mongré. [...]*

›Hamburger Echo‹ v. 11. Nov. 1904, S. [4].

11. November 1904, ›Hamburger Nachrichten‹

Deutsches Schauspielhaus. [...] Am Sonnabend findet die Première des dreiaktigen Lustspiels: „Die große Leidenschaft" [...] statt. Hierzu wird der ebenfalls neue lustige Einakter „Der Arzt seiner Ehre" gegeben. [...] Dienstag werden die Stücke „Die große Leidenschaft" und „Der Arzt seiner Ehre" zum ersten Male wiederholt.

›Hamburger Nachrichten, Erste Morgen-Ausgabe‹ v. 11. Nov. 1904, S. [3].

11. November 1904, ›Hamburger Nachrichten‹

Deutsches Schauspielhaus.
Freitag, den 11. November 1904.
[...]
Sonnabend ☝ zum ersten Male:
Die große Leidenschaft
Lustspiel in drei Akten von Raoul
Auernheimer.
☝ Zum ersten Male:
Der Arzt seiner Ehre, Komödie
In einem Akt von Paul Mongré.
[...]

›Hamburger Nachrichten, Zweite Morgen-Ausgabe‹ v. 11. Nov. 1904, S. [4].

11. November 1904, ›Hamburger Nachrichten‹

Deutsches Schauspielhaus.
Dienstag, den 15. November 1904.
Die große Leidenschaft

Lustspiel in drei Akten von Raoul
Auernheimer.
Der Arzt seiner Ehre, Komödie
in einem Akt von Paul Mongré.
Anf. 7½ Uhr *Ende ½11 Uhr.*
[...]

›Erste Beilage zu den Hamburger Nachrichten, Zweite Morgen-Ausgabe‹ v. 11. Nov. 1904, S. [3].

12. November 1904, ›Hamburger Echo‹

Deutsches Schauspielhaus
Sonnabend, den 12. November 1904.
[...]
Zum ersten Male:
Der Arzt seiner Ehre,
Komödie in einem Akt, von Paul Mongré.
Mitwirkende: Hr. [Heinz] Schmidt-Lorenz, Hr. [Paul] Biensfeld, Hr. [Julius] Brandt, Hr. [Alexander] Otto, Hr. [Max] Wieske, Hr. [Ludwig] Brahm, Hr. [Ludwig] Heil, Hr. [Gerhard] Plischkowski, Hr. [Ludwig] Kneiß.
Anfang 7½ Uhr
Ende nach ½11 Uhr.
[...]

›Hamburger Echo‹ v. 12. Nov. 1904, S. [4].

12. November 1904, ›Hamburger Nachrichten‹

Deutsches Schauspielhaus. Am Sonnabend findet die zweite Première in dieser Woche statt. Gegeben werden in hervorragender Besetzung die überaus heiteren Stücke»Die große Leidenschaft« und »Der Arzt seiner Ehre«. Dienstag [werden] erstmalig die Novitäten »Die große Leidenschaft« und »Der Arzt seiner Ehre« wiederholt.

›Hamburger Nachrichten, Erste Morgen-Ausgabe‹ v. 12. Nov. 1904, S. [3].

12. November 1904, ›Hamburger Nachrichten‹

Deutsches Schauspielhaus
Sonnabend, den 12. November 1904.
[...]
Zum ersten Male:
Der Arzt seiner Ehre,
Komödie in einem Akt, von Paul Mongré.
Mitwirkende: Hr. [Heinz] Schmidt-Lorenz, Hr. [Paul] Biensfeld, Hr. [Julius] Brandt, Hr. [Alexander] Otto, Hr. [Max] Wieske, Hr. [Ludwig] Brahm, Hr. [Ludwig] Heil, Hr. [Gerhard] Plischkowski, Hr. [Ludwig] Kneiß.
Anfang 7½ Uhr
Ende ½ 11 Uhr.
[...]

›Hamburger Nachrichten, Zweite Morgen-Ausgabe‹ v. 12. Nov. 1904, S. [4].

13. November, ›Hamburger Echo‹

Aus der Theaterwelt: Im Schauspielhause. [...] Dienstag und Freitag die Lustspiele »Die Große Leidenschaft« und »Der Arzt seiner Ehre«. – [...]

›Erste Beilage zum Hamburger Echo‹ v. 13. Nov. 1904, S. [1].

13. November 1904, Anonymus in den ›Hamburger Nachrichten‹

Deutsches Schauspielhaus. Zwei grundverschiedene Gaben bescherte die gestrige Vorstellung: ein reizvolles, von Anmut und Heiterkeit erfülltes Lustspiel »Die große Leidenschaft« von Raoul Auernheimer und die stark gepfefferte einaktige Komödie »Der Arzt seiner Ehre« von Paul Mongré. Über das Lustspiel, das aller Voraussicht nach an vielen Abenden vielen Zuschauern Freude bereiten wird, ist nur gutes zu sagen, der Einakter aber, dessen Grundgedanke bei aller Wertschätzung des oft recht geistreichen Dialogs und der komischen Situation nicht anders als brutal genannt werden darf, fordert strenge Kritik geradezu heraus. Gespielt wurde in beiden Stücken ganz ausgezeichnet. Das Haus war gut besucht.

Anonymus: ›Deutsches Schauspielhaus.‹
In: ›Vierte Beilage zu den Hamburger Nachrichten, Zweite Morgen-Ausgabe‹ v. 13. Nov. 1904, S. [1].

13. November 1904, P.[aul] Al.[exander] K.[leimann] in den ›Hamburger Nachrichten‹

Deutsches Schauspielhaus. *[...] Den Beschluß des Abends machte die einaktige Komödie »Der Arzt seiner Ehre« von Paul Mongré. In der Weinstube des einzigen Hotels einer Provinzstadt treffen sich zwei Duellanten mit ihren Sekundanten in der Nacht vor dem Zweikampf. Der eine hat dem andern die Frau verführt, und das soll blutig gerächt werden. Durch den Zwang der Verhältnisse werden die Parteien in dem engen Zimmer zur Aussprache förmlich gezwungen; es kommt zu einer gemeinsamen Kneiperei, bei der sich die Beteiligten derart betrinken, daß sie sich brüderlich umarmen, und schließlich, als es zum Kampfplatz gehen soll, die Pistolen liegen lassen. Dieser Vorwurf, dem Komik und Satire nicht abzusprechen ist, wird leider durch gar zu brutale Meinungsäußerungen stark getrübt, das Duell, das im vorliegenden Fall die einzige denkbare und moralische Lösung des Konflikts bedeutet, wird lächerlich gemacht, und die Heiligkeit der Ehe durch cynische Reden angetastet. Das Stück, dem Herr [Paul] B i e n s f e l d und Herr [Heinz] S c h m i d t - L o r e n z in den Hauptrollen, die Herren [Julius] B r a n d t, [Alexander] O t t o, [Max] W i e s k e, [Ludwig] B r a h m und [Ludwig] H e i l in den Nebenrolle ihre Kräfte widmeten, wurde stellenweise stark belacht, fand aber endlich neben einigem Beifall auch die verdiente Ablehnung. [...]*

P.[aul] Al.[exander] K.[leimann]: ›Deutsches Schauspielhaus.‹
In: ›Hamburger Nachrichten. Abend-Ausgabe‹
v. 13. Nov. 1904, S. [2].

15. November 1904, Anonymus im ›Hamburger Echo‹

Deutsches Schauspielhaus *[...] Schon die Aufführung [Auernheimers ›Die große Leidenschaft‹] dürfte dem Stück eine große Reihe Wiederholungen sichern.*

Ein gleiches Prognostikon lässt sich dem Einakter D e r A r z t s e i n e r E h r e von P a u l M o n g r é nicht stellen. Auch hier war die Aufführung gut, und die Komödie selbst ist außerordentlich interessant im Sujet und auch nicht ungeschickt in der Gestaltung, aber – wie am Sonnabend – wird ein Theaterpublikum stets vor ihm durchfallen.

Paul Mongré faßt den Duellwahnsinn von einer so verblüffend neuen Seite, mit so ungewöhnlich überlegenem Humor an, daß ein großes Publikum eines großen öffentlichen Theaters nicht folgen mag. Vielleicht würde die Komödie in einem vorurteilsfreien, kleinen literarischen Zirkel Verständnis finden. Am Sonnabend fand sie jedenfalls recht wenig Verständnis, wenn immerhin auch im Effekt des Geräusches die Klatscher den Zischern die Wage hielten. Aber die vielen Nichtzischer, die auch nicht klatschten – – –

Mongré hat den Mut, das Duell in dem Licht zu zeigen, das ihm gebührt. Er behandelt es als eine Komödie, über die man sich bei einem Glase Wein sehr wohl einigen kann, wenn anders man nicht als Patentfatzke in den Fesseln des

Modedämons »Ehre« steckt. Sein Architekt Adelung hat die Frau des Regierungsrats Granitz , natürlich eine unverstandene Frau, verführt. Nun müssen sich die beiden schlagen oder schießen. Der Verführer, dessen Gedanken sich vielleicht noch bewegen in den Anschauungen, die wohl einstmals in den Urzeiten zu dem Zweikampfe führten, nimmt es furchtbar ernst mit dem Duell. Der Regierungsrat aber hat gar keine Lust, sich totschießen zu lassen. Freilich ist es ein ganz besonderer Regierungsrat, den der Autor präsentiert. Er dichtet und hat, wie ein alter Oberst, der wegen seiner Auffassung vom Duellunfug seinen Titel um das »a.D.« verschönern konnte, meint, ein für einen preußischen Beamten ganz unverhältnismäßig großes Maß von Intelligenz. Der Regierungsrat gönnt dem Architekten seine Verflossene und meint, daß ihm in ihr schon Unheil genug geschähe. Und er selbst ist froh, daß er sie los ist. Der alte Oberst, ein fideles Haus, ist ganz einverstanden damit, daß die Affäre so gemanagt wird, daß die beiden Gegner einander am Ohre vorbeischießen. Und derselben Ansicht ist auch Adelungs Sekundant. Nur Adelung nimmt die Geschichte verdammt ernst, doch es macht sich, daß die ganze Gesellschaft beim Glase Bordeaux einander näher und näher kommt und man grade zum Kampfplatz gerufen wird, als die Gegner lallend Blutsbrüderschaft miteinander getrunken haben.

Die ganze Szene ist mit einem grimmen, grotesken Humor vorgetragen und wurde, von Dr. C.[arl] Heine famos inszeniert, auch in diesem Stil gespielt. Brillant waren Herr [Alexander] Otto (Oberst), Herr [Paul] Biensfeld (Regierungsrat), Herr [Julius] Brandt (Sekundant des Architekten) und Herr [Ludwig] Brahm als Arzt. Herrn [Heinz] Schmidt-Lorenz (Adelung) lag die Trunkenheitsszene nicht, im ersten Anfang war er gut.

Anonymus: ›Deutsches Schauspielhaus.‹
In: ›Beilage zum Hamburger Echo‹ v. 15. Nov. 1904, S. [1].

16. November 1904, ›Hamburger Nachrichten‹

Deutsches Schauspielhaus. [...] [F]ür Freitag [ist] die außerordentlich günstig rezensierte Novität »Die große Leidenschaft« angesetzt. Hierzu geht das stimmungsvolle einaktige Idyll »Jubilate« von Marx Möller mit Herrn [Ludwig] Max in der Hauptrolle in Szene. [...]

(›Hamburger Nachrichten, Zweite Morgen-Ausgabe‹
v. 16. Nov. 1904, S. [4].

Dezember 1904, PAUL RACHÉ in Bühne und Welt

[...] Am 12. November [1904] gab es dann im [Hamburger] Schauspielhause gleich zwei Uraufführungen auf einmal, das dreiaktige Lustspiel »D i e g r o ß e

Leidenschaft« von Raoul Auernheimer und die einaktige Komödie von Paul Mongré, »Der Arzt seiner Ehre«. Das letzte Stück, eine sehr derbe Satire auf den Duellunfug und die gesellschaftliche Ehre, war nichts für die Bühne. Es wurde mit Unbehagen aufgenommen, und zum Schluß mischte sich deutliches Zischen in den Beifall derjenigen, die in dieser Komödie mit Recht eine entschieden höchst eigenartige, geistreiche, wenn auch mehr für die Lektüre als für die Bühne geeignete Arbeit eines talentvollen Autors sahen. [...]

PAUL RACHÉ: *›Von den Hamburger Theatern.‹ In: ›Bühne und Welt. Zeitschrift für Theaterwesen, Literatur und Musik. Amtliches Blatt des Deutschen Bühnen-Vereins.‹ Hrsg. v. E. u. G. Elsner, geleitet v. Heinrich Stümcke. VII. Jg., 1. Halbjahr (Okt. 1904-März 1905), H. 6 (Dez. 1904), S. 249 f., hier S. 250.*

80. Sonnabend, den 12. [November 1904].
[...]
Zum ersten Male:

Der Arzt seiner Ehre.
Komödie in einem Akt vom Paul Mongré.
Architekt Adelung............Heinz Schmidt-Lorenz
Regierungsrat von Granitz............Paul Biensfeld
Dr. jur. Wangerow, Rechtsanwalt............Julius Brandt
Oberst a.D. Oldefähr............Alexander Otto
Brauereibesitzer Lohm............Max Wieske
Dr. med. Leue............Ludwig Brahm
Der Wirt............Ludwig Heil
Der Kellner............Gerhard Plischkowski
Der Hausknecht .... Ludwig Kneiß

Weinstube eines Hotels in der Nähe einer Provinzstadt
Regie: Dr. Carl Heine

[...]
84. Dienstag, den 15. [November] Die große Leidenschaft
Der Ehrenmann (Piccolo: Alma Hamdorf)
[...]

›Deutsches Schauspielhaus. Uebersicht der während der Spielzeit 1904–1905 gegebenen Vorstellungen.‹ Hamburg 1905, S. 10.

2. Januar 1905, Anonymus im ›Deutscher Reichsanzeiger‹

Lessingtheater. Das Lessingtheater setzte seinen Besuchern am Sonnabend leichte Kost vor, die darauf berechnet war, in milder Silvesterstimmung vor Punsch und Pfannkuchen genossen zu werden: Hartlebens Lustspiel »Im grünen Baum zur Nachtigall« und die Groteske von Paul Mongré »Der Arzt seiner Ehre«. Beide Stücke persiflieren das Duell, jenes das studentische, dieses das der höheren bürgerlichen Gesellschaft. [...] Die Mongrésche Groteske ist ungleich frischer im Dialog und straffer im Aufbau [als Hartlebens Lustspiel]. Sie führt die Duellanten und ihre Zeugen am Abend vor dem Zweikampf in dem einzigen heizbaren Zimmer eines Kleinstadthotels zusammen. Der betrogenen Ehemann, der von dem Unwert seiner untreuen Frau überzeugt ist und dem an dem Austrag des Ehrenhandels nichts liegt, weiß bei einem Glase Burgunder auch seinen Gegner zu dieser Ansicht zu bekehren. Auf den Burgunder folgt Sekt und auf die Bekehrung eine allgemeine Verbrüderung der Gegner, die in einem Hoch auf die Ungetreue ausklingt, von der man schließlich erfährt, daß sie unterdes mit einem Dritten das Weite gesucht habe. Man sieht, daß der Verfasser von seinem Recht als Groteskendichter, das Unwahrscheinlichste als wahrscheinlich hinzustellen, recht ausgiebig Gebrauch gemacht hat. Das ließe man sich gefallen, denn Mongré weiß ein flottes Tempo zu halten. Die sich Versöhnenden trinken aber nach dem Sekt auch noch Kognak, und unter dessen Einwirkung arten ihre an sich schon frivolen Gespräche leider zur Zote aus. Hartlebens Lustspiel wurde mit mattem, mit Ablehnungsäußerungen gemischtem, die Groteske Mongrés mit starkem Beifall aufgenommen. Dem zahlreich erschienenen Publikum war es in seiner Silvesterstimmung augenscheinlich recht, sich aus dem Lessing- in das Zentraltheater versetzt zu sehen.

Anonymus: ›Lessingtheater.‹
In: ›Deutscher Reichsanzeiger und Königlich Preußischer Staatsanzeiger‹
(Berlin) v. 2. Jan. 1905, »abends«, S. 3.

3. Januar 1905, KG. in der ›Norddeutsche Allgemeine Zeitung‹

Silvester-Premièren.

kg. Der eigentümliche äußere Nebencharakter, der von Erstaufführungen gerade am Silvesterabend untrennbar ist, kam im Lessing-Theater diesmal lehrreich zur Erscheinung. Im ausverkauften Hause ein festfrohes Publikum, bei einer Fülle kostbarer und geschmackvoller Toiletten; in der Zwischenakten eifrige Verhandlungen, ob man draußen auch eine Droschke auftreiben werde, und „wer“ sonst noch zur anschließenden Neujahrsfeier im vorbestimmten Lokal zu erwarten sei. Das arme Lustspiel von Otto Erich Hartleben, Im grünen Baum zur Nachtigall, schon außerhalb Berlins mehrfach mit Achtung abgelehnt, sollte also in diesem toten Winkel der Theaterspielzeit an uns vorübergehen. [...] Als

Nachschmaus folgte ein neuer Einakter eines neuen Autors, der uns leider wiederum von der Unnützlichkeit des Duells zu überführen unternahm; es sah so aus, als sollte neben den bekannten Doktorfragen noch eine Spezies von Silvesterfragen geschaffen werden. Paul Mongré, der sich zum Schluß dem Publikum zeigte, aber sein Pseudonym nicht lüften ließ, nennt das Stück eine Groteske und hat ihr den Titel Der Arzt seiner Ehre verliehen. Der Architekt hat des Regierungsrats Frau entführt; die so entstandenen Duellgegner wollen mit ihren Sekundanten im abgelegensten Hotel beraten. Dort ist aber nur ein einziges Restaurantzimmer geheizt, – folglich tagt man gemeinsam und trinkt sich bis zur Versöhnung hindurch. Den sehr späten Schluß bringt ein Brief des ausgebliebenen Hauptsekundanten, worin dieser mitteilt, er sei eben mit der Helena des ganzen Zwistes nach Nizza abgedampft. Es fehlt dem satirischen Kleinwerk Mongrés nicht an Laune und Witz, der Dialog ist flott und schlagend, bis die allgemeine Bezechtheit auch eine recht augenfällige Trübung herbeiführt. Vielleicht war der Autor gerade hier noch realistischer als zuvor, dann hätte er aber für seinen eigenen Fall zugleich bewiesen, daß ein geistreicher Stilist es leichter hat als die meisten anderen, über seinen Mangel an künstlerischer Beherrschung des Stoffes hinwegzuspaßen –, bis die Fäden doch noch irgendwo störend hängen bleiben. War bei Hartlebens Lustspiel der Beifall manchmal gleichsam selbsttätig ausgeblieben, so holte er das hier auf analoge Weise nach; beide Male durfte man mit Genugtuung feststellen, daß ein gewisser Teil unseres Premièrenpublikums offenbar schon durch die bloße Lektüre des Programms seine Grundsätze mit schöner Sicherheit zu bilden im stande ist. Die Mogrésche Groteske bietet nur Herrenrollen, hier zeichneten sich Oskar Sauer als alter Oberst, [Albert] Patry als der Ehemann, Willy Grunwald [als Wangerow] und Karl Forest [als Lohm] ergötzlich aus, während Herr [Alwin] Neuß als Architekt einige Reibung mit dem Stimmungsaufgaben seiner Rolle bemerken ließ.

KG: ›Silvester-Premièren.‹
In: ›Unterhaltungs-Beilage zur Norddeutschen Allgemeinen Zeitung‹ (Berlin)
v. 3. Jan. 1905, S. 1.

Januar 1905, Heinrich Stümke in ›Bühne und Welt‹

[...] Während Beer-Hofmann [am Berliner Neuen Theater in ›Der Graf von Charolais‹] den Arzt seiner Ehre mit calderonischen Ernst behandelte, wurde, ein zufälliges Zusammentreffen, von drei andern Autoren mit dem Ehreproblem auf den Brettern des Berliner- und Lessingtheaters mehr oder minder leichtfertig jongliert. Ueber Paul Lindaus Schauspiel »... so ich Dir«, das am 23. Dezember [1904] auf der Bühne in der Charlottenstraße erschien, haben sich schon die Federn der Mehrzahl der deutschen Theaterkritiker stumpf geschrieben. Auch dies letzte Stück des fruchtbaren Autors ist ein echter Lindau; gewandt im Dialog, voll von Esprit im Sinne des alten französischen Sittenstücks, mit einzelnen, gut geschauten Figuren und unterhaltenden Scenen, als Ganzes

aber konstruiert, verfehlt und unwahr. Lindau will uns die Schrecklichkeit des Molochs der Standesehre an dem Schicksal des Großkaufmanns, Konsuls und Reserveoffiziers zum Bewusstsein bringen, der am Morgen über einen Kameraden zu Gericht gesessen hat und am Abend selber satisfaktionsunfähig und Selbstmordkandidat wird, weil er von seinem verkrüppelten Schreiber, dessen Braut er ins Chambre separée geladen hat, eine Ohrfeige erhält. Es kommt mir nicht zu, einem Manne von Lindaus vielseitigen Erfahrungen und gesellschaftlichen Beziehungen bestreiten zu wollen, daß ein derartiger verstiegener und überhitzter Ehrbegriff nicht irgendwo anzutreffen sei; aber irgendwelche Allgemeingültigkeit kann er für seine Ehre nicht beanspruchen. Dasselbe gilt von Paul Mongré, dem Autor der einaktigen Groteske »Der Arzt seiner Ehre«, die am Sylvesterabend im Lessingtheater über die Bretter ging. Der Architekt, der Verführer der Frau des Regierungsrats, trifft mit seinem Gegner und den beiderseitigen Sekundanten am Vorabend des Duells in einem kleinen Nest im Gastzimmer des einzigen Hotels zusammen. Man begrüßt sich, man rückt die Tische aneinander, man kommt ins Gespräch, man pokuliert, reißt Witze, trinkt Brüderschaft und begibt sich schließlich in voller Seligkeit des Rausches, Offenbachsche Melodien trällernd, beim Morgengrauen aufs Feld der Ehre, um pro forma einige Pistolenkugeln in die Luft zu feuern. Der Architekt nimmt den Fall anfänglich verteufelt ernst und ist stolz, für die angebetete Frau sein Leben wagen zu dürfen. Der betrogene Ehemann ist aber nichts weniger als rachsüchtig, sondern glücklich, von seiner holden Daisy erlöst zu sein. Die Sekundanten, ein alter Oberst und ein Rechtsanwalt, fassen die ganze Sache als Komödie auf. Eine Depesche eines Freundes, mit dem Frau Daisy nach Nizza durchgegangen ist, indes Gatte und Liebhaber sich für die schlagen wollen, gibt dem Regierungsrat vollends recht. Wenn der Leipziger Mathematikprofessor, der sich hinter dem Pseudonym Mongré verbirgt, uns zeigen wollte, daß es auch Dirnen mit dem Ehereif am Finger gibt, die es nicht wert sind, daß zwei ehrliche Kerle ihretwegen die Pistolenkugeln oder Degenklingen kreuzen, so stimmt die Geschichte. Für den Ehrbegriff im allgemeinen ist mit dieser Farce nichts bewiesen und eine etwaige Deduktion, daß jeder Zweikampf wegen verletzter Gattenehre nur eine Spiegelfechterei ist, wäre mehr als leichtfertig. Auch wenn wir uns vergegenwärtigen, daß wir es mit einer Groteske zu tun haben, berührt manche Einzelheit bei diesem nächtlichen Kneipgelage infolge der Situation den feinfühligen Zuschauer geradezu unangenehm. Mongré wollte wohl Mirbeau oder Courteline nacheifern, aber hinter der wundervollen ironischen Ueberlegenheit, mit der beispielsweise Mirbeau in seiner Groteske vom »Dieb« die Ehrbegriffe auf den Kopf stellt, ist er weit zurückgeblieben. – [...]

Heinrich Stümcke: ›Von den Berliner Theatern. VIII.‹
In: ›Bühne und Welt. Zeitschrift für Theaterwesen, Literatur und Musik. Amtliches Blatt des Deutschen Bühnen-Vereins.‹
Hrsg. v. E. u. G. Elsner, geleitet v. Heinrich Stümcke. VII. Jg., 1. Halbjahr (Okt. 1904-März 1905), H. 8 (Jan. 1905), S.340-345, hier S. 344.

5. Februar 1905, Emil Faktor in der ›Bohemia‹

[...] Ein wirksames, in genialer Laune hingeworfenes Gegenstück zum Lustspiele von der unverstandenen Frau [sc. Raoul Auernheimers ›Die große Leidenschaft‹] ist die Komödie »Der Arzt seiner Ehre« von Paul Mongré. Es ist eine grimmige Satire auf die »gut verstandene Frau«, welche dem ideal empfindenden Liebhaber auf den Gatten hetzt, der ihre Seele mit Füßen trat, und die knapp vor dem Duell mit dem Sekundanten ihres Angebeteten durchbrennt. Der Verfasser dieses Stückes, das in seinen szenischen Elementen eine kühne Persiflage jener weitverbreiteten Anschauung ist, daß sich auf Ehebruch nur das Duell reime, soll dem Vernehmen nach ein Leipziger Astronom sein. Jedenfalls ist er ein hochgebildeter Mann, der in der Stille der Gelehrtenstube sehr schneidige Waffen geschmiedet hat. Seinen Namen las ich zuerst in der »Neuen Rundschau«, wo er mir durch eine geistvolle, in der poetischen Bildkraft des Ausdruckes hervorragende Besprechung von Fritz Mauthners sprachkritischem Riesenwerke auffiel. Mit ätzender Dialektik wird in Mongrés Satire, welche schon durch den Titel, der an ein Drama von Calderon erinnert, die steifen Ehrbegriffe verspottet, gegen die Notwendigkeit des Zweikampfes zu Felde gezogen. Daß im Kreise der Duellanten selber diese zersetzende Stimmung einreißt, darin beruht die kecke Besonderheit des Stückes. [...] Die Kapitel Liebe, Weib, Ehe, Duell und was sonst noch der von Rücksichten auf die öffentliche Moral eingeschnürten Menschheit heilig ist, werden mit zynischer Rücksichtslosigkeit in den Grund und Boden gestampft [...]. [...] Der interessante Einakter dürfte im Spielplane noch länger leben als das Lustspiel Auernheimers. Er it mit Sarkasmus gebeizt und solche Schärfe verflüchtigt sich nicht so rasch wie das zarte Aroma des vorausgegangenen Dreiakters.

Emil Faktor: ›Theater und Musik‹. In: ›Bohemia‹, Nr. 36 v. 5. Febr. 1905, S. 6f., hier S. 6f.

5. März 1905, ›Münchener Post‹

Am selben Abend [8. März 1905] gelangt auch Der Arzt seiner Ehre, Komödie in einem Akt von Paul Mongré, erstmalig zur Aufführung.

Ankündigung zu den Aufführungen von Eduard Graf von Keyserlings ›Benignens Erlebnis‹ und Mongrés Der Arzt seiner Ehre. *In: › Münchener Post‹ vom 5.März 1905, S. 4.*

8. März 1905, ›Münchener Zeitung‹

Münchener Schauspielhaus.
Mittwoch, den 8. März:
[...]

Der Arzt seiner Ehre.
Komödie in einem Akt von Paul
Mongré.

Personen:
Architekt Adelung....................................Lackner
Von Granitz..Schwartze
Dr. jur. Wangerow......................................Lang
Oberst von Oldefähr...................................Eßlair
Brauereibesitzer Lohm..................................Grell
Dr. med. Leue..Stettner.

›Münchener Zeitung‹ v. 8. März 1905, S. 5.

9. März 1905, Richard Braungart in der ›Münchener Zeitung‹

[...] Dem Keyserling'schen »Erlebnis« folgte – meines Erachtens eine wenig glückliche Zusammenstellung – die einaktige Komödie »Der Arzt seiner Ehre« von Paul Mongré. Dieses Stück verulkt wieder einmal den konventionellen Ehrbegriff nebst dazugehörigem Duellunfug und läßt die beiden Parteien zum Schlusse im Dusel sogar Blutsbrüderschaft trinken und die strittige Weiblichkeit hochleben, die sich – selbstverständlich – mit einem Dritten amüsiert, während die beiden andern sich wegen ihr beinahe totschießen. Das Stück ist sehr witzig, aber etwas breit geraten; über die Lebens»weisheiten«, die es vorträgt, zu streiten, wäre selbstverständlich Unsinn. Gespielt wurde das Stück von den Herren [Hans] Lackner, [Hanns] Schwartze, Lang, Eßlair, [Adolf] Grell und [Julius] Stettner mit Lust und Liebe. Dem lebhaften Beifall am Schluß suchten einige Zischer zu opponieren. Wohl aus moralischer Entrüstung?

Richard Braungart: ›Schauspielhaus.‹
In: ›Münchener Zeitung‹ v. 9. März 1905,
S. 1f., hier S. 2.

10. März 1905, V. in der ›Münchener Post‹

Bei Paul Mongrés: Der Arzt seiner Ehre blieb der Beifall nicht unumstritten.

V.: ›Schauspielhaus.‹ In:› Münchener Post‹ v. 10. März 1905, S. 2.

10. März 1905, Δ in der ›Allgemeinen Zeitung (München)‹

Δ. [...] Paul Mongré ist seines Zeichens bürgerlicher Universitätslehrer der Mathematik in Leipzig; er hat ein exquisites kleines Buch, Sant' Ilario, geschrieben, voll südlicher Klugheit, reich an feinen, witzigen und tiefen Gedanken. Seine Burleske »Der Arzt seiner Ehre« ist eine blutige Verhöhnung des Duells, eine bissige Satire auf das Phantom der durch Schießübungen zu reparierende Ehre, und ein gutes, wirksames Theaterstück. Die beiden Duellanten, die sich im einzigen Wirtshause des Dorfes treffen, sich zu einer Kneiperei zusammenfinden, Smollis trinken, beide vom gleichen Weibe genarrt – das ist sehr derb, sehr lustig und sehr zynisch, nur ein wenig zu lang. Die Schwierigkeit liegt darin, daß die Stimmung auf der Bühne immer weinfröhlicher wird, wobei der Zuschauer nicht ganz mitkann. Die Herren [Hans] Lackner, [Hanns] Schwartze, Lang, Eßlair, [Adolf] Grell und [Julius] Stettner spielten mit Laune, nur noch zu viele Pausen gab es; derlei Unmöglichkeiten können nicht rasch genug heruntergespielt werden. Man lachte, applaudierte, zischte ein wenig, entrüstete sich, war moralisch verletzt: so sieht Erfolg aus. Bei der fünfzigsten Vorstellung wollen wir wieder davon reden.

(Δ: ›Schauspielhaus.‹
In: ›Allgemeine Zeitung, Vorabendblatt‹ (München) v. 10. März 1905, S. 1f.

11. März 1905, V. in der ›Münchener Post‹

[...] Dem nachdenklichen Spiel [Keyserlings ›Benignens Erlebnis‹] folgte ein recht gelungener Ulk über die schon oft genug aufs Korn genommenen Kommentehre: Der Arzt seiner Ehre von Paul Mongré. Leider hält der pointierte Witz des Autors nicht aus, weil er den Schluß auch gar zu schwer finden kann. So zweifelt man stark an dem Franzosentum des Verfassers, und wirklich ist Paul Mongré auch ein in Leipzig lebender Mathematik-Professor. Für einen solchen umso ehrenvoller, den Duellunsinn wieder einmal mit der Schelmenpeitsche gewaltige Streiche versetzt zu haben. Ein Ehebrecher will sich mit dem Gatten seiner Ehebruchsgenossin duellieren. Im Wirtshaus des Duellortes kommen Duellanten und Sekundanten zusammen, um nach etlichen Kannen Rebenblutes und ebenso etlichen Kannen reinen Weines, die der betrogene Gatte dem Betrüger über seine Frau einschenkt, in Blutsbrüderschaft betrunken und versöhnt nach Hause zu gehen. Ein ganz famoser Witz ist es, wie der Verfasser gerade einen Bierbrauer über sotane Verletzung der Kommentehre empört werden läßt. Ich meine, man kann diesem Thema nur noch auf diese groteske Weise zuleibe gehen, da es der geistigen Feinheit nicht wert ist. Das Ding wurde sehr flott heruntergespielt von den Herren [Hans] Lackner, [Hanns] Schwartze, Lang, Eßlair, [Adolf] Grell und [Julius] Stettner. Über den Erfolg beider Stücke habe ich schon berichtet [vgl. ›Münchener Post‹ v. 10. März 1905, S. 2]. Graf Keyserling mußte wiederholt erscheinen, ebenso Direktor Stollberg.

V.: Schauspielhaus.‹
In: ›Münchener Post‹ v. 11. März 1905, S. 2f., hier S. 3.

März 1905, THEODOR KAPPSTEIN in ›Deutschland. Monatsschrift für die gesamte Kultur‹

[...] Mit einem summarischen Wort sei noch [...] zweier Einakter im Deutschen und im Neuen Theater [gedacht]: Das Nachtmahl der Kardinäle von dem Portugiesen Julio Dantas [...]. Und die geistreiche, keck satirische Groteske: Der Arzt seiner Ehre von Paul Mongré, die das Duell als Ballast und Unsinn ausspottet. Mongré ist ein Schüler Nietzsches und hat etwas von dem starken und freien Geist des Meisters geerbt.

THEODOR KAPPSTEIN: ›Berliner Theaterkunst.‹ In: › Deutschland. Monatsschrift für die gesamte Kultur.‹ Band V (Okt. 1904–März 1905), H. 6 (März), S. 791–797, hier S. 797.

12. April 1905, LUDWIG GOLDSTEIN im ›Königsberger Tageblatt‹

Stadttheater.

Im Stadttheater ist schon lange nicht so ehrlich und so viel gelacht worden, wie gestern. Anlaß dazu war [...] eine kleine Novität, die dem Abend von vornherein Stimmung gab, und zwar nicht bloß durch Zoten und Albernheiten, sondern durch wirklichen, bisweilen nur etwas absichtlich vorgetragenen Humor. Die schon von Berlin aus empfohlene Komödie heißt »Der Arzt seiner Ehre« – ein ironischer Titel für einen ironischen Inhalt – und stammt von einem in der breiteren Oeffentlichkeit noch wenig hervorgetretenen Schriftsteller Paul Mongré. [...] Das sowohl in der Situation wie im Dialog geistreiche – vielleicht schon zu geistreiche – Stückchen wurde mit schallender Heiterkeit aufgenommen, deren man sich auch hinterher bei ruhiger Ueberlegung nicht zu schämen brauchte. [...] Der Einakter verdient recht viele Wiederholungen; er führt in seiner prägnanten Kürze den Duellunfug viel besser ab, als etwa der verunglückte, langatmige »Grüne Baum zur Nachtigall«.

LUDWIG GOLDSTEIN: ›Stadttheater.‹ In: ›Königsberger Tageblatt. Volksblatt für Ostpreußen‹ v. 12. April 1905, S. 6.

26. Juni 1905, FRIEDRICH HARTMANN in der ›Braunschweigische Landeszeitung‹

***Holsts Theater**. [...] »Der Arzt seiner Ehre« von Mongré soll anderswo kolossale Lacherfolge gehabt haben, doch wohl nur dort, wo man sich durch ein* *paar gute Witze über eine schlechte Moral, durch eine komische Situation über eine höchst ernste Sache hinwegtäuschen läßt. In diesem Schwank dreht sich alles um einen Ehebruch, was allein schon genug sagt, denn Schwank und Ehebruch reimen sich schlecht zusammen. [...] Um dieses Weib braucht man sich wahrlich nicht die Hälse zu brechen, darin darf man mit dem Verfasser gleicher Meinung sein. Man kann auch verstehen, daß der Regierungsrat froh ist, diese edle Ehegenossin mit dem Dirneninstinkt los zu werden. Daß er aber unter der Hand seinem Gegner Vorschläge machen läßt, das Duell, das er nur um des gesellschaftlichen Vorurteils willen verlangt, dadurch zu erledigen, daß man einander »am Ohrläppchen vorbeischießt«, ist feig. Entweder ist man gegen das Duell, dann fordert man überhaupt nicht, oder man ist für das Duell, dann zielt man in solchem Fall aufs Herz. Daß er nun gar mit dem Brecher seiner eigenen Ehe in der Sektstimmung Brüderschaft trinkt, macht einen so widrigen Eindruck, daß der Zuschauer feineren Empfindens darüber ganz und gar die Empfänglichkeit für den guten Humor verliert, mit dem die Kneipszene geschildert ist und die mehrfach recht gute Satire, die den Dialog würzt. Man kann sich nicht amüsieren über Dinge, die unsere Ehrbegriffe verletzen. [...] Das Haus war schwach besetzt und hatte auch keine rechte Beifallsfreudigkeit.*

Friedrich Hartmann: ›Holsts Theater.‹
In: ›Braunschweigische Landeszeitung‹ v. 26. Juni 1905, S. 4.

Juli 1905, Erich Freund in ›Bühne und Welt‹

[...] Den Beschluß der Matinee [für die ›Freie literarische Vereinigung‹ im Lobetheater Breslau] machte P a u l M o n g r e s [sic!] übermütiger Simplizissimus-Scherz »D e r A r z t s e i n e r E h r e«, der von den Herren M ü l l e r, W e n d t, B e r n a u, K o c h, J o h o w, W a l l a u e r flott und lustig gespielt wurde. [...]

Erich Freund: ›[Bühnentelegraph] Breslau.‹
In: ›Bühne und Welt. Zeitschrift für Theaterwesen, Literatur und Musik.
Amtliches Blatt des Deutschen Bühnen-Vereins.‹
Hrsg. v. E. u. G. Elsner, geleitet v. Heinrich Stümcke. VII. Jg.,
2. Halbjahr (April 1905-Sept. 1905), H. 19 (Juli 1905), S. 826a-827a, hier S. 827a.

28. Sept. 1905, Richard von Mises, Prag

Abends im Theater: ein elender Schmarren, Der Artist [sic!] seiner Ehre. Hierauf besser, humorvoller: Die Familie Schimek. Gut gespielte Posse.

Richard von Mises: ›Tagebuch‹
NL Richard v. Mises, Havard University Archives
(Ein herzlicher Dank geht an R. Siegmund-Schultze für die Mitteilung dieser Tagebuchnotiz.)

18. November 1905, J. K. in ›Neue freie Presse‹ (Wien)

[Lustspieltheater.] Ein bunter Abend. Drei kleine Lustspiele. Jedes von besonderer Schattierung, von einem, nein von zwei Franzosen das erste [Robert de Flers u. Gaston Armand de Caillavet: ›Logik des Herzens‹], aus dem Reich das mittlere, das Schlußstück von einem jüngeren Österreicher [Auer-Waldborn: ›Die Gouvernante‹] [...]. Sprechen wir zunächst von dem zweiten. Es ist nicht nur das beste in diesem Dreigespann, es ist an sich vorzüglich. »Der Arzt seiner Ehre« ist der Titel, eine Calderonsche Umschreibung. Als Verfasser zeichnet Paul Mongré, ein Gelehrter, woran aber diese Satire durchaus nicht erinnert. Sie ist vielmehr von übermütigster Lustigkeit. [...] Gegen die Wahrscheinlichkeit dieser Groteske wäre manches zu sagen, nicht bloß nach dem studentischen, sondern auch nach dem dramatischen Komment. Man rechnete aber nicht peinlich nach, sondern genoß mit dem Behagen, das man bei Thoma und Hartleben findet, dieses soziale Exzentrik-Stück. Für den Geist dieser Satire ist bezeichnend, daß keine Frau darin spielt. Das Ganze ist männlich-scharf, manchmal freilich auch männlich-grob und schartig. [...]

J. K.: ›[Lustspieltheater.]‹
In: ›Neue freie Presse‹ (Wien) v. 18. Nov. 1905, S. 11.

1906, Düsseldorfer Schauspielhaus

[...] Der Spielplan [1905/06] enthielt – bis zur Abfassung dieses Berichtes – im einzelnen folgende Stücke: [...] P. Mongré: Der Arzt seiner Ehre. [...]

Düsseldorfer Schauspielhaus: ›Bericht über die Spielzeit 1905/06.«
Düsseldorf 1906, S. [9].

7. April 1906, Tagebucheintrag ARTHUR SCHNITZLER

[...] »Ritterlichen« (Taormina 1904) durchgesehen; gute Lustspielelemente – aber die Sache als ganzes scheint mir nicht interessant genug, es ernsthaft vorzunehmen. Auch würde man mir den »Arzt der Ehre« von Mongré unter die Nase reiben. – [...]

ARTHUR SCHNITZLER: *›Tagebuch 1903–1908.‹*
Hrsg. v. der Kommission für literarische Gebrauchsformen der Österreichischen Akademie der Wissenschaften. Wien 1991, S. 195.

7. Dezember 1907, Anonymus in der ›Krefelder Zeitung‹

Stadttheater. *[...] Den Beschluß des Abends bildete ein Einakter, ein Lustspiel, das zu dem vorhergegangenen Drama [i.e. Oscar Wildes ›Salome‹] paßte wie die Faust aufs Auge. »Der Arzt seiner Ehre« von Paul Mongré segelte im Fahrwasser jener leichtbeschwingten literarischen Erzeugnisse, die einen an sich ernsten Stoff oder Konflikt über alle Maßen verhöhnen, um dann einen allseits befriedigenden Ausgang zu schaffen. Das übrigens amüsant und flott zusammengezimmerte Werkchen nimmt Duell und Weib her und zeigt an vier Vertretern des männlichen Geschlechts vier verschiedene, in ihrer Eigenart köstliche Anschauungen über Weib, Ehre und Dasein. In die knappe Handlung, die nur durch die Länge der abschließenden Trunkenheitsszene gestört wird – man weiß nämlich längst, wie die Sache zu Ende geht –, sind eine Reihe außerordentlich zündkräftiger, zum Teil sogar geistvoller Bonmots und Witze gestreut. Die Aufführung erfordert eine flüssige Abwicklung der einzelnen Bilder; daran fehlte es nicht. Den Lebenskünstler Granitz gab Franz Herterich gewandt und pointenreich, Albert Schmidthoff stellte in eigenartiger Maske einen humorvollen alten Oberst heraus, Wilhelm Dohme gab einen Seelenverwandtschaft suchenden, hyperempfindlichen Architekten und Alexander Ingo-Brandt einen Durchschnitts-Rechtsanwalt. Eine prächtige Type war der Arzt Emanuel Krämers, nicht minder geschickt und wirkungsvoll der korrekte Reserveleutnant von Reinhold Haeusermann. Auch dieses Stückchen fand viel Beifall. – Beide Werke hatte Karl Hugershoff lobenswert inszeniert.*

Anonymus: ›Stadttheater.‹ In: ›Krefelder Zeitung‹ v. 7. Dez. 1907, S. 1.

März 1908, Anonymus in der ›Freien Volksbühne‹

[...] An die satirische Heiligenlegende [i.e. Maurice Maeterlincks ›Das Wunder des heiligen Antonius‹] schliesst sich in unserer Aufführung [am Berliner Theater] die höchst weltliche Burleske Paul Mongrés »Der Arzt seiner Ehre«. Das Stückchen ist wohl die übermütig-lustigste Verhöhnung des Duellantentums, die je über die Bretter gegangen; wäre es bei der Premiere im Lessingtheater vor ein paar Jahren nicht mit einer ganz verunglückten Studentenkomödie Hartlebens [›Im grünen Baum zur Nachtigall‹] verkoppelt gewesen, es würde bei dem stürmischen Erfolg, den es erzielte, sich gewiss noch lange auf dem Repertoire gehalten haben. So verschwand es, das Schicksal seines Partnerdramas teilend, leider schon nach wenigen Spielabenden klanglos in den Orkus. Dass der Autor im Alltagsleben, wie es heisst, ein wohlbestallter deutscher Universitätsprofessor, erhöht durch den Kontrast noch die Pikanterie des flotten Angriffs. Den Titel seiner Frace hat er einer blutigen Eifersuchtstragödie Calderons entlehnt, wo ein ritterlicher Spanier seine Frau, bloss weil sie ihn vielleicht betrogen haben könnte, umbringt und dann zum Kampfe gegen den Verführer auszieht. Die Helden Mongrés, die sich in der Nacht vor der Reparatur ihrer Ehre durch den Zwei-

kampf, im Kneipzimmer eines Hotels zusammen finden, nehmen die Sache erheblich leichter. Nach der Entfernung eines steifen, vom »Reserveleutnantsklaps« befallenen Störenfrieds, der mit einer Denunziation beim Ehrenrat droht, rückt Herr von Granitz, der Mann der gekränkten Gattenehre, und sein gleichgesinnter jovialer Sekundant, mit den Herren von der Gegenpartei zu einer Tafelrunde zusammen. Granitz hegt statt schwarzer Rachsucht nur den einen Wunsch, vorbei zu schiessen und vorbei geschossen zu werden. Ein Gemisch von Dankbarkeit und Schadenfreude erfüllt ihn gegenüber dem »Verführer«, der schliesslich auch nur der Verführte seiner ewig eroberungssüchtigen Frau Gemahlin war. Die Aussicht, selbst in den Junggesellenstand zurückzukehren, während jener in die von ihm geräumte Ehestandswürde einzieht, lässt Granitz das Leben doppelt schön erscheinen: »Er hat's ja noch vor sich, was ich Gott sei Dank hinter mir habe!« In einem spritzig-witzigen Geprassel lustiger Epigramme auf die »Ehre« und die sogenannten »unverstandenen Frauen« macht sich seine und der welterfahrenen Herren Sekundanten Herzensmeinung Luft. Unter dem Hochdrucke des Alkohols wird man fortschreitend animierter, auch der geforderte und Ehrenräuber fühlt seine mit heroisch edlem Phrasenschmuck gegürtete Seele weich und weicher werden. Die gehobene Stimmung schlägt um in ein gewaltiges Tohu und Wabohu, in dem begeisterte Hochrufe auf Frau von Granitz, die intellektuelle Urheberin des lustigen Abends ausgestossen werden. Schliesslich meldet ein Eilbrief, die gnädige Frau habe es vorgezogen, mit einer allerneuesten Bekanntschaft durchzugehen, was das brüderliche Soldaritätsgefühl der Anwesenden noch erhöht. Unter dem nach einer Offenbachschen Melodie gesungenen Schlachtruf »Auf zum Feld der Ehre, Feld der Ehre, Feld der Ehre« zieht die Gesellschaft endlich, furchtbar lärmend, aus dem Hause. Kein Mensch hört auf die mahnende Erinnerung des Wirtes, dass der Kasten mit den Pistolen vergessen worden ist.

Anonymus: ›Das Wunder des heiligen Antonius, Der Arzt seiner Ehre.‹ In: ›Freie Volksbühne. Mitteilungsblatt des Vereins Freie Volksbühne‹, 12. Jg. (1908), 7. H. (März), S. 153–159, hier S. 158f.

März 1908, Friedländer

Protokoll der ordentlichen Generalversammlung
[der Vereins ›Freie Volksbühne‹]
vom 29. Januar 1908 im »Gewerkschaftshaus«.

[...] Es folgen demnächst [vom 1. März bis 21. April] im Berliner Theater Maeterlincks »Wunder des heiligen Antonius« und Mongrés »Arzt seiner Ehre« [...]. [...]

Friedländer: ›Protokoll der ordentlichen Generalversammlung vom 29. Januar 1908 im »Gewerkschaftshaus«.‹ In: ›Freie Volksbühne. Mitteilungsblatt des Vereins Freie Volksbühne‹,12. Jg. (1908), 7. H. (März), S. 166f., hier S. 166.

März 1908, Theaterzettel

Freie Volksbühne im Berliner Theater

[...]

Der Arzt seiner Ehre

In einem Aufzug von Paul Mongré

In Szene gesetzt von Adolf Steinert

———

Personen:

Oberst a. D. von Oldefähr	*Claudius Mertens*
Dr. jur. Wangerow, Rechtsanwalt	*Theodor Pèrou*
Regierungsrat von Granitz	*Magnus Stift*
Brauereibesitzer Lohm	*Max Weinschenk*
Architekt Adelung	*Ferdinand Kurth*
Dr. med. Leue	*Ernst Benzinger*

Zeit: Gegenwart

Ort: Weinstube eines Hotels in der Nähe einer Provinzstadt

———

Auf Wunsch der Inspektion des Berliner Theaters werden die Mitglieder gebeten, die zerrissenen Billetkuverts nicht im Kassenflur und den Wandelgängen fortzuwerfen, sondern in die Tasche zu stecken.

Theaterzettel zu Maeterlincks ›Wunder des heiligen Antonius‹ und Mongrés Arzt seiner Ehre. *In: ›Freie Volksbühne. Mitteilungsblatt des Vereins Freie Volksbühne‹, 12. Jg. (1908), 7. H. (März), S. 174f., hier S. 175.*

4. Dezember 1908, Anonymus in der ›Bremer Bürger-Zeitung‹

Gastspiel Rita Sacchetto. *Am Montag [7. Dezember 1908] findet, wie bereits bekannt gegeben, ein einmaliges Gastspiel der berühmten Tanzkünstlerin Rita Sacchetto statt. Die Künstlerin wird an diesem Gastspielabend in einem ausgewählten Programm auftreten, das surch die mit großem Beifall aufgenommene einaktige Oper »Der Schauspieldirektor« [von Wolfgang Amadeus Mozart] und die reizende Novität »Der Arzt seiner Ehre«, Komödie in einem Akt von Paul Mongré, vervollständigt wird. Der Vorverkauf zu diesem Gastspiel, das im Abonnement stattfindet, hat bereits begonnen.*

Anonymus: ›Gastspiel Rita Sacchetto.‹ In: ›Bremer Bürger-Zeitung‹ v. 4. Dez. 1908, S. 8.

8. Dezember 1908, Maria Gerdes-Rauter in der ›Bremer Bürger-Zeitung‹

Bremer Stadttheater. *[...] Zwischen den zarten, ästhetischen Darbietungen dieses anmutigen Geschöpfes [sc. Rita Sacchetto] mußten wir einen recht derben Einakter über uns ergehen lassen, indem ausschließlich die Männlichkeit zu Worte kam. Und was für eine Männlichkeit! Ich kann zwar die sittliche Entrüstung des ersten Ranges, die sich in starker Unruhe schon während des Spiels und temperamentvollem Zischen am Schluß kundgab, nicht teilen. Denn wenn Paul Mongré, so heißt der Verfasserbestimmte Vorurteile geißeln und bestimmte Gesellschaftskreise in ihrem wahren Licht zeigen will, so ist das natürlich sein gutes Recht. Geraten diese Kreise dabei in unangenehme Beleuchtung – umso schlimmer für sie selbst. Aber das sei gern zugegeben, daß die Komödie »Der Arzt seiner Ehre« zwischen den Tänzen schlecht angebracht war. Zwischen diesen zarten feinen Gebilden wirkte alles doppelt roh und abstoßend. [...] der Wein löst die Zungen und Anschauungen über Weib, Liebe und Ehe werden entwickelt, daß dem Zuhörer schlecht wird. [...] Wohl bekomm's. Um die Darstellung dieser »Stützen der Gesellschaft« bemühten sich die Herren [Hans] Hofer, [Michael] Isailovits, [Paul] Pascher [recte Paschen], [Alfred] Meyer, [Ferdinand] Ahnelt und [Albert] Kehm; letzterer wieder reichlich hart und eckig, die übrigen gewandt und sicher.*

Maria Gerdes-Rauter: ›Bremer Stadttheater.‹
In: ›Bremer Bürger-Zeitung‹ v. 8. Dez. 1908, S. 4.

9. Dezember 1908, Curt Heinrich in der ›Weser-Zeitung‹

Bremer Stadttheater*. [...] Die einaktige Komödie, die man uns dann noch bot, »Der Arzt seiner Ehre«, von Paul Mongré (Prof. Hausdorff) rief neben starkem Beifall auch wahrnehmbares Zischen hervor. Dies bewies, daß ein Mißverständnis vorlag (höflich ausgedrückt) oder daß auch diese übermütige Bluette nicht ihren rechten Platz gefunden hatte. Wirklich, ich hätte sie am liebsten auf einem der seligen Überbrettl gesehen, ganz jenseits von Tendenz-, Moral-, Reformverdächten. Jene Zischer konnten nämlich annehmen, daß es sich um eine Satire auf das Duell als gesellschaftliche Einrichtung handelt und da sie selbst zu der Gesellschaft gehören ..... I wo, dem geistreichen Verfasser ist es ja nur darum zu tun, uns einen kolossalen Ulk zu zeigen. Und das Leben ist doch wirklich manchmal kolossal ulkig, nicht nur in Duellangelegenheiten, sondern auch sonst, nicht wahr? Und e i g e n t l i c h könnte man wirklich nichts besseres tun, als sich ein recht dickes Fell und ein gesundes Lachen anzuschaffen, vor dem alle konventionelle Ernsthaftigkeit, alles »du sollst« und »sollst nicht«, die Flucht ergreifen, und sich munter an die Table d'hôte des Lebens zu setzen, an der so viele Schüsseln gereicht werden, die man, wenn man genug hat, eben weiter gibt. Und deshalb sollte man sich e i g e n t l i c h nicht von einem konventionellen Ehrbegriff das Leben verhunzen lassen und wenn ein Menschenweibchen, das dummerweise offiziell nur einem Männchen zugewiesen ist, sich als polygamisch erweist, zwei wirk-*

lich wertvolle Menschenleben aufs Spiel setzen. [...] Eine Burleske also, in der viele kluge und witzige Worte über das Duell gesagt werden. Wäre es nicht wirklich zu dumm, sich wegen dieses Weibes zu schießen? Aber beileibe kein Tendenzstück. Die lehrhafte wie revolutionäre Geste sind beide auch unzeitgemäß. Zwar gibt es immer noch abergläubische Leute, die meinen, das Leben könne mit Vernunft regiert werden. Besser ist schon, man ist in dieser Beziehung recht skeptisch, freut sich, wenn es einmal geschieht und lacht, wenn es eigentlich zu dumm ist. Die Groteske wurde flott heruntergespielt. [...]

Curt Heinrich: ›Bremer Stadttheater.‹
In: ›Weser-Zeitung‹ v. 9. Dez. 1908, S. 6.

9. Dezember 1908, Gerhard Hellmers in den ›Bremer Nachrichten‹

***Bremer Stadttheater**. [...] Es war ein mit raffinierter Kunst nach dem Rezept des »vernünftigen« Mozartschen und des Goetheschen »Schauspieldirektors« zusammengestelltes buntes Programm, in dessen glänzendes Umwerk und süßen Zuckerguß als bitterer Kern die stark satirische einaktige Komödie von Paul Mongré eingewickelt war. Man hoffte durch Rita Sacchettos Zucker- und Marzipankunst sich mildernde Umstände zu ertanzen für eine kleine literarisch und moralisch allerdings auf einige selbständige Gedankenarbeit angewiesene, aber höchst geistreiche und witzige Karikatur der offiziellen Ehrenrats-ehrbegriffe, wie sie für eine ganz bestimmte Kategorie der heutigen ehrpflichtigen Gesellschaft gelten, die natürlich unterhalb des Beurlaubtenstandes in der Reserve ihr Ende findet. Aber man hatte das Publikum, wenigstens den besseren und schöneren Teil desselben, trotzdem noch überschätzt. Das ist nun zwar nach dem Stückchen, das den dramatischen Moment dieses sonst in seiner süßen Belanglosigkeit nicht gerade aufregenden Tanz- und Musikdivertissements-Abend lieferte, begreiflich. Das schönere Geschlecht kommt in der Satire Paul Mongrés noch schlechter weg, als der Reserveleutnant. Und das will viel sagen. [...] Es ist eine geistreiche Karikatur und predigt doch eine Reihe sehr guter und vernünftiger Lehren. [...] Für manchen Ehrenrat und für manchen beschränkten Ehrenmann ist die »Ehre« nur ein feiner Rock (den ein armer Mann sich nicht leisten kann), der aber oft einen moralisch faulen Kerl schmückt; diese Ehre ist ein Gespenst; diesem Gespenst werden immer wieder jungehoffnungsvolle Menschenkinder geopfert. Kann etwas zeitgemäßer und vernünftiger sein, las diese Lehre. [...] Ein bischen laut vielleicht und ein bischen brutal, aber doch mit Geist und – idealer Entrüstung, die sich nur in blutiger Satire Luft macht, und diese Satire wird leicht zur Karikatur; aber ihren Wert und ihre bittere Notwendigkeit büßt sie dadurch nicht ein. Ein Teil des Publikums verstand dies offenbar falsch und wollte sich beleidigt fühlen. Das beeinträchtigt nun leider wieder den gesunden Humor, den wir so bitter nötig haben, nötiger als die tragische Korrektheit des Brauereibesitzers Lohm, der in dem Stück die offizielle Richtung so tadellos vertritt. Es beeinträchtigt aber auch die feinere, menschliche, ethische Fortentwicklung des Ehrbegriffes und die Verede-*

lung der wahren Ehe, für die Paul Mongré (ein geistvoller und tüchtiger Leipziger Universitätsprofessor, dessen Namen ich nicht verrate) so gut wie Ibsen kämpft. [...] Im ganzen hat Mongré viel Ähnlichkeit mit dem Philistertöter Otto Erich Hartleben; aber er ist gröber, derber, bitterer, weniger anmutig und weniger freundlich resigniert. Hartleben spottet, versteht und verzeiht; Mongré geht mit der harten Keule der Logik dem Gemüt und der Gemütlichkeit zu Leibe; das verzeiht ihm der, dem der äußere Gemütsfrieden die Hauptsache ist, am wenigsten. Trotzdem war der Beifall am Schluß stark und unbeirrt. Es ist ein Stück für literarische Feinschmecker. [...]

Gerhard Hellmers: ›Bremer Stadttheater.‹
In: ›Bremer Nachrichten‹ v. 9. Dez. 1908, S. 4.

9. Dezember 1908, Sophie Dorothee Gallwitz im ›Bremer Tageblatt‹

***Bremer Stadttheater. Gastspiel Rita Sacchetto.** [...] Uebrigens – der Abend hatte auch Mißtöne. Einer, der belanglosere, war die zum Teil mangelhaft durchgeführte orchestrale Begleitung – der andere war der Einakter; einmal an und für sich, zum andern an dieser Stelle. Sollte hier der Kontrast etwa steigernd wirken. Dazu hätte etwas weniger – na. Sagen wir mal Vulgäres, besser getaugt. Das Mongrésche Stück »Der Arzt seiner Ehre« wirkt gelesen wie eine der schwächeren Simplicissimusskizzen, von der Bühne her aber so, als befände man sich in schlechter, und stellenweise auch noch recht langweiliger Gesellschaft. Die Vorstellung unterstrich diese letzteren Eindrücke. Das Publikum klatschte und das Publikum zischte; aber die klatschenden siegten. In der Beziehung stehen wir heute immer noch im Zeichen des F a u s t r e c h t e s.*

Sophie Dorothee Gallwitz: ›Bremer Stadttheater.‹
In: ›Bremer Tageblatt‹ v. 9. Dez. 1908, S. 6.

4. Oktober 1909, Anonymus im ›Fürther Central-Anzeiger‹

[...]Auf einem viel höheren Niveau stand das Schauspiel am Sonntag abend. Wieder gab man ein preisgekröntes Werk, Schönherrs kraftvolle Komödie des Lebens »Erde« und darnach einen Einakter»Der Arzt seiner Ehre« von Mongré, in dem das Duell in ganz unwahrscheinlicher Handlung, besser gesagt in einer endlosen, wenn auch hie und da witzigen Plauderei satirisch beleuchtet wird. [...] Der [Erfolg] des Einakters war im wesentlichen ein Heiterkeitserfolg, aber kein durchschlagender.

Anonymus: ›Stadt-Theater‹. In: ›Fürther Central-Anzeiger‹,
Nr. 232 v. 4. Okt. 1909, S. 4f., hier S. 5.

30. Mai 1912, Anonymus im ›Deutschen Reichsanzeiger‹

Kleines Theater [Berlin]. Drei Grotesken, die gestern zum ersten Male im Kleinen Theater aufgeführt wurden, brachten es kaum zu einer nennenswerten Wirkung. Den verschiedenen sonderbaren Einfällen, die den Einaktern zugrunde lagen, konnte von vornherein wenig Geschmack abgewonnen werden. Die Handlung mutete unnatürlich an, und der Dialog erschien gekünstelt. Der Vorgang im »Arzt seiner Ehre« von Paul Mongré war ja noch einigermaßen denkbar, die Abhandlung des Ehrenhandels zwischen den beiden Parteien setzte auch noch ganz unterhaltsam ein; das launige Wortgeplänkel ging aber allmählich in Zynismus und Plattheit unter, und der Schluß war ein wüstes Zechgelage. Einzelne witzige Bemerkungen, die doch noch hinüber und herüberflogen, konnten den peinlichen Eindruck der Szene nicht mildern. [...] Die Darsteller versuchten nach Kräften, den Stücken wenigstens einen Schein von Bedeutung zu geben; ganz prächtige Leistungen, an denen man seine Freude hatte, boten die Herren Adalbert, Abel, Klein-Rohden [...].

Anonymus: ›Kleines Theater.‹ In: ›Deutscher Reichsanzeiger und Königlich Preußischer Staatsanzeiger, »abends«‹ v. 30. Mai 1912, S. 4.

30. Mai 1912, E.H. in der ›Berliner Morgenpost‹

Drei Grotesken in Kleinen Theater.

[...] Ganz anderer Art als diese beiden Stückchen [Friedrich Freska: Die Dame im Kamin; André Villard: Der Herr mit der grünen Krawatte] ist der »Arzt seiner Ehre«, eine Duellsatire von Paul Mongré, die gut zehn Jahre alt ist und schon vor längerer Zeit in Berlin gespielt wurde. Mongrés Satire besitzt nicht nur außerordentlichen Witz und dankbare Aktualität, sondern auch gute, bühnenwirksame Situationen. Die Affäre von den beiden Duellanten, die in einem Hotel in der Provinz notgedrungen unter einem Dache übernachten müssen, woraus sich unter Beistand von Sekundanten und Paukarzt eine solenne Kneiperei und schließlich gerührte Versöhnung entwickelt, wurde von den Herren Götz, Abel, Adalbert, Klein-Rohden, Heinrich und Sternberg ganz famos gespielt.

E.H.: ›Drei Grotesken in Kleinen Theater.‹ In: ›Berliner Morgenpost‹ v. 30. Mai 1912, S. [4].

31. Mai 1912, -NN. in der ›Norddeutschen Allgemeinen Zeitung‹ (Berlin)

-NN. Ein grotesker Tanz war es, den das Kleine Theater am 29. d.[iesen] M.[onats] in den drei Einaktern seines Premiereabends vorführte. Wenn Groteske

die Erfindung und Häufung von Unmöglichkeiten und unglaublichen Situationen bezeichnet, so haben die drei Grotesken des Abends ihren Zweck vollkommen erreicht, sie stellten an die Leichtgläubigkeit der Zuschauer die denkbar größten Ansprüche. Im ersten Stück, »Der Arzt seiner Ehre«, von Paul Mongré, verflüchtigt sich eine Duellforderung in der am Wirtshaustisch entwickelnden Weinlaune und Sektstimmung und schlägt sogar in Brüderschafttrinken um. Kaum glaublich! Vielleicht sollte das Stück in dem gegenwärtig auf das Duellwesen gerichteten Sturm den Angriff unterstützen. Dann wäre der an sich gute Gedanke hinreichend gewesen, nachzuweisen, dass der Gegenstand des Streites, selbstverständlich die Gattin des einen Gegners, in diesem Falle minderwertig war; aber die saloppe Behandlung der Ehe und die Zerstörung des Ehrbegriffs – kaum möglich. Gespielt wurde von den Herren Götz, Abel, Adalbert, Klein-Rohden, Heinrich und Sternberg lebhaft und natürlich; immerhin müsste beachtet werden, daß die Wirtshausgespräche von den Zuschauern doch auch vollständig zu hören sein müssen. [...] Es scheint, daß der wiederholt ertönende Applaus mehr dem Spiel als dem Inhalt galt, wenigstens bei dem ersten und zweiten Stück.

-NN: ›Kleines Theater.‹ In: ›Norddeutsche Allgemeine Zeitung, Unterhaltungs-Beilage‹ (Berlin) v. 31. Mai 1912, S. 2.

31. Mai 1912, Notiz ALFRED KERR

[...] »Der Arzt seiner Ehre«; von Mongré. Komik der Ehrenhandelsgesetzbuchs. Über die Sache sind wir uns klar; seit Schopenhauer mindestens. Die Bühnenform (obschon ich mir den Autor im Leben ein bißchen schnabbrig vorstelle) von höchst schlagsichrem Ulk; dem Sturm der Zeit trotzend; ein kleiner deutscher Dauerbesitz. [...]

ALFRED KERR: ›Drei Grotesken.‹ In: ders.: ›Eintagsfliegen oder die Macht der Kritik.‹ (= ders.: ›Gesammelte Schriften.‹ Reihe 1: ›Die Welt im Drama‹, Bd. 4. Berlin 1917, S. 242–243, hier S. 243.

1. Juli 1912, Jahresbericht des Düsseldorfer Schauspielhauses

Die Spielzeit 1911/12. [...] Neueinstudiert gingen in Szene: [...] Der Arzt seiner Ehre. [...]

›Jahresbericht. Die Spielzeit 1911/12.‹ In: ›Masken. Halbmonatsschrift des Düsseldorfer Schauspielhauses.‹ VII. Jg. (1912), 21. Heft (1. Juli 1912), S. 1–8, hier S. 6.

Juli 1912, Walter Turszinsky in ›Bühne und Welt‹

Innerhalb der Einakter-Serie, mit der das [Berliner] »Kleine Theater« seine Novitätensaison zu Ende führte, und die durchweg auf den Stil der Groteske gestellt war, kam die tragische Groteske Meyrinckscher oder Ewersscher Observanz mit Friedrich Freskas »Dame im Kamin« am schlechtesten fort. [...] Mit dem Grauen jongliert auch die einaktige Eisenbahn-Groteske »Der Herr mit der grünen Krawatte« von André Billard, deren kraus verlaufender Zickzackweg mit den Spießergrimassen an beiden Seiten auch von Anton Tschechow, dem Russen, angelegt sein könnte. [...] – Aber über diese neuen Gaben des Abendspielplans obsiegte mühelos eine ältere: Paul Mongrés Duellsatire »Der Arzt seiner Ehre«. Erschöpfender als in dieser gewiß etwas geräuschvollen und gedehnten und doch von starkem geistigen Leben vibrierenden, mit eleganten Dialogpointen gespickten Farce ist dem Duellunfug der Zerrspiegel noch niemals vorgehalten worden. Das Publikum leistete denn auch hier am lebhaftesten Gefolgschaft. – [...].

Walter Turszinsky: Von den Berliner Theatern 1911/12. XVII.
In: Bühne und Welt. Zeitschrift für Theaterwesen, Literatur und Musik.
Amtliches Blatt des Deutschen Bühnen-Vereins. Hrsg. v. E. u. G. Elsner,
geleitet v. Heinrich Stümcke. XIV. Jg., 2. Halbjahr (April 1912–Sept. 1912),
H. 18 (Juli 1912), S. 246–247, hier S. 246f.

Personenregister